Eletrônica

M262e Malvino, Albert.
Eletrônica / Albert Malvino, David J. Bates ; tradução: Antonio Pertence Jr. – 8. ed. – Porto Alegre : AMGH, 2016.
xv, 483 p. em várias paginações : il. ; 28 cm. – v. 2.

ISBN 978-85-8055-592-9

1. Engenharia elétrica. 2. Eletrônica. I. Bates, David J. II. Título

CDU 621.38

Catalogação na publicação: Poliana Sanchez de Araujo – CRB10/2094

ALBERT MALVINO | DAVID BATES

Eletrônica

VOLUME II

8ª EDIÇÃO

Tradução:

Antonio Pertence Jr

Engenheiro Eletrônico e de Telecomunicação (PUC-MG)
Mestre em Engenharia Mecânica (UFMG)
Especialista em Processamento de Sinais pela Ryerson University, Canadá
Membro da Sociedade Brasileira de Eletromagnetismo
Professor da Universidade FUMEC

AMGH Editora Ltda.

2016

Obra originalmente publicada sob o título *Electronic Principles*, 8th Edition
ISBN 9780073373881 / 0073373885

Tradutor da 7ª edição: *José Lucimar do Nascimento*

Gerente editorial: *Arysinha Jacques Affonso*

Colaboraram nesta edição:

Editora: *Denise Weber Nowaczyk*

Capa: *Maurício Pamplona* (arte sobre capa original)

Imagem da capa: *Alex Yeung/Shutterstock*

Editoração: *Clic Editoração Eletrônica Ltda.*

Reservados todos os direitos de publicação, em língua portuguesa, à
AMGH EDITORA LTDA., uma parceria entre GRUPO A EDUCAÇÃO S.A. e McGRAW-HILL EDUCATION
Av. Jerônimo de Ornelas, 670 – Santana
90040-340 Porto Alegre RS
Fone: (51) 3027-7000 Fax: (51) 3027-7070

Unidade São Paulo
Rua Doutor Cesário Mota Jr., 63 – Vila Buarque
01221-020 São Paulo SP
Fone: (11) 3221-9033

SAC 0800 703-3444 – www.grupoa.com.br

IMPRESSO NO BRASIL
PRINTED IN BRAZIL

Dedicatória

O livro *Eletrônica*, 8ª ed., é dedicado a todos os estudantes que estão se esforçando para aprender os fundamentos e princípios da eletrônica.

Albert P. Malvino atuou como técnico de eletrônica quando serviu na Marinha dos Estados Unidos de 1950 a 1954. Ele se formou na *University of Santa Clara Summa Cum Laude* em 1959 com graduação em Engenharia Elétrica. Durante os cinco anos seguintes, trabalhou como engenheiro eletrônico nos Laboratórios Microwave e na Hewlett-Packard enquanto obtinha seu mestrado (*MSEE - Master of Science in Electrical Engineering*) na *San Jose State University* em 1964. Ele ensinou no *Foothill College* pelos quatro anos seguintes e foi reconhecido como membro da *National Science Foundation* em 1968. Após obter o Ph.D. em Engenharia Elétrica pela *Stanford University* em 1970, Dr. Malvino iniciou uma carreira de escritor em tempo integral. Ele escreveu 10 livros-texto que foram traduzidos para 20 línguas estrangeiras em mais de 108 edições. Dr. Malvino foi consultor e criou circuitos microcontroladores para o SPD-Smart™ Windows. Além disto, ele desenvolveu um software educacional para técnicos e engenheiros em eletrônica. Ele também atuou na Diretoria da Research Frontiers Incorporated. Seu endereço eletrônico é www.malvino.com.

David J. Bates é professor adjunto no Departamento de Tecnologias Eletrônicas no *Western Wisconsin Technical College* localizado em La Crosse, Wisconsin. Juntamente com o trabalho como técnico em manutenção eletrônica e técnico em engenharia elétrica, ele tem mais de 30 anos de experiência como professor.

Suas credenciais incluem graduação em Tecnologia Eletrônica Industrial, em Educação Industrial e mestrado (*M.S. Master of Science degree)* em Educação Vocacional/Técnica. Certificados incluem um certificado A+ como técnico de Hardwares, bem como certificado em Técnica Eletrônica (*CET Certified Electronics Technician*) pela ETA-I *(Electronics Technicians Association International)* e pela ISCET (*International Society of Certified Electronics Technicians*). Atualmente, David J. Bates é administrador de certificações para a ETA-I e ISCET e atuou como membro da Junta Diretora da ISCET, atuando também como perito em eletrônica básica para a NCEE (*National Coalition for Electronics Education*).

David J. Bates é também co-autor de *Basic Electricity*, um manual técnico-laboratorial elaborado por Zbar, Rockmaker e Bates.

Agradecimentos

A produção da oitava edição do livro *Eletrônica* envolve o esforço combinados de um time de profissionais.

Agradeço a todos da McGraw-Hill Higher Education que contribuíram para esta edição, especialmente a Raghu Srinivasan, Vincent Bradshaw, Jessica Portz e Vivek Khandelwal. Um agradecimento especial também a Pat Hoppe cujo critério, revisão cuidadosa e um enorme trabalho relacionados aos arquivos do MultiSim foi uma contribuição significativa para este livro. Agradeço a todos cujos comentários e sugestões foram extremamente valiosos no desenvolvimento desta edição. Isto inclui a todos que dispenderam seu tempo para responder e levantar dados para o desenvolvimento do manuscrito e aqueles que cuidadosamente revisaram novamente o material. Cada inspeção e revisão foi cuidadosamente examinada e contribuiu enormemente para esta edição. Valiosas contribuições foram obtidas de professores de eletrônica dos Estados Unidos e de revisores internacionais. Ainda, as revisões e contribuições de organizações certificadoras da área da eletrônica, incluindo a Cert*TEC*, a ETA International, a ISCET e a NCEE, foram muito positivas. Aqui está uma lista dos revisores que ajudaram a fazer esta edição compreensiva e relevante.

Revisores desta edição

Reza Chitsazzadeh
Community College of Allegheny County

Walter Craig
Southern University and A&M College

Abraham Falsafi
BridgeValley Community & Technical College

Robert Folmar
Brevard Community College

Robert Hudson
Southern University at Shreveport Louisiana

John Poelma
Mississippi Gulf Coast Community College

Chueh Ting
New Mexico State University

John Veitch
SUNY Adirondack

KG Bhole
University of Mumbai

Pete Rattigan
President
International Society of Certified Electronics Technicians

Steve Gelman
President of National Coalition for Electronics Education

Prefácio

A oitava edição de *Eletrônica* continua sua tradição como uma introdução clara e aprofundada aos circuitos e dispositivos semicondutores eletrônicos. Este livro é destinado aos estudantes que estão iniciando o estudo de eletrônica linear. Os pré--requisitos são disciplinas que tenham abordado circuitos CA/CC, álgebra e um pouco de trigonometria.

Este livro aborda as características essenciais dos dispositivos semicondutores, além de testes e circuitos práticos nos quais eles são encontrados. Por meio de conceitos explicados de forma clara, coloquial e fáceis de ler, o texto estabelece a base necessária para a compreensão do funcionamento e verificação de defeitos dos sistemas eletrônicos. Todos os capítulos contêm exemplos práticos de circuitos, aplicações e exercícios.

Novidades desta edição

A revisão proposta da oitava edição teve como base o retorno de professores de eletrônica, profissionais da área e organizações certificadoras, juntamente com uma extensa pesquisa, e inclui os seguintes aprimoramentos e modificações:

- Material adicional sobre características das luzes LED
- Novas seções sobre LEDs de alta intensidade e como estes dispositivos são controlados para fornecer iluminação eficiente
- Introdução aos reguladores de tensão de três terminais como parte de um bloco funcional de sistema de alimentação previamente no texto
- Rearranjo e condensação de seis para quatro capítulos sobre o transistor de junção bipolar (TJB)
- Introdução aos Sistemas Eletrônicos
- Mais conteúdo sobre amplificadores de múltiplos estágios relacionados a blocos de circuito que formam um sistema
- Material adicional sobre "MOSFET's de potência", incluindo:
  - Estruturas e características dos MOSFET's de potência
  - Exigências técnicas para interface e acionamento de MOSFET's
  - Chaves para cargas
  - Circuitos de Meia-Ponte e Ponte-Completa em H
  - Introdução à modulação de largura de pulso (PWM) para o controle da velocidade de motores
- Mais conteúdo sobre Amplificadores Classe D, incluindo a aplicação do amplificador Classe D na forma de circuito integrado monolítico
- Atualizações sobre Chaveamento de Fontes de Alimentação

Material para o professor

O professor interessado em acessar material exclusivo deste livro deve acessar o site do Grupo A em www.grupoa.com.br, buscar pela página do livro, clicar em “Material para o professor” e cadastrar-se. Lá estarão disponíveis os seguintes recursos (em inglês):

- Manual do professor, com soluções dos problemas do livro
- Apresentações em Power Point para todos os capítulos
- Test banks com questões de revisão adicionais para cada capítulo
- Arquivos de circuitos do Multisim

Sumário

Volume II

Capítulo 17 Realimentação negativa 710

Capítulo 18 Circuitos lineares com amp-op 740

Capítulo 19 Filtros ativos 788

Capítulo 20 Circuitos não lineares com amp-op 850

Capítulo 21 Osciladores 902

Capítulo 22 Fontes de alimentação reguladas 958

Apêndice A A1

Apêndice B Demonstrações matemáticas B1

Apêndice C Aplicando o equivalente de Thevenin para o conversor R/2R D/A C1

Apêndice D Lista de tabelas selecionadas D1

Apêndice E MultiSim (Conteúdo online)

Glossário G1

Respostas Problemas com numeração ímpar R1

Índice I1

Volume I

Capítulo 1 Introdução 2

Capítulo 2 Semicondutores 28

Capítulo 3 Teoria dos diodos 56

Capítulo 4 Circuitos com diodos 86

Capítulo 5 Diodos para aplicações especiais 140

Capítulo 6 Transistores de junção bipolar 188

Capítulo 7 Circuito de polarização do transistor 240

Capítulo 8 Modelos CA 280

Capítulo 9 Amplificadores CC, BC e de múltiplos estágios 326

Capítulo 10 Amplificadores de potência 366

Capítulo 11 JFETs 414

Capítulo 12 MOSFETs 470

Eletrônica

14

Efeitos de frequência

Em capítulos anteriores estudamos os amplificadores operando em suas faixas de frequência normal. Agora, vamos discutir como um amplificador responde quando a frequência de entrada estiver fora da faixa normal de operação. No caso de um amplificador CA, o ganho de tensão diminui quando a frequência de entrada for muito baixa ou muito alta. Por outro lado, os amplificadores CC têm ganhos de tensão desde a frequência zero. Apenas em altas frequências é que o ganho de tensão de um amplificador CC cai. Podemos usar os decibéis para descrever o decréscimo do ganho de tensão e um gráfico de Bode para representar a resposta de um amplificador.

Objetivos de aprendizagem

Após o estudo deste capítulo, você deverá ser capaz de:

- Calcular os ganhos de potência e tensão em decibéis e falar sobre as implicações da condição de casamento de impedância.
- Fazer esboços de gráficos de Bode para a magnitude e a fase.
- Usar o teorema de Miller para calcular as capacitâncias equivalentes de entrada e saída de um dado circuito.
- Descrever a relação tempo de subida–largura de banda.
- Explicar como os capacitores de acoplamento e desvio (*bypass*) são responsáveis pelas frequências de corte inferior num estágio BJT.
- Explicar como os capacitores de desvio, coletor ou dreno e a capacitância Miller de entrada são responsáveis pelas frequências de corte superiores em estágios BJT e FET.

Sumário

Termos-chave

amplificador CC
amplificador inversor
banda média de um amplificador
capacitância parasita da fiação
capacitâncias internas
capacitor de realimentação
capacitor dominante
circuito de atraso
decibéis
efeito Miller
escala logarítmica
frequência de ganho unitário
frequências de corte
frequências de meia potência
ganho de potência em decibel
ganho de tensão em decibel
gráfico de Bode
resposta em frequência
tempo de subida T_R

14-1 Resposta em frequência de um amplificador

É ÚTIL SABER

A resposta em frequência de um amplificador pode ser determinada experimentalmente aplicando um sinal de onda quadrada na entrada do amplificador e observando a resposta de saída. Como você pode se lembrar de estudos anteriores, uma onda quadrada contém uma frequência fundamental e um número infinito de harmônicos de ordem ímpar. A forma da onda quadrada de saída revela se as frequências baixas e altas estão sendo amplificadas adequadamente. A frequência da onda quadrada usada deve ser de aproximadamente um décimo da frequência de corte superior do amplificador. Se a onda quadrada de saída for uma réplica exata da onda quadrada de entrada, a resposta em frequência do amplificador é, obviamente, suficiente para a frequência aplicada.

A **resposta em frequência** de um amplificador é o gráfico do ganho *versus* a frequência. Nesta seção, vamos discutir a resposta em frequência de amplificadores CA e CC. Anteriormente discutimos um amplificador EC (emissor comum) com capacitores de acoplamento e desvio (*bypass*). Esse é um exemplo de um *amplificador* CA, que é projetado para amplificar sinais CA. Da mesma forma, é possível projetar um *amplificador* CC que pode amplificar tanto sinais CC como também sinais CA.

Resposta de um amplificador CA

A Figura 14-1*a* mostra a *resposta em frequência* de um amplificador CA. Na faixa média de frequências, o ganho de tensão é máximo. Normalmente o amplificador opera nessa faixa média de frequências. Em frequências baixas, o ganho de tensão diminui, porque os capacitores de acoplamento e desvio não atuam mais como curtos-circuitos. Em vez disso, as reatâncias capacitivas passam a ser grandes o suficiente para provocarem uma queda de tensão do sinal CA. O resultado é uma diminuição no ganho de tensão à medida que a frequência se aproxima de zero hertz (0 Hz).

Em frequências altas, o ganho de tensão diminui por outros motivos. Para começar, um transistor tem **capacitâncias internas** em suas junções, conforme mostra a Figura 14-1*b*. Essas capacitâncias proporcionam percursos de desvio para o sinal CA. Conforme a frequência aumenta, as reatâncias capacitivas tornam-se baixas o suficiente para evitar uma operação normal do transistor. O resultado é uma diminuição no ganho de tensão.

A **capacitância parasita da fiação** é outro motivo para ocorrer uma diminuição no ganho de tensão em altas frequências. A Figura 14-1*c* ilustra a ideia. Qualquer fio de conexão em um circuito com transistor faz o papel de uma placa do capacitor, e o terra do chassi faz o papel da outra placa. A capacitância parasita da fiação que existe entre o fio e o terra é indesejada. Em altas frequências, sua reatância capacitiva baixa evita que a corrente CA alcance o resistor de carga. Isso equivale a dizer que o ganho de tensão cai.

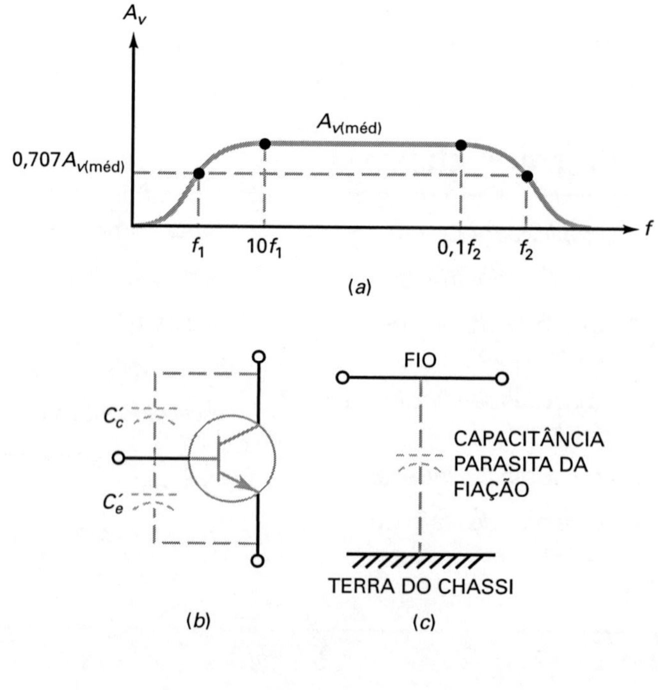

Figura 14-1 (*a*) Resposta em frequência de um amplificador CA; (*b*) capacitância interna de um transistor; (*c*) um fio de conexão forma uma capacitância com o terra do chassi.

Frequências de corte

As frequências nas quais o ganho de tensão é igual a 0,707 do seu valor máximo são denominadas **frequências de corte**. Na Figura 14-1*a*, f_1 é a frequência de corte inferior e f_2 é a frequência de corte superior. As frequências de corte também são conhecidas como **frequências de meia potência**, porque a potência na carga é metade do valor máximo nessas frequências.

Por que a potência de saída é a metade do valor máximo nas frequências de corte? Quando o ganho de tensão é 0,707 do valor máximo, a tensão de saída é 0,707 do valor máximo. Lembre-se de que a potência é o quadrado da tensão dividido pela resistência. Quando se eleva 0,707 ao quadrado obtém-se 0,5, por isso, a potência na carga é metade do seu valor máximo nas frequências de corte.

Banda média

Definimos a **banda média de um amplificador** como a banda (ou faixa) de frequências entre $10f_1$ e $0{,}1f_2$. Na banda média, o ganho de tensão de um amplificador é aproximadamente máximo, sendo indicado por $A_{v(\text{méd})}$. Três das características importantes de um amplificador são: $A_{v(\text{méd})}$, f_1 e f_2. Dados esses valores, sabemos o valor do ganho de tensão na banda média e onde o ganho de tensão cai para $0{,}707A_{v(\text{méd})}$.

Fora da banda média

Embora um amplificador opere normalmente na banda média, existem situações em que precisamos saber qual o ganho de tensão fora da banda média. A seguir, temos uma fórmula para o cálculo aproximado do ganho de tensão de um amplificador CA:

$$A_v = \frac{A_{v(\text{méd})}}{\sqrt{1+(f_1/f)^2}\,\sqrt{1+(f/f_2)^2}} \qquad \textbf{(14-1)}$$

Dados $A_{v(\text{méd})}$, f_1 e f_2, podemos calcular o ganho de tensão na frequência f. Essa equação admite que um capacitor dominante esteja produzindo a frequência de corte inferior e outro capacitor dominante esteja produzindo a frequência de corte superior. Um **capacitor dominante** é aquele que é mais importante que os demais na determinação da frequência de corte.

A Equação (14-1) não é tão formidável quanto parece. Existem apenas três faixas de frequências para analisar: a banda média, abaixo da banda média e acima da banda média. Na banda média, $f_1/f \approx 0$ e $f/f_2 \approx 0$. Portanto, os dois radicais na Equação (14-1) são aproximadamente 1, e a Equação (14-1) se reduz a:

$$\textbf{Banda média: } A_v = A_{v(\text{média})} \qquad \textbf{(14-2)}$$

Abaixo da banda média, $f/f_2 \approx 0$. Como resultado, o segundo radical é igual a 1 e a Equação (14-1) se reduz a:

$$\textbf{Abaixo da banda média: } A_v = \frac{A_{v(\text{méd})}}{\sqrt{1+(f_1/f)^2}} \qquad \textbf{(14-3)}$$

Acima da banda média, $f_1/f \approx 0$. Como resultado, o primeiro radical é igual a 1 e a Equação (14-1) se reduz a:

$$\textbf{Abaixo da banda média: } A_v = \frac{A_{v(\text{méd})}}{\sqrt{1+(f/f_2)^2}} \qquad \textbf{(14-4)}$$

Resposta de um amplificador CC

Conforme foi mencionado no Capítulo 12, um projetista pode usar acoplamento direto entre estágios amplificadores. Isso permite ao circuito amplificar frequências desde zero hertz (0 Hz). Esse tipo de amplificador é denominado **amplificador CC**.

É ÚTIL SABER

Na Figura 14-2, a largura de banda inclui a frequência 0 Hz até f_2. Em outras palavras, a largura de banda na Figura 14-2 é igual a f_2.

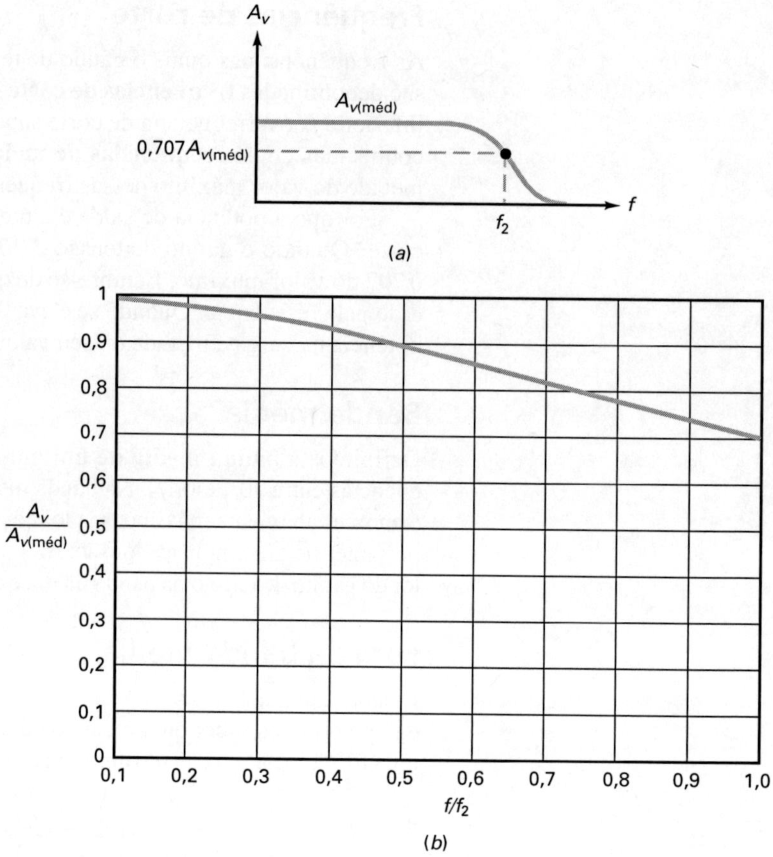

Figura 14-2 Resposta em frequência de um amplificador CC.

A Figura 14-2*a* mostra a resposta em frequência de um amplificador CC. Como não existe frequência de corte inferior, as duas características importantes de um amplificador CC são: $A_{v(méd)}$ e f_2. Dados esses dois valores, em uma folha de dados, temos o ganho de tensão do amplificador na banda média e a sua frequência de corte superior.

O amplificador CC é mais amplamente usado que o amplificador CA, porque a maioria dos amplificadores são projetados com amp-ops (amplificadores operacionais) em vez do uso de transistores discretos. O *amp-op* é um amplificador *CC* que tem um alto ganho de tensão, alta impedância de entrada e baixa impedância de saída. Uma grande variedade de amp-ops é disponibilizada comercialmente como circuitos integrados (CIs).

A maioria dos amplificadores CC é projetada com uma capacitância dominante que produz a frequência de corte f_2. Por isso, podemos usar a seguinte fórmula para calcular o ganho de tensão de amplificadores CC típicos:

$$A_v = \frac{A_{v(méd)}}{\sqrt{1 + (f/f_2)^2}} \tag{14-5}$$

Por exemplo, quando $f = 0,1f_2$:

$$A_v = \frac{A_{v(méd)}}{\sqrt{1 + (0,1)^2}} = 0,995\ A_{v(méd)}$$

Isso informa que o ganho de tensão está a 0,5% do máximo quando a frequência de entrada é um décimo da frequência de corte superior. Em outras palavras, o ganho de tensão é de aproximadamente 100% do máximo.

Tabela 14-1	Entre a banda média e o corte	
f/f_2	$A_v/A_{v(méd)}$	Por cento (aprox.)
0,1	0,995	100
0,2	0,981	98
0,3	0,958	96
0,4	0,928	93
0,5	0,894	89
0,6	0,857	86
0,7	0,819	82
0,8	0,781	78
0,9	0,743	74
1	0,707	70

Entre a banda média e o corte

Com a Equação (14-5) podemos calcular o ganho de tensão na região entre a banda média e o corte. A Tabela 14-1 mostra os valores normalizados de frequência e ganho de tensão. Quando $f/f_2 \sim 0{,}1$, $A_v/A_{v(méd)} = 0{,}995$. Quando f/f_2 aumenta, o ganho de tensão normalizado diminui até alcançar 0,707 na frequência de corte. Como uma aproximação, podemos dizer que o ganho de tensão é 100% do máximo quando $f/f_2 \sim 0{,}1$. Em seguida ele diminui para 98%, 96% e assim por diante, até ser aproximadamente 70% na frequência de corte. A Figura 14-2*b* mostra o gráfico de $A_v/A_{v(méd)}$ *versus* f/f_2.

Exemplo 14-1

A Figura 14-3*a* mostra um amplificador CA com um ganho de tensão na banda média de 200. Se as frequências de corte são $f_1 = 20$ Hz e $f_2 = 20$ kHz, como é o aspecto da resposta em frequência? Qual será o ganho de tensão se a frequência de entrada for de 5 Hz? E se for de 200 kHz?

SOLUÇÃO Na banda média, o ganho de tensão é 200. Em qualquer frequência de corte o ganho de tensão é:

$$A_v = 0{,}707(200) = 141$$

A Figura 14-3*b* mostra a resposta em frequência.

Com a Equação (14-3) podemos calcular o ganho de tensão para uma frequência de entrada de 5 Hz:

$$A_v = \frac{200}{\sqrt{1+(20/5)^2}} = \frac{200}{\sqrt{1+(4)^2}} = \frac{200}{\sqrt{17}} = 48{,}5$$

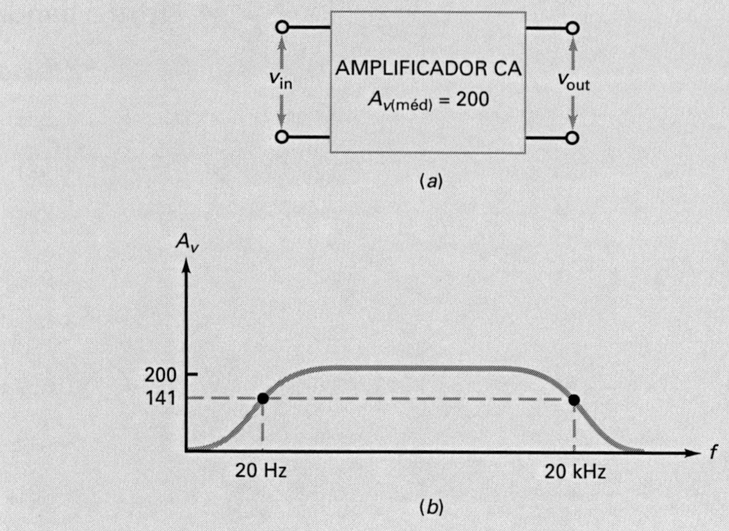

Figura 14-3 Amplificador CA e a sua resposta em frequência.

De forma similar, podemos usar a Equação (14-4) para calcular o ganho de tensão para a frequência de entrada de 200 kHz:

$$A_v = \frac{200}{\sqrt{1 + (200/20)^2}} = 19{,}9$$

PROBLEMA PRÁTICO 14-1 Repita o Exemplo 14-1 usando um amplificador CA com um ganho de tensão na banda média de 100.

Exemplo 14-2

A Figura 14-4*a* mostra um CI 741C, que é um amplificador operacional com um ganho de tensão na banda média de 100.000. Se f_2 = 10 Hz, qual é o aspecto da resposta em frequência?

SOLUÇÃO Na frequência de corte de 10 Hz, o ganho de tensão é 0,707 do seu valor na banda média:

$$A_v = 0{,}707(100.000) = 70.700$$

A Figura 14-4*b* mostra o aspecto da resposta em frequência. Observe que o ganho de tensão é 100.000 na frequência de zero hertz (0 Hz). À medida que

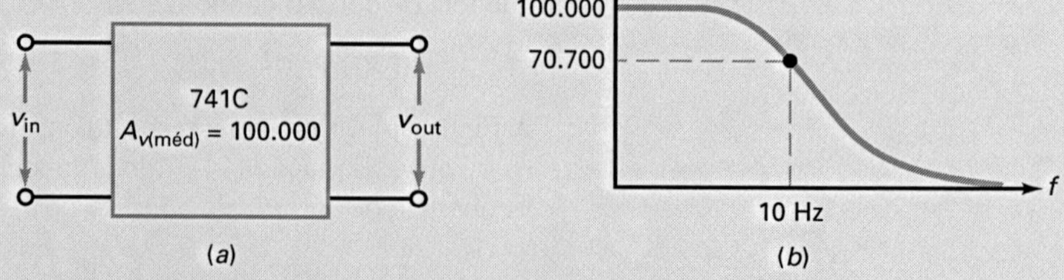

Figura 14-4 O CI 741C e sua resposta em frequência.

a frequência se aproxima de 10 Hz, o ganho de tensão diminui até que seja igual a aproximadamente 70% do máximo.

PROBLEMA PRÁTICO 14-2 Repita o Exemplo 14-2 sendo $A_{v(méd)}$ = 200.000.

Exemplo 14-3

No exemplo anterior, qual será o ganho de tensão para cada uma das seguintes frequências de entrada: 100 Hz, 1 kHz, 10 kHz, 100 kHz e 1 MHz?

SOLUÇÃO Como a frequência de corte é 10 Hz, uma frequência de entrada de:

f = 100 Hz, 1 kHz, 10 kHz, ...

resulta em uma razão f/f_2 de:

f/f_2 10, 100, 1000, ...

Portanto, podemos usar a Equação (14-5) seguinte maneira para calcular os ganhos de tensão:

$$f = 100\text{ Hz}: A_v = \frac{100.000}{\sqrt{1+(10)^2}} \approx 10.000$$

$$f = 1\text{K Hz}: A_v = \frac{100.000}{\sqrt{1+(100)^2}} = 1.000$$

$$f = 10\text{ KHz}: A_v = \frac{100.000}{\sqrt{1+(1.000)^2}} = 100$$

$$f = 100\text{ KHz}: A_v = \frac{100.000}{\sqrt{1+(10.000)^2}} = 10$$

$$f = 1\text{ MHz}: A_v = \frac{100.000}{\sqrt{1+(100.000)^2}} = 1$$

Cada vez que a frequência aumenta de uma década (um fator de 10), o ganho de tensão diminui por um fator de 10.

PROBLEMA PRÁTICO 14-3 Repita o Exemplo 14-3 sendo $A_{v(méd)}$ = 200.000.

14-2 Ganho de potência em decibel

Vamos discutir sobre **decibéis**, um método útil para descrever a resposta em frequência. Mas antes, precisamos revisar alguns conceitos básicos de matemática.

Revisão de logaritmos

Considere a seguinte equação:

$$\mathbf{x = 10^y} \quad \textbf{(14-6)}$$

Essa equação pode ser resolvida para y em termos de x assim:

$$y = \log_{10} x$$

A equação informa que y é o logaritmo (ou expoente) de 10 que resulta em x. Geralmente, o 10 é omitido, sendo a equação escrita assim:

$$\mathbf{y = \log x} \tag{14-7}$$

Com uma calculadora que tem a função log comum, podemos facilmente determinar o valor de y para qualquer valor de x. Por exemplo, veja como calcular o valor de y para x = 10, 100 e 1000:

$$y = \log 10 = 1$$

$$y = \log 100 = 2$$

$$y = \log 1000 = 3$$

Como você pode ver, cada vez que x aumenta por um fator de 10, y aumenta de 1.

Podemos calcular os valores de y, dados os valores decimais de x. Por exemplo, veja os valores de y para x = 0,1, 0,01 e 0,001:

$$y = \log 0{,}1 = -1$$

$$y = \log 0{,}01 = -2$$

$$y = \log 0{,}001 = -3$$

Cada vez que x diminui por um fator de 10, y diminui de 1.

Definição de $A_{p(\mathrm{dB})}$

No capítulo anterior, o ganho de potência A_p foi definido como a potência de saída dividida pela potência de entrada:

$$A_p = \frac{p_{\mathrm{out}}}{p_{\mathrm{in}}}$$

O **ganho de potência em decibel** é definido como:

$$\mathbf{A_{p(dB)} = 10 \log A_p} \tag{14-8}$$

Como A_p é a razão da potência de saída pela potência de entrada, A_p não tem unidade (é adimensional). Quando tomamos o logaritmo de A_p, obtemos uma quantidade que não tem unidade. Contudo, para termos certeza de que $A_{p(\mathrm{dB})}$ nunca será confundido com A_p, associamos a unidade *decibel* (abreviada por *dB*) a todas as respostas para $A_{p(\mathrm{dB})}$.

Por exemplo, se um amplificador tem um ganho de potência de 100, ele tem um ganho de potência em decibel de:

$$A_{p(\mathrm{dB})} = 10 \log 100 = 20 \text{ dB}$$

Como outro exemplo, se A_p = 100.000.000, então:

$$A_{p(\mathrm{dB})} = 10 \log 100.000.000 = 80 \text{ dB}$$

Nesses dois exemplos, o log é igual ao número de zeros: 100 tem dois zeros e 100.000.000 tem oito zeros. Podemos usar a contagem de zeros para determinar o logaritmo sempre que o número for um múltiplo de 10. Assim, podemos multiplicar por 10 para obter a resposta em decibel. Por exemplo, um ganho de potência de 1000 tem três zeros; multiplique por 10 para obter 30 dB. Um ganho de potência de 100.000 tem cinco zeros; multiplique por 10 para obter 50 dB. Esse artifício é útil para determinar o equivalente em decibel e verificar a resposta.

O ganho de potência em decibel é normalmente usado em folhas de dados para especificar o ganho de potência de dispositivos. Uma razão para o uso do ganho de potência em decibel é que os logaritmos comprimem os números. Por exemplo, se um amplificador tem um ganho de potência que varia de 100 a 100.000.000, o ganho de potência varia de 20 dB a 80 dB. Como podemos ver, o ganho de potência em decibel é uma notação mais compacta que o ganho de potência comum.

Tabela 14-2	Propriedades do ganho de potência
Fator	**Decibéis, dB**
×2	+3
×0,5	–3
×10	+10
×0,1	–10

Duas propriedades úteis

O ganho de potência em decibel tem duas propriedades úteis:

1. Cada vez que o ganho de potência comum aumenta (ou diminui) por um fator de 2, o ganho de potência em decibel aumenta (ou diminui) de 3 dB.
2. Cada vez que o ganho de potência comum aumenta (ou diminui) por um fator de 10, o ganho de potência em decibel aumenta (ou diminui) de 10 dB.

A Tabela 14-2 mostra essas propriedades na forma compacta. Os exemplos a seguir demonstram essas propriedades.

Exemplo 14-4

Calcule o ganho de potência em decibel para os seguintes valores: $A_p = 1$, 2, 4 e 8.

SOLUÇÃO Com uma calculadora, obtemos as seguintes respostas:

$$A_{p(\text{dB})} = 10 \log 1 = 0 \text{ dB}$$

$$A_{p(\text{dB})} = 10 \log 2 = 3 \text{ dB}$$

$$A_{p(\text{dB})} = 10 \log 4 = 6 \text{ dB}$$

$$A_{p(\text{dB})} = 10 \log 8 = 9 \text{ dB}$$

Cada vez que A_p aumenta por um fator de 2, o ganho de potência em decibel aumenta de 3 dB. Essa propriedade é sempre verdadeira. Sempre que dobramos o ganho de potência, o ganho de potência em decibel aumenta de 3 dB.

PROBLEMA PRÁTICO 14-4 Determine $A_{p(\text{dB})}$ para os ganhos de potência de 10, 20 e 40.

Exemplo 14-5

Calcule o ganho de potência em decibel para cada um dos seguintes valores: $A_p = 1$, 0,5, 0,25 e 0,125.

SOLUÇÃO

$$A_{p(\text{dB})} = 10 \log 1 = 0 \text{ dB}$$

$$A_{p(\text{dB})} = 10 \log 0{,}5 = -3 \text{ dB}$$

$$A_{p(\text{dB})} = 10 \log 0{,}25 = -6 \text{ dB}$$

$$A_{p(\text{dB})} = 10 \log 0{,}125 = -9 \text{ dB}$$

Cada vez que Ap diminui por um fator de 2, o ganho de potência em decibel diminui de 3 dB.

PROBLEMA PRÁTICO 14-5 Repita o Exemplo 14-5 para os ganhos de potência de 4, 2, 1 e 0,5.

Exemplo 14-6

Calcule o ganho de potência em decibel para os seguintes valores: A_p = 1, 10, 100 e 1000.

SOLUÇÃO

$$A_{p(\text{dB})} = 10 \log 1 = 0 \text{ dB}$$

$$A_{p(\text{dB})} = 10 \log 10 = 10 \text{ dB}$$

$$A_{p(\text{dB})} = 10 \log 100 = 20 \text{ dB}$$

$$A_{p(\text{dB})} = 10 \log 1000 = 30 \text{ dB}$$

Cada vez que A_p aumenta por um fator de 10, o ganho de potência em decibel aumenta de 10 dB.

PROBLEMA PRÁTICO 14-6 Calcule o ganho de potência em decibel para A_p = 5, 50, 500 e 5000.

Exemplo 14-7

Calcule o ganho de potência em decibel para cada um dos seguintes valores: A_p = 1, 0,1, 0,01 e 0,001.

SOLUÇÃO

$$A_{p(\text{dB})} = 10 \log 1 = 0 \text{ dB}$$

$$A_{p(\text{dB})} = 10 \log 0{,}1 = -10 \text{ dB}$$

$$A_{p(\text{dB})} = 10 \log 0{,}01 = -20 \text{ dB}$$

$$A_{p(\text{dB})} = 10 \log 0{,}001 = -30 \text{ dB}$$

Cada vez que A_p diminui por um fator de 10, o ganho de potência em decibel diminui de 10 dB.

PROBLEMA PRÁTICO 14-7 Calcule o ganho de potência em decibel para A_p = 20, 2, 0,2 e 0,002.

14-3 Ganho de tensão em decibel

As medições de tensão são mais comuns que as medições de potência. Por esse motivo, os decibéis são até mais úteis com o ganho de tensão.

Definição

Conforme definido em capítulos anteriores, o ganho de tensão é a tensão de saída dividida pela tensão de entrada:

$$A_v = \frac{v_{out}}{v_{in}}$$

O **ganho de tensão em decibel** é definido como:

$$\mathbf{A_{v(dB)} = 20 \log A_v} \qquad \textbf{(14-9)}$$

O motivo para o uso de 20 em vez de 10 nessa definição é porque a potência é proporcional ao quadrado da tensão. Conforme será discutido na próxima seção, essa definição produz um importante princípio para os sistemas de impedância casada.

Se um amplificador tem um ganho de tensão de 100.000, ele tem um ganho de tensão em decibel de:

$$A_{v(dB)} = 20 \log 100.000 = 100 \text{ dB}$$

Podemos usar um artifício sempre que o número for múltiplo de 10. Conte o número de zeros e multiplique por 20 para obter o equivalente em decibel. No cálculo anterior, conte cinco zeros e multiplique por 20 para obter o ganho de tensão em decibel de 100 dB.

Como outro exemplo, se um amplificador tem um ganho de tensão que varia de 100 a 100.000.000, então seu ganho de tensão em decibel varia de 40 dB a 160 dB.

Regras básicas para o ganho de tensão

A seguir, são relacionadas as propriedades úteis para o ganho de tensão em decibel:

1. Cada vez que o ganho de tensão aumenta (ou diminui) por um fator de 2, o ganho de tensão em decibel aumenta (ou diminui) de 6 dB.
2. Cada vez que o ganho de tensão aumenta (ou diminui) por um fator de 10, o ganho de tensão em decibel aumenta (ou diminui) de 20 dB.

A Tabela 14-3 resume essas propriedades.

Tabela 14-3	Propriedades do ganho de tensão
Fator	**Decibéis, dB**
×2	+6
×0,5	−6
×10	+20
×0,1	−20

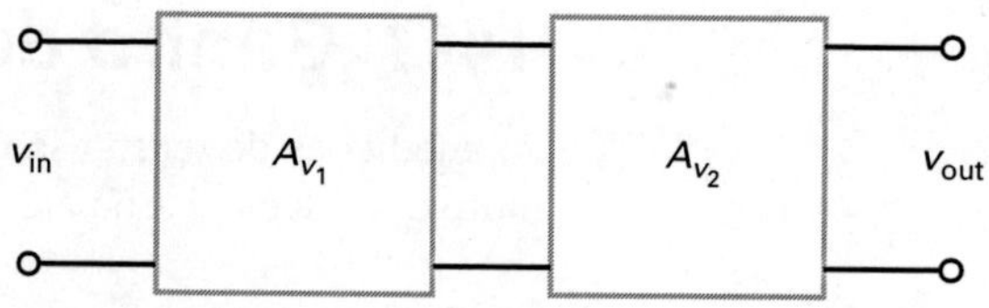

Figura 14-5 Dois estágios de ganho de tensão.

Estágios em cascata

Na Figura 14-5, o ganho de tensão total de um amplificador de dois estágios é o produto dos ganhos de tensão individuais:

$$\mathbf{A_v = (A_{v1})(A_{v2})} \quad \textbf{(14-10)}$$

Por exemplo, se o primeiro estágio tem um ganho de tensão de 100 e o segundo estágio tem um ganho de tensão de 50, o ganho de tensão total é:

$$A_v = (100)(50) = 500$$

Algo incomum ocorre na Equação (14-10), quando usamos o ganho de tensão em decibel em vez do ganho de tensão comum:

$$A_{v(\text{dB})} = 20 \log A_v = 20 \log (A_{v1})(A_{v2}) = 20 \log A_{v1} + 20 \log A_{v2}$$

Isso pode ser escrito como:

$$\mathbf{A_{v(dB)} = A_{v1(dB)} + A_{v2(dB)}} \quad \textbf{(14-11)}$$

Essa equação informa que o ganho de tensão em decibel total de dois estágios em cascata é igual à soma dos ganhos de tensão em decibel individuais. A mesma ideia se aplica a qualquer número de estágios. Essa propriedade aditiva do ganho em decibel é o motivo de sua popularidade.

Exemplo 14-8

Qual é o ganho de tensão total na Figura 14-6*a*? Expresse-o em decibéis. Em seguida, calcule o ganho de tensão em decibel de cada estágio e o ganho de tensão em decibel total usando a Equação (14-11).

SOLUÇÃO Pela Equação (14-10), o ganho de tensão total é:

$$A_v = (100)(20) = 20.000$$

Em decibéis, esse ganho vale:

$$A_{v(\text{dB})} = 20 \log 20.000 = 86 \text{ dB}$$

Podemos usar a calculadora obtendo 86 dB, ou podemos usar o seguinte artifício: o número 20.000 é o mesmo que 2 vezes 10.000. O número 10.000 tem quatro zeros, o que significa que o equivalente em decibel é 80 dB. Devido ao fator de 2, a resposta final é 6 dB superior, ou seja, 86 dB.

Em seguida podemos calcular o ganho de tensão em decibel de cada estágio da seguinte forma:

$$A_{v1(\text{dB})} = 20 \log 100 = 40 \text{ dB}$$

$$A_{v2(\text{dB})} = 20 \log 200 = 46 \text{ dB}$$

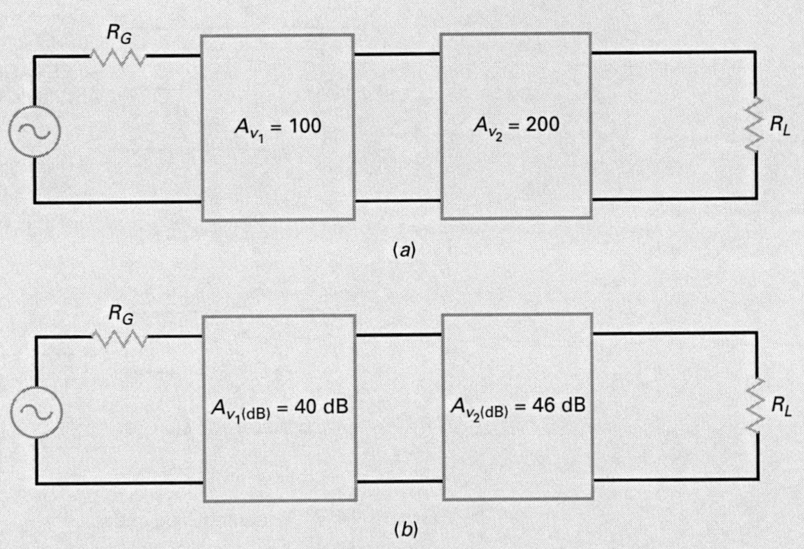

Figura 14-6 Ganhos de tensão e os equivalentes em decibel.

A Figura 14-6*b* mostra esses ganhos em decibel. Pela Equação (14-11), o ganho de tensão em decibel total é:

$$A_{v(dB)} = 40 \text{ dB} + 46 \text{ dB} = 86 \text{ dB}$$

Conforme podemos ver, somando os ganhos de tensão em decibel de cada estágio, obtemos a mesma resposta calculada anteriormente.

PROBLEMA PRÁTICO 14-8 Repita o Exemplo 14-8 tendo os estágios ganhos de tensão de 50 e 200.

14-4 Casamento de impedância

A Figura 14-7*a* mostra um estágio amplificador com a resistência do gerador R_G, a resistência de entrada R_{in}, a resistência de saída R_{out} e a resistência de carga R_L. Até este momento, na maioria das nossas discussões temos usado impedâncias diferentes.

Em muitos sistemas de comunicação (microondas, televisão e telefone), todas as impedâncias são casadas; ou seja, $R_G = R_{in} = R_{out} = R_L$. A Figura 14-7*b* ilustra a ideia. Conforme está indicado, todas as impedâncias são iguais a R. A impedância R é 50 Ω em sistemas de microondas, 75 Ω (cabo coaxial) ou 300 Ω em sistemas de televisão e 600 Ω em sistemas de telefonia. O casamento de impedância é usado nesses sistemas, pois produz máxima transferência de potência.

Na Figura 14-7*b*, a potência de entrada é:

$$p_{in} = \frac{V_{in}^2}{R}$$

e a potência de saída é:

$$p_{out} = \frac{V_{out}^2}{R}$$

É ÚTIL SABER

Quando as impedâncias não estão casadas em um amplificador, os ganhos de potência em decibel podem ser calculados com o uso da seguinte equação:

$A_p(\text{dB}) = 20 \log A_v + 10 \log R_{in}/R_{out}$

onde A_v representa o ganho de tensão do amplificador e R_{in} e R_{out} representam as resistências de entrada e saída, respectivamente.

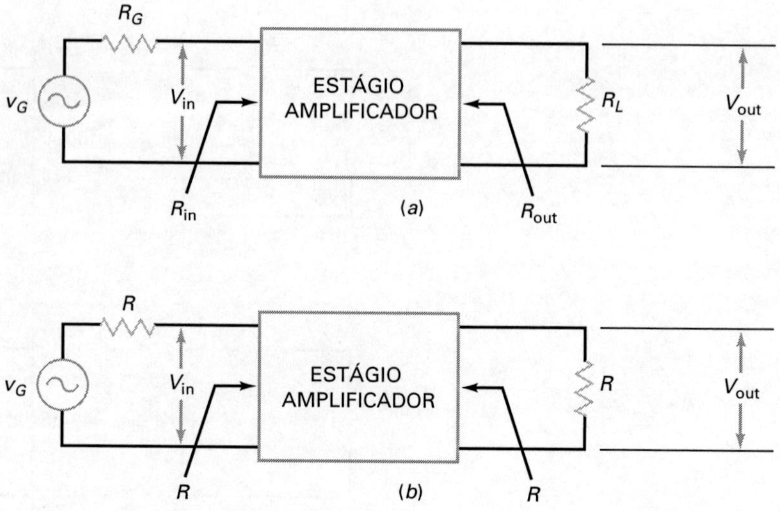

Figura 14-7 Casamento de impedância.

O ganho de potência é:

$$A_p = \frac{p_{out}}{p_{in}} = \frac{V_{out}{}^2/R}{V_{in}{}^2/R} = \frac{V_{out}{}^2}{V_{in}{}^2} = \left(\frac{V_{out}}{V_{in}}\right)^2$$

ou

$$\mathbf{A_p = A_v{}^2} \qquad \textbf{(14-12)}$$

Isso informa que o ganho de potência é igual ao quadrado do ganho de tensão em qualquer sistema com impedância casada.

Em termos de decibel:

$$A_{p(dB)} = 10 \log A_p = 10 \log A_v{}^2 = 20 \log A_v$$

ou

$$\mathbf{A_{p(dB)} = A_{v(dB)}} \qquad \textbf{(14-13)}$$

Essa equação informa que o ganho de potência em decibel é igual ao ganho de tensão em decibel. A Equação (14-13) é verdadeira para qualquer sistema com impedância casada. Se uma folha de dados informa que o ganho de um sistema é 40 dB, então os ganhos de tensão e de potência são iguais a 40 dB.

Conversão de decibel para ganho comum

Quando uma folha de dados especifica o ganho de potência ou de tensão em decibel, podemos converter o ganho em decibel para ganho comum usando as seguintes equações:

$$\mathbf{A_p = antilog \frac{A_{p(dB)}}{10}} \qquad \textbf{(14-14)}$$

e

$$\mathbf{A_v = antilog \frac{A_{v(dB)}}{20}} \qquad \textbf{(14-15)}$$

O antilog é o inverso do logaritmo. Essas conversões são facilmente realizadas usando-se uma calculadora científica que tenha a função log e a função inversa.

Exemplo de aplicação 14-9

A Figura 14-8 mostra estágios com impedâncias casadas sendo R = 50 W. Qual é o ganho total em decibel? Qual é o ganho de potência total? Qual é o ganho de tensão total?

SOLUÇÃO O ganho de tensão total em decibel é:

$$A_{v(dB)} = 23 \text{ dB} + 36 \text{ dB} + 31 \text{ dB} = 90 \text{ dB}$$

O ganho de potência total em decibel também é igual a 90 dB porque os estágios têm impedâncias casadas.

Por meio da Equação (14-14), o ganho de potência total é:

$$A_p = \text{antilog}\frac{90 \text{ dB}}{10} = 1.000.000.000$$

e o ganho de tensão total é:

$$A_v = \text{antilog}\frac{90 \text{ dB}}{20} = 31.623$$

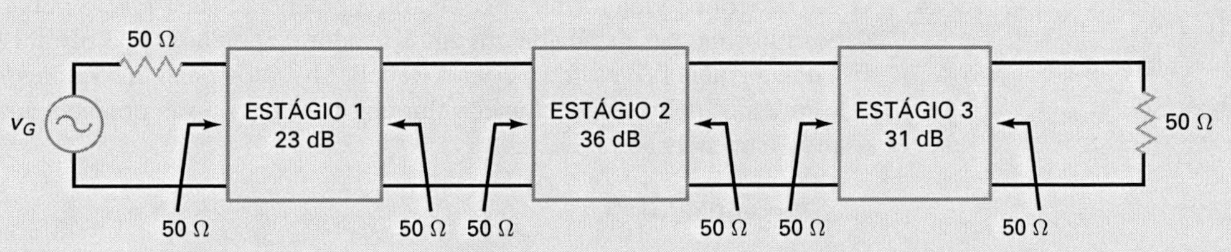

Figura 14-8 Casamento de impedância em sistemas de 50 Ω.

PROBLEMA PRÁTICO 14-9 Repita o Exemplo 14-9 com os estágios ganhos de 10 dB, –6 dB e 26 dB.

Exemplo de aplicação 14-10

No exemplo anterior, qual é o ganho de tensão comum de cada estágio?

SOLUÇÃO O primeiro estágio tem um ganho de tensão de:

$$A_{v_1} = \text{antilog}\frac{23 \text{ dB}}{20} = 14{,}1$$

O segundo estágio tem um ganho de tensão de:

$$A_{v_2} = \text{antilog}\frac{36 \text{ dB}}{20} = 63{,}1$$

O terceiro estágio tem um ganho de tensão de:

$$A_{v_3} = \text{antilog}\frac{31 \text{ dB}}{20} = 35{,}5$$

PROBLEMA PRÁTICO 14-10 Repita o Exemplo 14-10 com os ganhos dos estágios de 10 dB, –6 dB e 26 dB.

14-5 Decibéis acima de uma referência

Nesta seção, vamos discutir mais duas formas de usar decibéis. Além da aplicação dos decibéis nos ganhos de potência e tensão, podemos usar os *decibéis acima de uma referência*. Os níveis de referência usados nesta seção são o miliwatt e o volt.

A referência de Miliwatt

Os decibéis são usados algumas vezes para indicar o nível de potência acima de 1 mW. Nesse caso, a indicação *dBm* é usada em vez de dB. A letra *m* em dBm nos lembra da referência de miliwatt. A equação em dBm é:

$$\boldsymbol{P_{\mathrm{dBm}} = 10 \log \frac{P}{1\,\mathrm{mW}}} \qquad \textbf{(14-16)}$$

onde P_{dBm} é a potência expressa em dBm. Por exemplo, se a potência for de 2 W, então:

$$P_{\mathrm{dBm}} = 10 \log \frac{2\ \mathrm{W}}{1\,\mathrm{mW}} = 10 \log 2000 = 33\ \mathrm{dBm}$$

O uso do dBm é uma forma de comparar a potência com 1 mW. Se uma folha de dados informa que a saída de um amplificador de potência é 33 dBm, isso significa que a potência de saída é 2 W. A Tabela 14-4 mostra alguns valores em dBm.

Podemos converter qualquer valor em dBm para a sua potência equivalente usando esta equação:

$$\boldsymbol{P = \mathrm{antilog} \frac{P_{\mathrm{dBm}}}{10}} \qquad \textbf{(14-17)}$$

onde *P* é a potência em miliwatts.

É ÚTIL SABER

Os sistemas de comunicação de áudio que têm resistências de entrada e saída de 600 Ω usam a unidade dBm para indicar a saída de potência real de um amplificador, um atenuador, ou um sistema inteiro.

A referência de Volt

Os decibéis também podem ser usados para indicar o nível da tensão acima de 1 V. Nesse caso, a indicação *dBV* é usada. A equação em dBV é:

$$V_{\mathrm{dBV}} = 20 \log \frac{V}{1\mathrm{V}}$$

Tabela 14-4	Potência em dBm
Potência	V_{dBm}
1 μW	–30
10 μW	–20
100 μW	–10
1 mW	0
10 mW	10
100 mW	20
1 W	30

É ÚTIL SABER

A unidade decibel milivolt (dBmV) é frequentemente usada em sistema de TV a cabo para a medição de intensidade de sinal. Nesses sistemas, um sinal de 1 mV em 75 Ω é o nível de referência que corresponde a 0 dB. A unidade dBmV é usada para indicar a tensão de saída efetiva de um amplificador, atenuador ou um sistema inteiro.

Tabela 14-5	Tensão em dBV
Potência	V_{dBV}
10 μV	–100
100 μV	–80
1 mV	–60
10 mV	–40
100 mV	–20
1 V	0
10 V	+20
100 V	+40

Como o denominador é igual a 1, podemos simplificar a equação para:

$$\mathbf{V_{dBV} = 20 \log V} \qquad \textbf{(14-18)}$$

onde V é adimensional. Por exemplo, se a tensão for 25 V, então:

$$V_{dBV} = 20 \log 25 = 28 \text{ dBV}$$

Usar dBV é uma forma de comparar a tensão com 1 V. Se a folha de dados informa que a saída de um amplificador é 28 dBV, ela está indicando que a tensão de saída é 25 V. Se o nível de saída ou a sensibilidade de um microfone for especificado como −40 dBV, sua tensão de saída é de 10 mV. A Tabela 14-5 mostra alguns valores em dBV.

Podemos converter qualquer valor dBV numa tensão equivalente usando esta equação:

$$\mathbf{V = \text{antilog} \frac{V_{dBV}}{20}} \qquad \textbf{(14-19)}$$

onde V é a tensão em volts.

Exemplo 14-11

Uma folha de dados informa que a saída de um amplificador é 24 dBm. Qual é a potência de saída?

SOLUÇÃO Usando uma calculadora e a Equação (14-17):

$$P = \text{antilog} \frac{24 \text{ dBm}}{10} = 251 \text{ mW}$$

PROBLEMA PRÁTICO 14-11 Qual é a potência de saída de um amplificador que tem uma especificação de 50 dBm?

Exemplo 14-12

Se uma folha de dados informa que a saída de um amplificador é –34 dBV, qual é a tensão de saída?

SOLUÇÃO Por meio da Equação (14-18):

$$V = \text{antilog} = \frac{-34\ \text{dBV}}{20} = 20\ \text{mV}$$

PROBLEMA PRÁTICO 14-12 Dado um microfone com especificação de –54,5 dBV, qual é a tensão de saída?

14-6 Gráficos de Bode

A Figura 14-9 mostra a resposta em frequência de um amplificador CA. Embora ela contenha informações tais como a banda média, o ganho de tensão e as frequências de corte, é um gráfico incompleto na representação do comportamento do amplificador. Aqui é que entra o **gráfico de Bode**. Como esse tipo de gráfico usa decibéis, ele pode nos fornecer mais informações sobre a resposta do amplificador fora da banda média.

Oitavas

A nota dó (C) média em um piano tem uma frequência de 256 Hz. O próximo dó mais alto é uma oitava acima, com uma frequência de 512 Hz. O próximo dó acima tem uma frequência de 1024 Hz e assim por diante. Em música, a palavra *oitava* se refere ao dobro de uma frequência. Todas as vezes que subimos uma oitava, dobramos a frequência.

Em eletrônica, uma oitava tem um significado similar para relações como f_1/f e f/f_2. Por exemplo, se f_1 = 100 Hz e f = 50 Hz, a relação f_1/f é:

$$\frac{f_1}{f} = \frac{100\ \text{Hz}}{50\ \text{Hz}} = 2$$

Podemos descrever isso dizendo que f está uma oitava abaixo de f_1. Como outro exemplo, suponha que f = 400 kHz e f_2 = 200 kHz. Então:

$$\frac{f}{f_2} = \frac{400\ \text{KHz}}{200\ \text{KHz}} = 2$$

Isso significa que f está uma oitava abaixo de f_2.

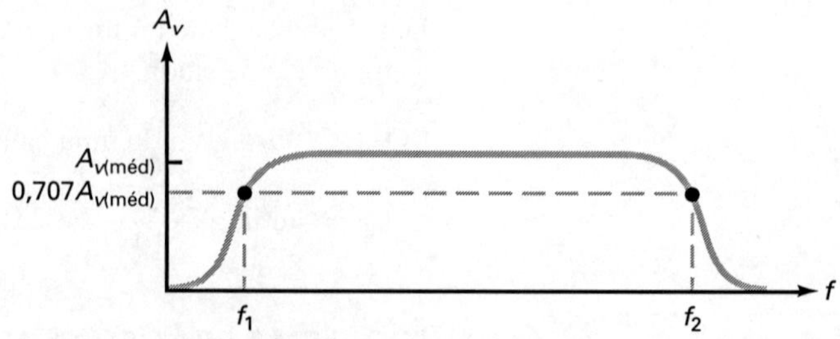

Figura 14-9 Resposta em frequência de um amplificador CA.

Décadas

Uma *década* tem um significado similar para razões como f_1/f e f/f_2, exceto que um fator de 10 é usado em vez de 2. Por exemplo, se $f_1 = 500$ Hz e $f = 50$ Hz, a razão f_1/f é

$$\frac{f_1}{f} = \frac{500\text{ Hz}}{50\text{ Hz}} = 10$$

Podemos descrever isso dizendo que f está uma década abaixo de f_1. Como outro exemplo, suponha que $f = 2$ MHz e $f_2 = 200$ kHz. Então:

$$\frac{f}{f_2} = \frac{2\text{ MHz}}{200\text{ KHz}} = 10$$

Isso significa que f está uma década abaixo de f_2.

Escalas lineares e logarítmicas

Um papel comum para gráfico tem uma *escala linear* nos dois eixos. Isso significa que os espaços entre os números são os mesmos para todos os números, como mostra a Figura 14-10*a*. Uma escala linear começa em 0 e segue em passos uniformes no sentido dos números maiores. Todos os gráficos discutidos até este ponto usam escalas lineares.

Algumas vezes podemos preferir usar uma **escala logarítmica** porque ela comprime faixas de valores muito amplas nos permitindo observar várias décadas. A Figura 14-10*b* mostra uma escala logarítmica. Observe que a numeração começa com 1. O espaço entre 1 e 2 é muito maior que o espaço entre 9 e 10. Ao comprimirmos a escala de forma logarítmica como mostramos aqui, podemos obter vantagens de certas propriedades dos logaritmos e decibéis.

Tanto o papel comum para gráfico quanto o papel semilogarítmico são comercializados. O papel semilogarítmico para gráfico tem uma escala linear no eixo vertical e uma escala logarítmica no eixo horizontal. As pessoas usam o papel semilogarítmico quando desejam representar graficamente uma grandeza como o ganho de tensão ao longo de várias décadas de frequências.

É ÚTIL SABER

A principal vantagem do uso do espaçamento logarítmico é que uma grande faixa de valores pode ser mostrada em um gráfico sem perda de resolução nos valores menores.

Gráfico do ganho de tensão em decibel

A Figura 14-11*a* mostra a resposta em frequência de um amplificador CA típico. O gráfico é similar ao da Figura 14-9, porém desta vez estamos representando o ganho de tensão em decibel *versus* a frequência, conforme ela aparece em um papel semilogarítmico. Um gráfico como este é chamado de *gráfico de Bode*. O eixo vertical usa uma escala linear e o eixo horizontal usa uma escala logarítmica.

Conforme está mostrado, o ganho de tensão em decibel é máximo na banda média. Em cada frequência de corte, o ganho de tensão em decibel está um pouco abaixo do valor máximo. Abaixo de f_1, o ganho de tensão em decibel diminui 20 dB por década. Acima de f_2, o ganho de tensão em decibel diminui 20 dB por década. As diminuições de 20 dB por década ocorre em amplificadores onde existe um capacitor dominante produzindo a frequência de corte inferior e um capacitor de desvio dominante produzindo a frequência de corte superior, conforme foi discutido na Seção 14-1.

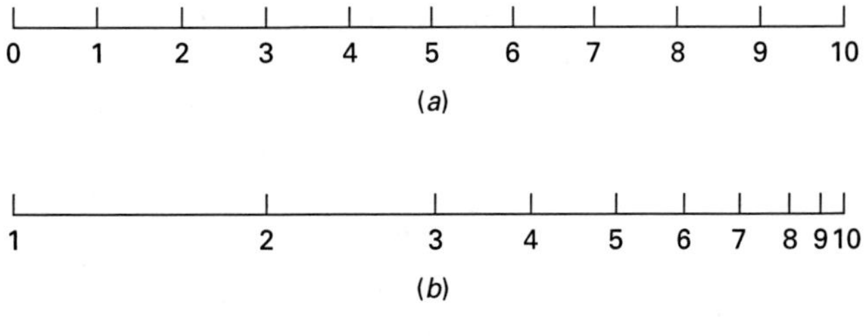

Figura 14-10 Escalas linear e logarítmica.

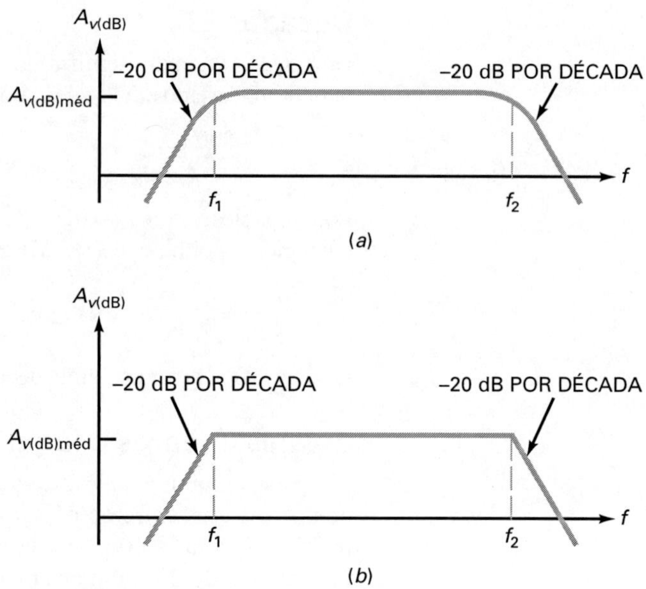

Figura 14-11 (*a*) Gráfico de Bode; (*b*) Gráfico de Bode ideal.

Nas frequências de corte, f_1 e f_2, o ganho de tensão é 0,707 do valor na banda média. Em termos de decibéis:

$$A_v(\text{dB}) = 20 \log 0{,}707 = -3 \text{ dB}$$

Podemos descrever a resposta em frequência da Figura 14-11*a* desta forma: na banda média, o ganho de tensão é máximo. Entre a banda média e cada uma das frequências de corte, o ganho de tensão diminui gradualmente em 3 dB até a frequência e corte. Em seguida, o ganho de tensão cai (diminui) a uma taxa de 20 dB por década.

Gráfico de Bode ideal

A Figura 14-11*b* mostra a resposta em frequência numa forma *ideal*. Muitas pessoas preferem usar um gráfico de Bode ideal, porque é mais fácil de desenhar e apresenta aproximadamente a mesma informação. Qualquer um observando esse gráfico ideal sabe que o ganho de tensão em decibel está 3 dB abaixo nas frequências de corte. O gráfico de Bode ideal contém todas as informações originais sendo a correção de 3 dB inserida mentalmente.

Gráficos de Bode ideais são aproximações que nos permitem desenhar a resposta em frequência de um amplificador de forma rápida e fácil. Eles fazem-nos concentrar nas questões principais em vez de nos atermos aos detalhes dos cálculos exatos. Por exemplo, um gráfico de Bode ideal como o da Figura 14-12 nos fornece uma resumo visual rápido da resposta em frequência de um amplificador. Podemos ver o ganho de tensão na banda média (40 dB), as frequências de corte (1 kHz e 100 kHz) e a taxa de decaimento (20 dB por década). Observe também que o ganho de tensão é igual a 0 dB (unitário ou 1) em 10 Hz e 10 MHz. Os gráficos ideais como esse são muito comuns na indústria.

Provavelmente, muitos técnicos e engenheiros usam o termo *frequência de canto* em vez de *frequência de corte*. Isso porque o gráfico ideal apresenta um formato de canto em cada frequência de corte. Outro termo normalmente usado é frequência de quina. Isso porque a linha do gráfico muda de direção em cada frequência de corte passando a diminuir a uma taxa de 20 dB por década.

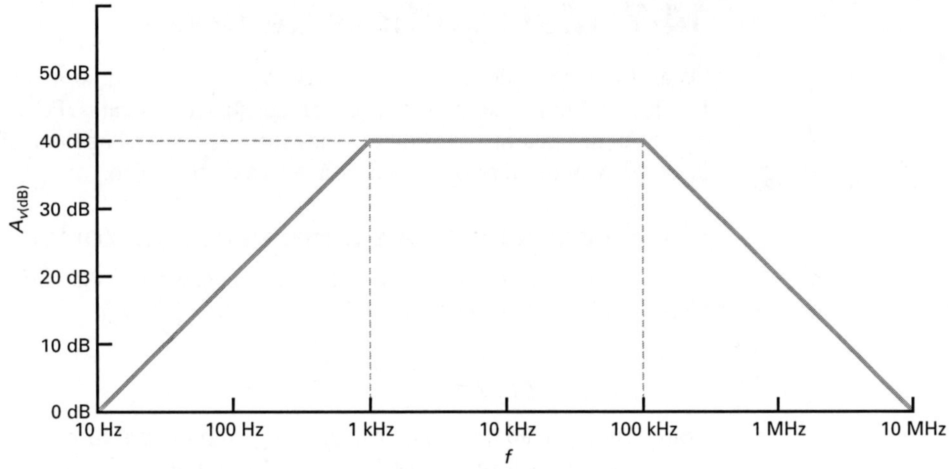

Figura 14-12 Gráfico de Bode ideal de um amplificador CA.

Exemplo de aplicação 14-13

A folha de dados para o amp-op 741C nos fornece um ganho de tensão em banda média de 100.000, uma frequência de corte de 10 Hz e uma taxa de decaimento de 20 dB por década. Desenhe o gráfico de Bode ideal desse CI. Qual o ganho de tensão comum em 1 MHz?

SOLUÇÃO Conforme mencionado na Seção 14-1, os amp-ops são amplificadores CC, de forma que eles têm apenas a frequência de corte superior. Para um 741C, $f_2 = 10$ Hz. O ganho de tensão na banda média em decibéis é:

$$A_{v(\text{dB})} = 20 \log 100.000 = 100 \text{ dB}$$

O gráfico de Bode ideal tem um ganho de tensão na banda média de 100 dB até 10 Hz. Em seguida, ele diminui 20 dB por década.

A Figura 14-13 mostra o gráfico de Bode ideal. Após a "quebra" em 10 Hz, a resposta decai 20 dB por década até ser igual a 0 dB em 1 MHz. A tensão comum é unitária (1) nessa frequência. As folhas de dados normalmente contêm a **frequência de ganho unitário** (simbolizada por $f_{\text{unitário}}$) porque ela nos informa imediatamente a limitação de frequência do amp-op. O dispositivo pode fornecer ganho de tensão até a frequência de ganho unitário, porém não além dela.

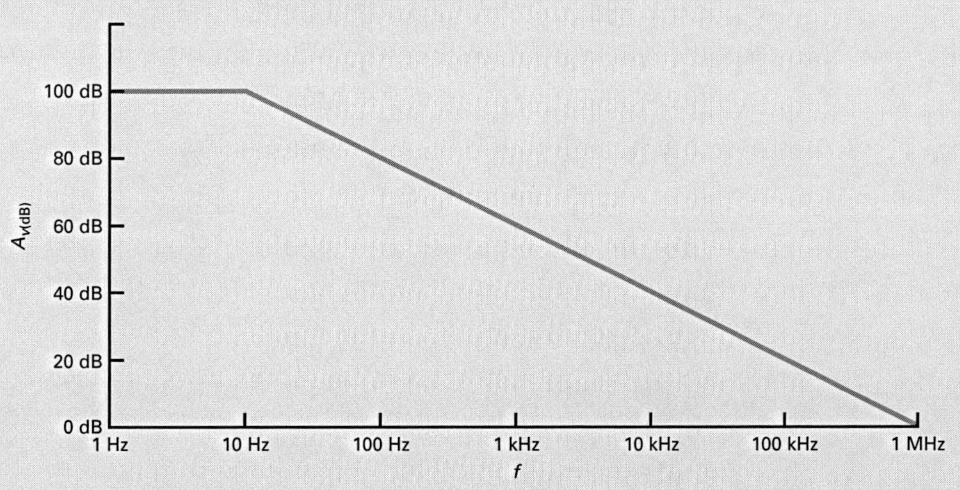

Figura 14-13 Gráfico de Bode ideal de um amplificador CC.

14-7 Mais gráficos de Bode

Os gráficos de Bode ideais são aproximações úteis para uma análise preliminar. Porém, algumas vezes precisamos de respostas mais exatas. Por exemplo, o ganho de tensão de um amp-op diminui gradualmente entre a banda média e a frequência de corte. Vamos ater-nos mais a essa região de transição.

Entre a banda média e a frequência de corte

Na Seção 14-1, introduzimos a seguinte equação para o ganho de tensão de um amplificador acima da banda média:

$$A_v = \frac{A_{v(\text{méd})}}{\sqrt{1 + (f/f_2)^2}} \tag{14-20}$$

Com essa equação, podemos calcular o ganho de tensão na região de transição entre a banda média e o corte. Por exemplo, aqui estão os cálculos para $f/f_2 = 0{,}1$, 0,2 e 0,3:

$$A_v = \frac{A_{v(\text{méd})}}{\sqrt{1 + (0{,}1)^2}} = 0{,}995\,A_{v(\text{méd})}$$

$$A_v = \frac{A_{v(\text{méd})}}{\sqrt{1 + (0{,}2)^2}} = 0{,}981\,A_{v(\text{méd})}$$

$$A_v = \frac{A_{v(\text{méd})}}{\sqrt{1 + (0{,}3)^2}} = 0{,}958\,A_{v(\text{méd})}$$

Continuando dessa forma, podemos calcular os valores restantes mostrados na Tabela 14-6.

A Tabela 14-6 inclui os valores em dB para $A_v/A_{v(\text{méd})}$. As entradas em decibel são calculadas como a seguir:

$$(A_v/A_{v(\text{méd})\text{dB}} = 20 \log 0{,}995 = -0{,}04 \text{ dB}$$

$$(A_v/A_{v(\text{méd})\text{dB}} = 20 \log 0{,}981 = -0{,}17 \text{ dB}$$

$$(A_v/A_{v(\text{méd})\text{dB}} = 20 \log 0{,}958 = -0{,}37 \text{ dB}$$

Tabela 14-6	Entre a banda média e o corte	
f/f_2	$A_v/A_{v(\text{méd})}$	$A_v/A_{v(\text{méd})\text{dB}}$, dB
0,1	0,995	−0,04
0,2	0,981	−0,17
0,3	0,958	−0,37
0,4	0,928	−0,65
0,5	0,894	−0,97
0,6	0,857	−1,3
0,7	0,819	−1,7
0,8	0,781	−2,2
0,9	0,743	−2,6
1	0,707	−3

e assim por diante. Raramente precisamos dos valores dados na Tabela 14-6. Mas, ocasionalmente, podemos querer consultar essa tabela para obter um valor preciso do ganho de tensão na região entre a banda média e o corte.

Circuito de atraso

A maioria dos amp-ops incluem um circuito de atraso *RC* que provoca o decaimento do ganho de tensão a uma taxa de 20 dB por década. Isso evita *oscilações*, sinais indesejados que podem aparecer sob certas condições. Em capítulos posteriores explicaremos as oscilações e como o circuito de atraso interno de um amp-op evita esses sinais indesejados.

A Figura 14-14 mostra um circuito com capacitor de desvio. *R* representa a resistência thevenizada "vista" pelo capacitor. Esse circuito é normalmente denominado **circuito de atraso**, porque a tensão de saída é atrasada em relação à tensão de entrada em altas frequências. Dizendo de outra forma: se a tensão de entrada tem um ângulo de fase de 0°, a tensão de saída tem uma ângulo de fase entre 0° e –90°.

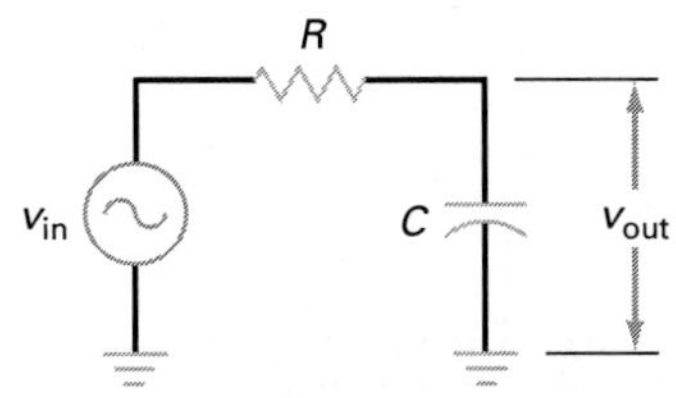

Figura 14-14 Um circuito de desvio *RC*.

Em baixas frequências, a reatância capacitiva se aproxima do infinito e a tensão de saída é igual à tensão de entrada. À medida que a frequência aumenta, a reatância capacitiva diminui, o que faz que a tensão de saída diminua. Lembrando do curso de eletricidade básica, a tensão de saída para o circuito é:

$$V_{out} = \frac{X_C}{\sqrt{R^2 + X_C^2}} V_{in}$$

Se rearranjarmos a equação anterior, o ganho de tensão do circuito visto na Figura 14-14 é:

$$A_v = \frac{X_C}{\sqrt{R^2 + X_C^2}} \tag{14-21}$$

Como o circuito tem apenas dispositivos passivos, o ganho de tensão é sempre menor ou igual a 1.

A frequência de corte de um circuito de atraso ocorre quando o ganho de tensão é 0,707. A equação para o cálculo da frequência de corte é:

$$f_2 = \frac{1}{2\pi RC} \tag{14-22}$$

Nessa frequência, $X_C = R$ e o ganho de tensão é 0,707.

Gráfico de Bode do ganho de tensão

Substituindo $X_C = 1/2\pi fC$ na Equação (14-21) e rearranjando, podemos deduzir essa equação:

$$A_v = \frac{1}{\sqrt{1 + (f/f_2)^2}} \tag{14-23}$$

Esta equação é similar à Equação (14-20), onde $A_{v(méd)}$ é igual a 1. Por exemplo, quando f/f_2 = 0,1, 0,2 e 0,3, obtemos:

$$A_v = \frac{1}{\sqrt{1 + (0,1)^2}} = 0,995$$

$$A_v = \frac{1}{\sqrt{1 + (0,2)^2}} = 0,981$$

$$A_v = \frac{1}{\sqrt{1 + (0,3)^2}} = 0,958$$

Continuando dessa maneira e convertendo em decibéis, obtemos os valores mostrados na Tabela 14-7.

Tabela 14-7	Resposta do circuito de atraso	
f/f_2	A_v	$A_{v(dB)}$, dB
0,1	0,995	−0,04
1	0,707	−3
10	0,1	−20
100	0,01	−40
1.000	0,001	−60

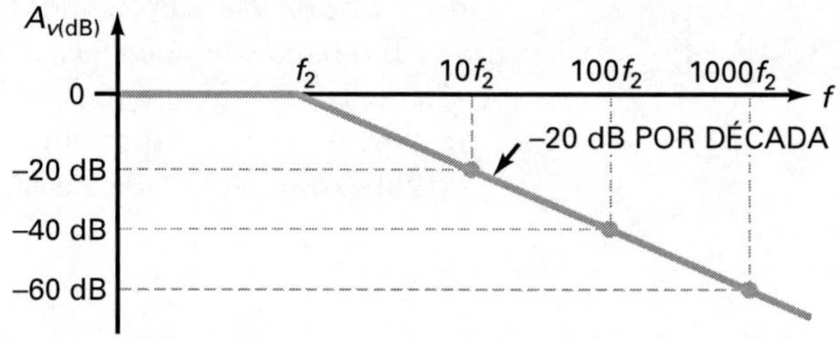

Figura 14-15 Gráfico de Bode ideal de um circuito de atraso.

A Figura 14-15 mostra o gráfico de Bode ideal para um circuito de atraso. Na banda média, o ganho de tensão em decibel é 0 dB. A curva de resposta muda de direção em f_2 decaindo a uma taxa de 20 dB por década.

6 dB por oitava

Acima da frequência de corte, o ganho de tensão em decibel de um circuito de atraso diminui 20 dB por década. Isso equivale a 6 dB por oitava, que é facilmente provado como mostramos a seguir: quando $f/f_2 = 10$, 20 e 40, o ganho de tensão é:

$$A_v = \frac{1}{\sqrt{1+(10)^2}} = 0{,}1$$

$$A_v = \frac{1}{\sqrt{1+(20)^2}} = 0{,}05$$

$$A_v = \frac{1}{\sqrt{1+(40)^2}} = 0{,}025$$

Os ganhos de tensão em decibel correspondentes são:

$$A_{v(\text{dB})} = 20 \log 0{,}1 = -20 \text{ dB}$$

$$A_{v(\text{dB})} = 20 \log 0{,}05 = -26 \text{ dB}$$

$$A_{v(\text{dB})} = 20 \log 0{,}025 = -32 \text{ dB}$$

Em outras palavras, podemos descrever a resposta em frequência de um circuito de atraso acima da frequência de corte de duas formas: podemos dizer que o ganho de tensão em decibel diminui a uma taxa de 20 dB por década ou que ele diminui a uma taxa de 6 dB por oitava.

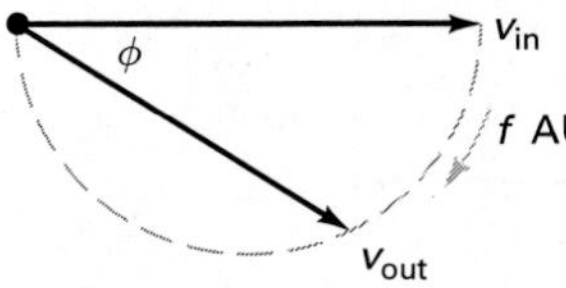

Figura 14-16 Diagrama fasorial de um circuito de atraso.

Ângulo de fase

A carga e descarga de um capacitor produz um atraso na tensão de saída de um circuito de desvio *RC*. Em outras palavras, a tensão de saída é atrasada em relação à tensão de entrada em um ângulo de fase ϕ. A Figura 14-16 mostra como ϕ varia com a frequência. Em 0 hertz (0 Hz), o ângulo de fase é 0º. À medida que a frequência aumenta, o ângulo de fase da tensão de saída muda gradualmente de 0 para –90º. Em frequências muito altas, $\phi = -90°$.

Quando necessário, podemos calcular o ângulo de fase com esta equação aprendida num curso básico:

$$\phi = -\mathbf{arctg}\,\frac{R}{X_C} \tag{14-24}$$

Substituindo $X_C = 1/2\pi fC$ na Equação (14-24) e rearranjando, podemos deduzir essa equação:

$$\phi = -\mathbf{arctg}\,\frac{f}{f_2} \tag{14-25}$$

Com uma calculadora que tenha a função tangente (tecla *tan*) e a função inversa (2nd tan), podemos facilmente calcular o ângulo de fase para qualquer valor de f/f_2. A Tabela 14-8 mostra alguns valores para ϕ. Por exemplo, $f/f_2 = 0{,}1$, 1 e 10, os ângulos de fase são:

$$\phi = -\text{arctg } 0{,}1 = -5{,}71°$$

$$\phi = -\text{arctg } 1 = -45°$$

$$\phi = -\text{arctg } 10 = -84{,}3°$$

Gráfico de Bode do ângulo de fase

A Figura 14-17 mostra como o ângulo de fase de um circuito de atraso varia com a frequência. Em frequências muito baixas, o ângulo de fase é zero. Quando $f = 0{,}1\,f_2$, o ângulo de fase é aproximadamente –6º. Quando $f = f_2$, o ângulo de fase é igual a –45º. Quando $f = 10f_2$, o ângulo de fase é aproximadamente –84º. Aumentos posteriores na frequência produzem uma pequena mudança devido ao valor-limite ser –90º. Como podemos ver, o ângulo de fase de um circuito de atraso está entre 0 e –90º.

A Figura 14-17*a* ilustra um gráfico de Bode do ângulo de fase. Sabendo que o ângulo de fase é –6º em $0{,}1f_2$ e 84º em $10f_2$, esse gráfico não é tão importante,

Tabela 14-8	Resposta de um circuito de atraso
***f* / *f*$_2$**	***f***
0,1	–5,71°
1	–45°
10	–84,3°
100	–89,4°
1000	–89,9°

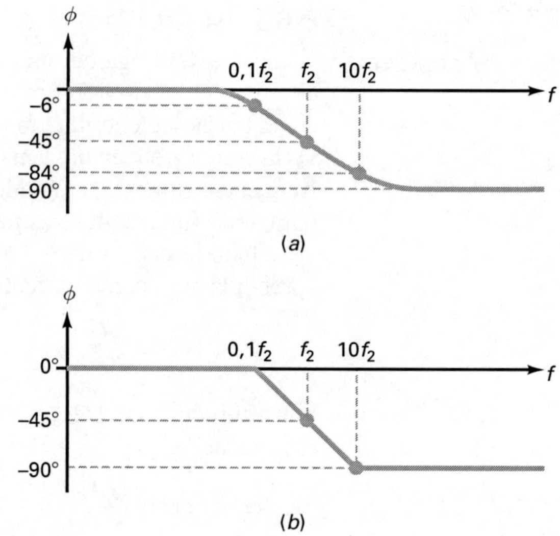

Figura 14-17 Gráficos de Bode do ângulo de fase.

exceto para indicar quanto o ângulo de fase está próximo do valor-limite. O gráfico de Bode ideal da Figura 14-17*b* é mais usado para análises preliminares. Esse é um gráfico para ser lembrado porque realça as seguintes ideias:

1. Quando $f = 0{,}1f_2$, o ângulo de fase é aproximadamente zero.
2. Quando $f = f_2$, o ângulo de fase é –45°.
3. Quando $f = 10f_2$, o ângulo de fase é aproximadamente –90°.

Outra forma de resumir o gráfico de Bode do ângulo de fase é essa: na frequência de corte, o ângulo de fase é igual a –45°. Uma década abaixo da frequência de corte, o ângulo de fase é aproximadamente 0°. Uma década acima da frequência de corte, o ângulo de fase é aproximadamente –90°.

Exemplo 14-14

MultiSim

Desenhe o gráfico de Bode ideal para o circuito de atraso da Figura 14-18*a*.

Figura 14-18 Um circuito de atraso e o seu gráfico de Bode.

SOLUÇÃO Usando a Equação (14-22) podemos calcular a frequência de corte:

$$f_2 = \frac{1}{2\pi(5\ \text{k}\Omega)(100\ \text{pF})} = 318\ \text{KHz}$$

A Figura 14-18*b* mostra o gráfico de Bode ideal. O ganho de tensão é 0 dB em baixas frequências. A curva de resposta em frequência muda de direção em 318 kHz decaindo a uma taxa de 20 dB/década.

PROBLEMA PRÁTICO 14-14 Usando a Figura 14-18, altere R para 10 kΩ e calcule a frequência de corte.

Exemplo 14-15

O estágio do amplificador CC, visto na Figura 14-19, tem um ganho de tensão na banda média de 100. Se a resistência de Thévenin "vista" pelo capacitor de desvio é 2 kΩ, qual é o gráfico de Bode ideal? Ignore todas as capacitâncias internas ao estágio amplificador.

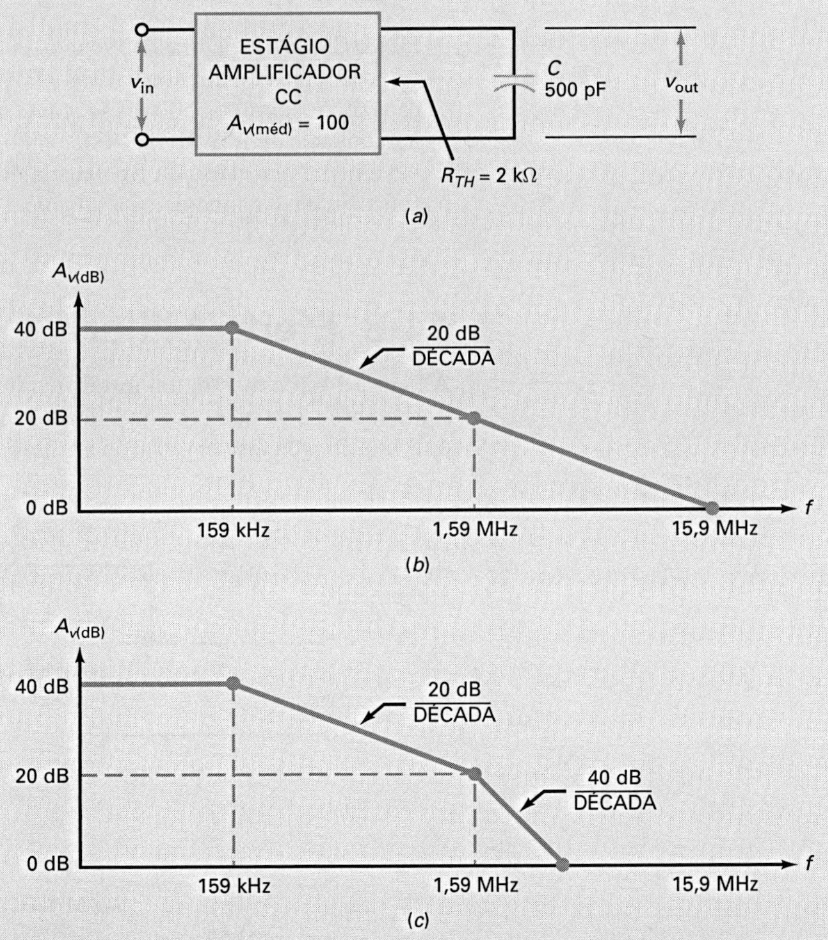

Figura 14-19 (*a*) Amplificador CC e capacitor de desvio; (*b*) gráfico de Bode ideal; (*c*) gráfico de Bode com a segunda frequência de corte.

SOLUÇÃO A resistência de Thévenin e o capacitor de desvio formam um circuito de atraso com uma frequência de corte de:

$$f_2 = \frac{1}{2\pi(2\,\text{k}\Omega)(500\,\text{pF})} = 159\,\text{KHz}$$

O amplificador tem um ganho de tensão de banda média de 100, que é equivalente a 40 dB.

A Figura 14-19*b* mostra o gráfico de Bode ideal. O ganho de tensão em decibel é 40 dB de zero até a frequência de corte de 159 kHz. Em seguida a curva de resposta decai a uma taxa de 20 dB por década até alcançar a $f_{\text{unitário}}$ (frequência de ganho unitário) de 15,9 MHz.

PROBLEMA PRÁTICO 14-15 Repita o Exemplo 14-15 usando uma resistência Thévenin de 1 kΩ.

Exemplo 14-16

Suponha que o estágio amplificador mostrado na Figura 14-19*a* tenha um circuito de atraso com uma frequência de corte de 1,59 MHz. Qual o efeito no gráfico de Bode ideal?

SOLUÇÃO A Figura 14-19*c* mostra a resposta em frequência. A curva de resposta muda de direção em 159 kHz, a frequência de corte produzida pelo capacitor externo de 500 pF. O ganho de tensão decai 20 dB por década até a frequência de 1,59 MHz. Neste ponto, a curva de resposta muda de direção novamente por causa da frequência de corte do circuito de atraso interno. Em seguida, o ganho decai a uma taxa de 40 dB por década.

14-8 Efeito Miller

A Figura 14-20*a* mostra um **amplificador inversor** com um ganho de tensão de A_v. Lembre-se de que um amplificador inversor produz uma tensão de saída que está 180° fora da fase em relação à tensão de entrada.

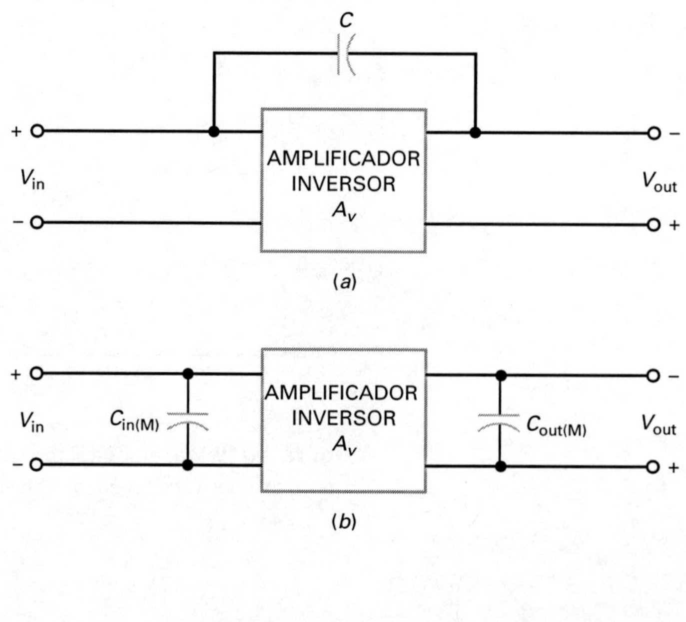

Figura 14-20 (*a*) Amplificador inversor; (*b*) o efeito Miller produz um capacitor de entrada maior.

Capacitor de realimentação

Na Figura 14-2*a*, o capacitor entre os terminais de entrada e saída é denominado **capacitor de realimentação** (*feedback*) porque o sinal de saída do amplificador é realimentado na entrada. Um circuito como esse é difícil de analisar, pois o capacitor de realimentação afeta os circuitos de entrada e saída simultaneamente.

Conversão do capacitor de realimentação

Felizmente, existe um artifício denominado *teorema de Miller* que converte o capacitor em dois capacitores separados, como mostra a Figura 14-20*b*. Esse circuito equivalente é mais fácil porque o capacitor de realimentação se apresenta dividido em duas novas capacitâncias, $C_{in(M)}$ e $C_{out(M)}$. Com o uso de álgebra complexa é possível deduzir as seguintes equações:

$$C_{in(M)} = C(A_v + 1) \tag{14-26}$$

$$C_{out(M)} = C\left(\frac{A_v + 1}{A_v}\right) \tag{14-27}$$

O teorema de Miller converte o capacitor de realimentação em dois capacitores equivalentes, um na entrada e outro na saída. Isso cria dois problemas simples em vez de um grande problema. As Equações (14-20) e (14-27) são válidas para qualquer amplificador inversor, como um amplificador emissor comum, um amplificador emissor comum com realimentação parcial ou um amp-op inversor. Nessas equações, A_v é o ganho de tensão em banda média.

Geralmente, A_v é muito maior que 1 e $C_{out(M)}$ é aproximadamente igual à capacitância de realimentação. O que é notável no uso do teorema de Miller é o efeito sobre a capacitância de entrada $C_{in(M)}$. Ela mostra-se como se a capacitância de realimentação fosse amplificada obtendo-se uma nova capacitância que é $A_v + 1$ vezes maior. Esse fenômeno, conhecido como **efeito Miller**, tem aplicações úteis porque cria capacitores artificiais ou virtuais muito maiores que o capacitor de realimentação.

Compensação em um Amp-Op

Conforme discutimos na Seção 14-7, a maioria dos amp-ops são *internamente compensados*, o que significa que incluem um capacitor de desvio dominante que provoca o decaimento do ganho de tensão a uma taxa de 20 dB por década. O efeito Miller é usado para produzir esse capacitor de desvio dominante.

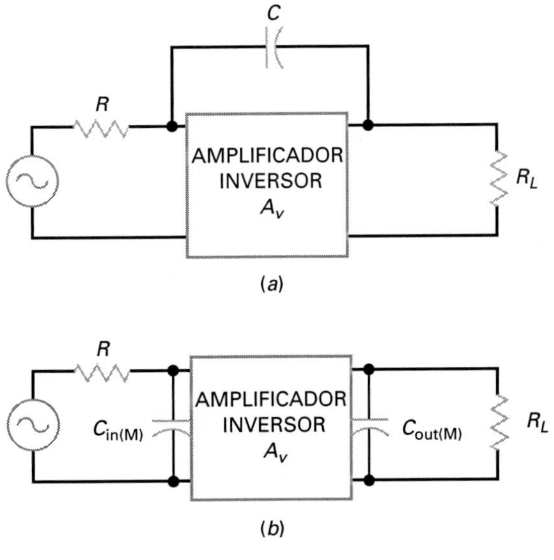

Figura 14-21 O efeito Miller produz um circuito de atraso de entrada.

Essa é a ideia básica: um dos estágios amplificadores em um amp-op tem um capacitor de realimentação, como mostra a Figura 14-21*a*. Com o teorema de Miller, podemos converter esse capacitor de realimentação em dois capacitores equivalentes, mostrados na Figura 14-21*b*. Agora, existem dois circuitos de atraso, um na entrada e outro na saída. Devido ao efeito Miller, o capacitor de desvio na entrada é muito maior do que o capacitor de desvio na saída. Como resultado, o circuito de atraso é dominante; ou seja, ele determina a frequência de corte do estágio. O capacitor de desvio de saída geralmente não tem efeito até que a frequência de entrada seja várias décadas maior.

Em um amp-op típico, o circuito de atraso de entrada visto na Figura 14-21*b* produz uma frequência de corte dominante. O ganho de tensão cai na frequência de corte a uma taxa de 20 dB por década até que a frequência de entrada alcance a frequência de ganho unitário.

Exemplo 14-17

O amplificador da Figura 14-22*a* tem um ganho de tensão de 100.000. Desenhe o gráfico de Bode ideal.

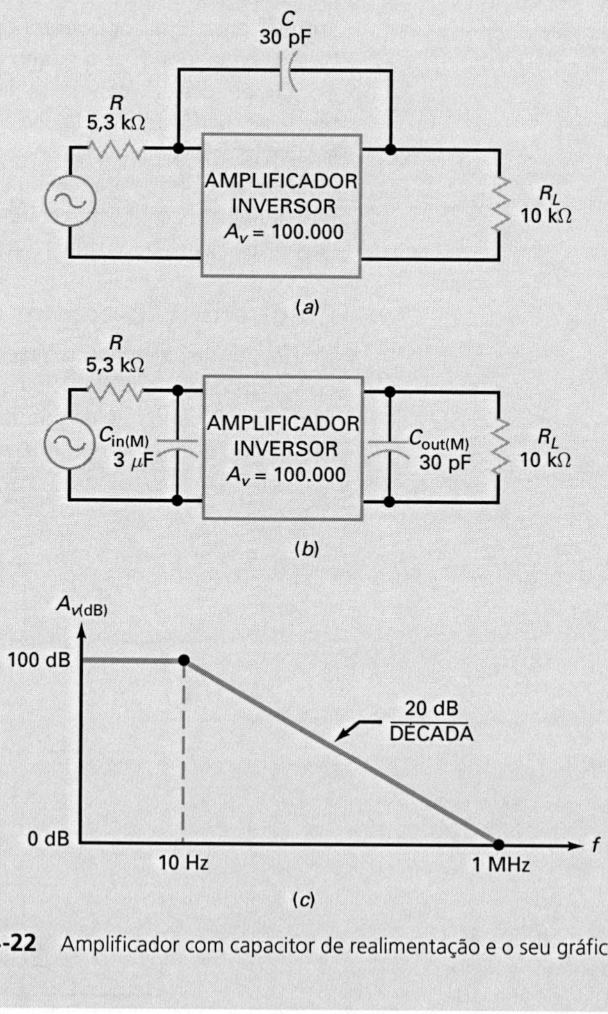

Figura 14-22 Amplificador com capacitor de realimentação e o seu gráfico de Bode.

SOLUÇÃO Comece convertendo o capacitor de realimentação nos seus componentes Miller. Visto que o ganho de tensão é muito maior que 1:

$$C_{in(M)} = 100.000(30\ pF) = 3\ \mu F$$

$$C_{out(M)} = 30\ pF$$

A Figura 14-22*b* mostra as capacitâncias Miller de entrada e saída. O circuito de atraso dominante na entrada tem uma frequência de corte de:

$$f_2 = \frac{1}{2\pi RC} = \frac{1}{2\pi(5{,}3\ k\Omega)(3\ \mu F)} = 10Hz$$

Como o ganho de tensão de 100.000 é equivalente a 100 dB, podemos desenhar o gráfico de Bode mostrado na Figura 14-22*c*.

PROBLEMA PRÁTICO 14-17 Usando a Figura 14-22*a*, determine $C_{in(M)}$ e $C_{out(M)}$ se o ganho de tensão for 10.000.

14-9 Relação tempo de subida-largura de banda

O teste com onda senoidal de um amplificador significa que usamos uma tensão de entrada senoidal e medimos uma tensão de saída senoidal. Para determinarmos a frequência de corte superior, precisamos variar a frequência até que o ganho de tensão caia 3 dB em relação ao valor na banda média. O teste com onda senoidal gera resultados aproximados. Porém, existe uma forma mais rápida e mais simples de testar um amplificador usando uma onda quadrada em vez de uma onda senoidal.

Tempo de subida

No circuito visto na Figura 14-23*a*, o capacitor está inicialmente descarregado. Ao fecharmos a chave, a tensão no capacitor sobe exponencialmente em direção ao valor *V* da fonte de alimentação. O tempo de subida T_R (*risetime*) é o tempo que a tensão no capacitor leva para ir de 0,1*V* (denominado *ponto de 10%*) para 0,9*V* (denominado *ponto de 90%*). Se a forma de onda exponencial gastar 10 μs para ir do ponto de 10% ao ponto de 90%, ela tem um tempo de subida de:

$$T_R = 10\ \mu s$$

Em vez de usarmos uma chave para aplicar um degrau de tensão, podemos usar um gerador de onda quadrada. Por exemplo, a Figura 14-23*b* mostra a borda de subida de uma onda quadrada acionando o mesmo circuito *RC* de antes. O tempo de subida continua sendo o tempo gasto para a tensão ir do ponto de 10% para o ponto de 90%.

A Figura 14-23*c* mostra a resposta para alguns ciclos. Embora a tensão de entrada varie quase instantaneamente de um nível de tensão para outro, a tensão de saída gasta um tempo muito maior para realizar as transições por causa do capacitor de desvio. A tensão de saída não pode variar em degraus, porque o capacitor tem que carregar e descarregar através da resistência.

Relação entre T_R e *RC*

Analisando a carga exponencial de um capacitor, é possível deduzir a equação a seguir para o tempo de subida:

$$Tr = 2{,}2RC \qquad \textbf{(14-28)}$$

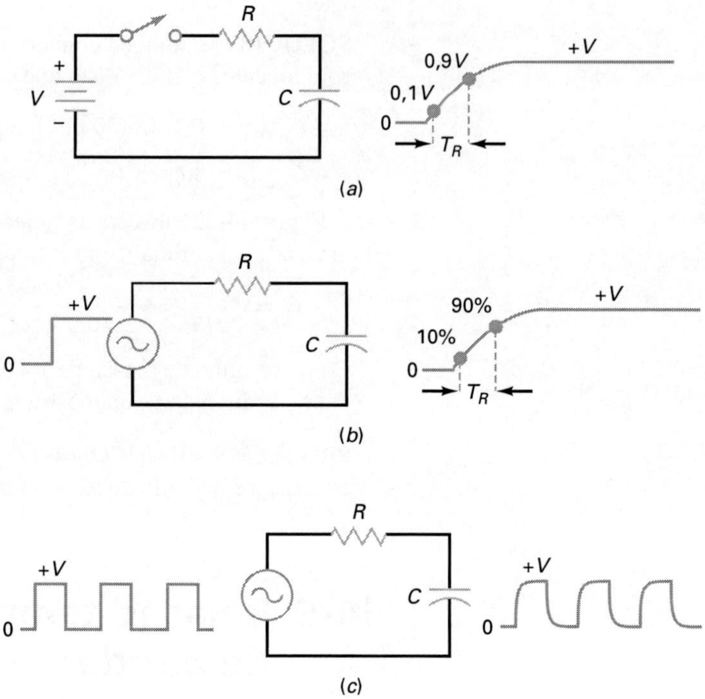

Figura 14-23 (*a*) Tempo de subida; (*b*) um degrau de tensão produz uma saída exponencial; (*c*) teste com onda quadrada.

A equação mostra que o tempo de subida é um pouco maior do que duas constantes de tempo *RC*. Por exemplo, se *R* for igual a 10 kΩ e *C* for 50 pF, então:

$$RC = (10\ \text{k}\Omega)(50\ \text{pF}) = 0{,}5\ \mu\text{s}$$

O tempo de subida da forma de onda de saída é igual a:

$$T_R = 2{,}2RC = 2{,}2(0{,}5\ \mu\text{s}) = 1{,}1\ \mu\text{s}$$

As folhas de dados normalmente especificam o tempo de subida, porque ele é útil para sabermos a resposta a um degrau de tensão quando analisamos circuitos de comutação.

Uma relação importante

Conforme mencionamos, um amplificador CC tem tipicamente um circuito de atraso dominante que provoca o decaimento do ganho de tensão a uma taxa de 20 dB por década, até que a $f_{\text{unitário}}$ (frequência de ganho unitário) seja alcançada. A frequência de corte desse circuito de atraso é dada por:

$$f_2 = \frac{1}{2\pi RC}$$

que pode ser resolvida para *RC* obtendo:

$$RC = \frac{1}{2\pi f_2}$$

Quando substituímos essa equação na Equação (14-28) e simplificamos, obtemos a seguinte equação bastante usada:

$$\boldsymbol{f_2 = \frac{0{,}35}{T_R}} \qquad \textbf{(14-29)}$$

Esse resultado é importante porque ele converte o tempo de subida para a frequência de corte. Isso significa que podemos testar um amplificador com uma onda quadrada para determinar a frequência de corte. Como o teste de onda quadrada é muito mais rápido que o teste de onda senoidal, muitos engenheiros e técnicos usam a Equação (14-29) para determinar a frequência de corte superior de um amplificador.

A Equação (14-29) é denominada *relação tempo de subida-largura de banda*. Em um amplificador CC, o termo largura de banda se refere a todas as frequências de zero até a frequência de corte. Geralmente o termo é usado como sinônimo para frequência de corte. Se a folha de dados registra uma largura de banda de 100 kHz, significa que a frequência de corte superior é igual a 100 kHz.

Exemplo 14-18

Qual é a frequência de corte superior para o circuito mostrado na Figura 14-24*a*?

SOLUÇÃO Na Figura 14-24*a*, o tempo de subida é 1 μs. Usando a Equação (14-29) temos:

$$f_2 = \frac{0,35}{1\mu s} = 350 \text{ KHz}$$

Portanto, o circuito da Figura 14-24*a* tem uma frequência de corte superior de 350 kHz. Uma declaração equivalente é que o circuito tem uma largura de banda de 350 kHz.

A Figura 14-24*b* ilustra o significado do teste de onda senoidal. Se trocarmos a tensão de entrada de uma onda quadrada para uma onda senoidal, obteremos uma saída senoidal. Aumentando a frequência de entrada, podemos eventualmente determinar a frequência de corte de 350 kHz. Em outras palavras, obteremos o mesmo resultado com o teste de onda senoidal, exceto que ele é mais demorado que o teste de onda quadrada.

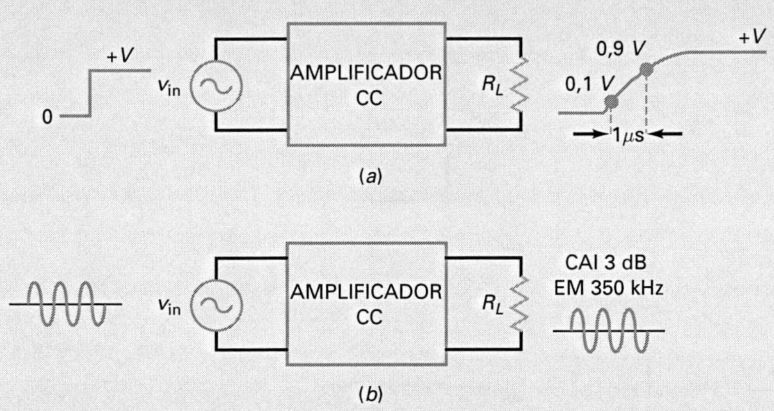

Figura 14-24 O tempo de subida e a frequência de corte são relacionados.

PROBLEMA PRÁTICO 14-18 Um circuito *RC* tem $R = 2$ kΩ e $C = 100$ pF. Determine o tempo de subida da forma de onda de saída e a sua frequência de corte superior.

14-10 Análise de frequência de estágios TJB

Uma ampla variedade de amp-ops são comercializadas hoje em dia com frequências de ganho unitário de 1 até mais de 200 MHz. Por causa disso, a maioria dos amplificadores é construída usando-se amp-ops. Como os amp-ops são o coração dos sistemas analógicos, a análise de estágios de um amplificador discreto tem menos importância do que já teve. A próxima seção discute brevemente as frequências de corte inferior e superior de um estágio EC com polarização por divisor de tensão. Vamos nos ater aos efeitos de componentes individuais na resposta em frequência do circuito, começando no ponto da frequência de corte inferior.

Capacitor de acoplamento de entrada

Quando um sinal CA é acoplado num estágio de um amplificador, o circuito equivalente se assemelha ao da Figura 14-25*a*. A resistência do gerador e a resistência de entrada do estágio são "vistas" pelo capacitor. Esse circuito de acoplamento tem uma frequência de corte de:

$$f_1 = \frac{1}{2\pi RC} \tag{14-30}$$

onde R é a soma de R_G e R_{in}. A Figura 14-25*b* mostra a resposta em frequência.

Capacitor de acoplamento de saída

A Figura 14-26*a* mostra a saída de um estágio TJB. Após a aplicação do teorema de Thévenin, obtemos o circuito equivalente da Figura 14-26*b*. A Equação (14-30) pode ser usada para calcular a frequência de corte, onde R é a soma de R_C e R_L.

Capacitor de desvio do emissor

A Figura 14-27*a* mostra um amplificador EC. A Figura 14-27*b* mostra o efeito que o capacitor de desvio do emissor tem na tensão de saída. O circuito de Thévenin

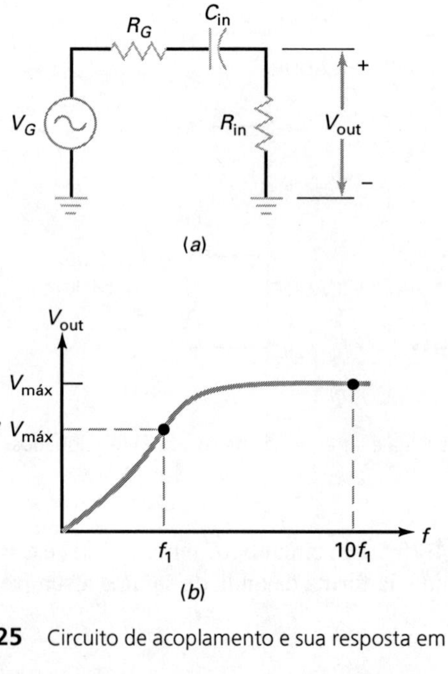

Figura 14-25 Circuito de acoplamento e sua resposta em frequência.

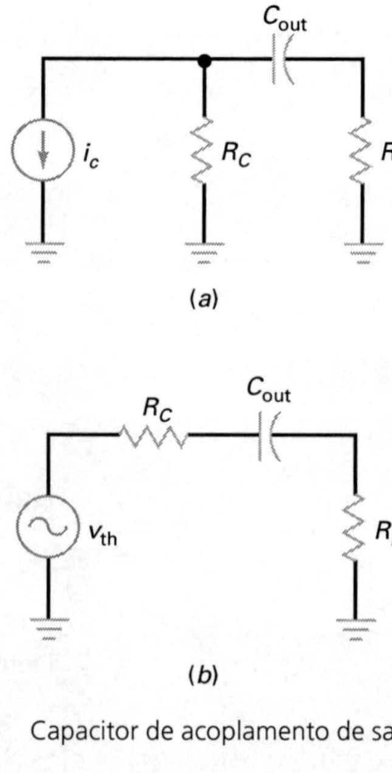

Figura 14-26 Capacitor de acoplamento de saída.

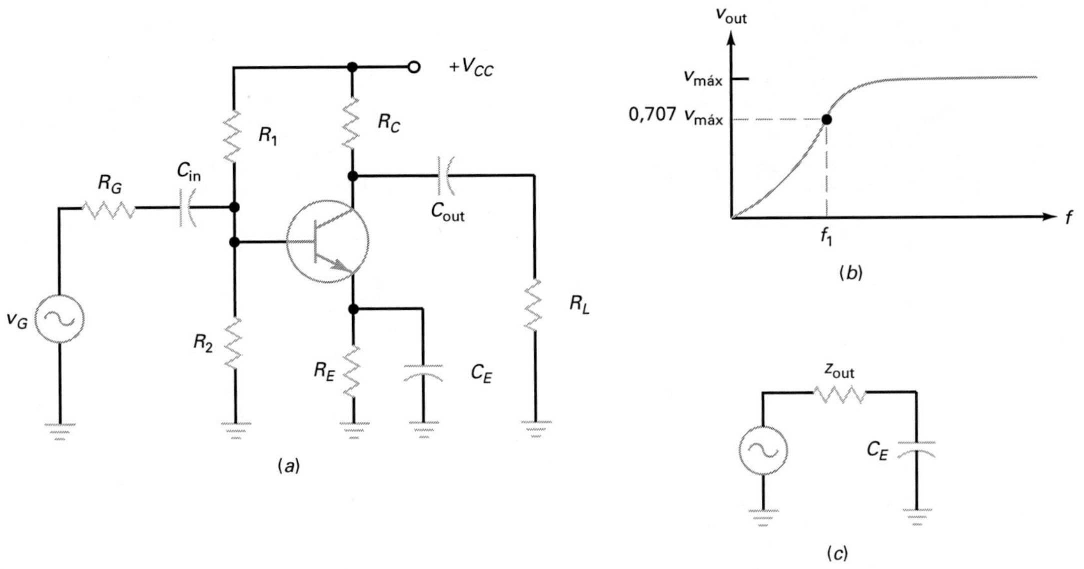

Figura 14-27 Efeito do capacitor de desvio do emissor.

"visto" pelo capacitor de desvio do emissor é mostrado na Figura 14-27*c*. A frequência de corte é dada por:

$$f_2 = \frac{1}{2\pi z C_E} \tag{14-31}$$

A impedância de saída z_{out} pode ser calculada olhando-se o circuito "por trás" através do capacitor C_E,

onde $z_{out} = R_E || \left(r'_e + \frac{R_G || R_1 || R_2}{\beta} \right)$

Cada um dos capacitores de acoplamento de entrada, de acoplamento de saída e de desvio do emissor produz uma frequência de corte. Geralmente uma dessas é dominante. Quando a frequência diminui, o ganho cai a partir dessa frequência de corte dominante, a uma taxa de 20 dB por década até a próxima frequência de corte, quando passa a decair a uma taxa de 40 dB por década até atingir a terceira frequência de corte, passando a decair a uma taxa de 60 dB por década.

Exemplo de aplicação 14-19

Usando os valores do circuito mostrado na Figura 14-28a, calcule a frequência de corte inferior para cada capacitor de acoplamento e desvio. Compare os resultados com as medidas usando um gráfico de Bode. (Use o valor de 150 para os betas CA e CC.)

SOLUÇÃO Na Figura 14-28a, analisamos cada capacitor de acoplamento e cada capacitor de desvio separadamente. Quando analisamos cada capacitor, tratamos os outros dois com curtos-circuitos CA.

Dos cálculos CC anteriores desse circuito, $r'_e = 22{,}7\ \Omega$. A resistência de Thévenin vista pelo capacitor de entrada é:

$$R = R_G + R_1 || R_2 || R_{in(base)}$$

onde

$$R_{in(base)} = (\beta)(r'_e) = (150)(22{,}7\ \Omega) = 3{,}41\ k\Omega$$

Portanto,

$$R = 600\ \Omega + (10\ k\Omega)||2{,}2\ k\Omega\ ||\ 3{,}41\ k\Omega)$$

$$R = 600\ \Omega + 1{,}18\ k\Omega = 1{,}78\ k\Omega$$

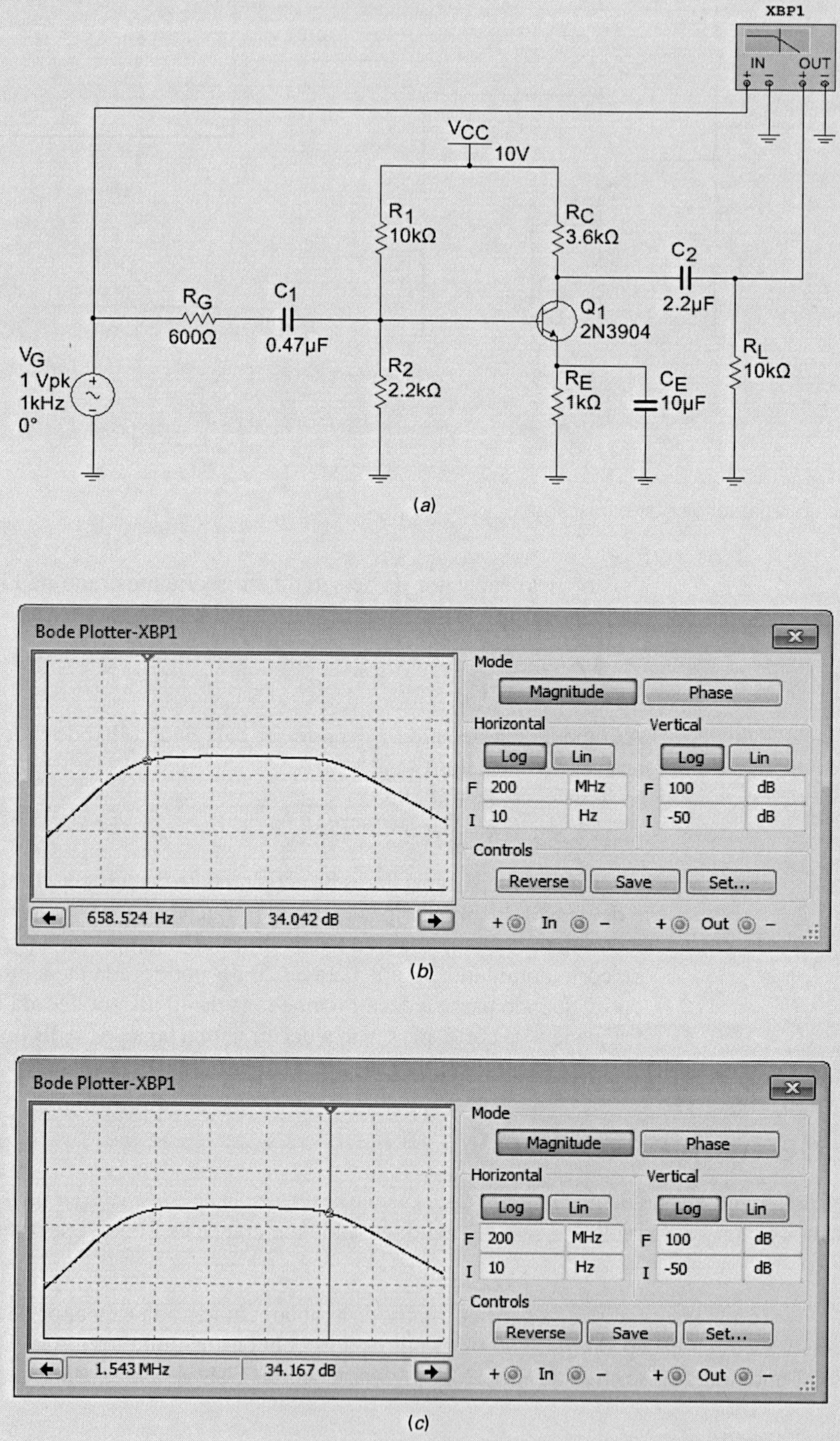

Figura 14-28 (*a*) Amplificador EC usando o MultiSim; (*b*) resposta em frequência (frequências baixas); (*c*) resposta em frequência (frequências altas).

Usando a Equação (14-30), o circuito de acoplamento de entrada tem uma frequência de corte de:

$$f_1 = \frac{1}{2\pi RC} = \frac{1}{(2\pi)(1,78\ \text{k}\Omega)(0,47\ \mu\text{F})} = 190\ \text{Hz}$$

Em seguida, a resistência de Thévenin vista pelo capacitor de acoplamento de saída é:

$$R = R_C + R_L = 3,6\ \text{k}\Omega + 10\ \text{k}\Omega = 13,6\ \text{k}\Omega$$

O circuito de acoplamento de saída tem uma frequência de corte de:

$$f_1 = \frac{1}{2\pi RC} = \frac{1}{(2\pi)(13,6\ \text{k}\Omega)(2,2\ \mu\text{F})} = 5,32\ \text{Hz}$$

Agora, a resistência de Thévenin vista pelo capacitor de desvio do emissor é determinada por:

$$Z_{out} = 1\ \text{k}\Omega \parallel 22,7\ \Omega + \frac{10\ \text{k}\Omega \parallel 2,2\ \text{k}\Omega \parallel 600\ \Omega}{150}$$

$$Z_{out} = 1\ \text{k}\Omega \parallel (22,7\ \Omega + 3,0\ \Omega)$$

$$Z_{out} = 1\ \text{k}\Omega \parallel 25,7\ \Omega = 25,1\ \Omega$$

Portanto, a frequência de corte para o circuito de desvio é:

$$f_1 = \frac{1}{2\pi Z_{out} C_E} = \frac{1}{(2\pi)(25,1\ \Omega)(10\ \mu\text{F})} = 635\ \text{Hz}$$

Os resultados mostram que:

$f_1 = 190$ Hz capacitor de acoplamento de entrada

$f_1 = 5{,}32$ Hz capacitor de acoplamento de saída

$f_1 = 635$ Hz capacitor de desvio do emissor

Como podemos ver pelos resultados, o circuito de desvio do emissor proporciona o valor de frequência de corte inferior dominante.

O ganho de tensão medido no ponto médio, $A_{v(méd)}$, no gráfico de Bode da Figura 14-28*b*, é 37,1 dB. O gráfico de Bode mostra uma queda aproximada de 3 dB na frequência de 673 Hz. Esse valor está próximo do nosso cálculo.

PROBLEMA PRÁTICO 14-19 Usando a Figura 14-28*a*, troque o capacitor de acoplamento de entrada por um de 10 μF e o capacitor de desvio do emissor por um de 100 μF. Determine a nova frequência de corte dominante.

Circuito de desvio do coletor

A resposta em frequência (frequências altas) de um amplificador envolve uma quantidade significativa de detalhes e requer valores precisos para se obter bons resultados. Usaremos alguns detalhes em nossas discussões, porém resultados mais precisos podem ser obtidos com software de simulação de circuito.

A Figura 14-29*a* mostra um estágio EC com a capacitância parasita (*stray*) da fiação (C_{stray}). Mais à esquerda está C_c', que é uma quantidade geralmente especificada na folha de dados do transistor. Essa é uma capacitância interna entre o coletor e a base. Embora C_c' e C_{stray} sejam muito pequenas, elas terão efeito quando a frequência de entrada for suficientemente alta.

A Figura 14-29*b* mostra o circuito equivalente CA e a Figura 14-29*c* mostra o circuito equivalente de Thévenin. A frequência de corte do circuito de atraso é:

$$f_2 = \frac{1}{2\pi RC} \qquad \textbf{(14-32)}$$

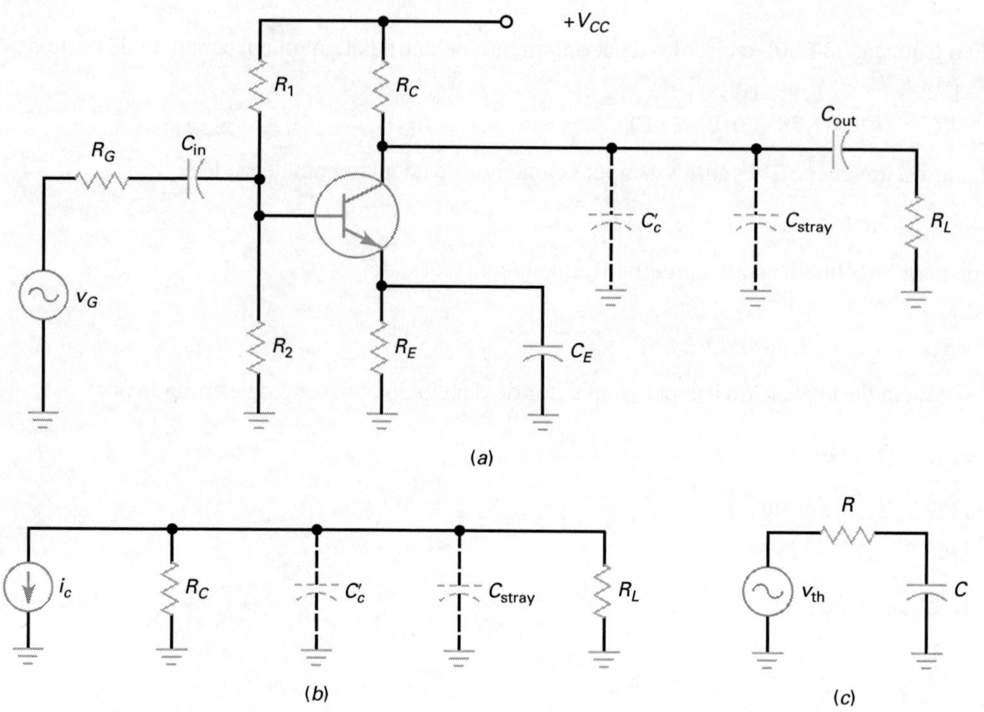

Figura 14-29 As capacitâncias interna e parasita da fiação produzem a frequência de corte superior.

onde $R = R_C \| R_L$ e $C = C_c' + C_{stray}$. É importante manter os fios tão curtos quanto possível em frequências altas, porque a capacitância parasita da fiação degrada a largura de banda com a diminuição da frequência de corte.

Circuito de desvio da base

O transistor tem duas capacitâncias internas, C_c' e C_e', como mostra a Figura 14-30. Como C_c' é um capacitor de realimentação, ele pode ser convertido em dois componentes. O componente Miller de entrada aparece em paralelo com C_e'. A frequência de corte desse circuito de desvio da base é dado pela Equação (14-32), onde R é a resistência de Thévenin vista pela capacitância. A capacitância é a soma de C_e' com o componente Miller de entrada.

O capacitor de desvio do coletor e a capacitância Miller de entrada produzem duas frequências de corte. Normalmente uma delas é dominante. Quando a frequência aumenta, o ganho muda de inclinação nessa frequência de corte dominante. Então, ele decai a uma taxa de 20 dB por década até mudar de inclinação novamente na segunda frequência de corte. Diminuindo mais a frequência, o ganho de tensão decai 40 dB por década.

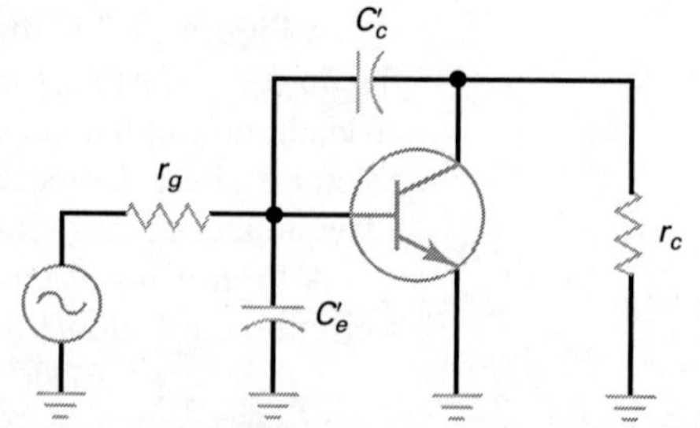

Figura 14-30 A análise de alta frequência inclui as capacitâncias internas do transistor.

Características de pequeno sinal					
f_T	Produto ganho de corrente-largura de banda	I_C = 10 mA, V_{CE} = 20 V, f = 100 MHz	300		MHz
C_{obo}	Capacitância de saída	V_{CB} = 5,0 V, I_E = 0, f = 1,0 MHz		4,0	pF
C_{ibo}	Capacitância de entrada	V_{EB} = 0,5 V, I_C = 0, f = 1,0 MHz		8,0	pF
NF	Figura de ruído	I_C = 100 μA, V_{CE} = 5,0 V, R_S = 1,0 kΩ, f = 10 Hz para 15,7 kHz		5,0	pF

(a)

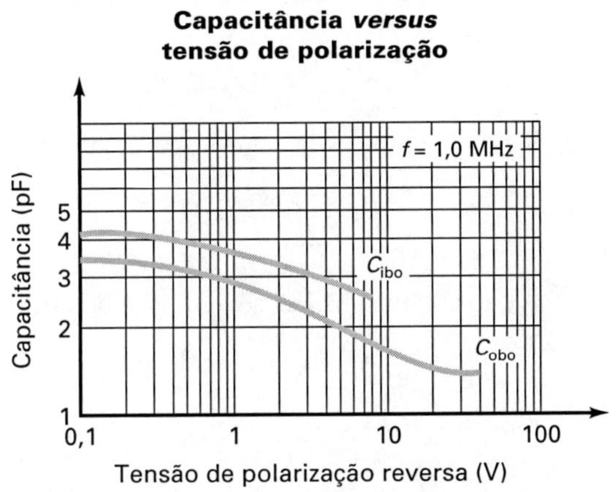

(b)

Figura 14-31 Dados do 2N3904; (a) capacitância interna; (b) mudanças com a tensão reversa. (Utilizado com permissão de Fairchild Semiconductor Corp.)

Nas folhas de dados, C'_C pode ser indicada como C_{bc}, C_{ob} ou C_{obo}. Esse valor é especificado para uma condição de operação particular do transistor. Por exemplo, o valor de C_{obo} para um 2N3904 especifica um valor de C_{ibo} de 4 pF quando V_{CB} = 5,0 V, I_E = 0, sendo a frequência de 1 MHz. C'_e é normalmente indicada como C_{be}, C_{ib} ou C_{ibo} nas folhas de dados. A folha de dados para um 2N3904 especifica um valor de C_{ibo} de 4 pF quando V_{CB} = 5,0 V, I_E = 0, sendo a frequência de 1 MHz. Esses valores são mostrados na Figura 14-31*a* sob as características de pequeno sinal.

Cada um dos valores de capacitância interna varia dependendo da condição do circuito. A Figura 14-31*b* mostra como C_{obo} varia conforme a intensidade da polarização reversa V_{CB}. Além disso, C_{be} é dependente do ponto de operação do transistor. Quando C_{be} não for fornecido nas folhas de dados, pode ser aproximado por:

$$C_{be} \cong \frac{1}{2\pi f_T r'_e} \tag{14-33}$$

onde f_T é o produto ganho de corrente-largura de banda normalmente indicado na folha de dados. O valor r_g, mostrado na Figura 14-30, é igual a:

$$r_g = R_G \parallel R_1 \parallel R_2 \tag{14-34}$$

e r_c é determinado por:

$$r_c = R_C \parallel R_L \tag{14-35}$$

Exemplo de aplicação 14-20

MultiSim

Usando os valores do circuito mostrado na Figura 14-28*a*, calcule os valores para as frequências de corte superiores para o circuito de desvio da base e o circuito de desvio do coletor. Use 150 para o beta e 10 pF para a capacitância parasita de saída. Compare os resultados com o gráfico de Bode usando um software de simulação.

SOLUÇÃO Primeiro determine os valores das capacitâncias de entrada e saída do transistor. Nos nossos cálculos CC anteriores para esse circuito, determinamos que V_B = 1,8 V e V_C = 6,04 V. Isso resulta em uma tensão reversa coletor-base de aproximadamente 4,2 V. Usando o gráfico da Figura 14-31*b*, o valor de C_{obo} ou C'_e nesta tensão reversa é 2,1 pF. O valor de C'_e pode ser determinado usando a Equação (14-33) como a seguir:

$$C'_e = \frac{1}{(2\pi)(300\text{ MHz})(22,7\ \Omega)} = 23,4\text{ pF}$$

Como o ganho de tensão para esse circuito amplificador é:

$$A_v = \frac{r_c}{r'_e} = \frac{2,65\text{ k}\Omega}{22,7\ \Omega} = 117$$

A capacitância Miller de entrada é determinada por:

$$C_{\text{in(M)}} = C'_C(A_v + 1) = 2,1\text{ pF}\,(117 + 1) = 248\text{ pF}$$

Portanto, a capacitância de desvio da base é igual a:

$$C = C'_e + C_{\text{in(M)}} = 23,4\text{ pF} + 248\text{ pF} = 271\text{ pF}$$

O valor da resistência vista pela capacitância é:

$$R = r_g \parallel R_{\text{in(base)}} = 450\ \Omega \parallel (150)(22,7\ \Omega) = 397\ \Omega$$

Agora, usando a Equação (14-32), a frequência de corte do circuito de desvio da base é:

$$f_2 = \frac{1}{(2\pi)(397\ \Omega)(271\text{ pF})} = 1,48\text{ MHz}$$

A frequência de corte do circuito de desvio do coletor é calculada determinando-se primeiro a capacitância total de desvio da saída:

$$C = C'_C + C_{\text{stray}}$$

Usando a Equação (14-27), a capacitância Miller de saída é determinada por:

$$C_{\text{out(M)}} = C_C\left(\frac{A_v + 1}{A_v}\right) = 2,1\text{ pF}\left(\frac{117 + 1}{117}\right) \cong 2,1\text{ pF}$$

A capacitância de desvio de saída total é:

$$C = 2,1\text{ pF} + 10\text{ pF} = 12,1\text{ pF}$$

A resistência vista por essa capacitância é:

$$R = R_C \parallel R_L = 3,6\text{ k}\Omega \parallel 10\text{ k}\Omega = 2,65\text{ k}\Omega$$

Portanto, a frequência de corte do circuito de desvio do coletor é:

$$f_2 = \frac{1}{(2\pi)(2,65\,\text{k}\Omega)(12,1\,\text{pF})} = 4,96\,\text{MHz}$$

A frequência de corte dominante é determinada pela mais baixa das duas frequências de corte. Na Figura 14-28*a*, o gráfico de Bode usando o MultiSim mostra uma frequência de corte superior de aproximadamente 1,5 MHz.

PROBLEMA PRÁTICO 14-20 Se a capacitância parasita no Exemplo 14-20 for 40 pF, determine a frequência de corte do desvio do coletor.

14-11 Análise de frequência em estágios FET

A análise da resposta em frequência de circuitos FET é muito similar à de circuitos TJB. Na maioria dos casos, o FET tem um circuito de acoplamento de entrada e um circuito de acoplamento de saída, e um deles vai determinar o ponto da frequência de corte inferior. A porta e o dreno têm um circuito de desvio indesejado principalmente como resultado das capacitâncias internas do FET. Juntamente com a capacitância parasita da fiação, eles determinarão o ponto da frequência de corte superior.

Análise de frequência baixa

A Figura 14-32 mostra um circuito amplificador com E-MOSFET usando polarização por divisor de tensão. Devido à resistência de entrada do MOSFET ser muito alta, a resistência R vista pelo capacitor de acoplamento de entrada é:

$$\boldsymbol{R = R_G + R_1 \parallel R_2} \qquad \textbf{(14-36)}$$

e a frequência de corte referente ao acoplamento de entrada é determinada por:

$$f_1 = \frac{1}{2\pi RC}$$

A resistência de saída vista pelo capacitor de acoplamento de saída é:

$$R = R_D + R_L$$

e a frequência de corte referente ao acoplamento de saída é determinada por:

$$f_1 = \frac{1}{2\pi RC}$$

Como podemos ver, a análise de baixa frequência do circuito FET é muito similar ao circuito TJB. Devido à resistência de entrada do FET ser muito alta, podem ser usados valores muito altos de resistência no divisor de tensão. Isso resulta na possibilidade de ser usada capacitâncias de acoplamento de entrada muito menores.

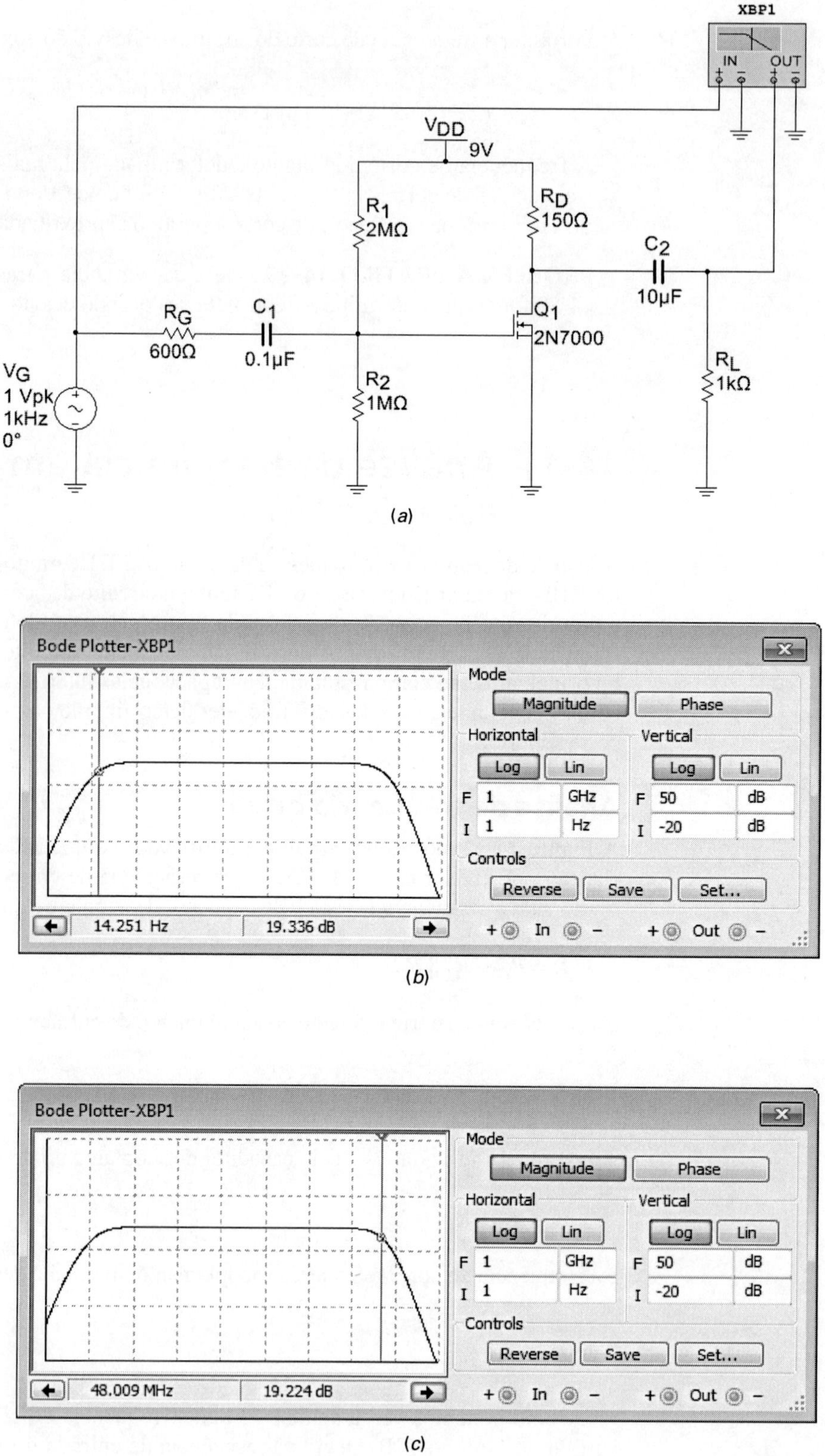

Figura 14-32 Análise de frequência em circuito FET; (*a*) amplificador E-MOSFET; (*b*) resposta em baixa frequência; (*c*) resposta em alta frequência.

Exemplo de aplicação 14-21

MultiSim

Usando o circuito mostrado na Figura 14-32, determine o circuito de acoplamento de entrada e o circuito de acoplamento de saída nos pontos de corte em baixa frequência. Compare os valores calculados com o gráfico de Bode usando o MultiSim.

SOLUÇÃO A resistência de Thévenin vista pelo capacitor de acoplamento de entrada é:

$$R = 600\ \Omega + 2\ \text{M}\Omega \parallel 1\ \text{M}\Omega = 667\ \text{k}\Omega$$

e a frequência de corte referente ao acoplamento de entrada é:

$$f_1 = \frac{1}{(2\pi)(667\ \text{k}\Omega)(0{,}1\ \mu\text{F})} = 2{,}39\ \text{Hz}$$

Em seguida, a resistência de Thévenin vista pelo capacitor de acoplamento de saída é determinada por:

$$R = 150\ \Omega + 1\ \text{k}\Omega = 1{,}15\ \text{k}\Omega$$

e a frequência de corte relativa ao acoplamento de saída é:

$$f_1 = \frac{1}{(2\pi)(130\ \Omega)(10\ \mu\text{F})} = 13{,}8\ \text{Hz}$$

Portanto, o valor da frequência de corte inferior dominante é 13,8 Hz. O ganho de tensão no ponto médio desse circuito é 22,2 dB. O gráfico de Bode na Figura 14-32*b* mostra uma queda de 3 dB em aproximadamente 14 Hz. Esse valor é bem próximo do calculado.

Análise em alta frequência

Assim como na análise em alta frequência de um circuito TJB, a determinação do ponto de corte em alta frequência de um circuito FET envolve uma quantidade significativa de detalhes e requer o uso de valores precisos. Da mesma forma que os TJBs, os FETs têm as capacitâncias internas C_{gs}, C_{gd} e C_{ds}, como mostra a Figura 14-33*a*. Esses valores de capacitâncias não são importantes em baixas frequências, porém se tornam significativos em altas frequências.

Como as capacitâncias são difíceis de medir, os fabricantes medem e registram os valores das capacitâncias sob condições de curto-circuito. Por exemplo, C_{iss} é a capacitância de entrada com um curto-circuito CA na saída. Quando isso é feito, C_{gd} aparece em paralelo com C_{gs} (Figura 14-33*b*), assim C_{iss} é determinada por:

$$C_{iss} = C_{ds} + C_{gd}$$

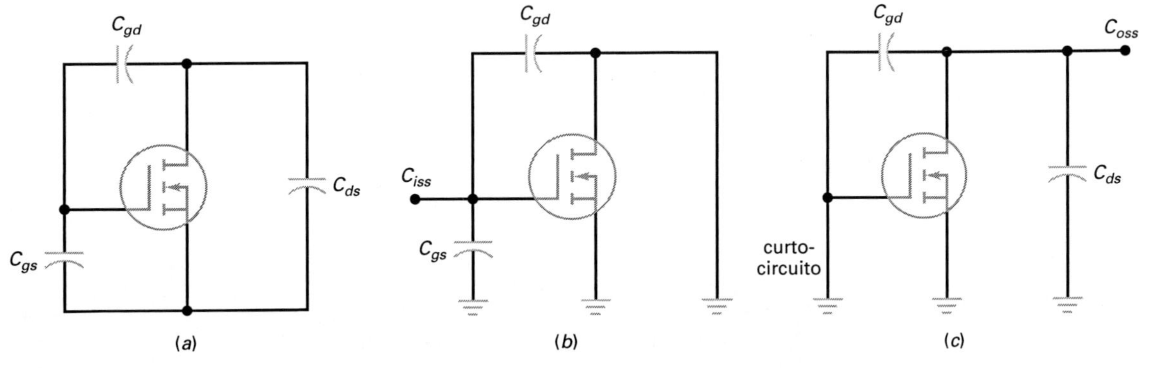

Figura 14-33 Medição das capacitâncias FET.

As folhas de dados normalmente apresentam C_{oss}, que é a capacitância do FET com um curto-circuito nos terminais de entrada (Figura 14-33*c*), como:

$$C_{oss} = C_{ds} + C_{gd}$$

As folhas de dados também apresentam normalmente a capacitância de realimentação C_{rss}. Essa capacitância é igual a:

$$C_{rss} = C_{gd}$$

Usando essas equações podemos determinar que:

$$\mathbf{C_{gd} = C_{rss}} \quad \textbf{(14-37)}$$

$$\mathbf{C_{gs} = C_{iss} - C_{rss}} \quad \textbf{(14-38)}$$

$$\mathbf{C_{ds} = C_{oss} - C_{rss}} \quad \textbf{(14-39)}$$

A capacitância porta-fonte C_{gd} é usada para determinar a capacitância Miller de entrada $C_{in(M)}$ e a capacitância Miller de saída $C_{out(M)}$. Esses valores são determinado por:

$$\mathbf{C_{in(M)} = C_{gd}(A_v + 1)} \quad \textbf{(14-40)}$$

e

$$\mathbf{C_{out(M)} = C_{gd}\left(\frac{A_v + 1}{A_v}\right)} \quad \textbf{(14-41)}$$

onde $A_v = g_m r_d$ para o amplificador fonte comum.

Exemplo de aplicação 14-22

MultiSim

No circuito amplificador MOSFET da Figura 14-32, o 2N7000 tem as seguintes capacitâncias obtidas da folha de dados:

$$C_{iss} = 60 \text{ pF}$$

$$C_{oss} = 25 \text{ pF}$$

$$C_{rss} = 5{,}0 \text{ pF}$$

Se $g_m = 97$ mS, quais são os valores de corte em altas frequências para os circuitos de porta e dreno? Compare os cálculos com o gráfico de Bode.

SOLUÇÃO Usando os valores de capacitâncias fornecidos pela folha de dados, podemos determinar as capacitâncias internas do FET por:

$$C_{gd} = C_{rss} = 5{,}0 \text{ pF}$$

$$C_{gs} = C_{iss} - C_{rss} = 60 \text{ pF} - 5 \text{ pF} = 55 \text{ pF}$$

$$C_{ds} = C_{oss} - C_{rss} = 25 \text{ pF} - 5 \text{ pF} = 20 \text{ pF}$$

Para determinarmos a capacitância de entrada Miller, primeiro temos que determinar o ganho de tensão do amplificador. Isso é feito por:

$$A_v = g_m r_d = (93 \text{ mS})(150\ \Omega \parallel 1 \text{ k}\Omega) = 12{,}1$$

Portanto, $C_{in(M)}$ é:

$$C_{in(M)} = C_{gd}(A_v + 1) = 5{,}0 \text{ pF } (12{,}1 + 1) = 65{,}5 \text{ pF}$$

A capacitância de desvio da porta é determinada por:

$$C = C_{gs} + C_{in(M)} = 55 \text{ pF} + 65{,}5 \text{ pF} = 120{,}5 \text{ pF}$$

A resistência vista por C é:

$$R = R_G \,||\, R_1 \,||\, R_2 = 600\ \Omega \,||\, 2\ \text{M}\Omega \,||\, 1\ \text{M}\Omega = 600\ \Omega$$

A frequência de corte relativa ao desvio da porta é:

$$f_2 = \frac{1}{(2\pi)(600\ \Omega)(120,5\ \text{pF})} = 2,2\ \text{MHz}$$

Em seguida, a capacitância relativa ao desvio do dreno é determinada por:

$$C = C_{ds} + C_{\text{out(M)}}$$

$$C = 20\ \text{pF} + 5,0\ \text{pF}\left(\frac{12,1+1}{12,1}\right) = 25,4\ \text{pF}$$

A resistência r_d vista por essa capacitância é:

$$r_d = R_D \,||\, R_L = 150\ \Omega \,||\, 1\ \text{k}\Omega = 130\ \Omega$$

A frequência de corte relativa ao desvio do dreno é, portanto:

$$f_2 = \frac{1}{(2\pi)(130\ \Omega)(25,4\ \text{pF})} = 48\ \text{MHz}$$

Conforme mostra a Figura 14-32*c*, a frequência de corte superior medida usando o MultiSim é aproximadamente 638 kHz. Como podemos ver, essa medida difere significativamente dos nossos cálculos. Esse resultado com um pouco de imprecisão demonstra a dificuldade da escolha correta dos valores de capacitância interna do dispositivo, os quais são críticos para os cálculos.

PROBLEMA PRÁTICO 14-22 Dado que C_{iss} = 25 pF, C_{oss} = 10 pF e C_{rss} = 5 pF, determine os valores de C_{gd}, C_{gs} e C_{ds}.

A Tabela 14-1 resume algumas das equações usadas para a análise de frequência de um estágio amplificador TJB emissor comum e de um estágio amplificador FET de fonte comum.

Conclusão

Analisamos algumas questões que envolvem a análise de frequência de estágios amplificadores TJB e FET. Sendo feita manualmente, a análise pode ser tediosa e consumir tempo. A discussão foi deliberadamente breve, porque a análise de frequência de amplificadores discretos é feita hoje em dia principalmente com o uso do computador. Esperamos que o leitor possa ver como os componentes individuais determinam a forma da resposta em frequência.

Se o leitor precisar analisar um estágio amplificador discreto, use o MultiSim ou um simulador de circuito equivalente. O MultiSim carrega todos os parâmetros do TJB ou FET, grandezas como C'_C, C'_e, C_{rss} e C_{oss}, bem como as grandezas de banda média como β, r'_e e g_m. Em outras palavras, o MultiSim contém as folhas de dados dos dispositivos. Por exemplo, quando selecionamos um 2N3904, o MultiSim carrega todos os parâmetros (incluindo os de altas frequências) para o 2N3904. Isso é uma tremenda economia de tempo.

Além disso, o leitor pode usar o gerador de gráfico de Bode no MultiSim para ver a resposta em frequência. Com um gerador de gráfico de Bode, podemos medir o ganho de tensão na banda média e as frequências de corte. Em suma, o uso do MultiSim ou outro software de simulação de circuito torna mais rápida e precisa a análise da resposta em frequência de um amplificador TJB ou FET discreto.

Tabela 14-9 Análise de frequência de um amplificador

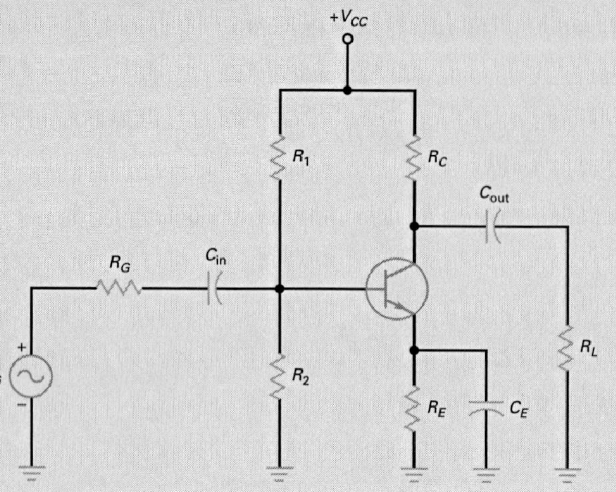

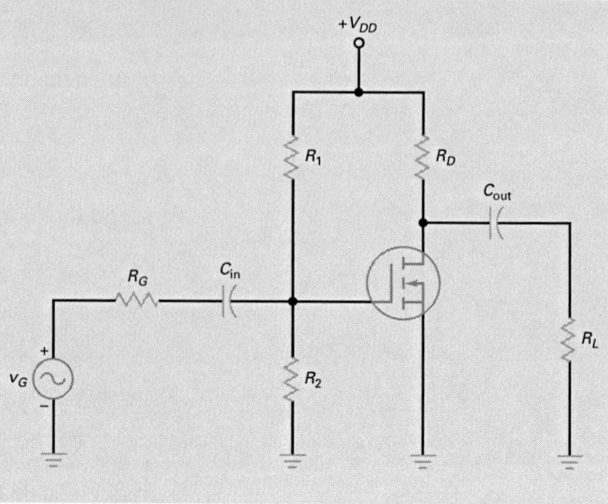

Análise em baixas frequências	**Entrada da base**
Entrada da base: $R = R_G + R_1 \parallel R_2 \parallel R_{in(base)}$ $f_1 = \dfrac{1}{2\pi(R)(C_{in})}$	Entrada da porta: $R = R_G + R_1 \parallel R_2$ $f_1 = \dfrac{1}{2\pi(R)(C_{out})}$
Saída do coletor: $R = R_C + R_L$ $f_1 = \dfrac{1}{2\pi(R)(C_{out})}$	Saída do dreno: $R = R_D + R_L$ $f_1 = \dfrac{1}{2\pi(R)(C_{out})}$
Desvio do emissor: $Z_{out} = R_E \parallel r'_e + \dfrac{R_1 \parallel R_2 \parallel R_G}{\beta}$ $f_1 = \dfrac{1}{2\pi(R)(C_E)}$	
Análise em altas frequências	**Análise em altas frequências**
Desvio da base: $R = R_G \parallel R_1 \parallel R_2 \parallel R_{in(base)}$ $C_{in(M)} = C'_C(A_v + 1)$ $C = C'_e + C_{in(M)}$ $f_2 = \dfrac{1}{2\pi(R)(C)}$	Desvio da porta: $R = R_G \parallel R_1 \parallel R_2 \parallel$ $C_{in(M)} = C_{gd}(A_v + 1)$ $C = C_{gs} + C_{in(M)}$ $f_2 = \dfrac{1}{2\pi(R)(C)}$
Desvio do coletor: $R = R_C \parallel R_L$ $C_{out(M)} = C'_C\left(\dfrac{A_v + 1}{A_v}\right)$ $C = C_{out(M)} + C_{stray}$ $f_2 = \dfrac{1}{2\pi\ (R)(C)}$	Desvio do dreno: $R = R_D \parallel R_L$ $C_{out(M)} = C_{gd}\left(\dfrac{A_v + 1}{A_v}\right)$ $C = C_{ds} = C_{out(M)} + C_{stray}$ $f_2 = \dfrac{1}{2\pi(R)(C)}$

14-12 Efeitos de frequência em circuitos com dispositivos de montagem em superfície (SMDs)

A capacitância e a indutância parasitas tornam-se considerações importantes para dispositivos discretos e CIs que operam acima de 100 kHz. Com os componentes convencionais (PTH) existem três fontes de efeitos parasitas:

1. A geometria e a estrutura interna do dispositivo.
2. O layout da placa de circuito, incluindo a orientação dos dispositivos e as trilhas condutoras.
3. Os terminais externos dos dispositivos.

Usando SMDs (dispositivos de montagem em superfícies) elimina-se virtualmente o item 3 da lista, aumentando assim o controle que a engenharia de projetos tem sobre os efeitos parasitas nos componentes em uma placa de circuito.

Resumo

SEÇÃO 14-1 RESPOSTA EM FREQUÊNCIA DE UM AMPLIFICADOR

A resposta em frequência é o gráfico do ganho de tensão *versus* a frequência de entrada. Um amplificador CA apresenta uma frequência de corte inferior e outra superior. Um amplificador CC apresenta apenas uma frequência de corte superior. Os capacitores de acoplamento e desvio (*bypass*) são responsáveis pela frequência de corte inferior. As capacitâncias internas do transistor e as capacitâncias parasitas da fiação são responsáveis pela frequência de corte superior.

SEÇÃO 14-2 GANHO DE POTÊNCIA EM DECIBEL

O ganho de potência em decibel é definido como 10 vezes o logaritmo comum do ganho de potência. Quando o ganho de potência aumenta por um fator de 2, o ganho de potência em decibel aumenta de 3 dB. Quando o ganho de potência aumenta por um fator de 10, o ganho de potência aumenta de 10 dB.

SEÇÃO 14-3 GANHO DE TENSÃO EM DECIBEL

O ganho de tensão em decibel é definido como 20 vezes o logaritmo comum do ganho de tensão. Quando o ganho de tensão aumenta por um fator de 2, o ganho de tensão em decibel aumenta de 6 dB. Quando o ganho de tensão aumenta por um fator de 10, o ganho de tensão em decibel aumenta de 20 dB. O ganho de tensão em decibel total de estágios em cascata é igual à soma dos ganhos de tensão individuais.

SEÇÃO 14-4 CASAMENTO DE IMPEDÂNCIA

Em muitos sistemas, todas as impedâncias são casadas porque dessa forma obtém-se a máxima transferência de potência. Num sistema com impedância casada, os ganhos de potência e tensão em decibéis são iguais.

SEÇÃO 14-5 DECIBÉIS ACIMA DE UMA REFERÊNCIA

Além do uso de decibéis em ganhos de potência e tensão, podemos usar decibéis acima de uma referência. Duas referências populares são o miliwatt e o volt. Decibéis com 1 miliwatt de referência são indicados por dBm e decibéis com 1 volt de referência são indicado por dBV.

SEÇÃO 14-6 GRÁFICOS DE BODE

Uma oitava se refere a uma variação na frequência por um fator de 2. Uma década se refere a uma variação na frequência por um fator de 10. Um gráfico do ganho de tensão em decibel *versus* a frequência é denominado gráfico de Bode. Gráficos de Bode ideais são aproximações que nos permitem desenhar a resposta em frequência de forma rápida e fácil.

SEÇÃO 14-7 MAIS GRÁFICOS DE BODE

Em um circuito de atraso, o ganho de tensão muda de inclinação na frequência de corte superior passando a decair a taxa de 20 dB por década, que equivale a 6 dB por oitava. Podemos desenhar também um gráfico de Bode do ângulo de fase *versus* a frequência. Em um circuito de atraso, o ângulo de fase está entre 0 e -90°.

SEÇÃO 14-8 EFEITO MILLER

Um capacitor de realimentação da saída para a entrada de um amplificador inversor é equivalente a dois capacitores: um capacitor nos terminais de entrada e o outro nos terminais de saída. O efeito Miller se refere à capacitância de entrada ser $A_v + 1$ vezes a capacitância de realimentação.

SEÇÃO 14-9 RELAÇÃO TEMPO DE SUBIDA-LARGURA DE BANDA

Quando um degrau de tensão é usado como o sinal de entrada de um amplificador CC, o tempo de subida é o tempo entre os pontos de 10% e 90%. A frequência de corte superior é igual a 0,35 dividido pelo tempo de subida. Essa é uma forma rápida e fácil de medir a largura de banda de um amplificador CC.

SEÇÃO 14-10 ANÁLISE DE FREQUÊNCIA DE ESTÁGIOS TJB

Os capacitores de acoplamento de entrada, de acoplamento de saída e de desvio do emissor são responsáveis pelas frequências de corte inferiores. O capacitor de desvio do coletor e a capacitância Miller de entrada são responsáveis pelas frequências de corte superiores. A análise de frequência de estágios bipolar e FET é feita tipicamente com o MultiSim ou outro simulador de circuito equivalente.

SEÇÃO 14-11 ANÁLISE DE FREQUÊNCIA DE ESTÁGIOS FET

Os capacitores de acoplamento de entrada e de saída de um estágio FET são responsáveis pelas frequências de corte inferiores (semelhante a um estágio TJB). As capacitâncias de desvio do dreno, juntamente com a capacitância da porta e a capacitância Miller de entrada são responsáveis pelas frequências e corte superiores. As análises de frequência de estágios TJB e FET são feitas tipicamente com o MultiSim ou outro simulador de circuito equivalente.

Definições

(14-8) Ganho de potência em decibel:

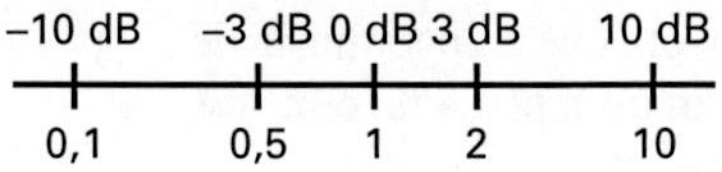

$$A_p(\text{db}) = 10 \log A_p$$

(14-9) Ganho de tensão em decibel:

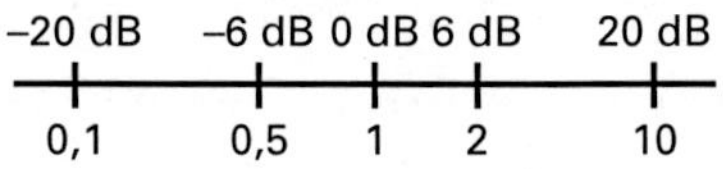

$$A_{v(\text{db})} = 20 \log A_v$$

(14-16) Decibel referenciado a 1 mW:

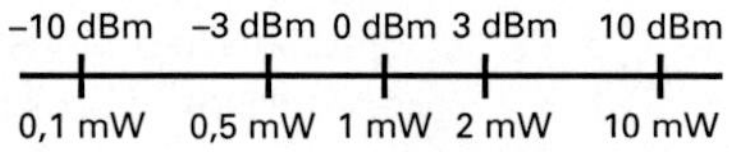

$$P_{\text{dBm}} = 10 \log \frac{P}{1\text{mW}}$$

(14-18) Decibel referenciado a 1 V:

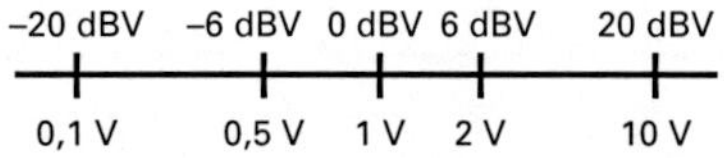

$$V_{\text{dBV}} = 20 \log V$$

Derivações

(14-3) Abaixo da banda média:

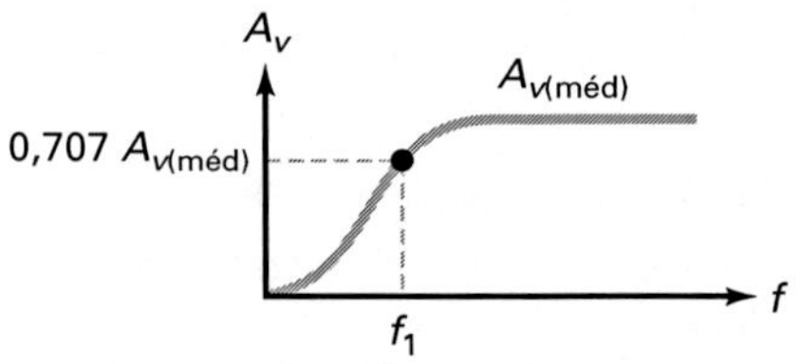

$$A_v = \frac{A_{v(\text{méd})}}{\sqrt{1 + (f_1/f)^2}}$$

(14-4) Acima da banda média:

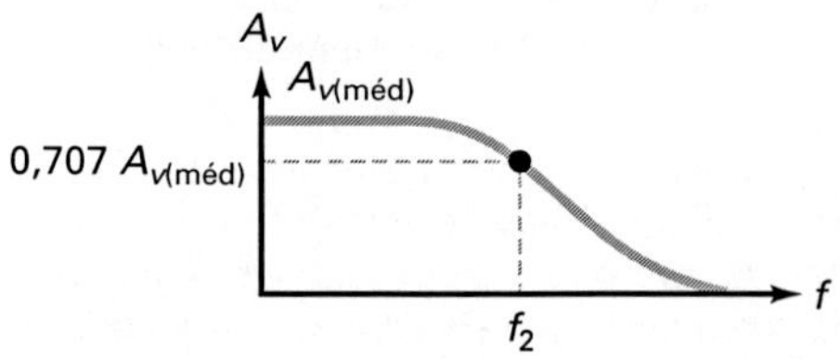

$$A_v = \frac{A_{v(\text{méd})}}{\sqrt{1 + (f/f_2)^2}}$$

(14-10) Ganho de tensão total:

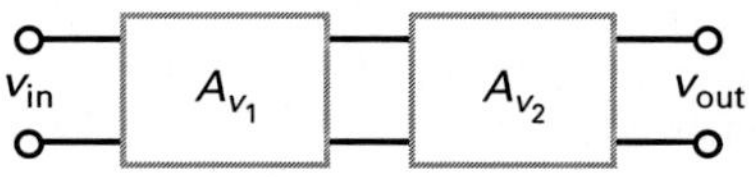

$$A_v = (A_{v1})(A_{v2})$$

(14-11) Ganho de tensão total em decibel:

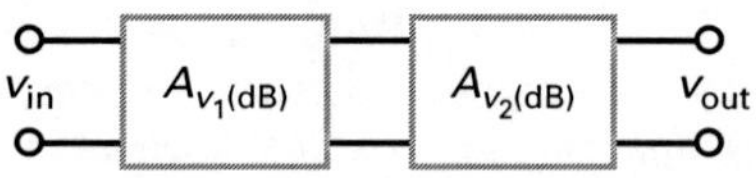

$$A_v(\text{dB}) = A_{v1}(\text{dB}) + A_{v2}(\text{dB})$$

(14-13) Sistema com impedância casada:

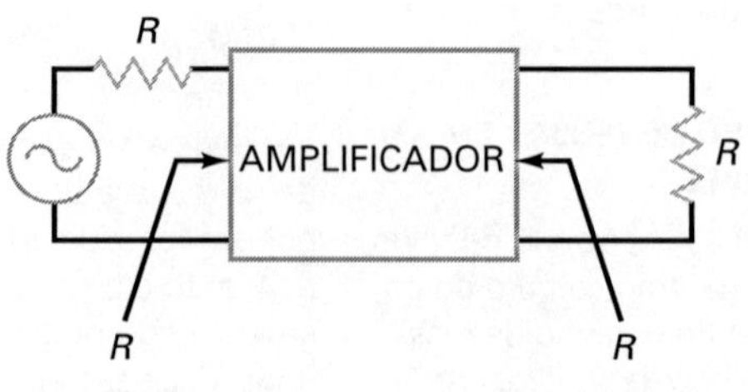

$$A_p(\text{dB}) = A_v(\text{dB})$$

(14-22) Frequência de corte:

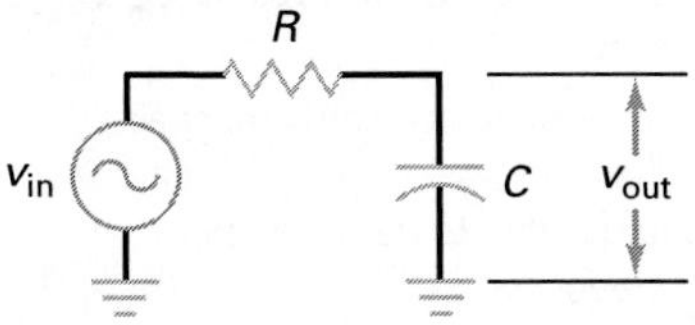

$$f_2 = \frac{1}{2\pi RC}$$

(14-26) Efeito Miller: $C_{in(M)} = C(A_v + 1)$

e

(14-27)

$$C_{out(M)} = C\left(\frac{A_v + 1}{A_v}\right)$$

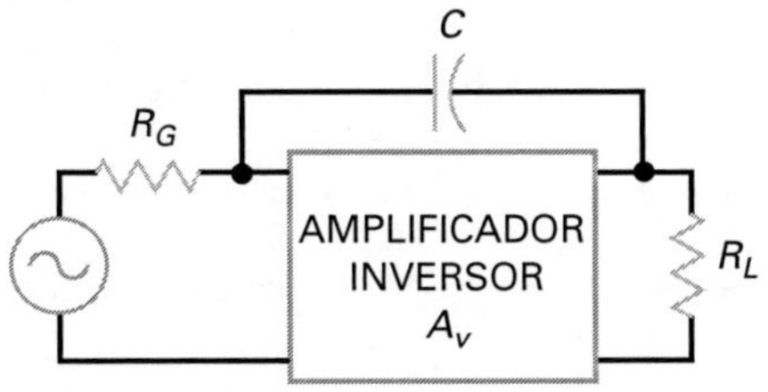

(14-29) Tempo de subida-largura de banda:

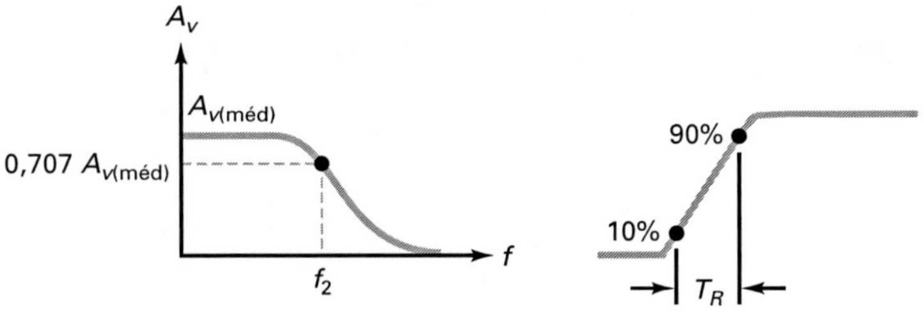

$$f_2 = \frac{0{,}35}{T_R}$$

(14-33) Capacitância emissor-base de um TJB:

$$C_{be} \cong \frac{1}{2\pi f_T r_e'}$$

(14-37) Capacitância interna de um FET:

$$C_{gd} = C_{rss}$$

(14-38) Capacitância interna de um FET:

$$C_{gs} = C_{iss} - C_{rss}$$

(14-39) Capacitância interna de um FET:

$$C_{ds} = C_{oss} - C_{rss}$$

Exercícios

1. **A resposta em frequência é um gráfico do ganho de tensão *versus***
   a. a frequência
   b. o ganho de potência
   c. a tensão de entrada
   d. a tensão de saída
2. **Em baixas frequências, os capacitores de acoplamento produzem uma diminuição**
   a. na resistência de entrada
   b. no ganho de tensão
   c. na resistência do gerador
   d. na tensão do gerador
3. **A capacitância parasita da fiação tem um efeito**
   a. na frequência de corte inferior
   b. no ganho de tensão na banda média
   c. na frequência de corte superior
   d. na resistência de entrada
4. **Nas frequências de corte inferior ou superior, o ganho de tensão é**
   a. $0{,}35A_{v(méd)}$
   b. $0{,}5A_{v(méd)}$
   c. $0{,}707A_{v(méd)}$
   d. $0{,}995A_{v(méd)}$
5. **Se o ganho de potência dobrar, o ganho de potência em decibel aumenta**
   a. um fator de 2
   b. de 3 dB
   c. de 6 dB
   d. de 10 dB
6. **Se o ganho de tensão dobrar, o ganho de tensão em decibel aumenta**
   a. um fator de 2
   b. de 3 dB
   c. de 6 dB
   d. de 10 dB
7. **Se o ganho de tensão for 10, o ganho de tensão em decibel é**
   a. 6 dB
   b. 20 dB
   c. 40 dB
   d. 60 dB
8. **Se o ganho de tensão for 100, o ganho de tensão em decibel é**
   a. 6 dB
   b. 20 dB
   c. 40 dB
   d. 60 dB
9. **Se o ganho de tensão for 2000, o ganho de tensão em decibel é**
   a. 40 dB
   b. 46 dB
   c. 66 dB
   d. 86 dB

10. Dois estágios apresentam ganhos de tensão em decibel de 20 dB e 40 dB. O ganho de tensão comum total é

a. 1
b. 10
c. 100
d. 1.000

11. Dois estágios apresentam ganhos de 100 e 200. O ganho de tensão total em decibel é

a. 46 dB
b. 66 dB
c. 86 dB
d. 106 dB

12. Uma frequência é 8 vezes uma outra. Quantas oitavas separam uma frequência da outra?

a. 1
b. 2
c. 3
d. 4

13. Se f = 1 MHz e f_2 = 10 Hz, a razão f/f_2 representa quantas décadas?

a. 2
b. 3
c. 4
d. 5

14. Se um papel é semilogarítmico significa que

a. Um eixo é linear e o outro é logarítmico
b. Um eixo é linear e o outro é semilogarítmico
c. Os dois eixos são semilogarítmicos
d. Nenhum eixo é linear

15. Se desejamos melhorar a resposta em altas frequências de um amplificador, qual das abordagens a seguir poderíamos tentar?

a. Diminuir as capacitâncias de acoplamento
b. Aumentar a capacitância de desvio do emissor
c. Diminuir, dentro do possível, o tamanho dos terminais
d. Aumentar a resistência do gerador

16. O ganho de tensão de um amplificador diminui 20 dB por década acima de 20 kHz. Se o ganho de tensão na banda média é 86 dB, qual o ganho de tensão comum em 20 MHz?

a. 20
b. 200
c. 2000
d. 20.000

17. Num circuito amplificador com TJB, C'_e é o mesmo que

a. C_{be}
b. C_{ib}
c. C_{ibo}
d. Nenhuma das alternativas anteriores

18. Num circuito amplificador com TJB, aumentando os valores de C_{in} e C_{out} teremos

a. uma diminuição de A_v em baixas frequências
b. um aumento de A_v em baixas frequências
c. uma diminuição de A_v em altas frequências
d. um aumento de A_v em altas frequências

19. Os capacitores de acoplamento de entrada em circuitos FET

a. São normalmente maiores que nos circuitos TJB
b. Determinam a frequência de corte superior
c. São normalmente menores que nos circuito TJB
d. São tratados como circuitos abertos em CA

20. Nas folhas de dados de FETs, C_{oss} é

a. Igual a $C_{ds} + C_{gd}$
b. Igual a $C_{gs} - C_{rss}$
c. Igual a C_{gd}
d. Igual a $C_{iss} - C_{rss}$

Problemas

SEÇÃO 14-1 RESPOSTA EM FREQUÊNCIA DE UM AMPLIFICADOR

14-1 Um amplificador tem um ganho de tensão na banda média de 1000. Se as frequências de corte são f_1 = 100 Hz e f_2 = 100 kHz, qual é o aspecto da resposta em frequência? Qual o ganho de tensão se a frequência de entrada for 20 Hz? E se for 300 kHz?

14-2 Suponha que um amp-op tenha um ganho de tensão em banda média de 500.000. Se a frequência de corte superior for 15 Hz, qual o aspecto da resposta em frequência?

14-3 Um amplificador CC tem um ganho de tensão na banda média de 200. Se a frequência de corte superior for 10 kHz, qual o ganho de tensão para cada uma das seguintes frequências: 100 kHz, 200 kHz, 500 kHz e 1 MHz?

SEÇÃO 14-2 GANHO DE POTÊNCIA EM DECIBEL

14-4 Calcule o ganho de potência em decibel para A_p = 5, 10, 20 e 40.

14-5 Calcule o ganho de potência em decibel para A_p = 0,4, 0,2, 0,1 e 0,05.

14-6 Calcule o ganho de potência em decibel para A_p = 2, 20, 200 e 2000.

14-7 Calcule o ganho de potência em decibel para A_p = 0,4, 0,04 e 0,004.

SEÇÃO 14-3 GANHO DE TENSÃO EM DECIBEL

14-8 Qual o ganho de tensão total na Figura 14-34*a*? Converta a resposta para decibéis.

14-9 Converta o ganho de cada estágio na Figura 14-34*a* para decibéis.

14-10 Qual o ganho total em decibel na Figura 14-34*b*? Converta esse ganho de tensão para ganho comum.

14-11 Qual o ganho de tensão comum de cada estágio na Figura 14-34*b*?

14-12 Qual o ganho de tensão em decibel de um amplificador, se ele tem um ganho de tensão comum de 100.000?

14-13 A folha de dados do LM380, que é um amplificador de potência de áudio, fornece um ganho de tensão em decibel de 34 dB. Converta esse valor para um ganho comum.

14-14 Um amplificador de dois estágios tem os seguintes ganhos: A_{v1} = 25,8 e A_{v2} = 117. Qual o ganho de tensão em decibel de cada estágio? Qual o ganho de tensão total em decibel?

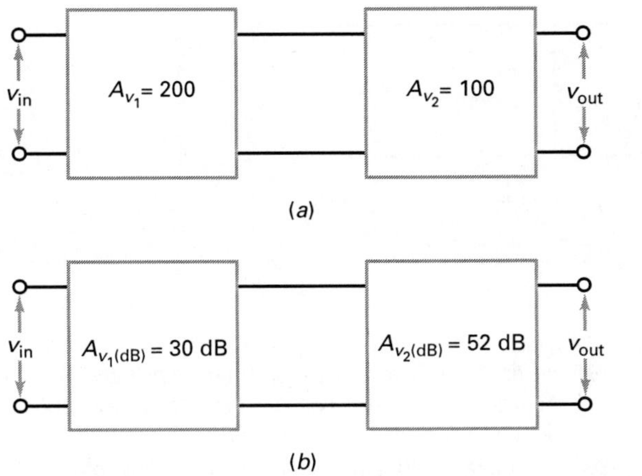

Figura 14-34

SEÇÃO 14-4 CASAMENTO DE IMPEDÂNCIA

14-15 Se o circuito da Figura 14-35 for um sistema de impedância casada, qual o ganho de tensão total em decibel? Qual o ganho de tensão em decibel de cada estágio?

14-16 Se os estágios do circuito da Figura 14-35 são de impedância casada, qual a tensão na carga? Qual a potência na carga?

SEÇÃO 14-5 DECIBÉIS ACIMA DE UMA REFERÊNCIA

14-17 Se a potência de saída de um pré-amplificador for 20 dBm, qual é a potência em miliwatts?

14-18 Qual tensão de saída tem um microfone quando sua saída for –45 dBV?

14-19 Converta as potências a seguir para dBm: 25 mW, 93,5 mW e 4,87 W.

14-20 Converta as seguintes tensões para dBV: 1 μV, 34,8 mV, 12,9 V e 345 V.

SEÇÃO 14-6 GRÁFICOS DE BODE

14-21 A folha de dados de um amp-op fornece um ganho de tensão na banda média de 200.000, uma frequência de corte de 10 Hz e uma taxa de decaimento de 20 dB por década. Desenhe o gráfico de Bode ideal. Qual o ganho de tensão comum em 1 MHz?

14-22 O CI LF351 é um amp-op com um ganho de tensão de 316.000, uma frequência de corte de 40 Hz e uma taxa de decaimento de 20 dB por década. Desenhe o gráfico de Bode ideal.

SEÇÃO 14-7 MAIS GRÁFICOS DE BODE

14-23 MultiSim Desenhe o gráfico de Bode ideal para o circuito de atraso da Figura 14-36*a*.

14-24 MultiSim Desenhe o gráfico de Bode ideal para o circuito de atraso da Figura 14-36*b*.

14-25 Qual o gráfico de Bode ideal para o estágio da Figura 14-37?

SEÇÃO 14-8 EFEITO MILLER

14-26 Qual a capacitância Miller de entrada na Figura 14-38 se C = 5 pF e A_v = 200.000?

14-27 Desenhe o gráfico de Bode ideal para o circuito de atraso de entrada da Figura 14-38 com A_v = 250.000 e C = 15 pF.

14-28 Se o capacitor de realimentação da Figura 14-38 é de 50 pF, qual a capacitância Miller de entrada quando A_v = 200.000?

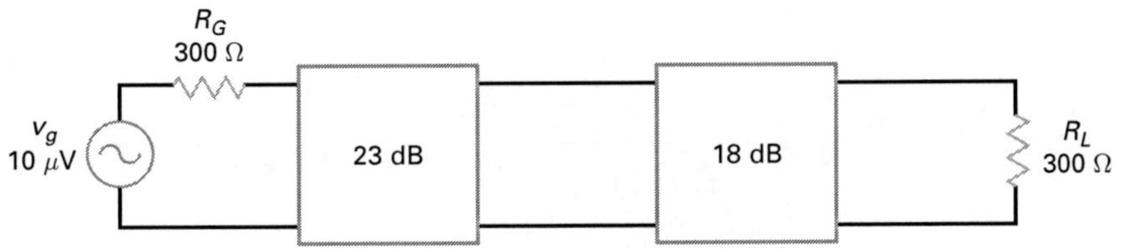

Figura 14-35

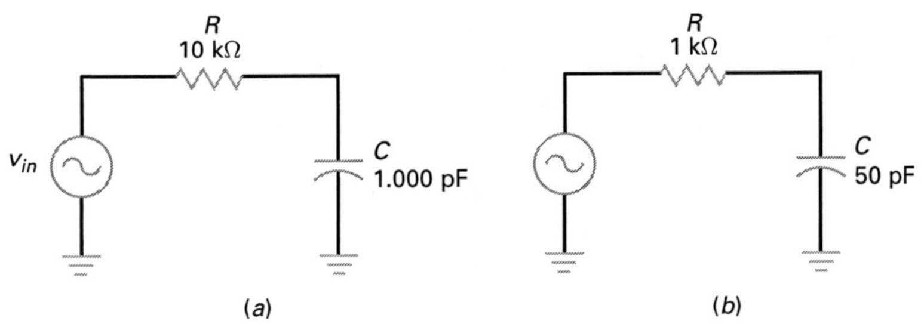

Figura 14-36

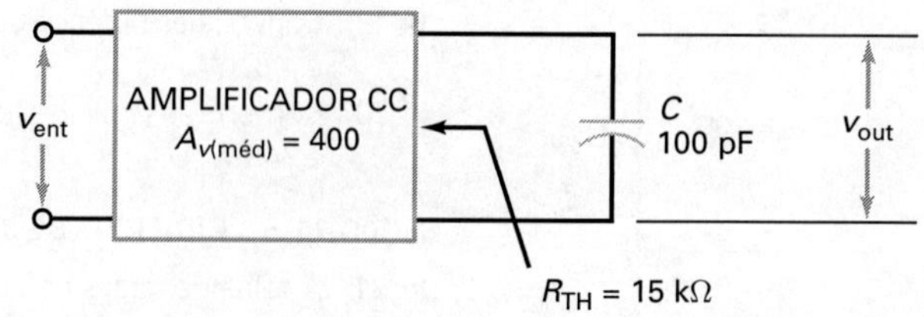

Figura 14-37

14-29 Desenhe o gráfico de Bode ideal para a Figura 14-38 com uma capacitância de realimentação de 100 pF e um ganho de tensão de 150.000.

SEÇÃO 14-9 RELAÇÃO TEMPO DE SUBIDA-LARGURA DE BANDA

14-30 Um amplificador apresenta a resposta ao degrau mostrada na Figura 14-39*a*. Qual a frequência de corte superior?

14-31 Qual a largura de banda de um amplificador se o tempo de subida for de 0,25 μs?

14-32 A frequência de corte superior de um amplificador é 100 kHz. Ao fazermos o teste de onda quadrada, qual deve ser o tempo de subida da saída do amplificador?

14-33 Na Figura 14-40, qual a frequência de corte inferior para o circuito de acoplamento da base?

14-34 Na Figura 14-40, qual a frequência de corte inferior para o circuito de acoplamento do coletor?

14-35 Na Figura 14-40, qual a frequência de corte inferior para o circuito de desvio do emissor?

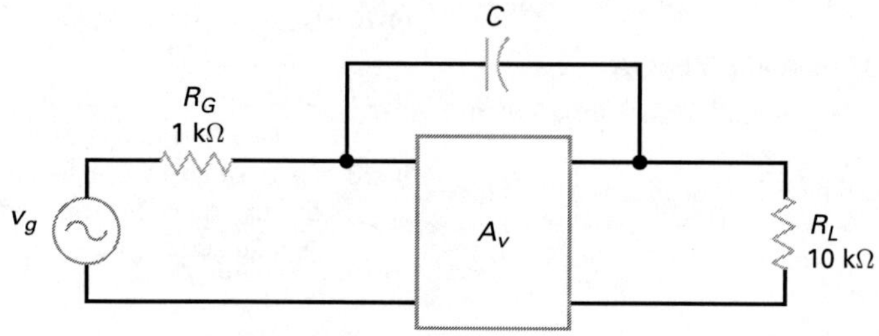

Figura 14-38

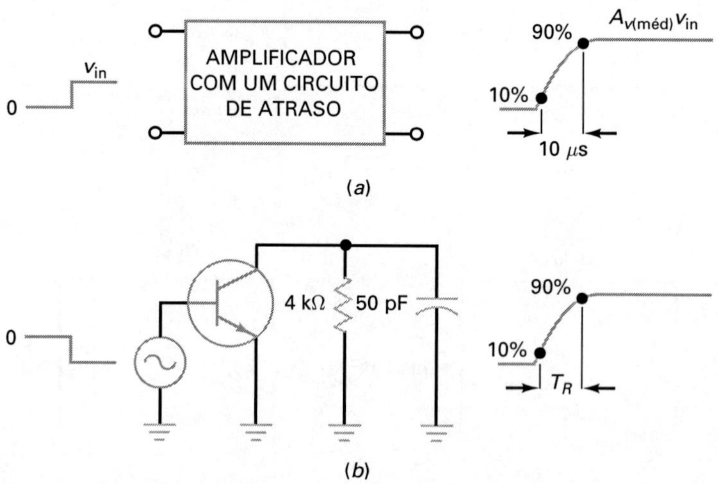

Figura 14-39

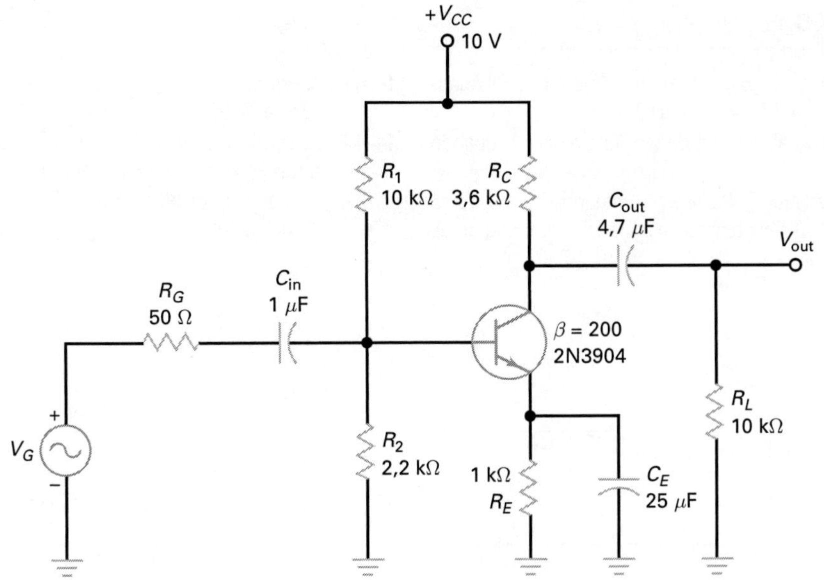

Figura 14-40

14-36 Na Figura 14-40, C'_c é dado como 2 pF, C'_e = 10 pF e C_{stray} é 5 pF. Determine a frequência de corte superior para os circuitos de entrada da base e de saída do coletor.

14-37 O circuito da Figura 14-41 usa um E-MOSFET com essas especificações: g_m = 16,5 mS, C_{iss} = 30 pF, C_{oss} = 20 pF e C_{rss} = 5,0 pF. Determine os valores das capacitâncias internas do FET (C_{gd}, C_{gs} e C_{ds}).

14-38 Na Figura 14-41, qual a frequência de corte inferior dominante?

14-39 Na Figura 14-41, determine os valores das frequências de corte superiores para os circuitos de entrada da porta e saída do dreno.

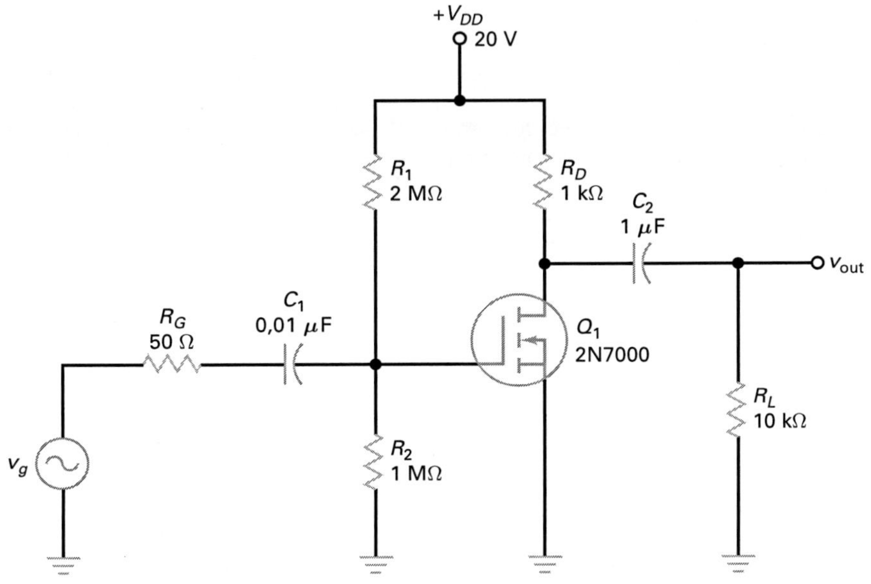

Figura 14-41

Raciocínio crítico

14-40 Na Figura 14-42*a*, qual é o ganho de tensão em decibel quando $f = 20$ kHz? E quando $f = 44,4$ kHz?

14-41 Na Figura 14-42b, qual o ganho de tensão em decibel quando $f = 100$ kHz?

14-42 O amplificador da Figura 14-39*a* tem um ganho de tensão na banda média de 100. Se a tensão de entrada for um degrau de 20 mV, qual a tensão de saída no ponto de 10%? E no ponto de 90%?

14-43 A Figura 14-39*b* é um circuito equivalente. Qual é o tempo de subida da tensão de saída?

14-44 Suponha que você tenha duas folhas de dados para amplificadores. A primeira mostra uma frequência de corte de 1 MHz. A segunda fornece um tempo de subida de 1 μs. Qual dos amplificadores tem uma maior largura de banda?

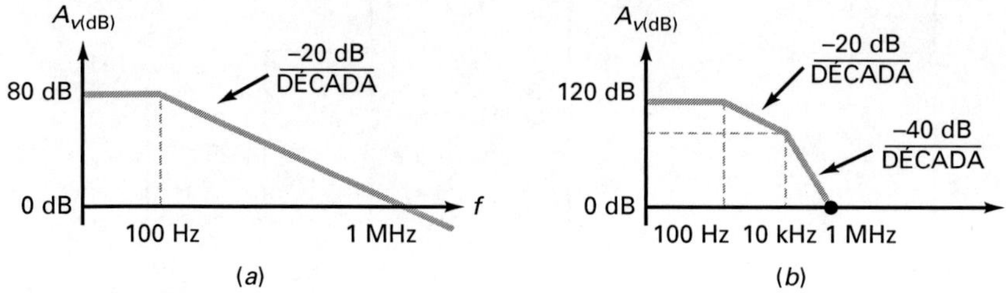

Figura 14-42

Questões de entrevista

1. Esta manhã montei um estágio amplificador num protoboard (matriz de contatos) usando diversos fios. A frequência de corte superior medida nesse circuito mostrou-se bem menor que deveria ser. Você tem alguma explicação para isso?
2. Na minha bancada de laboratório tem um amplificador CC, um osciloscópio e um gerador de funções que pode gerar ondas senoidal, quadrada e triangular. Descreva uma maneira de determinar a largura de banda do amplificador.
3. Sem utilizar calculadora, converta um ganho de tensão de 250 para o equivalente em decibel.
4. Desenhe um amplificador inversor com um capacitor de realimentação de 50 pF e um ganho de tensão de 10.000. Em seguida, desenhe o gráfico de Bode ideal para o circuito de atraso de entrada.
5. Considere que o painel frontal do seu osciloscópio indique que o seu amplificador vertical tem um tempo de subida de 7 ns. Com base nesse valor, o que se pode dizer da largura de banda do instrumento?
6. Como você mediria a largura de banda de um amplificador CC?
7. Por que o ganho de tensão em decibel usa um fator de 20 e o ganho de potência usa um fator de 10?
8. Por que o casamento de impedância é importante em alguns sistemas?
9. Qual a diferença entre dB e dBm?
10. Por que um amplificador CC recebe essa denominação?
11. Um engenheiro de estação de rádio precisa testar o ganho de tensão ao longo de várias décadas de frequência. Que tipo de papel gráfico seria mais útil nessa situação?
12. Alguma vez você já ouviu falar do MultiSim (EWB)? Em caso afirmativo, o que ele é?

Respostas dos exercícios

1. a
2. b
3. c
4. c
5. b
6. c
7. b
8. c
9. c
10. d
11. c
12. c
13. d
14. a
15. c
16. a
17. d
18. b
19. c
20. a

Respostas dos problemas práticos

14-1 $A_{v(méd)} = 70{,}7$; A_v a 5 Hz = 24,3; A_v a 200 kHz = 9,95

14-2 A_v a 10 Hz = 141

14-3 20.000 a 100 Hz; 2000 a 1 kHz; 200 a 10 kHz; 20 a 100 kHz; 2,0 a 1 MHz

14-4 10 A_p = 10 dB; 20 A_p = 13 dB; 40 A_p = 16 dB

14-5 4 A_p = 6 dB; 2 A_p = 3 dB; 1 A_p = 0 dB; 0,5 A_p = −3 dB

14-6 5 A_p = 7 dB; 50 A_p = 17 dB; 500 A_p = 27 dB; 5000 A_p = 37 dB

14-7 20A_p = 13 dB; 2 A_p = 3 dB; 0,2 Ap = −7 dB; 0,02 A_p = − 17 dB

14-8 50 A_v = 34 dB; 200 A_v = 46 dB; A_{vT} = 10.000; $A_{v(dB)}$ = 80 dB

14-9 $A_{v(dB)}$ = 30 dB; A_p = 1.000; A_v = 31,6

14-10 $A_{v1} = 3{,}16$; $A_{v2} = 0{,}5$; $A_{v3} = 20$

14-11 P = 1000 W

14-12 V_{out} = 1,88 mV

14-14 f_2 = 159 kHz

14-15 f_2 = 318 kHz; $f_{unitário}$ = 31,8 MHz

14-17 $C_{in(M)} = 0{,}3\ \mu F$; $C_{out(M)}$ = 30 pF

14-18 T_R = 400 ns; f_2 = 795 kHz

14-19 f_1 = 63 Hz

14-20 f_2 = 1,43 MHz

14-22 C_{gd} = 5 pF; C_{gs} = 20 pF; C_{ds} = 5 pF

15 Amplificadores diferenciais

O termo **amplificador operacional (amp-op)** se refere a um amplificador que realiza uma operação matemática. Historicamente, os primeiros amp-ops foram usados em computadores analógicos, em que realizavam adição, subtração, multiplicação e assim por diante. Houve uma época em que os amp-ops eram implementados com componentes separados. Hoje, a maioria dos amp-ops está na forma de circuito integrado (CI).

O amp-op típico é um amplificador *CC* com um ganho de tensão muito alto, uma impedância de entrada muito alta e uma impedância de saída muito baixa. A frequência de ganho unitário é de 1 MHz a mais de 20 MHz, dependendo do CI. Um circuito integrado amp-op é um bloco funcional completo com pinos externos. Conectando esses pinos a uma tensão de alimentação e a alguns componentes, podemos facilmente construir todos os tipos de circuitos úteis implementados com amp-ops.

O circuito de entrada usado na maioria dos amp-ops é o amplificador diferencial (amp-dif). Essa configuração de amplificador estabelece muitas das características de entrada do CI. O amplificador diferencial também pode ser configurado de maneira separada, sendo usado em circuitos de comunicação, instrumentação e controle industrial. Este capítulo concentra-se no amplificador diferencial usado em CIs.

Objetivos de aprendizagem

Após o estudo deste capítulo, você deverá ser capaz de:

- Realizar uma análise CC de um amplificador diferencial.
- Realizar uma análise CA de um amplificador diferencial.
- Definir corrente de polarização de entrada, corrente de *offset* de entrada e tensão de *offset* de entrada.
- Explicar o ganho em modo comum e a razão de rejeição em modo comum.
- Descrever como os circuitos integrados são fabricados.
- Aplicar o teorema de Thévenin a um amplificador diferencial com carga.

Sumário

Termos-chave

amplificador diferencial (amp-dif)
amplificador operacional (amp-op)
CI híbrido
CI monolítico
circuito integrado (CI)
corrente de cauda
corrente de offset de entrada
corrente de polarização de entrada
diodo de compensação
entrada diferencial
entrada inversora
entrada não inversora
espelho de corrente
razão de rejeição de modo comum (CMRR)
resistor de carga ativa
saída diferencial
sinal em modo comum
tensão de compensação de entrada
terminação simples

15-1 Amplificador diferencial

Transistores, diodos e resistores são os únicos componentes práticos implementados em CIs típicos. Os capacitores também podem ser implementados, mas eles são de pequena capacitância, geralmente menor que 50 pF. Por essa razão, os projetistas de CIs não podem usar capacitores de acoplamento e desvio (*bypass*) como fariam num projeto de circuito discreto. Em vez disso, os projetistas de CIs têm de usar acoplamento direto entre estágios e também precisam eliminar o capacitor de desvio do emissor sem perder muito no ganho de tensão.

O **amplificador diferencial (amp-dif)** é o tipo adequado para essa situação. O projeto desse circuito é extremamente engenhoso, pois elimina a necessidade de capacitor de desvio do emissor. Por essa e outras razões, o amp-dif é usado como estágio de entrada na maioria dos CIs amp-ops.

Entrada e saída diferenciais

A Figura 15-1 mostra um amp-dif. Ele é composto de dois estágios EC (emissor comum) em paralelo com um resistor de emissor em comum. Embora tenha duas tensões de entrada (v_1 e v_2) e duas tensões de coletor (v_{c1} e v_{c2}), o circuito total é considerado um estágio. Por não existir capacitor de desvio, não há frequência de corte inferior.

A tensão de saída CA v_{out} é definida como a tensão entre os coletores com a polaridade mostrada na Figura 15-1:

$$v_{out} = v_{c2} - v_{c1} \tag{15-1}$$

Essa tensão é denominada **saída diferencial**, porque combina as duas tensões CA de coletor em uma tensão igual à diferença das tensões de coletor. *Nota*: Usaremos letras minúsculas para v_{out}, v_{c1} e v_{c2} por serem tensões CA que incluem zero hertz (0 Hz) como um caso especial.

Idealmente, o circuito tem transistores idênticos e resistores de coletor iguais. Com simetria perfeita, v_{out} é zero quando as duas tensões de entrada são iguais. Quando v_1 for maior que v_2, a tensão de saída tem a polaridade mostrada na Figura 15-1. Quando v_2 for maior que v_1, a tensão de saída é invertida e tem a polaridade oposta.

O amp-dif da Figura 15-1 tem duas entradas separadas. A entrada v_1 é denominada **entrada não inversora**, porque v_{out} está em fase com v_1. Por outro lado, v_2 é denominada **entrada inversora**, porque v_{out} está 180° fora de fase em relação

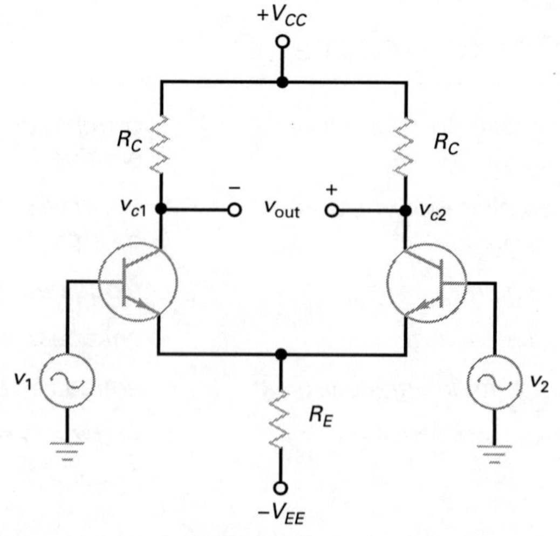

Figura 15-1 Entrada e saída diferenciais.

a v_2. Em algumas aplicações, apenas a entrada não inversora é usada e a entrada inversora é aterrada (conectada em GND). Em outras aplicações, apenas a entrada inversora está ativa e a entrada não inversora é aterrada.

Quando estiverem presentes tensões nas entradas inversora e não inversora, a entrada é denominada **entrada diferencial**, porque a tensão de saída é igual ao ganho de tensão vezes a diferença entre as duas tensões de entrada. A equação para a tensão de saída é:

$$v_{out} = A_v(v_1 - v_2) \tag{15-2}$$

onde A_v é o ganho de tensão. Deduzimos a equação para o ganho de tensão na Seção 15-3.

Saída com terminação simples

Uma saída diferencial como a mostrada na Figura 15-1 requer uma carga flutuante porque nenhum dos terminais da carga está aterrado. Em muitas aplicações isso é inconveniente, visto que as cargas têm uma **terminação simples**, ou seja, um terminal é aterrado.

A Figura 15-2*a* mostra uma configuração bastante usada de um amp-dif. Essa configuração tem muitas aplicações, porque ela pode acionar cargas com terminações simples como estágios EC, seguidores de emissor e outros circuitos. Como podemos ver, o sinal de saída CA é obtido do coletor no lado direito. O resistor de coletor do lado esquerdo foi removido por não ter um propósito útil.

Como a entrada é diferencial, a tensão de saída CA ainda é dada por $A_v(v_1 - v_2)$. Entretanto, com uma saída com terminação simples, o ganho de tensão é a metade do valor com uma saída diferencial. Obtemos metade do ganho de tensão com uma saída com terminação simples, porque a saída é obtida apenas de um dos coletores.

A propósito, a Figura 15-2*b* mostra o símbolo na forma de diagrama em bloco para um amp-dif com uma entrada diferencial e uma saída com terminação

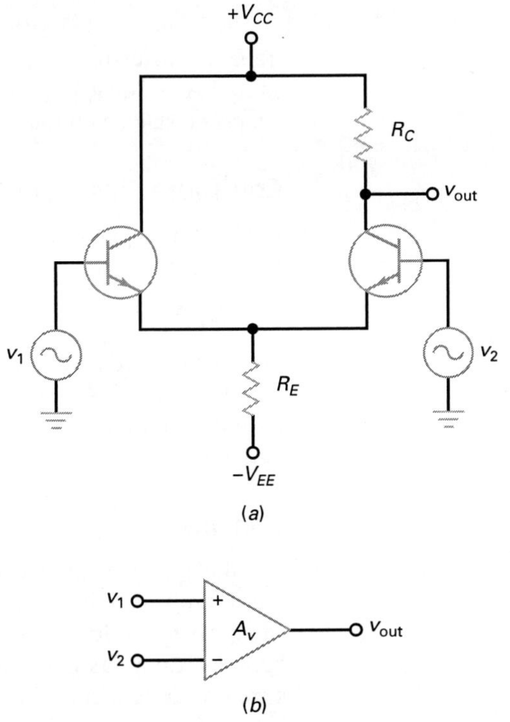

Figura 15-2 (*a*) Entrada diferencial e saída com terminação simples; (*b*) símbolo na forma de diagrama em bloco.

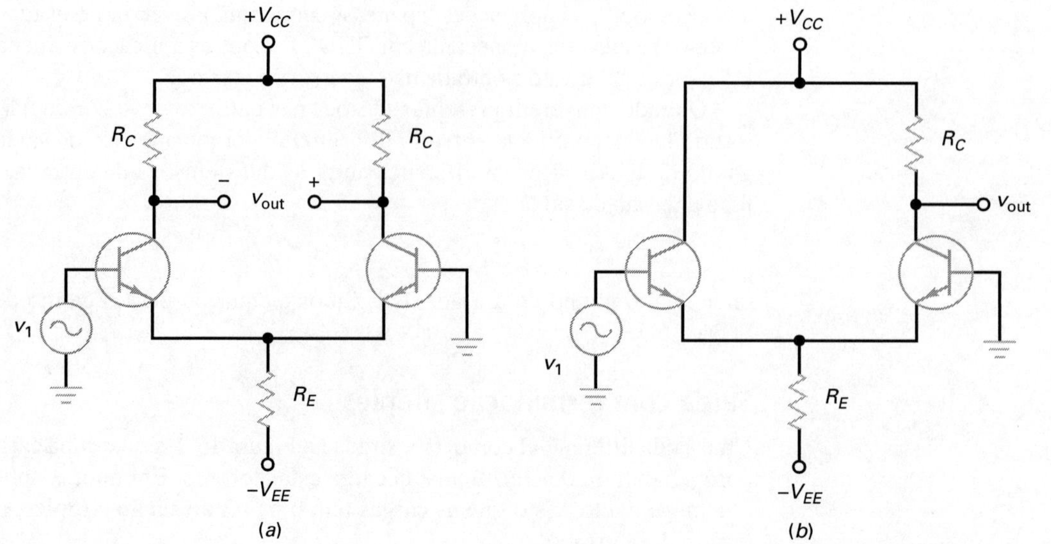

Figura 15-3 (*a*) Entrada não inversora e saída diferencial; (*b*) entrada não inversora e saída com terminação simples.

simples. O mesmo símbolo é usado para um amp-op. O sinal positivo (+) representa a entrada não inversora e o sinal negativo (–) representa a entrada inversora.

Configurações da entrada não inversora

Geralmente, apenas uma das entradas é ativa e a outra é aterrada, como mostra a Figura 15-3*a*. Essa configuração tem uma entrada não inversora e uma saída diferencial. Como $v_2 = 0$, a Equação (15-2) resulta em:

$$v_{out} = A_v(v_1) \tag{15-3}$$

A Figura 15-3*b* mostra outra configuração para o amp-dif. Essa tem uma entrada não inversora e uma saída com terminação simples. Como v_{out} é a tensão de saída CA, a Equação (15-3) ainda é válida, mas o ganho de tensão A_v será a metade, pois a saída é obtida em apenas de um lado do amp-dif.

Configurações da entrada inversora

Em algumas aplicações, v_2 é a entrada ativa e v_1 é a entrada aterrada, como mostra a Figura 15-4*a*. Nesse caso, a Equação (15-2) se reduz a:

$$v_{out} = -A_v(v_2) \tag{15-4}$$

O sinal negativo na Equação (15-4) indica inversão de fase.

A Figura 15-4*b* mostra a configuração final que discutiremos. Aqui estamos usando a entrada inversora com uma saída de terminação simples. Nesse caso, a tensão CA de saída ainda é dada pela Equação (15-4).

Conclusão

A Tabela 15-1 resume as quatro configurações básicas de um amp-dif. O caso geral tem uma entrada diferencial e uma saída diferencial. Os casos restantes são derivações do caso geral. Por exemplo, para ter uma operação com entrada simples, uma das entradas é usada e a outra é aterrada. Quando a entrada é simples, tanto a entrada não inversora v_1 quanto a entrada inversora v_2 podem ser usadas.

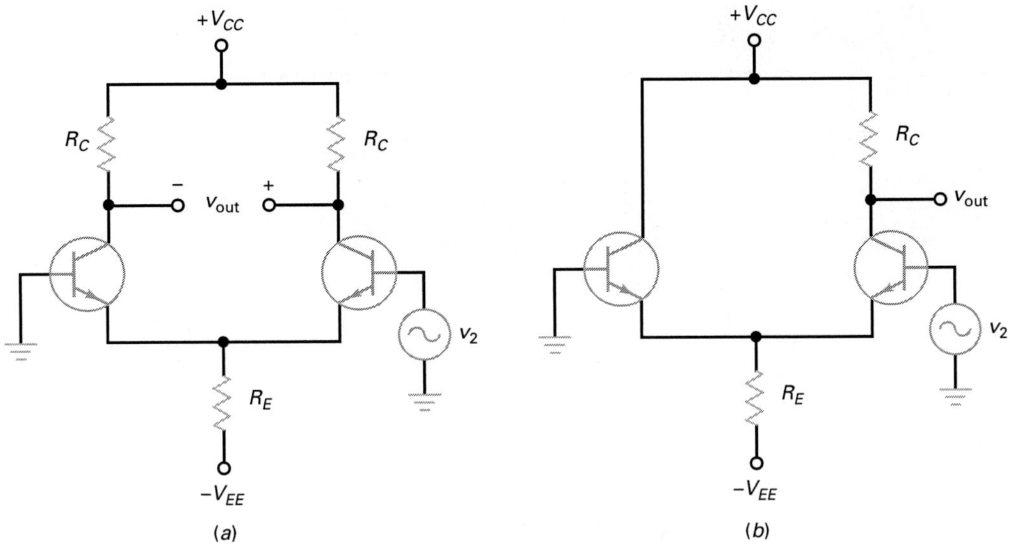

Figura 15-4 (*a*) Entrada inversora e saída diferencial; (*b*) entrada inversora e saída com terminação simples.

Tabela 15-1	Configurações de um amp-dif		
Entrada	**Saída**	v_{in}	v_{out}
Diferencial	Diferencial	$v_1 - v_2$	$v_{c2} - v_{c1}$
Diferencial	Terminação simples	$v_1 - v_2$	v_{c2}
Terminação simples	Diferencial	v_1 ou v_2	$v_{c2} - v_{c1}$
Terminação simples	Terminação simples	v_1 ou v_2	v_{c2}

15-2 Análise CC de um amp-dif

A Figura 15-5*a* mostra o circuito equivalente CC para um amp-dif. Ao longo dessa discussão, consideraremos os transistores idênticos e resistores de coletor iguais. Além disso, as duas bases são aterradas nessa análise preliminar.

A polarização usada aqui deve parecer familiar ao leitor. Ela é quase idêntica a duas polarizações do emissor com fonte simétrica (PEFS) discutida no Capítulo 8. Podemos lembrar de que a maior parte da tensão de alimentação negativa em um circuito PEFS aparece no resistor de emissor. Isso estabelece uma corrente de emissor fixa.

Análise ideal

Um amp-dif é algumas vezes denominado *par de caudas longas*, porque os dois transistores compartilham o resistor R_E. A corrente nesse resistor é denominada **corrente de cauda**. Se ignorarmos a queda V_{BE} nos diodos emissores da Figura 15-5*a*, a extremidade superior do resistor é idealmente um ponto de terra (GND) CC. Nesse caso, todo o V_{EE} aparece em R_E e a corrente de cauda é:

$$I_T = \frac{V_{EE}}{R_E} \tag{15-5}$$

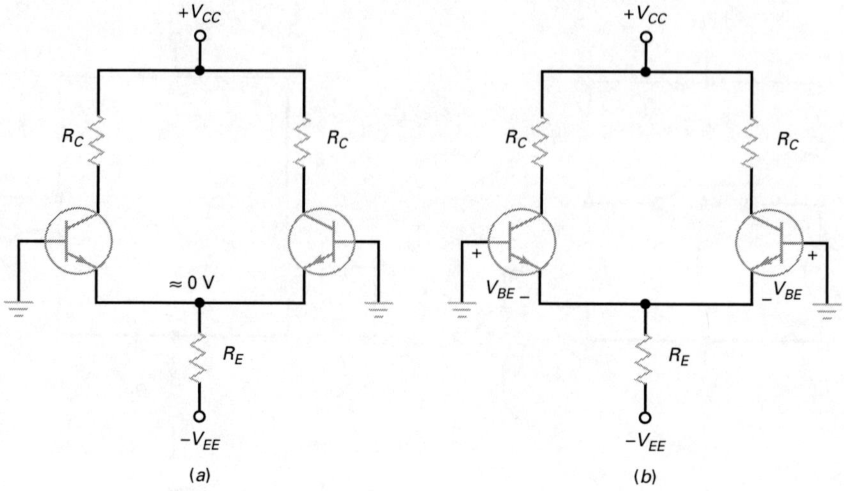

Figura 15-5 (*a*) Análise CC ideal; (*b*) segunda aproximação.

Essa equação é excelente para análise de defeito e um exame preliminar, porque chega rapidamente ao ponto em que quase toda a tensão de alimentação aparece no resistor de emissor.

Quando as duas metades do circuito na Figura 15-5*a* são perfeitamente casadas, a corrente de cauda se divide igualmente. Portanto, cada transistor tem uma corrente de emissor de:

$$I_E = \frac{I_T}{2} \tag{15-6}$$

A tensão CC em qualquer coletor é dada pela seguinte equação familiar:

$$V_C = V_{CC} - I_C R_C \tag{15-7}$$

Segunda aproximação

Podemos melhorar a análise CC incluindo a queda V_{BE} em cada diodo emissor. Na Figura 15-5*b*, a tensão na extremidade superior do resistor de emissor está um valor de V_{BB} abaixo de GND. Portanto, a corrente de cauda é:

$$I_T = \frac{V_{EE} - V_{BE}}{R_E} \tag{15-8}$$

onde V_{BE} = 0,7 V para transistores de silício.

Efeito do resistor de base na corrente de cauda

Na Figura 15-5*b*, as duas bases são aterradas por questão de simplificação. Quando os resistores de base são usados, têm efeito desprezível na corrente de cauda num projeto bem-feito de um amp-dif. Eis o motivo: quando os resistores de base são incluídos na análise, a equação para a corrente de cauda torna-se:

$$I_T = \frac{V_{EE} - V_{BE}}{R_E + R_B/2\beta_{CC}}$$

Em qualquer projeto prático, $R_B/2\beta_{CC}$ é menor que 1% de R_E. Isso ocorre porque preferimos usar a Equação (15-5) ou a Equação (15-8) para calcular a corrente de cauda.

Embora os resistores de base tenham um efeito desprezível na corrente de cauda, eles podem produzir tensões de erro de entrada quando as duas metades do amp-dif não forem perfeitamente simétricas. Discutiremos essa tensão de erro de entrada numa seção posterior.

Exemplo 15-1

Quais são as tensões e correntes ideais na Figura 15-6a?

SOLUÇÃO Usando a Equação (15-5), a corrente de cauda é:

$$I_T = \frac{15\,\text{V}}{7{,}5\,\text{k}\Omega} = 2\,\text{mA}$$

Cada corrente de emissor é metade da corrente de cauda:

$$I_E = \frac{2\,\text{mA}}{2} = 1\,\text{mA}$$

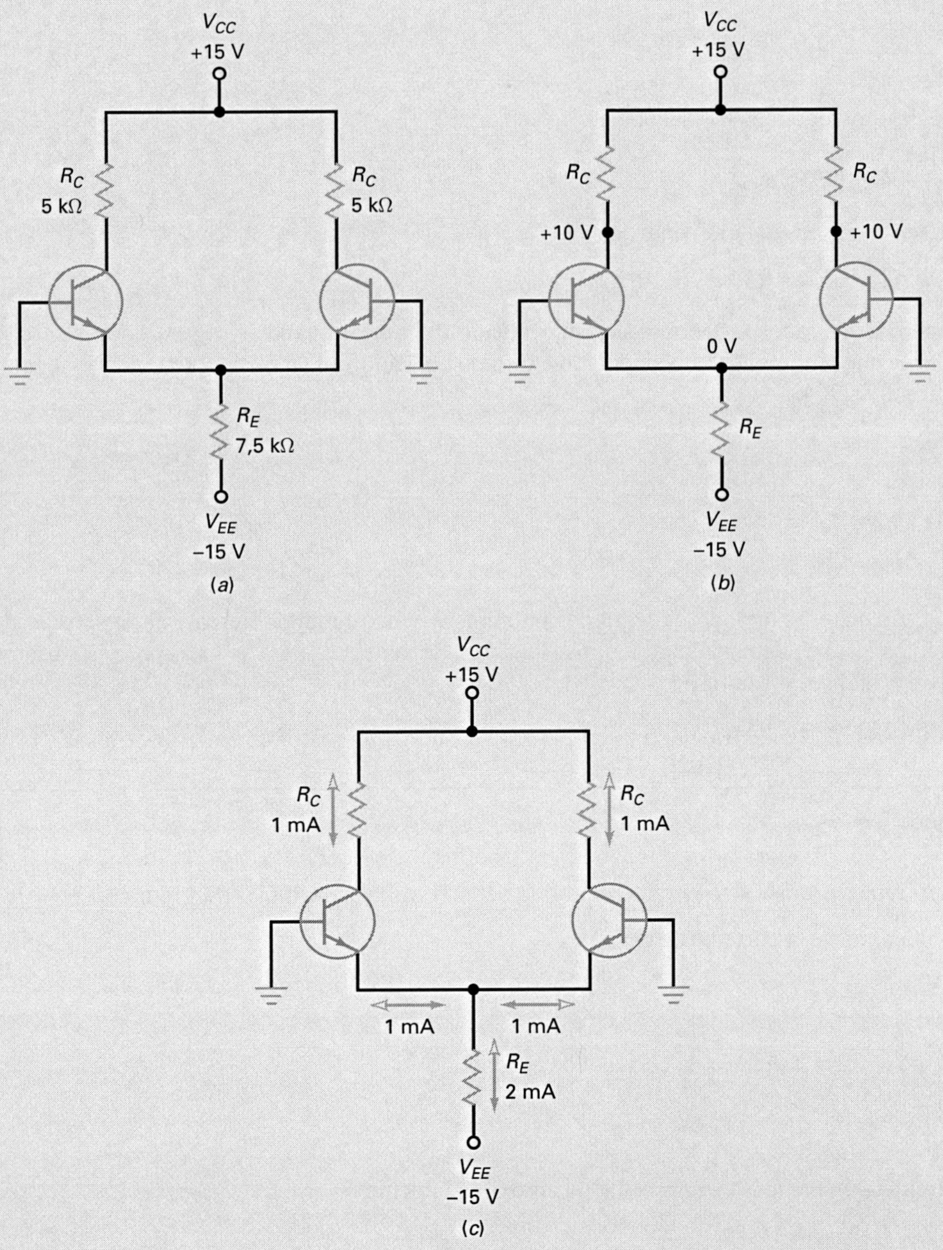

Figura 15-6 Exemplo.

Cada coletor tem uma tensão quiescente de aproximadamente:

$$V_C = 15\ V - (1\text{mA})(5\ \text{k}\Omega) = 10\text{V}$$

A Figura 15-6*b* mostra as tensões CC e a Figura 15-6*c* mostra as correntes. (*Nota*: A seta padrão indica o sentido convencional da corrente e a seta triangular transparente indica o sentido do fluxo de elétrons.)

PROBLEMA PRÁTICO 15-1 Na Figura 15-6a, troque RE para 5 kW e determine as correntes e tensões ideais.

Exemplo 15-2

MultiSim

Recalcule as correntes e tensões para o circuito da Figura 15-6a usando a segunda aproximação.

SOLUÇÃO A corrente de cauda é:

$$I_T = \frac{15\,\text{V} - 0,7\,\text{V}}{7,5\,\text{k}\Omega} = 1,91\ \text{mA}$$

Cada corrente de emissor é metade da corrente de cauda:

$$I_E = \frac{1,91\ \text{mA}}{2} = 0,955\ \text{mA}$$

e cada coletor tem uma tensão quiescente de:

$$\text{V}_C = 15\ \text{V} - (0,955\,\text{mA})(5\ \text{k}\Omega) = 10,2\text{V}$$

Como podemos ver, as respostas apresentam pequenas diferenças quando a segunda aproximação é usada. Na realidade, se o mesmo circuito for implementado e testado no MultiSim (EWB), obteremos as seguintes respostas com transistores 2N33904:

$$I_T = 1,912\,\text{mA}$$
$$I_E = 0,956\,\text{mA}$$
$$I_C = 0,950\,\text{mA}$$
$$V_C = 10,25\ \text{V}$$

Essas respostas são quase as mesmas da segunda aproximação e não é muito diferente das respostas ideais. A questão é que a análise ideal é adequada para muitas situações. Se necessitarmos de mais precisão, usamos a segunda aproximação ou a análise do MultiSim.

PROBLEMA PRÁTICO 15-2 Repita o Exemplo 15-2 usando um resistor de emissor de 5 kW.

Exemplo 15-3

MultiSim

Quais são as correntes e tensões no circuito com saída com terminação simples da Figura 15-7a?

SOLUÇÃO Idealmente, a corrente de cauda é:

$$I_T = \frac{12\ \text{V}}{5\ \text{k}\Omega} = 2,4\ \text{mA}$$

Cada corrente de emissor é metade da corrente de cauda:

$$I_E = \frac{2,4\ \text{mA}}{2} = 1,2\,\text{mA}$$

O coletor à direita tem uma tensão quiescente de aproximadamente:

$$V_C = 12\ \text{V} - (1,2\ \text{mA})(3\ \text{k}\Omega) = 8,4\text{V}$$

e a tensão à esquerda é de 12 V.

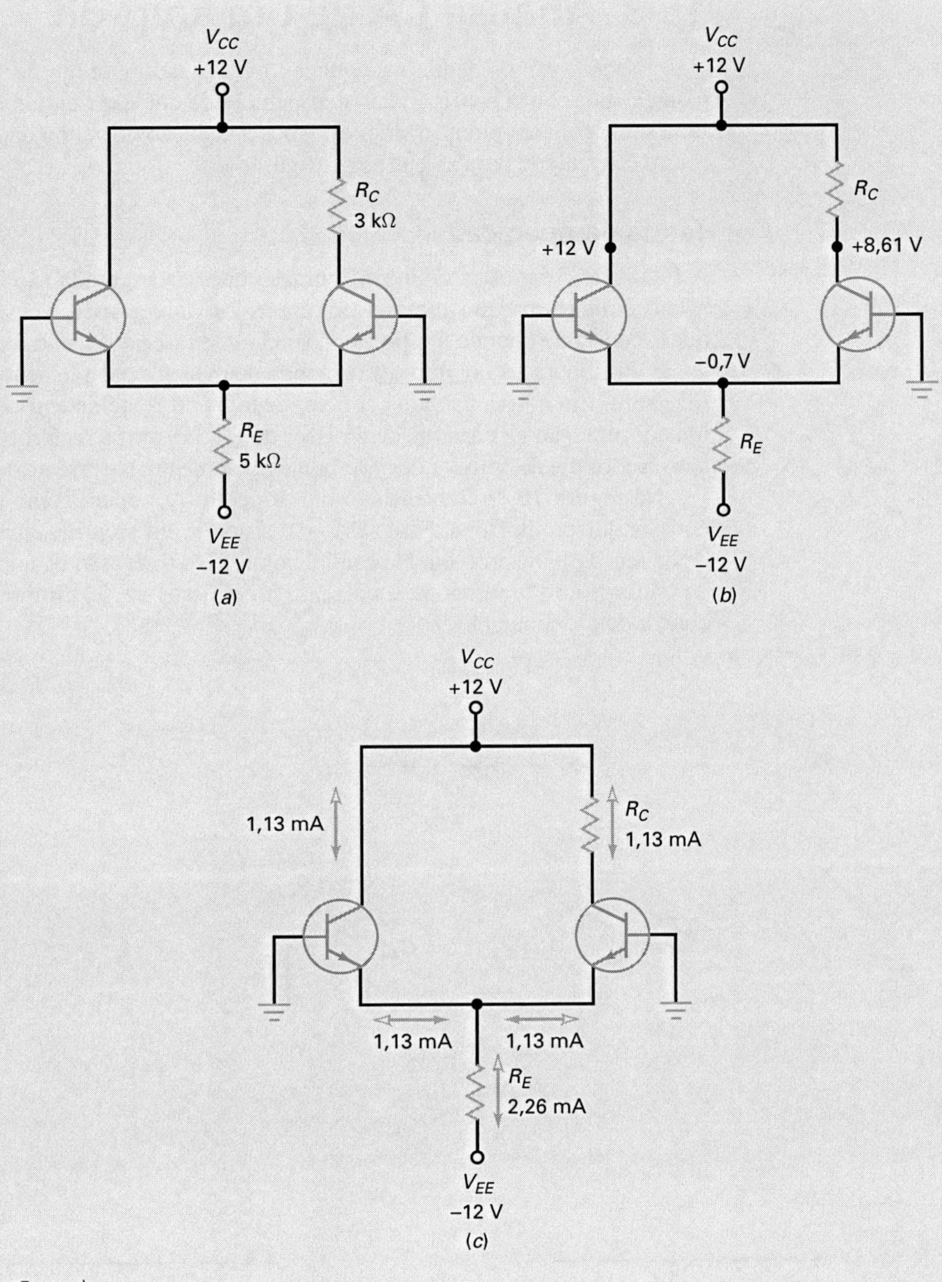

Figura 15-7 Exemplo.

Com a segunda aproximação, podemos calcular:

$$I_T = \frac{12\text{V} - 0,7\text{V}}{5\text{k}\Omega} = 2,26\text{ mA}$$

$$I_E = \frac{2,26\text{ mA}}{2} = 1,13\text{ mA}$$

$$V_C = 12\text{V} - (1,13\text{ mA})(3\text{ k}\Omega) = 8,61\text{V}$$

A Figura 15-7b mostra as tensões CC e a Figura 15-7c mostra as correntes para a segunda aproximação.

PROBLEMA PRÁTICO 15-3 Na Figura 15-7a, troque R_E para 3 kΩ. Determine as correntes e tensões com a segunda aproximação.

15-3 Análise CA de um amp-dif

Nesta seção, vamos deduzir a equação para o ganho de tensão de um amp-dif. Comecemos com a configuração mais simples, a que usa a entrada não inversora e uma saída com terminação simples. Após a dedução do ganho de tensão, estenderemos o resultado para as outras configurações.

Teoria da operação

A Figura 15-8*a* mostra uma configuração que usa a entrada não inversora e uma saída com terminação simples. Com um R_E de valor grande, a corrente de cauda é quase constante quando um pequeno sinal CA é inserido na entrada. Por causa disso, as duas metades do amp-dif responde de maneira complementar à entrada não inversora. Em outras palavras, um aumento na corrente de emissor de Q_1 produz uma diminuição na corrente de emissor de Q_2. De forma recíproca, uma diminuição na corrente de emissor de Q_1 produz um aumento na corrente de emissor de Q_2.

Na Figura 15-8*a*, o transistor da esquerda (Q_1) opera como um seguidor de emissor que produz uma tensão CA no resistor de emissor. Essa tensão CA é metade da tensão v_1 de entrada. No semiciclo positivo da tensão de entrada, a corrente de emissor de Q_1 aumenta, a corrente no emissor de Q_2 diminui e a tensão no coletor de Q_2 aumenta.

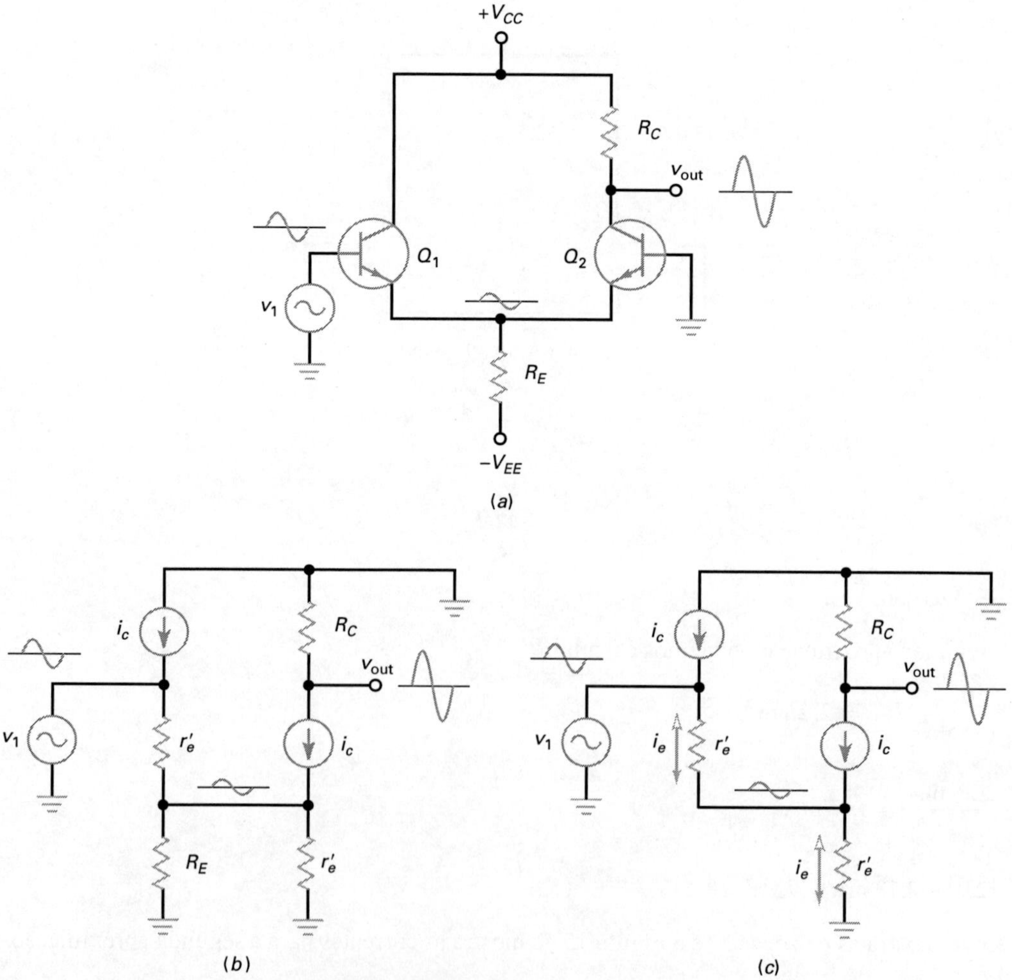

Figura 15-8 (*a*) Configuração usando a entrada não inversora e uma saída com terminação simples; (*b*) circuito equivalente CA; (*c*) circuito equivalente CA simplificado.

De forma similar, no semiciclo negativo da tensão de entrada, a corrente no emissor de Q_1 diminui, a corrente no emissor de Q_2 aumenta e a tensão no coletor de Q_2 diminui. Por isso, a onda senoidal amplificada está em fase com a entrada não inversora.

Ganho de saída com terminação simples

A Figura 15-8*b* mostra o circuito equivalente CA. Observe que cada transistor tem um r'_e. Além disso, o resistor de polarização R_E está em paralelo com o r'_e do transistor à direita porque a base de Q_2 está aterrada. Em qualquer projeto prático, R_E é muito maior que r'_e. Por isso, podemos ignorar R_E numa análise preliminar.

A Figura 15-8*c* mostra o circuito equivalente simplificado. Observe que a tensão v_1 de entrada aparece sobre o primeiro r'_e em série com o segundo r'_e. Como as duas resistências são iguais, a tensão sobre cada r'_e é metade da tensão de entrada. Por isso a tensão CA no resistor de cauda da Figura 15-8*a* é metade da tensão de entrada.

Na Figura 15-8*c*, a tensão de saída CA é:

$$v_{out} = i_c R_C$$

e a tensão de entrada CA é:

$$v_{in} = i_e r'_e + i_e r'_e = 2 i_e r'_e$$

Dividindo v_{out} por v_{in}, obtemos o ganho de tensão:

$$\textbf{Saída com terminação simples} = A_v = \frac{R_C}{2r'_e} \qquad \textbf{(15-9)}$$

Uma última questão: na Figura 15-8*a*, uma tensão quiescente CC V_C existe no terminal de saída e não é parte do sinal CA. A tensão CA v_{out} é qualquer variação da tensão quiescente. Num amp-op, a tensão CC quiescente é removida num estágio posterior por não ser importante.

Ganho da saída diferencial

A Figura 15-9 mostra o circuito equivalente CA para uma configuração usando a entrada não inversora e a saída diferencial. A análise é quase idêntica à do exemplo anterior, exceto que a tensão de saída é duas vezes maior, visto que há dois resistores de coletor:

$$v_{out} = v_{c2} - v_{c1} = i_c R_C - (-i_c R_C) = 2 i_c R_C$$

(*Nota*: O segundo sinal negativo aparece porque o sinal v_{c1} está 180° fora de fase em relação a v_{c2}, conforme mostra a Figura 15-9.)

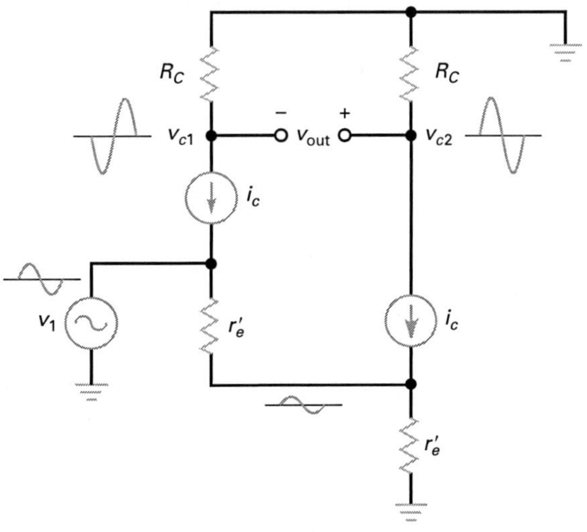

Figura 15-9 Configuração usando a entrada não inversora e a saída diferencial.

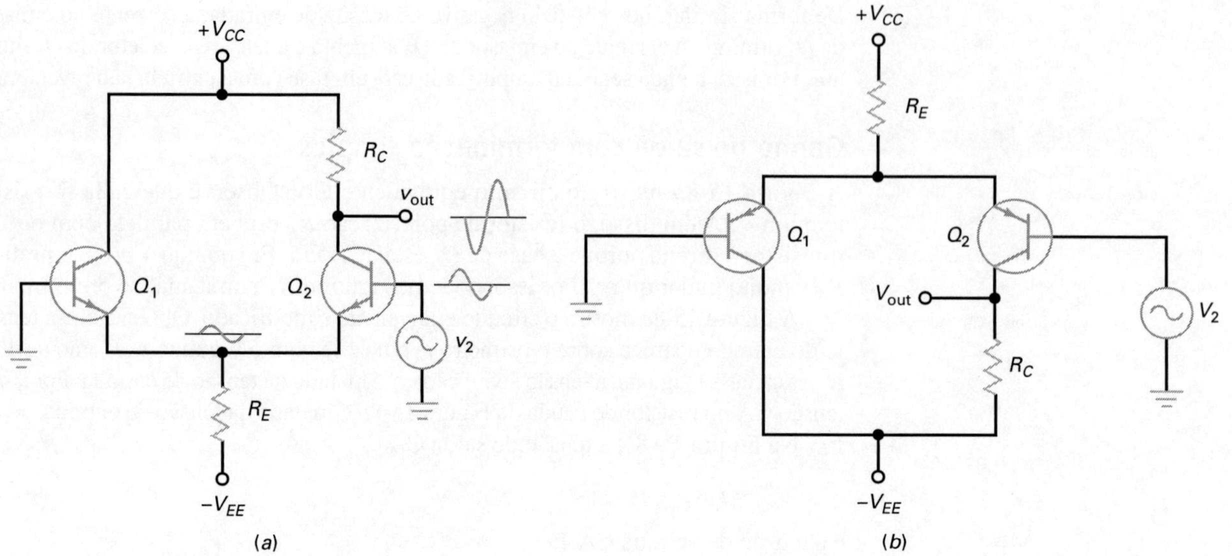

Figura 15-10 (*a*) Configuração usando a entrada inversora com uma saída com terminação simples; (*b*) versão *pnp*.

A tensão de entrada CA ainda é igual a:

$$v_{in} = 2i_e r'_e$$

Dividindo a tensão de saída pela tensão de entrada, obtemos o ganho de tensão:

$$\textbf{Saída diferencial: } A_v = \frac{R_C}{r'_e} \qquad \textbf{(15-10)}$$

Essa equação é fácil de lembrar, porque é a mesma equação do ganho de tensão para um estágio EC.

Configurações usando a entrada inversora

A Figura 15-10*a* mostra uma configuração usando a entrada inversora e uma saída com terminação simples. A análise CA é quase idêntica à análise usando a entrada não inversora. Nesse circuito, a entrada inversora v_2 produz uma tensão CA invertida e amplificada na saída final. O r'_e de cada transistor ainda é parte de um divisor de tensão no circuito equivalente CA, por isso, a tensão CA em R_E é metade da tensão na entrada inversora. Se for usada uma saída diferencial, o ganho de tensão é duas vezes maior que no caso discutido anteriormente.

O amp-dif na Figura 15-10*b* é uma versão pnp "de cabeça para baixo" em relação à Figura 15-10*a*. Frequentemente, os transistores *pnp* são geralmente usados em circuitos transistorizados que utilizam fontes de alimentação positiva. Esses transistores *pnp* são desenhados em uma configuração "de cabeça para baixo". Assim como as versões *npn*, as entradas e saídas podem ser diferenciais ou com terminação simples.

Configurações usando entrada diferencial

As configurações usando entrada diferencial têm duas entradas ativas ao mesmo tempo. A análise CA pode ser simplificada usando o teorema da superposição: visto que sabemos como um amp-dif se comporta quando usamos as entradas inversora e não inversora, podemos combinar os dois resultados para obter as equações para as configurações que usam entrada diferencial.

Tabela 15-2	Ganhos de tensão do amp-dif		
Entrada	**Saída**	A_v	v_{out}
Diferencial	Diferencial	R_C/R'_e	$A_v(v_1 - v_2)$
Diferencial	Terminação simples	$R_C/2R'_e$	$A_v(v_1 - v_2)$
Terminação simples	Diferencial	R_C/R'_e	$A_v v_1$ ou $-A_v v_2$
Terminação simples	Terminação simples	$R_C/2R'_e$	$A_v v_1$ ou $-A_v v_2$

A tensão de saída ao se usar a entrada não inversora é:

$$A_v(v_1)$$

e a tensão de saída ao usarmos a entrada inversora é:

$$v_{out} = -A_v(v_2)$$

Combinando os dois resultados, obtemos a equação ao usarmos uma entrada diferencial:

$$v_{out} = A_v(v_1 - v_2)$$

Tabela dos ganhos de tensão

A Tabela 15-2 resume os ganhos de tensão para as configurações do amp-dif. Como podemos ver, o ganho de tensão é máximo com uma saída diferencial. O ganho de tensão se reduz à metade quando se usa uma saída com terminação simples. Além disso, quando uma saída com terminação simples é usada, a entrada pode ser a inversora ou a não inversora.

Impedância de entrada

Em um estágio EC, a impedância de entrada da base é:

$$z_{in} = \beta r'_e$$

Em um amp-dif, a impedância de entrada de qualquer base é duas vezes maior:

$$\mathbf{z_{in} = 2\beta r'_e} \qquad \textbf{(15-11)}$$

A impedância de entrada de um amp-dif é duas vezes maior, porque existem duas resistências de emissor r'_e no circuito equivalente CA em vez de uma. A Equação (15-11) é válida para todas as configurações, porque qualquer sinal de entrada CA "vê" duas resistências CA de emissor no caminho entre a base e GND.

Exemplo 15-4

MultiSim

Na Figura 15-11, qual é a tensão de saída CA? Se $\beta = 300$, qual é a impedância de entrada do amp-dif?

SOLUÇÃO Analisamos o circuito equivalente CC no Exemplo 15-1. Idealmente, existe 15 V no resistor de emissor produzindo uma corrente de cauda de 2 mA, o que significa que a corrente de emissor em cada transistor é:

$$I_E = 1 \text{ mA}$$

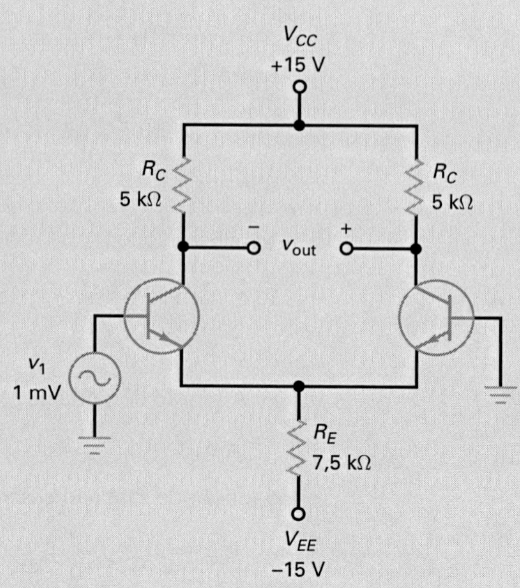

Figura 15-11 Exemplo.

Agora podemos calcular a resistência CA do emissor:

$$r'_e = \frac{25\,\text{mV}}{1\,\text{mA}} = 25\,\Omega$$

O ganho de tensão é:

$$A_v = \frac{5\,\text{k}\Omega}{25\,\text{V}} = 200$$

A tensão de saída CA é:

$$v_{\text{out}} = 200(1\,\text{mV}) = 200\,\text{mV}$$

e a impedância de entrada do amp-dif é:

$$z_{\text{in(base)}} = 2(300)(25\,\Omega) = 15\,\text{k}\Omega$$

PROBLEMA PRÁTICO 15-4 Repita o Exemplo 15-4 substituindo R_E por 5 kΩ.

Exemplo 15-5

MultiSim

Repita o procedimento do exemplo usando a segunda aproximação para calcular a corrente de emissor quiescente.

SOLUÇÃO No Exemplo 15-2, calculamos a corrente CC de emissor, que é:

$$I_E = 0{,}955\ \text{mA}$$

A resistência CA do emissor é:

$$r'_e = \frac{25\,\text{mV}}{0{,}955\,\text{mA}} = 26{,}2\,\Omega$$

Como o circuito tem uma saída diferencial, o ganho de tensão é:

$$A_v = \frac{5\,\text{k}\Omega}{26{,}2\,\Omega} = 191$$

A tensão de saída CA é:

$$v_{out} = 191(1\,\text{mV}) = 191\,\text{mV}$$

e a impedância de entrada do amp-dif é:

$$z_{in(base)} = 2(300)(26{,}2\ \Omega) = 15{,}7\ \text{k}\Omega$$

Se o circuito for simulado com o MultiSim, obtém-se as seguintes respostas para os transistores 2N3904:

$$v_{out} = 172\ \text{mV}$$
$$z_{in(base)} = 13{,}4\ \text{k}\Omega$$

A tensão de saída e a impedância de entrada obtidas com o MultiSim são ligeiramente mais baixas que os valores calculados. Quando se usam tipos específicos de transistores, o MultiSim carrega em todos os tipos os parâmetros do transistor de ordem mais alta que produzem respostas quase exatas. Por isso, temos de usar o computador se precisarmos de alta precisão. Caso contrário, resta nos satisfazer com métodos aproximados de análise.

Exemplo 15-6

Repita o Exemplo 15-4 para $v_2 = 1$ mV e $v_1 = 0$.

SOLUÇÃO Em vez de usarmos a entrada não inversora, usaremos a entrada inversora. Idealmente, a tensão de saída tem o mesmo módulo, 200 mV, mas ela é invertida. A impedância de entrada é de aproximadamente 15 kΩ.

Exemplo 15-7

Qual a tensão de saída CA na Figura 15-12? Se $\beta = 300$, qual a impedância de entrada do amp-dif?

SOLUÇÃO Idealmente, temos 15 V no resistor de emissor, o que implica uma corrente de cauda (I_T) de:

$$I_T = \frac{15\ \text{V}}{1\ \text{M}\Omega} = 15\ \mu\text{A}$$

Como a corrente de emissor em cada transistor é metade da corrente de cauda, então:

$$r'_e = \frac{25\ \text{mV}}{7{,}5\ \mu\text{A}} = 3{,}33\ \text{k}\Omega$$

O ganho de tensão para saída com terminação simples é:

$$A_v = \frac{1\ \text{M}\Omega}{2(3{,}33\ \text{k}\Omega)} = 150$$

A tensão de saída CA é:

$$v_{out} = 150(7\ \text{mV}) = 1{,}05\text{V}$$

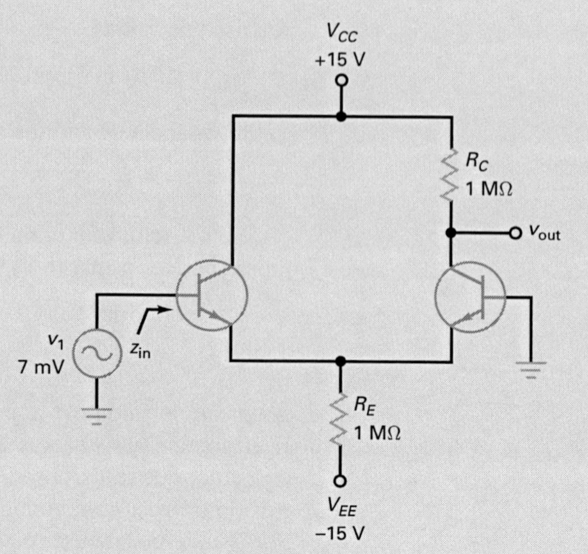

Figura 15-12 Exemplo.

e a impedância de entrada da base é:

$$z_{in} = 2(300)(3{,}33\ \text{k}\Omega) = 2\ \text{M}\Omega$$

PROBLEMA PRÁTICO 15-7 Repita o Exemplo 15-7 sendo R_E substituído por 500 kΩ.

15-4 Características de entrada de um amp-op

É uma boa aproximação para muitas aplicações considerar a simetria perfeita em um amp-dif. Porém, em aplicações de maior precisão, não podemos mais tratar as duas metades do amp-dif como idênticas. Existem três características nas folhas de dados de todo amp-op que um projetista usa quando necessita de respostas mais precisas. Essas características são a corrente de polarização de entrada (*input bias current*), a corrente de compensação de entrada (*input offset current*) e a tensão de compensação de entrada (*input offset voltage*).

Corrente de polarização de entrada

Em um amp-op integrado, o β_{CC} de cada transistor no primeiro estágio é ligeiramente diferente, o que significa que as correntes de base na Figura 15-13 são ligeiramente diferentes. A corrente de polarização de entrada ($I_{in(bias)}$) é definida como a média das correntes CC de base:

$$\boldsymbol{I_{in(bias)} = \frac{I_{B1} + I_{B2}}{2}} \qquad \textbf{(15-12)}$$

Por exemplo, se I_{B1} = 90 nA e I_{B2} = 70 nA, a corrente de polarização é:

$$I_{in(bias)} = \frac{90\ \text{nA} + 70\ \text{nA}}{2} = 80\ \text{nA}$$

Com amp-ops bipolares, a corrente de polarização de entrada é tipicamente em nanoampères. Quando um amp-op usa FETs no amp-dif de entrada, a corrente de polarização de entrada é em picoampères.

É ÚTIL SABER

Um amp-op que usa JFETs no amplificador diferencial de entrada e transistores bipolares nos estágios seguintes é denominado amp-op *bi-FET*.

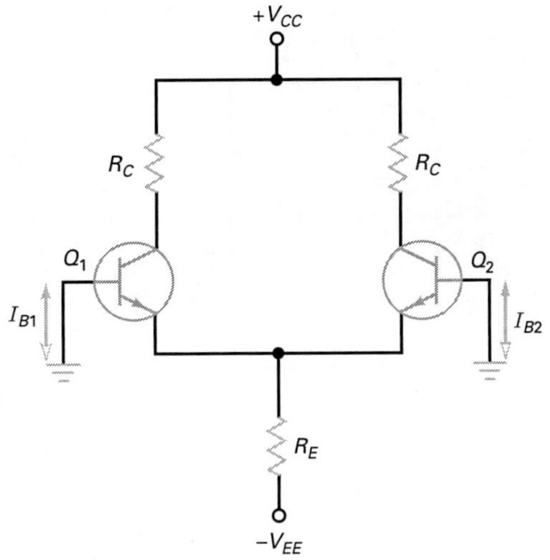

Figura 15-13 Correntes de base diferentes.

A corrente de polarização de entrada percorre as resistências entre a base e GND. Essas resistências podem ser discretas ou ser a resistência de Thévenin das fontes de entrada.

Corrente de *offset* de entrada

A **corrente de *offset* de entrada** ($I_{in(off)}$) é definida como a diferença das correntes CC de base:

$$I_{in(corte)} = I_{B1} - I_{B2} \tag{15-13}$$

Essa diferença nas correntes de base indica quanto os transistores estão casados. Se os transistores são idênticos, a corrente de *offset* de entrada é zero porque as duas correntes de base serão iguais. Porém, quase sempre, os dois transistores são ligeiramente diferentes e as duas correntes de base não são iguais.

Como exemplo, suponha que I_{B1} = 90 nA e I_{B2} = 70 nA. Então:

$$I_{in(off)} = 90 \text{ nA} - 70 \text{ nA} = 20 \text{ nA}$$

O transistor Q_1 tem uma corrente de base que é 20 nA maior que a do transistor Q_2; isso pode causar um problema quando são usadas resistências de base de alto valor.

Correntes de base e *offsets*

Rearranjando as Equações (15-12) e (15-13), podemos deduzir as duas equações a seguir para as correntes de base:

$$I_{B1} = I_{in(bias)} + \frac{I_{in(off)}}{2} \tag{15-13a}$$

$$I_{B1} = I_{in(bias)} + \frac{I_{in(off)}}{2} \tag{15-13b}$$

As folhas de dados sempre listam $I_{in(bias)}$ e $I_{in(off)}$, porém não fornecem I_{B1} e I_{B2}. Com essas equações, podemos calcular as correntes de base. Essas equações consideram que I_{B1} é maior que I_{B2}. Se I_{B2} for maior que I_{B1}, faça a transposição das equações.

Efeito da corrente de base

Alguns amp-difs são operados com uma resistência de base em apenas um lado, como mostra a Figura 15-14*a*. Em função do sentido da corrente de base, a corrente de base através de T_B produz uma tensão CC na entrada não inversora de:

$$V_1 = -I_{B1}R_B$$

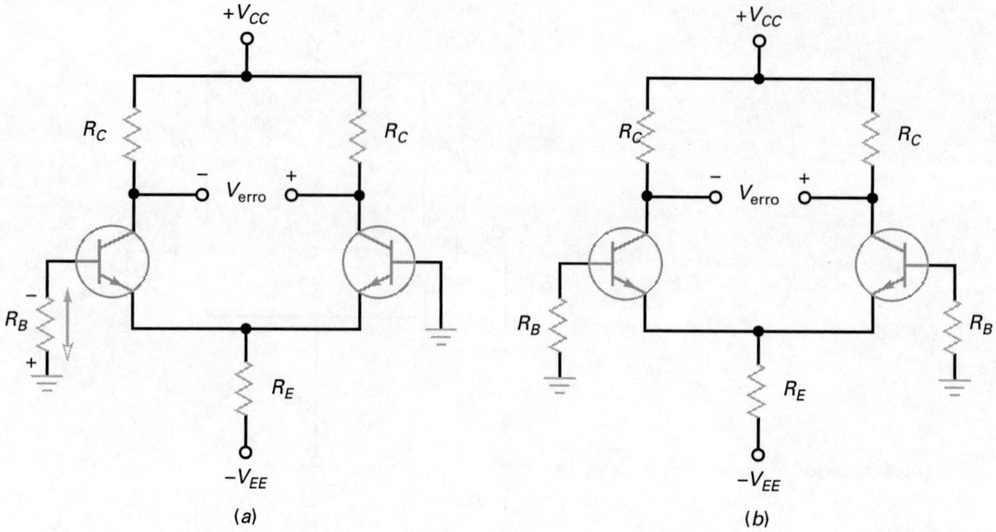

Figura 15-14 (*a*) O resistor de base produz uma tensão de entrada indesejada; (*b*) uma resistência de base igual no outro lado reduz a tensão de erro.

(*Nota*: As letras maiúsculas são usadas aqui e em outras situações para tensões CC de erro como V_1. Por questão de simplificação, trataremos V_1 como um valor absoluto. Essa tensão tem o mesmo efeito que um genuíno sinal de entrada. Quando esse sinal falso é amplificado, uma tensão CC indesejada V_{erro} aparece na saída, como mostra a Figura 15-14*a*.)

Por exemplo, se uma folha de dados fornece $I_{in(bias)}$ = 80 nA e $I_{in(off)}$ = 20 nA, as Equações (15-13*a*) e (15-13*b*) nos dão:

$$I_{B1} = 80\,\text{nA} + \frac{20\,\text{nA}}{2} = 90\,\text{nA}$$

$$I_{B2} = 80\,\text{nA} + \frac{20\,\text{nA}}{2} = 70\,\text{nA}$$

Se R_B = 1kΩ, a entrada não inversora tem uma tensão de erro de:

$$V_1 = (90\,\text{nA})(1\,\text{k}\Omega) = 90\mu\text{V}$$

Efeitos da corrente de *offset* de entrada

Uma forma de reduzir a tensão de erro de saída é usando uma resistência de base igual no outro lado do amp-dif, como mostra a Figura 15-14*b*. Nesse caso, temos uma entrada CC diferencial de:

$$V_{in} = I_{B1}R_B - I_{B2}R_B = (I_{B1} - I_{B2})R_B$$

ou

$$\boldsymbol{V_{in} = I_{in(off)}R_B} \tag{15-14}$$

Como $I_{in(off)}$ é geralmente menor que 25% de $I_{in(bias)}$, a tensão de erro de entrada é muito menor quando são usados resistores de base iguais. Por essa razão, os projetistas normalmente incluem uma resistência de base igual no lado oposto do amp-dif, como mostra a Figura 15-14*b*.

Por exemplo, se $I_{in(bias)}$ = 80 nA e $I_{in(off)}$ = 20 nA, então uma resistência de base de 1 kΩ produz uma tensão de erro de entrada de:

$$V_{in} = (20\,\text{nA})(1\,\text{k}\Omega) = 20\mu\text{V}$$

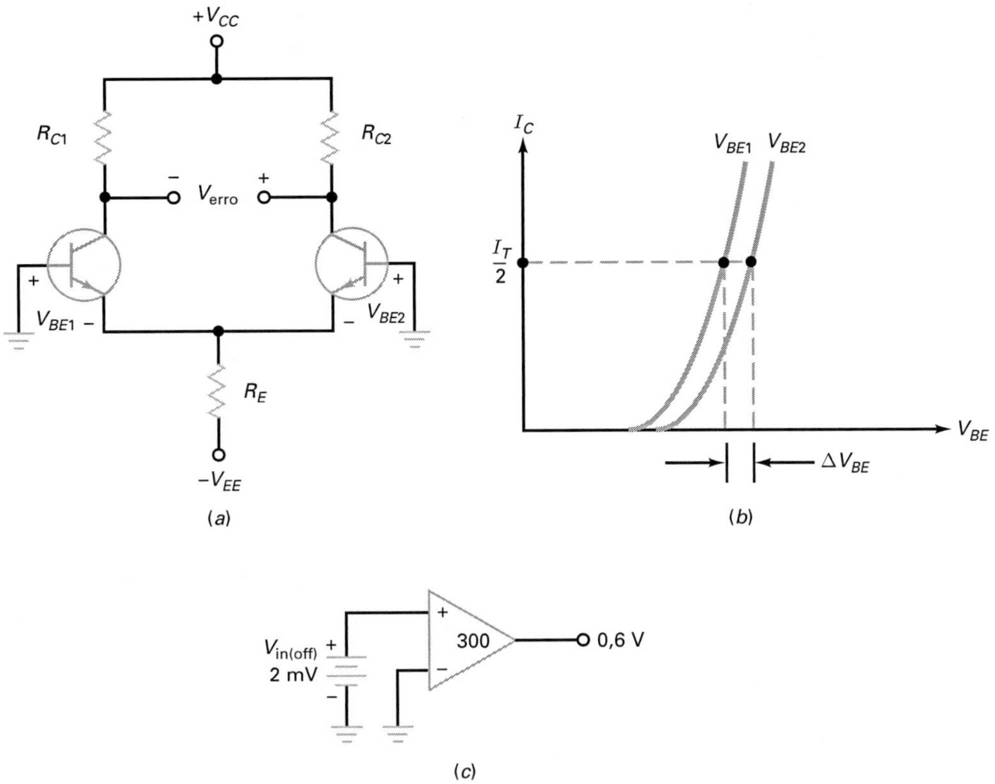

Figura 15-15 (*a*) Resistores diferentes de coletor produzem tensão de erro quando as bases são aterradas; (*b*) curvas base-emissor diferentes se somam ao erro; (*c*) a tensão de compensação de entrada é equivalente a uma tensão de entrada indesejada.

Tensão de *offset* de entrada

Quando um amp-dif é implementado em circuito integrado como o primeiro estágio de um amp-op, as duas metades são quase idênticas, mas não muito. Para começar, as duas resistências de coletor podem ser diferentes, como mostra a Figura 15-15*a*. Por isso, aparece uma tensão de erro na saída.

Outra fonte é a diferença entre as curvas V_{BE} dos transistores. Por exemplo, suponha que as duas curvas base-emissor tenha a mesma corrente, como mostra a Figura 15-15*b*. Como as curvas são ligeiramente diferentes, existe uma diferença entre os dois valores de V_{BE}. Essa diferença se soma à tensão de erro. Além de R_C e V_{BE}, outros parâmetros dos transistores podem diferir ligeiramente em cada metade do amp-dif.

A **tensão de *offset* de entrada** é definida como a tensão de entrada que produz a mesma tensão de erro de saída num amp-dif perfeito. Na forma de equação temos:

$$V_{in(off)} = \frac{V_{erro}}{A_v} \tag{15-15}$$

Nessa equação, V_{erro} não inclui os efeitos da polarização de entrada e da corrente de *offset*, porque as duas bases são aterradas quando V_{erro} é medida.

Por exemplo, se um amp-dif tem uma tensão de erro de saída de 0,6 V e um ganho de tensão de 300, a tensão de offset de entrada é:

$$V_{in(off)} = \frac{0,6}{300} = 2\text{mV}$$

A Figura 15-15*c* ilustra a ideia. Uma tensão de compensação de entrada de 2 mV é colocada na entrada de um amp-dif com um ganho de tensão de 300 para produzir uma tensão de erro de 0,6 V.

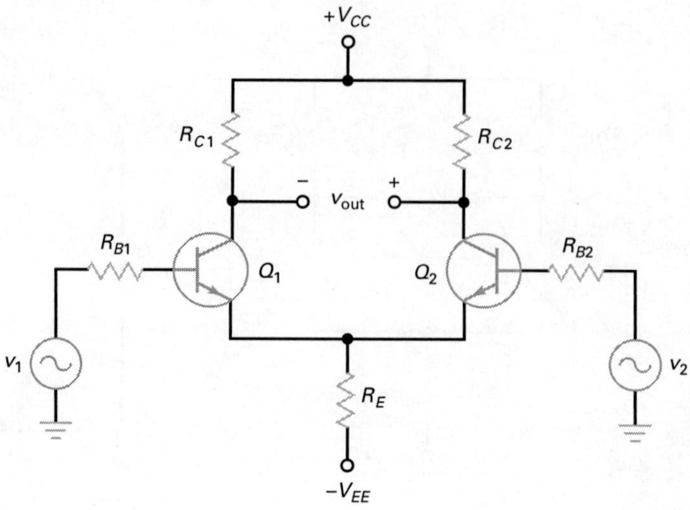

Figura 15-16 A saída do amp-dif inclui o sinal desejado e a tensão de erro.

Efeitos combinados

Na Figura 15-16, a tensão de saída é a superposição de todos os efeitos de entrada. Para começar, existe uma entrada CA ideal:

$$v_{in} = v_1 - v_2$$

Isso é o que queremos. Essa é a tensão de entrada a partir de duas fontes. Ela é amplificada para produzir a saída CA desejada:

$$v_{out} = A_v(v_1 - v_2)$$

Assim, existem três entradas de erro CC indesejadas. Com as Equações (15-13*a*) e (15-13*b*) podemos deduzir essas fórmulas:

$$V_{1erro} = (R_{B1} - R_{B2})I_{in(bias)} \tag{15-16}$$

$$V_{2erro} = (R_{B1} - R_{B2})\frac{I_{in(off)}}{2} \tag{15-17}$$

$$V_{3erro} = V_{in(off)} \tag{15-18}$$

A vantagem dessas fórmulas é que elas usam $I_{in(bias)}$ e $I_{in(off)}$, grandezas obtidas da folha de dados. Os três erros CC são amplificados para produzir a tensão de erro de saída:

$$V_{erro} = A_v(V_{1erro} + V_{2erro} + V_{3erro}) \tag{15-19}$$

Em muitos casos, V_{erro} pode ser ignorada. Isso dependerá da aplicação. Por exemplo, se estamos construindo um amplificador CA, V_{erro} pode não ser importante. Apenas quando estamos construindo algum tipo de amplificador CC de precisão é que V_{erro} precisa ser levada em consideração.

Resistências de base iguais

Quando os erros de polarização e offset não podem ser ignorados, aqui estão os remédios. Conforme já foi mencionado, uma das primeiras coisas que um projetista pode fazer é usar resistências de base iguais: $R_{B1} = R_{B2} = R_B$. Isso leva as duas metades do amp-dif a um alinhamento mais próximo porque as Equações (15-16) a (15-19) se tornam:

$$V_{1erro} = 0$$

$$V_{2erro} = R_B I_{in(corte)}$$

$$V_{3erro} = V_{in(corte)}$$

Tabela 15-3	Fontes de tensão de erro de saída	
Descrição	**Causa**	**Solução**
Corrente de polarização de entrada	Tensão em um único R_B	Use um R_B igual ao do outro lado
Corrente de offset de entrada	Ganhos de corrente diferentes	Métodos de cancelamento fornecidos nas folhas de dados
Tensão de offset de entrada	R_C e V_{BE} diferentes	Métodos de cancelamento fornecidos nas folhas de dados

Se for necessária uma compensação a mais, a melhor abordagem é usar os *circuitos de cancelamento* sugeridos nas folhas de dados. Os fabricantes otimizam o projeto desses circuitos de cancelamento, os quais devem ser usados se a tensão de erro de saída representar um problema. Discutiremos os circuitos de cancelamento em capítulo posterior.

Conclusão

A Tabela 15-3 resume as fontes de tensão de erro de saída. Em muitas aplicações, a tensão de erro de saída é pequena o suficiente para ser ignorada ou não é importante para a aplicação em particular. Em aplicações de precisão, nas quais a tensão CC de saída é importante, alguma forma de cancelamento é usada para eliminar os efeitos da polarização de entrada e o *offset*. Os projetistas geralmente anulam a saída com métodos sugeridos nas folhas de dados do fabricante.

Exemplo 15-8

O amp-dif da Figura 15-17 tem $A_v = 200$, $I_{in(bias)} = 3\ \mu A$, $I_{in(off)} = 0{,}5\ \mu A$ e $V_{in(off)} = 1$ mV. Qual é a tensão de erro de saída? Se um resistor de base casado for usado, qual será a tensão de erro de saída?

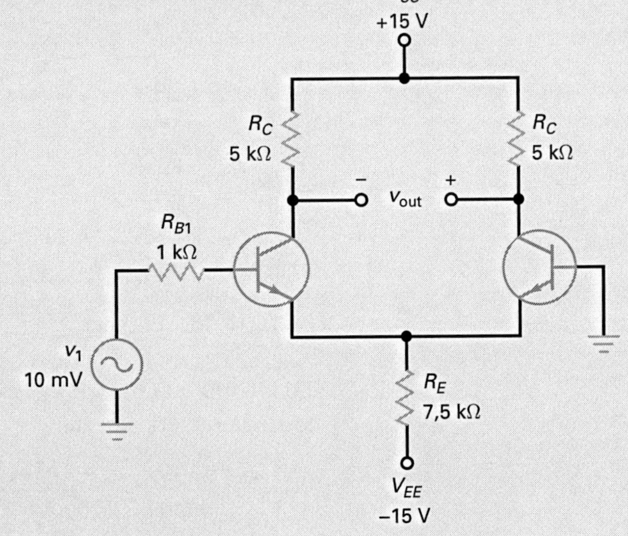

Figura 15-17 Exemplo.

SOLUÇÃO Usando as Equações (15-16) a (15-18):

$$V_{1erro} = (R_{B1} - R_{B2})I_{in(bias)} = (1\,k\Omega)(3\,\mu A) = 3\,mV$$

$$V_{2erro} = (R_{B1} + R_{B2})\frac{I_{in(off)}}{2} = (1\,k\Omega)(0,25\,\mu A) = 0,25\,mV$$

$$V_{3erro} = V_{in(corte)} = 1\,mV$$

A tensão de erro de saída é:

$$V_{erro} = 200(3\,mV + 0,25\,mV + 1\,mV+) = 850\,mV$$

Quando uma resistência de base casada de 1 kΩ é usada no lado da entrada inversora,

$$V_{1erro} = 0$$

$$V_{2erro} = R_B I_{in(off)} = (1\,k\Omega)(0,5\,\mu A) = 0,5\,mV$$

$$V_{3erro} = V_{in(off)} = 1\,mV$$

A tensão de erro de saída é:

$$V_{erro} = 200(0,5\,mV + 1\,mV) = 300\,mV$$

PROBLEMA PRÁTICO 15-8 Na Figura 15-17, qual a tensão de erro de saída se o amp-dif tem um ganho de tensão de 150?

Exemplo 15-9

O amp-dif da Figura 15-18 tem $A_v = 300$, $I_{in(bias)} = 80$ nA, $I_{in(off)} = 20$ nA e $V_{in(off)} = 5$ mV. Qual é a tensão de erro de saída?

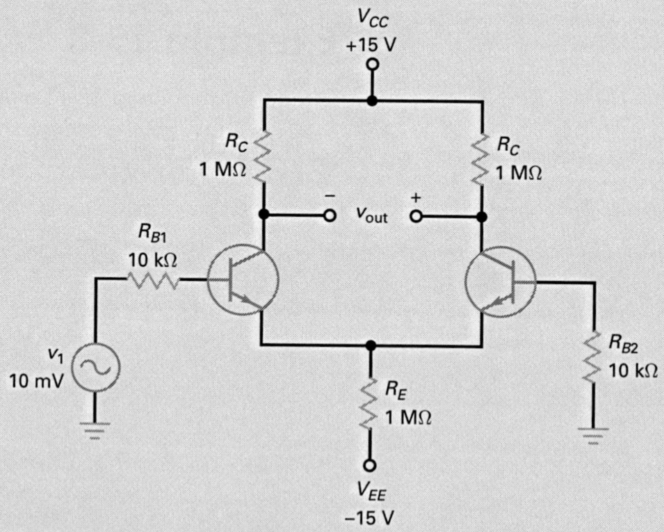

Figura 15-18 Exemplo.

SOLUÇÃO O circuito usa resistores de base iguais. Com as equações mostradas anteriormente:

$$V_{1erro} = 0$$

$$V_{2erro} = (10\,k\Omega)(20\,nA) = 0,2\,mV$$

$$V_{3erro} = 5\,mV$$

A tensão de erro de saída total é:

$$V_{erro} = 300(0{,}2\ \text{mV} + 5\ \text{mV}) = 1{,}56\ \text{V}$$

PROBLEMA PRÁTICO 15-9 Repita o Exemplo 15-9 usando $I_{in(off)} = 10$ nA.

15-5 Ganho em modo comum

A Figura 15-19*a* mostra uma entrada diferencial e uma saída com terminação simples. A mesma tensão de entrada, $v_{in(CM)}$ é aplicada em cada base. Essa tensão é denominada **sinal em modo comum**. Se o amp-dif for perfeitamente simétrico, não haverá tensão de saída CA com um sinal de entrada em modo comum porque $v_1 = v_2$. Quando um amp-dif não é perfeitamente simétrico, haverá uma pequena tensão de saída CA.

Na Figura 15-19*a*, são aplicadas tensões iguais nas entradas inversora e não inversora. Ninguém usaria deliberadamente um amp-dif dessa forma, porque a tensão de saída seria idealmente zero. A razão para a discussão desse tipo de entrada é porque a maioria dos sinais indesejados captados como estática e interferência, entre outros, são em modo comum.

Eis como os sinais em modo comum aparecem: os fios de conexão nas entradas das bases agem como pequenas antenas. Se o amp-dif estiver operando em ambientes com muita interferência eletromagnética, cada base agirá como uma pequena antena que capta a tensão do sinal indesejado. Uma das razões do amp-dif ser tão popular é porque ele discrimina esses sinais em modo comum. Em outras palavras, um amp-dif não amplifica sinais em modo comum.

Eis uma forma de determinar o ganho de tensão para um sinal em modo comum: podemos redesenhar o circuito conforme mostra a Figura 15-19*b*. Como as tensões $v_{in(CM)}$ iguais estão presentes simultaneamente nas entradas, praticamente não há corrente no fio entre os emissores. Portanto, podemos remover o fio de conexão, como mostra a Figura 15-20.

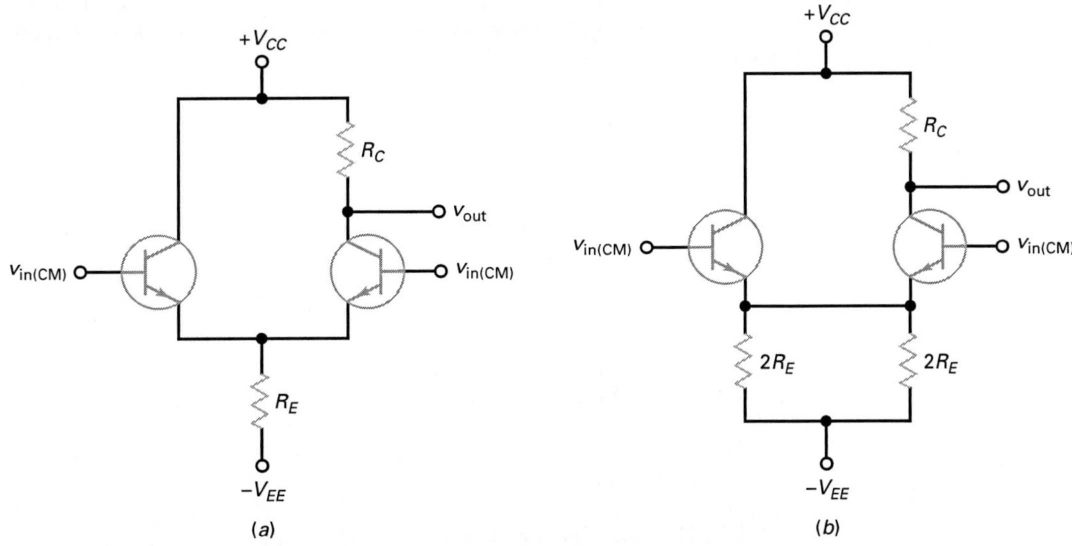

Figura 15-19 (*a*) Sinal de entrada em modo comum; (*b*) circuito equivalente.

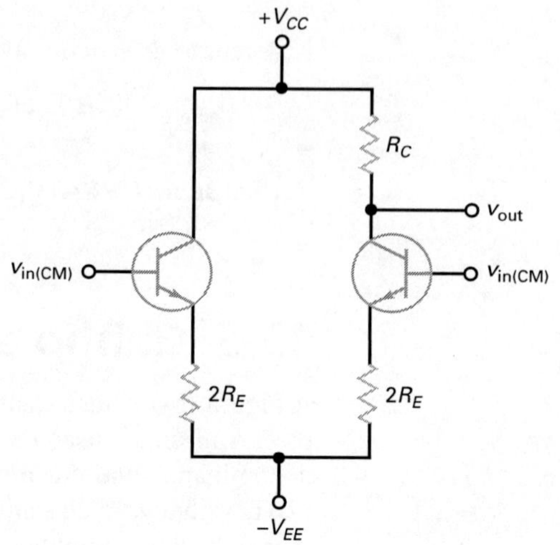

Figura 15-20 O lado direito age como um amplificador com realimentação parcial com entrada em modo comum.

Com um sinal em modo comum, o lado direito do circuito é equivalente a um amplificador EC com uma intensa realimentação parcial. Como R_E é sempre muito maior que r'_e, o ganho de tensão com realimentação parcial é:

$$A_{v(CM)} = \frac{R_C}{2R_E} \tag{15-20}$$

Com valores típicos de R_C e R_E, o ganho de tensão em modo comum é geralmente menor que 1.

Razão de rejeição em modo comum

A **razão de rejeição em modo comum** (**CMRR** – *common-mode rejection ratio*) é definida como o ganho de tensão dividido pelo ganho de tensão em modo comum. Na forma de equação temos:

$$\text{CMRR} = \frac{A_v}{A_{v(CM)}} \tag{15-21}$$

Por exemplo, se $A_v = 200$ e $A_{v(CM)} = 0{,}5$, CMRR = 400.

Quanto maior o CMRR, melhor. Um alto valor de CMRR significa que o amp-dif está amplificando o sinal desejado e discriminando o sinal em modo comum.

As folhas de dados geralmente especificam o CMRR em decibéis, usando a seguinte fórmula para a conversão para decibéis:

$$\text{CMRR}_{dB} = 20\log \text{CMRR} \tag{15-22}$$

Como exemplo, se CMRR = 400:

$$\text{CMRR}_{dB} = 20\log 400 = 52 \text{ dB}$$

Exemplo 15-10

MultiSim

Na Figura 15-21, qual é o ganho de tensão em modo comum? E qual é a tensão de saída?

SOLUÇÃO Usando a Equação (15-20) temos:

$$A_{v(CM)} = \frac{1\text{ M}\Omega}{2\text{ M}\Omega} = 0{,}5$$

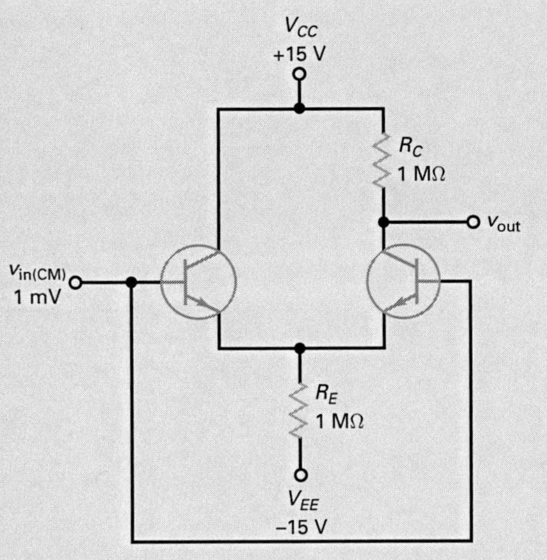

Figura 15-21 Exemplo.

A tensão de saída é:

$$v_{out} = 0{,}5(1\,\text{mV}) = 0{,}5\,\text{mV}$$

Como podemos ver, o amp-dif atenua (reduz) o sinal em modo comum em vez de amplificá-lo.

PROBLEMA PRÁTICO 15-10 Repita o Exemplo 15-10 substituindo R_E por 2 MΩ.

Exemplo 15-11

Na Figura 15-22, $A_v = 150$, $A_{v(CM)} = 0{,}5$ e $v_{in} = 1$ mV. Se o terminal da base capta um sinal em modo comum de 1 mV, qual é a tensão de saída?

SOLUÇÃO A entrada tem duas componentes: o sinal desejado e um sinal em modo comum. Os dois são iguais em amplitude. A componente desejada é amplificada obtendo uma saída de:

$$v_{out1} = 150(1\,\text{mV}) = 150\,\text{mV}$$

O sinal em modo comum é atenuado obtendo uma saída de:

$$v_{out2} = 0{,}5(1\,\text{mV}) = 0{,}5\,\text{mV}$$

A saída total é a soma dessas duas componentes:

$$v_{out} = v_{out1} + v_{out2}$$

A saída contém as duas componentes, mas a componente desejada é 300 vezes maior que a componente indesejada.

Este exemplo mostra por que o amp-dif é útil como um estágio de entrada de um amp-op. Ele atenua o sinal em modo comum. Essa é uma vantagem distintiva sobre um amplificador EC comum, o qual amplifica um sinal parasita captado da mesma maneira que amplifica o sinal desejado.

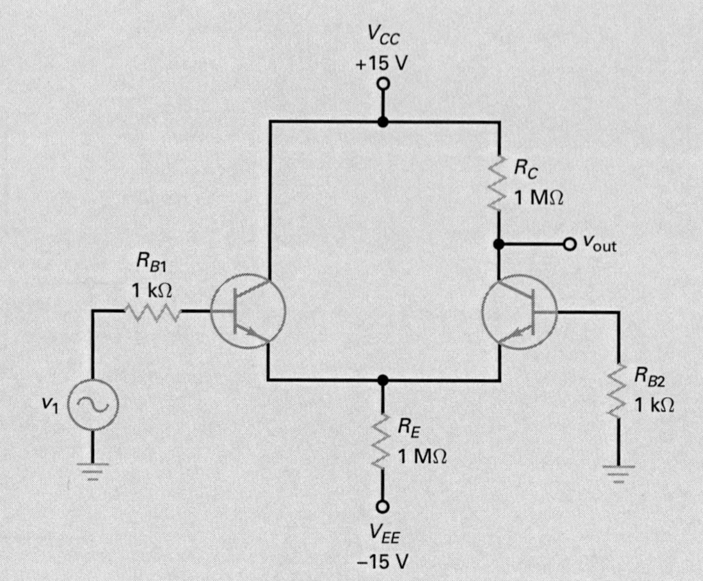

Figura 15-22 Exemplo.

PROBLEMA PRÁTICO 15-11 Na Figura 15-22, troque o ganho A_v para 200 e determine a tensão de saída.

Exemplo de aplicação 15-12

Um CI 741 é um amp-op com A_v = 200.000 e $CMRR_{dB}$ = 90 dB. Qual o seu ganho de tensão em modo comum? Se o sinal desejado e o de modo comum tiverem um valor de 1 μV, qual a tensão de saída?

SOLUÇÃO

$$\text{CMRR} = \text{antilog}\frac{90\text{ dB}}{20} = 31.600$$

Rearranjando a Equação (15-21) temos:

$$A_{v(\text{CM})} = \frac{A_v}{\text{CMRR}} = \frac{200.000}{31.600} = 6{,}32$$

A componente de saída desejada é:

$$v_{\text{out1}} = 200.000(1\mu\text{V}) = 0{,}2\text{V}$$

A saída em modo comum é:

$$v_{\text{out2}} = 6{,}32(1\mu\text{V}) = 6{,}32\mu\text{V}$$

Como podemos ver, a saída desejada é muito maior que a saída em modo comum.

PROBLEMA PRÁTICO 15-12 Repita o Exemplo 15-12 usando um amp-op com ganho de 100.000.

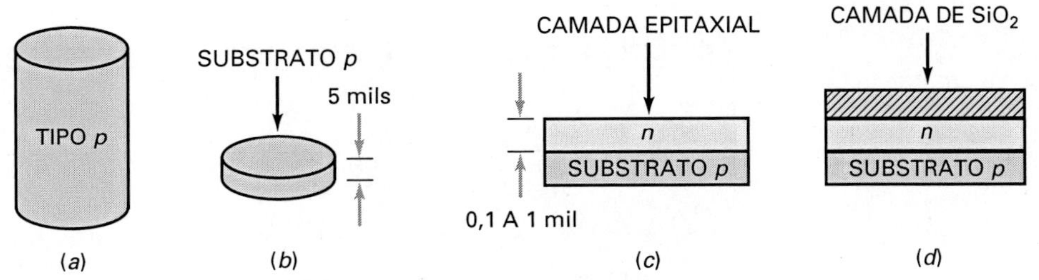

Figura 15-23 (*a*) Cristal *p*; (*b*) *wafer*; (*c*) camada epitaxial; (*d*) camada isolante.

15-6 Circuitos integrados

A invenção do **circuito integrado (CI)** em 1959 foi a principal inovação, porque os componentes passaram a não ser mais discretos: eles foram *integrados*. Isso significa que passaram a ser produzidos e conectados durante o processo de fabricação em um único *chip*, que é uma pequena peça de material semicondutor. Como os componentes são microscopicamente pequenos, o fabricante pode colocar milhares desses componentes integrados no espaço até então ocupado por um único transistor.

A discussão a seguir é uma breve descrição de como um CI é construído. Os atuais processos de fabricação são muito mais complicados, mas essa discussão simplificada proporciona ao leitor a ideia básica que está por trás da confecção de um CI bipolar.

Ideia básica

Primeiro, o fabricante produz um cristal *p* de vários centímetros de comprimento (Figura 15-23*a*). Esse é então fatiado em placas denominadas *wafers*, como ilustra a Figura 15-23*b*. Uma face do *wafer* é limpa e polida para eliminar as imperfeições da superfície. Esse *wafer* é denominado substrato *p*. Ele será usado como chassi para os componentes integrados. Em seguida, os *wafers* são colocados em um forno. Uma mistura gasosa de átomos de silício e átomos pentavalentes passam sobre os *wafers*. Com isso forma-se uma fina camada de semicondutor tipo *n* na superfície aquecida do substrato (veja a Figura 15-23*c*). Essa fina camada é denominada *camada epitaxial*. Conforme ilustra a Figura 15-23*c*, a camada epitaxial tem uma espessura em torno de 0,1 a 1 mil (2,54 μm a 25,4 μm).

Para evitar a contaminação da camada epitaxial, é soprado sobre a superfície oxigênio puro. Os átomos de oxigênio combinam-se com os átomos de silício formando uma camada de dióxido de silício (SiO_2) na superfície, como mostra a Figura 15-23*d*. Essa camada vitrificada de SiO_2 sela a superfície impedindo outras reações químicas. A selagem de uma superfície dessa forma é conhecida como *passivação*.

O *wafer* é então cortado em áreas retangulares como ilustra a Figura 15-24. Cada uma dessas áreas se constituirá em um *chip* (pastilha) depois de o *wafer* ser cortado. Mas antes de ser cortado, o fabricante produz centenas de circuitos nele, sendo um em cada *chip* ilustrado na Figura 15-24. Essa produção em massa simultânea é a razão para o baixo custo dos CIs.

Eis como um transistor integrado é construído: uma área da superfície SiO_2 é removida quimicamente, expondo a camada epitaxial (veja a Figura 15-25*a*). Depois o *wafer* é colocado em um forno e átomos trivalentes são difundidos na camada epitaxial. A concentração de átomos trivalentes é suficiente para mudar a camada epitaxial de um material *n* para um material *p*. Portanto, obtemos uma ilha de um material *n* sob a camada de SiO_2 (Figura 15-25*b*). Novamente é soprado oxigênio sobre a superfície para completar a camada de SiO_2, como mostra a Figura 15-25*c*.

Em seguida remove-se quimicamente a camada de SiO_2 na parte central. Isso expõe a camada epitaxial *n* (Figura 15-25*d*). O furo na camada SiO_2 é denominado *janela*. Agora estamos observando o que virá a ser o coletor do transistor.

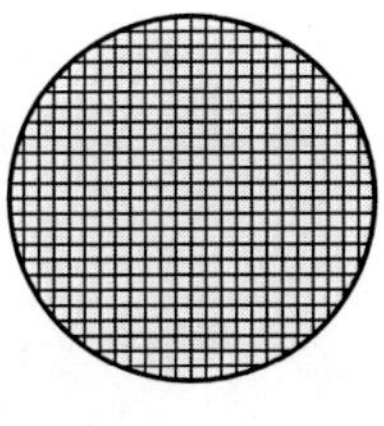

Figura 15-24 Corte do *wafer* em *chips*.

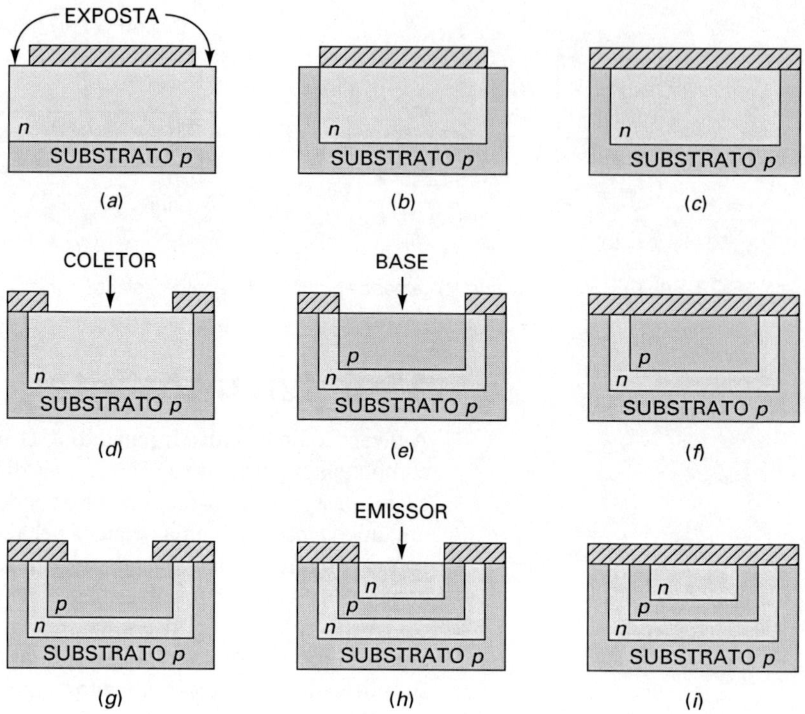

Figura 15-25 Etapas na confecção de um transistor.

Para obter a base, passamos átomos trivalentes através dessa janela; essas impurezas se difundem na camada epitaxial formando uma ilha de material tipo *p* (Figura 15-25*e*). Em seguida, a camada de SiO_2 é reconstituída com o uso de oxigênio sobre o *wafer* (Figura 15-25*f*).

Para formar o emissor, produz-se quimicamente uma janela na camada de SiO_2 expondo a ilha *p* (Figura 15-25*g*). Difundindo átomos pentavalentes na ilha *p*, formamos uma pequena ilha *n*, como mostra a Figura 15-25*h*.

Em seguida fazemos a passivação da estrutura soprando oxigênio sobre o *wafer* (Figura 15-25*i*). Criando janelas na camada de SiO_2, podemos depositar metal para implementar os contatos elétricos com o emissor, a base e o coletor. Com isso temos um transistor integrado, como ilustra a Figura 15-26*a*.

Para obtermos um diodo, seguimos os mesmos passos até o ponto no qual a ilha *p* é formada selando a superfície em seguida (Figura 15-25*f*). Então, criamos janelas para expor as ilhas *p* e *n*. Depositando metal através dessas janelas, construímos os contatos elétricos com o catodo e o anodo do diodo integrado (Figura 15-26*b*). Criando duas janelas acima da ilha *p* da Figura 15-25*f*, implementamos contatos metálicos com essa ilha *p*; isso resulta em um resistor integrado (Figura 15-26*c*).

Transistores, diodos e resistores são fabricados facilmente em um *chip*. Por isso, quase todos os circuitos integrados (CIs) usam esses componentes. Os indu-

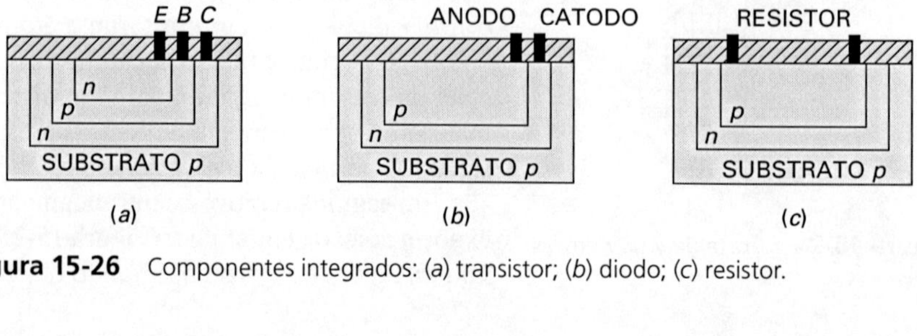

Figura 15-26 Componentes integrados: (*a*) transistor; (*b*) diodo; (*c*) resistor.

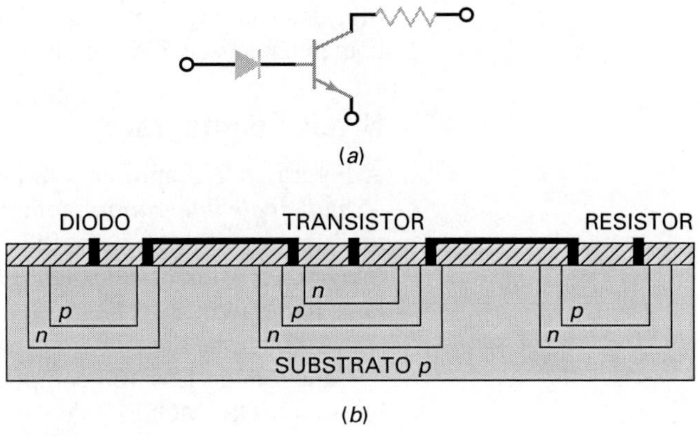

Figura 15-27 CI simples.

tores e os capacitores grandes não são fáceis de serem implementados de maneira integrada na superfície de um *chip*.

Um exemplo simples

Para você ter uma ideia de como um circuito é produzido, observe o circuito simples de três componentes da Figura 15-27*a*. Para fabricá-lo, produzimos simultaneamente centenas de circuitos como esse numa fatia. Cada área no *chip* se assemelha à Figura 15-27*b*. O diodo e o resistor são formados como mencionamos anteriormente. No passo seguinte, é formado o emissor. Em seguida, criamos janelas e depositamos metal para conectar o diodo, o transistor e o resistor, como mostra a Figura 15-27*b*.

Independentemente da complexidade de um circuito, sua produção consiste, principalmente, em um processo de criação de janelas, formação de ilhas *p* e *n* e conexão dos componentes integrados. O substrato *p* isola os componentes integrados entre si. Na Figura 15-27*b*, existem camadas de depleção entre o substrato *p* e as três ilhas *n* que fazem fronteira com ele. Devido às camadas de depleção não terem basicamente portadores de corrente, os componentes integrados são isolados um do outro. Esse tipo de isolamento é conhecido como *isolamento por camada de depleção.*

Tipos de CIs

Os circuitos integrados que descrevemos são chamados de **CIs monolíticos**. A palavra *monolítico* vem do grego e significa "uma única pedra". A palavra é adequada porque os componentes fazem parte de um único *chip*. Os CIs monolíticos são os tipos mais comuns de circuitos integrados. Desde que foram inventados, os fabricantes produzem CIs monolíticos para realizar todos os tipos de funções.

Os tipos disponíveis comercialmente podem ser utilizados como amplificadores, reguladores de tensão, circuitos *crowbars* (alavancas), receptores AM, circuitos de TV e circuitos de computadores. Porém, os CIs monolíticos têm limitações de potência. Como a maioria dos CIs monolíticos é aproximadamente do tamanho de um transistor de pequeno sinal discreto, eles são usados em aplicações de baixa potência.

Quando for necessária uma potência maior, você pode utilizar CIs de *filme fino* e *de filme grosso*. Esses dispositivos são maiores do que os CIs monolíticos, mas menores do que os circuitos discretos. Com os CIs de filme fino ou de filme grosso, os componentes passivos, tais como resistores e capacitores, são integrados, mas os transistores e diodos são conectados como componentes discretos para formar um circuito completo. Portanto, os circuitos de filme fino e grosso disponíveis comercialmente são combinações de componentes integrados e discretos.

Outro CI utilizado em aplicações de alta potência é o **CI híbrido**. Os CIs híbridos combinam dois ou mais CIs monolíticos em um encapsulamento, ou então combinam CIs monolíticos com circuito de filme fino ou de filme grosso. Os CIs híbridos são largamente utilizados em amplificadores de áudio de alta potência com potências de 5 W a mais de 50 W.

Níveis de integração

A Figura 15-27*b* apresenta um exemplo de *integração em pequena escala (SSI – small-scale integration)*; foram integrados apenas alguns componentes para formar um circuito completo. SSI se refere a CIs com menores de 12 componentes integrados. A maioria dos *chips* SSI utiliza resistores, diodos e transistores bipolares integrados.

A *integração em média escala* (*MSI – médium-scale integration*) se refere a CIs que têm de 12 a 100 componentes integrados por *chip.* Os transistores bipolares ou MOS (MOSFETs de modo intensificação) podem ser utilizados como os transistores integrados de um CI. A maioria dos *chips* MSI utiliza também componentes bipolares.

A *integração em larga escala* (*LSI – large-scale integration*) se refere a CIs com mais de 100 componentes. Como são necessários menos passos para fazer um transistor MOS integrado, um fabricante pode produzir mais desses transistores em um *chip* do que transistores bipolares.

A *integração em escala muito ampla* (*VLSI – very large scale integration*) se refere à colocação de milhares (ou centenas de milhares) de componentes em um único *chip.* Quase todos os *chips* modernos empregam a tecnologia VLSI.

Finalmente, existe a integração em escala ultra-ampla (*ULSI – ultra large scale integration*), que se refere à colocação de mais de 1 milhão de componentes em um único *chip.* Diversas versões desse microprocessador foram desenvolvidas, e a versão P4 Prescott da Intel contém aproximadamente 125 milhões de transistores. As expectativas atuais são de se conseguir colocar 1 bilhão de componentes em um *chip* por volta do ano 2011. O crescimento exponencial normalmente conhecido como lei de Moore será desafiado dessa vez. Entretanto, novas tecnologias, como a nanotecnologia, permitirá que o crescimento continuado aconteça.

É ÚTIL SABER

O conceito de espelho de corrente é usado em amplificadores *push-pull* classe B, no qual os diodos de compensação na base casam as junções base-emissor dos transistores *push-pull.*

15-7 Espelho de corrente

Com os CIs, existe uma forma de aumentar o ganho de tensão e a CMRR de um amp-dif. A Figura 15-28*a* mostra um **diodo de compensação** em paralelo com o diodo emissor de um transistor. A corrente através do resistor é dada por:

$$I_R = \frac{V_{CC} - V_{BE}}{R} \qquad \textbf{(15-23)}$$

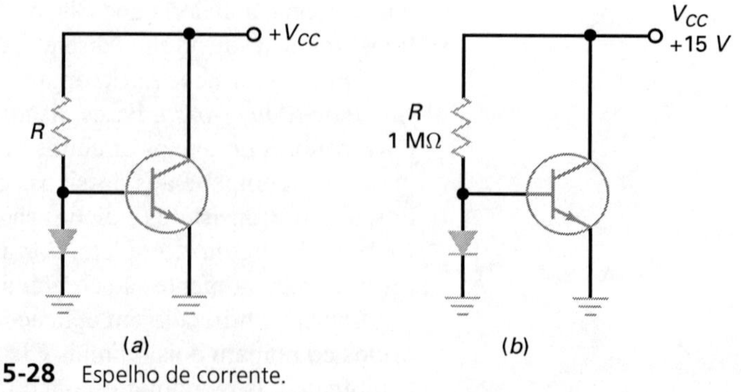

Figura 15-28 Espelho de corrente.

Se o diodo de compensação e o diodo emissor tiverem curvas tensão-corrente idênticas, a corrente de coletor será igual à corrente através do resistor:

$$I_C = I_R \qquad (15\text{-}24)$$

Um circuito como o da Figura 15-28*a* é denominado **espelho de corrente**, porque a corrente do coletor é uma imagem da corrente no resistor. Com CIs, é relativamente fácil casar as características do diodo de compensação com a do diodo emissor, porque os dois componentes estão no mesmo *chip*. Espelhos de corrente são usados como fontes de corrente e cargas ativas no projeto de CIs amp-ops.

Espelho de corrente fornecendo a corrente de cauda

Com uma saída com terminação simples, o ganho de tensão de um amp-dif é $R_C/2r'_e$) e o ganho de tensão em modo comum é $R_C/2R_E$. Com a relação entre os dois ganhos obtemos:

$$\text{CMRR} = \frac{R_E}{r'_e}$$

Quanto maior fizermos R_E, maior a CMRR.

Uma forma de obtermos um R_E equivalente alto é usar um espelho de corrente para produzir a corrente de cauda, como mostra a Figura 15-29. A corrente através do diodo de compensação é:

$$I_R = \frac{V_{CC} + V_{EE} - V_{BE}}{R} \qquad (15\text{-}25)$$

Por causa do espelho de corrente, a corrente de cauda tem o mesmo valor. Como Q_4 age como uma fonte de corrente, ele tem uma impedância de saída muito alta. Como resultado, o R_E equivalente do amp-dif é centenas de megahoms e a CMRR é sensivelmente melhorada. Na Fig. 15-29, observe que Q_3 está representado como um diodo. Isso deve-se ao fato de Q_3 ter os seus terminais de base e coletor conectados em curto, fazendo-o atuar como um diodo. Isto é normalmente utilizado no circuito interno de CIs.

Carga ativa

O ganho de tensão de um amp-dif é $R_C/2r'_e$. Quanto maior o valor de R_C, maior o ganho de tensão. A Figura 15-30 mostra um espelho de corrente usado como um **resistor de carga ativa**. Como Q_6 é um fonte de corrente *pnp*, Q_2 "vê" um R_C equivalente que é centenas de megahoms. Como resultado, o ganho de tensão é muito maior com uma carga ativa do que com um resistor comum. Uma carga ativa como essa é usada na maioria dos amp-ops.

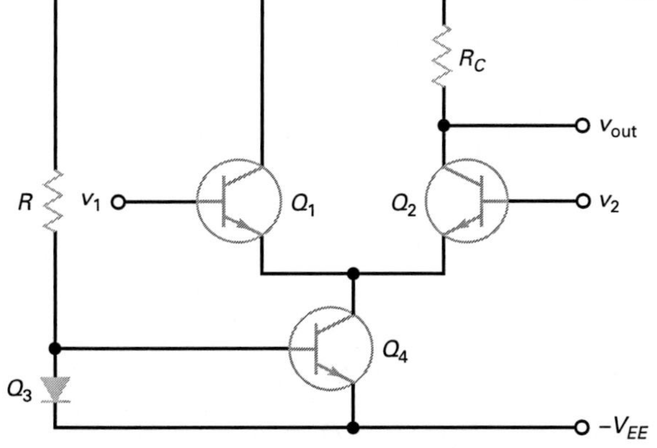

Figura 15-29 Espelho de corrente fornecendo a corrente de cauda.

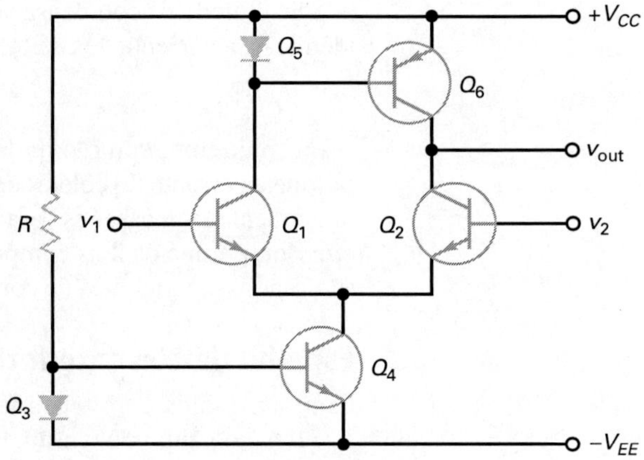

Figura 15-30 O espelho de corrente é uma carga ativa.

15-8 Amp-dif com carga

Nas discussões anteriores sobre amp-dif, não usamos um resistor de carga. Quando um resistor de carga é utilizado, a análise torna-se muito mais complicada, especialmente com uma saída diferencial.

A Figura 15-31*a* mostra uma saída diferencial com um resistor de carga entre os coletores. Existem algumas formas de calcular o efeito que esse resistor de carga tem na tensão de saída. Se tentarmos fazer esse cálculo com as equações de malha de Kirchhoff, teremos um problema bastante difícil. Mas com o teorema de Thévenin, o problema é solucionado rapidamente.

Vejamos como isso é feito: se abrirmos a resistência de carga na Figura 15-31*a*, a tensão de Thévenin é a mesma que o v_{out} calculado em discussões anteriores. Além disso, observando os terminais *AB* abertos com todas as fontes zeradas, vemos a resistência de Thévenin de $2R_C$. (*Nota*: Em razão de os transistores serem fontes de corrente, eles são vistos como circuitos abertos.)

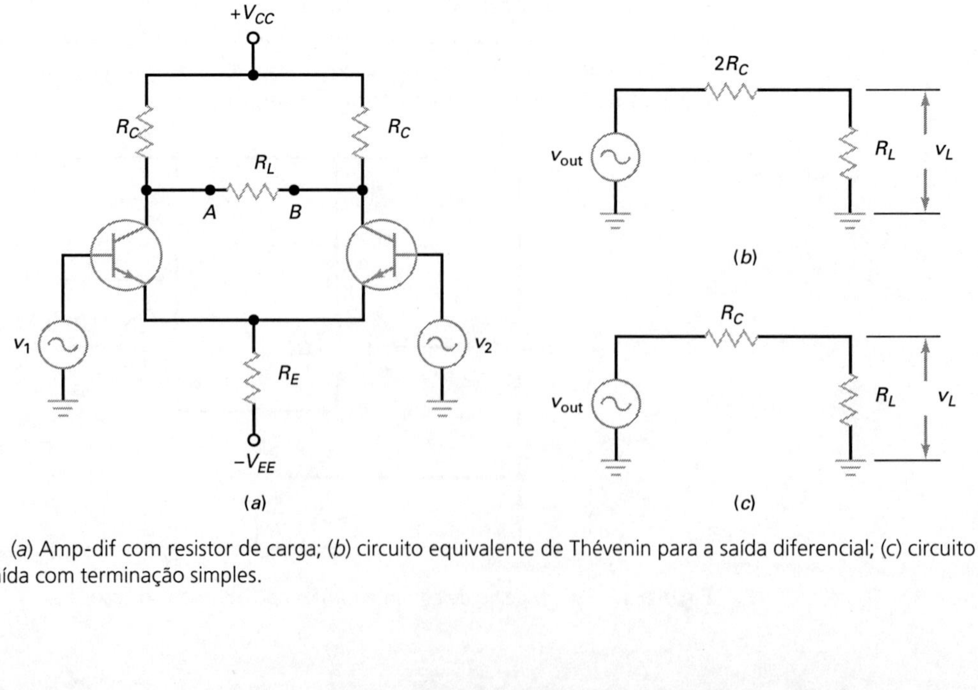

Figura 15-31 (*a*) Amp-dif com resistor de carga; (*b*) circuito equivalente de Thévenin para a saída diferencial; (*c*) circuito equivalente de Thévenin para saída com terminação simples.

A Figura 15-31*b* mostra o circuito equivalente de Thévenin. A tensão de saída CA v_{out} é a mesma discutida em seções anteriores. Após o cálculo de v_{out}, a determinação da tensão de carga é fácil porque tudo o que precisamos é da lei de Ohm. Se um amp-dif tem uma saída com terminação simples, o circuito equivalente de Thévenin se simplifica para o da Figura 15-31*c*.

Exemplo 15-13

Qual é a tensão de carga na Figura 15-32a, quando R_L = 15 kW?

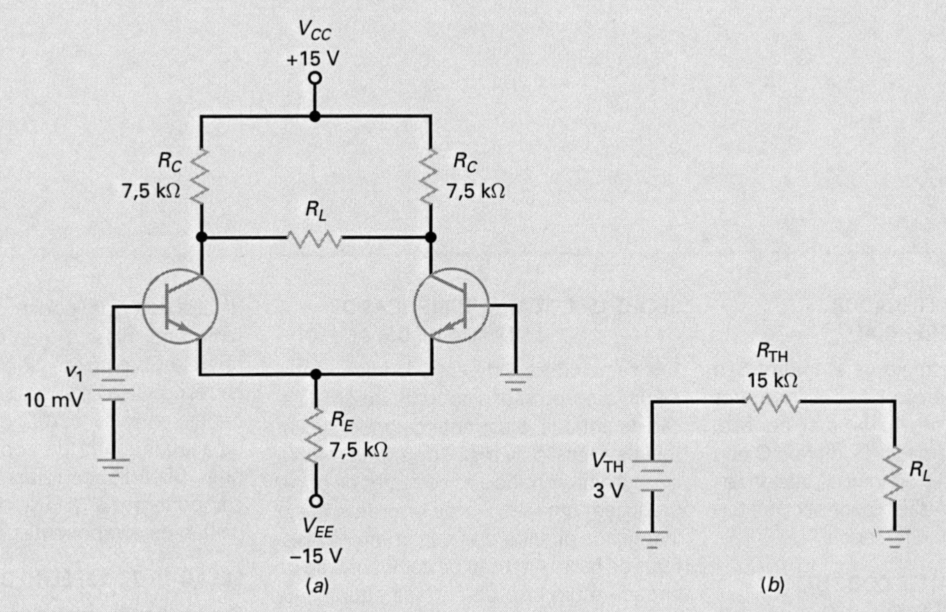

Figura 15-32 Exemplo.

SOLUÇÃO Idealmente, a corrente de cauda é 2 mA, a corrente de emissor é 1 mA e r'_e = 25 W. O ganho de tensão sem carga é:

$$A_v = \frac{R_C}{r'_e} = \frac{7{,}5\,\text{k}\Omega}{25\,\Omega} = 300$$

A tensão de Thévenin ou tensão de saída sem carga é:

$$v_{out} = A_v(v_1) = 300(10\,\text{mV}) = 3\text{V}$$

A resistência de Thévenin é:

$$R_{TH} = 2R_C = 2(7{,}5\,\text{k}\Omega) = 15\,\text{k}\Omega$$

A Figura 15-32b é o circuito equivalente de Thévenin. Com uma resistência de carga de 15 kW, a tensão de carga é:

$$v_L = 0{,}5(3\text{ V}) = 1{,}5\text{ V}$$

PROBLEMA PRÁTICO 15-13 Na Figura 15-32a, determine a tensão na carga quando R_L = 10 kW.

Exemplo de aplicação 15-14

MultiSim

Um amperímetro é usado como resistência de carga na Figura 15-32a. Qual a corrente através do amperímetro?

SOLUÇÃO Na Figura 15-32b, a resistência de carga é idealmente zero e a corrente de carga é:

$$i_L = \frac{3\text{ V}}{15\text{ k}\Omega} = 0{,}2\text{ mA}$$

Sem o teorema de Thévenin, seria um problema muito difícil de resolver.

PROBLEMA PRÁTICO 15-14 Repita o Exemplo 15-14 considerando a tensão de entrada de 20 mV.

Resumo

SEÇÃO 15-1 AMPLIFICADOR DIFERENCIAL

Um amp-dif é o estágio de entrada típico de um amp-op. Ele não possui capacitores de acoplamento e desvio (*bypass*), por isso, não tem frequência de corte inferior. O tipo de entrada pode ser diferencial, não inversora ou inversora. A saída pode ser com terminação simples ou diferencial.

SEÇÃO 15-2 ANÁLISE CC DE UM AMP-DIF

O amp-dif usa polarização do emissor com fonte simétrica para produzir a corrente de cauda. Quando um amp-dif é perfeitamente simétrico, cada corrente de emissor é metade da corrente de cauda. Idealmente, a tensão no resistor de emissor é igual a tensão de alimentação negativa.

SEÇÃO 15-3 ANÁLISE CA DE UM AMP-DIF

Como a corrente de cauda é idealmente constante, um aumento na corrente de emissor de um transistor produz uma diminuição na corrente de emissor do outro transistor. Com uma saída diferencial, o ganho de tensão é R_C/R'_e. Com uma saída com terminação simples, o ganho de tensão é metade do caso anterior.

SEÇÃO 15-4 CARACTERÍSTICAS DE ENTRADA DE UM AMP-OP

Três características de entrada importantes de um amp-op são: a corrente de polarização de entrada, a corrente de *offset* de entrada e a tensão de *offset* de entrada. A polarização de entrada e as correntes de *offset* produzem uma tensão de erro de entrada indesejada quando elas percorrem os resistores de base. A tensão de compensação de entrada é um erro de entrada equivalente produzido pelas diferenças em R_C e V_{BE}.

SEÇÃO 15-5 GANHO EM MODO COMUM

A maior parte da estática, interferência e outros tipos de captação eletromagnética são sinais em modo comum. O amp-dif discrimina sinais em modo comum. A CMRR (razão de rejeição em modo comum) é o ganho de tensão dividido pelo ganho em modo comum. Quanto maior a CMRR, melhor.

SEÇÃO 15-6 CIRCUITOS INTEGRADOS (CIS)

Os CIs monolíticos são funções de circuito completas em um único *chip* tais como amplificadores, reguladores de tensão e circuitos de computadores. Para aplicações de alta potência, podem ser usados CIs de filme fino, filme grosso e híbridos. SSI se refere a CIs com até 12 componentes, MSI corresponde a uma quantidade de componentes entre 12 e 100, LSI corresponde a uma quantidade de componentes maior que 100, VLSI se refere a mais de 1000 componentes e ULSI se refere a mais de 1 milhão de componentes.

SEÇÃO 15-7 ESPELHO DE CORRENTE

O espelho de corrente é usado em CIs, porque é uma forma conveniente de criar fontes de corrente e cargas ativas. As vantagens do uso de espelhos de corrente são os aumentos do ganho de tensão e da CMRR.

SEÇÃO 15-8 AMP-DIF COM CARGA

Quando uma resistência de carga é usada com um amp-dif, a melhor abordagem é o uso do teorema de Thévenin para calcular a tensão de saída CA (v_{out}), conforme foi discutido em seções anteriores. Essa tensão é igual à tensão de Thévenin. A resistência de Thévenin para uma saída diferencial é $2R_C$ e para uma saída com terminação simples é R_C.

Definições

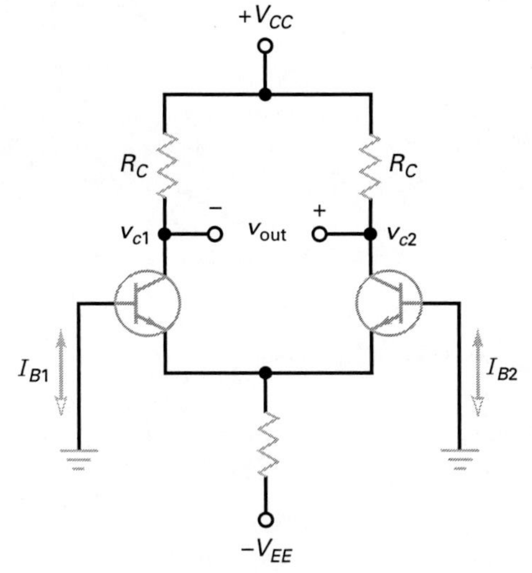

(15-1) Saída diferencial:

$v_{out} = v_{c2} - v_{c1}$

(15-12) Corrente de polarização de entrada:

$$I_{in(bias)} = \frac{I_{B1} + I_{B2}}{2}$$

(15-13) Corrente de offset de entrada:

$I_{in(off)} = I_{B1} - I_{B2}$

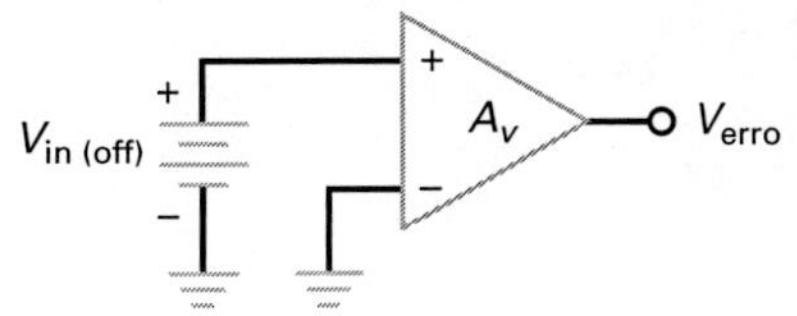

(15-15) Tensão de offset de entrada:

$$V_{in(off)} = \frac{V_{erro}}{A_V}$$

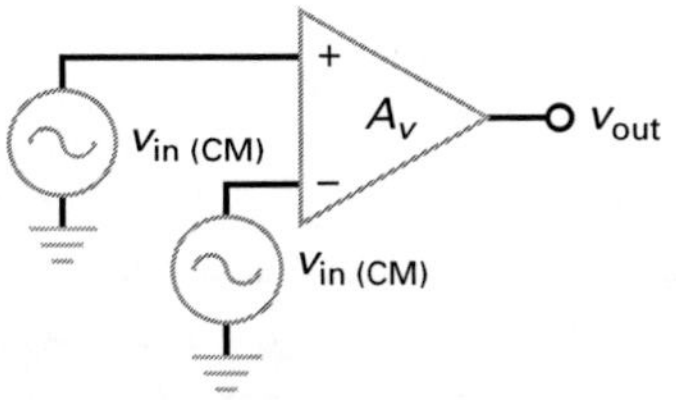

(15-21) Razão de rejeição em modo comum (CMRR):

$$\text{CMRR} = \frac{A_V}{A_{V(CM)}}$$

(15-22) CMRR em decibel:

$$\text{CMRR}_{dB} = 20 \log \text{CMRR}$$

Derivações

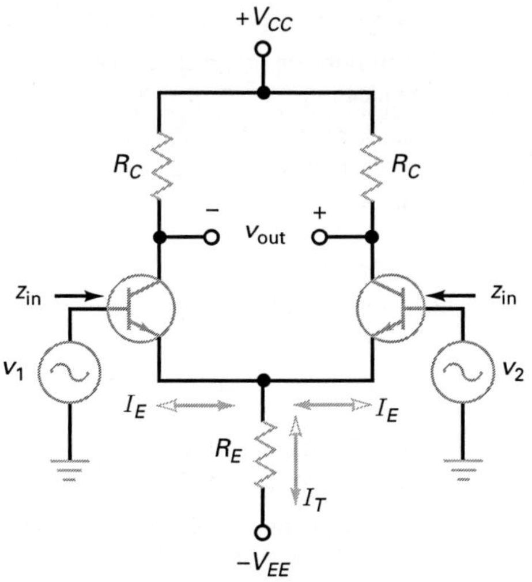

(15-2) Saída diferencial:

$v_{out} = A_v(v_1 - v_2)$

(15-5) Corrente de cauda:

$$I_T = \frac{V_{EE}}{R_E}$$

(15-6) Corrente de emissor:

$$I_E = \frac{I_T}{2}$$

(15-9) Saída com terminação simples:

$$A_v = \frac{R_C}{2r'_e}$$

(15-10) Saída diferencial:

$$A_v = \frac{R_C}{r'_e}$$

(15-11) Impedância de entrada:

$$Z_{in} = 2\beta r'_e$$

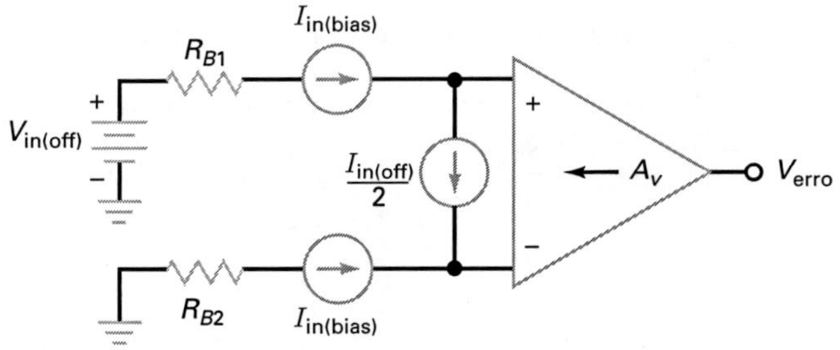

(15-16) Primeira tensão de erro:

$$V_{1erro} = (R_{B1} - R_{B2})\, I_{in(bias)}$$

(15-17) Segunda tensão de erro:

$$V_{2erro} = (R_{B1} + R_{B2})\frac{I_{in(off)}}{2}$$

(15-18) Terceira tensão de erro:

$$V_{3erro} = V_{in(off)}$$

(15-19) Tensão de erro de saída total:

$$V_{erro} = A_V(V_{1erro} + V_{2erro} + V_{3erro})$$

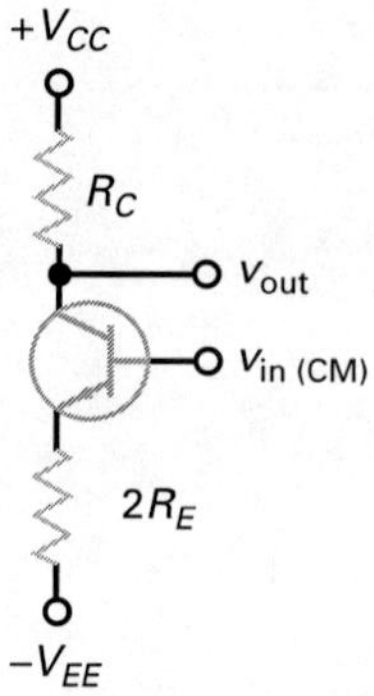

(15-20) Ganho de tensão em modo comum:

$$A_{v(CM)} = \frac{R_C}{2R_E}$$

Exercícios

1. **CIs monolíticos são**
   a. Formas de circuitos discretos
   b. CIs de um único *chip*
   c. Uma combinação de circuitos de filme fino com circuitos de filme grosso
   d. Denominados também de CIs híbridos
2. **O amp-op pode amplificar**
   a. Apenas sinais CA
   b. Apenas sinais CC
   c. Sinais CC e CA
   d. Nenhum dos dois sinais (CC e CA)
3. **Componentes são soldados juntos em**
   a. Circuitos discretos
   b. Circuitos integrados
   c. SSI
   d. CIs monolíticos
4. **A corrente de cauda de um amp-dif é**
   a. Metade da corrente de coletor
   b. Igual à corrente de coletor
   c. Duas vezes a corrente de coletor
   d. Igual à diferença entre as correntes de base
5. **A tensão de nó na parte superior do resistor de cauda é aproximadamente**
   a. A tensão de alimentação do coletor
   b. Zero
   c. A tensão de alimentação do emissor
   d. A corrente de cauda vezes a resistência de base
6. **A corrente de compensação de entrada é igual à**
   a. Diferença entre as duas correntes de base
   b. Média entre as duas correntes de base
   c. Corrente de coletor dividida pelo ganho de corrente
   d. Diferença entre as duas tensões base-emissor
7. **A corrente de cauda é igual à**
   a. Diferença entre as duas correntes de emissor
   b. Soma das duas correntes de emissor
   c. Corrente de coletor dividida pelo ganho de corrente
   d. Tensão de coletor dividida pela resistência de coletor
8. **O ganho de tensão de um amp-dif com uma saída diferencial sem carga é igual a RC dividido por**
   a. R'_e
   b. $R'_e/2$
   c. $2R'_e$
   d. R_E
9. **A impedância de entrada de um amp-dif é igual a R'_e vezes**
   a. 0
   b. R_C
   c. R_E
   d. 2β
10. **Um sinal CC tem uma frequência de**
    a. 0 Hz
    b. 60 Hz
    c. 0 a mais de 1 MHz
    d. 1 MHz
11. **Quando os dois terminais de entrada de um amp-dif são aterrados,**
    a. As correntes de base são iguais
    b. As correntes de coletor são iguais
    c. Geralmente existe uma tensão de erro
    d. A tensão de saída é zero
12. **Uma fonte da tensão de erro de saída é**
    a. A corrente de polarização
    b. A diferença entre os resistores de coletor
    c. Corrente de cauda
    d. O ganho de tensão em modo comum
13. **Um sinal em modo comum é aplicado**
    a. Na entrada não inversora
    b. Na entrada inversora
    c. Nas duas entradas
    d. Na parte superior do resistor de cauda
14. **O ganho de tensão em modo comum é**
    a. Menor que o ganho de tensão
    b. Igual ao ganho de tensão
    c. Maior que o ganho de tensão
    d. Nenhuma das opções anteriores
15. **O estágio de entrada de um amp-op é geralmente um**
    a. Amp-dif
    b. Amplificador push-pull classe B
    c. Amplificador EC
    d. Amplificador com realimentação parcial

16. A cauda de um amp-dif atua como

a. Uma bateria
b. Uma fonte de corrente
c. Um transistor
d. Um diodo

17. O ganho de tensão em modo comum de um amp-dif é igual a RC dividido por

a. R'_e
b. $R'_e/2$
c. $2R'_e$
d. $2R_E$

18. Quando as duas bases são aterradas em um amp-dif, a tensão em cada diodo emissor é

a. Zero
b. 0,7 V
c. A mesma
d. Alta

19. A razão de rejeição em modo comum é

a. Muito baixa
b. Normalmente expressa em decibéis
c. Igual ao ganho de tensão
d. Igual ao ganho de tensão em modo comum

20. O estágio de entrada típico de um amp-op tem

a. Uma entrada com terminação simples e uma saída também com terminação simples
b. Uma entrada com terminação simples e uma saída diferencial
c. Uma entrada diferencial e uma saída com terminação simples
d. Uma entrada diferencial e uma saída também diferencial

21. A corrente de offset de entrada é geralmente

a. Menor que a corrente de polarização de entrada
b. Igual a zero
c. Menor que a tensão de offset de entrada
d. Não é significativa quando é usado um resistor de base

22. Com as duas bases aterradas, o único parâmetro de offset que produz um erro é

a. A corrente de *offset* de entrada
b. A corrente de polarização de entrada
c. A tensão de *offset* de entrada
d. β

23. O ganho de tensão de um amp-dif com carga é

a. Maior que o ganho de tensão sem carga
b. Igual a $\frac{R_C}{r'_e}$
c. Menor que o ganho de tensão sem carga
d. Impossível determinar

Problemas

SEÇÃO 15-2 ANÁLISE CC DE UM AMP-DIF

15-1 Quais são as correntes e tensões ideais na Figura 15-33?

15-2 MultiSim Repita o Problema 15-1 usando a segunda aproximação.

15-3 Quais são as correntes e tensões ideais na Figura 15-34?

15-4 MultiSim Repita o Problema 15-3 usando a segunda aproximação.

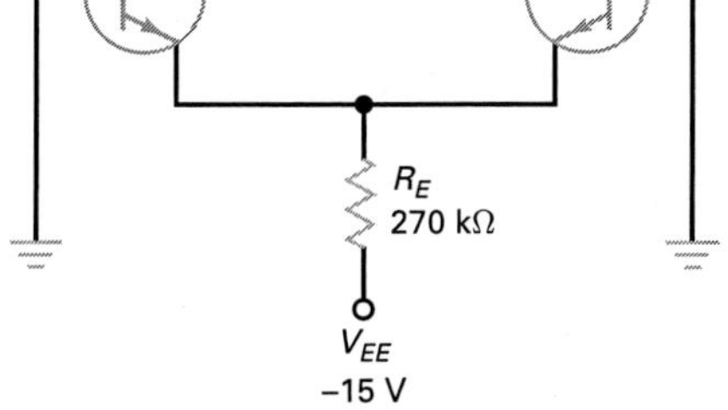

Figura 15-33

SEÇÃO 15-3 ANÁLISE CA DE UM AMP-DIF

15-5 Na Figura 15-35, qual a tensão de saída CA? Se $\beta = 275$, qual a impedância de entrada do amp-dif? Use a aproximação ideal para obter a corrente de cauda.

15-6 Repita o Problema 15-5 usando a segunda aproximação.

15-7 Repita o Problema 15-5 aterrando a entrada não inversora e usando uma entrada de $v_2 = 1$ mV

SEÇÃO 15-4 CARACTERÍSTICAS DE ENTRADA DE UM AMP-OP

15-8 O amp-dif da Figura 15-36 tem $A_v = 360$, $I_{in(bias)} = 600$ nA, $I_{in(off)} = 100$ nA e $V_{in(off)} = 1$ mV. Qual a tensão de erro de saída? Se for usado um resistor de base casado, qual a tensão de erro de saída?

15-9 O amp-dif da Figura 15-36 tem $A_v = 250$,$I_{in(bias)} = 1$ μA, $I_{in(off)} = 200$ nA e $V_{in(off)} = 5$ mV. Qual a tensão de erro de saída? Se for usado um resistor de base casado, qual a tensão de erro de saída?

SEÇÃO 15-5 GANHO EM MODO COMUM

15-10 Qual o ganho de tensão em modo comum na Figura 15-37? Se uma tensão em modo comum de 20 μV está presente nas duas bases, qual a tensão de saída em modo comum?

15-11 Na Figura 15-37, $v_{in} = 2$ mV e $v_{in(CM)} = 5$ mV. Qual a tensão de saída CA?

15-12 Um 741C é um amp-op com $A_v = 100.000$ e um $CMRR_{dB} = 70$ dB. Qual o ganho de tensão em modo comum? Se um sinal desejado e um sinal em modo comum tiverem cada um 5 μV, qual a tensão de saída?

15-13 Se as tensões de alimentação forem reduzidas para +10 V e –10 V, qual a razão de rejeição em modo comum na Figura 15-37? Expresse a resposta em decibéis.

15-14 A folha de dados de um amp-op fornece A_v = 150.000 e CMRR = 85 dB. Qual o ganho de tensão em modo comum?

SEÇÃO 15-8 AMP-DIF COM CARGA

15-15 Uma resistência de carga de 27 kΩ é conectada na saída diferencial do circuito na Figura 15-36. Qual a tensão na carga?

15-16 Qual a corrente na carga considerando o circuito na Figura 15-36, se um amperímetro for colocado na saída?

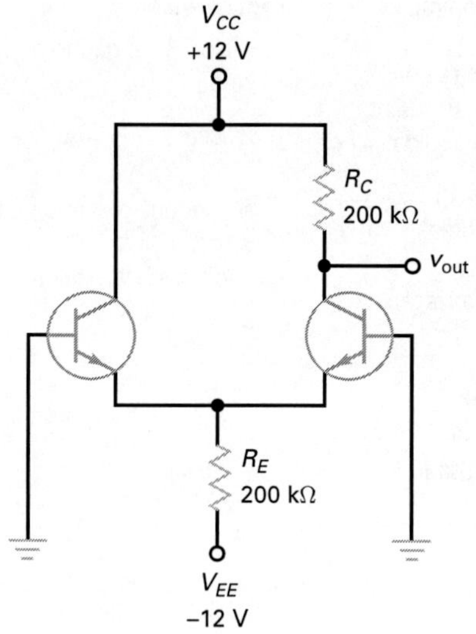

Figura 15-34

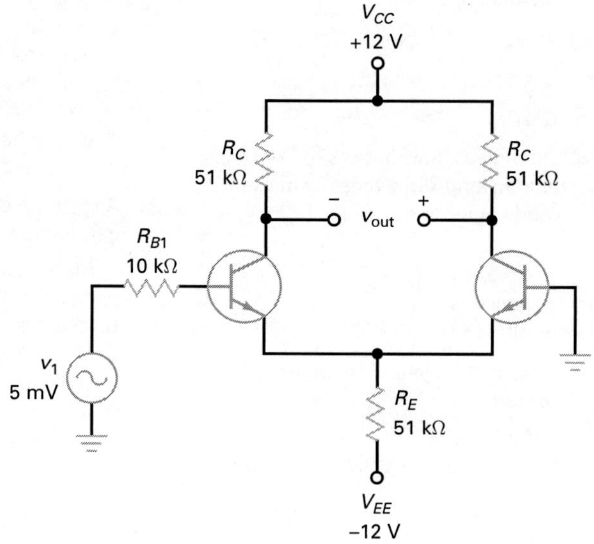

Figura 15-36

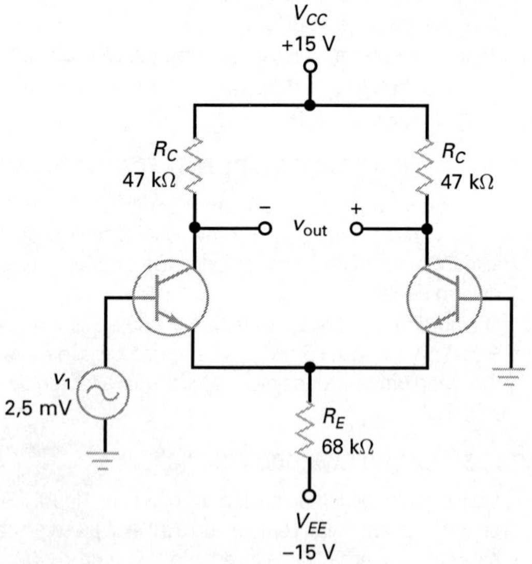

Figura 15-35

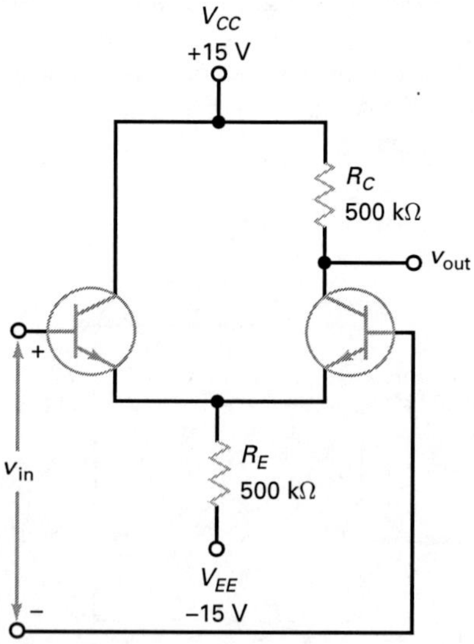

Figura 15-37

Análise de defeito

15-17 Um técnico montou o circuito amp-dif mostrado na Figura 15-35 sem uma conexão GND na entrada inversora. Qual o valor da tensão de saída? Baseado na sua resposta anterior, o que um amp-dif ou amp-op necessita para funcionar adequadamente?

15-18 Na Figura 15-34, é usado por engano um resistor de 20 kΩ em vez de 200 kΩ. Qual o valor da tensão de saída?

15-19 Na Figura 15-34, V_{out} é quase zero. A corrente de polarização de entrada é 80 nA. Qual das seguintes opções é o problema?

a. O resistor de 200 kΩ superior está em curto-circuito
b. O resistor de 200 kΩ inferior está aberto
c. A base do lado esquerdo está aberta
d. As duas entradas estão em curto-circuito entre si

Raciocínio crítico

15-20 Na Figura 15-34, os transistores são idênticos com $\beta_{CC} = 200$. Qual a tensão de saída?

15-21 Quais são as tensões de base na Figura 15-34 se cada transistor tem $\beta_{CC} = 300$?

15-22 Na Figura 15-38, os transistores Q_3 e Q_5 são conectados para atuarem como diodos de compensação para Q_4 e Q_6. Qual a corrente de cauda? Qual a corrente na carga ativa?

15-23 O resistor de 15 kΩ da Figura 15-38 é substituído para se obter uma corrente de 15 μA. Qual é o novo valor desse resistor?

15-24 À temperatura ambiente, a tensão de saída na Figura 15-34 tem um valor de 6,0 V. Conforme a temperatura aumenta, o V_{BE} de cada diodo emissor diminui. Se o V_{BE} do transistor da esquerda diminuir 2 mV por grau e o da direita diminuir 2,1 mV por grau, qual a tensão de saída em 75°C?

15-25 A resistência CC de cada fonte de sinal na Figura 15-39*a* é zero. Qual o valor de R'_e em cada transistor? Se a tensão de saída CA for obtida por meio dos coletores, qual o ganho de tensão?

15-26 Se os transistores forem idênticos na Figura 15-39*b*, qual a corrente de cauda? Qual a tensão entre o coletor da esquerda e GND? E qual a tensão entre o coletor da direita e GND?

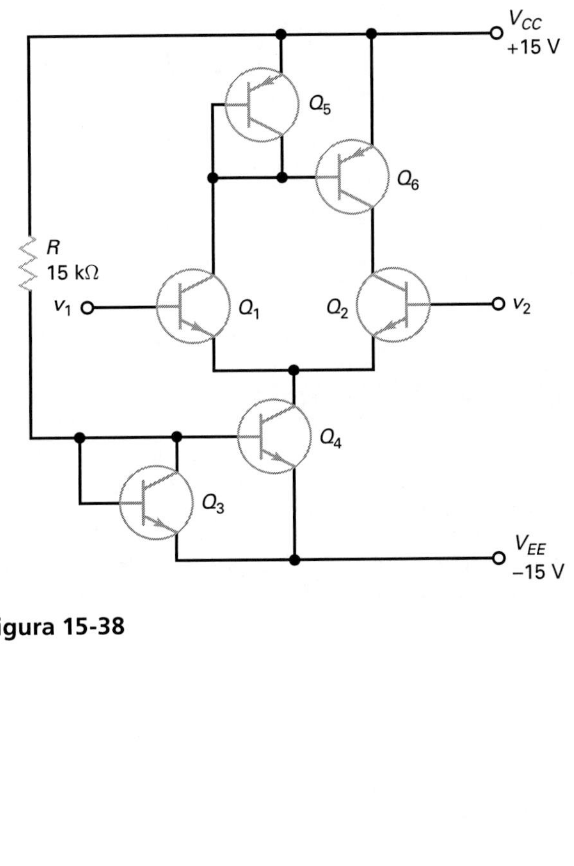

Figura 15-38

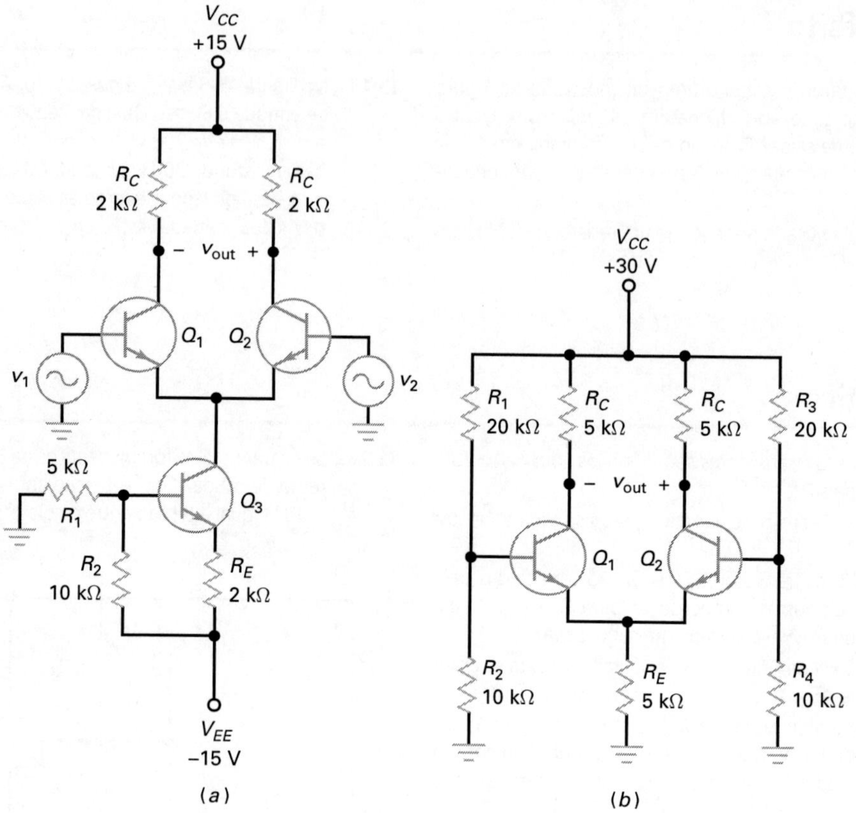

Figura 15-39

Questões de entrevista

1. Desenhe as seis configurações de um amp-dif e identifique as entradas e saídas como não inversora, inversora, de terminação simples ou diferencial.
2. Desenhe um amp-dif com uma entrada diferencial e uma saída com terminação simples. Explique como você calcularia a corrente de cauda, as correntes de emissor e as tensões de coletor.
3. Desenhe qualquer amp-dif que tenha um ganho de tensão de R_C/R'_e. Agora, desenhe outro amp-dif que tenha um ganho de tensão de $R_C/2R'_e$.
4. Explique o que é um sinal em modo comum e qual a vantagem que um amp-dif tem quando esse tipo de sinal está presente na entrada.
5. Um amp-dif tem um amperímetro conectado à saída diferencial. Como você calcularia a corrente através do amperímetro?
6. Considere que você tenha um circuito amp-dif com um resistor de cauda. Você determinou que o CMRR do circuito não é aceitável. Como melhoraria o CMRR?
7. Explique o conceito de um espelho de corrente e por que ele é usado.
8. O CMRR seria um número grande ou um número pequeno? Por quê?
9. Num amp-dif, os dois emissores são interconectados, sendo que as correntes passam por um resistor comum. Se você fosse substituir esse resistor comum por qualquer tipo de componente, o que faria para melhorar a operação do circuito?
10. Por que um amp-dif tem uma impedância de entrada maior que um amplificador EC?
11. Que circuito um espelho de corrente simula, ou seja, como ele é usado?
12. Quais são as vantagens do uso de espelhos de corrente?
13. Como você testa um amp-op 741 usando um ohmímetro?

Respostas dos exercícios

1. b
2. c
3. a
4. c
5. b
6. a
7. b
8. a
9. d
10. a
11. c
12. b
13. c
14. a
15. a
16. b
17. d
18. c
19. b
20. c
21. a
22. c
23. c

Respostas dos problemas práticos

15-1 I_T = 3 mA; I_E = 1,5 mA; V_C = 7,5 V; V_E = 0 V

15-2 I_T = 2,86 mA; I_E = 1,42 mA; V_C = 7,85 V; V_E = −0,7 V

15-3 I_T = 3,77 mA; I_E = 1,88 mA; V_E = 6,35 V

15-4 I_E = 1,5 mA; R'_e = 1,67 Ω; A_v = 300; V_{out} = 300 mV; $z_{in(base)}$ = 10 kΩ

15-7 I_T = 30 μA; R'_e = 1,67 kΩ; A_v = 300; V_{out} = 2,1 V; z_{in} = 1 MΩ

15-8 V_{erro} = 637,5 mV; 225 mV

15-9 V_{erro} = 1,53 mV

15-10 $A_{v(CM)}$ = 0,25; V_{out} = 0,25 V

15-11 V_{out1} = 200 mV; V_{out2} = 0,5 mV; V_{out} = 200 mV + 0,5 mV

15-12 $A_{v(CM)}$ = 3,16; V_{out1} = 0,1 V; V_{out2} = 3,16 μV

15-13 V_L = 1,2 V

15-14 I_L = 0,4 mA

16 Amplificadores operacionais

- Embora alguns amp-ops de alta potência sejam comercializados, a maioria são dispositivos de baixas potências com uma especificação de potência máxima de menos de 1 W. Alguns amp-ops são otimizados em termos de largura de banda, outros em termos de baixos offsets de entrada, baixo ruído e assim por diante. Essa é a razão da ampla variedade de amp-ops disponíveis. Podemos encontrar um amp-op para quase todas as aplicações analógicas.

Os amp-ops são alguns dos componentes ativos mais básicos em sistemas analógicos. Por exemplo, conectando dois resistores externos, podemos construir conversores de formas de onda, osciladores, filtros ativos e outros circuitos úteis.

Objetivos de aprendizagem

Após o estudo deste capítulo, você deverá ser capaz de:

- Listar as características dos amp-ops ideais e do amp-op 741.
- Definir o parâmetro *slew rate* (taxa de variação) e usá-lo para determinar a largura de banda de grande sinal de um amp-op.
- Analisar um amplificador inversor com amp-op.
- Analisar um amplificador não inversor com amp-op.
- Explicar como funcionam os amplificadores somadores e seguidores de tensão.
- Listar outros circuitos integrados lineares e discutir como são empregados.

Sumário

Termos-chave

amplificador inversor
amplificador não inversor
amplificador somador
amp-op BIFET
bootstrapping
capacitor de compensação
circuito de cancelamento
corrente de saída em curto-circuito
curto-circuito virtual
degrau de tensão
fonte de tensão controlada por tensão (VCVS)
ganho de tensão em malha aberta
ganho de tensão em malha fechada
largura de banda de grandes sinais
largura de banda em malha aberta
misturador
produto ganho-largura de banda (GBW)
razão de rejeição da fonte de alimentação (PSRR)
resposta de primeira ordem
seguidor de tensão
slew rate
tensão de erro de saída
terra virtual

16-1 Introdução aos amp-ops

A Figura 16-1 mostra um diagrama em bloco de um amp-op. O estágio de entrada é um amp-dif, seguido por mais estágios de ganho e um seguidor de emissor push-pull classe B. Como o amp-dif é o primeiro estágio, ele determina as características de entrada do amp-op. Na maioria dos amp-ops a saída é com terminação simples, conforme mostrado. Com fontes positivas e negativas, a saída com terminação simples é projetada para ter um valor quiescente de zero. Dessa forma, uma tensão de entrada zero resulta idealmente numa tensão de saída zero.

Nem todos os amp-ops são projetados como o da Figura 16-1. Por exemplo, alguns não usam uma saída push-pull classe B e outros podem ter uma saída com terminação dupla. Além disso, os amp-ops não são simples como sugere a Figura 16-1. O projeto interno de um amp-op monolítico é muito complexo, com dezenas de transistores como espelhos de corrente, cargas ativas e outras inovações que não são possíveis de ser implementadas em projetos discretos. Para as nossas necessidades, a Figura 16-1 apresenta duas características importantes que se aplicam a amp-ops típicos: a entrada diferencial e a saída com terminação simples.

A Figura 16-2*a* mostra o símbolo esquemático de um amp-op. Ele possui entradas inversora e não inversora e uma saída com terminação simples. Idealmente,

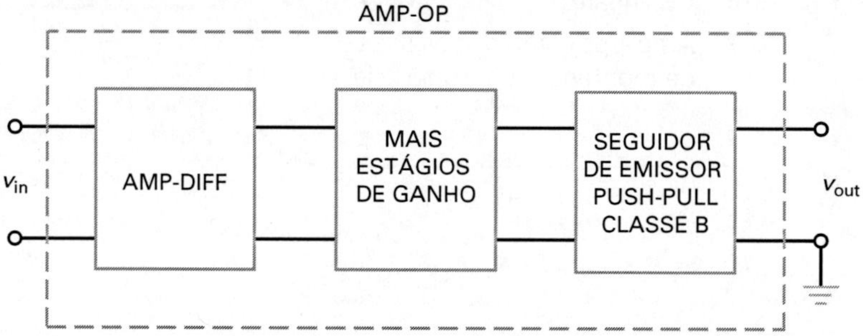

Figura 16-1 Diagrama em bloco de um amp-op.

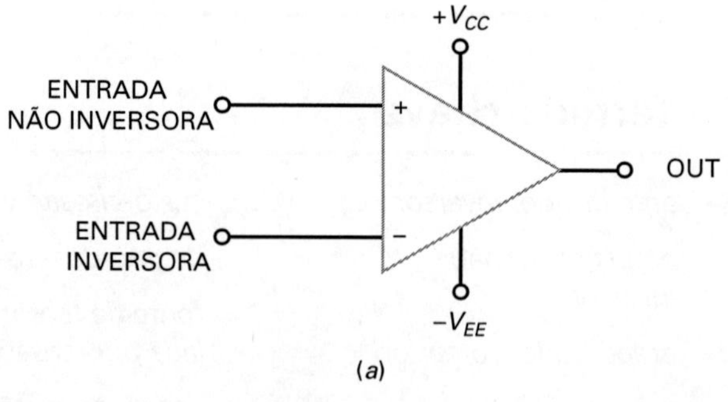

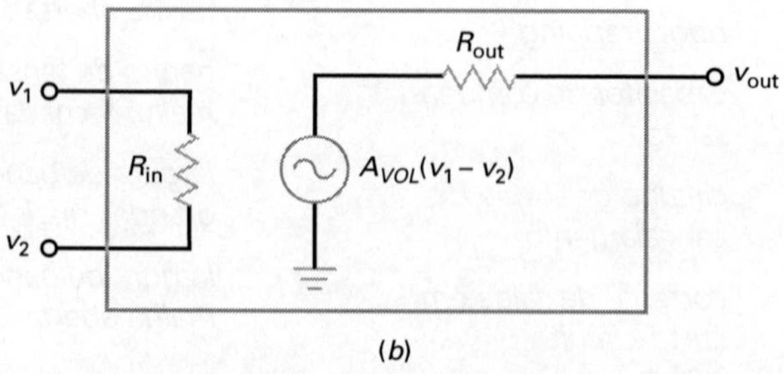

Figura 16-2 (*a*) Símbolo esquemático para um amp-op; (*b*) circuito equivalente de um amp-op.

Tabela 16-1 Características típicas de amp-ops

Quantidade	Símbolo	Ideal	LM741C	LF157A
Ganho de tensão em malha aberta	A_{VOL}	Infinito	100.000	200.000
Frequência de ganho unitário	$f_{unidade}$	Infinito	1 MHz	20 MHz
Resistência de entrada	R_{in}	Infinito	2 MΩ	10^{12} Ω
Resistência de saída	R_{out}	Zero	75 Ω	100 Ω
Corrente de polarização de entrada	$I_{in(bias)}$	Zero	80 nA	30 pA
Corrente de offset de entrada	$I_{in(off)}$	Zero	20 nA	3 pA
Tensão de offset de entrada	$V_{in(off)}$	Zero	2 mV	1 mV
Razão de rejeição em modo comum	CMRR	Infinito	90 dB	100 dB

esse símbolo significa que o amplificador tem um ganho de tensão infinito, impedância de entrada infinita e impedância de saída zero. O amp-op ideal representa um amplificador de tensão perfeito e é frequentemente denominado **fonte de tensão controlada por tensão** (**VCVS** – *voltage-controlled voltage source*). Podemos visualizar um VCVS como mostra a Figura 16-2b, onde R_{in} é infinita e R_{out} é zero.

A Tabela 16-1 resume as características de um amp-op ideal. O amp-op ideal tem ganho de tensão infinito, frequência de ganho unitário infinita, impedância de entrada infinita e CMRR infinita. Ele também tem resistência de saída zero, corrente de polarização zero e *offsets* (compensações) zero. Esse seria o amplificador que os fabricantes construiriam caso fosse possível. O que eles fabricam hoje em dia se aproxima desses valores ideais.

Por exemplo, o LM741C, que tem algumas características apresentadas na Tabela 16-1, é um amp-op padrão, um clássico comercializado desde a década de 1960. Suas características são as mínimas esperadas de um amp-op monolítico. Esse CI tem um ganho de tensão de 100.000, uma frequência de ganho unitário de 1 MHz e uma impedância de entrada de 2 MΩ e assim por diante. Como o ganho de tensão é muito alto, os *offsets* de entrada podem saturar facilmente o amp-op. Por isso os circuitos práticos necessitam de componentes externos entre a entrada e a saída do amp-op para estabilizar o ganho de tensão. Por exemplo, em muitas aplicações a realimentação negativa é usada para ajustar o ganho de tensão total em um valor muito menor na troca por uma operação linear e estável.

Quando nenhum percurso (ou malha) de realimentação é usado, o ganho de tensão é máximo e é denominado **ganho de tensão em malha aberta**, indicado por A_{VOL}. Na Tabela 16-1, observe que o A_{VOL} do LM741C é 100.000. Embora não seja infinito, esse ganho de tensão em malha aberta é muito alto. Por exemplo, uma entrada tão pequena quanto 10 μV produz uma saída de 1 V. Devido ao ganho de saída ser muito alto, podemos usar uma realimentação negativa intensa para melhorar o desempenho geral de um circuito.

O CI 741C tem uma frequência de ganho unitário de 1 MHz. Isso significa que podemos obter um ganho de tensão utilizável em uma frequência tão alta quanto 1 MHz. O CI 741C tem uma resistência de entrada de 2 MΩ, uma resistência de saída de 75 Ω, uma corrente de polarização de entrada de 80 nA, uma corrente de *offset* de 20 nA, uma tensão de *offset* de 2 mV e uma CMRR de 90 dB.

Quando é necessária uma impedância de entrada maior, um projetista pode usar um **amp-op BIFET**. Esse tipo de amp-op incorpora JFETs e transistores bipolares no mesmo chip. Os JFETs são usados em estágios de entrada para se obter menores correntes de polarização e de *offset* de entrada; os transistores bipolares são usados em estágios posteriores para um maior ganho de tensão.

É ÚTIL SABER

A maioria dos amp-ops modernos de propósito geral é produzida agora com tecnologia BIFET porque ela proporciona desempenho superior aos amp-ops bipolares. Amp-ops BIFET, sendo mais modernos, geralmente têm características de desempenho melhores, entre as quais se inclui uma ampla largura de banda, um alto *slew rate* (taxa de variação), uma ampla potência de saída, impedâncias de entrada altas e correntes de polarização baixas.

O CI LF157A é um exemplo de um amp-op BIFET. Conforme mostra a Tabela 16-1, a corrente de polarização de entrada é apenas 30 pA e a resistência de entrada é $10^{12}\ \Omega$. O CI LF157A tem um ganho de tensão de 200.000 e uma frequência de ganho unitário de 20 MHz. Com esse dispositivo, podemos obter ganho de tensão até 20 MHz.

16-2 Amp-op 741

Em 1965 a Fairchild Semiconductor introduziu o μA709, o primeiro amp-op monolítico amplamente usado. Embora tendo sucesso, essa primeira geração de amp-ops apresentou muitas desvantagens. Isso permitiu o surgimento de um amp-op melhorado conhecido como μA741. Por não ser caro e de utilização fácil, o μA741 teve um enorme sucesso. Outros projetos de 741 surgiram de diversos fabricantes. Por exemplo, a empresa ON Semiconductor produz o MC1741, a Texas Instruments produz o LM741 e a Analog Devices produz o AD741. Todos esses amp-ops monolíticos são equivalentes ao μA741 porque eles têm as mesmas especificações em suas folhas de dados. Por conveniência, a maioria das pessoas retira os prefixos e se refere a esse amp-op muito usado simplesmente como 741.

Um padrão na indústria

O 741 tornou-se um padrão na indústria. Como regra, tentamos usá-lo primeiro em nossos projetos. Nos casos em que o 741 não atende às especificações do projeto, passamos para um amp-op com especificações melhores. Por ser um padrão, usamos o 741 como dispositivo básico em nossas discussões. Uma vez entendido o 741, podemos migrar para outros amp-ops.

A propósito, o 741 tem diferentes versões numeradas como 741, 741A, 741C, 741E e 741N. As diferenças entre eles estão no ganho de tensão, na faixa de temperatura, no nível de ruído e em outras características. O CI 741C (a letra C significa "classe comercial") é o mais barato e mais usado. Ele tem um ganho de tensão em malha aberta de 100.000, uma impedância de entrada de 2 MΩ e uma impedância

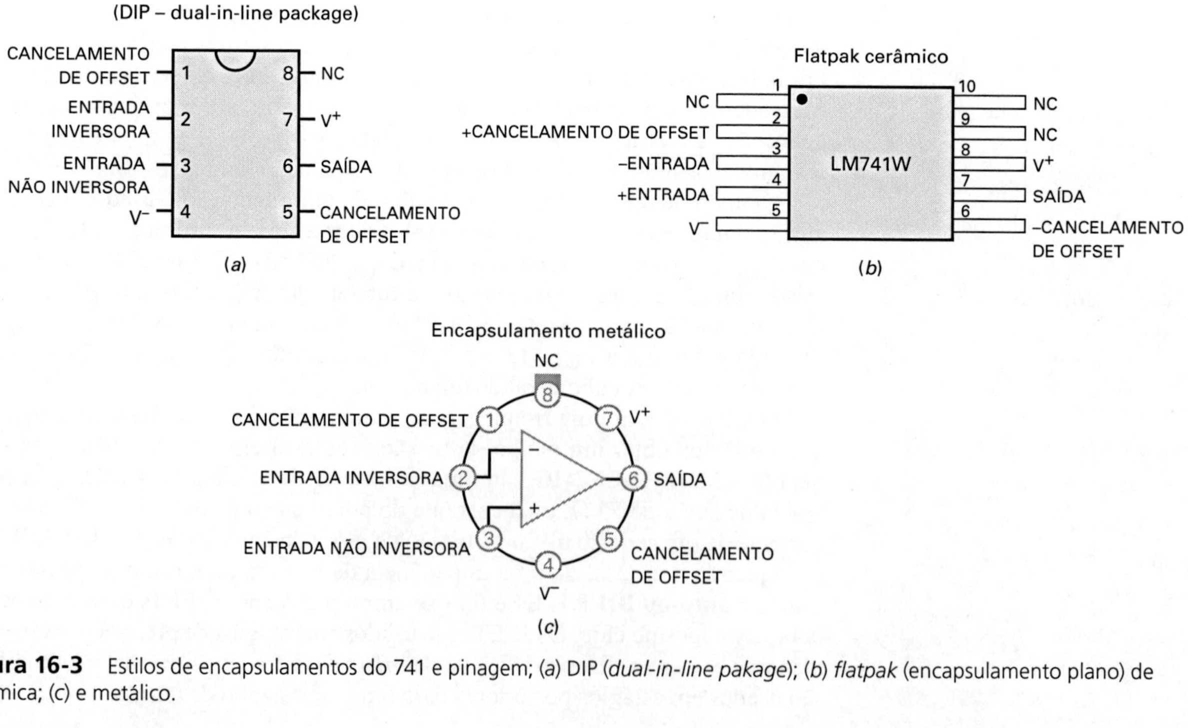

Figura 16-3 Estilos de encapsulamentos do 741 e pinagem; (*a*) DIP (*dual-in-line pakage*); (*b*) *flatpak* (encapsulamento plano) de cerâmica; (*c*) e metálico.

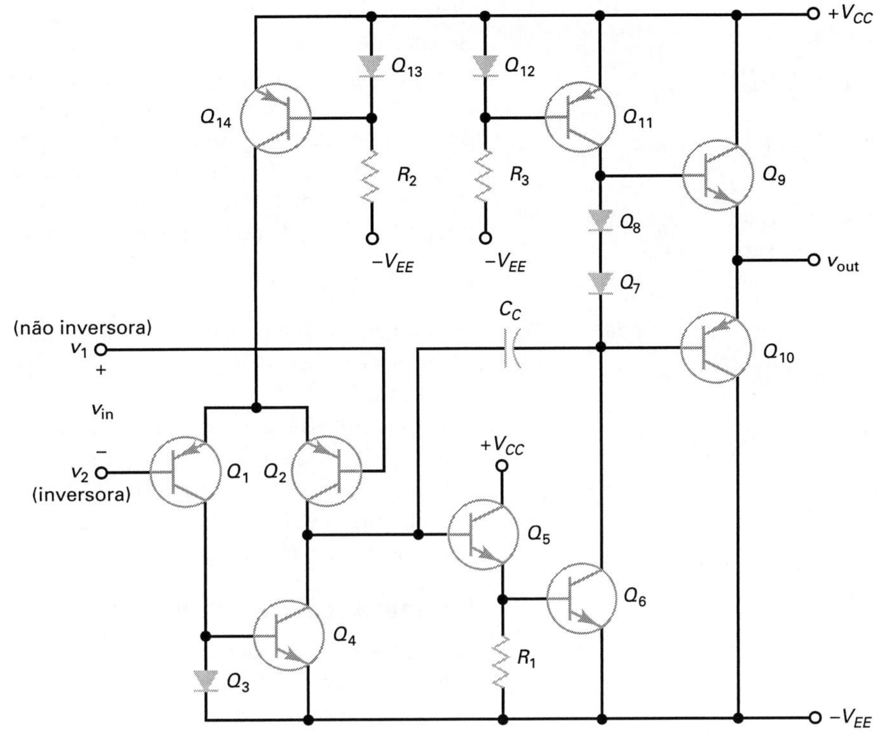

Figura 16-4 Diagrama esquemático simplificado de um 741.

de saída de 75 Ω. A Figura 16-3 mostra três estilos de encapsulamento comuns e respectivas pinagens.

Amp-dif na entrada

A Figura 16-4 é um diagrama esquemático simplificado do 741. Esse circuito é equivalente ao 741 e a muitos amp-ops de gerações posteriores. Não precisamos entender todos os detalhes relativos ao projeto desse circuito, mas precisamos ter uma compreensão geral de como o circuito funciona. Com isso em mente, vamos entender a ideia básica por trás de um 741.

O estágio de entrada é um amp-dif (Q_1 e Q_2). No 741, Q14 é uma fonte de corrente que substitui o resistor de cauda. R_2, Q_{13} e Q_{14} são um espelho de corrente que produz uma corrente de cauda para Q_1 e Q_2. Em vez de usar um resistor comum como resistor de coletor do amp-dif, o 741 usa um resistor de carga ativa. Essa carga ativa Q_4 atua como uma fonte de corrente com uma impedância extremamente alta. Por isso, o ganho de tensão do amp-dif é muito maior do que seria com um resistor de carga passiva.

O sinal amplificado do amp-dif aciona a base de Q_5, que é um seguidor de emissor. Esse estágio aumenta a impedância para evitar uma queda no sinal por efeito de carga no amp-dif. O sinal sai de Q_5 e vai para Q_6. Os diodos Q_7 e Q_8 são parte da polarização do estágio final. Q_{11} é um resistor de carga ativa para Q_6. Portanto, Q_6 e Q_{11} são como um estágio EC com um ganho de tensão muito alto. Como explicado no capítulo anterior, o símbolo de diodo é utilizado, algumas vezes, por questão de simplificação quando os terminais da base e do coletor de um transistor são curto-circuitados. Por exemplo, Q_3 é um transistor cujos terminais da base e do coletor estão curto-circuitados e, portanto, atuam como um diodo.

O estágio final

O sinal amplificado sai do estágio EC (Q_6) e vai para o estágio final, o qual é um seguidor de emissor push-pull classe B (Q_9 e Q_{10}). Devido à fonte ser dividida (tensões V_{CC} positiva e V_{EE} negativa iguais), a saída quiescente é idealmente 0 V quando a tensão de entrada é zero. Qualquer desvio do 0 V é denominado **tensão de erro de saída**.

Quando v_1 é maior que v_2, a tensão de entrada v_{in} produz uma tensão de saída positiva v_{out}. Quando v_2 é maior que v_1, a tensão de entrada v_{in}. produz uma tensão de saída negativa v_{out}. Idealmente, v_{out} pode ser tão positiva quanto + V_{CC} e tão negativa quanto $-V_{EE}$ antes que o ceifamento ocorra. A saída pode variar entre valores com uma diferença entre 1 e 2 V da tensão de cada fonte de alimentação por causa da queda de tensão interna ao 741.

> **É ÚTIL SABER**
>
> Embora o 741 seja conectado geralmente a uma tensão de alimentação positiva e negativa, o amp-op ainda pode operar com uma fonte de alimentação simples. Por exemplo, a entrada $-V_{EE}$ pode ser aterrada, e a entrada $+Vcc$ pode ser conectada a uma fonte de alimentação CC positiva.

Carga ativa

Na Figura 16-4, temos dois exemplos de *carga ativa* (usando transistores como carga em vez de resistores). Primeiro, existe a carga ativa Q_4 no amp-dif na entrada. Segundo, existe a carga ativa Q_{11} no estágio EC. Como as fontes de corrente têm altas impedâncias, as cargas ativas produzem um ganho de tensão maior do que seria possível com resistores. Essas cargas ativas produzem um ganho de tensão típico de 100.000 para o 741C. O uso de carga ativa é muito comum em circuitos integrados (CIs) porque é mais fácil e mais barato fabricar um transistor num chip que em um resistor.

Compensação de frequência

Na Figura 16-4, C_c é um **capacitor de compensação**. Devido ao efeito Miller, esse pequeno capacitor (tipicamente de 30 pF) é multiplicado pelo ganho de tensão de Q_5 e Q_6 para se conseguir uma capacitância equivalente muito maior de:

$$C_{in(M)} = (A_v + 1)C_c$$

onde A_v é o ganho de tensão dos estágios Q_5 e Q_6.

A resistência vista pela capacitância Miller é a impedância de saída do amp-dif. Portanto, temos um circuito de atraso. Esse circuito de atraso produz uma frequência de corte de 10 Hz no 741C. O ganho em malha aberta do amp-op cai 3 dB nessa frequência de corte. Então, A_{VOL} diminui aproximadamente 20 dB por década até alcançar a frequência de ganho unitário.

A Figura 16-5 mostra o gráfico de Bode ideal do ganho de tensão em malha aberta *versus* a frequência. O 741C tem um ganho de tensão em malha aberta de 100.000, que equivale a 100 dB. Visto que a frequência de corte em malha aberta é 10 Hz, o ganho de tensão muda de inclinação em 10 Hz com decaimento numa taxa de 20 dB por década até ser 0 dB em 1 MHz.

Em um capítulo posterior discutiremos os *filtros ativos*, os quais são circuitos que usam amp-ops, resistores e capacitores para modelar a resposta em frequência em diferentes aplicações. Desta vez, discutiremos os circuitos que produzem uma resposta de primeira ordem (decaimento de 20 dB por década), uma resposta de segunda ordem (decaimento de 40 dB por década), uma resposta de terceira ordem

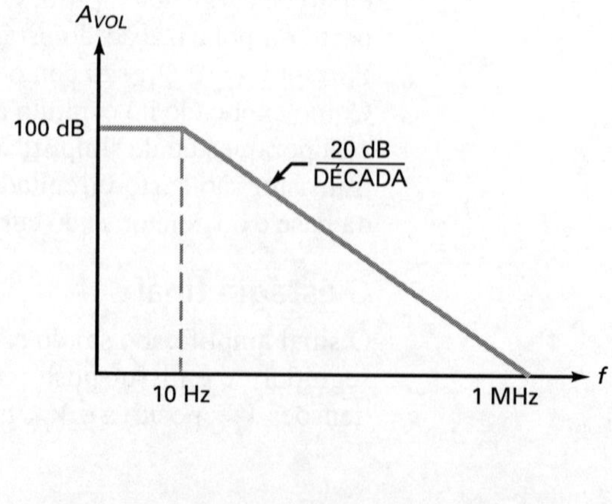

Figura 16-5 Gráfico de Bode ideal do ganho de tensão em malha aberta do 741C.

(decaimento de 60 dB por década) e assim por diante. Um amp-op que tem compensação interna, como o 741C, tem uma **resposta de primeira ordem**.

A propósito, nem todos os amp-ops são compensados internamente. Alguns exigem que o usuário conecte um capacitor de compensação externo para evitar oscilações. A vantagem do uso da compensação externa é que o projetista tem mais controle sobre o desempenho em frequências altas. Embora um capacitor externo seja a forma mais simples de compensação, circuitos mais bem elaborados podem ser usados proporcionando não apenas compensação, mas também produzindo uma $f_{unitário}$ (frequência de unitário) maior da que é possível obter com compensação interna.

Polarizações e offsets

Conforme discutido em capítulo anterior, um amp-dif tem polarizações de entrada e *offsets* que produzem um erro de saída quando não existe sinal na entrada. Em muitas aplicações, o erro de saída é suficientemente pequeno para ser ignorado. Mas quando o erro de saída não pode ser ignorado, o projetista pode reduzi-lo usando resistores de base iguais, isso elimina o problema da corrente de polarização, mas não os problemas da corrente de *offset* e da tensão de *offset*.

Por isso é melhor eliminar o erro de saída usando o **circuito de cancelamento** apresentado na folha de dados. Esse circuito de cancelamento recomendado funciona com um circuito interno para eliminar o erro de saída e também para minimizar o *drift* térmico (deriva térmica), que é uma variação lenta na tensão de saída causada pelo efeito da variação da temperatura nos parâmetros do amp-op. Algumas vezes, a folha de dados de um amp-op não inclui um circuito de cancelamento. Nesse caso, temos que aplicar uma pequena tensão de entrada para cancelar a saída. Discutiremos esse método posteriormente.

A Figura 16-6 mostra o método de cancelamento sugerido na folha de dados de um 741C. A fonte CA que aciona a entrada inversora tem uma resistência de Thévenin de R_B. Para neutralizarmos o efeito da corrente de polarização de entrada (80 nA) que flui através da resistência da fonte, acrescentamos um resistor discreto de igual valor na entrada não inversora, conforme mostrado.

Para eliminar o efeito de uma corrente de *offset* de entrada de 20 nA e uma tensão de *offset* de 2 mV, a folha de dados de um 741C recomenda o uso de um potenciômetro de 10 kΩ entre os pinos 1 e 5. Ajustando esse potenciômetro sem sinal na entrada, podemos cancelar ou zerar a tensão de saída.

Razão de rejeição em modo comum

Para um 741C, a CMRR é 90 dB em baixas frequências. Dados sinais iguais, sendo um sobreposto ao sinal de entrada e o outro como um sinal em modo comum, o sinal desejado será 90 dB maior na saída que o sinal em modo comum. Em números comuns, isso significa que o sinal desejado será aproximadamente

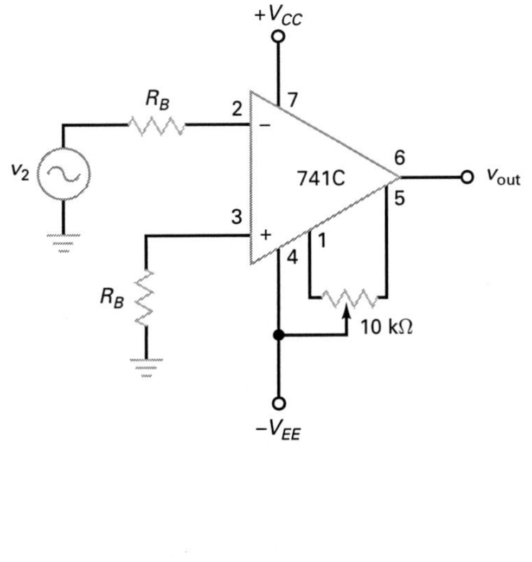

Figura 16-6 Compensação e cancelamento usado com um 741C.

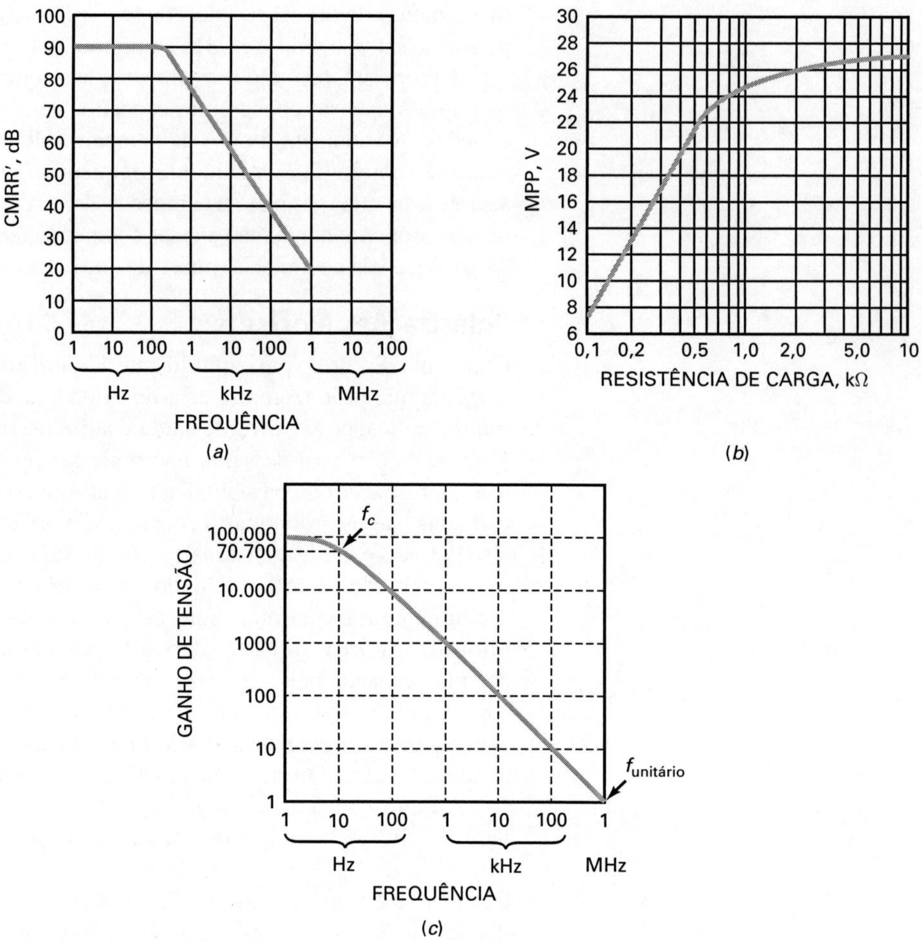

Figura 16-7 Gráficos típicos de CMRR, MPP e A_{VOL} para um 741C.

30.000 vezes maior que o sinal em modo comum. Em frequências maiores, efeitos reativos degradam a CMRR, como mostra a Figura 16-7*a*. Observe que CMRR é aproximadamente 75 dB em 1 kHz, 56 dB em 10 kHz e assim por diante.

Saída de pico a pico máxima

O valor do MPP de um amplificador é o valor máximo pico a pico da saída que pode ser produzido pelo amplificador sem que ocorra o ceifamento do sinal. Como a saída quiescente de um amp-op é idealmente zero, a tensão de saída CA pode variar positivamente ou negativamente. Para resistências de carga muito maiores que R_{out}, a tensão de saída pode variar até próximo às tensões de alimentação. Por exemplo, se V_{CC} = +15 V e V_{EE} = –15V, o valor MPP com uma resistência de carga de 10 kΩ é idealmente 30 V.

Com um amp-op não ideal, a saída não pode variar de todo modo até os valores das tensões de alimentação porque existe uma pequena queda de tensão no estágio final do amp-op. Além disso, quando a resistência de carga não é grande em comparação com R_{out}, parte da tensão amplificada aparece como uma queda de tensão em R_{out}, o que significa que a tensão de saída final é um pouco menor.

A Figura 16-7*b* mostra o gráfico do MPP *versus* a resistência de carga para um 741C com tensões de alimentação de +15 V e –15 V. Observe que MPP é aproximadamente 27 V para um R_L de 10 kΩ. Isso significa que a saída satura positivamente em +13,5 V e negativamente em –13.5 V. Quando a resistência de carga diminui, MPP diminui como mostrado. Por exemplo, se a resistência de carga é apenas 275 Ω, MPP diminui para 16 V, o que significa que a saída satura positivamente em +8 V e negativamente em –8 V.

Corrente de curto-circuito

Em algumas aplicações, um amp-op pode acionar uma resistência de carga de aproximadamente zero. Nesse caso, precisamos saber o valor da **corrente de saída em curto-circuito**. A folha de dados de um 741C fornece um valor de corrente de curto-circuito de 25 mA. Essa é a corrente de saída máxima que o amp-op pode produzir. Se usamos pequenos resistores de carga (menores que 75 Ω), não espere conseguir grandes tensões de saída porque a tensão não pode ser maior que 25 mA vezes a resistência de carga.

Resposta em frequência

A Figura 16-7*c* mostra a resposta em frequência para pequenos sinais de um 741C. Na banda média, o ganho de tensão é 100.000. O 741C tem uma frequência de corte f_c de 10 Hz. Conforme indicado, o ganho de tensão é 70.700 (queda de 3 dB) em 10 Hz. Acima da frequência de corte, o ganho de tensão diminui a uma taxa de 20 dB por década (resposta de primeira ordem).

A frequência de ganho unitário ($f_{\text{unitário}}$) é a frequência na qual o ganho de tensão é igual a 1. Na Figura 16-7*c*, $f_{\text{unitário}}$ é 1 MHz. As folhas de dados geralmente especificam o valor de $f_{\text{unitário}}$ porque ela representa o limite superior de ganho útil de um amp-op. Por exemplo, a folha de dados de um 741C fornece uma $f_{\text{unitário}}$ de 1 MHz. Além de 1 MHz, o ganho de tensão é menor que 1 e o 741C é inútil. Se um projetista necessita de uma $f_{\text{unitário}}$ maior, existem disponíveis amp-ops melhores. Por exemplo, o LM318 tem uma $f_{\text{unitário}}$ de 15 MHz, o que significa que ele produz um ganho de tensão útil de todo modo até 15 MHz.

Slew rate

O capacitor de compensação interno ao 741C desempenha um função muito importante: ele evita oscilações que poderiam interferir no sinal desejado. Porém existe uma desvantagem. O capacitor de compensação precisa ser carregado e descarregado. Isso gera um limite de velocidade na mudança da tensão de saída do amp-op.

Eis a ideia básica: suponha que a tensão de entrada para um amp-op seja um **degrau de tensão** positiva, que é uma transição rápida na tensão de um nível CC para um nível CC maior. Se o amp-op fosse perfeito, teríamos uma resposta ideal com mostra a Figura 16-8*a*. Em vez disso, a saída é a forma de onda exponencial mostrada. Isso ocorre porque o capacitor de compensação tem de ser carregado antes que a tensão de saída possa mudar para o nível maior.

Na Figura 16-8*a*, a inclinação inicial da forma de onda exponencial é denominada ***slew rate*** (taxa de variação), simbolizada por S_R. A definição de *slew rate* é:

$$S_R = \frac{\Delta v_{out}}{\Delta t} \tag{16-1}$$

onde a letra grega Δ (delta) significa "variação em". Dito em palavras, a equação informa que *a slew rate é igual à variação na tensão de saída dividida pela variação de tempo.*

A Figura 16-8*b* ilustra o significado de *slew rate*. A inclinação inicial é igual à variação vertical dividida pela horizontal entre dois pontos na parte inicial da onda exponencial. Por exemplo, se a onda exponencial aumenta 0,5 V durante o primeiro microssegundo, como mostra a Figura 16-8*c*, a *slew rate* é:

$$S_R = \frac{0{,}5\ \text{V}}{1\mu s} = 0{,}5\ \text{V}/\mu s$$

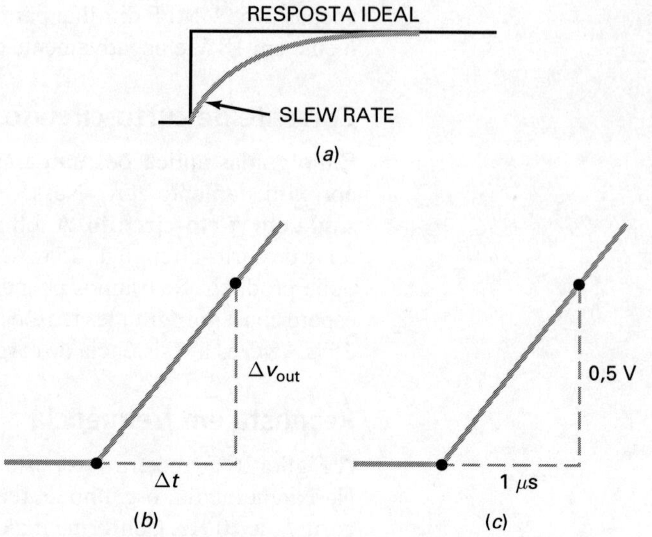

Figura 16-8 (*a*) Respostas ideal e real para uma tensão de entrada em degrau; (*b*) ilustração da definição de *slew rate*; (*c*) *slew rate* igual a 0,5 V/μs.

A *slew rate* representa a resposta mais rápida que um amp-op pode ter. Por exemplo, a *slew rate* de um 741C é 0,5 V/μs. Isso significa que a saída de um 741C não pode variar a uma valocidade maior que 0,5 V em 1 μs. Em outras palavras, se um 741C receber uma tensão de entrada em degrau, não teremos uma mudança instantânea na tensão de saída, teremos sim uma onda de saída exponencial. A parte inicial dessa forma de onda tem o aspecto mostrado na Figura 16-8*c*.

Podemos também ter uma limitação de *slew rate* com um sinal senoidal. Eis como isso ocorre: na Figura 16-9*a*, o amp-op pode produzir a onda senoidal de saída mostrada apenas se a inclinação inicial da onda senoidal for menor que a *slew rate*. Por exemplo, se a onda senoidal de saída tem uma inclinação inicial de 0,1 V/μs, um 741C pode produzir essa onda senoidal sem deformação porque a sua *slew rate* é 0,5 V/μs. Por outro lado, se a onda senoidal tiver uma inclinação inicial de 1 V/μs, a saída será menor do que deveria ser tendo o aspecto de uma onda triangular em vez de senoidal, como mostra a Figura 16-9*b*.

A folha de dados de um amp-op sempre especifica a *slew rate* porque esse parâmetro limita a resposta a grandes sinais de um amp-op. Se a onda senoidal de saída for muito pequena ou a frequência for muito baixa, a *slew rate* não será problema. Mas quando o sinal for grande e a frequência alta, a *slew rate* provocará uma distorção na saída.

Por meio de cálculo, é possível deduzir essa equação:

$$S_S = 2\pi f V_p$$

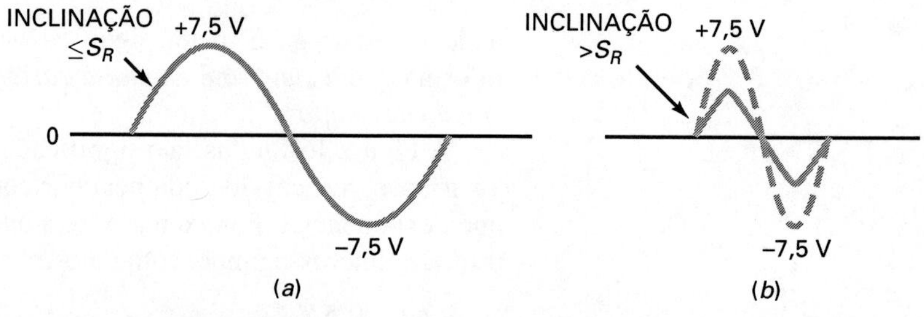

Figura 16-9 (*a*) Inclinação inicial de uma onda senoidal; (*b*) a distorção ocorre se a inclinação inicial excede a *slew rate*.

onde S_S é a inclinação inicial da onda senoidal, f é a sua frequência e V_p, o seu valor de pico. Para evitar a distorção por *slew rate* de uma onda senoidal, S_S tem que ser menor ou igual a S_R. Quando os dois são iguais, estamos no limite, bem próximo da distorção por *slew rate*. Nesse caso:

$$S_R = S_S = 2\pi f V_p$$

Resolvendo para f, temos:

$$f_{\text{máx}} = \frac{S_R}{2\pi V_p} \tag{16-2}$$

onde $f_{\text{máx}}$ é a maior frequência que pode ser amplificada sem distorção por *slew rate*. Dadas a *slew rate* de um amp-op e a tensão de pico de saída desejada, podemos usar a Equação (16-2) para calcular a frequência máxima sem distorção. Acima dessa frequência, veremos no osciloscópio a distorção por *slew rate*.

A frequência $f_{\text{máx}}$ é algumas vezes denominada **largura de banda de grande sinal** ou *largura de banda de potência* do amp-op. A Figura 16-10 é um gráfico da Equação (16-2) para três valores de *slew rate*. Visto que a linha inferior do gráfico é para uma *slew rate* de 0,5 V/μs, ela está associada ao 741C. Visto que a linha superior do gráfico é para uma *slew rate* de 50 V/μs, ela está associada ao LM318 (este tem uma *slew rate* mínima de 50 V/μs).

Por exemplo, suponha que estejamos usando um 741C. Para se obter uma tensão de pico de saída não distorcida de 8 V, a frequência não pode ser maior que 10 kHz (veja a Figura 16-10). Uma forma de aumentar a $f_{\text{máx}}$ é aceitar uma menor tensão de saída. Negociando valor de pico por frequência, podemos melhorar a largura de banda de grande sinal. Como exemplo, se a nossa aplicação pode aceitar um valor de tensão de saída de pico de 1 V, $f_{\text{máx}}$ pode ser aumentada para 80 kHz.

Existem duas larguras de banda a considerar quando se analisa a operação de um circuito com amp-op: a largura de banda de pequeno sinal determinada pela resposta de primeira ordem do amp-op e a largura de banda de grande sinal ou de potência determinada pela *slew rate*. Mais adiante voltaremos a discutir sobre essas duas larguras de banda.

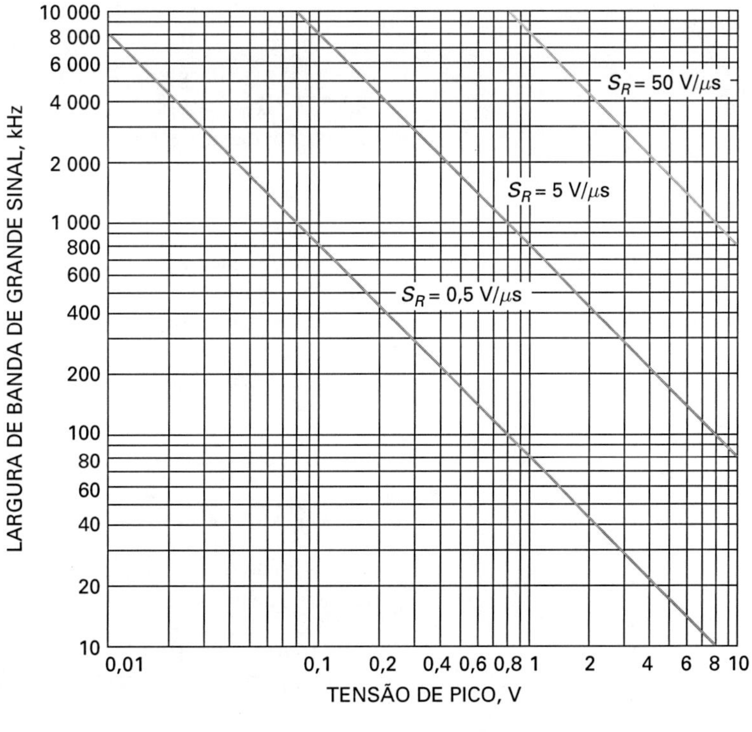

Figura 16-10 Gráfico da largura de banda de grande sinal *versus* a tensão de pico de saída.

Exemplo 16-1

Qual o valor da tensão na entrada inversora do circuito 741C, visto na Figura 16-11*a*, leva a saída à saturação negativa?

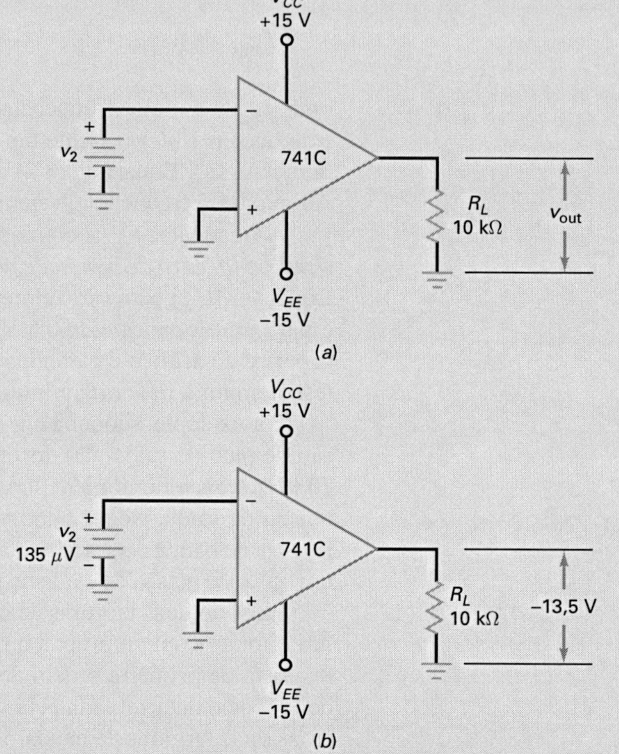

Figura 16-11 Exemplo.

SOLUÇÃO A Figura 16-7*b* mostra que o MPP é igual a 27 V para uma resistência de carga de 10 kΩ, a qual se traduz em uma tensão de saída de –13,5 V para a saturação negativa. Visto que o 741C tem um ganho de tensão em malha aberta de 100.000, a tensão de entrada necessária é:

$$v_2 = \frac{13{,}5\ \text{V}}{100.000} = 135\mu\text{V}$$

A Figura 16-11*b* resume a resposta. Como podemos ver, uma entrada inversora de 135 μV produz a saturação negativa, que corresponde a uma tensão de saída de –13,5 V.

PROBLEMA PRÁTICO 16-1 Repita o Exemplo 16-1 onde A_{VOL} = 200.000.

Exemplo 16-2

Qual a razão de rejeição em modo comum de um 741C quando a frequência de entrada é 100 kHz?

SOLUÇÃO Na Figura 16-7*a*, podemos ler uma CMRR de aproximadamente 40 dB em 100 kHz. Isso é equivalente a 100, o que significa que o sinal desejado recebe uma amplificação 100 vezes maior que o sinal em modo comum quando a frequência de entrada é 100 kHz.

PROBLEMA PRÁTICO 16-2 Qual é a CMRR de um 741C quando a frequência de entrada é 10 kHz?

Exemplo 16-3

Qual é o ganho de tensão em malha aberta de um 741C quando a frequência de entrada é 1 kHz? E no caso de 10 kHz? E se for 100 kHz?

SOLUÇÃO Na Figura 16-7*c*, o ganho de tensão é 1.000 para 1 kHz, 100 para 10 kHz e 10 para 100 kHz. Como podemos ver, o ganho de tensão diminui por um fator de 10 a cada vez que a frequência aumenta por um fator de 10.

Exemplo 16-4

A tensão de entrada de um amp-op é um grande degrau de tensão. A saída é uma forma de onda exponencial que varia até 0,25 V em 0,1 μs. Qual é a *slew rate* do amp-op?

SOLUÇÃO Usando a Equação (16-1):

$$S_R = \frac{0{,}25\ \text{V}}{0{,}1\ \mu s} = 2{,}5\ \text{V}/\mu s$$

PROBLEMA PRÁTICO 16-4 Se a tensão de saída medida varia 0,8 V em 0,2 μs, qual é a *slew rate*?

Exemplo 16-5

O CI LF411A tem uma *slew rate* de 15 V/μs. Qual é a largura de banda de potência para uma tensão de pico de saída de 10 V?

SOLUÇÃO Usando a Equação (16-2):

$$f_{\text{máx}} = \frac{S_R}{2\pi V_p} = \frac{15\ \text{V}/ms}{2\pi(10\ \text{V})} = 239\ \text{kHz}$$

PROBLEMA PRÁTICO 16-5 Repita o Exemplo 16-5 usando um 741C e $V_p = 200$ mV.

Exemplo 16-6

Qual é a largura de banda de potência para cada um dos seguintes casos?

$S_R = 0{,}5\text{V}/\mu s$ e $V_p = 8$ V

$S_R = 5\text{V}/\mu s$ e $V_p = 8$ V

$S_R = 50\ \text{V}/\mu s$ e $V_p = 8$ V

SOLUÇÃO Com base na Figura 186-10, obtemos a largura de banda de potência com as seguintes respostas aproximadas: 10 kHz, 100 kHz e 1 MHz.

PROBLEMA PRÁTICO 16-6 Repita o Exemplo 16-6 com $V_p = 1$ V.

16-3 Amplificador inversor

O **amplificador inversor** é o circuito com amp-op mais básico. Ele usa realimentação negativa para estabilizar o ganho de tensão total. O motivo da necessidade de estabilizar o ganho de tensão total é porque A_{VOL} é demasiado grande e instável para ser usado sem uma forma de realimentação. Por exemplo, o 741C tem um A_{VOL} mínimo de 20.000 e máximo de mais de 200.000. Um ganho de tensão imprevisível dessa magnitude e variações é inútil sem realimentação.

Realimentação negativa – amplificador inversor

A Figura 16-12 mostra um amplificador inversor. Para simplificar o desenho, as tensões das fontes de alimentação não foram mostradas. Em outras palavras, estamos observando o circuito equivalente CA. Uma tensão de entrada v_{in} aciona a entrada inversora por meio do resistor R_1. Isso resulta numa tensão na entrada inversora de v_2. A tensão de entrada é amplificada pelo ganho de tensão em malha aberta para produzir uma tensão de saída invertida. A tensão de saída é alimentada de volta na entrada por meio de um resistor de realimentação R_f. Isso resulta em uma realimentação negativa porque a saída é 180° fora de fase em relação à entrada. Em outras palavras, quaisquer variações em v_2 produzidas pela tensão de entrada estão em oposição ao sinal de saída.

Eis como a realimentação negativa estabiliza o ganho de tensão total: se o ganho de tensão em malha aberta A_{VOL} aumenta por qualquer razão, a tensão de saída aumenta e realimenta mais tensão na entrada inversora. Essa tensão de realimentação oposta reduz v_2. Portanto, ainda que A_{VOL} tenha aumentado, v_2 diminuiu e a saída final aumenta muito menos do que ocorreria sem a realimentação negativa. O resultado geral é que o aumento na tensão de saída é tão pequeno que é difícil de ser notado. No próximo capítulo, discutiremos os detalhes matemáticos da realimentação negativa e entenderemos melhor quão pequena é essa variação.

Terra virtual

Quando conectamos um pedaço de fio entre um ponto do circuito e o GND, a tensão no ponto torna-se zero. Além disso, o fio proporciona um caminho para a corrente até GND. Um *terra mecânico* (um fio entre um ponto e GND) é um ponto de GND tanto para a tensão quanto para a corrente.

Um **terra virtual** é diferente. Esse tipo de terra é um artifício bastante usado na análise de um amplificador inversor. Com um terra virtual, a análise de um amplificador inversor e circuitos relacionados torna-se incrivelmente fácil.

O conceito de terra virtual é baseado no amp-op ideal. Quando um amp-op é ideal, ele tem um ganho de tensão em malha aberta infinito e uma resistência de entrada infinita. Por isso, podemos deduzir as seguintes propriedades ideais para o amplificador inversor da Figura 16-13:

1. Como R_{in} é infinita, i_2 é zero.
2. Como A_{VOL} é infinito, v_2 é zero.

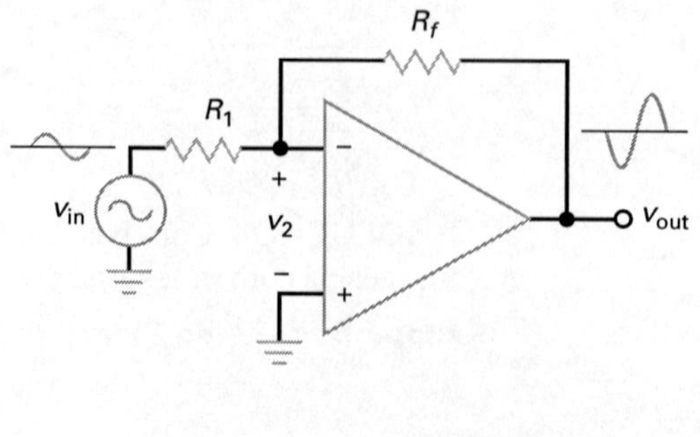

Figura 16-12 Amplificador inversor.

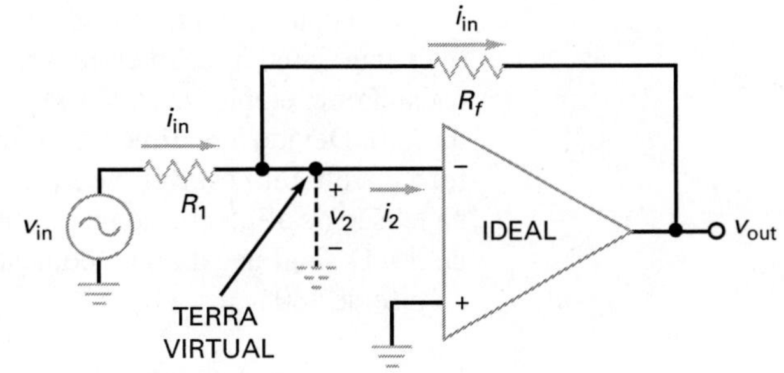

Figura 16-13 O conceito de terra virtual: um curto-circuito para a tensão e um circuito aberto para a corrente.

Como i_2 é zero na Figura 16-13, a corrente através de R_f tem que ser igual à corrente de entrada através de R_1, conforme mostrado. Além disso, como v_2 é zero, o terra virtual da Figura 16-13 informa que a entrada inversora atua como um terra para a tensão, mas um circuito aberto para a corrente!

O terra virtual é muito incomum. É como se ele fosse um terra parcial porque é um curto-circuito para a tensão, mas um circuito aberto para a corrente. Para nos lembrar dessa qualidade de terra parcial, a Figura 16-13 usa uma linha tracejada entre a entrada inversora e GND. A linha tracejada significa que nenhuma corrente pode fluir para GND. Embora o terra virtual seja uma aproximação ideal, ele proporciona respostas muito precisas quando usado com uma forte realimentação negativa.

Ganho de tensão

Na Figura 16-14, visualize um terra virtual na entrada inversora. Então, à direita de R_1 existe um terra para a tensão, assim podemos escrever:

$$v_{in} = i_{in} R_1$$

De forma similar, à esquerda de R_f existe um terra para a tensão, assim a amplitude da tensão de saída é:

$$v_{out} = -i_{in} R_f$$

Divida v_{out} por v_{in} para obter o ganho de tensão onde $A_v = v_{out}/v_{in} = -\, i_{in}R_f/i_{in}R_1$. Então:

$$A_{v(CL)} = \frac{-R_f}{R_1} \tag{16-3}$$

onde $A_{v(CL)}$ é o ganho de tensão em malha fechada (CL – *closed-loop*). Esse parâmetro é chamado de **ganho de tensão em malha fechada** porque ele é o ganho de tensão quando existe um percurso de realimentação entre a saída e a entrada. Devido à realimentação negativa, o ganho de tensão em malha fechada $A_{v(CL)}$ é sempre menor que o ganho de tensão em malha aberta A_{VOL}.

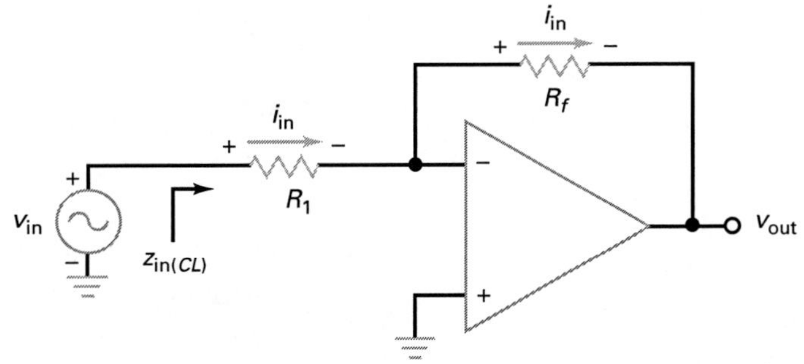

Figura 16-14 No amplificador inversor, a mesma corrente percorre os dois resistores.

Veja como a Equação (16-3) é simples e prática. O ganho de tensão em malha fechada é igual à razão entre a resistência de realimentação e a resistência de entrada. Por exemplo, se $R_1 = 1\ \text{k}\Omega$ e $R_f = 50\ \text{k}\Omega$, o ganho de tensão em malha fechada é 50. Devido à realimentação negativa intensa, esse ganho de tensão em malha fechada é muito estável. Se A_{VOL} variar em função da temperatura, de variações na tensão de alimentação ou da substituição do amp-op, $A_{v(\text{CL})}$ ainda será próximo de 50. O sinal negativo na equação do ganho de tensão indica um deslocamento de fase de 180°.

É ÚTIL SABER

Um amplificador inversor pode ter mais de uma entrada porque, com o ponto de terra virtual, cada entrada está efetivamente isolada uma da outra. Cada entrada vê a sua própria impedância de entrada e nada mais.

Impedância de entrada

Em algumas aplicações, um projetista pode querer uma impedância de entrada específica. Essa é uma das vantagens de um amplificador inversor; é fácil estabelecer uma impedância de entrada desejada. Veja por que: como o terminal direito de R_1 está virtualmente aterrado, a impedância de entrada em malha fechada é:

$$z_{\text{in}(CL)} = R_1 \tag{16-4}$$

Essa é a impedância visualizada a partir do terminal esquerdo de R_1, como mostra a Figura 16-14. Por exemplo, se uma impedância de entrada de $2\ \text{k}\Omega$ e um ganho de tensão em malha fechada de 50 forem desejados, o projetista pode usar $R_1 = 2\ \text{k}\Omega$ e $R_f = 100\ \text{k}\Omega$.

Largura de banda

A **largura de banda em malha aberta** ou a frequência de corte de um amp-op é muito baixa por causa do capacitor de compensação interno. Para o 741C:

$$f_{2(OL)} = 10\ \text{Hz}$$

Nessa frequência, o ganho de tensão em malha aberta muda de inclinação decaindo como uma resposta de primeira ordem.

Quando a realimentação negativa é usada, a largura de banda total aumenta. Eis o motivo: quando a frequência de entrada é maior que $f_{2(OL)}$, A_{VOL} diminui 20 dB por década. Quando v_{out} tenta diminuir, menos tensão de oposição é realimentada na entrada inversora. Portanto, v_2 aumenta e compensa a diminuição em A_{VOL}. Por isso, $A_{v(CL)}$ muda de inclinação em uma frequência maior que $f_{2(OL)}$. Quanto maior a realimentação negativa, maior a frequência de corte em malha fechada. Dizendo de outra forma: quanto menor for $A_{v(CL)}$, maior $f_{2(CL)}$.

A Figura 16-15 ilustra como a largura de banda em malha fechada aumenta com a realimentação negativa. Conforme podemos ver, quanto mais intensa a realimentação negativa (menor $A_{v(CL)}$), maior a largura de banda em malha fechada. A seguir a equação para a largura de banda em malha fechada:

$$f_{2(CL)} = \frac{f_{\text{unitário}}}{A_{v(CL)} + 1}$$

Na maioria das aplicações, $A_{v(CL)}$ é maior que 10 e a equação se simplifica para:

$$f_{2(CL)} = \frac{f_{\text{unitário}}}{A_{v(CL)}} \tag{16-5}$$

Por exemplo, quando $A_{v(CL)}$ for 10:

$$f_{2(CL)} = \frac{1\ \text{MHz}}{10} - 100\ \text{kHz}$$

que está de acordo com a Figura 16-14. Se $A_{v(CL)}$ for 100:

$$f_{2(CL)} = \frac{1\ \text{MHz}}{100} - 10\ \text{kHz}$$

que também está de acordo.

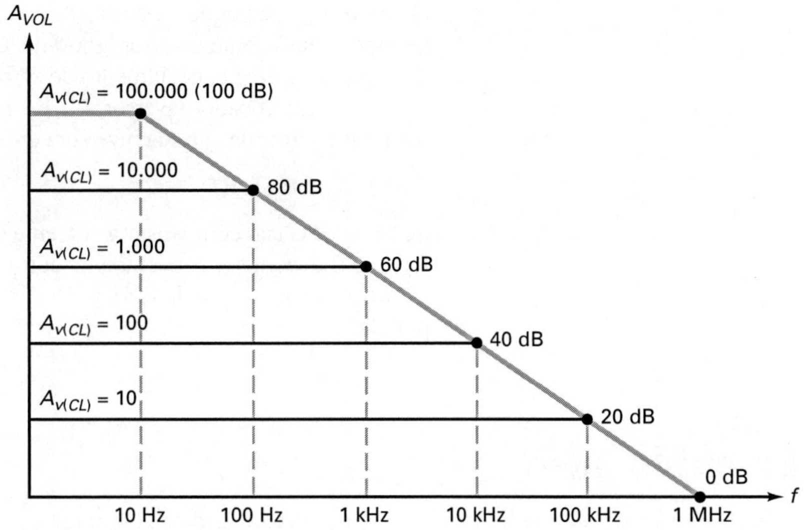

Figura 16-15 Um menor ganho de tensão proporciona uma maior largura de banda.

A Equação (16-5) pode ser rearranjada para a seguinte forma:

$$f_{\text{unitário}} = A_{v(CL)} f_{2(CL)} \tag{16-6}$$

Observe que a frequência de ganho unitário é igual ao produto do ganho pela largura de banda. Por isso, muitas folhas de dados se referem à frequência de ganho unitário como o **produto ganho-largura de banda** (**GBW** – *gain bandwidth*).

(*Nota*: nenhum símbolo consistente é usado nas folhas de dados para o ganho de tensão em malha aberta. Podemos encontrar qualquer um dos símbolos a seguir: A_{OL}, A_v, A_{vo} e A_{VOL}. Geralmente fica evidente nas folhas de dados que todos esses símbolos representam o ganho de tensão em malha aberta do amp-op. Usaremos o símbolo A_{VOL} neste livro.)

Polarização e offsets

A realimentação negativa reduz o erro de saída provocado pela corrente de polarização de entrada, corrente de *offset* de entrada e tensão de *offset* de entrada. Conforme discutido em capítulos anteriores, as três tensões de erro de entrada e a equação para a tensão de erro de saída total:

$$V_{\text{erro}} = A_{VOL}(V_{1\text{erro}} + V_{2\text{erro}} + V_{3\text{erro}})$$

Quando a realimentação negativa é usada, essa equação pode ser escrita como:

$$\mathbf{V_{erro}} \ @ \pm \mathbf{A}_{v(CL)}(\pm V_{1\text{erro}} \pm V_{2\text{erro}} \pm V_{3\text{erro}}) \tag{16-7}$$

onde V_{erro} é a tensão de erro de saída total. Observe que a Equação (16-7) inclui os sinais ±. As folhas de dados não incluem os sinais ± porque está implícito que os erros podem ser em qualquer direção. Por exemplo, qualquer uma das correntes de base pode ser maior que a outra e a tensão de *offset* de entrada pode ser positiva ou negativa.

Na produção em massa, os erros de entrada podem se somar a ponto de se ter o pior caso possível. Os erros de entrada já foram abordados e estão repetidos aqui:

$$V_{1\text{erro}} = (R_{B1} - R_{B2}) I_{\text{in(bias)}} \tag{16-8}$$

$$V_{2\text{erro}} = (R_{B1} + R_{B2}) \frac{I_{\text{in(off)}}}{2} \tag{16-9}$$

$$V_{3\text{erro}} = V_{\text{in(off)}} \tag{16-10}$$

Quando $A_{v(CL)}$ é pequeno, o erro de saída total dado pela Equação (16-7) pode ser pequeno o suficiente para ser ignorado. Caso contrário, será necessário um resistor de compensação e cancelamento de *offset*.

Num amplificador inversor, R_{B2} é a resistência de Thévenin vista quando se olha para trás a partir da entrada inversora em direção à fonte. Essa resistência é dada por:

$$\mathbf{R}_{B2} = \mathbf{R}_1 \parallel \mathbf{R}f \tag{16-11}$$

Se for necessário compensar a corrente de polarização de entrada, uma resistência R_{B1} igual deverá ser conectada na entrada não inversora. Essa resistência não tem efeito na aproximação do terra virtual porque nenhuma corrente do sinal CA passa por ele.

Exemplo 16-7

A Figura 16-6a é um circuito equivalente CA, assim podemos ignorar o erro de saída causado pelas polarizações e offsets de entrada. Qual é o ganho de tensão de malha fechada e a largura de banda? Qual é a tensão de saída em 1 kHz e em 1 MHz?

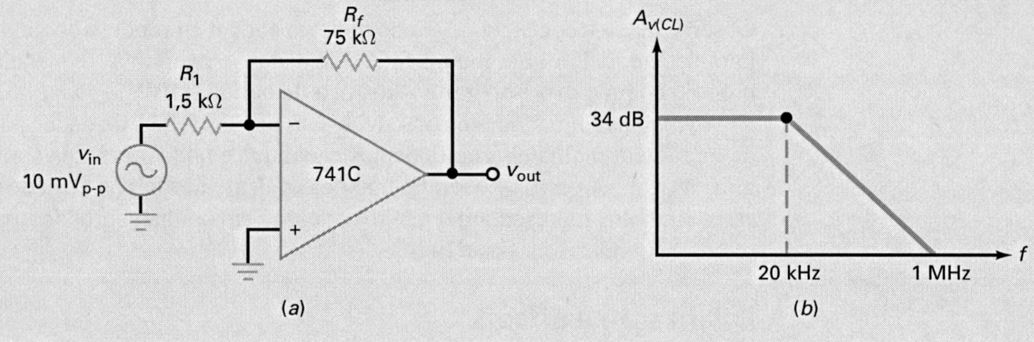

Figura 16-16 Exemplo.

SOLUÇÃO Usando a Equação (16-3), o ganho de tensão de malha fechada é:

$$A_{v(CL)} = \frac{-75\ \text{k}\Omega}{1{,}5\ \text{k}\Omega} = -50$$

Usando a Equação (16-5), a largura de banda de malha fechada é:

$$f_{2(CL)} = \frac{1\ \text{MHz}}{50} = 20\ \text{kHz}$$

A Figura 16-16b mostra o gráfico de Bode ideal do ganho de tensão em malha fechada. O decibel equivalente de 50 é 34 dB. (Artifício: 50 é metade de 100, ou 6 dB abaixo de 40 dB.)

A tensão de saída em 1 kHz é:

$$v_{out} = (-50)(10\ \text{mV pp}) = -500\ \text{mV pp}$$

Como 1 MHz é a frequência de ganho unitário, a tensão de saída em 1 MHz é:

$$v_{out} = -10\ \text{mV pp}$$

Novamente, o valor de saída negativo (–) indica um defasamento de 180° entre a entrada e a saída.

PROBLEMA PRÁTICO 16-7 Na Figura 16-16a, qual a tensão de saída em 100 kHz: [Sugestão: use a Equação (14-20).]

Exemplo de aplicação 16-8

Qual é a tensão de saída na Figura 16-17 quando v_{in} é zero? Use os valores típicos dados na Tabela 16-1.

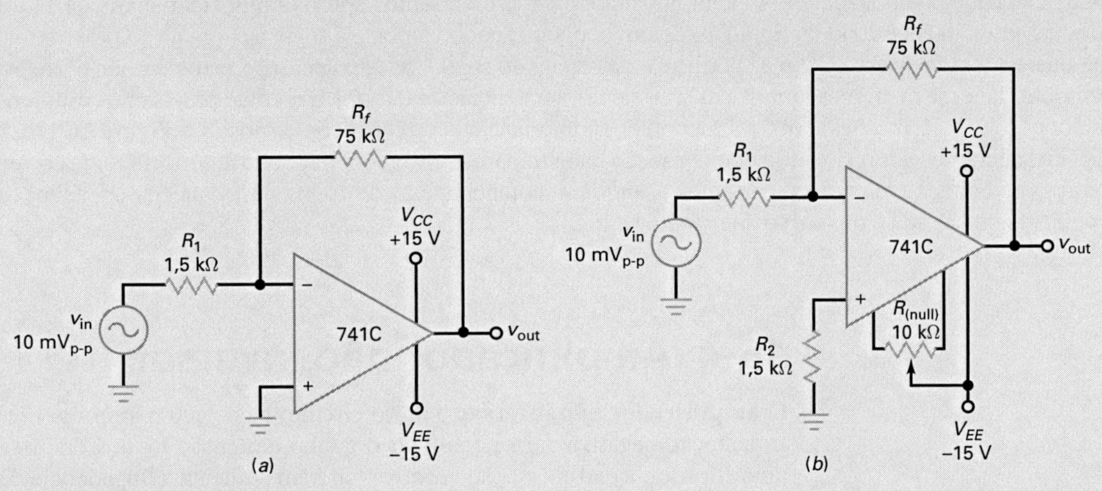

Figura 16-17 Exemplo.

SOLUÇÃO A Tabela 16-1 mostra esses valores para um 741C: $I_{in(bias)}$ = 80 nA, $I_{in(off)}$ = 20 nA e $V_{in(off)}$ = 2 mV. Usando a Equação (16-11):

$$R_{B2} = R_1 \| R_f = 1{,}5\ \text{k}\Omega \ \|\ 75\ \text{k}\Omega = 1{,}47\ \text{k}\Omega$$

Usando as Equações (16-8) a (16-10), as três tensões de erro de entrada são:

$$V_{1erro} = (R_{B1} - R_{B2})I_{in(bias)} = (-1{,}47\ \text{k}\Omega)(80\ \text{nA}) = -0{,}118\ \text{mV}$$

$$V_{2erro} = (R_{B1} + R_{B2})\frac{I_{in(off)}}{2} = (1,47\ \text{k}\Omega)(10\ \text{nA}) = 0,0147\ \text{mV}$$

$$V_{3erro} = V_{in(off)} = 2\ \text{mV}$$

O ganho de tensão em malha fechada é 50, calculado no exemplo anterior. Usando a Equação (16-7), some os erros na condição de pior caso possível obtendo uma tensão de erro de saída de:

$$V_{erro} = \pm 50(0{,}118\ \text{mV} + 0{,}0147\ \text{mV} + 2\ \text{mV}) = \pm 107\ \text{mV}$$

PROBLEMA PRÁTICO 16-8 Repita o Exemplo 16-8 usando um amp-op LF157A.

Exemplo de aplicação 16-9

No exemplo anterior, usamos parâmetros típicos. A folha de dados de um 741C fornece os seguintes parâmetros de pior caso: $I_{in(bias)}$ = 500 nA, $I_{in(off)}$ = 200 nA e $V_{in(off)}$ = 6 mV. Recalcule a tensão de saída quando v_{in} for zero na Figura 16-17a.

SOLUÇÃO Usando as Equações (16-8) a (16-10), as três tensões de erro de entrada são:

$$V_{1erro} = (R_{B1} - R_{B2})I_{in(bias)} = (-1{,}47\ \text{k}\Omega)(500\ \text{nA}) = -0{,}735\ \text{mV}$$

$$V_{2erro} = (R_{B1} + R_{B2})\frac{I_{in(off)}}{2} = (1,47\ \text{k}\Omega)(100\ \text{nA}) = 0,147\ \text{mV}$$

$$V_{3erro} = V_{in(off)} = 6\ \text{mV}$$

Somando os erros para a condição de pior caso possível, obtemos a tensão de erro de saída de:

$$V_{erro} = \pm 50(0{,}735\ \text{mV} + 0{,}147\ \text{mV} + 6\ \text{mV}) = \pm 344\ \text{mV}$$

No Exemplo 16-7, a tensão de saída desejada foi 500 mVpp. Podemos ignorar essa grande tensão de erro de saída? Depende da aplicação. Por exemplo, suponha que precisemos apenas amplificar sinais de áudio com frequências entre 20 Hz e 20 kHz. Então, podemos acoplar capacitivamente a saída à carga ou ao próximo estágio. Isso bloqueia a tensão de erro CC mas permite a passagem do sinal CA. Nesse caso, o erro de saída é irrelevante.

Por outro lado, se queremos amplificar sinais com frequências de 0 a 20 kHz, então precisamos usar um amp-op melhor (com polarizações e *offsets* menores), ou modificar o circuito como mostra a Figura 16-17*b*. Nessa figura, acrescentamos um resistor de compensação na entrada não inversora para eliminar o efeito da corrente de polarização de entrada. Além disso, estamos usando um potenciômetro de 10 kΩ para cancelar os efeitos da corrente de *offset* de entrada e da tensão de *offset* de entrada.

16-4 Amplificador não inversor

O **amplificador não inversor** é outro circuito básico com amp-op. Ele usa realimentação negativa para estabilizar o ganho de tensão total. Com esse tipo de amplificador, a realimentação negativa também aumenta a impedância de entrada e diminui a impedância de saída.

Circuito básico

A Figura 16-18 mostra o circuito equivalente CA de um amplificador não inversor. Uma tensão de entrada v_{in} aciona a entrada não inversora. Essa tensão de entrada é amplificada para produzir a tensão de saída em fase mostrada. Parte da tensão de saída é realimentada na entrada através de um divisor de tensão. A tensão em R_1 é a tensão de realimentação aplicada na entrada inversora. Essa tensão de realimentação é quase igual à tensão de v_2. Devido ao alto ganho de tensão em malha aberta, a diferença entre v_1 e v_2 é muito pequena. Visto que a tensão de realimentação se opõe à tensão de entrada, temos uma realimentação negativa.

Eis como a realimentação negativa estabiliza o ganho de tensão total: se o ganho de tensão em malha aberta A_{VOL} aumentar por qualquer razão, a tensão de saída irá aumentar e realimentar mais tensão na entrada inversora. Essa tensão de realimentação em oposição reduz a tensão de entrada líquida $v_1 - v_2$. Portanto, ainda que A_{VOL} aumente, $v_1 - v_2$ diminui e a saída final aumenta bem menos do que ocorreria sem a realimentação negativa. O resultado final é apenas um pequeno aumento na tensão de saída.

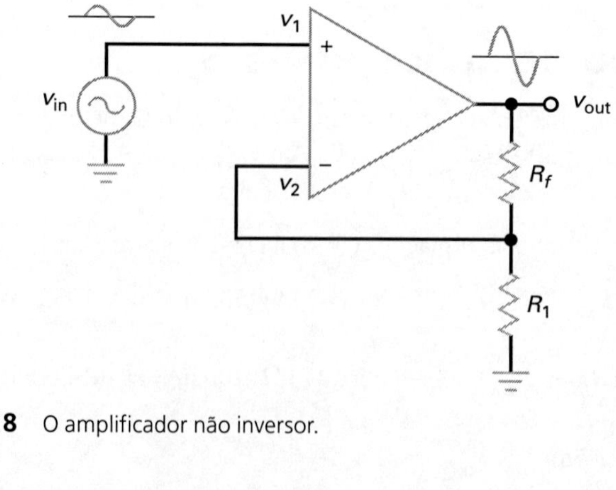

Figura 16-18 O amplificador não inversor.

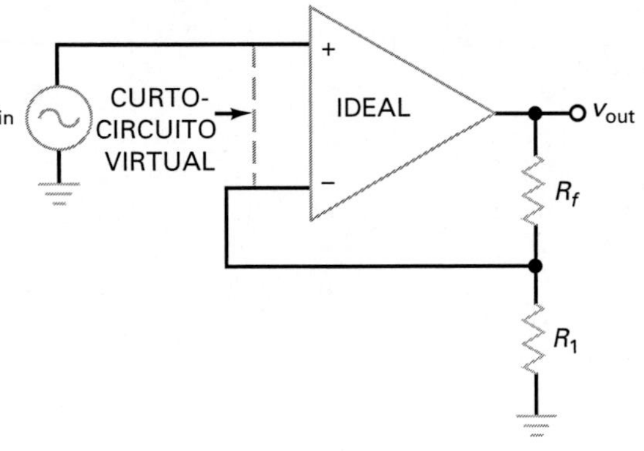

Figura 16-19 Existe um curto-circuito virtual entre as duas entradas do amp-op.

Curto-circuito virtual

Quando conectamos um pedaço de fio entre dois pontos num circuito, as tensões nos dois pontos em relação a GND são iguais. Além disso, o fio proporciona um percurso para a corrente fluir entre os dois pontos. Um *curto-circuito mecânico* (um fio entre dois pontos) é um curto-circuito tanto para a tensão quanto para a corrente.

Um **curto-circuito virtual** é diferente. Esse tipo de curto-circuito pode ser usado na análise de amplificadores não inversores. Com um curto-circuito virtual, podemos rápida e facilmente analisar amplificadores não inversores e circuitos relacionados.

Um curto-circuito virtual usa as duas propriedades a seguir de um amp-op ideal:

1. Visto que R_{in} é infinita, as correntes nas duas entradas são zero.
2. Visto que A_{VOL} é infinito, $v_1 - v_2$ é zero.

A Figura 16-19 mostra um curto-circuito virtual entre os terminais de entrada do amp-op. O curto-circuito virtual é um curto-circuito para a tensão, mas um circuito aberto para a corrente. Como recordação, a linha tracejada significa que nenhuma corrente pode fluir através dela. Embora o curto-circuito virtual seja uma aproximação ideal, ele nos proporciona respostas bastante precisas quando usado com realimentação negativa intensa.

Eis como usaremos o terra virtual: sempre que analisamos um amplificador não inversor ou um circuito similar, podemos visualizar um curto-circuito virtual entre os terminais de entrada do amp-op. Enquanto o amp-op estiver operando na região linear (sem saturação positiva ou negativa), o ganho de tensão de malha aberta se aproxima do infinito e um curto-circuito virtual existe entre os dois terminais de entrada.

Mais um detalhe: por causa do curto-circuito virtual, a tensão na entrada inversora segue a tensão na entrada não inversora. Se a tensão na entrada não inversora aumenta ou diminui, a tensão na entrada inversora imediatamente aumenta ou diminui o mesmo valor. Essa ação de seguir o líder é denominada ***bootstrapping***. A entrada não inversora empurra a entrada inversora para cima ou para baixo um valor igual. Descrito de outra forma, a entrada inversora sofre um *bootstrap* da entrada não inversora.

É ÚTIL SABER

Em relação à Figura 16-19, a impedância de entrada em malha fechada $z_{in(CL)} = R_{in}(1 + A_{VOL}B)$, onde R_{in} representa a resistência de entrada em malha aberta.

Ganho de tensão

Na Figura 16-20, visualize um curto-circuito virtual entre os terminais de entrada do amp-op. Então, o terra virtual significa que a tensão de entrada aparece sobre R_1, conforme mostrado. Assim, podemos escrever:

$$v_{in} = i_1 R_1$$

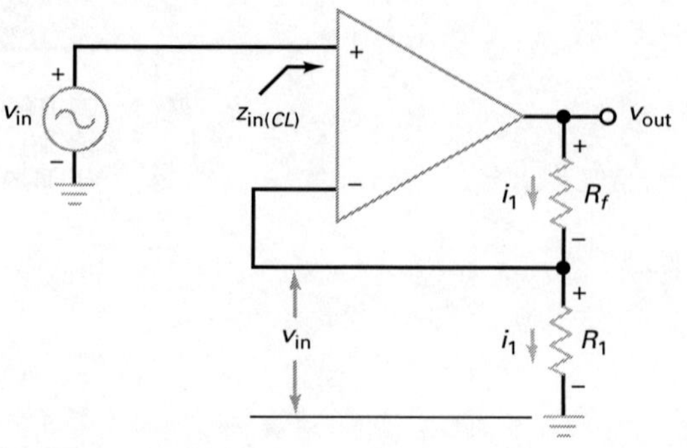

Figura 16-20 A tensão de entrada aparece sobre R_1 e a mesma corrente percorre os resistores.

Como nenhuma corrente pode fluir no curto-circuito virtual, a mesma corrente i_1 tem que percorrer R_f, o que significa que a tensão de saída é dada por:

$$v_{out} = i_1(R_f + R_1)$$

Dividimos v_{out} por v_{in} para obter o ganho de tensão:

$$A_{v(CL)} = \frac{R_f + R_1}{R_1}$$

ou

$$\boldsymbol{A_{v(CL)} = \frac{R_f}{R_1} + 1} \tag{16-12}$$

Essa é fácil de lembrar porque é a mesma equação de um amplificador inversor, exceto pelo acréscimo de 1 à razão de resistências. Além disso, observe que a saída está em fase em relação à entrada. Portanto, o sinal negativo não é usado na equação do ganho de tensão.

Outros parâmetros

A impedância de entrada em malha fechada se aproxima do infinito. No próximo capítulo, analisaremos matematicamente o efeito da realimentação negativa e mostraremos que a realimentação negativa aumenta a impedância de entrada. Visto que a impedância de entrada de malha aberta já é muito alta (2 MΩ para um 741C), a impedância de entrada de malha fechada será ainda maior.

O efeito da realimentação negativa na largura de banda é o mesmo que ocorre com o amplificador inversor:

$$f_{2(CL)} = \frac{f_{\text{unitário}}}{A_{v(CL)}}$$

Novamente, podemos negociar ganho de tensão por largura de banda. Quanto menor o ganho de tensão em malha fechada, maior a largura de banda.

As tensões de erro de entrada causadas pela corrente de polarização de entrada, corrente de *offset* de entrada e tensão de *offset* de entrada são analisadas da mesma forma que no caso do amplificador inversor. Após o cálculo de cada erro de entrada, podemos multiplicar pelo ganho de tensão em malha fechada para obter o erro de saída total.

R_{B2} é a resistência de Thévenin vista quando se olha da entrada do inversor em direção ao divisor de tensão. Essa resistência é a mesma que no caso do amplificador inversor:

$$R_{B2} = R_1 \parallel R_f$$

Se for necessário compensar a corrente de polarização de entrada, uma resistência R_{B1} igual deverá ser conectada à entrada não inversora. Essa resistência não tem efeito na aproximação do curto-circuito virtual porque nenhuma corrente CA do sinal flui através dela.

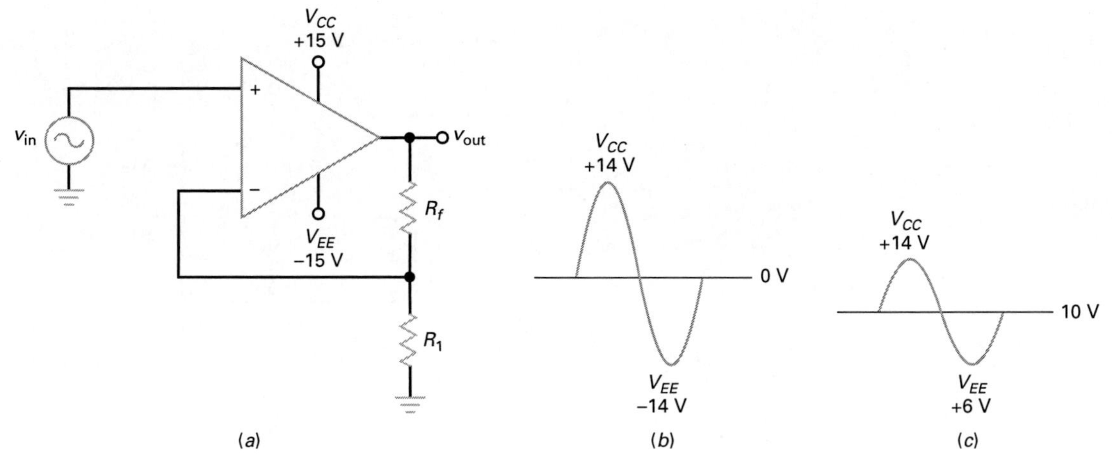

Figura 16-21 A tensão de erro de saída reduz o MPP.

A tensão de erro de saída reduz o MPP

Conforme discutido anteriormente, se sinais CA são amplificados, podemos acoplar de forma capacitiva o sinal de saída à carga. Nesse caso, podemos ignorar a tensão de erro de saída a menos que ela seja excessivamente grande. Se a tensão de erro de saída for grande, reduzirá significativamente o MPP, que é a máxima tensão pico a pico de saída sem ceifamento.

Por exemplo, se não há tensão de erro na saída, o amplificador não inversor da Figura 16-21*a* pode variar dentro de aproximadamente um ou dois volts de qualquer tensão de alimentação. Por questão de simplificação, considere que o sinal de saída possa variar de +14 V a −14 V, dando um MPP de 28 V, como mostra a Figura 16-21*b*. Agora, suponha que a tensão de erro de saída seja +10 V, como mostra a Figura 16-21*c*. Com essa tensão de erro de saída grande, a máxima tensão pico a pico sem ceifamento é de +14 a +6 V, sendo o MPP de apenas 8 V. Ainda pode ser aceitável se a aplicação não necessitar de um sinal de saída maior. Essa é a conclusão a ser lembrada: quanto maior a tensão de erro de saída, menor o valor de MPP.

Exemplo 16-10

MultiSim

Na Figura 16-22*a*, qual é o ganho de tensão em malha fechada e a largura de banda? Qual é a tensão de saída em 250 kHz?

SOLUÇÃO Usando a Equação (16-12):

$$A_{v(CL)} = \frac{3{,}9\ \text{k}\Omega}{100\ \Omega} + 1 = 40$$

Dividindo a frequência de ganho unitário pelo ganho de tensão em malha fechada, obtemos:

$$f_{2(CL)} = \frac{1\ \text{MHz}}{40} = 25\ \text{kHz}$$

A Figura 16-22*b* mostra o gráfico de Bode ideal do ganho de tensão em malha fechada. O decibel equivalente de 40 é 32 dB. (Artifício: 40 = 10 × 2 × 2 ou 20 dB + 6 dB + 6 dB = 32 dB.) Visto que o $A_{v(CL)}$ muda de inclinação em 25 kHz, ele cai 20 dB em 250 kHz. Isso significa que $A_{v(CL)}$ = 12 dB em

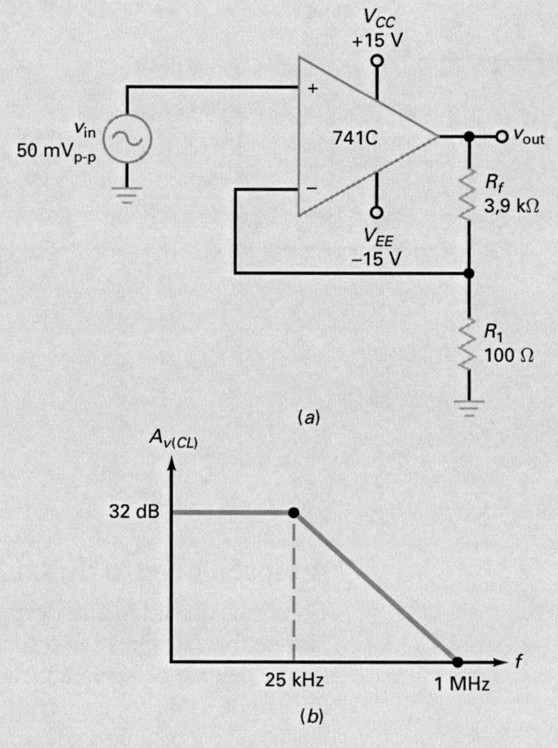

Figura 16-22 Exemplo.

250 kHz, que é equivalente a um ganho de tensão comum de 4. Portanto, a tensão de saída em 250 kHz é:

$$v_{out} = 4\ (50\ \text{mV pp}) = 200\ \text{mV pp}$$

PROBLEMA PRÁTICO 16-10 Na Figura 16-22, troque o resistor de 3,9 kΩ por um de 4,9 kΩ. Calcule $A_{v(CL)}$ e v_{out} em 200 kHz.

Exemplo 16-11

Por conveniência, repetimos os parâmetros de pior caso de um 741C: $I_{in(bias)}$ = 500 nA, $I_{in(off)}$ = 200 nA e $V_{in(off)}$ = 6 mV. Qual a tensão de erro de saída na Figura 16-22a?

SOLUÇÃO R_{B2} é o equivalente paralelo de 3,9 kΩ e 100 Ω, que é aproximadamente 100 Ω. Usando as Equações (16-8) a (16-10), as três tensões de erro de entrada são:

$$V_{1erro} = (R_{B1} - R_{B2})I_{in(bias)} = (-100\ \Omega)(500\ \text{nA}) = -0{,}05\ \text{mV}$$

$$V_{2erro} = (R_{B1} + R_{B2})\frac{I_{in(off)}}{2} = (100\ \Omega)(100\ \text{nA}) = 0{,}01\ \text{mV}$$

$$V_{3erro} = V_{in(off)} = 6\ \text{mV}$$

Somando os erros da condição de pior caso possível obtemos uma tensão de erro de saída de:

$$V_{erro} = \pm 40(0{,}05\ \text{mV} + 0{,}01\ \text{mV} + 6\ \text{mV}) = \pm\ 242\ \text{mV}$$

Se essa tensão de erro de saída for um problema, podemos usar um potenciômetro de 10 kΩ, conforme descrito anteriormente, para cancelar a saída.

16-5 Duas aplicações de amp-ops

As aplicações de amp-op são tão vastas e variadas que é impossível discuti-las de forma abrangente neste capítulo. Além disso, precisamos entender melhor a realimentação negativa antes de analisar aplicações mais avançadas. Por enquanto, vamos analisar dois circuitos práticos.

Amplificador somador

Sempre que precisamos combinar dois ou mais sinais analógicos em uma única saída, o **amplificador somador** mostrado na Figura 16-23*a* é uma escolha natural. Por questão de simplicidade, o desenho mostra apenas duas entradas, mas podemos ter tantas entradas quantas forem necessárias para a aplicação. Um circuito como esse amplifica cada sinal de entrada. O ganho de cada *canal* ou entrada é dado pela razão entre a resistência de realimentação e a resistência da entrada desejada. Por exemplo, os ganhos de tensão em malha fechada na Figura 16-23*a* são:

$$A_{v1(CL)} = \frac{-R_f}{R_1} \quad \text{e} \quad A_{v2(CL)} = \frac{-R_f}{R_2}$$

O circuito somador combina todos os sinais de entrada amplificados em uma única saída, dada por:

$$\mathbf{v_{out} = A_{v1(CL)}v_1 + A_{v2(CL)}v_2} \qquad \textbf{(16-13)}$$

A Equação (16-13) é fácil de ser provada. Como a entrada inversora é um terra virtual, a corrente de entrada total é:

$$i_{in} = i_1 + i_2 = \frac{v_1}{R_1} + \frac{v_2}{R_2}$$

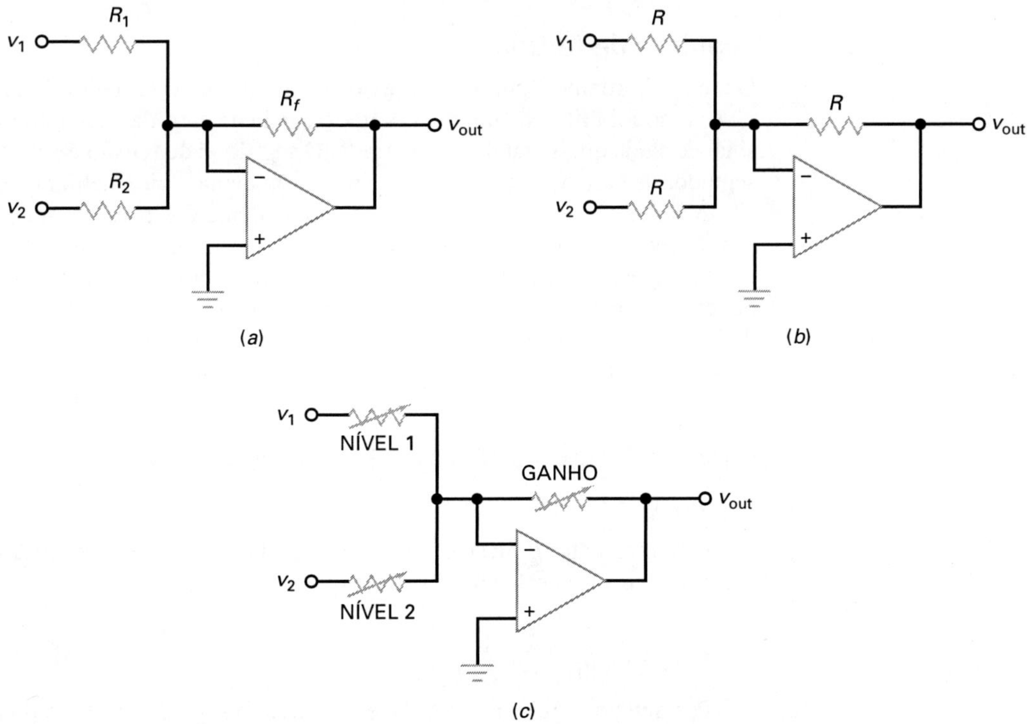

Figura 16-23 Amplificador somador.

Devido ao terra virtual, todas essas correntes passam pelo resistor de realimentação, produzindo uma tensão de saída com uma amplitude de:

$$v_{out} = (i_1 + i_2)R_f = -\left(\frac{R_f}{R_1}v_1 + \frac{R_f}{R_2}v_2\right)$$

Aqui vemos que cada tensão de entrada é multiplicada pelo ganho do canal correspondente e os valores são somados produzindo a saída total. O mesmo resultado se aplica a qualquer número de entradas.

Em algumas aplicações, todas as resistências são iguais, como mostra a Figura 16-23*b*. Nesse caso, cada canal tem um ganho de tensão em malha fechada unitário (1) e a saída é dada por:

$$v_{out} = -(v_1 + v_2 + ... + v_n)$$

Essa é uma forma conveniente de combinar sinais de entrada mantendo suas amplitudes relativas. O sinal de saída combinado pode então ser processado por outros circuitos.

A Figura 16-23*c* é um **misturador** (*mixer*), uma maneira conveniente de combinar sinais de áudio em um sistema de áudio de alta fidelidade. Os resistores ajustáveis nos permitem ajustar o nível de cada entrada e o controle de ganho nos permite ajustar o volume de saída combinado. Diminuindo o NÍVEL 1, podemos fazer com que o sinal v_1 tenha um volume maior na saída. Diminuindo o NÍVEL 2, podemos aumentar o volume do sinal v_2 na saída. Aumentando o GANHO, podemos aumentar o volume dos dois sinais.

Um detalhe final: se um circuito somador precisar ser compensado acrescentando uma resistência igual na entrada não inversora, a resistência a ser usada será a resistência de Thévenin vista a partir da entrada inversora de volta para as fontes. Essa resistência é dada pelo equivalente em paralelo de todas as resistências conectadas ao terra virtual:

$$\boldsymbol{R_{B2} = R_1 \parallel R_2 \parallel R_f \parallel ... \parallel R_n} \qquad \textbf{(16-14)}$$

Seguidor de tensão

Quando abordamos amplificadores BJT, discutimos o seguidor de emissor e vimos como foi útil para aumentar a impedância de entrada enquanto produzia um sinal de saída quase igual ao de entrada. O **seguidor de tensão** é equivalente a um seguidor de emissor, exceto que o primeiro funciona muito melhor que o segundo.

A Figura 16-24*a* mostra o circuito equivalente CA para um seguidor de tensão. Embora ele se mostre incrivelmente simples, o circuito é bem próximo do ideal porque a realimentação negativa é máxima. Como podemos ver, a resistência de realimentação é zero. Portanto, toda a tensão de saída é realimentada na entrada inversora. Por causa do curto-circuito virtual entre as entradas do amp-op, a tensão de saída é igual à tensão de entrada:

$$v_{out} = v_{in}$$

o que significa que o ganho de tensão em malha fechada é:

$$\boldsymbol{A_{v(CL)} = 1} \qquad \textbf{(16-15)}$$

Podemos obter o mesmo resultado calculando o ganho de tensão em malha fechada com a Equação (16-12). Visto que $R_f = 0$ e $R_1 = \infty$:

$$A_{v(CL)} = \frac{R_f}{R_1} + 1 = 1$$

Portanto, o seguidor de tensão é um circuito seguidor perfeito porque produz uma tensão de saída exatamente igual à tensão de entrada (ou próxima o suficiente para satisfazer a quase todas as aplicações).

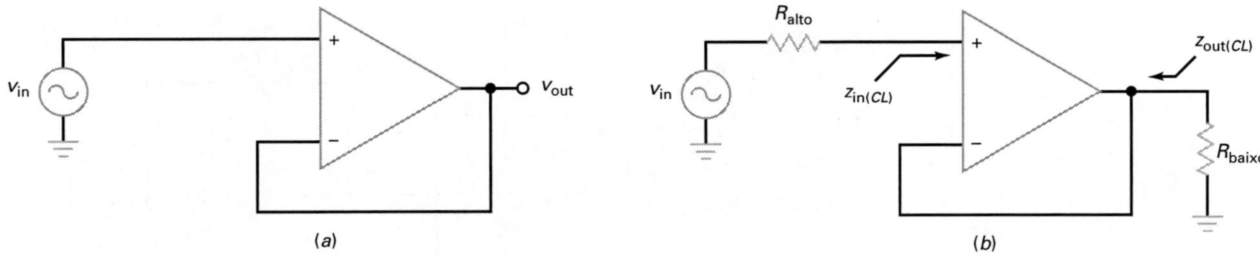

Figura 16-24 (a) O seguidor de tensão tem um ganho unitário e uma largura de banda máxima; (b) o seguidor de tensão permite que uma fonte de alta impedância acione uma carga de baixa impedância sem queda de tensão.

Além disso, a realimentação negativa máxima produz uma impedância de entrada de malha fechada muito maior que a impedância de entrada em malha aberta (2 MΩ para um 741C). Além do mais, a realimentação negativa máxima produz uma impedância de saída em malha fechada muito menor que a impedância de saída em malha aberta (75 Ω para um 741C). Portanto, temos um método quase perfeito para converter uma fonte de impedância alta em uma fonte de impedância baixa.

A Figura 16-24*b* ilustra a ideia. A fonte CA de entrada tem uma impedância de saída alta (R_{alto}). A carga tem uma impedância baixa (R_{baixo}). Devido à realimentação negativa ser máxima no seguidor de tensão, a impedância de entrada em malha fechada $z_{in(CL)}$ é incrivelmente alta e a impedância de saída em malha fechada $z_{out\ (CL)}$ é incrivelmente baixa. Como resultado, toda a tensão da fonte de entrada aparece no resistor de carga.

O ponto crucial a ser entendido é o seguinte: *o seguidor de tensão é a interface ideal para ser usada entre uma fonte de alta impedância e uma carga de baixa impedância.* Basicamente, ele transforma a fonte de tensão de alta impedância em uma fonte de tensão de baixa impedância. Veremos que o seguidor de tensão é bastante usado na prática.

Como $A_{v(CL)} = 1$ em um seguidor de tensão, a largura de banda em malha fechada é máxima e igual a:

$$f_{2(CL)} = f_{\mathbf{unitário}} \tag{16-16}$$

Outra vantagem é o erro de offset de saída baixo porque os erros de entrada não são amplificados. Como $A_{v(CL)} = 1$, a tensão de erro de saída total é igual à soma de pior caso dos erros de entrada.

Exemplo de aplicação 16-12

MultiSim

Três sinais de áudio acionam as entradas do amplificador somador da Figura 16-25. Neste exemplo, cada sinal de entrada pode representar a saída de um microfone ou de uma guitarra elétrica. O efeito combinado desse *circuito mixador de áudio* é um sinal de saída que contém a soma instantânea de todas as entradas. Qual é a tensão de saída CA?

SOLUÇÃO Os canais têm ganhos de tensão em malha fechada de:

$$A_{v1(CL)} = \frac{-100\ \text{k}\Omega}{20\ \text{k}\Omega} = -5$$

$$A_{v2(CL)} = \frac{-100\ \text{k}\Omega}{10\ \text{k}\Omega} = -10$$

$$A_{v3(CL)} = \frac{-100\ \text{k}\Omega}{50\ \text{k}\Omega} = -2$$

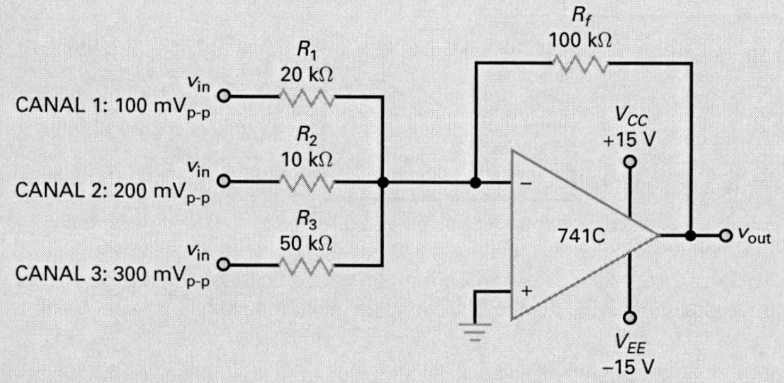

Figura 16-25 Exemplo.

A tensão de saída é:

$$v_{out} = (-5)(100 \text{ mV}_{pp}) + (-10)(200 \text{ mV}_{pp}) + (-2)(300 \text{ mV}_{pp}) = -3{,}1 \text{ V}_{pp}$$

Novamente, o sinal negativo indica um deslocamento de fase de 180°. Neste circuito, R_f poderia ser um resistor variável para controlar o ganho total, e cada resistor de entrada também poderia ser variável para controlar o ganho de cada entrada aplicada ao circuito.

Se for necessário compensar a polarização de entrada acrescentando um R_B igual na entrada não inversora, a resistência a ser usada será:

$$R_{B2} = 20 \text{ k}\Omega \parallel 10\text{k}\Omega \parallel 50\text{k}\Omega \parallel 100 \text{ k}\Omega = 5{,}56 \text{ k}\Omega$$

O valor padrão mais próximo é 5,6 kΩ. Um circuito de cancelamento cuidaria dos erros das entradas restantes.

PROBLEMA PRÁTICO 16-12 Usando a Figura 16-25, as tensões nos canais de entrada são alteradas de valores pico a pico para valores CC positivos. Qual é a tensão CC de saída?

Exemplo de aplicação 16-13

III MultiSim

Uma fonte de tensão CA de 10 mV_{pp} com uma resistência interna de 100 kΩ aciona o seguidor de tensão da Figura 16-26*a*. A resistência de carga é 1Ω. Qual é a tensão de saída e a largura de banda?

SOLUÇÃO O ganho de tensão em malha fechada é unitário. Portanto:

$$v_{out} = 10 \text{ mV}_{pp}$$

e a largura de banda é:

$$f_{2(CL)} = 1 \text{ MHz}$$

Este exemplo está de acordo com a ideia discutida anteriormente. O seguidor de tensão é uma forma fácil de transformar uma fonte de impedância alta em uma fonte de impedância baixa. Ele faz o que o seguidor de emissor faz, só que muito melhor.

PROBLEMA PRÁTICO 16-13 Repita o Exemplo 16-13 usando um amp-op LF157A.

Exemplo de aplicação 16-14

Quando o seguidor de tensão da Figura 16-26*a* é implementado no MultiSim, a tensão de saída na carga de 1Ω é 9,99 mV. Mostre como calcular a impedância de saída em malha fechada.

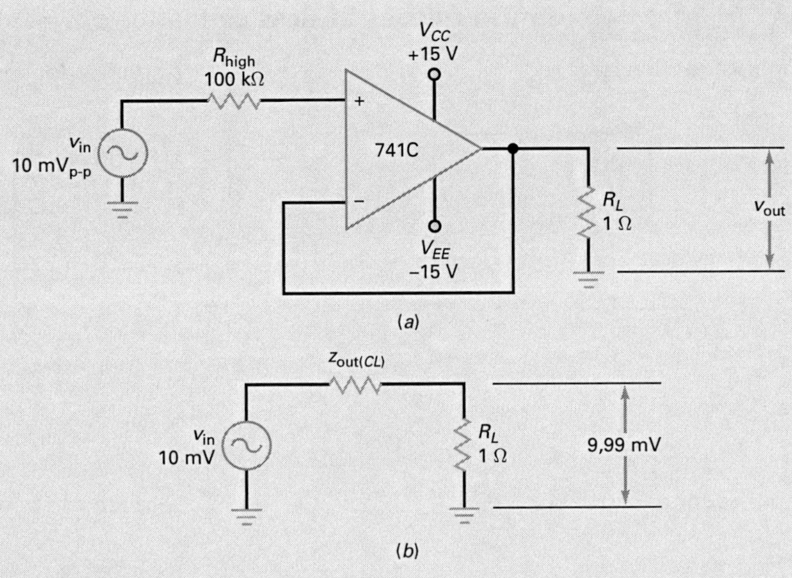

Figura 16-26 Exemplo.

SOLUÇÃO

$$v_{out} = 9{,}99 \text{ mV}$$

A impedância de saída em malha fechada é a mesma que a resistência de Thévenin vista pelo resistor de carga. Na Figura 16-26*b*, a corrente na carga é:

$$i_{out} = \frac{9{,}99 \text{ mV}}{1\,\Omega} = 9{,}99 \text{ mA}$$

Essa corrente na carga flui através de $z_{out(CL)}$. Visto que a tensão em $z_{out(CL)}$ é 0,01 mV:

$$z_{out(CL)} = \frac{0{,}01 \text{ mV}}{9{,}99 \text{ mA}} = 0{,}001\,\Omega$$

Vejamos o significado dessa absorção. Na Figura 16-26*a*, uma fonte de tensão com uma impedância interna de 100 kΩ foi convertida em uma fonte de tensão com uma impedância interna de apenas 0,001 Ω. Impedâncias de saída pequenas como essa significa que estamos nos aproximando de uma fonte de tensão ideal discutida inicialmente no Capítulo 1, Volume 1.

PROBLEMA PRÁTICO 16-14 Na Figura 16-26*a*, se a tensão de saída com carga for 9,95 mV, calcule a impedância de saída em malha fechada.

É ÚTIL SABER

Os circuitos integrados, como os amp-ops, estão substituindo os transistores em circuitos eletrônicos, assim como os transistores substituíram as válvulas. Entretanto, os amp-ops e CIs lineares são na realidade circuitos de microeletrônica.

A Tabela 16-1 é um resumo que mostra os circuitos amp-op básicos que discutimos até este momento.

16-6 CIs lineares

Os amp-ops representam cerca de um terço de todos os CIs lineares. Com amp-ops, podemos implementar uma grande variedade de circuitos úteis. Embora o amp-op seja o mais importante CI linear, outros CIs lineares, como amplificadores de áudio e reguladores de tensão, são também muito usados.

Tabela 16-2 Configurações básicas com amp-op

Amplificador inversor

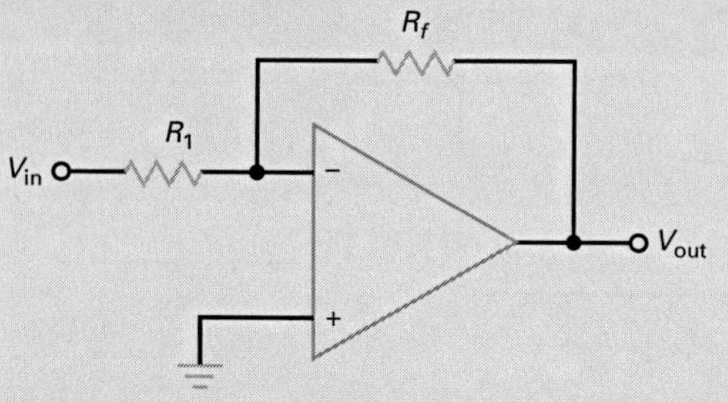

$$A_v = -\frac{R_f}{R_1}$$

Amplificador somador

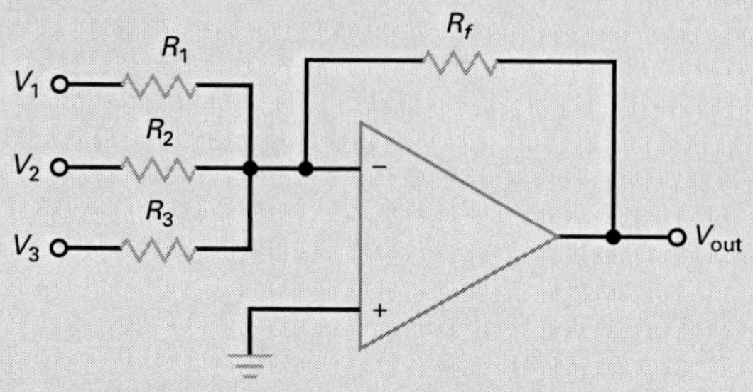

$$A_{v(out)} = -\left(\frac{R_f}{R_1}V_1 + \frac{R_f}{R_1}V_2 + \frac{R_f}{R_1}V_3\right)$$

Amplificador não inversor

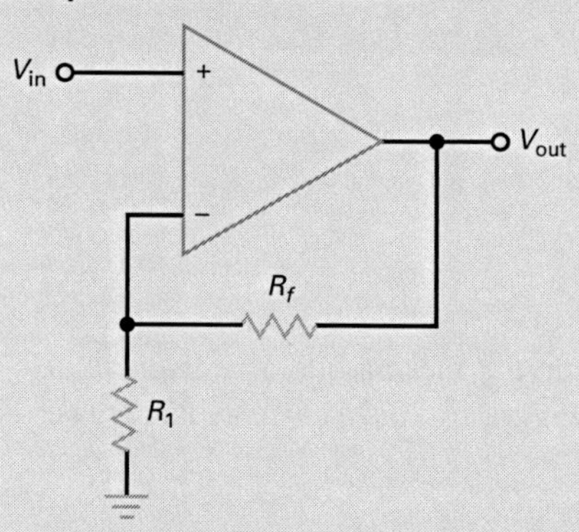

$$A_v = \frac{R_f}{R_1} + 1$$

Seguidor de tensão

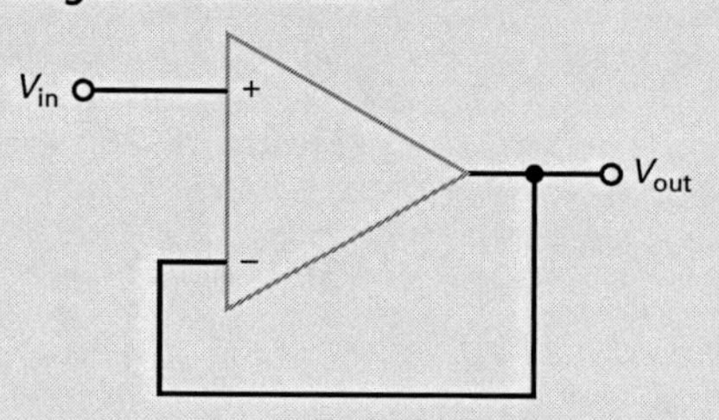

$$A_v = 1$$

Tabela de amp-ops

Na Tabela 16-3, o prefixo *LF* indica um amp-op BIFET. Por exemplo, o LF351 é o primeiro da tabela. Esse amp-op BIFET tem uma tensão de *offset* de entrada máxima de 10 mV, uma corrente de polarização de entrada de 0,2 nA e uma corrente de *offset* de entrada de 0,1 nA. Ele pode fornecer uma corrente de curto-circuito de 10 mA. Ele tem uma frequência de ganho unitário de 4 MHz, uma *slew rate* de 13 V/μs, um ganho de tensão em malha aberta de 88 dB e uma razão de rejeição em modo comum de 70 dB.

A tabela contém mais dois parâmetros não discutidos anteriormente. Primeiro, existe uma **razão de rejeição da fonte de alimentação** (**PSRR** – *power supply rejection ratio*). Esse parâmetro é definido como:

$$\text{PSRR} = \frac{\Delta V_{in(off)}}{\Delta V_S} \tag{16-17}$$

Expressando em palavras, essa equação informa que a razão de rejeição da fonte de alimentação é igual à variação na tensão de *offset* dividida pela variação na tensão de alimentação. Ao fazer essa medida, o fabricante varia as duas fontes simultânea e simetricamente. Se $V_{CC} = +15$ V, $V_{EE} = -15$ V e $\Delta V_S = +1$ V, então V_{CC} torna-se +16 V e V_{EE} torna-se –16 V.

Eis o significado da Equação (16-17): devido ao desequilíbrio nas entradas do amp-dif mais outros efeitos internos, uma variação na tensão de alimentação

Tabela 16-3 Parâmetros típicos de amp-ops selecionados (25°C)

Número	$V_{in(off)}$ máx, mV	$I_{in(bias)}$ máx nA	$I_{in(off)}$ máx, nA	I_{out} máx mA	$f_{unitário}$ typ, MHz	S_r typ, V/μs	A_{VOL} typ dB	CMRR mín, dB	PSRR mín, dB	Drift typ, μV/°C	Descrição de amp-ops
LF351	10	0,2	0,1	10	4	13	88	70	–76	10	BIFET
LF353	10	0,2	0,1	10	4	13	88	70	–76	10	BIFET duplo
LF356	5	0,2	0,05	20	5	12	94	85	–85	5	banda larga
LF411A	0,5	200	100	20	4	15	88	80	–80	10	BIFET de baixo *offset*
LM12	7	300	100	10 A†	0,7	9	94	75	–80	50	Alta potência, 80 W de saída
LM301A	7,5	250	50	10	1 +	0,5 +	108	70	–70	30	Compensação externa
LM307	7,5	250	50	10	1	0,5	108	70	–70	30	709 melhorado, comp. interna
LM308	7,5	7	1	5	0,3	0,15	108	80	–80	30	Precisão
LM318	10	500	200	10	15	70	86	70	–65	–	Alta velocidade, alta *slew rate*
LM324	4	10	2	5	0,1	0,05	94	80	–90	10	Quádruplo de baixa potência
LM348	6	500	200	25	1	0,5	100	70	–70	–	741 quádruplo
LM675	10	2 μa*	500	3 A†	5,5	8	90	70	–70	25	Alta potência, 25 W de saída
LM741C	6	500	200	25	1	0,5	100	70	–70	–	Clássico original
LM747C	6	500	200	25	1	0,5	100	70	–70	–	Duplo 741
LM833	5	1 μa	200	10	15	7	90	80	–80	2	Baixo ruído
LM1458	6	500	200	20	1	0,5	104	70	–77	–	Duplo
OP-07A	0,025	2	1	10	0,6	0,17	110	110	–100	0,6	Precisão
OP-21A	0,1	100	4	–	0,6	0,25	120	100	–104	1	Precisão de baixa potência
OP-42E	0,75	0,2	0,04	25	10	58	114	88	–86	10	BIFET de alta velocidade
OP-64E	0,75	300	100	20	200	200	100	110	–105	–	Largura de banda e velocidade muito altas
TL072	10	0,2	0,05	–10	3	13	88	70	–70	10	Duplo BIFET de baixo ruído
TL074	10	0,2	0,05	10	3	13	88	70	–70	10	Quádruplo BIFET de baixo ruído
TL082	3	0,2	0,01	10	3	13	94	80	–80	10	Duplo BIFET de baixo ruído
TL084	3	0,2	0,01	10	3	13	94	–80	80	10	Quádruplo BIFET de baixo ruído

* Para o LM675 e LM833, esse valor é normalmente expresso em microssegundos.
† Para o LM12 e LM675, esse valor é normalmente expresso em ampères.

produz uma tensão de erro de saída. Dividindo essa tensão de erro de saída pelo ganho de tensão em malha fechada, obtemos a variação na tensão de *offset* de entrada. Por exemplo, o LF351 na Tabela 16-2 tem um PSRR em decibel de –76 dB. Quando convertemos esse valor para um número comum obtemos:

$$\text{PSRR} - \text{antilog}\frac{-76\ \text{dB}}{20} = 0,000158$$

ou, como às vezes é escrita:

$$\text{PSRR} = \text{antilog } 158\ \mu\text{V/V}$$

Isso nos informa que uma variação de 1 V na tensão da fonte produz uma variação na tensão de *offset* de entrada de 158 μV. Portanto, temos mais uma fonte de erro de entrada que se junta às três entradas de erro discutidas anteriormente.

O último parâmetro mostrado para o LF353 é o *drift* de 10 μV/°C. Esse é definido como o coeficiente de temperatura da tensão de *offset* de entrada. Ele nos informa quanto a tensão de *offset* de entrada aumenta com a temperatura. Um *drift* de 10 μV/°C significa que a tensão de *offset* de entrada aumenta 10 μV para cada grau de aumento na escala Celsius. Se a temperatura interna de um amp-op aumenta 50°C, a tensão de *offset* de entrada de um LF353 aumenta em 500 μV.

Os amp-ops na Tabela 16-2 foram selecionados para mostrar ao leitor a variedade de dispositivos disponíveis comercialmente. Por exemplo, o LF411A é um BIFET com uma tensão de *offset* de entrada de apenas 0,5 mV. A maioria dos amp-ops são dispositivos de baixa potência, mas não todos. O LM675 é um amp-op de alta potência. Ele tem uma corrente de curto-circuito de 3 A e pode fornecer 25 W para um resistor de carga. Ainda mais potente é o LM3876. Ele tem uma corrente de curto-circuito de 6 A e pode produzir uma potência de carga de 56 W. As aplicações incluem componentes estéreos, amplificadores de sons com efeito "surround" (envolvente) e sistemas de TV com som estéreo.

Quando precisarmos de uma *slew rate* alta, um LM318 poderá variar a uma taxa de 70 V/μs. E ainda existe o LM7171, que tem uma *slew rate* de 4100 V/μs. Uma alta *slew rate* normalmente é acompanhada de uma grande largura de banda. Como podemos ver, o LM7171 tem uma $f_{\text{unitário}}$ de 15 MHz e o OP-64E tem uma $f_{\text{unitário}}$ de 200 MHz.

Muitos dos amp-ops disponíveis são duplos ou quádruplos. Isso significa que existem dois ou quatro amp-ops no mesmo encapsulamento. Por exemplo, o LM747C é um 741C duplo. O LM348 é um 741 quádruplo. Os amp-ops simples e duplos são encapsulados em CIs de 8 pinos e o amp-op quádruplo tem encapsulamento de 14 pinos.

Nem todos os amp-ops necessitam de duas tensões de alimentação. Por exemplo, o LM324 tem quatro amp-ops compensados internamente. Embora ele possa operar com duas fontes como a maioria dos amp-ops, foi projetado especificamente para uma única fonte de alimentação, o que representa uma vantagem definitiva em muitas aplicações. Outra conveniência do LM324 é a de poder operar com uma fonte de alimentação tão baixa quanto +5 V, que é a tensão padrão da maioria dos sistemas digitais.

A compensação interna é conveniente e segura porque um amp-op compensado internamente não entrará em oscilações sob nenhuma condição. O preço pago por essa segurança é uma perda de controle do projeto. Por isso alguns amp-ops oferecem compensação externa. Por exemplo, o LM301A é compensado conectando-se um capacitor de 30 pF externamente. Mas o projetista tem a opção da sobrecompensação com um capacitor maior ou uma subcompensação com um capacitor menor. A sobrecompensação pode melhorar a operação em baixa frequência, ao passo que a subcompensação pode aumentar a largura de banda e a *slew rate*. Por isso, um sinal positivo (+) foi acrescentado à $f_{\text{unitário}}$ e ao S_R do LM301A na Tabela 16-2.

Todos os amp-ops têm imperfeições, conforme temos visto. Amp-ops de precisão tentam minimizar essas imperfeições. Por exemplo, o OP-07A é um amp-op de precisão com os seguintes parâmetros de pior caso: a tensão de *offset* de entrada é apenas 0,025 mV, CMRR é pelo menos 110 dB, PSRR é pelo menos 100 dB e o *drift* é apenas 0,6 μV/°C. Os amp-ops de precisão são necessários para aplicações estritas como medição e controle.

Nos capítulos subsequentes, discutiremos mais aplicações de amp-ops. Nesse momento, veremos como os amp-ops podem ser usados em uma grande variedade de circuitos lineares, não lineares, osciladores, reguladores de tensão e filtros ativos.

Amplificadores de áudio

Os pré-amplificadores (preamps) são amplificadores de áudio com menos de 50 mW de potência de saída. Preamps são otimizados para ter um baixo ruído porque eles são usados na entrada de sistemas de áudio, onde amplificam sinais fracos por meio de sensores ópticos, cabeçotes de fitas magnéticas, microfones e assim por diante.

Um exemplo de CI preamp é o LM833, um preamp duplo de baixo ruído. Cada amplificador é completamente independente do outro. O LM833 tem um ganho de tensão de 110 dB e uma largura de banda de grande sinal (27-V) de 120 kHz. O estágio de entrada do LM833 é um amp-dif, o qual permite entrada simples e diferencial.

Amplificadores de áudio de nível médio têm potências de saída de 50mW a 500 mW. Esses são úteis próximos à saída final de equipamentos eletrônicos portáteis, como telefones celulares e CD *players*. Um exemplo é o amplificador de áudio de potência LM4818, que tem uma potência de saída de 350 mW.

Amplificadores de potência de áudio fornecem mais de 500 mW de potência de saída. Eles são usados em amplificadores de alta fidelidade, intercomunicadores, rádios AM-FM e outras aplicações. O LM380 é um exemplo. Ele tem um ganho de tensão de 34 dB, uma largura de banda de 100 kHz e uma potência de saída de 2 W. Como outro exemplo, o amplificador de potência LM4756 tem um ganho de tensão de 30 dB e pode fornecer 7 W/canal. A Figura 16-27 mostra o estilo de encapsulamento e a pinagem para esse CI. Observe a configuração dupla de pinos.

A Figura 16-28 mostra um diagrama esquemático simplificado do LM380. O amp-dif de entrada usa entradas *pnp*. O sinal pode ser acoplado diretamente, o que é uma vantagem com transdutores. O amp-dif aciona uma carga espelho de corrente (Q_5 e Q_6). A saída do espelho de corrente vai para um seguidor de emissor (Q_7) e um EC driver (Q_8). O estágio de saída é um seguidor de emissor *push-pull* classe B (Q_{13} e Q_{14}). Existe um capacitor de compensação interna de 10 pF que promove o decaimento do ganho de tensão a uma taxa de 20 dB por década. Esse capacitor produz uma *slew rate* de aproximadamente 5 V/μs.

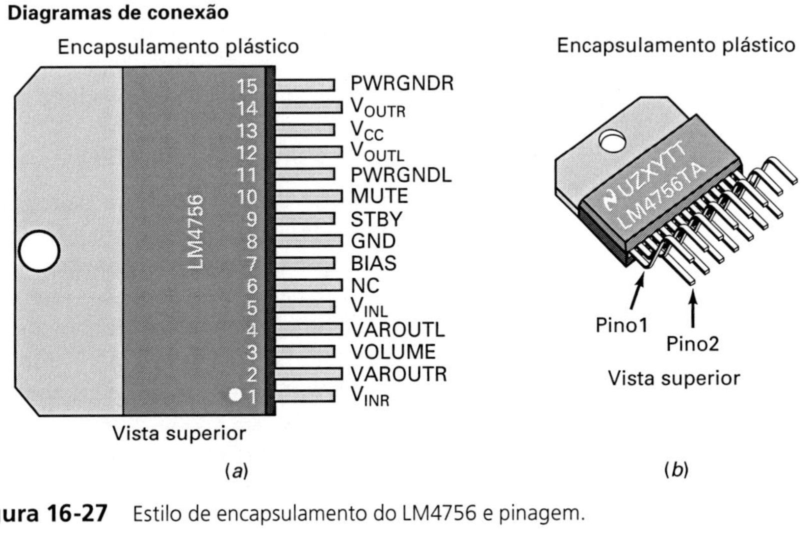

Figura 16-27 Estilo de encapsulamento do LM4756 e pinagem.

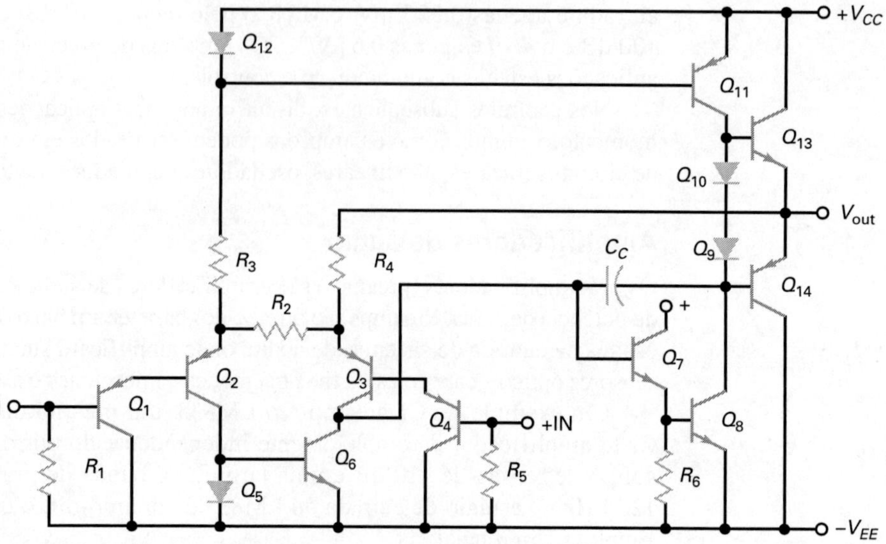

Figura 16-28 Diagrama esquemático simplificado do LM380.

Amplificadores de vídeo

Um amplificador de vídeo ou de banda larga tem uma resposta plana (ganho de tensão em decibel constante) ao longo de uma faixa muito ampla de frequências. Larguras de banda típicas estão dentro da região de megahertz. Amplificadores de vídeo não são necessariamente amplificadores, mas frequentemente têm respostas que se estendem desde a frequência zero. Eles são usados em aplicações nas quais a faixa das frequências de entrada é muito ampla. Por exemplo, muitos osciloscópios operam com frequências de 0 a 100 MHz; instrumentos como esses usam amplificadores de vídeo para aumentar a intensidade do sinal antes de aplicá-lo ao tubo de raios catódicos. Outro exemplo, o LM7171, é um amplificador de velocidade muito alta com uma grande largura de banda de ganho unitário de 200 MHz e uma *slew rate* de 4100 V/μs. Esse amplificador encontra aplicações em câmeras de vídeo, copiadoras e scanners e amplificadores de HDTV.

CIs amplificadores de vídeo têm ganhos de tensão e largura de banda que podemos ajustar conectando diferentes resistores externos. Por exemplo, o NE592 tem um ganho de tensão em decibel de 52 dB e uma frequência de corte de 40 MHz; trocando componentes externos, podemos ter um ganho útil em 90 MHz. O MC1553 tem um ganho de tensão em decibel de 52 dB e uma largura de banda de 20 MHz; esses parâmetros são ajustáveis trocando componentes externos. O LM733 tem uma largura de banda muito ampla; ele pode ser ajustado para fornecer um ganho de 20 dB e uma largura de banda de 120 MHz.

Amplificadores de RF e FI

Um amplificador de radiofrequência (RF) é geralmente o primeiro estágio em um receptor AM, FM ou de televisão. Os amplificadores de frequência intermediária (FI) são tipicamente os estágios intermediários. CIs como o LM703 incluem amplificadores de RF e FI no mesmo chip. Os amplificadores são sintonizados (ressonantes) de forma que amplificam apenas um sinal desejado de uma estação de rádio ou televisão em particular. Conforme mencionado anteriormente, é impraticável os indutores integrados e grandes capacitores num chip. Por essa razão, conectamos indutores e capacitores externos ao chip para obtermos amplificadores sintonizados. Outro exemplo de CI RF é o MBC13720. Esse amplificador de baixo ruído é projetado para operar na faixa de 400 MHz a 2,4 GHz, onde se encontra a maioria das aplicações de banda larga.

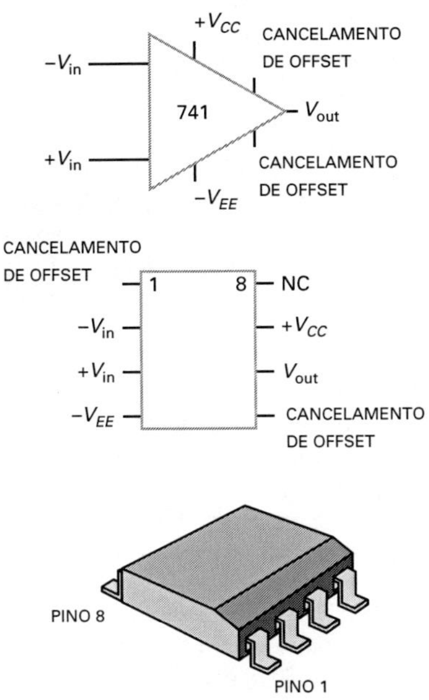

A versão do amp-op LM741 para montagem em superfície.

Reguladores de tensão

Em capítulos anteriores discutimos os retificadores e as fontes de alimentação. Após a filtragem, temos uma tensão CC com ondulação (*ripple*). Essa tensão CC é proporcional à tensão da linha; ou seja, ela varia 10% se a tensão na linha varia 10%. Na maioria das aplicações, uma variação de 10% na tensão CC é muito. Dessa forma, é necessária uma regulação de tensão. Um típico regulador de tensão na forma de CI é a série LM340. Chips dessa série podem manter a tensão CC de saída dentro de 0,01% para variações normais na tensão de linha e na resistência de carga. Outras características incluem saída positiva ou negativa, tensão de saída ajustável e proteção contra curto-circuito.

16-7 Amp-ops como dispositivos de montagem em superfície

Os amplificadores operacionais e tipos similares de circuitos analógicos são frequentemente oferecidos em encapsulamento de montagem em superfície (SM – *surface-mount*), bem como na forma tradicional de CIs em encapsulamentos DIP. Devido à pinagem da maioria dos amp-ops ser relativamente simples, o encapsulamento de perfil baixo (SOP – *small outline package*) é o estilo SM preferido.

Por exemplo, o amp-op LM741 – o principal componente eletrônico nos laboratórios escolares por muitos anos – é disponibilizado agora no encapsulamento SOP. Nesse caso, a pinagem dos dispositivos de montagem em superfície (SMD – *surface-mount device*) é a mesma da versão DIP familiar.

O LM2900, um amp-op quádruplo, é um exemplo mais complexo de um amp-op em encapsulamento SMD. Esse dispositivo é fornecido em encapsulamento DIP de 14 pinos e SOT de 14 pinos (abaixo). Convenientemente, as pinagens são idênticas para os dois encapsulamentos.

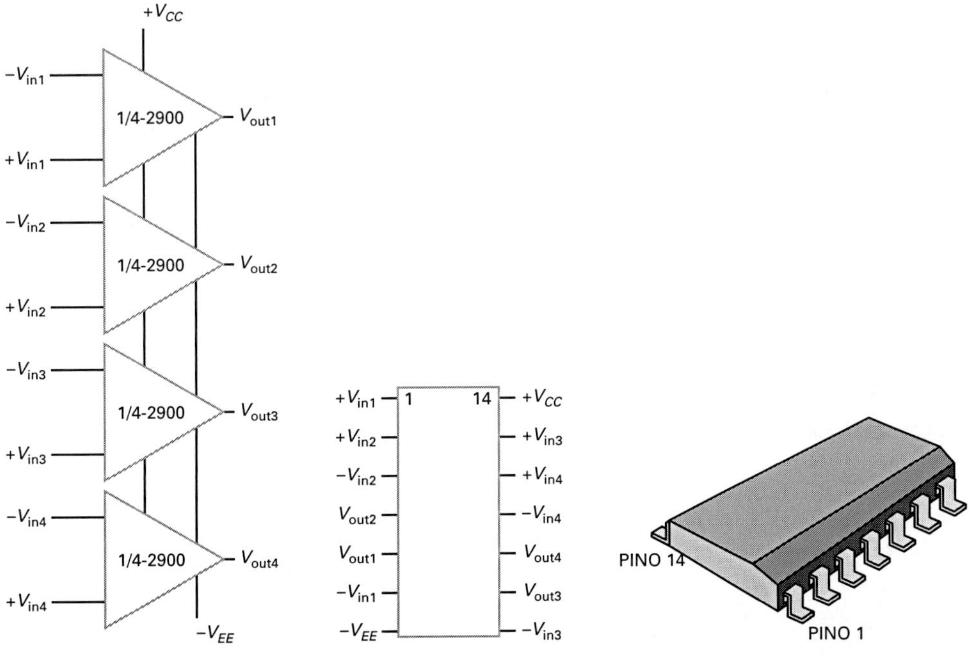

Um típico circuito amp-op quádruplo fornecido em um encapsulamento SOT de 14 pinos.

Resumo

SEÇÃO 16-1 INTRODUÇÃO AOS AMP-OPS

Um amp-op típico tem uma entrada não inversora, uma entrada inversora e uma saída com terminação simples. Um amp-op ideal tem um ganho de tensão em malha aberta infinito, resistência de entrada infinita e impedância de saída zero. Ele é um amplificador perfeito, uma fonte de tensão controlada por tensão (VCVS – *voltage-controlled voltage source*).

SEÇÃO 16-2 AMP-OP 741

O 741 é um amp-op padrão bastante usado. Ele inclui um capacitor interno de compensação para evitar oscilações. Com uma resistência de carga grande, o sinal de saída pode variar entre 1 V e 2 V de qualquer uma das fontes. Com uma resistência de carga pequena, o MPP é limitado pela corrente de curto-circuito. A *slew rate* (taxa de variação) é a velocidade máxima na qual a tensão de saída pode variar quando a entrada é uma tensão em degrau. A largura de banda de grande sinal é diretamente proporcional à *slew rate* e inversamente proporcional à tensão de pico de saída.

SEÇÃO 16-3 AMPLIFICADOR INVERSOR

O amplificador inversor é o circuito com amp-op mais básico. Ele usa realimentação negativa para estabilizar o ganho de tensão em malha fechada. A entrada inversora é um terra virtual porque ela é um curto-circuito para tensão, mas um circuito aberto para corrente. O ganho de tensão em malha fechada é igual à resistência de realimentação dividida pela resistência de entrada. A largura de banda de malha fechada é igual à frequência de ganho unitário dividida pelo ganho de tensão em malha fechada.

SEÇÃO 16-4 AMPLIFICADOR NÃO INVERSOR

O amplificador não inversor é outro circuito básico com amp-op. Ele usa realimentação negativa para estabilizar o ganho de tensão em malha fechada. Um curto-circuito virtual existe entre as entradas inversora e não inversora. O ganho de tensão em malha fechada é igual a $R_f / R_1 + 1$. A largura de banda em malha fechada é igual à frequência de ganho unitário dividida pelo ganho de tensão em malha fechada.

SEÇÃO 16-5 DUAS APLICAÇÕES DE AMP-OPS

O amplificador somador tem duas ou mais entradas e uma saída. Cada entrada é amplificada pelo seu ganho de canal. A saída é a soma das entradas amplificadas. Se todos os ganhos de canal forem iguais à unidade, a saída é igual à soma das entradas. Num misturador, um amplificador somador pode amplificar e combinar sinais de áudio. Um seguidor de tensão tem um ganho de tensão em malha fechada unitário e a largura de banda da $f_{unitário}$. O circuito é útil quando faz a interface entre uma fonte de alta impedância e uma carga de baixa impedância.

SEÇÃO 16-6 CIS LINEARES

Os amp-ops representam cerca de um terço de todos os CIs lineares. Existe uma grande variedade de amp-ops para quase todas as aplicações. Alguns têm um *offset* de entrada muito baixo, outros têm larguras de banda e *slew rates* grandes e outros tem *drifts* baixos. Temos disponíveis amp-ops duplos e quádruplos. Existe ainda amp-op de alta potência que pode produzir grandes potências de carga. Outros CIs lineares incluem os amplificadores de áudio e vídeo, amplificadores de RF e FI e reguladores de tensão.

Definições

(16-1) *Slew rate*:

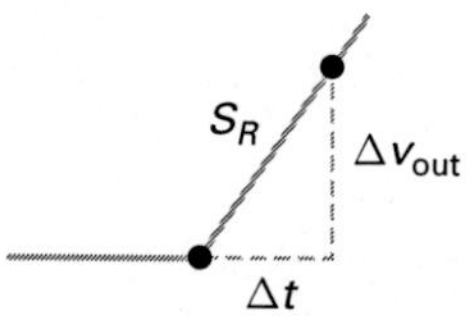

$$S_R = \frac{\Delta v_{out}}{\Delta t}$$

(16-17) Razão de rejeição da fonte de alimentação:

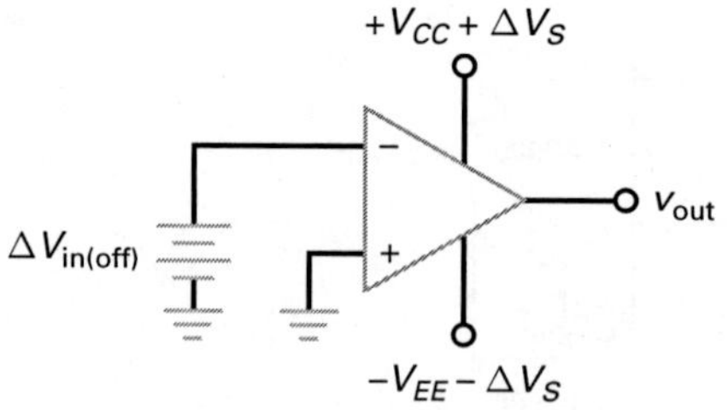

$$\text{PSRR} = \frac{\Delta V_{in(off)}}{\Delta V_S}$$

Derivações

(16-2) Largura de banda de grande sinal:

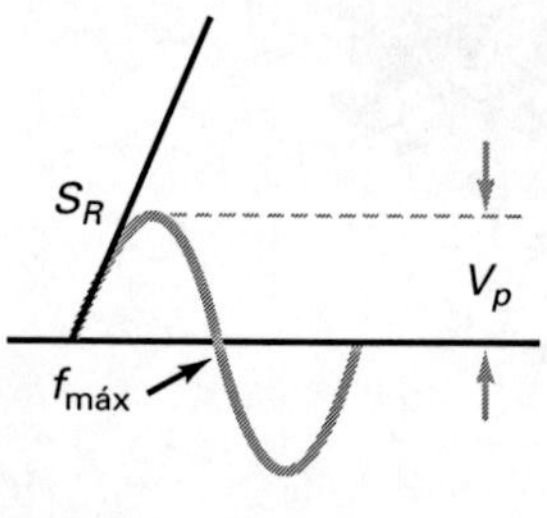

$$f_{máx} = \frac{S_R}{2\pi V_p}$$

(16-3) Ganho de tensão em malha fechada:

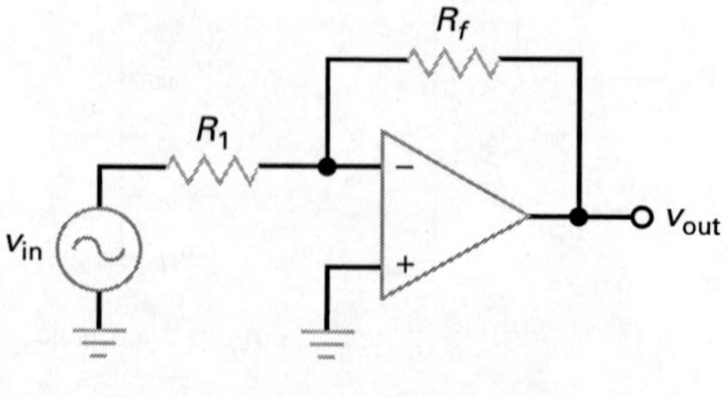

$$A_{v(CL)} = \frac{-R_f}{R_1}$$

(16-4) Impedância de entrada em malha fechada:

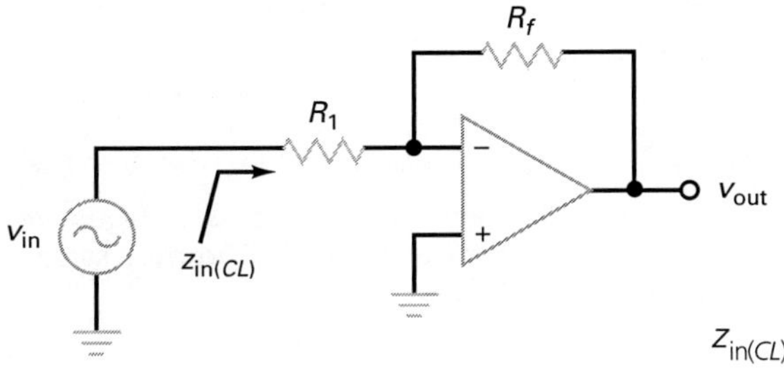

$$z_{in(CL)} = R_1$$

(16-5) Largura de banda em malha fechada:

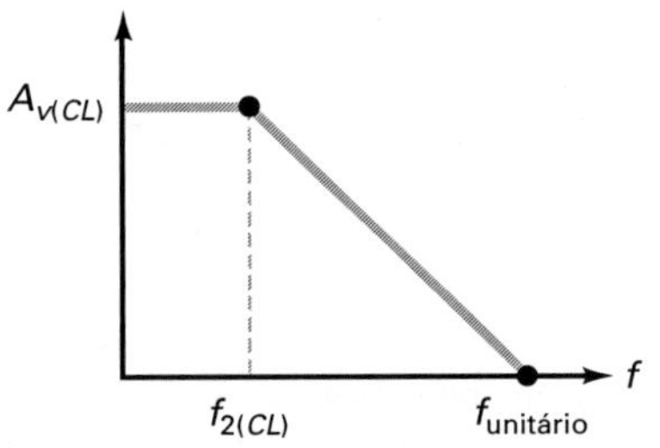

$$f_{2(CL)} = \frac{f_{unitário}}{A_{v(CL)}}$$

(16-11) Resistor de compensação:

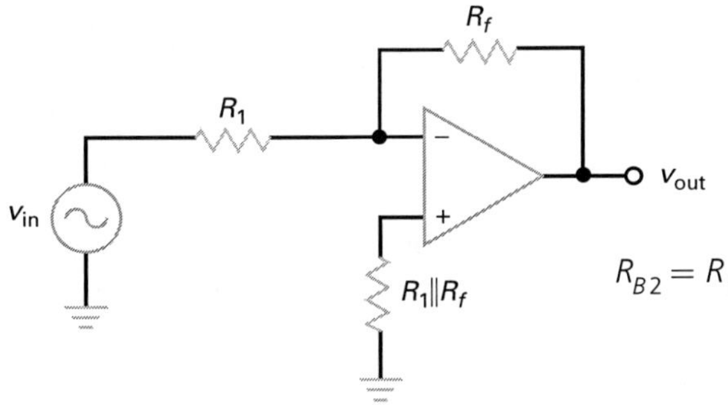

$$R_{B2} = R_1 \| R_f$$

(16-12) Amplificador não inversor:

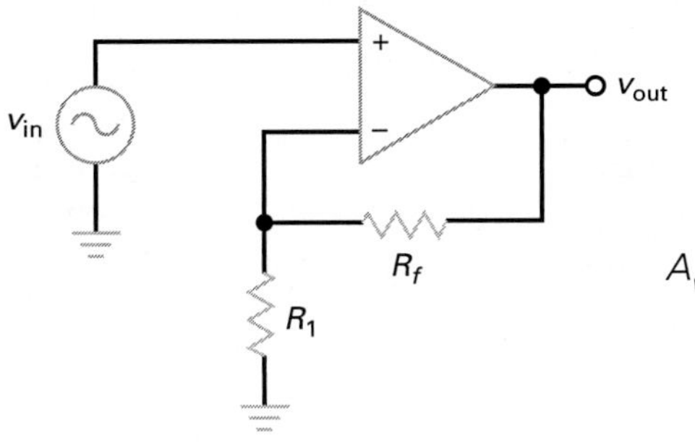

$$A_{v(CL)} = \frac{R_f}{R_1} + 1$$

(16-13) Amplificador somador:

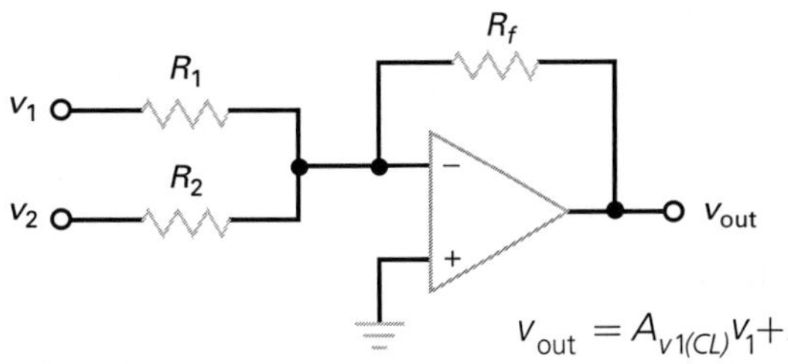

$$v_{out} = A_{v1(CL)} v_1 + A_{v2(CL)} v_2$$

(16-15) Seguidor de tensão:

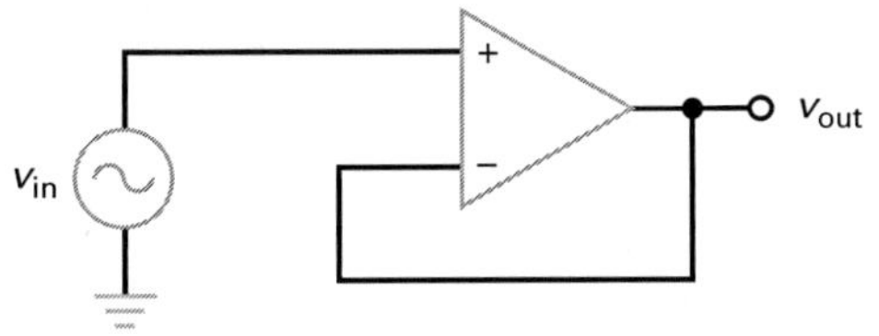

$$A_{v(CL)} = 1$$

(16-16) Largura de banda de um seguidor de tensão:

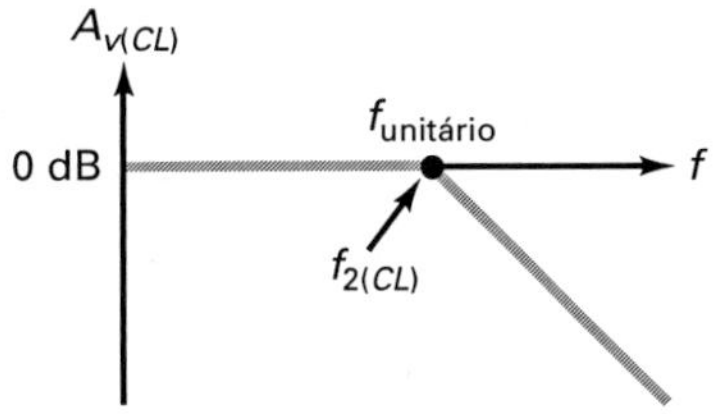

$$f_{2(CL)} = f_{unitário}$$

Exercícios

1. O que geralmente controla a frequência de corte de um amp-op?

a. A capacitância parasita da fiação
b. A capacitância base-emissor
c. A capacitância base-coletor
d. A capacitância de compensação

2. Um capacitor de compensação evita

a. Ganho de tensão
b. Oscilações
c. Corrente de *offset* de entrada
d. Largura de banda de grande sinal

3. Na frequência de ganho unitário, o ganho de tensão em malha aberta é

a. 1
b. $A_{v(méd)}$
c. Zero
d. Muito grande

4. A frequência de corte de um amp-op é igual à frequência de ganho unitário dividida

a. Pela frequência de corte
b. Pelo ganho de tensão em malha fechada
c. Pela unidade
d. Pelo ganho de tensão em modo comum.

5. Se a frequência de corte é 20 Hz e o ganho de tensão em malha aberta na banda média é 1.000.000, a frequência de ganho unitário é

a. 20 Hz
b. 1 MHz
c. 2 MHz
d. 20 MHz

6. Se a frequência de ganho unitário é 5 MHz e o ganho de tensão em malha aberta na banda média é 100.000, a frequência de corte é

a. 50 Hz
b. 1 MHz
c. 1,5 MHz
d. 15 MHz

7. A inclinação inicial de uma onda senoidal é diretamente proporcional

a. À *slew rate*
b. À frequência
c. Ao ganho de tensão
d. À capacitância

8. Quando a inclinação inicial de uma onda senoidal for maior que a *slew rate*,

a. Ocorrerá distorção
b. Ocorrerá uma operação linear
c. O ganho de tensão será máximo
d. O amp-op funcionará melhor

9. A largura de banda de grande sinal aumenta quando

a. Diminui a frequência
b. Diminui o valor de pico
c. Diminui a inclinação inicial
d. Aumenta o ganho de tensão

10. Um 741C contém

a. Resistores discretos
b. Indutores
c. Resistores de carga ativa
d. Um grande capacitor de acoplamento

11. Um 741C não pode operar sem

a. Resistores discretos
b. Carga passiva
c. Caminho de retorno CC nas duas bases
d. Um pequeno capacitor de acoplamento

12. A impedância de entrada de um amp-op BIFET é

a. Baixa c. Alta
b. Média d. Extremamente alta

13. Um LF157A é um

a. Amp-dif
b. Seguidor de tensão
c. Amp-op bipolar
d. Amp-op BIFET

14. Se as duas tensões de alimentação são ± 12 V, o valor MPP de um amp-op é próximo de

a. 0 c. –12 V
b. +12 V d. 24 V

15. A frequência de corte em malha aberta de um 741C é controlada

a. Por um capacitor de acoplamento
b. Pela corrente de curto-circuito de saída
c. Pela largura de banda de grande sinal
d. Por um capacitor de compensação

16. O 741C tem uma frequência de ganho unitária de

a. 10 Hz c. 1 MHz
b. 20 kHz d. 15 MHz

17. A frequência de ganho unitário é igual ao produto do ganho de tensão em malha fechada pela

a. Capacitância de compensação
b. Corrente de cauda
c. Frequência de corte em malha fechada
d. Resistência de carga

18. Se a $f_{unitário}$ é de 10 MHz e o ganho de tensão em malha aberta na banda média é 200.000, então a frequência de corte em malha aberta do amp-op é

a. 10 Hz c. 50 Hz
b. 20 Hz d. 100 Hz

19. A inclinação inicial de uma onda senoidal aumenta quando

a. A frequência diminui
b. O valor de pico aumenta
c. C_c aumenta
d. A *slew rate* diminui

20. Se a frequência do sinal de entrada é maior que a largura de banda de grande sinal,

a. A distorção de *slew rate* ocorre
b. Um sinal de saída normal ocorre
c. A tensão de *offset* de saída aumenta
d. Pode ocorrer uma distorção

21. Um amp-op possui um resistor de base aberto. A tensão de saída será

a. Zero
b. Ligeiramente diferente de zero
c. Máxima positiva ou negativa
d. Uma onda senoidal amplificada

22. Um amp-op tem um ganho de tensão de 200.000. Se a tensão de saída é 1 V, a tensão de entrada é

a. 2μV c. 10 mV
b. 5μV d. 1 V

23. Um 741C tem tensões de alimentação de ± 15 V. Se a resistência de carga é grande, o valor de MPP é aproximadamente

a. 0 c. 27 V
b. +15 V d. 30 V

24. Acima da frequência de corte, o ganho de tensão de um 741C diminui aproximadamente

a. 10 dB por década
b. 20 dB por oitava
c. 10 dB por oitava
d. 20 dB por década

25. O ganho de tensão de um amp-op é unitário

a. Na frequência de corte
b. Na frequência de ganho unitário
c. Na frequência do gerador
d. Na largura de banda de grande sinal

26. Quando a distorção de *slew rate* de uma onda senoidal ocorre, a saída

a. É maior
b. Tem aspecto triangular
c. É normal
d. Não tem *offset*

27. Um 741C tem

a. Um ganho de tensão de 100.000
b. Uma impedância de entrada de 2 MΩ
c. Uma impedância de saída de 75 Ω
d. Todas as alternativas acima estão corretas

28. O ganho de tensão em malha fechada de um amplificador inversor é igual

a. À razão entre a resistência de entrada e a resistência de realimentação
b. Ao ganho de tensão em malha aberta
c. À resistência de realimentação dividida pela resistência de entrada
d. À resistência de entrada

29. O amplificador não inversor tem

a. Um grande ganho de tensão em malha fechada
b. Um pequeno ganho de tensão em malha aberta
c. Uma impedância de entrada em malha fechada grande
d. Uma impedância de saída em malha fechada grande

30. O seguidor de tensão tem

a. Um ganho de tensão em malha fechada unitário
b. Um ganho de tensão em malha aberta pequeno
c. Uma largura de banda em malha fechada zero
d. Uma impedância de saída em malha fechada grande

31. Um amplificador somador pode ter

a. Não mais que dois sinais de entrada
b. Dois ou mais sinais de entrada
c. Uma impedância de entrada em malha fechada infinita
d. Um ganho de tensão em malha aberta pequeno

Problemas

SEÇÃO 16-2 AMP-OP 741

16-1 Considere que a saturação negativa ocorra em 1 V abaixo da tensão de alimentação com um 741C. Qual tensão na entrada inversora leva o amp-op da Figura 16-29 para a saturação negativa?

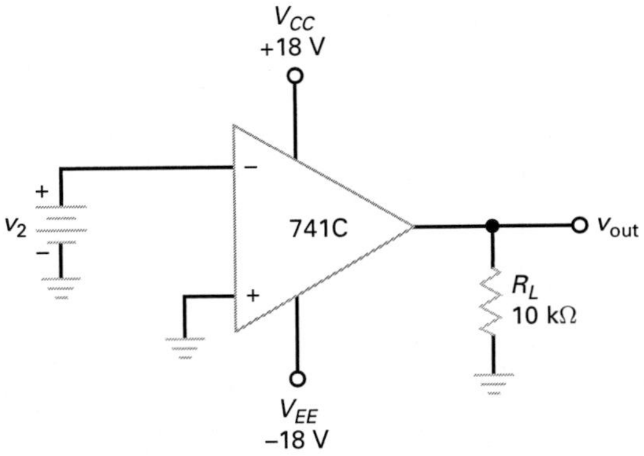

Figura 16-29

16-2 Qual a razão de rejeição em modo comum de um LF157A em baixas frequências? Converta esse valor decibel em número comum.

16-3 Qual o ganho de tensão em malha aberta de um LF157A quando a frequência de entrada é 1 kHz, 10 kHz e 100 kHz? (Considere uma resposta de primeira ordem, ou seja, 20 dB por década no decaimento.)

16-4 A tensão de entrada para um amp-op é um grande degrau de tensão. A saída é uma forma de onda exponencial que varia 2,0 V em 0,4 μs. Qual a *slew rate* do amp-op?

16-5 Um LM318 tem uma *slew rate* de 70 V/μs. Qual a largura de banda de grande sinal para uma tensão de pico de saída de 7 V?

16-6 Use a Equação (16-2) para calcular a largura de banda de grande sinal para cada um dos seguintes casos:

a. S_R = 0,5 V/μs e V_p = 1 V
b. S_R = 3 V/μs e V_p = 5 V
c. S_R = 15 V/μs e V_p = 10 V

SEÇÃO 16-3 AMPLIFICADOR INVERSOR

16-7 MultiSim Qual o ganho de tensão em malha fechada e a largura de banda na Figura 16-30? Qual a tensão de saída em 1 kHz e em 10 MHz? Desenhe o gráfico de Bode ideal do ganho de tensão em malha fechada?

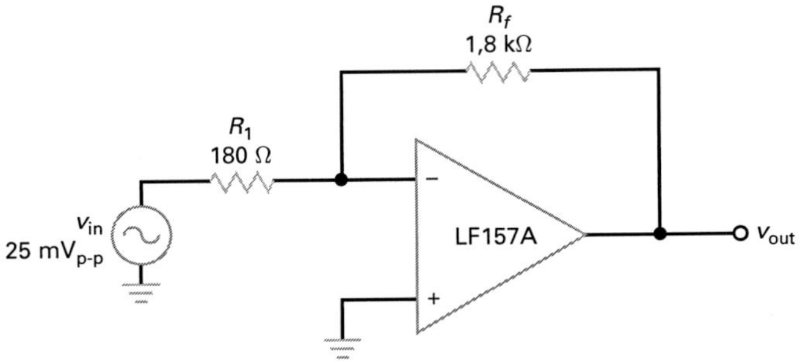

Figura 16-30

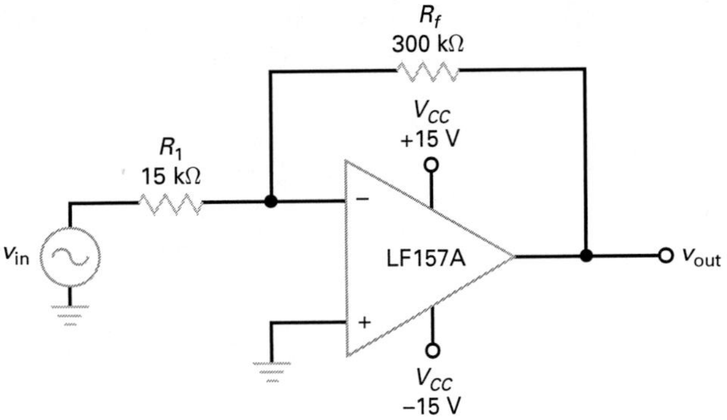

Figura 16-31

16-8 Qual a tensão de saída na Figura 16-31 quando v_{in} é zero? Use os valores típicos da Tabela 16-1.

16-9 A folha de dados de um LF157A fornece os seguintes parâmetros de pior caso: $I_{in(bias)}$ = 50 pA, $I_{in(off)}$ 10 pA e $V_{in(off)}$ = 2 mV. Recalcule a tensão de saída quando v_{in} é zero na Figura 16-31.

SEÇÃO 16-4 AMPLIFICADOR NÃO INVERSOR

16-10 MultiSim Na Figura 16-32, qual o ganho de tensão em malha fechada e a largura de banda? Qual a tensão de saída CA em 100 kHz?

16-11 Qual a tensão de saída quando v_{in} é reduzida a zero na Figura 16-32? Use os parâmetros de pior caso dados no Problema 16-9.

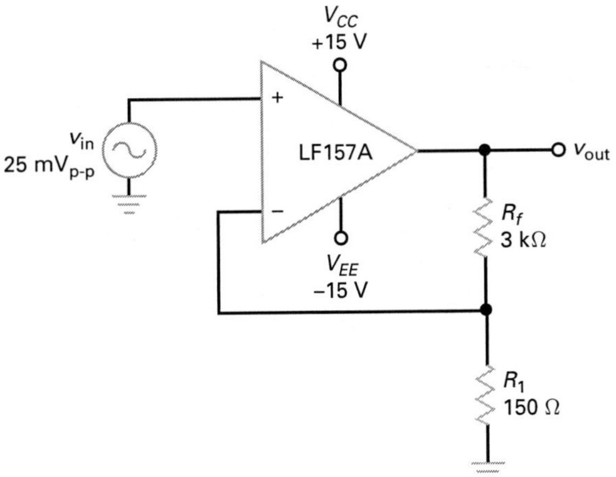

Figura 16-32

SEÇÃO 16-5 DUAS APLICAÇÕES DE AMP-OPS

16-12 MultiSim Na Figura 16-33*a*, qual a tensão de saída CA? Se um resistor de compensação necessita ser acrescentado à entrada não inversora, qual deve ser o seu valor?

16-13 Qual a tensão de saída e a largura de banda na Figura 16-33*b*?

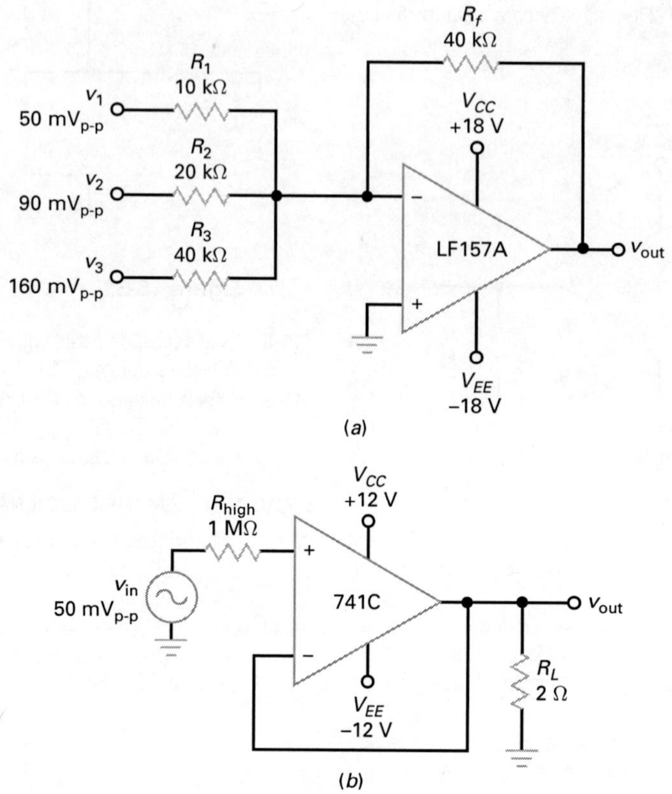

Figura 16-33

Raciocínio crítico

16-14 O resistor ajustável da Figura 16-34 pode ser ajustado de 0 a 100 kΩ. Calcule o ganho de tensão em malha fechada mínimo e máximo, bem como a largura de banda.

16-15 Calcule o ganho de tensão em malha fechada mínimo e máximo, bem como a largura de banda na Figura 16-35.

16-16 Na Figura 16-33*b*, a tensão de saída CA é 49,98 mV. Qual a impedância de saída em malha fechada?

16-17 Qual a inclinação inicial de uma onda senoidal com uma frequência de 15 kHz e um valor de pico de 2 V? O que acontece com a inclinação inicial se a frequência aumenta para 30 kHz?

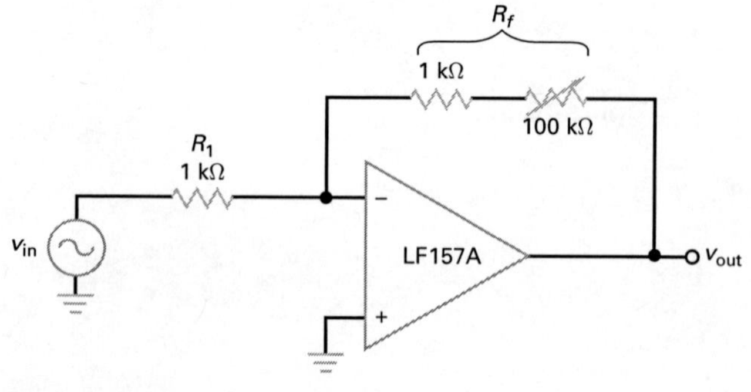

Figura 16-34

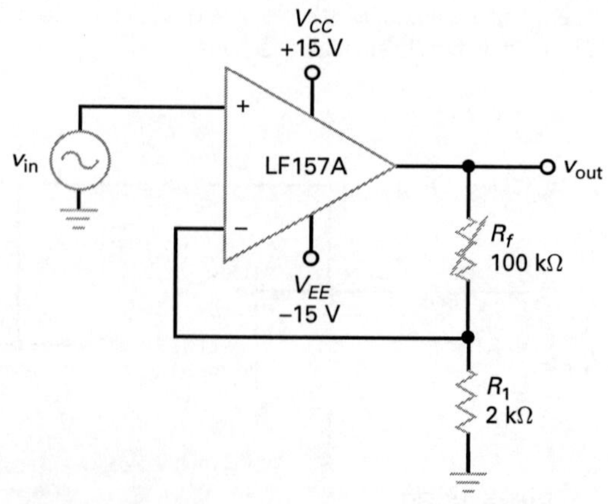

Figura 16-35

16-18 Qual amp-op na Tabela 16-3 corresponde a cada um dos itens a seguir:

a. Tensão de *offset* de entrada mínima
b. Corrente de *offset* de entrada mínima
c. Capacidade de corrente de saída máxima
d. Largura de banda máxima
e. *Drift* mínimo

16-19 Qual o CMRR de um 741C em 100 kHz? Qual o valor MPP quando a resistência de carga é 500 Ω? Qual o ganho de tensão em malha aberta em 1 kHz?

16-20 Se o resistor de realimentação na Figura 16-33*a* for alterado para um resistor variável de 100 kΩ, qual a tensão de saída máxima e mínima?

16-21 Na Figura 16-36, qual o ganho de tensão em malha fechada para cada posição da chave.

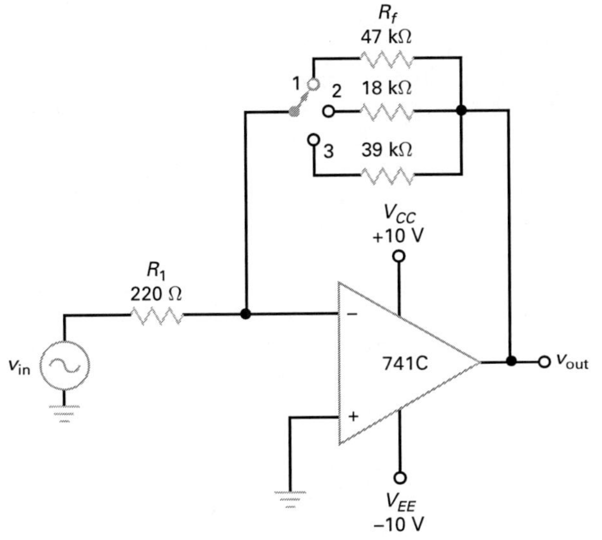

Figura 16-36

16-22 Qual o ganho de tensão em malha fechada e a largura de banda para cada posição da chave na Figura 16-37?

16-23 Na montagem do circuito da Figura 16-37, um técnico deixa desconectado o GND do terminal do resistor de 6 kΩ. Qual o ganho de tensão em malha fechada para cada posição da chave?

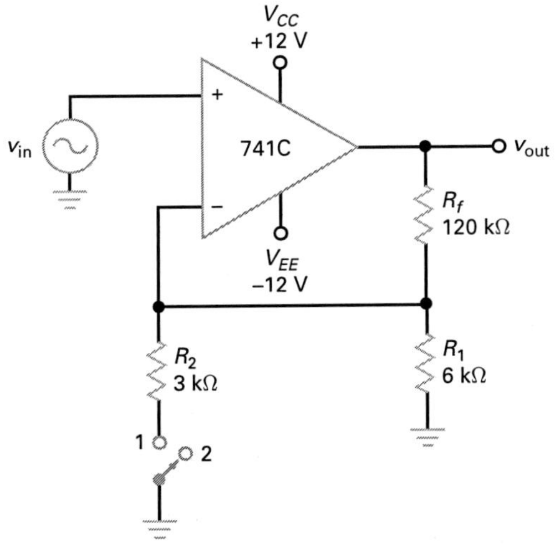

Figura 16-37

16-24 Se o resistor de 120 kΩ abrir na Figura 16-37, qual a tensão de saída mais provável?

16-25 Qual o ganho de tensão em malha fechada e a largura de banda para cada posição da chave na Figura 16-38?

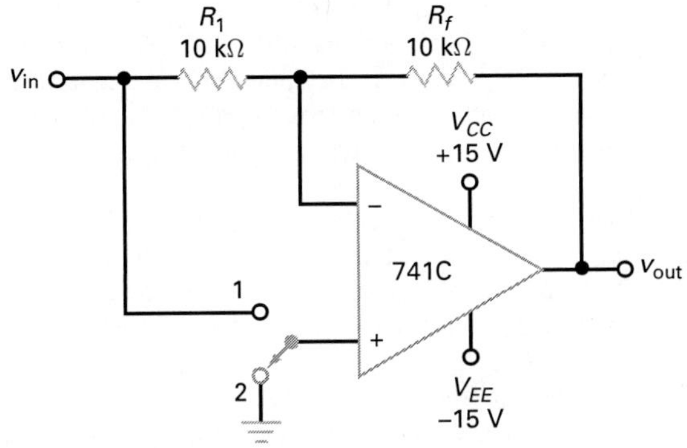

Figura 16-38

16-26 Se o resistor de entrada na Figura 16-38 abrir, qual o ganho de tensão em malha fechada para cada posição da chave?

16-27 Se o resistor de realimentação abrir na Figura 16-38, qual a tensão de saída mais provável?

16-28 Os parâmetros de pior caso para um 741C são $I_{in(bias)} = 500$ nA, $I_{in(off)} = 200$ nA e $V_{in(off)} = 6$ mV. Qual é a tensão de erro de saída total na Figura 16-39?

16-29 Na Figura 16-39, o sinal de entrada tem uma frequência de 1 kHz. Qual a tensão de saída CA?

16-30 Se o capacitor estiver em curto-circuito na Figura 16-39, qual a tensão de erro de saída total? Use os parâmetros de pior caso dados no Problema 16-28.

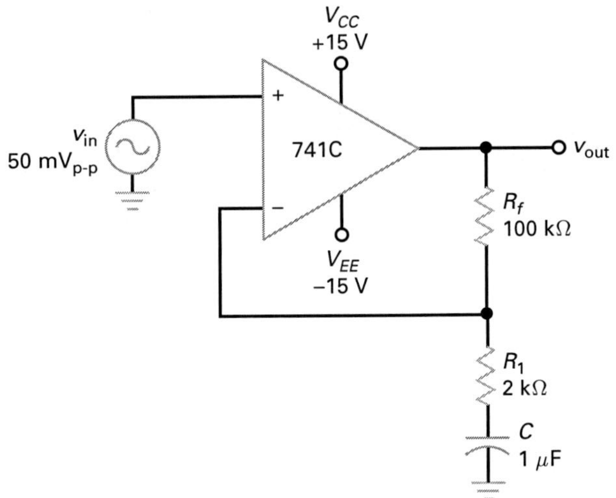

Figura 16-39

Questões de entrevista

1. O que é um amp-op ideal? Compare as propriedades de um 741C com as de um amp-op ideal.
2. Desenhe um amp-op com um degrau de tensão de entrada. O que é *slew rate* e por que é importante?
3. Desenhe um amplificador inversor usando um amp-op com os valores dos componentes. Agora, diga onde é o terra virtual. Quais são as propriedades de um terra virtual? Qual é o ganho de tensão em malha fechada, a impedância de entrada e a largura de banda?
4. Desenhe um amplificador não inversor usando um amp-op com os valores dos componentes. Agora, diga onde é o curto-circuito virtual. Quais são as propriedades de um curto-circuito virtual? Qual o ganho de tensão em malha fechada e a largura de banda?
5. Desenhe um amplificador somador e mencione a teoria de operação dele.
6. Desenhe um seguidor de tensão. Qual é o ganho de tensão em malha fechada e a largura de banda? Descreva as impedâncias de entrada e saída em malha fechada. Em que esse circuito é bom se o ganho de tensão dele é baixo?
7. Quais são as impedâncias de entrada e saída de um amp-op típico? Que vantagem esses valores têm?
8. Como a frequência do sinal de entrada de um amp-op afeta o ganho de tensão?
9. O LM318 é um amp-op mais rápido que o LM741C. Em quais aplicações o 318 pode ter preferência sobre o 741C? Quais são as possíveis desvantagens do uso do 318?
10. Com uma tensão de entrada zero em um amp-op ideal, por que a tensão de saída é exatamente zero?
11. Cite alguns CIs lineares além do amp-op.
12. Qual condição é necessária para um LM741 produzir um ganho de tensão máximo?
13. Desenhe um amp-op inversor e deduza a fórmula para o ganho de tensão.
14. Desenhe um amp-op não inversor e deduza a fórmula para o ganho de tensão.
15. Por que um 741 é idealizado como um amplificador CC ou de baixas frequências?

Respostas dos exercícios

1. d
2. b
3. a
4. b
5. d
6. a
7. b
8. a
9. b
10. c
11. c
12. d
13. d
14. d
15. d
16. c
17. c
18. c
19. b
20. a
21. c
22. b
23. c
24. d
25. b
26. b
27. d
28. c
29. c
30. a
31. b

Respostas dos problemas práticos

16-1 $V_2 = 67{,}5\ \mu V$

16-2 CMRR = 60 dB

16-4 $S_R = 4\ V/\mu s$

16-5 $f_{máx} = 398$ kHz

16-6 $f_{máx} = 80$ kHz, 800 kHz, 8 MHz

16-7 $V_{out} = 98$ mV

16-8 $V_{out} = 50$ mV

16-10 $A_{v(CL)} = 50$; $V_{out} = 250\ mV_{pp}$

16-12 $V_{out} = -3{,}1$ Vcc

16-13 $V_{out} = 10$ mV; $f_{2(CL)} = 20$ MHz

16-14 $z_{out} = 0{,}005\ \Omega$

17 Realimentação negativa

Em agosto de 1927, um jovem engenheiro de nome Harold Black tomou uma balsa de Staten Island, em Nova Iorque, para ir trabalhar. Para passar o tempo nas manhãs de verão, ele anotou rapidamente algumas equações sobre uma nova ideia. Durante os meses seguintes, ele dedicou-se à ideia e em seguida a submeteu a uma patente. Mas assim como acontece frequentemente com uma ideia verdadeiramente nova, ela era ridícula. O escritório de patentes rejeitou sua aplicação e a classificou como mais uma daquelas "loucuras de moto-perpétuo". Mas apenas durante algum tempo. A ideia de Black era a realimentação negativa.

Objetivos de aprendizagem

Após o estudo deste capítulo, você deverá ser capaz de:

- Definir os quatro tipos de realimentação negativa.
- Discutir o efeito da realimentação negativa VCVS no ganho de tensão, na impedância de entrada, na impedância de saída e na distorção harmônica.
- Explicar a operação de um amplificador de transresistência.
- Explicar a operação de um amplificador de transcondutância.
- Descrever como a realimentação negativa ICIS pode ser usada para implementar um amplificador de corrente quase ideal.
- Discutir a relação entre largura de banda e realimentação negativa.

Sumário

Termos-chave

amplificador de corrente
amplificador de transcondutância
amplificador de transresistência
conversor corrente-tensão
conversor tensão-corrente
distorção harmônica
fator de atenuação de realimentação
fonte de corrente controlada por corrente (ICIS)
fonte de corrente controlada por tensão (VCIS)
fonte de tensão controlada por corrente (ICVS)
fonte de tensão controlada por tensão (VCVS)
fração de realimentação B
ganho de malha
produto ganho-largura de banda (GBP)
realimentação negativa

17-1 Quatro tipos de realimentação negativa

Black inventou apenas um tipo de **realimentação negativa**, o tipo que estabiliza o ganho de tensão, aumenta a impedância de entrada e diminui a impedância de saída. Com o advento do transistor e dos amp-ops, mais três tipos de realimentação negativa tornaram-se disponíveis.

Ideias básicas

A entrada de um amplificador com realimentação negativa pode ser uma tensão ou uma corrente. Além disso, o sinal de saída pode ser uma tensão ou uma corrente. Isso implica existência de quatro tipos de realimentação negativa. Conforme mostra a Tabela 17-1, o primeiro tipo tem uma tensão de entrada e uma tensão de saída. O circuito que usa esse tipo de realimentação negativa é denominado **fonte de tensão controlada por tensão** (**VCVS** – *voltage-controled voltage source*). Um VCVS é um amplificador de tensão ideal porque ele tem um ganho de tensão estabilizado, impedância de entrada infinita e impedância de saída zero conforme mostrado.

No segundo tipo de realimentação negativa, uma corrente de entrada controla uma tensão de saída. O circuito que usa esse tipo de realimentação é denominado **fonte de tensão controlada por corrente** (**ICVS** – *current-controled voltage source*). Como a corrente de entrada controla uma tensão de saída, um ICVS é algumas vezes denominado **amplificador de transresistência**. A palavra resistência é usada porque a razão de v_{out}/v_{in} tem a unidade de ohms. O prefixo *trans* se refere a uma razão entre uma quantidade de saída por uma de entrada.

O terceiro tipo de realimentação negativa tem uma tensão de entrada controlando uma corrente de saída. O circuito que usa esse tipo de realimentação negativa é denominado **fonte de corrente controlada por tensão** (**VCIS** – *voltage-controled current source*). Como uma tensão de entrada controla uma corrente de saída, um VCIS é algumas vezes denominado **amplificador de transcondutância**. A palavra condutância é usada porque a razão de i_{out}/ v_{in} tem a unidade siemens (mhos).

No quarto tipo de realimentação negativa, uma corrente de entrada é amplificada para se obter uma corrente de saída maior. O circuito com esse tipo de realimentação negativa é denominado **fonte de corrente controlada por corrente** (**ICIS** – *current-controled current source*). Um ICIS é um amplificador de corrente ideal porque ele tem um ganho de corrente estabilizado, impedância de entrada zero e impedância de saída infinita.

Conversores

Ao nos referirmos aos circuitos VCVS e ICIS como amplificadores, concluímos que faz sentido porque o primeiro é um amplificador de tensão e o segundo é um amplificador de corrente. Porém o uso da palavra *amplificador* com amplificadores de transresistência e transcondutância pode parecer inicialmente um pouco

Tabela 17-1 Realimentação negativa ideal

Entrada	Saída	Circuito	z_{in}	z_{out}	Conversão	Razão	Símbolo	Tipo de amplificador
V	V	VCVS	∞	0	–	v_{out}/v_{in}	A_v	Amplificador de tensão
I	V	ICVS	0	0	*i* para *v*	v_{out}/i_{in}	r_m	Amplificador de transresistência
V	I	VCIS	∞	∞	*v* para *i*	i_{out}/v_{in}	g_m	Amplificador de transcondutância
I	I	ICIS	0	∞	–	i_{out}/i_{in}	A_i	Amplificador de corrente

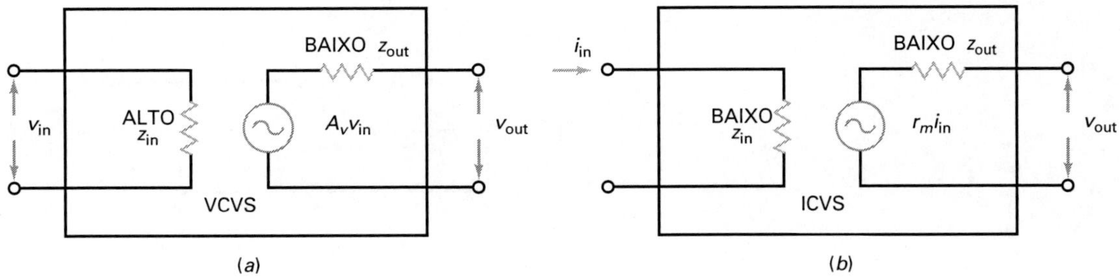

Figura 17-1 (*a*) Fonte de tensão controlada por tensão; (*b*) fonte de tensão controlada por corrente.

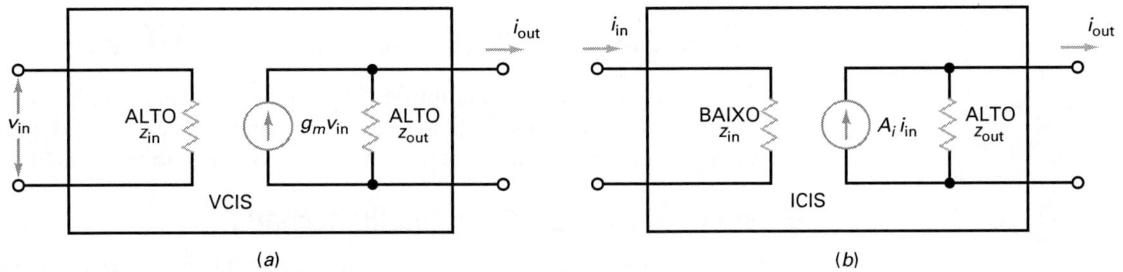

Figura 17-2 (a) Fonte de corrente controlada por tensão; (b) fonte de corrente controlada por corrente.

estranho, pois as grandezas de entrada e saída são diferentes. Por isso, muitos engenheiros e técnicos preferem denominá-los conversores. Por exemplo, o VCIS também é denominado **conversor tensão-corrente**. Colocamos volts na entrada e obtemos ampères na saída. De forma similar, o ICVS também é denominado **conversor corrente-tensão** (entra corrente e sai tensão).

Diagramas

A Figura 17-1*a* mostra o VCVS, que é um amplificador de tensão. Em circuitos práticos, a impedância de entrada não é infinita, porém é muito alta. Igualmente, a impedância de saída não é zero, porém é muito baixa. O ganho de tensão do VCVS é simbolizado por A_v. Como z_{out} se aproxima de zero, a saída de um VCVS é uma fonte de tensão quase ideal para uma resistência de carga de valor prático.

A Figura 17-1*b* mostra um ICVS, que é um amplificador de transresistência (conversor corrente-tensão). Ele tem uma impedância de entrada muito baixa e uma impedância de saída muito alta. O fator de conversão do ICVS é chamado de *transresistência*, simbolizado por r_m e expresso em ohms. Por exemplo, se r_m = 1 kΩ, uma corrente de entrada de 1 mA produz uma tensão constante de 1 V na carga. Como z_{out} se aproxima de zero, a saída de um ICVS é uma fonte de tensão quase ideal para resistências de carga de valor prático.

A Figura 17-2*a* mostra um VCIS, um amplificador de transcondutância (conversor tensão-corrente). Ele tem uma impedância de entrada muito alta e uma impedância de saída também muito alta. O fator de conversão do VCIS é denominado *transcondutância*, simbolizado por g_m e expresso em siemens (mhos). Por exemplo, se g_m = 1 mS, uma tensão de entrada de 1 V estabelece uma corrente de 1 mA na carga. Como z_{out} se aproxima do infinito, a saída de um VCIS é uma fonte de corrente quase ideal para qualquer resistência de carga de valor prático.

A Figura 17-2*b* mostra um ICIS, um amplificador de corrente. Ele tem uma impedância de entrada muito baixa e uma impedância de saída muito alta. O ganho de corrente do ICIS é simbolizado por A_i. Como z_{out} se aproxima do infinito, a saída de um ICIS é uma fonte de corrente quase ideal para qualquer resistência de carga de valor prático.

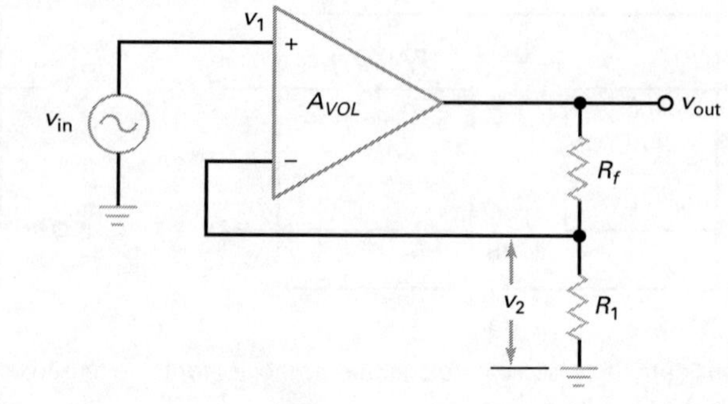

Figura 17-3 Amplificador VCVS.

17-2 Ganho de tensão de um VCVS

No Capítulo 16, analisamos o amplificador não inversor, que é uma *implementação* bastante usada de um VCVS. Nesta seção, queremos reexaminar o amplificador não inversor e pesquisar mais profundamente o seu ganho de tensão.

Ganho de tensão exato em malha fechada

A Figura 17-3 mostra um amplificador não inversor. O amp-op tem um ganho de tensão em malha aberta de A_{VOL}, que é tipicamente 100.000 ou mais. Devido ao divisor de tensão, parte da tensão de saída é realimentada na entrada inversora. A **fração de realimentação B** de qualquer circuito VCVS é definida como a tensão de realimentação dividida pela tensão de saída. Na Figura 17-3:

$$B = \frac{v_2}{v_{out}} \tag{17-1}$$

A fração de realimentação também é denominada **fator de atenuação de realimentação** porque indica quanto da tensão de saída é atenuado antes que o sinal de realimentação chegue à entrada inversora.

Com um pouco de álgebra, podemos deduzir a seguinte equação exata para o ganho de tensão em malha fechada (*CL*):

$$A_{v(CL)} = \frac{A_{VOL}}{1 + A_{VOL}B} \tag{17-2}$$

ou com a notação da Tabela 17-1, onde $A_v = A_{v(CL)}$:

$$A_v = \frac{A_{VOL}}{1 + A_{VOL}B} \tag{17-3}$$

Essa é a equação exata para o ganho de tensão em malha fechada de qualquer amplificador VCVS.

Ganho de malha

O segundo termo no denominador, $A_{VOL}\,B$, é chamado de **ganho de malha** porque é o ganho de tensão dos percursos direto e de realimentação. O ganho de malha é um valor muito importante no projeto de um amplificador com realimentação negativa. Em qualquer projeto prático, faz-se o ganho de malha ser muito grande. Quanto maior o ganho de malha, melhor, porque ele estabiliza o ganho de tensão e tem uma melhoria ou efeito curativo em parâmetros como estabilidade do ganho, distorção, offsets, impedância de entrada e impedância de saída.

Ganho de tensão em malha fechada ideal

Para um VCVS funcionar bem, o ganho de malha A_{VOL}B tem que ser muito maior que a unidade. Quando o projetista satisfaz essa condição, a Equação (17-3) torna-se:

$$A_v = \frac{A_{VOL}}{1 + A_{VOL}B} \cong \frac{A_{VOL}}{A_{VOL}B}$$

ou

$$A_v \cong \frac{1}{B} \qquad \textbf{(17-4)}$$

Essa equação ideal nos dá respostas quase exatas quando $A_{VOL}B$>>1. O ganho de tensão em malha fechada exato é ligeiramente menor que o ganho de tensão em malha fechada ideal. Se for necessário, podemos calcular o erro percentual entre os valores ideal e exato com:

$$\textbf{\% Erro} = \frac{\textbf{100\%}}{1 + A_{VOL}B} \qquad \textbf{(17-5)}$$

Por exemplo, se $1 + A_{VOL}B$ é 1000 (60 dB), o erro é apenas 0,1%. Isso significa que a resposta exata é apenas 0,1% menor que a resposta ideal.

Usando a equação ideal

A Equação (17-4) pode ser usada para calcular o ganho de tensão em malha fechada ideal de qualquer amplificador VCVS. Tudo o que temos a fazer é calcular a fração de realimentação com a Equação (17-1) e obter o inverso. Por exemplo, na Figura 17-3, a fração de realimentação é:

$$B = \frac{v_2}{v_{out}} = \frac{R_1}{R_1 + R_f} \qquad \textbf{(17-6)}$$

Tomando o inverso, temos:

$$A_v \cong \frac{1}{B} = \frac{R_1 + R_f}{R_1} = \frac{R_f}{R_1} + 1$$

Exceto pela substituição de $A_{v(CL)}$ por A_v, essa é a mesma fórmula deduzida no Capítulo 16 com um curto-circuito virtual entre os terminais de entrada do amp-op.

Exemplo de aplicação 17-1

Na Figura 17-4, calcule a fração de realimentação, o ganho de tensão em malha fechada ideal, o erro percentual e o ganho de tensão em malha fechada exato. Use A_{VOL} típico de 100.000 para o 741C.

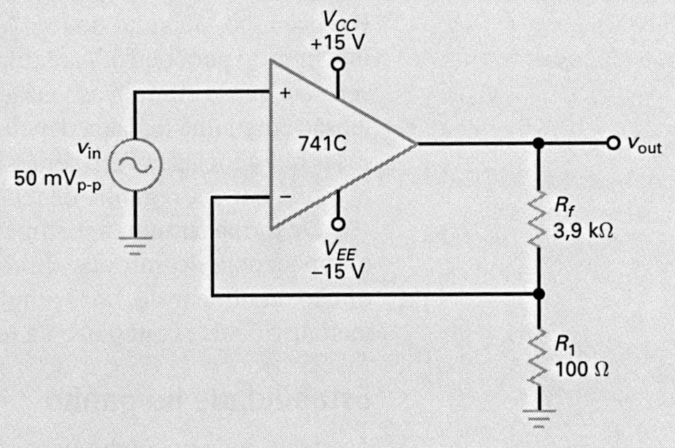

Figura 17-4 Exemplo.

SOLUÇÃO Usando a Equação (17-6), a fração de realimentação é:

$$B = \frac{100\,\Omega}{100\,\Omega + 3{,}9\,k\Omega} = 0{,}025$$

Usando a Equação (17-4), o ganho de tensão em malha fechada ideal é:

$$A_v = \frac{1}{0{,}025} = 40$$

Usando a Equação (17-5), o erro percentual é:

$$\%\,\text{Erro} = \frac{100\%}{1 + A_{VOL}B} = \frac{100\%}{1 + (100.000)(0{,}025)} = 0{,}04\%$$

Podemos calcular o ganho de tensão em malha fechada exato de duas formas: podemos reduzir 0,04% na resposta ideal, ou usar a fórmula exata (Equação (17-3)). A seguir, os dois cálculos para essas duas abordagens:

$$A_v = 40 - (0{,}04\%)(40) = 40 - (0{,}004)(40) = 39{,}984$$

Essa resposta sem arredondamento nos permite ver quanto a resposta ideal (40) está próxima da resposta exata. Podemos obter a mesma resposta exata com a Equação (17-3):

$$A_v = \frac{A_{VOL}}{1 + A_{VOL}B} = \frac{100.000}{1 + (100.000)(0{,}025)} = 39{,}984$$

Concluindo, este exemplo demonstrou a precisão da equação ideal para o ganho de tensão em malha fechada. Exceto para análises mais precisas, podemos sempre usar a equação ideal. Nos poucos casos em que necessitamos saber qual o erro, podemos retornar à Equação (17-5) para calcular o erro percentual.

Este exemplo também valida o uso de um curto-circuito virtual entre os terminais de entrada de um amp-op. Em circuitos mais complicados, o curto-circuito virtual nos permite analisar o efeito da realimentação com métodos lógicos baseados na lei de Ohm em vez de deduzir mais equações.

PROBLEMA PRÁTICO 17-1 Na Figura 17-4, troque o resistor de realimentação de 3,9 kΩ por 4,9 kΩ. Calcule a fração de realimentação, o ganho de tensão em malha fechada ideal, o erro percentual e o ganho em malha fechada exato.

17-3 Outras equações para VCVS

É ÚTIL SABER

Basicamente, qualquer circuito amp-op que não usa realimentação negativa é considerado bastante instável para ser útil.

A realimentação negativa tem um efeito curativo sobre as falhas ou defeitos de um amplificador, seja ela implementada por CIs seja por componentes discretos. Por exemplo, o ganho de tensão em malha aberta pode ter grandes variações de um amp-op para outro. A realimentação negativa *estabiliza* o ganho de tensão; ou seja, ela quase elimina as variações internas do amp-op e faz com que o ganho de tensão em malha fechada dependa principalmente das resistências externas. Como essas resistências podem ser resistores de precisão com coeficientes de temperatura muito baixos, o ganho de tensão em malha fechada torna-se ultra-estável.

De forma similar, a realimentação negativa num amplificador VCVS aumenta a impedância de entrada, diminui a impedância de saída e reduz qualquer distorção não linear do sinal amplificado. Nesta seção, descobriremos o quanto de melhoria ocorre com o uso da realimentação negativa.

Estabilidade no ganho

A estabilidade no ganho depende de se ter um erro percentual muito baixo entre os ganhos de tensão em malha fechada ideal e exato. Quanto menor o erro percentual, melhor a estabilidade. O *erro de pior caso* do ganho de tensão em malha fechada ocorre quando o ganho de tensão em malha aberta é mínimo. Na forma de equação temos:

$$\textbf{\% Erro máximo} = \frac{100\%}{1 + A_{VOL(mín)}B} \qquad \textbf{(17-7)}$$

onde $A_{VOL(\text{mín})}$ é o ganho de tensão em malha aberta mínimo ou de pior caso mostrado na folha de dados. Com um 741C, $A_{VOL(\text{mín})} = 20.000$.

Por exemplo, se $1 + A_{VOL(\text{mín})}B$ for igual a 500:

$$\% \text{ Erro máximo} = \frac{100\%}{500} = 0{,}02\%$$

Na produção em massa o ganho de tensão em malha fechada de qualquer amplificador VCVS com os números anteriores estará dentro de 0,2% do valor ideal.

Impedância de entrada em malha fechada

A Figura 17-5*a* mostra um amplificador não inversor. A seguir, a equação exata para a impedância de entrada em malha fechada desse amplificador VCVS:

$$z_{\text{in}(CL)} = (1 + A_{VOL}B)R_{\text{in}} \parallel R_{CM} \qquad \textbf{(17-8)}$$

onde R_{in} = a resistência de entrada em malha aberta do amp-op

R_{CM} = a resistência de entrada em modo comum do amp-op

Uma ou duas palavras a respeito da resistência que aparece nessa equação: primeiro, R_{in} é a resistência de entrada mostrada na folha de dados. Num amp-dif bipolar discreto, ela é igual a $2\beta r'_e$, discutido no Capítulo 15. Discutimos também R_{in}, e a Tabela 16-1 forneceu como resistência de entrada, para o 741C, 2 MΩ.

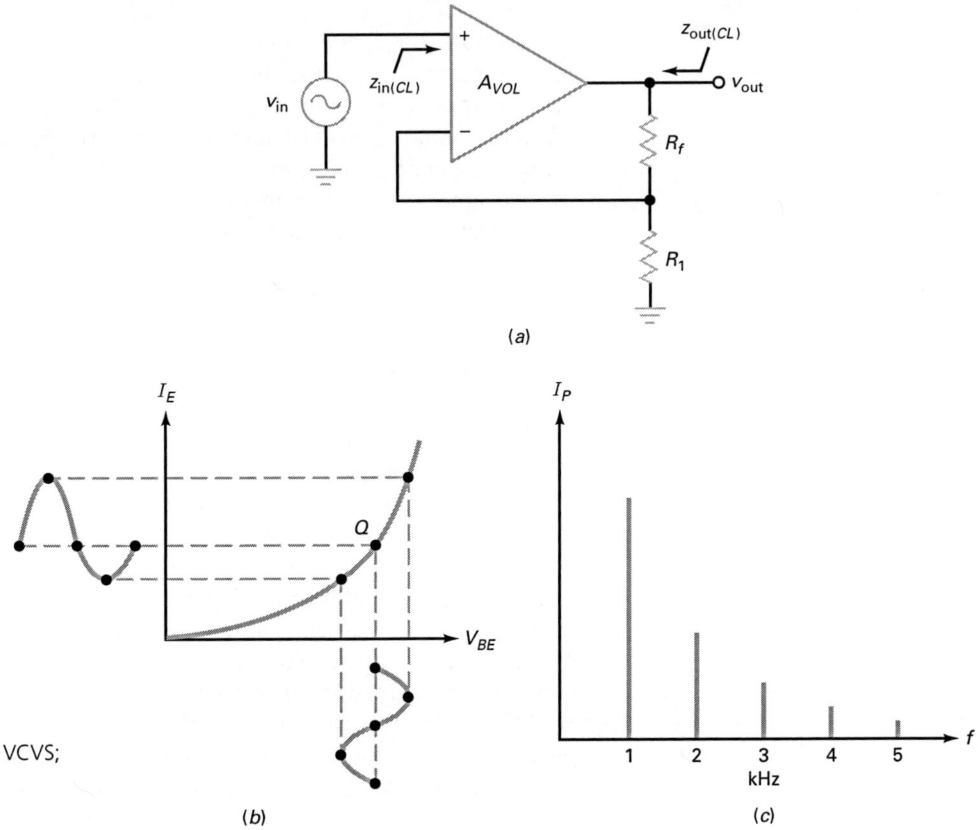

Figura 17-5 (*a*) Amplificador VCVS; (*b*) distorção não linear; (*c*) fundamental e harmônicos.

Segundo, R_{CM} é a resistência de cauda equivalente de entrada do estágio amp--dif. Em um amp-dif discreto, R_{CM} é igual a R_E. Em amp-ops, um espelho de corrente é usado no lugar de R_E. Por isso, o R_{CM} do amp-op tem um valor extremamente alto. Por exemplo, um 741C tem um R_{CM} que é maior que 100 MΩ.

Normalmente, o R_{CM} é ignorado porque seu valor é muito grande e a Equação (17-8) é aproximada para:

$$z_{in(CL)} \cong (1 + A_{VOL}B)R_{in} \tag{17-9}$$

Como $1 + A_{VOL}B$ é muito maior que a unidade num amplificador VCVS prático, a impedância de entrada em malha fechada é extremamente alta. Em um seguidor de tensão, B é 1 e $z_{in(CL)}$ se aproxima do infinito, exceto para o efeito paralelo de R_{CM} na Equação (17-8). Em outras palavras, o limite final da impedância de entrada em malha fechada é:

$$z_{in(CL)} = R_{CM}$$

O ponto principal a conseguir é este: o valor exato da impedância de entrada em malha fechada não é importante. O que importa é que ela é muito grande, geralmente maior que R_{in}, porém menor que o limite final de R_{CM}.

Impedância de saída em malha fechada

Na Figura 17-5*a*, a impedância de saída em malha fechada é a impedância total de saída olhando de volta para o amplificador VCVS. A equação exata para essa impedância de saída em malha fechada é:

$$z_{out(CL)} = \frac{R_{out}}{1 + A_{VOL}B} \tag{17-10}$$

onde R_{out} é a resistência de saída em malha aberta do amp-op mostrado na folha de dados. Discutimos R_{out}, e a Tabela 16-1 fornece uma resistência de saída de 75 Ω para um 741C.

Como $1 + A_{VOL}B$ é muito maior que a unidade em um amplificador VCVS prático, a impedância de saída em malha fechada é menor que 1 Ω e ainda pode se aproximar de zero em um seguidor de tensão. Para um seguidor de tensão, a impedância em malha fechada é tão baixa que a resistência dos fios de conexão pode se tornar um fator de limitação.

Novamente, o ponto principal não é o valor exato da impedância de saída em malha fechada mas, ao contrário, o fato de que a realimentação negativa VCVS a reduz a um valor menor que 1 Ω. Por essa razão, a saída de um amplificador VCVS se aproxima de uma fonte de tensão ideal.

Distorção não linear

Uma melhoria no valor mencionado é o efeito da realimentação negativa na distorção. Nos últimos estágios de um amplificador, a *distorção não linear* ocorre com grandes sinais porque a resposta entrada/saída dos dispositivos de amplificação torna-se não linear. Por exemplo, a curva não linear do diodo base-emissor distorce um grande sinal alongando o semiciclo positivo e comprimindo o semiciclo negativo, como mostra a Figura 17-5*b*.

A distorção não linear produz *harmônicos* do sinal de entrada. Por exemplo, se um sinal de tensão senoidal tem uma frequência de 1 kHz, a corrente de saída distorcida terá sinais senoidais com frequências de 1, 2, 3 kHz e assim por diante, como mostra o *diagrama de espectro* na Figura 17-5*c*. A frequência fundamental é 1 kHz sendo todas as outras harmônicas. O valor rms (valor eficaz) de todos os harmônicos medidos juntos nos diz quanto ocorreu de distorção. Por isso a distorção não linear é normalmente denominada **distorção harmônica**.

Podemos medir a distorção harmônica com um instrumento denominado *analisador de distorção*. Esse instrumento mede a tensão harmônica total e divide pela tensão fundamental para obter o *percentual de distorção harmônica total* (THD – *total harmonic distortion*), definida como:

$$THD = \frac{\textbf{Tensão harmônica total}}{\textbf{Tensão fundamental}} \times 100\% \qquad \textbf{(17-11)}$$

Por exemplo, se a tensão harmônica total é 0,1 V rms e a tensão fundamental é 1 V, então THD = 10%.

A realimentação negativa reduz a distorção harmônica. A equação exata para a distorção harmônica em malha fechada é:

$$THD_{CL} = \frac{THD_{OL}}{1 + A_{VOL}B} \qquad \textbf{(17-12)}$$

onde THD_{OL} = distorção harmônica em malha aberta

THD_{CL} = distorção harmônica em malha fechada

Mais uma vez, o valor $1 + A_{VOL}B$ tem um efeito curativo. Quando ele é grande, reduz a distorção harmônica a níveis desprezíveis. Em amplificadores estéreos, isso significa ouvirmos música de alta fidelidade em vez de sons distorcidos.

Amplificador com realimentação negativa discreto

A ideia de um amplificador de tensão (VCVS), cujo ganho de tensão é controlado por resistores externos, foi descrita brevemente no Capítulo 9, Volume 1, "Amplificadores de Tensão". O amplificador discreto com realimentação de dois estágios, mostrado na Figura 10-10, é essencialmente um amplificador de tensão não inversor que usa realimentação negativa.

Voltando a esse circuito, os dois estágios EC produzem um ganho de tensão em malha aberta igual a:

$$A_{VOL} = (A_{v1})(A_{v2})$$

A tensão de saída alimenta um divisor de tensão formado por r_f e r_e. Como o terminal inferior de r_e está no terra CA, a fração de realimentação é aproximadamente:

$$B \cong \frac{r_e}{r_e + r_f}$$

Isso ignora o efeito de carga no emissor do transistor de entrada.

A entrada V_{in} aciona a base do primeiro transistor, enquanto a tensão de realimentação aciona o emissor. Uma tensão de erro aparece no diodo base-emissor. A análise matemática é similar à apresentada anteriormente. O ganho de tensão em malha fechada é aproximadamente $\frac{1}{B}$, a impedância de entrada é $(1 + A_{VOL}B)$ R_{in}, a impedância de saída é $\frac{R_{out}}{(1 + A_{VOL}B)}$ e a distorção é $\frac{THD_{OL}}{(1 + A_{VOL}B)}$. É muito comum o uso da realimentação negativa em uma variedade de configurações de amplificadores discretos.

Exemplo 17-2

Na Figura 17-6, o 741C tem um R_{in} de 2 MΩ e um R_{CM} de 200 MΩ. Qual é a impedância de entrada de malha fechada? Use um A_{VOL} típico de 100.000 para o 741C.

SOLUÇÃO No Exemplo 17-1, calculamos $B = 0{,}025$. Portanto:

$$1 + A_{VOL}B = 1 + (100.000)(0.025) \cong 2500$$

Usando a Equação (17-9):

$$z_{in(CL)} \cong (1 + A_{VOL}B)R_{in} = (2500)(2\ M\Omega) = 5.000\ M\Omega$$

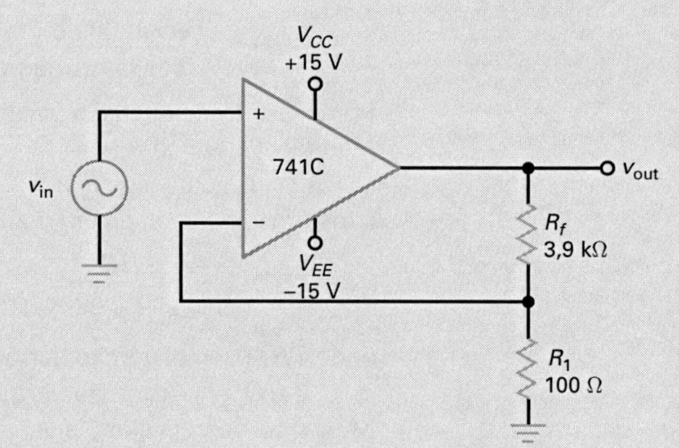

Figura 17-6 Exemplo.

Sempre que obtivermos uma resposta acima de 100 MΩ, a Equação (17-8) deverá ser usada. Usando a Equação (17-8):

$$z_{in(CL)} = (5000\ M\Omega \parallel 200\ M\Omega = 192\ M\Omega$$

Essa impedância de entrada alta significa que um VCVS se aproxima de um amplificador de tensão ideal.

PROBLEMA PRÁTICO 17-2 Na Figura 17-6, substitua o resistor de 3,9 kΩ por um de 4,9 kΩ e resolva para $z_{in(CL)}$.

Exemplo 17-3

Use os dados e resultados do exemplo anterior para calcular a impedância de saída em malha fechada na Figura 17-6. Use um A_{VOL} de 100.000 e R_{out} de 75 Ω.

SOLUÇÃO Usando a Equação (17-10):

$$z_{out(CL)} = \frac{75\ \Omega}{2500} = 0{,}03\ \Omega$$

Essa impedância de saída baixa significa que um VCVS se aproxima de um amplificador de tensão ideal.

PROBLEMA PRÁTICO 17-3 Repita o Exemplo 17-3 com A_{VOL} = 200.000 e B = 0,025.

Exemplo 17-4

Suponha que o amplificador tenha uma distorção harmônica total em malha aberta de 7,5%. Qual é a distorção harmônica total em malha fechada?

SOLUÇÃO Usando a Equação (17-12):

$$THD_{(CL)} = \frac{7{,}5\%}{2500} = 0{,}003\%$$

PROBLEMA PRÁTICO 17-4 Repita o Exemplo 17-4 com o resistor de 3,9 kΩ substituído por um de 4,9 kΩ.

17-4 Amplificador ICVS

A Figura 17-7 mostra um amplificador de transresistência. Ele tem uma corrente de entrada e uma tensão de saída. O amplificador ICVS é um *conversor corrente--tensão* quase perfeito porque tem impedância de entrada zero e impedância de saída zero.

Tensão de saída

A equação exata para a tensão de saída é:

$$v_{out} = -\left(i_{in} R_f \frac{A_{VOL}}{1 + A_{VOL}} \right) \tag{17-13}$$

Como A_{VOL} é muito maior que a unidade, a equação se simplifica para:

$$v_{out} = -(i_{in} R_f) \tag{17-14}$$

onde R_f é a transresitência.

Uma forma fácil de deduzir e lembrar da Equação (17-14) é usar o conceito de terra virtual. Lembre-se, a entrada inversora é um terra virtual para tensão, não para corrente. Quando visualizamos um terra virtual na entrada inversora, podemos ver que toda a corrente de entrada tem que passar pelo resistor de realimentação. Como o terminal esquerdo desse resistor está aterrado, a intensidade da tensão de saída é dada por:

$$v_{out} = -(i_{in} R_f)$$

O circuito é um conversor corrente-tensão. Podemos selecionar diferentes valores de R_f para obter diferentes fatores de conversão (transresistências). Por exemplo, se $R_f = 1\ k\Omega$, então uma entrada de 1 mA produz uma saída de 1 V. Se $R_f = 10\ k\Omega$, a mesma corrente de entrada produz uma saída de 10 V. O sentido da corrente mostrado na Figura 17-8 é o convencional.

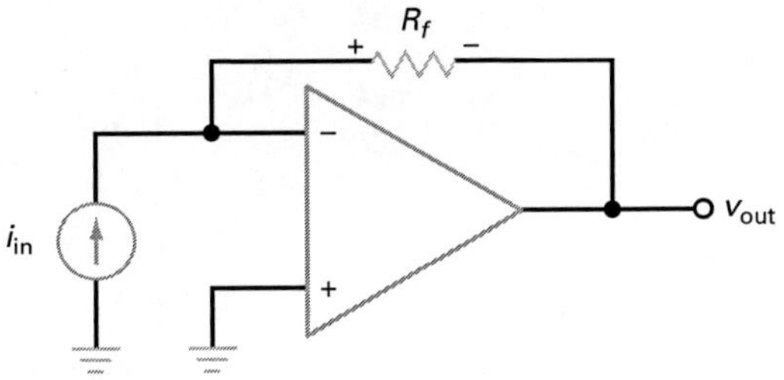

Figura 17-7 Amplificador ICVS.

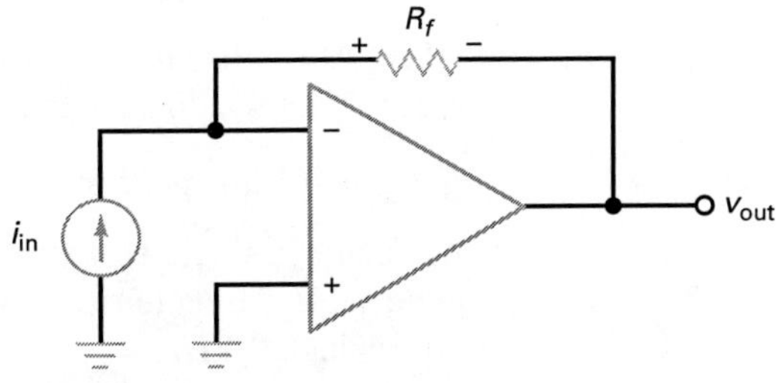

Figura 17-8 Amplificador inversor.

Entrada não inversora e impedâncias de saída

Na Figura 17-7, as equações exatas para as impedâncias de entrada e saída em malha fechada são:

$$z_{in(CL)} = \frac{R_f}{1 + A_{VOL}} \quad \text{(17-15)}$$

$$z_{out(CL)} = \frac{R_{out}}{1 + A_{VOL}} \quad \text{(17-16)}$$

Nas duas equações, o denominador grande reduz a impedância a um valor muito baixo.

Amplificador inversor

Em capítulos anteriores discutimos o amplificador inversor da Figura 17-8. Lembre-se de que ele tem um ganho de tensão em malha fechada de:

$$A_v = \frac{-R_f}{R_1} \quad \text{(17-17)}$$

Esse tipo de amplificador usa a realimentação negativa ICVS. Devido ao terra virtual na entrada inversora, a corrente de entrada é igual a:

$$i_{in} = \frac{v_{in}}{R_1}$$

Exemplo 17-5

MultiSim

Na Figura 17-9, qual é a tensão de saída se a frequência de entrada é de 1 kHz?

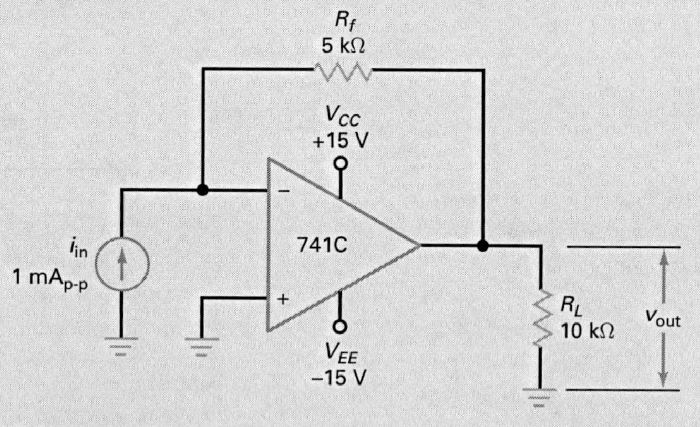

Figura 17-9 Exemplo.

SOLUÇÃO Visualize a corrente de entrada de 1 mA pp passando no resistor de 5 kΩ. Usando a lei de Ohm ou a Equação (17-14):

$$v_{out} = -(1 \text{ mA pp})(5 \text{ k}\Omega) = -5 \text{ V pp}$$

Novamente, o sinal negativo indica um deslocamento de fase de 180°. A tensão de saída é uma tensão CA com um valor de pico a pico de 5 V e uma frequência de 1 kHz.

PROBLEMA PRÁTICO 17-5 Na Figura 17-9, substitua o resistor de realimentação por um de 2 kΩ e calcule v_{out}.

Exemplo 17-6

Quais são as impedâncias de entrada e saída em malha fechada na Figura 17-9? Use os parâmetros típicos do 741C.

SOLUÇÃO Usando a Equação (17-15):

$$z_{in(CL)} = \frac{5\ \text{k}\Omega}{1 + 100.000} \cong \frac{5\ \text{k}\Omega}{100.000} = 0{,}05\ \Omega$$

Usando a Equação (17-16):

$$z_{out(CL)} = \frac{75\Omega}{1 + 100.000} \cong \frac{75\Omega}{100.000} = 0{,}00075\ \Omega$$

PROBLEMA PRÁTICO 17-6 Repita o Exemplo 17-6 com $A_{VOL} = 200.000$.

17-5 Amplificador VCIS

Com um amplificador VCIS, uma tensão de entrada controla uma corrente de saída. Devido à realimentação negativa intensa neste tipo de amplificador, a tensão de entrada é convertida em um valor preciso de corrente de saída.

A Figura 17-10 mostra um amplificador de transcondutância. Ele é similar ao amplificador VCVS, exceto que R_L é o resistor de carga como também é o resistor de realimentação. Em outras palavras, a saída ativa não é a tensão sobre $R_1 + R_L$; mas sim a corrente em R_L. Essa corrente de saída é estabilizada; ou seja, um valor específico de tensão de entrada produz um valor preciso de corrente e saída.

$$i_{out} = \frac{v_{in}}{R_1 + (R_1 + R_L)/A_{VOL}} \tag{17-18}$$

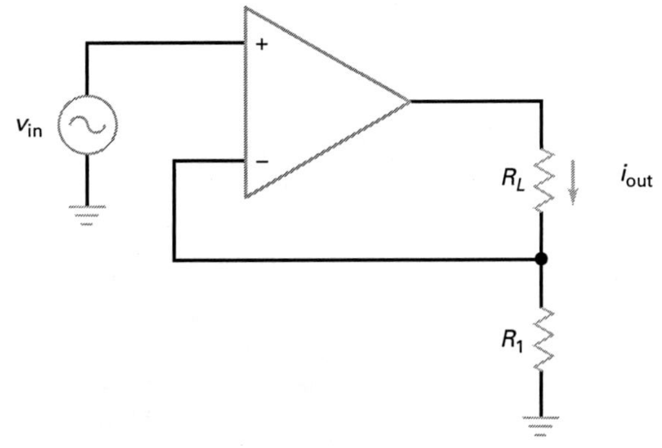

Figura 17-10 Amplificador VCIS.

Num circuito prático, o segundo termo no denominador é muito menor que o primeiro e a equação se simplifica para:

$$i_{out} = \frac{v_{in}}{R_1} \quad \textbf{(17-19)}$$

Essa equação é escrita algumas vezes como:

$$i_{out} = g_m v_{in}$$

onde $g_m = 1/R_1$.

Eis uma forma fácil de deduzir e lembrar da Equação (17-19): quando visualizamos um curto-circuito virtual entre os terminais de entrada na Figura 17-10, a entrada inversora segue a entrada não inversora. Portanto, toda a tensão de entrada aparece em R_1. A corrente nesse resistor é:

$$i_1 = \frac{v_{in}}{R_1}$$

Na Figura 17-10, o único percurso para essa corrente é através de R_L. Por isso a Equação (17-19) fornece o valor da corrente de saída.

O circuito é um *conversor tensão-corrente*. Podemos selecionar valores diferentes de R_1 para obter diferentes fatores de conversão (transcondutâncias). Por exemplo, se $R_1 = 1\ \text{k}\Omega$, uma tensão de entrada de 1 V produz uma corrente de saída de 1 mA. Se $R_1 = 100\ \Omega$, a mesma tensão de entrada produz uma corrente de saída de 10 mA.

Visto que a entrada do circuito na Figura 17-10 é a mesma que a entrada de um amplificador VCVS, a equação aproximada para a impedância de entrada de malha fechada de um amplificador VCIS é:

$$z_{in(CL)} = (1 + A_{VOL}B)R_{in} \quad \textbf{(17-20)}$$

onde R_{in} é a resistência de entrada do amp-op. A corrente de saída estabilizada encontra uma impedância de saída em malha fechada de:

$$z_{out(CL)} = (1 + A_{VOL})R_1 \quad \textbf{(17-21)}$$

Nas duas equações, um A_{VOL} grande aumenta as duas impedâncias em direção ao infinito, exatamente o que desejamos para um amplificador VCIS. O circuito é um conversor corrente-tensão quase perfeito porque ele tem impedâncias de entrada e saída muito altas.

O amplificador de transcondutância na Figura 17-10 opera com um resistor de carga flutuante. Isso nem sempre é conveniente porque muitas cargas são de terminação simples. Neste caso, podemos encontrar CIs dos tipos LM13600 e LM13700, utilizados como amplificadores de transcondutância. Esses amplificadores monolíticos de transcondutância podem acionar uma resistência de carga com terminação simples.

Exemplo 17-7

MultiSim

Qual é a corrente e a potência de carga na Figura 17-11? O que acontece se a resistência de carga for substituída por uma de 4 Ω?

SOLUÇÃO Visualize um curto-circuito virtual nos terminais de entrada do amp-op. Com a entrada inversora seguindo a tensão da entrada não inversora, toda a tensão de entrada está no resistor de 1 Ω. Usando a lei de Ohm ou a Equação (17-19), podemos calcular a corrente de saída de:

$$i_{out} = \frac{2\text{V rms}}{1\ \Omega} = 2\text{ A rms}$$

Esses 2 A passam na resistência de carga de 2 Ω, produzindo uma potência de carga de:

$$P_L = (2\ \text{A})^2(2\ \Omega) = 8\ \text{W}$$

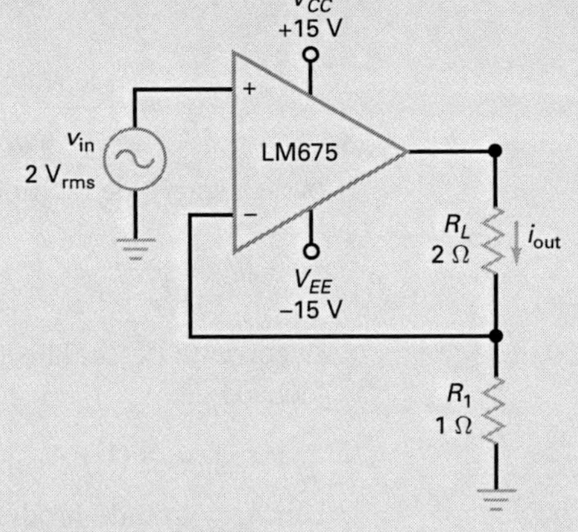

Figura 17-11 Exemplo.

Se a resistência de carga for substituída por uma de 4 Ω, a corrente de saída ainda é 2 A rms, porém a potência de carga aumenta para:

$$P_L = (2\ \text{A})^2(4\ \Omega) = 16\ \text{W}$$

Enquanto o amp-op não saturar, podemos substituir a resistência de carga por qualquer valor e ainda ter a corrente de saída estabilizada em 2 A rms.

PROBLEMA PRÁTICO 17-7 Na Figura 17-11, altere a tensão de entrada para 3 V rms e calcule i_{out} e P_L.

17-6 Amplificador ICIS

Um circuito ICIS amplifica a corrente de entrada. Devido à intensa realimentação negativa, o amplificador ICIS tende a operar como um perfeito **amplificador de corrente**. Ele tem uma impedância de entrada muito baixa e uma impedância de saída muito alta.

A Figura 17-12 mostra um amplificador de corrente inversor. O ganho de corrente em malha fechada é estabilizado e dado por:

$$A_i = \frac{A_{VOL}(R_1 + R_2)}{R_L + A_{VOL}R_1} \quad \textbf{(17-22)}$$

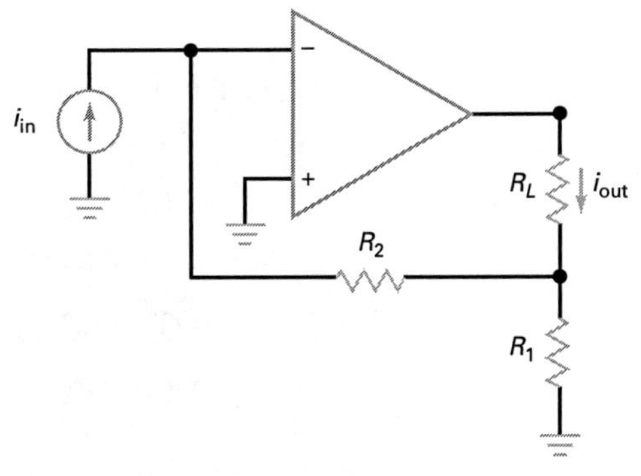

Figura 17-12 Amplificador ICIS.

Geralmente, o segundo termo no denominador é muito maior que o primeiro e a equação simplifica para:

$$A_i \cong \frac{R_2}{R_1} + 1 \tag{17-23}$$

A equação para a impedância de entrada em malha fechada de um amplificador ICIS é:

$$z_{\text{in}(CL)} = \frac{R_2}{1 + A_{VOL}B} \tag{17-24}$$

onde a fração de realimentação é dada por:

$$B = \frac{R_1}{R_1 + R_2} \tag{17-25}$$

A corrente de saída estabilizada encontra uma impedância de saída em malha fechada de:

$$z_{\text{out}(CL)} = (1 + A_{VOL})R_1 \tag{17-26}$$

Um A_{VOL} grande produz uma impedância de entrada muito pequena e uma impedância de saída muito grande. Por isso, o circuito ICIS é um amplificador de corrente quase perfeito.

Exemplo 17-8

MultiSim

Qual a corrente e a potência de carga na Figura 17-13? Se a resistência de carga for substituída por uma de 2 Ω, qual a corrente e a potência de carga?

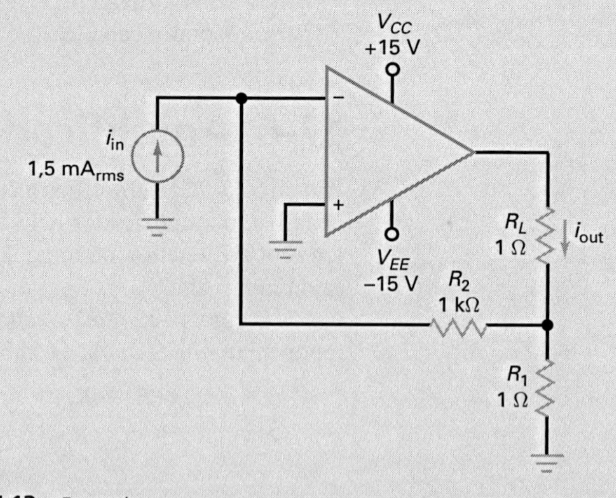

Figura 17-13 Exemplo.

SOLUÇÃO Usando a Equação (17-23), o ganho de corrente é:

$$A_i = \frac{1\text{k}\Omega}{1\Omega} = 1 \cong 1.000$$

A corrente de carga é:

$$i_{\text{out}} = (1.000)(1,5 \text{ mA rms}) = 1,5 \text{ A rms}$$

A potência de carga é:

$$P_L = (1,5 \text{ A})^2(1\ \Omega) = 2,25 \text{ W}$$

Se a resistência de carga for aumentada para 2 Ω, a corrente de carga ainda será 1,5 A rms, porém a potência de carga aumentará para:

$$P_L = (1{,}5\ \text{A})^2(2\ \Omega) = 4{,}5\ \text{W}$$

PROBLEMA PRÁTICO 17-8 Usando a Figura 17-13, altere i_{in} para 2 mA. Calcule i_{out} e P_L.

17-7 Largura de banda

A realimentação negativa aumenta a largura de banda de um amplificador porque com o decaimento do ganho de tensão em malha aberta significa que menos tensão é realimentada, o que produz mais tensão de entrada como uma compensação. Por isso, a frequência de corte em malha fechada é maior que a frequência de corte em malha aberta.

Largura de banda em malha fechada

Discutimos a largura de banda de um amplificador VCVS em capítulos anteriores. Lembre-se de que a frequência de corte em malha fechada é dada por:

$$f_{2(CL)} = \frac{f_{\text{unitário}}}{A_{v(CL)}} \tag{17-27}$$

Podemos também deduzir mais duas equações VCVS para a largura de banda em malha fechada:

$$f_{2(CL)} = (1 + A_{VOL}B)f_{2(OL)} \tag{17-28}$$

$$f_{2(CL)} = \frac{A_{VOL}}{A_{v(CL)}} f_{2(OL)} \tag{17-29}$$

onde $A_{v(CL)}$ é o mesmo que A_v.

Podemos usar qualquer uma dessas equações para calcular a largura de banda em malha fechada de um amplificador VCVS. A equação a ser usada depende dos dados fornecidos. Por exemplo, se conhecemos os valores de $f_{\text{unitário}}$ e $A_{v(CL)}$, então a Equação (17-27) é a que pode ser usada. Se temos os valores de A_{VOL}, B e $f_{2(OL)}$, usamos a Equação (17-28). Algumas vezes, conhecemos os valores de A_{VOL}, $A_{v(CL)}$ e $f_{2(OL)}$. Nesse caso, a Equação (17-29) é útil.

O produto ganho-largura de banda é constante

A Equação (17-27) pode ser reescrita como:

$$A_{v(CL)}f_{2(CL)} = f_{\text{unitário}}$$

O lado esquerdo dessa equação é o produto do ganho pela largura de banda e é denominado **produto ganho-largura de banda** (**GBP** – *gain-bandwith product*). O lado direito da equação é uma constante para um dado amp-op. Expressando em palavras, a equação informa que o *produto ganho-largura de banda é uma constante*. Devido ao GBP ser uma constante para um dado amp-op, o projetista tem que negociar entre ganho e largura de banda. Quanto menor o ganho usado, maior a largura de banda resultante. De modo inverso, se o projetista deseja mais ganho, tem que decidir uma menor largura de banda.

A única forma de melhorar essa questão é usar um amp-op com um GBP maior, que equivale a uma maior $f_{unitário}$. Se um amp-op não tem um GBP suficiente para uma aplicação, o projetista pode selecionar um amp-op melhor, um com um GBP maior. Por exemplo, um 741C tem um GBP de 1 MHz. Se esse parâmetro é muito baixo para uma dada aplicação, podemos usar um LM318 que tem um GBP de 15 MHz. Dessa forma, conseguimos uma largura de banda 15 vezes maior para o mesmo ganho de tensão em malha fechada.

Largura de banda e distorção por *slew rate*

Embora a realimentação negativa reduza a distorção não linear dos últimos estágios de um amplificador, ela não tem absolutamente efeito algum na distorção por *slew rate*. Portanto, após calcularmos a largura de banda em malha fechada, podemos calcular a largura de banda de grandes sinais com a Equação (16-2). Para uma saída sem distorção ao longo de toda a largura de banda em malha fechada, a frequência de corte em malha fechada tem que ser menor que a largura de banda de grandes sinais:

$$f_{2(CL)} < f_{máx} \tag{17-30}$$

Isso significa que o valor de pico da saída deve ser menor que:

$$V_{P(máx)} = \frac{S_R}{2\pi f_{2(CL)}} \tag{17-31}$$

Isto explica porque a realimentação negativa não tem efeito na distorção por slew rate: o capacitor de compensação interna do amp-op produz uma grande capacitância Miller de entrada. Para um 741C, essa capacitância grande é uma carga para o amp-dif de entrada, como mostra a Figura 17-4*a*. Quando ocorre a distorção por *slew rate*, v_{in} é suficientemente alta para saturar um transistor e levar o outro ao corte. Como o amp-op não está mais operando na região linear, o efeito curativo da realimentação negativa é temporariamente suspenso.

A Figura 17-14*b* mostra o que acontece quando Q_1 é saturado e Q_2 é levado ao corte. Como o capacitor de 3000 pF tem que ser carregado por um resistor de 1 MΩ, obtemos a variação mostrada na figura. Após o capacitor ser carregado, Q_1 sai da saturação, Q_2 sai do corte e o efeito curativo da realimentação negativa reaparece.

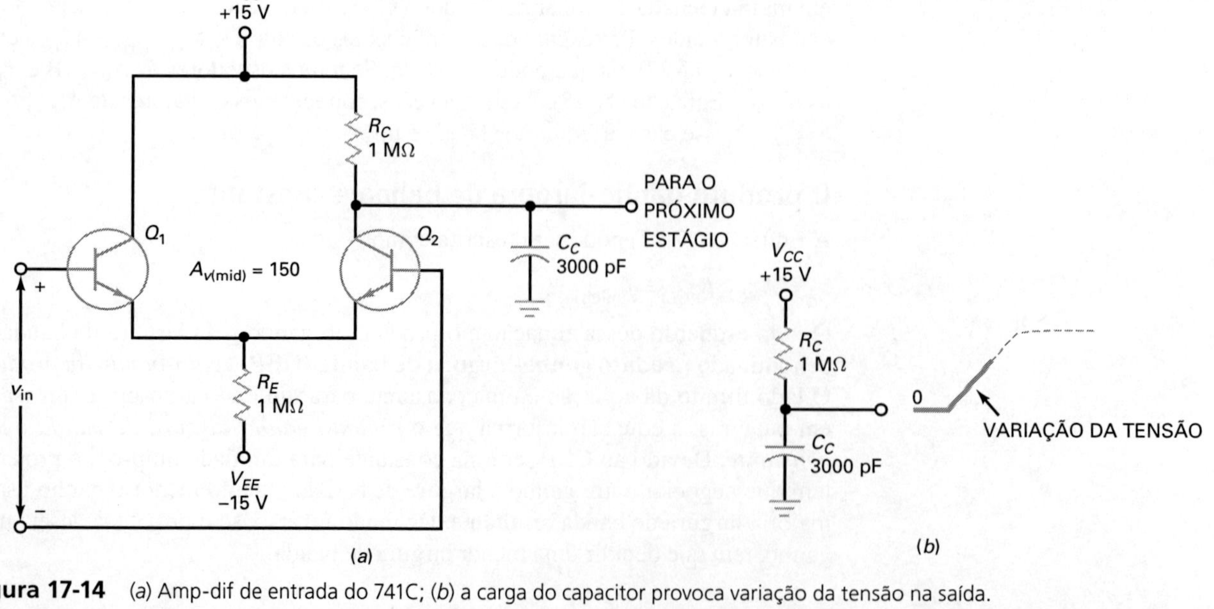

Figura 17-14 (*a*) Amp-dif de entrada do 741C; (*b*) a carga do capacitor provoca variação da tensão na saída.

Tabela 17-2 Quatro tipos de realimentação negativa

Tipo	Estabilizada	Equação	$z_{in(CL)}$	$z_{out(CL)}$	$f_{2(CL)}$	$f_{2(CL)}$	$f_{2(CL)}$
VCVS	A_v	$\frac{R_f}{R_1}+1$	$(1 + A_{VOL}B)\,R_{in}$	$\frac{R_{out}}{(1+A_{VOL}B}$	$(1 + A_{VOL}B)\,f_{2(OL)}$	$\frac{A_{VOL}}{A_{v(CL)}}f_{2(OL)}$	$\frac{f_{unitário}}{A_{v(CL)}}$
ICVS	$\frac{V_{out}}{i_{in}}$	$v_{out} = -(i_{in}R_f)$	$\frac{R_f}{1+A_{VOL}}$	$\frac{R_{out}}{1+A_{VOL}}$	$(1 + A_{VOL})f_{2(OL)}$	–	–
VCIS	$\frac{i_{out}}{V_{in}}$	$i_{out} = \frac{v_{in}}{R_1}$	$(1 + A_{VOL}B)R_{in}$	$(1 + A_{VOL})R_1$	$(1 + A_{VOL})\,f_{2(OL)}$	–	–
ICIS	A_i	$\frac{R_2}{R_1}+1$	$\frac{R_2}{(1+A_{VOL}B)}$	$(1 + A_{VOL})R_1$	$(1 + A_{VOL}B)\,f_{2(OL)}$	–	–

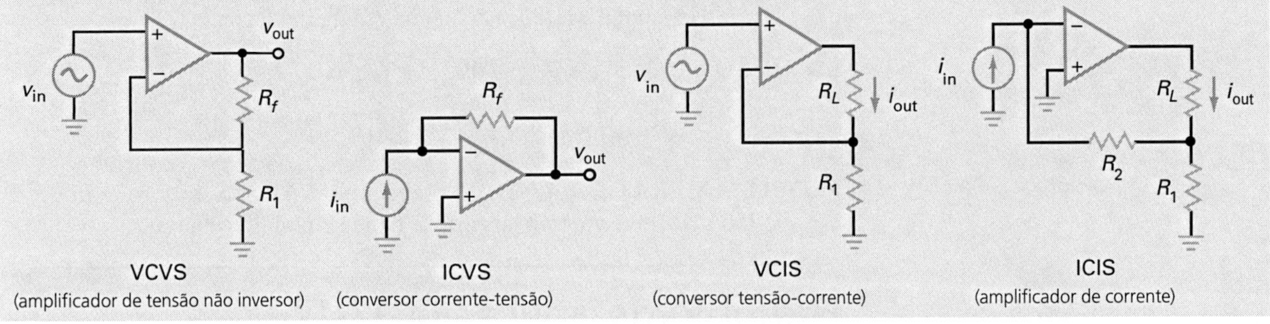

Tabela de realimentação negativa

A Tabela 17-1 mostra as quatro configurações ideais de realimentação negativa. Essas configurações são circuitos básicos que podem ser modificados para se obter circuitos mais avançados. Por exemplo, usando uma fonte de tensão e um resistor de entrada R_1, a configuração ICVS torna-se o amplificador inversor mais usado discutido anteriormente. Como outro exemplo, podemos acrescentar capacitores de acoplamento à configuração VCVS para obter um amplificador CA. Nos próximos cinco capítulos, modificaremos essas configurações básicas para obter uma ampla variedade de circuitos úteis.

Exemplo de aplicação 17-9

Se o amplificador VCVS da Tabela 17-1 usa um LF411A com $(1 + A_{VOL}B) =$ 1.000 e $f_{2(OL)} = 160$ Hz, qual é a largura de banda de malha fechada?

SOLUÇÃO Usando a Equação (17-28):

$$f_{2(CL)} = (1 + A_{VOL}B)f_{2(OL)} = (1.000)(160\text{ Hz}) = 160\text{ kHz}$$

PROBLEMA PRÁTICO 17-9 Repita o Exemplo 17-9 com $f_{2(OL)} = 100$ Hz.

Exemplo de aplicação 17-10

Se um amplificador VCVS da Tabela 17-1 usa um LM308 com A_{VOL} = 250.000 e $f_{2(OL)}$ = 1,2 Hz, qual é a largura de banda em malha fechada para um $A_{V(CL)}$ = 50?

SOLUÇÃO Usando a Equação (17-29):

$$f_{2(CL)} = \frac{A_{VOL}}{A_{v(CL)}} f_{2(OL)} = \frac{250.000}{50}(1{,}2\,\text{Hz}) = 6\text{ kHz}$$

PROBLEMA PRÁTICO 17-10 Repita o Exemplo 17-10 usando A_{VOL} = 200.000 e $f_{2(OL)}$ = 2 Hz.

Exemplo de aplicação 17-11

Se o amplificador ICVS da Tabela 17-2 usa um LM318 com A_{VOL} = 200.000 e $f_{2(OL)}$ = 75 Hz, qual é a largura de banda em malha fechada?

SOLUÇÃO Usando a equação dada na Tabela 17-2:

$$f_{2(CL)} = (1 + A_{VOL})f_{2(OL)} = (1 + 200.000)(75\text{ Hz}) = 15\text{ MHz}$$

PROBLEMA PRÁTICO 17-11 No Exemplo 17-11, se A_{VOL} = 75.000 e $f_{2(OL)}$ = 750 kHz, determine a largura de banda em malha aberta.

Exemplo de aplicação 17-12

Se o amplificador ICIS da Tabela 17-1 usa um OP-07A com $f_{2(OL)}$ = 20 Hz e se $(1 + A_{VOL}B)$ = 2500, qual é a largura de banda em malha fechada?

SOLUÇÃO Usando a equação dada na Tabela 17-1:

$$f_{2(CL)} = (1 + A_{VOL}B)f_{2(OL)} = (2500)(20\text{ Hz}) = 50\text{ kHz}$$

PROBLEMA PRÁTICO 17-12 Repita o Exemplo 17-12 com $f_{2(OL)}$ = 50 Hz.

Exemplo de aplicação 17-13

Um amplificador VCIS usa um LM741C com $f_{\text{unitário}}$ = 1 MHz e S_R = 0,5 V/μs. Se $A_{V(CL)}$ = 10, qual é a largura de banda em malha fechada? Qual é a tensão de pico de saída sem distorção para $f_{2(CL)}$?

SOLUÇÃO Usando a Equação (17-27):

$$f_{2(CL)} = \frac{f_{\text{unitário}}}{A_{v(CL)}} = \frac{1\,\text{MHz}}{10} = 100\,\text{kHz}$$

Usando a Equação (17-31):

$$V_{p(\text{máx})} = \frac{S_R}{2\pi f_{2(CL)}} = \frac{0{,}5\text{ V}/\mu\text{s}}{2\pi(100\text{ kHz})} = 0{,}795\text{ V}$$

PROBLEMA PRÁTICO 17-13 Calcule a largura de banda em malha fechada e $V_{p(\text{máx})}$ no Exemplo 17-13 com $A_{V(CL)}$ = 100.

Resumo

SEÇÃO 17-1 QUATRO TIPOS DE REALIMENTAÇÃO NEGATIVA

Existem quatro tipos ideais de realimentação negativa: VCVS, ICVS, VCIS e ICIS. Dois tipos (VCVS e VCIS) são controlados por uma tensão de entrada e os outros dois tipos (ICVS e ICIS) são controlados por uma corrente de entrada. As saídas do VCVS e do ICVS atuam como uma fonte de tensão e as saídas do VCIS e ICIS atuam como uma fonte de corrente.

SEÇÃO 17-2 GANHO DE TENSÃO DE UM VCVS

O ganho de malha é o ganho de tensão dos percursos direto e de realimentação. Em qualquer projeto prático, o ganho de malha é muito grande. Como resultado, o ganho de tensão em malha fechada é bastante estável porque ele não depende mais das características do amplificador. Ao contrário, ele depende quase que exclusivamente das características dos resistores externos.

SEÇÃO 17-3 OUTRAS EQUAÇÕES PARA VCVS

A realimentação negativa VCVS tem um efeito curativo sobre as falhas de um amplificador porque ela estabiliza o ganho de tensão, aumenta a impedância de entrada, diminui a impedância de saída e diminui a distorção harmônica.

SEÇÃO 17-4 AMPLIFICADOR ICVS

Esse é um amplificador de transresistência, que equivale a um conversor corrente-tensão. Devido ao terra virtual, esse amplificador tem idealmente uma impedância de entrada nula. A corrente de entrada produz um valor preciso de tensão de saída.

SEÇÃO 17-5 AMPLIFICADOR VCIS

Esse é um amplificador de transcondutância, que equivale a um conversor tensão-corrente. Idealmente ele tem uma impedância de entrada infinita. A tensão de entrada produz um valor preciso de corrente de saída. A impedância de saída se aproxima do infinito.

SEÇÃO 17-6 AMPLIFICADOR ICIS

Por causa da intensa realimentação negativa, o amplificador ICIS se aproxima de um amplificador de corrente perfeito, que tem uma impedância de entrada nula e uma impedância de saída infinita.

SEÇÃO 17-7 LARGURA DE BANDA

A realimentação negativa aumenta a largura de banda de um amplificador porque o decaimento do ganho de tensão em malha aberta significa que menos tensão é realimentada, o que produz mais tensão de entrada como uma compensação. Por isso, a frequência de corte em malha fechada é maior do que a frequência de corte em malha aberta.

Definições

(17-1) Fração de realimentação:

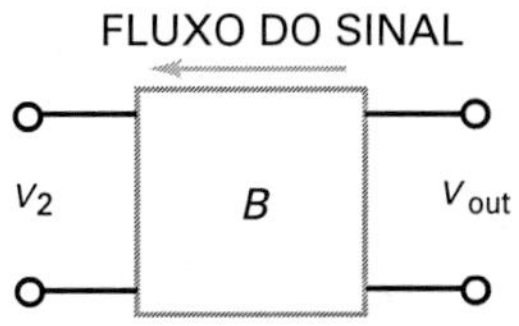

$$B = \frac{v_2}{v_{out}}$$

(17-11) Distorção harmônica total:

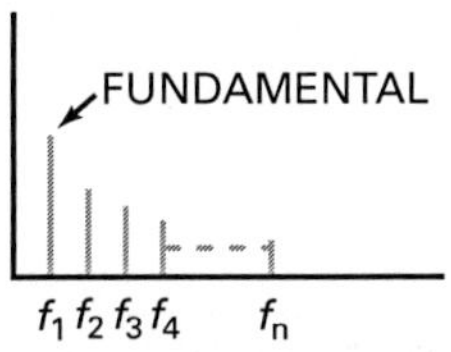

$$THD = \frac{\text{Tensão harmônica total}}{\text{Tensão fundamental}} \times 100\%$$

Derivações

(17-4) Ganho de tensão VCVS:

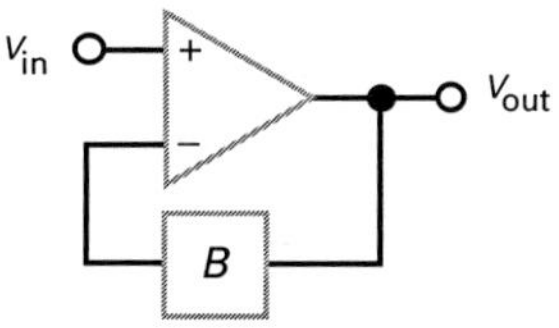

$$Av \cong \frac{1}{B}$$

(17-5) Erro percentual VCVS:

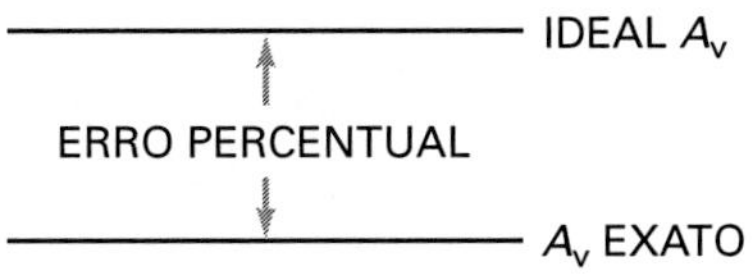

$$\%\text{Erro} = \frac{100\%}{1 + A_{VOL}B}$$

(17-6) Fração de realimentação VCVS:

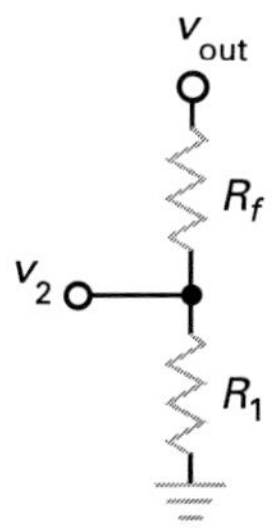

$$B = \frac{v_2}{v_{out}} = \frac{R_1}{R_1 + R_f}$$

(17-9) Impedância de entrada VCVS:

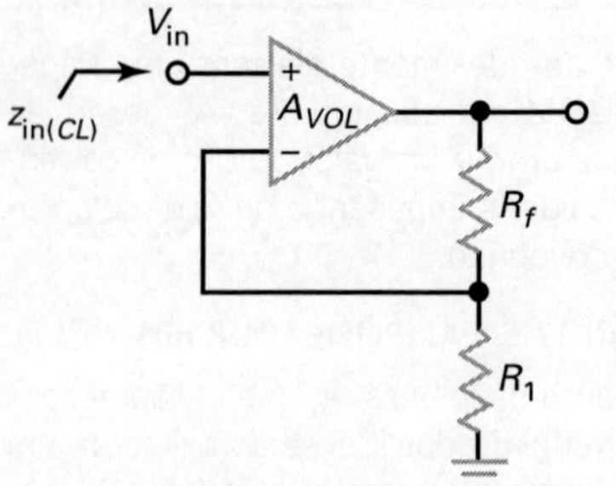

$$z_{in(CL)} \cong (1 + A_{VOL}B)R_{in}$$

(17-10) Impedância de saída VCVS:

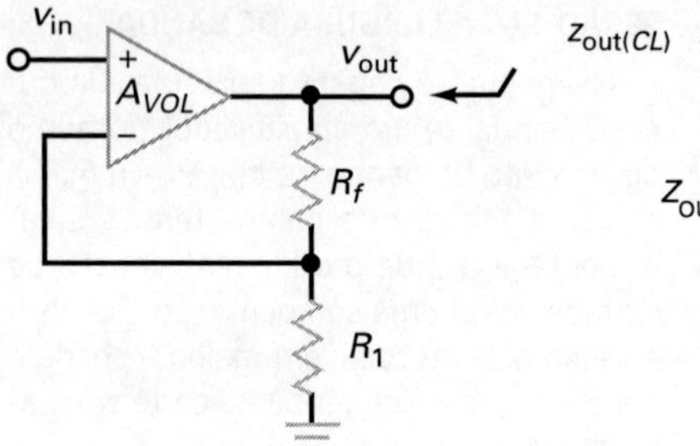

$$z_{out(CL)} = \frac{R_{out}}{1 + A_{VOL}B}$$

(17-12) Distorção de malha fechada:

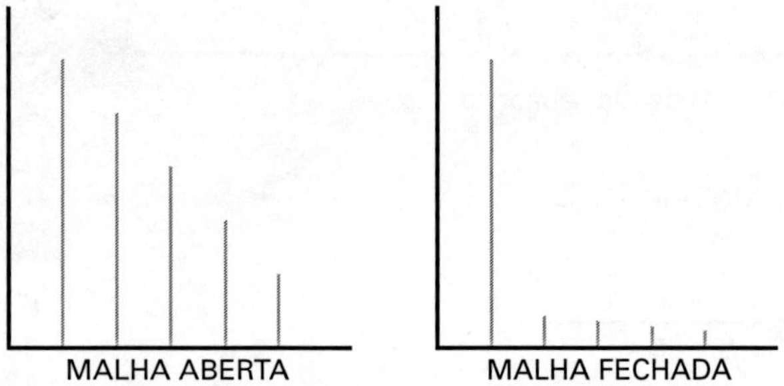

$$THD_{CL} = \frac{THD_{OL}}{1 + A_{VOL}B}$$

(17-14) Tensão de saída ICVS:

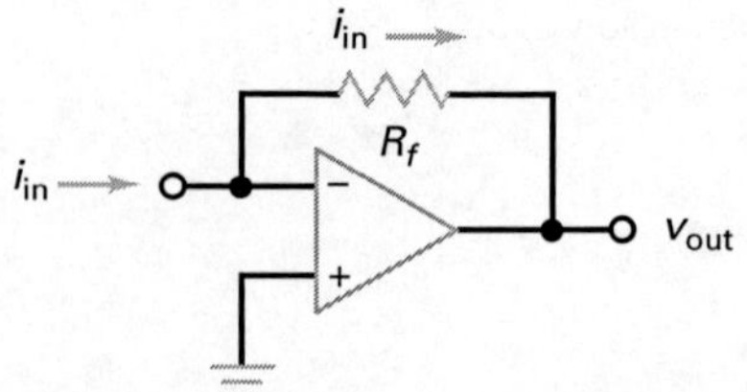

$$v_{out} = -(i_{in}R_f)$$

(17-15) Impedância de entrada ICVS:

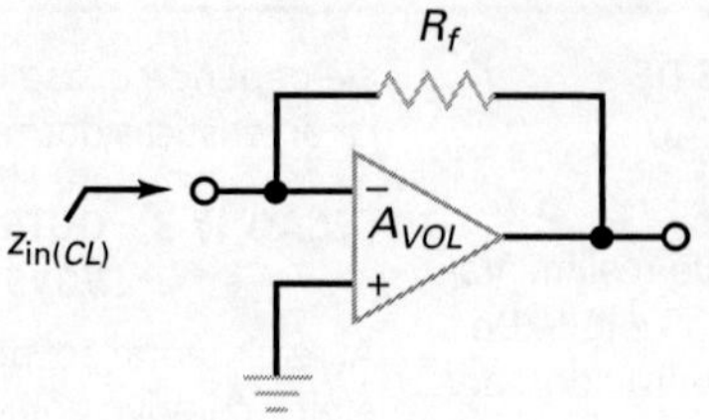

$$z_{in(CL)} = \frac{R_f}{1 + A_{VOL}}$$

(17-16) Impedância de saída ICVS:

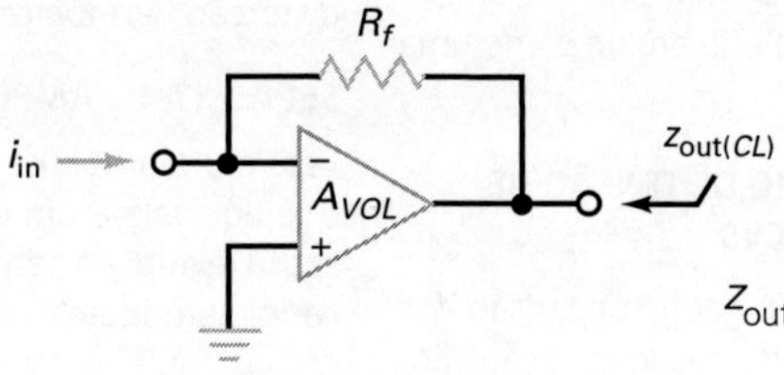

$$z_{out(CL)} = \frac{R_{out}}{1 + A_{VOL}}$$

(17-19) Corrente de saída VCIS:

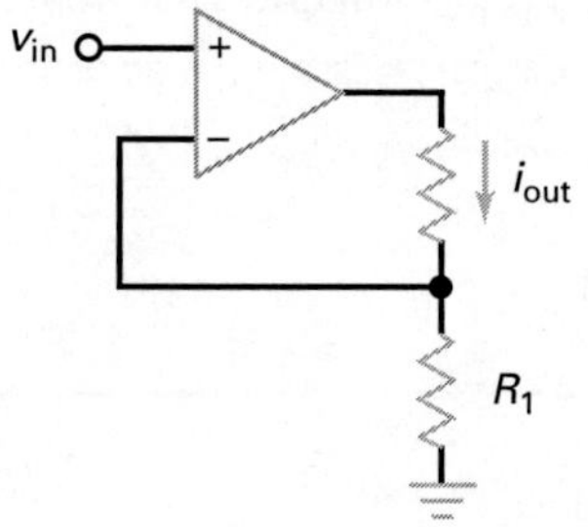

$$i_{out} = \frac{v_{in}}{R_1}$$

(17-23) Ganho de corrente ICIS:

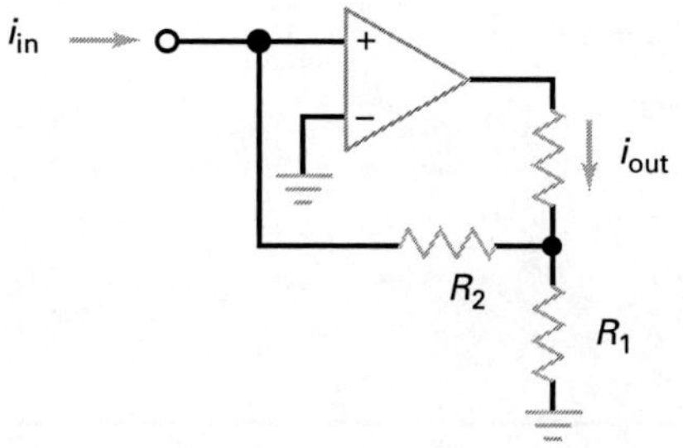

$$A_i \cong \frac{R_2}{R_1} + 1$$

(17-27) Largura de banda em malha fechada:

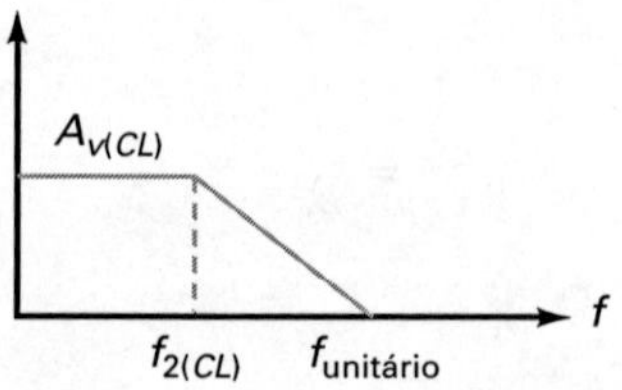

$$f_{2(CL)} = \frac{f_{unitário}}{A_{v(CL)}}$$

Exercícios

1. Com a realimentação negativa, o sinal de retorno

a. Se soma ao sinal de entrada
b. Se opõe ao sinal de entrada
c. É proporcional à corrente de saída
d. É proporcional ao ganho de tensão diferencial

2. Quantos tipos de realimentação negativa existem?

a. Um
b. Dois
c. Três
d. Quatro

3. Um amplificador VCVS se aproxima de um

a. Amplificador de tensão ideal
b. Conversor corrente-tensão ideal
c. Conversor tensão-corrente ideal
d. Amplificador de corrente ideal

4. A tensão entre os terminais de entrada de um amp-op ideal é

a. Zero
b. Muito pequena
c. Muito grande
d. Igual à tensão de entrada

5. Quando um amp-op não está saturado, as tensões nas entradas inversora e não inversora são

a. Quase iguais
b. Muito diferentes
c. Iguais à tensão de saída
d. Iguais a ±15 V

6. A fração de realimentação *B*

a. É sempre menor que 1
b. É geralmente maior que 1
c. Pode ser igual a 1
d. Pode não ser igual a 1

7. Um amplificador ICVS não tem tensão de saída. Um possível problema é

a. Sem a tensão de alimentação negativa
b. Resistor de realimentação em curto-circuito
c. Sem tensão de realimentação
d. Resistor de carga aberto

8. Em um amplificador VCVS, qualquer diminuição no ganho de tensão em malha aberta produz um aumento na tensão

a. De saída
b. De erro
c. De realimentação
d. De entrada

9. O ganho de tensão em malha aberta é igual ao ganho

a. Com realimentação negativa
b. De tensão diferencial do amp-op
c. Quando *B* é 1
d. Na $f_{unitário}$

10. O ganho de malha $A_{VOL}B$

a. É geralmente muito maior que 1
b. É geralmente muito menor que 1
c. Pode não ser igual a 1
d. Está entre 0 e 1

11. A impedância de entrada em malha fechada com um amplificador ICVS é

a. Geralmente maior que a impedância de entrada em malha aberta
b. Igual à impedância de entrada em malha aberta
c. Algumas vezes menor que a impedância em malha aberta
d. Idealmente zero

12. Com um amplificador ICVS, o circuito se aproxima de um

a. Amplificador de tensão ideal
b. Conversor corrente-tensão ideal
c. Conversor tensão-corrente ideal
d. Amplificador de corrente ideal

13. A realimentação negativa reduz

a. A fração de realimentação
b. A distorção
c. A tensão de *offset* de entrada
d. O ganho em malha aberta

14. Um seguidor de tensão tem um ganho de tensão

a. Muito menor que 1
b. 1
c. Maior que 1
d. A_{VOL}

15. A tensão entre os terminais de entrada de um amp-op real é

a. Zero
b. Muito pequena
c. Muito grande
d. Igual à tensão de entrada

16. A transresistência de um amplificador é a razão entre

a. A corrente de saída e a tensão de entrada
b. A tensão de entrada e a corrente de saída
c. A tensão de saída e a tensão de entrada
d. A tensão de saída e a corrente de entrada

17. A corrente não pode fluir do terra para

a. Um terra mecânico
b. Um terra CA
c. Um terra virtual
d. Um terra comum

18. Num conversor corrente-tensão, a corrente de entrada passa

a. Pela impedância de entrada do amp-op
b. Pelo resistor de realimentação
c. Pelo terra
d. Pelo resistor de carga

19. A impedância de entrada de um conversor corrente-tensão é

a. Pequena
b. Grande
c. Idealmente zero
d. Idealmente infinita

20. A largura de banda em malha aberta é igual

a. $f_{unitário}$
b. $f_{2(OL)}$
c. $f_{unitário} / A_{V(CL)}$
d. $f_{máx}$

21. A largura de banda em malha fechada é igual a

a. $f_{unitário}$
b. $f_{2(OL)}$
c. $f_{unitário} / A_{v(CL)}$
d. $f_{máx}$

22. Para um dado amp-op, qual das seguintes alternativas é uma constante?

a. $f_{2(OL)}$
b. Tensão de realimentação
c. $A_{v(CL)}$
d. $A_{v(CL)}f_{(CL)}$

23. A realimentação negativa não melhora

a. A estabilidade do ganho de tensão
b. A distorção não linear nos últimos estágios
c. A tensão de *offset* de saída
d. A largura de banda de grandes sinais

24. Um amplificador ICVS está saturado. Um possível problema é

a. Sem tensões de alimentação
b. Resistor de realimentação aberto
c. Sem tensão de entrada
d. Resistor de carga aberto

25. Um amplificador VCVS não apresenta tensão de saída. Um possível problema é

a. Resistor de carga em curto-circuito
b. Resistor de realimentação aberto
c. Tensão de entrada excessiva
d. Resistor de carga aberto

26. Um amplificador ICIS está saturado. Um possível problema é

a. Resistor de carga em curto-circuito
b. R_2 está aberto
c. Sem tensão de entrada
d. Resistor de carga aberto

27. Um amplificador ICVS não apresenta tensão de saída. Um possível problema é

a. Sem tensão de alimentação positiva
b. Resistor de realimentação aberto
c. Sem tensão de realimentação
d. Resistor de carga em curto-circuito

28. A impedância de entrada em malha fechada em um amplificador VCVS é

a. Geralmente maior que a impedância de entrada em malha aberta
b. Igual à impedância de entrada em malha aberta
c. Algumas vezes menor que a impedância de entrada em malha aberta
d. Idealmente zero

Problemas

Nos seguintes problemas, consulte a Tabela 16-3, a qual contém parâmetros de amp-ops, conforme necessário.

SEÇÃO 17-2 GANHO DE TENSÃO DE UM VCVS

17-1 Na Figura 17-15, calcule a fração de realimentação, o ganho de tensão em malha fechada, o erro percentual e o ganho de tensão exato.

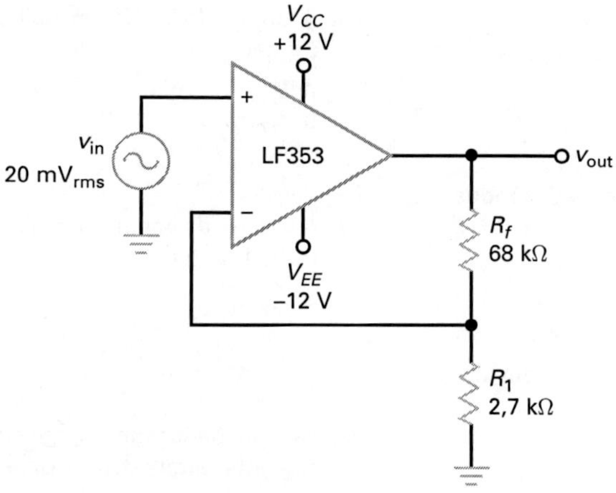

Figura 17-15

17-2 Se o resistor de 68 kΩ na Figura 17-15 for substituído por um de 39 kΩ, qual a fração de realimentação? Qual o ganho de tensão em malha fechada?

17-3 Na Figura 17-15, o resistor de 2,7 kΩ é substituído por um de 4,7 kΩ. Qual a fração de realimentação? Qual o ganho de tensão em malha fechada?

17-4 Se o LF351 na Figura 17-15 for substituído por um LM308, qual a fração de realimentação, o ganho de tensão em malha fechada ideal, o erro percentual e o ganho de tensão exato?

SEÇÃO 17-3 OUTRAS EQUAÇÕES PARA VCVS

17-5 Na Figura 17-16, o amp-op tem um R_{in} de 3 MΩ e um R_{CM} de 500 MΩ. Qual a impedância de entrada em malha fechada? Use um A_{VOL} de 200.000 para o amp-op.

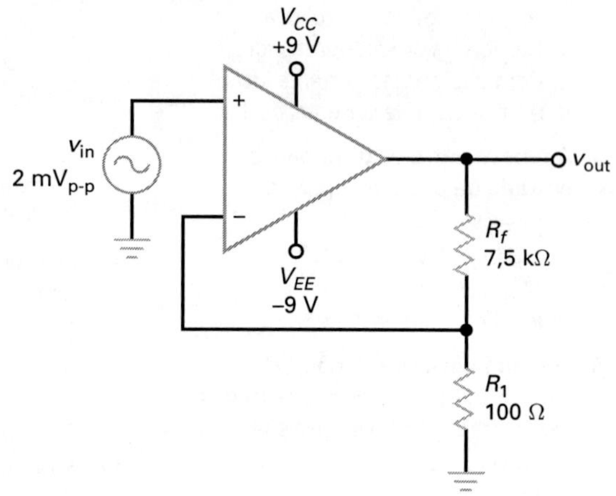

Figura 17-16

17-6 Qual a impedância de saída em malha fechada na Figura 17-16? Use um A_{VOL} de 75.000 e R_{out} de 50 Ω.

17-7 Suponha que o amplificador da Figura 17-16 tenha uma distorção harmônica total em malha aberta de 10%. Qual a distorção harmônica total em malha fechada?

SEÇÃO 17-4 AMPLIFICADOR ICVS

17-8 MultiSim Na Figura 17-17, a frequência é 1 kHz. Qual a tensão de saída?

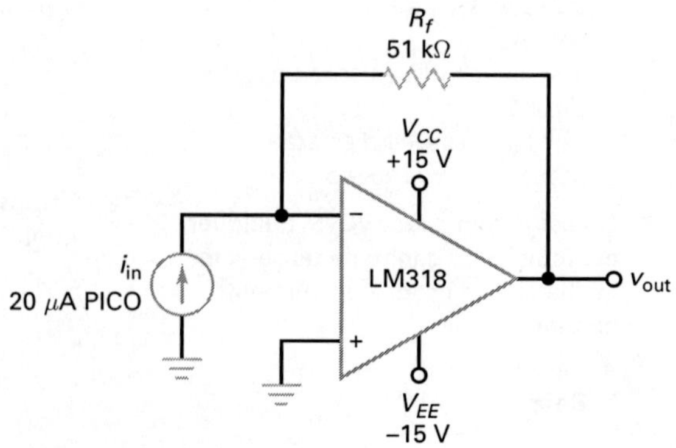

Figura 17-17

17-9 MultiSim Qual a tensão de saída na Figura 17-17 se o resistor de realimentação (51 kΩ) for substituído por um de 33 kΩ?

17-10 Na Figura 17-17, a corrente de entrada é alterada para 10,0 μA rms. Qual a tensão de saída de pico a pico?

SEÇÃO 17-5 AMPLIFICADOR VCIS

17-11 MultiSim Qual é a corrente de saída e a potência na carga na Figura 17-18?

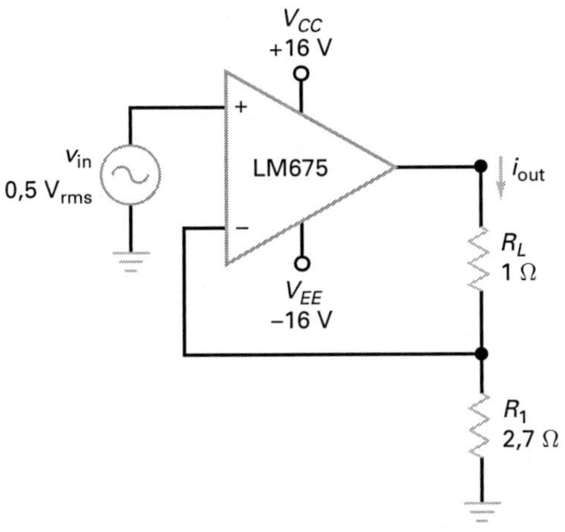

Figura 17-18

17-12 Se o resistor de carga (1 Ω) for substituído por um de 3 Ω na Figura 17-18, qual a corrente de saída e a potência na carga?

17-13 MultiSim Se o resistor de 2,7 Ω for substituído por um de 4,7 Ω na Figura 17-18, qual a corrente de saída e a potência na carga?

SEÇÃO 17-6 AMPLIFICADOR ICIS

17-14 MultiSim Qual o ganho de corrente e a potência na carga na Figura 17-19?

17-15 MultiSim Se o resistor de carga (1 Ω) for substituído por um de 2 Ω na Figura 17-19, qual a corrente de saída e a potência na carga?

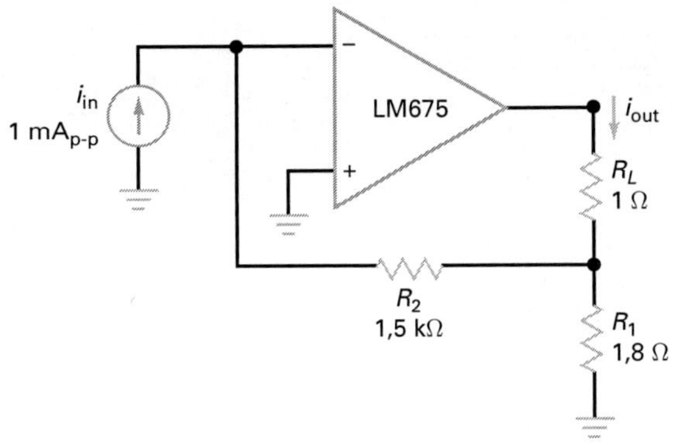

Figura 17-19

17-16 Se o resistor de 1,8 Ω for substituído por um de 7,5 Ω na Figura 17-19, qual o ganho de corrente e a potência na carga?

SEÇÃO 17-7 LARGURA DE BANDA

17-17 Um amplificador VCVS usa um LM324 com $(1 + A_{VOL}B) = 1000$ e $f_{2(OL)} = 2$ Hz. Qual a largura de banda em malha fechada?

17-18 Se um amplificador VCVS usa um LM833 com $A_{VOL} = 316.000$ e $f_{2(OL)} = 4,5$ Hz, qual a largura de banda em malha fechada para $A_{v(CL)} = 75$?

17-19 Um amplificador ICVS usa um LM318 com $A_{VOL} = 20.000$ e $f_{2(OL)} = 750$ Hz. Qual a largura de banda em malha fechada?

17-20 Um amplificador ICIS usa um TL072 com $f_{2(OL)} = 120$ Hz. Se $(1 + A_{VOL}B) = 5000$, qual a largura de banda em malha fechada?

17-21 Um amplificador VCVS usa um LM741C com $f_{unitário} = 1$ MHz e $S_R = 0,5$ V/μs. Se $A_{v(CL)} = 10$, qual a largura de banda em malha fechada? Qual a maior tensão de pico de saída sem distorção em $f_{2(CL)}$?

Raciocínio crítico

17-22 A Figura 17-20 é um conversor corrente-tensão que pode ser usado para medir corrente. Qual a leitura no voltímetro quando a corrente de entrada for de 4 μA?

17-23 Qual a tensão de saída na Figura 17-21?

17-24 Na Figura 17-22, qual o ganho de tensão do amplificador para cada posição da chave?

17-25 Na Figura 17-22, qual a tensão de saída para cada posição da chave se a tensão de entrada for de 10 mV?

17-26 Um 741C com $A_{VOL} = 100.000$, $R_{in} = 2$ MΩ e $R_{out} = 75$ Ω é usado na Figura 17-22. Quais são as impedâncias de entrada e saída em malha fechada para cada posição da chave?

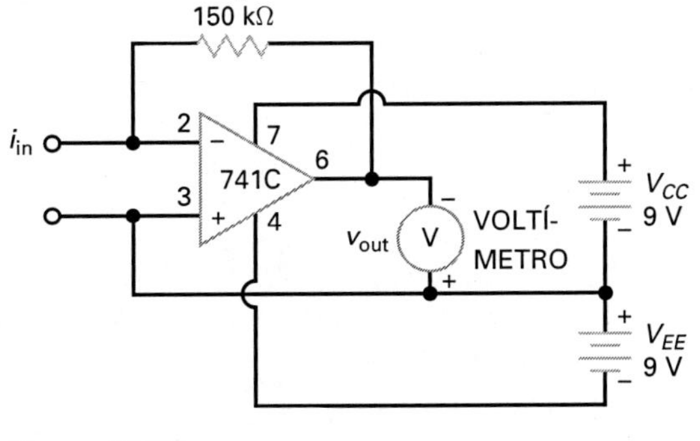

Figura 17-20

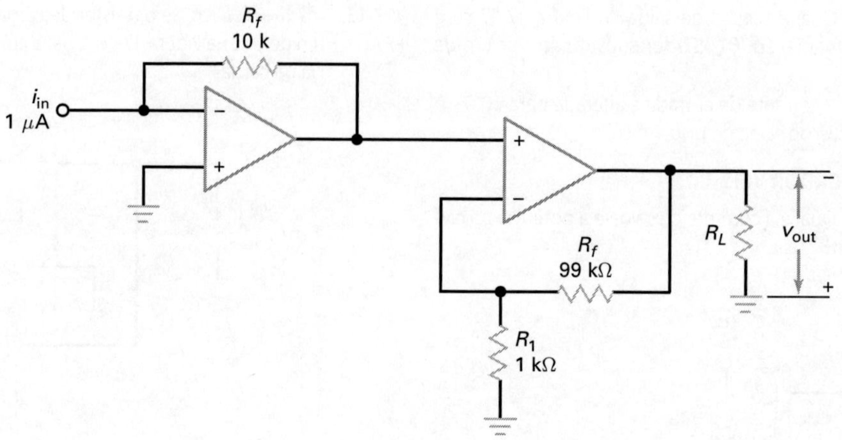

Figura 17-21

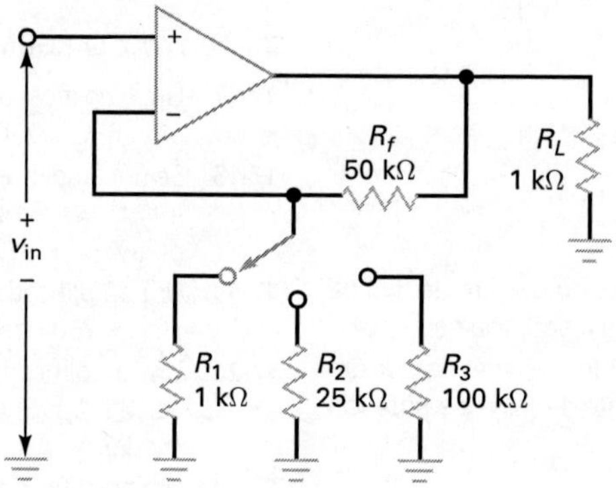

Figura 17-22

17-27 Um 741C com A_{VOL} = 100.000, $I_{in(bias)}$ = 80 nA, $I_{in(off)}$ = 20 nA, $V_{in(off)}$ = 1 mV e R_f = 100 kΩ é usado na Figura 17-22. Qual a tensão de *offset* de saída para cada posição da chave?

17-28 Qual a tensão de saída na Figura 17-23*a* para cada posição da chave?

17-29 O fotodiodo na Figura 17-23*b* produz uma corrente de 2 μA. Qual a tensão de saída?

17-30 Se o resistor desconhecido na Figura 17-23c tiver um valor de 3,3 kΩ, qual a tensão de saída?

17-31 Se a tensão de saída é 2 V na Figura 17-23c, qual o valor do resistor desconhecido?

17-32 O resistor de realimentação na Figura 17-24 tem uma resistência que é controlada por ondas sonoras. Se a resistência de realimentação variar de forma senoidal entre 9 kΩ e 11 kΩ, qual a tensão de saída?

17-33 A temperatura controla a resistência de realimentação na Figura 17-24. Se a resistência de realimentação variar de 1 kΩ a 10 kΩ, qual a faixa da tensão de saída?

17-34 A Figura 17-25 mostra um voltímetro CC sensível que usa um amp-op BIFET. Considere que a tensão de saída tenha sido cancelada com o ajuste de zero. Qual a tensão de entrada que produz uma deflexão de fundo de escala para cada posição da chave?

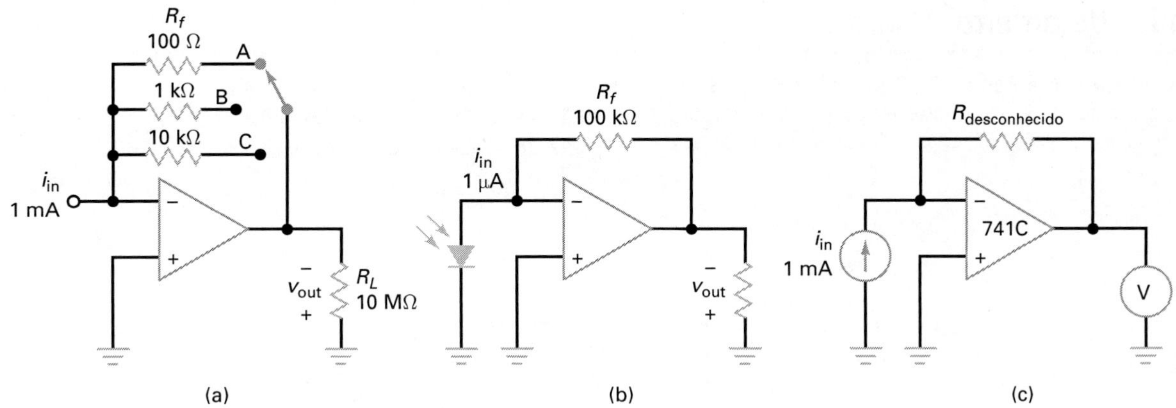

Figura 17-23

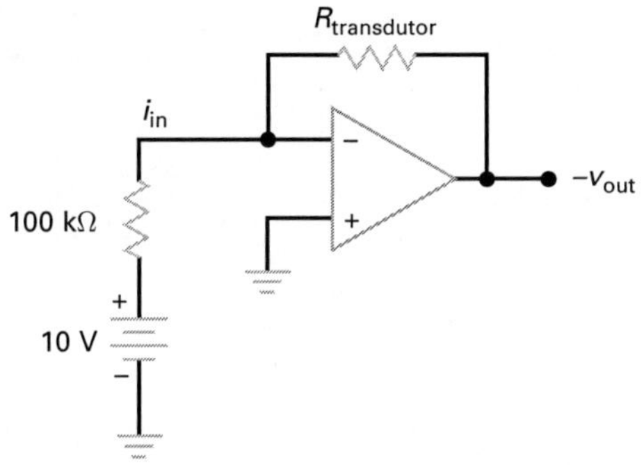

Figura 17-24

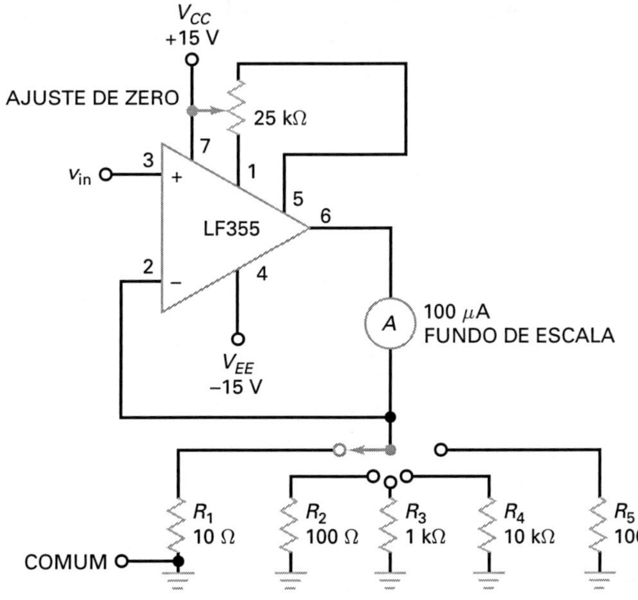

Figura 17-25

Análise de defeito

MultiSim Use a Figura 17-26 para os problemas restantes. Qualquer resistor de R_2 a R_4 pode estar aberto ou em curto-circuito. Além disso, as conexões *AB*, *CD* ou *FG* podem estar abertas.

17-35 Determine os defeitos de 1 a 3.

17-36 Determine os defeitos de 4 a 6.

17-37 Determine os defeitos de 7 a 9.

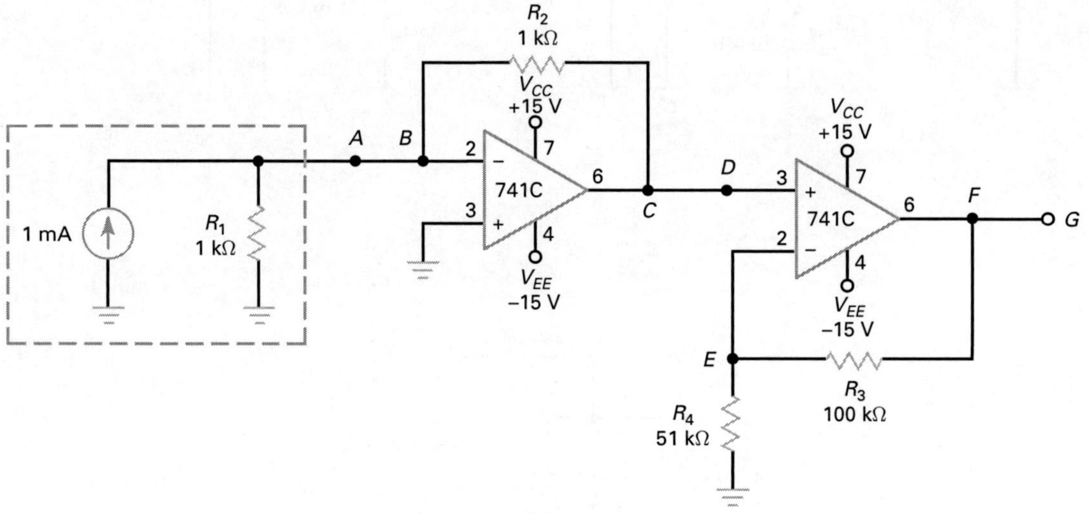

(*a*)

Verificação de Defeitos

Defeito	V_A	V_B	V_C	V_D	V_E	V_F	V_G	R_4
OK	0	0	−1	−1	−1	−3	−3	OK
T1	0	0	−1	0	0	0	0	OK
T2	0	0	0	0	0	0	0	OK
T3	0	0	−1	−1	0	−13,5	−13,5	0
T4	0	0	−13,5	−13,5	−4,5	−13,5	−13,5	OK
T5	0	0	−1	−1	−1	−3	0	OK
T6	0	0	−1	−1	0	−13,5	−13,5	OK
T7	+1	−4,5	0	0	0	0	0	OK
T8	0	0	−1	−1	−1	−1	−1	OK
T9	0	0	−1	−1	−1	−1	−1	∞

(*b*)

Figura 17-26

Questões de entrevista

1. Desenhe o circuito equivalente para a realimentação negativa VCVS. Escreva as equações para o ganho de tensão em malha fechada, impedâncias de entrada e de saída e largura de banda.
2. Desenhe o circuito equivalente para realimentação negativa ICVS.
3. Qual a diferença entre a largura de banda em malha fechada e a largura de banda de grandes sinais?
4. Quais são os quatro tipos de realimentação negativa? Descreva brevemente como cada circuito funciona.
5. Qual efeito tem a realimentação negativa na largura de banda de um amplificador?
6. A frequência de corte em malha fechada é maior ou menor que a frequência para malha aberta?
7. Por que muitos circuitos usam realimentação negativa?
8. Qual o efeito que a realimentação positiva tem sobre um amplificador?
9. O que é atenuação de realimentação (também denominado *fator de atenuação de realimentação*)?
10. O que é realimentação negativa e por que ela é usada?
11. Por que usaríamos uma realimentação negativa em um estágio amplificador se isso reduz o ganho de tensão total?
12. Que tipo de amplificadores são TJB e FET?

Respostas dos exercícios

1. b
2. d
3. a
4. a
5. a
6. c
7. b
8. b
9. b
10. b
11. d
12. b
13. b
14. b
15. b
16. d
17. c
18. b
19. c
20. b
21. c
22. d
23. d
24. b
25. a
26. b
27. d
28. a

Respostas dos problemas práticos

17-1 $B = 0{,}020$; $A_{v(\text{ideal})} = 50$; % erro = 0,05%; $A_{v(\text{exato})} = 49{,}975$

17-2 $z_{\text{in}(CL)} = 191\ \text{M}\Omega$

17-3 $z_{\text{out}(CL)} = 0{,}015\ \Omega$

17-4 $THD_{(CL)} = 0{,}004\%$

17-5 $v_{\text{out}} = 2\ \text{V}_{\text{pp}}$

17-6 $z_{\text{in}(CL)} = 0{,}025\ \Omega$; $z_{\text{out}(CL)} = 0{,}000375\ \Omega$

17-7 $i_{\text{out}} = 3$ A rms; $P_L = 18$ W

17-8 $i_{\text{out}} = 2$ A rms; $P_L = 4$ W

17-9 $f_{2(CL)} = 100$ kHz

17-10 $f_{2(CL)} = 8$ kHz

17-11 $f_{2(CL)} = 10$ Hz

17-12 $f_{2(CL)} = 125$ kHz

17-13 $f_{2(CL)} = 10$ kHz; $V_{p(\text{máx})} = 7{,}96$ Hz

18 Circuitos lineares com amp-op

- A saída de um **circuito amp-op linear** tem a mesma forma que o sinal de entrada. Se a entrada for senoidal, a saída será senoidal. Em nenhum momento durante o ciclo o amp-op atinge a saturação. Este capítulo discute uma variedade de circuitos amp-op lineares incluindo amplificadores inversores, amplificadores não inversores, amplificadores diferenciais, amplificadores de instrumentação, reforçadores (*boosters*) de corrente, fontes de correntes controladas e circuitos de controle automático de ganho.

Sumário

Objetivos de aprendizagem

Após o estudo deste capítulo, você deverá ser capaz de:

- Descrever várias aplicações para amplificadores inversores.
- Descrever várias aplicações para amplificadores não inversores.
- Calcular o ganho de tensão de amplificadores inversores e não inversores.
- Explicar a operação e as características dos amplificadores diferenciais e de instrumentação.
- Calcular a tensão de saída de conversores binários D/A ponderado e R/2R.
- Discutir reforçadores (*boosters*) de corrente e fontes de corrente controladas por tensão.
- Desenhar um circuito mostrando como um amp-op pode operar usando uma fonte de alimentação simples.

Termos-chave

amplificador de instrumentação
amplificador diferencial
amp-op trilho a trilho
blindagem do sinal
buffer
carga flutuante
circuito amp-op linear
circuito silenciador
controle automático de ganho (AGC)
conversor digital-analógico (D/A) gerador de média
conversor D/A de escada R/2R
ganho de tensão diferencial
laser trimming
referência de tensão
reforçador (booster) de corrente
tensão de entrada diferencial
termistor
transdutor de entrada
transdutor de saída
trocador de sinal

18-1 Circuitos amplificadores inversores

Neste capítulo e nos seguintes, discutiremos muitos tipos de circuitos diferentes com amp-op. Em vez de apresentarmos um resumo de todos os circuitos reunidos, colocamos pequenas caixas de texto contendo as fórmulas importantes para a compreensão do circuito. Além disso, onde for necessário, o resistor de realimentação, R_f, será identificado como R, R_2 ou outra identificação.

O amplificador inversor é um dos circuitos mais básicos. Nos Capítulos 18 e 19 discutimos a arquitetura desse amplificador. Uma vantagem desse amplificador é que seu ganho de tensão é igual à razão entre a resistência de realimentação e a resistência de entrada. Vamos analisar algumas aplicações.

Ponta de prova de alta impedância

A Figura 18-1 mostra uma ponta de prova de alta impedância que pode ser usada com um multímetro digital (DMM). Devido ao terra virtual no primeiro estágio, a ponta de prova tem uma impedância de entrada de 100 MΩ em baixas frequências. O primeiro estágio é um amplificador inversor com um ganho de tensão de 0,1. O segundo estágio é um amplificador inversor com um ganho de tensão de 1 ou 10.

O circuito da Figura 18-1 nos fornece a ideia básica de uma ponta de prova 10:1. Ele tem uma impedância de entrada muito alta e um ganho de tensão total de 0,1 ou 1. Na posição X10 da chave, o sinal de saída é atenuado por um fator de 10. Na posição X1, não há atenuação no sinal de saída. O circuito básico mostrado pode ser melhorado acrescentando-se mais componentes para melhorar a largura de banda.

Amplificador com acoplamento CA

Em algumas aplicações, não necessitamos de uma resposta que se estenda desde a frequência zero porque apenas sinais CA acionam a entrada. A Figura 18-2 mostra um amplificador com acoplamento CA e suas equações. O ganho de tensão é mostrado como:

$$A_v = \frac{-R_f}{R_1}$$

Para os valores dados na Figura 18-2, o ganho de tensão em malha fechada é:

$$A_v = \frac{-100\,\text{k}\Omega}{10\,\text{k}\Omega} = -10$$

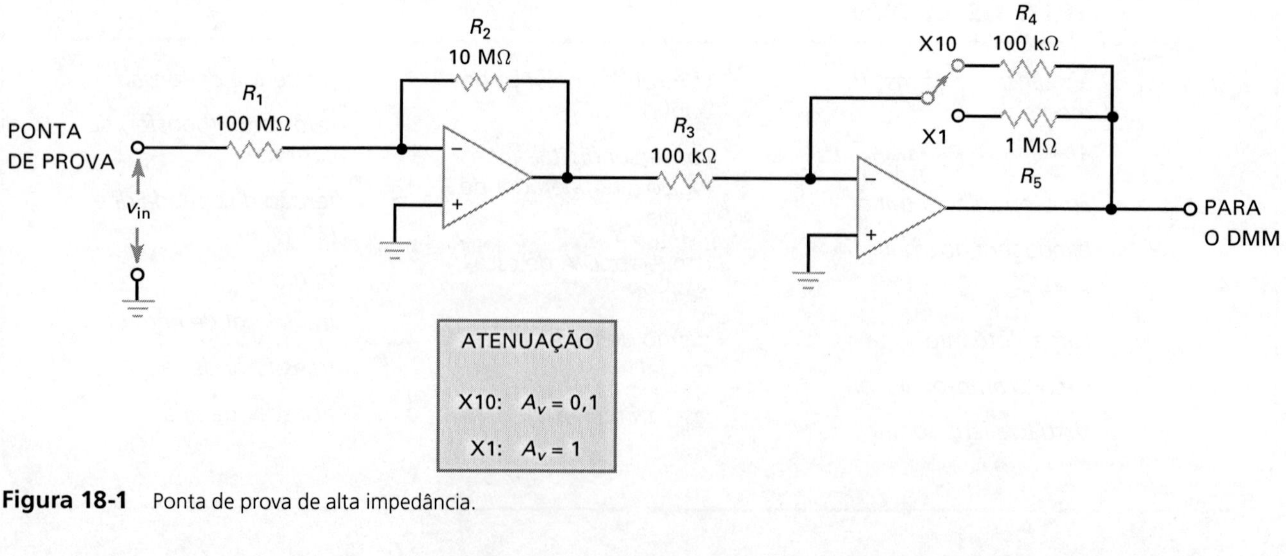

Figura 18-1 Ponta de prova de alta impedância.

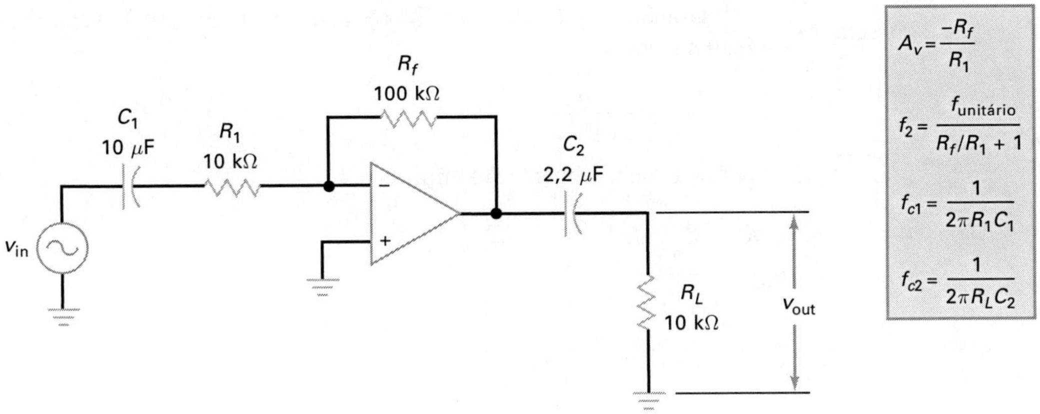

Figura 18-2 Amplificador inversor com acoplamento CA.

Se a $f_{unitário}$ for 1 MHz, a largura de banda é:

$$f_{2(CL)} = \frac{1\text{MHz}}{10+1} = 90{,}0\,\text{kHz}$$

O capacitor C_1 de acoplamento de entrada e o resistor R_1 produzem uma frequência de corte inferior de f_{c1}. Para os valores mostrados:

$$f_{c1} = \frac{1}{2\pi(10\,\text{k}\Omega)(10\,\mu\text{F})} = 1{,}59\,\text{Hz}$$

De forma similar, o capacitor C_2 de acoplamento de saída e a resistência de carga R_L produzem a frequência de corte f_{c2}:

$$f_{c2} = \frac{1}{2\pi(10\,\text{k}\Omega)(2{,}2\,\mu\text{F})} = 7{,}23\,\text{HZ}$$

Circuito com largura de banda ajustável

Algumas vezes queremos alterar a largura de banda em malha fechada de um amplificador de tensão inversor sem alterar o ganho de tensão em malha fechada. A Figura 18-3 mostra uma forma de fazer isso. Quando R é variável, a largura de banda pode ser alterada mas o ganho de tensão permanece constante.

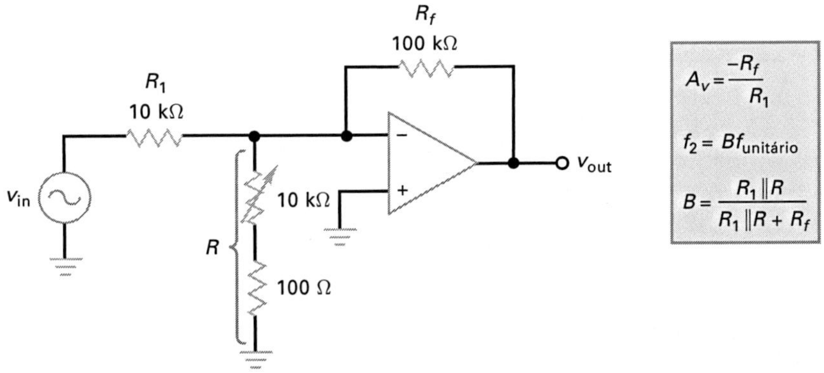

Figura 18-3 Circuito de largura de banda ajustável.

Usando as equações e os valores dados na Figura 18-3, o ganho de tensão em malha fechada é

$$A_v = \frac{-100\ \text{k}\Omega}{10\ \text{k}\Omega} = -10$$

A fração de realimentação mínima é:

$$B_{\text{mín}} \cong \frac{10\text{k}\Omega \| 100\,\Omega}{100\text{k}\Omega} \cong 0{,}001$$

A fração de realimentação máxima é:

$$B_{\text{máx}} \cong \frac{10\text{k}\Omega \| 10{,}1\ \text{k}\Omega}{100\text{k}\Omega} \cong 0{,}05$$

Se $f_{\text{unitário}}$ = 1 MHz, as larguras de banda mínima e máxima são:

$$f_{2(CL)\text{mín}} = (0{,}001)(1\text{MHz}) = 1\ \text{kHz}$$

$$f_{2(CL)\text{máx}} = (0{,}05)(1\text{MHz}) = 50\ \text{kHz}$$

Em resumo, quando R varia de 100 Ω a 10 kΩ, o ganho de tensão permanece constante mas a largura de banda varia de 1 a 50 kHz.

18-2 Circuitos amplificadores não inversores

O amplificador não inversor é outro circuito básico com amp-op. Suas vantagens incluem ganho de tensão estável, impedância de entrada alta e impedância de saída baixa. A seguir apresentamos algumas aplicações.

Amplificador com acoplamento CA

A Figura 18-4 mostra um amplificador não inversor com acoplamento CA e suas equações para a análise. C_1 e C_2 são capacitores de acoplamento. C_3 é um capacitor de desvio. Usando um capacitor de desvio temos a vantagem de minimizar a tensão de *offset* de saída. Eis o motivo: Na banda média do amplificador, o capacitor de desvio tem uma impedância muito baixa. Portanto, o terminal inferior de R_1 está no terra CA. Na banda média, a fração de realimentação é:

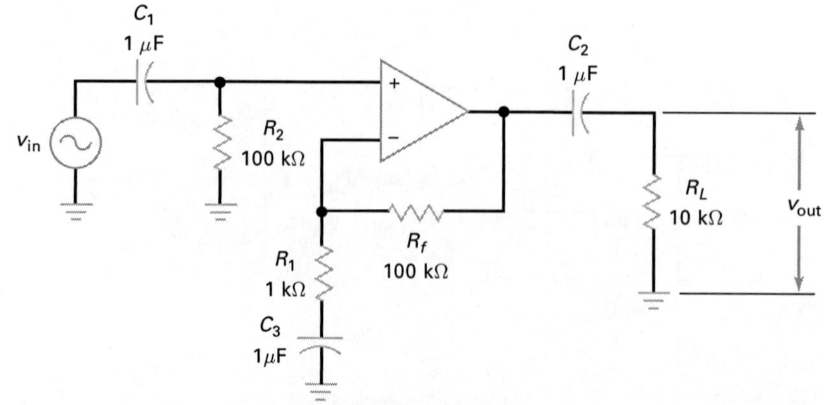

$$A_v = \frac{R_f}{R_1} + 1$$

$$f_2 = \frac{f_{\text{unitário}}}{A_v}$$

$$f_{c1} = \frac{1}{2\pi R_2 C_1}$$

$$f_{c2} = \frac{1}{2\pi R_L C_2}$$

$$f_{c3} = \frac{1}{2\pi R_1 C_3}$$

Figura 18-4 Amplificador não inversor com acoplamento CA.

$$B = \frac{R_1}{R_1 + R_f} \tag{18-1}$$

Nesse caso, o circuito amplifica a tensão de entrada conforme descrito anteriormente.

Quando a frequência é zero, o capacitor de desvio C_3 é um circuito aberto sendo que a fração de realimentação B aumenta para o valor unitário porque:

$$B = \frac{\infty}{\infty + 1} = 1$$

Essa equação é válida se definirmos ∞ como um valor extremamente grande, que é o valor da impedância na frequência zero. Com B igual a 1, o ganho de tensão em malha fechada é unitário. Isso reduz a tensão de *offset* de saída para um mínimo.

Com os valores dados na Figura 18-4, podemos calcular o ganho de tensão na banda média da seguinte forma:

$$A_v = \frac{100\text{k}\Omega}{1\text{k}\Omega} + 1 = 101$$

Se $f_{\text{unitário}}$ for 15 MHz, a largura de banda é:

$$f_{2(CL)} = \frac{15\text{MHz}}{101} = 149\text{KHz}$$

O capacitor de acoplamento de entrada produz uma frequência de corte de:

$$f_{c1} = \frac{1}{2\pi(100\text{k}\Omega)(1\,\mu\text{F})} = 1{,}59\text{Hz}$$

De forma similar, o capacitor de acoplamento de saída, C_2 e a resistência de carga R_L produzem uma frequência de corte f_{c2}:

$$f_{c2} = \frac{1}{2\pi(10\text{k}\Omega)(1\,\mu\text{F})} = 15{,}9\text{Hz}$$

O capacitor de desvio produz uma frequência de corte de:

$$f_{c3} = \frac{1}{2\pi(1\text{k}\Omega)(1\,\mu\text{F})} = 159\text{Hz}$$

Amplificador para distribuição de áudio

A Figura 18-5 mostra um amplificador não inversor com acoplamento CA acionando três seguidores de tensão. Essa é uma forma de distribuir um sinal de áudio para diferentes saídas. O ganho de tensão em malha fechada e a largura de banda do primeiro estágio são dados pelas equações familiares mostradas na Figura 18-5. Para os valores mostrados, o ganho de tensão em malha fechada é 40. Se $f_{\text{unitário}}$ for 1 MHz, a largura de banda em malha fechada é 25 kHz.

A propósito, é conveniente usar um amp-op como o LM348 em um circuito como o da Figura 18-5 porque o LM348 é uma 741 quádruplo – 4 741s em um encapsulamento de 14 pinos. Um dos amp-ops pode ser o primeiro estágio e os outros pode ser os seguidores de tensão.

Ganho de tensão chaveado com JFET

Algumas aplicações requerem uma mudança no ganho de tensão em malha fechada. A Figura 18-6 mostra um amplificador não inversor cujo ganho de tensão é controlado por um JFET que atua como uma chave. A tensão de entrada para o JFET é uma tensão de dois estados, zero ou $V_{GS(\text{off})}$ (*gate-source cutoff voltage* – tensão de corte porta-fonte). Quando a tensão de controle é baixa, ela é igual a $V_{GS(\text{off})}$ estando o JFET como um circuito aberto.

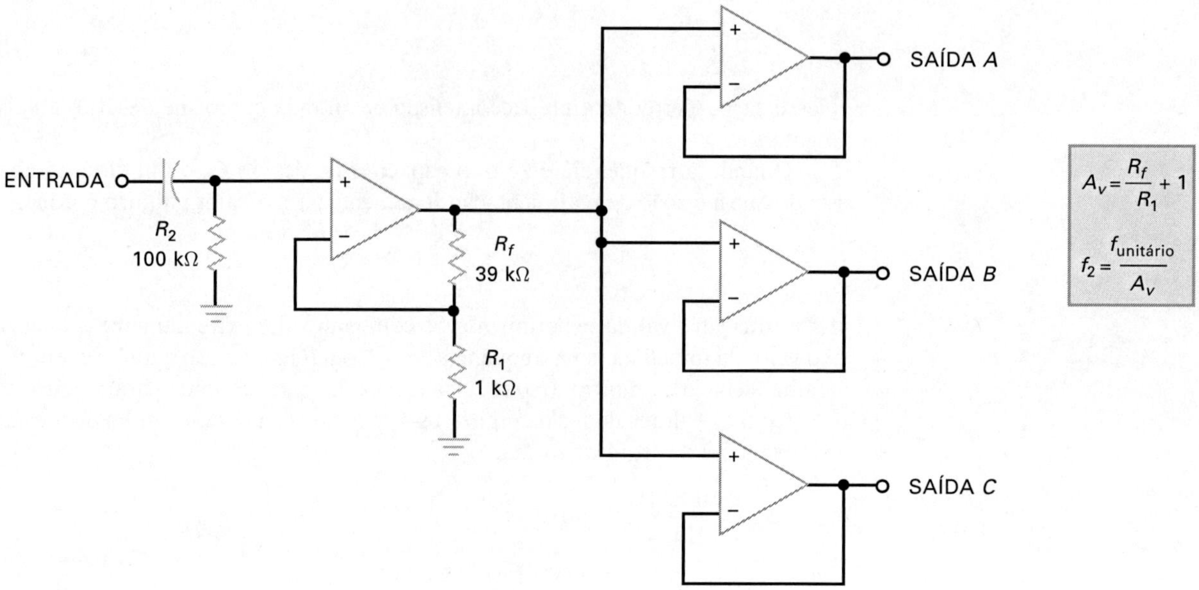

Figura 18-5 Amplificador de distribuição.

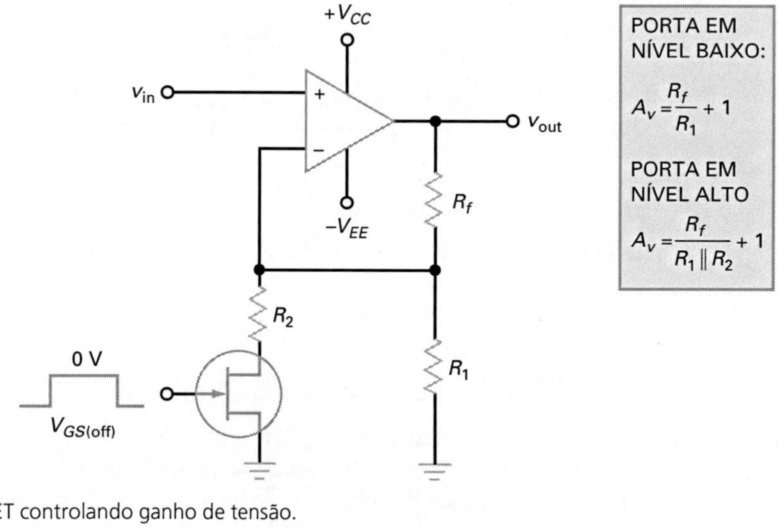

Figura 18-6 Chave JFET controlando ganho de tensão.

Nesse caso, R_2 é desconectado de GND e o ganho de tensão é dado pela equação usual para um amplificador não inversor (a equação superior na Figura 18-6).

Quando a tensão de controle for nível alto, ela será igual a 0 V e a chave JFET é fechada. Isso coloca R_2 em paralelo com R_1 e o ganho de tensão em malha fechada diminui para:

$$A_v = \frac{R_f}{R_1 \| R_2} + 1 \tag{18-2}$$

Na maioria dos projetos, R_2 é escolhido para ser muito maior que $r_{ds(on)}$ para evitar que a resistência do JFET afete o ganho de tensão em malha fechada. Algumas vezes, podemos encontrar alguns resistores e chaves JFET em paralelo com R_1 para proporcionar uma seleção de diferentes ganhos de tensão.

Exemplo de aplicação 18-1

Uma aplicação para a Figura 18-6 é um **circuito silenciador**. Esse tipo de circuito é usado em receptores de comunicação para reduzir a fadiga do ouvinte por ter um ganho de tensão baixo quando nenhum sinal é recebido. Dessa forma, o usuário não tem de ouvir estática quando não há sinal de comunicação. Quando chega um sinal, o ganho de tensão é comutado para um valor mais alto.

Se R_1 = 100 kΩ, R_f = 100 kΩ e R_2 = 1 kΩ na Figura 18-6, qual é o ganho de tensão quando o JFET está ligado (*on*)? Qual é o ganho de tensão quando o JFET está desligado (*off*)? Explique como o circuito pode ser usado como parte de um circuito silenciador.

SOLUÇÃO Usando as equações dadas na Figura 18-6, o ganho de tensão máximo é:

$$A_v = \frac{100\,\text{k}\Omega}{100\,\text{k}\Omega \,\|\, 1\,\text{k}\Omega} + 1 = 102$$

O ganho de tensão mínimo é:

$$A_v = \frac{100\,\text{k}\Omega}{100\,\text{k}\Omega} + 1 = 2$$

Quando um sinal de comunicação é recebido, podemos usar um detector de pico e outros circuitos para produzir uma tensão de porta de nível ALTO para o JFET na Figura 18-6. Isso produz o ganho de tensão máximo enquanto o sinal é recebido. Por outro lado, quando nenhum sinal é recebido, a saída do detector de pico é nível baixo e o JFET está em corte, produzindo o ganho de tensão mínimo.

Referência de tensão

O MC1403 é um CI de função especial denominado **referência de tensão**, um circuito que produz uma tensão de saída estável e extremamente precisa. Para qualquer tensão de alimentação positiva entre 4,5 e 40 V, ele produz uma tensão de saída de 2,5 V com uma tolerância de ±1%. O coeficiente de temperatura é de apenas 10 ppm/°C. A abreviação *ppm* significa "parte por milhão" (1 ppm equivale a 0,0001%). Portanto, 10 ppm/°C produz uma variação de apenas 2,5 mV para uma variação de 100°C na temperatura (10 × 0,0001% × 100 × 2,55V). O ponto em questão é que a tensão de saída é ultra-sensível e igual a 2,5 V ao longo de uma grande variação de temperatura.

O único problema é que 2,5 V pode ser uma referência de tensão muito baixa para muitas aplicações. Por exemplo, suponha que queremos uma tensão de referência de 10 V. Então, uma solução é usar um MC1403 e um amplificador não inversor como mostra a Figura 18-7. Com os valores de circuito mostrados, o ganho de tensão é:

$$A_v = \frac{30\,\text{k}\Omega}{10\,\text{k}\Omega} + 1 = 4$$

e a tensão de saída é:

$$V_{out} = 4(2{,}5\,\text{V}) = 10\,\text{V}$$

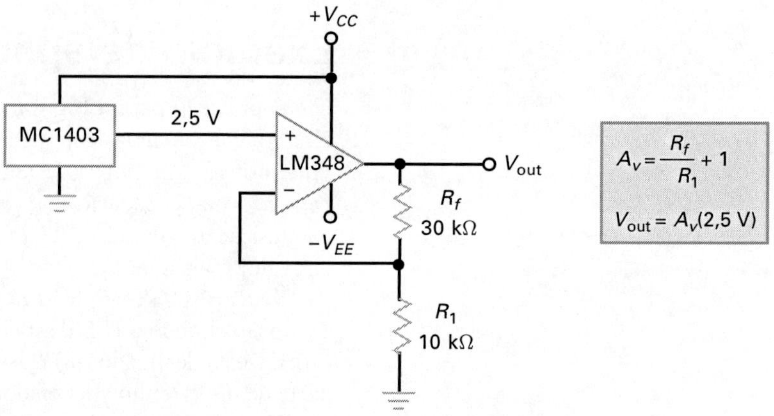

Figura 18-7 Referência de tensão.

Devido ao ganho de tensão em malha fechada do amplificador não inversor ser apenas 4, a tensão de saída será uma referência de tensão estável de 10 V.

18-3 Circuitos inversores/não inversores

Nesta seção, discutimos circuitos nos quais os sinais de entrada acionam simultaneamente as duas entradas do amp-op. Quando um sinal de entrada aciona as duas entradas, temos a amplificação inversora e não inversora ao mesmo tempo. Isso produz resultados interessantes porque a saída é a superposição de dois sinais amplificados.

O ganho de tensão total com um sinal de entrada acionando as duas entradas do amp-op é igual ao ganho de tensão do canal inversor ($A_{v(\text{inv})}$) mais o ganho de tensão do canal não inversor ($A_{v(non)}$):

$$A_v = A_{v(\text{inv})} + A_{v(\text{non})} \tag{18-3}$$

Usaremos essas equações para analisar os circuitos dessa seção.

Inversor/não inversor comutável

A Figura 18-8 mostra um amp-op que pode funcionar como inversor ou não inversor. Com a chave na posição inferior, a entrada não inversora é aterrada e o circuito é um amplificador inversor. Como as resistências de realimentação e de entrada são iguais, o amplificador inversor tem um ganho de tensão em malha fechada de:

$$A_v = \frac{-R}{R} = -1$$

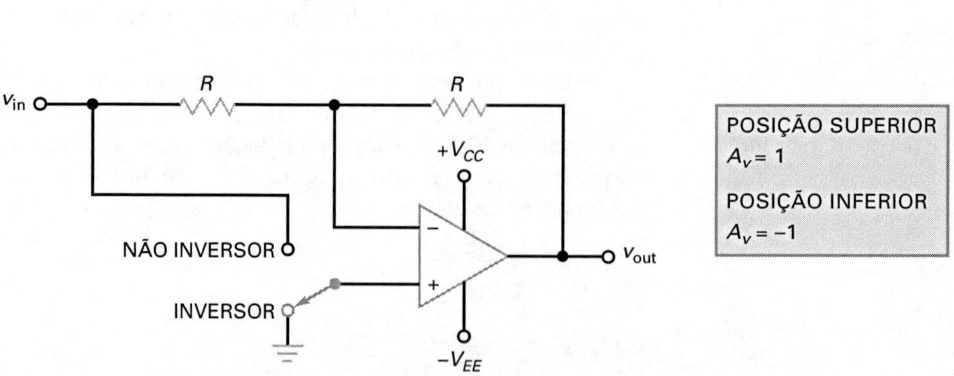

Figura 18-8 Ganho de tensão reversível.

Quando a chave é comutada para a posição superior, o sinal de entrada aciona simultaneamente as entradas inversora e não inversora. O ganho de tensão do canal inversor ainda é:

$$A_{v(\text{inv})} = -1$$

O ganho de tensão do canal não inversor é:

$$A_{v(\text{non})} = \frac{R}{R} + 1 = 2$$

O ganho de tensão total é a superposição ou a soma algébrica dos dois ganhos:

$$A_v = A_{v(\text{inv})} - A_{v(\text{non})} = -1 + 2 = 1$$

Esse circuito é um inversor/não inversor comutável. Ele tem um ganho de tensão de 1 ou –1, dependendo da posição da chave. Em outras palavras, o circuito produz uma tensão de saída com a mesma amplitude que a tensão de entrada, porém a fase pode ser comutada entre 0° e –180°. Como exemplo, se v_{in} for igual a +5V, v_{out} poderá ser tanto +5V quanto –5V, dependendo da posição da chave.

Inversor comutável controlado com JFET

A Figura 18-9 é uma modificação da Figura 18-8. O JFET atua como uma resistência r_{ds} controlada por tensão. O JFET tem uma resistência que é muito baixa ou muito alta, dependendo da tensão na porta.

Quando a tensão na porta for nível baixo, ela é igual a $V_{GS(off)}$ e o JFET é um circuito aberto. Portanto, o sinal de entrada aciona as duas entradas. Nesse caso:

$$A_{v(\text{non})} = 2$$

$$A_{v(\text{inv})} = -1$$

e

$$A_v = A_{v(\text{inv})} + A_{v(\text{non}}$$

O circuito atua como um amplificador de tensão não inversor com um ganho de tensão em malha fechada de 1.

Quando a tensão na porta for nível alto, ela é igual a 0 V e o JFET tem uma resistência muito baixa. Portanto, a entrada não inversora é aproximadamente aterrada. Nesse caso, o circuito atua como um amplificador de tensão inversor com um ganho de tensão em malha fechada de –1. Para uma operação adequada, R deve ser pelo menos 100 vezes maior que a resistência r_{ds} do JFET.

Em resumo, o circuito tem um ganho de tensão que pode ser 1 ou –1, dependendo se a tensão de controle do JFET é nível baixo ou nível alto.

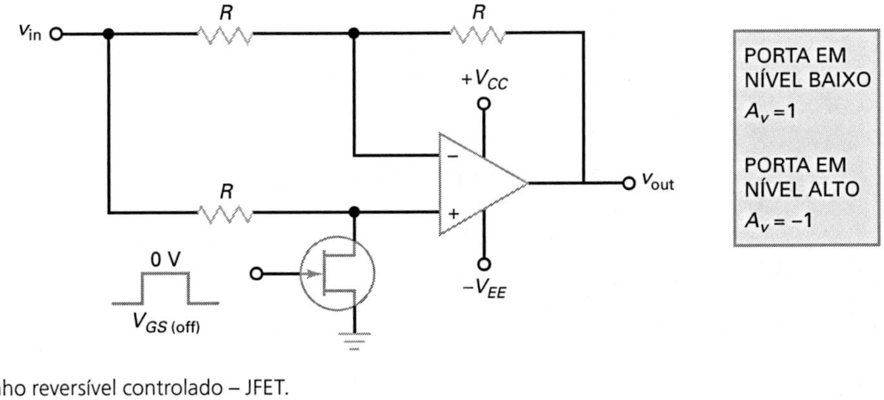

Figura 18-9 Ganho reversível controlado – JFET.

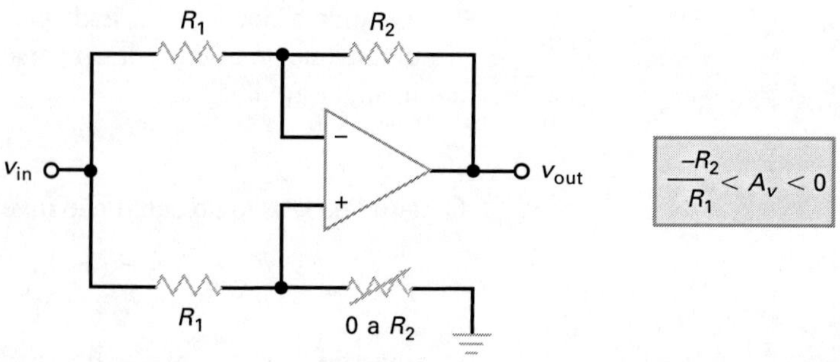

Figura 18-10 Inversor com ganho ajustável.

Inversor com ganho ajustável

Quando o resistor variável na Figura 18-10 for zero, a entrada não inversora é aterrada e o circuito se torna um amplificador inversor com um ganho de tensão de $-R_2/R_1$. Quando o resistor variável é aumentado para R_2, tensões iguais acionam as entradas não inversora e inversora do amp-op (entrada em modo comum). Por causa da rejeição em modo comum, a tensão de saída é aproximadamente zero. Portanto, o circuito da Figura 18-10 tem um ganho de tensão que é continuamente variável de $-R_2/R_1$ a 0.

Exemplo de aplicação 18-2

Quando precisarmos variar a amplitude de um sinal fora de fase, podemos usar um circuito como o da Figura 18-10. Se $R_1 = 1{,}2\ \text{k}\Omega$ e $R_2 = 91\ \text{k}\Omega$, quais os valores do ganho de tensão máximo e mínimo?

SOLUÇÃO Usando a equação dada na Figura 18-10, o ganho de tensão máximo é:

$$A_v = \frac{-91\ \text{k}\Omega}{1{,}2\ \text{k}\Omega} = -75{,}8$$

O ganho de tensão mínimo é zero.

PROBLEMA PRÁTICO 18-2 No Exemplo 18-2, qual deve ser o valor de R_2 para que o ganho máximo seja –50?

Trocador de sinal

O circuito da Figura 18-11 é denominado **trocador de sinal**, um circuito bastante incomum, pois o seu ganho pode variar de –1 a 1. Eis a teoria de operação dele: Quando o cursor estiver todo para a direita, a entrada não inversora estará aterrada e o circuito terá um ganho de tensão de:

$$A_v = -1$$

Quando o cursor estiver todo para a esquerda, o sinal de entrada aciona a entrada não inversora bem como a entrada inversora. Nesse caso, o ganho de tensão total é a superposição dos ganhos de tensão inversor e não inversor:

$$A_{v(\text{non})} = 2$$

$$A_{v(\text{inv})} = -1$$

$$A_v = A_{v(\text{inv})} + A_{v(\text{non})} = 1$$

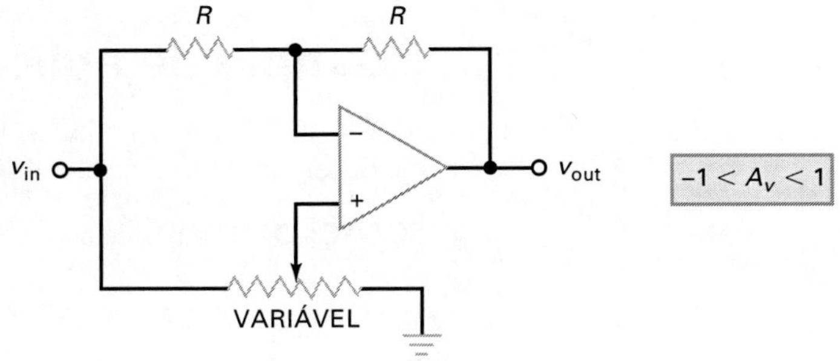

Figura 18-11 Ganho de ±1 ajustável e reversível.

Em resumo, quando o cursor se move da direita para a esquerda, o ganho de tensão muda continuamente de –1 para 1. No ponto de cruzamento (cursor no centro), um sinal de modo comum aciona o amp-op e a saída é idealmente zero.

Ganho ajustável e reversível

A Figura 18-12 mostra outro circuito incomum. Ele nos permite ajustar o ganho de tensão entre $-n$ e n. A teoria de operação é similar a do trocador de sinal. Quando o cursor estiver todo para a direita, a entrada não inversora será aterrada e o circuito se tornará um amplificador inversor com um ganho de tensão em malha fechada de:

$$A_v = \frac{-nR}{R} = -n$$

Quando o cursor estiver todo para a esquerda, pode-se mostrar que:

$$A_{v(\text{inv})} = -n$$

$$A_{v(\text{non})} = 2n$$

$$A_v = A_{v(\text{non})} + A_{v(\text{inv})} = n$$

Esses resultados podem ser deduzidos aplicando-se o teorema de Thévenin ao circuito e simplificando com o uso da álgebra.

Circuitos como os das Figuras 18-11 e 18-12 são incomuns porque eles não têm uma contrapartida discreta simples. Eles são bons exemplos de circuitos que seriam difíceis de implementar com componentes discretos mas são fáceis de serem construídos com amp-ops.

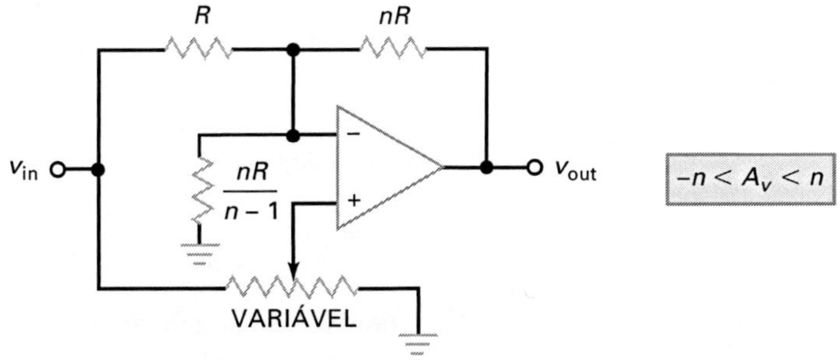

Figura 18-12 Ganho de ± n ajustável e reversível.

Exemplo de aplicação 18-3

Se R = 1,5 kΩ e nR = 7,5 kΩ na Figura 18-12, qual é o ganho positivo máximo de tensão? Qual é o valor da outra resistência fixa?

SOLUÇÃO O valor de n é:

$$n = \frac{7{,}5\ \text{k}\Omega}{1{,}5\ \text{k}\Omega} = 5$$

O ganho positivo máximo de tensão é 5. O outro resistor fixo tem um valor de:

$$\frac{nR}{n-1} = \frac{5(1{,}5\ \text{k}\Omega)}{5-1} = 1{,}875\ \text{k}\Omega$$

Com um circuito como esse, temos de usar um resistor de precisão para obter um valor não padrão como 1,875 kΩ.

PROBLEMA PRÁTICO 18-3 Usando a Figura 18-12, se R = 1 kΩ, qual o ganho positivo mínimo de tensão e o valor da outra resistência fixa?

Deslocador de fase

A Figura 18-13 mostra um circuito que pode idealmente produzir um deslocamento de fase de 0° a –180°. O canal não inversor tem um circuito de atraso RC e o canal inversor tem dois resistores iguais com um valor de R'. Portanto, o ganho de tensão de um canal inversor é sempre unitário. Mas o ganho de tensão de um canal não inversor depende da frequência de corte do circuito de atraso RC.

Quando a frequência de entrada for muito menor que a frequência de corte ($f << f_c$), o capacitor aparece como um circuito aberto e:

$$A_{v(\text{non})} = 2$$
$$A_{v(\text{inv})} = -1$$
$$A_v = A_{v(\text{non})} + A_{v(\text{inv})} = 1$$

Isso significa que o sinal de saída tem a mesma magnitude que o sinal de entrada e o deslocamento de fase é 0°, bem abaixo da frequência de corte do circuito de atraso.

Quando a frequência de entrada for muito maior que a frequência de corte ($f >> f_c$), o capacitor aparece em curto-circuito. Nesse caso, o canal não inversor tem um ganho de tensão de zero. Portanto, o ganho total é igual ao ganho do canal inversor, que é –1, equivalente ao deslocamento de fase de –180°.

Para calcularmos o deslocamento de fase entre os dois extremos, precisamos calcular a frequência de corte usando a equação dada na Figura 18-13. Por exemplo, se C = 0,022 μF e o resistor variável na Figura 18-13 é ajustado em 1 kΩ, a frequência de corte é:

$$f_c = \frac{1}{2\pi(1\ \text{k}\Omega)(0{,}022\ \mu\text{F})} = 7{,}23\ \text{kHz}$$

Com uma frequência de fonte de 1 kHz, o deslocamento de fase é:

$$\phi = -2\ \text{arctg}\frac{1\ \text{KHz}}{7{,}23\ \text{KHz}} = -15{,}7^\circ$$

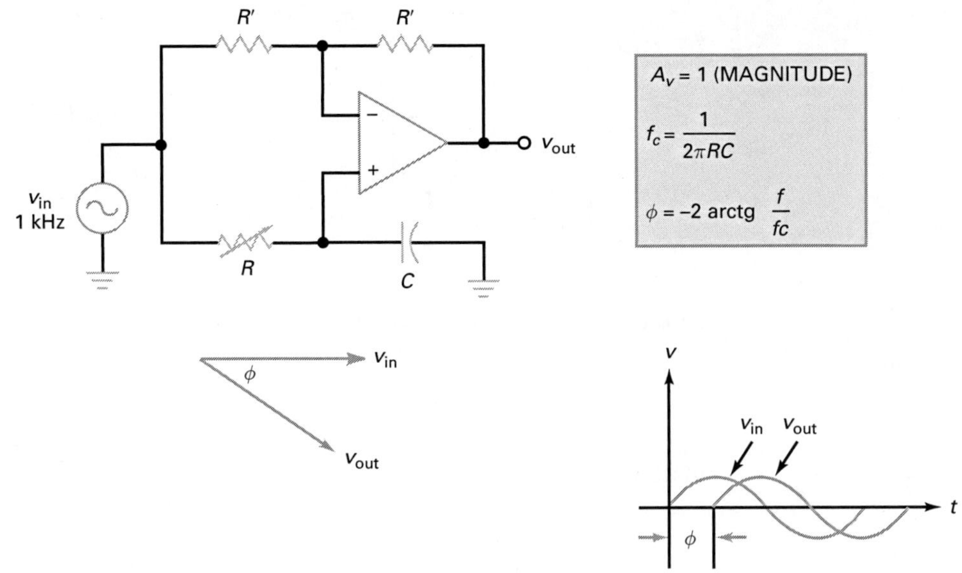

Figura 18-13 Deslocador de fase.

Se o resistor variável for aumentado para 10 kΩ, a frequência de corte diminuirá para 723 Hz e o deslocamento de fase aumentará para:

$$\phi = -2 \text{ arctg} \frac{1\text{ kHz}}{723\text{ Hz}} = -108^\circ$$

Se o resistor variável for aumentado para 100 kΩ, a frequência de corte diminuirá para 72,3 Hz e o deslocamento de fase aumentará para:

$$\phi = -2\text{arctg}\frac{1\text{kHz}}{72{,}3\text{Hz}} = -172^\circ$$

Em resumo, o deslocador de fase produz uma tensão de saída com a mesma magnitude que a tensão de entrada, mas com um ângulo de fase que podemos variar continuamente entre 0° e –180°.

18-4 Amplificadores diferenciais

Esta seção discute como construir um **amplificador diferencial** usando um amp-op. Uma das características mais importantes de um amplificador diferencial é o seu CMRR porque o sinal de entrada típico é uma tensão diferencial pequena e uma tensão em modo comum grande.

Amplificador diferencial básico

A Figura 18-14 mostra um amp-op conectado como um amplificador diferencial. O resistor R_1' tem o mesmo valor nominal que R_1, mas difere ligeiramente no valor por causa da tolerância. Por exemplo, se os resistores são de 1 kΩ ±1%, R_1 pode ser alto quanto 1010 Ω e R_1' pode ser baixo quanto 990 Ω, e vice-versa. De forma similar, R_2 e R_2' são nominalmente iguais, mas podem diferir ligeiramente por causa das tolerâncias.

Na Figura 18-14, a tensão de entrada desejada v_{in} é denominada **tensão de entrada diferencial** para distingui-la da tensão de entrada em modo comum $v_{in(CM)}$.

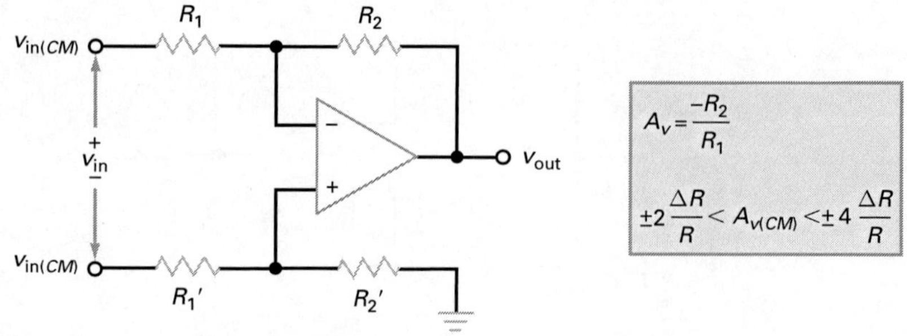

Figura 18-14 Amplificador diferencial.

É ÚTIL SABER

Fluxos de dados de alta velocidade são obtidos com USB 3.0 (Barramento Serial Universal 3.0) utilizando-se sinais complementares em fios emparelhados chamados de pares diferenciais complementares. Esses sinais alimentam amplificadores diferenciais, os quais rejeitam ruídos ou interferências em modo comum e produzem a saída desejada.

Um circuito como o da Figura 18-14 amplifica a tensão de entrada diferencial v_{in} para obter a tensão de saída v_{out}. Usando o teorema da superposição, pode-se mostrar que:

$$v_{out} = A_v v_{in}$$

onde

$$A_v = \frac{-R_2}{R_1} \tag{18-4}$$

Esse ganho é denominado **ganho de tensão diferencial** para distingui-lo do ganho de tensão em modo comum $A_{v(CM)}$. Usando resistores de precisão, podemos construir um amplificador diferencial com um ganho de tensão preciso.

Um amplificador diferencial é frequentemente usado em aplicações nas quais o sinal de entrada diferencial v_{in} é uma pequena tensão CC (milivolts) e o sinal de entrada em modo comum é uma tensão CC grande (volts). Como resultado, o CMRR do circuito torna-se um parâmetro crítico. Por exemplo, se o sinal de entrada diferencial for 7,5 mV e o sinal em modo comum for 7,5 V, o sinal de entrada diferencial é 60 dB menor que o sinal de entrada em modo comum. A menos que o circuito tenha um grande CMRR, o sinal de saída em modo comum será desagradavelmente grande.

CMRR do amp-op

Na Figura 18-14, dois fatores determinam o CMRR geral do circuito. Primeiro, existe o CMRR do amp-op propriamente. Para um 741C, o CMRR mínimo é 70 dB em baixas frequências. Se o sinal de entrada diferencial for 60 dB menor que o sinal de entrada em modo comum, o sinal de saída diferencial será apenas 10 dB maior que o sinal de saída em modo comum. Isso significa que o sinal desejado é apenas 3,16 vezes maior que o sinal indesejado. Portanto, um 741C seria inútil em uma aplicação como essa.

A solução é usar um amp-op de precisão como o OP-07A. Ele tem um CMRR mínimo de 110 dB. Isso melhora significativamente a operação. Se o sinal de entrada diferencial for 60 dB menor que o sinal de entrada em modo comum, o sinal de saída diferencial será 50 dB maior que o sinal de saída em modo comum. Isso seria bom se o CMRR do amp-op fosse apenas a fonte do erro.

CMRR dos resistores externos

Existe uma segunda fonte de erro de modo comum: a tolerância dos resistores na Figura 18-14. Quando os resistores são perfeitamente casados:

$$R_1 = R_1'$$

$$R_2 - R_2'$$

Nesse caso, a tensão de entrada em modo comum da Figura 18-14 produz uma tensão zero nos terminais de entrada do amp-op.

Por outro lado, quando os resistores têm uma tolerância de ±1%, a tensão de entrada em modo comum na Figura 18-14 produzirá uma tensão de saída em modo comum porque o descasamento nas resistências produz uma tensão de entrada diferencial para o amp-op.

Conforme discutido na Seção 18-3, o ganho de tensão total quando o mesmo sinal aciona as duas entradas de um amp-op é dado por:

$$A_{v(CM)} = A_{v(\text{inv})} + A_{n(\text{non})} \quad \textbf{(18-5)}$$

Na Figura 18-14, o ganho de tensão inversor é:

$$A_{v(inv)} = \frac{-R}{R_1} \quad \textbf{(18-6)}$$

e o ganho de tensão não inversor é:

$$A_{v(non)} = \left(\frac{R_2}{R_1} + 1\right)\left(\frac{R_2'}{R_1' + R_2'}\right) \quad \textbf{(18-7)}$$

onde o segundo fator é a diminuição do sinal de entrada inversor causado pelo divisor de tensão na entrada não inversora.

Usando as Equações (18-5) a (18-7), podemos deduzir essas fórmulas úteis:

$$A_{v(\text{non})} = \pm 2\frac{\Delta R}{R} \text{ para } R_1 = R_2 \quad \textbf{(18-8)}$$

$$A_{v(CM)} = \pm 4\frac{\Delta R}{\text{R}} \text{ para } R_1 << R_2 \quad \textbf{(18-9)}$$

ou

$$\pm 2\frac{\Delta R}{R} < A_{v(CM)} < \pm 4\frac{\Delta R}{R} \quad \textbf{(18-10)}$$

Nessas equações, $\Delta R/R$ é a tolerância dos resistores convertida para o equivalente decimal.

Por exemplo, se os resistores têm uma tolerância de ±1%, a Equação (18-8) nos dá:

$$A_{v(CM)} = \pm 2(1\%) = \pm 2(0,01) = \pm 0,02$$

A Equação (18-9) nos dá:

$$A_{v(CM)} = \pm 4(1\%) = \pm 4(0,01) = \pm\ 0,04$$

A Inequação (18-10) nos dá:

$$\pm 0,02 < A_{v(CM)} < \pm\, 0,04$$

Isso informa que o ganho de tensão em modo comum está entre ±0,02 e ±0,04. Quando necessário, podemos calcular o valor exato de $A_{v(CM)}$ com as Equações (18-5) a (18-7).

Calculando o CMRR

Eis um exemplo de como calcular o CMRR: num circuito como o da Figura 18-14, os resistores com uma tolerância de ±0,1% são normalmente usados. Quando $R_1 = R_2$, a Equação (18-4) fornece o ganho de tensão diferencial de:

$$A_v = -1$$

e a Equação (18-8) fornece o ganho de tensão em modo comum de:

$$A_{v(CM)} = \pm 2(0{,}1\%) = \pm 2(0{,}001) = 0{,}002$$

O CMRR tem uma magnitude de:

$$\text{CMRR} = \frac{|A_v|}{|A_{v(CM)}|} = \frac{1}{0{,}002} = 500$$

que é equivalente a 54 dB. (*Nota*: a barra vertical em torno de A_v e $A_{v(CM)}$ indica valores absolutos.)

Entradas com *Buffer*

As resistências das fontes que acionam o amplificador diferencial na Figura 18-14 tornam-se efetivamente parte de R_1 e R_1', o que altera o ganho de tensão e pode degradar o CMRR. Essa é uma desvantagem muito séria. A solução é aumentar a impedância de entrada do circuito.

A Figura 18-15 mostra uma forma de fazer isso. O primeiro estágio (o pré-amplificador) consiste em dois seguidores de tensão que isolam (função ***buffer***) as entradas. Isso pode aumentar a impedância de entrada bem acima de 100 MΩ. O ganho de tensão do primeiro estágio é unitário tanto para o sinal de entrada diferencial quanto para o sinal em modo comum. Portanto, o segundo estágio (o amplificador diferencial) ainda tem de fornecer todo o CMRR do circuito.

Ponte de Wheatstone

Conforme mencionado, o sinal de entrada diferencial é normalmente uma tensão CC pequena. O motivo de ele ser pequeno é porque geralmente é a saída de uma ponte de Wheatstone como a da Figura 18-16*a*. Uma ponte de Wheatstone está balanceada quando a razão entre as resistências do lado esquerdo é igual à razão entre as resistências do lado direito:

$$\frac{R_1}{R_2} = \frac{R_3}{R_4} \tag{18-11}$$

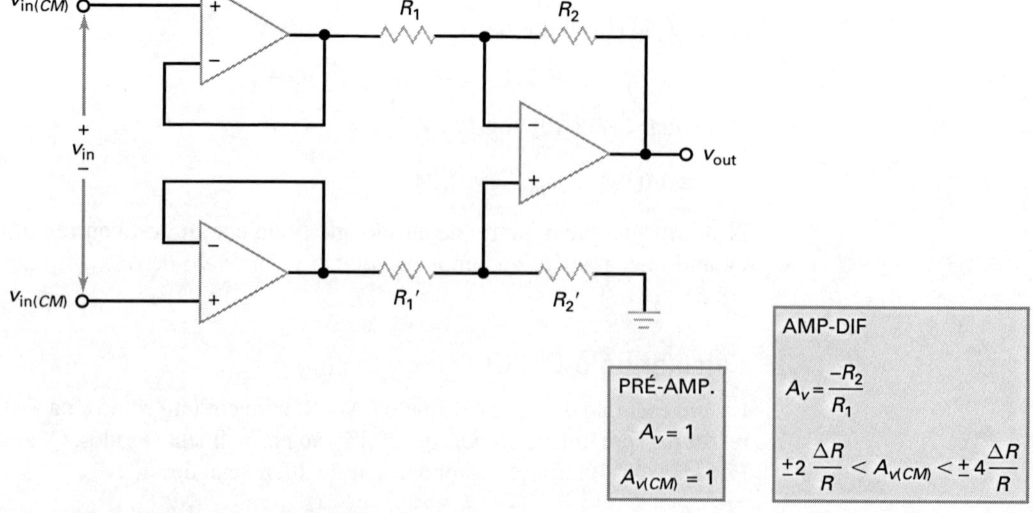

Figura 18-15 Entrada diferencial com *buffers* nas entradas.

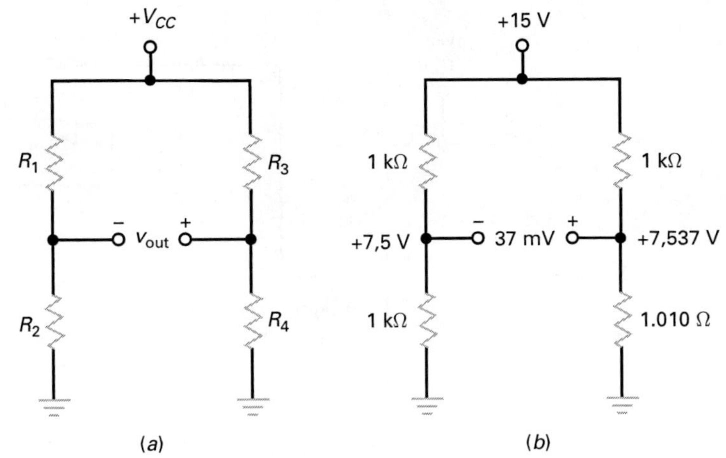

Figura 18-16 (*a*) Ponte de Wheatstone; (*b*) ponte ligeiramente desbalanceada.

Quando essa condição é satisfeita, a tensão em R_2 é igual à tensão em R_4 e a tensão de saída da ponte é zero.

A ponte de Wheatstone pode detectar pequenas variações em um dos resistores. Por exemplo, suponha que tenhamos uma ponte com resistores de 1 kΩ e um quarto resistor com 1010 Ω, como mostra a Figura 18-16*b*. A tensão em R_2 é:

$$v_2 = \frac{1\ \text{k}\Omega}{2\ \text{k}\Omega}(15\ \text{V}) = 7{,}5\ \text{V}$$

e a tensão em R_4 é aproximadamente:

$$v_4 = \frac{1010\ \Omega}{2010\ \Omega}(15\ \text{V}) = 7{,}537\ \text{V}$$

A tensão de saída da ponte é aproximadamente:

$$v_{out} = v_4 - v_2 = 7{,}537\ \text{V} - 7{,}5\ \text{V} = 37\ \text{mV}$$

Transdutores

A resistência R_4 pode ser um **transdutor de entrada**, um dispositivo que converte uma grandeza não elétrica em uma grandeza elétrica. Por exemplo, um fotorresistor converte uma variação na intensidade luminosa em uma variação de resistência e um **termistor** converte uma variação na temperatura em uma variação de resistência. Outros transdutores de entrada que são comuns para aplicações em sistemas industriais incluem termopares e detectores resistivos de temperatura (RTDs).

Existe também o **transdutor de saída**, um dispositivo que converte uma grandeza elétrica em uma grandeza não elétrica. Por exemplo, um LED converte corrente em luz e um alto-falante converte tensão CA em ondas sonoras.

Uma grande variedade de transdutores são comercialmente disponíveis para grandezas como temperatura, som, luz, umidade, velocidade, aceleração, força, radioatividade, tensão mecânica e pressão, para citar alguns. Esses transdutores podem ser usados com uma ponte de Wheatstone para medir grandezas não elétricas. Como a saída de uma ponte de Wheatstone é uma tensão CC pequena com uma tensão em modo comum grande, precisamos usar amplificadores CC que tenham CMRRs muito altos.

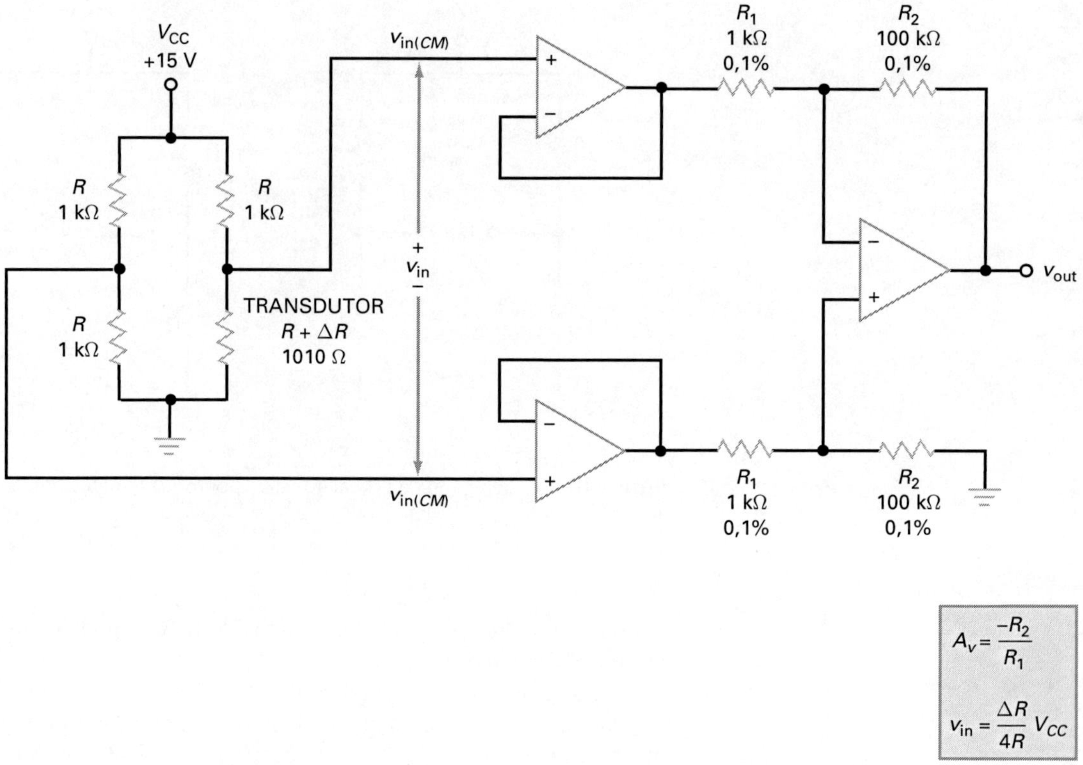

Figura 18-17 Ponte com um transdutor acionando um amplificador de instrumentação.

Uma aplicação típica

A Figura 18-17 mostra uma aplicação típica. Três resistores da ponte têm um valor de:

$$R = 1\,k\Omega$$

O transdutor tem uma resistência de:

$$R + \Delta R = 1010\ \Omega$$

O sinal em modo comum é:

$$v_{in(CM)} = 0{,}5\,V_{CC} = 0{,}5(15\text{ V}) = 7{,}5\text{V}$$

Essa é a tensão em cada um dos resistores da ponte quando $\Delta R = 0$.

Quando o transdutor da ponte é acionado por uma grandeza externa como luz, temperatura ou pressão, sua resistência varia. A Figura 18-17 mostra uma resistência de transdutor de 1010 Ω, o que implica que $\Delta R = 10\ \Omega$. É possível deduzir essa equação para a tensão de entrada na Figura 18-17:

$$\mathbf{v_{in} = \frac{\Delta R}{4R + 2\Delta R} V_{CC}} \qquad \textbf{(18-12)}$$

Em uma aplicação típica, $2\Delta R << 4R$ e a equação se simplifica para:

$$\mathbf{v_{in} \cong \frac{\Delta R}{4R} V_{CC}} \qquad \textbf{(18-13)}$$

Para os valores mostrados na Figura 18-17:

$$v_{in} \cong \frac{10\ \Omega}{4\text{ k}\Omega}(15\text{ V}) = 37{,}5\text{ mV}$$

Como o amplificador diferencial tem um ganho de tensão de –100, a tensão de saída diferencial é:

$$v_{out} = -100(37,5\ \text{mV}) = -3,75\ \text{V}$$

Até onde o sinal em modo comum for importante, a Equação (18-9) fornece:

$$A_{v(CM)} = \pm 4(0,1\%) = \pm 4(0,001) = \pm 0,004$$

para a tolerância de ±0,1% mostrada na Figura 18-17. Portanto, a tensão de saída em modo comum é:

$$v_{out\,(CM)} = \pm 0,004(7,5\ \text{V}) = \pm 0,03\ \text{V}$$

A magnitude do CMRR é:

$$\text{CMRR} = \frac{100}{0,004} = 25.000$$

que é equivalente a 88 dB.

O que nos dá a ideia básica de como um amplificador diferencial é usado com uma ponte de Wheatstone. Um circuito como o da Figura 18-17 é adequado para algumas aplicações, mas pode ser melhorado, conforme será discutido na seção seguinte.

18-5 Amplificadores de instrumentação

Esta seção discute o **amplificador de instrumentação**, um amplificador diferencial otimizado em seu desempenho CC. Um amplificador de instrumentação tem um ganho de tensão grande, um alto CMRR, *offsets* de entrada baixos, baixa deriva (*drift*) de temperatura e uma impedância de entrada alta.

Amplificador de instrumentação básico

A Figura 18-18 mostra o projeto clássico usado pela maioria dos amplificadores de instrumentação. O amp-op de saída é um amplificador diferencial com um ganho de tensão unitário. Os resistores usados no estágio de saída são geralmente casados dentro de ± 0,1% de diferença, ou melhor. Isso significa que o CMRR do estágio de saída é pelo menos 54 dB.

Resistores de precisão são comercialmente disponíveis desde menos de 1 Ω até mais de 10 MΩ, com tolerâncias de ± 0,01% a ± 1%. Se usarmos resistores casados que estão dentro de ± 0,01% um do outro, o CMRR do estágio de saída pode ser tão alto quanto 74 dB. Além disso, o *drift* de temperatura de resistores de precisão pode ser tão baixa quanto 1 ppm/°C.

O primeiro estágio consiste em dois amp-ops de entrada que atuam como um pré-amplificador. O projeto do primeiro estágio é extremamente inteligente. O que o torna tão engenhoso é a ação do ponto A, a junção entre os dois resistores R_1. O ponto A atua como um terra virtual para um sinal de entrada diferencial e como um ponto flutuante para o sinal em modo comum. Por causa dessa ação, o sinal diferencial é amplificado, porém o sinal em modo comum não.

Ponto A

O importante para entender como o primeiro estágio funciona é entender o que o ponto A faz. Usando o teorema da superposição, podemos calcular o efeito de cada uma das entradas com a outra zerada. Por exemplo, considere que o sinal de entrada diferencial seja zero. Então, apenas o sinal em modo comum está ativo. Como o sinal em modo comum aplica a mesma tensão positiva em cada entrada

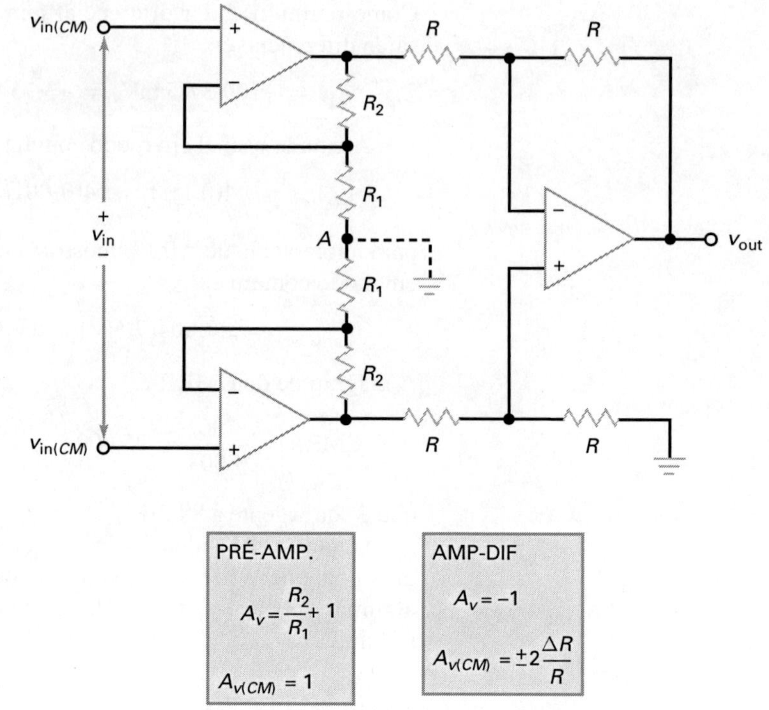

Figura 18-18 Amplificador de instrumentação padrão com três amp-ops.

não inversora, tensões iguais aparecem nas saídas dos amp-ops. Por isso, a mesma tensão aparece em qualquer ponto ao longo do ramo que contém R_1 e R_2. Portanto, o ponto A está flutuando e cada amp-op de entrada atua como um seguidor de tensão. Como resultado, o primeiro estágio tem um ganho em modo comum de:

$$A_{v(CM)} = 1$$

Diferentemente do segundo estágio, em que os resistores R têm de ser bem casados para minimizar o ganho em modo comum, no primeiro estágio a tolerância dos resistores não tem efeito no ganho em modo comum. Isso porque todo o ramo que contém esses resistores está flutuando na tensão de $v_{in(CM)}$ acima de GND. Assim, os valores dos resistores não importam. Essa é outra vantagem do projeto com três amp-ops da Figura 18-18.

O segundo passo na aplicação do teorema da superposição é reduzir a entrada em modo comum a zero e calcular o efeito do sinal de entrada diferencial. Como o sinal de entrada diferencial aciona as entradas não inversoras com tensões de entrada iguais e opostas, a saída de um amp-op será positiva e a do outro negativa. Com tensões iguais e opostas no ramo que contém os resistores R_1 e R_2, o ponto A terá uma tensão de zero em relação a GND.

Em outras palavras, o ponto A é um terra virtual para o sinal diferencial. Por essa razão, cada amp-op de entrada é um amplificador não inversor e o primeiro estágio tem um ganho de tensão diferencial de:

$$A_v = \frac{R_2}{R_1} + 1 \qquad \textbf{(18-14)}$$

Como o segundo estágio tem um ganho unitário, o ganho de tensão diferencial do amplificador de instrumentação é dado pela Equação (18-14).

Como o primeiro estágio tem um ganho em modo comum unitário, o ganho em modo comum total é igual ao ganho em modo comum do segundo estágio:

$$A_{v(CM)} = \pm 2\frac{\Delta R}{R} \qquad \textbf{(18-15)}$$

Para se ter um CMRR alto e *offsets* baixos, amp-ops precisos têm de ser usados quando se constrói o amplificador de instrumentação da Figura 18-18. Um amp-op típico usado na abordagem de três amp-ops da Figura 18-18 é o OP-07A. Ele tem os seguintes parâmetros de pior caso: tensão de *offset* de entrada = 0,025 mV, corrente de polarização de entrada = 2 nA, corrente de *offset* de entrada = 1 nA, A_{OL} = 110 dB, CMRR = 110 dB e deriva de temperatura = 0,6 μV/°C.

Uma questão final sobre a Figura 18-18: como o ponto A é um terra virtual em vez de um terra mecânico, os resistores R_1 no primeiro estágio não têm de ser resistores separados. Podemos usar um único resistor R_G que é igual a $2R_1$ sem alterar a operação do primeiro estágio. A única diferença é que o ganho de tensão diferencial é escrito como:

$$A_v = \frac{2R_2}{R_G} + 1 \tag{18-16}$$

O fator de 2 aparece porque $R_G = 2R_1$.

Exemplo de aplicação 18-4

MultiSim

Na Figura 18-18, R_1 = 1 kΩ, R_2 = 100 kΩ e R = 10 kΩ. Qual o ganho de tensão diferencial do amplificador de instrumentação? Qual o ganho de tensão em modo comum se as tolerâncias dos resistores no segundo estágio são ±0,01%? Se v_{in} = 10 mV e $v_{\text{in}(CM)}$ = 10 V, quais são os valores dos sinais em modo comum e diferencial?

SOLUÇÃO Usando as equações dadas na Figura 18-18, o ganho de tensão do pré-amplificador é:

$$A_v = \frac{100\,\text{k}\Omega}{1\,\text{k}\Omega} + 1 = 101$$

Como o ganho de tensão do segundo estágio é –1, o ganho de tensão do amplificador de instrumentação é –101.

O ganho de tensão em modo comum do segundo estágio é:

$$A_{v(CM)} = \pm 2(0{,}01\%) = \pm 2(0{,}0001) = \pm 0{,}0002$$

Como o primeiro estágio tem um ganho de tensão em modo comum de 1, o ganho de tensão em modo comum do amplificador de instrumentação é ±0,0002.

Um sinal de entrada diferencial de 10 mV produz um sinal de saída de:

$$v_{\text{out}} = -101(10\,\text{mV}) = -1{,}01\,\text{V}$$

Um sinal em modo comum de 10 V produz um sinal de saída de:

$$v_{\text{out}(CM)} = \pm 0{,}0002(10\,\text{V}) = \pm 2\,\text{mV}$$

Ainda que o sinal de entrada em modo comum seja 1000 vezes maior que a entrada diferencial, o CMRR do amplificador de instrumentação produz um sinal de saída em modo comum que é aproximadamente 500 vezes menor que o sinal de saída diferencial.

PROBLEMA PRÁTICO 18-4 Repita o Exemplo 18-4 com R_2 = 50 Ω e ±0,1% de tolerância na resistência do segundo estágio.

Blindagem do sinal transportado

Como o sinal diferencial que sai de uma ponte é pequeno, um cabo blindado é normalmente usado para isolar os fios que transportam o sinal de interferência eletromagnética. Porém, isso cria um problema. Qualquer corrente de fuga entre os fios internos e a blindagem se somará às correntes de polarização de entrada e *offset* baixas. Além da corrente de fuga, o cabo blindado acrescenta capacitância ao circuito, que passa a ter uma resposta mais lenta a uma variação na resistência do transdutor. Para minimizar os efeitos da corrente de fuga e a capacitância do cabo, a blindagem deve ser conectada ao potencial comum. Essa técnica é conhecida como **blindagem do sinal**.

A Figura 18-19*a* mostra uma forma de conexão da blindagem para uma tensão em modo comum. Um novo ramo contendo os resistores identificados por R_3 é acrescentado à saída do primeiro estágio. Esse divisor de tensão reduz a tensão em modo comum e a insere num seguidor de tensão. A tensão de proteção é realimentada na blindagem, conforme mostrado. Algumas vezes, cabos separados são usados para cada entrada. Nesse caso, a tensão de blindagem é conectada às duas blindagens, conforme mostra a Figura 18-19*b*.

É ÚTIL SABER

Amplificadores monolíticos de instrumentação, como o AD620, encontram muitas aplicações no campo da instrumentação médica. Um exemplo dessas aplicações são os circuitos utilizados para a construção do eletrocardiógrafo (ECG).

Amplificadores de instrumentação integrados

O projeto clássico da Figura 18-18 pode ser integrado em um chip com todos os componentes mostrados na Figura 18-18, exceto R_G. Essa resistência externa é usada para controlar o ganho de tensão do amplificador de instrumentação. Por exemplo, o AD620 é um amplificador de instrumentação monolítico. A folha de dados fornece essa equação para o ganho de tensão dele:

$$A_v = \frac{49{,}4\ \text{k}\Omega}{R_G} + 1 \qquad \textbf{(18-17)}$$

O valor 49,4 kΩ é a soma dos dois resistores R_2. O fabricante de CIs usa **laser trimming** (corte a laser) para conseguir um valor preciso de 49,4 kΩ. A palavra *trim* (corte) se refere a um ajuste fino ao contrário de um ajuste grosso. Laser

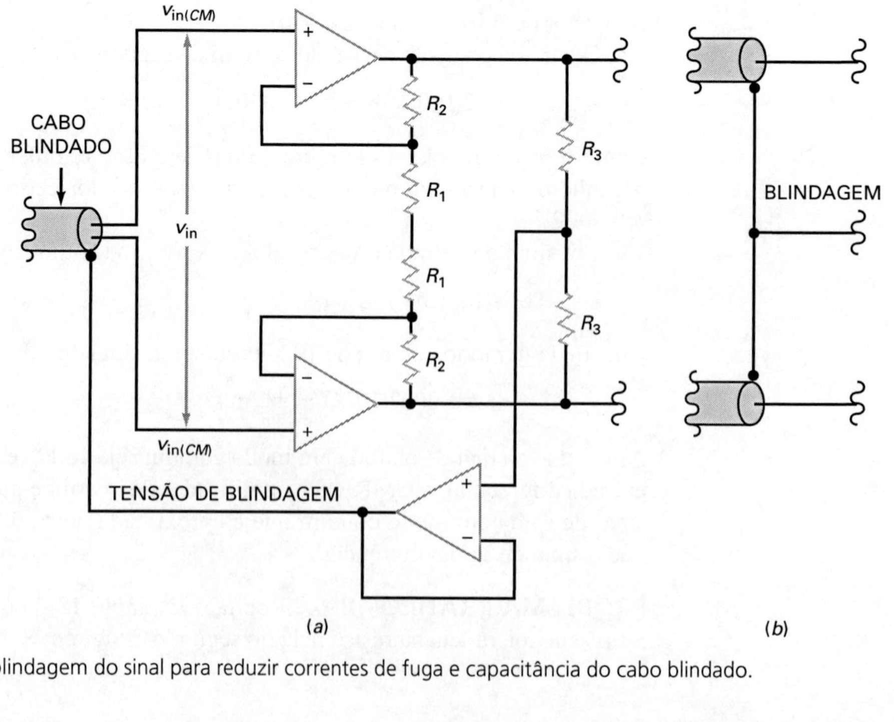

Figura 18-19 A blindagem do sinal para reduzir correntes de fuga e capacitância do cabo blindado.

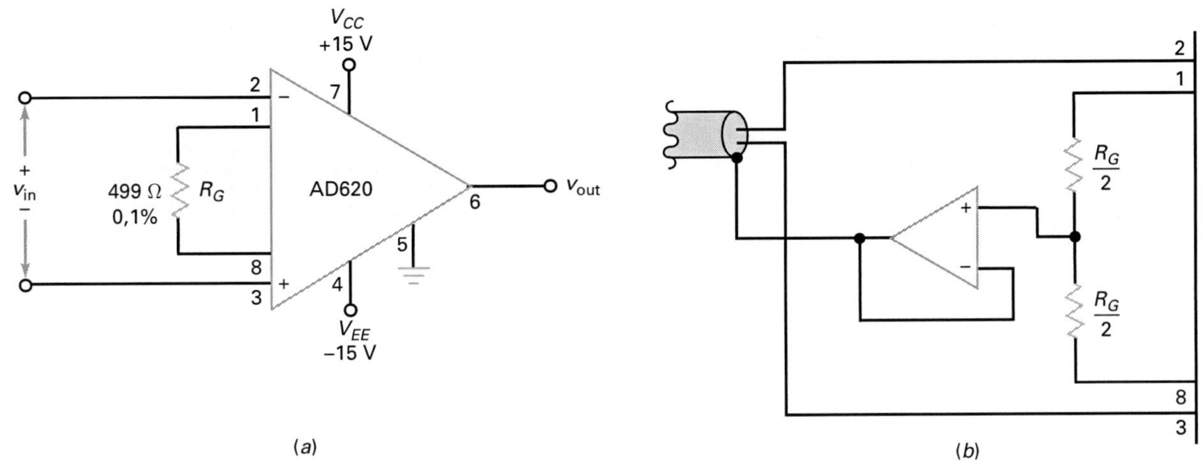

Figura 18-20 *(a)* Um amplificador de instrumentação monolítico; *(b)* blindagem do sinal usando um AD620.

trimming significa gravar áreas de resistor num chip semicondutor com um laser para conseguir um valor extremamente preciso de resistência.

A Figura 18-20*a* mostra o AD620 com um R_G de 499 Ω. Esse é um resistor de precisão com uma tolerância de ±0,1%. O ganho de tensão é:

$$A_v = \frac{49,4 \text{ k}\Omega}{499} + 1 = 100$$

A *pinagem* (número dos pinos) do AD620 é similar a do 741C visto que os pinos 2 e 3 são os sinais de entrada, os pinos 4 e 7 são para as tensões de alimentação e o pino 6 é a saída. O pino 5 é mostrado aterrado, que é uma situação comum para o AD620. Mas esse pino não tem de ser aterrado. Se for necessário um interfaceamento com outro dispositivo, podemos compensar o sinal de saída aplicando uma tensão CC no pino 5.

Se for usada a blindagem do sinal, o circuito pode ser modificado como mostrado na Figura 18-20*b*. A tensão em modo comum aciona um seguidor de tensão, cuja saída é conectada na blindagem do cabo. Uma modificação similar é usada se cabos separados são usados para as entradas.

Em resumo, amplificadores de instrumentação monolíticos têm tipicamente um ganho de tensão entre 1 e 1000 que podem ser ajustados com um resistor externo, um CMRR maior que 100 dB, uma impedância de entrada maior que 100 MΩ, uma tensão de *offset* menor que 0,1 mV, uma deriva menor que 0,5 μV/°C e outros parâmetros excelentes.

18-6 Circuitos amplificadores somadores

Discutimos o amplificador somador básico no Capítulo 16. Agora, vamos analisar algumas variações desse circuito.

Subtrator

A Figura 18-21 mostra um circuito que subtrai duas tensões de entrada para produzir uma tensão de saída igual à diferença entre v_1 e v_2. Eis como funciona: a entrada v_1 aciona um inversor com um ganho de tensão unitário. A saída do primeiro estágio é $-v_1$. Essa tensão é uma das entradas do circuito de soma do segundo estágio. A outra entrada é v_2. Como o ganho de cada canal é unitário, a tensão de saída final é igual a v_1 menos v_2.

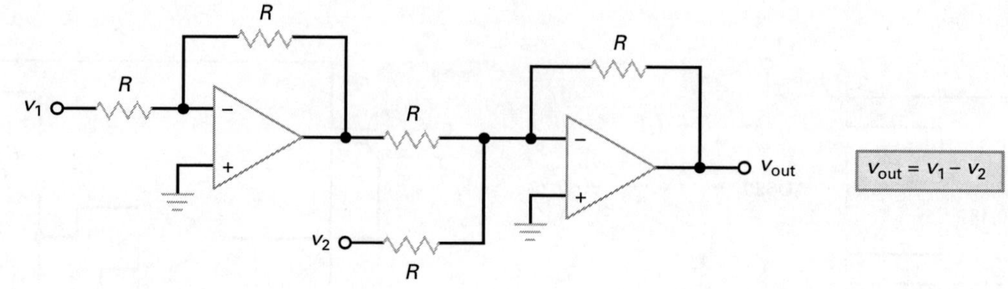

Figura 18-21 Subtrator.

Soma das duas entradas

Algumas vezes podemos encontrar um circuito como o da Figura 18-22. Ele não é nada mais que um somador com entradas inversora e não inversora. Existem dois canais de entrada na entrada inversora do amplificador, bem como dois canais de entrada na entrada não inversora. O ganho total é a superposição dos ganhos dos canais.

O ganho de cada canal inversor é a razão entre o resistor de realimentação R_f e a resistência do canal de entrada, R_1 ou R_2. O ganho de cada canal não inversor é:

$$\frac{R_f}{R_1 \| R_2} + 1$$

reduzida por um fator do divisor de tensão do canal, temos:

$$\frac{R_4 \| R_5}{R_3 + R_4 \| R_5}$$

ou

$$\frac{R_3 \| R_5}{R_4 + R_3 \| R_5}$$

A Figura 18-22 fornece as equações para o ganho de cada canal. Após a obtenção do ganho de cada canal, podemos calcular a tensão de saída total.

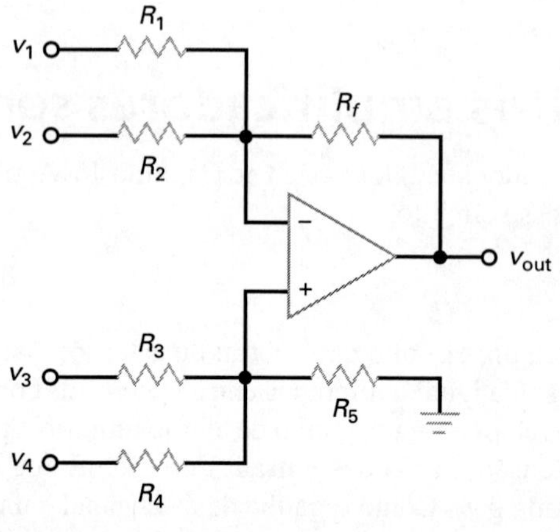

$$v_{out} = A_{v1}v_1 + A_{v2}v_2 + A_{v3}v_3 + A_{v4}v_4$$

$$A_{v1} = \frac{-R_f}{R_1}$$

$$A_{v2} = \frac{-R_f}{R_2}$$

$$A_{v3} = \left(\frac{R_f}{R_1 \| R_2} + 1\right)\left(\frac{R_4 \| R_5}{R_3 + R_4 \| R_5}\right)$$

$$A_{v4} = \left(\frac{R_f}{R_1 \| R_2} + 1\right)\left(\frac{R_3 \| R_5}{R_4 + R_3 \| R_5}\right)$$

Figura 18-22 Amplificador somador usando os dois lados do amp-op.

Exemplo de aplicação 18-5

MultiSim

Na Figura 18-22, $R_1 = 1\ \text{k}\Omega$, $R_2 = 2\ \text{k}\Omega$, $R_3 = 3\ \text{k}\Omega$, $R_4 = 4\ \text{k}\Omega$, $R_5 = 5\ \text{k}\Omega$ e $R_f = 6\ \text{k}\Omega$. Qual é o ganho de tensão de cada canal?

SOLUÇÃO Usando as equações dadas na Figura 18-22, os ganhos de tensão são:

$$A_{v1} = \frac{-6\ \text{k}\Omega}{1\ \text{k}\Omega} = -6$$

$$A_{v2} = \frac{-6\ \text{k}\Omega}{2\ \text{k}\Omega} = -3$$

$$A_{v3} = \left(\frac{6\ \text{k}\Omega}{1\ \text{k}\Omega \parallel 2\ \text{k}\Omega} + 1\right)\frac{4\ \text{k}\Omega \parallel 5\ \text{k}\Omega}{3\ \text{k}\Omega + 4\ \text{k}\Omega \parallel 5\ \text{k}\Omega} = 4{,}26$$

$$A_{v4} = \left(\frac{6\ \text{k}\Omega}{1\ \text{k}\Omega \parallel 2\ \text{k}\Omega} + 1\right)\frac{3\ \text{k}\Omega \parallel 5\ \text{k}\Omega}{4\ \text{k}\Omega + 3\ \text{k}\Omega \parallel 5\ \text{k}\Omega} = 3{,}19$$

PROBLEMA PRÁTICO 18-5 Repita o Exemplo 18-5 usando 1 kΩ em R_f.

Gerador de média

A Figura 18-23 é um **gerador de média**, um circuito cuja saída é igual à média das tensões de entrada. Cada canal tem um ganho de tensão de:

$$A_v = \frac{R}{3R} = \frac{1}{3}$$

Quando todas as saídas amplificadas são somadas, obtemos uma saída que é a média de todas as tensões de entrada.

O circuito mostrado na Figura 18-23 tem três entradas. Um número qualquer de entradas pode ser usado, desde que cada resistência de entrada de canal seja alterada para nR, onde n é o número de canais.

Conversor D/A

Na eletrônica digital, um **conversor digital-analógico (D/A)** toma um número binário representando um valor e o converte em uma tensão ou corrente. Essa tensão ou corrente é proporcional ao valor binário de entrada. Dois métodos de conversão D/A são normalmente usados, o do conversor D/A binário ponderado e o conversor D/A com escada R/2R.

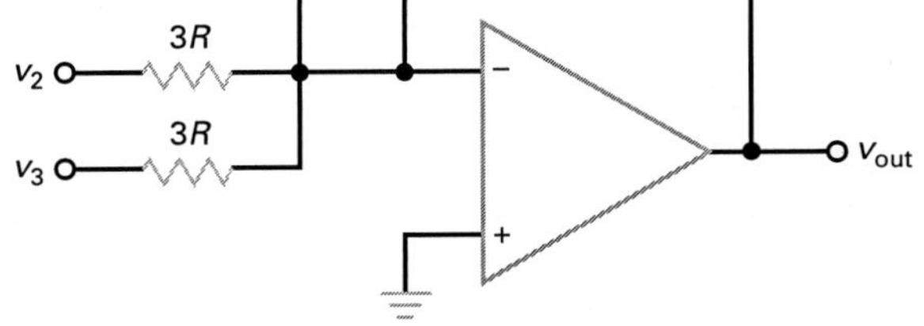

$$v_{out} = \frac{-(v_1 + v_2 + v_3)}{3}$$

Figura 18-23 Circuito gerador de média.

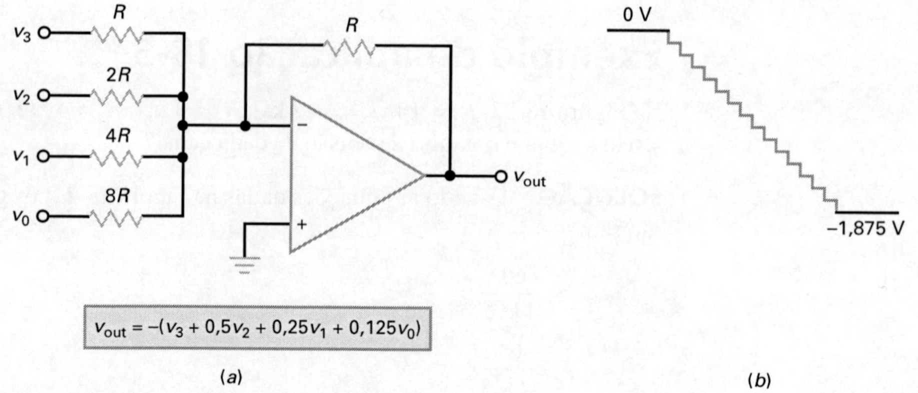

Figura 18-24 Conversor D/A binário ponderado transforma a entrada digital em tensão analógica.

O conversor D/A binário ponderado é mostrado na Figura 18-24. Esse circuito produz uma tensão de saída igual à soma ponderada das entradas. O peso é o mesmo que o ganho do canal. Por exemplo, na Figura 18-24*a* os ganhos dos canais são:

$$A_{v3} = -1$$
$$A_{v2} = -0,5$$
$$A_{v1} = -0,25$$
$$A_{v0} = -0,125$$

As tensões de entrada são digitais de dois estados, o que significa que elas têm um valor 1 ou 0. Com 4 entradas, existem 16 combinações de entrada diferentes de $v_3v_2v_1v_0$: 0000, 0001, 0010, 0011, 0100, 0101, 0110, 0111, 1000, 1001, 1010, 1011, 1100, 1101, 1110 e 1111.

Quando todas as entradas são zero (0000), a saída é:

$$v_{out} = 0$$

Quando $v_3v_2v_1v_0$ é 0001, a saída é:

$$v_{out} = -(0,125) = -0,125$$

Quando $v_3v_2v_1v_0$ é 0010, a saída é:

$$v_{out} = -(0,25) = -0,25$$

e assim por diante. Quando as entrada estiverem todas em nível 1 (1111), a saída será máxima e igual a:

$$v_{out} = -(1 + 0,5 + 0,25 + 0,125) = -1,875$$

Se o conversor D/A da Figura 18-24 é acionado por um circuito que produz a sequência de números de 0000 a 1111 dada anteriormente, ele produz as seguintes tensões de saída: 0, –0,125, –0,25, –0,375, –0,5, –0,625, –0,75, –0,875, –1, –1,125, –1,25, –1,375, –1,5, –1,625, –1,75 e –1,875. Quando visualizado em um osciloscópio, a tensão de saída do conversor D/A tem o aspecto da escada de tensões negativas mostrada na Figura 18-24*b*.

A tensão em escada demonstra que o conversor D/A não produz uma faixa contínua de valores de saída. Portanto, estritamente falando, sua saída não é verdadeiramente analógica. Podemos conectar circuitos de filtro passa-baixas na saída para fornecer transições suaves entre os degraus de saída.

Um conversor D/A de 4 entradas tem 16 saídas possíveis, um conversor D/A de 8 entradas tem 256 saídas possíveis e um conversor D/A de 16 entradas tem 65.536

saídas possíveis. Isso significa que a tensão em escada negativa da Figura 18-24*b* pode ter 256 degraus com um conversor de 8 entradas e 65.536 degraus com um conversor de 16 entradas. Uma tensão em escada negativa como essa é usada em um multímetro digital juntamente com outros circuitos para medir a tensão indicando o valor numérico dela.

O conversor D/A binário ponderado pode ser usado em aplicações em que o número de entradas é limitado e não é necessária uma alta precisão. Quando um número maior de entradas é usado, é necessário um número maior de diferentes valores de resistor. A precisão e a estabilidade do conversor D/A dependem da precisão absoluta dos resistores e da capacidade de variarem a resistência igualmente entre si em função da temperatura. Devido a todos os resistores de entrada apresentarem valores diferentes, é difícil conseguir características idênticas. Problemas de carga também podem existir com esse tipo de conversor D/A porque cada entrada tem um valor de impedância de entrada diferente.

O **conversor D/A de escada R/2R**, mostrado na Figura 18-25, supera as limitações do conversor D/A binário ponderado sendo o método mais frequentemente usado nos conversores D/A em circuitos integrados. Como são necessários apenas dois valores de resistores, esse método presta-se para CIs com 8 bits ou um maior número de entradas binárias e fornece um alto grau de precisão. Por questão de simplicidade, a Figura 18-25 mostra um conversor D/A de 4 bits. As chaves, $D_0 - D_3$, seriam normalmente algum tipo de chave ativa. As chaves conectam as quatro entradas em GND (nível lógico 0) ou $+V_{ref}$ (nível lógico 1). O circuito escada converte os valores de entrada binária possíveis de 0000 a 1111 para um dos 16 níveis de tensão de saída. No conversor D/A mostrado na Figura 18-25, D_0 é considerada o bit de entrada menos significativo (LSB) enquanto D_3 é o bit mais significativo (MSB).

Para determinarmos a tensão de saída do conversor D/A, temos de primeiro converter o valor da entrada binária para o valor equivalente em decimal, BIN. Isso pode ser feito por:

$$\mathbf{BIN} = (D_0 \times 2^0) + (D_1 \times 2^1) + (D_2 \times 2^2) + (D_3 \times 2^3) \tag{18-18}$$

Então, a tensão de saída será determinada por:

$$V_{out} = \left(\frac{\mathbf{BIN}}{2^N} \times 2V\mathbf{ref}\right) \tag{18-19}$$

onde *N* é o número de entradas.

Para mais detalhes dessa operação do circuito, o conversor D/A pode ser thevenizado. Essa análise pode ser encontrada no Apêndice D.

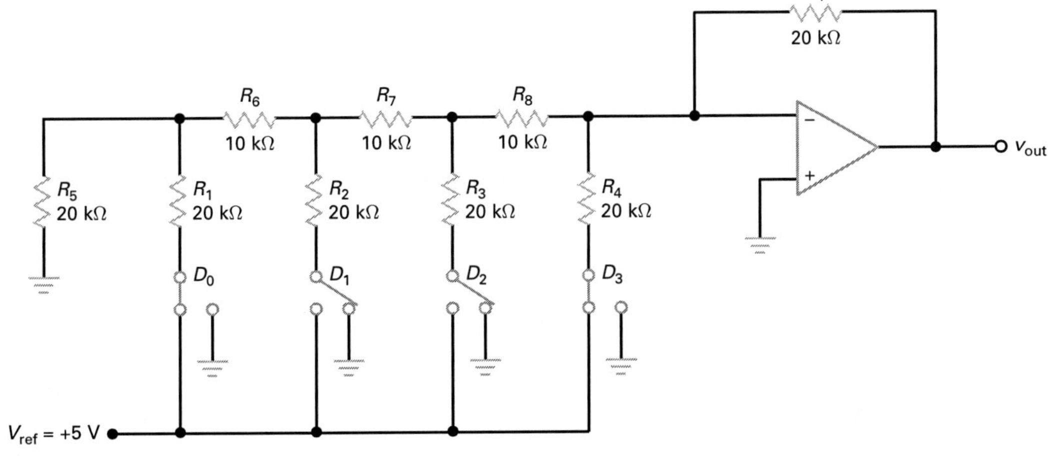

Figura 18-25 Conversor D/A com escada R/2R.

Exemplo de aplicação 18-6

Na Figura 18-25, $D_0 = 1$, $D_1 = 0$, $D_2 = 0$ e $D_3 = 1$. Usando um valor de V_{ref} de +5 V, determine o equivalente decimal da entrada binária (BIN) e a tensão de saída do conversor.

SOLUÇÃO Usando a Equação 18-18, o equivalente decimal pode ser determinado por:

$$\text{BIN} = (1 \times 2^0)(0 \times 2^1) + (0 \times 2^2) + (1 \times 2^3) = 9$$

A tensão de saída do conversor é determinada usando-se a Equação 18-19:

$$V_{out} = \left(\frac{9}{2^4}\right) \times 2(5V)$$

$$V_{out} = \left(\frac{9}{16}\right)(10V) = -5,625V$$

PROBLEMA PRÁTICO 18-6 Usando a Figura 18-25, qual é a maior e a menor tensão de saída possível com pelo menos uma entrada em nível lógico 1?

18-7 Reforçadores (*boosters*) de corrente

A corrente de saída em curto-circuito de um amp-op é tipicamente 25 mA ou menos. Uma forma de aumentar a corrente de saída é usar um amp-op de potência como o LM675 ou LM12. Esses amp-ops têm correntes de saída em curto-circuito de 3A a 10 A. Outra forma de obter uma corrente de saída em curto-circuito maior é usar um **reforçador de corrente**, que corresponde ao uso de um transistor de potência ou outro dispositivo que tenha um ganho de corrente e uma especificação de corrente maior que a do amp-op.

Reforçador unidirecional

A Figura 18-26 mostra uma forma de aumentar a corrente de carga máxima. A saída do amp-op aciona um seguidor de emissor. O ganho de tensão em malha fechada é:

$$A_v = \frac{R_2}{R_1} + 1 \tag{18-20}$$

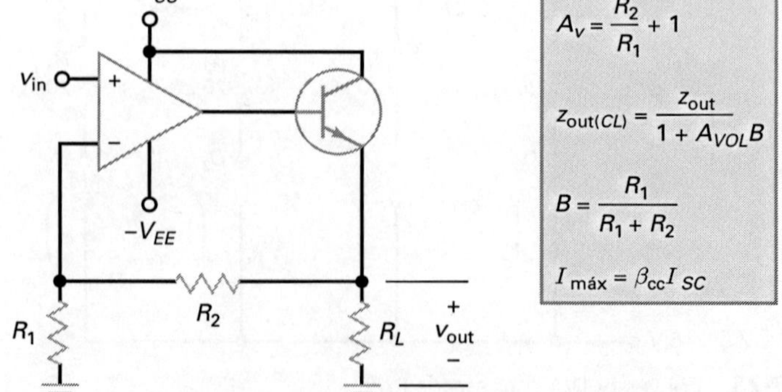

Figura 18-26 O reforçador de corrente unidirecional aumenta a corrente de saída em curto-circuito.

Nesse circuito, o amp-op não tem mais de suprir a corrente de carga. Em vez disso, ele apenas supre a corrente de base do seguidor de emissor. Devido ao ganho de corrente do transistor, a corrente de carga máxima é aumentada para:

$$I_{\text{máx}} = \beta_{CC} I_{SC} \tag{18-21}$$

onde I_{SC} é a corrente de saída em curto-circuito (*short-circuit*) do amp-op. Isso significa que um amp-op como um 741C pode ter a corrente de saída máxima de 25 mA aumentada por um fator de β_{CC}. Por exemplo, um BU806 é um transistor de potência *npn* com $\beta_{CC} = 100$. Se ele for usado com um 741C, a corrente de saída em curto-circuito aumenta para:

$$I_{\text{máx}} = 100(25\text{ mA}) = 2{,}5\text{A}$$

O circuito pode acionar cargas de baixa impedância porque a realimentação negativa reduz a impedância de saída do seguidor de emissor por um fator de $1 + A_{VOL}B$. Como o seguidor de emissor já tem uma impedância de saída baixa, a impedância de saída em malha fechada é muito pequena.

Corrente bidirecional

A desvantagem do reforçador de corrente mostrado na Figura 18-26 é a sua *corrente de carga unidirecional*. A Figura 18-27 mostra uma forma de obter uma *corrente de carga bidirecional*. Um amplificador inversor aciona um seguidor de emissor *push-pull* classe *B*. Nesse circuito, o ganho de tensão em malha fechada é:

$$A_v = \frac{-R_2}{R_1} \tag{18-22}$$

Quando a tensão de entrada é positiva, o transistor inferior está em condução e a tensão na carga é negativa. Quando a tensão de entrada é negativa, o transistor superior está em condução e a tensão de saída é positiva. Em qualquer caso, a corrente de saída máxima é aumentada pelo ganho de corrente de cada transistor em condução. Como o seguidor de emissor push-pull classe B está dentro da malha de realimentação, a impedância de saída em malha fechada é muito pequena.

Amp-ops trilho a trilho

Os reforçadores de corrente são algumas vezes usados no estágio final de um amp-op. Por exemplo, o MC33206 é um **amp-op trilho a trilho** que tem um reforçador de corrente na saída de 80 mA. A expressão trilho a trilho se refere às linhas de alimentação de um amp-op porque elas nos lembram os dois trilhos de uma linha férrea num diagrama esquemático. A *operação trilho a trilho* significa que as tensões de entrada e saída podem variar até os valores das tensões de alimentação positiva ou negativa.

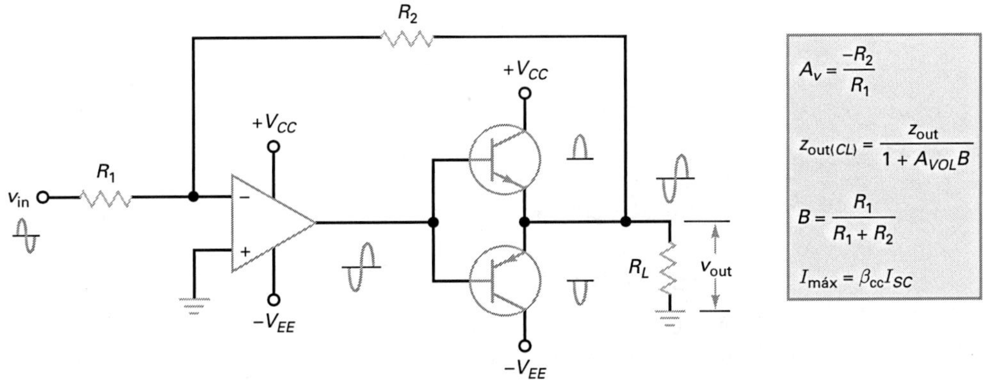

Figura 18-27 Reforçador de corrente bidirecional.

Por exemplo, o 741C não tem uma saída trilho a trilho porque a saída é sempre de 1 V a 2 V menor que a tensão de alimentação. Por outro lado, o MC33206 tem uma saída trilho a trilho porque sua tensão de saída pode variar até cerca de 50 mV a partir de qualquer tensão de alimentação, próximo o suficiente para ser qualificado como um trilho a trilho. Amp-ops trilho a trilho permitem ao projetista fazer uso completo da faixa de tensão de alimentação disponível.

Exemplo de aplicação 18-7

Na Figura 18-27, $R_1 = 1\ \text{k}\Omega$ e $R_2 = 51\ \text{k}\Omega$. Se um 741C for o amp-op usado, qual o ganho de tensão do circuito? Qual a impedância de saída em malha fechada? Qual a corrente de carga em curto-circuito do circuito se cada transistor tiver um ganho de corrente de 125?

SOLUÇÃO Usando as equações dadas na Figura 18-26, o ganho de tensão é:

$$A_v = \frac{-51\ \text{k}\Omega}{1\ \text{k}\Omega} = -51$$

A fração de realimentação é:

$$B = \frac{1\ \text{k}\Omega}{1\ \text{k}\Omega + 51\ \text{k}\Omega} = 0{,}0192$$

Como o 741C tem um ganho de tensão típico de 100.000 e uma impedância de saída em malha aberta de 75 Ω, a impedância de saída em malha fechada é:

$$z_{\text{out}(CL)} = \frac{75\ \Omega}{1 + (100.000)(0{,}0192)} = 0{,}039\ \Omega$$

Como o 741C tem uma corrente de carga em curto-circuito de 25 mA, o valor reforçado da corrente de carga em curto-circuito é:

$$I_{\text{máx}} = 125(25\ \text{mA}) = 3{,}13\ \text{A}$$

PROBLEMA PRÁTICO 18-7 Usando a Figura 18-27, substitua R_2 por 27 kΩ. Determine o novo ganho de tensão, $z_{\text{out}(CL)}$ e $I_{\text{máx}}$, quando cada transistor tem um ganho de corrente de 100.

18-8 Fontes de corrente controladas por tensão

Esta seção discute circuitos que permitem a uma tensão de entrada controlar uma corrente de saída. A carga pode ser flutuante ou aterrada. Todos os circuitos são variações da configuração VCIS, o que significa que eles são fontes de corrente controladas por tensão também conhecidos como conversores tensão-corrente.

Carga flutuante

A Figura 18-28 mostra a configuração VCIS. A carga pode ser um resistor, um relé ou um motor. Devido ao curto-circuito virtual entre os terminais de entrada, a

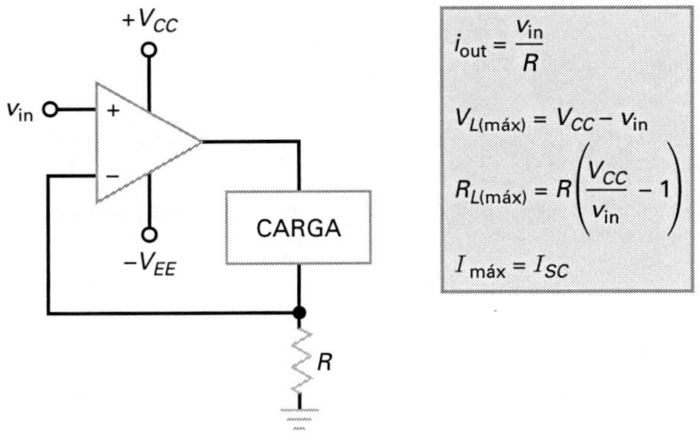

Figura 18-28 VCIS unidirecional com carga flutuante.

entrada inversora segue a tensão, com uma diferença de microvolts, da entrada não inversora. Como a tensão v_{in} aparece sobre R, a corrente de carga é:

$$I_{out} = \frac{v_{in}}{R} \tag{18-23}$$

Como a resistência de carga não aparece nessa equação, a corrente é independente dela. Dizendo de outra forma, a carga parece estar sendo acionada por uma fonte de corrente quase ideal. Como um exemplo, se v_{in} for 1 V e R for 1 kΩ, i_{out} será 1 mA.

Se a resistência de carga for muito grande na Figura 18-28, o amp-op vai para a saturação e o circuito não atuará mais como uma fonte de corrente quase ideal. Se um amp-op trilho a trilho for usado, a saída poderá variar até $+V_{CC}$. Portanto, a tensão de carga máxima é:

$$V_{L(máx)} = V_{CC} - v_{in} \tag{18-24}$$

Por exemplo, se V_{CC} for 15 V e v_{in} for 1 V, $V_{L(máx)}$ será 14 V. Se o amp-op não tiver uma saída trilho a trilho, podemos subtrair 1 V a 2 V de $V_{L(máx)}$.

Como a corrente de carga é igual a v_{in}/R, podemos deduzir essa equação para a resistência de carga máxima que pode ser usada sem a saturação do amp-op:

$$R_{L(máx)} = R\left(\frac{V_{CC}}{v_{in}} - 1\right) \tag{18-25}$$

Como um exemplo, se R for 1 kΩ, V_{CC} for 15 V e v_{in} for 1 V, então $R_{L(máx)} = 14$ kΩ.

Outra limitação da fonte de corrente controlada por tensão é a corrente de saída em curto-circuito do amp-op. Por exemplo, um 741C tem uma corrente de saída em curto-circuito de 25 mA. Como uma equação, a corrente de curto-circuito fora da faixa da fonte de corrente controlada na Figura 18-28 é:

$$I_{máx} = I_{SC} \tag{18-26}$$

onde I_{SC} é a corrente de saída em curto-circuito do amp-op.

Exemplo de aplicação 18-8

MultiSim

Se a fonte de corrente da Figura 18-28 tem $R = 10$ kΩ, $v_{in} = 1$ V e $V_{CC} = 15$ V, qual é a corrente de saída? Qual é a resistência de carga máxima a ser usada com esse circuito se v_{in} pode ser tão grande quanto 10 V?

SOLUÇÃO Usando as equações da Figura 18-28, a corrente de saída é:

$$i_{out} = \frac{1\,V}{10\,k\Omega} = 0{,}1\,mA$$

A resistência de carga máxima é:

$$R_{L(máx)} = (10\,k\Omega)\left(\frac{15\,V}{10\,V} - 1\right) = 5\,k\Omega$$

PROBLEMA PRÁTICO 18-8 Substitua R por 2 kΩ e repita o Exemplo 18-8.

Carga aterrada

Podendo se usar uma **carga flutuante** e estando a corrente de curto-circuito adequada, um circuito como o da Figura 18-28 funciona bem. Porém, se a carga precisa ser aterrada ou mais corrente de curto-circuito é necessária, podemos modificar o circuito básico como mostra a Figura 18-29. Como as correntes de coletor e emissor do transistor são quase iguais, a corrente através de R é aproximadamente igual a corrente de carga. Devido ao curto-circuito virtual entre as entradas do amp-op, a tensão na entrada inversora é aproximadamente igual a v_{in}. Portanto, a tensão em R é igual a V_{CC} menos v_{in} e a corrente em R é dada por:

$$\boldsymbol{i_{out} = \frac{V_{CC} - v_{in}}{R}} \qquad \textbf{(18-27)}$$

A Figura 18-29 mostra as equações para tensão de carga máxima, resistência de carga máxima e corrente de saída em curto-circuito. Observe que o circuito usa um reforçador de corrente na saída. Isso aumenta a corrente de saída em curto-circuito para:

$$\boldsymbol{I_{máx} = \beta_{CC} I_{SC}} \qquad \textbf{(18-28)}$$

Corrente de saída diretamente proporcional à tensão de entrada

Na Figura 18-29, a corrente de carga diminui quando a tensão de entrada aumenta. A Figura 18-30 mostra um circuito no qual a corrente de carga é diretamente pro-

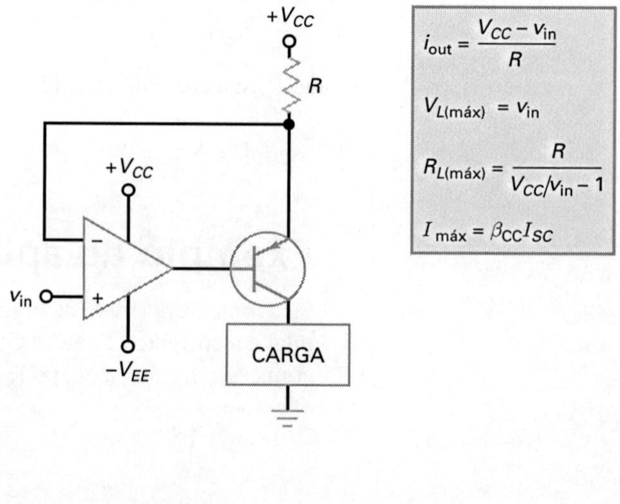

Figura 18-29 VCIS unidirecional com carga com terminação simples (aterrada).

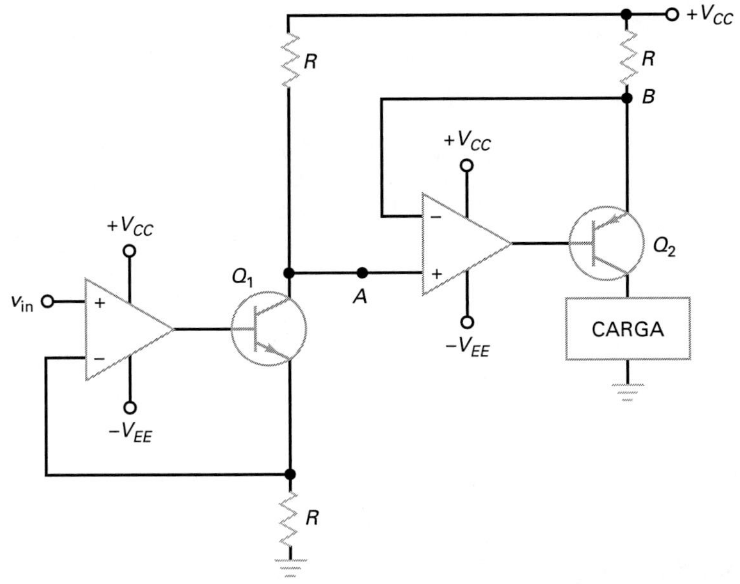

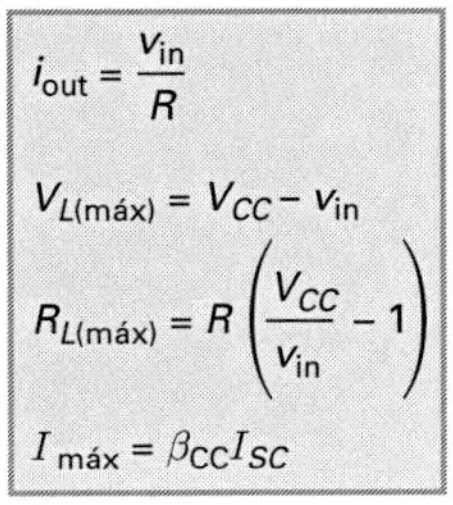

Figura 18-30 Outro circuito VCIS unidirecional com carga com terminação simples (aterrada).

porcional à tensão de entrada. Devido ao curto-circuito virtual nos terminais de entrada do primeiro amp-op, a corrente de emissor em Q_1 é v_{in}/R. Como a corrente de coletor de Q_1 é aproximadamente a mesma do emissor, a tensão no resistor R do coletor é v_{in} e a tensão no nó A é:

$$V_A = V_{CC} - v_{in}$$

Essa é a entrada não inversora do segundo amp-op.

Devido ao curto-circuito virtual entre os terminais de entrada do segundo amp-op, a tensão no nó B é:

$$V_B = V_A$$

A tensão no resistor R final é:

$$V_R = V_{CC} - V_B = V_{CC} - (V_{CC} - v_{in}) = v_{in}$$

Portanto, a corrente de saída é de aproximadamente:

$$\boldsymbol{i_{out} = \frac{v_{in}}{R}} \qquad \textbf{(18-29)}$$

Fonte de corrente Howland

A fonte de corrente da Figura 18-30 produz uma corrente de carga unidirecional. Quando uma corrente bidirecional é necessária, a fonte de corrente Howland da Figura 18-31 pode ser usada. Para uma compreensão inicial de como ela funciona, considere o caso especial em que $R_L = 0$. Quando a carga está em curto-circuito, a entrada não inversora está aterrada, a entrada inversora está no terra virtual e a tensão de saída é:

$$v_{out} = -v_{in}$$

Na parte inferior do circuito, a tensão de saída aparece sobre R em série com a carga em curto-circuito. A corrente em R é:

$$\boldsymbol{i_{out} = \frac{-v_{in}}{R}} \qquad \textbf{(18-30)}$$

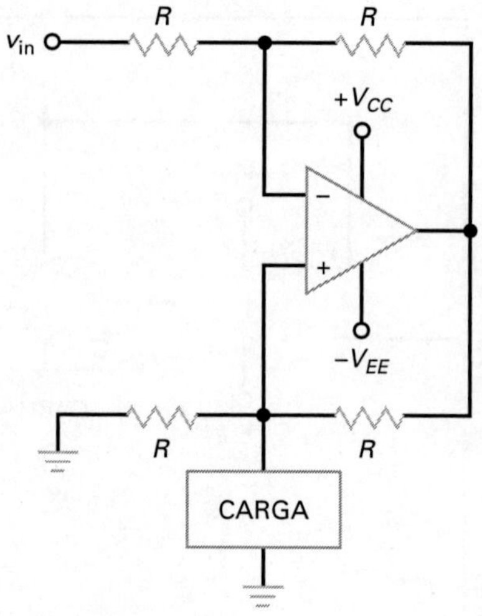

$$i_{out} = \frac{-v_{in}}{R}$$

$$V_{L(máx)} = \frac{V_{CC} - v_{in}}{2}$$

$$R_{L(máx)} = \frac{R}{2}\left(\frac{V_{CC}}{v_{in}} - 1\right)$$

$$I_{máx} = I_{SC}$$

Figura 18-31 A fonte de corrente Howland é um VCIS bidirecional.

Quando a carga está em curto-circuito, toda essa corrente flui através da carga. O sinal negativo significa que a tensão na carga é invertida.

Quando a resistência de carga for maior que zero, a análise é muito mais complicada porque a entrada não inversora não estará mais aterrada e a entrada inversora não será mais um terra virtual. Em vez disso, a tensão na entrada não inversora será igual à tensão no resistor de carga. Após escrevermos e solucionarmos algumas equações, podemos mostrar que a Equação (18-30) ainda é válida para qualquer resistência de carga, desde que o amp-op não entre na saturação. Como R_L não aparece na equação, o circuito atua como uma fonte de corrente quase ideal.

A Figura 18-31 mostra as equações para análise. Por exemplo, se $V_{CC} = 15$ V, $v_{in} = 3$V e $R = 1$kΩ, a resistência de carga máxima que pode ser usada sem a saturação do amp-op é:

$$R_{L(\text{máx})} = \frac{1\,\text{k}\Omega}{2}\left(\frac{15\,\text{V}}{3\,\text{V}} - 1\right) = 2\,\text{k}\Omega$$

Exemplo de aplicação 18-9

A fonte de corrente Howland da Figura 18-31 tem $R = 15$ kΩ, $v_{in} = 3$ V e $V_{CC} = 15$ V. Qual é a corrente de saída? Qual é a maior resistência de carga que pode ser utilizada com esse circuito se a tensão de entrada máxima é 9 V?

SOLUÇÃO Usando as equações da Figura 18-31:

$$i_{out} = \frac{-3\,\text{V}}{15\,\text{k}\Omega} = -0{,}2\,\text{mA}$$

A resistência de carga máxima é:

$$R_{L(\text{máx})} = \frac{15\,\text{k}\Omega}{2}\left(\frac{15\,\text{V}}{12\,\text{V}} - 1\right) = 1{,}88\,\text{k}\Omega$$

PROBLEMA PRÁTICO 18-9 Repita o Exemplo 18-9 com $R = 10$ kΩ.

18-9 Controle automático de ganho

AGC significa **controle automático de ganho** (*automatic gain control*). Em muitas aplicações como rádio e televisão, queremos que o ganho de tensão varie automaticamente quando o sinal de entrada variar. Especificamente, quando o sinal de entrada aumenta, queremos que o ganho de tensão diminua. Dessa forma, a tensão de saída de um amplificador será aproximadamente constante. Uma razão para querermos o AGC em um rádio ou televisão é manter o volume com variações abruptas quando sintonizamos estações diferentes.

AGC de áudio

A Figura 18-32 mostra um circuito AGC de áudio. Q_1 é um JFET usado como uma resistência controlada por tensão. Para uma operação de pequeno sinal com tensões de dreno próximas de zero, o JFET opera na região ôhmica tendo uma resistência r_{ds} para sinais CA. O r_{ds} de um JFET pode ser controlado pela tensão de porta. Quanto mais negativa a tensão de porta, maior se torna o r_{ds}. Com um JFET como o 2N4861, r_{ds} pode variar de 100 Ω a mais de 10 MΩ.

R_3 e Q_1 atuam como um divisor de tensão cuja saída varia entre $0{,}001v_{in}$ e v_{in}. Portanto, a tensão na entrada não inversora está entre $0{,}001v_{in}$ e v_{in}, uma faixa de 60 dB. A tensão de saída do amplificador não inversor é $(R_2/R_1 + 1)$ vezes essa tensão de entrada.

Na Figura 18-32, a tensão de saída é acoplada à base de Q_2. Para uma saída de pico a pico menor que 1,4 V, Q_2 está em corte porque não há polarização para ele. Com Q_2 desligado, o capacitor C_2 é descarregado e a porta de Q_1 está na tensão $-V_{EE}$, que é uma tensão negativa o suficiente para cortar o JFET. Isso significa que a tensão de entrada máxima alcança a da entrada não inversora. Em outras palavras, uma tensão de saída menor que 1,4 V pp implica que o circuito atua como um amplificador não inversor de tensão com um sinal de entrada máximo.

Quando a tensão pico a pico de saída for maior que 1,4 V, Q_2 conduz e carrega o capacitor C_2. Isso aumenta a tensão na porta e diminui r_{ds}. Com um r_{ds} menor, a saída do divisor de tensão R_3 e Q_1 diminui, passando a ter menos tensão na entrada não inversora. Em outras palavras, o ganho de tensão total do circuito diminui quando a tensão pico a pico de saída for maior que 1,4 V.

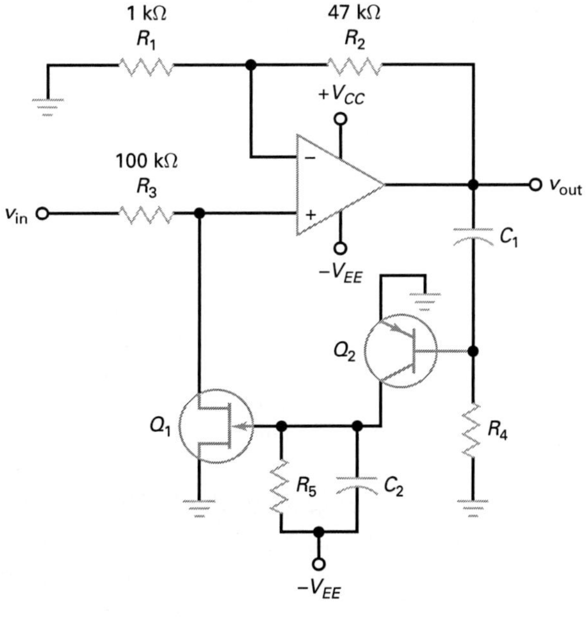

$$A_v = \left(\frac{R_2}{R_1} + 1\right)\left(\frac{r_{ds}}{r_{ds} + R_3}\right)$$

Figura 18-32 JFET usado como uma resistência controlada por tensão num circuito AGC.

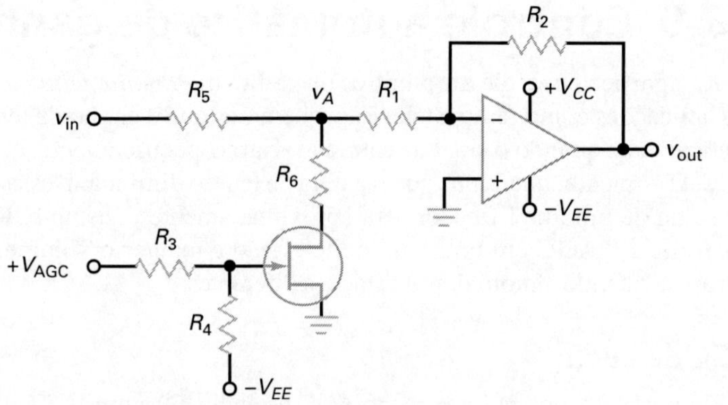

$$A_v = \frac{-R_2}{R_1}\,\frac{R_6 + r_{ds}}{R_5 + R_6 + r_{ds}}$$

Figura 18-33 Circuito AGC usado com pequenos sinais de entrada.

Quanto maior a tensão de saída, menor o ganho de tensão. Dessa forma, a tensão de saída aumenta apenas ligeiramente para grandes aumentos no sinal de entrada. Uma razão para o uso de AGC é reduzir aumentos repentinos no nível do sinal e evitar sobreacionar o alto-falante. Se estamos escutando um rádio, não queremos um aumento inesperado no nível do sinal para "bombardear" os nossos ouvidos. Em resumo, ainda que a tensão de entrada na Figura 18-32 varie acima da faixa de 60 dB, a saída pico a pico é apenas ligeiramente maior que 1,4 V.

AGC de vídeo de nível baixo

O sinal de saída de uma câmera de televisão tem frequências de 0 a mais de 4 MHz. As frequências nessa faixa são denominadas frequências de vídeo. A Figura 18-33 mostra uma técnica padrão para AGC de vídeo que tem sido usada para frequências acima de 10 MHz. Nesse circuito o JFET atua como uma resistência controlada por tensão. Quando a tensão AGC for zero, o JFET entra em corte pela polarização negativa e o seu r_{ds} é máximo. À medida que a tensão AGC aumenta, o r_{ds} do JFET diminui.

A tensão de entrada do amplificador inversor é proveniente do divisor de tensão formado por R_5, R_6 e r_{ds}. Essa tensão é dada por:

$$v_A = \frac{R_6 + r_{ds}}{R_5 + R_6 + r_{ds}} v_{\text{in}}$$

O ganho de tensão do amplificador inversor é:

$$A_v = \frac{-R_2}{R_1}$$

Nesse circuito o JFET é uma resistência controlada por tensão. Quanto mais positiva a tensão AGC, menor o valor de r_{ds} e menor a tensão de entrada do amplificador inversor. Isso significa que a tensão AGC controla o ganho de tensão total do circuito.

Usando um amp-op de banda larga, o circuito funciona bem para sinais de entrada até aproximadamente 100 mV. Além desse nível, a resistência do JFET torna-se uma função do nível do sinal em adição à tensão AGC. Isso é indesejável porque apenas a tensão AGC deve controlar o ganho de tensão total.

AGC de vídeo de nível alto

Para sinais de vídeo de nível alto, podemos substituir o JFET por uma combinação de LED e fotorresistor como a da Figura 18-34. A resistência R_7 do fotorresistor

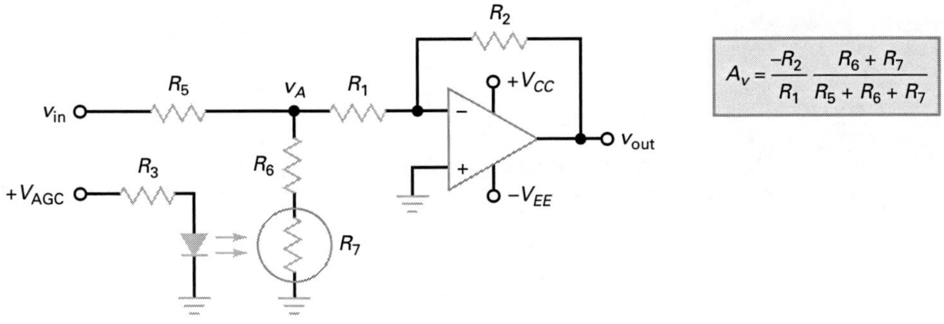

Figura 18-34 Circuito AGC usado com grandes sinais de entrada.

diminui conforme a quantidade de luz aumenta. Portanto, quanto maior a tensão AGC, menor o valor de R_7. Como anteriormente, o divisor de tensão de entrada controla o valor da tensão que aciona o amplificador de tensão inversor. Essa tensão é dada por:

$$v_A = \frac{R_6 + R_7}{R_5 + R_6 + R_7} v_{\text{in}}$$

O circuito pode operar com tensões de entrada de até 10 V porque a resistência da fotocélula não é afetada por tensões maiores e é uma função apenas de V_{AGC}. Além disso, existe uma isolação quase total entre a tensão AGC e a tensão de entrada v_{in}.

Exemplo de aplicação 18-10

Se r_{ds} varia de 50 Ω a 120 kΩ na Figura 18-32, qual é o ganho de tensão máximo? Qual é o ganho de tensão mínimo?

SOLUÇÃO Usando os valores e as equações da Figura 18-32, o ganho de tensão máximo é:

$$A_v = \left(\frac{47\text{ k}\Omega}{1\text{ k}\Omega} + 1\right)\frac{120\text{ k}\Omega}{120\text{ k}\Omega + 100\text{ k}\Omega} = 26{,}2$$

O ganho de tensão mínimo é:

$$A_v = \left(\frac{47\text{ k}\Omega}{1\text{ k}\Omega} + 1\right)\frac{50\ \Omega}{50\ \Omega + 100\text{ k}\Omega} = 0{,}024$$

PROBLEMA PRÁTICO 18-10 No Exemplo 18-10, para qual valor deve cair r_{ds} para que o ganho de tensão seja 1?

18-10 Operação com fonte simples

O uso de fontes duplas é a forma típica de alimentar amp-ops. Porém, isso não é necessário ou ainda desejável em algumas aplicações. Esta seção discute os amplificadores inversor e não inversor que funcionam com uma fonte de alimentação positiva simples.

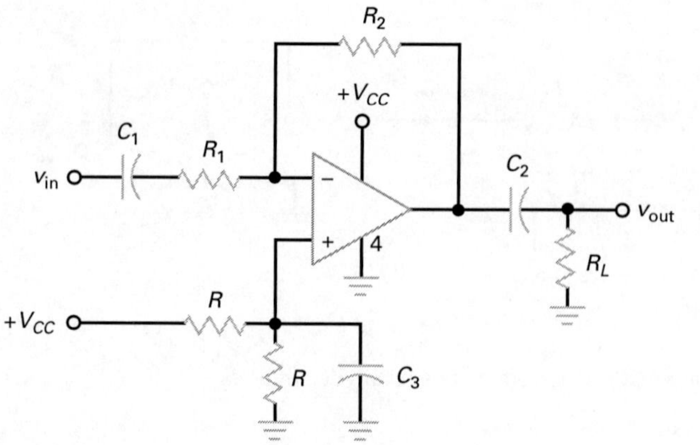

$$A_v = \frac{-R_2}{R_1}$$

$$f_1 = \frac{1}{2\pi R_1 C_1}$$

$$f_2 = \frac{1}{2\pi R_L C_2}$$

$$f_3 = \frac{1}{2\pi (R/2) C_3}$$

Figura 18-35 Amplificador inversor com alimentação simples.

Amplificador inversor

A Figura 18-35 mostra um amplificador de tensão inversor com alimentação simples que pode ser usado com sinais CA. O pino de alimentação V_{EE} (pino 4) é aterrado e um divisor de tensão aplica metade da tensão de alimentação V_{CC} na entrada não inversora. Devido às duas entradas estarem virtualmente em curto-circuito, a entrada inversora tem uma tensão quiescente de aproximadamente $+0{,}5V_{CC}$.

No circuito equivalente CC, todos os capacitores aparecem como circuitos abertos, e o circuito é um seguidor de tensão que produz uma tensão de saída *CC* de $+0{,}5V_{CC}$. Os offsets de entrada são minimizados porque o ganho de tensão é unitário.

No circuito equivalente CA, todos os capacitores aparecem como curtos-circuitos, sendo que o circuito se resume a um amplificador inversor com um ganho de tensão de $-R_2/R_1$. A Figura 18-35 mostra as equações usadas na análise. Com essas equações calculamos as três frequências de corte inferiores.

Um capacitor de desvio é usado na entrada não inversora, como mostra a Figura 18-35. Isso reduz o *ripple* na fonte de alimentação e o ruído que aparece na entrada não inversora. Para ser efetivo, a frequência de corte desse circuito de desvio deve ser muito menor que a frequência do *ripple* na fonte de alimentação. Podemos calcular a frequência de corte desse circuito de desvio usando a equação dada na Figura 18-35.

Amplificador não inversor

Na Figura 18-36 é usada apenas uma fonte de alimentação positiva. Para obtermos a máxima variação de saída, precisamos polarizar a entrada não inversora com um valor de tensão que é metade da tensão de alimentação, o que é convenientemente realizado com um divisor de tensão de resistores iguais. Isso gera uma entrada de $0{,}5V_{CC}$ na entrada não inversora. Devido à realimentação negativa, a entrada inversora segue o mesmo valor.

No circuito equivalente CC, todos os capacitores aparecem como circuitos abertos e o circuito tem um ganho de tensão unitário, o que minimiza a tensão de offset de saída. A tensão de saída cc do amp-op é $+0{,}5V_{CC}$, mas essa tensão é bloqueada pelo capacitor de acoplamento de saída, não chegando à carga final.

No circuito equivalente CA, todos os capacitores aparecem como curtos-circuitos. Quando um sinal ca aciona o circuito, um sinal de saída amplificado aparece em R_L. Se um amp-op trilho a trilho for usado, a saída de pico a pico máxima não ceifada é V_{CC}. A Figura 18-36 fornece as equações para o cálculo das frequências de corte.

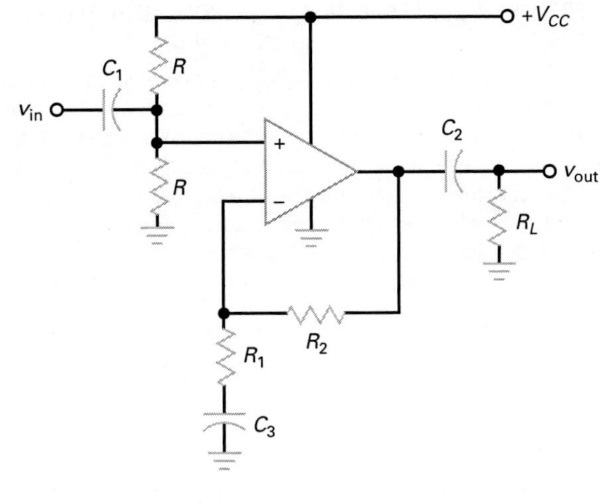

$$A_v = \frac{R_2}{R_1} + 1$$

$$f_1 = \frac{1}{2\pi(R/2)C_1}$$

$$f_2 = \frac{1}{2\pi R_L C_2}$$

$$f_3 = \frac{1}{2\pi R_1 C_3}$$

Figura 18-36 Amplificador não inversor com alimentação simples.

Amp-ops com alimentação simples

Embora possamos usar amp-ops comuns com uma alimentação simples, como mostrado nas Figuras 18-35 e 18-36, existem alguns amp-ops que são otimizados para operarem com alimentação simples. Por exemplo, o LM324 é um amp-op quádruplo que elimina a necessidade de duas fontes de alimentação. Ele contém quatro amp-ops compensados internamente em um único encapsulamento, tendo cada um deles ganho de tensão em malha aberta de 100 dB, corrente de polarização de entrada de 45 nA, corrente de *offset* de entrada de 5 nA e tensão de *offset* de entrada de 2 mV. Ele funciona com uma tensão de alimentação positiva que pode ter qualquer valor entre 3 V e 32 V. por isso, o LM324 é conveniente para ser usado como interface com circuitos digitais que funcionam com uma alimentação positiva simples de +5 V.

Resumo

SEÇÃO 18-1 CIRCUITOS AMPLIFICADORES INVERSORES

Os circuitos amplificadores inversores discutidos nesta seção incluem uma ponta de prova de alta impedância (X10 e X1), um amplificador com acoplamento CA e um circuito com largura de banda ajustável.

SEÇÃO 18-2 CIRCUITOS AMPLIFICADORES NÃO INVERSORES

Os circuitos amplificadores não inversores discutidos nesta seção incluem um amplificador com acoplamento CA, um amplificador de distribuição de áudio, um amplificador com chave JFET e um circuito de referência de tensão.

SEÇÃO 18-3 CIRCUITOS INVERSORES/NÃO INVERSORES

Os circuitos discutidos nesta seção são o inversor/não inversor comutado, o inversor comutado controlado por JFET, um trocador de sinal, um circuito de ganho reversível e ajustável e um deslocador de fase.

SEÇÃO 18-4 AMPLIFICADORES DIFERENCIAIS

Dois fatores determinam o CMRR total de um amplificador diferencial: o CMRR de cada amp-op e o CMRR dos resistores casados. O sinal de entrada é geralmente uma pequena tensão diferencial e uma grande tensão em modo comum provenientes de uma ponte de Wheatstone.

SEÇÃO 18-5 AMPLIFICADORES DE INSTRUMENTAÇÃO

Um amplificador de instrumentação é um amplificador diferencial otimizado para ganhos de tensão grandes, alto CMRR, baixos *offsets* de entrada, baixa deriva de temperatura e uma alta impedância de entrada. Os amplificadores de instrumentação podem ser construídos com o circuito clássico de três amp-ops, usando amp-ops de precisão ou com um amplificador de instrumentação integrado.

SEÇÃO 18-6 CIRCUITOS AMPLIFICADORES SOMADORES

Os tópicos discutidos nesta seção foram o subtrator, o somador usando as duas entradas, o gerador de média e o conversor D/A. Este último é usado em multímetros digitais para medir tensões, correntes e resistências.

SEÇÃO 18-7 REFORÇADORES (*BOOSTERS*) DE CORRENTE

Quando a corrente de saída em curto-circuito de um amp-op for muito baixa, uma solução é usar um reforçador de corrente na saída do circuito. Tipicamente, o reforçador de corrente é um transistor cuja corrente de base é suprida pelo amp-op. Em função do ganho de corrente do transistor, a corrente de saída em curto-circuito é aumentada por um fator β.

SEÇÃO 18-8 FONTES DE CORRENTE CONTROLADAS POR TENSÃO

Podemos construir fontes de corrente que são controladas por uma tensão de entrada. As cargas podem ser flutuantes ou aterradas. A corrente de carga pode ser unidirecional ou bidirecional. A fonte de corrente Howland é uma fonte de corrente bidirecional controlada por tensão.

SEÇÃO 18-9 CONTROLE AUTOMÁTICO DE GANHO

Em muitas aplicações queremos que o ganho de tensão de um sistema varie automaticamente conforme necessário para manter a tensão de saída quase constante. Em receptores de rádio e televisão, o AGC evita variações repentinas e grandes no volume do som na saída dos alto-falantes.

SEÇÃO 18-10 OPERAÇÃO COM FONTE SIMPLES

Embora normalmente os amp-ops sejam usados com alimentação dupla, existem aplicações para as quais se prefere uma alimentação simples. Quando amplificadores acoplados são necessários, amplificadores de alimentação simples são facilmente implementados polarizando a entrada sem sinal do amp-op na metade da tensão de alimentação positiva. Alguns amp-ops são otimizados para operação com alimentação simples.

Derivações

(18-3) Ganho para circuitos inversor/não inversor:

$$A_v = A_{v(\text{inv})} + A_{v(\text{non})}$$

Veja as Figuras 18-8 a 18-13. O ganho de tensão total é a superposição dos ganhos de tensão inversor e não inversor. Usamos esses ganhos quando o sinal de entrada é aplicado nas duas entradas.

(18-5) Ganho de tensão em modo comum:

$$A_{v(CM)} = A_{v(\text{inv})} + A_{v(\text{non})}$$

Veja as Figuras 18-14, 18-15 e 18-18. Essa é similar à Equação (18-3) porque é a superposição dos ganhos.

(18-7) Ganho não inversor total:

$$A_{v(non)} = \left(\frac{R_2}{R_1} + 1\right)\left(\frac{R_2'}{R_1' + R_2'}\right)$$

Veja a Figura 18-14. Esse é o ganho de tensão do lado da entrada não inversora reduzido pelo fator do divisor de tensão.

(18-8) Ganho em modo comum para $R_1 = R_2$:

$$A_{v(CM)} = \pm 2\frac{\Delta R}{R}$$

Veja as Figuras 18-15 e 18-18. Esse é o ganho em modo comum devido às tolerâncias dos resistores quando os resistores do amplificador diferencial são iguais e casados.

(18-11) Ponte de Wheatstone:

$$\frac{R_1}{R_2} = \frac{R_3}{R_4}$$

Veja a Figura 18-16*a*. Essa é a equação para uma ponte de Wheatstone balanceada.

(18-13) Ponte de Wheatstone desbalanceada:

$$V_{\text{in}} \cong \frac{\Delta R}{4R} V_{CC}$$

Veja a Figura 18-17. Essa equação é válida para variações pequenas na resistência do transdutor.

(18-16) Amplificador de instrumentação:

$$A_v = \frac{2R_2}{R_G} + 1$$

Veja as Figuras 18-18 e 18-20. Esse é o ganho de tensão do primeiro estágio do clássico amplificador de instrumentação de três amp-ops.

(18-18) Equivalente de binário para decimal:

$$\text{BIN} = (D_0 \times 2^0) + (D_1 \times 2^1) + (D_2 \times 2^2) + (D_3 \times 2^3)$$

(18-19) Tensão de saída da escada R/2R:

$$V_{\text{out}} = -\left(\frac{\text{BIN}}{2^n} \times 2V_{\text{ref}}\right)$$

(18-21) Reforçador de corrente:

$$I_{\text{máx}} = \beta_{cc} I_{SC}$$

Veja as Figuras 18-26 a 18-30. A corrente de curto-circuito de um amp-op é aumentada pelo ganho de corrente de um transistor entre o amp-op e a carga.

(18-23) Fonte de corrente controlada por tensão:

$$i_{\text{out}} = \frac{V_{\text{in}}}{R}$$

Veja as Figuras 18-28 e 18-31. Em fontes de corrente controladas por tensão, a tensão de entrada é convertida em uma corrente de saída quase ideal.

Exercícios

1. **Num circuito linear com amp-op,**
   a. Os sinais são sempre ondas senoidais
   b. O amp-op não vai para a saturação
   c. A impedância de entrada é idealmente infinita
   d. O produto ganho-largura de banda é constante

2. Em um amplificador CA que usa um amp-op com capacitores de acoplamento e desvio, a tensão de *offset* de saída é

a. Zero
b. Mínima
c. Máxima
d. Inalterada

3. Para usarmos um amp-op, precisamos de pelo menos

a. Uma tensão de alimentação
b. Duas tensões de alimentação
c. Um capacitor de acoplamento
d. Um capacitor de desvio

4. Em uma fonte de corrente controlada com amp-ops, o circuito atua como um

a. Amplificador de tensão
b. Conversor corrente-tensão
c. Conversor tensão-corrente
d. Amplificador de corrente

5. Um amplificador de instrumentação tem

a. Uma alta impedância de saída
b. Um alto ganho de potência
c. Um alto CMRR
d. Uma alta tensão de alimentação

6. Um reforçador de corrente na saída de um amp-op aumenta a corrente de curto-circuito de

a. $A_{v(CL)}$
b. β_{cc}
c. f_{unity}
d. A_v

7. Dada uma referência de tensão de +2,5 V, podemos obter uma referência de tensão de +15 V usando

a. Um amplificador inversor
b. Um amplificador não inversor
c. Um amplificador diferencial
d. Um amplificador de instrumentação

8. Em um amplificador diferencial, o CMRR é limitado principalmente

a. Pelo CMRR do amp-op
b. Pelo produto ganho-largura de banda
c. Pelas tensões de alimentação
d. Pela tolerância dos resistores

9. O sinal de entrada para um amplificador de instrumentação geralmente vem de

a. Um amplificador inversor
b. Um resistor
c. Um amplificador diferencial
d. Uma ponte de Wheatstone

10. No clássico amplificador de instrumentação de três amp-ops, o ganho de tensão diferencial é geralmente produzido

a. Pelo primeiro estágio
b. Pelo segundo estágio
c. Pelos resistores casados
d. Pelo amp-op de saída

11. A blindagem do sinal reduz

a. O CMRR de um amplificador de instrumentação
b. A corrente de fuga em um cabo blindado
c. O ganho de tensão do primeiro estágio
d. A tensão de entrada em modo comum

12. Num circuito gerador de média, as resistências de entrada são

a. Iguais à resistência de realimentação
b. Menores que a resistência de realimentação
c. Maiores que a resistência de realimentação
d. Diferentes

13. Um conversor D/A é uma aplicação do

a. Circuito de largura de banda ajustável
b. Amplificador não inversor
c. Conversor tensão-corrente
d. Amplificador somador

14. Em uma fonte de corrente controlada por tensão,

a. Um reforçador de corrente nunca é usado
b. A carga é sempre flutuante
c. Uma fonte de corrente quase ideal aciona a carga
d. A corrente na carga é igual a I_{SC}

15. A fonte de corrente Howland produz uma

a. Corrente de carga flutuante unidirecional
b. Corrente de carga aterrada bidirecional
c. Corrente de carga aterrada unidirecional
d. Corrente de carga flutuante bidirecional

16. A finalidade do AGC é

a. Aumentar o ganho de tensão quando o sinal de entrada aumenta
b. Converter tensão em corrente
c. Manter a tensão de saída quase constante
d. Reduzir o CMRR do circuito

17. 1 ppm é equivalente a

a. 0,1%
b. 0,01%
c. 0,001%
d. 0,0001%

18. Um transdutor de entrada converte

a. Tensão em corrente
b. Corrente em tensão
c. Uma grandeza elétrica em uma grandeza não elétrica
d. Uma grandeza não elétrica em uma grandeza elétrica

19. Um termistor converte

a. Luz em resistência
b. Temperatura em resistência
c. Tensão em som
d. Corrente em tensão

20. Quando se corta (*trim*) um resistor, estamos

a. Fazendo um ajuste fino
b. Reduzindo seu valor
c. Aumentando seu valor
d. Fazendo um ajuste grosso

21. Um conversor D/A com quatro entradas tem

a. Dois valores de saída
b. Quatro valores de saída
c. Oito valores de saída
d. Dezesseis valores de saída

22. Um amp-op com uma saída trilho a trilho

a. Tem uma saída de corrente reforçada
b. Pode variar até as duas tensões de alimentação
c. Tem uma impedância de saída alta
d. Não pode ser menor que 0 V

23. Quando um JFET é usado em um circuito AGC, ele atua como uma

a. Chave
b. Fonte de corrente controlada por tensão
c. Resistência controlada por tensão
d. Capacitância

24. Se um amp-op tem apenas um tensão de alimentação positiva, sua saída não pode

a. Ser negativa
b. Ser zero
c. Ser igual à tensão de alimentação
d. Ser acoplada em CA

Problemas

SEÇÃO 18-1 CIRCUITOS AMPLIFICADORES INVERSORES

18-1 Na ponta de prova da Figura 18-1, R_1 = 10 MΩ, R_2 = 20 MΩ, R_3 = 15 kΩ, R_4 = 15 kΩ, R_5 = 75 kΩ. Qual a atenuação da ponta de prova em cada posição da chave?

18-2 No amplificador inversor com acoplamento CA da Figura 18-2, R_1 = 1,5 kΩ, R_f = 75 kΩ, R_L = 15 kΩ, C_1 = 1 μF, C_2 = 4,7 μF e $f_{unitário}$ = 1 MHz. Qual o ganho de tensão do amplificador na banda média? Quais são as frequências de corte superior e inferior?

18-3 No circuito com largura de banda ajustável da Figura 18-3, R_1 = 10 kΩ e R_f = 180 kΩ. Se o resistor de 100 Ω for substituído por um de 130 Ω e o resistor variável por um de 25 kΩ, qual será o ganho de tensão? Qual a largura de banda mínima e máxima se $f_{unitário}$ = 1 MHz?

18-4 Qual a tensão de saída na Figura 18-37? Qual a largura de banda mínima e máxima? (Use $f_{unitário}$ = 1 MHz.)

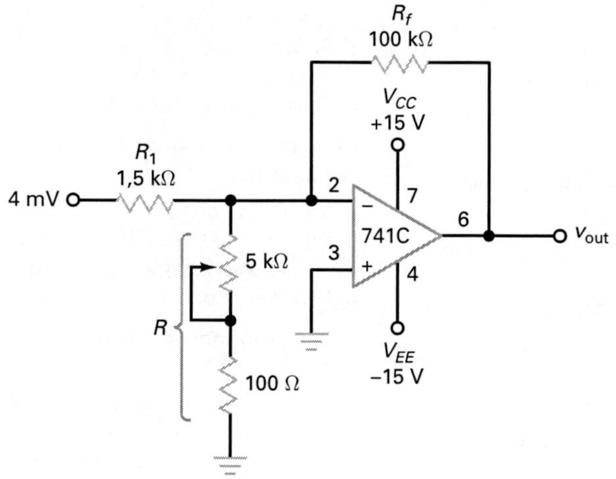

Figura 18-37

SEÇÃO 18-2 CIRCUITOS AMPLIFICADORES NÃO INVERSORES

18-5 Na Figura 18-4, R_1 = 2 kΩ, R_f = 82 kΩ, R_L = 25 kΩ, C_1 = 2,2 μF, C_2 = 4,7 μF e $f_{unitário}$ = 3 MHz. Qual o ganho de tensão do amplificador na banda média? Quais são as frequências de corte superior e inferior?

18-6 Qual o ganho de tensão na banda média do circuito na Figura 18-38? Quais são as frequências de corte superior e inferior?

18-7 MultiSim No amplificador de distribuição da Figura 18-5, R_1 = 2 kΩ, R_f = 100 kΩ e v_{in} = 10 mV. Qual a tensão de saída para *A*, *B* e *C*?

18-8 O amplificador comutado com JFET da Figura 18-6 tem esses valores: R_1 = 91 kΩ, R_f = 12 kΩ, R_2 = 1 kΩ. Se v_{in} = 2 mV, qual a tensão de saída quando a porta for nível baixo? E quando a porta for nível alto?

18-9 Se $V_{GS(off)}$ = −5 V, qual a tensão de saída mínima e máxima na Figura 18-39?

18-10 O circuito de referência de tensão da Figura 18-7 é modificado sendo R_1 = 10 kΩ e R_f = 10 kΩ. Qual a nova tensão de referência de saída?

SEÇÃO 18-3 CIRCUITOS INVERSORES/NÃO INVERSORES

18-11 No inversor ajustável da Figura 18-10, R_1 = 1 kΩ e R_2 = 10 kΩ. Qual o ganho positivo máximo? E o ganho negativo máximo?

18-12 Qual o ganho de tensão na Figura 18-11 quando o cursor estiver na extremidade que está em GND? E quando ele estiver a 10% de GND?

18-13 São usados resistores de precisão na Figura 18-12. Se *R* = 5 kΩ, nR = 75 kΩ e $nR/(n-1)R$ = 5,36 kΩ, quais são os ganhos máximos positivo e negativo?

18-14 No deslocador de fase da Figura 18-13, R' = 10 kΩ, *R* = 22 kΩ e *C* = 0,02 μF. Qual o deslocamento de fase quando a frequência de entrada for 100 Hz? E quando for 1 kHz? E quando for 10 kHz?

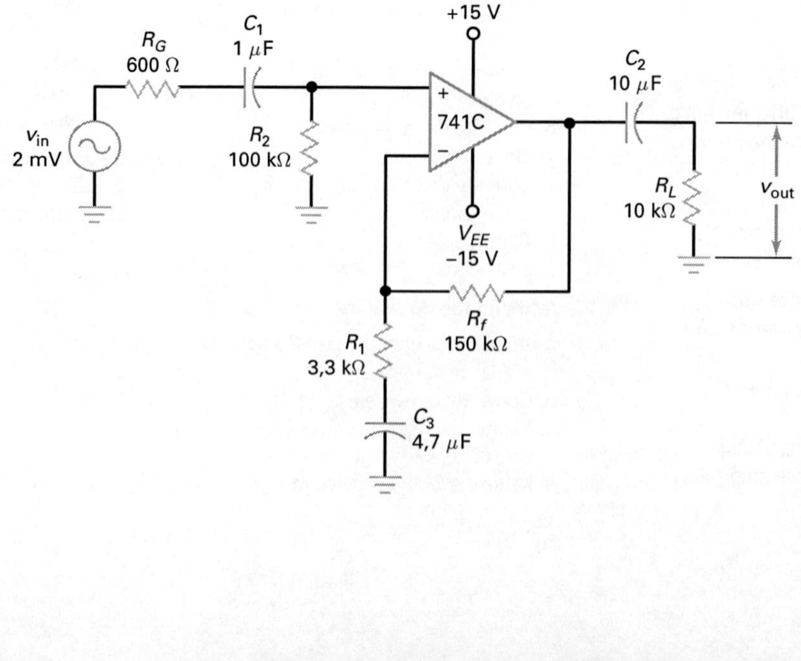

Figura 18-38

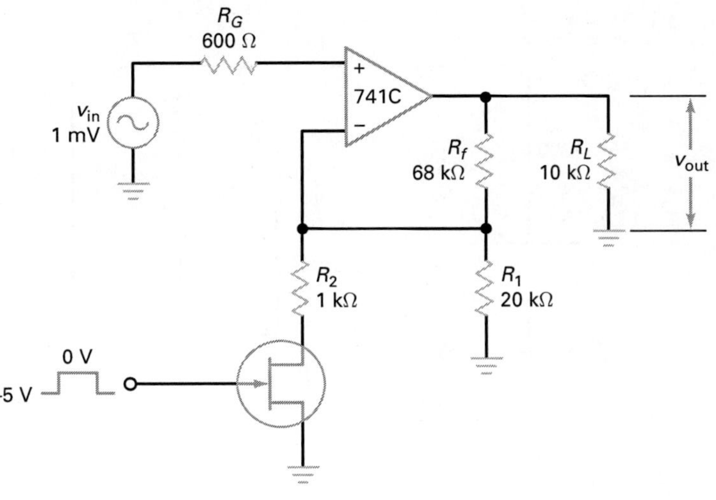

Figura 18-39

SEÇÃO 18-4 AMPLIFICADORES DIFERENCIAIS

18-15 O amplificador diferencial da Figura 18-14 tem R_1 = 1,5 kΩ e R_2 = 30 kΩ. Qual o ganho de tensão diferencial? E o ganho em modo comum? (Tolerância do resistor = ±0,1%)

18-16 Na Figura 18-15, R_1 = 1 kΩ e R_2 = 20 kΩ. Qual o ganho de tensão diferencial? E o ganho em modo comum? (Tolerância do resistor = ±1%)

18-17 Na ponte de Wheatstone da Figura 18-16, R_1 = 10 kΩ, R_2 = 20 kΩ, R_3 = 20 kΩ, R_4 = 10 kΩ. Essa ponte está balanceada?

18-18 Na aplicação típica da Figura 18-17, a resistência do transdutor muda para 985 Ω. Qual a tensão de saída final?

SEÇÃO 18-5 AMPLIFICADORES DE INSTRUMENTAÇÃO

18-19 No amplificador de instrumentação da Figura 18-18, R_1 = 1 kΩ, R_2 = 99 kΩ. Qual a tensão de saída se v_{in} = 2 mV? Se três amp-ops OP-07A forem usados e R = 10 kΩ ±0,5%, qual o CMRR do amplificador de instrumentação?

18-20 Na Figura 18-19 $v_{in(CM)}$ = 5 V. Se R_3 = 10 kΩ, qual o valor da tensão de proteção?

18-21 O valor de R_G é alterado para 1008 Ω na Figura 18-20. Qual a tensão de saída diferencial se a tensão de entrada diferencial for 20 mV?

SEÇÃO 18-6 CIRCUITOS AMPLIFICADORES SOMADORES

18-22 Qual a tensão de saída na Figura 18-21 se R = 10 kΩ, v_1 = –50 mV e v_2 = –30 mV?

18-23 MultiSim No circuito somador da Figura 18-22, R_1 = 10 kΩ, R_2 = 20 kΩ, R_3 = 15 kΩ, R_4 = 15 kΩ, R_5 = 30 kΩ e R_f = 75 kΩ. Qual a tensão de saída se v_0 = 1 mV, v_1 = 2 mV, v_2 = 3 mV e v_3 = 4 mV?

18-24 O circuito gerador de média da Figura 18-23 tem R = 10 kΩ. Qual a saída se, v_1 = 1,5 mV, v_2 = 2,5 mV e v_3 = 4,0 V?

18-25 O conversor D/A da Figura 18-24 tem uma entrada de v_0 = 5 V, v_1 = 0, v_2 = 5 V e v_3 = 0. Qual a tensão de saída?

18-26 Na Figura 18-25, se o número de entradas binárias for expandido para oito e D_7 a D_0 for igual a 10100101, determine o valor de entrada equivalente decimal, BIN.

18-27 Na Figura 18-25, se as entradas binárias forem expandidas de forma que D_7 a D_0 seja igual a 01100110, qual seria a tensão de saída?

18-28 Na Figura 18-25, usando uma tensão de referência de 2,5 V, determine o menor degrau de tensão de saída.

SEÇÃO 18-7 REFORÇADORES (*BOOSTERS*) DE CORRENTE

18-29 O amplificador não inversor da Figura 18-40 tem um saída de corrente reforçada. Qual o ganho de tensão do circuito? Se o transistor tem um ganho de corrente de 100, qual a corrente de saída em curto-circuito?

18-30 Qual o ganho de tensão na Figura 18-41? Se os transistores têm um ganho de corrente de 125, qual a corrente de saída em curto-circuito?

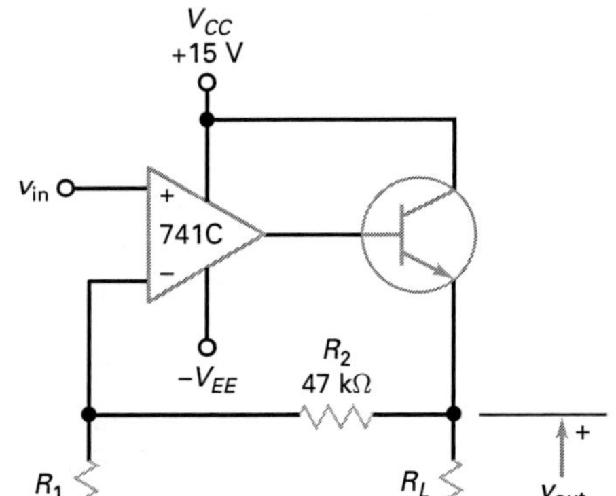

Figura 18-40

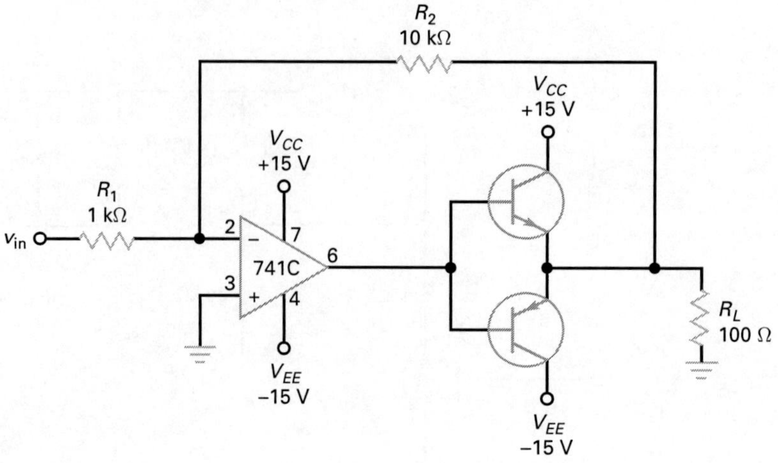

Figura 18-41

SEÇÃO 18-8 FONTES DE CORRENTE CONTROLADAS POR TENSÃO

18-31 Qual a corrente de carga na Figura 18-42*a*? Qual a máxima resistência de carga que pode ser usada sem a saturação do amp-op?

18-32 Calcule a corrente de saída na Figura 18-42*b*. Além disso, calcule o valor máximo da resistência de carga.

18-33 Se R = 10 kΩ e V_{cc} = 15 V na fonte de corrente controlada por tensão da Figura 18-30, qual a corrente de saída quando a tensão de entrada for 3 V? Qual a máxima resistência de carga?

18-34 A fonte de corrente Howland da Figura 18-31 tem R = 2 kΩ e R_L = 500 Ω. Qual a corrente de saída quando a tensão de entrada for 6 V? Qual a máxima resistência de carga que pode ser usada com esse circuito se a tensão de entrada nunca for maior que 7,5 V? (Use tensões de alimentação de ±15V.)

SEÇÃO 18-9 CONTROLE AUTOMÁTICO DE GANHO

18-35 No circuito AGC da Figura 18-32, R_1 = 10 kΩ, R_2 = 100 kΩ, R_3 = 100 kΩ, R_4 = 10 kΩ. Se r_{ds} pode variar de 200 Ω a 1 MΩ, qual o ganho de tensão mínimo do circuito? E o máximo?

18-36 No circuito AGC de baixo nível da Figura 18-33, R_1 = 5,1 kΩ, R_2 = 51 kΩ, R_5 = 68 kΩ e R_6 = 1 kΩ. Se r_{ds} pode variar de 120 Ω a 5 MΩ, qual o ganho de tensão mínimo do circuito? E o máximo?

18-37 No circuito AGC de alto nível da Figura 18-34, R_1 = 10 kΩ, R_2 = 10 kΩ, R_5 = 75 kΩ e R_6 = 1,2 kΩ. Se R_7 pode variar de 180 Ω a 10 MΩ, qual o ganho de tensão mínimo do circuito? E o máximo?

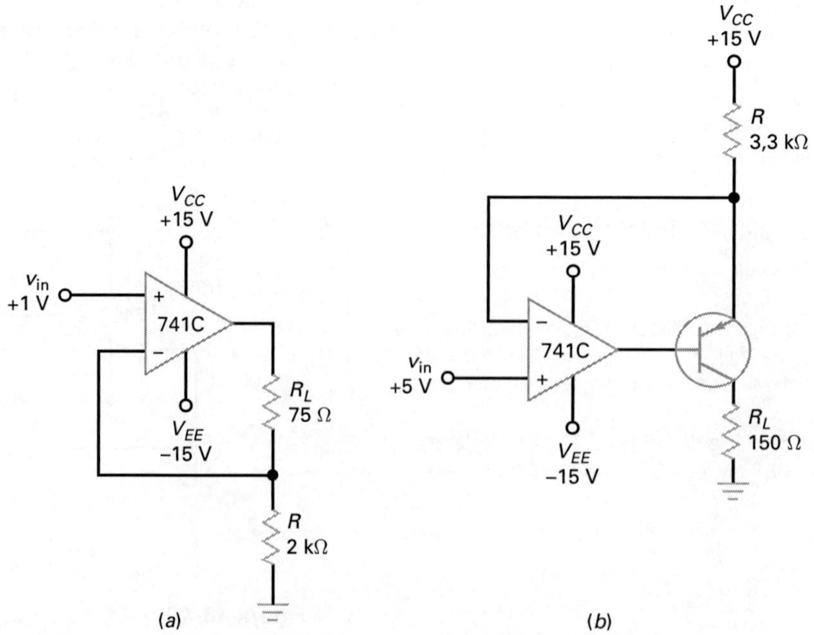

Figura 18-42

18-38 Qual o ganho de tensão no amplificador inversor com alimentação simples da Figura 18-43? Quais as três frequências de corte inferior?

18-39 No amplificador não inversor com fonte de alimentação simples da Figura 18-36, $R = 68\ k\Omega$, $R_1 = 1{,}5\ k\Omega$, $R_2 = 15\ k\Omega$, $R_L = 15\ k\Omega$, $C_1 = 1\ \mu F$, $C_2 = 2{,}2\ \mu F$ e $C_3 = 3{,}3\ \mu F$. Qual o ganho de tensão? Quais as três frequências de corte inferior?

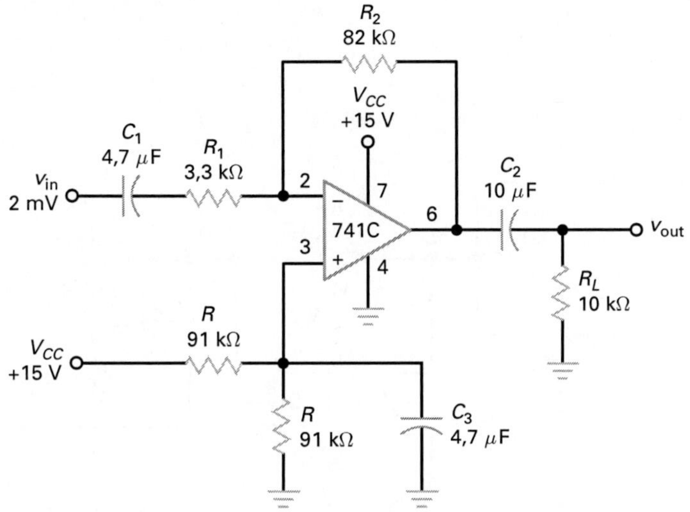

Figura 18-43

Raciocínio crítico

18-40 Quando ocorre a comutação entre as posições da chave na Figura 18-8, há um breve período de tempo quando a chave está temporariamente aberta. Qual a tensão de saída nesse momento? O que você sugere para evitar que isso aconteça?

18-41 Um amplificador inversor tem $R_1 = 1\ k\Omega$ e $R_f = 100\ k\Omega$. Se essas resistências têm tolerâncias de $\pm 1\%$, qual o ganho de tensão máximo e mínimo possíveis?

18-42 Qual o ganho de tensão na banda média do circuito mostrado na Figura 18-44?

18-43 Os transistores da Figura 18-41 têm $\beta_{CC} = 50$. Se a tensão de entrada for 0,5 V, qual a corrente de base no transistor em condução?

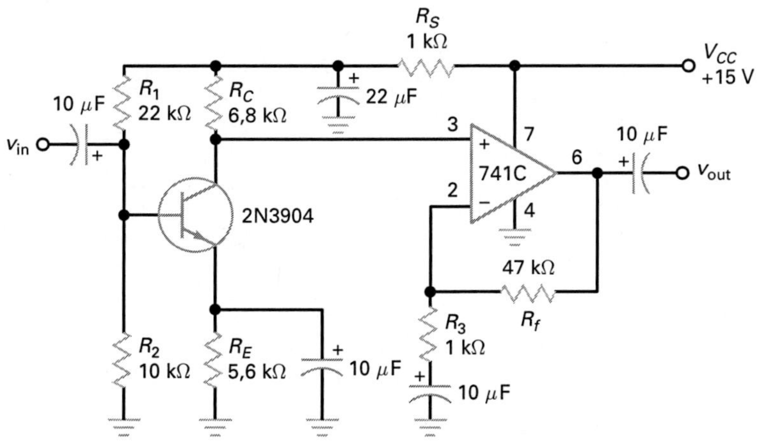

Figura 18-44

Análise de defeito

MultiSim Use a Figura 18-45 para os problemas restantes. Qualquer resistor pode ser aberto ou curto-circuitado. Além disso, os fios de conexão CD, EF, JA ou KB podem ser abertos. Os valores de tensão estão em milivolts, exceto nos casos em que houver indicação em contrário.

18-44 Determine os defeitos *T*1 a *T*3.

18-45 Determine os defeitos *T*4 a *T*6.

18-46 Determine os defeitos *T*7 a *T*10.

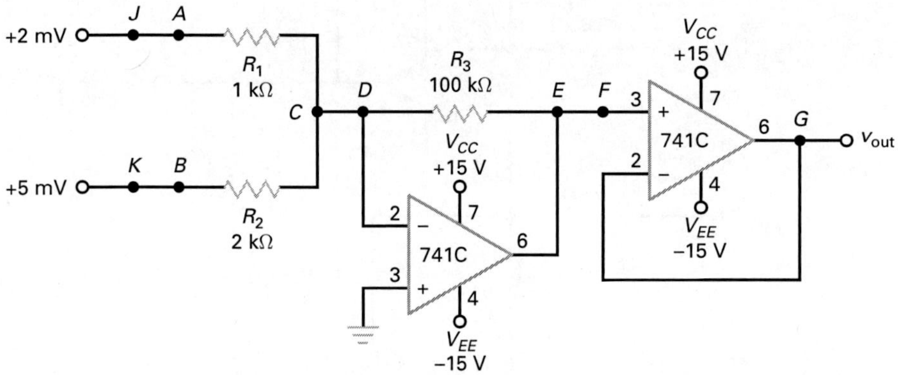

(*a*)

Análise de defeito

Defeito	V_A	V_B	V_C	V_D	V_E	V_F	V_G
OK	2	5	0	0	450	450	450
*T*1	2	5	0	0	450	0	0
*T*2	2	5	0	0	200	200	200
*T*3	2	5	2	2	−13,5 V	−13,5 V	−13,5 V
*T*4	2	0	0	0	200	200	200
*T*5	2	5	3	0	0	0	0
*T*6	0	5	0	0	250	250	250
*T*7	2	5	3	3	−13,5 V	−13,5 V	−13,5 V
*T*8	2	5	0	0	250	250	250
*T*9	2	5	0	0	0	0	0
*T*10	2	5	5	5	−13,5 V	−13,5 V	−13,5 V

(*b*)

Figura 18-45

Questões de entrevista

1. Desenhe o diagrama esquemático de um amplificador inversor com acoplamento CA e com um ganho de tensão de 100. Discuta a teoria de operação dele.
2. Desenhe o diagrama esquemático de um amplificador diferencial implementado com amp-op. Quais são os fatores que determinam o CMRR?
3. Desenhe o diagrama esquemático do amplificador de instrumentação clássico de três amp-ops. Diga qual a ação do primeiro estágio nos sinais diferencial e de modo comum.
4. Por que o amplificador de instrumentação tem mais de um estágio?
5. Considere que você tenha projetado um circuito amp-op simples para uma aplicação em particular. Durante o teste inicial, ao tocar o encapsulamento do amp-op, você identifica que ele está muito quente. Considerando que o circuito foi montado corretamente, qual o problema mais provável e o que você pode fazer para corrigi-lo?
6. Explique como um amplificador inversor é usado em um circuito de uma ponta de prova (X10 e X) de alta impedância.
7. Na Figura 18-1, por que a ponta de prova vê um circuito de alta impedância? Explique como o ganho de tensão é calculado em cada posição da chave.
8. O que pode ser dito a respeito da saída analógica de um conversor D/A quando comparada com a entrada digital?
9. Você deseja construir um circuito amp-op portátil que funciona com uma única bateria de 9 V usando um 741C. De que forma você pode fazer isso? Como você modificaria esse circuito se uma resposta CC fosse necessária?
10. Como você aumentaria a corrente de saída de um amp-op?
11. Por que não é necessário nenhum resistor ou diodo de polarização no circuito da Figura 18-27?
12. Quando se trabalha com amp-ops, ouve-se frequentemente o termo trilho, como em *amplificador trilho a trilho*. Esse termo se refere a quê?
13. Um 741 pode operar com uma fonte de alimentação simples? Em caso afirmativo, discuta o que seria necessário para um amplificador inversor.

Respostas dos exercícios

1. b
2. b
3. a
4. c
5. c
6. b
7. b
8. d
9. d
10. a
11. b
12. c
13. d
14. c
15. b
16. c
17. d
18. d
19. b
20. a
21. d
22. b
23. c
24. a

Respostas dos problemas práticos

18-2 $R_2 = 60\ k\Omega$

18-3 N = 7,5; nR = 1,154 kΩ

18-4 $A_v = 51$; $A_{v(CM)} = 0{,}002$; $V_{out} = -510$ mV; $V_{out(CM)} = \pm 20$ mV

18-5 $A_{v1} = -1$; $A_{v2} = -05$; $A_{v3} = -1{,}06$; $A_{v4} = -0{,}798$

18-6 maior $V_{out} = -9,\ 375$ V; menor $V_{out} = -0{,}625$ V

18-7 $A_v = -27$; $z_{out(CL)} = 0{,}021\Omega$; $I_{máx} = 2{,}5$ A

18-8 $i_{out} = 0{,}5$ mA; $R_{L(máx)} = 1k\Omega$

18-9 $i_{out} = 0{,}3$ mA; $R_{L(máx)} = 1{,}25k\Omega$

18-10 $r_{ds} = 2{,}13\ k\Omega$

19 Filtros ativos

Quase todos os sistemas de comunicação usam filtros. Um filtro permite a passagem de uma faixa de frequências enquanto rejeita outra. Um filtro pode ser passivo ou ativo. Os **filtros passivos** são construídos com resistores, capacitores e indutores. Eles são em geral usados acima de 1 MHz, não têm ganho de potência e são relativamente difíceis de serem sintonizados. Os **filtros ativos** são construídos com resistores capacitores e amp-ops. Eles são úteis abaixo de 1 MHz, têm ganho de potência e são fáceis de serem sintonizados. Os filtros podem separar os sinais desejados dos indesejados, bloquear sinais de interferência, melhorar sinais de voz e vídeo e modificar sinais.

Objetivos de aprendizagem

Após o estudo deste capítulo, você deverá ser capaz de:

- Discutir a resposta em frequência dos cinco filtros básicos.
- Descrever a diferença entre filtros passivo e ativo.
- Determinar a diferença entre a resposta ideal e a aproximada de um filtro.
- Explicar a terminologia dos filtros, incluindo os termos passa-faixa, rejeita-faixa, corte, fator *Q*, ondulação e ordem.
- Determinar a ordem de filtros passivos e ativos.
- Discutir os motivos por que os estágios dos filtros são algumas vezes conectados em cascata e descrever os resultados.

Sumário

Termos-chave

aproximação
aproximação Bessel
aproximação Butterworth
aproximação Chebyshev
aproximação elíptica
atenuação
banda de corte
Chebyshev inverso
deslocador de fase linear
equalizador de atraso
fator de amortecimento
fator de escala de frequência (FSF)
filtro de banda estreita
filtro de banda larga
filtro de variável de estado
filtro notch Sallen-Key de segunda ordem
filtro passa-altas
filtro passa-baixas
filtro passa-baixas/rejeita-faixa biquadrático
filtro passa-baixas Sallen-Key
filtro passa-faixa
filtro passa-todas
filtros passivos
filtro rejeita-faixa
filtro Sallen-Key de componentes iguais
filtros ativos
frequência de borda
frequência de polo (f_p)
média geométrica
monotônico
realimentação múltipla (MFB)
ordem de um filtro
passa-faixa
polos
predistorção
transição

19-1 Respostas ideais

Este capítulo apresenta uma análise abrangente de uma variedade de filtros passivos e ativos. A terminologia de filtros básicos e os estágios de primeira ordem são abordados até a Seção 19-4. A partir da Seção 19-5 é apresentada uma análise mais detalhada de filtros de ordem maior.

A *resposta em frequência de um filtro* é o gráfico do ganho de tensão dele *versus* a frequência. Existem cinco tipos de filtros: *passa-baixas, passa-altas, passa-faixa, rejeita-faixa* e *passa-todas* (filtro deslocador de fase). Esta seção discute a resposta em frequência ideal de cada um. A próxima seção descreve as aproximações para essas respostas ideais.

Filtro passa-baixas

A Figura 19-1 mostra a resposta em frequência ideal de um **filtro passa-baixas**. Essa resposta é denominado *resposta ideal* porque a borda da direita do retângulo é vertical. Um filtro passa-baixas permite a passagem de todas as frequências desde zero até a frequência de corte e bloqueia todas as frequências acima da frequência de corte.

Com um filtro passa-baixas, as frequências entre zero e a frequência de corte são denominadas **banda de passagem**. As frequências acima da frequência de corte são denominadas **banda de corte**. A região de decaimento entre a banda de passagem e a banda de corte é denominada **transição**. Um filtro passa-baixas ideal tem uma *atenuação* (perda de sinal) nula na banda de passagem, uma atenuação infinita na banda de corte e uma transição vertical.

Mais um detalhe: o filtro passa-baixas ideal tem um deslocamento de fase nulo para todas as frequências na banda de passagem. Um deslocamento de fase nulo é importante quando o sinal de entrada não é senoidal. Quando um filtro tem um deslocamento de fase nulo, o formato do sinal não senoidal é preservado à medida que passa no filtro ideal. Por exemplo, se o sinal de entrada for uma onda quadrada, ele terá uma frequência fundamental e harmônicos. Se a frequência fundamental e todos os harmônicos significativos (aproximadamente os 10 primeiros) estiverem dentro da banda de passagem, a onda quadrada terá aproximadamente o mesmo formato na saída.

Filtro passa-altas

A Figura 19-2 mostra a resposta em frequência ideal de um **filtro passa-altas**. Um filtro passa-altas bloqueia todas as frequências desde zero até a frequência de corte e permite a passagem de todas as frequências acima da frequência de corte.

Com um filtro passa-altas, as frequências entre zero e a frequência de corte estão na banda de corte. As frequências acima da frequência de corte estão na banda de passagem. Um filtro passa-altas ideal tem uma atenuação infinita na banda de corte, uma atenuação nula na banda de passagem e uma transição vertical.

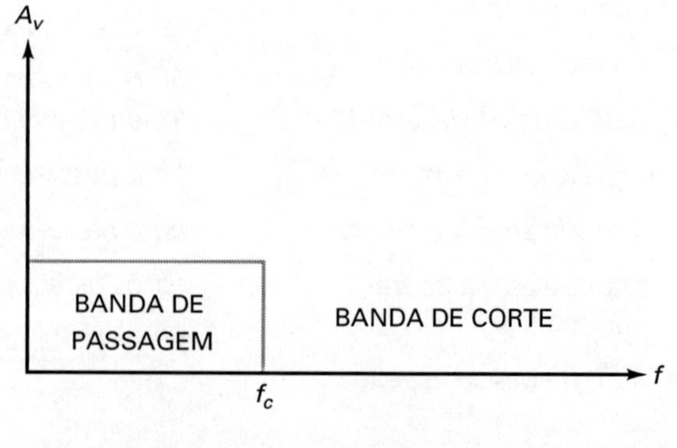

Figura 19-1 Resposta de um filtro passa-baixas ideal.

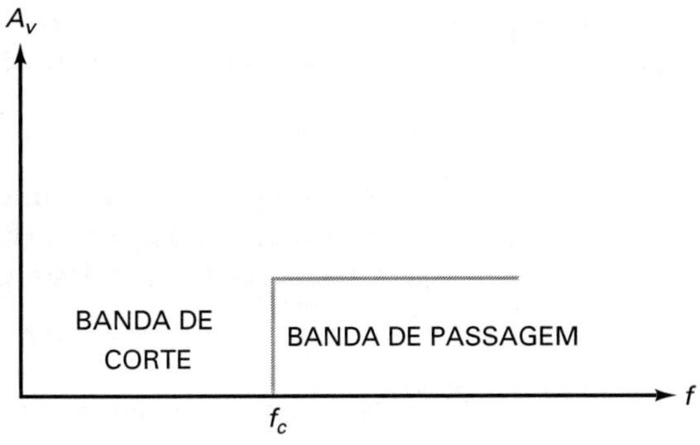

Figura 19-2 Resposta de um filtro passa-altas ideal.

Filtro passa-faixa

Um filtro passa-faixa é muito útil em sistemas de comunicação eletrônica, tais como receptores de AM e FM nos quais somente uma faixa específica de frequências deve passar e todas as demais devem ser bloqueadas. Ele também é útil em equipamentos de comunicação telefônica para separação das diferentes conversações telefônicas transmitidas simultaneamente ao longo do mesmo meio de comunicação.

> **É ÚTIL SABER**
>
> Os filtros passa-baixas e passa-altas passivos podem ser combinados para se obter tanto o filtro passa-faixa quanto rejeita-faixa.

A Figura 19-3 mostra a resposta em frequência ideal de um filtro passa-faixa. Uma resposta ideal como essa bloqueia todas as frequências desde zero até a frequência de corte inferior. Esse filtro permite a passagem de todas as frequências entre as frequências de corte inferior e superior. Finalmente, ele bloqueia todas as frequências acima da frequência de corte superior.

Num filtro passa-faixa, essa banda representa todas as frequências entre as frequências de corte inferior e superior. As frequências abaixo da frequência de corte inferior e acima da frequência de corte superior estão na banda de corte. Um filtro passa-faixa ideal tem atenuação nula na banda de passagem, uma atenuação infinita na banda de corte e duas transições verticais.

A *largura de banda* (*BW – bandwidth*) de um filtro passa-faixa é a diferença entre as frequências de 3 dB de corte superior e inferior:

$$\mathbf{BW} = f_2 - f_1 \qquad \mathbf{(19\text{-}1)}$$

Por exemplo, se as frequências de corte são 450 kHz e 460 kHz, a largura de banda é:

$$\text{BW} = 460 \text{ kHz} - 450 \text{ kHz} = 10 \text{ kHz}$$

Como outro exemplo, se as frequências de corte são 300 Hz e 3300 Hz, a largura de banda é:

$$\text{BW} = 3300 \text{ Hz} - 300 \text{ Hz} = 3000 \text{ Hz}$$

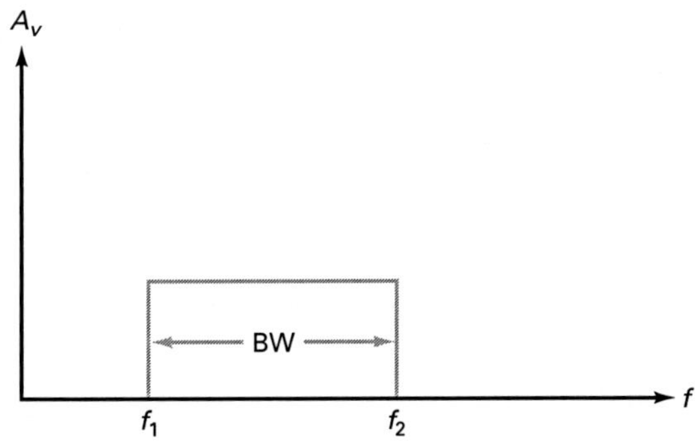

Figura 19-3 Resposta de um filtro passa-faixa ideal.

A frequência central é simbolizada por f_0 e é dada pela **média geométrica** entre as duas frequências de corte:

$$f_0 = \sqrt{f_1 f_2} \tag{19-2}$$

Por exemplo, as companhias telefônicas usam um filtro passa-faixa com frequências de corte de 300 Hz e 3300 Hz para separar as conversações telefônicas. A frequência central desse filtro é:

$$f_0 = \sqrt{(300\ \text{Hz})(3300\ \text{Hz})} = 995\ \text{Hz}$$

Para evitar interferência entre diferentes conversações telefônicas, os filtros passa-faixa têm respostas que se aproximam de uma resposta ideal, mostrada na Figura 19-3.

O fator Q de um filtro passa-faixa é definido como a frequência central dividida pela largura de banda:

$$Q = \frac{f_0}{\text{BW}} \tag{19-3}$$

Por exemplo, se f_0 = 200 kHz e BW = 40 kHz, então Q = 5.

Quando o fator Q for maior que 10, a frequência central pode ser aproximada de uma média aritmética entre as frequências de corte:

$$f_0 \cong \frac{f_1 + f_2}{2}$$

Por exemplo, em um receptor de rádio as frequências de corte de um filtro passa-faixa (um estágio de FI) são 450 kHz e 460 kHz. A frequência central é aproximadamente:

$$f_0 \cong \frac{450\ \text{kHz} + 460\ \text{kHz}}{2} = 455\ \text{kHz}$$

Se Q for menor que 1, o filtro passa-faixa é chamado de **filtro de banda larga**, se Q for maior que 1, o filtro é denominado **filtro de banda estreita**. Por exemplo, um filtro com frequências de corte de 95 kHz e 105 kHz tem uma largura de banda de 10 kHz. Esse é um filtro de banda estreita porque o fator Q é aproximadamente 10. Um filtro com frequências de corte de 300 Hz e 3300 Hz tem uma frequência central de aproximadamente 1000 Hz e uma largura de banda de 3000 Hz. Esse é um filtro de banda larga porque o fator Q é aproximadamente 0,333.

Filtro rejeita-faixa

A Figura 19-4 mostra a resposta em frequência ideal de um **filtro rejeita-faixa** (filtro de banda de corte). Este tipo de filtro permite a passagem de todas as frequências desde zero até a frequência de corte inferior. Em seguida, bloqueia todas as frequências entre as frequências de corte inferior e superior. Finalmente, permite a passagem de todas as frequências acima da frequência de corte superior.

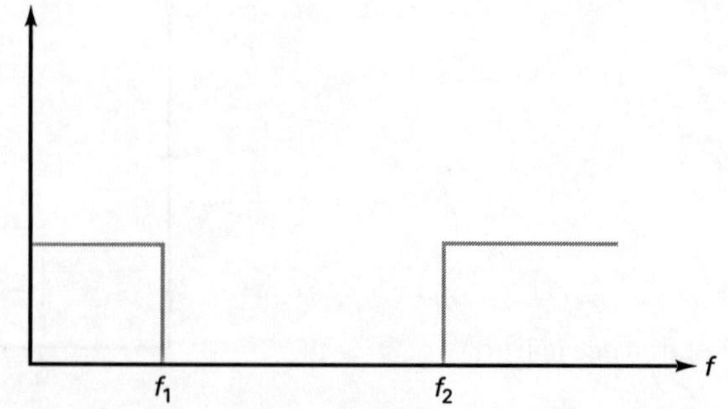

Figura 19-4 Resposta de um filtro rejeita-faixa ideal.

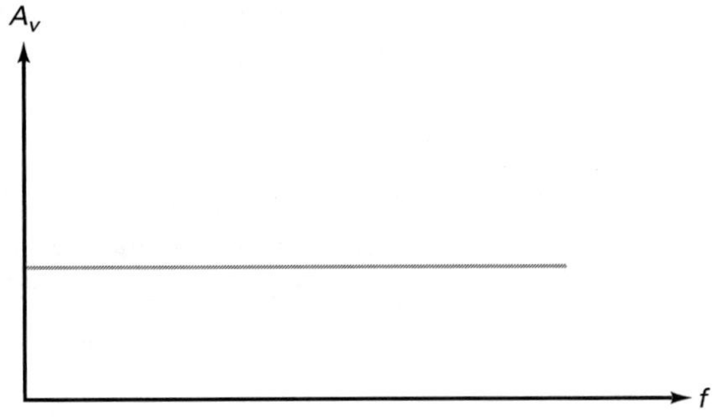

Figura 19-5 Resposta de um filtro passa-todas ideal.

Com um filtro rejeita-faixa, a banda de corte corresponde a todas as frequências entre as frequências de corte inferior e superior. As frequências abaixo da frequência de corte inferior e acima da frequência de corte superior correspondem à banda de passagem. Um filtro rejeita-faixa ideal tem uma atenuação infinita na banda de corte, nenhuma atenuação na banda de passagem e duas transições verticais.

As definições para largura de banda, banda estreita e frequência central são as mesmas que as apresentadas antes. Em outras palavras, com um filtro rejeita-faixa, usamos as Equações (19-1) a (19-3) para calcular BW, f_0 e Q. A propósito, o filtro rejeita-faixa é algumas vezes denominado filtro *notch** porque ele rejeita ou remove todas as frequências na banda de corte.

Filtro passa-todas

A Figura 19-5 mostra a resposta em frequência de um **filtro passa-todas** ideal. Ele tem uma banda de passagem e nenhuma banda de corte. Por isso, permite a passagem de todas as frequências de zero até a frequência infinita. Ele não se parece com o que chamamos de filtro, visto que apresenta atenuação zero para todas as frequências. A razão de ser denominado filtro é por causa do efeito na *fase* do sinal que passa por ele. O filtro passa-todas é útil quando queremos produzir certo deslocamento de fase no sinal filtrado sem alterar a amplitude dele.

A *resposta de fase de um filtro* é definida como o gráfico do deslocamento de fase *versus* a frequência. Conforme mencionado, o filtro passa-baixas ideal tem uma resposta de fase de 0° em todas as frequências. Por isso, um sinal de entrada não senoidal tem o mesmo formato após passar pelo filtro passa-baixas ideal, desde que sua frequência fundamental e todos os harmônicos significativos estejam na banda de passagem.

A resposta de fase de um filtro passa-todas é diferente da resposta do filtro passa-baixas ideal. Com um filtro passa-todas cada frequência distinta pode sofrer certo deslocamento ao passar pelo filtro. Por exemplo, o deslocador de fase discutido na Seção 18-3 foi um circuito amp-op não inversor com atenuação zero em todas as frequências, mas com um ângulo de fase entre 0 e –180°. O deslocador de fase é um exemplo simples de um filtro passa-todas. Em seções posteriores, discutiremos filtros passa-todas mais complicados que podem produzir grandes deslocamentos de fase.

19-2 Respostas aproximadas

As respostas ideais discutidas na seção anterior são impossíveis de serem realizadas com circuitos práticos, mas existem cinco aproximações padrão usadas como aproximações para respostas ideais. Cada uma dessas aproximações oferece

* N.de T.: Nome dado a um filtro que tem uma resposta em frequência que apresenta uma fenda (*notch*) indicando uma rejeição de uma faixa bastante estreita de frequência.

vantagens que as outras não têm. A aproximação escolhida pelo projetista depende do que é aceitável para a aplicação.

Atenuação

Atenuação refere-se a uma perda de sinal. Com uma tensão de entrada constante, a atenuação é definida como a tensão de saída para qualquer frequência dividida pela tensão de saída na banda média:

$$\textbf{Atenuação} = \frac{v_{\text{out}}}{v_{\text{out(méd)}}} \qquad \textbf{(19-3a)}$$

Por exemplo, se a tensão de saída for 1 V na mesma frequência e a tensão de saída na banda média for 2 V, então:

$$\text{Atenuação} = \frac{1\text{V}}{2\text{V}} = 0{,}5$$

A atenuação normalmente é expressa em decibéis usando essa equação:

$$\textbf{Atenuação em decibel = 20 log atenuação} \qquad \textbf{(19-3b)}$$

Para uma atenuação de 0,5, a atenuação em decibel é:

$$\textbf{Atenuação em decibel = –20 log 0,5 = 6 dB}$$

Devido ao sinal negativo, a atenuação em decibel sempre é um número positivo. A atenuação em decibel usa a tensão de saída na banda média como referência. Basicamente, estamos comparando a tensão de saída numa frequência qualquer com a tensão de saída na banda média do filtro. Como a atenuação é quase sempre expressa em decibéis, usamos o termo *atenuação* para significar atenuação em decibel.

Por exemplo, uma atenuação de 3 dB significa que a tensão de saída é 0,707 do seu valor na banda média. Uma atenuação de 6 dB significa que a tensão de saída é 0,5 do seu valor na banda média. Uma atenuação de 12 dB significa que a tensão de saída é 0,1 do seu valor na banda média.

Atenuação na banda de passagem e na banda de corte

Na análise e projeto de filtros, o filtro passa-baixas é uma *configuração*, um circuito básico que pode ser modificado para se obter outros circuitos. Tipicamente, qualquer problema de filtro é convertido em um problema de filtro passa-baixas equivalente e resolvido dessa maneira; a solução é convertida de volta para o tipo de filtro original. Por essa razão, nossa discussão será focada no filtro passa-baixas e estendida para outros filtros.

Uma atenuação nula na banda de passagem, uma atenuação infinita na banda de corte e transições verticais são irreais. Para construir um filtro passa-baixas prático, as três regiões são aproximadas como mostra a Figura 19-6. A banda de passagem é definida para as frequências entre zero e f_c. A banda de corte corresponde a todas as frequências acima de f_s. A região de transição está entre f_c e f_s.

Conforme mostra a Figura 19-6, a banda de passagem não apresenta mais atenuação nula. Em vez disso, permitimos uma atenuação entre 0 e A_p. Por exemplo, em algumas aplicações a banda de passagem pode ter um A_p = 0,5 dB. Isso significa que estamos sendo transigentes com a resposta ideal permitir uma atenuação no sinal de até 0,5 dB em qualquer ponto da banda de passagem.

De forma similar, a banda de corte não tem mais uma atenuação infinita. Em vez disso, permitimos uma atenuação em qualquer ponto da banda de passagem entre A_s e infinito. Por exemplo, em algumas aplicações, A_s = 60 dB pode ser adequado. Isso significa que estamos aceitando uma atenuação de 60 dB ou mais em qualquer ponto da banda de corte.

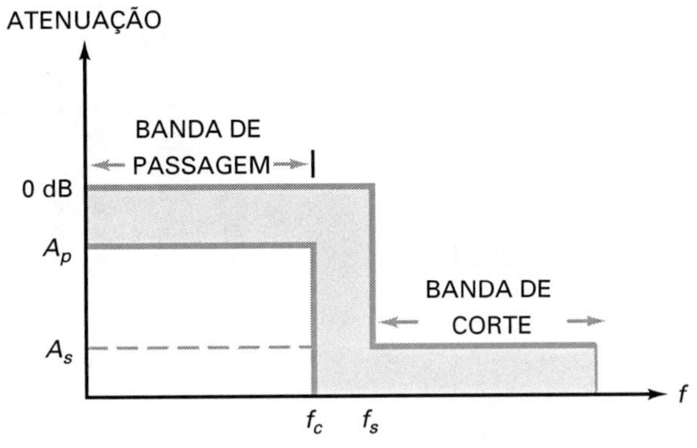

Figura 19-6 Resposta de um filtro passa-baixas real.

Na Figura 19-6, a região de transição não é mais vertical. Em vez disso, aceitamos um decaimento não vertical. A taxa de decaimento é determinada pelos valores de f_c, f_s, A_p e A_s. Por exemplo, se f_c = 1 kHz, f_s = 2 kHz, A_p = 0,5 dB e A_s = 60 dB, o decaimento necessário é aproximadamente de 60 dB por oitava.

As cinco aproximações que estamos discutindo são um compromisso entre as características da banda de passagem, banda de corte e região de transição. As aproximações podem otimizar a resposta plana na banda de passagem, ou a taxa de decaimento ou ainda o deslocamento de fase.

Uma última questão: a maior frequência na banda de passagem de um filtro passa-baixas é denominada *frequência de corte* (f_c). Essa frequência também é conhecida como **frequência de borda** porque ela está na borda da banda de passagem. Em alguns filtros a atenuação na frequência de borda é menor que 3 dB. Por essa razão, usaremos f_{3dB} para a frequência quando a atenuação for abaixo de 3 dB e f_c para a frequência de borda, que pode ter uma atenuação diferente.

Ordem do filtro

A **ordem de um filtro passivo** (simbolizada por n) é igual ao número de indutores e capacitores no filtro. Se um filtro passivo tem dois indutores e dois capacitores, $n = 4$. Se um filtro passivo tem cinco indutores e cinco capacitores, $n = 10$. Portanto, a ordem nos informa a complexidade do filtro. Quanto maior a ordem, mais complexo é o filtro.

A **ordem de um filtro ativo** depende do número de circuitos *RC* (denominados **polos**) que ele contém. Se um filtro ativo contém oito circuitos *RC*, n = 8. Contar os circuitos *RC* individuais em um filtro ativo é geralmente difícil. Portanto, usaremos um método simples para determinar a ordem de um filtro ativo:

$$n \cong \textbf{n}^{\underline{o}} \textbf{ de capacitores} \qquad \textbf{(19-4)}$$

Por exemplo, se um filtro ativo contém 12 capacitores, ele tem uma ordem de 12.

Tenha em mente que a Equação (19-4) é uma diretriz. Como estamos contando capacitores em vez de circuitos *RC*, exceções podem ocorrer. Fora as exceções ocasionais, a Equação (19-4) nos dá uma forma fácil e rápida de determinar a ordem ou o número de polos em um filtro ativo.

Aproximação Butterworth

A **aproximação Butterworth** é algumas vezes chamada de *aproximação maximamente plana* porque a atenuação na banda de passagem é zero na maior parte

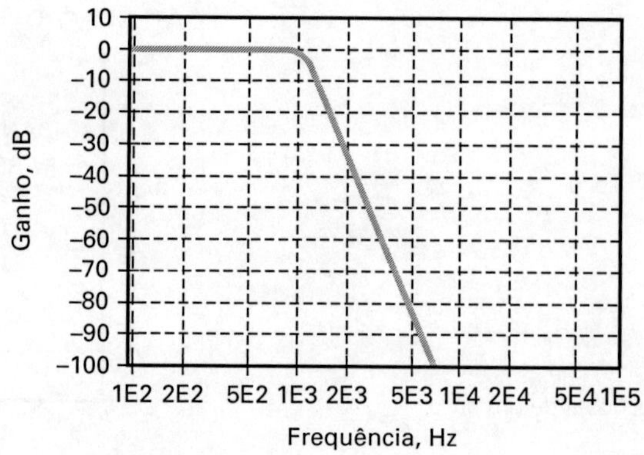

Figura 19-7 Resposta de um filtro passa-baixas Butterworth.

da banda de passagem e diminui gradualmente para A_p na borda da banda de passagem. Bem acima da frequência de borda, a resposta decai a uma taxa de aproximadamente $20n$ dB por década, onde n é a ordem do filtro:

$$\textbf{Decaimento} = \mathbf{20}\boldsymbol{n} \quad \textbf{dB/década} \tag{19-4a}$$

Um decaimento equivalente em termos de oitava é:

$$\textbf{Decaimento} = \mathbf{6}\boldsymbol{n} \quad \textbf{dB/oitava} \tag{19-4b}$$

Por exemplo, um filtro Butterworth de primeira ordem decai a uma taxa de 20 dB por década, ou 6 dB por oitava; um filtro de quarta ordem decai a uma taxa de 80 dB por década, ou 24 dB por oitava; um filtro de nona ordem decai a uma taxa de 180 dB por década, ou 54 dB por oitava e assim por diante.

A Figura 19-7 mostra a resposta de um filtro passa-baixas Butterworth com as seguintes especificações: $n = 6$, $A_p = 2{,}5$ dB e $f_c = 1$ kHz. Essas especificações nos informam que o filtro é de sexta ordem ou de 6 polos com atenuação na banda de passagem de 2,5 dB e uma frequência de borda de 1 kHz. Os números ao longo do eixo da frequência na Figura 19-7 são abreviados como mostrado a seguir: 2E3 = $2 \times 10^3 = 2000$. (*Nota*: *E* significa expoente.)

Observe quanto a resposta é plana na banda de passagem. A principal vantagem de um filtro Butterworth é a resposta plana na banda de passagem. A principal desvantagem é o decaimento relativamente lento comparado com as outras aproximações.

Aproximação Chebyshev

Em algumas aplicações, uma resposta plana na banda de passagem não é importante. Nesse caso, uma **aproximação Chebyshev** pode ser escolhida porque o seu decaimento é mais rápido na região de transição que o do filtro Butterworth. O preço pago por esse decaimento mais rápido é uma ondulação (*ripple*) que aparece na banda de passagem visualizada na resposta em frequência.

A Figura 19-8*a* mostra a resposta de um filtro passa-baixas Chebyshev com as seguintes especificações: $n = 6$, $A_p = 2{,}5$ dB e $f_c = 1$ kHz. Essas são as mesmas especificações que as do filtro Butterworth anterior. Quando comparamos a Figura 19-7 com a Figura 19-8*a*, podemos ver que um filtro Chebyshev de mesma ordem tem um decaimento mais rápido na região de transição. Por isso, a atenuação com um filtro Chebyshev é sempre maior que a atenuação de um filtro Butterworth de mesma ordem.

O número de ondulações na banda de passagem de um filtro passa-baixas Chebyshev é igual à metade da ordem do filtro:

$$\textbf{Nº de ondulações} = \frac{n}{2} \tag{19-5}$$

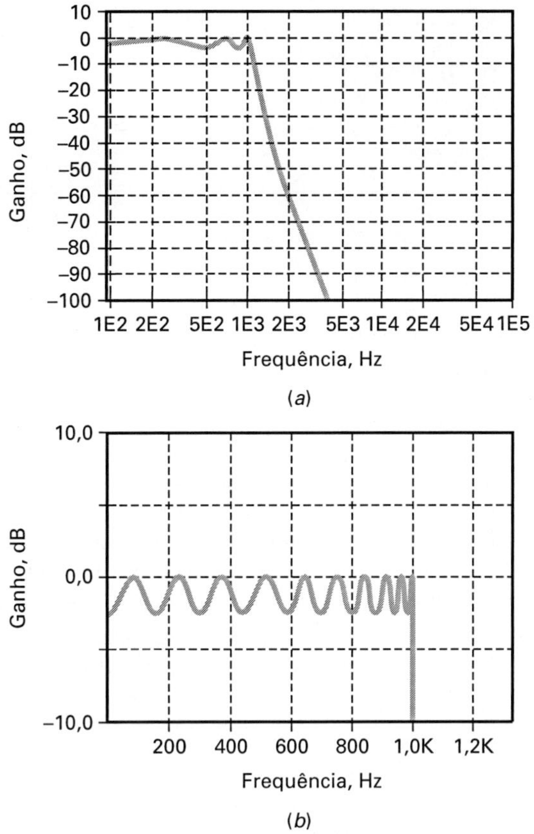

Figura 19-8 (*a*) Resposta de um filtro passa-baixas Chebyshev; (*b*) vista ampliada das ondulações na banda de passagem.

Se um filtro tem ordem 10, ele terá 5 ondulações na banda de passagem; se um filtro tem ordem 15, ele terá 7,5 ondulações. A Figura 19-8*b* mostra uma vista ampliada de uma resposta Chebyschev para um filtro de ordem 20. Ele tem 10 ondulações na banda de passagem.

Na Figura 19-8*b*, as ondulações têm o mesmo valor de pico a pico. Por isso a aproximação Chebyshev é algumas vezes denominada *aproximação de ondulações iguais*. Tipicamente, um projetista escolhe uma ondulação com profundidade entre 0,1 a 3 dB, dependendo da necessidade da aplicação.

Aproximação Chebyshev inversa

Em aplicações nas quais é necessária uma resposta plana na banda de passagem, bem como um decaimento rápido, um projetista pode usar a **aproximação Chebyshev inversa**. Ela tem uma resposta plana na banda de passagem e uma resposta ondulante na banda de corte. A taxa de decaimento na região de transição é comparável à taxa de decaimento de um Filtro Chebyshev.

A Figura 19-9 mostra a resposta de um filtro passa-baixas Chebyshev inverso com as seguintes especificações: $n = 6$, $A_p = 2{,}5$ dB e $f_c = 1$ kHz. Quando comparamos a Figura 19-9 com as Figuras 19-7 e 19-8*a*, podemos ver que o filtro Chebyshev inverso tem uma banda de passagem plana, um decaimento rápido e uma banda de corte com ondulações.

Monotônico significa que a banda de corte não possui ondulações. Com as aproximações discutidas até aqui, os filtros Butterworth e Chebyshev têm bandas de atenuação monotônicas. O filtro Chebyshev tem uma banda de corte com ondulações.

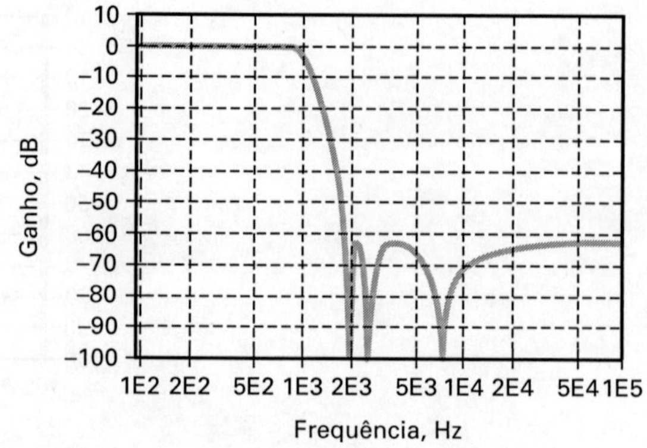

Figura 19-9 Resposta de um filtro passa-baixas Chebyshev inverso.

Quando se especifica um filtro Chebyshev inverso, a atenuação mínima aceitável na banda de corte tem que ser dada porque a banda de corte tem ondulações que podem alcançar esse valor. Por exemplo, na Figura 19-9, o filtro Chebyshev inverso tem uma atenuação na banda de corte de 60 dB. Como podemos ver, as ondulações se aproximam desse nível em diferentes frequências na banda de corte.

A resposta incomum da banda de corte vista na Figura 19-9 ocorre porque o filtro Chebyshev inverso tem componentes que se mostram com uma resposta como a de um filtro *notch* em certas frequências na banda de corte. Em outras palavras, existem frequências na banda de corte para as quais a atenuação se aproxima do infinito.

Aproximação elíptica

Algumas aplicações necessitam de um decaimento que seja o mais rápido possível na região de transição. Se forem aceitáveis ondulações na banda de passagem e na banda de corte, um projetista pode escolher a **aproximação elíptica**. Também conhecido como *filtro Cauer*, esse filtro otimiza a região de transição à custa da banda de passagem e da banda de corte.

A Figura 19-10 mostra a resposta de um filtro passa-baixas elíptico com as mesmas especificações dos anteriores: $n = 6$, $A_p = 2{,}5$ dB e $f_c = 1$ kHz. Observe que o filtro elíptico tem uma banda de passagem com ondulações, um decaimento bastante rápido e uma banda de corte com ondulações. Após a frequência de borda, o decaimento inicial é bastante rápido, decaindo ligeiramente um pouco mais lento na metade da transição para, então, decair mais rapidamente em direção ao final da transição. Dado um conjunto de especificações para qualquer filtro complicado, a aproximação elíptica sempre produzirá o projeto mais eficiente; ou seja, o filtro terá a ordem mais baixa.

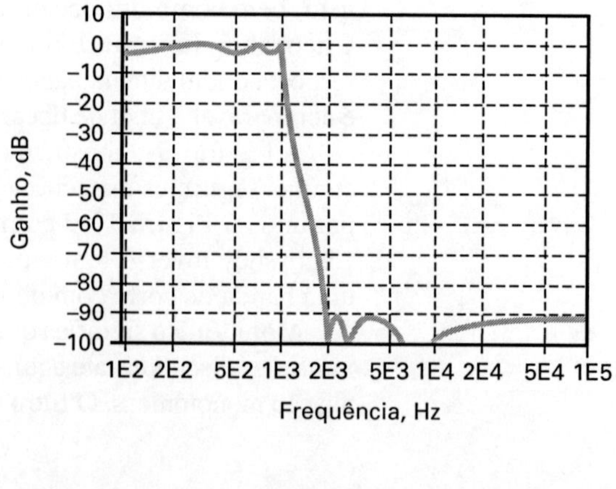

Figura 19-10 Resposta de um filtro passa-baixas elíptico.

Por exemplo, suponha que sejam dadas as seguintes especificações: A_p = 0,5 dB, f_c = 1 kHz, A_s = 60 dB e f_s = 1,5 kHz. Eis as ordens necessárias, ou o número de polos, para cada uma das aproximações: Butterworth (20), Chebyshev (9), Chebyshev inverso (9) e elíptico (6). Em outras palavras, o filtro elíptico requer menos capacitores, o que se traduz em um circuito mais simples.

Aproximação Bessel

A **aproximação Bessel** tem uma banda de passagem plana e uma banda de corte monotônica similar à aproximação Butterworth. Entretanto, para um filtro de mesma ordem, o decaimento na região de transição é muito menor com um filtro Bessel que com um filtro Butterworth.

A Figura 19-11*a* mostra a resposta de um filtro passa-baixas Bessel com as mesmas especificações dos anteriores: $n = 6$, A_p = 2,5 dB e f_c = 1 kHz. Observe que o filtro Bessel tem uma banda de passagem plana, um decaimento relativamente lento e uma banda de corte monotônica. Dado um conjunto de especificações para um filtro complicado, a aproximação Bessel sempre produzirá o decaimento mais lento de todas as aproximações. Em outras palavras: ele tem a maior ordem ou um circuito de maior complexidade dentre todas as aproximações.

Por que a ordem de um filtro Bessel é maior para as mesmas especificações? Porque as aproximações Butterworth, Chebyshev, Chebyshev inverso e elíptica são otimizadas apenas na resposta em frequência. Com essas aproximações, nenhuma atenção é dada ao controle de fase do sinal de saída. Por outro lado, a aproximação Bessel é otimizada para produzir um **deslocamento linear de fase** em relação à frequência. Em outras palavras, o filtro Bessel troca um pouco da taxa de decaimento por um deslocamento linear na fase.

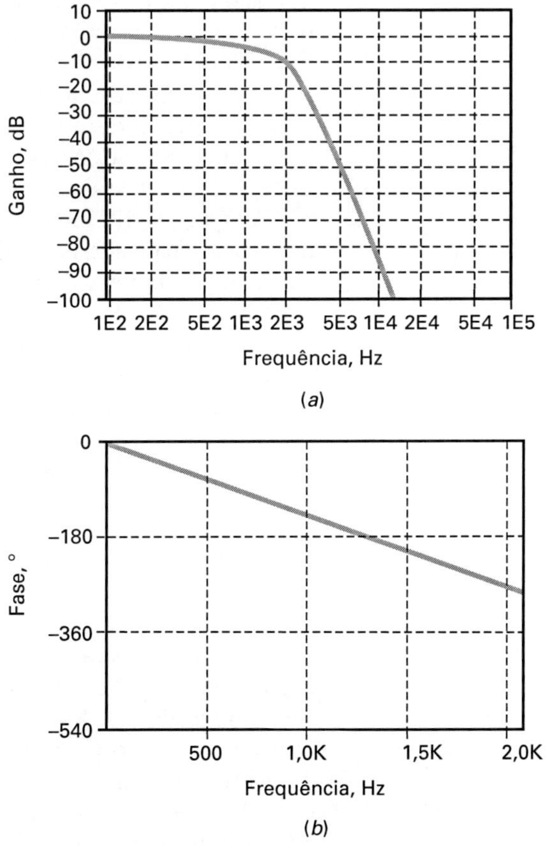

Figura 19-11 (*a*) Resposta em frequência de um filtro passa-baixas Bessel; (*b*) resposta de fase de um filtro passa-baixas Bessel.

Por que a preocupação com o deslocamento linear de fase? Lembre-se da discussão anterior sobre o filtro passa-baixas ideal. Uma das propriedades ideais era o deslocamento de fase de 0°. Isso era desejável porque significa que a forma de um sinal não senoidal é preservada conforme passa pelo filtro. Com um filtro Bessel, não conseguimos um deslocamento de fase de 0°, mas obtemos uma resposta linear na fase. Essa é uma resposta de fase na qual o deslocamento de fase aumenta linearmente com a frequência.

A Figura 19-11*b* mostra a resposta de fase de um filtro Bessel com $n = 6$, $A_p = 2{,}5$ dB e $f_c = 1$ kHz. Conforme podemos ver, a resposta de fase é linear. O deslocamento de fase é aproximadamente de 14° em 100 Hz, 28° em 200 Hz, 42° em 300 Hz e assim por diante. Essa linearidade existe ao longo de toda a banda de passagem e um pouco além. Em frequências maiores, a resposta de fase torna-se não linear, mas isso não importa. O importante é a resposta de fase linear em todas as frequências na banda de passagem.

O deslocamento linear na fase para todas as frequências na banda de passagem significa que a frequência fundamental e os harmônicos de uma entrada não senoidal terão a fase deslocada de forma linear conforme passam pelo filtro. Por causa disso, a forma do sinal de saída é a mesma que a do sinal de entrada.

A principal vantagem do filtro Bessel é que ele produz a menor distorção em sinais não senoidais. Uma forma fácil de medir esse tipo de distorção é através da resposta do filtro ao degrau. Isso significa aplicar um degrau de tensão na entrada e observar a saída com um osciloscópio. O filtro Bessel tem a melhor resposta ao degrau dentre todos os filtros.

As Figuras 19-12*a* a 19-12*c* mostram as diferentes respostas ao degrau para um filtro passa-baixas com $A_p = 3$ dB, $f_c = 1$ kHz e $n = 10$. Observe como a resposta ao degrau de um filtro Butterworth (Figura 19-12*a*) apresenta *overshoots* (sobrelevações) no nível final, oscila um par de vezes, para então estabilizar no valor final de 1 V. Uma resposta ao degrau como essa pode ser aceitável em algumas aplicações, mas não é ideal. A resposta ao degrau de um filtro Chebyshev (Figura 19-12*b*) é pior. Ela apresenta *overshoots* e oscila várias vezes antes de estabilizar no seu valor final. Uma resposta ao degrau como essa está longe de uma resposta ideal e não é aceitável em algumas aplicações. A resposta ao degrau do filtro Chebyshev inverso é similar à do filtro Butterworth porque as duas respostas são bastante planas na banda de passagem. A resposta ao degrau do filtro elíptico é similar à do filtro Chebyshev porque as duas respostas apresentam oscilações na banda de passagem.

A Figura 19-12*c* mostra a resposta ao degrau de um filtro Bessel. Ela é quase a reprodução de uma resposta ideal a um degrau de tensão na entrada. O único desvio de um degrau perfeito é o tempo de subida (*rise time*). A resposta ao degrau de um filtro Bessel não tem um *overshoot* notável ou oscilações. Como os dados digitais consistem em degraus positivos e negativos, uma resposta ao degrau "limpa" como a que é mostrada na Figura 19-12*c* é preferível às distorções mostradas nas Figuras 19-12*a* e 19-12*b*. Por essa razão o filtro Bessel pode ser usado em alguns sistemas de comunicações de dados.

Uma resposta linear na fase implica um *atraso de tempo constante*, o que significa que todas as frequências na banda de passagem são atrasadas pelo mesmo valor de tempo à medida que passam pelo filtro. O valor desse tempo para um sinal que passa através do filtro depende da ordem do filtro. Para todos os filtros, exceto o filtro Bessel, o valor desse tempo varia com a frequência. Com o filtro Bessel, o atraso de tempo é constante para todas as frequências na banda de passagem.

Como uma ilustração, a Figura 19-13*a* mostra o atraso de tempo para um filtro elíptico com $A_p = 3$ dB, $f_c = 1$ kHz e $n = 10$. Observe como o atraso de tempo varia com a frequência. A Figura 19-13*b* mostra o atraso de tempo de um filtro Bessel com as mesmas especificações. Observe como o atraso de tempo é constante através da banda de passagem e além dela. Por isso o filtro Bessel é algumas vezes denominado *filtro de atraso maximamente plano*. Um atraso de tempo constante implica um deslocamento linear na fase e vice-versa.

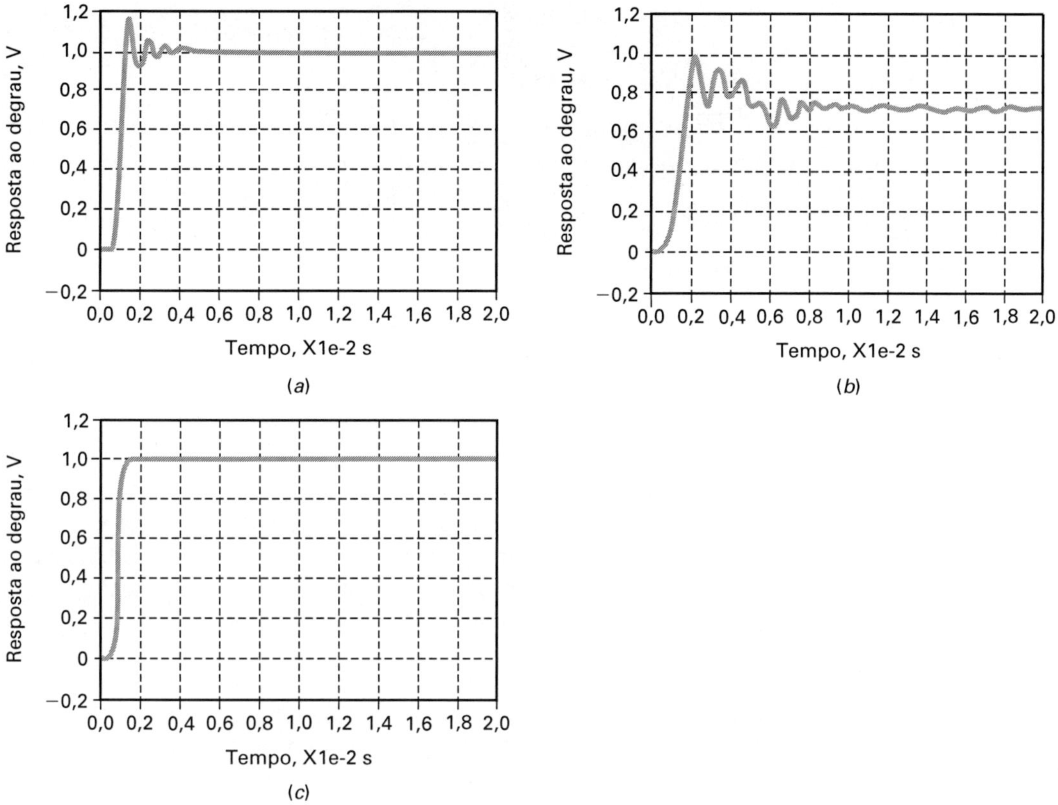

Figura 19-12 Respostas ao degrau; (*a*) Butterworth e Chebyshev inverso; (*b*) Chebyshev e elíptico; (*c*) Bessel.

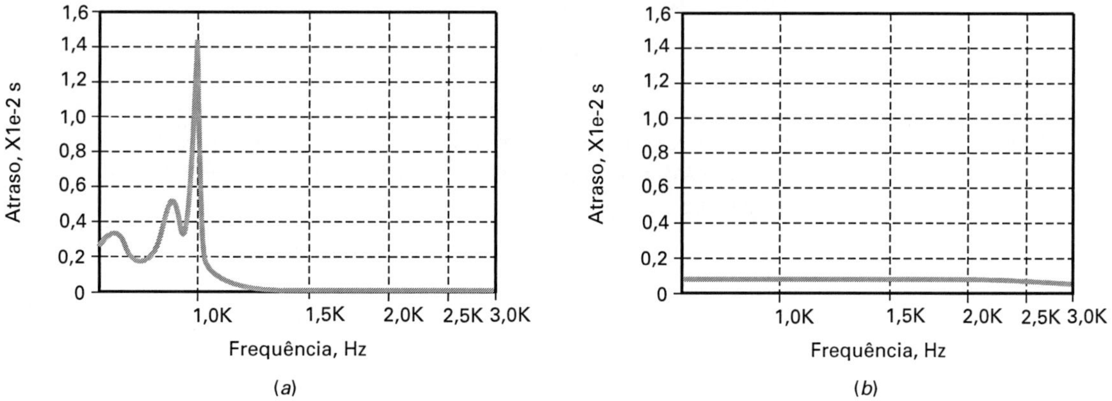

Figura 19-13 Atrasos de tempo; (*a*) elíptico; (*b*) Bessel.

Decaimento de diferentes aproximações

A taxa de decaimento Butterworth é nitidamente resumida pelas Equações (19-4*a*) e (19-4*b*):

$$\text{Decaimento} = 20n \quad \text{dB/década}$$

$$\text{Decaimento} = 6n \quad \text{dB/oitava}$$

As aproximações Chebyshev, Chebyshev inverso e elíptico têm decaimentos rápidos na região de transição, porém a aproximação Bessel tem um decaimento mais lento.

Tabela 19-1	Atenuação para aproximações de sexta ordem	
Tipo	f_c, **dB**	$2f_c$, **dB**
Bessel	3	14
Butterworth	3	36
Chebyshev	3	63
Chebyshev inverso	3	63
Elíptico	3	93

As taxas de decaimento na transição de filtros que não são Butterworth não podem ser resumidas com equações simples porque os decaimentos não são lineares e dependem da ordem do filtro, da amplitude das ondulações e de outros fatores. Embora não possamos escrever equações para esses decaimentos não lineares, podemos comparar as diferentes taxas de decaimento na região de transição como a seguir.

A Tabela 19-1 mostra a atenuação para $n = 6$ e $A_p = 3$ dB. Os filtros foram ordenados pelas suas atenuações uma oitava acima da frequência de borda. O filtro Bessel tem o decaimento mais lento, com o filtro Butterworth vindo em seguida e assim por diante. Todos os filtros com banda de passagem ou banda de corte com ondulações têm taxas de decaimento maiores nas transições que os filtros Bessel e Butterworth, os quais não apresentam ondulações em suas respostas em frequência.

Outros tipos de filtros

A maioria das discussões anteriores se aplicam aos filtros passa-altas, passa-faixa e rejeita-faixa. As aproximações para um filtro passa-altas são as mesmas que para um filtro passa-baixas, exceto que as respostas são rotacionadas horizontalmente em torno da frequência de borda. Por exemplo, a Figura 19-14 mostra a resposta Butterworth para um filtro passa-altas com $n = 6$, $A_p = 2{,}5$ dB e $f_c = 1$ kHz. Essa é uma imagem (como num espelho) da resposta passa-baixas discutida anteriormente. As respostas passa-altas Chebyshev, Chebyshev inverso, elíptico e Bessel são igualmente imagens de suas respectivas respostas passa-baixas.

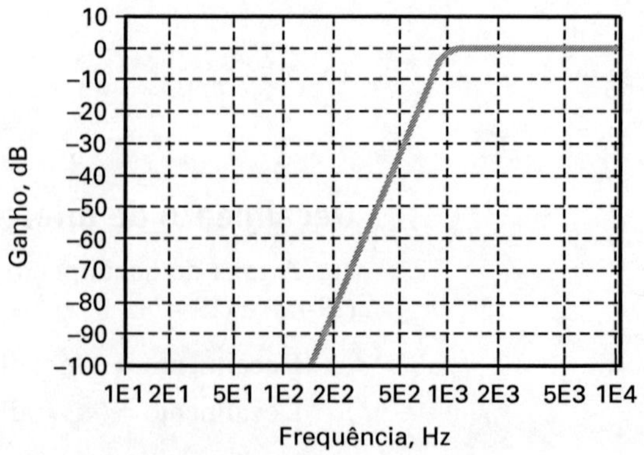

Figura 19-14 Resposta de um filtro Butterworth passa-altas.

As respostas na banda de passagem são diferentes. Eis as especificações usadas para os seguintes exemplos: $n = 12$, $A_p = 3$ dB, $f_0 = 1$ kHz e BW = 3 kHz. A Figura 19-15*a* mostra a resposta Butterworth. Conforme esperado, a banda de passagem é maximamente plana e a banda de corte é monotônica. A resposta Chebyshev na Figura 19-15*b* mostra uma banda de passagem com ondulações e uma banda de corte monotônica. Existem seis ondulações na banda de passagem, metade da ordem, o que concorda com a Equação (19-5). A Figura 19-15*c* mostra a resposta de um filtro Chebyshev. Vemos então uma banda de passagem plana e uma banda de corte com ondulações. A Figura 19-15*d* mostra a resposta elíptica com ondulações nas bandas de passagem e atenuação. Finalmente, a Figura 19-15*e* mostra a resposta Bessel.

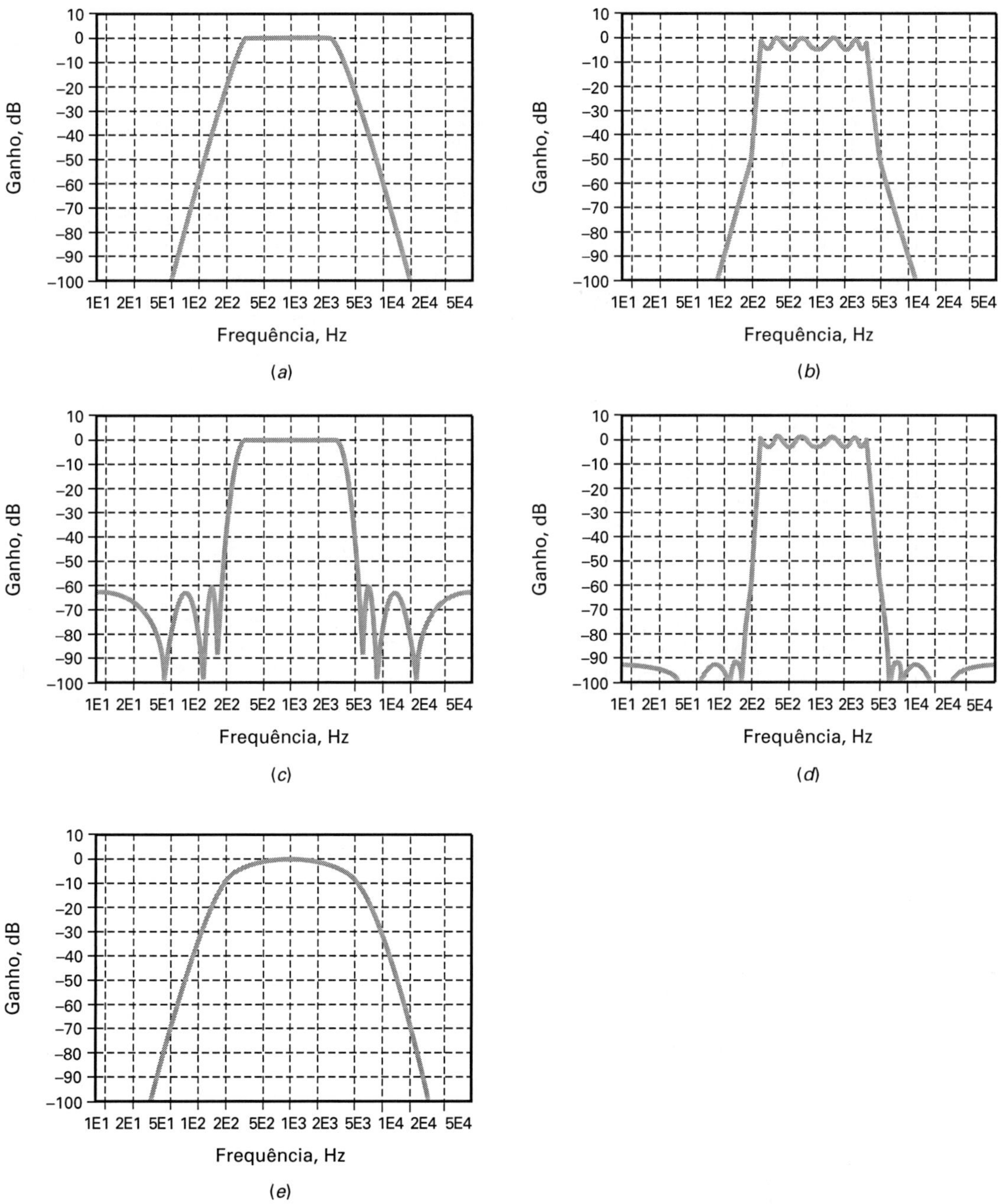

Figura 19-15 Respostas na banda de passagem: (*a*) Butterworth; (*b*) Chebyshev; (*c*) Chebyshev inverso; (*d*) elíptico; (e) Bessel.

As respostas na banda de corte são opostas às respostas na banda de passagem. A seguir são apresentadas as respostas na banda de corte para $n = 12$, $A_p = 3$ dB, $f_0 = 1$ kHz e BW = 3 kHz. A Figura 19-16*a* mostra a resposta Butterworth. Conforme esperado, a banda de passagem é maximamente plana e a banda de corte é monotônica. A resposta Chebyshev da Figura 19-16*b* mostra uma banda de passagem e uma banda de corte monotônica. A Figura 19-16*c* mostra a resposta de um filtro Chebyshev inverso. Podemos ver uma banda de passagem plana e uma banda de corte com ondulações. A Figura 19-16*d* mostra a resposta de um filtro elíptico com suas bandas de passagem e atenuação contendo oscilações. Finalmente, a Figura 19-16*e* mostra a resposta de um filtro Bessel na banda de corte.

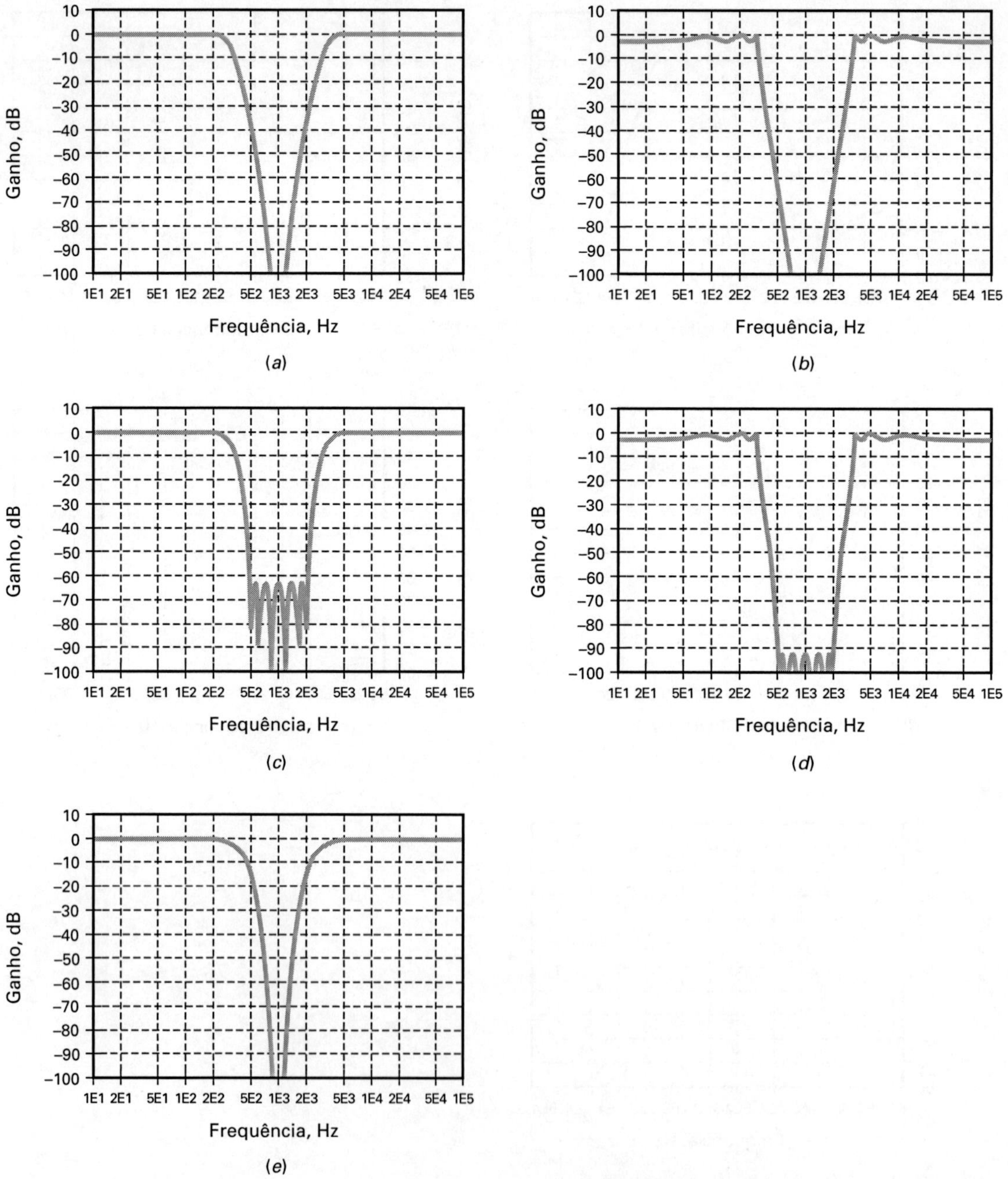

Figura 19-16 Respostas para a banda de corte: (*a*) Butterworth; (*b*) Chebyshev; (*c*) Chebyshev inverso; (*d*) elíptico; (*e*) Bessel.

Tabela 19-2	Aproximações de filtro			
Tipo	**Banda de passagem**	**Banda de corte**	**Decaimento**	**Resposta ao degrau**
Butterworth	Plana	Monotônica	Bom	Bom
Chebyshev	Com ondulações	Monotônica	Muito bom	Ruim
Chebyshev inverso	Plana	Com ondulações	Muito bom	Bom
Elíptico	Com ondulações	Com ondulações	Melhor	Ruim
Bessel	Plana	Monotônica	Ruim	Melhor

Conclusão

A Tabela 19-2 resume as cinco aproximações usadas no projeto de filtros. Cada uma tem suas vantagens e desvantagens. Quando é necessária uma banda de passagem plana, os filtros Butterworth e Chebyshev são candidatos lógicos. A ordem, o decaimento e outras considerações de projeto determinarão qual dos dois será usado.

Se for aceitável uma banda de passagem com ondulações, os filtros Chebyshev e elíptico são os melhores candidatos. Novamente, a ordem, o decaimento e outras considerações de projeto determinarão a escolha final.

Quando a resposta ao degrau for importante, o filtro Bessel é o candidato lógico se ele puder atender aos requisitos de atenuação. A aproximação Bessel é a única mostrada na tabela que preserva a forma de um sinal não senoidal. Isso é crítico em comunicações de dados porque os sinais digitais consistem de degraus positivos e negativos.

Em aplicações nas quais um filtro Bessel não puder fornecer a atenuação suficiente, podemos conectar em cascata um filtro passa-todas com um filtro não Bessel. Quando projetado adequadamente, o filtro passa-todas pode linearizar a resposta de fase geral para se obter uma resposta ao degrau quase perfeita. Em uma seção posterior discutiremos isso com mais detalhes.

Circuitos amp-op com resistores e capacitores podem implementar qualquer uma das cinco aproximações. Conforme veremos, diferentes circuitos oferecem um compromisso entre a complexidade do projeto, sensibilidade dos componentes e a facilidade de sintonia. Por exemplo, alguns circuitos de segunda ordem usam apenas um amp-op e poucos componentes. Mas esses circuitos simples têm frequências de corte que dependem bastante da tolerância dos componentes e da deriva (*drift*). Outros circuitos de segunda ordem podem usar três ou mais amp-ops, mas esses circuitos complexos dependem muito menos da tolerância dos componentes e da deriva.

19-3 Filtros passivos

Antes de discutirmos os filtros ativos, existem dois conceitos que precisamos explorar. Um filtro *LC* passa-baixas tem uma frequência ressonante e um fator *Q* – similar a um circuito ressonante em série ou paralelo. Mantendo a frequência ressonante constante e variando o *Q*, podemos obter ondulações que aparecem na banda de passagem de filtros de ordem maior. Esta seção explica em detalhes a operação dos filtros ativos.

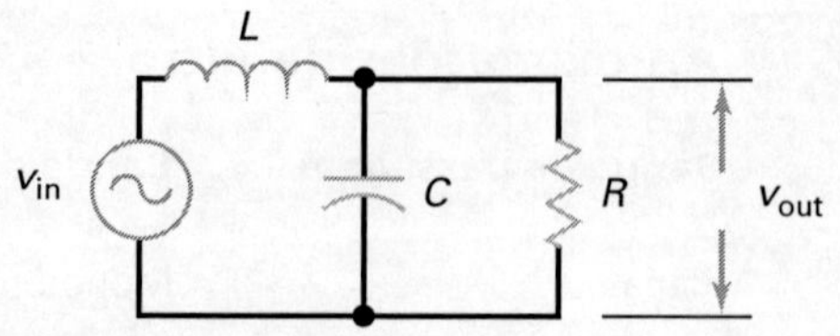

Figura 19-17 Filtro *LC* de segunda ordem.

Frequência ressonante e fator *Q*

A Figura 19-17 mostra um filtro *LC* passa-baixas. Ele tem uma ordem de 2 porque contém dois componentes ativos, um indutor e um capacitor. Um filtro *LC* de segunda ordem tem uma frequência ressonante e um fator *Q* definidos como a seguir:

$$f_0 = \frac{1}{2\pi\sqrt{LC}} \tag{19-6}$$

$$Q = \frac{R}{X_L} \tag{19-7}$$

onde X_L é calculado para a frequência de ressonância.

Por exemplo, o filtro da Figura 19-18*a* tem uma frequência ressonante e um fator *Q* de:

$$f_0 = \frac{1}{2\pi\sqrt{(9{,}55\text{ mH})(2{,}65\ \mu\text{F})}} = 1\text{ kHz}$$

$$Q = \frac{600\ \Omega}{2\pi(1\text{ kHz})(9{,}55\text{ mH})} = 10$$

A Figura 19-18*b* mostra a resposta em frequência. Observe como a resposta atinge um máximo em 1 kHz, a frequência de ressonância do filtro. Observe também como o ganho de tensão aumenta 20 dB em 1 kHz. Quanto maior for o fator *Q*, maior o ganho de tensão na frequência de ressonância.

O filtro visto na Figura 19-18*c* tem uma frequência de ressonância e um fator *Q* de:

$$f_0 = \frac{1}{2\pi\sqrt{47{,}7\text{ mH})(531\text{ nF})}} = 1\text{ kHz}$$

$$Q = \frac{600\ \Omega}{2\pi(1\text{ kHz})(47{,}7\text{ mH})} = 2$$

Na Figura 19-18*c*, a indutância foi aumentada por um fator 5 e a capacitância foi diminuída por um fator 5 em relação aos valores dados na Figura 19-18*a*. Como o produto *LC* é o mesmo, a frequência de ressonância ainda é 1 kHz.

Por outro lado, o *Q* foi diminuído por um fator 5, já que é inversamente proporcional à indutância. A Figura 19-18*d* mostra a resposta em frequência. Observe como a resposta atinge novamente um máximo em 1 kHz, mas o aumento no ganho de tensão é de apenas 6 dB, que é o resultado de um *Q* mais baixo.

Se continuarmos a diminuir o *Q*, o pico na ressonância desaparecerá. Por exemplo, o filtro na Figura 19-18*e* tem:

$$f_0 = \frac{1}{2\pi\sqrt{(135\text{ mH})(187\text{ nF})}} = 1\text{ kHz}$$

$$Q = \frac{600\ \Omega}{2\pi(1\text{ kHz})(135\text{ mH})} = 0{,}707$$

A Figura 19-18*f* mostra a resposta em frequência, que é uma resposta Butterworth. Com um *Q* de 0,707, o valor máximo na frequência de ressonância desaparece e

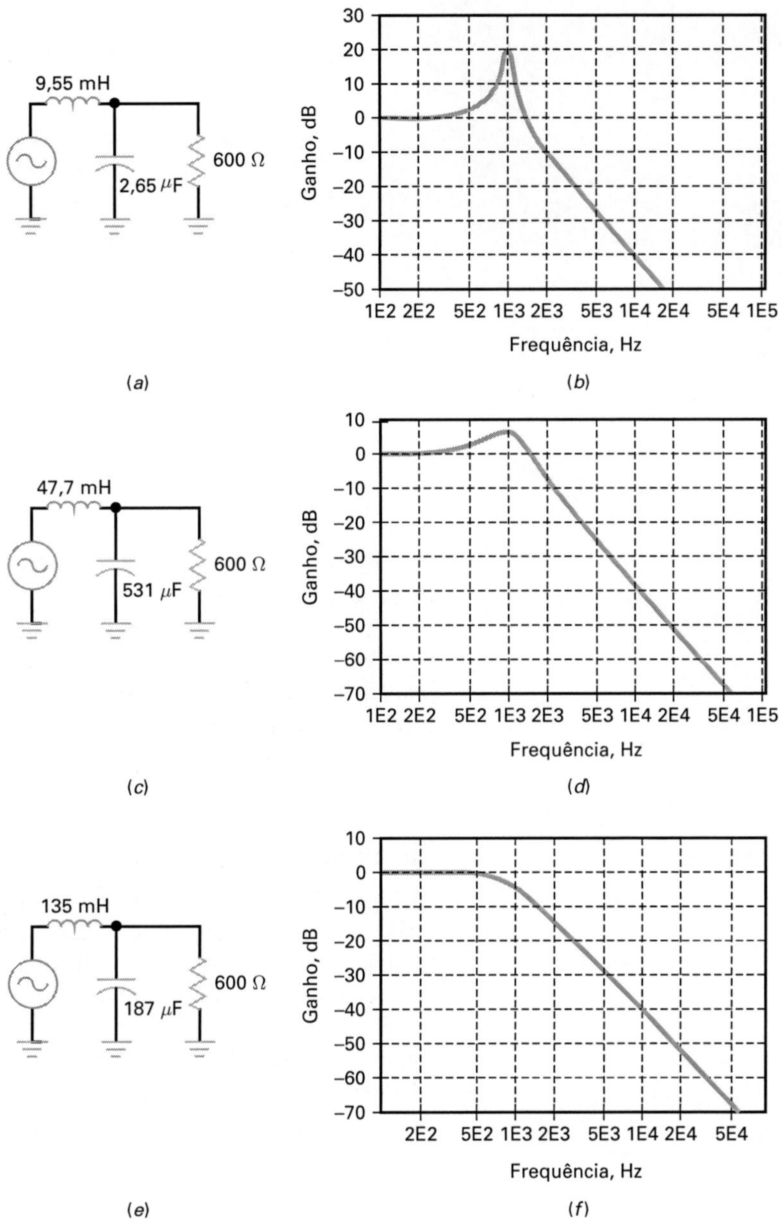

Figura 19-18 Exemplos.

a banda de passagem torna-se maximamente plana. Qualquer filtro de segunda ordem com um Q de 0,707 sempre tem uma resposta Butterworth.

Fator de amortecimento

Outra forma de explicar a ação de atingir o ponto máximo na ressonância é usar o **fator de amortecimento**, definido como:

$$\alpha = \frac{1}{Q} \tag{19-8}$$

Para $Q = 10$, o fator de amortecimento é:

$$\alpha = \frac{1}{10} = 0,1$$

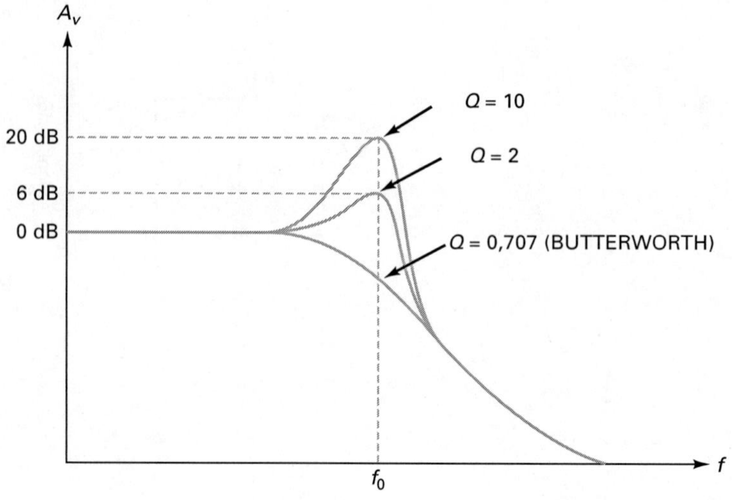

Figura 19-19 Efeito do fator Q na resposta de segunda ordem.

De maneira similar, um $Q = 2$ resulta em um $\alpha = 0{,}5$ e um $Q = 0{,}707$ resulta em um $\alpha = 1{,}414$.

A Figura 19-18*b* tem um fator de amortecimento baixo, apenas 0,1. Na Figura 19-18*d*, o fator de amortecimento aumenta para 0,5 e o valor máximo na ressonância diminui. Na Figura 19-18*f*, o fator de amortecimento aumenta para 1,414 e o valor máximo na ressonância desaparece. Como a própria palavra diz, *amortecimento* significa "redução" ou "diminuição". Quanto maior o fator de amortecimento, menor o valor de pico.

Respostas Butterworth e Chebyshev

A Figura 19-19 resume o efeito de Q no filtro de segunda ordem. Conforme indicado na Figura 19-19, um $Q = 0{,}707$ produz uma resposta Butterworth ou maximamente plana. Um $Q = 2$ produz uma ondulação de amplitude 6 dB e um $Q = 10$ produz uma amplitude de ondulação de 20 dB. Em termos de amortecimento, a resposta Butterworth tem um *amortecimento crítico*, ao passo que respostas com ondulação são *sub-amortecidas*. Uma resposta Bessel (não mostrada) é *sobre-amortecida* porque $Q = 0{,}577$.

Filtros *LC* de ordem maior

Filtros de ordem maior geralmente são construídos conectando em cascata estágios de segunda ordem. Por exemplo, a Figura 19-20 mostra um filtro Chebyshev com uma frequência de borda de 1 kHz e uma amplitude de ondulação de 1 dB. O filtro consiste em estágios de segunda ordem, o que significa que o filtro completo tem ordem 6. Como $n = 6$, o filtro tem três ondulações na banda de passagem.

Observe que cada estágio tem a sua própria frequência de ressonância e um fator Q. As frequências de ressonância escalonadas produzem as três ondulações na banda de passagem. Os Q*s* escalonados mantêm uma amplitude de ondulação de 1 dB produzindo valores máximos nas frequências que sofreram decaimento. Por exemplo, o segundo estágio tem uma frequência de ressonância de 747 Hz. Nessa

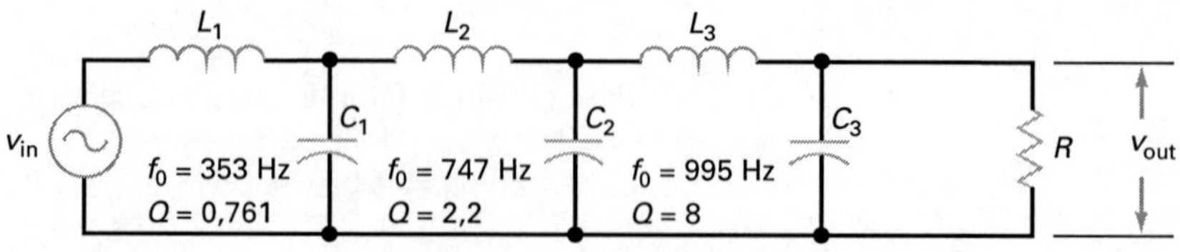

Figura 19-20 Frequências ressonantes e Q*s* escalonados num filtro de ordem maior.

frequência, o primeiro estágio já sofreu um decaimento porque sua frequência de corte é 353 Hz. O segundo estágio compensa o decaimento do primeiro estágio produzindo um valor máximo ressonante em 747 Hz. De forma similar, o terceiro estágio tem uma frequência de corte de 995 Hz. Nessa frequência, o primeiro e o segundo estágios já sofreram decaimento, mas o terceiro estágio compensa os decaimentos deles produzindo um valor máximo com um Q alto em 995 Hz.

A ideia de escalonar frequências de ressonâncias e Qs de segunda ordem se aplica em filtros ativos bem como a filtros passivos. Em outras palavras, para construir um filtro ativo de alta ordem, podemos conectar estágios de segunda ordem em que as frequências de ressonância e os Qs são escalonados de uma forma bastante precisa para se obter a resposta total desejada.

19-4 Estágios de primeira ordem

É ÚTIL SABER

Na Figura 19-21*a*, o amp-op isola a carga do filtro passa-baixas *RC* na entrada.

Estágios de filtros ativos de primeira ordem ou 1 polo têm apenas um capacitor. Por isso, eles podem produzir apenas uma resposta passa-baixas ou passa-altas. Os filtros passa-faixa ou rejeita-faixa podem ser implementados apenas quando n for maior que 1.

Estágio passa-baixas

A Figura 19-21*a* mostra a forma mais simples de construir um filtro ativo passa--baixas de primeira ordem. Ele não é nada mais que um circuito de atraso *RC* e um seguidor de tensão. O ganho de tensão é:

$$A_v = 1$$

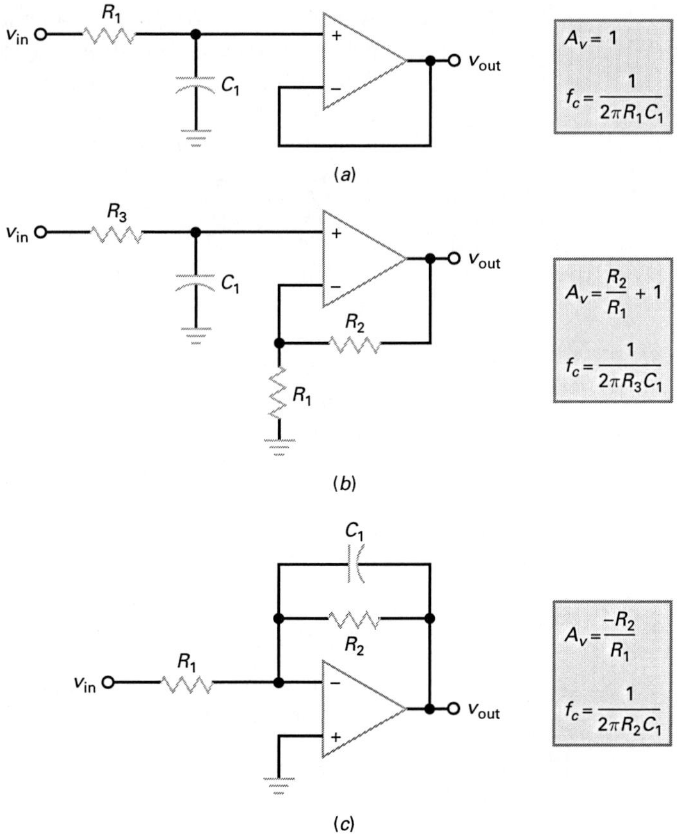

Figura 19-21 Estágios passa-baixas de primeira ordem: (*a*) não inversor de ganho unitário; (*b*) não inversor com ganho de tensão; (*c*) inversor com ganho de tensão.

A frequência de corte de 3 dB é dada por:

$$f_c = \frac{1}{2\pi R_1 C_1} \quad \textbf{(19-9)}$$

Quando a frequência aumenta acima da frequência de corte, a reatância capacitiva diminui e reduz a tensão na entrada não inversora. Visto que o circuito de atraso R_1C_1 está fora da malha de realimentação, a tensão de saída decai. À medida que a frequência se aproxima do infinito, o capacitor torna-se um curto-circuito e a tensão de entrada passa a ser zero.

A Figura 19-21*b* mostra outro filtro passa-baixas de primeira ordem não inversor. Embora tenha dois resistores adicionais, ele tem a vantagem do ganho de tensão. O ganho de tensão abaixo da frequência de corte é dado por:

$$A_v = \frac{R_2}{R_1} + 1 \quad \textbf{(19-10)}$$

A frequência de corte é dada por:

$$f_c = \frac{1}{2\pi R_3 C_1} \quad \textbf{(19-11)}$$

Acima da frequência de corte, o circuito de atraso reduz a tensão na entrada não inversora. Como o circuito de atraso R_3C_1 está fora da malha de realimentação, a tensão de saída decai a uma taxa de 20 dB por década.

A Figura 19-21*c* mostra um filtro passa-baixas de primeira ordem inversor e as suas equações. Em baixas frequências, o capacitor se comporta com um circuito aberto e o circuito atua como um amplificador inversor com um ganho de tensão de:

$$A_v = \frac{-R_2}{R_1} \quad \textbf{(19-12)}$$

À medida que a frequência aumenta, a reatância capacitiva diminui e reduz a impedância do ramo de realimentação. Isso implica um menor ganho de tensão. Conforme a frequência se aproxima do infinito, o capacitor tende a se comportar como um curto-circuito passando a não mais existir ganho de tensão. Conforme mostra a Figura 19-21*c*, a frequência de corte é dada por:

$$f_c = \frac{1}{2\pi R_2 C_1} \quad \textbf{(19-13)}$$

Não existe outra forma de implementar um filtro passa-baixas de primeira ordem. Em outras palavras, os circuitos mostrados na Figura 19-21 são apenas três configurações disponíveis para um estágio passa-baixas de um filtro ativo.

Examinemos uma questão final sobre todos os estágios de primeira ordem. Eles podem implementar apenas a resposta Butterworth. O motivo é que um estágio de primeira ordem não tem frequência ressonante. Portanto, não pode produzir o valor máximo que gera uma banda de passagem com ondulação. Isso significa que todos os estágios de primeira ordem são maximamente planos na banda de passagem e monotônicos na banda de corte e a taxa de decaimento deles é de 20 dB por década.

Estágio passa-altas

A Figura 19-22*a* mostra a maneira mais simples de construir um filtro ativo passa-altas de primeira ordem. O ganho de tensão é:

$$A_v = 1$$

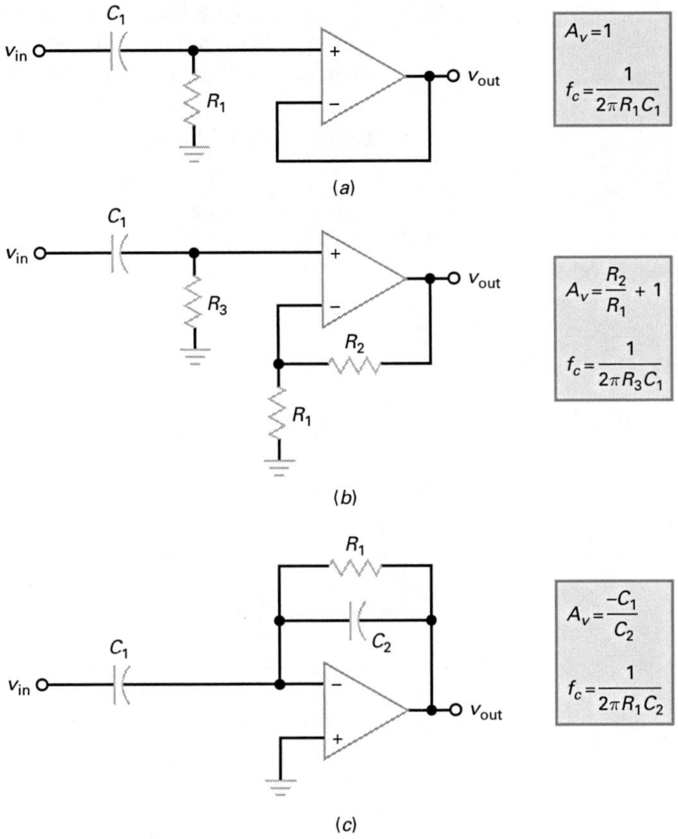

Figura 19-22 Estágios passa-altas de primeira ordem; (*a*) ganho unitário não inversor; (*b*) com ganho de tensão não inversor; (*c*) com ganho de tensão inversor.

A frequência de corte de 3 dB é dada por:

$$f_c = \frac{1}{2\pi R_1C_1} \tag{19-14}$$

Quando a frequência diminui abaixo da frequência de corte, a reatância capacitiva aumenta reduzindo a tensão na entrada não inversora. Como o circuito R_1C_1 está fora da malha de realimentação, a tensão de saída decai. À medida que a frequência se aproxima de zero, o capacitor tende a se comportar como um circuito aberto fazendo com que a tensão de entrada seja zero.

A Figura 19-22*b* mostra outro filtro passa-altas de primeira ordem não inversor. O ganho de tensão acima da frequência de corte é dado por:

$$A_v = \frac{R_2}{R_1} + 1 \tag{19-15}$$

A frequência de corte de 3 dB é dada por:

$$f_c = \frac{1}{2\pi R_3C_1} \tag{19-16}$$

Bem abaixo da frequência de corte, o circuito *RC* reduz a tensão na entrada não inversora. Como o circuito de atraso R_3C_1 está fora da malha de realimentação, a tensão de saída decai a uma taxa de 20 dB por década.

A Figura 19-22*c* mostra outro filtro passa-altas de primeira ordem e suas equações. Em altas frequências, o circuito atua como um amplificador inversor com um ganho de tensão de:

$$A_v = \frac{-X_{C2}}{X_{C1}} = \frac{-C_1}{C_2} \tag{19-17}$$

Conforme a frequência diminui, a reatância capacitiva aumenta e eventualmente reduz o sinal de entrada e a realimentação. Isso implica ganho de tensão menor. À medida que a frequência se aproxima de zero, os capacitores tendem a se comportarem como um circuito aberto quando não haverá sinal de entrada. Conforme mostra a Figura 19-22*c*, a frequência de corte de 3 dB é dada por:

$$f_c = \frac{1}{2\pi R_1 C_2} \qquad \textbf{(19-18)}$$

Exemplo 19-1

MultiSim

Qual é o ganho de tensão não Figura 19-23a? Qual é a frequência de corte? Qual é a resposta em frequência?

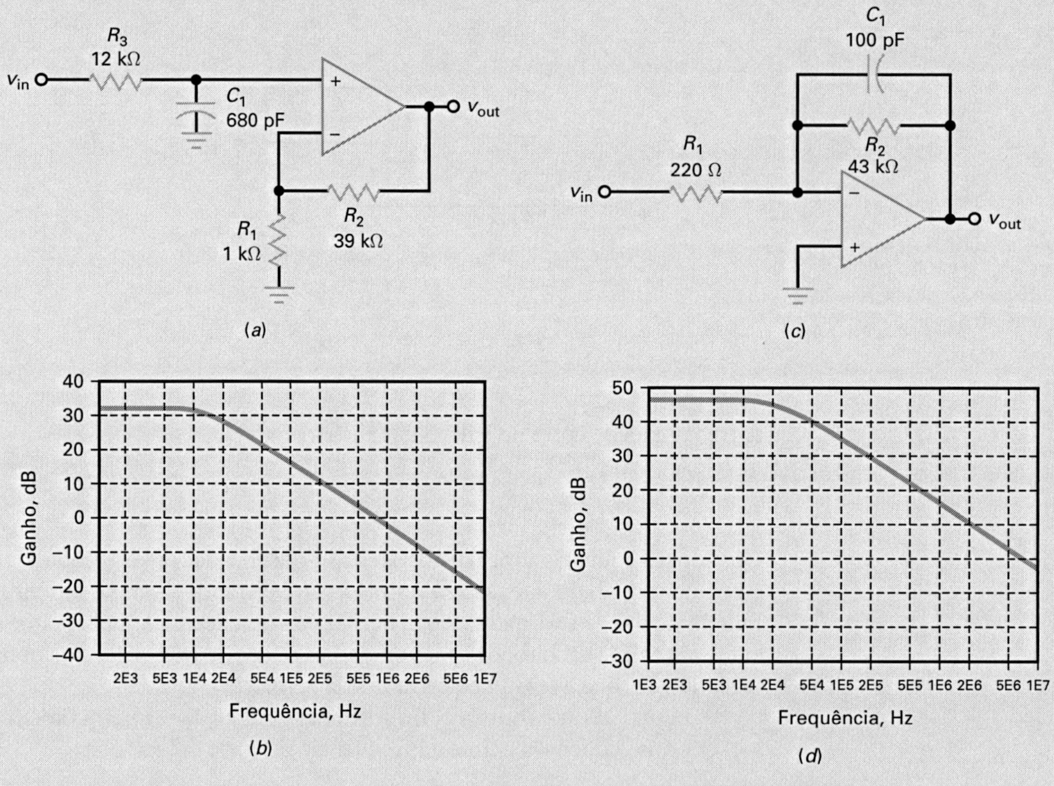

Figura 19-23 Exemplo.

SOLUÇÃO Esse é um filtro passa-baixas de primeira ordem não inversor. Usando as Equações (19-10) e (19-11), o ganho de tensão e as frequências de corte são:

$$A_v = \frac{39\,\text{k}\Omega}{1\,\text{k}\Omega} + 1 = 40$$

$$f_c = \frac{1}{2\pi(12\,\text{k}\Omega)(680\,\text{pF})} = 19{,}5\,\text{kHz}$$

A Figura 19-23b mostra a resposta em frequência. O ganho de tensão é 32 dB na banda de passagem. A curva de resposta muda de inclinação em 19,5 kHz, decaindo a uma taxa de 20 dB por década.

PROBLEMA PRÁTICO 19-1 Usando a Figura 19-23a, substitua o resistor de 12 kW por um de 6,8 kW. Determine a nova frequência de corte.

Exemplo 19-2

Qual é o ganho de tensão do circuito da Figura 19-23*c*? Qual é a frequência de corte? Qual é a resposta em frequência?

SOLUÇÃO Esse circuito é um filtro passa-baixas de primeira ordem inversor. Usando as Equações (19-12) e (19-13), o ganho de tensão e a frequência de corte são:

$$A_v = \frac{-43\ \text{k}\Omega}{220\ \Omega} = -195$$

$$f_c = \frac{1}{2\pi(43\ \text{k}\Omega)(100\ \text{pF})} = 37\ \text{kHz}$$

A Figura 19-23*d* mostra a resposta em frequência. O ganho de tensão é 45,8 dB na banda de passagem. A curva de resposta muda de inclinação em 37 kHz decaindo a uma taxa de 20 dB por década.

PROBLEMA PRÁTICO 19-2 Na Figura 19-23*c*, substitua o capacitor de 100 pF por um de 220 pF. Qual o novo valor da frequência de corte?

19-5 Filtros passa-baixas VCVS de segunda ordem e ganho unitário

Os estágios de segunda ordem ou de 2 polos são os mais comuns porque são fáceis de serem construídos e analisados. Os filtros de ordem maior são geralmente implementados conectando-se em cascata estágios de segunda ordem. Cada estágio de segunda ordem tem uma frequência ressonante e um fator Q para determinar qual o valor máximo obtido.

Esta seção discute os **filtros passa-baixas Sallen-Key** (nome dado em homenagem aos seus inventores). Esses filtros são também denominados *filtros VCVS* porque o amp-op é usado como uma fonte de tensão controlada por tensão (*voltage-controled voltage source*). Um circuito passa-baixas VCVS pode implementar três aproximações básicas: Butterworth, Chebyshev e Bessel.

É ÚTIL SABER

O estudo dos filtros ativos pode ser um pouco cansativo. Não tenha pressa no estudo dos exemplos e faça os experimentos que correspondem aos filtros abordados neste capítulo.

Implementação do circuito

A Figura 19-24 mostra um filtro passa-baixas de segunda ordem Sallen-Key. Observe que os dois resistores têm o mesmo valor, porém os dois capacitores são diferentes. Existe um circuito de atraso na entrada não inversora, porém dessa vez há um percurso de realimentação através do capacitor C_2. Em baixas frequências, os dois capacitores se comportam como um circuito aberto tendo o circuito um ganho unitário porque o amp-op apresenta a configuração de seguidor de tensão.

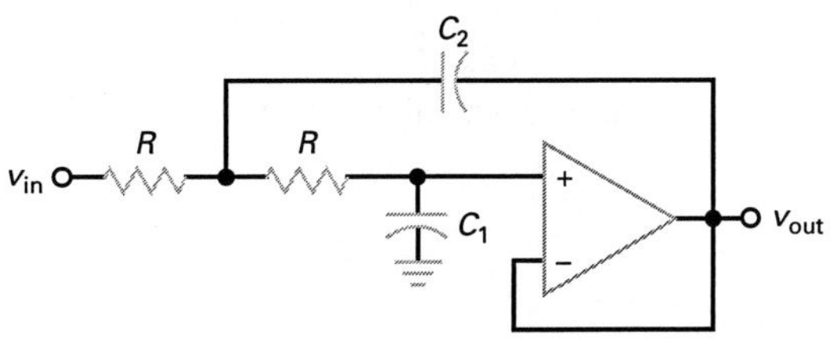

$A_v = 1$

$Q = 0{,}5\sqrt{\frac{C_2}{C_1}}$

$f_p = \frac{1}{2\pi R\sqrt{C_1 C_2}}$

Butterworth:
$Q = 0{,}707$
$K_c = 1$

Bessel:
$Q = 0{,}577$
$K_c = 0{,}786$

Figura 19-24 Estágio VCVS de segunda ordem para aproximações Butterworth e Bessel.

À medida que a frequência aumenta, a impedância de C_1 diminui e a tensão na entrada não inversora diminui. Ao mesmo tempo, o capacitor C_2 realimenta um sinal que está em fase com o sinal de entrada. Como o sinal de realimentação se soma ao sinal da fonte, a realimentação é *positiva*. Como resultado, a diminuição da tensão na entrada não inversora provocada por C_1 não é tão grande quanto seria sem a realimentação positiva.

Quanto maior for C_2 em relação a C_1, maior a realimentação positiva; isso equivale a aumentar o fator Q do circuito. Se C_2 for grande o suficiente para tornar Q maior que 0,707, aparecerá um pico na resposta em frequência.

Frequência de polo

Conforme mostra a Figura 21-24:

$$Q = 0{,}5\sqrt{\frac{C_2}{C_1}} \qquad \textbf{(19-19)}$$

e

$$f_p = \frac{1}{2\pi R\sqrt{C_1 C_2}} \qquad \textbf{(19-20)}$$

A **frequência de polo** (f_p) é uma frequência especial usada no projeto de filtros ativos. A matemática por trás da frequência de polo é muito complicada para ser abordada aqui porque envolve um tópico avançado denominado *plano s*. Em cursos avançados faz-se a análise e o projeto de filtros usando o plano s. (*Nota*: *s* é um número complexo dado por $\sigma + j\omega$).

Para os nossos estudos é suficiente entender como calcular a frequência de polo. Em circuitos mais complicados, a frequência de polo é dada por:

$$f_p = \frac{1}{2\pi\sqrt{R_1 R_2 C_1 C_2}}$$

Em um filtro de ganho unitário Sallen-Key, $R_1 = R_2$ e a equação é simplificada como mostra a Equação (19-20).

Respostas Butterworth e Bessel

Quando se analisa um circuito como o da Figura 19-24, começamos calculando Q e f_p. Se $Q = 0{,}707$, temos uma resposta Butteworth e um K_c que vale 1. Se $Q = 0{,}577$, temos uma resposta Bessel e um K_c que vale 0,786. Em seguida, podemos calcular a frequência de corte com:

$$f_c = K_c f_p \qquad \textbf{(19-21)}$$

Com os filtros Butterworth e Bessel, a frequência de corte é sempre a frequência na qual a atenuação é 3 dB.

Resposta com pico de ganho

A Figura 19-25 mostra como analisar o circuito quando Q for maior que 0,707. Após o cálculo de Q e da frequência de polo do circuito, podemos calcular as outras três frequências com as equações a seguir:

$$f_0 = K_0 f_p \qquad \textbf{(19-22)}$$

$$f_c = K_c f_p \qquad \textbf{(19-23)}$$

$$f_{3dB} = K_3 f_p \qquad \textbf{(19-24)}$$

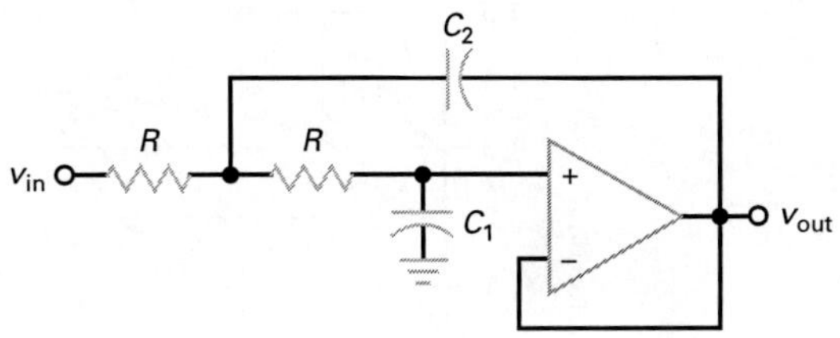

$A_v = 1$

$Q = 0{,}5\sqrt{\frac{C_2}{C_1}}$

$f_p = \frac{1}{2\pi R\sqrt{C_1 C_2}}$

$Q > 0{,}707$:

$f_0 = K_0 f_p$

$f_c = K_c f_p$

$f_{3dB} = K_3 f_p$

Figura 19-25 Estágio VCVS de segunda ordem para $Q > 0{,}707$.

A primeira dessas três frequências é a frequência de ressonância onde aparece o pico de ganho. A segunda é a frequência de borda e a terceira é a frequência de 3 dB.

A Tabela 19-3 mostra os valores de K e A_p *versus* Q. Os valores Bessel e Butterworth aparecem primeiro. Como essas respostas não têm frequência ressonante perceptível, os valores de K_0 e A_p não se aplicam. Quando Q for maior que 0,707, uma frequência ressonante perceptível aparece e todos os valores de K e A_p estão presentes. Fazendo os gráficos com os valores da Tabela 19-3, obtemos as Figuras 19-26*a* e 19-26*b*. Podemos usar a tabela para valores integrais de Q e os gráficos para valores intermediários de Q. Por exemplo, se calcularmos um Q de 5, podemos ler os valores aproximados a seguir na Tabela 19-3 ou na Figura 19-26: $K_0 = 0{,}99$, $K_c = 1{,}4$, $K_3 = 1{,}54$ e $A_p = 14$ dB.

Tabela 19-3 **Valores de *K* e amplitude da ondulação de estágios de segunda ordem**

Q	K_0	K_c	K_3	A_p(dB)
0,577	–	0,786	1	–
0,707	–	1	1	–
0,75	0,333	0,471	1,057	0,054
0,8	0,467	0,661	1,115	0,213
0,9	0,620	0,874	1,206	0,688
1	0,708	1,000	1,272	1,25
2	0,935	1,322	1,485	6,3
3	0,972	1,374	1,523	9,66
4	0,984	1,391	1,537	12,1
5	0,990	1,400	1,543	14
6	0,992	1,402	1,546	15,6
7	0,994	1,404	1,548	16,9
8	0,995	1,406	1,549	18
9	0,997	1,408	1,550	19
10	0,998	1,410	1,551	20
100	1,000	1,414	1,554	40

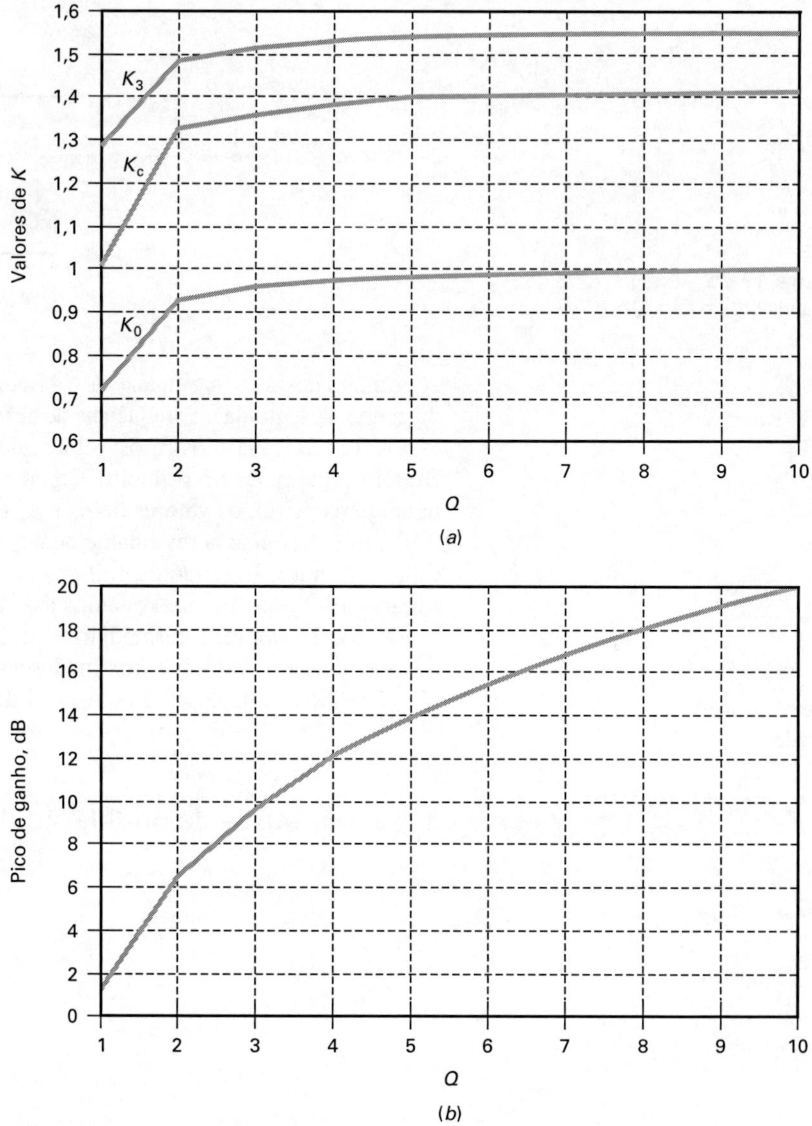

Figura 19-26 (*a*) Valores de *K* *versus* *Q*; (*b*) pico de ganho *versus* *Q*.

Na Figura 19-26*a*, observe como os valores de *K* se estabilizam conforme *Q* se aproxima de 10. Para *Q* maior que 10, usamos as aproximações a seguir:

$$K_0 = 1 \tag{19-25}$$

$$K_c = 1{,}414 \tag{19-26}$$

$$K_3 = 1{,}55 \tag{19-27}$$

$$A_p = 20 \log Q \tag{19-28}$$

Os valores mostrados na Tabela 19-3 e na Figura 19-26 se aplicam a todos os estágios passa-baixas de segunda ordem.

Produto ganho-largura de banda de amp-ops

Em todas as nossas discussões sobre filtros ativos, vamos considerar que os amp-ops têm um *produto ganho-largura de banda* (*GBW*) suficiente que não afeta o desempenho do filtro. Um GBW limitado aumenta o fator *Q* de um estágio. Com frequências de corte altas, o projetista tem de estar ciente do GBW limitado porque ele pode modificar o desempenho do filtro.

Uma forma de corrigir um GBW limitado é por meio da **predistorção**. Isso se refere à diminuição no valor de projeto de Q conforme necessário para compensar um GBW limitado. Por exemplo, se um estágio tem um fator Q igual a 10 e um GBW limitado o faz aumentar para 11, um projetista pode projetar previamente o valor de Q para 9,1. O GBW limitado aumentará o Q de 9,1 para 10. Os projetistas tentam evitar a predistorção porque estágios com Q baixo e Q alto algumas vezes interagem contrariamente. A melhor abordagem é usar um amp-op melhor. Ou seja, que tenha um GBW maior (assim como $f_{unitário}$)

Exemplo de aplicação 19-3

MultiSim

Quais são as frequências de polo e o Q do filtro mostrado na Figura 19-27? Qual é a frequência de corte? Mostre a resposta em frequência utilizando o plotador de Bode do Multisim.

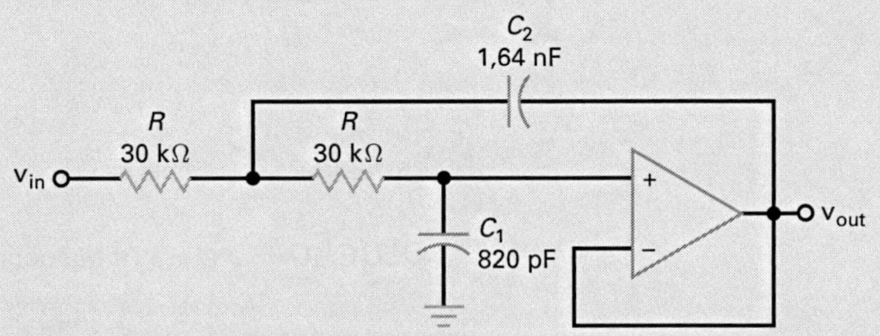

(a)

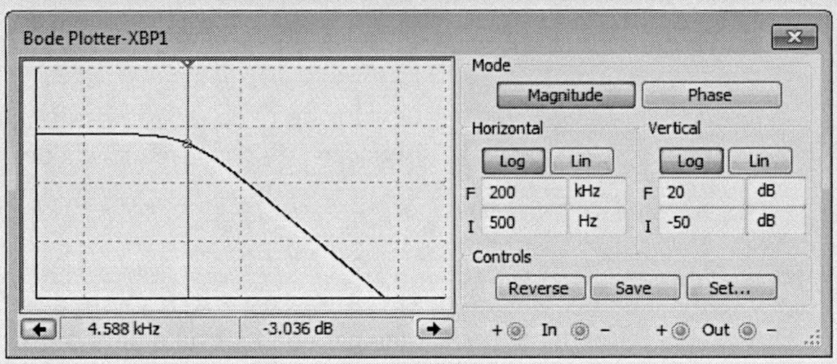

(b)

Figura 19-27 (a) Exemplo de um Butterworth de ganho unitário. (b) Resposta em frequência gerada pelo Multisim.

SOLUÇÃO O fator Q e a frequência de polo são:

$$Q = 0,5\sqrt{\frac{C_2}{C_1}} = 0,5\sqrt{\frac{1,64\text{ nF}}{820\text{ pF}}} = 0,707$$

$$f_p = \frac{1}{2\pi R\sqrt{C_1C_2}} = \frac{1}{2\pi(30\text{ k}\Omega)\sqrt{(820\text{ pF})(1,64\text{ nF})}} = 4,58\text{ kHz}$$

O valor de Q de 0,707 nos informa que essa é uma resposta Butterworth, assim a frequência de corte é a mesma que a frequência de polo:

$$f_c = f_p = 4,58\text{ kHz}$$

A curva de resposta do filtro muda de inclinação em 4,58 kHz decaindo a uma taxa de 40 dB por década porque $n = 2$. A Fig. 19-27*b* mostra o gráfico da resposta em frequência gerada pelo Multisim.

PROBLEMA PRÁTICO 19-3 Repita o Exemplo 19-3 sendo o valor do resistor alterado para 10 kΩ.

Exemplo 19-4

Na Figura 19-28, qual é a frequência de polo e o fator Q? Qual é a frequência de corte?

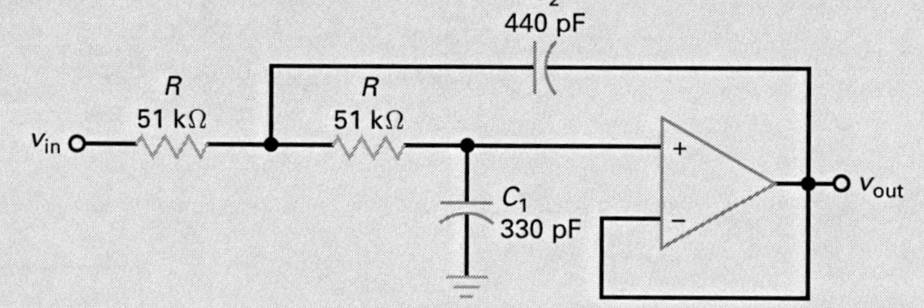

Figura 19-28 Exemplo de um filtro Bessel de ganho unitário.

SOLUÇÃO O Q e a frequência de polo são:

$$Q = 0{,}5\sqrt{\frac{C_2}{C_1}} = 0{,}5\sqrt{\frac{440\text{ pF}}{330\text{ pF}}} = 0{,}577$$

$$f_p = \frac{1}{2\pi R\sqrt{C_1C_2}} = \frac{1}{2\pi(51\text{ k}\Omega)\sqrt{(330\text{ pF})(440\text{ pF})}} = 8{,}19\text{ kHz}$$

O valor de Q de 0,577 nos diz que essa é uma resposta Bessel. Usando a Equação (19-21), a frequência de corte é dada por:

$$f_c = K_c f_p = 0{,}786(8{,}19\text{ kHz}) = 6{,}44\text{ kHz}$$

PROBLEMA PRÁTICO 19-4 No Exemplo 19-4, se o valor de C_1 for alterado para 680 pF, qual deve ser o valor de C_2 para manter o Q igual a 0,577?

Exemplo 19-5

Qual é a frequência de polo e o Q na Figura 19-29? Quais são as frequências de corte e de 3 dB?

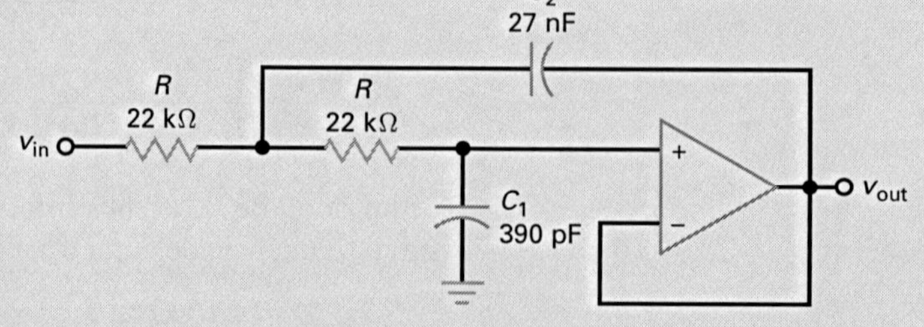

Figura 19-29 Exemplo de um filtro de ganho unitário com Q > 0,707.

SOLUÇÃO O Q e a frequência de polo são:

$$Q = 0,5\sqrt{\frac{C_2}{C_1}} = 0,5\sqrt{\frac{27\text{ nF}}{390\text{ pF}}} = 4,16$$

$$f_p = \frac{1}{2\pi R\sqrt{C_1 C_2}} = \frac{1}{2\pi(22\text{ k}\Omega)\sqrt{(390\text{ pF})(27\text{ pF})}} = 2,23\text{ kHz}$$

Com referência à Figura 19-26, podemos obter as aproximações a seguir nos valores de K e A_p:

$$K_0 = 0,99$$

$$K_c = 1,38$$

$$K_3 = 1,54$$

$$A_p = 12,5\text{ dB}$$

A frequência de corte ou de borda é:

$$f_c = K_c f_p = 1,38(2,23\text{ kHz}) = 3,08\text{ kHz}$$

e a frequência de 3 dB é:

$$f_{3\text{dB}} = K_3 f_p = 1,54(2,23\text{ kHz}) = 3,43\text{ kHz}$$

PROBLEMA PRÁTICO 19-5 Na Figura 19-29, substitua o capacitor de 27 nF por um de 14 nF e repita o Exemplo 19-5.

19-6 Filtros de ordem maior

A abordagem padrão na construção de filtros de ordem maior é conectar em cascata estágios de primeira e segunda ordens. Quando a ordem é par, precisamos conectar em cascata apenas estágios de segunda ordem. Por exemplo, se queremos construir um filtro de sexta ordem, podemos conectar em cascata três estágios de segunda ordem. Se queremos um filtro de quinta ordem, podemos conectar em cascata dois estágios de segunda ordem e um estágio de primeira ordem.

Filtros Butterworth

Quando os estágios de um filtro estão conectados em cascata, podemos somar a atenuação em decibel de cada estágio para obter a atenuação total. Por exemplo, a Figura 19-30*a* mostra dois estágios de segunda ordem conectados em cascata. Se cada um tem um Q igual a 0,707 e uma frequência de polo igual a 1 kHz, então cada estágio tem uma resposta Butterworth com uma atenuação de 3 dB em 1 kHz. Embora cada estágio tenha uma resposta Butterworth, a resposta total não é uma resposta Butterworth por causa do decaimento na frequência de polo, como mostra a Figura 19-30*b*. Visto que cada estágio tem uma atenuação de 3 dB na frequência de corte de 1 kHz, a atenuação total é 6 dB em 1 kHz

Para obter uma resposta Butterworth, as frequências de polo ainda são de 1 kHz, mas os Qs dos estágios em cascata têm de estar acima e abaixo de 0,707. A Figura 19-30*c* mostra como obter uma resposta Butterworth para o filtro completo. O primeiro estágio tem Q = 0,54, e o segundo estágio tem Q = 1,31. O pico de ganho no segundo estágio compensa a queda no primeiro estágio para obter

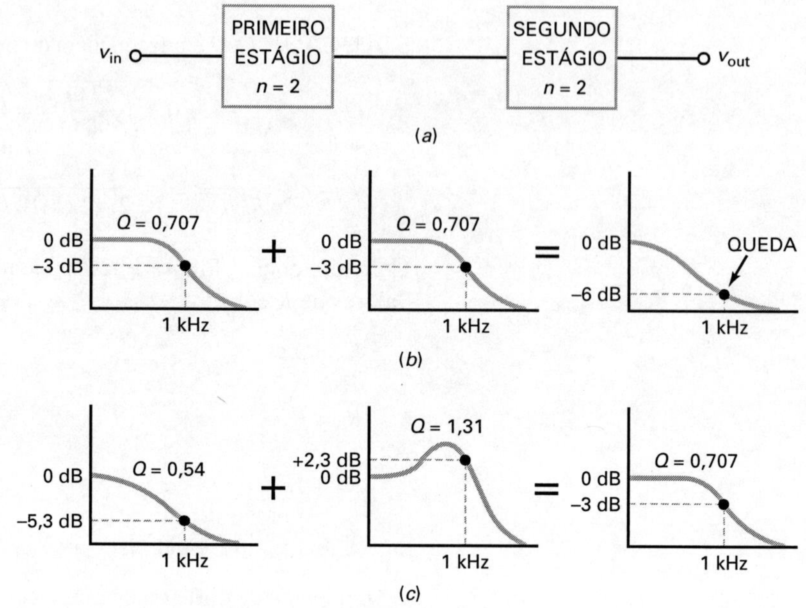

Figura 19-30 (*a*) Conexão em cascata de dois estágios; (*b*) estágios iguais produzem uma queda na frequência de corte; (*c*) estágios de *Q* baixo e *Q* alto compensados para produzir uma resposta Butterworth.

Tabela 19-4 Fatores *Q* escalonados de filtros passa-baixas Butterworth

Ordem	Estágio 1	Estágio 2	Estágio 3	Estágio 4	Estágio 5
2	0,707				
4	0,54	1,31			
6	0,52	1,93	0,707		
8	0,51	2,56	0,6	0,9	
10	0,51	3,2	0,56	1,1	0,707

uma atenuação de 3 dB em 1 kHz. Além disso, pode-se mostrar que a resposta na banda de passagem é maximamente plana com esses valores de *Q*.

A Tabela 19-4 mostra os valores de *Q* de estágios em cascata usados em filtros Butterworth de alta ordem. Todos os estágios têm a mesma frequência de polo, mas cada estágio tem um *Q* diferente. Por exemplo, o filtro de quarta ordem descrito na Figura 19-30*c* usa valores de *Q* de 0,54 e 1,31, os mesmos valores mostrados na Tabela 19-4. Para construirmos um filtro Butterworth de décima ordem, precisaremos de cinco estágios com valores de *Q* de 0,51, 3,2, 0,56, 1,1 e 0,707.

Filtros Bessel

Com filtros Bessel de alta ordem, precisamos escalonar os *Q*s e as frequências de polo dos estágios. A Tabela 19-5 mostra *Q* e f_p de cada estágio em um filtro com uma frequência de corte de 1000 Hz. Por exemplo, um filtro Bessel de quarta ordem precisa de um primeiro estágio com $Q = 0{,}52$ e $f_p = 1.432$ Hz e um segundo estágio com $Q = 0{,}81$ e $f_p = 1.606$ Hz.

Tabela 19-5 Fatores Q escalonados e frequências de polo de filtros passa-baixas Bessel de segunda ordem (f_c = 1.000 Hz)

Ordem	Q_1	f_{p1}	Q_2	f_{p2}	Q_3	f_{p3}	Q_4	f_{p4}	Q_5	
2	0,577	1.274								
4	0,52	1.432	0,81	1.606						
6	0,51	1.607	1,02	1.908	0,61	1.692				
8	0,51	1.781	1,23	2.192	0,71	1.956	0,56	1.835		
10	0,50	1.946	1,42	2.455	0,81	2.207	0,62	2.066	0,54	1.984

Se a frequência for diferente de 1.000 Hz, as frequências de polo na Tabela 19-5 têm uma escala com proporção direta dada pelo **fator de escala de frequência (FSF)** de:

$$\text{FSF} = \frac{f_c}{1\,\text{kHz}}$$

Por exemplo, se um filtro Bessel de sexta ordem tem uma frequência de corte de 7,5 kHz, multiplicamos cada frequência de polo na Tabela 19-5 por 7,5.

Filtros Chebyshev

Com filtros Chebyshev, temos de escalonar Q e f_p. Além disso, temos de incluir a amplitude da ondulação. A Tabela 19-6 mostra os valores de Q e f_p para cada

Tabela 19-6 A_p, Q e f_p para filtros passa-baixas Chebyshev (f_c = 1.000 Hz)

Ordem	A_p, dB	Q_1	f_{p1}	Q_2	f_{p2}	Q_3	f_{p3}	Q_4	f_{p4}
2	1	0,96	1.050						
	2	1,13	907						
	3	1,3	841						
4	1	0,78	529	3,56	993				
	2	0,93	471	4,59	964				
	3	1,08	443	5,58	950				
6	1	0,76	353	8	995	2,2	747		
	2	0,9	316	10,7	983	2,84	730		
	3	1,04	298	12,8	977	3,46	722		
8	1	0,75	265	14,2	997	4,27	851	1,96	584
	2	0,89	238	18,7	990	5,58	842	2,53	572
	3	1,03	224	22,9	987	6,83	839	3,08	566

estágio de um filtro Chebyshev. Como um exemplo, um filtro Chebyshev de sexta ordem com uma amplitude de ondulação de 2 dB precisa de um primeiro estágio com $Q = 0{,}9$ e $f_p = 316$ Hz. O segundo estágio tem de ter $Q = 10{,}7$ e $f_p = 983$ Hz e um terceiro estágio precisa de $Q = 2{,}84$ e $f_p = 730$ Hz.

Projeto de filtros

A discussão anterior nos deu a ideia básica por trás do projeto de filtros de ordem maior. Até agora discutimos apenas a implementação do circuito mais simples, que é o estágio de segunda ordem *Sallen-Key* de ganho unitário. Conectando em cascata estágios *Sallen-Key* de ganho unitário com *Q*s e frequências de polo escalonados, podemos implementar filtros de ordem maior para as aproximações Butterworth, Bessel e Chebyshev.

As tabelas mostradas anteriormente indicam como os *Q*s e as frequências de polo necessitam serem escalonadas em diferentes projetos. Tabelas abrangentes são fornecidas em folhas de dados (*handbooks*). O projeto de filtros ativos é muito complicado, especialmente quando os filtros precisam ser projetados com ordens acima de 20 e são realizadas trocas entre os níveis de complexidade do circuito, sensibilidade dos componentes e a facilidade de sintonia.

Isso nos trás à mente um ponto importante: todos os projetos de filtros complexos são feitos em computadores porque os cálculos são muito difíceis e demandariam muito tempo se feitos à mão. Um programa de computador para cálculo de filtros ativos armazena todas as equações, tabelas e circuitos necessários para implementar as cinco aproximações discutidas anteriormente (Butterworth, Chebyshev, Chebyshev inverso, elíptico e Bessel). Os circuitos usados para construir filtros variam de um simples estágio com amp-op a complexos cinco estágios com amp-ops.

19-7 Filtros passa-baixas VCVS de componentes iguais

A Figura 19-31 mostra outro filtro passa-baixas *Sallen-Key* de segunda ordem. Desta vez os dois resistores e os dois capacitores têm o mesmo valor. Por isso o circuito é denominado **filtro *Sallen-Key* de componentes iguais**. O circuito tem um ganho de tensão na banda média de:

$$A_v = \frac{R_2}{R_1} + 1 \qquad \textbf{(19-29)}$$

A operação do circuito é similar à operação do filtro Sallen-Key de ganho unitário, exceto pelo efeito do ganho de tensão. Como o ganho de tensão pode produzir

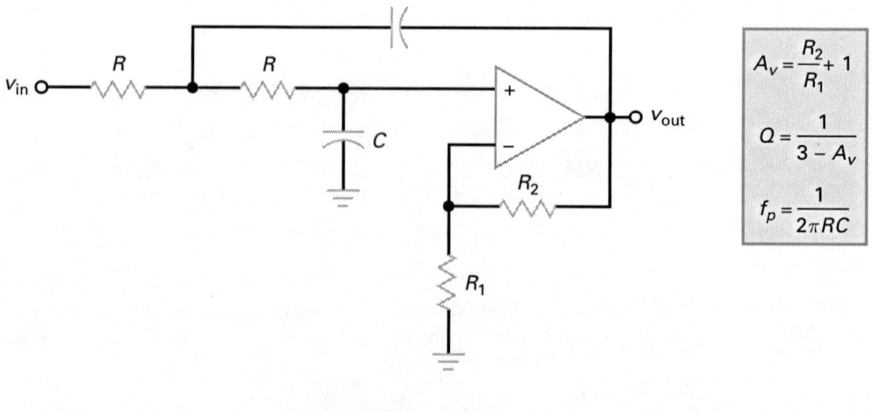

Figura 19-31 Estágio VCVS de componentes iguais.

mais realimentação positiva através do capacitor de realimentação, o Q do estágio torna-se uma função do ganho de tensão e é dado por:

$$Q = \frac{1}{3 - A_v} \qquad \textbf{(19-30)}$$

Como A_v não pode ser menor que a unidade, o Q mínimo é 0,5. Quando A_v aumenta de 1 para 3, Q varia de 0,5 para infinito. Portanto, a faixa permissível de A_v está entre 1 e 3. Se tentarmos fazer A_v maior que 3, o circuito entra em oscilação porque a realimentação positiva será muito grande. Na realidade, é perigoso usar um ganho de tensão mesmo próximo de 3 porque a tolerância e a deriva dos componentes podem fazer com que o ganho de tensão seja superior a 3. Um último exemplo mostrará isso mais claramente.

Após calcularmos A_v, Q e f_p usando as equações mostradas na Figura 19-31, a análise restante é a mesma que a anterior porque um filtro Butterworth tem Q = 0,707 e K_c = 1. Um filtro Bessel tem Q = 0,577 e K_c = 0,786. Para outros valores de Q, podemos aproximar os valores de K e A_p por interpolação por meio da Tabela 19-3 ou usando a Figura 19-26.

Exemplo de aplicação 19-6

MultiSim

Qual é o valor da frequência de polo e de Q no filtro mostrado na Figura 19-32? Qual é a frequência de corte? Mostre a resposta em frequência utilizando o plotador de Bode do Multisim.

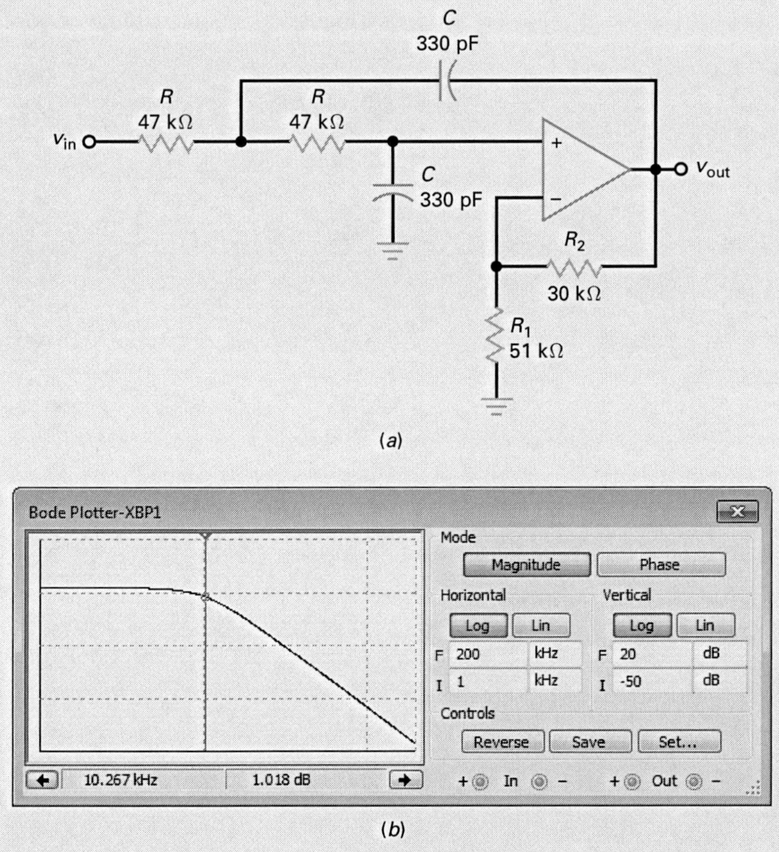

Figura 19-32 (*a*) Exemplo de um filtro Butterworth de componentes iguais; (*b*) Frequência do polo gerada pelo Multisim.

SOLUÇÃO Os valores de A_v, Q e f_p são:

$$A_v = \frac{30\text{ k}\Omega}{51\text{ k}\Omega} + 1 = 1{,}59$$

$$Q = \frac{1}{3 - A_v} = \frac{1}{3 - 1{,}59} = 0{,}709$$

$$f_p = \frac{1}{2\pi RC} = \frac{1}{2\pi(47\text{ k}\Omega)(330\text{ pF})} = 10{,}3\text{ kHz}$$

O valor de Q de 0,77 produz uma ondulação de 0,1 dB. Portanto, um Q de 0,709 produz uma ondulação menor que 0,003 dB. Para todos os fins práticos, o Q calculado de 0,709 significa que temos uma resposta Butterworth como uma boa aproximação.

A frequência de corte de um filtro Butterworth é igual à frequência de polo de 10,3 kHz. Observe na Fig.19-32*b* que a frequência do polo está próxima de 1 dB. Esse valor está 3 dB abaixo do ganho da faixa de passagem que é igual a 4 dB.

PROBLEMA PRÁTICO 19-6 No Exemplo 19-6, substitua os resistores de 47 kΩ por 22 kΩ e calcule A_v, Q e f_p.

Exemplo 19-7

Na Figura 19-33, quais são os valores da frequência de polo e de Q? Qual é a frequência de corte?

SOLUÇÃO Os valores de A_v, Q e f_p são:

$$A_v = \frac{15\text{ k}\Omega}{56\text{ k}\Omega} + 1 = 1{,}27$$

$$Q = \frac{1}{3 - A_v} = \frac{1}{3 - 1{,}27} = 0{,}578$$

$$f_p = \frac{1}{2\pi RC} = \frac{1}{2\pi(82\text{ k}\Omega)(100\text{ pF})} = 19{,}4\text{ kHz}$$

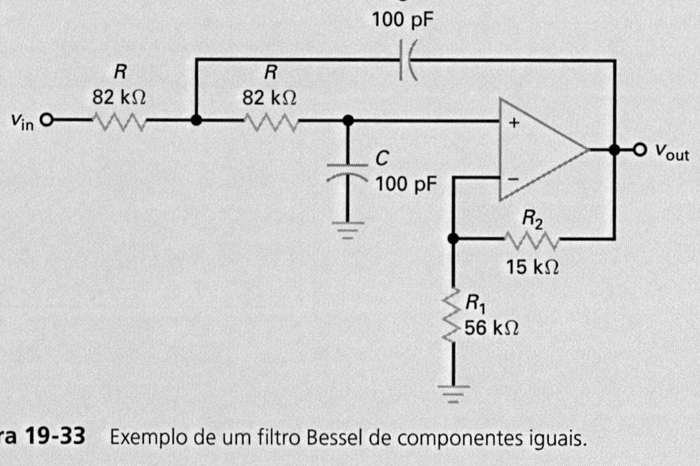

Figura 19-33 Exemplo de um filtro Bessel de componentes iguais.

Esse é o valor de Q de uma resposta Bessel de segunda ordem. Portanto, K_c = 0,786 e a frequência de corte é:

$$f_c = 0,786 f_p = 0,786(19,4 \text{ kHz}) = 15,2 \text{ kHz}$$

PROBLEMA PRÁTICO 19-7 Repita o Exemplo 19-7 sendo os capacitores iguais a 330 pF e o valor de R igual a 100 kΩ.

Exemplo 19-8

Quais são os valores da frequência de polo e de Q na Figura 19-34? Quais são os valores das frequências ressonante, de corte e de 3 dB? Qual a amplitude da ondulação em decibéis?

SOLUÇÃO Os valores de A_v, Q e f_p são:

$$A_v = \frac{39 \text{ k}\Omega}{20 \text{ k}\Omega} + 1 = 2,95$$

$$Q = \frac{1}{3 - A_v} = \frac{1}{3 - 2,95} = 20$$

$$f_p = \frac{1}{2\pi RC} = \frac{1}{2\pi(56 \text{ k}\Omega)(220 \text{ pF})} = 12,9 \text{ kHz}$$

A Figura 19-26 tem valores de Q apenas entre 1 e 10. Nesse caso, precisamos usar as Equações (19-25) a (19-28) para obter os valores de K e Q:

$$K_0 = 1$$

$$K_c = 1,414$$

$$K_3 = 1,55$$

$$A_p = 20 \log Q = 20 \log 20 = 26 \text{ dB}$$

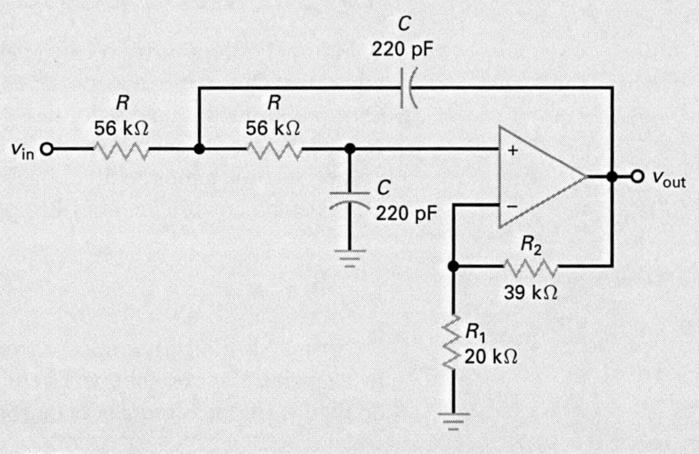

Figura 19-34 Exemplo de um filtro de componentes iguais com Q > 0,707.

A frequência ressonante é:

$$f_0 = K_0 f_p = 12{,}9\text{ kHz}$$

A frequência de borda ou de corte é:

$$f_c = K_c f_p = 1{,}414\,(12{,}9\text{ kHz}) = 18{,}2\text{ kHz}$$

e a frequência de 3 dB é:

$$f_{3\text{dB}} = K_3 f_p = 1{,}55(12{,}9\text{ kHz}) = 20\text{ kHz}$$

O circuito produz um pico de 26 dB na resposta em 12,9 kHz, um decaimento para 0 dB na frequência de corte e 3 dB abaixo em 20 kHz.

Um circuito Sallen-Key como esse é impraticável porque o valor de Q é muito alto. Como o ganho de tensão é 2,95, qualquer erro nos valores de R_1 e R_2 pode provocar um grande aumento em Q. Por exemplo, se a tolerância dos resistores for $\pm 1\%$, o ganho de tensão pode ser tão alto quanto:

$$A_v = \frac{1{,}01(39\text{ k}\Omega)}{0{,}99(20\,\Omega)} + 1 = 2{,}989$$

Esse ganho de tensão produz um Q de:

$$Q = \frac{1}{3 - A_v} = \frac{1}{3 - 2{,}989} = 90{,}9$$

O valor de Q alterou de um valor projetado de 20 para um valor aproximado de 90,9, o que significa que a resposta em frequência é radicalmente diferente da resposta desejada.

Embora o filtro Sallen-Key de componentes iguais seja simples em comparação com outros filtros, ele tem a desvantagem da sensibilidade dos componentes quando altos valores de Q são usados. Por isso circuitos mais complicados são normalmente usados para estágios com altos valores de Q. O acréscimo de complexidade reduz a sensibilidade dos componentes.

19-8 Filtros passa-altas VCVS

A Figura 19-35*a* mostra o filtro passa-altas Sallen-Key de ganho unitário e suas equações. Observe que as posições dos resistores e capacitores foram invertidas. Observe também que o valor de Q depende da relação de resistências em vez de capacitâncias. Os cálculos são similares aos discutidos para os filtros passa-baixas, exceto que temos de dividir a frequência de polo pelo valor de K. Para calcular a frequência de corte de um filtro passa-altas, usamos a seguinte equação:

$$f_c = \frac{f_p}{K_c} \tag{19-31}$$

De forma similar, dividimos a frequência de polo por K_0 ou K_3 para as outras frequências. Por exemplo, se a frequência de polo é 2,5 kHz e obtemos um $K_c = 1{,}3$ na Figura 19-26, a frequência de corte para o filtro passa-altas é:

$$f_c = \frac{2{,}5\text{ kHz}}{1{,}3} = 1{,}92\text{ kHz}$$

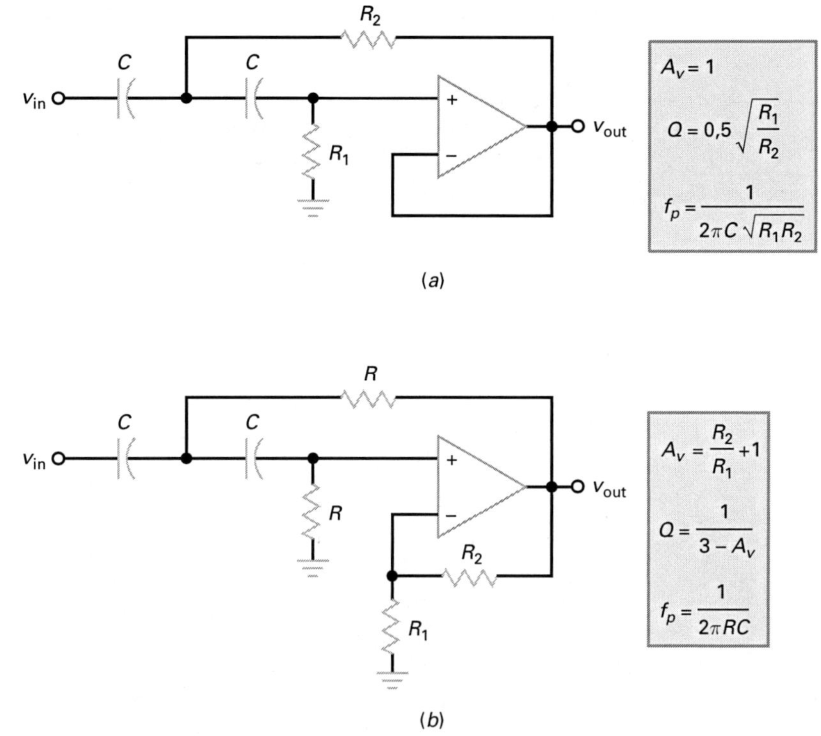

Figura 19-35 Estágios passa-altas VCVS de segunda ordem: (*a*) ganho unitário; (*b*) ganho de tensão maior que a unidade.

A Figura 19-35*b* mostra o filtro passa-altas *Sallen-Key* de componentes iguais e suas equações. Todas as equações são as mesmas que para um filtro passa-baixas. As posições dos resistores e capacitores foram trocadas. Os exemplos a seguir mostram como analisar filtros passa-altas.

Exemplo de aplicação 19-9

Quais são os valores da frequência de polo e de Q para o filtro mostrado na Figura 19-36? Qual é a frequência de corte dele? Mostre a resposta em frequência utilizando o plotador de Bode do Multisim.

SOLUÇÃO Os valores da frequência de polo e de Q são:

$$Q = 0{,}5\sqrt{\frac{R_1}{R_2}} = 0{,}5\sqrt{\frac{24\ \text{k}\Omega}{12\ \text{k}\Omega}} = 0{,}707$$

$$f_p = \frac{1}{2\pi C\sqrt{R_1 R_2}} = \frac{1}{2\pi(4{,}7\ \text{nF})\sqrt{(24\ \text{k}\Omega)(12\ \text{k}\Omega)}} = 2\ \text{kHz}$$

Como $Q = 0{,}707$, o filtro tem uma resposta Butterworth de segunda ordem e:

$$f_c = f_p = 2\ \text{kHz}$$

O filtro tem uma resposta passa-altas e a curva de resposta muda de inclinação em 2 kHz decaindo a uma taxa de 40 dB por década abaixo de 2 kHz. A Fig.19-36*b* mostra o gráfico da resposta em frequência gerada pelo Multisim.

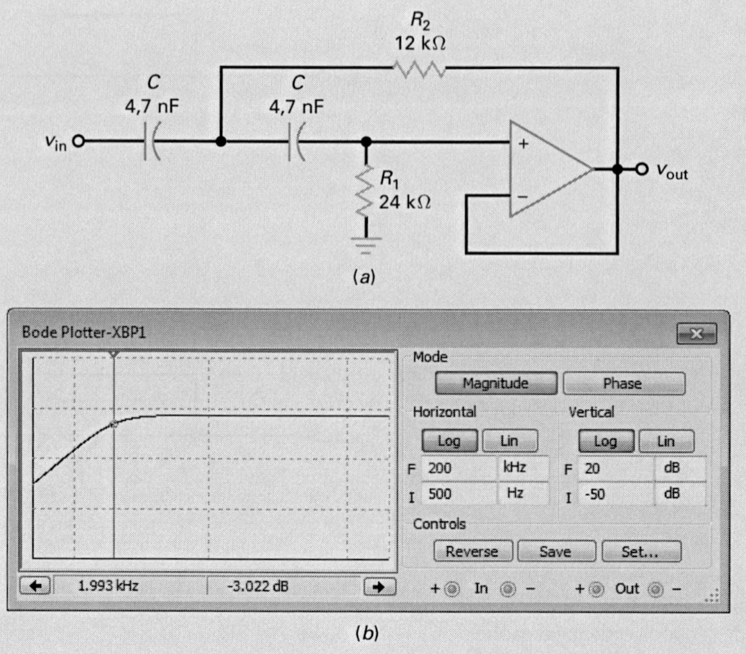

Figura 19-36 (*a*) Exemplo de um filtro Butterworth passa-altas; (*b*) frequência de corte Multisim.

PROBLEMA PRÁTICO 19-9 Na Figura 19-36, os valores das resistências foram dobrados. Determine os valores de Q, f_p e f_c.

Exemplo 19-10

Quais são os valores da frequência de polo e de Q na Figura 19-37? Quais são as frequências ressonante, de corte e de 3 dB? Qual é a amplitude da ondulação ou do pico de ganho em decibéis?

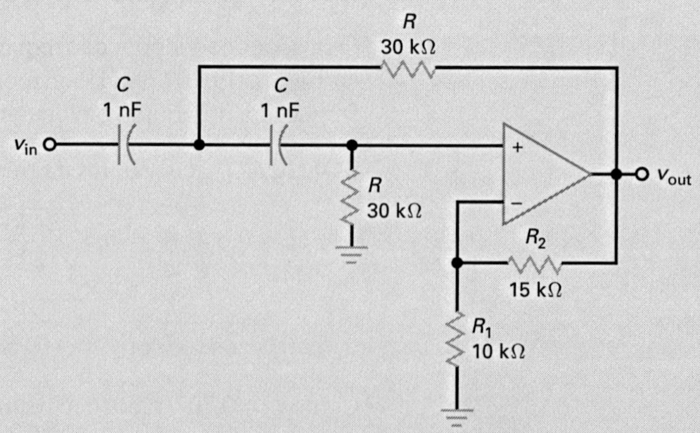

Figura 19-37 Exemplo de filtro passa-altas com $Q > 1$.

SOLUÇÃO Os valores de A_v, Q e f_p são:

$$A_v = \frac{15\ \text{k}\Omega}{10\ \text{k}\Omega} + 1 = 2{,}5$$

$$Q = \frac{1}{3 - A_v} = \frac{1}{3 - 2,5} = 2$$

$$f_p = \frac{1}{2\pi RC} = \frac{1}{2\pi(30\,\text{k}\Omega)(1\,\text{nF})} = 5,31\,\text{kHz}$$

Na Figura 19-26, um Q igual a 2 proporciona os seguintes valores aproximados:

$$K_0 = 0,94$$

$$K_c = 1,32$$

$$K_3 = 1,48$$

$$A_p = 20 \log Q = 20 \log 2 = 6,3\text{ dB}$$

A frequência ressonante é:

$$f_0 = \frac{f_p}{K_0} = \frac{5,31\,\text{kHz}}{0,94} = 5,65\,\text{kHz}$$

A frequência de corte é:

$$f_c = \frac{f_p}{K_c} = \frac{5,31\,\text{kHz}}{1,32} = 4,02\,\text{kHz}$$

A frequência de 3 dB é:

$$f_{3\text{dB}} = \frac{f_p}{K_3} = \frac{5,31\,\text{kHz}}{1,48} = 3,59\,\text{kHz}$$

O circuito produz um pico de 6,3 dB na resposta em 5,65 kHz, decai para 0 dB na frequência de corte de 4,02 kHz e cai 3 dB em 3,59 kHz.

PROBLEMA PRÁTICO 19-10 Repita o Exemplo 19-10 com o resistor de 15 kΩ substituído por um de 17,5 kΩ.

19-9 Filtros passa-faixa MFB

Um filtro passa-faixa tem uma frequência central e uma largura de banda. Lembre-se das equações básicas para a resposta passa-faixa:

$$\text{BW} = f_2 - f_1$$

$$f_0 = \sqrt{f_1 f_2}$$

$$Q = \frac{f_0}{\text{BW}}$$

Quando Q é menor que 1, o filtro tem uma resposta de banda larga. Nesse caso, um filtro passa-faixa é geralmente construído conectando-se em cascata um estágio passa-baixas com um estágio passa-altas. Quando Q é maior que 1, o filtro tem uma resposta de banda estreita e uma abordagem diferente é usada.

Filtros de banda larga

Suponha que desejemos construir um filtro passa-faixa com uma frequência de corte inferior de 300 Hz e uma frequência de corte superior de 3,3 kHz. A frequência central desse filtro é:

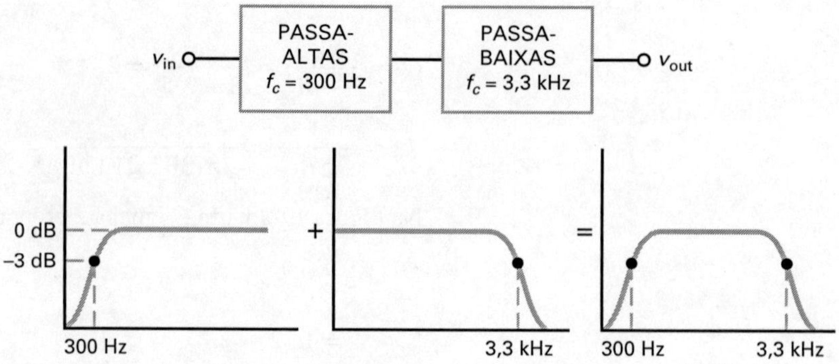

Figura 19-38 Filtros de banda larga usam conexões em cascata de estágios passa-baixas e passa-altas.

$$f_0 = \sqrt{f_1 f_2} = \sqrt{(300\,\text{Hz})(3{,}3\,\text{kHz})} = 995\,\text{Hz}$$

A largura de banda é:

$$\text{BW} = f_2 - f_1 = 3{,}3\,\text{kHz} - 300\,\text{Hz} = 3\,\text{kHz}$$

O valor de Q é:

$$Q = \frac{f_0}{\text{BW}} = \frac{995\,\text{Hz}}{3\,\text{kHz}} = 0{,}332$$

Como Q é menor que 1, podemos usar estágios passa-baixas e passa-altas em cascata, conforme mostra a Figura 19-38. O filtro passa-altas tem uma frequência de corte de 300 Hz e o filtro passa-baixas tem uma frequência de corte de 3,3 kHz. Quando as duas respostas em decibéis são somadas, obtemos uma resposta passa-faixa com as frequências de corte de 300 Hz e 3,3 kHz.

Quando Q for maior que 1, as frequências de corte serão mais próximas que aquelas mostradas na Figura 19-38. Por isso, a soma das atenuações na banda de passagem é maior que 3 dB nas frequências de corte. Desse modo usamos outra abordagem para filtros de banda estreita.

Filtros de banda estreita

Quando Q é maior que 1, podemos usar o filtro de **múltipla realimentação** (**MFB** – *multiple-feedback*) como mostra a Figura 19-39. Primeiro, observe que o sinal de entrada é colocado na entrada inversora em vez da entrada não inversora. Segundo, observe que o circuito tem dois percursos de realimentação, sendo um através de um capacitor e o outro através de um resistor.

Em frequências baixas os capacitores se comportam como circuito aberto. Portanto, o sinal de entrada não pode alcançar o amp-op, sendo a saída zero. Em frequências altas os capacitores se comportam como curto-circuito. Nesse caso, o ganho de tensão é zero porque o capacitor de realimentação tem impedância zero. Entre os limites das frequências inferior e superior existe uma banda de frequências onde o circuito se comporta como um amplificador inversor.

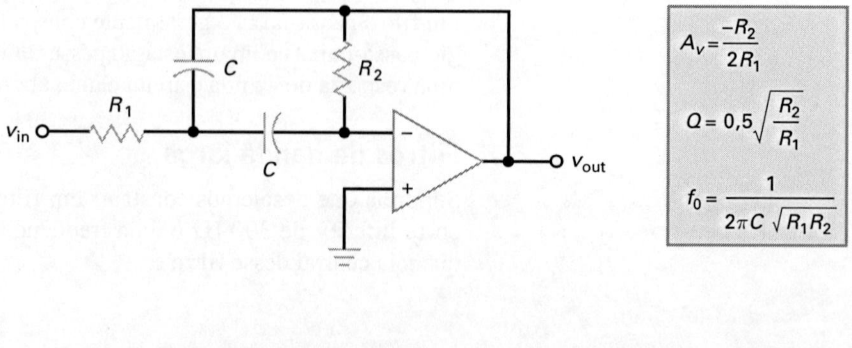

Figura 19-39 Estágio de um filtro passa-faixa com múltipla realimentação.

O ganho de tensão na frequência central é dado por:

$$A_v = \frac{-R^2}{2R^1} \tag{19-32}$$

Essa equação é quase idêntica à do ganho de tensão de um amplificador inversor, exceto pelo fator 2 no denominador. O Q do circuito é dado por:

$$Q = 0,5\sqrt{\frac{R_2}{R_1}} \tag{19-33}$$

que é equivalente a:

$$Q = 0,707\sqrt{-A_v} \tag{19-34}$$

Quando utilizamos a Eq. (19-34), o valor numérico do ganho de tensão deverá ser utilizado (ou seja, manter o sinal negativo do ganho para que o radicando seja positivo). Por exemplo, se $A_v = -100$:

$$Q = 0,707\sqrt{100} = 7,07$$

A Equação (19-34) nos informa que quanto maior o ganho de tensão maior o valor de Q.

A frequência central é dada por:

$$f_0 = \frac{1}{2\pi\sqrt{R_1R_2C_1C_2}} \tag{19-35}$$

Como $C_1 = C_2$ na Figura 19-39, a equação é simplificada para:

$$f_0 = \frac{1}{2\pi C\sqrt{R_1R_2}} \tag{19-36}$$

Aumento da impedância de entrada

A Equação (19-33) nos diz que o valor de Q é proporcional à raiz quadrada de R_2/R_1. Para se obter altos valores de Q, precisamos usar uma razão alta de R_2/R_1. Por exemplo, para se obter $Q = 5$, R_2/R_1 tem de ser igual a 100. Para evitar problemas com a corrente de polarização de entrada e o *offset* de entrada, R_2 é geralmente mantido abaixo de 100 kΩ, o que significa que R_1 tem de ser menor que 1 kΩ. Para valores de Q maior que 5, R_1 tem de ser ainda menor. Isso significa que a impedância de entrada na Figura 19-39 pode ser muito baixa para altos valores de Q.

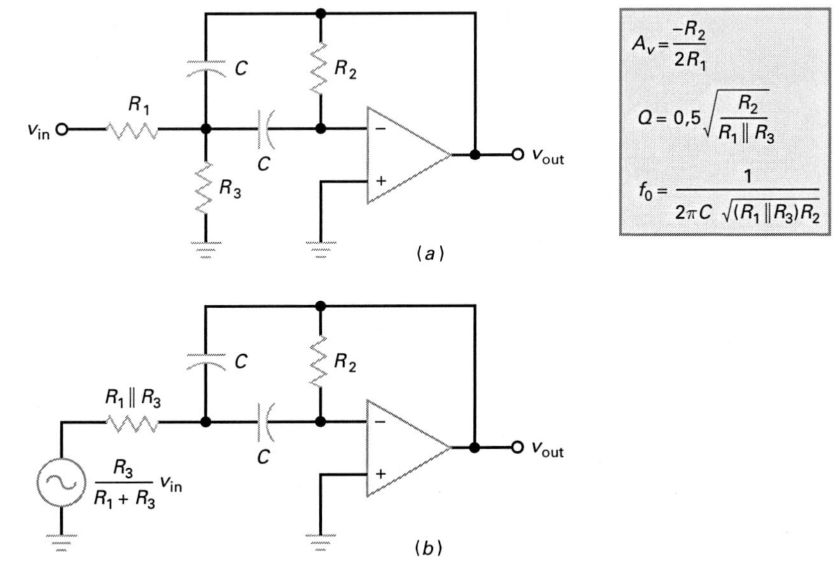

Figura 19-40 Aumento da impedância de entrada de um estágio MFB.

A Figura 19-40a mostra um filtro passa-faixa MFB que aumenta a impedância de entrada. O circuito é idêntico ao circuito MFB anterior, exceto pelo novo resistor R_3. Observe que R_1 e R_3 formam um divisor de tensão. Aplicando o teorema de Thévenin, o circuito é simplificado conforme mostra a Figura 19-40b. Essa configuração é a mesma que a da Figura 19-39, porém algumas das equações são diferentes. Para começar, o ganho de tensão ainda é dado pela Equação (19-32). Porém o valor de Q e da frequência central torna-se:

$$Q = 0{,}5\sqrt{\frac{R_2}{R_1 \| R_3}} \tag{19-37}$$

$$f_0 = \frac{1}{2\pi C\sqrt{(R_1 \| R_3)R_2}} \tag{19-38}$$

O circuito tem a vantagem de ter uma impedância de entrada maior porque R_1 pode ser feito maior para um dado Q.

Sintonia da frequência central com largura de banda constante

Em muitas aplicações não é necessário um ganho de tensão maior que 1 porque geralmente o ganho de tensão é conseguido em outro estágio. Se for aceitável um ganho de tensão unitário, então podemos usar um circuito mais bem elaborado que varia a frequência central enquanto mantém a largura de banda constante.

A Figura 19-41 mostra um circuito MFB modificado no qual $R_2 = 2R_1$ e R_3 é ajustável. Com esse circuito, as equações de análise são:

$$A_v = -1 \tag{19-39}$$

$$Q = 0{,}707\sqrt{\frac{R_1 + R_3}{R_3}} \tag{19-40}$$

$$f_0 = \frac{1}{2\pi C\sqrt{2R_1(R_1 \| R_3)}} \tag{19-41}$$

Como BW $= f_0/Q$, podemos desenvolver essa equação para a largura de banda (BW):

$$\text{BW} = \frac{1}{2\pi R_1 C} \tag{19-42}$$

A Equação (19-41) diz que ao variar R_3 varia-se f_0, porém a Equação (19-42) mostra que a largura de banda não depende de R_3. Portanto, podemos ter uma largura de banda constante enquanto se varia a frequência central.

O resistor variável R_3 na Figura 19-41 é normalmente um JFET usado como uma resistência controlada por tensão (discutido na Seção 13-9). Como a tensão na porta varia a resistência do JFET, a frequência central do circuito pode ser sintonizada eletronicamente.

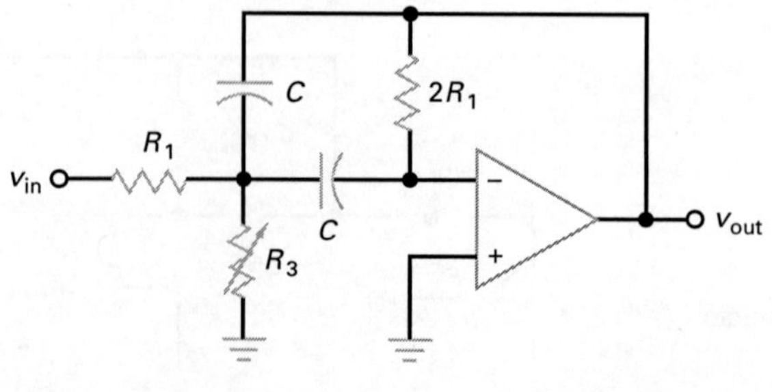

$A_v = -1$

$Q = 0{,}707\sqrt{\frac{R_1 + R_3}{R_3}}$

$f_0 = \frac{1}{2\pi C\sqrt{2R_1(R_1 \| R_3)}}$

Figura 19-41 Estágio MFB com frequência central variável e largura de banda constante.

Exemplo 19-11

A tensão de porta na Figura 19-42 pode variar a resistência do JFET de 15 Ω a 80 Ω. Qual é a largura de banda? Qual é a frequência central mínima e máxima?

SOLUÇÃO A Equação (19-42) fornece a largura de banda:

$$\text{BW} = \frac{1}{2\pi R_1 C} = \frac{1}{2\pi(18\text{ k}\Omega)(8{,}2\text{ nF})} = 1{,}08\text{ kHz}$$

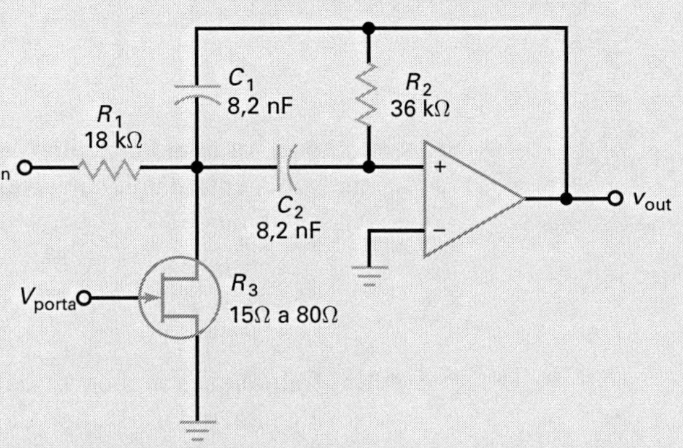

Figura 19-42 Sintonia de um filtro MFB com uma resistência controlada por tensão.

Usando a Equação (19-41), a frequência central mínima é:

$$f_0 = \frac{1}{2\pi C\sqrt{2R_1(R_1 \| R_3)}}$$

$$= \frac{1}{2\pi(8{,}2\text{ nF})\sqrt{2(18\text{ k}\Omega)(18\text{ k}\Omega \| 80\,\Omega)}}$$

$$= 11{,}4\text{ kHz}$$

A frequência máxima é:

$$f_0 = \frac{1}{2\pi(8{,}2\text{ nF})\sqrt{2(18\text{ k}\Omega)(18\text{ k}\Omega \| 15\,\Omega)}} = 26{,}4\text{ kHz}$$

PROBLEMA PRÁTICO 19-11 Usando a Figura 19-42, substitua R_1 por um resistor de 10 kΩ e repita o Exemplo 19-11.

19-10 Filtros rejeita-faixa

Existem muitas implementações de circuitos para filtros rejeita-faixa. Elas usam de um a quatro amp-ops em cada estágio de segunda ordem. Em muitas aplicações, um filtro rejeita-faixa necessita bloquear apenas uma única frequência. Por exemplo, a rede elétrica CA pode induzir um zumbido de 60 Hz em circuitos sensíveis; isso pode interferir com um sinal desejado. Nesse caso, podemos usar um filtro rejeita-faixa para eliminar o sinal de zumbido indesejado.

A Figura 19-43 mostra um **filtro *notch Sallen-Key* de segunda ordem** e suas equações usadas na análise. Em baixas frequências todos os capacitores se

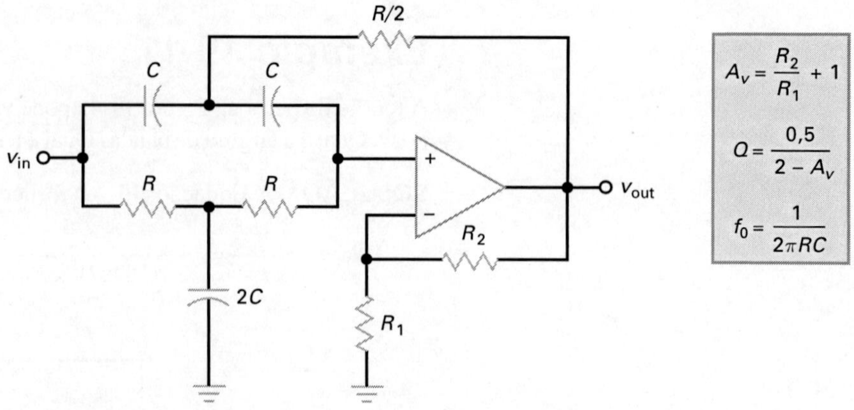

Figura 19-43 Filtro *notch* *Sallen-Key* de segunda ordem.

comportam como circuitos abertos. Como resultado, todos os sinais de entrada chegam à entrada não inversora. O circuito tem um ganho de tensão na banda de passagem de:

$$A_v = \frac{R_2}{R_1} + 1 \tag{19-43}$$

Em frequências muitos altas, os capacitores se comportam como curto-circuito. Novamente, todos os sinais de entrada chegam à entrada não inversora.

Entre os extremos de frequência alta e baixa, existe uma frequência central dada por:

$$f_0 = \frac{1}{2\pi RC} \tag{19-44}$$

Nessa frequência, o sinal de realimentação retorna com a amplitude e fase corretas para atenuar o sinal na entrada não inversora. Por causa disso, a tensão de saída cai para um valor muito baixo.

O Q do circuito é dado por:

$$Q = \frac{0,5}{2 - A_v} \tag{19-45}$$

O ganho de tensão de um filtro *notch Sallen-Key* tem de ser menor que 2 para evitar oscilações. Por causa da tolerância dos resistores R_1 e R_2, o circuito Q deve ser muito menor que 10. Para valores maiores de Q, a tolerância desses resistores pode produzir um ganho de tensão maior que 2, o qual produz oscilações.

Exemplo 19-12

MultiSim

Quais são os valores do ganho de tensão, da frequência de corte e de Q para o filtro rejeita-faixa mostrado na Figura 19-43 se $R = 22$ kW, $C = 120$ nF, $R_1 = 13$ kW e $R_2 = 10$ kW?

SOLUÇÃO Usando as Equações (19-43) a (19-45):

$$A_v = \frac{10\ \text{k}\Omega}{13\ \text{k}\Omega} + 1 = 1,77$$

$$f_0 = \frac{1}{2\pi(22\ \text{k}\Omega)(120\ \text{nF})} = 60,3\ \text{Hz}$$

$$Q = \frac{0,5}{2 - A_v} = \frac{0,5}{2 - 1,77} = 2,17$$

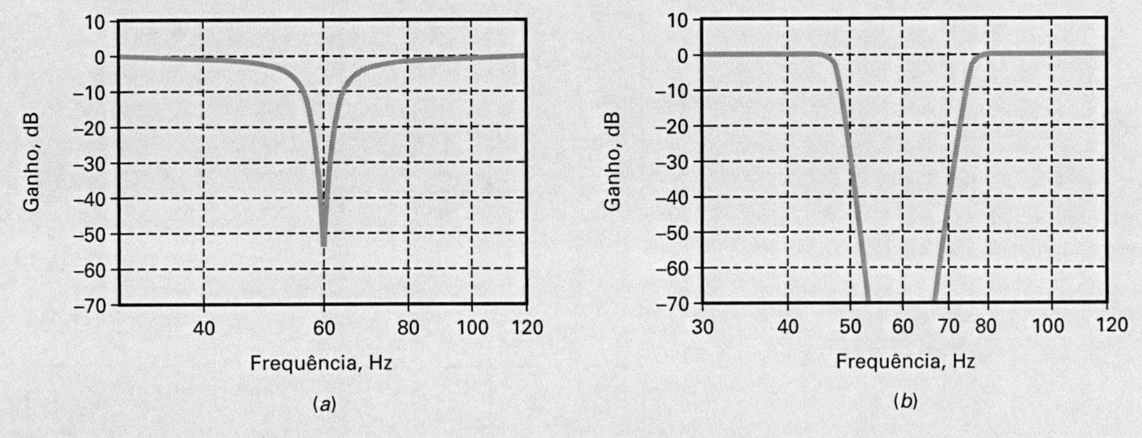

Figura 19-44 (*a*) Filtro *notch* de segunda ordem para 60 Hz; (*b*) filtro notch com $n = 20$.

A Figura 19-44a mostra a resposta. Observe quanto o notch é fechado para um filtro de segunda ordem.

Aumentando a ordem do filtro, podemos ampliar o *notch*. Por exemplo, a Figura 19-44*b* mostra a resposta em frequência para um filtro *notch* com $n = 20$. O *notch* amplo reduz a sensibilidade de componente e garante que o zumbido de 60 Hz será fortemente atenuando.

PROBLEMA PRÁTICO 19-12 Na Figura 19-43, determine o valor de R_2 para obter um Q igual a 3. Além disso, determine o valor de C para uma frequência central de 120 Hz.

19-11 Filtros passa-todas

Na Seção 19-1 discutimos a ideia básica do *filtro passa-todas*. Embora o termo filtro passa-todas seja bastante usado na indústria, um nome mais descritivo seria *filtro de fase* porque o filtro desloca a fase do sinal de saída sem alterar a magnitude. Outro título descritivo seria *filtro de atraso de tempo*, visto que o atraso de tempo está relacionado ao deslocamento de fase.

Estágio passa-todas de primeira ordem

O filtro passa-todas tem um ganho de tensão constante para todas as frequências. Esse tipo de filtro é útil quando queremos produzir certo deslocamento de fase para um sinal sem alterar a amplitude.

A Figura 19-45*a* mostra um *filtro de atraso passa-todas de primeira ordem*. Ele é de primeira ordem porque tem apenas um capacitor. O circuito da Figura 19-45*a* é um deslocador de fase. Ele tem a função de deslocar a fase do sinal de saída entre 0 e –180 graus. A frequência central de um filtro passa-todas está onde o deslocamento de fase está na metade do máximo. Para um filtro de atraso de primeira ordem, a frequência central tem um deslocamento de fase de –90°.

A Figura 19-45*b* mostra um *filtro de avanço passa-todas de primeira ordem*. Nesse caso, o circuito desloca a fase do sinal de saída entre 180° e 0°. Isso significa que o sinal de saída pode adiantar em relação ao sinal de entrada em até +180°. Para um filtro de avanço de primeira ordem, o deslocamento de fase é de +90° na frequência central.

Filtro passa-todas de segunda ordem

Um filtro passa-todas de segunda ordem tem pelo menos um amp-op, dois capacitores e alguns resistores que podem deslocar a fase entre 0° e ±360°. Além disso,

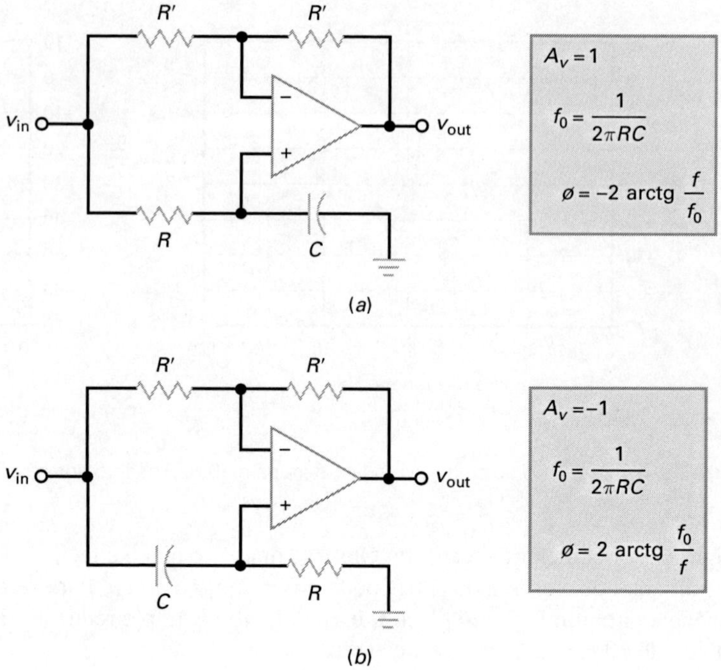

Figura 19-45 Estágios passa-todas de primeira ordem; (a) atraso da fase de saída; (b) avanço da fase de saída.

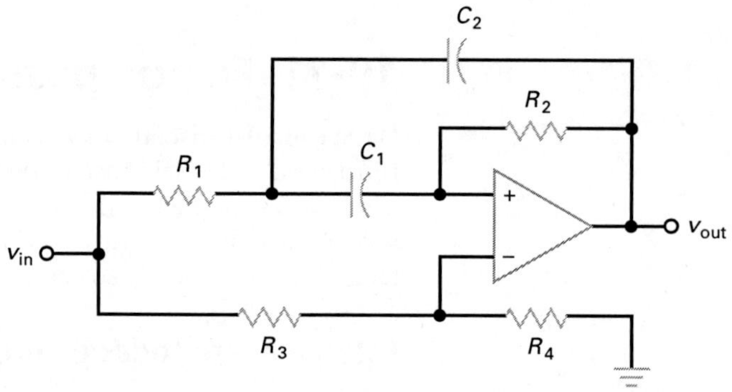

Figura 19-46 Estágio passa-todas de segunda ordem.

é possível ajustar o valor de Q de um filtro passa-todas de segunda ordem para alterar a forma da resposta de fase entre 0° e ±360°. A frequência central de um filtro de segunda ordem está onde o deslocamento de fase é igual a ±180°.

A Figura 19-46 mostra um *filtro de atraso passa-todas MFB de segunda ordem.* Ele tem um amp-op, quatro resistores e dois capacitores, que é a configuração mais simples. Configurações mais complexas usam dois ou mais amp-ops, dois capacitores e alguns resistores. Com um filtro passa-todas de segunda ordem, podemos determinar a frequência central e o Q do circuito.

A Figura 19-47 mostra a resposta de fase de um filtro de atraso passa-todas de segunda ordem com $Q = 0,707$. Observe como a fase de saída aumenta de 0° para –360°. Aumentando Q para 2, podemos obter uma resposta de fase como mostra a Figura 19-47*b*. Um valor de Q maior não altera a frequência central, mas a fase varia mais rápido próximo à frequência central. Um Q igual a 10 produz a resposta de fase muito mais íngreme vista na Figura 19-47*c*.

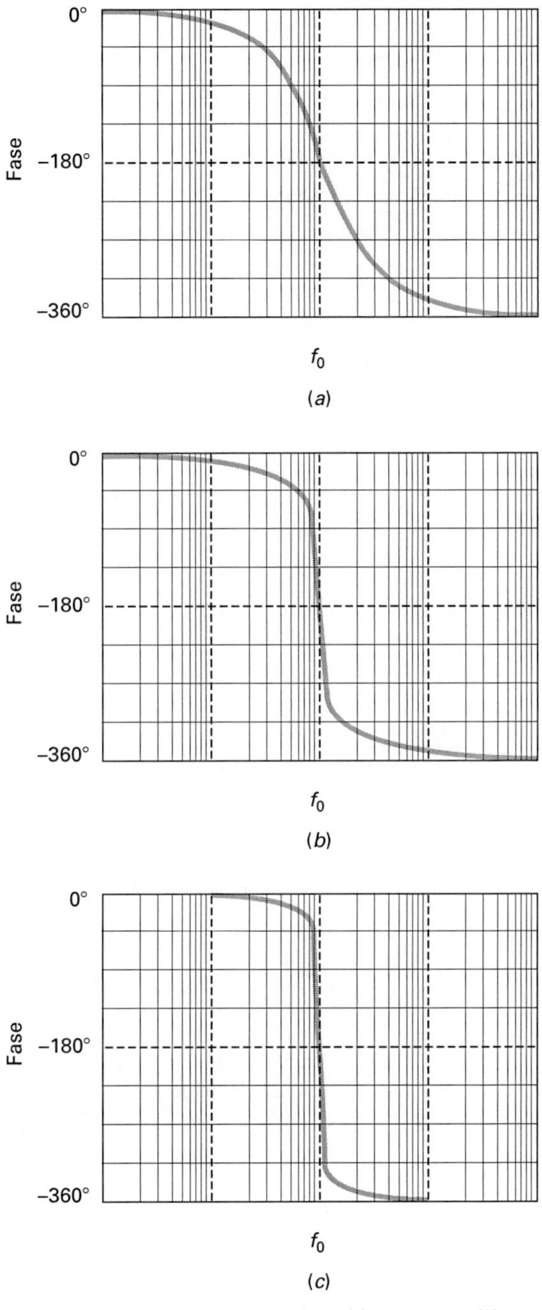

Figura 19-47 Resposta de fase de segunda ordem; (*a*) $Q = 0{,}707$; (*b*) $Q = 2$; (c) $Q = 10$.

Deslocamento de fase linear

Para evitar distorção de sinais digitais (pulsos retangulares), um filtro tem de ter um deslocamento de fase linear para a fundamental e todos os harmônicos significativos. Uma necessidade equivalente é um atraso de tempo constante para todas as frequências na banda de passagem. A aproximação Bessel produz um deslocamento de fase quase linear e um atraso de tempo constante. Porém, a taxa de decaimento lenta da aproximação Bessel pode não ser adequada. Algumas vezes, a única solução é usar uma das outras aproximações para obter a taxa de decaimento necessária, e então usar um filtro passa-todas para corrigir o deslocamento de fase conforme necessário para obter um deslocamento de fase linear total.

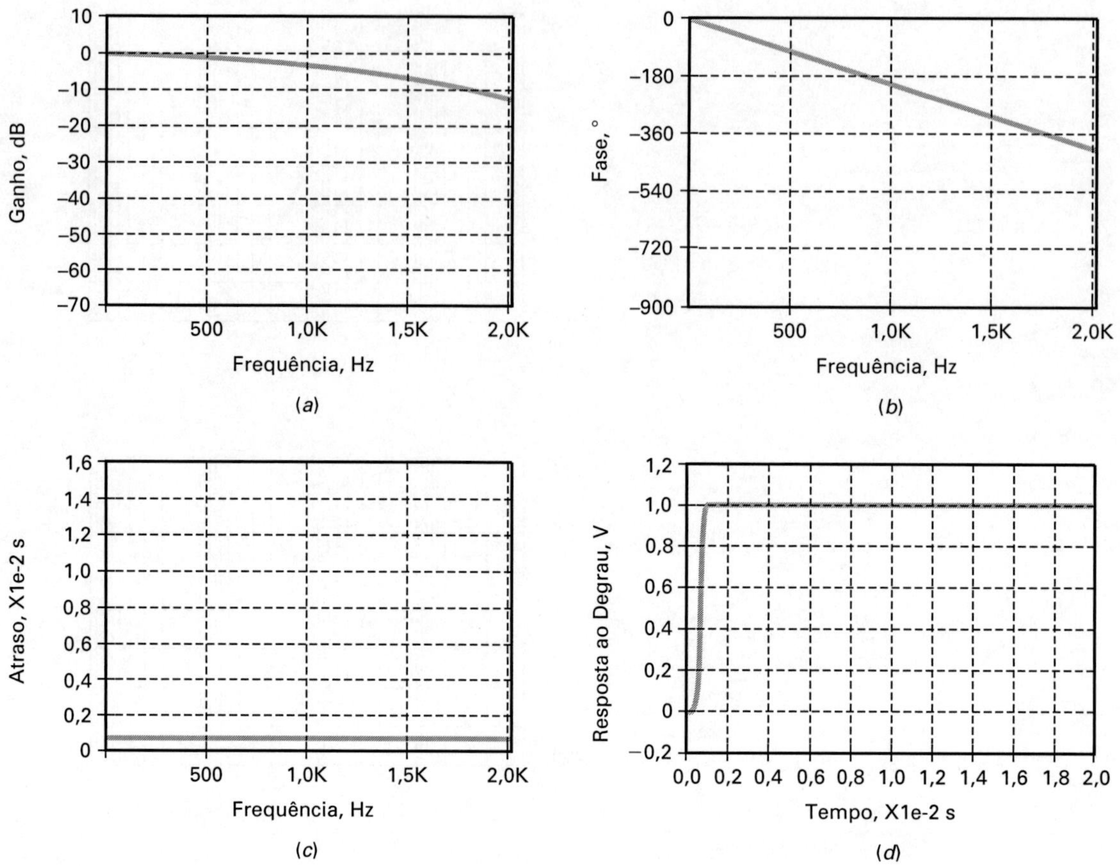

Figura 19-48 Respostas Bessel para *n* = 10: (*a*) ganho; (*b*) fase; (*c*) atraso de tempo; (*d*) resposta ao degrau.

Respostas Bessel

Por exemplo, suponha que precisemos de um filtro passa-baixas com $A_p = 3$ dB, $f_c = 1$ kHz, $A_s = 60$ dB e $f_s = 2$ kHz e com um deslocamento linear de fase para todas as frequências na banda de passagem. Se um filtro Bessel de décima ordem fosse usado, ele produziria a resposta em frequência vista na Figura 19-48*a*, a resposta de fase vista na Figura 19-48*b*, a resposta de atraso de tempo vista na Figura 19-48*c* e a resposta ao degrau apresentada na Figura 19-48*d*.

Primeiro, observe o decaimento lento na Figura 19-48*a*. A frequência de corte é 1 kHz. Numa oitava acima, a atenuação é apenas 12 dB, o que não atende à especificação de $A_s = 60$ dB e $f_s = 2$ kHz. Mas veja a linearidade na resposta de fase na Figura 19-48*b*. Esse tipo de resposta de fase é quase perfeita para sinais digitais. Deslocamentos lineares de fase e atrasos de tempo constantes são sinônimos. Por isso o atraso de tempo é constante na Figura 19-48*c*. Finalmente, observe como a resposta ao degrau é íngreme na Figura 19-48*d*. Ela pode não ser perfeita, mas é bem próxima.

Respostas Butterworth

Para atender às especificações, podemos fazer o seguinte: conectar em cascata um filtro Butterworth de décima ordem e filtros passa-todas. O filtro Butterworth produzirá a taxa de decaimento necessária e o filtro passa-todas produzirá a resposta de fase que complementa a resposta de fase Butterworth para se obter uma resposta de fase linear.

Um filtro Butterworth de décima ordem produz a resposta em frequência da Figura 19-49*a*, a resposta de fase da Figura 19-49*b*, a resposta de atraso de tempo da Figura 19-49*c* e a resposta ao degrau da Figura 19-49*d*. Como podemos ver, a

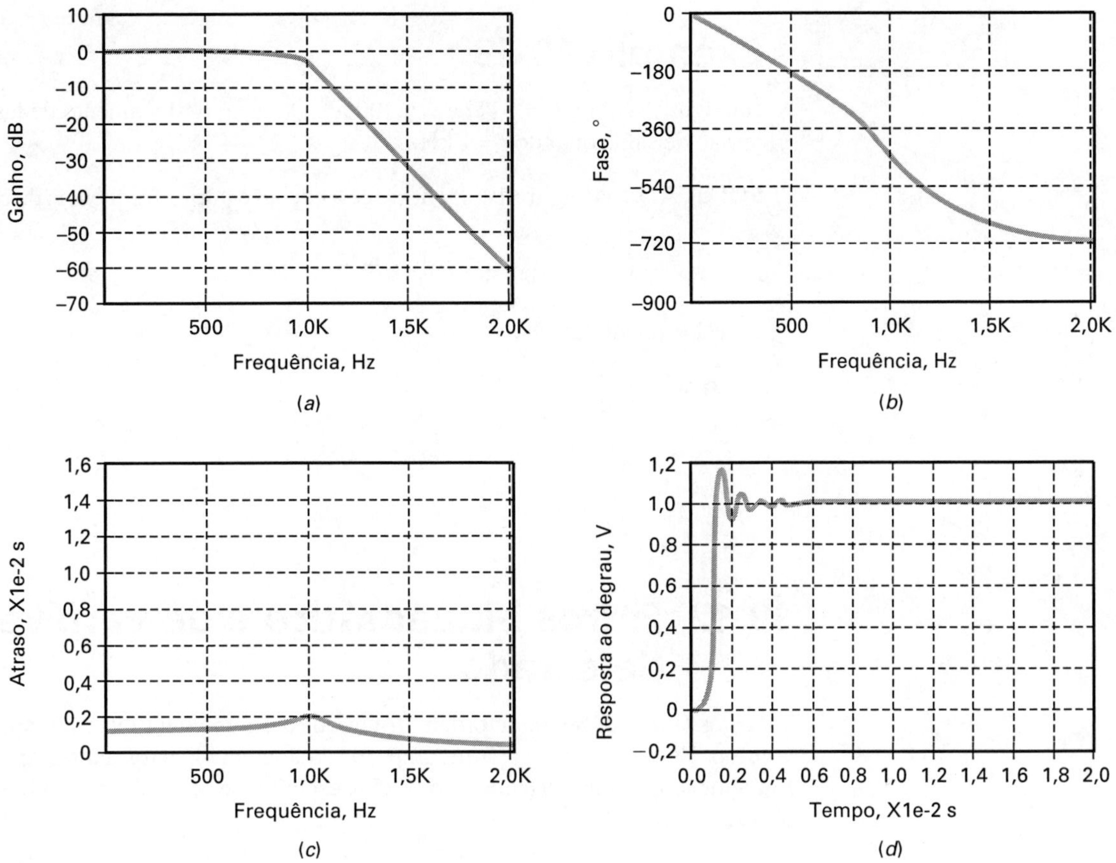

Figura 19-49 Respostas Butterworth para $n = 10$: (*a*) Ganho; (*b*) fase; (*c*) atraso de tempo; (*d*) resposta ao degrau.

atenuação é 60 dB em 2 kHz (Figura 19-49*a*), a qual atende às especificações de $A_s = 60$ dB e $f_s = 2$ kHz. Observe como não é linear a resposta de fase da Figura 19-49*b*. Esse tipo de resposta de fase distorce sinais digitais. Igualmente, observe o pico no atraso de tempo da Figura 19-49*c*. Finalmente, observe o *overshoot* na resposta ao degrau mostrado na Figura 19-49*d*.

Equalizadores de atraso

Um dos principais usos dos filtros passa-todas é corrigir a resposta de fase total acrescentando o deslocamento de fase necessário para cada frequência para linearizar a resposta de fase total. Quando isso é feito, o atraso de tempo torna-se constante e o *overshoot* desaparece. Quando usado para compensar o atraso de tempo de outro filtro, o filtro passa-todas é algumas vezes denominado **equalizador de atraso**. Um equalizador de atraso tem um atraso de tempo que se parece com uma imagem invertida do atraso de tempo original. Por exemplo, para compensar o atraso de tempo na Figura 19-49*c*, o equalizador de atraso precisa ter uma versão "de cabeça para baixo" da Figura 19-49*c*. Como o atraso de tempo total é a soma dos dois atrasos, o atraso de tempo total será plano ou constante.

O problema no projeto de um equalizador de atraso é que ele é extremamente complicado. Devido aos cálculos difíceis que são necessários, somente com o uso de computadores pode-se encontrar os valores dos componentes num tempo razoável. Para sintetizar um filtro passa-todas, o computador tem de conectar em cascata alguns estágios passa-todas de segunda ordem e então variar os valores das frequências centrais e dos Qs conforme necessário para obter o projeto final.

Exemplo 19-13

MultiSim

Na Figura 19-45*b*, $R = 1$ kΩ e $C = 100$ nF. Qual é o deslocamento de fase da tensão de saída quando $f = 1$ kHz?

SOLUÇÃO A Figura 19-45*b* fornece a equação para a frequência de corte:

$$f_0 = \frac{1}{2\pi(1\text{ k}\Omega)(100\text{ nF})} = 1{,}59\text{ kHz}$$

O deslocamento de fase é:

$$\text{BW} = \frac{1}{2\pi R_2 C}$$

19-12 Filtros biquadrático e de variável de estado

Todos os filtros de segunda ordem discutidos até o momento usaram apenas um amp-op. Esses estágios com um amp-op são adequados para muitas aplicações. Em aplicações mais restritas, são usados estágios de segunda ordem mais complexos.

Filtro biquadrático

A Figura 19-50 mostra um **filtro passa-baixas/rejeita-faixa biquadrático** de segunda ordem. Ele tem três amp-ops, dois capacitores iguais e seis resistores. Os resistores R_2 e R_1 determinam o ganho de tensão. Os resistores R_3 e R_3' têm o mesmo valor nominal, assim como R_4 e R_4'. As equações do circuito são mostradas na Figura 19-50.

O filtro biquadrático também é conhecido como *filtro TT* (*Tow-Thomas*). Esse tipo de filtro pode ser sintonizado variando R_3. Esse ajuste não tem efeito no ganho de tensão, que é uma vantagem. O filtro biquadrático da Figura 19-50 também tem uma saída passa-baixas. Em algumas aplicações, ter as respostas passa-faixa e passa-baixas simultaneamente é uma vantagem.

Eis outra vantagem do filtro biquadrático: conforme mostra a Figura 19-50, a largura de banda de um filtro biquadrático é dada por:

$$\text{BW} = \frac{1}{2\pi R_2 C}$$

Com o filtro biquadrático da Figura 19-50, podemos variar independentemente o ganho de tensão com R_1, a largura de banda com R_2 e a frequência central com R_3. Ter o ganho de tensão, a frequência central e a largura de banda sintonizáveis independentemente é a principal vantagem e uma das razões do uso comum dos filtros biquadráticos.

Acrescentando um quarto amp-op e mais componentes, podemos construir também filtros biquadráticos passa-altas, rejeita-faixa e passa-todas. Quando a tolerância dos componentes é um problema, os filtros biquadráticos são normalmente usados porque eles têm menos sensibilidade às variações nos valores dos componentes do que os filtros MFB *Sallen-Key*.

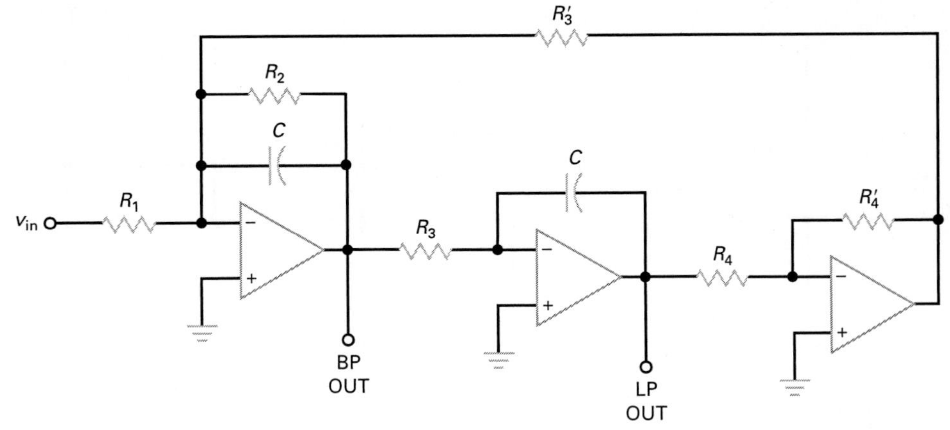

$$A_v = \frac{-R_2}{R_1}$$

$$Q = \frac{R_2}{R_3}$$

$$f_0 = \frac{1}{2\pi R_3 C}$$

$$BW = \frac{1}{2\pi R_2 C}$$

Figura 19-50 Estágio biquadrático.

Filtro de variável de estado

O **filtro de variável de estado** também é denominado *filtro KHN* em homenagem aos inventores (Kerwin, Huelsman e Newcomb). Duas configurações são disponíveis: inversora e não inversora. A Figura 19-51 mostra um filtro de variável de estado de segunda ordem. Ele tem três saídas simultâneas: passa-baixas, passa-altas e passa-faixa. Isso pode ser uma vantagem em algumas aplicações.

Acrescentando um quarto amp-op e alguns componentes, o Q do circuito torna-se independente do ganho de tensão e da frequência central. Isso significa que o Q é constante quando a frequência central varia. Um Q constante significa que a largura de banda é uma porcentagem fixa da frequência central. Por exemplo, se $Q = 10$, a largura de banda será 10% de f_0. Isso é desejável em algumas aplicações em que a frequência central é alterada.

Assim como no biquadrático, o filtro de variável de estado usa mais partes que os filtros VCVS e MFB. Porém os amp-ops adicionais e os outros componentes o tornam mais satisfatório para filtros de ordem maior e aplicações críticas. Além disso, os filtros biquadrático e de variável de estado apresentam menos sensibilidade aos componentes, o que resulta em um filtro que é fácil de ser produzido e necessita de menos ajustes.

Conclusão

A Tabela 19-7 apresenta os quatro circuitos básicos de filtro usados para implementar as diferentes aproximações. Conforme indicado, os filtros Sallen-Key se enquadram na classe geral de filtros VCVS, os filtros de realimentação múltipla são abreviados por *MFB*, os filtros biquadráticos podem ser denominados *filtros TT* e os filtros de variável de estado são conhecidos como *filtros KHN*.

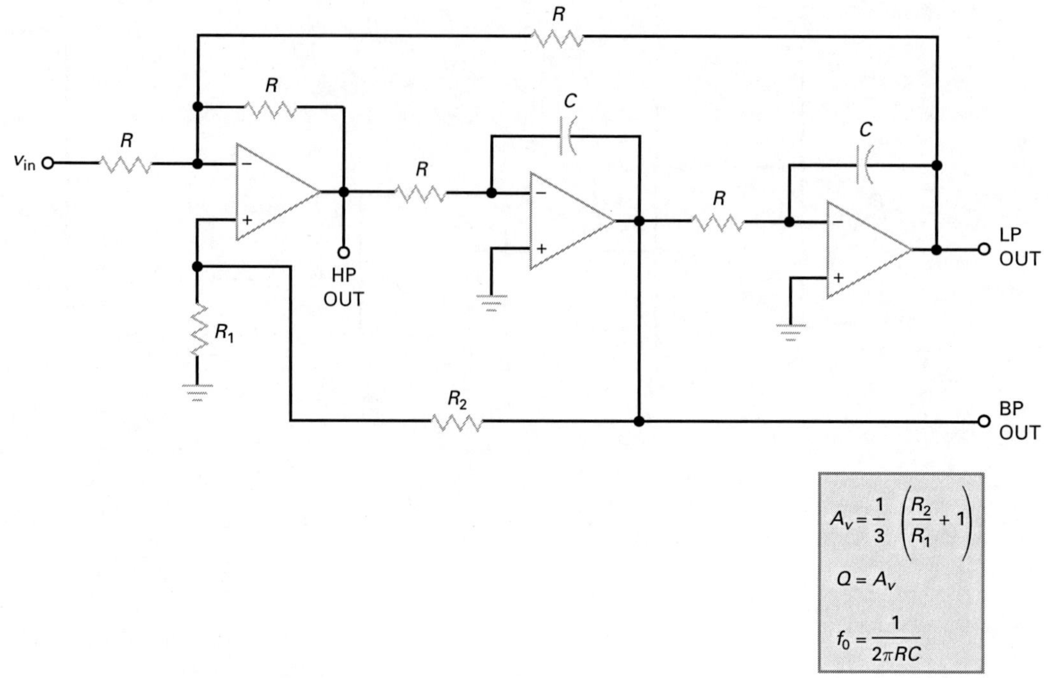

Figura 19-51 Estágio de um filtro de variável de estado.

Tabela 19-7 Circuitos básicos de filtro

Tipo	Outros nomes	Complexidade	Sensibilidade	Sintonia	Vantagens
Sallen-Key	VCVS	Baixa	Alta	Difícil	Simplicidade, não inversor
Realimentação múltipla	MFB	Baixa	Alta	Difícil	Simplicidade, inversor
Biquadrático	TT	Alta	Baixa	Fácil	Estabilidade, saídas extras, BW constante
Variável de estado	KHN	Alta	Baixa	Fácil	Estabilidade, saídas extras, *Q* constante

A complexidade dos filtros VCVS e MFB é baixa porque eles usam apenas um amp-op, ao passo que a complexidade dos filtros TT e KHN é alta porque eles podem usar de três a cinco amp-ops num estágio de segunda ordem.

Os filtros VCVS e MFB têm uma alta sensibilidade à tolerância dos componentes, ao passo que os filtros TT e KHN têm uma sensibilidade menor. Os filtros VCVS e MFB podem ser um pouco difíceis de serem sintonizados por causa da interação entre ganho de tensão, frequências de corte e central e os valores de *Q*. O filtro TT é de fácil sintonia porque o ganho de tensão, a frequência central e a largura de banda são sintonizados independentemente. O filtro KHN tem ganho de tensão, frequência central e *Q* sintonizáveis independentemente. Finalmente, os filtros VCVS e MFB oferecem simplicidade e os filtros TT e KHN oferecem estabilidade e saídas adicionais. Quando a frequência central de um filtro passa-faixa é alterada, o filtro TT tem uma largura de banda constante e o filtro KHN tem um *Q* constante.

Tabela 19-8 Aproximações e circuitos

Tipo	Banda de passagem	Banda de corte	Estágios utilizados
Butterworth	Plana	Monotônico	VCVS, MFB, TT, KHN
Chebyshev	Com ondulações	Monotônico	VCVS, MFB, TT, KHN
Chebyshev inverso	Plana	Com ondulações	KHN
Elíptica	Com ondulações	Com ondulações	KHN
Bessel	Plana	Monotônico	VCVS, MFB, TT, KHN

Embora qualquer uma das cinco aproximações (Butterworth, Chebyshev, Chebyshev inverso, elíptica e Bessel) possa ser implementada com circuitos com amp-op, as aproximações mais complicadas (Chebyshev e elíptica) podem ser implementadas com circuitos VCVS ou MFB. A Tabela 19-8 mostra as cinco aproximações e os tipos de estágios que podem ser usados com elas. Como podemos ver, as respostas rejeita-faixa ondulada das aproximações Chebyshev inverso e elíptica necessitam de um filtro complexo como o KHN (variável de estado) para implementação.

Este capítulo discutiu quatro dos circuitos de filtros mais básicos, mostrados na Tabela 19-7. Esses circuitos básicos são bastante comuns e de uso amplo. Porém, devemos estar cientes do fato de que muito mais circuitos são disponibilizados em programas de computador usados no projeto de filtros. Isso inclui os seguintes estágios de segunda ordem: Akerberg-Mossberg, Bach, Berha-Herpy, Boctor, Dliyannis-Friend, Fliege, Mikhael-Bhattacharyya, Scultery e o twin-T. Todos esses circuitos de filtros ativos usados atualmente têm vantagens e desvantagens que permitem ao projetista escolher o melhor compromisso para uma aplicação.

Resumo

SEÇÃO 19-1 RESPOSTAS IDEAIS

Existem cinco tipos básicos de respostas: passa-baixas, passa-altas, passa-banda, rejeita-faixa e passa-todas. Os cinco primeiros têm uma banda de passagem e uma banda de corte. Idealmente, a atenuação deve ser zero na banda de passagem e infinita na banda de corte com uma transição do tipo vertical.

SEÇÃO 19-2 RESPOSTAS APROXIMADAS

A banda de passagem é identificada pela sua baixa atenuação e pela sua frequência de borda. A banda de corte é identificada pela sua alta atenuação e frequência de borda. A ordem de um filtro é o número de componentes reativos. Nos filtros ativos, esse parâmetro é geralmente o número de capacitores. As cinco aproximações são a Butterworth (banda de passagem maximamente plana), a Chebyshev (banda de passagem com ondulação), a Chebyshev inverso (banda de passagem plana e banda de corte com ondulação), a elíptica (bandas de passagem e atenuação com ondulação) e a Bessel (atraso de tempo maximamente plano).

SEÇÃO 19-3 FILTROS PASSIVOS

Um filtro *LC* passa-baixas tem uma frequência ressonante f_0 e um Q. A resposta é maximamente plana quando $Q = 0{,}707$. Conforme Q aumenta, aparece um pico na resposta, sendo centrado na frequência de ressonância. A resposta Chebyshev ocorre com Q maior que 0,707 e a resposta Bessel com $Q = 0{,}577$. Quanto maior o Q, mais rápido é o decaimento na região de transição.

SEÇÃO 19-4 ESTÁGIOS DE PRIMEIRA ORDEM

Estágios de primeira ordem têm um único capacitor e um ou mais resistores. Todos os estágios de primeira ordem produzem uma resposta Butterworth porque os picos só são possíveis em estágios de segunda ordem. Um estágio de primeira ordem pode produzir uma resposta passa-baixas ou passa-altas.

SEÇÃO 19-5 FILTROS PASSA-BAIXAS VCVS DE SEGUNDA ORDEM E GANHO UNITÁRIO

Estágios de segunda ordem são o tipo mais comum porque eles são fáceis de serem implementados e analisados. O fator *Q* do estágio produz diferentes valores de K. A frequência de polo de um estágio passa-baixas pode ser multiplicada pelos seus valores de K para se obter a frequência ressonante se existir um pico, uma frequência de corte e uma frequência de 3 dB.

SEÇÃO 19-6 FILTROS DE ORDEM MAIOR

Filtros de ordem maior são geralmente feitos conectando em cascata estágios de segunda ordem ou um estágio de primeira ordem quando a ordem total for ímpar. Quando os estágios dos filtros são conectados em cascata, somamos os ganhos em decibel dos estágios para obter o ganho total em decibel. Para obtermos a resposta Butterworth para um filtro de ordem maior, temos de escalonar os *Qs* dos estágios. Para obter a resposta Chebyshev e outras, temos de escalonar frequências de polo e *Qs*.

SEÇÃO 19-7 FILTROS PASSA-BAIXAS VCVS DE COMPONENTES IGUAIS

Os filtros *Sallen-Key* de componentes iguais controlam o *Q* ajustando o ganho de tensão. O ganho de tensão tem de ser menor que 3 para evitar oscilações. *Qs* maiores são difíceis de obter com esse circuito porque a tolerância dos componentes torna-se muito importante na determinação do ganho de tensão e do fator *Q*.

SEÇÃO 19-8 FILTROS PASSA-ALTAS VCVS

Filtros passa-altas VCVS têm a mesma configuração que os filtros passa-baixas, exceto que os resistores e capacitores são intercambiados. Novamente, os valores de *Q* determinam os valores de *K*. Dividimos a frequência de polo pelos valores de *K* para obtermos a frequência ressonante, a frequência de corte e a frequência de 3 dB.

SEÇÃO 19-9 FILTROS PASSA-FAIXA MFB

Os filtros passa-baixas e passa-altas podem ser conectados em cascata para se obter um filtro passa-faixa, desde que o fator *Q* seja menor que 1. Quando *Q* for maior que 1, temos um filtro de banda estreita em vez de banda larga.

SEÇÃO 19-10 FILTROS REJEITA-FAIXA

Filtros rejeita-faixa podem ser usados para eliminar uma frequência específica como por exemplo o zumbido de 60 Hz induzido em circuitos pela rede de alimentação CA. Com um filtro *notch* Sallen-Key, o ganho de tensão controla o *Q* do circuito. O ganho de tensão tem de ser menor que 2 para evitar oscilações.

SEÇÃO 19-11 FILTROS PASSA-TODAS

Com o sentido de um termo pouco adequado, o filtro passa-todas faz mais que permitir a passagem de todas as frequências sem atenuação. Esse tipo de filtro é projetado para controlar a fase do sinal de saída. O uso do filtro passa-todas é especialmente importante como um equalizador de fase ou tempo de atraso. Com um dos outros filtros produzindo a resposta em frequência desejada e um filtro passa-todas produzindo a resposta de fase desejada, o filtro total tem uma resposta de fase linear, equivalente ao atraso de tempo maximamente plano.

SEÇÃO 19-12 FILTROS BIQUADRÁTICO E DE VARIÁVEL DE ESTADO

Os filtros biquadrático ou TT usam três ou quatro amp-ops. Embora mais complexo, o filtro biquadrático oferece uma sensibilidade de componente mais baixa e uma sintonia mais fácil. Esse tipo de filtro também tem saídas passa-baixas e passa-faixa ou saídas passa-altas e rejeita-faixa simultâneas. Os filtros de variáveis de estado ou KHN também usam três ou mais amp-ops. Quando um quarto amp-op é usado, ele oferece uma sintonia fácil por causa do ganho de tensão, da frequência central e do *Q* serem todos sintonizáveis independentemente.

Definições

(19-1) Largura de banda (BW):

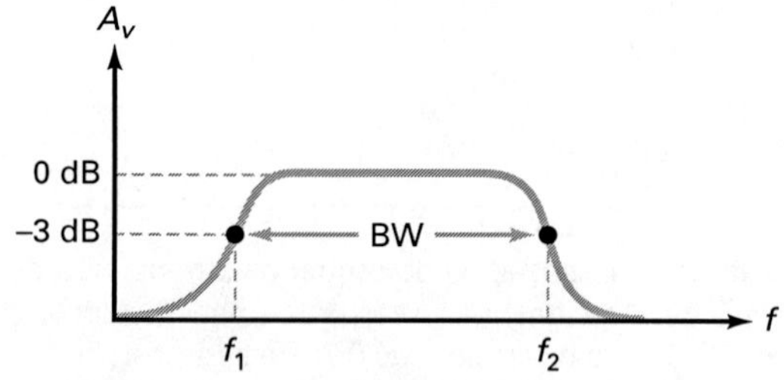

(19-4) Ordem de um filtro:

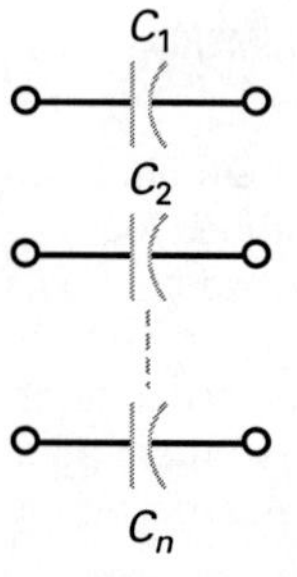

n = *nº de capacitores*

(19-5) Número de ondulações:

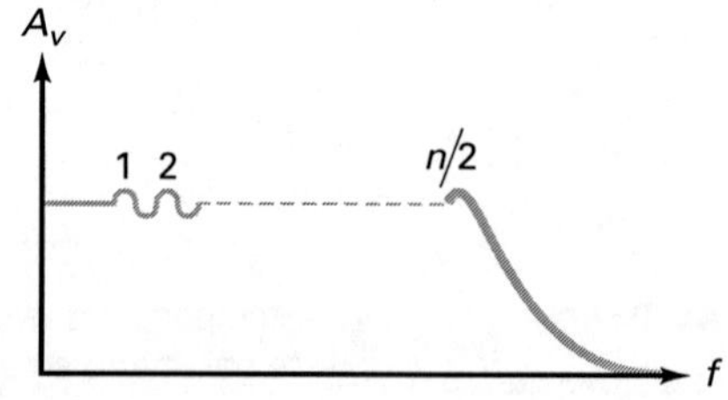

$$\text{Nº de ondulações} = \frac{n}{2}$$

Derivações

(19-2) Frequência central:

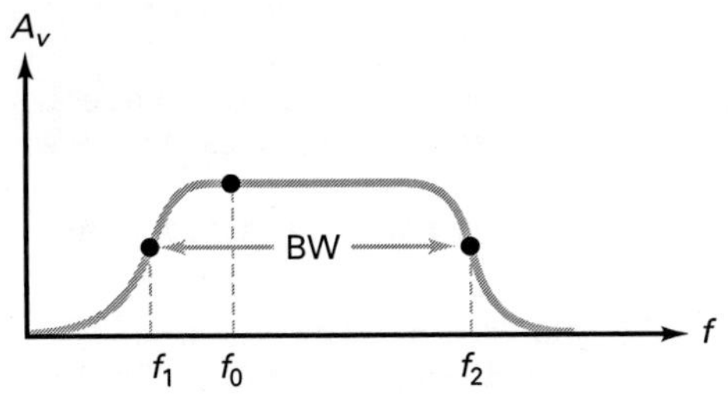

$$f_0 = \sqrt{f_1 f_2}$$

(19-22) a (19-24) Frequências central, de corte e de 3 dB:

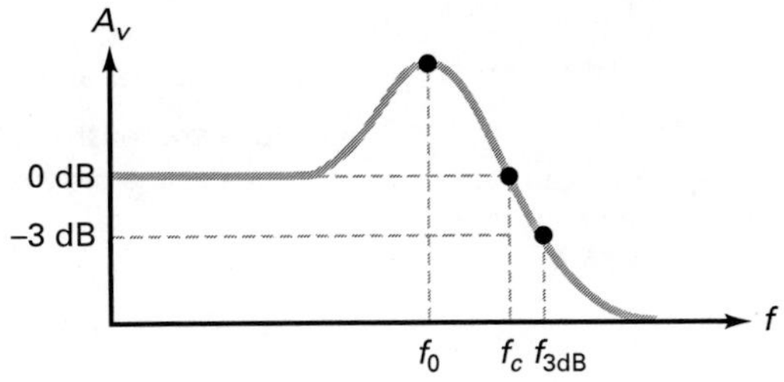

$$f_0 = K_0 f_p$$
$$f_c = K_c f_p$$
$$f_{3dB} = K_3 f_p$$

(19-3) Fator Q do estágio:

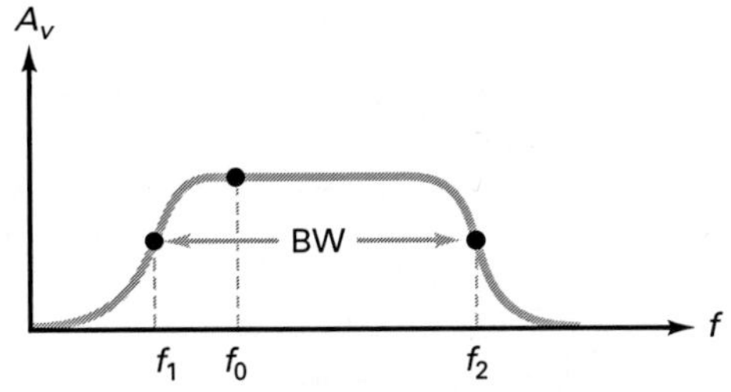

$$Q = \frac{f_0}{\text{BW}}$$

Exercícios

1. **A região entre a banda de passagem e a banda de corte é denominada**
   a. Atenuação
   b. Centro
   c. Transição
   d. Ondulação

2. **A frequência central de um filtro passa-faixa é sempre igual à**
   a. Largura de banda
   b. Média geométrica das frequências de corte
   c. Largura de banda dividida por Q
   d. Frequência de 3 dB

3. **O fator Q de um filtro de banda estreita é sempre**
   a. Pequeno
   b. Igual à BW dividida por f_0
   c. Menor que 1
   d. Maior que 1

4. **Um filtro rejeita-faixa é algumas vezes denominado**
   a. *Snubber*
   b. Deslocador de fase
   c. Filtro *notch*
   d. Circuito de atraso de tempo

5. **O filtro passa-todas**
   a. Não tem banda de passagem
   b. Tem uma banda de corte
   c. O mesmo ganho em todas as frequências
   d. Um decaimento rápido acima da frequência de corte

6. **Uma aproximação que tem uma banda de passagem maximamente plana é a**
   a. Chebyshev
   b. Chebyshev inverso
   c. Elíptica
   d. Cauer

7. **A aproximação com ondulação na banda de passagem é a**
   a. Butterworth
   b. Chebyshev inverso
   c. Elíptica
   d. Bessel

8. **A aproximação que menos distorce os sinais digitais é a**
   a. Butterworth
   b. Chebyshev
   c. Elíptica
   d. Bessel

9. **Se um filtro tem seis estágios de segunda ordem e um estágio de primeira ordem, sua ordem é**
   a. 2
   b. 6
   c. 7
   d. 13

10. Se um filtro Butterworth tem nove estágios de segunda ordem, sua taxa de decaimento é
a. 20 dB por década
b. 40 dB por década
c. 180 dB por década
d. 360 dB por década

11. Se $n = 10$, a aproximação com a taxa de decaimento mais rápida na região de transição é
a. Butterwoth
b. Chebyshev
c. Chebyshev inverso
d. Elíptica

12. A aproximação elíptica tem uma
a. Taxa de decaimento lenta comparada com a aproximação Cauer
b. Banda de corte com ondulação
c. Banda de passagem maximamente plana
d. Banda de corte monotônica

13. Um deslocamento linear de fase é equivalente a
a. Um *Q* igual a 0,707
b. Uma banda de corte maximamente plana
c. Um atraso de tempo constante
d. Uma banda de passagem com ondulação

14. O filtro com a menor taxa de decaimento é o
a. Butterworth
b. Chebyshev
c. Elíptico
d. Bessel

15. Um estágio de um filtro ativo de primeira ordem tem
a. Um capacitor
b. Dois amp-ops
c. Três resistores
d. Um *Q* alto

16. Um estágio de primeira ordem não pode ter
a. Resposta Butterworth
b. Resposta Chebyshev
c. Banda de passagem maximamente plana
d. Taxa de decaimento de 20 dB por década

17. Os filtros Sallen-Key também são denominados filtros
a. VCVS
b. MFB
c. Biquadráticos
d. De variáveis de estado

18. Para construirmos um filtro de décima ordem, devemos conectar em cascata
a. 10 estágios de primeira ordem
b. 5 estágios de segunda ordem
c. 3 estágios de terceira ordem
d. 2 estágios de quarta ordem

19. Para obter uma resposta Butterworth com um filtro de oitava ordem, os estágios necessitam ter
a. Fatores *Q* iguais
b. Frequências centrais diferentes
c. Indutores
d. Fatores *Q* escalonados

20. Para obter uma resposta Chebyshev com um filtro de décima segunda ordem, os estágios precisam ter
a. Fatores *Q* iguais
b. Frequências centrais iguais
c. Larguras de banda escalonadas
d. Frequências de polo e fatores *Q* escalonados

21. O *Q* de um estágio de segunda ordem *Sallen-Key* de componentes iguais depende
a. Do ganho de tensão
b. Da frequência central
c. Da largura de banda
d. Do GBW do amp-op

22. Com filtros passa-altas Sallen-Key, a frequência de polo tem de ser
a. Somada aos valores de *K*
b. Subtraída dos valores de *K*
c. Multiplicada pelos valores de *K*
d. Dividida pelos valores de *K*

23. Se a largura de banda aumenta,
a. A frequência central diminui
b. O fator *Q* diminui
c. A taxa de decaimento aumenta
d. Aparecem ondulações na banda de corte

24. Quando *Q* for maior que 1, um filtro passa-faixa deve ser construído com
a. Estágios passa-baixas e passa-altas
b. Estágios MFB
c. Estágios *notch*
d. Estágios passa-todas

25. O filtro passa-todas é usado quando
a. São necessárias altas taxas de decaimento
b. É importante o deslocamento de fase
c. É necessária uma banda de passagem maximamente plana
d. É importante uma banda de corte com ondulação

26. Um filtro passa-altas de segunda ordem pode variar a fase de saída de
a. 90 a –90°
b. 0 a –180°
c. 0 a –360°
d. 0 a –720°

27. O filtro passa-altas algumas vezes é denominado
a. Filtro Tow-Thomas
b. Equalizador de atraso
c. Filtro KHN
d. Filtro de variável de estado

28. O filtro biquadrático
a. Tem baixa sensibilidade aos componentes
b. Usa três ou mais amp-ops
c. Também é denominado filtro Tow-Thomas
d. Tem todas as características citadas acima

29. O filtro de variável de estado
a. Tem saídas passa-baixas, passa-altas e rejeita-faixa
b. É de difícil sintonia
c. Tem alta sensibilidade aos componentes
d. Usa menos que três amp-ops

30. Se GBW for limitado, o *Q* do estágio
a. Permanecerá lento
b. Será dobrado
c. Diminuirá
d. Aumentará

31. Para corrigir um GBW limitado, um projetista pode usar
a. Um atraso de tempo constante
b. Predistorção
c. Um deslocador de fase linear
d. Uma banda de passagem com ondulação

Problemas

SEÇÃO 19-1 RESPOSTAS IDEAIS

19-1 Um filtro passa-faixa tem frequências de corte inferior e superior iguais a 445 Hz e 7800 Hz, respectivamente. Quais são os valores da largura de banda, frequência central e fator *Q*? Esse filtro é de banda estreita ou de banda larga?

19-2 Se um filtro passa-faixa tem frequências de corte iguais a 20 kHz e 22,5 kHz, quais são os valores da largura de banda, frequência central e fator *Q*? Esse filtro é de banda estreita ou de banda larga?

19-3 Identifique os seguintes filtros como banda estreita ou banda larga:

a. $f_1 = 2{,}3\ \text{kHz}$ e $f_2 = 4{,}5\ \text{kHz}$
b. $f_1 = 47\ \text{kHz}$ e $f_2 = 75\ \text{kHz}$
c. $f_1 = 2\ \text{Hz}$ e $f_2 = 5\ \text{Hz}$
d. $f_1 = 80\ \text{Hz}$ e $f_2 = 160\ \text{Hz}$

SEÇÃO 19-2 RESPOSTAS APROXIMADAS

19-4 Determinado filtro ativo contém 7 capacitores. Qual a ordem desse filtro?

19-5 Se um filtro Butterworth contém 10 capacitores, qual a taxa de decaimento dele?

19-6 Determinado filtro Chebyshev tem 14 capacitores. Quantas ondulações existem na banda de passagem?

SEÇÃO 19-3 FILTROS PASSIVOS

19-7 O filtro da Figura 19-17 tem $L = 20$ mH, $C = 5\ \mu$F e $R = 600\ \Omega$. Qual a frequência de ressonância? Qual o valor de *Q*?

19-8 Se a indutância for reduzida por um fator de 2 no Problema 19-7, qual é a frequência de ressonância? Qual o valor de *Q*?

SEÇÃO 19-4 ESTÁGIOS DE PRIMEIRA ORDEM

19-9 Na Figura 19-21*a*, $R_1 = 15\ \text{k}\Omega$ e $C_1 = 270$ nF. Qual a frequência de corte?

19-10 MultiSim Na Figura 19-21*b*, $R_1 = 7{,}5\ \text{k}\Omega$, $R_2 = 33\ \text{k}\Omega$, $R_3 = 20\ \text{k}\Omega$ e $C_1 = 680$ pF. Qual é a frequência de corte? Qual o ganho de tensão na banda de passagem?

19-11 MultiSim Na Figura 19-21*c*, $R_1 = 2{,}2\ \text{k}\Omega$, $R_2 = 47\ \text{k}\Omega$, e $C_1 = 330$ pF. Qual é a frequência de corte? Qual o ganho de tensão na banda de passagem?

19-12 Na Figura 19-22*a*, $R_1 = 10\ \text{k}\Omega$ e $C_1 = 15$ nF. Qual é a frequência de corte?

19-13 Na Figura 19-22*b*, $R_1 = 12\ \text{k}\Omega$, $R_2 = 24\ \text{k}\Omega$, $R_3 = 20\ \text{k}\Omega$ e $C_1 = 220$ pF. Qual é a frequência de corte? Qual é o ganho de tensão na banda de passagem?

19-14 Na Figura 19-22*c*, $R_1 = 8{,}2\ \text{k}\Omega$, $C_1 = 560$ nF e $C_2 = 680$ pF. Qual é a frequência de corte? Qual é o ganho de tensão na banda de passagem?

SEÇÃO 19-5 FILTROS PASSA-BAIXAS VCVS DE SEGUNDA ORDEM E GANHO UNITÁRIO

19-15 MultiSim Na Figura 19-24, $R = 75\ \text{k}\Omega$, $C_1 = 100$ pF e $C_2 = 200$ pF. Quais são os valores da frequência de polo e de *Q*? Quais são as frequências de corte e de 3-dB?

19-16 Na Figura 19-25, R = 51 kΩ, $C_1 = 100$ pF e $C_2 = 680$ pF. Quais são os valores da frequência de polo e de *Q*? Quais são as frequências de corte e de 3 dB?

SEÇÃO 19-7 FILTROS PASSA-BAIXAS VCVS DE COMPONENTES IGUAIS

19-17 Na Figura 19-31, $R_1 = 51\ \text{k}\Omega$, $R_2 = 30\ \text{k}\Omega$, $R = 33\ \text{k}\Omega$ e $C = 220$ pF. Quais são os valores da frequência de polo e do fator *Q*? Quais são as frequências de corte e de 3-dB?

19-18 Na Figura 19-31, $R_1 = 33\ \text{k}\Omega$, $R_2 = 33\ \text{k}\Omega$, $R = 75\ \text{k}\Omega$ e $C = 100$ pF. Quais são os valores da frequência de polo e do fator *Q*? Quais são as frequências de corte e de 3-dB?

19-19 Na Figura 19-31, $R_1 = 75\ \text{k}\Omega$, $R_2 = 56\ \text{k}\Omega$, $R = 68\ \text{k}\Omega$ e $C = 120$ pF. Quais são os valores da frequência de polo e do fator *Q*? Quais são as frequências de corte e de 3 dB?

SEÇÃO 19-8 FILTROS PASSA-ALTAS VCVS

19-20 Na Figura 19-35*a*, $R_1 = 56\ \text{k}\Omega$, $R_2 = 10\ \text{k}\Omega$ e $C = 680$ pF. Quais são os valores da frequência de polo e do fator *Q*? Quais são as frequências de corte e de 3-dB?

19-21 MultiSim Na Figura 19-35*a*, $R_1 = 91\ \text{k}\Omega$, $R_2 = 15\ \text{k}\Omega$ e $C = 220$ pF. Quais são os valores da frequência de polo e do fator *Q*? Quais são as frequências de corte e de 3 dB?

SEÇÃO 19-9 FILTROS PASSA-FAIXA MFB

19-22 Na Figura 19-39, $R_1 = 2\ \text{k}\Omega$, $R_2 = 56\ \text{k}\Omega$ e $C = 270$ pF. Quais são os valores do ganho de tensão, do fator *Q* e da frequência central?

19-23 Na Figura 19-40, $R_1 = 3{,}6\ \text{k}\Omega$, $R_2 = 7{,}5\ \text{k}\Omega$, $R_3 = 27\ \Omega$ e $C = 22$ nF. Quais são os valores do ganho de tensão, do fator *Q* e da frequência central?

19-24 Na Figura 19-41, $R_1 = 28\ \text{k}\Omega$, $R_3 = 1{,}8\ \text{k}\Omega$ e $C = 1{,}8$ nF. Quais são os valores do ganho de tensão, do fator *Q* e da frequência central?

SEÇÃO 19-10 FILTROS REJEITA-FAIXA

19-25 MultiSim Quais são os valores do ganho de tensão, do fator *Q* e da frequência central para o filtro rejeita-faixa mostrado na Figura 19-43 se $R = 56\ \text{k}\Omega$, $C = 180$ nF, $R_1 = 20\ \text{k}\Omega$ e $R_2 = 10\ \text{k}\Omega$? Qual a largura de banda?

SEÇÃO 19-11 FILTROS PASSA-TODAS

19-26 Na Figura 19-45*a*, $R_1 = 3{,}3\ \text{k}\Omega$ e $C = 220$ nF. Qual a frequência central? Qual o deslocamento de fase 1 oitava acima da frequência central?

19-27 MultiSim Na Figura 19-45*b*, $R = 47\ \text{k}\Omega$, $C = 6{,}8$ nF. Qual a frequência central? Qual o deslocamento de fase 1 oitava abaixo da frequência central?

SEÇÃO 19-12 FILTROS BIQUADRÁTICO E DE VARIÁVEL DE ESTADO

19-28 Na Figura 19-50, $R_1 = 24\ \text{k}\Omega$, $R_2 = 100\ \text{k}\Omega$, $R_3 = 10\ \text{k}\Omega$, $R_4 = 15\ \text{k}\Omega$ e $C = 3{,}3$ nF. Quais são os valores do ganho de tensão, do fator *Q*, da frequência central e da largura de banda?

19-29 No Problema 19-28, varia-se R_3 de 10 kΩ a 2 kΩ. Quais são os valores da frequência central máxima e do fator *Q* máximo? Qual a largura de banda mínima e máxima?

19-30 Na Figura 19-51, $R = 6{,}8\ \text{k}\Omega$, $C = 5{,}6$ nF $R_1 = 6{,}8\ \text{k}\Omega$ e $R_2 = 100\ \text{k}\Omega$. Quais são os valores do ganho, do fator *Q* e da frequência central?

Raciocínio crítico

19-31 Um filtro passa-faixa tem uma frequência central de 50 kHz e um Q igual a 20. Quais são as frequências de corte?

19-32 Um filtro passa-faixa tem uma frequência de corte superior de 84,7 kHz e uma largura de banda de 12,3 kHz. Qual é a frequência de corte inferior?

19-33 Considere que você esteja testando um filtro Butterworth com as seguintes especificações: n = 10, A_p = 3 dB e f_c = 2 kHz. Qual a atenuação em cada uma das seguintes frequências: 4 kHz, 8 kHz e 20 kHz?

19-34 Um filtro passa-baixas Sallen-Key de ganho unitário tem uma frequência de corte 5 kHz. Se $n = 2$ e $R = 10$ kΩ, quais os valores de C_1 e C_2 para uma resposta Butterworth?

19-35 Um filtro passa-baixas Chebyshev Sallen-Key de ganho unitário tem uma frequência de corte de 7,5 kHz. A amplitude da ondulação é 12 dB. Se $n = 2$ e $R = 25$ kΩ, quais os valores de C_1 e C_2?

Questões de entrevista

1. Desenhe os quatro tipos de respostas ideais dos filtros. Identifique a banda de passagem, banda de corte e frequências de corte de cada uma.
2. Descreva as cinco aproximações usadas no projeto de filtros. Use esboços conforme necessário para mostrar o que acontece nas bandas de passagem e de atenuação.
3. Nos sistemas digitais, os filtros necessitam de uma resposta linear ou um atraso de tempo maximamente plano. O que isso significa e por que é importante?
4. Diga o que você sabe sobre como é implementado um filtro passa-baixas Chebyshev de décima ordem. Sua discussão deve incluir as frequências centrais e os Qs dos estágios?
5. Para se obter um decaimento rápido e uma resposta linear de fase, alguém conectou em cascata um filtro Butterworth com um filtro passa-todas. Diga o que cada um desses filtros faz.
6. Quais são as características distintas da resposta na banda de passagem e na banda de corte?
7. O que é um filtro passa-todas?
8. O que é a resposta em frequência da medida ou indicação de um filtro?
9. O que é a taxa de decaimento (por década ou por oitava) para um filtro ativo?
10. O que é um filtro MFB e em que situações ele é usado?
11. Que tipo de filtro é usado para equalização de atraso?

Respostas dos exercícios

1. c
2. b
3. d
4. c
5. c
6. b
7. c
8. d
9. d
10. d
11. d
12. b
13. c
14. d
15. a
16. b
17. a
18. b
19. d
20. d
21. a
22. d
23. b
24. b
25. b
26. c
27. b
28. d
29. a
30. d
31. b

Respostas dos problemas práticos

19-1 $f_c = 34,4$ kHz

19-2 $f_c = 16,8$ kHz

19-3 $Q = 0,707$; $f_p = 13,7$ kHz; $f_c = 13,7$ kHz

19-4 $C_2 = 904$ pF

19-5 $Q = 3$; $f_p = 3,1$ kHz; $K_0 = 0,96$; $K_C = 1,35$; $K_3 = 1,52$; $A_p = 9,8$ dB; $f_c = 4,19$ kHz; $f_{3dB} = 4,71$ kHz

19-6 $A_v = 1,59$; $Q = 0,709$; $f_p = 21,9$ kHz

19-7 $A_v = 1,27$; $Q = 0,578$; $f_p = 4,82$ kHz; $f_c = 3,79$ kHz

19-9 $Q = 0,707$; $f_p = 998$ Hz; $f_c = 998$ Hz

19-10 $A_v = 2,75$; $Q = 4$; $f_p = 5,31$ kHz; $K_0 = 0,98$ kHz; $K_C = 1,38$; $K_3 = 1,53$; $A_p = 12$ dB; $f_0 = 5,42$ kHz; $f_c = 3,85$ kHz; $f_{3dB} = 3,47$ kHz

19-11 BW = 1,94 kHz; $f_{0(mín)} = 15$ kHz; $f_{0(máx)} = 35,5$ kHz

19-12 $R_2 = 12$ kHz; $C = 60$ nF

20 Circuitos não lineares com amp-op

Amp-ops monolíticos são dispositivos baratos, versáteis e disponíveis. Eles podem ser usados não apenas em circuitos lineares como amplificadores de tensão, fontes de corrente e filtros ativos, mas também em **circuitos não lineares** como comparadores, modeladores de formas de onda e circuitos com diodo ativo. A saída de um amp-op não linear geralmente tem um formato diferente do sinal de entrada porque o amp-op satura durante parte do ciclo de entrada. Por isso, temos que analisar dois modos diferentes de operação para ver o que acontece durante um ciclo completo.

Objetivos de aprendizagem

Após o estudo deste capítulo, você deverá ser capaz de:

- Explicar como um comparador funciona e descrever a importância do ponto de referência.
- Discutir comparadores que têm realimentação positiva e calcular o ponto de comutação e a histerese para esses circuitos.
- Identificar e discutir os circuitos de conversão de formas de onda.
- Identificar e discutir os circuitos geradores de formas de onda.
- Descrever como funcionam alguns circuitos com diodo ativo.
- Explicar os integradores e diferenciadores.
- Explicar a operação de um circuito amplificador classe D.

Sumário

Termos-chave

amplificador classe D
capacitor speed-up
característica de transferência
circuitos não lineares
comparador
comparador de coletor aberto
comparador de janela
comutação
detector de cruzamento zero
detector de pico ativo
diferenciador
figura de Lissajous
grampeador positivo ativo
histerese
integrador
limitador positivo ativo
modulação por largura de pulso (PWM)
oscilador de relaxação
osciladores
ponto de comutação
resistor de pullup
retificador de meia-onda ativo
ruído térmico
Schmitt trigger

20-1 Comparadores com referência zero

É ÚTIL SABER

A saída do comparador visto na Figura 20-1 pode ser caracterizada como *digital* no sentido que a saída é sempre nível alto ($+V_{sat}$) ou nível baixo ($-V_{sat}$).

Normalmente queremos comparar uma tensão com outra para saber qual é maior. Nessa situação, um **comparador** pode ser a solução perfeita. Um comparador é similar a um amp-op porque ele tem duas entradas de tensão (não inversora e inversora) e uma saída de tensão. Ele difere de um circuito amp-op linear porque tem uma saída de dois estados, sendo uma tensão baixa ou alta. Por isso, os comparadores são normalmente usados como interface entre circuitos analógicos e digitais.

Ideia básica

A forma mais simples de construir um comparador é usando um amp-op sem resistores de realimentação, como mostra a Figura 20-1*a*. Devido ao ganho de tensão em malha aberta ser muito alto, uma tensão de entrada positiva produz a saturação positiva, e uma tensão de entrada negativa produz a saturação negativa.

O comparador da Figura 20-1*a* é denominado **detector de cruzamento zero** porque a tensão de saída comuta idealmente do nível baixo para o nível alto ou vice-versa sempre que a tensão de entrada cruza o zero. A Figura 20-1*b* mostra a resposta entrada-saída de um detector de cruzamento zero. A tensão de entrada mínima que produz a saturação é:

$$v_{in(mín)} = \frac{\pm V_{sat}}{A_{VOL}} \tag{20-1}$$

Se V_{sat} = 14 V, a saída do comparador alterna aproximadamente de –14 V a +14 V. Se o ganho de tensão em malha aberta é 100.000, a tensão de entrada necessária para produzir a saturação positiva é:

$$v_{in(mín)} = \frac{\pm 14\text{V}}{100.000} = \pm 0{,}14\,\text{mV}$$

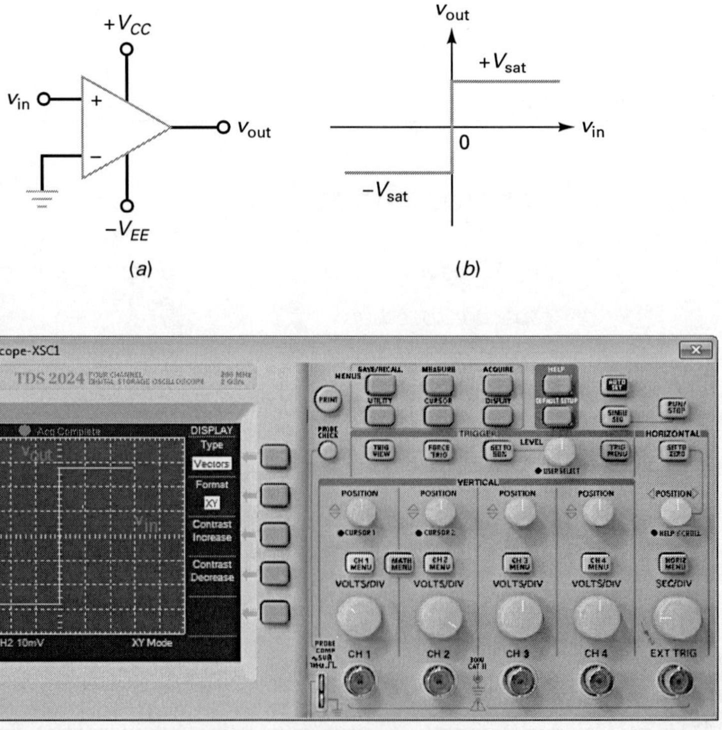

Figura 20-1 (*a*) Comparador; (*b*) resposta entrada/saída; (*c*) resposta do 741c.

Isso significa que uma tensão de entrada mais positiva que +0,014 mV coloca o comparador na saturação positiva e uma tensão de entrada mais negativa que –0,014 mV leva o comparador para a saturação negativa.

As tensões de entrada usadas nos comparadores são normalmente muito maiores que ±0,014 mV. Por isso a tensão de saída é de dois estados, podendo ser $+V_{sat}$ ou $-V_{sat}$. Observando a tensão de saída, podemos dizer imediatamente se a tensão de entrada é maior ou menor que zero.

Figuras de Lissajous

Uma **figura de Lissajous** aparece num osciloscópio quando sinais relacionados harmonicamente são aplicados nas entradas horizontal e vertical do osciloscópio. Uma forma conveniente de mostrar a resposta entrada/saída de qualquer circuito é com uma figura de Lissajous na qual os dois sinais relacionados harmonicamente são as tensões de entrada e saída do circuito.

Por exemplo, a Figura 20-1*c* mostra a resposta entrada/saída para um 741C com alimentações de ±15 V. O canal 1 (o eixo vertical) tem uma sensibilidade de 5 V/Div. Conforme podemos ver, a tensão de saída é –14 V ou +14 V, dependendo se o comparador está na saturação negativa ou positiva.

O canal 2 (o eixo horizontal) tem sensibilidade de 10 mV/Div. Na Figura 20-1*c*, a transição parece ser vertical. Isso significa que uma pequena tensão positiva de entrada produz a saturação positiva e uma pequena tensão negativa de entrada produz a saturação negativa.

Comparador inversor

Algumas vezes, podemos preferir usar um comparador inversor como o da Figura 20-2*a*. A entrada não inversora é aterrada. O sinal de entrada aciona a entrada inversora do comprador. Nesse caso, uma tensão de entrada ligeiramente positiva produz uma saída negativa máxima, como mostra a Figura 20-2*b*. Por outro lado, uma pequena tensão negativa de entrada produz uma saída positiva máxima.

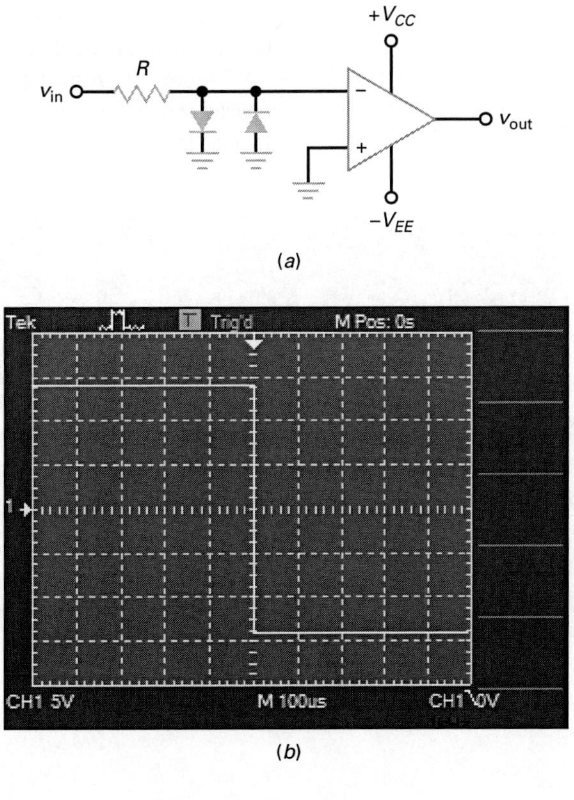

Figura 20-2 (*a*) Comparador inversor com diodos limitadores; (*b*) resposta entrada/saída.

Diodos limitadores

Discutimos anteriormente o uso de *diodos limitadores* para proteger circuitos sensíveis. A Figura 20-2*a* é um exemplo prático. Vemos nessa figura dois diodos limitadores protegendo o comparador contra tensões de entrada excessivamente grandes. Por exemplo, o CI LF311 é um comparador com uma especificação de entrada máxima absoluta de ±15 V. Se a tensão de entrada exceder esses limites, o LF311 poderá ser danificado.

Com alguns comparadores, a especificação da tensão de entrada máxima pode ser pequena como ±5 V, ao passo que com outros ela pode ser maior que ±30 V. Em qualquer caso, podemos proteger um comparador contra tensões de entrada destrutivamente altas usando os diodos limitadores mostrados na Figura 20-2*a*. Esses diodos não têm efeito na operação do circuito enquanto a amplitude da tensão de entrada é menor que 0,7 V. Quando a amplitude da tensão de entrada for maior que 0,7 V, um dos diodos conduzirá e limitará a amplitude da tensão na entrada inversora em aproximadamente 0,7 V.

Alguns CIs são otimizados para uso como comparadores. Esses CIs comparadores normalmente têm diodos limitadores internamente nos estágios de entrada. Quando se usa um desses comparadores, temos que acrescentar um resistor externo em série com o terminal de entrada. Esse resistor limitará as correntes nos diodos internos em valores seguros.

Conversão de ondas senoidais em ondas quadradas

O **ponto de comutação** (também denominado **limiar** ou *referência*) de um comparador é a tensão de entrada que faz com que a tensão de saída mude de estado (de baixo para alto ou de alto para baixo). Nos comparadores inversores e não inversores discutidos anteriormente, o ponto de comutação é zero porque esse é o valor da tensão de entrada em que a saída muda de estado. Como um detector de cruzamento zero tem uma *saída de dois estados*, qualquer sinal de entrada periódico que cruze o limiar zero produzirá uma forma de onda de saída retangular.

Por exemplo, se uma onda senoidal for a entrada de um comparador não inversor com um limiar de 0 V, a saída será a onda quadrada mostrada na Figura 20-3*a*. Como podemos ver, a saída de um detector de cruzamento zero comuta de estado cada vez que a tensão de entrada cruza o limiar zero.

A Figura 20-3*b* mostra a onda senoidal e a onda quadrada de saída para um comparador inversor com um limiar de 0 V. Com esse detector de cruzamento zero, a onda quadrada de saída está 180° fora de fase em relação à onda senoidal de entrada.

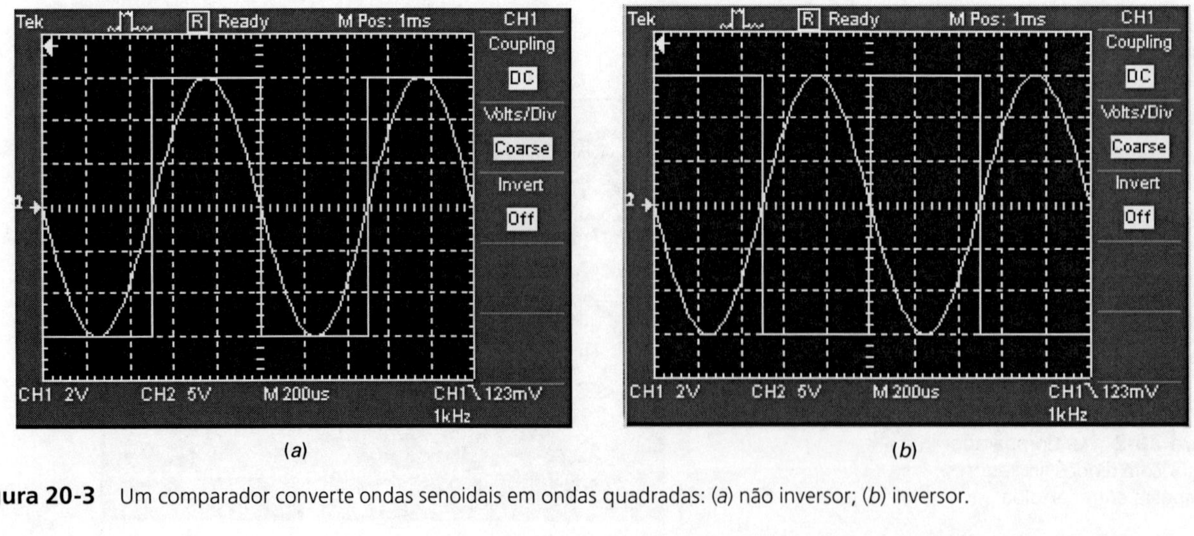

(*a*) (*b*)

Figura 20-3 Um comparador converte ondas senoidais em ondas quadradas: (*a*) não inversor; (*b*) inversor.

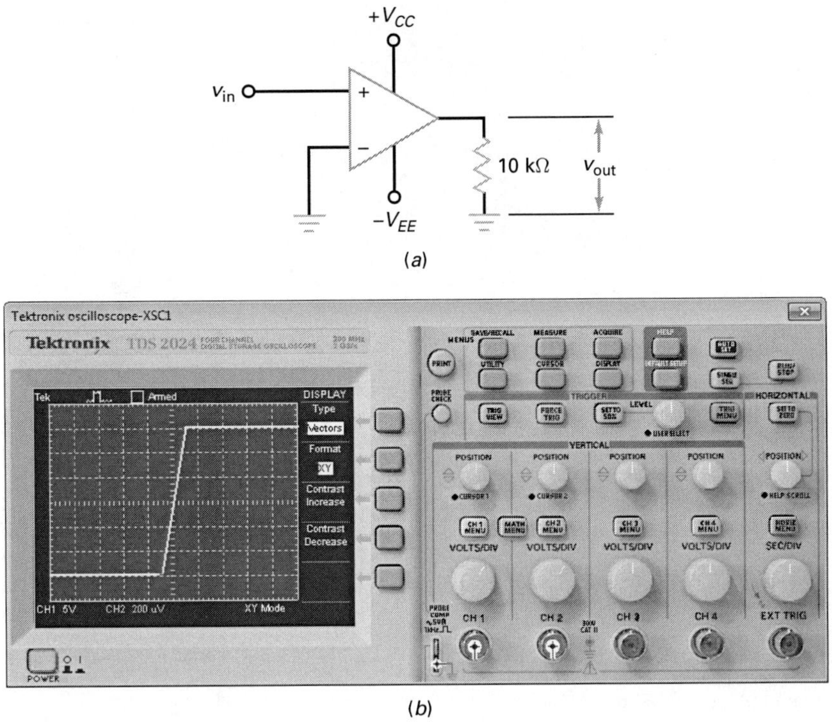

Figura 20-4 Região linear estreita de um comparador típico.

Região linear

A Figura 20-4*a* mostra um detector de cruzamento zero. Se esse comparador tivesse um ganho em malha aberta infinito, a transição entre a saturação negativa e a positiva seria vertical. Na Figura 20-1*c*, a transição se mostra vertical porque a sensibilidade do canal 2 é 10 mV/Div.

Quando a sensibilidade do canal 2 é alterada para 200 μV/Div, podemos ver que a transição não é vertical, como mostra a Figura 20-4*b*. A transição leva aproximadamente 100 μV para chegar à saturação positiva ou negativa. Esse é um valor típico para um comparador. A região de entrada estreita entre –100 e +100 μV é denominada *região linear do comparador*. Durante um cruzamento por zero, uma mudança no sinal de entrada geralmente passa pela região linear tão rapidamente que vemos apenas um salto súbito entre a saturação negativa e positiva, ou vice-versa.

Interface entre circuitos analógicos e digitais

Os comparadores geralmente são usados como interface entre circuitos digitais como CMOS, EMOS ou TTL (*lógica transistor-transistor*, uma família de circuitos digitais).

A Figura 20-5*a* mostra como um detector de cruzamento zero pode fazer a interface com um circuito EMOS. Sempre que a tensão de entrada for maior que zero, a saída do comparador será nível alto. Com isso o FET de potência é ligado produzindo uma grande corrente de carga.

A Figura 20-5*b* mostra um detector de cruzamento zero fazendo a interface com um inversor CMOS. A ideia é basicamente a mesma. Uma entrada do comparador maior que zero produz uma entrada de nível alto para o inversor CMOS.

A maioria dos dispositivos EMOS pode operar com tensões de entrada maior que ±15 V e a maioria dos dispositivos CMOS pode operar com tensões até ±15 V. Portanto, podemos fazer a interface da saída de qualquer comparador típico sem qualquer deslocamento de nível ou limitação de tensão. Por outro lado, a lógica TTL

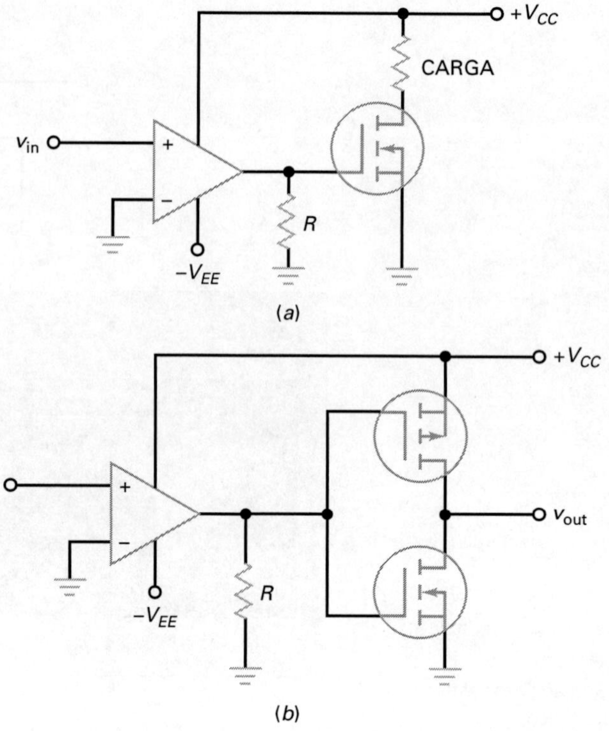

Figura 20-5 Interface de um comparador com (*a*) FET de potência; (*b*) CMOS.

opera com tensões de entrada mais baixas. Por isso, a interface de um comparador com TTL necessita de uma abordagem diferente (a ser discutida na próxima seção).

Diodos limitadores e resistores de compensação

Quando um resistor de limitação de corrente é usado com diodos limitadores, pode ser usado na outra entrada do comparador um resistor de mesmo valor, como mostra a Figura 20-6. Esse circuito ainda é um detector de cruzamento zero, exceto que ele não tem um resistor de compensação para eliminar o efeito da corrente de polarização de entrada.

Assim como antes, os diodos estão normalmente desligados não tendo efeito na operação do circuito. Quando a entrada tenta exceder a $\pm 0,7$ V é que um dos diodos conduz protegendo o comparador contra tensão de entrada excessiva.

Saída limitada

A variação de saída de um detector de cruzamento zero pode ser bastante grande em algumas aplicações. Nesse caso, podemos *limitar a saída* usando diodos Zener

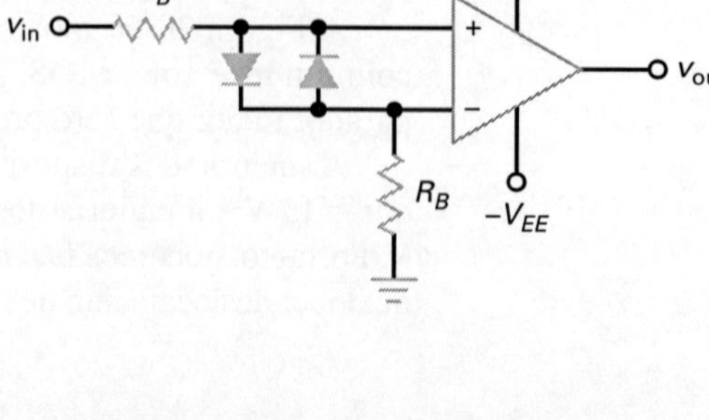

Figura 20-6 Uso de um resistor de compensação para minimizar o efeito de $I_{in(bias)}$.

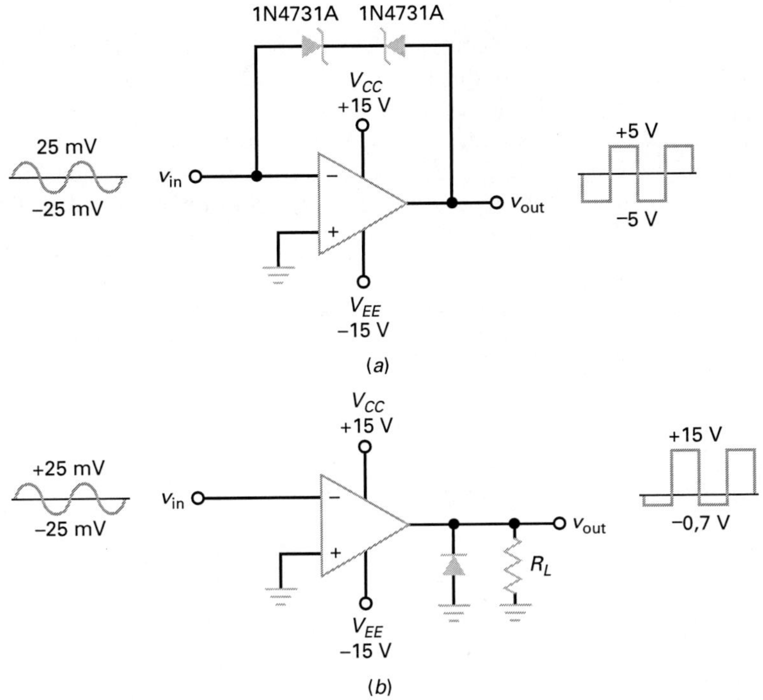

Figura 20-7 Saídas limitadas: (*a*) diodos Zener; (*b*) diodo retificador.

em série com polarizações opostas, conforme mostra a Figura 20-7*a*. Nesse circuito, o comparador inversor tem uma saída limitada porque um dos diodos conduzirá no sentido direto e o outro operará na região de ruptura.

Por exemplo, um 1N4731 tem uma tensão Zener de 4,3 V. Portanto, a tensão nos dois diodos será de aproximadamente ±5 V. Se a tensão de entrada for uma onda senoidal com um valor de pico de 25 mV, então a tensão de saída será uma onda quadrada invertida com uma tensão de pico de 5 V.

A Figura 20-7*b* mostra outro exemplo de uma saída limitada. Desta vez, o diodo de saída corta o semiciclo negativo da tensão de saída. Dada uma onda senoidal de entrada com um valor de pico de 25 mV, a saída é limitada entre –0,7 e +15 V como mostrado.

Uma terceira abordagem para determinar a saída é conectar diodos Zener à saída. Por exemplo, se conectarmos saída diodos Zener em série com polarizações contrárias, como na Figura 20-7*a*, a tensão de saída será limitada em ±5 V.

Exemplo de aplicação 20-1

MultiSim

O que faz o circuito da Figura 20-8?

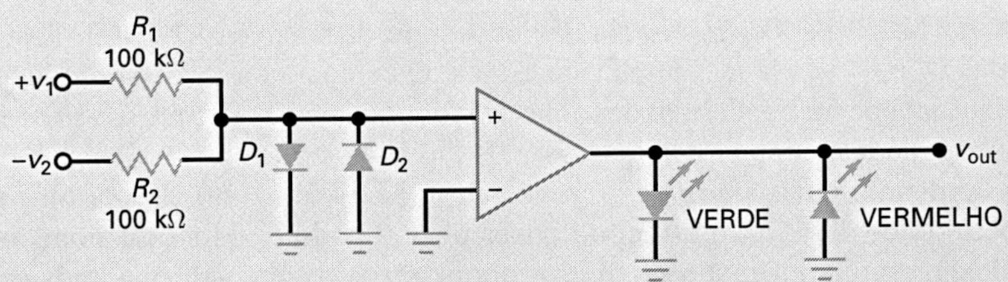

Figura 20-8 Comparação de tensões de diferentes polaridades.

SOLUÇÃO Esse circuito compara duas tensões de polaridades opostas para determinar qual delas é maior. Se a amplitude de v1 for maior que a amplitude de v2, a entrada não inversora será positiva, a saída do comparador será positiva e o LED verde acenderá. Por outro lado, se a amplitude de v1 for menor que a de v2, a entrada não inversora será negativa, a saída do comparador será negativa e o LED vermelho acenderá. Se um amp-op 741c for usado, os LEDs na saída não precisarão de resistores limitadores de corrente porque a corrente de saída máxima será de aproximadamente 25 mA. D_1 e D_2 são diodos limitadores de entrada.

Exemplo de aplicação 20-2

O que faz o circuito da Figura 20-9?

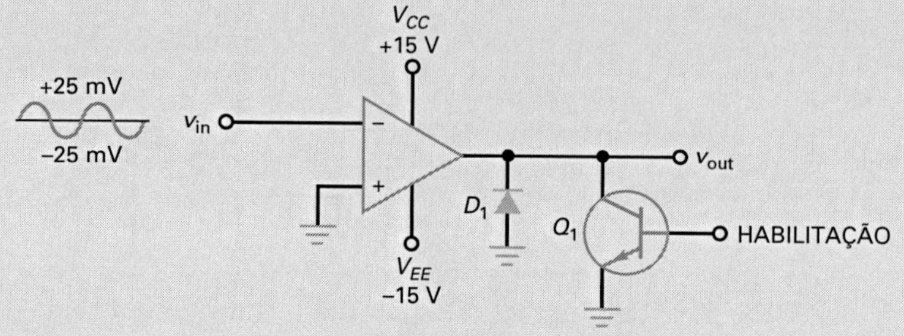

Figura 20-9 Comparador limitado com controle de habilitação (strobe).

SOLUÇÃO Para começar, o diodo de saída D_1 ceifa os semiciclos negativos. A Figura 20-9 contém também um sinal denominado habilitação (strobe). Quando esse sinal é positivo, o transistor satura sendo a tensão de saída aproximadamente zero. Quando o sinal de habilitação for zero, o transistor entra em corte e a saída do comparador pode variar positivamente. Portanto, a saída do comparador pode variar de −0,7 a +15 V. Quando o sinal de habilitação for nível alto, a saída será desabilitada. Nesse circuito, o sinal de habilitação é usado para desligar a saída em determinados momentos ou sob certas condições.

Exemplo de aplicação 20-3

O que faz o circuito da Figura 20-10?

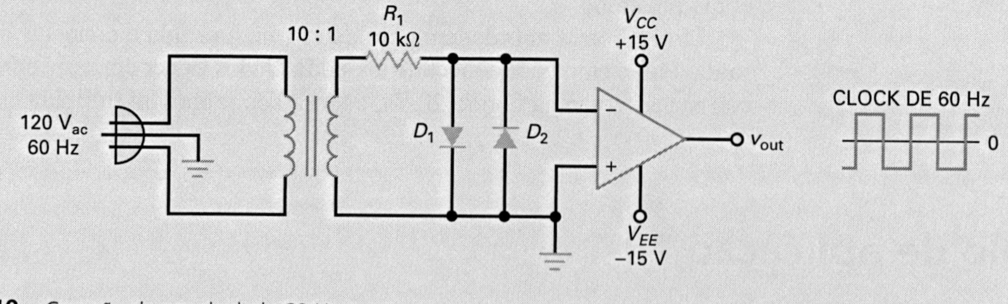

Figura 20-10 Geração de um clock de 60 Hz.

SOLUÇÃO Essa é uma forma de criar um clock de 60 Hz, um sinal de onda quadrada usado como um mecanismo básico de temporização para circuitos de relógios digitais de baixo custo. O transformador reduz a tensão para 12 V ac. Os diodos D_1 e D_2 limitam a entrada em ±0,7 V. O comparador inversor produz uma onda quadrada de saída com uma frequência de 60 Hz. O sinal de saída é denominado clock porque sua frequência pode ser usada para se obter pulsos de segundos, minutos e horas.

Um circuito digital denominado *divisor de frequência* pode dividir o 60 Hz por 60 para obter uma onda quadrada com um período de 1 s. Outro circuito divisor por 60 pode dividir esse sinal para obter uma onda quadrada com período de 1 minuto. Um último divisor por 60 produz uma onda quadrada com um período de 1 hora. Usando as ondas quadradas (1 s, 1 min, 1 h) com outros circuitos digitais e indicadores de sete segmentos com LED, podemos mostrar numericamente a hora do dia.

20-2 Comparadores com referência diferente de zero

Em algumas aplicações pode ser necessária uma tensão de limiar diferente de zero. Polarizando qualquer uma das entradas, podemos alterar a tensão de limiar conforme necessário.

Movimento do ponto de comutação

Na Figura 20-11*a*, um divisor de tensão produz a seguinte tensão de referência para a entrada inversora:

$$v_{ref} = \frac{R_2}{R_1 + R_2} V_{CC} \tag{20-2}$$

Quando v_{in} for maior que v_{ref}, a tensão diferencial de entrada será positiva e a tensão de saída será nível alto. Quando v_{in} for menor que v_{ref}, a tensão diferencial de entrada será negativa e a tensão de saída será nível baixo.

Um capacitor de desvio ou *bypass* (C_{BY}) é normalmente usado na entrada inversora, como mostra a Figura 20-11*a*. Isso reduzirá a ondulação da fonte de alimentação e ruídos que apareçam na entrada inversora. Para ser efetivo, a frequência de corte desse circuito de desvio deve ser muito menor que a frequência de ondulação (*ripple*) da fonte de alimentação. A frequência de corte é dada por:

$$f_c = \frac{1}{2\pi(R_1 \| R_2)C_{BY}} \tag{20-3}$$

A Figura 20-11*b* mostra a **característica de transferência** ou função de transferência (resposta entrada/saída). O ponto de comutação agora é igual a v_{ref}. Quando v_{in} é maior que v_{ref}, a saída do comparador vai para a saturação positiva. Quando v_{in} é menor que v_{ref}, a saída do comparador vai para a saturação negativa.

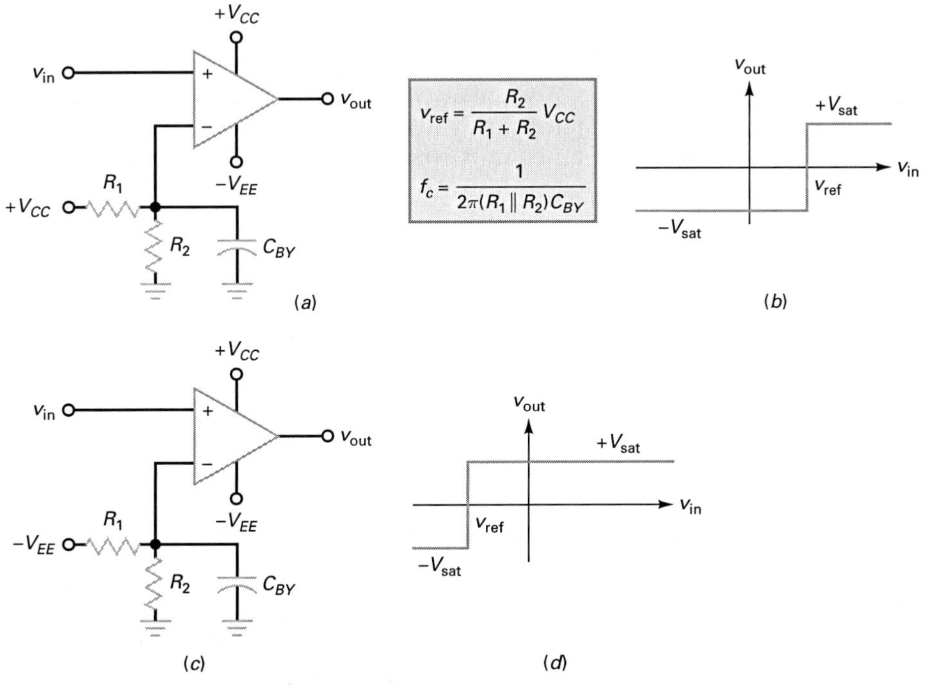

Figura 20-11 (*a*) Limiar positivo; (*b*) resposta entrada/saída positiva; (*c*) limiar negativo; (*d*) resposta entrada/saída negativa.

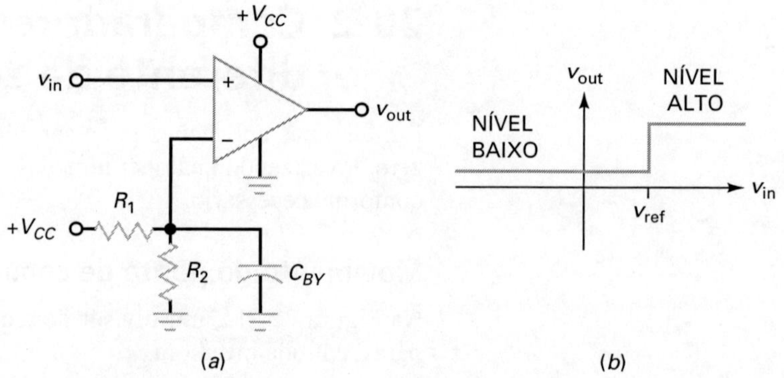

Figura 20-12 (*a*) Comparador com alimentação simples; (*b*) resposta entrada/saída.

Um comparador como esse algumas vezes é denominado *detector de limite* porque uma saída positiva indica que a tensão de entrada excedeu um limite específico. Com valores diferentes de R_1 e R_2, podemos definir o limite em qualquer ponto entre 0 e V_{CC}. Se for necessário um limite negativo, use $-V_{EE}$ alimentando o divisor de tensão, como mostra a Figura 20-11*c*. Agora existe uma tensão de referência negativa na entrada inversora. Quando v_{in} é mais positiva que v_{ref}, a tensão diferencial de entrada é positiva e a saída é nível alto, conforme mostra a Figura 20-11*d*. Quando v_{in} é mais negativa que v_{ref}, a saída é nível baixo.

Comparador com alimentação simples

Um amp-op típico como o 741C pode operar com uma fonte de alimentação positiva simples aterrando o pino de $-V_{EE}$, como mostra a Figura 20-12*a*. A tensão de saída tem apenas uma polaridade, podendo ser uma tensão positiva de nível baixo ou alto. Por exemplo, com V_{CC} igual a +15 V, a saída pode variar de aproximadamente +1,5 V (estado baixo) a cerca de +13,5 V (estado alto).

Quando v_{in} é maior que v_{ref}, a saída é nível alto, como mostra a Figura 20-12*b*. Quando v_{in} é menor que v_{ref}, a saída é nível baixo. Nos dois casos, a saída tem polaridade positiva. Para muitas aplicações digitais, a opção é para esse tipo de saída positiva.

CIs comparadores

Um amp-op 741C pode ser usado como um comparador, porém ele tem limitações de velocidade por causa da sua *slew rate*. Com um 741C, a saída não pode variar mais rápido que 0,5 V/μs. Por isso, um 741C gasta 50 μs para comutar a saída sendo alimentado por uma fonte de $\pm$15 V. Uma solução para o problema de *slew rate* é usar um amp-op mais rápido como o LM318. Como este tem uma *slew rate* de 70 V/μs, ele pode comutar de $-V_{sat}$ para $+V_{sat}$ em aproximadamente 0,3 μs.

Outra solução é eliminar o capacitor de compensação encontrado normalmente em amp-ops. Como um comparador sempre é usado como um circuito não linear, o capacitor de compensação é desnecessário. Um fabricante pode eliminar o capacitor de compensação aumentando significativamente a *slew rate*. Quando um CI é otimizado para uso como um comparador, o dispositivo é listado em uma seção separada na folha de dados do fabricante. Por isso, normalmente encontramos uma seção de amp-ops e uma seção de comparadores nas folhas de dados.

Dispositivos de coletor aberto

A Figura 20-13*a* é um diagrama esquemático simplificado para um **comparador de coletor aberto**. Observe que ele opera com uma fonte de alimentação simples. O estágio de entrada é um amp-dif (Q_1 e Q_2). Uma fonte de corrente (Q_6) fornece a corrente de cauda. O amp-dif aciona uma carga ativa (Q_4). O estágio de saída é um único transistor (Q_5) com o coletor aberto. Esse coletor aberto permite ao usuário controlar a amplitude da variação da saída do comparador.

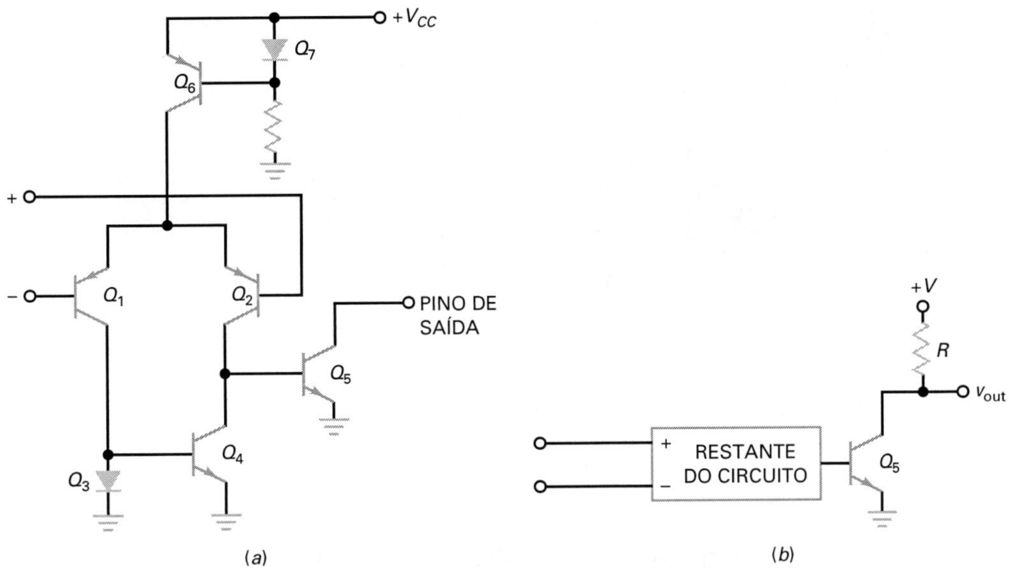

Figura 20-13 (a) Diagrama esquemático simplificado de um CI comparador; (b) uso de um resistor de pullup com um estágio de saída de coletor aberto.

O amp-op típico discutido no Capítulo 18 tem um estágio de saída que pode ser descrito como um *estágio pullup ativo* porque ele contém dois dispositivos numa conexão *push-pull* classe B. Com o *pullup* ativo, o dispositivo superior conduz fazendo com que a saída passe para o estado de nível alto. Por outro lado, o estágio de saída de coletor aberto da Figura 20-13*a* necessita de componentes externos a serem conectados nele.

Para o estágio de saída funcionar corretamente, o usuário tem que conectar o coletor aberto a um resistor externo e a uma fonte de alimentação, como mostra a Figura 20-13*b*. O resistor é denominado **resistor de *pullup*** porque ele eleva a tensão de saída para a tensão da fonte de alimentação quando Q_5 está em corte. Quando Q_5 está saturado, a tensão de saída é nível baixo. Como o estágio de saída é um transistor atuando como chave, o comparador produz uma saída de dois estados.

Sem o capacitor de compensação no circuito, a saída na Figura 20-13*a* pode variar mais rapidamente porque apenas há capacitâncias parasitas no circuito. A principal limitação na velocidade de comutação é o valor da capacitância em Q_5. Essa capacitância de saída é a soma da capacitância de coletor interna com a capacitância parasita da fiação.

A constante de tempo de saída é o produto da resistência de *pullup* pela capacitância de saída. Por isso, quanto menor a resistência de *pullup* na Figura 20-13*b*, mais rápida é a comutação da tensão de saída. Normalmente, o valor de R está entre algumas centenas a alguns milhares de ohms.

Os CIs LM311, LM339 e NE529 são exemplos de comparadores. Todos eles têm um estágio de saída de coletor aberto, o que significa que temos que conectar o pino de saída a um resistor de *pullup* e a uma fonte de alimentação positiva. Devido às suas altas *slew rates*, esses CIs comparadores podem comutar os estados de saída em tempos na ordem de microssegundos ou menos.

O LM339 é um *comparador quádruplo* – quatro comparadores em um único encapsulamento. Ele pode operar com uma ou duas fontes de alimentação. Por ser um dispositivo barato e fácil de usar, o LM339 é um comparador popular para aplicações de propósito geral.

Nem todos os CIs comparadores têm um estágio de saída de coletor aberto. Alguns, como o LM360, LM361 e LM760, têm um estágio de saída de coletor ativo. O *pullup* ativo produz uma comutação mais rápida. Esses CIs comparadores de alta velocidade necessitam de duas fontes de alimentação.

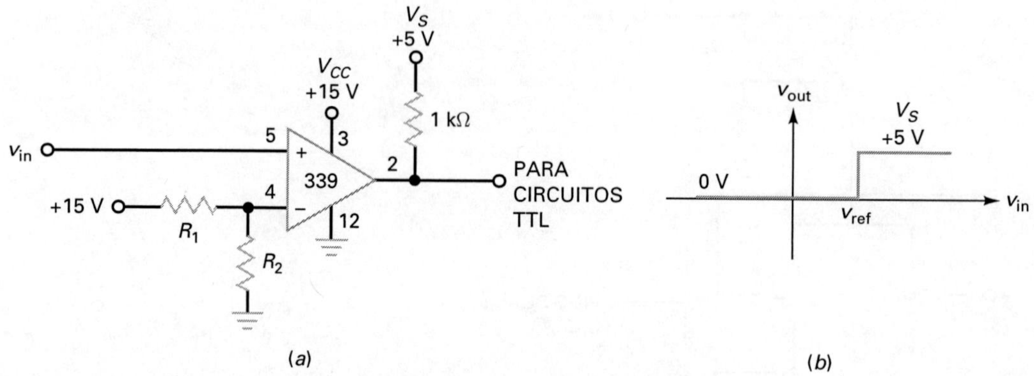

Figura 20-14 (*a*) Comparador LM339; (*b*) resposta entrada/saída.

Acionamento de dispositivo TTL

O LM339 é um dispositivo de coletor aberto. A Figura 20-14*a* mostra como esse CI pode ser conectado para fazer interface com dispositivos TTL. Uma fonte positiva de +15 V é usada para o comparador, porém o coletor aberto do LM339 é conectado a uma fonte de alimentação de +5 V através do resistor de *pullup* de 1 kΩ. Por isso, a saída varia entre 0 V e +5 V, como mostra a Figura 20-14*b*. Esse sinal de saída é ideal para dispositivos TTL porque eles são projetados para operar com fontes de alimentação de +5 V.

Exemplo de aplicação 20-4

MultiSim

Na Figura 20-15*a*, a tensão de entrada é uma onda senoidal com um valor de pico de 10 V. Qual é o ponto de comutação do circuito? Qual é o aspecto da forma de onda de saída?

SOLUÇÃO Como +15 V é aplicado em um divisor de tensão de 3:1, a tensão de referência é:

$$v_{ref} = +5\text{ V}$$

Esse é o ponto de comutação do comparador. Quando a onda senoidal passa por esse ponto, a tensão de saída muda de estado.

Usando a Equação (20-3), a frequência de corte do circuito de desvio é:

$$f_c = \frac{1}{2\pi(200\text{ k}\Omega \parallel 100\text{ k}\Omega)(10\mu\text{F})}$$
$$= 0{,}239\text{ Hz}$$

Essa frequência de corte baixa significa que qualquer ondulação (*ripple*) de 60 Hz na tensão de referência será fortemente atenuada.

A Figura 20-15*b* mostra a onda senoidal de entrada. Ela tem um valor de pico de 10 V. A saída retangular tem um valor de pico de aproximadamente 15 V. Observe como a tensão de saída comuta de estado quando a onda senoidal passa pelo ponto de comutação de +5 V.

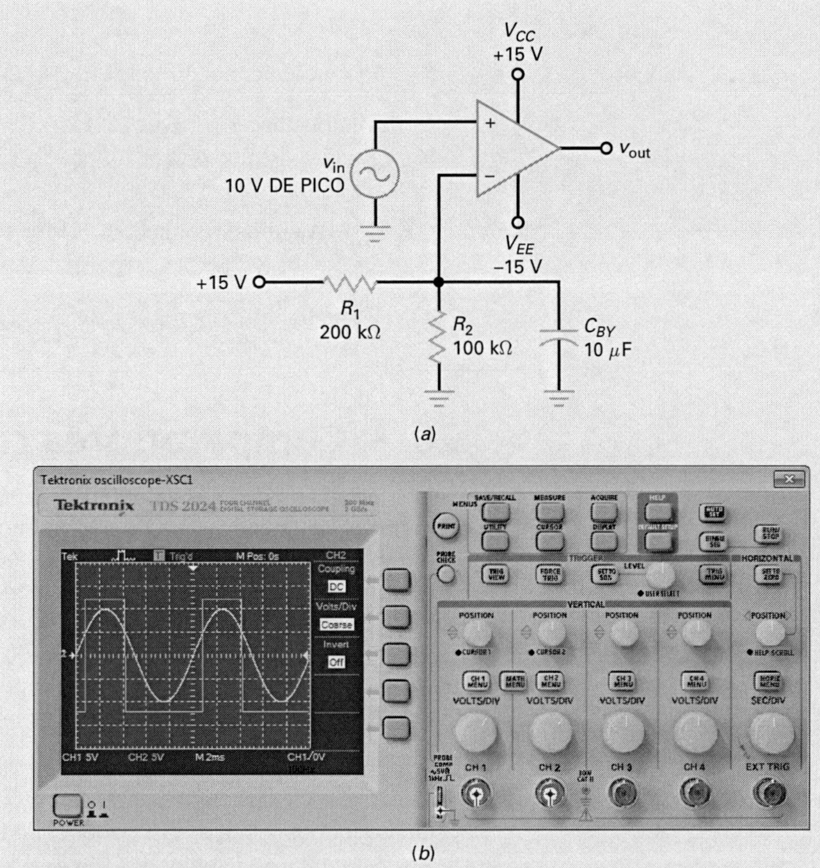

Figura 20-15 Cálculo do ciclo de trabalho.

PROBLEMA PRÁTICO 20-4 Usando a Figura 20-15*a*, substitua o resistor de 200 kΩ por um de 100 kΩ e o capacitor de 10 μF por um de 4,7 μF. Calcule o ponto de comutação e a frequência de corte do circuito.

Exemplo de aplicação 20-5

Qual é o ciclo de trabalho da forma de onda de saída na Figura 20-15*b*?

SOLUÇÃO Em capítulos anteriores, definimos *ciclo de trabalho* como a largura de pulso dividida pelo período e nos dá a definição equivalente: ciclo de trabalho é igual ao ângulo de condução dividido por 360°.

Na Figura 20-15*b*, a onda senoidal tem um valor de pico de 10 V. Portanto, a tensão de entrada é dada por:

$$v_{in} = 10 \text{ sen } \theta$$

A saída retangular comuta de estado quando a tensão de entrada cruza o nível de +5 V. Nesse ponto, a equação anterior passa a ser:

$$5 = 10 \text{ sen } \theta$$

Agora podemos calcular o ângulo θ onde a comutação ocorre:

$$\text{sen } \theta = 0,5$$

ou

$$\theta = \text{arcsen } 0{,}5 = 30° \text{ e } 150°$$

A primeira solução, $\theta = 30°$, é onde a saída comuta de nível baixo para alto. A segunda solução, $\theta = 150°$, é onde a saída comuta de nível alto para baixo. O ciclo de trabalho é:

$$D = \frac{\text{Ângulo de condução}}{360°} = \frac{150° - 30°}{360°} = 0{,}333$$

O ciclo de trabalho na Figura 20-15*b* pode ser expresso como 33,3%.

20-3 Comparadores com histerese

Se na entrada de um comparador tiver uma grande quantidade de ruído, a saída será irregular quando v_{in} estiver próxima do ponto de comutação. Uma forma de reduzir o efeito do ruído é usar um comparador com realimentação positiva. A realimentação positiva produz dois pontos de comutação distintos que evitam que um ruído de entrada produza transições falsas.

Ruído

Ruído é qualquer tipo de sinal indesejado que não provém do sinal de entrada nem está harmonicamente relacionado a ele. Os motores elétricos, letreiros luminosos de neon, rede elétrica, ignições de automóveis, raios e assim por diante, produzem campos eletromagnéticos que podem induzir tensões de ruído em circuitos eletrônicos. A ondulação (ripple) nas fontes de alimentação é classificada como ruído visto que não estão relacionadas ao sinal de entrada. Usando fontes de alimentação reguladas e blindadas, geralmente podemos reduzir a ondulação e o ruído induzido a um nível aceitável.

O **ruído térmico**, por outro lado, é causado pelo movimento aleatório dos elétrons livres dentro de um resistor (veja a Figura 20-16*a*). A energia para esse elétron se mover vem da energia térmica do meio ambiente ao redor. Quanto maior a temperatura ambiente, mais ativos os elétrons.

O movimento de bilhões de elétrons livres dentro de um resistor é puramente aleatório (caos). Em alguns momentos, mais elétrons se movem para cima do que para baixo, produzindo uma pequena tensão negativa no resistor. Em outros momentos, mais elétrons se movem para baixo do que para cima, produzindo uma tensão positiva. Se esse tipo de ruído for amplificado e visualizado em um osciloscópio, ele será semelhante ao mostrado na Figura 20-16*b*. Como qualquer tensão, o ruído tem um valor rms ou efetivo. Como uma aproximação, o maior valor de pico é cerca de quatro vezes o valor rms.

A aleatoriedade do movimento dos elétrons dentro de um resistor produz uma distribuição de ruído virtualmente em todas as frequências. O valor rms desse ruído aumenta com a temperatura, com a largura de banda e com a resistência. Para os nossos propósitos, precisamos estar cientes de como o ruído pode afetar a saída de um comparador.

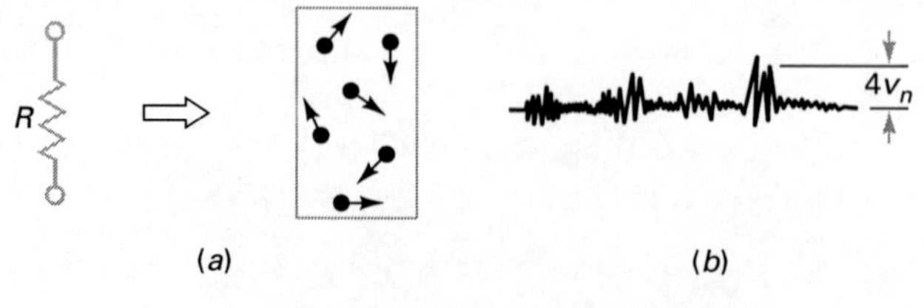

Figura 20-16 Ruído térmico: (*a*) Movimento aleatório de elétrons em um resistor; (*b*) ruído visto em um osciloscópio.

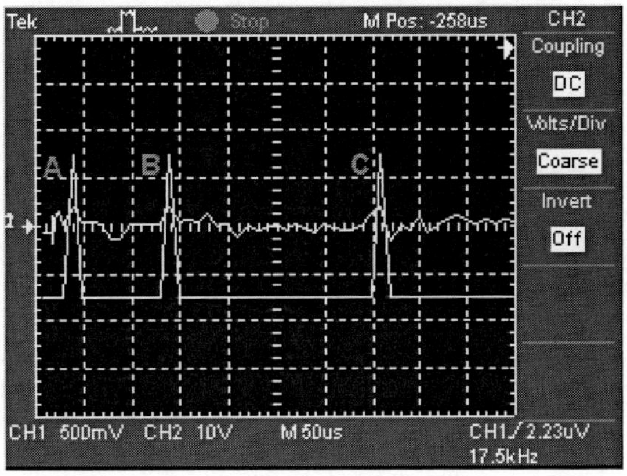

Figura 20-17 Ruído produzindo comutação falsa num comparador.

Disparo por ruído

Conforme discutido na Seção 20-1, o alto ganho de malha aberta de um comparador significa que uma entrada de apenas 100 μV pode ser suficiente para comutar a saída de uma estado para outro. Se a entrada contiver ruído com um pico de 100 μV ou mais, o comparador detectará o cruzamento zero produzido pelo ruído.

A Figura 20-17 mostra a saída de um comparador sem sinal de entrada, exceto pelo ruído. Quando os picos de ruído são suficientemente grandes, eles produzem comutações indesejadas na saída do comparador. Por exemplo, os picos de ruído em A, B e C produzem transições indesejadas de nível baixo para alto. Quando um sinal de entrada está presente, o ruído é sobreposto ao sinal de entrada e produz comutações irregulares.

Schmitt trigger

A solução padrão para uma entrada com ruído é usar um comparador como o que é mostrado na Figura 20-18*a*. A tensão de entrada é aplicada na entrada inversora. Uma vez que a tensão de realimentação na entrada não inversora se soma à tensão de entrada, a realimentação é positiva. Um comparador usando realimentação positiva como esse é geralmente denominado ***Schmitt trigger***.

Quando o comparador satura positivamente, uma tensão positiva é realimentada na entrada não inversora. Essa tensão de realimentação positiva mantém a saída no estado alto. De forma similar, quando a saída satura negativamente, uma tensão

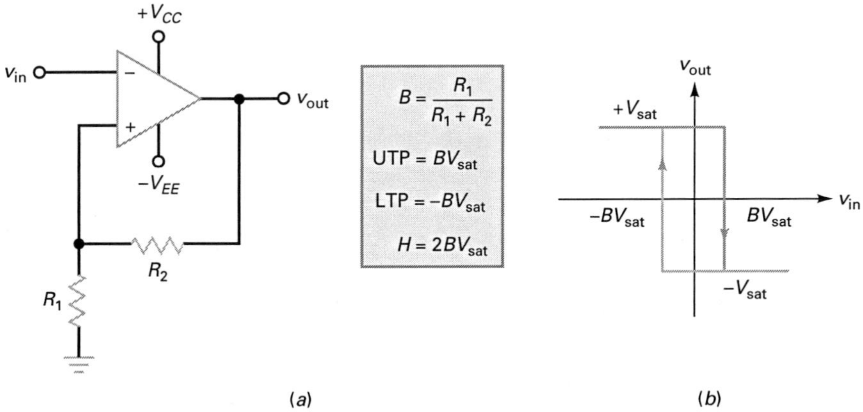

Figura 20-18 (*a*) *Schmitt trigger* inversor; (*b*) a resposta entrada/saída apresenta histerese.

negativa é realimentada na entrada não inversora, mantendo a saída no estado baixo. Nos dois casos, a realimentação positiva reforça o estado existente de saída.

A fração de realimentação é:

$$B = \frac{R_1}{R_1 + R_2} \tag{20-4}$$

Quando a saída satura positivamente, a tensão de referência aplicada à entrada não inversora é:

$$v_{ref} = +BV_{sat} \tag{20-5a}$$

Quando a saída satura negativamente, a tensão de referência é:

$$v_{ref} = -BV_{sat} \tag{20-5b}$$

A tensão de saída permanece em um dado estado até que a tensão de entrada exceda a tensão de referência para aquele estado. Por exemplo, se a saída satura positivamente, a tensão de referência é $+BV_{sat}$. A tensão de entrada tem que ser maior que $+BV_{sat}$ para comutar a tensão de saída de positiva para negativa, como mostra a Figura 20-18*b*. Uma vez que a saída esteja no estado negativo, ela permanece nesse estado indefinidamente até que a tensão de entrada torne-se mais negativa que $-BV_{sat}$. Então, a saída comuta de negativa para positiva (Figura 20-18*b*).

Histerese

A resposta incomum da Figura 20-18*b* tem uma propriedade útil denominada **histerese**. Para entender esse conceito, coloque o seu dedo na extremidade superior do gráfico onde está registrado $+V_{sat}$. Considere que esse seja o valor atual da tensão de saída. Mova o seu dedo para a direita ao longo da linha horizontal. Ao longo dessa linha, a tensão de entrada muda, mas a tensão de saída ainda é igual a $+V_{sat}$. Quando você atinge o canto superior direito, v_{in} é igual a $+BV_{sat}$. Quando v_{in} é ligeiramente maior que $+BV_{sat}$, a tensão de saída entra na região de transição entre os estados alto e baixo.

Se você mover o dedo para baixo ao longo da linha vertical, simulará a transição da tensão de saída do nível alto para o baixo. Quando o seu dedo está sobre a linha horizontal, a tensão de saída está negativamente saturada e igual a $-V_{sat}$.

Para comutar de volta a saída para o estado alto, mova o seu dedo até alcançar o canto inferior esquerdo. Nesse ponto, v_{in} é igual a $-BV_{sat}$. Quando v_{in} se torna ligeiramente mais negativa que $-BV_{sat}$, a tensão de saída entra na transição de nível baixo para alto. Se você mover o dedo para cima ao longo da linha vertical, irá simular a comutação da tensão de saída de nível baixo para alto.

Na Figura 20-18*b*, os pontos de comutação são definidos como as duas tensões de entrada em que a tensão de saída muda de estado. O *ponto de comutação superior* (*UTP – upper trip point*) tem o valor:

$$\text{UTP} = BV_{sat} \tag{20-6}$$

e o *ponto de comutação inferior* (*LTP – lower trip point*) tem o valor:

$$\text{LTP} = -BV_{sat} \tag{20-7}$$

A diferença entre esses pontos de comutação é definida como histerese (também denominada *banda morta*):

$$H = \text{UTP} - \text{LTP} \tag{20-8}$$

Usando as Equações (20-6) e (20-7), temos:

$$H = BV_{sat} - (-BV_{sat})$$

que é igual a:

$$H = 2BV_{sat} \tag{20-9}$$

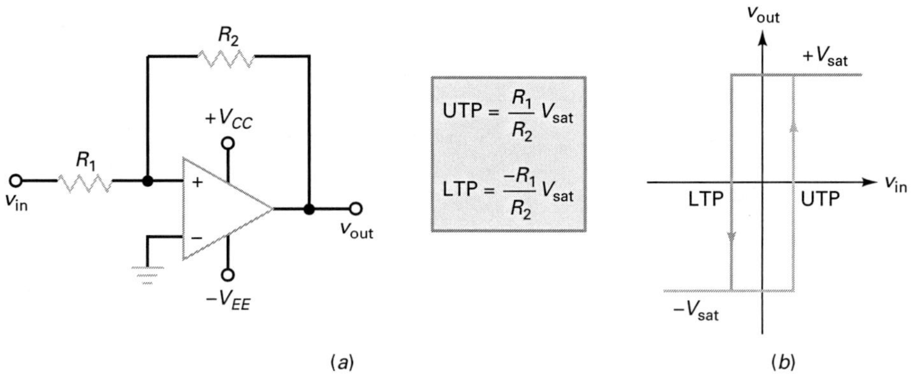

Figura 20-19 (*a*) *Schmitt trigger* não inversor; (*b*) resposta entrada/saída.

A realimentação positiva gera a histerese vista na Figura 20-18*b*. Se não houvesse realimentação positiva, *B* seria igual a zero e a histerese desapareceria, porque os dois pontos de comutação seriam iguais a zero.

A histerese é desejável em um *Schmitt trigger* porque ela evita que o ruído provoque comutações falsas. Se a tensão de pico a pico do ruído for menor que a histerese, o ruído não poderá produzir comutação falsa. Por exemplo, se UTP = +1 V e LTP = –1 V, então H = 2 V. Nesse caso, o *Schmitt trigger* é imune a comutações falsas enquanto a tensão pico a pico do ruído é menor que 2 V.

Circuito não inversor

A Figura 20-19*a* mostra um *Schmitt trigger não inversor.* A resposta de entrada/saída tem um *loop* de histerese, como mostra a Figura 20-19*b*. Eis como o circuito funciona: se a saída estiver saturada positivamente na Figura 20-19*a*, a tensão de realimentação na entrada não inversora será positiva, o que reforça a saturação positiva. De forma similar, se a saída estiver saturada negativamente, a tensão de realimentação na entrada não inversora será positiva, o que reforça a saturação negativa.

Considere que a saída esteja saturada negativamente. A tensão de realimentação manterá a saída na saturação negativa até que a tensão de entrada torne-se ligeiramente mais positiva que UTP. Quando isso acontece, a saída comuta da saturação negativa para a positiva. Uma vez na saturação positiva, a saída permanece nesse estado até que a tensão de entrada torne-se ligeiramente menor que LTP. Então, a saída pode comutar de volta para o estado negativo.

As equações para os pontos e a comutação de um *Schmitt trigger* são dadas por:

$$\mathbf{UTP} = \frac{R_1}{R_2} V_{sat} \tag{20-10}$$

$$\mathbf{LTP} = \frac{-R_1}{R_2} V_{\text{sat}} \tag{20-11}$$

A razão entre R_1 e R_2 determina o quanto de histerese o *Schmitt trigger* tem. Um projetista pode projetar a histerese suficiente para evitar comutações por ruído indesejado.

Capacitor *speed-up*

Além de suprimir o efeito do ruído, a realimentação positiva aumenta a velocidade (*speed-up*) da comutação dos estados de saída. Quando a tensão de saída começa a mudar de estado, essa mudança é realimentada para a entrada não inversora e amplificada, forçando a saída a mudar mais rapidamente.

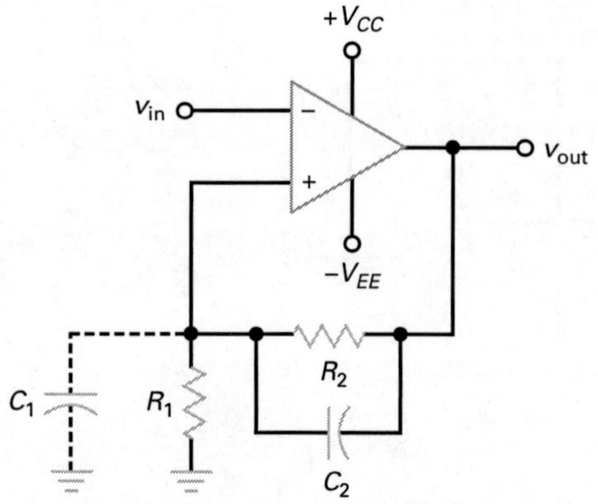

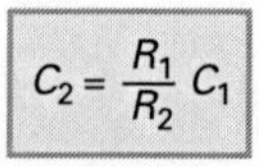

Figura 20-20 O capacitor *speed-up* compensa a capacitância parasita.

Algumas vezes um capacitor C_2 é conectado em paralelo com R_2, como mostra a Figura 20-20*a*. Conhecido como **capacitor *speed-up***, esse componente ajuda a cancelar o efeito do circuito de desvio formado pela capacitância parasita sobre R_1. Essa capacitância parasita C_1 tem que ser carregada antes de a tensão na entrada não inversora mudar. O capacitor *speed-up* proporciona essa carga.

Para neutralizar a capacitância parasita, a capacitância *speed-up* mínima tem que ser pelo menos:

$$C_2 = \frac{R_1}{R_2}C_1 \tag{20-12}$$

Enquanto C_2 for igual ou maior que o valor dado pela Equação (20-12), a saída mudará de estado na velocidade máxima. Visto que a capacitância parasita C_1 é normalmente estimada, o projetista geralmente toma um valor para C_2 que é pelo menos duas vezes maior que o valor dado pela Equação (20-12). Em circuitos típicos, C_2 está entre 10 pF e 100 pF.

Exemplo de aplicação 20-6

Se V_{sat} = 13,5 V, quais são os pontos de comutação e a histerese na Figura 20-21?

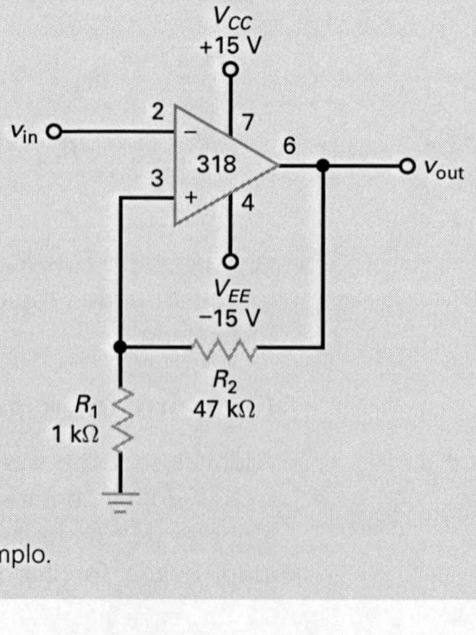

Figura 20-21 Exemplo.

SOLUÇÃO Usando a Equação (20-4), a fração de realimentação é:

$$B = \frac{1\ \text{k}\Omega}{48\ \text{k}\Omega} = 0{,}0208$$

Usando as Equações (20-6) e (20-7), os pontos de comutação são:

$$\text{UTP} = 0{,}0208(13{,}5\ \text{V}) = 0{,}281\ \text{V}$$
$$\text{LTP} = -0{,}0208(13{,}5\ \text{V}) = -0{,}281\ \text{V}$$

Usando as Equações (20-9), a histerese é:

$$H = 2(0{,}0208\ \text{V})(13{,}5\ \text{V}) = 0{,}562\ \text{V}$$

Isso significa que o *Schmitt trigger* da Figura 20-21 pode resistir a uma tensão de pico a pico de ruído de até 0,562 V sem comutação falsa.

PROBLEMA PRÁTICO 20-6 Repita o Exemplo 20-6 com o resistor de 47 kΩ substituído por um de 22 kΩ.

20-4 Comparador de janela

Um comparador simples indica quando a tensão de entrada excede certo limite ou limiar. Um **comparador de janela** (também denominado *detector de limite duplo*) detecta quando a tensão de entrada está entre dois limites denominados *janela*. Para projetar um comparador de janela, usamos dois comparadores com limiares diferentes.

Saída em nível baixo entre os limites

A Figura 20-22*a* mostra um comparador de janela que pode produzir uma tensão de saída baixa quando a tensão de entrada está entre os limites inferior e superior. O circuito tem um LTP e um UTP. As tensões de referência podem ser deduzidas por meio de divisores de tensão, diodos Zener, ou outros circuitos. A Figura 20-22*b*

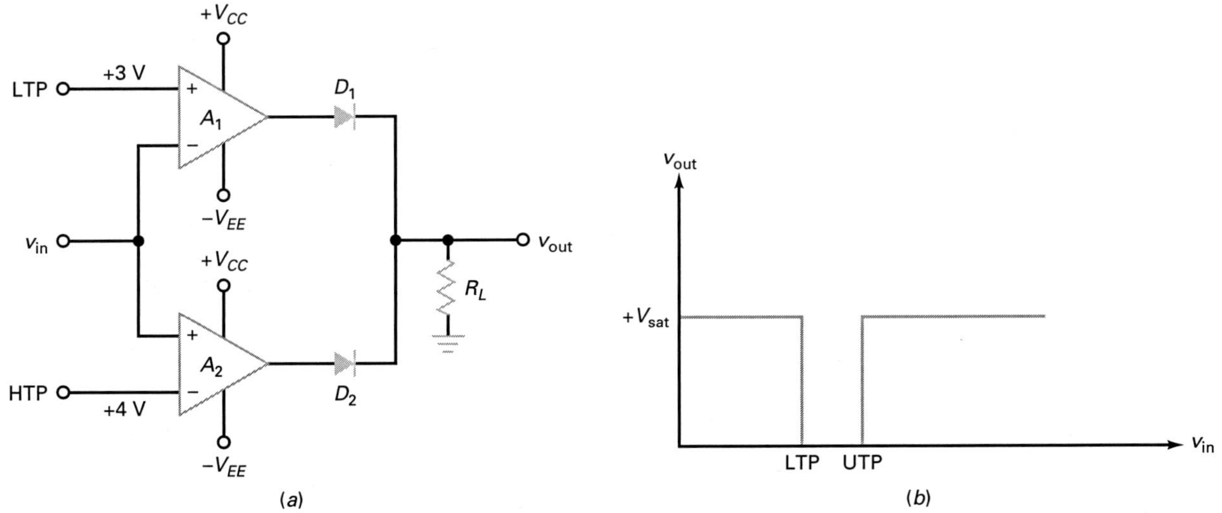

Figura 20-22 (*a*) Comparador de janela inversor; (*b*) a saída é nível baixo quando a entrada está na janela.

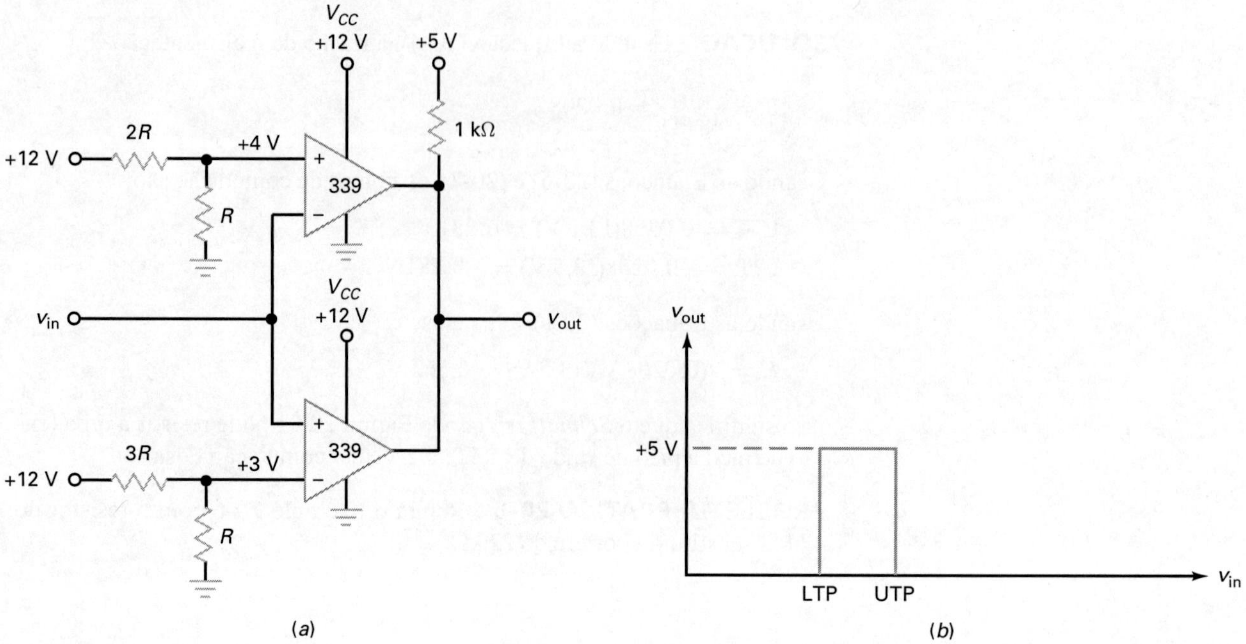

Figura 20-23 (*a*) Comparador de janela não inversor; (*b*) a saída é nível alto quando a entrada está na janela.

mostra a resposta entrada/saída do comparador de janela. Quando v_{in} está entre LTP e UTP, a saída é nível baixo.

Eis como funciona: para essa discussão, considere os seguintes pontos de comutação positivos: LTP = 3 V e UTP = 4 V. Quando v_{in} < 3 V, o comparador A_1 tem uma saída positiva e A_2 tem uma saída negativa. O diodo D_1 está em condução e D_2 está em corte. Portanto, a tensão de saída é nível alto. De forma similar, quando v_{in} > 4 V, o comparador A_1 tem uma saída negativa e A_2 tem uma saída positiva. O diodo D_1 está em corte, D_2 está em condução e a tensão de saída é nível alto. Quando 3 V < v_{in} < 4 V, A_1 tem uma saída negativa, A_2 tem uma saída negativa, D_1 está em corte, D_2 está em corte e a tensão de saída é nível baixo.

Saída em nível alto entre os limites

A Figura 20-23*a* mostra outro comparador de janela. O circuito usa um LM339, o qual é um comparador quádruplo que necessita de resistores de *pullup* externos. Quando usado com um *pullup* alimentado por +5 V, a saída pode acionar circuitos TTL. Pode ser usado um *pullup* para uma fonte de +15 V no acionamento de circuitos com MOSFET de potência. A Figura 20-23*b* mostra a resposta entrada/saída. Como podemos ver, a tensão de saída é alta quando a tensão de entrada está entre os dois limites.

Para essa discussão, estamos admitindo as mesmas tensões de referência do exemplo anterior. Quando a tensão de entrada é menor que 3 V, o comparador inferior leva a saída para zero. Quando a tensão de entrada é maior que 4 V, o comparador superior leva a saída para zero. Quando v_{in} está entre 3 V e 4 V, o transistor de saída de cada comparador está em corte, assim a saída é levada para +5 V.

20-5 Integrador

Um **integrador** é um circuito que realiza uma operação matemática denominada *integração*. A aplicação mais comum de um integrador é na produção de uma rampa de tensão de saída, que é um aumento ou uma diminuição linear da tensão. O integrador é algumas vezes denominado *integrador Miller*, em homenagem ao seu inventor.

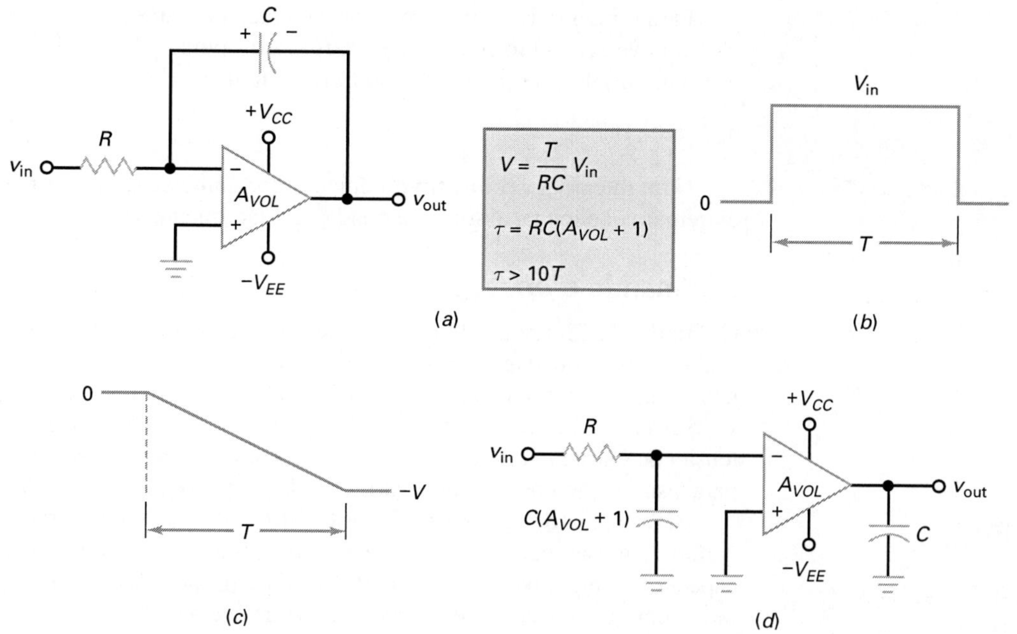

Figura 20-24 (*a*) Integrador; (*b*) pulso de entrada típico; (*c*) rampa de saída; (*d*) a capacitância Miller de entrada é muito grande.

Circuito básico

A Figura 20-24*a* é um integrador com amp-op. Como podemos ver, o componente de realimentação é um capacitor em vez de um resistor. Uma entrada comum para um integrador é um pulso retangular como o que é mostrado na Figura 20-24*b*. A largura desse pulso é igual a *T*. Quando o pulso está em nível baixo, $v_{in} = 0$. Quando o pulso está em nível alto, $v_{in} = V_{in}$. Visualize esse pulso aplicado no lado esquerdo de *R*. Devido ao terra virtual na entrada inversora, uma tensão de entrada de nível alto produz uma corrente de entrada de:

$$I_{in} = \frac{V_{in}}{R}$$

Toda essa corrente de entrada vai para o capacitor. Como resultado, o capacitor é carregado e sua tensão aumenta com a polaridade mostrada na Figura 20-24*a*. O terra virtual implica que a tensão de saída seja igual à tensão no capacitor. Para uma tensão de entrada positiva, a tensão de saída aumenta negativamente, como mostra a Figura 20-24*c*.

Visto que flui uma corrente constante no capacitor, a carga *Q* aumenta linearmente com o tempo. Isso significa que a tensão no capacitor aumenta linearmente, o que equivale a uma rampa negativa na tensão de saída, como mostra a Figura 20-24*c*. Ao final do período do pulso na Figura 20-24*b*, a tensão de entrada retorna para zero e o capacitor para de ser carregado. Como o capacitor retém sua carga, a tensão de saída permanece constante no valor negativo de –*V*. A amplitude dessa tensão é dada por:

$$V = \frac{T}{RC} V_{in} \tag{20-13}$$

Uma última questão: por causa do efeito Miller, podemos dividir o capacitor de realimentação em duas capacitâncias equivalentes, com mostra a Figura 20-24*d*. A constante de tempo de malha fechada τ para o circuito de desvio de entrada é:

$$\tau = RC(A_{VOL} + 1) \tag{20-14}$$

Para o integrador funcionar corretamente, a constante de tempo de malha fechada deve ser muito maior que a largura do pulso de entrada (pelo menos 10 vezes maior). Representando como fórmula temos:

$$\tau > 10T \quad \textbf{(20-15)}$$

Num integrador com amp-op típico, a constante de tempo de malha fechada é extremamente longa, assim essa condição é facilmente satisfeita.

Eliminando o *offset* de saída

O circuito da Figura 20-24*a* precisa de uma pequena modificação para se tornar prático. Como um capacitor se comporta como um circuito aberto para sinais CC, não existe realimentação negativa na frequência zero. Sem a realimentação negativa, o circuito trata qualquer tensão de *offset* (compensações) de entrada como uma tensão de entrada válida. O resultado é que o capacitor é carregado e a saída vai para a saturação positiva ou negativa, onde permanecerá indefinidamente.

Uma forma de reduzir o efeito da tensão de *offset* de entrada é diminuir o ganho de tensão para a frequência zero inserindo um resistor em paralelo com o capacitor, como mostra a Figura 20-25*a*. Esse resistor deve ser pelo menos 10 vezes maior que o resistor de entrada. Se a resistência acrescentada for 10*R*, o ganho de tensão em malha fechada é 10 e a tensão de *offset* de saída é reduzida para um nível aceitável. Quando uma tensão de entrada válida for inserida, o resistor adicional quase não terá efeito na carga do capacitor, assim a tensão de saída ainda será quase uma rampa perfeita.

Outra forma de suprimir o efeito da tensão de *offset* de entrada é usar uma chave JFET, como mostra a Figura 20-25*b*. A tensão de *reset* na porta do JFET é 0 V ou $-V_{CC}$, o que for necessário para cortar o JFET. Portanto, podemos controlar o JFET fazendo-o com que seja uma resistência baixa quando o integrador estiver inativo e uma resistência alta quando o integrador estiver ativo.

O JFET descarrega o capacitor em preparação para o próximo pulso de entrada. Exatamente antes do início do próximo pulso de entrada, a tensão de *reset* é igualada a 0 V. Isso descarrega o capacitor. No instante do início do próximo pulso, a tensão de *reset* passa a ser $-V_{CC}$, que é suficiente para cortar o JFET. O integrador então produz uma rampa de tensão na saída.

É ÚTIL SABER

O resistor de realimentação na Figura 20-25 também pode ser dividido em duas resistências equivalentes. No lado da entrada, $z_{in} = R_f/(1 + A_{VOL})$.

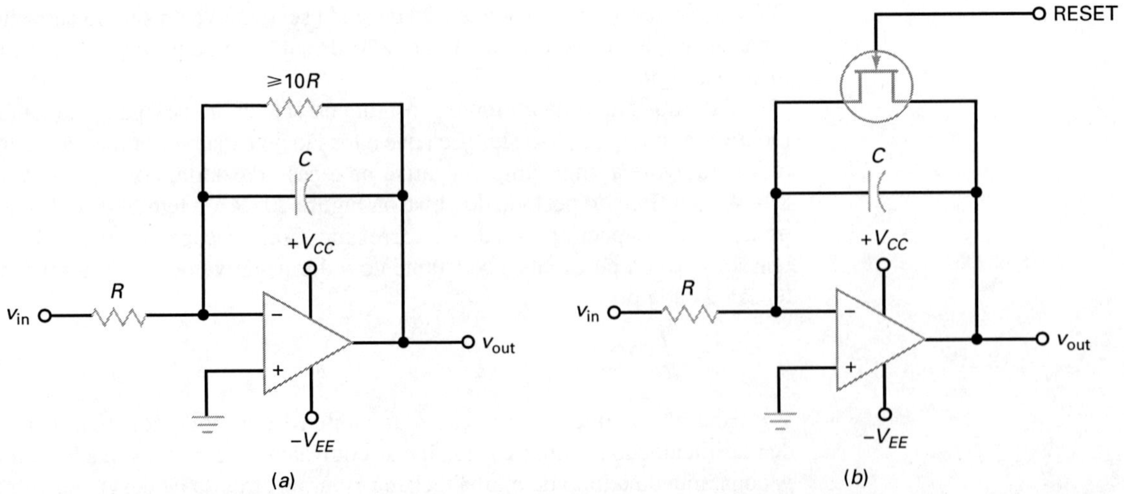

Figura 20-25 (*a*) Resistor em paralelo com o capacitor reduz a tensão de *offset* de saída; (*b*) JFET usado para *reset* do integrador.

Exemplo de aplicação 20-7

Na Figura 20-26, qual é a tensão de saída no final do pulso? Se o 741C tem um ganho de tensão em malha aberta de 100.000, qual é a constante de tempo em malha fechada do integrador?

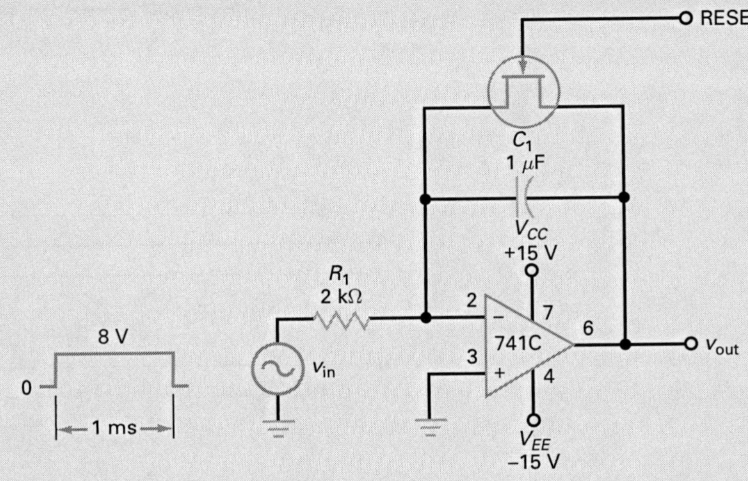

Figura 20-26 Exemplo.

SOLUÇÃO Usando a Equação (20-13), a amplitude da tensão de saída negativa no final do pulso é:

$$V = \frac{1\text{ms}}{(2\text{ k}\Omega)(1\ \mu\text{F})}(8\text{ V}) = 4\text{ V}$$

Usando a Equação (20-14), a constante de tempo em malha fechada é:

$$\tau = RC(A_{VOL} + 1) = (2\text{ k}\Omega)(1\ \mu\text{F})(100.001) = 200\text{ s}$$

Como a largura do pulso de 1 ms é muito menor que a constante de tempo em malha fechada, apenas a parte inicial da função exponencial está envolvida na carga do capacitor. Devido à parte inicial de uma função exponencial ser quase linear, a tensão de saída é quase uma rampa perfeita. O uso de um integrador para gerar rampas lineares é a forma como a tensão de varredura linear de um osciloscópio é implementada e também pode ser utilizada em circuitos de temporização.

PROBLEMA PRÁTICO 20-7 Usando a Figura 20-26, substitua o resistor de 2 kΩ por um de 10 kΩ e repita o Exemplo 20-7.

20-6 Conversão de forma de onda

Com amp-ops podemos converter ondas senoidais em ondas retangulares, ondas retangulares em triangulares e assim por diante. Esta seção aborda alguns circuitos básicos que convertem uma forma de onda de entrada em uma forma de onda de saída com formato diferente.

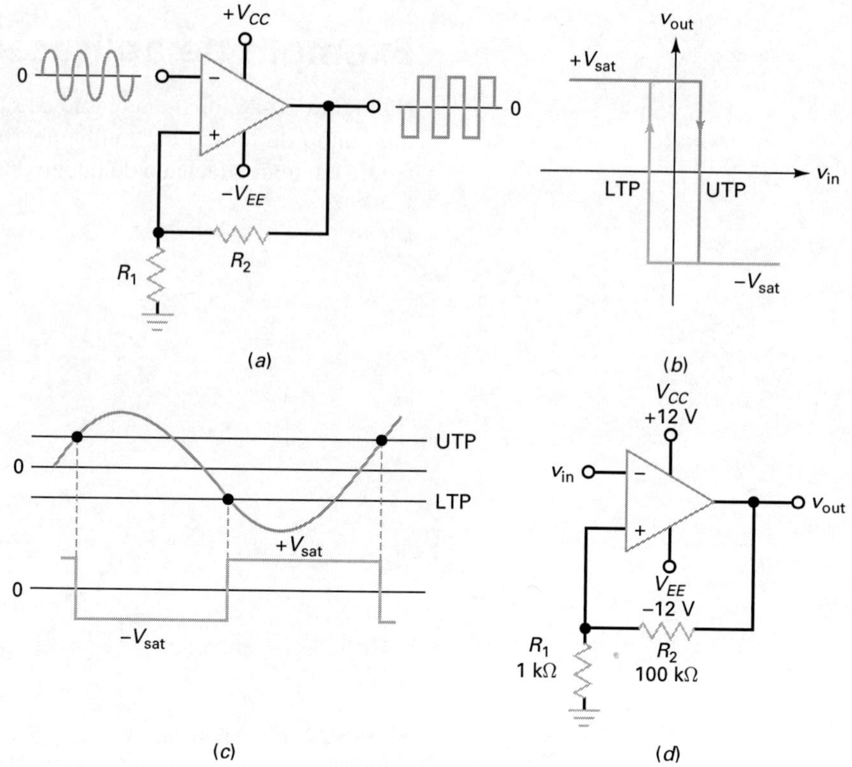

Figura 20-27 O *Schmitt trigger* sempre produz uma saída retangular.

De senoide para retangular

A Figura 20-27*a* mostra um *Schmitt trigger* e a Figura 20-27*b* mostra o gráfico da tensão de saída *versus* a tensão de entrada. Quando o sinal de entrada é *periódico* (ciclos repetitivos), o *Schmitt trigger* produz uma saída retangular, como mostrado. Considera-se que o sinal de entrada é maior o suficiente para passar através dos dois pontos de comutação da Figura 20-27*c*. Quando a tensão de entrada excede o UTP na subida do semiciclo positivo, a tensão de saída comuta para $-V_{sat}$. No semiciclo posterior, a tensão de entrada torna-se mais negativa que LTP e a saída comuta de volta para $+V_{sat}$.

Um *Schmitt trigger* sempre produz uma saída retangular, independentemente da forma do sinal de entrada. Em outras palavras, a tensão de entrada não tem que ser senoidal. Enquanto a forma de onda for periódica e tiver uma amplitude suficientemente grande para passar pelos pontos de comutação, obteremos por meio de um *Schmitt trigger* uma forma de onda retangular. Essa onda retangular tem a mesma frequência que o sinal de entrada.

Como exemplo, a Figura 20-27*d* mostra um *Schmitt trigger* com pontos de comutação de aproximadamente UTP = +0,1 V e LTP = −0,1 V. Se a tensão de entrada for repetitiva e tiver um valor de pico a pico maior que 0,2 V, a tensão de saída será uma onda retangular com um valor de pico a pico de aproximadamente $2V_{sat}$.

De retangular para triangular

Na Figura 20-28*a*, uma onda retangular é colocada na entrada de um integrador. Como a tensão de entrada tem um valor CC ou médio zero, o valor CC ou médio da saída também é zero. Como mostra a Figura 20-28*b*, a rampa diminui durante o semiciclo positivo da tensão de entrada e aumenta durante o semiciclo negativo.

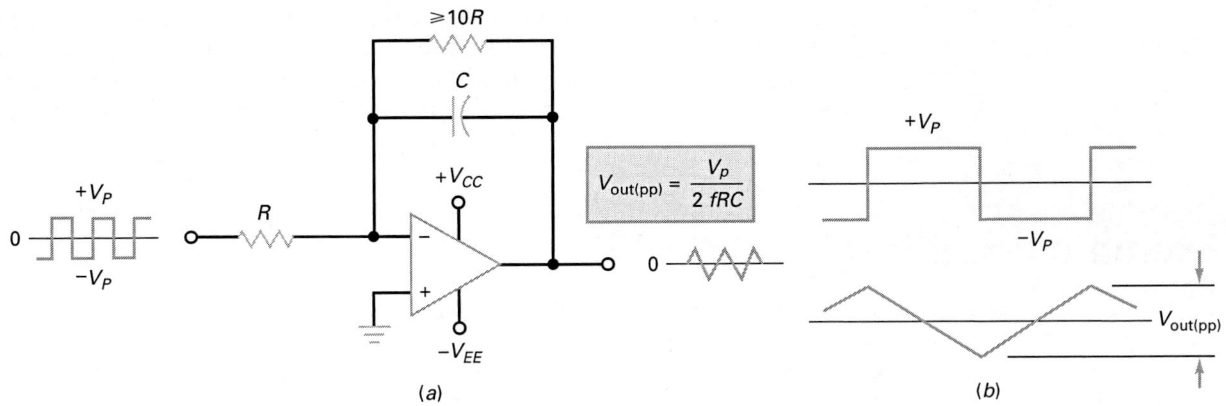

Figura 20-28 (*a*) Onda quadrada na entrada de um integrador produz uma saída triangular; (*b*) formas de onda de entrada e saída.

Portanto, a saída é uma onda triangular com a mesma frequência que a de entrada. Pode-se mostrar que a forma de onda de saída triangular tem um valor pico a pico de:

$$V_{out(pp)} = \frac{T}{2RC} V_p \tag{20-16}$$

onde T é o período do sinal. Uma expressão equivalente em termos da frequência é:

$$V_{out(pp)} = \frac{V_p}{2fRC} \tag{20-17}$$

onde V_p é a tensão de pico de entrada e f é a frequência de entrada.

De triangular para pulso

A Figura 20-29*a* mostra um circuito que converte uma entrada triangular em uma saída retangular. Variando R_2, podemos alterar a largura dos pulsos de saída, que equivale a variar o ciclo de trabalho. Na Figura 20-29*b*, W representa a largura do pulso e T é o período. Conforme discutido antes, o ciclo de trabalho D é a largura do pulso dividida pelo período.

Em algumas aplicações, queremos variar o ciclo de trabalho. O detector de limite ajustável da Figura 20-29*a* é ideal para essa finalidade. Com esse circuito, podemos mover o ponto de comutação de zero para um nível positivo. Quando a

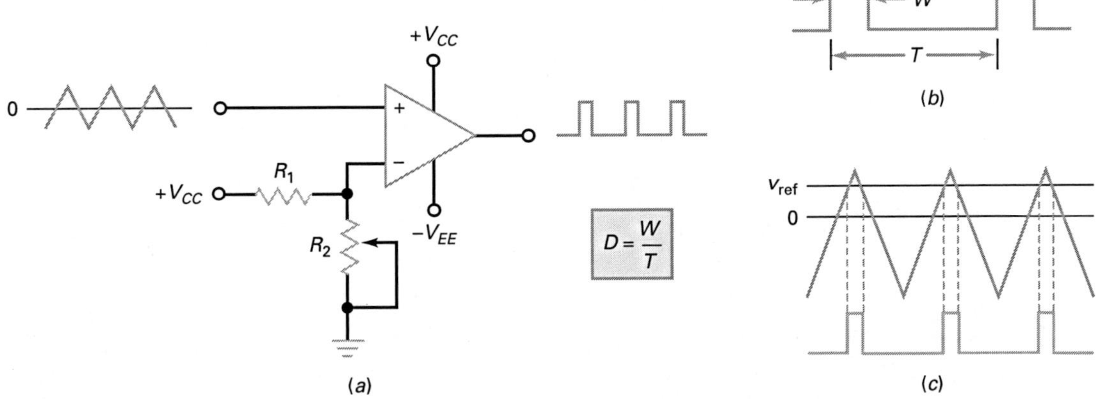

Figura 20-29 Uma entrada triangular no detector de limite produz uma saída retangular.

tensão de entrada triangular exceder o ponto de comutação, a saída será nível alto, como mostra a Figura 20-29*c*. Visto que v_{ref} é ajustável, podemos variar a largura do pulso de saída, que equivale a alterar o ciclo de trabalho. Com um circuito como esse, podemos variar o ciclo de trabalho de aproximadamente 0% a 50%.

Exemplo de aplicação 20-8

Qual é a tensão de saída na Figura 20-30 se a frequência de entrada é 1 kHz?

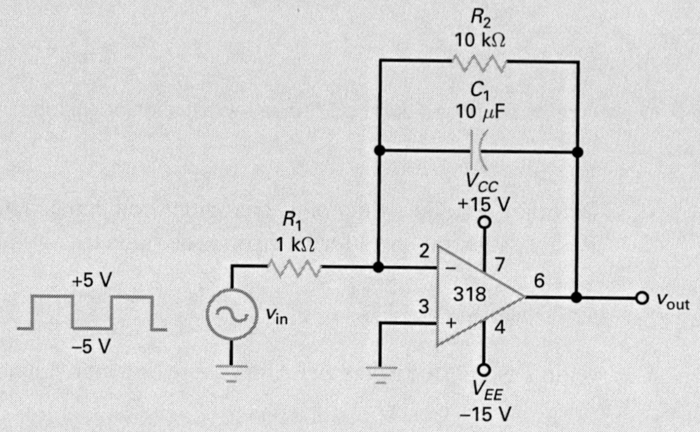

Figura 20-30 Exemplo.

SOLUÇÃO Usando a Equação (20-17), a saída é uma onda triangular com uma tensão pico a pico de:

$$V_{out(pp)} = \frac{5\text{V}}{2(1\,\text{kHz})(1\,\text{k}\Omega)(10\,\mu\text{F})} = 0{,}25\text{Vpp}$$

PROBLEMA PRÁTICO 20-8 Na Figura 20-30, qual o valor de capacitor necessário para produzir uma tensão de saída de 1 V pp?

Exemplo de aplicação 20-9

MultiSim

Uma entrada triangular aciona o circuito da Figura 20-31a. A resistência variável tem um valor máximo de 10 kW. Se a entrada triangular tem uma frequência de 1 kHz, qual é o ciclo de trabalho quando o cursor está no meio da faixa?

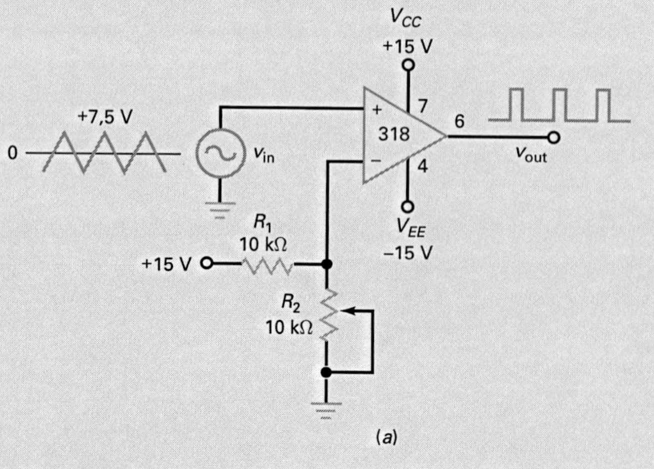

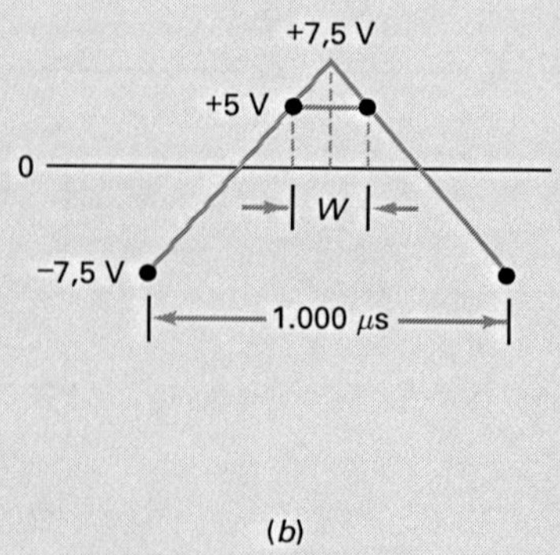

Figura 20-31 Exemplo.

SOLUÇÃO Quando o cursor está na metade da sua faixa, o resistor apresenta uma resistência de 5 kW. Isso significa que a tensão de referência é:

$$v_{ref} = \frac{5\ \text{k}\Omega}{15\ \text{k}\Omega} 15\ \text{V} = 5\ \text{V}$$

O período do sinal é:

$$T = \frac{1}{1\ \text{kHz}} = 1000\ \mu\text{s}$$

A Figura 20-31b mostra esse valor. A tensão de entrada leva 500 ms para aumentar de –7,5 a +7,5 V, por isso é metade do ciclo. O ponto de comutação do comparador é +5 V. Isso significa que o pulso de saída tem uma largura de W, como mostra a Figura 20-31b.

Devido à geometria da Figura 20-31*b*, podemos estabelecer uma proporção entre tensão e tempo como a seguir:

$$\frac{W/2}{500\ \mu\text{s}} = \frac{7{,}5\ \text{V} - 5\ \text{V}}{15\ \text{V}}$$

Calculando W temos:

$$W = 167\mu\text{S}$$

O ciclo de trabalho é:

$$D = \frac{167\ \mu\text{s}}{1000\ \mu\text{s}} = 0{,}167$$

Na Figura 20-31*a*, mover o cursor para baixo aumenta a tensão de referência e diminui o ciclo de trabalho de saída. Mover o cursor para cima aumenta a tensão de referência e aumenta o ciclo de trabalho de saída. Para todos os valores dados na Figura 20-31*a*, o ciclo de trabalho pode variar de 0% a 50%.

PROBLEMA PRÁTICO 20-9 Repita o Exemplo 20-9 usando uma frequência de entrada de 2 kHz.

20-7 Geração de forma de onda

Com realimentação positiva, podemos construir **osciladores**, circuitos que geram um sinal de saída sem um sinal de entrada externo. Esta seção discute alguns circuitos com amp-op que podem gerar sinais não senoidais.

Oscilador de relaxação

Na Figura 20-32*a*, não existe sinal de entrada. Todavia, o circuito produz um sinal de saída retangular. Essa saída é uma onda quadrada que varia entre $-V_{sat}$ e $+V_{sat}$. Como isso é possível? Considere que a saída do circuito na Figura 20-32*a* esteja na saturação positiva. Devido ao resistor de realimentação *R*, o capacitor será carregado exponencialmente na direção de $+V_{sat}$, como mostra a Figura 20-32*b*. Porém a tensão no capacitor nunca alcança $+V_{sat}$ porque a tensão cruza o valor UTP. Quando isso acontece, a onda quadrada de saída comuta para $-V_{sat}$.

Com a saída agora na saturação negativa, o capacitor descarrega, como mostra a Figura 20-32*b*. Quando a tensão no capacitor cruza o zero, o capacitor começa a ser carregado negativamente em direção a $-V_{sat}$. Quando a tensão no capacitor cruza o valor LTP, a onda quadrada de saída comuta de volta para $+V_{sat}$. O ciclo então se repete.

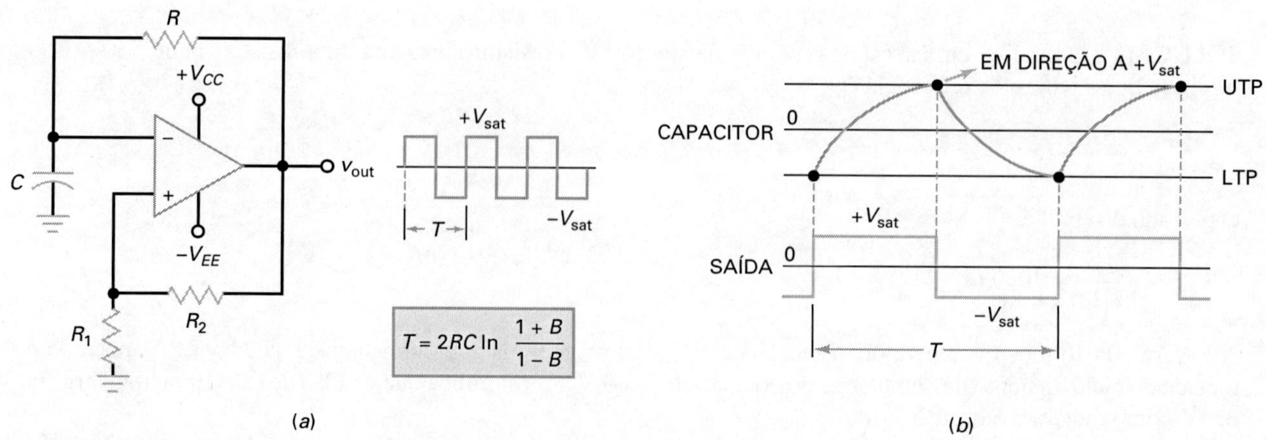

Figura 20-32 (*a*) Oscilador de relaxação; (*b*) carga do capacitor e forma de onda de saída.

Devido à carga e descarga contínua do capacitor, a saída é uma onda retangular com um ciclo de trabalho de 50%. Analisando a carga e a descarga exponencial do capacitor, podemos deduzir a fórmula para o período da saída retangular:

$$T = 2RC \ln \frac{1+B}{1-B} \tag{20-18}$$

onde B é a fração de realimentação dada por:

$$B = \frac{R_1}{R_1 + R_2}$$

A Equação (20-18) usa o *logaritmo natural*, que é um logaritmo de base *e*. Uma calculadora científica ou uma tabela de logaritmos naturais tem que ser usada com essa equação.

O circuito na Figura 20-32*a* é denominado **oscilador de relaxação**, definido como um circuito que gera um sinal de saída cuja frequência depende da carga de um capacitor. Se aumentarmos a constante de tempo *RC*, levará mais tempo para a tensão no capacitor alcançar os pontos de comutação. Portanto, a frequência será menor. Fazendo com que *R* seja ajustável, podemos obter uma faixa de sintonia de 50:1.

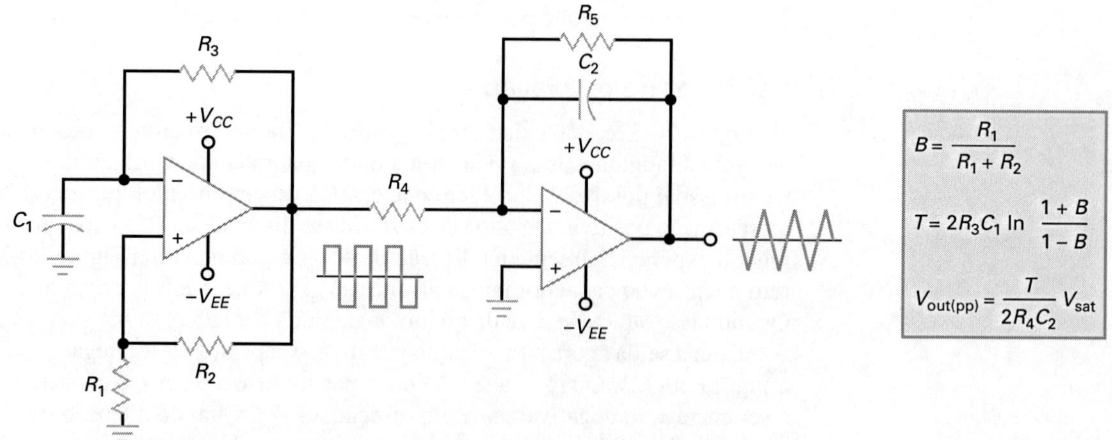

Figura 20-33 Oscilador de relaxação aciona um integrador para produzir uma saída triangular.

Geração de ondas triangulares

Ao conectarmos em cascata um oscilador de relaxação e um integrador, obtemos um circuito que produz a saída triangular da Figura 20-33. A onda triangular na saída do oscilador de relaxação aciona o integrador, o qual produz uma forma de onda de saída triangular. A onda retangular varia entre $+V_{sat}$ e $-V_{sat}$. Podemos calcular o seu período com a Equação (20-18). A onda triangular tem o mesmo período e frequência. Podemos calcular o seu valor de pico a pico com a Equação (20-16).

Exemplo de aplicação 20-10

MultiSim

Qual é a frequência do sinal de saída na Figura 20-34?

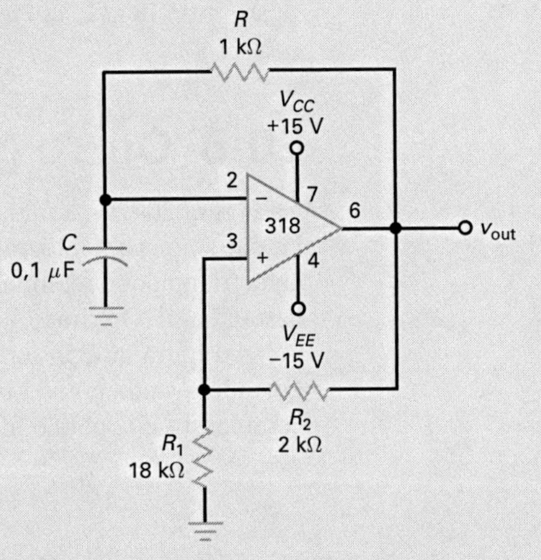

Figura 20-34 Exemplo.

SOLUÇÃO A fração de realimentação é:

$$B = \frac{18\ \text{k}\Omega}{20\ \text{k}\Omega} = 0{,}9$$

Usando a Equação (20-18) temos:

$$T = 2RC\ln\frac{1+B}{1-B} = 2(1\ \text{k}\Omega)(0{,}1\ \mu F)\ln\frac{1+0{,}9}{1-0{,}9} = 589\ \mu\text{s}$$

A frequência é:

$$f = \frac{1}{589\mu\text{s}} = 1{,}7\ \text{kHz}$$

A tensão de saída da onda quadrada tem um valor de pico a pico de $2V_{sat}$, aproximadamente 27 V, e uma frequência de 1,7 kHz no circuito da Figura 20-34.

PROBLEMA PRÁTICO 20-10 Na Figura 20-34, substitua o resistor de 18 kΩ por um de 10 kΩ e calcule a nova frequência de saída.

Exemplo de aplicação 20-11

MultiSim

O oscilador de relaxação do Exemplo 20-10 é usado na Figura 20-33 para acionar um integrador. Considere que a tensão de pico da saída do oscilador de relaxação seja 13,5 V. Se o integrador tem R_4 = 10 kΩ e C_2 = 10 μF, qual é o valor de pico a pico da onda triangular de saída?

SOLUÇÃO Com as equações mostradas na Figura 20-33, podemos analisar o circuito. No Exemplo 20-10, calculamos uma fração de realimentação de 0,9 e um período de 589 μs. Agora, podemos calcular o valor de pico a pico da saída triangular:

$$V_{out(pp)} = \frac{589\mu s}{2(10\ k\Omega)(10\ \mu F)}(13{,}5\ V) = 39{,}8\ mVpp$$

O circuito gera uma onda quadrada com um valor de pico a pico de aproximadamente 27 V e uma onda triangular com um valor de pico a pico de 39,8 mV.

PROBLEMA PRÁTICO 20-11 Repita o Exemplo 20-11 substituindo o resistor de 18 kΩ, na Figura 20-34, por um de 10 kΩ.

20-8 Outro gerador de onda triangular

Na Figura 20-35*a*, a saída de um *Schmitt trigger* não inversor é uma onda retangular que aciona um integrador. A saída de um integrador é uma onda triangular. Essa onda triangular é realimentada e aciona o *Schmitt trigger*. Assim temos um circuito bastante útil. O primeiro estágio aciona o segundo, e o segundo aciona o primeiro.

A Figura 20-35*b* mostra a característica de transferência do *Schmitt trigger*. Quando a saída é nível baixo, a entrada tem que aumentar até o valor UTP para comutar a saída para o nível alto.

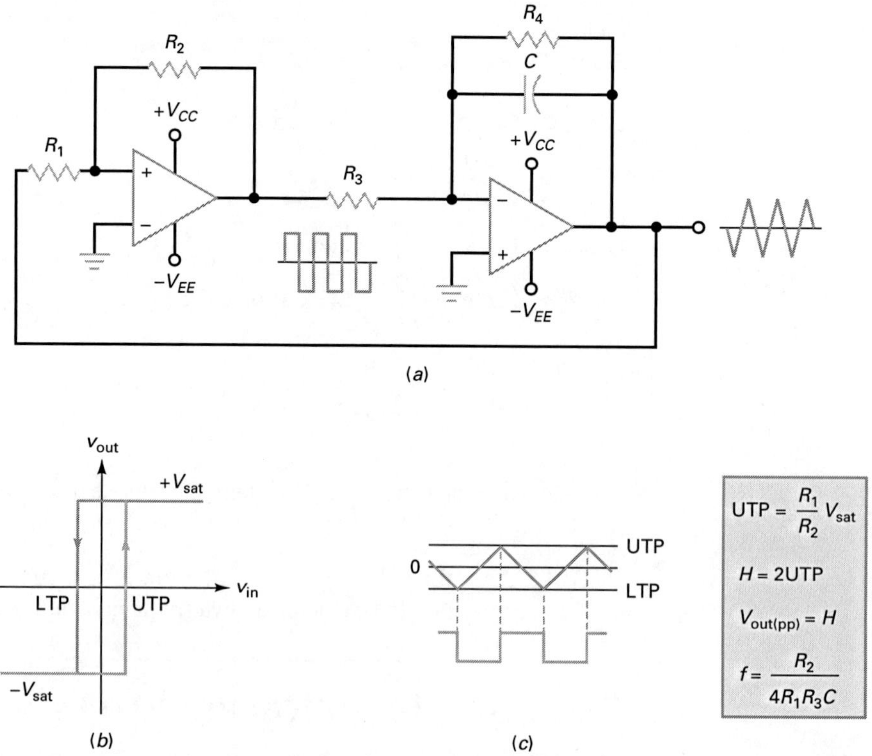

Figura 20-35 Um *Schmitt trigger* e um integrador gerando uma onda quadrada e uma onda triangular.

Igualmente, quando a saída é nível alto, a entrada tem que diminuir até o valor LTP para comutar a saída para o nível baixo.

Quando a saída do *Schmitt trigger* é nível baixo na Figura 20-35*c*, o integrador produz uma rampa positiva, que aumenta até alcançar o valor UTP. Neste ponto, a saída do *Schmitt trigger* comuta para o estado alto e a onda triangular muda de direção. A rampa negativa então diminui até alcançar o valor LTP, momento no qual a saída do *Schmitt trigger* muda.

Na Figura 20-35*c*, o valor de pico a pico da onda triangular é igual à diferencia entre UTP e LTP. Podemos deduzir essa equação para a frequência:

$$f = \frac{R_2}{4R_1R_3C} \tag{20-19}$$

A Figura 20-35 mostra essa equação, juntamente com outras equações para análise do circuito.

Exemplo de aplicação 20-12

O gerador de onda triangular da Figura 20-35*a* tem os seguintes valores para o circuito: R_1 = 1 kΩ, R_2 = 10 kΩ, R_3 = 100 kΩ, R_4 = 100 kΩ e C = 10 μF. Qual é a tensão pico a pico de saída se V_{sat} = 13 V? Qual é a frequência da onda triangular?

SOLUÇÃO Com as equações da Figura 20-35, o valor de UTP é:

$$\text{UTP} = \frac{1\,\text{k}\Omega}{100\,\text{k}\Omega}(13\text{V}) = 0{,}13\text{V}$$

O valor de pico a pico da saída triangular é igual à histerese:

$$V_{\text{out(pp)}} = H = 2\text{UTP} = 2(0{,}13\,\text{V}) = 0{,}26\,\text{V}$$

A frequência é:

$$f = \frac{100\,\text{k}\Omega}{4(1\,\text{k}\Omega)(10\,\text{k}\Omega)(10\,\mu\text{F})} = 250\,\text{Hz}$$

PROBLEMA PRÁTICO 20-12 Usando a Figura 20-35, substitua R_1 por 2 kΩ e C por 1 μF. Calcule $V_{out(pp)}$ e a frequência de saída.

20-9 Circuitos com diodo ativo

Amp-ops podem melhorar o desempenho de circuitos com diodo. Em primeiro lugar, um amp-op com realimentação negativa reduz o efeito da tensão de joelho, nos permitido implementar retificador, detector de pico, limitador e grampeador de sinais de pequena amplitude (aqueles com amplitudes menores que a tensão de joelho de um diodo). E devido a sua ação buffer, os amp-ops podem eliminar os efeitos da fonte e da carga nos circuitos com diodo.

Retificador de meia-onda

A Figura 20-36 mostra um **retificador de meia-onda ativo**. Quando o sinal de entrada torna-se positivo, a saída torna-se positiva e faz o diodo conduzir. O circuito então se comporta como um seguidor de tensão, e o semiciclo positivo aparece no resistor de carga. Quando a entrada torna-se negativa, a saída do amp-op torna-se

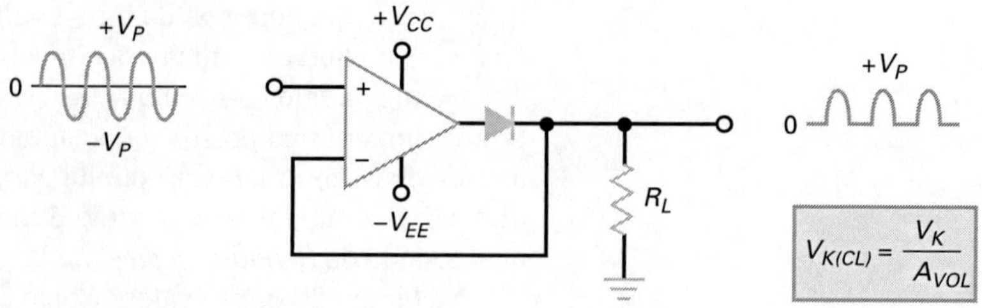

Figura 20-36 Retificador de meia-onda ativo.

negativa e corta o diodo. Como o diodo está aberto, nenhuma tensão aparece no resistor de carga. A saída final é quase um sinal de meia-onda perfeito.

Existem dois *modos* distintos ou regiões de operação. Primeiro, quando a tensão de entrada é positiva, o diodo está conduzindo e a operação é linear. Nesse caso, a tensão de saída é realimentada na entrada, e temos a realimentação negativa. Segundo, quando a tensão de entrada é negativa, o diodo não conduz e o caminho de realimentação está aberto. Nesse caso, a saída do amp-op é isolada do resistor de carga.

O alto ganho de tensão em malha aberta do amp-op quase elimina o efeito da tensão de joelho. Por exemplo, se a tensão de joelho é 0,7 V e A_{VOL} é 100.000, a tensão de entrada que faz o diodo entrar em condução é 7 μV.

A tensão de joelho em malha fechada é dada por:

$$V_{K(CL)} = \frac{V_K}{A_{VOL}}$$

onde V_K = 0,7 V para um diodo de silício. Devido à tensão de joelho em malha fechada ser muito pequena, o retificador de meia-onda ativo pode ser usado com sinais de nível mais baixo, na região de microvolts.

Detector de pico ativo

Para detectarmos o valor de pico de sinais pequenos, podemos usar um **detector de pico ativo** como o que é mostrado na Figura 20-37*a*. Novamente, a tensão de joelho em malha fechada está na região de microvolts, o que significa que podemos detectar o valor de pico de sinais de baixa amplitude. Quando o diodo está conduzindo, a realimentação negativa produz uma impedância de saída Thévenin que se aproxima de zero. Isso significa que a constante de tempo de carga é muito baixa, assim o capacitor pode ser carregado rapidamente com o valor de pico positivo. Quando o diodo está em corte, o capacitor tem que descarregar através de R_L. Como a constante de tempo de descarga R_LC pode ser muito maior que o período do sinal de entrada, podemos assim ter uma detecção de pico quase perfeita para sinais de baixa amplitude.

Existem duas regiões distintas de operação. Primeiro, quando a tensão de entrada é positiva, o diodo conduz e a operação é linear. Nesse caso, o capacitor é carregado com o valor de pico da tensão de entrada. Segundo, quando a tensão de entrada é negativa, o diodo está em corte e o caminho de realimentação está aberto. Nesse caso, o capacitor é descarregado através do resistor de carga. Enquanto a constante de tempo de descarga é muito maior que o período do sinal de entrada, a tensão de saída será aproximadamente igual ao valor de pico da tensão de entrada.

Se o sinal de pico detectado tem que acionar uma carga de baixa resistência, podemos evitar efeitos de carga usando um buffer amp-op. Por exemplo, se conectamos o ponto *A* da Figura 20-37*a* ao ponto *B* da Figura 20-37*b*, o seguidor de tensão isola o resistor de carga de baixo valor do detector de pico. Isso evita que uma pequena resistência de carga descarregue o capacitor de forma muito rápida.

A constante de tempo R_LC deve ser pelo menos 10 vezes maior que o período T da menor frequência de entrada. Na forma de equação temos:

$$R_LC > 10T \quad \textbf{(20-20)}$$

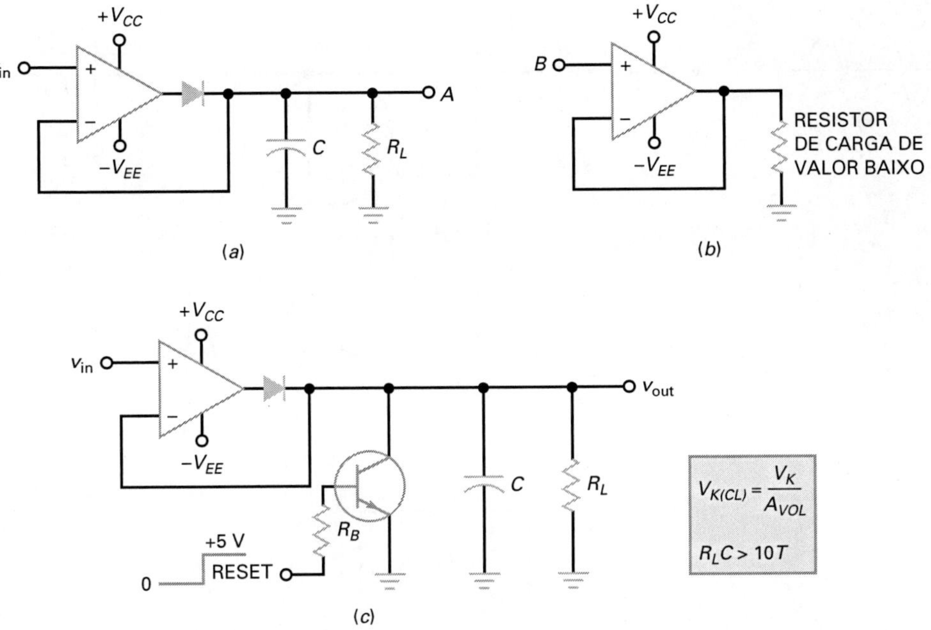

Figura 20-37 (*a*) Detector de pico ativo; (*b*) amplificador buffer; (*c*) detector de pico com *reset*.

Se essa condição for satisfeita, a tensão de saída estará dentro de 5% do pico de entrada. Por exemplo, se a menor frequência é 1 kHz, o período é 1 ms. Nesse caso, a constante de tempo R_LC deve ser pelo menos 10 ms para um erro menor que 5%.

Normalmente, um *reset* é incluído no detector de pico ativo, como mostra a Figura 20-37*c*. Quando a entrada de *reset* é nível baixo, a chave com transistor é desligada. Isso permite ao circuito funcionar como descrito anteriormente. Quando a entrada de *reset* é nível alto, a chave com transistor é fechada. Isso descarrega rapidamente o capacitor. A razão da necessidade de um *reset* é porque em função de a constante de tempo de descarga ser grande, o capacitor se manterá carregado por um longo tempo, ainda que o sinal de entrada seja removido. Usando uma entrada de *reset* podemos rapidamente descarregar o capacitor, preparando-o para um novo sinal de entrada com um valor de pico diferente.

Limitador positivo ativo

A Figura 20-38*a* mostra um **limitador positivo ativo**. Com o cursor todo voltado para a esquerda, v_{ref} é zero e a entrada não inversora está aterrada. Quando v_{in} é positiva, a saída do amp-op é negativa e o diodo conduz. A baixa impedância do diodo produz uma forte realimentação negativa porque a resistência de realimentação se aproxima de zero. Para essa condição, o nó de saída está no terra virtual para todos os valores positivos de v_{in}.

Quando v_{in} é negativa, a saída do amp-op é positiva, o que corta o diodo e abre a malha. Quando a malha está aberta, o terra virtual é perdido e v_{out} é igual ao semiciclo negativo da tensão de entrada. Por isso o semiciclo negativo aparece na saída conforme mostrado.

Podemos ajustar o nível de limitação movendo o cursor para obter diferentes valores de v_{ref}. Dessa maneira, obtemos a forma de onda de saída da Figura 20-38*a*. O nível de referência pode ser ajustado entre 0 e $+V$.

A Figura 20-38*b* mostra um circuito ativo que limita os dois semiciclos. Observe os diodos Zener em série e com polarizações opostas na malha de realimentação. Abaixo da tensão Zener, o circuito tem um ganho de malha fechada de R_2/R_1. Quando a saída tenta exceder a tensão Zener mais uma queda de tensão direta

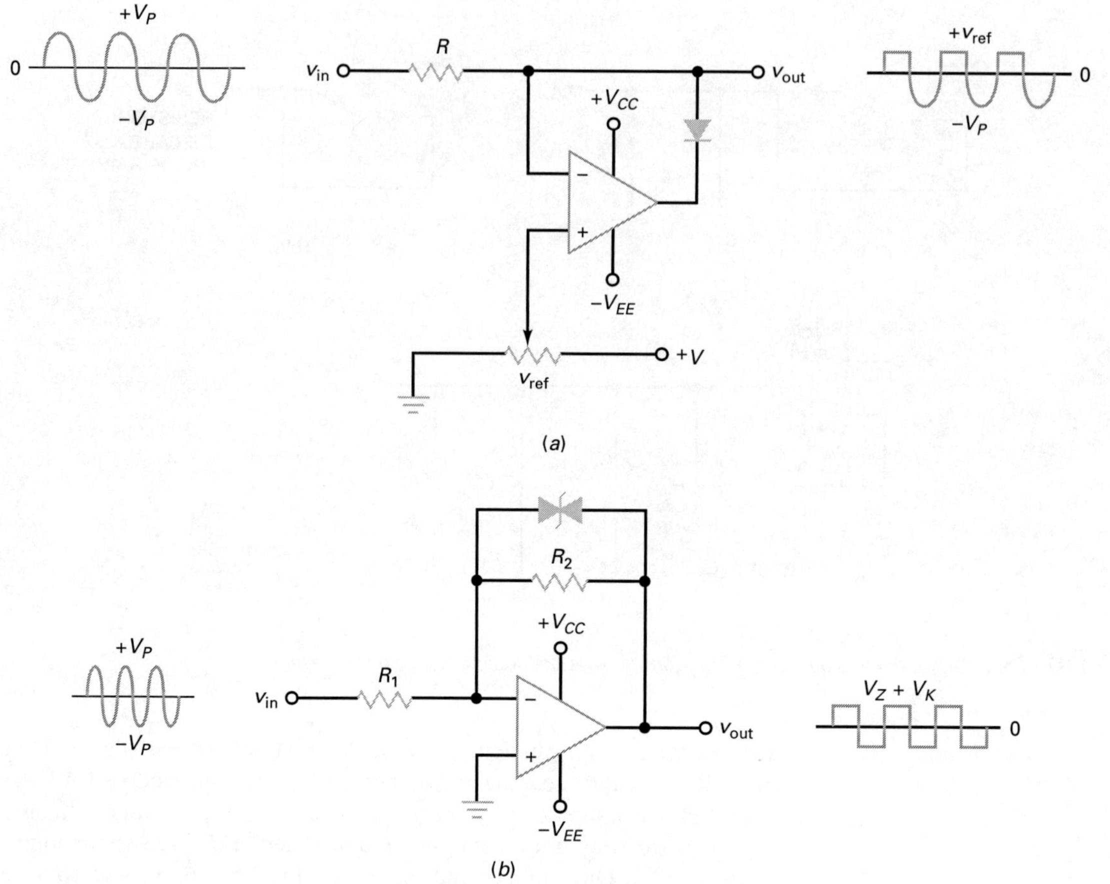

Figura 20-38 (*a*) Limitador positivo ativo; (*b*) diodos Zener produzindo uma onda retangular.

de diodo, o diodo Zener entra na região Zener e a tensão de saída é $V_Z + V_K$ independentemente do terra virtual. Por isso, a saída é limitada como mostrado.

Grampeador positivo ativo

A Figura 20-39 é um **grampeador positivo ativo**. Esse circuito acrescenta uma componente CC ao sinal de entrada. Como consequência, a saída tem que ser de mesma amplitude e formato do sinal de entrada, exceto pelo deslocamento CC.

Eis a teoria de operação: o primeiro semiciclo negativo do sinal de entrada é acoplado pelo capacitor descarregado e produz uma saída positiva no amp-op que faz o

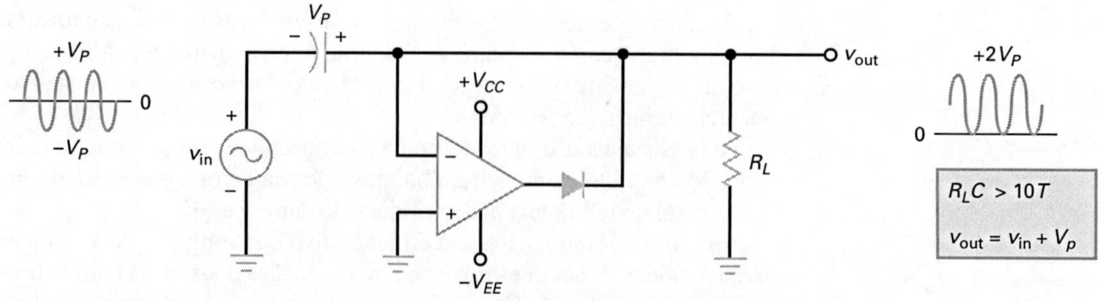

Figura 20-39 Grampeador positivo ativo.

diodo conduzir. Devido ao terra virtual, o capacitor é carregado com o valor de pico do semiciclo negativo com a polaridade mostrada na Figura 20-39. Exatamente após o pico negativo de entrada, o diodo corta, a malha se abre e o terra virtual é perdido. Nesse caso, a tensão de saída é a soma da tensão de entrada com a tensão do capacitor:

$$v_{out} = v_{in} + Vp \qquad \textbf{(20-21)}$$

Como V_p é somado à tensão senoidal de entrada, a forma de onda final de saída é deslocada positivamente através do valor V_p, como mostra a Figura 20-39. A forma de onda grampeada positivamente varia de 0 a $+2V_p$, o que significa que ela tem um valor de pico a pico de $2V_p$, o mesmo que a entrada. Novamente, a realimentação negativa reduz a tensão de joelho do diodo por um fator de aproximadamente A_{VOL}, o que significa que podemos implementar grampeadores excelentes para entradas de pequena amplitude.

A Figura 20-39 mostra a saída do amp-op. Durante a maior parte do ciclo, o amp-op opera na saturação negativa. Entretanto, exatamente no pico negativo de entrada, o amp-op produz um estreito pulso positivo que repõe qualquer carga perdida pelo capacitor de grampeamento entre os picos negativos de entrada.

20-10 Diferenciador

Diferenciador é um circuito que realiza uma operação de cálculo denominada *diferenciação*. Ele produz uma tensão de saída proporcional à taxa de variação instantânea da tensão de entrada. Como exemplo de aplicações comuns do diferenciador temos a detecção de bordas de subida e descida de um pulso retangular ou a produção de uma saída retangular a partir de uma entrada na forma de rampa.

Diferenciador *RC*

Um circuito *RC* como o da Figura 20-40*a* pode ser usado para diferenciar um sinal de entrada. Um sinal de entrada típico é um pulso retangular, como mostra a Figura 20-40*b*. A saída do circuito é uma série de spikes positivos e negativos. O *spike* positivo ocorre no mesmo instante que a borda de subida na entrada e o *spike* negativo ocorre no mesmo instante que a borda de descida. *Spikes* como esses são sinais úteis porque eles indicam quando o sinal retangular de entrada começa e termina.

Para entender como funciona o diferenciador *RC*, observe a Figura 20-40*c*. Quando a tensão de entrada varia de 0 para +*V*, o capacitor começa a ser carregado

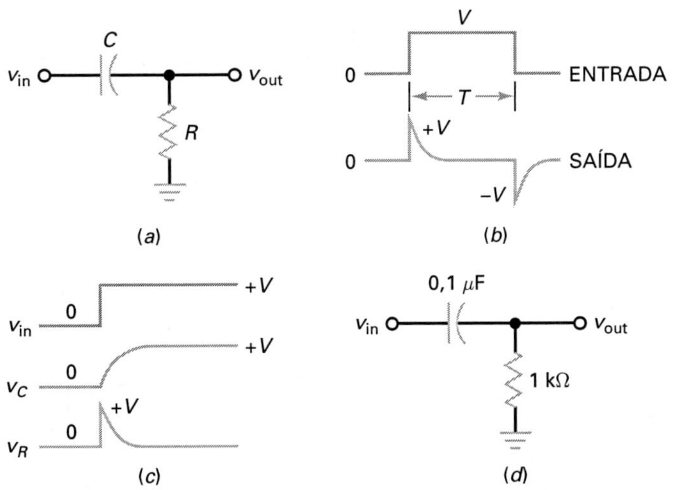

Figura 20-40 (*a*) Diferenciador *RC*; (*b*) uma entrada retangular produz uma saída com *spikes*; (*c*) formas de onda de carga; (*d*) exemplo.

exponencialmente, como mostrado. Após cinco constantes de tempo, a tensão no capacitor está dentro de 1% da tensão final. Para satisfazer a lei de Kirchhoff para tensão, a tensão no resistor da Figura 20-40*a* é:

$$v_R = v_{in} - v_C$$

Como v_c é inicialmente zero, a tensão de saída salta quase instantaneamente de 0 para V e em seguida decai exponencialmente, como mostra a Figura 20-40*b*. Com uma argumentação similar, a borda de subida de um pulso retangular produz um *spike* negativo. A propósito, cada *spike* na Figura 20-40*b* tem um valor de pico de aproximadamente V, que é a amplitude do degrau de tensão.

Se um diferenciador *RC* produz *spikes* estreitos, a constante de tempo deve ser pelo menos 10 vezes menor que a largura do pulso T:

$$RC < 10T$$

Se a largura do pulso é 1 ms, a constante de tempo *RC* deve ser menor que 0,1 ms. A Figura 20-40*d* mostra um diferenciador *RC* com uma constante de tempo de 0,1 ms. Se acionarmos esse circuito com um pulso retangular com largura T maior que 1 ms, a saída será uma série de *spikes* positivos e negativos de tensão estreitos.

Diferenciador com amp-op

A Figura 20-41*a* mostra um diferenciador com amp-op. Observe a similaridade com o integrador com amp-op. A diferença está no posicionamento do resistor e do capacitor. Devido ao terra virtual, a corrente no capacitor passa pelo resistor de realimentação, produzindo uma tensão nesse resistor. A corrente no capacitor é dada pela seguinte relação fundamental:

$$i = C\frac{dv}{dt}$$

O valor de dv/dt é igual à inclinação da tensão de entrada.

Uma aplicação comum do diferenciador com amp-op é na produção de *spikes* bastante estreitos, como mostra a Figura 20-41*b*. A vantagem de um diferenciador com amp-op sobre um diferenciador *RC* simples é que os *spikes* são provenientes de uma fonte de baixa impedância, o que faz com que seja mais fácil o acionamento de uma típica resistência de carga.

Diferenciador com amp-op prático

O diferenciador com amp-op da Figura 20-41*a* tem uma tendência a oscilar. Para evitar isso, um diferenciador com amp-op prático geralmente inclui alguma resistência em série com o capacitor, como mostra a Figura 20-42. O valor típico dessa resistência acrescentada está entre $0{,}01R$ e $0{,}1R$. Com esse resistor, o ganho de tensão em malha fechada está entre 10 e 100. O efeito é limitar o ganho de tensão em malha fechada em altas frequências, onde o problema da oscilação aumenta.

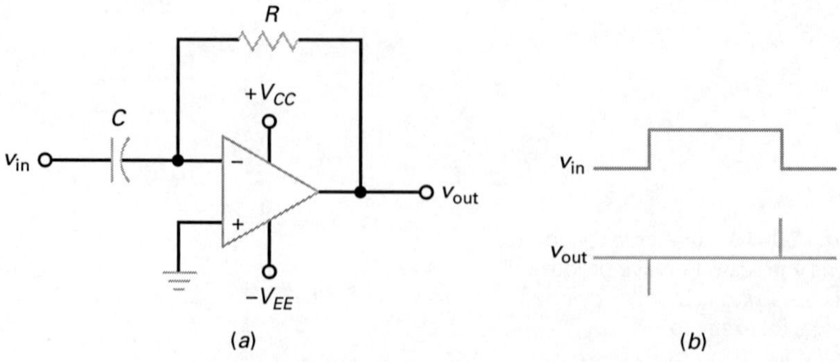

Figura 20-41 (*a*) Diferenciador com amp-op; (*b*) uma entrada retangular produz uma saída com *spikes*.

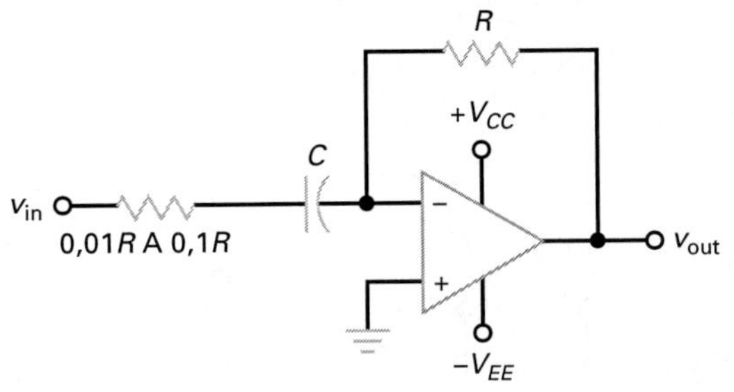

Figura 20-42 Resistência acrescentada à entrada para evitar oscilações.

20-11 Amplificador classe D

O amplificador classe B ou classe AB tem sido a principal escolha de muitos projetistas em amplificadores de áudio. Essa configuração de amplificador linear é capaz de proporcionar o desempenho convencional necessário e os requisitos de custo. Agora, produtos como TVs de LCD, TVs de plasma e PCs *desktop* demandam potências maiores de saída enquanto mantêm ou reduzem o fator de forma, sem aumentar os custos. Dispositivos portáteis como os PDAs, telefones celulares e *notebooks* demandam circuitos mais eficientes. Amplificadores classe AB têm uma eficiência máxima de cerca de 78% quando utilizados a um nível de potência total. Mas, sob níveis de potência de audição normais, a eficiência cai drasticamente. A eficiência de um amplificador classe D pode ser maior do que 90% para uma faixa de níveis de potência de saída. Devido à alta eficiência e ao baixo aquecimento, o amplificador classe D está agora competindo com os amplificadores classe AB em muitas aplicações. O amplificador classe D demonstra uma aplicação de muitos dos dispositivos que temos estudado.

Amplificadores classe D discretos

Em vez de ser polarizado para operação linear, um **amplificador classe D** usa transistores de saída que operam como chaves. Cada transistor é habilitado a estar em corte ou saturado. Quando em corte, sua corrente é zero. Quando saturado, a tensão nele é baixa. Esse conceito aumenta a eficiência do circuito, pois requer menos potência da fonte de alimentação e permite o uso de dissipadores menores para o amplificador.

Um amplificador classe D básico que usa uma configuração de saída meia-ponte é mostrado na Fig. 20-43. O amplificador consiste em um amp-op comparador acionando dois MOSFETs que operam como chaves. O comparador tem dois sinais de entrada: um é o sinal de áudio V_A, e a outra entrada é uma onda triangular V_T com uma frequência bem maior. O valor da tensão na saída do comparador, V_C, se aproxima de $+V_{DD}$ ou $-V_{SS}$. Quando $V_A > V_T$, $V_C = +V_{DD}$. Quando $V_A < V_T$, $V_C = -V_{SS}$.

A tensão de saída positiva ou negativa do comparador aciona dois MOSFETs complementares de fonte comum. Quando V_C é positiva, Q_1 conduz e Q_2 corta. Quando V_C é negativa, Q_1 corta e Q_2 conduz. A tensão de saída de cada transistor é ligeiramente menor que $+V_{DD}$ e $-V_{SS}$ da fonte de alimentação. L_1 e C_1 fazem o papel de um filtro passa-baixas. A maioria dos filtros *LC* para amplificadores Classe D são projetos passa-baixas de segunda ordem. Um filtro típico tem uma resposta Butterworth com frequência de corte de 40 a 50 kHz. Quando os valores desses componentes são escolhidos adequadamente, esse filtro permite a passagem do valor médio na saída dos transistores de comutação para o alto-falante. Se o sinal de entrada de áudio V_A for zero, V_O será uma onda quadrada simétrica com um valor médio de zero volt.

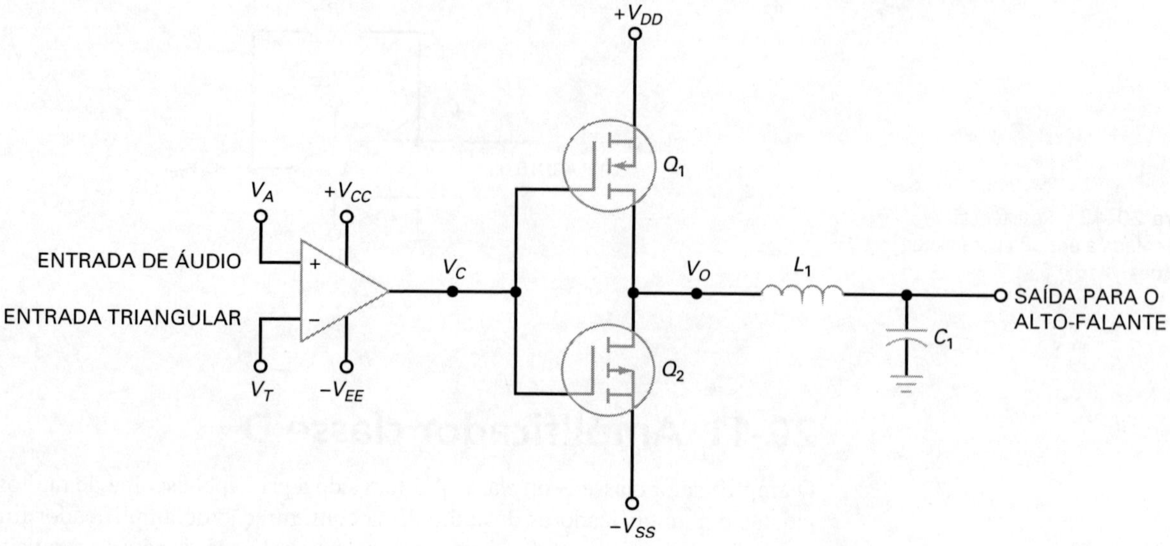

Figura 20-43 Amplificador classe D básico.

Para ilustrar a operação desse circuito, examine a Figura 20-44. Uma onda senoidal de 1 kHz é aplicada na entrada V_A e uma onda triangular de 20 kHz é aplicada na entrada V_T. Na prática, a frequência de entrada da onda triangular deve ser muitas vezes maior que a que usamos nessa ilustração. Uma frequência de 250 kHz a 300 kHz é normalmente usada. A frequência deve ser tão alta quanto possível em comparação com a frequência de corte, f_c, de L_1C_1 para uma menor distorção de saída. Além disso, note que a tensão máxima de V_A é aproximadamente 70% de V_T.

A saída V_O resultante a partir dos transistores de comutação é uma forma de onda **modulada por largura de pulso** (**PWM** – *pulse-width-modulated*). O ciclo de trabalho dessa forma de onda produz uma saída cujo valor médio segue o sinal de entrada de áudio. Isso está na Figura 20-45. Quando V_A está em seu pico positivo, a largura do pulso de saída é um máximo positivo, produzindo uma saída média positiva elevada. Quando V_A está em seu pico negativo, a largura do pulso de saída é um máximo negativo, produzindo uma saída média negativa elevada. Quando V_A é zero, as amplitudes positivas e negativas de saída são iguais, resultando em um valor médio de zero volt.

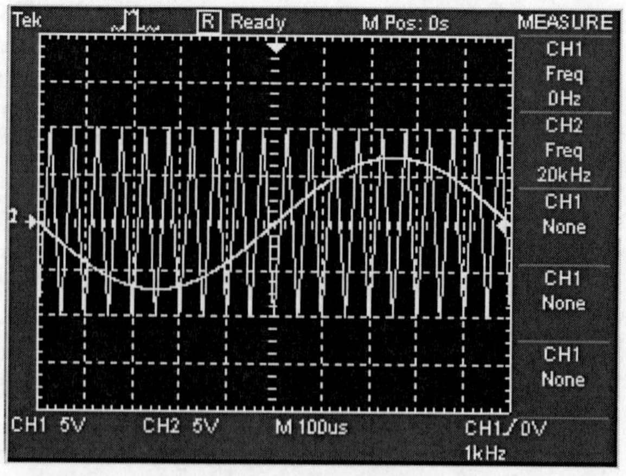

Figura 20-44 Formas de onda de entrada.

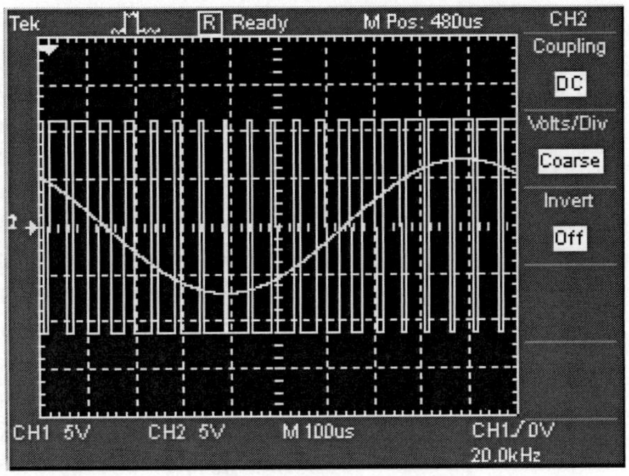

Figura 20-45 Forma de onda de saída seguindo a entrada.

A Figura 20-46 mostra um exemplo de um amplificador classe D utilizando uma topologia de ponte completa (ponte H). Esta configuração também é conhecida como carga conectada em ponte. A ponte completa requer duas meias-ponte que fornecem ao filtro pulsos de polaridades opostas. Para uma dada fonte de alimentação de V_{DD} e V_{SS}, isso significa que a ponte completa pode apresentar duas vezes o sinal de saída e quatro vezes a potência de saída de uma configuração de meia-ponte. Enquanto a meia-ponte é mais simples e requer circuitos de acionamento de porta menos complicados, a ponte completa pode produzir um melhor desempenho de áudio. A estrutura da saída diferencial da topologia em ponte tem a capacidade de cancelar componentes harmônicos de distorção de ordem par e *offsets* CC. A ponte completa tem uma vantagem adicional que é a possibilidade de operar a partir de uma única fonte de alimentação (V_{DD}) sem a necessidade de um grande capacitor de acoplamento.

Na topologia de meia-ponte, uma parte da energia de saída é "bombeada" de volta a partir do amplificador para a fonte de alimentação durante a comutação. Esta energia é principalmente o resultado da energia armazenada na bobina do

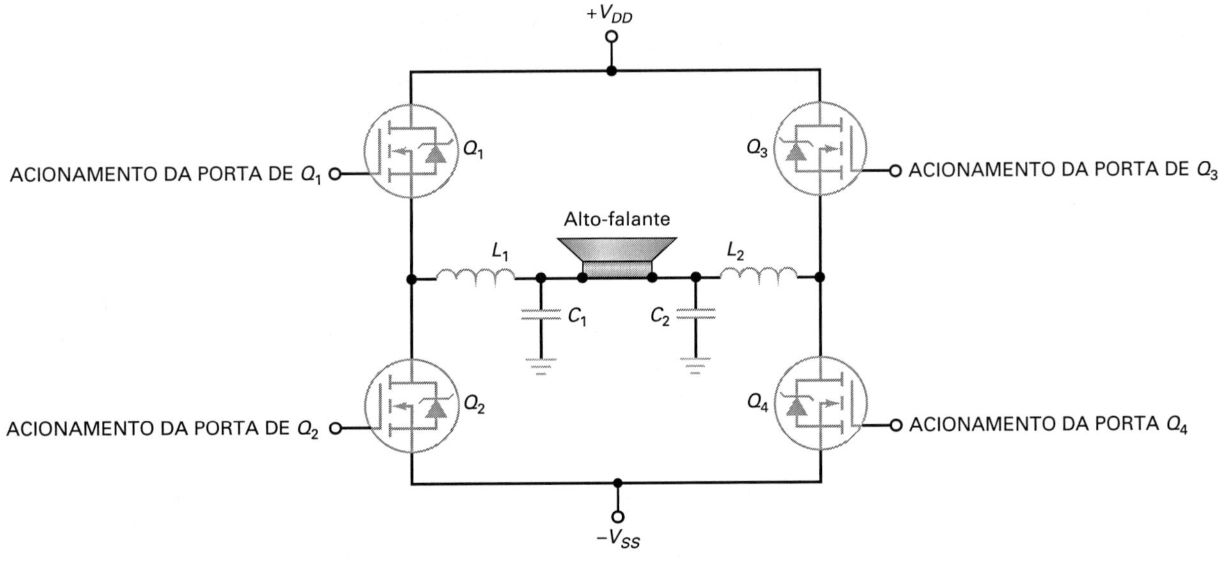

Figura 20-46 Saída classe D em ponte completa.

filtro passa-baixas. Isso resulta em flutuações da tensão de barramento e distorção na saída. Os ramos de comutação complementares da ponte completa são capazes de consumir energia do outro lado. Isso resulta em menos energia bombeada de volta para a fonte de alimentação.

Para qualquer topologia, o erro no tempo de comutação pode causar não linearidade do sinal do PWM. Para evitar *shoot-through* (um surto momentâneo de corrente), uma pequena quantidade de "tempo morto" deve ser usada para garantir que ambos os FETs de potência em um ramo da ponte H não sejam ligados ao mesmo tempo. Se este intervalo de tempo for muito grande, pode causar um aumento significativo na distorção harmônica total (THD – *total harmonic distortion*) na saída. A comutação de alta frequência do circuito de saída também pode criar interferência eletromagnética (EMI – *electromagnetic interference*). Portanto, é importante manter terminais, trilhas na placa de circuito e fios de conexão tão curtos quanto possível.

Uma variação do amplificador classe D é denominada amplificador classe D sem filtro. Este amplificador utiliza uma técnica de modulação diferente da anteriormente discutida. Neste amplificador, quando o sinal é positivo, a saída é um trem de pulsos PWM que alternam entre zero volt e $+V_{DD}$. Quando o sinal de entrada é negativo, o trem de pulsos modulado de saída alterna entre zero volt e $-V_{SS}$. Quando o sinal de entrada é igual a zero, a saída é zero, em vez de uma onda quadrada simétrica. Isto ajuda a eliminar a necessidade de um filtro passa-baixas conectado ao alto-falante.

CI para Amplificadores classe D

Para amplificadores Classe D de baixo consumo, reunir todos os circuitos necessários em um circuito integrado tem muitas vantagens. O LM48511 é um exemplo de um CI amplificador classe D que combina um conversor *boost* chaveado de modo corrente, juntamente com um amplificador de áudio classe D de alta eficiência. O amplificador Classe-D pode fornecer 3 W de potência contínua em um alto-falante de 8 Ω e usa arquitetura PWM de baixo ruído que elimina a necessidade de um filtro passa-baixas LC na saída. O LM48511 é projetado para dispositivos portáteis, como GPS, telefones celulares e aparelhos MP3. Sua especificação de eficiência de 80% lhe permite prolongar a vida útil da bateria em comparação com amplificadores classe AB. Então, como esse CI funciona?

A Figura 20-47 mostra um diagrama em bloco simplificado do LM48511 utilizado em uma aplicação de amplificador de áudio. Vários blocos funcionais internos são mostrados dentro do CI. Juntamente com as conexões especiais de controle de sinal de entrada, estes blocos exigem uma fonte de alimentação externa V_{DD}, de 13,0 a 15,5 V, e uma quantidade mínima de componentes externos para operar.

A metade superior do LM48511 constitui o regulador de tensão chaveado. Este tipo de regulador é denominado conversor *boost* porque é capaz de aumentar o nível da tensão de alimentação aplicada V_{DD}. Detalhes de reguladores chaveados serão abordados mais adiante, mas vamos analisar o seu funcionamento básico.

O regulador de tensão *boost* chaveado é composto por um oscilador interno, modulador e FET, juntamente com os componentes externos L_1, D_1, C_2 e uma rede divisora de tensão de R_1 a R_3. O bloco oscilador superior aciona o modulador com uma frequência de 1 MHz. O modulador então aciona o FET de comutação interno com uma forma de onda de 1 MHz e ciclo de trabalho variável. Um sinal de realimentação FB para o modulador permite que o ciclo de trabalho varie dependendo se mais ou menos tensão de saída é necessária. Quando o FET está ligado, a corrente flui através de L_1 e a energia é armazenada no seu campo magnético. Quando o FET desliga, o campo magnético em torno de L_1 entra em colapso, induzindo uma tensão através dele. Esta tensão se soma com a tensão de entrada V_{DD}. O capacitor C_2 se carrega através do diodo Schottky D_1 até um valor de $(V_{DD} + V_L) + V_{diodo}$. Dependendo de qual resistor de realimentação é utilizado, R_1 ou R_2, a tensão aumentada será filtrada por C_2 e conectada aos pontos de entrada de tensão

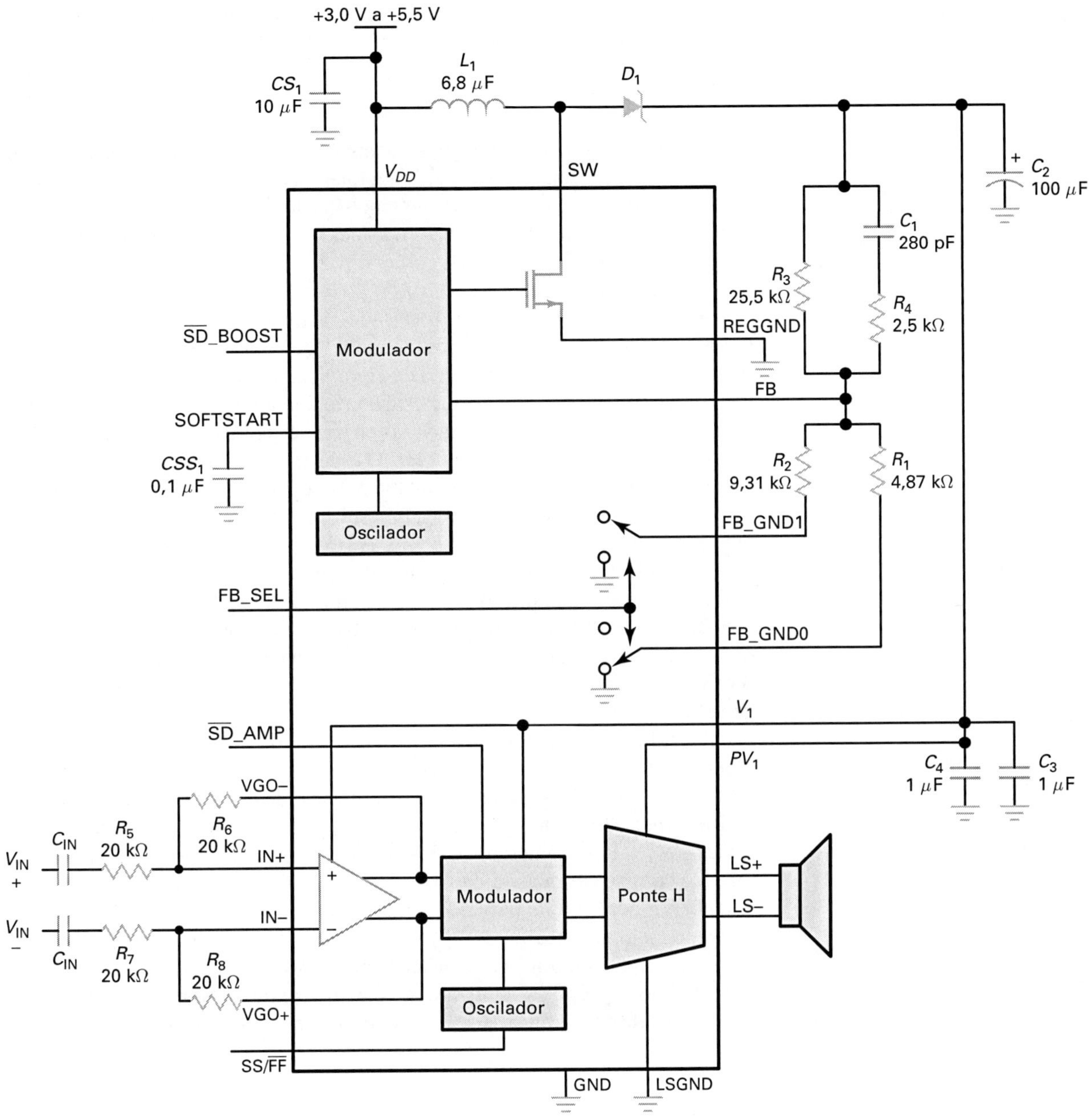

Figura 20-47 Circuito de aplicação de um amplificador de áudio típico com o LM48511.

do amplificador, V_1 e PV_1. Quando V_{DD} é 5 V, a tensão de saída aumentada é de aproximadamente 7,8 V. Para economizar energia da bateria, o circuito *boost* pode ser desativado por um sinal de controle enviado ao modulador. Esta situação pode ocorrer quando apenas um pequeno nível de potência de saída for necessário; portanto, não é necessária a tensão aumentada. Por causa da alta frequência de comutação, é recomendado que sejam utilizados capacitores cerâmicos multi-camadas com baixa resistência em série equivalente (ESR – *equivalent series resistance*) no conversor e C_2 seja um capacitor de tântalo de baixo ESR.

Como mostrado na Fig. 20-47, a metade inferior do LM48511 é o amplificador classe D. Este CI utiliza um amplificador com entrada e saída diferenciais. Isto resulta numa razão de rejeição de modo comum (CMRR) típica de 73 dB. O ganho do amplificador diferencial é definido por quatro resistores externos. Estes incluem os resistores de entrada, R_5 e R_7, e os de realimentação, R_6 e R_8. O ganho de tensão do CI é determinado por:

$$A_v = 2x\frac{R_f}{R_{in}}$$

Para diminuir o THD do amplificador e aumentar o CMRR, devemos utilizar resistores cuidadosamente casados com tolerâncias de 1% ou melhor. Além disso, para aumentar a rejeição de ruído do amplificador, estes resistores devem ser colocados o mais próximo possível das conexões de entrada do CI. Quando necessário, os dois capacitores de entrada, C_{in}, são utilizados para bloquear o componente CC da fonte de áudio de entrada.

A saída do amplificador diferencial aciona o bloco modulador inferior. O LM48511 utiliza dois esquemas de modulação por largura de pulso: Um modo de frequência fixa (*FF*) e um modo de *espalhamento espectral* (*SS*). Isto é definido pela linha de controle $SS/\overline{FF}$, que está conectada a um oscilador interno. Quando esta linha de controle está aterrada, as chaves de saída do modulador são acionadas a uma taxa constante de 300 kHz. O espectro de saída do amplificador, então, consiste da frequência fundamental 300 MHz e dos harmônicos associados a ela.

Quando a linha de controle $SS/\overline{FF}$ está conectada a $+V_{DD}$, o modulador opera num modo de espalhamento espectral. A frequência de comutação do modulador irá variar aleatoriamente 10% em torno de uma frequência central de 330 kHz. A frequência de modulação fixa produz energia espectral na frequência fundamental e nos múltiplos harmônicos da frequência de comutação. A modulação por espalhamento espectral espalha a energia ao longo de uma maior largura de banda sem afetar a reprodução de áudio. Este modo elimina essencialmente a necessidade de filtros de saída.

A saída do modulador aciona os dispositivos de comutação de potência da ponte H (ponte completa) interna. Se estiver operando no modo de frequência fixa, as saídas comutam a partir de PV1 (tensão de entrada regulada) para o terra na frequência de comutação de 300 kHz. Quando o sinal de entrada for zero, as saídas V_{LS+} e V_{LS-} comutam em fase com uma taxa de ciclo de trabalho de 50%, fazendo com que as duas saídas se cancelem. Não há tensão efetiva no alto-falante e nenhuma corrente de carga. Quando o nível do sinal de entrada aplicado aumenta, o ciclo de trabalho de V_{LS+} aumenta e o de V_{LS-} diminui. Quando o sinal de entrada aplicado diminui, o ciclo de trabalho de V_{LS+} diminui, enquanto que o ciclo de trabalho de V_{LS-} aumenta. A diferença entre as taxas de ciclo de trabalho em cada saída determina o nível e o sentido da corrente através do alto-falante.

Resumo

SEÇÃO 20-1 COMPARADORES COM REFERÊNCIA ZERO

Um comparador com uma tensão de referência zero é denominado detector de cruzamento zero. Normalmente são usados limitadores com diodos para proteger o comparador contra tensões de entrada excessivamente altas. Os comparadores em geral fazem interface com entradas de circuitos digitais.

SEÇÃO 20-2 COMPARADORES COM REFERÊNCIA DIFERENTE DE ZERO

Em algumas aplicações pode ser necessária uma tensão de limiar diferente de zero. Comparadores com tensão de referência diferente de zero são algumas vezes denominados detectores de limite. Embora os amp-ops possam ser usados como comparadores, CIs comparadores são otimizados para essa aplicação removendo o capacitor de compensação interno. Isso aumenta a velocidade de comutação.

SEÇÃO 20-3 COMPARADORES COM HISTERESE

Ruído é um tipo de sinal indesejado que não é proveniente do sinal de entrada nem harmonicamente relacionado a ele. Em virtude de o ruído provocar comutações falsas em um comparador, a realimentação positiva é usada para gerar uma histerese. Isso evita que o ruído provoque comutações falsas. A realimentação positiva também aumenta a velocidade da comutação entre os estados de saída.

SEÇÃO 20-4 COMPARADOR DE JANELA

Um comparador de janela, também denominado detector de limite duplo, detecta quando a tensão de entrada está entre os dois limites. Para criar a janela, um comparador de janela usa dois comparadores com dois pontos de comutação diferentes.

SEÇÃO 20-5 INTEGRADOR

Um integrador é útil na conversão de pulsos retangulares em rampas lineares. Devido à grande capacitância Miller de entrada, apenas a parte inicial de uma carga exponencial é usada. Como essa parte inicial é quase linear, a rampa de saída é quase perfeita. Os integradores são usados para gerar a base de tempo de osciloscópios.

SEÇÃO 20-6 CONVERSÃO DE FORMA DE ONDA

Podemos usar um *Schmitt trigger* para converter uma onda senoidal em uma onda retangular. Um integrador pode converter uma onda quadrada em uma onda triangular. Com um resistor ajustável, podemos controlar o ciclo de trabalho com um detector de limite.

SEÇÃO 20-7 GERAÇÃO DE FORMA DE ONDA

Com uma realimentação positiva, podemos construir osciladores, os quais são circuitos que geram um sinal de saída sem um sinal de entrada. Um oscilador de relaxação faz uso da carga de um capacitor para gerar um sinal de saída. Conectando em cascata um oscilador de relaxação e um integrador, podemos produzir um forma de onda triangular de saída.

SEÇÃO 20-8 OUTRO GERADOR DE ONDA TRIANGULAR

A saída de um *Schmitt trigger* não inversor pode ser usada para acionar um integrador. Se a saída do integrador é usada como entrada do *Schmitt trigger*, temos um oscilador que produz ondas quadrada e triangular.

SEÇÃO 20-9 CIRCUITOS COM DIODO ATIVO

Com amp-ops, podemos construir retificadores de meia-onda, detectores de pico, limitadores e grampeadores. Em todos esses circuitos a tensão de joelho em malha fechada é igual à tensão de joelho dividida pelo ganho de tensão em malha aberta. Por isso, podemos processar sinais de baixa amplitude.

SEÇÃO 20-10 DIFERENCIADOR

Quando uma onda quadrada aciona um diferenciador *RC*, a saída é uma série de spikes de tensão positivos e negativos estreitos. Com um amp-op, podemos melhorar a diferenciação e obter uma impedância de saída baixa.

SEÇÃO 20-11 AMPLIFICADOR CLASSE D

O amplificador classe D usa transistores de saída que operam como chaves. Em vez de operarem na região linear, esses transistores são acionados alternadamente para a saturação ou para o corte através do sinal de saída de um comparador. O amplificador classe D é capaz de proporcionar uma alta eficiência e está se difundindo em equipamentos que necessitam de amplificador de áudio.

Definições

(20-8) Histerese:

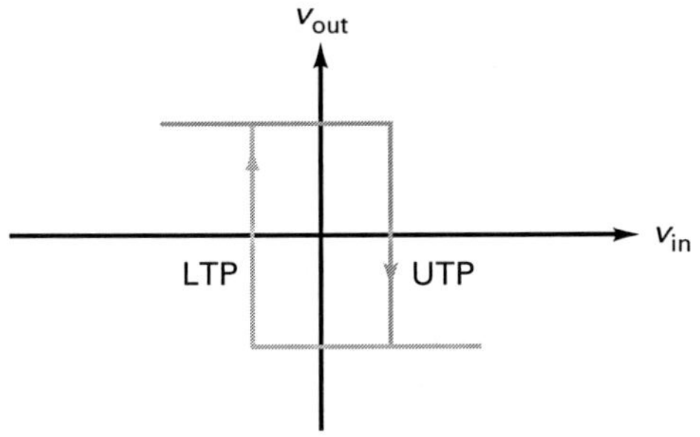

H = UTP − LTP

Derivações

Para todas as equações derivadas não mostradas aqui, veja as figuras apropriadas no capítulo.

(20-9) Histerese:

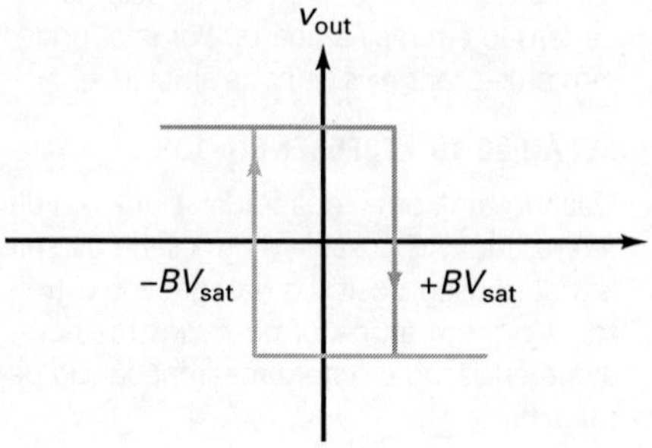

$$H = 2BV_{sat}$$

(20-12) Capacitância *speed-up*:

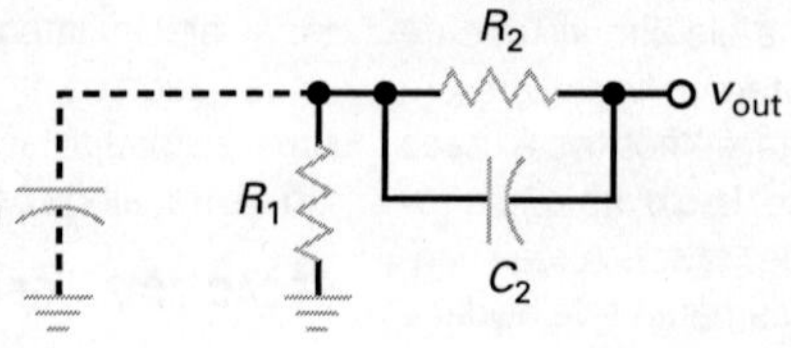

$$C_2 = \frac{R_1}{R_2}C_1$$

Exercícios

1. Em um circuito não linear com amp-op,

a. O amp-op nunca satura
b. A malha de realimentação nunca é aberta
c. O formato da saída é o mesmo que o da entrada
d. O amp-op pode saturar

2. Para detectar quando a entrada é maior que um valor em particular, usa-se um

a. Comparador
b. Grampeador
c. Limitador
d. Oscilador de relaxação

3. A tensão de saída de um *Schmitt trigger* é

a. Uma tensão de nível baixo
b. Uma tensão de nível alto
c. Uma tensão de nível baixo ou nível alto
d. Uma onda senoidal

4. A histerese evita comutação falsa associada com

a. Uma entrada senoidal
b. Tensões de ruído
c. Capacitâncias parasitas
d. Pontos de comutação

5. Se a entrada for um pulso retangular, a saída de um integrador será

a. Uma onda senoidal
b. Uma onda quadrada
c. Uma rampa
d. Um pulso retangular

6. Quando uma onda senoidal de grande amplitude aciona um *Schmitt trigger*, a saída é uma

a. Onda retangular
b. Onda triangular
c. Onda senoidal retificada
d. Série de rampas

7. Se a largura de pulso diminui e o período permanece o mesmo, o ciclo de trabalho

a. Diminui
b. Permanece o mesmo
c. Aumenta
d. É zero

8. A saída de um oscilador de relaxação é

a. Uma onda senoidal
b. Uma onda quadrada
c. Uma rampa
d. Um *spike*

9. Se A_{VOL} = 100.000, a tensão de joelho de malha fechada de um diodo de silício é

a. 1 μV
b. 3,5 μV
c. 7 μV
d. 14 μV

10. A entrada de um detector de pico é uma onda triangular com um valor de pico a pico de 8 V e um valor médio de 0. A saída é

a. 0
b. 4 V
c. 8 V
d. 16 V

11. A entrada de um limitador positivo é uma onda triangular com um valor de pico a pico de 8 V e um valor médio 0. Se o nível de referência for 2 V, a saída terá um valor de pico a pico de

a. 0
b. 2 V
c. 6 V
d. 8 V

12. A constante de tempo de descarga de um detector de pico é 100 ms. A menor frequência que podemos usar é

a. 10 Hz
b. 100 Hz
c. 1 kHz
d. 10 kHz

13. Um comparador com um ponto de comutação de zero é denominado algumas vezes

a. Detector de limiar
b. Detector de cruzamento zero
c. Detector de limite positivo
d. Detector de meia-onda

14. Para funcionar corretamente, muitos CIs precisam de um

a. Capacitor de compensação externo
b. Resistor de *pullup*
c. Circuito de desvio
d. Estágio de saída

15. Um *Schmitt trigger* usa

a. Realimentação positiva
b. Realimentação negativa
c. Capacitores de compensação
d. Resistores de *pullup*

16. Um *Schmitt trigger*

a. É um detector de cruzamento zero
b. Tem dois pontos de comutação
c. Produz ondas triangulares de saída
d. É projetado para comutar com tensões de ruído

17. Um oscilador de relaxação depende da carga de um capacitor através de

a. Um resistor
b. Um indutor
c. Um capacitor
d. Uma entrada não inversora

18. Uma rampa de tensão

a. É sempre crescente
b. É um pulso retangular
c. Aumenta ou diminui numa taxa linear
d. É produzida por histerese

19. O integrador com amp-op usa

a. Indutores
b. O efeito Miller
c. Entradas senoidais
d. Histerese

20. O ponto de comutação de um comparador é a tensão de entrada que faz com que

a. O circuito oscile
b. Seja detectado o pico de um sinal de entrada
c. A saída comute de estado
d. O grampeamento ocorra

21. Em um integrador com amp-op, a corrente através do resistor de entrada flui para

a. A entrada inversora
b. A entrada não inversora
c. O capacitor de desvio
d. O capacitor de realimentação

22. Um retificador de meia-onda ativo tem uma tensão de joelho de

a. V_K
b. 0,7 V
c. Mais que 0,7 V
d. Muito menos que 0,7 V

23. Em um detector de pico ativo, a constante de tempo de descarga é

a. Muito maior que o período
b. Muito menor que o período
c. Igual ao período
d. A mesma que a constante de tempo de carga

24. Se a tensão de referência é zero, a saída de um limitador positivo ativo é

a. Positiva
b. Negativa
c. Positiva ou negativa
d. Uma rampa

25. A saída de um grampeador positivo ativo é

a. Positiva
b. Negativa
c. Positiva ou negativa
d. Uma rampa

26. Um grampeador positivo acrescenta

a. Uma tensão CC positiva à entrada
b. Uma tensão CC negativa à entrada
c. Um sinal CA à saída
d. Um ponto de comutação à entrada

27. Um comparador de janela

a. Tem apenas um limiar utilizável
b. Usa histerese para aumentar a velocidade de resposta
c. Limita a entrada positivamente
d. Detecta uma tensão de entrada entre dois limites

28. Um circuito diferenciador RC produz uma tensão de saída relacionada à taxa instantânea de variação da

a. Corrente de entrada
b. Tensão de entrada
c. Resistência de entrada
d. Frequência de entrada

29. Um diferenciador com amp-op é usado para produzir

a. Ondas quadradas na saída
b. Ondas senoidais na saída
c. *Spikes* de tensão na saída
d. Níveis CC na saída

30. Amplificadores classe D são muito eficientes porque

a. Os transistores de saída estão no corte ou na saturação
b. Eles não necessitam de uma fonte de alimentação CC
c. Eles usam estágios RF sintonizados
d. Eles conduzem por 360° da tensão de entrada

Problemas

SEÇÃO 20-1 COMPARADORES COM REFERÊNCIA ZERO

20-1 Na Figura 20-1*a*, o comparador tem um ganho de tensão de malha aberta de 106 dB. Qual a tensão de entrada que produz uma saturação positiva se a tensão de alimentação é de ±20 V?

20-2 Se a tensão de entrada é 50 V na Figura 20-2*a*, qual a corrente aproximada através do diodo limitador esquerdo se R = 10 kΩ?

20-3 Na Figura 20-7*a*, cada diodo Zener é um 1N4736A. Se as tensões de alimentação são ±15 V, qual a tensão de saída?

20-4 A dupla alimentação na Figura 20-7*b* é reduzida para ±12 V e o diodo é invertido. Qual a tensão de saída?

20-5 Se o diodo da Figura 20-9 for invertido e as fontes substituídas por ±9 V, qual a saída quando o *strobe* for nível alto? E quando for nível baixo?

SEÇÃO 20-2 COMPARADORES COM REFERÊNCIA DIFERENTE DE ZERO

20-6 Na Figura 20-11*a*, a dupla tensão de alimentação é ±15 V. Se R_1 = 47 kΩ e R_2 = 12 kΩ, qual a tensão de referência? Se o capacitor de desvio for de 0,5 μF, qual a frequência de corte?

20-7 Na Figura 20-11*c*, a dupla tensão de alimentação é ±12 V. Se R_1 = 15 kΩ e R_2 = 7,5 kΩ, qual a tensão de referência? Se o capacitor de desvio for de 1,0 μF, qual a frequência de corte?

20-8 Na Figura 20-12, V_{CC} = 9 V, R_1 = 22 kΩ e R_2 = 4,7 kΩ. Qual o ciclo de trabalho de saída se a entrada for uma onda senoidal com um pico de 7,5 V?

20-9 Na Figura 20-48, qual o ciclo de trabalho de saída se a entrada for uma onda senoidal com um pico de 5 V?

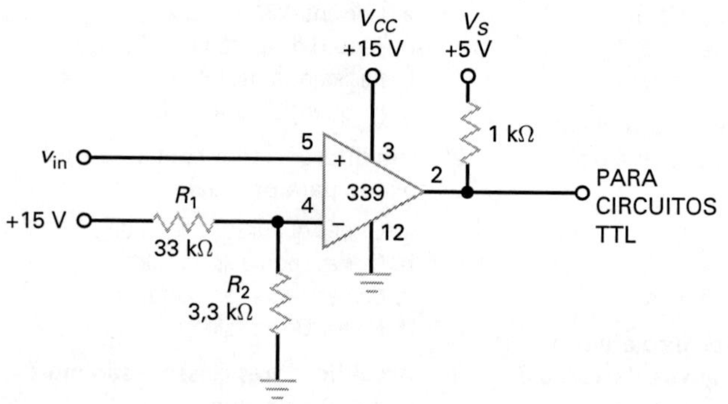

Figura 20-48

SEÇÃO 20-3 COMPARADORES COM HISTERESE

20-10 Na Figura 20-18*a*, R_1 = 2,2 kΩ e R_2 = 18 kΩ. Se V_{sat} = 14 V, quais são os pontos de comutação? Qual é a histerese?

20-11 Se R_1 = 1 kΩ, R_2 = 20 kΩ e V_{sat} = 15 V, qual o máximo ruído de pico a pico que o circuito da Figura 20-19*a* pode resistir sem comutação falsa?

20-12 O *Schmitt trigger* da Figura 20-20 tem R_1 = 1 kΩ e R_2 = 18 kΩ. Se a capacitância parasita em R_1 é 3,0 pF, qual deve ser o valor do capacitor *speed-up*?

20-13 Se V_{sat} = 13,5 V na Figura 20-49, quais são os pontos de comutação e a histerese?

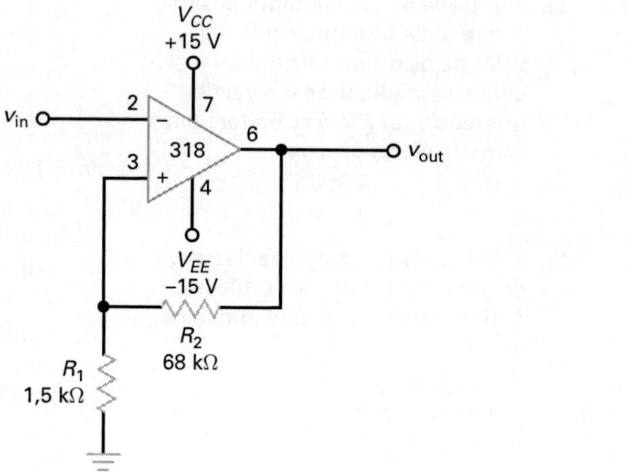

Figura 20-49

20-14 Quais são os pontos de comutação e a histerese se, V_{sat} = 14 V na Figura 20-50?

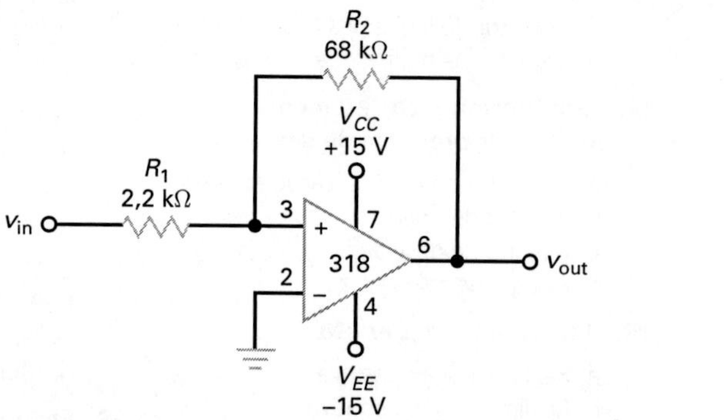

Figura 20-50

SEÇÃO 20-4 COMPARADOR DE JANELA

20-15 Na Figura 20-22*a*, os valores LTP e UTP são alterados para +3,5 V e +4,75 V. Se V_{sat} = 12 V e a entrada é uma onda senoidal com um pico de 10 V, qual a forma de onda da tensão de saída?

20-16 Na Figura 20-23*a*, a resistência 2*R* é substituída por 4*R* e a resistência 3*R* é substituída por 6*R*. Quais são as novas tensões de referência?

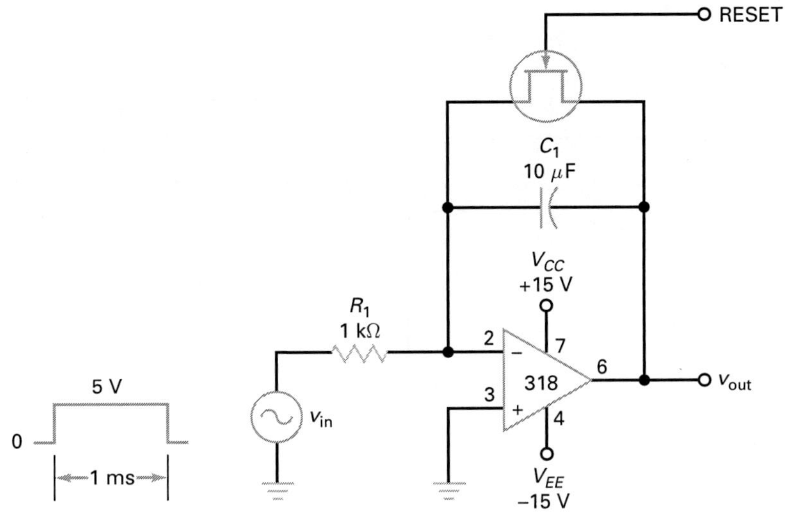

Figura 20-51

SEÇÃO 20-5 INTEGRADOR

20-17 Qual a corrente de carga no capacitor da Figura 20-51 quando o pulso de entrada for nível alto?

20-18 Na Figura 20-51, a tensão de saída é *reset*ada exatamente antes de o pulso começar. Qual a tensão de saída ao término do pulso?

20-19 A tensão de entrada é modificada de 5 V para 0,1 V na Figura 20-51. A capacitância na Figura 20-51 é substituída por cada um dos seguintes valores: 0,1 μF, 1 μF, 10 μF e 100 μF. O *reset* é ativado no início do pulso. Qual a tensão de saída no final do pulso para cada capacitor?

SEÇÃO 20-6 CONVERSÃO DE FORMA DE ONDA

20-20 Qual a tensão de saída na Figura 20-52?

20-21 Se a capacitância for substituída por 0,068 μF na Figura 20-52, qual a tensão de saída?

20-22 Na Figura 20-52, o que acontece com a tensão de saída se a frequência é alterada para 5 kHz? E se é alterada para 20 kHz?

20-23 MultiSim Qual o ciclo de trabalho na Figura 20-53 quando o cursor estiver na parte superior? Qual o ciclo de trabalho quando o cursor estiver na parte inferior?

20-24 MultiSim Qual o ciclo de trabalho na Figura 20-53 quando o cursor estiver na metade do percurso?

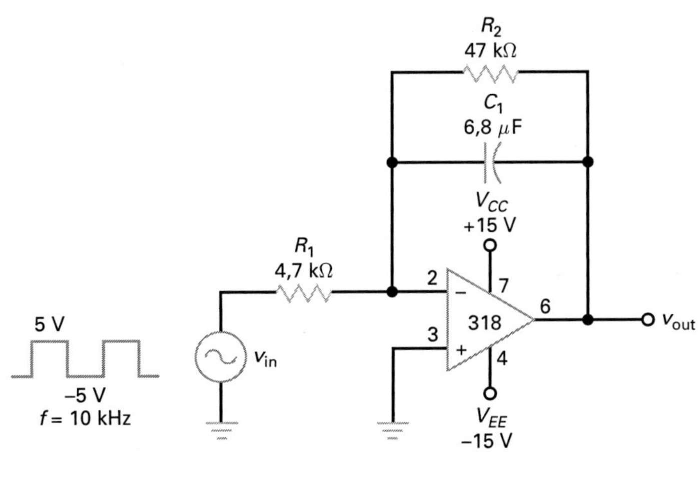

Figura 20-52

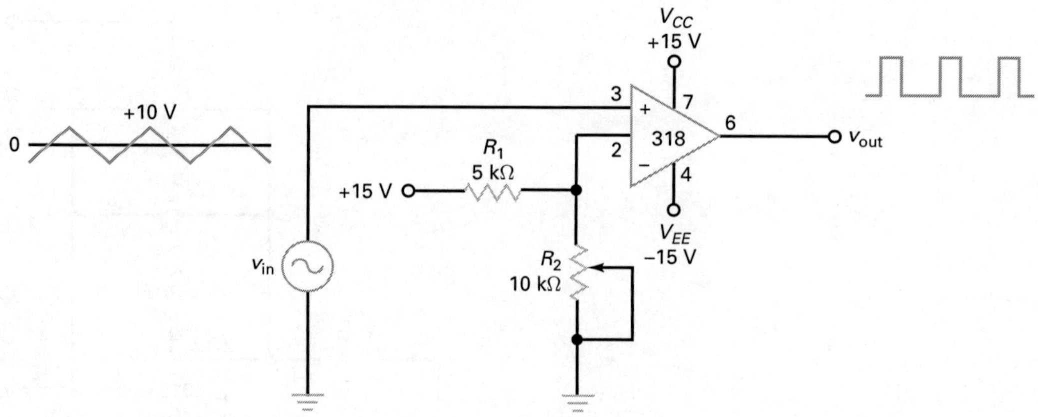

Figura 20-53

SEÇÃO 20-7 GERAÇÃO DE FORMA DE ONDA

20-25 MultiSim Qual a frequência do sinal de saída na Figura 20-54?

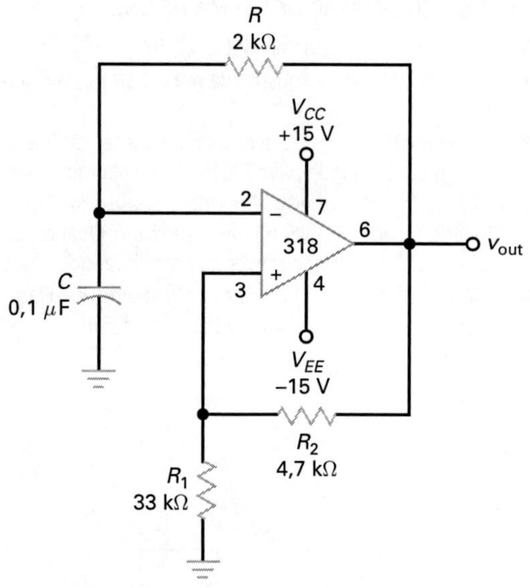

Figura 20-54

20-26 MultiSim Se todos os resistores tiverem seus valores dobrados na Figura 20-54, o que acontecerá com a frequência?

20-27 O capacitor da Figura 20-54 é substituído por um de 0,47 μF. Qual o valor da nova frequência?

SEÇÃO 20-8 OUTRO GERADOR DE ONDA TRIANGULAR

20-28 Na Figura 20-35*a*, R_1 = 2,2 kΩ e R_2 = 22 kΩ. Se V_{sat} = 12 V, quais são os pontos de comutação do *Schmitt trigger*? Qual o valor da histerese?

20-29 Na Figura 20-35*a*, R_3 = 2,2 kΩ, R_4 = 22 kΩ e C = 4,7 μF. Se a saída do *Schmitt trigger* for uma onda quadrada com um valor de pico a pico de 28 V e uma frequência de 5 kHz, qual a saída de pico a pico do gerador de onda triangular?

SEÇÃO 20-9 CIRCUITOS COM DIODO ATIVO

20-30 Na Figura 20-36, a onda senoidal de entrada tem um pico de 100 mV. Qual a tensão de saída?

20-31 Qual a tensão de saída na Figura 20-55?

20-32 Qual a menor frequência recomendada na Figura 20-55?

20-33 Suponha que o diodo da Figura 20-55 esteja invertido. Qual a tensão de saída?

20-34 A tensão de entrada na Figura 20-55 é alterada de 75 mV rms para 150 mV pp. Qual a tensão de saída?

20-35 Se a tensão de pico de entrada for 100 mV na Figura 20-39, qual a tensão de saída?

20-36 Um limitador positivo como o da Figura 20-39 tem R_L = 10 kΩ e C = 4,7 μF. Qual é a menor frequência recomendada para esse limitador?

SEÇÃO 20-10 DIFERENCIADOR

20-37 Na Figura 20-40, a tensão de entrada é uma onda quadrada com uma frequência de 10 kHz. Quantos *spikes* positivos e negativos o diferenciador produz em 1 s?

20-38 Na Figura 20-41, a tensão de entrada é uma onda quadrada com frequência de 1 kHz. Qual o intervalo entre o *spike* positivo e negativo de saída?

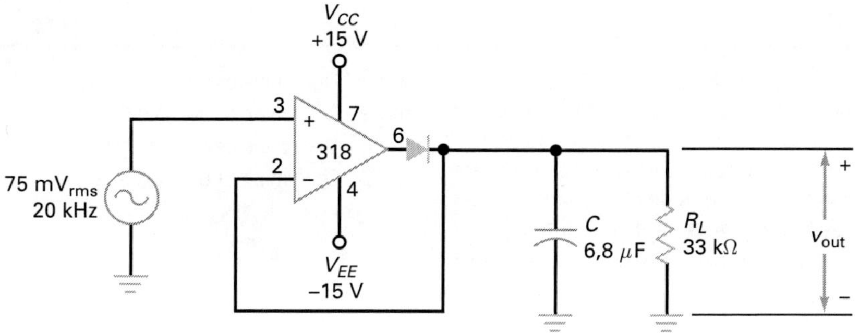

Figura 20-55

Raciocínio crítico

20-39 Sugira uma ou mais alterações na Figura 20-48 para obter uma tensão de referência de 1 V.

20-40 A capacitância parasita na saída na Figura 20-48 é 50 pF. Qual é o tempo de subida da forma de onda de saída quando ela comuta do nível baixo para o alto?

20-41 Um capacitor de desvio de 47 μF é conectado em paralelo com o resistor de 3,3 kΩ na Figura 20-48. Qual a frequência de corte do circuito de desvio? Se a ondulação da fonte for de 1 Vrms, qual a ondulação aproximada na entrada do inversor?

20-42 Qual a corrente média no resistor de 1 kΩ na Figura 20-14*a* se a entrada for uma onda senoidal com um pico de 5 V? Considere R_1 = 33 kΩ e R_2 = 3,3 kΩ.

20-43 Os resistores da Figura 20-49 têm uma tolerância de ±5%. Qual a histerese mínima?

20-44 Na Figura 20-23*a*, os valores de LTP e UTP são alterados para +3,5 V e +4,75 V. Se V_{sat} = 12 V e a entrada for uma onda senoidal com um pico de 10 V, qual o ciclo de trabalho na saída?

20-45 Queremos produzir tensões de saída na forma de rampa com o circuito da Figura 20-51 que varie de 0 V a 10 V com tempos de 0,1 ms, 1 ms e 10 ms. O que podemos modificar no circuito para realizar isso? (Várias respostas corretas são possíveis.)

20-46 Queremos que a frequência de saída na Figura 20-54 seja 20 kHz. Sugira algumas alterações para realizar isso.

20-47 A tensão de ruído na entrada do circuito na Figura 20-50 pode ser tão grande quanto 1 V pp. Se R_2 for trocado por um resistor de 82 kΩ, sugira uma ou mais alterações que torne o circuito imune à tensão de ruído.

20-48 A companhia XYZ produz osciladores de relaxação em massa. Espera-se que a tensão de saída seja de pelo menos 10 V pp. Sugira algumas formas de verificar a saída de cada unidade para saber se ela apresenta pelo menos 10 V pp. (Existem várias respostas corretas. Veja quantas você pode propor. Você pode usar qualquer dispositivo ou circuito neste capítulo ou em anteriores.)

20-49 Como você construiria um circuito que ligue as lâmpadas quando escurecer e as desligue quando amanhecer? (Use esse capítulo e os anteriores para determinar tantas respostas corretas quantas você pode imaginar.)

20-50 Suponha que você tenha alguns equipamentos eletrônicos que não funcionem quando a tensão da rede esteja muito baixa. Sugira uma ou mais formas que dispare um alarme audível quando a tensão na rede for menor que 105 V rms.

20-51 As ondas de radar têm uma velocidade de 186.000 milhas/s (297.600 Km/s). Um transmissor na Terra envia uma onda de radar à Lua e o eco dessa onda retorna à Terra. Na Figura 20-51, o resistor de 1 kΩ é substituído por um de 1 MΩ. O pulso retangular de entrada começa no instante em que a onda do radar é enviada para a Lua e o pulso termina no instante em que a onda do radar retorna à Terra. Se a rampa de saída diminuiu de 0 V a −1,23 V, qual a distância da Terra à Lua?

Análise de defeito

Use a Figura 20-56 para os Problemas 20-52 a 20-55. Cada ponto de teste, de *A* a *E*, é mostrado na tela de um osciloscópio. Baseado no seu conhecimento de circuitos e formas de onda, você deve identificar o bloco mais suspeito para um teste posterior. Familiarize-se com a operação normal usando as medidas de OK. Quando estiver pronto para a análise de defeito, resolva os problemas a seguir.

20-52 Determine os defeitos 1 e 2.

20-53 Determine os defeitos de 3 a 5.

20-54 Determine os defeitos 6 e 7.

20-55 Determine os defeitos de 8 a 10.

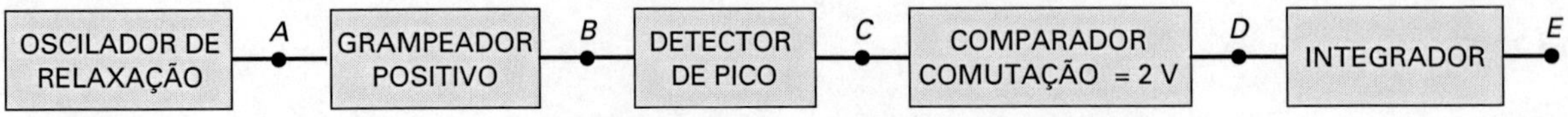

Análise de defeito

Defeito	V_A	V_B	V_C	V_D	V_E
OK	K	I	H	J	L
*T*1	K	N	M	S	P
*T*2	K	I	H	J	O
*T*3	M	M	M	S	P
*T*4	R	I	M	S	P
*T*5	K	M	M	S	P
*T*6	K	I	H	S	P
*T*7	K	I	H	J	J
*T*8	K	I	Q	S	P
*T*9	R	I	H	J	S
*T*10	K	I	H	M	M

FORMAS DE ONDA

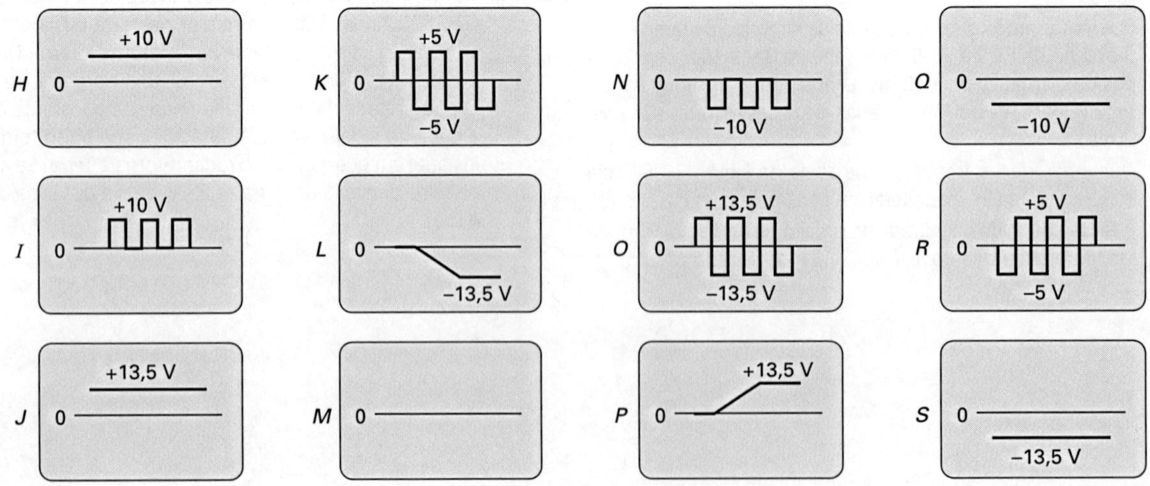

Figura 20-56

Questões de entrevista

1. Esboce o circuito de um detector de cruzamento zero e descreva sua teoria de operação.
2. Como podemos evitar que um ruído de entrada comute um comparador? Desenhe um diagrama esquemático e algumas formas de onda para sustentar sua discussão.
3. Explique como um integrador funciona desenhando um diagrama esquemático e algumas formas de onda.
4. Suponha que você esteja fazendo uma produção em massa de um circuito que supostamente tenha uma tensão CC de saída entre 3 V e 4 V. Que tipo de comparador você usaria? Como você conectaria LEDs verdes e vermelhos na saída do comparador para indicar circuito aprovado ou com defeito?
5. O que a expressão *saída limitada* significa? Como essa operação pode ser facilmente compreendida?
6. Em que um *Schmitt trigger* difere de um detector de cruzamento zero?
7. Como podemos proteger a entrada de um comparador de tensões de entrada muito grandes?
8. Em que um CI comparador difere de um amp-op típico?
9. Se um pulso retangular aciona um integrador, que tipo de saída podemos esperar?
10. Que efeito um circuito com diodo ativo tem na tensão de joelho?
11. O que faz um oscilador de relaxação?
12. Se um pulso retangular aciona um diferenciador, que tipo de saída podemos esperar?

Respostas dos exercícios

1. d
2. a
3. c
4. b
5. c
6. a
7. a
8. b
9. c
10. b
11. c
12. b
13. b
14. b
15. a
16. b
17. a
18. c
19. b
20. c
21. d
22. d
23. a
24. b
25. a
26. a
27. d
28. b
29. c
30. a

Respostas dos problemas práticos

20-4 $V_{ref} = 7,5\,V$;
$f_c = 0,508\,HZ$

20-6 $B = 0,0435$;
UTP = 0,587 V;
LTP = −0,587 V;
$H = 1,17\,V$

20-7 $V = 0,800\,V$;
constante de tempo = 100 s

20-8 $C = 2,5\,\mu F$

20-9 $W = 83,3\,\mu S$;
$D = 0,167$

20-10 $T = 479\,\mu S$
$f = 2,1\,kHz$

20-11 $V_{out(pp)} = 32,3\,mVpp$

20-12 $V_{out(pp)} = 0,52\,V$;
$f = 2,5\,kHz$

21 Osciladores

Em frequências inferiores a 1 MHz, podemos usar osciladores *RC* para gerar ondas senoidais quase perfeitas. Os osciladores de baixa frequência usam amp-ops e circuitos *RC* ressonantes para estabelecer a frequência de oscilação. Acima de 1 MHz, são utilizados circuitos *LC* ressonantes. Este capítulo examina também um chip popular conhecido como temporizador 555. Ele é usado em muitas aplicações para gerar atrasos de tempo, osciladores controlados por tensão e sinais modulados. O Capítulo também aborda um importante circuito denominado malha de fase amarrada (PLL — *phase-locked loop*) e finaliza com o popular CI gerador de funções XR-2206.

Objetivos de aprendizagem

Após o estudo deste capítulo, você deverá ser capaz de:

- Explicar o ganho de malha e a fase e como eles estão relacionados aos osciladores senoidais.
- Descrever a operação de alguns osciladores senoidais *RC*.
- Descrever a operação de alguns osciladores senoidais *LC*.
- Explicar como funcionam os osciladores controlados a cristal.
- Discutir o CI temporizador 555, seus modos de operação e como ele é usado como oscilador.
- Explicar a operação do PLL.
- Descrever a operação do CI gerador de funções XR-2206.

Sumário

Termos-chave

astável
capacitância de montagem
chaveamento de frequência (FSK)
circuito de avanço-atraso
conversor tensão-frequência
detector de fase
efeito piezoelétrico
faixa de amarração
faixa de captura
filtro notch
frequência fundamental
frequência de ressonância f_r
logaritmo natural
malha de fase amarrada (PLL — phase-locked loop)
modulação em frequência (FM)
modulação por largura de pulso (PWM)
modulação por posição de pulso (PPM)
monoestável
multivibrador
multivibrador biestável
oscilador a cristal Pierce
oscilador Armstrong
oscilador Clapp
oscilador Colpitts
oscilador controlado por tensão (VCO)
oscilador duplo-T
oscilador em ponte de Wien
oscilador Hartley
oscilador de deslocamento de fase
oscilador a cristal de quartzo
portadora
sinal modulante

É ÚTIL SABER

Na maioria dos osciladores, a tensão de realimentação é uma fração da tensão de saída. Quando esse é o caso, o ganho de tensão A_v tem que ser suficientemente grande para garantir que $A_vB = 1$. Em outras palavras, tem que ser ao menos suficientemente grande para superar as perdas no circuito de realimentação. Entretanto, se um seguidor de emissor é usado como amplificador, o circuito de realimentação tem que proporcionar um pequeno valor de ganho para garantir que $A_vB = 1$. Por exemplo, se o ganho de tensão A_v de um seguidor de emissor é igual a 0,9, então B tem que ser igual a 1/0,9 ou 1,11. Os circuitos de comunicação RF algumas vezes usam osciladores que contêm como amplificador um seguidor de emissor.

21-1 Teoria da oscilação senoidal

Para construirmos um oscilador senoidal, precisamos usar um amplificador com realimentação positiva. A ideia é usar o sinal de realimentação no lugar do sinal de entrada. Se o sinal de realimentação for suficientemente grande e tiver uma fase correta, haverá um sinal de saída ainda que não tenha nenhum sinal externo.

Ganho de malha e fase

A Figura 21-1*a* mostra uma fonte de tensão CA acionando os terminais de entrada de um amplificador. A tensão de saída amplificada é:

$$v_{out} = A_v(v_{\text{in}})$$

Essa tensão aciona um circuito de realimentação que é normalmente um circuito ressonante. Por isso, obtemos uma realimentação máxima em determinada frequência. Na Figura 21-1*a*, a tensão de realimentação que retorna ao ponto x é dada por:

$$v_f = A_vB(v_{\text{in}})$$

onde B é a fração de realimentação.

Se o deslocamento de fase no amplificador e no circuito de realimentação é equivalente a 0°, $A_{v(\text{vin})}$ está em fase com v_{in}.

Suponha que interconectemos os pontos x e y e removamos simultaneamente a fonte v_{in}. Então a tensão de realimentação $A_vB(v_{\text{in}})$ aciona a entrada do amplificador, conforme mostra a Figura 21-1*b*.

O que acontece com a tensão de saída? Se A_vB é menor que 1, $A_vB(v_{\text{in}})$ é menor que v_{in} e o sinal de saída desaparecerá, como mostra a Figura 21-1*c*. Entretanto, se A_vB for maior que 1, $A_vB(v_{\text{in}})$ será maior que v_{in} e a tensão de saída aumentará (Figura 21-1*d*). Se A_vB é igual a 1, então $A_vB(v_{\text{in}})$ é igual a v_{in} e a tensão de saída é uma onda senoidal estável, assim como a da Figura 21-1*e*. Nesse caso, o circuito supre o seu próprio sinal de entrada.

Em qualquer oscilador o ganho de malha A_vB é maior que 1 quando o circuito é energizado. Uma pequena tensão de inicialização é aplicada aos terminais de entrada, e a tensão de saída cresce, como mostra a Figura 21-1*d*. Após a tensão de saída alcançar certo nível, A_vB automaticamente diminui para 1 e a saída de pico a pico torna-se constante (Figura 21-1*e*).

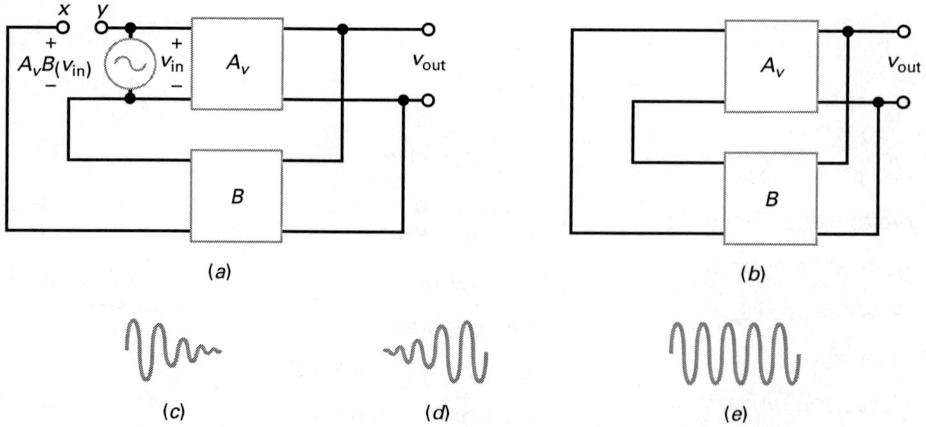

Figura 21-1 (*a*) A tensão de realimentação retorna ao ponto *x*; (*b*) conexão dos pontos *x* e *y*; (*c*) as oscilações se extinguem; (*d*) as oscilações aumentam; (*e*) as oscilações são de amplitude fixa.

A tensão de inicialização é o ruído térmico

Qual é a origem da tensão de inicialização? Todo resistor contém alguns elétrons livres. Devido à temperatura ambiente, esses elétrons livres se movem aleatoriamente em diferentes direções e geram uma tensão de ruído no resistor. O movimento é tão aleatório que contém frequências acima de 1000 GHz. Você pode pensar que cada resistor é como uma pequena fonte de tensão CA que produz altas frequências.

Na Figura 21-1*b*, podemos ver o que acontece: quando ligamos a tensão de alimentação, os únicos sinais no sistema são as tensões de ruído geradas pelos resistores. Essas tensões de ruído são amplificadas e aparecem nos terminais de saída. O ruído amplificado, o qual contém altas frequências, aciona o circuito de realimentação ressonante. Por meio de um projeto deliberado, podemos fazer o ganho de malha maior que 1 e o deslocamento de fase da malha igual a 0° na frequência de ressonância. Acima e abaixo da frequência de ressonância, o deslocamento de fase é diferente de 0°. Como resultado, aparecerão oscilações apenas na frequência de ressonância do circuito de realimentação.

A_vB diminui para a unidade

Há duas formas pelas quais A_vB diminui para 1. A_v pode diminuir ou B pode diminuir. Em alguns osciladores, é permitido que o sinal aumente até que ocorra a limitação devido à saturação e ao corte. Isso equivale a reduzir o ganho de tensão A_v. Em outros osciladores, o sinal cresce até fazer com que B diminua antes que ocorra a limitação. Nesse caso, A_vB diminui até que seja igual a 1.

Eis as ideias básicas por trás do oscilador com realimentação:

1. Inicialmente, o ganho de malha A_vB é maior que 1 na frequência onde o deslocamento de fase da malha é 0°.
2. Após o nível desejado de saída ser alcançado, A_vB tem que diminuir para 1 reduzindo A_v ou B.

21-2 Oscilador em ponte de Wien

O **oscilador em ponte de Wien** é o circuito oscilador padrão para frequências baixas e médias, na faixa de 5 Hz a cerca de 1 MHz. Esse circuito é quase sempre usado em geradores de áudio comerciais e é normalmente escolhido para outras aplicações de baixa frequência.

Circuito de atraso

O ganho de tensão do circuito de desvio da Figura 21-2*a* é:

$$\frac{V_{out}}{V_{in}} = \frac{X_C}{\sqrt{R_2 + X_C^{\,2}}}$$

e o ângulo de fase é:

$$\phi = -\text{arctg}\frac{R}{X_C}$$

onde ϕ é o ângulo de fase entre a saída e a entrada.

Observe o sinal negativo na equação do ângulo de fase. Ele indica que a tensão de saída está atrasada em relação à tensão de entrada, como mostra a Figura 21-2*b*. Por isso, um circuito de desvio também é denominado *circuito de atraso*. Na Figura 21-2*b*, o semicírculo mostra as posições possíveis do fasor de tensão de saída. Isso implica que o fasor de saída pode estar atrasado em relação ao fasor de entrada por um ângulo entre 0° e –90°.

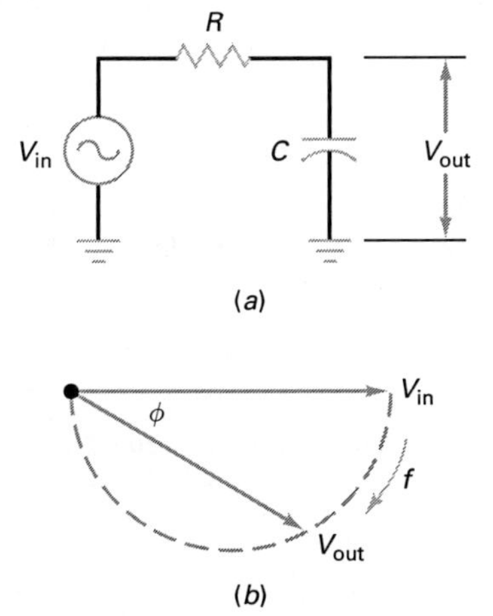

Figura 21-2 (a) Capacitor de desvio; (b) diagrama de fase.

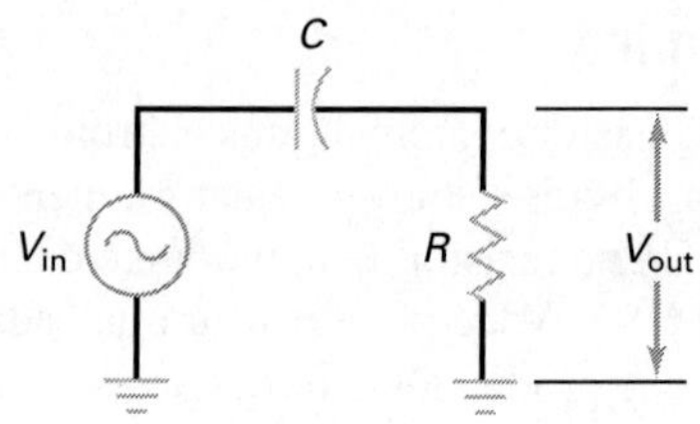

(a)

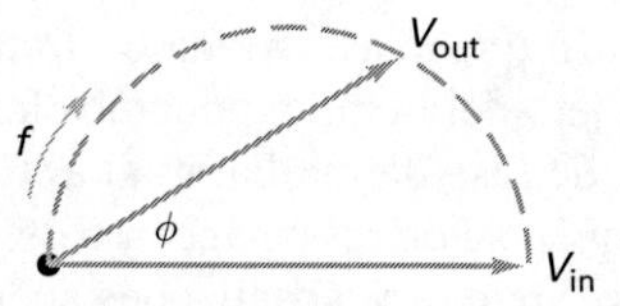

(b)

Figura 21-3 (a) Circuito de acoplamento; (b) diagrama fasorial.

Circuito de avanço

A Figura 21-3*a* mostra um circuito de acoplamento. O ganho de tensão nesse circuito é:

$$\frac{V_{out}}{V_{in}} = \frac{R}{\sqrt{R^2 + X_C^{\ 2}}}$$

e o ângulo de fase é:

$$\phi = \text{arctg}\frac{X_C}{R}$$

Observe que o ângulo de fase é positivo. Isso significa que a tensão de saída está adiantada em relação à tensão de entrada, como mostra a Figura 21-3*b*. Por isso, um circuito de acoplamento também é denominado *circuito de avanço*. Na Figura 21-3*b*, o semicírculo mostra as posições possíveis da tensão fasorial de saída. Isso implica que o fasor de tensão pode avançar em relação ao fasor de entrada por um ângulo entre 0° e +90°.

Os circuitos de acoplamento e desvio (*bypass*) são exemplos de circuitos de deslocamento de fase. Esses circuitos deslocam a fase do sinal de saída de forma positiva (avanço) ou negativa (atraso) em relação ao sinal de entrada. Um oscilador senoidal sempre usa algum tipo de circuito de deslocamento de fase para produzir oscilações numa frequência.

Circuitos de avanço-atraso

O oscilador em ponte de Wien usa um circuito de realimentação ressonante denominado **circuito de avanço-atraso** – *lead-lag circuit* (Figura 21-4). Em frequências muito baixas, o capacitor em série se comporta como um circuito aberto para o sinal de entrada, não havendo sinal de saída. Em frequências muito altas, o capacitor shunt (de desvio) se comporta como um curto-circuito, não havendo sinal de saída. Entre esses extremos, a tensão de saída alcança um valor máximo (veja a Figura 21-5*a*). A frequência na qual a saída é máxima é a **frequência de ressonância** f_r. Nessa frequência, a fração de realimentação B alcança um valor máximo de 1/3.

A Figura 21-5*b* mostra o ângulo de fase da tensão de saída *versus* a tensão de entrada. Em frequências muito baixas, o ângulo de fase é positivo (avanço). Em frequências muito altas, o ângulo de fase é negativo (atraso). Na frequência ressonante, o deslocamento de fase é 0°. A Figura 21-5*c* mostra o diagrama fasorial das tensões de entrada e saída. A extremidade do fasor pode estar em qualquer lugar no semicírculo tracejado. Por isso, o ângulo de fase pode variar de +90° a –90°.

O circuito avanço-atraso da Figura 21-4 atua como um circuito ressonante. Na frequência de ressonância f_r, a fração de realimentação B alcança um valor máximo de 1/3 e o ângulo de fase é igual a 0°. Acima e abaixo da frequência de ressonância, a fração de realimentação é menor que 1/3 e o ângulo de fase não é mais igual a 0°.

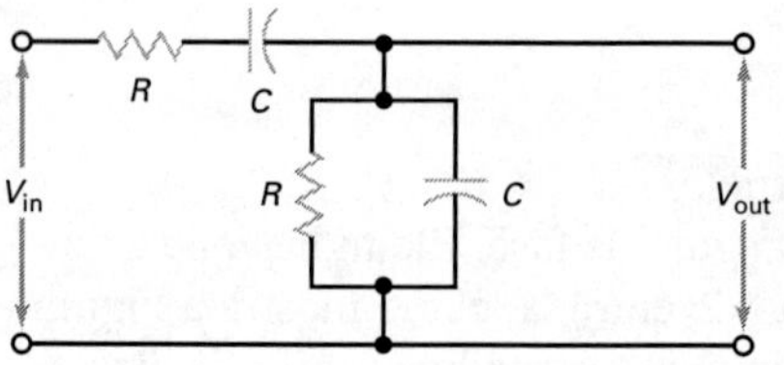

Figura 21-4 Circuito de avanço-atraso.

Fórmula para a frequência de ressonância

Analisando a Figura 21-4 usando números complexos, podemos deduzir essas duas equações:

$$B = \frac{1}{\sqrt{9 - (X_C / R - R / X_C)^2}} \tag{21-1}$$

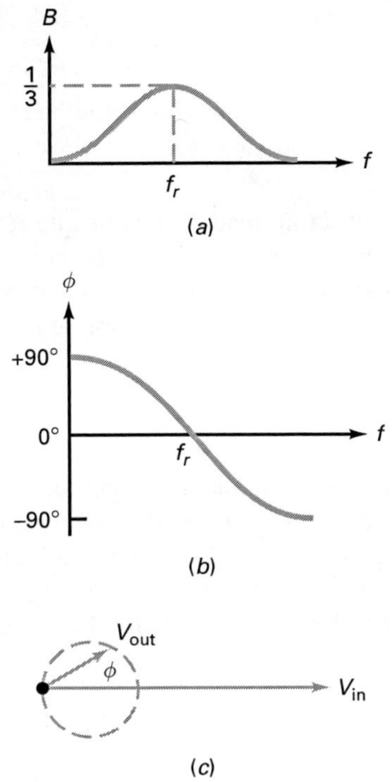

Figura 21-5 (*a*) Ganho de tensão; (*b*) resposta de fase; (*c*) diagrama fasorial.

e

$$\phi = \text{arctg}\frac{X_C / R - RX_C}{3} \qquad \text{(21-2)}$$

A Figura 21-5*a* e *b* representa os gráficos dessas equações.

A fração de realimentação dada pela Equação (21-1) tem um valor máximo na frequência de ressonância. Nessa frequência, $X_C = R$:

$$\frac{1}{2\pi f_r C} = R$$

Calculando para f_r, temos:

$$f_r = \frac{1}{2\pi RC} \qquad \text{(21-3)}$$

Como ele funciona

A Figura 21-6*a* mostra um oscilador em ponte de Wien. Ele usa realimentação positiva e negativa porque existem dois caminhos de realimentação. Existe um caminho de realimentação positiva da saída para a entrada não inversora através do circuito de avanço-atraso. Existe também um caminho para a realimentação negativa da saída para a entrada inversora através do divisor de tensão.

Quando o circuito é inicialmente ligado, existe mais realimentação positiva do que negativa. Isso faz com que as oscilações cresçam, conforme descrito anteriormente. Após o sinal de saída alcançar um nível desejado, a realimentação negativa se torna maior o suficiente para reduzir o ganho de malha A_vB para 1.

Eis por que A_vB diminui para 1: ao energizar o circuito, a lâmpada de tungstênio tem uma resistência baixa, sendo a realimentação negativa pequena. Por essa razão, o ganho de malha é maior que 1, podendo as oscilações aumentar na frequência de ressonância. À medida que as oscilações crescem, a lâmpada de tungstênio tem um ligeiro aquecimento e sua resistência aumenta. Na maioria dos circuitos, a corrente na lâmpada não é suficiente para fazer a lâmpada brilhar, mas é suficiente para aumentar a resistência.

Em determinado nível de saída alto, a lâmpada de tungstênio tem uma resistência de exatamente R'. Nesse ponto, o ganho de tensão em malha fechada da entrada não inversora para a saída diminui para:

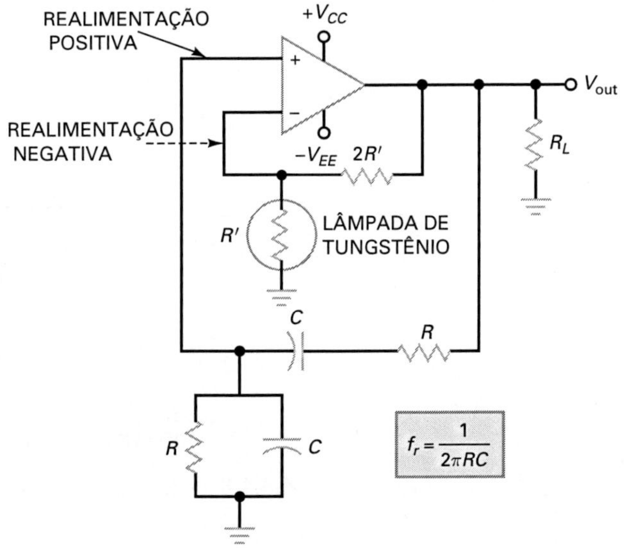

Figura 21-6 Oscilador em ponte de Wien.

$$A_{v(CL)} = \frac{2R'}{R'} + 1 = 3$$

Visto que o circuito de avanço-atraso tem um B igual a 1/3, o ganho de malha é:

$$A_{v(CL)}B = 3(\tfrac{1}{3}) = 1$$

Quando o circuito é energizado, a resistência da lâmpada é menor que R'. Como resultado, o ganho de tensão em malha fechada a partir da entrada não inversora para a saída é maior que 3 e $A_{v(CL)}B$ é exatamente igual a 1. Nesse ponto, as oscilações começam a se tornar estáveis e a tensão de saída tem um valor de pico a pico constante.

Condições iniciais

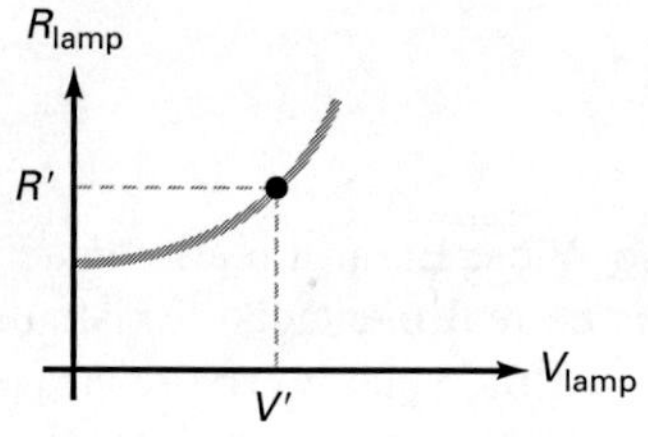

Figura 21-7 Resistência da lâmpada de tungstênio.

Ao energizar, a tensão de saída é zero e a resistência da lâmpada de tungstênio é menor que R', como mostra a Figura 21-7. Quando a tensão de saída aumenta, a resistência da lâmpada diminui, como mostra o gráfico. Quando a tensão na lâmpada de tungstênio for V', ela terá uma resistência de R'. Isso significa que $A_{v(CL)}$ tem um valor de 3 e o ganho de malha é 1. Quando isso acontece, a amplitude de saída torna-se constante.

Filtro *notch*

A Figura 21-8 mostra outra forma de desenhar o oscilador em ponte de Wien. O circuito de avanço-atraso está do lado esquerdo da ponte e o divisor de tensão está do lado direito. Essa ponte CA, denominada *ponte de Wien*, é usada em outras aplicações além de osciladores. A *tensão de erro* é a saída da ponte. Quando a ponte se aproxima do equilíbrio, a tensão de erro se aproxima de zero.

A ponte de Wien atua como um **filtro *notch***, um circuito com saída zero em uma frequência particular. Para uma ponte de Wien, a frequência *notch* é igual a:

$$f_r = \frac{1}{2\pi RC} \tag{21-4}$$

Como a tensão de erro necessária para o amp-op é muito pequena, a ponte de Wien é quase perfeitamente equilibrada, sendo a frequência de oscilação igual a f_r para uma boa aproximação.

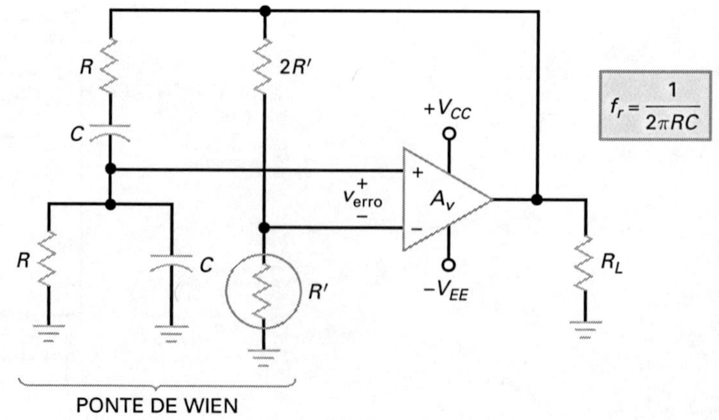

Figura 21-8 Oscilador em ponte de Wien redesenhado.

Exemplo de aplicação 21-1

Calcule as frequências mínima e máxima na Figura 21-9. Os dois resistores variáveis são *conjugados*, o que significa que eles são modificados juntos e têm o mesmo valor em qualquer posição do cursor.

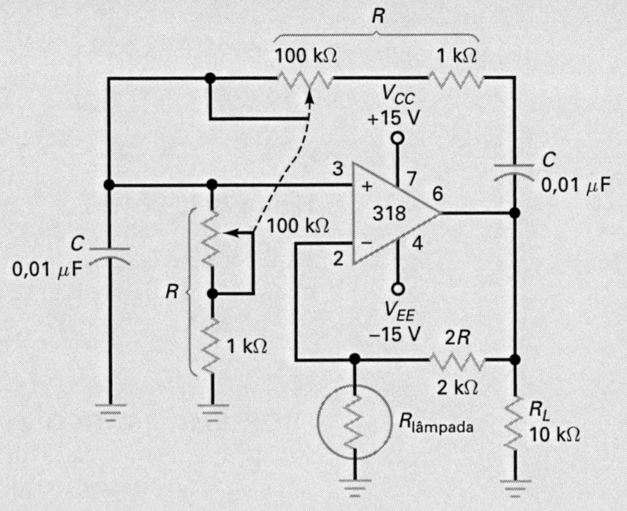

Figura 21-9 Exemplo.

SOLUÇÃO Usando a Equação (21-4), frequência mínima de oscilação é:

$$f_r = \frac{1}{2\pi(101\,\text{k}\Omega)(0{,}01\,\mu\text{F})} = 158\,\text{Hz}$$

A frequência máxima de oscilação é:

$$f_r = \frac{1}{2\pi(1\,\text{k}\Omega)(0{,}01\,\mu\text{F})} = 15{,}9\,\text{kHz}$$

PROBLEMA PRÁTICO 21-1 Usando a Figura 21-9, determine o resistor variável para uma frequência de saída de 1000 Hz.

Exemplo de aplicação 21-2

A Figura 21-10 mostra a resistência da lâmpada da Figura 21-9 *versus* a tensão da lâmpada. Se a tensão da lâmpada for expressa em volts rms (eficaz), qual será a tensão de saída do oscilador?

SOLUÇÃO Na Figura 21-9, a resistência de realimentação é 2 kΩ. Portanto, o sinal de saída do oscilador torna-se constante quando a resistência da lâmpada é igual a 1 kΩ porque isso produz um ganho de malha de 3.

Na Figura 21-10, uma resistência de lâmpada de 1 kΩ corresponde a uma tensão de lâmpada de 2 V rms. A corrente na lâmpada (lamp) é:

$$I_{\text{lâmp}} = \frac{2\,\text{V}}{1\,\text{k}\Omega} 2\,\text{mA}$$

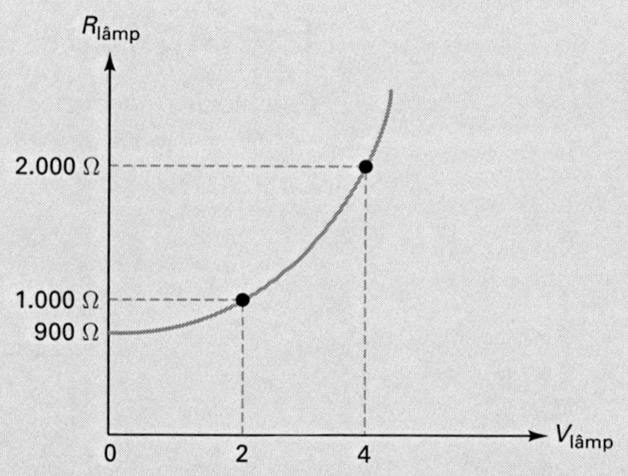

Figura 21-10 Exemplo.

Essa corrente de 2 mA percorre a resistência de realimentação de 2 kΩ, o que significa que a tensão de saída do oscilador é:

$$V_{out} = (2 \text{ mA})(1 \text{ k}\Omega + 2 \text{ k}\Omega) = 6 \text{ V rms}$$

PROBLEMA PRÁTICO 21-2 Repita o Exemplo 21-2, usando uma resistência de realimentação de 3 kΩ.

21-3 Outros osciladores *RC*

Embora o oscilador em ponte de Wien seja uma padrão na indústria para frequências de até 1 MHz, outros osciladores *RC* podem ser usados em diferentes aplicações. Esta seção discute dois outros projetos básicos, denominados **oscilador duplo-T** e **oscilador de deslocamento de fase**.

Filtro duplo-T

A Figura 21-11*a* é um filtro duplo-T. Uma análise matemática desse circuito mostra que ele atua como um circuito de avanço-atraso com uma variação de ângulo de fase, como mostra a Figura 21-11*b*. Novamente, existe uma frequência f_r na qual o deslocamento de fase é igual a 0°. Na Figura 21-11*c*, o ganho de tensão é igual a 1 em frequências baixas e altas. Entre as frequências baixas e altas existe uma frequência f_r na qual o ganho de tensão cai para 0. O filtro duplo-T é outro exemplo de um filtro *notch* porque ele pode eliminar as frequências próximas de f_r. A equação para a frequência de ressonância de um filtro duplo-T é a mesma que para um oscilador em ponte de Wien:

$$f_r = \frac{1}{2\pi RC}$$

Oscilador duplo-T

A Figura 21-12 mostra um oscilador duplo-T. A realimentação positiva para a entrada não inversora é feita por meio de um divisor de tensão. A realimentação negativa é feita por meio de um filtro duplo-T. Quando o circuito é energizado, a resistência da lâmpada R_2 é baixa e a realimentação positiva é máxima. À medida que as oscilações aumentam, a resistência da lâmpada aumenta e a realimentação positiva diminui. Conforme a realimentação diminui, o nível das oscilações torna-se constante. Dessa forma, a lâmpada estabiliza o nível da tensão de saída.

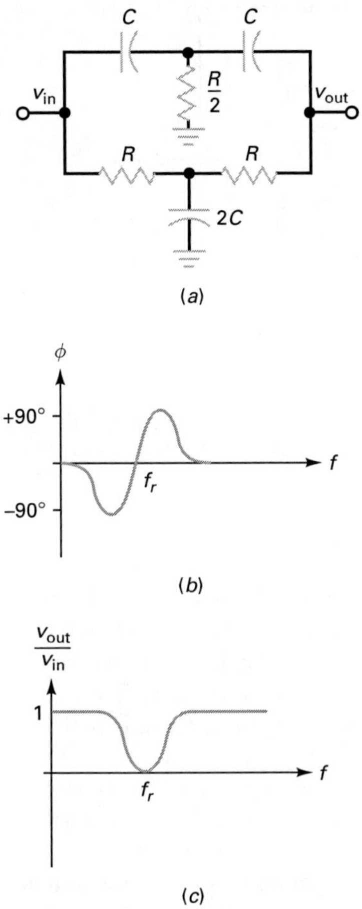

Figura 21-11 (a) Filtro duplo-T; (b) resposta de fase; (c) resposta em frequência.

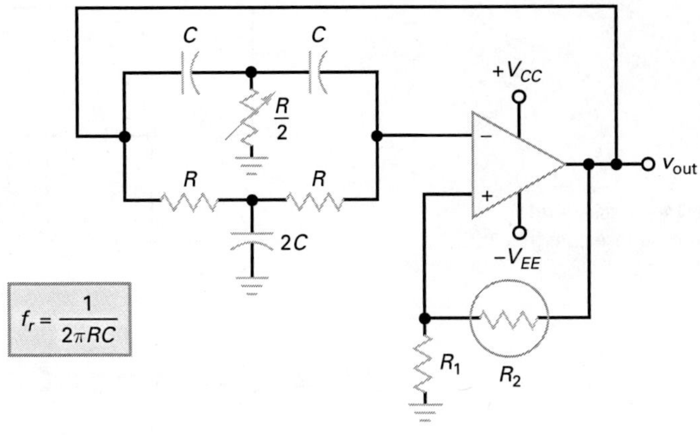

Figura 21-12 Oscilador duplo-T.

No filtro duplo-T, a resistência R/2 é ajustada. Isso é necessário porque o circuito oscila numa frequência ligeiramente diferente da frequência de ressonância ideal. Para garantir que a frequência de oscilação seja próxima da frequência *notch*, o divisor de tensão deve ter um R_2 muito maior que R_1. Como uma regra, R_2/R_1 está numa faixa de 10 a 1000. Isso força o oscilador a operar na frequência próxima da frequência *notch*.

Embora seja ocasionalmente usado, o oscilador duplo-T não é um circuito comum porque ele trabalha bem apenas em uma frequência. Ou seja, diferentemente do oscilador em ponte de Wien, ele não pode ser facilmente ajustável ao longo de uma ampla faixa de frequências.

Oscilador de deslocamento de fase

A Figura 21-14 mostra um oscilador com deslocamento de fase com três circuitos de avanço. Como podemos lembrar, um circuito de avanço produz um deslocamento de fase entre 0° e 90°, dependendo da frequência. Numa frequência, o deslocamento de fase total dos três circuitos de avanço será igual a 180° (aproximadamente 60° cada um). Algumas configurações de oscilador de deslocamento de fase usam quatro circuitos de avanço para produzir o deslocamento de fase necessário de 180°. O amplificador tem um deslocamento de fase adicional de 180° porque o sinal aciona a entrada inversora. Como resultado, o deslocamento de fase da malha será de 360°, que equivale a 0°. Se A_vB é maior que 1 nessa frequência particular, as oscilações podem começar.

A Figura 21-14 mostra um projeto alternativo. Ele usa três circuitos de atraso. A operação é similar. O amplificador produz 180° de deslocamento de fase e o circuito de atraso contribui com –180° numa frequência maior para obter um deslocamento de fase de 0°. Se A_vB é maior que 1 nessa frequência, as oscilações começam. O oscilador de deslocamento de fase não é um circuito comum. Novamente, o principal problema com o circuito é que ele não é facilmente ajustável ao longo de uma grande faixa de frequência.

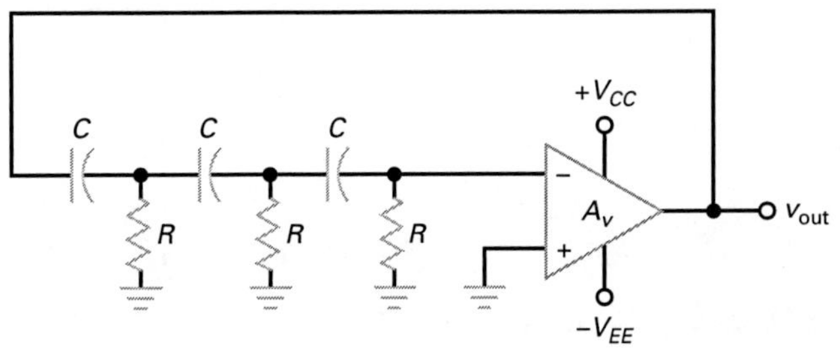

Figura 21-13 Oscilador de deslocamento de fase com três circuitos de avanço.

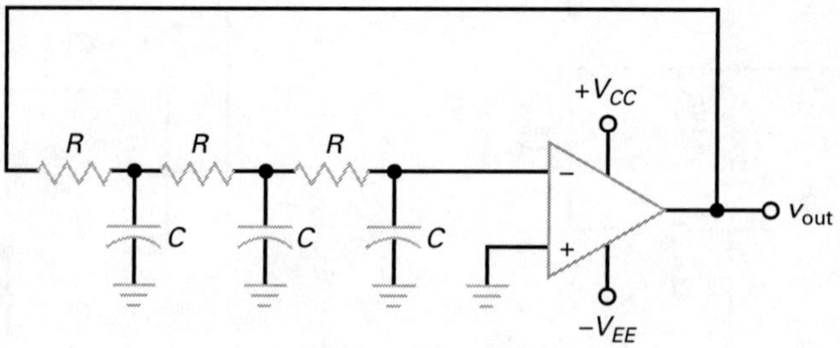

Figura 21-14 Oscilador de deslocamento de fase com três circuitos de atraso.

21-4 Oscilador Colpitts

Embora ele seja esplêndido em baixas frequências, o oscilador em ponte de Wien não se adapta para altas frequências (bem acima de 1 MHz). O principal problema é a largura de banda limitada ($f_{\text{unitário}}$) do amp-op.

Osciladores *LC*

Uma forma de produzir oscilações de alta frequência é com um oscilador *LC*, um circuito que pode ser usado para frequências entre 1 MHz e 500 MHz. Essa faixa está além da frequência unitária ($f_{\text{unitário}}$) da maioria dos amp-ops. Por isso, um transistor bipolar ou um FET é normalmente usado como amplificador. Com um amplificador e um circuito tanque *LC*, podemos realimentar um sinal com a amplitude e a fase adequadas para sustentar as oscilações.

A análise e o projeto de osciladores de altas frequências são difíceis. Por quê? Porque em altas frequências, as capacitâncias parasitas e as indutâncias dos terminais tornam-se muito importantes na determinação da frequência de oscilação, na fração de realimentação, na potência de saída e em outros parâmetros CA. Por isso muitos projetistas usam aproximações de computadores para um projeto inicial e melhoram o projeto do oscilador conforme necessário para se obter o desempenho desejado.

Conexão EC

A Figura 21-15 mostra um **oscilador Colpitts**. A polarização por divisor de tensão determina o ponto quiescente de operação. O indutor (choque) de RF tem uma reatância indutiva muito alta, assim ele se comporta com um circuito aberto para o sinal CA. O circuito tem um ganho de tensão em baixa frequência de r_c/r'_e, onde r_c é a resistência CA do coletor. Como o indutor de RF se comporta como um circuito aberto para o sinal CA, a resistência CA do coletor é principalmente a resistência CA do circuito tanque ressonante. Essa resistência CA tem um valor máximo na ressonância.

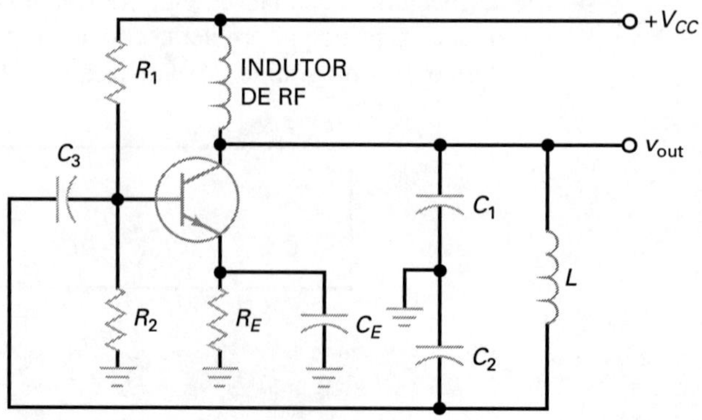

$$f_r = \frac{1}{2\pi\sqrt{LC}}$$

$$C = \frac{C_1 C_2}{C_1 + C_2}$$

$$B = \frac{C_1}{C_2}$$

$$A_{v(\text{mín})} = \frac{C_2}{C_1}$$

Figura 21-15 Oscilador Colpitts.

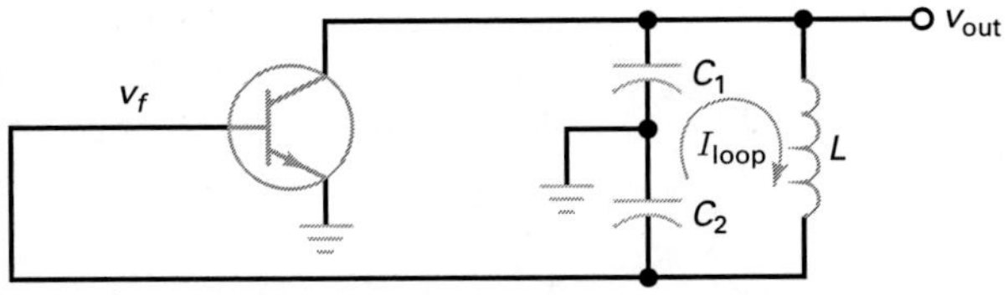

Figura 21-16 Circuito equivalente do oscilador Colpitts.

Encontramos muitas variações do oscilador Colpitts. Uma forma de reconhecer um oscilador Colpitts é pelo divisor de tensão capacitivo formado por C_1 e C_2. Ele produz a tensão de realimentação necessária para oscilações. Em outros tipos de oscilações, a tensão de realimentação é produzida por transformadores, divisores de tensão indutivos e assim por diante.

Circuito equivalente CA

A Figura 21-16 é um circuito equivalente CA simplificado para o oscilador Colpitts. A corrente de malha ou circulante no circuito tanque passa por C_1 em série com C_2. Observe que v_{out} é a tensão CA em C_1. Além disso, a tensão de realimentação v_f aparece em C_2. Essa tensão de realimentação aciona a base e mantém as oscilações desenvolvidas através do circuito tanque, desde que haja um ganho de tensão suficiente na frequência de oscilação. Como o emissor está no terra CA, o circuito é uma conexão EC (emissor comum).

É ÚTIL SABER

Em relação à Figura 21-15, é importante perceber que a reatância líquida do ramo L-C_2 se mostra indutiva na frequência do circuito tanque. Além disso, a reatância indutiva líquida do ramo L-C_2 é igual à reatância capacitiva de C_1.

Frequência ressonante

A maioria dos osciladores *LC* usa circuitos tanque com um *Q* maior que 10. Por isso, podemos calcular a frequência ressonante aproximada como a seguir:

$$f_r = \frac{1}{2\pi\sqrt{LC}} \tag{21-5}$$

Essa equação tem precisão melhor que 1% quando *Q* é maior que 10.

A capacitância na Equação (21-5) é a capacitância equivalente através da qual a corrente de circulação passa. No circuito tanque do oscilador Colpitts da Figura 21-16, a corrente de circulação passa por C_1 em série com C_2. Portanto, a capacitância equivalente é:

$$C = \frac{C_1 C_2}{C_1 + C_2} \tag{21-6}$$

Por exemplo, se C_1 e C_2 são de 100 pF cada um, poderíamos usar 50 pF na Equação (21-5).

Condição inicial

A condição inicial necessária para qualquer oscilação é $A_v B > 1$ na frequência de ressonância do circuito tanque. Isso é equivalente a $A_v > 1/B$. Na Figura 21-16, a tensão de saída aparece em C_1 e a tensão de realimentação aparece em C_2. A fração de realimentação nesse tipo de oscilador é dada por:

$$B = \frac{C_1}{C_2} \tag{21-7}$$

Para iniciar a oscilação, o ganho de tensão mínimo é:

$$A_{v(\text{mín})} = \frac{C_2}{C_1} \tag{21-8}$$

Qual é o valor de A_v? Isso depende das frequências de corte superior do amplificador. Existem circuitos de desvio no coletor e na base em um amplificador

É ÚTIL SABER

Na Figura 21-15, a corrente no ramo C_2 atrasa a tensão no circuito tanque em 90° na ressonância, visto que a reatância líquida desse ramo é indutiva. Além disso, como a tensão em C_2 tem que estar atrasada da corrente em 90°, a tensão de realimentação tem que estar atrasada da tensão no circuito tanque (tensão *ca* do coletor) de 180°. Como podemos ver, o circuito de realimentação fornece o deslocamento de fase de 180° necessário de V_{out}.

bipolar. Se as frequências de corte desses circuitos de desvio forem maiores que as frequências de oscilações, A_v será aproximadamente igual a r_c/r'_e. Se as frequências de corte forem menores que a frequência de oscilação, o ganho de tensão será menor que r_c/r'_e e haverá deslocamentos de fase adicionais através do amplificador.

Tensão de saída

Com uma leve realimentação (pequeno B), A_v é apenas ligeiramente maior que $1/B$, sendo a operação aproximadamente de classe A. Quando energizamos o circuito, as oscilações começam e o sinal oscila cada vez mais na reta de carga CA. Com essa oscilação do sinal aumentada, a operação passa de pequeno sinal para grande sinal. Quando isso acontece, o ganho de tensão diminui ligeiramente. Com uma leve realimentação, o valor de A_vB pode diminuir para 1 sem limitação excessiva.

Com uma realimentação intensa (grande B), o grande sinal de realimentação aciona a base do circuito da Figura 21-15 levando o transistor à saturação e ao corte. Isso carrega o capacitor C_3 produzindo uma tensão CC negativa de grampeamento na base. O grampeamento negativo ajusta automaticamente o valor de A_vB para 1. Se a realimentação for muito intensa, podemos perder alguma parte da tensão de saída por causa das perdas de potência parasitas.

Quando construímos um oscilador, podemos ajustar a realimentação para maximizar a tensão de saída. A ideia é usar realimentação suficiente para começar a oscilação sob quaisquer condições (transistores diferentes, temperatura, tensão e assim por diante), mas não muito para não perdermos sinal de saída. O projeto confiável de osciladores de alta frequência é um desafio. A maioria dos projetistas usa computadores para modelar osciladores de alta frequência.

Acoplando uma carga

A frequência exata de oscilação depende do fator Q do circuito e é dada por:

$$f_r = \frac{1}{2\pi\sqrt{LC}}\sqrt{\frac{Q^2}{Q^2+1}} \tag{21-9}$$

Quando Q é maior que 10, essa equação é simplificada para o valor ideal dado pela Equação (21-5). Se Q é menor que 10, a frequência é menor que o valor ideal. Além disso, um Q baixo evita que o oscilador inicie sua operação porque ele pode reduzir o ganho de tensão para frequência alta abaixo do valor de condição inicial de $1/B$.

A Figura 21-17*a* mostra uma forma de acoplar o sinal do oscilador à resistência de carga. Se a resistência de carga for grande, pouco afetará o circuito ressonante e o Q será maior que 10. Mas se a resistência de carga for pequena, o valor de Q cairá abaixo de 10 não iniciando a oscilação. Uma solução para uma resistência de carga pequena é usar uma pequena capacitância C_4, cujo X_C é grande em comparação com a resistência de carga. Isso evita um efeito de carga excessivo no circuito tanque.

A Figura 21-17*b* mostra o acoplamento indutivo, outra forma de acoplamento do sinal a uma pequena resistência de carga. Fazer um acoplamento indutivo significa usar apenas algumas espiras no enrolamento secundário de um transformador RF. Esse acoplamento leve garante que a resistência de carga não abaixará o Q do circuito tanque a um ponto no qual o oscilador não conseguiria operar.

Se for usado o acoplamento capacitivo ou indutivo, o efeito de carga é mantido o menor possível. Dessa forma, o alto Q do circuito tanque garante uma saída senoidal sem distorção com uma condição inicial confiável para que as oscilações ocorram.

Conexão BC

Quando o sinal de realimentação do oscilador aciona a base, aparece uma capacitância Miller grande na entrada. Isso produz uma frequência de corte relativamente baixa, o que significa que o ganho de tensão pode ser muito baixo na frequência de ressonância desejada.

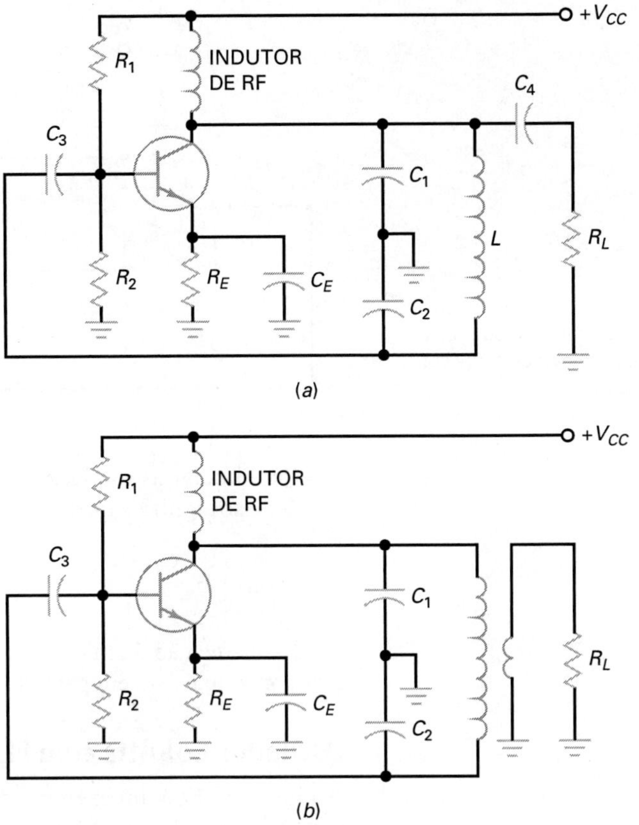

Figura 21-17 (a) Acoplamento capacitivo; (b) acoplamento indutivo.

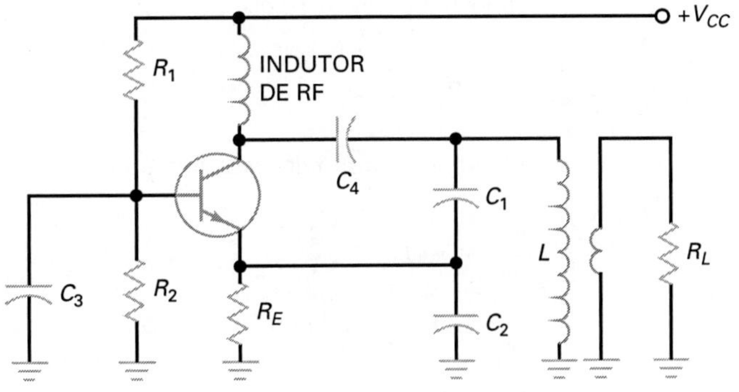

$$f_r = \frac{1}{2\pi\sqrt{LC}}$$

$$C = \frac{C_1C_2}{C_1 + C_2}$$

$$B = \frac{C_1}{C_1 + C_2}$$

$$A_{v(\text{mín})} = \frac{C_1 + C_2}{C_1}$$

Figura 21-18 O oscilador BC pode oscilar em frequências maiores que um oscilador EC.

Para obter uma frequência de corte maior, o sinal de realimentação pode ser aplicado no emissor, como mostra a Figura 21-18. O capacitor C_3 faz o terra CA da base, e assim o transistor se comporta como um amplificador base comum (BC). Um circuito como esse pode oscilar em frequências maiores porque seu ganho para frequências altas é maior que o de um oscilador EC. Com o acoplamento indutivo na saída, o circuito tanque é pouco afetado pelo efeito de carga e a frequência de ressonância é dada pela Equação (21-5).

A fração de realimentação é ligeiramente diferente em um oscilador BC. A tensão de saída aparece em C_1 e C_2 em série, enquanto a tensão de realimentação aparece em C_2. Idealmente, a fração de realimentação é:

$$B = \frac{C_1}{C_1 + C_2} \tag{21-10}$$

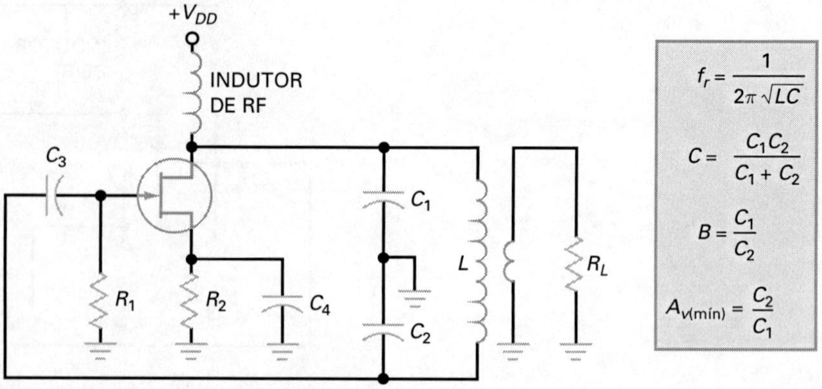

Figura 21-19 Um oscilador com JFET tem menos efeito de carga sobre o circuito tanque.

Para iniciar as oscilações, A_v tem que ser maior que $1/B$. Como uma aproximação, isso significa que:

$$A_{v(\text{mín})} = \frac{C_1 + C_2}{C_1} \tag{21-11}$$

Essa equação é uma aproximação porque ignora a impedância de entrada do emissor, a qual está em paralelo com C_2.

Oscilador Colpitts com FET

A Figura 21-19 é um exemplo de oscilador Colpitts com FET no qual o sinal de realimentação é aplicado na porta. Como a porta tem uma resistência de entrada alta, o efeito de carga no circuito tanque é muito menor que com um transistor de junção bipolar. A fração de realimentação para o circuito é:

$$B = \frac{C_1}{C_2} \tag{21-12}$$

O ganho mínimo necessário para a condição inicial do oscilador FET é:

$$A_{v(\text{mín})} = \frac{C_2}{C_1} \tag{21-13}$$

Em um oscilador FET, o ganho de tensão em frequência baixa é $g_m r_d$. Acima da frequência de corte no amplificador FET, o ganho de tensão diminui. Na Equação (21-13), $A_{v(\text{mín})}$ é o ganho de tensão na frequência de oscilação. Como regra, tentamos manter a frequência de oscilação menor que a frequência de corte do amplificador FET. Caso contrário, o deslocamento de fase adicional através do amplificador pode impedir o início das oscilações.

Exemplo 21-3

MultiSim

Qual é a frequência de oscilação na Figura 21-20? Qual é a fração de realimentação? Qual é o ganho de tensão que o circuito precisa para iniciar as oscilações?

SOLUÇÃO Esse circuito é um oscilador Colpitts que usa a configuração EC. Usando a Equação (21-6), a capacitância equivalente é:

$$C = \frac{(0{,}001\,\mu\text{F})(0{,}01\,\mu\text{F})}{0{,}001\,\mu\text{F} + 0{,}01\,\mu\text{F}} = 909\text{ pF}$$

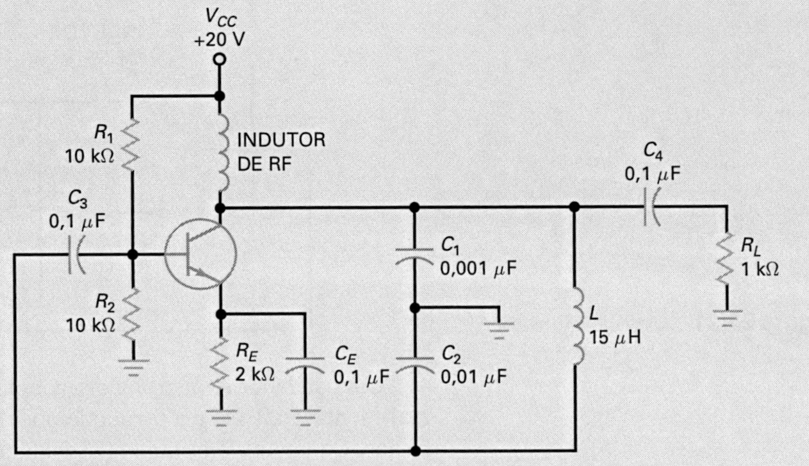

Figura 21-20 Exemplo.

A indutância é 15 μH. Usando a Equação (21-5), a frequência de oscilação é:

$$f_r = \frac{1}{2\pi\sqrt{(15\,\mu\text{H})(909\text{ pF})}} = 1{,}36\text{ MHz}$$

Usando a Equação (21-7), a fração de realimentação é:

$$B = \frac{0{,}001\,\mu\text{F}}{0{,}01\,\mu\text{F}} = 0{,}1$$

Para iniciar as oscilações, o circuito precisa de um ganho de tensão mínimo de:

$$A_{v(\text{mín})} = \frac{0{,}01\,\mu\text{F}}{0{,}001\,\mu\text{F}} = 10$$

PROBLEMA PRÁTICO 21-3 Na Figura 21-20, qual valor aproximado um indutor teria de ter em substituição ao de 15 μH para uma frequência de saída de 1 MHz?

21-5 Outros osciladores *LC*

O oscilador Colpitts é o oscilador *LC* mais usado. O divisor de tensão capacitivo no circuito ressonante é uma forma conveniente de obter a tensão de realimentação. Entretanto, outros tipos de osciladores também podem ser usados.

Oscilador Armstrong

A Figura 21-21 é um exemplo de **oscilador Armstrong**. Nesse circuito, o coletor aciona um circuito tanque *LC* ressonante. O sinal de realimentação é obtido de um pequeno enrolamento secundário que realimenta a base. Existe um deslocamento de fase de 180° no transformador, o que significa que o deslocamento de fase em torno da malha do circuito é zero. Se ignoramos o efeito de carga da base, a fração de realimentação é:

$$B = \frac{M}{L} \tag{21-14}$$

onde M é a indutância mútua e L é a indutância do primário. Para o oscilador Armstrong iniciar operação, o ganho de tensão tem que ser maior que $1/B$.

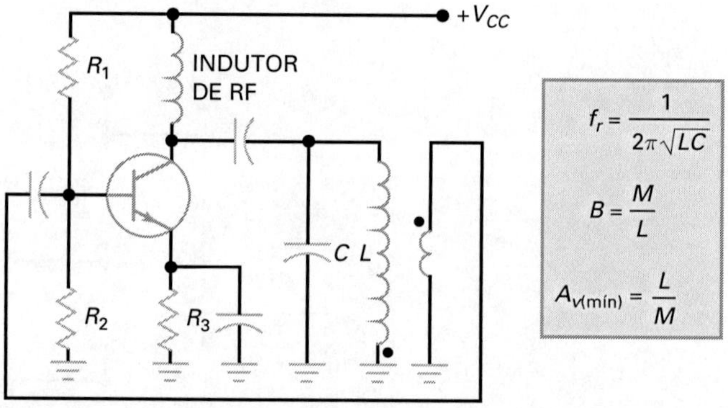

Figura 21-21 Oscilador Armstrong.

Um oscilador Armstrong usa acoplamento com transformador para o sinal de realimentação. Essa é a forma de podermos reconhecer variações desse circuito básico. O pequeno enrolamento secundário é às vezes denominado *bobina de realimentação* porque ela realimenta o sinal que mantém as oscilações. A frequência ressonante é dada pela Equação (21-5), usando os valores de L e C mostrados na Figura 21-21. Em geral, não vemos o oscilador Armstrong frequentemente porque muitos projetistas evitam o uso de transformadores sempre que possível.

Oscilador Hartley

A Figura 21-22 é um exemplo de **oscilador Hartley**. Quando o circuito tanque LC está em ressonância, a corrente no circuito tanque percorre L_1 em série com L_2. Portanto, o L equivalente a ser usado na Equação (21-5) é:

$$L = L_1 + L_2 \tag{21-15}$$

Em um oscilador Hartley, a tensão de realimentação é obtida de um divisor de tensão indutivo, L_1 e L_2. Como a tensão de saída aparece em L_2, a fração de realimentação é:

$$B = \frac{L_2}{L_1} \tag{21-16}$$

Como de costume, essa equação ignora os efeitos da base. Para as oscilações iniciarem, o ganho de tensão tem que ser maior que $1/B$.

Normalmente um oscilador Hartley usa um único indutor com uma derivação em vez de dois indutores separados. Outra variação de configuração envia o sinal de realimentação para o emissor em vez da base. Além disso, podemos ver um FET em vez de um transistor bipolar de junção. O sinal de saída pode ser acoplado capacitivamente ou indutivamente.

É ÚTIL SABER

No oscilador Colpitts, o indutor do circuito tanque é ajustado para variar a frequência de oscilação, ao passo que no oscilador Hartley, o capacitor do circuito tanque é ajustado para variar a frequência de oscilação.

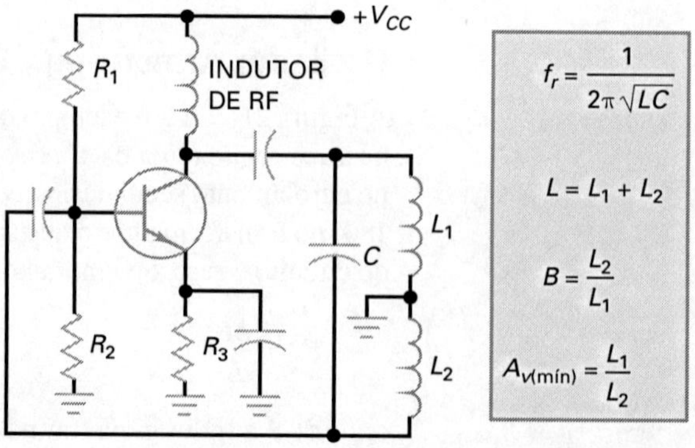

Figura 21-22 Oscilador Hartley.

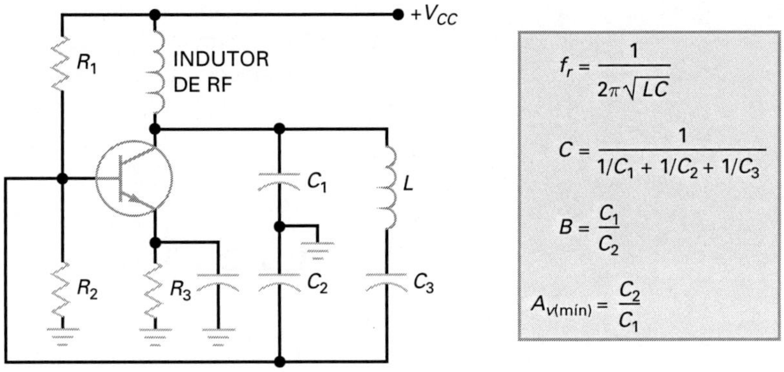

Figura 21-23 Oscilador Clapp.

Oscilador Clapp

O **oscilador Clapp** da Figura 21-23 é um refinamento do oscilador Colpitts. O divisor de tensão capacitivo produz o sinal de realimentação conforme explicado antes. Um capacitor adicional C_3 está em série com o indutor. Como a corrente no circuito tanque percorre C_1, C_2 e C_3 em série, a capacitância equivalente usada para calcular a frequência ressonante é:

$$C = \frac{1}{1/C_1 + 1/C_2 + 1/C_3} \tag{21-17}$$

No oscilador Clapp, C_3 é muito menor que C_1 e C_2. Como resultado, C é aproximadamente igual a C_3, sendo a frequência ressonante dada por:

$$f_r \cong \frac{1}{2\pi\sqrt{LC_3}} \tag{21-18}$$

Por que isso é importante? Porque C_1 e C_2 estão em paralelo com as capacitâncias do transistor e as parasitas (*stray*). Essas capacitâncias extras alteram ligeiramente os valores de C_1 e C_2. No oscilador Colpitts, a frequência ressonante depende então das capacitâncias do transistor e das parasitas. Porém no oscilador Clapp, as capacitâncias do transistor e parasitas não têm efeito sobre C_3, assim a frequência de oscilação é mais estável e precisa. Por isso vemos às vezes um oscilador Clapp sendo usado.

Oscilador a cristal

Quando a precisão e a estabilidade da frequência de oscilação são importantes, é usado um **oscilador a cristal de quartzo**. Na Figura 21-24, o sinal de realimen-

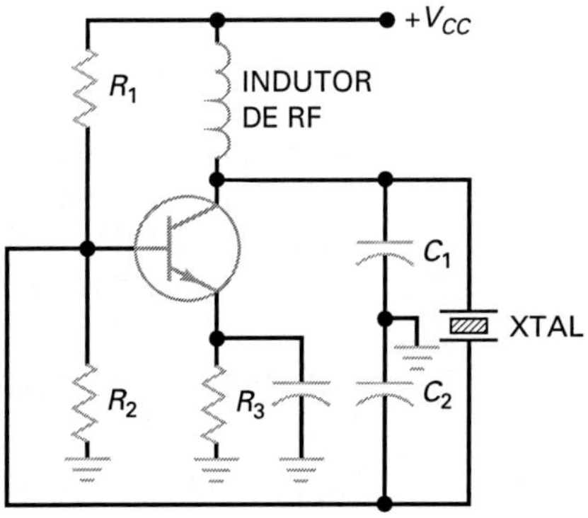

Figura 21-24 Oscilador a cristal.

tação provém de uma derivação capacitiva. Conforme será discutido na próxima seção, o cristal (abreviado por *XTAL*) se comporta como um grande indutor em série com um pequeno capacitor (similar ao oscilador Clapp). Por isso, a frequência ressonante quase não é afetada pelas capacitâncias do transistor e parasitas.

Exemplo 21-4

MultiSim

Se 50 pF for acrescentado em série com o indutor de 15 μH na Figura 21-20, o circuito torna-se um oscilador Clapp. Qual é a frequência de oscilação?

SOLUÇÃO Podemos calcular a capacitância equivalente usando a Equação (21-17):

$$C = \frac{1}{1/0{,}001\,\mu\text{F} + 1/0{,}01\,\mu\text{F} + 1/50\,\text{pF}} \cong 50\,\text{pF}$$

Observe como o termo 1/50 pF se sobrepõe aos outros valores porque 50 pF é muito menor que as outras capacitâncias. A frequência e oscilação é:

$$f_r = \frac{1}{2\pi\sqrt{15\,\mu\text{H})(50\,\text{pF})}} = 5{,}81\,\text{MHz}$$

PROBLEMA PRÁTICO 21-4 Repita o Exemplo 21-4 substituindo o capacitor de 50 pF por um de 120 pF.

21-6 Cristais de quartzo

Quando a frequência de oscilação precisa ser estável, um oscilador a cristal é a melhor escolha. Relógios de pulso eletrônicos e outras aplicações de temporização críticas usam osciladores a cristal porque eles fornecem uma frequência de clock precisa.

Efeito piezoelétrico

Alguns cristais na natureza apresentam o **efeito piezoelétrico**; ao aplicar uma tensão CA através deles, eles vibram na frequência da tensão aplicada. Inversamente, se você os força a vibrar mecanicamente, geram uma tensão CA. As principais substâncias que produzem esse efeito piezoelétrico são o quartzo, os sais de Rochelle e a turmalina.

Os sais de Rochelle têm a maior atividade piezoelétrica. Para uma dada tensão CA, eles vibram mais do que o quartzo e a turmalina. Mecanicamente, são mais fracos porque se quebram facilmente. Os sais de Rochelle têm sido utilizados para fazer microfones, agulhas de toca-discos, cabeçotes e alto-falantes. A turmalina mostra a menor atividade piezoelétrica, mas é a mais forte dos três. É também a mais cara. Ocasionalmente é utilizada em frequências muito altas.

O quartzo constitui-se um compromisso entre a atividade piezoelétrica dos sais de Rochelle e a rigidez da turmalina. Por ele ser barato e facilmente encontrado na natureza, o quartzo é amplamente usado em osciladores de RF e filtros.

Cortes em cristais

A forma natural de um cristal de quartzo é um prisma hexagonal com extremidades piramidais (veja a Figura 21-25*a*). Para tirar dele um cristal utilizável, o fabri-

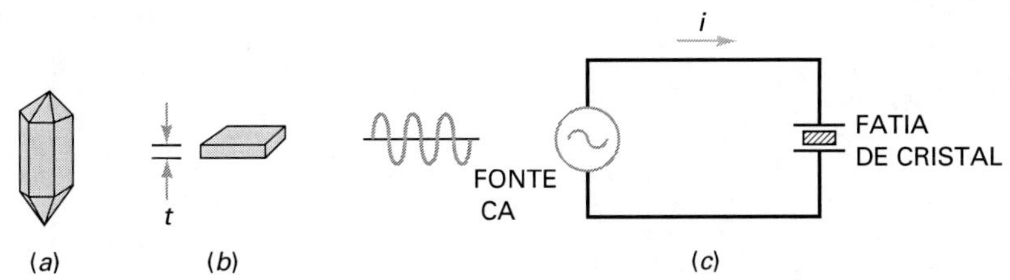

Figura 21-25 (*a*) Cristal de quartzo natural; (*b*) fatia; (*c*) a corrente de entrada atinge um máximo na ressonância do cristal.

cante retira uma fatia retangular do cristal natural. A Figura 21-25*b* mostra essa fatia de espessura *t*. O número de fatias conseguidas de um cristal natural depende da dimensão das fatias e do ângulo de corte.

Para ser utilizada em circuitos eletrônicos, a fatia precisa ser montada entre duas placas metálicas, como mostra a Figura 21-25*c*. Neste circuito, a quantidade de vibração do cristal depende da frequência da tensão aplicada. Variando a frequência, podemos encontrar frequências de ressonância para as quais as vibrações do cristal atingem um máximo. Como a energia para as vibrações precisa ser fornecida pela fonte CA, a corrente CA é maximizada em cada frequência de ressonância.

As frequências fundamental e sobretons

Na maioria das vezes, o cristal é cortado e montado para vibrar melhor numa das suas frequências de ressonância, geralmente a **frequência fundamental** ou frequência mais baixa. As frequências ressonantes mais altas, chamadas de *sobretons*, são praticamente múltiplos exatos da frequência fundamental. Com um exemplo, um cristal com frequência fundamental de 1 MHz tem o primeiro sobretom de aproximadamente 2 MHz, um segundo sobretom de aproximadamente 3 MHz e assim por diante.

A fórmula para a frequência fundamental de um cristal é

$$f = \frac{K}{t} \tag{21-19}$$

onde *K* é uma constante que depende do corte e de outros fatores e *t* é a espessura do cristal. Como se pode ver, a frequência fundamental é inversamente proporcional à espessura. Por essa razão, há um limite prático da frequência mais alta a que se pode chegar. Quanto mais fino o cristal, mais frágil ele se torna e mais facilmente pode se quebrar devido às vibrações.

Os cristais de quartzo funcionam bem até 10 MHz na frequência fundamental. Para chegar a frequências mais altas, pode-se usar um cristal montado de modo que vibre nos sobretons. Dessa forma, podem-se atingir frequências de até 100 MHz. Ocasionalmente, em frequência mais altas é usada a turmalina, que é mais cara, porém mais resistente.

Circuito equivalente CA

Com o que se assemelha o cristal do ponto de vista da fonte CA? Quando o cristal da Figura 21-26*a* não está vibrando, ele é equivalente a uma capacitância C_m porque possui duas placas metálicas separadas por um dielétrico. C_m é conhecido como a **capacitância de montagem**.

Quando o cristal está vibrando, ele se comporta como um circuito sintonizado. A Figura 21-26*b* mostra o circuito CA equivalente de um cristal vibrando na sua frequência fundamental. Valores típicos são *L*, em henrys, C_s, em fração de um picofarad, *R*, em centenas de ohms, e C_m, em picofarads. Por exemplo, um cristal pode ter valores como $L = 3$ H, $C_s = 0{,}05$ pF, $R = 2$ kΩ e $C_m = 10$ pF.

Os cristais têm um fator *Q* incrivelmente alto. Para os valores ora mencionados, o fator *Q* é quase 4000. O fator *Q* de um cristal pode facilmente superar o valor de

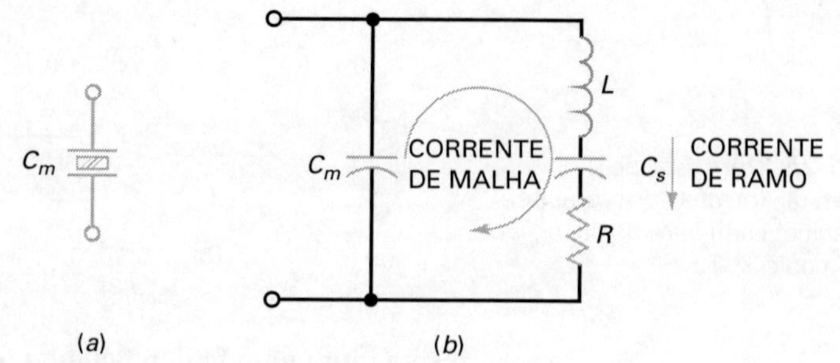

Figura 21-26 (*a*) Capacitância da montagem; (*b*) circuito equivalente CA do cristal em vibração.

10.000. O Q extremamente alto de um cristal significa que as oscilações do cristal têm uma frequência muito estável. Podemos entender o porquê dessa afirmação examinando a Equação (21-9), que é a equação exata da frequência de ressonância:

$$f_r = \frac{1}{2\pi\sqrt{LC}}\sqrt{\frac{Q^2}{Q^2+1}}$$

Quando o Q se aproxima do infinito, a frequência de ressonância se aproxima do valor ideal determinado por L e C, que são precisamente determinados em um cristal. Por comparação, os valores de L e C de um oscilador Colpitts têm tolerâncias grandes, o que significa que a frequência é menos precisa.

Ressonância em série e em paralelo

A *frequência de ressonância em série* f_s de um cristal é a frequência ressonante do ramo *RLC* na Figura 21-26*b*. Nessa frequência, a corrente de ramo alcança um valor máximo porque L é ressonante com C_s. A fórmula para essa frequência de ressonância é:

$$f_s = \frac{1}{2\pi\sqrt{LC_s}} \tag{21-20}$$

A *frequência ressonante em paralelo* f_p do cristal é a frequência na qual a corrente de malha ou circulação da Figura 21-26*b* alcança um valor máximo. Como essa corrente de malha deve fluir através da associação em série de C_s e C_m, a capacitância em paralelo equivalente é:

$$C_p = \frac{C_m C_s}{C_m + C_s} \tag{21-21}$$

e a frequência de ressonância em paralelo é:

$$f_p = \frac{1}{2\pi\sqrt{LC_p}} \tag{21-22}$$

Em qualquer cristal, C_s é muito menor que C_m. Por isso, f_p é apenas ligeiramente maior que f_s. Quando usamos um cristal em um circuito equivalente CA como o da Figura 21-27, as capacitâncias adicionais de circuito aparecem em paralelo com C_m. Por isso, a frequência de oscilação se encontra entre f_s e f_p.

Estabilidade do cristal

A frequência de qualquer oscilador tende a mudar ligeiramente com o tempo. Essa deriva (*drift*) é produzida pela temperatura, envelhecimento e outras causas. Em um oscilador a cristal, a deriva na frequência é muito pequena, sendo tipicamente menor que 1 parte em 10^6 por dia. Uma estabilidade como essa é importante em relógios eletrônicos de pulso porque eles usam osciladores a cristal de quartzo como dispositivo de temporização básico.

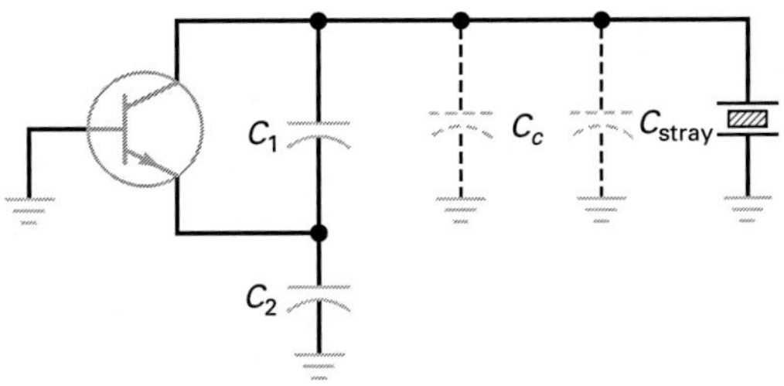

Figura 21-27 As capacitâncias parasitas do circuito estão em paralelo com a capacitância de montagem.

Colocando um oscilador a cristal em um forno de temperatura controlada, podemos obter uma deriva de frequência menor que 1 parte em 10^{10} por dia. Um relógio com essa deriva precisa de 300 anos para adiantar ou atrasar 1 s. Estabilidade como essa é necessária em padrões de tempo e frequência.

Osciladores a cristal

A Figura 21-28*a* mostra um oscilador a cristal Colpitts. O divisor de tensão capacitivo produz a tensão de realimentação para a base do transistor. O cristal se comporta como um indutor que faz ressonância com C_1 e C_2. A frequência de oscilação está entre as frequências ressonantes em série e em paralelo do cristal.

A Figura 21-28*b* é uma variação do oscilador a cristal Colpitts. O sinal de realimentação é aplicado ao emissor em vez da base. Essas variações permitem ao circuito operar em frequências ressonantes maiores.

A Figura 21-28*c* é um oscilador Clapp com FET. A intenção é melhorar a estabilidade da frequência reduzindo o efeito das capacitâncias parasitas. A Figura 21-28*d* é um circuito denominado **oscilador a cristal Pierce**. Sua principal vantagem é a simplicidade.

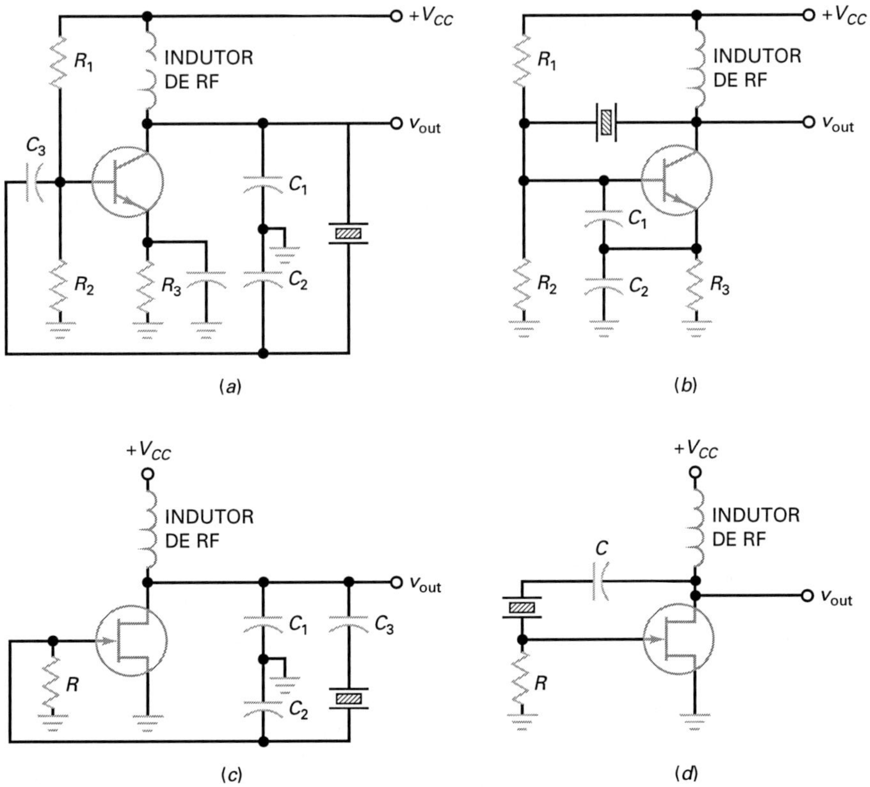

Figura 21-28 Osciladores a cristal; (*a*) Colpitts; (*b*) variação de um Colpitts; (*c*) Clapp; (*d*) Pierce.

Exemplo 21-5

Um cristal tem os seguintes valores: $L = 3$ H, $C_s = 0{,}05$ pF, $R = 2$ kΩ e $C_m = 10$ pF. Quais são as frequências em série e em paralelo do cristal?

SOLUÇÃO A Equação (21-20) fornece a frequência ressonante em série:

$$f_s = \frac{1}{2\pi\sqrt{(3\,\text{H})(0{,}05\,\text{pF})}} = 411\,\text{kHz}$$

A Equação (21-21) fornece a capacitância em paralelo:

$$C_p = \frac{(10\,\text{pF})(0{,}05\,\text{pF})}{10\,\text{pF} + 0{,}05\,\text{pF}} = 0{,}0498\,\text{pF}$$

A Equação (21-22) fornece a frequência ressonante em paralelo:

$$f_p = \frac{1}{2\pi\sqrt{(3\text{H})(0{,}0498\,\text{pF})}} = 412\,\text{kHz}$$

Como podemos ver, as frequências ressonantes em série e em paralelo do cristal têm valores muito próximos. Se esse cristal for usado em um oscilador, a frequência de oscilação estará entre 411 kHz e 412 kHz.

PROBLEMA PRÁTICO 21-5 Repita o Exemplo 21-5 sendo $C_s = 0{,}1$ pF e $C_m = 15$ pF.

A Tabela 21-1 mostra algumas características de osciladores *RC* e *LC*.

21-7 Temporizador 555

O NE555 (também o LM555, o CA555 e o MC1455) é um CI temporizador muito usado, um circuito que pode operar em dois modos: **monoestável** (um estado estável) ou **astável** (nenhum estado estável). No modo monoestável, ele pode gerar atrasos de tempo precisos desde microssegundos até horas. No modo astável, ele pode gerar ondas retangulares com um ciclo de trabalho variável.

Operação monoestável

A Figura 21-29 ilustra a operação monoestável. Inicialmente, o temporizador 555 tem uma tensão de saída baixa na qual ele pode permanecer indefinidamente.

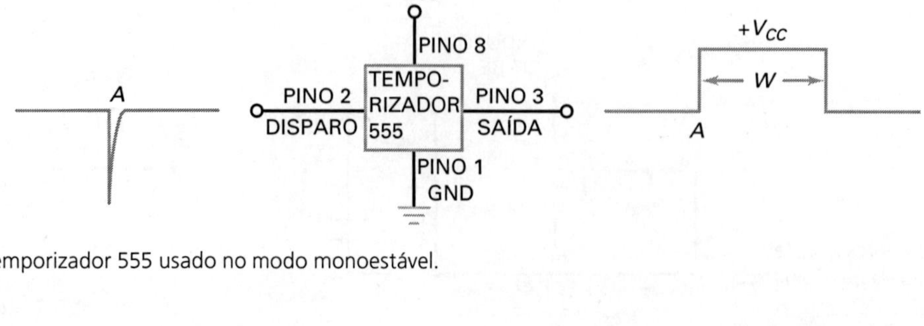

Figura 21-29 Temporizador 555 usado no modo monoestável.

Tabela 21-1 Osciladores

Tipo	Características
Osciladores *RC* (largura de banda limitada)	
Ponte de Wien	• Usa circuitos de realimentação avanço-atraso • Precisa de Rs conjugado para sintonia • Saída com baixa distorção de 5 Hz a 1 MHz • $f_r = \frac{1}{2\pi RC}$
Duplo-T	• Usa um circuito de filtro *notch* • Funciona bem em uma frequência • Difícil de ajustar para uma frequência de saída ampla • $f_r = \frac{1}{2\pi RC}$
Deslocamento de fase	• Usa de 3 a 4 circuitos de avanço ou de atraso • Não pode ser ajustado ao longo de uma ampla faixa de frequências
Osciladores *LC*	
Colpitts	• Usa um par de capacitores com derivação $C = \frac{C_1 C_2}{C_1 + C_2}$ $f_r = \frac{1}{2\pi\sqrt{LC}}$ • Bastante usado
Armstrong	• Usa um transformador para realimentação • Não usado frequentemente • $f_r = \frac{1}{2\pi\sqrt{LC}}$
Hartley	• Usa um par de indutores com derivação • $L = L_1 + L_2$ $f_r = \frac{1}{2\pi\sqrt{LC}}$
Clapp	• Usa capacitores com derivação e um capacitor em série com um indutor • Saída estável e precisa • $C = \frac{1}{\frac{1}{C_1} + \frac{1}{C_2} + \frac{1}{C_3}}$ $f_r = \frac{1}{2\pi\sqrt{LC}}$
Cristal	• Usa um cristal de quartzo • Muito preciso e estável • $f_p = \frac{1}{2\pi\sqrt{LC_p}}$ $f_s = \frac{1}{2\pi\sqrt{LC_s}}$

Quando o temporizador 555 recebe um disparo (*trigger*) no ponto A no eixo do tempo, a tensão de saída comuta de nível baixo para alto, como mostra a figura. A saída permanece em nível alto durante algum tempo, retornando em seguida para o estado baixo após o atraso de tempo *W*. A saída permanecerá no estado baixo até que outro pulso de disparo aconteça.

Um **multivibrador** é um circuito de dois estados que tem zero, um ou dois estados estáveis. Quando o temporizador 555 é usado no modo monoestável, ele é denominado algumas vezes *multivibrador monoestável* porque tem apenas um estado estável. Ele é estável no estado baixo até receber um disparo, o qual faz com que a saída mude temporariamente para o estado alto. Entretanto, o estado alto não é estável porque a saída retorna para o estado baixo quando o pulso termina.

Quando opera no modo monoestável, o temporizador 555 é normalmente denominado *multivibrador de único pulso* porque ele produz apenas um pulso de saída para cada disparo de entrada. A duração desse pulso de saída pode ser precisamente controlada com um resistor e um capacitor externos.

O temporizador 555 é um CI de 8 pinos. A Figura 21-29 mostra quatro dos pinos. O pino 1 é conectado em GND e o pino 8 é conectado na tensão de alimentação positiva. O temporizador 555 funciona com qualquer valor de tensão de alimentação entre +4,5 V e +18 V. O pulso de disparo entra pelo pino 2 e a saída é obtida do pino 3. Os outros pinos, os quais não são mostrados nessa figura, são conectados aos componentes externos que determinam a largura do pulso de saída.

Operação astável

O temporizador 555 também pode ser conectado para operar como um *multivibrador astável*. Quando usado dessa forma, o temporizador 555 não apresenta estados estáveis, o que significa que ele não pode permanecer indefinidamente em qualquer um dos estados. Em outras palavras, ele oscila quando opera no modo astável e produz um sinal de saída retangular.

A Figura 21-30 mostra o temporizador 555 usado no modo astável. Como podemos ver, a saída é um série de pulsos retangulares. Como nenhuma entrada de disparo é necessária para obter uma saída, o temporizador 555 operando no modo astável é algumas vezes denominado *multivibrador de operação livre.*

Diagrama em bloco funcional

O diagrama esquemático de um temporizador 555 é complicado porque tem cerca de duas dúzias de componentes conectados como diodos, espelhos de corrente e transistores. A Figura 21-31 mostra um diagrama funcional do temporizador 555. Esse diagrama ilustra todas as ideias principais que precisamos para nossa discussão sobre o temporizador 555.

Como mostra a Figura 21-31, o temporizador 555 contém um divisor de tensão, dois comparadores, um flip-flop *RS* e um transistor *npn*. Como o divisor de tensão tem resistores de igual valor, o comparador superior tem um ponto de comutação de:

$$\mathbf{UTP} = \frac{2V_{CC}}{3} \qquad \mathbf{(21\text{-}23)}$$

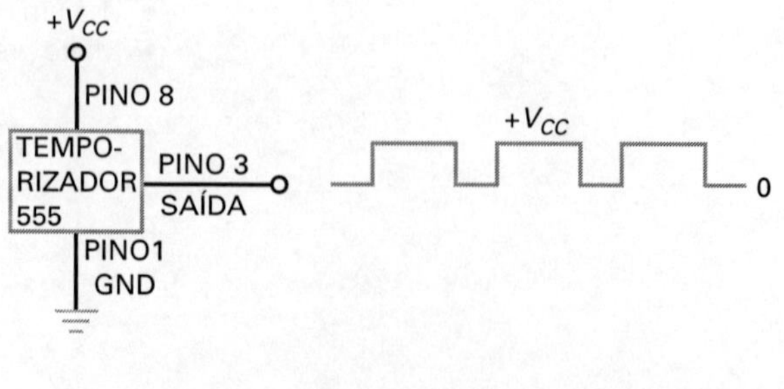

Figura 21-30 Temporizador 555 usado no modo astável.

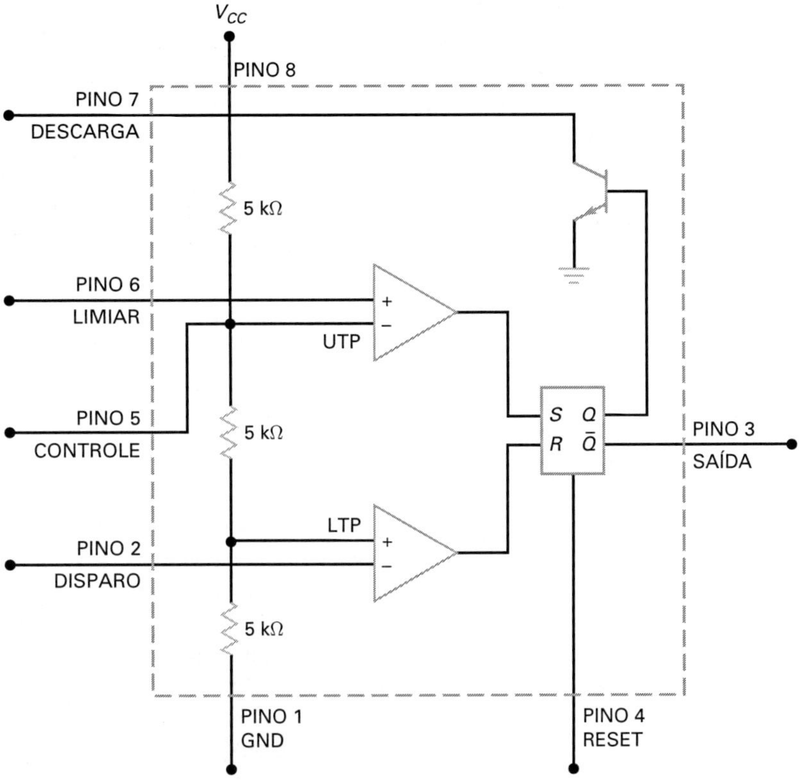

Figura 21-31 Diagrama em bloco funcional de um temporizador 555.

O comparador inferior tem um ponto de comutação de:

$$\textbf{LTP} = \frac{V_{CC}}{3} \tag{21-24}$$

Na Figura 21-31, o pino 6 é conectado ao comparador superior. A tensão no pino 6 é denominada *limiar* (*threshold*). Essa tensão provém de componentes externos não mostrados. Quando a *tensão de limiar* for maior que o valor UTP, o comparador superior terá uma saída em nível alto.

O pino 2 está conectado ao comparador inferior. A tensão no pino 2 é denominada *disparo* (*trigger*). Essa é a tensão de disparo usada para a operação monoestável do temporizador 555. Quando o temporizador está inativo, a tensão de disparo é nível alto. Quando a tensão de disparo cai para um valor menor que LTP, o comparador inferior gera uma saída de nível alto.

O pino 4 pode ser usado para resetar a tensão de saída para zero. O pino 5 pode ser usado para controlar a frequência de saída quando o temporizador 555 é usado no modo astável. Em muitas aplicações, esses dois pinos são desativados da seguinte maneira: o pino 4 é conectado em $+V_{CC}$ e o pino 5 recebe um capacitor de desvio para GND. Mais adiante, discutiremos como os pinos 4 e 5 são utilizados em alguns circuitos avançados.

Flip-flop *RS*

Antes de entendermos como um temporizador 555 funciona com componentes externos, precisamos discutir a ação do bloco com as identificações *S*, *R*, *Q* e $\overline{Q}$. Esse bloco é denominado *flip-flop RS*, um circuito que tem dois estados estáveis.

A Figura 21-32 mostra uma forma de construir um flip-flop *RS*. Num circuito como esse, um dos transistores está saturado e o outro em corte. Por exemplo, se o transistor da direita está saturado, sua tensão de coletor se aproxima de zero. Isso significa que não há corrente de base no transistor da esquerda. Como resultado,

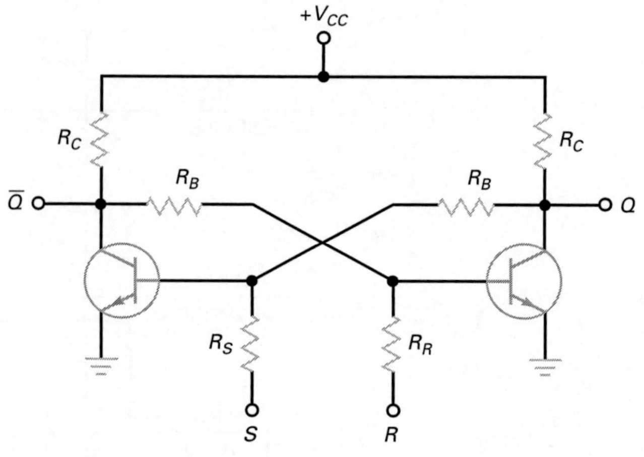

Figura 21-32 Flip-flop *RS* implementado com transistores.

o transistor da esquerda está em corte, produzindo uma tensão de coletor de nível alto. Essa tensão de coletor de nível alto produz uma grande corrente de base que mantém o transistor da direita saturado.

O flip-flop *RS* tem duas saídas, Q e $\overline{Q}$. Os dois estados de saída são tensões de nível baixo ou alto. Além disso, as duas saídas estão sempre em estados opostos. Quando Q é nível baixo, $\overline{Q}$ é nível alto. Quando Q é nível alto, $\overline{Q}$ é nível baixo. Por isso, $\overline{Q}$ é denominado *complemento Q*. A barra sobre $\overline{Q}$ é usada para indicar o complemento de Q.

Podemos controlar os estados de saída com as entradas *S* e *R*. Se aplicarmos uma tensão positiva de nível alto na entrada *S*, podemos colocar o transistor da esquerda na saturação. Isso coloca o transistor da direita em corte. Nesse caso, Q será nível alto e $\overline{Q}$ será nível baixo. O nível alto na entrada *S* pode então ser removido, porque o transistor da esquerda saturado mantém o transistor da direita em corte.

De maneira similar, podemos aplicar uma tensão positiva de nível alto na entrada R. Isso irá saturar o transistor da direita e cortar o transistor da esquerda. Para essa condição, Q é nível baixo e $\overline{Q}$ é nível alto. Depois de essa transição ter ocorrido, o nível alto na entrada R pode ser removido porque ele não é mais necessário.

Como o circuito é estável em qualquer um dos dois estados, ele algumas vezes é denominado **multivibrador biestável**. Um multivibrador biestável permanece fixo em qualquer um dos dois estados. Uma entrada S em nível alto força Q para o estado alto e uma entrada R em nível alto força Q a retornar para o estado baixo. A saída Q permanece num dado estado até que seja levada para o estado oposto.

A propósito, a entrada *S* é algumas vezes denominada *entrada set* porque ela seta a saída Q para o nível alto. A entrada *R* é denominada *entrada reset* porque ela reseta a saída Q para o nível baixo.

Operação monoestável

A Figura 21-33 mostra o temporizador 555 conectado para operação monoestável. O circuito tem um resistor *R* e um capacitor *C* externos. A tensão no capacitor é usada para a tensão de limiar no pino 6. Quando ocorre um disparo no pino 2, o circuito produz um pulso de saída retangular no pino 3.

Vejamos a teoria de operação. Inicialmente, a saída Q do flip-flop *RS* é nível alto. Isso satura o transistor e limita a tensão no capacitor ao potencial GND (impede o capacitor de ser carregado). O circuito permanecerá nesse estado até que um disparo ocorra. Por causa do divisor de tensão os pontos de comutação são os mesmos discutidos anteriormente: UTP = $2V_{CC}/3$ e LTP = $V_{CC}/3$.

Quando a entrada de disparo cai ligeiramente abaixo de $V_{CC}/3$, o comparador inferior reseta o flip-flop. Como Q muda para nível baixo, o transistor vai para o

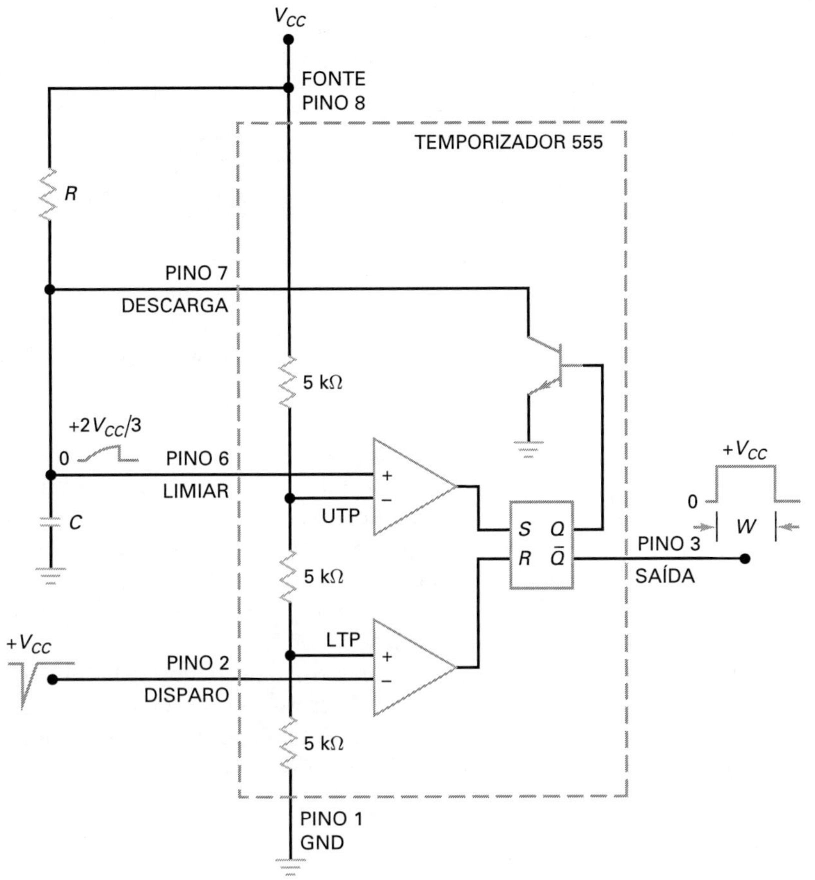

Figura 21-33 Temporizador 555 conectado para operação monoestável.

corte, permitindo a carga do capacitor. Nesse momento, $\overline{Q}$ muda para nível alto. O capacitor agora é carregado exponencialmente como mostrado. Quando a tensão no capacitor é ligeiramente maior que $2V_{CC}/3$, o comparador superior seta o flip-flop. A saída Q em nível alto liga o transistor, o qual descarrega o capacitor quase que instantaneamente. No mesmo instante, $\overline{Q}$ retorna para o estado baixo e o pulso de saída termina. $\overline{Q}$ permanece em nível baixo até que outro pulso de disparo ocorra.

A saída complementar $\overline{Q}$ é a saída do CI no pino 3. A largura do pulso retangular depende de quanto tempo leva para carregar o capacitor através da resistência R. Quanto mais longa a constante de tempo, mais longo é o tempo para o capacitor alcançar $2V_{CC}/3$. Em uma constante de tempo, o capacitor pode ser carregado com 63,2% de V_{CC}. Como $2V_{CC}/3$ equivale a 66,7% de V_{CC}, leva um pouco mais que uma constante de tempo para que o capacitor alcance $2V_{CC}/3$. Resolvendo a equação exponencial de carga do capacitor, é possível deduzir essa fórmula para a largura de pulso:

$$W = 1{,}1\,RC \qquad \textbf{(21-25)}$$

A Figura 21-34 mostra o diagrama esquemático para o circuito monoestável com 555 como normalmente é desenhado. Apenas os pinos e os componentes externos são apresentados. Observe que o pino 4 (reset) está conectado em $+V_{CC}$. Conforme discutido, isso evita que o pino 4 tenha qualquer efeito no circuito. Em algumas aplicações, o pino 4 pode ser temporariamente aterrado para suspender a operação. Com o pino 4 em nível alto, a operação normal é retomada. Uma discussão posterior descreverá a ação desse reset com mais detalhes.

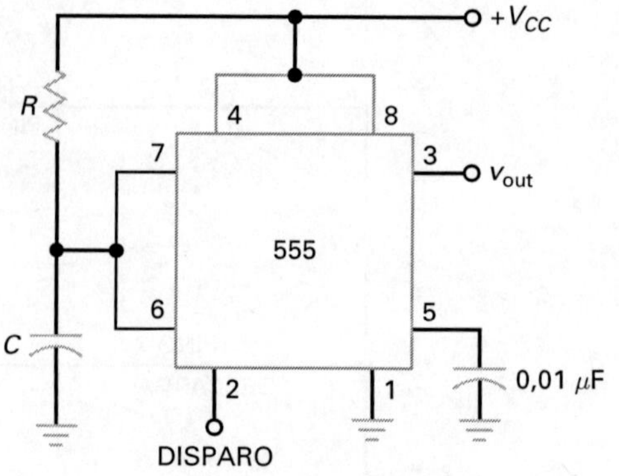

$$\text{UTP} = \frac{2V_{CC}}{3}$$

$$\text{LTP} = \frac{V_{CC}}{3}$$

$$W = 1{,}1RC$$

Figura 21-34 Circuito temporizador monoestável.

O pino 5 (controle) é uma entrada especial que pode ser usada para alterar o valor de UTP, o que muda a largura do pulso. Mais adiante, discutiremos a *modulação por largura de pulso*, na qual uma tensão externa é aplicada no pino 5 para alterar a largura do pulso. Por enquanto, vamos conectar um capacitor de desvio no pino 5 para GND como mostrado. Fazendo um aterramento CA no pino 5, evitamos que ruídos eletromagnéticos parasitas interfiram na operação do temporizador 555.

Em resumo, o temporizador monoestável 555 produz um único pulso cuja largura é determinada por R e C externos na Figura 21-34. O pulso começa com uma borda de descida na entrada de disparo. Uma operação de pulso único como essa tem várias aplicações em digital e circuitos de comutação.

Exemplo 21-6

MultiSim

Na Figura 21-34, V_{CC} = 12 V, R = 33 kΩ e C = 0,47 μF. Qual é a tensão de disparo mínima que produz um pulso de saída? Qual é a tensão máxima no capacitor? Qual é a largura do pulso de saída?

SOLUÇÃO Conforme mostrado na Figura 21-33, o comparador inferior tem um ponto de comutação igual a LTP. Portanto, a entrada de disparo no pino 2 tem de diminuir de $+V_{CC}$ a um valor ligeiramente menor que LTP. Com as equações mostradas na Figura 21-34:

$$\text{LTP} = \frac{12\ \text{V}}{3} = 4\ \text{V}$$

Após um disparo, o capacitor é carregado de 0 V a um máximo de UTP, que é:

$$\text{UTP} = \frac{2(12\ \text{V})}{3} = 8\ \text{V}$$

A largura do pulso de saída do monoestável é:

$$W = 1{,}1(33\ \text{k}\Omega)(0{,}47\ \mu\text{F}) = 17{,}1\ \text{ms}$$

Isso significa que a borda de descida do pulso de saída ocorre 17,1 ms após o disparo. Podemos pensar que esses 17,1 ms seja um atraso de tempo, porque a borda de descida do pulso de saída pode ser usada para disparar outro circuito.

PROBLEMA PRÁTICO 21-6 Usando a Figura 21-34, altere V_{CC} para 15 V, R para 100 kΩ e repita o Exemplo 21-6.

Exemplo 21-7

Qual é a largura do pulso na Figura 21-34 se $R = 10\ \text{M}\Omega$ e $C = 470\ \mu\text{F}$?

SOLUÇÃO

$$W = 1{,}1(10\ \text{M}\Omega)(470\ \mu\text{F}) = 5170\ \text{s} = 86{,}2\ \text{min} = 1{,}44\ \text{h}$$

Temos aqui um pulso com largura maior que uma hora. A borda do pulso ocorre após um atraso de tempo de 1,44 hora.

21-8 Operação astável do temporizador 555

A geração de tempos de atraso de microssegundos a horas é útil em muitas aplicações. O temporizador 555 também pode ser usado como multivibrador astável. Nesse modo, é necessário dois resistores e um capacitor externos para estabelecer a frequência de oscilação.

Operação astável

A Figura 21-35 mostra o temporizador 555 conectado para operação astável. Os pontos de comutação são os mesmos que para a operação monoestável:

$$\text{UTP} = \frac{2V_{CC}}{3}$$

$$\text{LTP} = \frac{V_{CC}}{3}$$

Quando Q é nível baixo, o transistor está em corte e o capacitor é carregado através da resistência total:

$$R = R_1 + R_2$$

Por isso, a constante de tempo é $(R_1 + R_2)C$. Conforme o capacitor é carregado, a tensão de limiar (pino 6) aumenta.

Finalmente, a tensão de limiar excede a $+2V_{CC}/3$. Então, o comparador superior seta o flip-flop. Com Q em nível alto, o transistor satura e aterra o pino 7. O capacitor agora é descarregado através de R_2. Portanto, a constante de tempo de descarga é R_2C. Quando a tensão no capacitor cai ligeiramente abaixo de $V_{CC}/3$, o comparador inferior reseta o flip-flop.

A Figura 21-26 mostra as formas de onda. A tensão no capacitor de temporização sobe e desce exponencialmente entre os valores UTP e LTP. A saída é uma onda retangular que varia entre 0 e V_{CC}. Como a constante de tempo de carga é maior que a de descarga, a saída não é simétrica. Dependendo das resistências R_1 e R_2, o ciclo de trabalho se situa entre 50% e 100%.

Analisando as equações para a carga e a descarga, podemos deduzir as fórmulas a seguir. A largura do pulso é dada por:

$$\mathbf{W = 0{,}693(R_1 + R_2)C} \qquad \textbf{(21-26)}$$

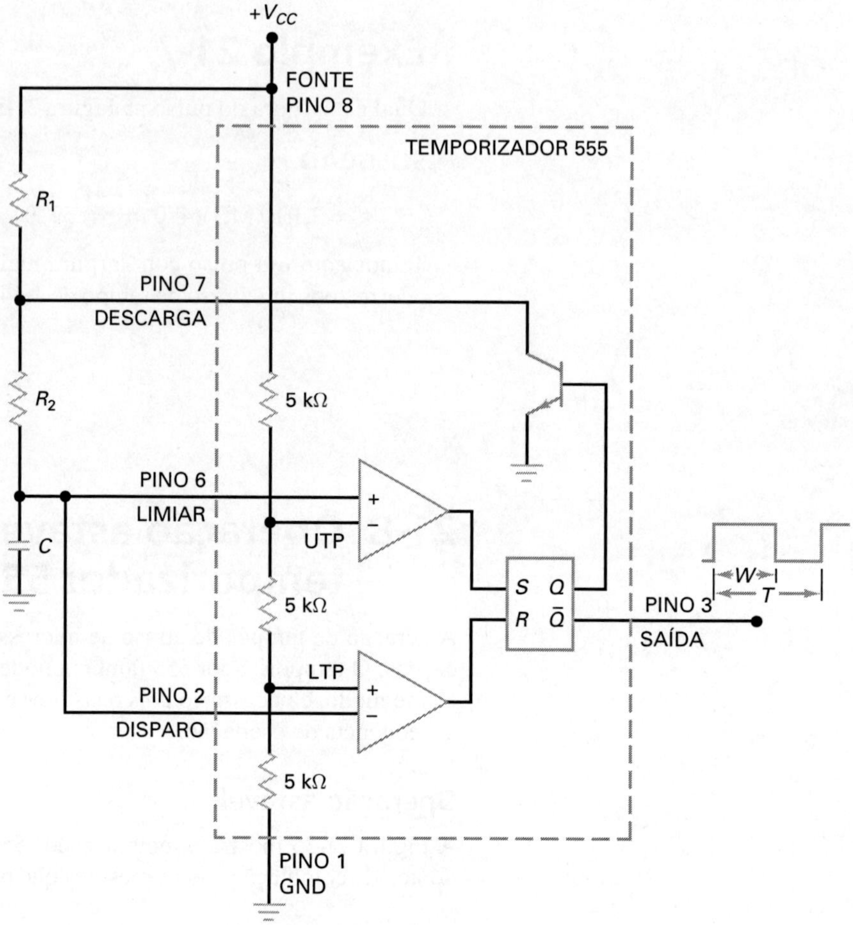

Figura 21-35 Temporizador 555 conectado para operação astável.

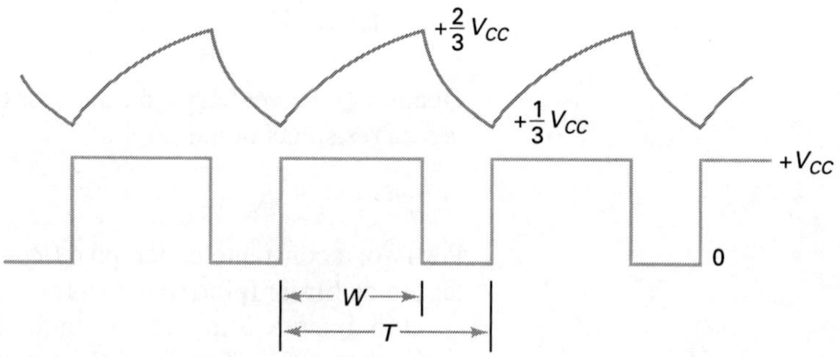

Figura 21-36 Formas de onda de saída e sobre o capacitor na operação astável.

O período da saída é igual a:

$$T = 0,693(R_1 + R_2)C \tag{21-27}$$

O inverso do período é a frequência:

$$f = \frac{1,44}{(R_1 + 2R_2)C} \tag{21-28}$$

Dividindo a largura do pulso pelo período, temos o ciclo de trabalho:

$$D = \frac{R_1 + R_2}{R_1 + 2R_2} \tag{21-29}$$

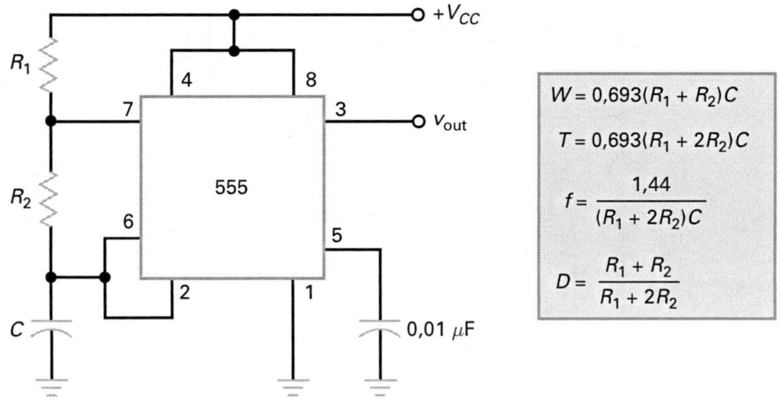

Figura 21-37 Multivibrador astável.

Quando R_1 é muito menor que R_2, o ciclo de trabalho se aproxima de 50%. Reciprocamente, quando R_1 é muito maior que R_2, o ciclo de trabalho se aproxima de 100%.

A Figura 21-37 mostra o temporizador astável com 555 como normalmente ele é desenhado em um diagrama esquemático. Observe novamente como o pino 4 (reset) está conectado à fonte de alimentação e como o pino 5 (controle) tem um capacitor de desvio de 0,01 μF para GND.

O circuito da Figura 21-37 pode ser modificado para possibilitar um ciclo de trabalho menor que 50%. Colocando um diodo em paralelo com R_2 (anodo conectado no pino 7), o capacitor será carregado efetivamente através de R_1 e o diodo. O capacitor será descarregado através de R_2. Portanto, o ciclo de trabalho será:

$$D = \frac{R_1}{R_1 + R_2} \tag{21-30}$$

Operação do VCO

A Figura 21-38*a* mostra um **oscilador controlado por tensão** (**VCO** – *voltage-controlled oscillator*), outra aplicação para o temporizador 555. O circuito algumas vezes é denominado **conversor tensão-frequência** porque uma tensão de entrada pode ser convertida em uma frequência de saída.

Eis como o circuito funciona: lembre-se de que o pino 5 está conectado à entrada inversora do comparador superior (Figura 21-31). Normalmente, o pino 5 tem um capacitor de desvio para GND, assim UTP é igual a $+2V_{CC}/3$. Entretanto, na Figura 21-38*a*, a tensão de um potenciômetro externo se sobrepõe à tensão interna. Em outras palavras, UTP é igual a V_{con}. Ajustando o potenciômetro, podemos variar UTP para um valor entre 0 e V_{CC}.

A Figura 21-38*b* mostra a forma de onda da tensão no capacitor de temporização. Observe que a forma de onda tem um valor mínimo de $+V_{con}/2$ e um valor máximo de $+V_{con}$. Se aumentarmos V_{con}, o capacitor levará mais tempo para carregar e descarregar. Portanto, a frequência diminui. Como resultado, podemos variar a frequência do circuito variando a tensão de controle. A propósito, a tensão de controle pode vir de um potenciômetro, como mostrado, ou pode ser a saída de um circuito com transistor, amp-op, ou algum outro dispositivo.

Analisando a carga e a descarga exponencial do capacitor, podemos deduzir essas equações:

$$W = -(R_1 + R_2)C \ln \frac{V_{CC} + V_{con}}{V_{CC} - 0{,}5V_{con}} \tag{21-31}$$

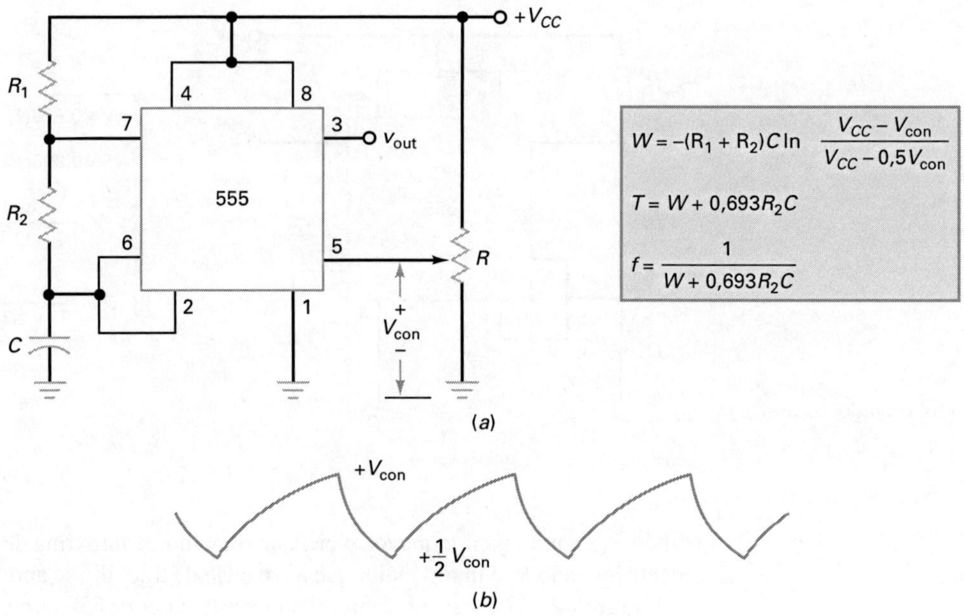

Figura 21-38 (*a*) Oscilador controlado por tensão; (*b*) forma de onda da tensão no capacitor.

Para usarmos essa equação, precisamos do **logaritmo natural**, que é o logaritmo na base *e*. Se tiver uma calculadora científica, observe a tecla *ln*. O período é dado por:

$$T = W + 0{,}693R_2C \tag{21-32}$$

A frequência é dada por:

$$f = \frac{1}{W + 0{,}693R_2C} \tag{21-33}$$

Exemplo 21-8

MultiSim

O temporizador 555 da Figura 21-37 tem $R_1 = 75\ \text{k}\Omega$, $R_2 = 30\ \text{k}\Omega$ e $C = 47\ \text{nF}$. Qual é a frequência do sinal de saída? Qual é o ciclo de trabalho?

SOLUÇÃO Usando as equações da Figura 21-37:

$$f = \frac{144}{(75\ \text{k}\Omega + 60\ \text{k}\Omega)(47\ \text{nF})} = 227\ \text{Hz}$$

$$D = \frac{75\ \text{k}\Omega + 30\ \text{k}\Omega}{75\ \text{k}\Omega + 60\ \text{k}\Omega} = 0{,}778$$

Isso equivale a 77,8%.

PROBLEMA PRÁTICO 21-8 Repita o Exemplo 21-8, sendo R_1 e R_2 iguais a 75 kΩ.

Exemplo 21-9

O VCO da Figura 21-38*a* tem os mesmos valores para R_1, R_2 e C do Exemplo 21-8. Quais serão os valores da frequência e do ciclo de trabalho quando V_{con} for 11 V? Quais serão os valores da frequência e do ciclo de trabalho quando V_{con} for 1 V?

SOLUÇÃO Usando as equações da Figura 21-38:

$$W = -(75\,\text{k}\Omega + 30\,\text{k}\Omega)(47\,\text{nF})\ln\frac{12\text{V} - 11\text{V}}{12\text{V} - 5{,}5\text{V}} = 9{,}24\,\text{ms}$$

$$T = 9{,}24\,\text{ms} + 0{,}693(30\,\text{k}\Omega)(47\,\text{nF}) = 10{,}2\,\text{ms}$$

O ciclo de trabalho é:

$$D = \frac{W}{T} = \frac{9{,}24\,\text{ms}}{10{,}2\,\text{ms}} = 0{,}906$$

A frequência é:

$$f = \frac{1}{T} = \frac{1}{10{,}2\,\text{ms}} = 98\,\text{Hz}$$

Quando V_{con} é 1 V, os cálculos nos fornecem:

$$W = -(75\,\text{k}\Omega + 30\,\text{k}\Omega)(47\,\text{nF})\ln\frac{12\text{V} - 1\text{V}}{12\text{V} - 0{,}5\text{V}} = 0{,}219\,\text{ms}$$

$$T = 0{,}219\,\text{ms} + 0{,}693(30\,\text{k}\Omega)(47\,\text{nF}) = 1{,}2\,\text{ms}$$

$$D = \frac{W}{T} = \frac{0{,}219\,\text{ms}}{1{,}2\,\text{ms}} = 0{,}183$$

$$f = \frac{1}{T} = \frac{1}{1{,}2\,\text{ms}} = 833\,\text{Hz}$$

PROBLEMA PRÁTICO 21-9 Repita o Exemplo 21-9 com $V_{CC} = 15$ V e $V_{con} = 10$ V.

21-9 Aplicações de circuitos com 555

O estágio de saída de um temporizador 555 pode *fornecer* 200 mA. Isso significa que uma saída em nível alto pode produzir até 200 mA de corrente de carga. Por isso, o temporizador 555 pode acionar cargas relativamente grandes como relés, lâmpadas e alto-falantes. O estágio de saída de um temporizador 555 também pode *absorver* 200 mA. Isso significa que uma saída em nível baixo suporta até 200 mA para GND. Por exemplo, quando um temporizador 555 aciona uma carga TTL, o temporizador fornece corrente quando a saída é nível alto e absorve corrente quando a saída é nível baixo. Nesta seção, discutiremos algumas aplicações para um temporizador 555.

Disparo e reset

A Figura 21-39 mostra um circuito com várias modificações em relação ao temporizador monoestável mostrado anteriormente. Para começar, a entrada de disparo

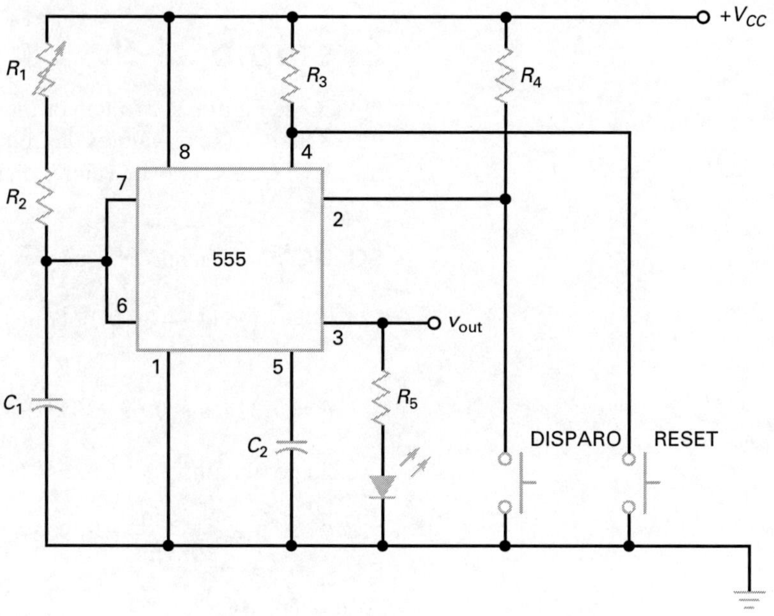

Figura 21-39 Temporizador monoestável com largura de pulso ajustável e DISPARO e RESET.

(pino 2) é controlada pela chave *push-button* (DISPARO). Como a chave é normalmente aberta, o pino 2 é nível alto e o circuito está inativo.

Quando alguém aciona e libera a chave DISPARO, o pino 2 é temporariamente conectado a GND. Portanto, a saída vai para nível alto e o LED acende. O capacitor C_1 é carregado positivamente, conforme descrito. A constante de tempo de carga pode ser ajustada em R_1. Dessa forma, podemos obter atrasos de tempo de segundos a horas. Quando a tensão no capacitor é ligeiramente maior que $2V_{CC}/3$, o circuito reseta e a saída vai para nível baixo. Quando isso acontece, o LED apaga.

Observe a chave RESET. Ela pode ser usada para resetar o circuito em qualquer momento do pulso de saída. Como a chave é normalmente aberta, o pino 4 é nível alto e não tem efeito na operação do temporizador. Entretanto, quando a chave RESET é fechada, o pino 4 é conectado em GND e a saída é resetada para zero. O RESET é incluído porque o usuário pode querer terminar a saída de nível alto. Por exemplo, se a largura do pulso de saída foi ajustada para 5 minutos, o usuário pode terminar o pulso prematuramente acionando RESET.

A propósito, o sinal de saída v_{out} pode ser usado para acionar um relé, um FET de potência, um IGBT, uma buzina e assim por diante. O LED serve como um indicador de saída em nível alto que é entregue para algum outro circuito.

Sirenes e alarmes

A Figura 21-40 mostra como usar um temporizador astável com 555 como uma sirene ou um alarme. Normalmente, a chave do ALARME está fechada, o que coloca o pino 4 em GND. Nesse caso, o temporizador 555 está inativo e não há saída. Entretanto, quando a chave do ALARME é aberta, o circuito gera uma saída retangular cuja frequência é determinada por R_1, R_2 e C_1.

A saída do pino 3 aciona um alto-falante através da resistência R_4. O valor dessa resistência depende da tensão da fonte de alimentação e da impedância do alto-falante. A impedância do ramo com R_4 e o alto-falante deve limitar a corrente de saída em 200 mA ou menos porque essa é a corrente máxima que um 555 pode fornecer.

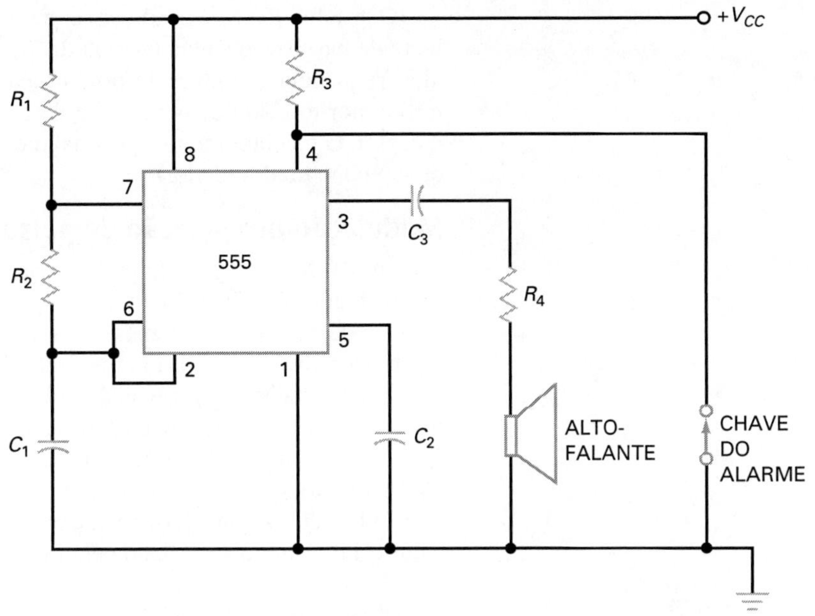

Figura 21-40 Circuito astável com 555 usado para sirene ou alarme.

O circuito da Figura 21-40 pode ser modificado para produzir mais potência de saída para o alto-falante. Por exemplo, podemos usar a saída proveniente do pino 3 para acionar um amplificador de potência *push-pull* classe B, cuja saída passa então a acionar o alto-falante.

Modulador de largura de pulso

A Figura 21-41 mostra um circuito usado para **modulação por largura de pulso** (**PWM** – *pulse-width modulation*). O temporizador 555 é conectado no modo monoestável. Os Valores de *R*, *C*, UTP e V_{CC} determinam a largura do pulso de saída como a seguir:

$$W = -RC\ln\left(1 - \frac{\text{UTP}}{V_{CC}}\right) \qquad \textbf{(21-34)}$$

Um sinal de baixa frequência denominado **sinal modulante** é acoplado capacitivamente no pino 5. Esse sinal modulante pode ser voz ou dados de computador. Como o pino 5 controla o valor de UTP, v_{mod} é acrescentado ao valor quiescente UTP. Portanto, o valor UTP instantâneo é dado por:

$$\text{UTP} = \frac{2V_{CC}}{3} + v_{mod} \qquad \textbf{(21-35)}$$

Por exemplo, se V_{CC} = 12 V e o sinal modulante tem um valor de pico 1 V, então a Equação (21-31) fornece:

$$\text{UTP}_{máx} = 8\text{ V} + 1\text{ V} = 9\text{ V}$$
$$\text{UTP}_{mín} = 8\text{ V} - 1\text{ V} = 7\text{ V}$$

Isso significa que o valor UTP instantâneo varia senoidalmente entre 7 V e 9 V.

Um trem de pulsos de disparo denominado *clock* é a entrada no pino 2. Cada disparo produz um pulso de saída. Visto que o período do disparo é *T*, a saída será uma série de pulsos retangulares com um período de *T*. O sinal modulante não tem efeito no período *T*, mas ele altera a largura de cada pulso de saída. No ponto *A*, no pico positivo do sinal modulante, o pulso de saída tem a largura mostrada. No ponto *B*, no pico negativo do sinal modulante, o pulso de saída é estreito.

O sistema PWM é usado em comunicações. Ele permite que um sinal modulante de baixa frequência (voz ou dados) altere a largura de pulso de um sinal de alta frequência denominado **portadora**. A portadora modulada pode ser transmitida por um fio de cobre, cabo de fibra óptica ou através do espaço para um receptor. O receptor recupera o sinal modulante para acionar um alto-falante (voz) ou um computador (dados).

Modulação por posição de pulso

Em um PWM, a largura do pulso varia, mas o período é constante porque este é determinado pela frequência dos disparos de entrada. Como o período é fixo, a posição de cada pulso é a mesma, o que significa que a borda de subida de cada pulso ocorre sempre após um intervalo fixo de tempo.

A **modulação por posição de pulso** (**PPM** – *pulse-position modulation*) é diferente. Com esse tipo de modulação, a posição (borda de subida) de cada pulso muda. Com PPM, a largura e o período de cada pulso variam com o sinal modulante.

A Figura 21-42*a* mostra um *modulador por posição de pulso*. Ele é similar ao VCO discutido anteriormente. Como o sinal modulante é acoplado no pino 5, o valor UTP instantâneo é dado pela Equação (21-35):

$$\text{UTP} = \frac{2V_{CC}}{3} + v_{\text{mod}}$$

Quando o sinal modulante aumenta, o valor UTP aumenta e a largura de pulso diminui. Por isso a largura de pulso varia como mostra a Figura 21-42*b*.

As equações para a largura de pulso e o período são:

$$W = -(R_1 + R_2)C \ln \frac{V_{CC} - \text{UTP}}{V_{CC} - 0{,}5\ \text{UTP}} \tag{21-36}$$

$$T = W + 0{,}693R_2C \tag{21-37}$$

Na Equação (21-37), o segundo termo é o *espaço* entre os pulsos:

$$\text{Espaço} = 0{,}693R_2C \tag{21-38}$$

Esse espaço é o tempo entre a borda de subida de um pulso e a borda de subida do próximo pulso. Como V_{con} não aparece na Equação (21-38), o espaço entre os pulsos é constante, como mostra a Figura 21-42*b*.

Como o espaço é constante, a posição da borda de subida de qualquer pulso depende da largura do pulso anterior. Por isso esse tipo de modulação é denominado *modulação por posição de pulso*. Como no caso do PWM, o PPM é usado em sistemas de comunicação para transferir voz ou dados.

Geração de rampa

Ao carregar-se um capacitor através de um resistor, produz-se uma forma de onda exponencial. Se usarmos uma fonte de corrente constante em vez de um resistor para carregar um capacitor, a tensão no capacitor será uma rampa. Essa é a ideia por trás do circuito da Figura 21-43*a*. Nesse caso substituímos o resistor de um circuito monoestável por uma fonte de corrente *pnp* que produz uma corrente de carga constante de:

$$I_C = \frac{V_{CC} - V_E}{R_E} \tag{21-39}$$

Quando um disparo inicia o temporizador monoestável com 555 da Figura 21-43*a*, a fonte de corrente *pnp* força uma corrente de carga constante no capacitor. Portanto, a tensão através do capacitor é uma rampa, como mostra a Figura 21-43*b*. A inclinação *S* da rampa é dada por:

$$S = \frac{I_C}{C} \tag{21-40}$$

Como a tensão no capacitor alcança um valor máximo de $2V_{CC}/3$ antes que a descarga ocorra, o valor de pico da rampa mostrada na Figura 21-43*b* é:

$$V = \frac{2V_{CC}}{3} \tag{21-41}$$

e a duração *T* da rampa é:

$$T = \frac{2V_{CC}}{3S} \tag{21-42}$$

Exemplo de aplicação 21-10

Um modulador de largura de pulso como o da Figura 21-41 tem V_{CC} = 12 V, R = 9,1 kW e C = 0,01 μF. O clock tem uma frequência de 2,5 kHz. Se um sinal modulante tem um valor de pico de 2 V, qual é o período dos pulsos de saída? Qual é a largura de pulso quiescente? Quais são as larguras de pulso mínima e máxima? Quais são os ciclos de trabalho mínimo e máximo?

SOLUÇÃO O período dos pulsos de saída é igual ao período do clock:

$$T = \frac{1}{2{,}5\text{ kHz}} = 400\ \mu s$$

A largura de pulso quiescente é:

$$W = 1{,}1RC = 1{,}1(9{,}1\text{ k}\Omega)(0{,}01\ \mu\text{F}) = 100\ \mu\text{s}$$

Usando a Equação (21-35), calcule o valor mínimo e máximo de UTP:

$$\text{UTP}_{\text{mín}} = 8\text{ V} - 2\text{ V} = 6\text{ V}$$
$$\text{UTP}_{\text{máx}} = 8\text{ V} + 2\text{ V} = 10\text{ V}$$

Agora calcule a largura mínima e máxima do pulso usando a Equação (21-34):

$$W_{\text{mín}} = -(9{,}1\text{ k}\Omega)(0{,}01\ \mu\text{F})\ln\left(1 - \frac{6\text{ V}}{12\text{ V}}\right) = 63{,}1\mu s$$

$$W_{\text{máx}} = -(9{,}1\text{ k}\Omega)(0{,}01\ \mu\text{F})\ln\left(1 - \frac{10\text{ V}}{12\text{ V}}\right) = 163\ \mu s$$

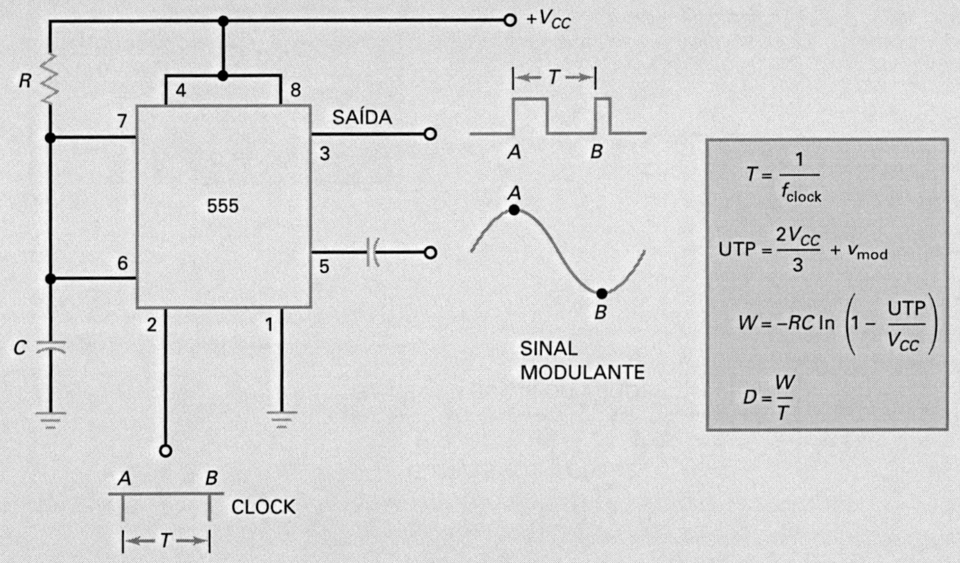

Figura 21-41 Temporizador 555 conectado como modulador por largura de pulso.

Os ciclos de trabalho mínimo e máximo são:

$$D_{\text{mín}} = \frac{63{,}1\ \mu s}{400\ \mu s} = 0{,}158$$

$$D_{\text{máx}} = \frac{163\ \mu s}{400\ \mu s} = 0{,}408$$

PROBLEMA PRÁTICO 21-10 Seguindo o Exemplo 21-10, altere V_{CC} para 15 V. Calcule a largura de pulso máxima e o ciclo de trabalho mínimo.

Exemplo de aplicação 21-11

Um modulador por posição de pulso como o da Figura 21-42 tem V_{CC} = 12 V, R_1 = 3,9 kW, R_2 = 3 kW e C = 0,01 μF. Qual é a largura quiescente e o período dos pulsos de saída? Se um sinal modulante tem um valor de pico de 1,5 V, quais são as larguras de pulso mínima e máxima? Qual é o espaço entre os pulsos?

SOLUÇÃO Sem o sinal modulante, o período quiescente dos pulsos de saída é o de um temporizador 555 usado como um multivibrador astável. Usando as Equações (21-26) e (21-27), podemos calcular a largura e o período quiescentes como a seguir:

$$W = 0{,}693(3{,}9\ \text{k}\Omega + 3\ \text{k}\Omega)(0{,}01\ \mu\text{F}) = 47{,}8\mu s$$

$$T = 0{,}693(3{,}9\ \text{k}\Omega + 6\ \text{k}\Omega)(0{,}01\ \mu\text{F}) = 68{,}6\mu s$$

Usando a Equação (21-35), calcule o valor UTP mínimo e máximo:

$$\text{UTP}_{\text{mín}} = 8\ \text{V} - 1{,}5\ \text{V} = 6{,}5\ \text{V}$$

$$\text{UTP}_{\text{máx}} = 8\ \text{V} + 1{,}5\ \text{V} = 9{,}5\ \text{V}$$

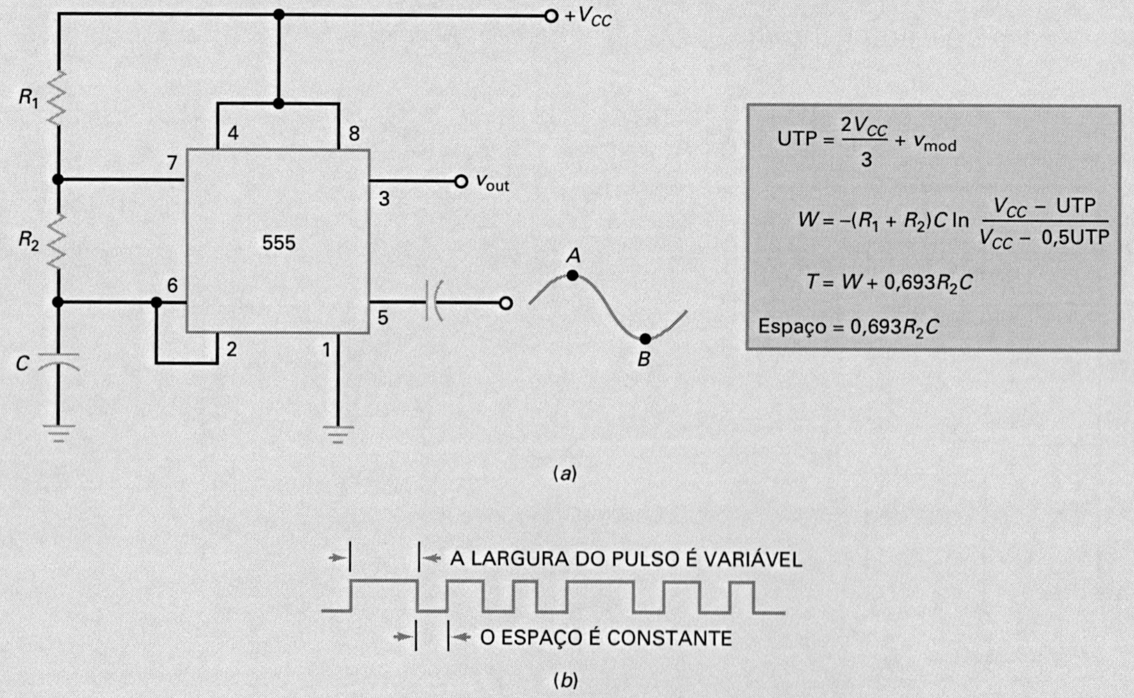

Figura 21-42 O temporizador 555 conectado como um modulador por posição de pulso.

Usando a Equação (21-36), as larguras de pulso mínima e máxima são:

$$W_{\text{mín}} = -(3{,}9\,\text{k}\Omega + 3\,\text{k}\Omega)(0{,}01\,\mu\text{F})\ln\frac{12\,\text{V} - 6{,}5\,\text{V}}{12\,\text{V} - 3{,}25\,\text{V}} = 32\,\mu s$$

$$W_{\text{máx}} = -(3{,}9\,\text{k}\Omega + 3\,\text{k}\Omega)(0{,}01\,\mu\text{F})\ln\frac{12\,\text{V} - 9{,}5\,\text{V}}{12\,\text{V} - 4{,}75\,\text{V}} = 73{,}5\,\mu s$$

Usando a Equação (21-37), os períodos máximo e mínimo são:

$$T_{\text{mín}} = 32\,\mu s + 0{,}693(3\,\text{k}\Omega)(0{,}01\,\mu\text{F}) = 52{,}8\,\mu s$$

$$T_{\text{máx}} = 73{,}5\,\mu s + 0{,}693(3\,\text{k}\Omega)(0{,}01\,\mu\text{F}) = 94{,}3\,\mu s$$

O espaço entre a borda de descida de qualquer pulso e a borda de subida de qualquer pulso é:

$$\text{Espaço} = 0{,}693(3\,\text{k}\Omega)(0{,}01\,\mu\text{F}) = 20{,}8\,\mu s$$

Exemplo de aplicação 21-12

O gerador de rampa da Figura 21-43 tem uma corrente de coletor constante de 1 mA. Se $V_{CC} = 15$ V e $C = 100$ nF, qual é a inclinação da rampa de saída? Qual é o seu valor de pico? Qual é a sua duração?

SOLUÇÃO A inclinação é

$$S = \frac{1\,\text{mA}}{100\,\text{nF}} = 10\,\text{V/ms}$$

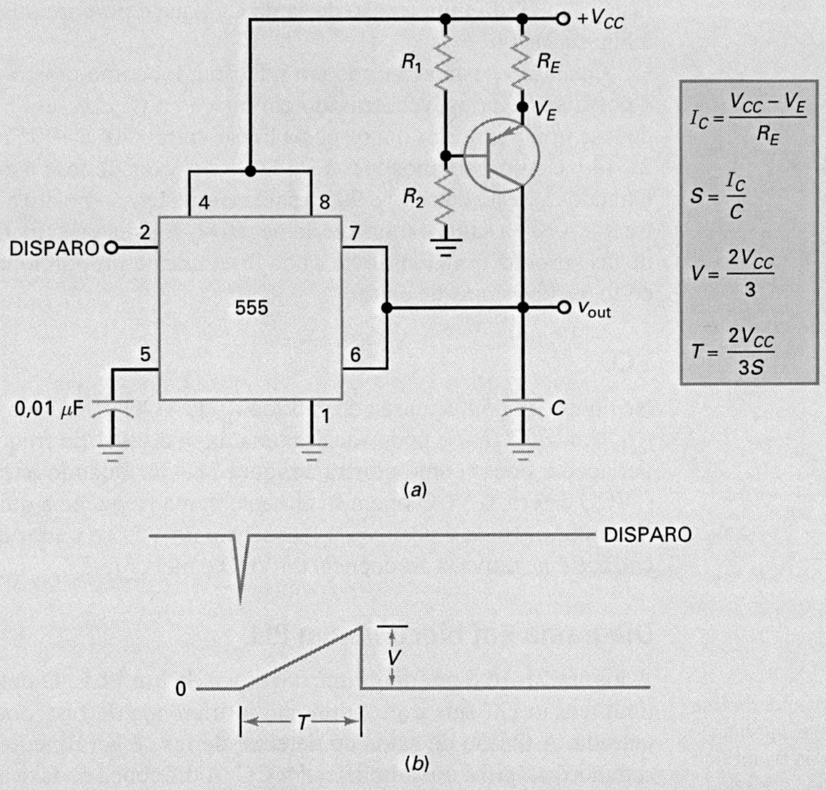

Figura 21-43 (*a*) Transistor bipolar de junção e o temporizador 555 produzem uma rampa de saída; (*b*) formas de onda do disparo e da rampa.

O valor de pico é

$$V = \frac{2(15\ \text{V})}{3} = 10\ \text{V}$$

A duração da rampa é:

$$T = \frac{2(15\ \text{V})}{3(10\ \text{V/ms})} = 1\ \text{ms}$$

PROBLEMA PRÁTICO 21-12 Usando a Figura 21-43, com $V_{CC} = 12$ V e $C = 0{,}2\ \mu$F, repita o Exemplo 21-12.

21-10 PLL

Uma **malha de fase amarrada** (**PLL** – *phase-locked loop*) contém um detector de fase, um amplificador CC, um filtro passa-baixas e um oscilador controlado por tensão (VCO). Quando um PLL tem um sinal de entrada com uma frequência f_{in}, o seu VCO produz uma frequência de saída que é igual a f_{in}.

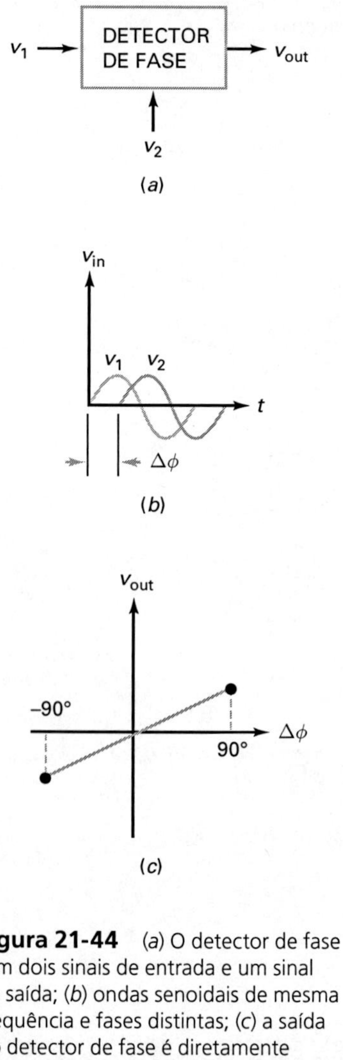

Figura 21-44 (*a*) O detector de fase tem dois sinais de entrada e um sinal de saída; (*b*) ondas senoidais de mesma frequência e fases distintas; (*c*) a saída do detector de fase é diretamente proporcional à diferença de fase.

Detector de fase

A Figura 21-44*a* mostra um **detector de fase**, o primeiro estágio de um PLL. Esse circuito produz uma tensão de saída proporcional à diferença de fase entre dois sinais de entrada. Por exemplo, a Figura 21-44*b* mostra dois sinais de entrada com uma diferença de fase de $\Delta\phi$. O detector de fase responde a essa diferença de fase produzindo uma tensão de saída CC, que é proporcional a $\Delta\phi$, como mostra a Figura 21-44*c*.

Quando v_1 está avançado em relação a v_2, como mostra a Figura 21-44*b*, $\Delta\phi$ é positivo. Se v_1 estiver atrasado em relação a v_2, $\Delta\phi$ será negativo. Um detector de fase típico produz uma resposta linear entre –90° e +90°, como mostra a Figura 21-44*c*. Como podemos ver, a saída do detector de fase é zero quando $\Delta\phi = 0°$. Quando $\Delta\phi$ está entre 0° e 90°, a saída é uma tensão positiva. Quando $\Delta\phi$ está entre 0° e –90°, a saída é uma tensão negativa. A ideia principal aqui é que o detector de fase produz uma tensão de saída diretamente proporcional à diferença de fase entre os dois sinais de entrada.

VCO

Na Figura 21-45*a*, a tensão de entrada v_{in} do VCO determina a frequência de saída f_{out}. Um VCO típico pode variar numa faixa de 10:1 da frequência. Além disso, a variação é linear como mostra a Figura 21-45*b*. Quando a tensão de entrada para o VCO é zero, o VCO opera livremente numa frequência quiescente f_0. Quando a tensão de entrada é positiva, a frequência do VCO é maior que f_0. Se a tensão de entrada é negativa, a frequência do VCO é menor que f_0.

Diagrama em bloco de um PLL

A Figura 21-46 é um diagrama em bloco de um PLL. O detector de fase produz uma tensão CC que é proporcional à diferença de fase dos seus dois sinais de entrada. A tensão de saída do detector de fase é geralmente pequena. Por isso o segundo estágio é um amplificador CC. A diferença de fase amplificada é filtrada antes de ser aplicada no VCO. Observe que a saída do VCO é realimentada no detector de fase.

É ÚTIL SABER

A função de transferência ou o ganho de conversão *K* de um VCO pode ser expresso como o valor do desvio de frequência Δf por carga unitária, ou ΔV na tensão de entrada CC. Expressando matematicamente, $K = \Delta f/DV$, onde *K* é a função de transferência de entrada/saída especificada em hertz por volt.

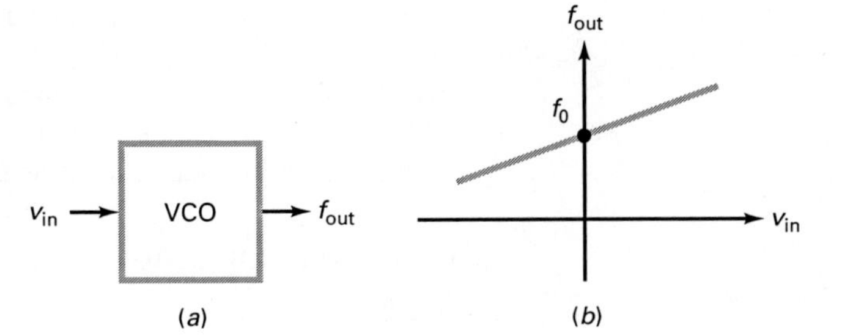

Figura 21-45 (*a*) A tensão de entrada controla a frequência de saída do VCO; (*b*) a frequência de saída é diretamente proporcional à tensão de entrada.

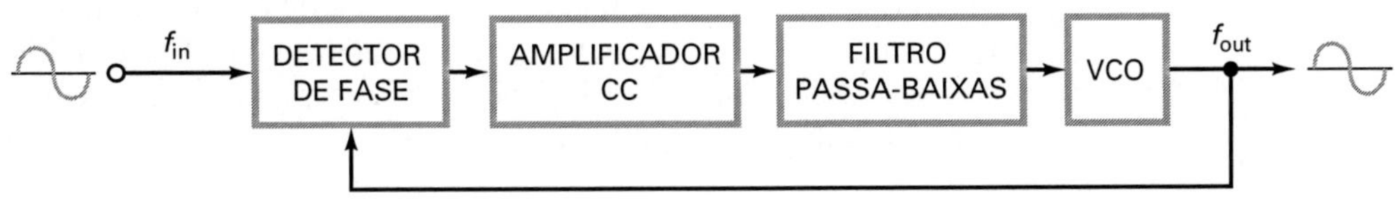

Figura 21-46 Diagrama em bloco de um PLL.

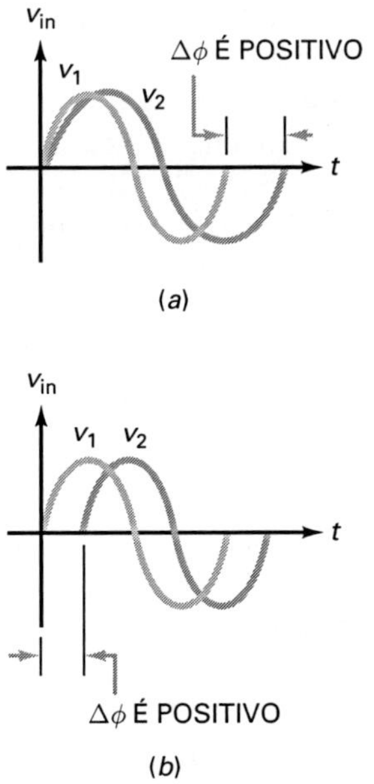

Figura 21-47 (*a*) Um aumento na frequência de v_1 produz uma diferença de fase; (*b*) existe uma diferença de fase após um aumento na frequência do VCO.

A frequência de entrada é igual à frequência de operação livre

Para entendermos a ação de um PLL, vamos começar com o caso da frequência de entrada igual a f_0, a frequência de operação livre do VCO. Nesse caso, os dois sinais de entrada do detector de fase têm a mesma frequência e fase. Por isso, a diferença de fase $\Delta\phi$ é 0° e a saída do detector de fase é zero. Como resultado, a tensão de entrada para o VCO é zero, o que significa que o VCO opera livremente com a frequência f_0. Enquanto a frequência e a fase do sinal de entrada permanecerem as mesmas, a tensão de entrada do VCO será zero.

A frequência de entrada difere da frequência de operação livre

Vamos considerar que as frequências de entrada e de operação livre do VCO sejam cada uma 10 kHz. Agora, suponha que a frequência de entrada aumente para 11 kHz. Esse aumento parecerá um aumento na fase porque v_1 se adianta em relação a v_2 no final do primeiro ciclo, como mostra a Figura 21-47*a*. Como o sinal de entrada está avançado em relação ao sinal do VCO, $\Delta\phi$ é positivo. Nesse caso, o detector de fase da Figura 21-46 produz uma tensão de saída positiva. Depois de amplificada e filtrada, essa tensão positiva aumenta a frequência do VCO.

A frequência do VCO aumenta até ser igual a 11 kHz, a frequência do sinal de entrada. Quando a frequência do VCO se iguala à frequência de entrada, o VCO está "*amarrado*" ao sinal de entrada. Ainda que cada um dos dois sinais de entrada do detector de fase tenha uma frequência de 11 kHz, os sinais têm fases diferentes, como mostra a Figura 21-47*b*. Essa diferença de fase positiva produz a tensão necessária para manter a frequência do VCO ligeiramente acima da sua frequência de operação livre.

Se a frequência de entrada aumenta mais, a frequência do VCO também aumenta conforme necessário para manter a "amarração". Por exemplo, se a frequência de entrada aumenta para 12 kHz, a frequência do VCO aumenta para 12 kHz. A diferença de fase entre os dois sinais de entrada aumenta conforme necessário para produzir a tensão de controle correta para o VCO.

Faixa de amarração

A **faixa de amarração** de um PLL é a faixa de frequência de entrada ao longo da qual o VCO pode permanecer "amarrado" à frequência de entrada. Essa faixa está relacionada à diferença de fase máxima que pode ser detectada. Na nossa discussão, estamos considerando que o detector de fase pode produzir uma tensão de saída para $\Delta\phi$ entre –90° e +90°. Nesses limites, o detector de fase produz uma tensão de saída máxima, negativa ou positiva.

Se a frequência de entrada for muito baixa ou muito alta, a diferença de fase estará fora da faixa de –90° e +90°. Portanto, o detector de fase não pode produzir a tensão adicional necessária para o VCO se manter amarrado. Portanto, nesses limites, o PLL perde a amarração ao sinal de entrada.

A faixa de amarração é geralmente especificada como uma porcentagem da frequência do VCO. Por exemplo, se a frequência do VCO é 10 kHz e a faixa de amarração é de ±20%, o PLL pode permanecer amarrado a qualquer frequência de entrada entre 8 kHz e 12 kHz.

Faixa de captura

A faixa de captura é diferente. Considere que a frequência de entrada esteja fora da faixa de amarração. Então, o VCO opera livremente em 10 kHz. Agora, considere que a frequência de entrada mude em direção à frequência do VCO. Em algum ponto, o PLL será capaz de se amarrar à frequência de entrada. A faixa de frequência de entrada na qual o PLL pode restabelecer a amarração é denominado **faixa de captura**.

A faixa de captura é especificada como uma porcentagem da frequência de operação livre. Se f_0 = 10 kHz e a faixa de captura for de ±5%, o PLL pode se amarrar a uma frequência de entrada entre 9,5 kHz e 10,5 kHz. Tipicamente, a faixa de captura é menor que a faixa de amarração porque a faixa de captura depende da frequência de corte do filtro passa-baixas. Quanto menor a frequência de corte, menor a faixa de captura.

A frequência de corte do filtro passa-baixas é mantida baixa para evitar componentes de altas frequências como ruídos ou sinais indesejados que alcancem o VCO. Quanto menor a frequência de corte do filtro, mais "limpo" o sinal que aciona o VCO. Portanto, um projetista tem que estabelecer um compromisso entre faixa de captura e largura de banda do passa-baixas para obter um sinal limpo para o VCO.

Aplicações

Um PLL pode ser usado de duas formas fundamentalmente diferentes. Primeiro, ele pode ser usado para seguir um sinal de entrada. A frequência de saída se iguala então à frequência de entrada. Isso tem a vantagem de remover o sinal de entrada com ruído porque o filtro passa-baixas removerá o ruído de alta frequência e outros componentes. Como o sinal de saída provém do VCO, a saída final é estável e quase livre de ruídos.

Segundo, um PLL pode ser usado com um demodulador FM. A teoria da **modulação em frequência (FM)** é abordada em cursos de comunicação, assim discutiremos apenas a ideia básica. O oscilador *LC* da Figura 21-48*a* tem uma capacitância variável. Se um sinal modulante controla essa capacitância, a saída do oscilador é *modulada em frequência*, como mostra a Figura 21-48*b*. Observe

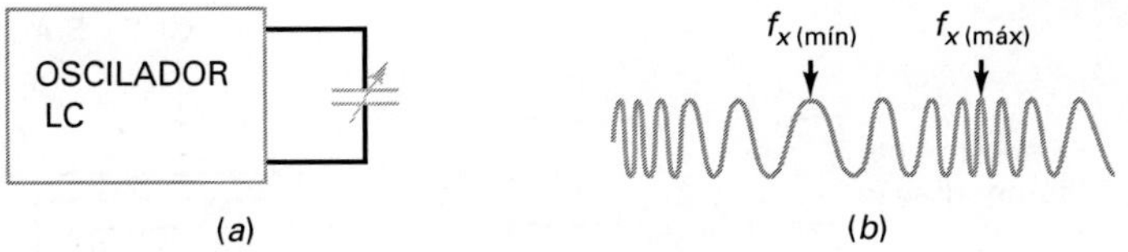

Figura 21-48 (*a*) Capacitância variável altera a frequência de ressonância do oscilador *LC*; (*b*) uma onda senoidal foi a frequência modulada.

como a frequência dessa onda FM varia de um mínimo a um máximo, que corresponde aos picos mínimo e máximo do sinal modulante.

Se o sinal FM for a entrada de um PLL, a frequência de VCO seguirá o sinal FM. Como a frequência do VCO varia, $\Delta\phi$ segue as variações do sinal modulante. Portanto, a saída do detector de fase será um sinal de frequência baixa que é uma réplica do sinal modulante original. Quando usado dessa forma, o PLL está sendo usado como um *demodulador FM*, um circuito que recupera o sinal modulante a partir da onda FM.

Os PLLs são encontrados na forma de CIs monolíticos. Por exemplo, o NE565 é um PLL que contém um detector de fase, um VCO e um amplificador CC. O usuário conecta componentes externos como um resistor e um capacitor temporizadores para ajustar a frequência de operação livre do VCO. Outro capacitor externo ajusta a frequência de corte do filtro passa-baixas. O NE565 pode ser usado para a demodulação FM, sintetização de frequência, receptores de telemetria, modems, decodificação de tons e assim por diante.

21-11 CIs geradores de função

CIs especiais geradores de função que têm sido desenvolvidos combinam muitos dos circuitos individuais que discutimos. Esses CIs são capazes de gerar formas de onda incluindo senoidal, quadrada, triangular, rampa e sinais de pulso. As formas de onda de saída podem ser geradas para variarem em amplitude e frequência alterando os valores de resistores e capacitores externos ou aplicando uma tensão externa. Essa tensão externa habilita o CI a realizar aplicações úteis tais como conversão tensão-frequência (V/F), geração de sinais AM e FM, oscilação controlada por tensão (VCO) e chaveamento de frequência (FSK).

XR-2206

Um exemplo de CI gerador de funções é o XR-2206. Esse CI monolítico pode fornecer externamente frequências controladas de 0,01 Hz a mais de 1,00 MHz. A Figura 21-49 mostra um diagrama em bloco desse CI. O diagrama mostra quatro blocos funcionais principais, entre os quais se incluem um VCO, um multiplicador e modelador senoidal, um amplificador buffer de ganho unitário e um conjunto de chaves de correntes.

A frequência de saída do VCO é proporcional à corrente de entrada, a qual é determinada pelo conjunto de resistores de temporização externos. Esses resistores são conectados aos pinos 7 e 8, respectivamente e GND. Como existem dois pinos de temporização, duas frequências de saída discretas podem ser obtidas. Um sinal de entrada de nível baixo ou alto controla as chaves de corrente. Essas chaves então selecionam qual dos resistores de temporização será usado. Se o sinal de entrada no pino 9 variar alternadamente de alto para baixo, a frequência de saída do VCO será chaveada de uma frequência para outra. Essa ação é conhecida como **chaveamento de frequência** (**FSK** – *frequency-shift keying*) e é usada em aplicações eletrônicas de comunicação.

A saída do VCO aciona o bloco multiplicador e modelador senoidal, juntamente com um transistor de chaveamento de saída. A saída desse transistor é leva-

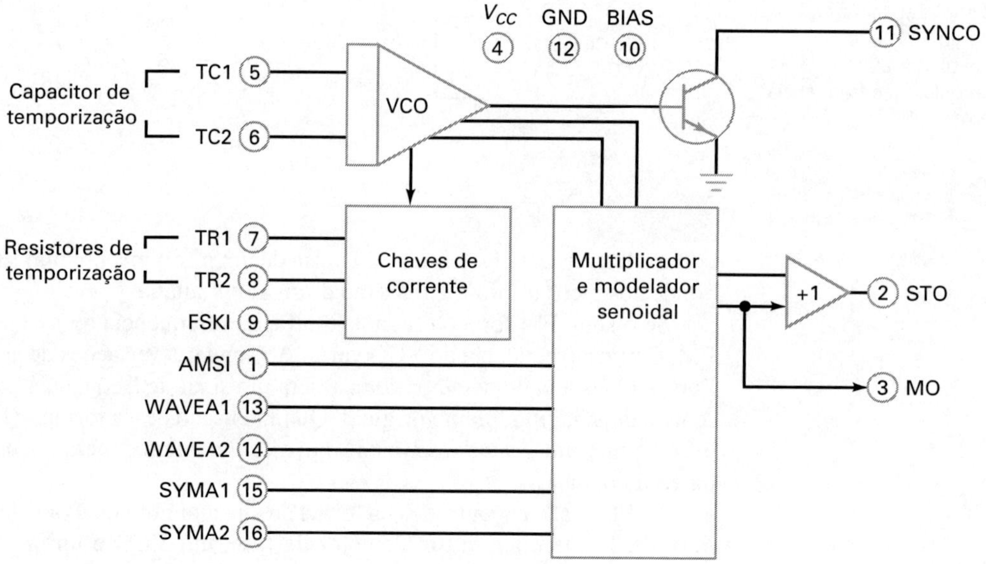

Figura 21-49 Diagrama em bloco do XR-2206. (Reproduzido com autorização de Exar Corporation.)

da ao corte e à saturação, o que proporciona um sinal de saída de onda quadrada no pino 11. A saída do bloco multiplicador e modelador senoidal é conectada a um amplificador buffer que determina a capacidade de corrente de saída do CI e sua impedância de saída. A saída no pino 2 pode ser uma onda senoidal ou triangular.

Ondas senoidal e triangular de saída

A Figura 21-50*a* mostra as conexões externas do circuito e os componentes para a geração de ondas senoidais ou triangulares. A frequência de oscilação f_0 é determinada pelo resistor de temporização *R*, conectado ao pino 7 ou 8 e o capacitor externo *C*, conectado aos pinos 5 e 6. O valor da oscilação é determinado por:

$$f_0 = \frac{1}{RC} \tag{21-43}$$

Ainda que *R* possa ser de até 2 MΩ, a estabilidade máxima de temperatura ocorre quando 4 kΩ < *R* < 200 kΩ. A Figura 21-50*b* mostra um gráfico de *R versus* a frequência de oscilação. Além disso, o valor recomendado de *C* deve ser de 1000 pF a 100 μF.

Na Figura 21-50*a*, quando a chave S_1 é fechada, a saída no pino 2 é uma onda senoidal. O potenciômetro R_1 no pio 7 provê a sintonia de frequência desejada. Os resistores ajustáveis R_A e R_B possibilitam que a forma de onda de saída seja modificada em termos de níveis de simetria e distorção da forma de onda. Quando S_1 é aberta, a saída no pino 2 muda de uma onda senoidal para uma triangular. O resistor R_3, conectado ao pino 3, controla a amplitude da forma de onda de saída. Conforme mostra a Figura 21-50*c*, a amplitude de saída é diretamente proporcional ao valor de R_3. Observe que o valor da forma de onda triangular é aproximadamente o dobro da saída de uma onda senoidal para determinado valor de R_3.

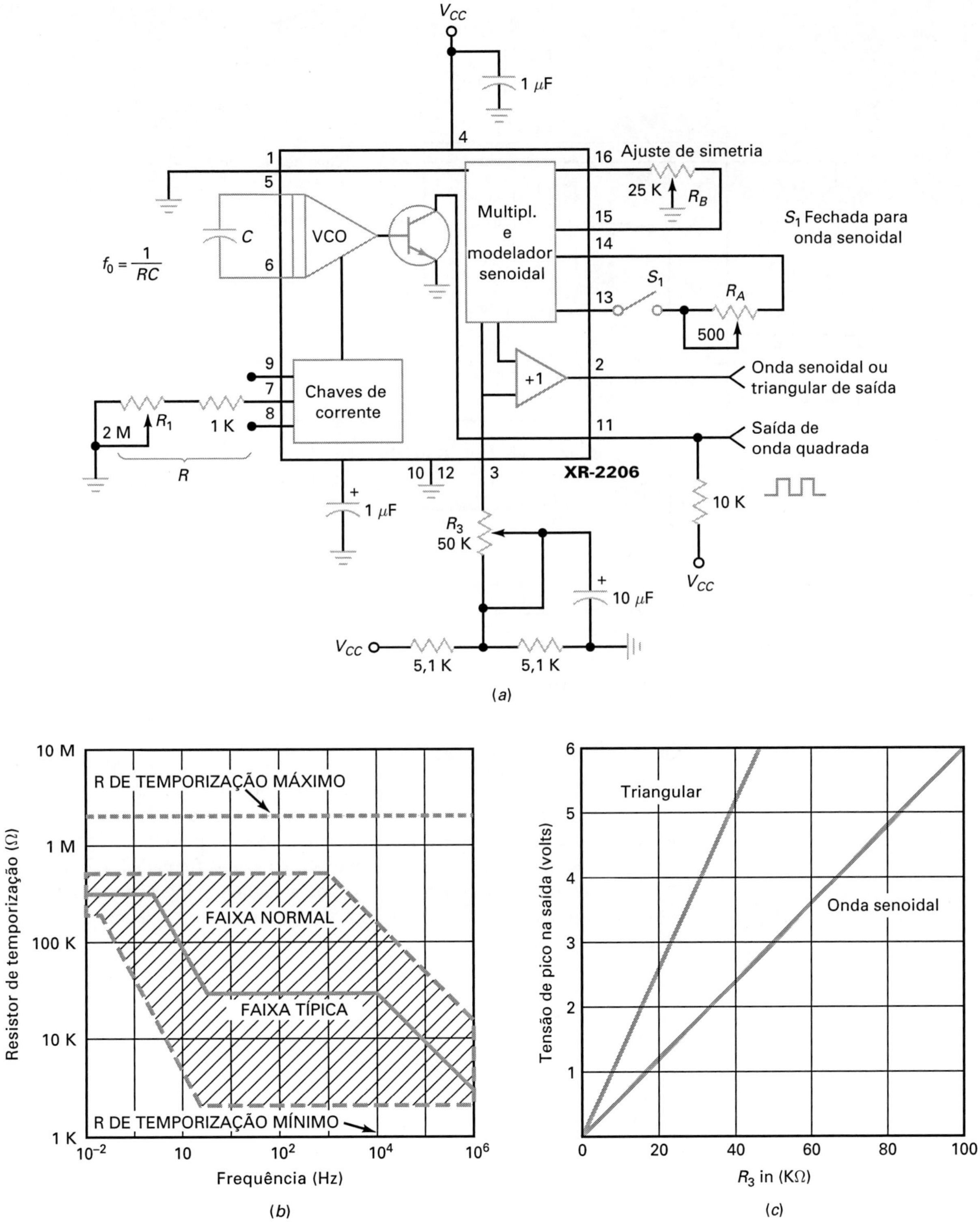

Figura 21-50 Gerador de onda senoidal: (*a*) circuito; (*b*) *R* versus a frequência de oscilação; (*c*) amplitude de saída. (Reproduzido com autorização de Exar Corporation.)

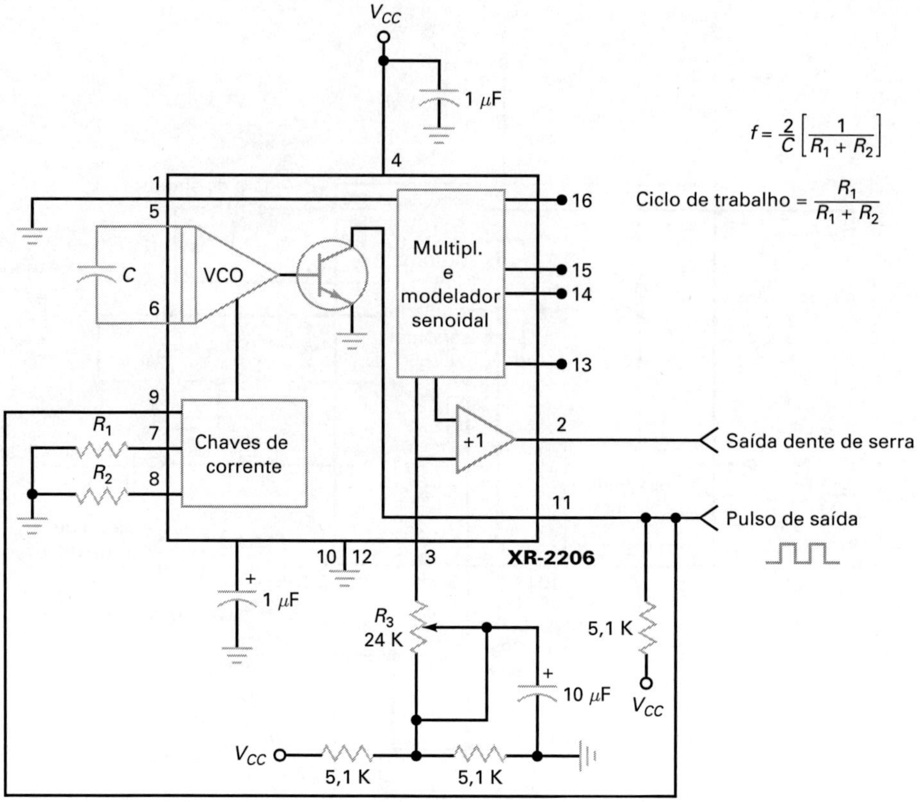

Figura 21-51 Geração de pulso e rampa. (Reproduzido com autorização de Exar Corporation.)

Geração de pulso e rampa

A Figura 21-51 mostra as conexões externas do circuito usado para criar uma dente de serra (rampa) e pulsos de saída. Observe que a onda quadrada de saída no pino 11 é levada diretamente ao terminal FSK no pino 9. Isso permite que o circuito seja comutado automaticamente entre as duas frequências distintas. Esse chaveamento de frequência ocorre quando a saída no pino 11 muda de um nível alto para um baixo ou de um nível baixo para um alto. A frequência de saída é determinada por:

$$f = \frac{2}{C}\left[\frac{1}{R_1 + R_2}\right] \tag{21-44}$$

e o ciclo de trabalho do circuito é dado por:

$$D = \frac{R_1}{R_1 + R_2} \tag{21-45}$$

A Figura 21-52 mostra uma folha de dados para o XR-2206. Se operado com uma tensão de alimentação positiva simples, a fonte pode variar de 10 V a 26 V. Se um divisor ou uma fonte de alimentação dupla é usado, observe como a faixa de valores varia de ±5 V a ±13 V. A Figura 21-52 também mostra os valores de *R* e *C* recomendados para as frequências de saída máxima e mínima geradas. É especificada também a faixa de variação típica de 2000:1. Conforme mostra a folha de dados, a onda senoidal e triangular de saída tem uma impedância de saída no valor de 600 Ω. Isso torna o CI gerador de funções XR-2206 bastante útil em muitas aplicações eletrônicas de comunicação.

XR-2206

EXAR

DC ELECTRICAL CHARACTERISTICS

Test Conditions: $V_{CC} = 12V$, $T_A = 25°C$, $C = 0.01\mu F$, $R_1 = 100k\Omega$, $R_2 = 10k\Omega$, $R_3 = 25k\Omega$
Unless Otherwise Specified. S_1 open for triangle, closed for sine wave.

Parameters	XR-2206M/P			XR-2206CP/D			Units	Conditions
	Min.	Typ.	Max.	Min.	Typ.	Max.		
General Characteristics								
Single Supply Voltage	**10**		**26**	10		26	V	
Split-Supply Voltage	**±5**		**±13**	±5		±13	V	
Supply Current		12	**17**		14	20	mA	$R_1 \geq 10k\Omega$
Oscillator Section								
Max. Operating Frequency	**0.5**	1		0.5	1		MHz	$C = 1000pF$, $R_1 = 1k\Omega$
Lowest Practical Frequency		0.01			0.01		Hz	$C = 50\mu F$, $R_1 = 2M\Omega$
Frequency Accuracy		±1	**±4**		±2		% of f_o	$f_o = 1/R_1C$
Temperature Stability Frequency		±10	**±50**		±20		ppm/°C	$0°C \leq T_A \leq 70°C$ $R_1 = R_2 = 20k\Omega$
Sine Wave Amplitude Stability[2]		4800			4800		ppm/°C	
Supply Sensitivity		0.01	**0.1**		0.01		%/V	$V_{LOW} = 10V$, $V_{HIGH} = 20V$, $R_1 = R_2 = 20k\Omega$
Sweep Range	1000:1	2000:1			2000:1		$f_H = f_L$	f_H @ $R_1 = 1k\Omega$ f_L @ $R_1 = 2M\Omega$
Sweep Linearity								
10:1 Sweep		2			2		%	$f_L = 1kHz$, $f_H = 10kHz$
1000:1 Sweep		8			8		%	$f_L = 100Hz$, $f_H = 100kHz$
FM Distortion		0.1			0.1		%	±10% Deviation
Recommended Timing Components								
Timing Capacitor: C	**0.001**		100	0.001		100	µF	
Timing Resistors: R_1 & R_2	**1**		2000	1		2000	kΩ	
Triangle Sine Wave Output[1]								
Triangle Amplitude		160			160		mV/kΩ	S_1 Open
Sine Wave Amplitude	**40**	60	80		60		mV/kΩ	S_1 Closed
Max. Output Swing		6			6		Vp-p	
Output Impedance		600			600		Ω	
Triangle Linearity		1			1		%	
Amplitude Stability		0.5			0.5		dB	For 1000:1 Sweep
Sine Wave Distortion								
Without Adjustment		2.5			2.5		%	$R_1 = 30k\Omega$
With Adjustment		0.4	**1.0**		0.5	1.5	%	

Notes

[1] Output amplitude is directly proportional to the resistance, R_3, on Pin 3.
[2] For maximum amplitude stability, R_3 should be a positive temperature coefficient resistor.
***Bold face parameters** are covered by production test and guaranteed over operating temperature range.*

Rev. 1.03 TOM™

4

Figura 21-52 A folha de dados de um XR-2206. (Reproduzido com autorização de Exar Corporation.)

DC ELECTRICAL CHARACTERISTICS (CONT'D)

Parameters	XR-2206M/P Min.	XR-2206M/P Typ.	XR-2206M/P Max.	XR-2206CP/D Min.	XR-2206CP/D Typ.	XR-2206CP/D Max.	Units	Conditions
Amplitude Modulation								
Input Impedance	50	100		50	100		kΩ	
Modulation Range		100			100		%	
Carrier Suppression		55			55		dB	
Linearity		2			2		%	For 95% modulation
Square-Wave Output								
Amplitude		12			12		Vp-p	Measured at Pin 11.
Rise Time		250			250		ns	C_L = 10pF
Fall Time		50			50		ns	C_L = 10pF
Saturation Voltage		0.2	**0.4**		0.2	0.6	V	I_L = 2mA
Leakage Current		0.1	**20**		0.1	100	μA	V_{CC} = 26V
FSK Keying Level (Pin 9)	0.8	1.4	**2.4**	0.8	1.4	2.4	V	See section on circuit controls
Reference Bypass Voltage	2.9	3.1	**3.3**	2.5	3	3.5	V	Measured at Pin 10.

Figura 21-52 A folha de dados de um XR-2206. (Reproduzido com autorização de Exar Corporation.) (continuação).

Exemplo de aplicação 21-13

Na Figura 21-50, R = 10 kΩ e C = 0,01 μF. Com S_1 fechada, quais são as formas de onda de saída e a frequência de saída nos pinos 2 e 11?

SOLUÇÃO Como S_1 está fechada, a saída no pino 2 é uma onda senoidal e a saída no pino 11 é uma onda quadrada. As duas formas de onda de saída terão a mesma frequência. A frequência de saída é dada por:

$$f_0 = \frac{1}{RC} = \frac{1}{(10\,\text{k}\Omega)(0,01\,\mu\text{F})} = 10\,\text{kHz}$$

PROBLEMA PRÁTICO 21-13 Repita o Exemplo 21-13 com R = 20 kΩ, C = 0,01 μF e S_1 aberta.

Exemplo de aplicação 21-14

Na Figura 21-51, R_1 = 1 kΩ, R_2 = 2 kΩ e C = 0,1 μF. Determine a frequência de saída da onda quadrada e o ciclo de trabalho.

SOLUÇÃO Usando a Equação (21-32), a frequência de saída no pino 11 é:

$$f = \frac{2}{0{,}1\,\mu\text{F}}\left[\frac{1}{1\,\text{k}\Omega + 2\,\text{k}\Omega}\right] = 6{,}67\,\text{kHz}$$

O ciclo de trabalho é determinado usando a Equação (21-33) como a seguir:

$$D = \frac{1\,\text{k}\Omega}{1\,\text{k}\Omega + 2\,\text{k}\Omega} = 0{,}333$$

PROBLEMA PRÁTICO 21-14 Repita o Exemplo 21-14 com R_1 e R_2 iguais a 2 kΩ e C = 0,2 μF.

Resumo

SEÇÃO 21-1 TEORIA DA OSCILAÇÃO SENOIDAL

Para construirmos um oscilador senoidal, precisamos usar um amplificador com realimentação positiva para o oscilador iniciar a operação, o ganho de malha tem que ser maior que 1 quando o deslocamento de fase em torno da malha é 0°.

SEÇÃO 21-2 OSCILADOR EM PONTE DE WIEN

Esse é o oscilador padrão para frequências baixas e médias na faixa de 5 Hz a 1 MHz. Ele produz uma onda senoidal quase perfeita. Uma lâmpada de tungstênio, ou outra resistência não linear, é usada para diminuir o ganho de malha para 1.

SEÇÃO 21-3 OUTROS OSCILADORES *RC*

O oscilador duplo-T usa um amplificador e circuitos *RC* para produzir o ganho de malha e o deslocamento de fase necessários na frequência de ressonância. Ele funciona bem para uma frequência não sendo adequado para construir um oscilador de frequência ajustável. O oscilador de deslocamento de fase também usa um amplificador e circuitos *RC* para gerar oscilações. Um amplificador pode se comportar como um oscilador de deslocamento de fase por causa dos circuitos de avanço e atraso parasitas em cada estágio.

SEÇÃO 21-4 OSCILADOR COLPITTS

Os osciladores *RC* geralmente não funcionam bem acima de 1 MHz por causa do deslocamento de fase adicional interno ao amplificador. Por isso os osciladores *LC* são preferencialmente escolhidos para frequências entre 1 MHz e 500 MHz. Essa faixa de frequência está acima da frequência unitária da maioria dos amp-ops, sendo o motivo de se usar transistores bipolares de junção ou FETs como dispositivos de amplificação. O oscilador Colpitts é um dos osciladores *LC* mais usados.

SEÇÃO 21-5 OUTROS OSCILADORES *LC*

O oscilador Armstrong usa um transformador para produzir o sinal de realimentação. O oscilador Hartley usa um divisor de tensão indutivo para gerar o sinal de realimentação. O oscilador Clapp tem um pequeno capacitor em série no ramo indutivo do circuito de ressonância. Esse reduz o efeito que as capacitâncias parasitas têm na frequência de ressonância.

SEÇÃO 21-6 CRISTAIS DE QUARTZO

Alguns cristais apresentam o efeito piezoelétrico. Em virtude desse efeito, a vibração de um cristal se comporta como um circuito ressonante *LC* com um *Q* extremamente alto. O cristal de quartzo é o mais importante na produção do efeito piezoelétrico. Ele é usado em osciladores a cristal, nos quais é necessária uma frequência precisa.

SEÇÃO 21-7 TEMPORIZADOR 555

O temporizador 555 contém dois comparadores, um flip-flop *RS* e um transistor *npn*. Ele tem um ponto de comutação inferior e superior de tensão. Quando usado no modo monoestável, a entrada de disparo tem que cair abaixo do valor LTP para iniciar a operação. Quando a tensão no capacitor excede ligeiramente o valor UTP, o transistor de descarga conduz descarregando o capacitor.

SEÇÃO 21-8 OPERAÇÃO ASTÁVEL DO TEMPORIZADOR 555

Quando usado no modo astável, o temporizador 555 produz uma saída retangular cujo ciclo de trabalho pode estar situado entre 50% e 100%. O capacitor é carregado entre $V_{CC}/3$ e $2V_{CC}/3$. Quando uma tensão de controle é usada, ele muda UTP para V_{con}. Essa tensão de controle determina a frequência.

SEÇÃO 21-9 APLICAÇÕES DE CIRCUITOS COM 555

O temporizador 555 pode ser usado para gerar atrasos de tempo, alarmes e rampas. Ele também pode ser usado para construir um modulador por largura de pulso aplicando o sinal modulante na entrada de controle e um trem de bordas de decida na entrada de disparo. O temporizador 555 também pode ser usado para construir um modulador por posição de pulso aplicando o sinal modulante na entrada de controle quando o temporizador estiver no modo astável.

SEÇÃO 21-10 PLL

Um PLL contém um detector de fase, um amplificador *CC*, um filtro passa-baixas e um VCO. O detector de fase produz uma tensão de controle que é proporcional à diferença de fase entre os sinais de entrada. A tensão de controle filtrada e amplificada altera então a frequência do VCO conforme necessário para amarrá-la ao sinal de entrada.

SEÇÃO 21-11 CIS GERADORES DE FUNÇÃO

Os CIs geradores de funções têm a capacidade de produzir formas de onda senoidal, triangular, quadrada, pulsos e dente de serra. Conectando-se resistores e capacitores externos, as formas de onda de saída podem ter variações de amplitude e frequência. Funções especiais como geração AM/FM, conversão tensão-frequência e chaveamento de frequência podem também ser realizadas por esses CIs.

Definições

(21-20) Ressonância em série do cristal:

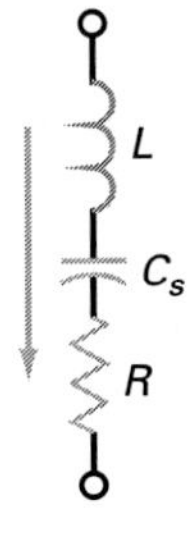

$$f_s = \frac{1}{2\pi\sqrt{LC_s}}$$

(21-22) Ressonância paralela do cristal:

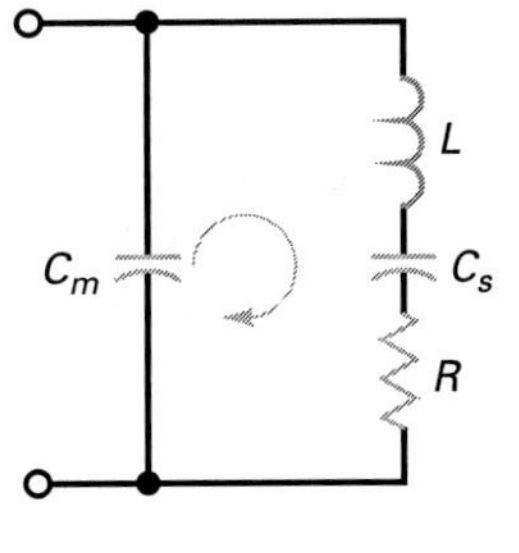

$$f_p = \frac{1}{2\pi\sqrt{LC_p}}$$

Derivações

(21-1) e (21-2) Fator de realimentação e ângulo de fase de um circuito de avanço-atraso:

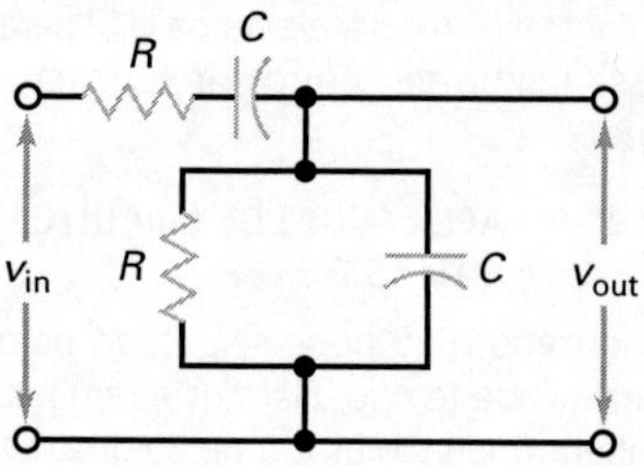

$$B = \frac{1}{\sqrt{9-(X_C/R-R/X_C)^2}}$$

$$\phi = \text{arctg}\frac{X_C/R-R/X_C}{3}$$

(21-9) Frequência ressonante exata:

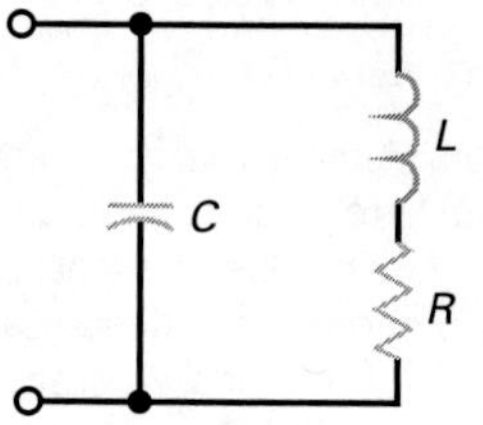

$$f_r = \frac{1}{2\pi\sqrt{LC}}\sqrt{\frac{Q^2}{Q^2+1}}$$

(21-19) Frequência do cristal:

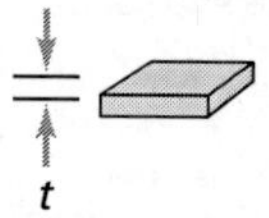

$$f = \frac{K}{t}$$

(21-21) Capacitância paralela equivalente:

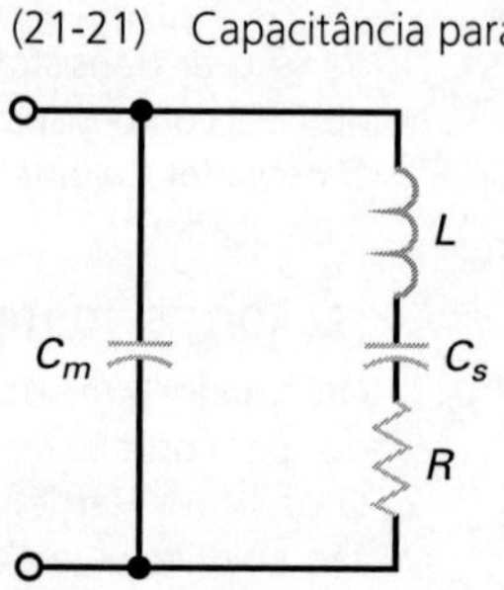

$$C_p = \frac{C_m C_s}{C_m + C_s}$$

(21-23) e (21-24) Pontos de comutação do temporizador 555:

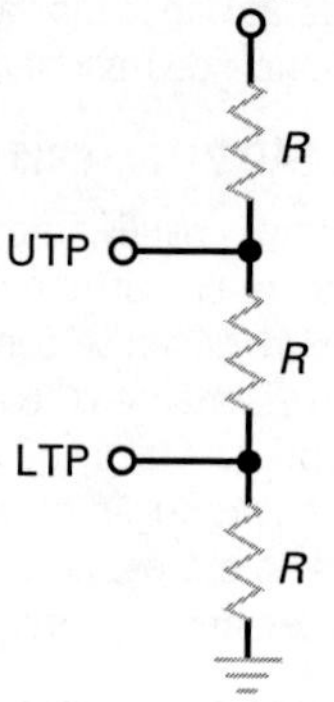

$$\text{UTP} = \frac{2V_{CC}}{3}$$

$$\text{LTP} = \frac{V_{CC}}{3}$$

Exercícios

1. Um oscilador sempre precisa de um amplificador com

a. Realimentação positiva
b. Realimentação negativa
c. Os dois tipos de realimentação
d. Um circuito tanque *LC*

2. A tensão que inicia a operação de um oscilador é gerada por

a. Ondulação na fonte de alimentação
b. Tensão de ruído nos resistores
c. Sinal de entrada de um gerador
d. Realimentação positiva

3. O oscilador em ponte de Wien é útil

a. Em baixas frequências
b. Em altas frequência
c. Com circuitos tanque *LC*
d. Para pequenos sinais de entrada

4. Um circuito de atraso tem um ângulo de fase que

a. Está entre 0° e +90°
b. É maior que 90°
c. Está entre 0° e –90°
d. É o mesmo da tensão de entrada

5. Um circuito de acoplamento é um circuito

a. De atraso
b. De avanço
c. De avanço-atraso
d. Ressonante

6. Um circuito de atraso tem um ângulo de fase que

a. Está entre 0° e +90°
b. É maior que 90°
c. Está entre 0° e –90°
d. É o mesmo da tensão de entrada

7. Um oscilador em ponte de Wien usa

a. Realimentação positiva
b. Realimentação negativa
c. Os dois tipos de realimentação
d. Um circuito tanque *LC*

8. Inicialmente, o ganho de malha de uma ponte Wien é

a. 0
b. 1
c. Baixo
d. Alto

9. Uma ponte de Wien é algumas vezes denominada

a. Filtro *notch*
b. Oscilador duplo-T
c. Deslocador de fase
d. Ponte de Wheatstone

10. Para variar a frequência de uma ponte de Wien, podemos variar
- a. Um resistor
- b. Dois resistores
- c. Três resistores
- d. Um capacitor

11. Um oscilador de deslocamento de fase geralmente tem
- a. Dois circuitos de avanço ou atraso
- b. Três circuitos de avanço ou atraso
- c. Um circuito de avanço-atraso
- d. Um filtro duplo-T

12. Para iniciar as oscilações em um circuito, o ganho de malha tem que ser maior que 1 quando o deslocamento de fase em torno da malha for
- a. 90°
- b. 180°
- c. 270°
- d. 360°

13. O oscilador mais usado é o
- a. Armstrong
- b. Clapp
- c. Colpitts
- d. Hartley

14. A realimentação intensa em um oscilador LC
- a. Evita o circuito iniciar a operação
- b. Provoca saturação e corte
- c. Produz tensão de saída máxima
- d. Significa que *B* é pequeno

15. Quando o fator *Q* diminui em um oscilador Colpitts, a frequência da oscilação
- a. Diminui
- b. Permanece a mesma
- c. Aumenta
- d. Torna-se irregular

16. Acoplamento indutivo se refere a
- a. Acoplamento capacitivo
- b. Acoplamento com transformador
- c. Acoplamento resistivo
- d. Acoplamento de potência

17. O oscilador Hartley usa
- a. Realimentação negativa
- b. Dois indutores
- c. Uma lâmpada de tungstênio
- d. Uma bobina de realimentação

18. Para variar a frequência de um oscilador *LC*, podemos variar
- a. Um resistor
- b. Dois resistores
- c. Três resistores
- d. Um capacitor

19. Dos osciladores a seguir, o que tem a frequência mais estável é o
- a. Armstrong
- b. Clapp
- c. Colpitts
- d. Hartley

20. O material que tem o efeito piezoelétrico é
- a. O quartzo
- b. Os sais de Rochelle
- c. A turmalina
- d. Todos os itens acima

21. Os cristais têm
- a. Um *Q* muito baixo
- b. Um *Q* muito alto
- c. Uma indutância pequena
- d. Uma resistência grande

22. As frequências ressonantes em série e em paralelo de um cristal são
- a. Muito próximas uma da outra
- b. Muito distantes uma da outra
- c. Iguais
- d. Frequências baixas

23. O tipo de oscilador encontrado em um relógio de pulso eletrônico é o
- a. Armstrong
- b. Clapp
- c. Colpitts
- d. Cristal de quartzo

24. Um temporizador monoestável com 555 tem o seguinte número de estados estáveis
- a. 0
- b. 1
- c. 2
- d. 3

25. Um temporizador astável com 555 tem o seguinte número de estados estáveis
- a. 0
- b. 1
- c. 2
- d. 3

26. A largura de pulso de um multivibrador monoestável aumenta quando
- a. A tensão da fonte aumenta
- b. O resistor de temporização diminui
- c. O UTP diminui
- d. Aumenta a capacitância de temporização

27. A forma de onda de saída do temporizador 555 é
- a. Senoidal
- b. Triangular
- c. Retangular
- d. Elíptica

28. O parâmetro que permanece constante em um modulador por largura de pulso é
- a. A largura de pulso
- b. O período
- c. O ciclo de trabalho
- d. O espaço

29. O parâmetro que permanece constante em um modulador por posição de pulso é
- a. A largura de pulso
- b. O período
- c. O ciclo de trabalho
- d. O espaço

30. Quando um PLL está amarrado à frequência de entrada, a frequência do VCO
- a. É menor que f_0
- b. É maior que f_0
- c. É igual a f_0
- d. É igual a f_{in}

31. A largura de banda do filtro passa-baixas em um PLL determina a
- a. Faixa de captura
- b. Faixa de amarração
- c. Frequência de operação livre
- d. Diferença de fase

32. A frequência de saída do XR-2206 pode ser variada com
- a. Um resistor externo
- b. Um capacitor externo
- c. Uma tensão externa
- d. Qualquer uma das opções acima

33. FSK é um método de controle de
- a. Funções de saída
- b. Amplitude de saída
- c. Frequência de saída
- d. Fase de saída

Problemas

SEÇÃO 21-2 OSCILADOR EM PONTE DE WIEN

21-1 O oscilador em ponte de Wien da Figura 21-53*a* usa uma lâmpada com as características mostradas na Figura 21-53*b*. Qual o valor da tensão de saída?

21-2 A posição *D* na Figura 21-53*a* é a maior faixa de frequência do oscilador. Podemos variar a frequência usando reostatos conjugados. Quais são as frequências mínima e máxima de oscilação nesta faixa?

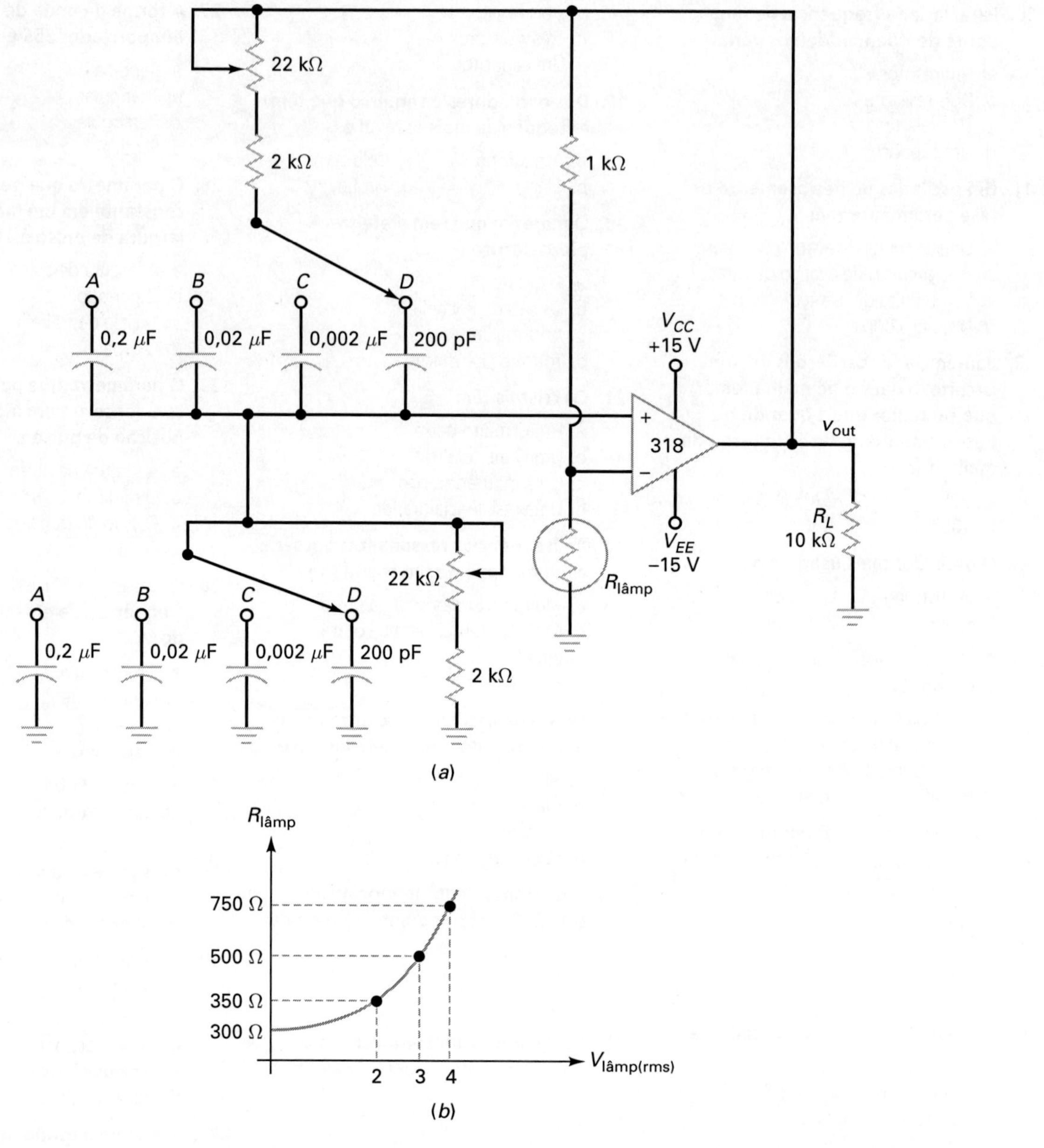

Figura 21-53

21-3 Calcule a frequência mínima e máxima de oscilação para cada posição da chave conjugada da Figura 21-53*a*.

21-4 Para variar a tensão de saída na Figura 21-53*a*, para o valor de 6 V rms, que alteração temos que fazer?

21-5 Na Figura 21-53*a*, a frequência de corte do amplificador com realimentação negativa está pelo menos uma década acima da maior frequência de oscilação. Qual a frequência de corte?

SEÇÃO 21-3 OUTROS OSCILADORES *RC*

21-6 O oscilador duplo-T da Figura 21-12 tem R = 10 kΩ e C = 0,001 μF. Qual a frequência da oscilação?

21-7 Se os valores no Problema 21-6 forem dobrados, o que acontece com a frequência de oscilação?

SEÇÃO 21-4 OSCILADOR COLPITTS

21-8 Qual o valor aproximado da corrente CC no emissor na Figura 21-54? Qual a tensão CC do coletor para o emissor?

21-9 Qual a frequência aproximada de oscilação na Figura 21-54? Qual o valor de B? Para o oscilador iniciar a operação, qual o valor mínimo de A_v?

21-10 Se o oscilador da Figura 21-54 for reprojetado de forma que se obtenha um amplificador BC similar ao da Figura 21-18, qual a fração de realimentação?

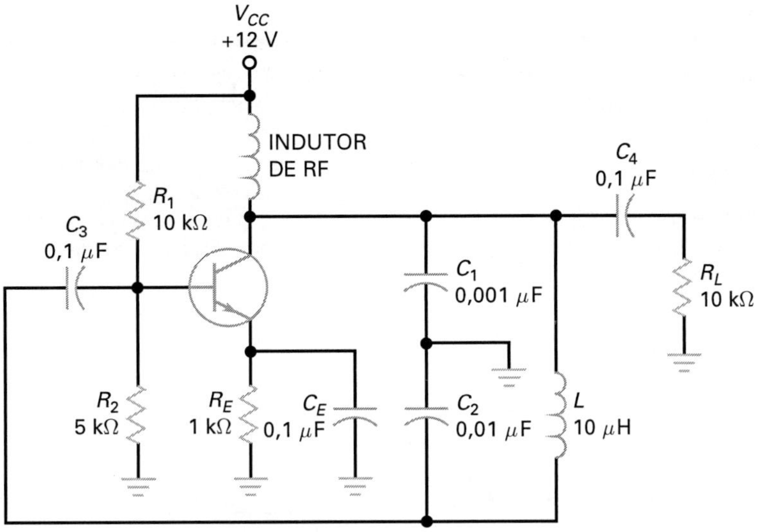

Figura 21-54

21-11 Se o valor de L for dobrado na Figura 21-54, qual a frequência de oscilação?

21-12 O que podemos fazer com o valor da indutância na Figura 21-54 para que a frequência de oscilação dobre?

SEÇÃO 21-5 OUTROS OSCILADORES *LC*

21-13 Se um capacitor de 47 pF é conectado em série com o indutor de 10 μH na Figura 21-54, o circuito torna-se um oscilador Clapp. Qual a frequência de oscilação dele?

21-14 Um oscilador Hartley como o da Figura 21-22 tem L_1 = 1 μH e L_2 = 0,2 μH. Qual a fração de realimentação? Qual a frequência de oscilação se C = 1000 pF? Qual o ganho de tensão mínimo necessário para iniciar a oscilação?

21-15 Um oscilador Armstrong tem M = 0,1 μH e L = 3,3 μH. Qual a fração de realimentação? Qual o ganho de tensão mínimo necessário para iniciar as oscilações?

SEÇÃO 21-6 CRISTAIS DE QUARTZO

21-16 Um cristal tem uma frequência fundamental de 5 MHz. Qual o valor aproximado da primeira, segunda e terceira frequências de sobretom?

21-17 Um cristal tem uma espessura t. Se reduzimos t em 1%, o que acontece com a frequência?

21-18 Um cristal tem os seguintes valores: L = 1 H C_s = 0,01 pF, R = 1 kΩ e C_m = 20 pF. Qual a frequência ressonante em série? Qual o valor de Q em cada frequência?

SEÇÃO 21-7 TEMPORIZADOR 555

21-19 Um temporizador 555 é conectado para operação monoestável. Se R = 10 kΩ e C = 0,047 μF, qual a largura do pulso de saída?

21-20 Na Figura 21-34, V_{CC} = 10 V, R = 2,2 kΩ e C = 0,2 μF. Qual a tensão de disparo mínima que produz um pulso de saída? Qual a tensão máxima no capacitor? Qual a largura do pulso de saída?

SEÇÃO 21-8 OPERAÇÃO ASTÁVEL DO TEMPORIZADOR 555

21-21 Um astável com temporizador 555 tem R_1 = 10 kΩ, R_2 = 2 kΩ e C = 0,00022 μF. Qual a frequência dele?

21-22 O temporizador 555 da Figura 21-37 tem R_1 = 20 kΩ, R_2 = 10 kΩ e C = 0,0047 μF. Qual a frequência e o ciclo de trabalho do sinal de saída?

SEÇÃO 21-9 APLICAÇÕES DE CIRCUITOS COM 555

21-23 Um modulador por largura de pulso como o da Figura 21-41 tem V_{cc} = 10 V, R = 5,1 kΩ e C = 1 nF. O clock tem uma frequência de 10 kHz. Se o sinal modulante tem um valor de pico de 1,5 V, qual o período dos pulsos de saída? Qual a largura de pulso quiescente? Quais as larguras de pulso mínima e máxima? Quais os ciclos de trabalho mínimo e máximo?

21-24 Um modulador por posição de pulso como o da Figura 21-42 tem V_{CC} = 10 V, R_1 = 1,2 kΩ, R_2 = 1,5 kΩ e C = 47 nF. Qual a largura quiescente e o período dos pulsos de saída? Se o sinal modulante tem um valor de pico de 1,5 V, quais são as larguras de pulso mínima e máxima? Quais são os ciclos de trabalho mínimo e máximo? Qual é o espaço de tempo entre os pulsos?

21-25 O gerador de rampa da Figura 21-43 tem uma corrente de coletor constante de 0,5 mA. Se V_{CC} = 10 V e C = 47 nF, qual a inclinação da rampa de saída?

SEÇÃO 21-11 CIS GERADORES DE FUNÇÃO

21-26 Na Figura 21-50, S_1 está fechada, R = 20 kΩ, R_3 = 40 kΩ e C = 0,1 μF. Qual o formato da onda de saída, sua frequência e a amplitude no pino 2?

21-27 Na Figura 21-50, com S_1 aberta e R = 10 kΩ, R_3 = 40 kΩ e C = 0,01 μF, qual o formato da onda de saída, sua frequência e a amplitude no pino 2?

21-28 Na Figura 21-51, R_1 = 2 kΩ, R_2 = 10 kΩ e C = 0,1 μF. Qual a frequência de saída e o ciclo de trabalho no pino 11?

Análise de defeito

21-29 A tensão de saída do oscilador em ponto de Wien (Figura 21-53*a*) aumenta, diminui ou permanece a mesma para cada um dos seguintes defeitos:

a. Lâmpada aberta
b. Lâmpada em curto-circuito
c. Potenciômetro superior em curto-circuito
d. Tensões de alimentação 20% mais baixas
e. Resistor de 10 kΩ aberto

21-30 O oscilador Colpitts da Figura 21-54 não inicia operação. Enuncie três possíveis causas.

21-31 Suponha que você projetou e montou um amplificador. Ele amplifica o sinal de entrada, mas a saída se apresenta distorcida na tela do osciloscópio. Quando você toca o circuito, a distorção desaparece, deixando o sinal perfeito. Que problema você acha que está acontecendo e como tentaria eliminá-lo?

Raciocínio crítico

21-32 Projete um oscilador em ponte de Wien similar ao da Figura 21-53*a* que atenda às seguintes especificações: faixas de frequência de três décadas cobrindo de 20 Hz a 20 kHz com uma tensão de saída de 5 V rms.

21-33 Selecione um valor de L na Figura 21-54 para obter uma frequência de oscilação de 2,5 MHz.

21-34 A Figura 21-55 mostra um oscilador de deslocamento de fase com amp-op. Se $f_{2(CL)}$ = 1 kHz, qual o deslocamento de fase na malha para 15,9 kHz.

21-35 Projete um temporizador 555 que opere livremente a uma frequência de 1 kHz e que tenha um ciclo de trabalho de 75%.

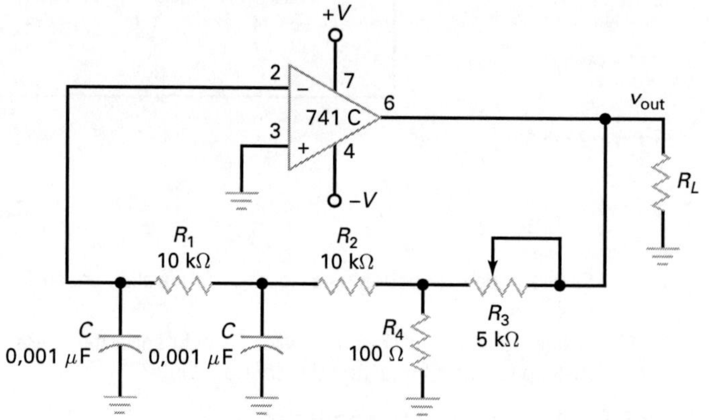

Figura 21-55

Questões de entrevista

1. Como um oscilador senoidal pode produzir um sinal de saída sem ter um sinal de entrada?
2. Qual oscilador é usado em muitas aplicações na faixa de 5 Hz a 1 MHz? Por que a saída é senoidal em vez de limitada?
3. Que tipo de osciladores são usados normalmente na faixa de 1 MHz a 500 MHz?
4. Para produzir oscilações com uma frequência precisa e confiável, que tipo de oscilador é usado normalmente?
5. O temporizador 555 é usado extensivamente em aplicações gerais como temporizador. Qual a diferença entre a construção de um circuito multivibrador monoestável e um astável?
6. Desenhe um diagrama em bloco simples de um PLL e explique a ideia básica sobre ele permanecer amarrado à frequência do sinal de entrada.
7. O que significa *modulação por largura de pulso*? O que significa *modulação por posição de pulso*? Ilustre a sua explicação com esboços de formas de onda.
8. Considere que você esteja montando um amplificador de três estágios. Quando você testa esse amplificador, descobre que ele produz um sinal de saída sem ter um sinal de entrada. Explique como isso é possível. Cite algumas ações para eliminar o sinal indesejado?
9. O que faz um oscilador iniciar a operação se não há sinal de entrada?

Respostas dos exercícios

1. a
2. b
3. a
4. c
5. b
6. a
7. c
8. d
9. a
10. b
11. b
12. d
13. c
14. b
15. a
16. b
17. b
18. d
19. b
20. d
21. b
22. a
23. d
24. b
25. a
26. d
27. c
28. b
29. d
30. d
31. a
32. d
33. c

Respostas dos problemas práticos

21-1 R = 14,9 kΩ

21-2 $R_{lâmp}$ = 1,5 kΩ; $I_{lâmp}$ = 2 mA; V_{out} = 9 V rms

21-3 L = 28 μH

21-4 C = 106 pF; f_r = 4 MHz

21-5 f_S = 291 kHz; f_p = 292 kHz

21-6 LPT = 5 V; UTP = 10 V; W = 51,7 ms

21-8 f = 136 Hz; D = 0,667 ou 66,7%

21-9 W = 3,42 ms; T = 4,4 ms; D = 0,778; f = 227 Hz

21-10 $W_{máx}$ = 146,5 μs; $D_{máx}$ = 0,366

21-12 S = 5 V/ms; V = 8 V; T = 1,6 ms

21-13 Forma de onda triangular no pino 2. Uma onda quadrada no pino 11. As frequências das duas formas de onda são iguais a 500 Hz.

21-14 f = 2,5 KHz; D = 0,5

22 Fontes de alimentação reguladas

Com um diodo Zener, podemos construir um regulador de tensão simples. Agora, queremos discutir o uso da realimentação negativa para melhorar a regulação de tensão. A discussão começa com os reguladores lineares, o tipo no qual o dispositivo de regulação opera na região linear. Discutiremos dois tipos de reguladores lineares: o tipo *shunt* (paralelo) e o tipo série. Este capítulo conclui com os reguladores chaveados, tipo no qual o dispositivo de regulação comuta entre ligado e desligado para melhorar a eficiência no consumo de potência.

Objetivos de aprendizagem

Após o estudo deste capítulo, você deverá ser capaz de:

- Descrever como funcionam os reguladores *shunt*.
- Descrever como funcionam os reguladores série.
- Explicar a operação e as características dos CIs reguladores.
- Explicar como funcionam os conversores CC-CC.
- Enunciar as finalidades e as funções dos circuitos reforçador de corrente e limitador de corrente.
- Descrever as três topologias básicas de reguladores chaveados.

Sumário

Termos-chave

CI regulador de tensão

conversor CC-CC

desligamento térmico

divisor de fase

interferência eletromagnética (EMI)

interferência de radiofrequência (RFI)

limitação de corrente

limitação por retrocesso de corrente

proteção contra curto-circuito

regulador boost

regulador buck-boost

regulador buck

reforçador de corrente

regulador chaveado

regulação de carga

regulação de linha

regulador shunt

resistor sensor de corrente

tensão de desligamento

tensão de margem de operação

transistor de passagem

transistor externo

topologia

22-1 Características de fonte de alimentação

A qualidade de uma fonte de alimentação depende da regulação de carga, regulação de linha e da resistência de saída. Nesta seção, analisaremos essas características porque são normalmente usadas em folhas de dados para especificar as fontes de alimentação.

Regulação de carga

A Figura 22-1 mostra um retificador em ponte com um filtro capacitivo. Alterando a resistência de carga, altera-se a tensão de carga. Se reduzimos a resistência de carga, obtemos mais *ripple* (ondulação) e uma queda de tensão adicional ocorre no enrolamento do transformador e nos diodos. Por isso, um aumento na corrente de carga sempre diminui a tensão de carga.

A **regulação de carga** indica quanto a tensão de carga varia quando a corrente de carga varia. A definição para regulação de carga é:

$$\textbf{Regulação de carga} = \frac{V_{NL} - V_{FL}}{V_{FL}} \times 100\% \qquad \textbf{(22-1)}$$

onde V_{NL} = tensão de carga sem corrente de carga
V_{FL} = tensão de carga com corrente de carga máxima

Com essa definição, V_{NL} ocorre quando a corrente de carga é zero e V_{FL} ocorre quando a corrente de carga é máxima.

Por exemplo, suponha que a fonte de alimentação da Figura 22-1 tenha esses valores:

$V_{NL} = 10{,}6$ V para $I_L = 0$
$V_{FL} = 9{,}25$ V para $I_L = 1$ A

Então, a Equação (22-1) nos fornece:

$$\text{Regulação de carga} = \frac{10{,}6\text{V} - 9{,}25\text{V}}{9{,}25\text{V}} \times 100\% = 14{,}6\%$$

Quanto menor a regulação de carga, melhor a fonte de alimentação. Por exemplo, uma fonte de alimentação bem regulada pode ter uma regulação de carga

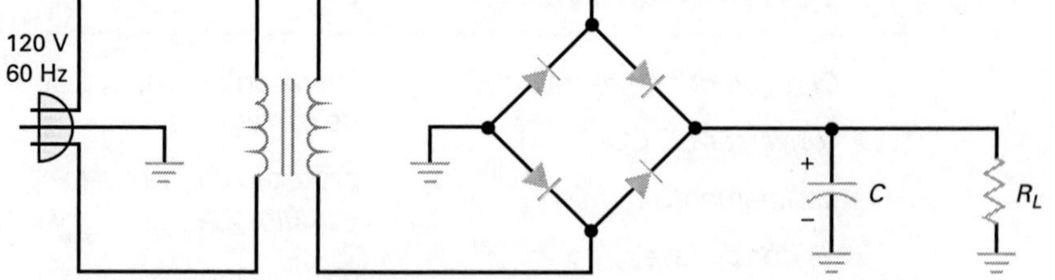

Regulação de carga = $\dfrac{V_{NL} - V_{FL}}{V_{FL}} \times 100\%$

V_{NL} = Tensão de carga sem corrente de carga

V_{FL} = Tensão de carga com corrente de carga máxima

Regulação de linha = $\dfrac{V_{HL} - V_{LL}}{V_{LL}} \times 100\%$

V_{LL} = Tensão de carga com tensão de linha baixa

V_{HL} = Tensão de carga com tensão de linha alta

Figura 22-1 Fonte de alimentação com filtro capacitivo.

menor que 1%. Isso significa que a tensão de carga varia menos que 1% ao longo da faixa completa da corrente de carga.

Regulação de linha

Na Figura 22-1, a tensão de linha de entrada tem um valor nominal de 120 V. A tensão real que sai da tomada varia de 105 V rms a 125 V rms, dependendo da hora do dia, localização e outros fatores. Como a tensão no secundário é diretamente proporcional à tensão de linha, a tensão de carga na Figura 22-1 varia quando a tensão de linha varia.

Outra forma de especificar a qualidade de uma fonte de alimentação é pela sua **regulação de linha**, definida como:

$$\textbf{Regulação de linha} = \frac{V_{HL} - V_{LL}}{V_{LL}} \times 100\% \qquad \textbf{(22-2)}$$

onde V_{HL} = tensão de carga com a linha alta
V_{LL} = tensão de carga com a linha baixa

Por exemplo, suponha que a fonte de alimentação da Figura 22-1 tenha as seguintes medidas:

V_{LL} = 9,2 V para uma tensão de linha de 105 V rms
V_{HL} = 11,2 V para uma tensão de linha de 125 V rms

Então, a Equação (22-2) nos fornece:

$$\text{Regulação de linha} = \frac{11{,}2\text{V} - 9{,}2\text{V}}{9{,}2\text{V}} \times 100\% = 21{,}7\%$$

Assim como com a regulação de carga, quanto menor a regulação de linha, melhor a fonte de alimentação. Por exemplo, uma fonte de alimentação bem regulada pode ter uma regulação de linha menor que 0,1% quando a tensão de linha varia de 105 V rms a 125 V rms.

Resistência de saída

A resistência de Thévenin ou de saída de uma fonte de alimentação determina a regulação de carga. Se uma fonte de alimentação tem uma resistência de saída baixa, sua regulação de carga também é baixa. Eis uma forma de calcular a resistência de saída:

$$R_{TH} = \frac{V_{NL} - V_{FL}}{I_{FL}} \qquad \textbf{(22-3)}$$

É ÚTIL SABER

A Equação (22-3) também pode ser mostrada como

$$R_{TH} = \frac{V_{NL} - V_{RL}}{V_{FL}} \times R_L$$

Por exemplo, aqui estão os valores dados anteriormente para a Figura 22-1:

V_{NL} = 10,6 V para $I_L = 0$
V_{FL} = 9,25 V para V_L = 1 A

Para essa fonte de alimentação, a resistência de saída é:

$$R_{TH} = \frac{10{,}6\text{ V} - 9{,}25\text{ V}}{1\text{ A}} = 1{,}35\,\Omega$$

A Figura 22-2 mostra um gráfico da tensão de carga *versus* a corrente de carga. Como podemos ver, a tensão de carga diminui quando a corrente de carga aumenta. A variação na tensão de carga ($V_{NL} - V_{FL}$) dividida pela variação na corrente de carga (I_{FL}) é igual à resistência de saída da fonte de alimentação. A resistência de saída está relacionada à inclinação desse gráfico. Quanto mais horizontal o gráfico, menor a resistência de saída.

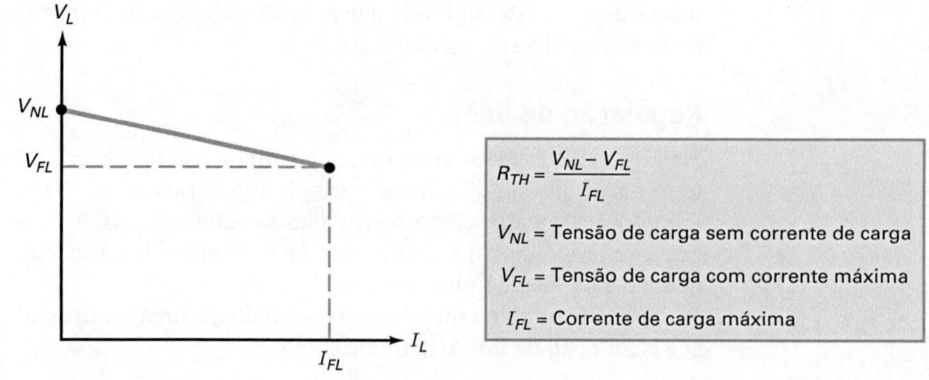

Figura 22-2 Gráfico da tensão de carga *versus* a corrente de carga.

Na Figura 22-2, a corrente de carga máxima I_{FL} ocorre quando a resistência de carga é mínima. Por isso, uma expressão equivalente para a regulação de carga é:

$$\textbf{Regulação de carga} = \frac{R_{TH}}{R_{L(\text{mín})}} \times 100\% \qquad \textbf{(22-4)}$$

Por exemplo, se uma fonte de alimentação tem uma resistência de saída de 1,5 Ω e uma resistência de carga mínima de 10 Ω, ela tem uma regulação de carga de:

$$\text{Regulação de carga} = \frac{1{,}5\,\Omega}{10\,\Omega} \times 100\% = 15\%$$

22-2 Reguladores *shunt*

A regulação de linha e a regulação de carga de uma fonte de alimentação não regulada são muito altas para a maioria das aplicações. Usando um regulador de tensão entre a fonte de alimentação e a carga, podemos melhorar significativamente as regulações de linha e carga. Um regulador de tensão linear usa um dispositivo que opera na região linear para manter a tensão na carga constante. Existem dois tipos fundamentais de reguladores lineares: os tipos *shunt* (paralelo) e série. Com o tipo *shunt*, o dispositivo de regulação fica em paralelo com a carga.

Regulador Zener

O **regulador *shunt*** mais simples é o circuito com diodo Zener como o da Figura 22-3. Conforme discutido no Capítulo 5, o diodo Zener opera na região de ruptura, produzindo uma tensão de saída igual à tensão Zener. Quando a corrente de carga varia, a corrente no diodo Zener aumenta ou diminui para manter a corrente através de R_S constante. Em qualquer regulador *shunt*, uma variação na corrente de carga é complementada por uma variação oposta na corrente *shunt*. Se a corrente

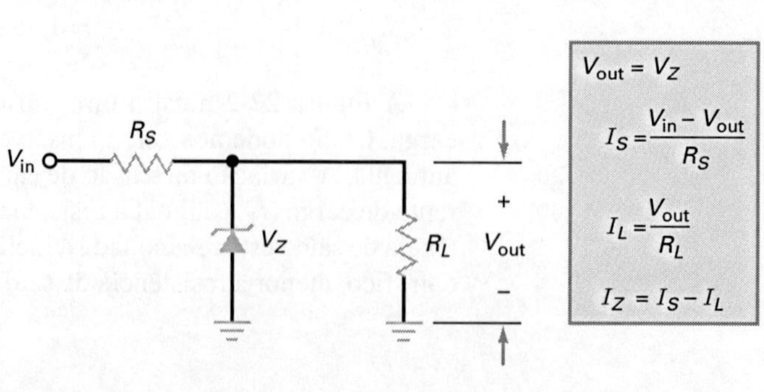

Figura 22-3 O regulador Zener é um regulador *shunt*.

É ÚTIL SABER

Na Figura 22-3, é importante lembrar que V_{out} varia ligeiramente quando a corrente Zener varia. A variação em V_{out} pode ser determinada por $\Delta V_{out} = \Delta I_z R_z$, onde R_z representa a impedância Zener.

de carga aumenta em 1 mA, a corrente *shunt* diminui em 1 mA. Reciprocamente, se a corrente de carga diminui em 1 mA, a corrente *shunt* aumenta em 1 mA.

Conforme mostra a Figura 22-3, a equação para a corrente através do resistor série é:

$$I_S = \frac{V_{\text{in}} - V_{\text{out}}}{R_S}$$

Essa corrente série é igual à *corrente de entrada* para o regulador *shunt*. Quando a tensão de entrada é constante, a corrente de entrada é quase constante quando a corrente de carga varia. Assim podemos reconhecer qualquer regulador *shunt*. Uma variação na corrente de carga quase não tem efeito na corrente de entrada.

Uma questão final: na Figura 22-3, a corrente de carga máxima com regulação ocorre quando a corrente Zener é quase zero. Portanto, a corrente de carga máxima na Figura 22-3 é igual à corrente de entrada. Isso é válido para qualquer regulador *shunt*. A corrente de carga máxima com uma tensão de saída regulada é igual à corrente de entrada.

Tensão Zener mais a queda de tensão de um diodo

Para grandes correntes de carga, a regulação de carga de um regulador Zener como o da Figura 22-3 piora (aumenta) porque a variação na corrente através da resistência Zener pode variar a tensão de saída significativamente. Uma forma de melhorar a regulação de carga para grandes correntes de carga é acrescentar um transistor ao circuito, como mostra a Figura 22-4. Com esse regulador *shunt*, a tensão na carga é igual a:

$$V_{\text{out}} = V_Z + V_{BE} \tag{22-5}$$

Eis como o circuito mantém a tensão de saída constante: se a tensão de saída tende a aumentar, o aumento é acoplado através do diodo Zener à base do transistor. Uma tensão de base maior produz uma maior corrente de coletor através de R_S. A queda de tensão maior em R_S desloca a maior parte da tentativa de aumento na tensão de saída. A única alteração perceptível será um pequeno aumento na tensão de saída.

Reciprocamente, se a tensão de saída tende a diminuir, a tensão realimentada para a base reduz a corrente de coletor e ocorre uma menor queda de tensão em R_S. Novamente, a tentativa de alteração na tensão de saída é deslocada como uma variação oposta na tensão no resistor série. Dessa vez, a única variação perceptível é uma ligeira diminuição na tensão de saída.

Tensão de saída maior

A Figura 22-5 mostra outro regulador *shunt*. Esse circuito tem a vantagem de ser capaz de usar uma tensão Zener com um baixo coeficiente de temperatura (entre 5 V e 6 V). A tensão de saída regulada terá aproximadamente o mesmo coeficiente de temperatura que o do diodo Zener, porém será maior.

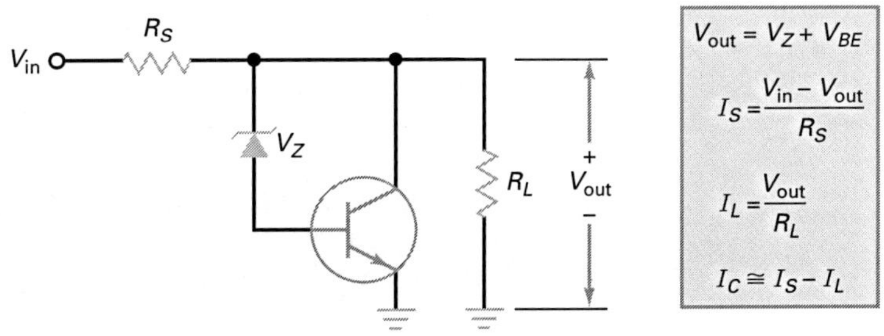

Figura 22-4 Regulador *shunt* melhorado.

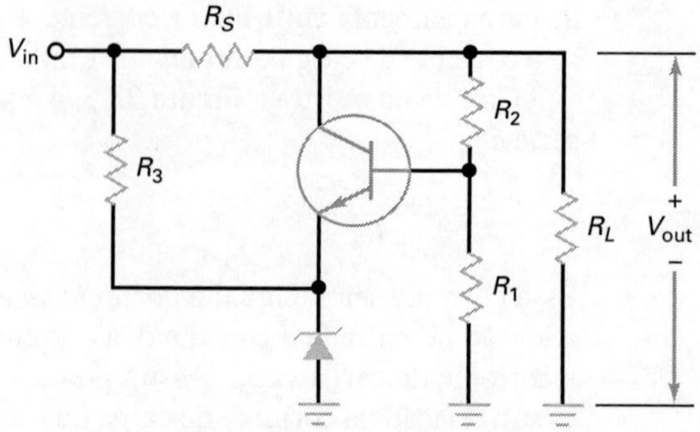

$$V_{out} \cong \frac{R_1 + R_2}{R_1}(V_Z + V_{BE})$$

$$I_S = \frac{V_{in} - V_{out}}{R_S}$$

$$I_L = \frac{V_{out}}{R_L}$$

$$I_C \cong I_S - I_L$$

Figura 22-5 Regulador *shunt* com tensão de saída maior.

A realimentação negativa é similar ao procedimento de regulação. Qualquer tentativa de variação na tensão de saída é realimentada no transistor, cuja saída compensa quase que completamente a tentativa de variação na tensão de saída. O resultado é uma tensão de saída que varia muito menos do que poderia acontecer sem a realimentação negativa.

A tensão na base é dada por:

$$V_B \cong \frac{R_1}{R_1 + R_2} V_{out}$$

Essa equação é aproximada porque não inclui o efeito de carga da corrente de base no divisor de tensão. Geralmente, a corrente de base é pequena o suficiente para ser ignorada. Isolando a tensão de saída na equação anterior, obtemos:

$$V_{out} \cong \frac{R_1 + R_2}{R_1} V_B$$

Na Figura 22-5, a tensão de base é a soma da tensão Zener mais a queda em V_{BE}:

$$V_B = V_Z + V_{BE}$$

Substituindo esse valor na equação anterior, temos:

$$\mathbf{V_{out} \cong \frac{R_1 + R_2}{R_1}(V_Z + V_{BE})} \qquad \textbf{(22-6)}$$

A Figura 22-5 mostra as equações para análise do circuito. A equação para a corrente do coletor é uma aproximação porque ela não inclui a corrente através do divisor de tensão (R_1 e R_2). Para manter a eficiência do regulador a mais alta possível, um projetista normalmente faz com que R_1 R_2 tenham os valores maiores que a resistência de carga. Como resultado, a corrente no divisor de tensão é geralmente pequena o suficiente para ser desconsiderada numa análise preliminar.

A desvantagem desse regulador é que qualquer variação em V_{BE} se traduz numa variação na tensão de saída. Embora útil em aplicações simples, o circuito da Figura 22-5 pode ser melhorado.

Regulação melhorada

Uma forma de reduzir o efeito de V_{BE} na tensão de saída é com o regulador *shunt* da Figura 22-6. O diodo Zener mantém a entrada inversora do amp-op numa tensão constante. O divisor de tensão consiste em R_1 e R_2 exibindo a tensão de carga e retornando uma tensão de realimentação na entrada não inversora. A saída de amp-op aciona a base do transistor *shunt*. Devido à realimentação negativa, a tensão de saída é mantida quase constante independentemente de variações de linha e carga.

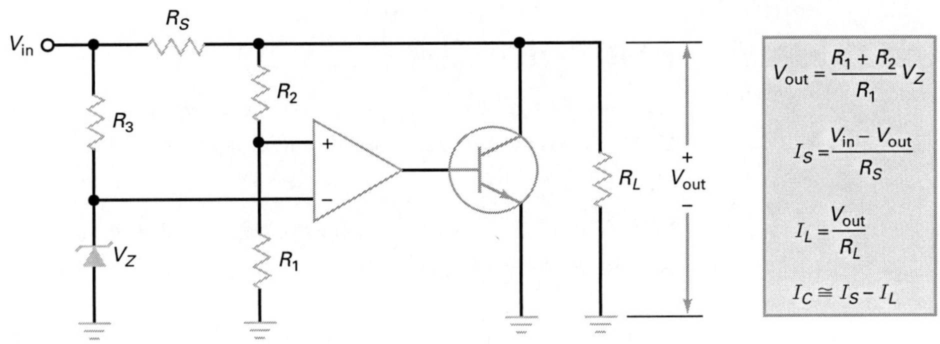

Figura 22-6 Regulador *shunt* com realimentação negativa.

Por exemplo, se a tensão de carga tenta aumentar, o sinal de realimentação na entrada não inversora aumenta. A saída do amp-op aciona a base aumentando a corrente de coletor. A maior corrente de coletor através de R_S produz uma tensão maior nele, o que compensa a maior parte da tentativa de aumento na tensão de carga. Uma correção similar ocorre quando a tensão de carga tenta diminuir. Em resumo, qualquer tentativa de variação na tensão de saída é compensada pela realimentação negativa.

Na Figura 22-6, o alto ganho de tensão do amp-op elimina V_{BE} da Equação (22-6), (uma situação similar aos circuitos com diodo ativo discutido no Capítulo 22). Por isso, a tensão de carga é dada por:

$$V_{out} = \frac{R_1 + R_2}{R_1} V_Z \tag{22-7}$$

Proteção contra curto-circuito

Uma vantagem dos reguladores *shunt* é que eles têm uma **proteção contra curto-circuito** inerente. Por exemplo, se deliberadamente colocarmos um curto-circuito nos terminais da carga na Figura 22-6, nenhum dos componentes do regulador *shunt* será danificado. Tudo o que acontece é que a corrente de entrada aumenta para:

$$I_S = \frac{V_{in}}{R_S}$$

Essa corrente não é grande o suficiente para danificar qualquer um dos componentes em um regulador *shunt* típico.

Eficiência

Uma forma de comparar reguladores de projetos diferentes é pelo parâmetro *eficiência*, definido como:

$$\text{Eficiência} = \frac{P_{out}}{P_{in}} \times 100\% \tag{22-8}$$

onde P_{out} é a potência na carga ($V_{out}I_L$) e P_{in} é a potência de entrada ($V_{in}I_{in}$). A diferença entre P_{in} e P_{out} é P_{reg}, a potência consumida pelos componentes do regulador:

$$P_{reg} = P_{in} - P_{out}$$

Nos reguladores *shunt* das figuras 22-4 a 22-6, a dissipação de potência de R_S do transistor representa a maior parte da potência consumida pelo regulador.

Exemplo 22-1

MultiSim

Na Figura 22-4, $V_{in} = 15$ V, $R_S = 10\ \Omega$, $V_Z = 9{,}1$ V, $V_{BE} = 0{,}8$ V e $R_L = 40\ \Omega$. Quais são os valores da tensão de saída, corrente de saída, corrente na carga e corrente no coletor?

SOLUÇÃO Usando as equações da Figura 22-4, podemos calcular os seguintes parâmetros:

$$V_{out} = V_Z + V_{BE} = 9{,}1\text{ V} + 0{,}8\text{ V} = 9{,}9\text{ V}$$

$$I_S = \frac{V_{in} - V_{out}}{R_S} = \frac{15\text{ V} - 9{,}9\text{ V}}{10\ \Omega} = 510\text{ mA}$$

$$I_L = \frac{V_{out}}{R_L} = \frac{9{,}9\text{ V}}{40\ \Omega} = 248\text{ mA}$$

$$I_C \cong I_S - I_L = 510\text{ mA} - 248\text{ mA} = 262\text{ mA}$$

PROBLEMA PRÁTICO 22-1 Repita o Exemplo 22-1 com $V_{in} = 12$ V e $V_Z = 6{,}8$ V.

Exemplo 22-2

O regulador *shunt* da Figura 22-5 tem os seguintes valores: V_{in} 15 V, $R_S = 10\ \Omega$, $V_Z = 6{,}2$ V, $V_{BE} = 0{,}81$ V e $R_L = 40\ \Omega$. Se $R_1 = 750\ \Omega$ e $R_2 = 250\ \Omega$, quais são os valores aproximados da tensão de saída, corrente de entrada, corrente de carga e corrente de coletor?

SOLUÇÃO Usando as equações da Figura 22-5:

$$V_{out} \cong \frac{R_1 + R_2}{R_1}(V_Z + V_{BE})$$

$$= \frac{750\ \Omega + 250\ \Omega}{750\ \Omega}(6{,}2\text{ V} + 0{,}81\text{ V}) = 9{,}35\text{ V}$$

A tensão de saída exata será ligeiramente maior que essa por causa da corrente de base em R_2. As correntes aproximadas são:

$$I_S = \frac{V_{in} - V_{out}}{R_S} = \frac{15\text{ V} - 9{,}35\text{ V}}{10\ \Omega} 565\text{ mA}$$

$$I_L = \frac{V_{out}}{R_L} = \frac{9{,}35\text{ V}}{40\ \Omega} = 234\text{ mA}$$

$$I_L \cong I_S - I_L = 565\text{ mA} - 234\text{ mA} = 331\text{ mA}$$

PROBLEMA PRÁTICO 22-2 Sendo $V_Z = 7{,}5$ V, repita o Exemplo 22-2.

Exemplo 22-3

Qual é a eficiência aproximada no exemplo anterior? Quanto de potência o regulador dissipa?

SOLUÇÃO A tensão de carga é aproximadamente 9,35 V e a corrente de carga é aproximadamente 234 mA. A potência na carga é:

$$P_{out} = V_{out} I_L = (9,35 \text{ V})(234 \text{ mA}) = 2,19 \text{ W}$$

Na Figura 22-5, a corrente de entrada é:

$$I_{in} = I_S + I_3$$

Em um regulador *shunt* bem projetado, I_S é muito maior que I_3 para manter a eficiência alta. Portanto, a potência de entrada é:

$$P_{in} = V_{in} I_{in} \cong V_{in} I_S = (15 \text{ V})(565 \text{ mA}) = 8,48 \text{ W}$$

A eficiência do regulador é:

$$\text{Eficiência} = \frac{P_{out}}{P_{in}} \times 100\% = \frac{2,19 \text{ W}}{8,48 \text{ W}} \times 100\% = 25,8\%$$

Essa eficiência é baixa comparada com a eficiência de outros reguladores a serem discutidos (reguladores série e chaveado). Baixa eficiência é uma desvantagem de um regulador *shunt*. A baixa eficiência ocorre por causa da dissipação de potência no resistor série e no transistor *shunt*, que vale:

$$P_{reg} = P_{in} - P_{out} \cong 8,48 \text{ W} - 2,19 \text{ W} = 6,29 \text{ W}$$

PROBLEMA PRÁTICO 22-3 Repita o Exemplo 22-3 com $V_Z = 7,5$ V.

Exemplo 22-4

O regulador *shunt* da Figura 22-6 tem os seguintes valores para o circuito: $V_{in} = 15$ V, $R_S = 10\ \Omega$, $V_Z = 6,8$ V e $R_L = 40\ \Omega$. Se $R_1 = 7,5$ kΩ e $R_2 = 2,5$ kΩ, quais são os valores aproximados da tensão de saída, da corrente de entrada, da corrente de carga e da corrente de coletor?

SOLUÇÃO Usando as equações da Figura 22-6:

$$V_{out} \cong \frac{R_1 + R_2}{R_1} V_Z = \frac{7,5 \text{ k}\Omega + 2,5 \text{ k}\Omega}{7,5 \text{ k}\Omega}(6,8\text{V}) = 9,07\text{V}$$

$$I_S = \frac{V_{in} - V_{out}}{R_S} = \frac{15 \text{ V} - 9,07 \text{ V}}{10\ \Omega} = 593 \text{ mA}$$

$$I_L = \frac{V_{out}}{R_L} = \frac{9,07 \text{ V}}{40\ \Omega} = 227 \text{ mA}$$

$$I_C \cong I_S - I_L = 593 \text{ mA} - 227 \text{ mA} = 366 \text{ mA}$$

PROBLEMA PRÁTICO 22-4 Usando o Exemplo 22-4, troque V_{in} para 12 V e calcule a o valor aproximado da corrente de coletor do transistor. Qual é a potência aproximada dissipada por R_S?

Exemplo 22-5

Calcule a corrente de carga máxima para os Exemplos 22-1, 22-2 e 22-4.

SOLUÇÃO Conforme discutido, qualquer regulador *shunt* tem uma corrente de carga máxima aproximadamente igual à corrente em R_S. Como já havíamos calculado I_S nos Exemplos 22-1, 22-2 e 22-4, as correntes de carga máximas são:

$$I_{\text{máx}} = 510 \text{ mA}$$
$$I_{\text{máx}} = 565 \text{ mA}$$
$$I_{\text{máx}} = 593 \text{ mA}$$

Exemplo 22-6

Quando o regulador *shunt* da Figura 22-5 é montado e testado, os seguintes valores são medidos: $V_{NL} = 9{,}91$ V, $V_{FL} = 9{,}81$ V, $V_{HL} = 9{,}94$ V e $V_{LL} = 9{,}79$ V. Qual é a regulação de carga? Qual é a regulação de linha?

SOLUÇÃO

$$\text{Regulação de carga} = \frac{9{,}91\text{ V} - 9{,}81\text{ V}}{9{,}81\text{ V}} \times 100\% = 1{,}02\%$$

$$\text{Regulação de linha} = \frac{9{,}94\text{ V} - 9{,}79\text{ V}}{9{,}79\text{ V}} \times 100\% = 1{,}53\%$$

PROBLEMA PRÁTICO 22-6 Repita o Exemplo 22-6 usando os seguintes valores: $V_{NL} = 9{,}91$ V, $V_{FL} = 9{,}70$ V, $V_{HL} = 10{,}0$ V e $V_{LL} = 9{,}68$ V.

22-3 Reguladores série

A desvantagem de um regulador *shunt* é a sua baixa eficiência, causada pela grande potência perdida no resistor série e no transistor *shunt*. Quando a eficiência não é importante, os reguladores *shunt* podem ser usados porque têm a vantagem da simplicidade.

Eficiência melhor

Quando a eficiência é importante, um regulador série ou um regulador chaveado pode ser usado. Um regulador chaveado é o mais eficiente de todos os reguladores de tensão. Ele tem uma eficiência com carga máxima de cerca de 75% a mais de 95%. Porém um regulador chaveado gera ruídos produzindo **interferência de radiofrequência (RFI)**, provocada pela comutação do transistor entre ligado (*on*) e desligado (*off*) de 10 Hz a mais de 100 kHz. Outra desvantagem é que o regulador chaveado é o regulador mais complicado de ser projetado e construído.

Por outro lado, o regulador série é *silencioso* (gera pouco ruído) porque seu transistor opera sempre na região linear. Além disso, um regulador série é relativamente simples de ser projetado e montado em comparação com o regulador chaveado. Finalmente, um regulador série tem eficiência com carga máxima de

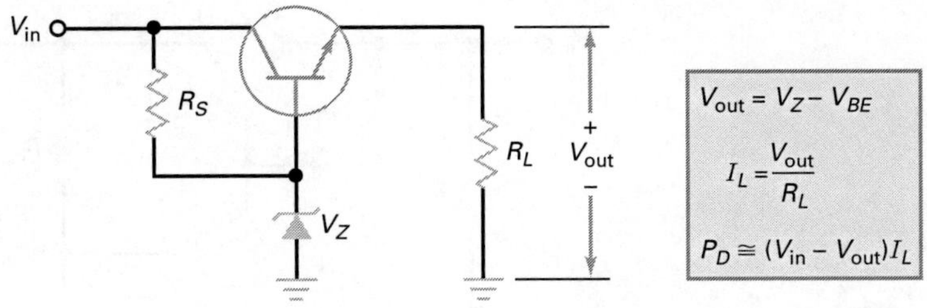

Figura 22-7 O seguidor Zener é um regulador série.

50% a 70%, boa o suficiente para a maioria das aplicações nas quais a potência de carga é menor que 10 W.

Devido às razões anteriores, os reguladores série têm surgido como a escolha preferencial para a maioria das aplicações quando a potência na carga não é muito alta. Sua relativa simplicidade, operação silenciosa (pouco ruído) e uma dissipação aceitável de potência no transistor torna-o a escolha natural para muitas aplicações. O restante desta seção discute o regulador série.

Seguidor Zener

O regulador série mais simples é o seguidor Zener da Figura 22-7. Conforme discutido no Capítulo 11, o diodo Zener opera na região de ruptura, produzindo uma tensão de base igual à tensão Zener. O transistor é conectado como um seguidor de emissor. Portanto, a tensão de carga é igual a:

$$V_{out} = V_Z - V_{BE} \tag{22-9}$$

Se a tensão de linha ou a corrente de carga mudam, a tensão Zener e a tensão base-emissor alteram apenas ligeiramente. Por isso, a tensão de saída mostra apenas uma pequena alteração para grandes alterações na tensão de linha ou corrente de carga.

Com um regulador série, a corrente de carga é aproximadamente igual à corrente de entrada porque a corrente em R_S é geralmente pequena o suficiente para ser ignorada numa análise preliminar. O transistor de um regulador série é denominado **transistor de passagem** porque toda a corrente de carga passa através dele.

Um regulador série é mais eficiente que um regulador *shunt* porque substituímos um resistor série por um transistor de passagem. Agora, a única perda de potência significativa é no transistor. A busca de uma maior eficiência é a principal razão da preferência do regulador série sobre o regulador em paralelo quando correntes de carga maiores são necessárias.

Lembre-se de que o regulador *shunt* tem uma corrente de entrada constante enquanto a corrente de carga varia. O regulador série é diferente porque sua corrente de entrada é aproximadamente igual à corrente de carga. Quando a corrente de carga varia em um regulador série, a corrente de entrada varia a mesma quantidade. É assim que reconhecemos as variações de projeto de reguladores *shunt* e série. Nos reguladores *shunt*, a corrente de entrada é constante quando a corrente de carga varia, ao passo que no regulador série ela varia quando a corrente de carga varia.

Regulador de dois transistores

A Figura 22-8 mostra o regulador série de dois transistores. Se V_{out} tenta aumentar devido a um aumento na tensão de linha ou um aumento na resistência de carga, mais tensão é realimentada na base de Q_1. Isso produz uma grande corrente de coletor de Q_1 através de R_4 e menos tensão de base em Q_2. A tensão de base reduzida no seguidor de emissor Q_2 quase compensa toda a tentativa de aumento na tensão de saída.

De forma similar, se a tensão de saída tentar diminuir por causa de uma diminuição na tensão de linha ou uma diminuição na resistência de carga, haverá menos tensão de realimentação na base de Q_1. Isso produz mais tensão na base de

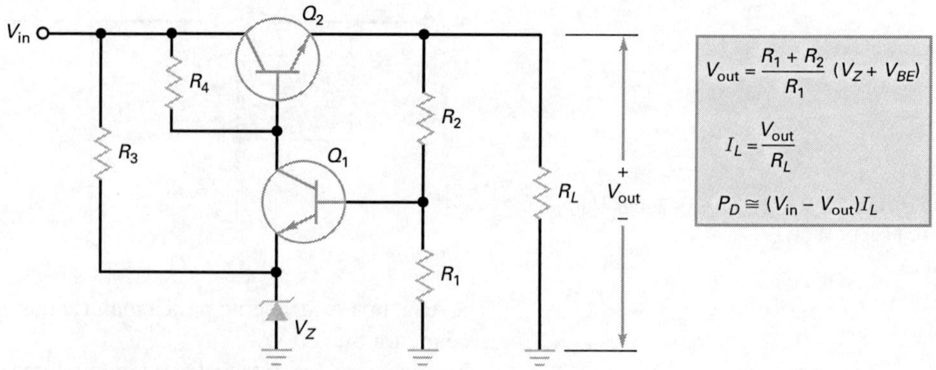

Figura 22-8 Regulador série discreto.

Q_2, o que aumenta a tensão de saída e compensa quase completamente a tentativa de diminuição na tensão de saída. O efeito líquido é apenas uma ligeira diminuição na tensão de saída.

Tensão de saída

Conforme discutido no Capítulo 11, a tensão de saída na Figura 22-8 é dada por:

$$V_{out} = \frac{R_1 + R_2}{R_1}(V_Z + V_{BE}) \qquad \textbf{(22-10)}$$

Com um regulador série como o da Figura 22-8, podemos usar uma tensão Zener baixa (5 V a 6 V) onde o coeficiente de temperatura se aproxima de zero. A tensão de saída tem aproximadamente o mesmo coeficiente de temperatura da tensão Zener.

Tensão de margem de operação, dissipação de potência e eficiência

Na Figura 22-8, a **tensão de margem de operação** é definida como a diferença entre a tensão de entrada e a tensão de saída:

$$\textbf{Tensão de margem de operação} = V_{in} - V_{out} \qquad \textbf{(22-11)}$$

A corrente no transistor de passagem da Figura 22-8 é igual a:

$$I_C = I_L + I_2$$

onde I_2 é a corrente em R_2. Para manter a eficiência alta, o projetista faz com que I_2 seja muito menor que a corrente de carga máxima I_L. Portanto, podemos ignorar I_2 para grandes correntes de carga e escrever:

$$I_C \cong I_L$$

Para grandes correntes de carga, a dissipação de potência no transistor de passagem é dada pelo produto da tensão de margem de operação pela corrente de carga:

$$P_D \cong (V_{in} - V_{out})I_L \qquad \textbf{(22-12)}$$

A dissipação de potência no transistor de passagem é muito grande em alguns reguladores série. Nesse caso, um dissipador de calor grande é usado. Algumas vezes, um ventilador é necessário para remover o excesso de calor de dentro do equipamento fechado.

Na corrente de carga máxima, a maior parte da dissipação de potência do regulador está no transistor de passagem. Como a corrente no transistor de passagem é aproximadamente igual à corrente de carga, a eficiência é dada por:

$$\textbf{Eficiência} \cong \frac{V_{out}}{V_{in}} \times 100\% \qquad \textbf{(22-13)}$$

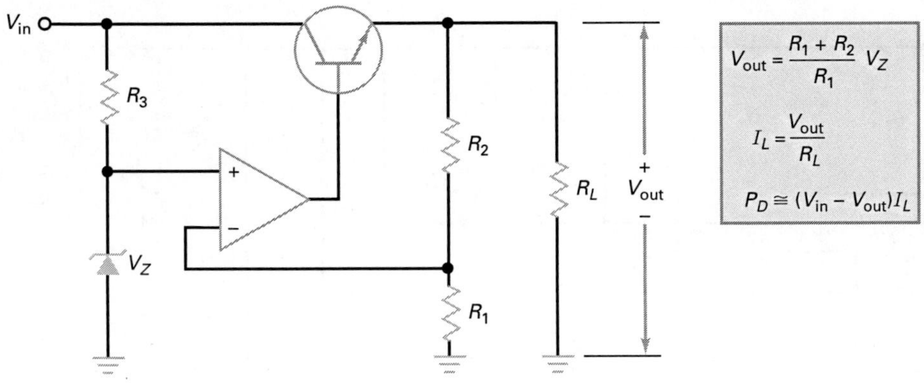

Figura 22-9 Regulador série com realimentação negativa.

Com essa aproximação, a melhor eficiência ocorre quando a tensão de saída é quase tão grande quanto a tensão de entrada. Isso implica que quanto menor a tensão de margem de operação, melhor a eficiência.

Para melhorar a operação de um regulador série, normalmente uma conexão Darlington é usada no transistor de passagem. Isso nos permite usar um transistor de baixa potência para acionar um transistor de alta potência. A conexão Darlington nos permite ter maiores valores de R_1 a R_4 para melhorar a eficiência.

Regulação melhorada

A Figura 22-9 mostra como podemos usar um amp-op para obter uma melhor regulação. Se a tensão de saída tenta aumentar, mais tensão é realimentada na entrada inversora. Isso reduz a saída do amp-op, a tensão de base do transistor de passagem e a tentativa de aumento da tensão de saída. Se a tensão de saída tenta diminuir, menos tensão é realimentada no amp-op, aumentando a tensão de base do transistor de passagem, o qual compensa quase completamente a tentativa de diminuição da tensão de saída.

A dedução da tensão de saída é quase a mesma que a do regulador da Figura 22-8, exceto que o alto ganho de tensão do amp-op elimina V_{BE} da equação. Por isso, a tensão na carga é dada por:

$$V_{out} = \frac{R_1 + R_2}{R_1} V_Z \tag{22-14}$$

Na Figura 22-9, o amp-op é usado como um amplificador não inversor com um ganho de tensão de malha fechada de:

$$A_{v(CL)} = \frac{R_2}{R_1} + 1 \tag{22-15}$$

A tensão de entrada a ser amplificada é a tensão Zener. Por isso algumas vezes vemos a Equação (22-14) escrita como:

$$V_{out} = A_{v(CL)} V_Z \tag{22-16}$$

Por exemplo, se $A_{V(CL)} = 2$ e $V_Z = 5{,}6$ V, a tensão de saída é 11,2 V.

Limitação de corrente

Diferentemente do regulador *shunt*, o regulador série da Figura 22-9 não tem *proteção contra curto-circuito.* Se acidentalmente colocarmos um curto-circuito nos terminais da carga, a corrente de carga tentará se aproximar do infinito, o que destruirá o transistor de passagem. Ela pode também destruir um ou mais diodos

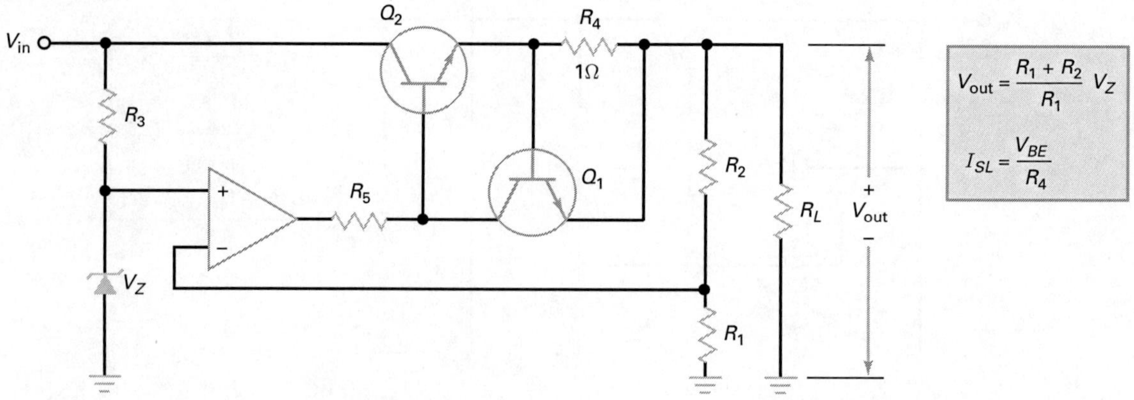

Figura 22-10 Regulador série com limitação de corrente.

na fonte de alimentação não regulada que aciona o regulador série. Para proteger a fonte contra um curto-circuito acidental nos terminais da carga, os reguladores série geralmente incluem uma forma de circuito de **limitação de corrente**.

A Figura 22-10 mostra uma forma de limitar a corrente de carga em um valor seguro. R_4 é um resistor de pequeno valor denominado **resistor sensor de corrente**. Para a nossa discussão, usaremos um R_4 de 1 Ω. Como a corrente de carga tem que passar através de R_4, o resistor sensor de corrente produz a tensão base-emissor de Q_1.

Quando a corrente de carga é menor que 600 mA, a tensão em R_4 é menor que 0,6 V. Nesse caso, Q_1 está em corte e o regulador funciona conforme descrito antes. Quando a corrente de carga estiver entre 600 mA e 700 mA, a tensão em R_4 estará entre 0,6 V e 0,7 V. Isso liga Q_1. A corrente de coletor de Q_1 passa em R_5. Isso faz diminuir a tensão na base de Q_2, o que reduz a tensão e a corrente de carga.

Quando a carga é um curto-circuito, Q_1 conduz intensamente fazendo com que a tensão na base de Q_2 caia a aproximadamente 1,4 V (duas quedas de V_{BE} acima de GND). A corrente através do transistor de passagem é tipicamente limitada em 700 mA. Ela pode ser ligeiramente maior ou menor que esse valor, dependendo das características dos dois transistores.

A propósito, o resistor R_5 é acrescentado ao circuito porque a impedância de saída do amp-op é muito baixa (tipicamente 75 Ω). Sem R_5, o transistor sensor de corrente não teria um ganho de tensão suficiente para produzir a limitação de corrente. O projetista seleciona um valor de R_5 alto o suficiente para gerar um ganho de tensão no transistor de passagem. Os valores típicos de R_5 são de algumas centenas a alguns milhares de ohms.

A Figura 22-11 resume o conceito de limitação de corrente. Como uma aproximação, o gráfico mostra 0,6 V como a tensão na qual a limitação de corrente começa e 0,7 V como a tensão sob a condição de carga em curto-circuito. Quando a corrente de carga é pequena, a tensão de saída é regulada e tem um valor de

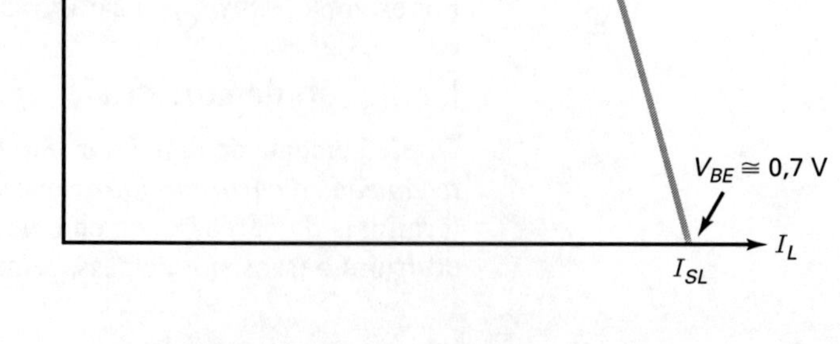

Figura 22-11 Gráfico da tensão de carga *versus* a corrente de carga com uma limitação de corrente simples.

É ÚTIL SABER

Em fontes de alimentação comerciais, R_4 na Figura 22-10 é normalmente um resistor variável. Isso permite ao usuário ajustar a corrente máxima de saída para uma aplicação em particular.

V_{reg}. Quando I_L aumenta, a tensão de carga permanece constante até que V_{BE} seja aproximadamente 0,6 V. Além desse ponto, Q_1 liga e a limitação de corrente atua. Aumentos posteriores em I_L diminuem a tensão de carga, perdendo a regulação. Quando a carga está em curto-circuito, a corrente de carga é limitada no valor de I_{SL}, a corrente de carga com os *terminais da carga em curto-circuito.*

Quando os terminais da carga estão em curto-circuito na Figura 22-10, a corrente de carga é dada por:

$$I_{SL} = \frac{V_{BE}}{R_4} \tag{22-17}$$

onde V_{BE} pode ser aproximadamente 0,7 V. Para intensas correntes de carga, o V_{BE} do transistor sensor de corrente pode algumas vezes ser maior. Usamos um R_4 de 1 Ω na nossa discussão. Alterando o valor de R_4, podemos obter uma limitação de corrente em qualquer valor. Por exemplo, se $R_4 = 10\ \Omega$, a limitação de corrente começa em aproximadamente 60 mA com uma corrente de carga em curto-circuito de aproximadamente 70 mA.

Limitação por retrocesso de corrente

A limitação de corrente é uma grande melhoria no regulador porque essa ação protege o transistor de passagem e os diodos retificadores no caso de os terminais de carga serem acidentalmente colocados em curto-circuito. Porém tem a desvantagem de uma grande dissipação de potência no transistor de passagem quando os terminais da carga estão em curto-circuito. Nessa situação, quase toda a tensão de entrada aparece no transistor de passagem.

Para evitar dissipação excessiva de potência no transistor de passagem na condição de carga em curto-circuito, o projetista pode acrescentar uma **limitação por retrocesso de corrente** (Figura 22-12). A tensão no resistor sensor de corrente R_4 alimenta um divisor de tensão (R_6 e R_7) cuja saída aciona a base de Q_1. Ao longo da maior faixa de corrente de carga, a tensão na base de Q_1 é menor que a tensão no emissor, sendo V_{BE} negativa. Isso mantém Q_1 em corte.

Entretanto, quando a corrente de carga é suficientemente grande, a tensão na base de Q_1 torna-se maior que a tensão no emissor. Quando V_{BE} está entre 0,6 V e 0,7 V, a limitação de corrente é ativada. Além desse ponto, diminuições posteriores na resistência de carga fazem com que a corrente retroceda (diminua). Como resultado, a corrente de carga em curto-circuito é muito menor do que seria sem a limitação por retrocesso.

A Figura 22-13 mostra como a tensão de saída varia com a corrente de carga. A tensão de carga é constante até o valor máximo de $I_{máx}$. Nesse ponto, começa a limitação de corrente. Quando a resistência de carga diminui ainda mais, a corrente retrocede. Quando há um curto-circuito nos terminais de carga, a corrente na

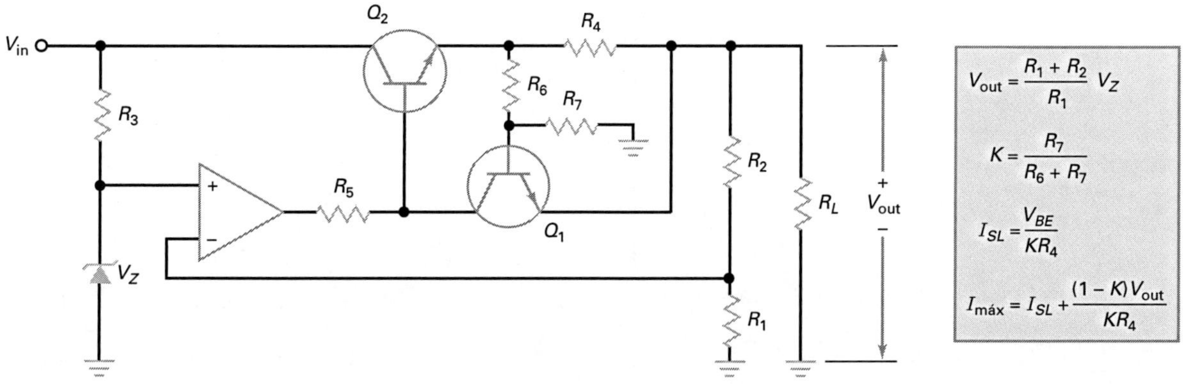

Figura 22-12 Regulador série com limitação por retrocesso de corrente.

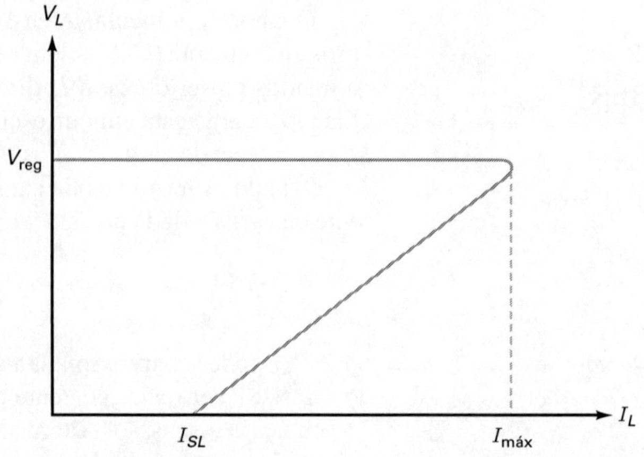

Figura 22-13 Gráfico da tensão de carga *versus* a corrente de carga com limitação por retrocesso de corrente.

carga é igual a I_{SL}. A principal vantagem da limitação por retrocesso de corrente é a redução da dissipação de potência no transistor de passagem quando os terminais de carga são acidentalmente colocados em curto-circuito.

Na Figura 22-13, a dissipação de potência do transistor sob condições de carga máxima é:

$$P_D = (V_{in} - V_{reg})I_{máx}$$

Sob condições de carga em curto-circuito, a dissipação de potência é aproximadamente:

$$P_D \cong V_{in}I_{SL}$$

Tipicamente, um projetista usa um I_{SL} que é duas a três vezes menor que $I_{máx}$. Fazendo isso, o projetista pode manter a dissipação de potência no transistor de passagem a um nível inferior à condição de carga máxima.

Exemplo 22-7

MultiSim

Calcule a tensão de saída aproximada na Figura 22-14. Qual é a dissipação de potência no transistor de passagem?

SOLUÇÃO Com as equações da Figura 22-8:

$$V_{out} = \frac{3\,\text{k}\Omega + 1\,\text{k}\Omega}{3\,\text{k}\Omega}(6{,}2\text{ V} + 0{,}7\text{ V}) = 9{,}2\text{ V}$$

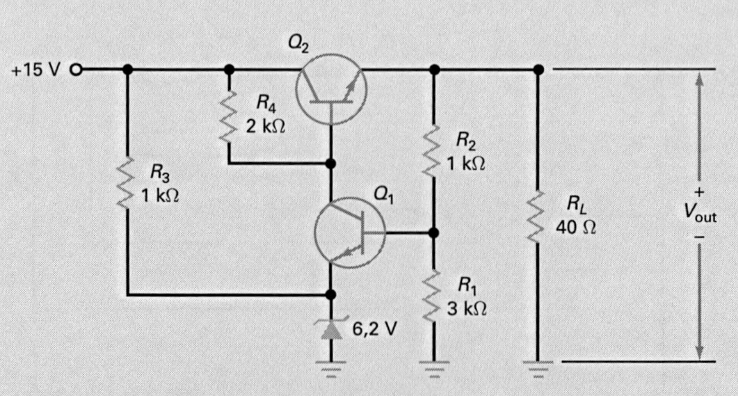

Figura 22-14 Exemplo.

A corrente no transistor é aproximadamente a mesma que a corrente de carga:

$$I_C = \frac{9{,}2\text{ V}}{40\,\Omega} = 230\text{ mA}$$

A dissipação de potência do transistor é:

$$P_D = (15\text{ V} - 9{,}2\text{ V})(230\text{ mA}) = 1{,}33\text{ W}$$

PROBLEMA PRÁTICO 22-7 Na Figura 22-14, mude a tensão de entrada para +12 V e V_Z para 5,6 V. Calcule V_{out} e P_D.

Exemplo 22-8

Qual é a eficiência aproximada no Exemplo 22-7?

SOLUÇÃO A tensão de carga é 9,2 V e a corrente de carga é 230 mA. A potência de saída é:

$$P_{out} = (9{,}2\text{ V})(230\text{ mA}) = 2{,}12\text{ W}$$

A tensão de entrada é 15 V e a corrente de entrada é aproximadamente 230 mA, o valor da corrente de carga. Portanto, a potência de entrada é:

$$P_{in} = (15\text{ V})(230\text{ mA}) = 3{,}45\text{ W}$$

A eficiência é:

$$\text{Eficiência} = \frac{2{,}12\text{ W}}{3{,}45\text{ W}} \times 100\% = 61{,}4\%$$

Podemos usar a Equação (22-13) para calcular a eficiência de um regulador série:

$$\text{Eficiência} = \frac{V_{out}}{V_{out}} \times 100\% = \frac{9{,}2\text{ V}}{15\text{ V}} \times 100\% = 61{,}3\%$$

Esse valor é muito melhor que 25,8%, a eficiência do regulador *shunt* no exemplo 22-3. Tipicamente, um regulador série tem uma eficiência que é cerca de duas vezes a de um regulador *shunt*.

PROBLEMA PRÁTICO 22-8 Repita o Exemplo 22-8 com V_{in} = +12 V e V_Z = 5,6 V.

Exemplo de aplicação 22-9

Qual é a tensão de saída aproximada na Figura 22-15? Por que é usado um transistor Darlington?

SOLUÇÃO Usando as equações da Figura 22-9:

$$V_{out} = \frac{2{,}7\text{ k}\Omega + 2{,}2\text{ k}\Omega}{2{,}7\text{ k}\Omega}(5{,}6\text{ V}) = 10{,}2\text{ V}$$

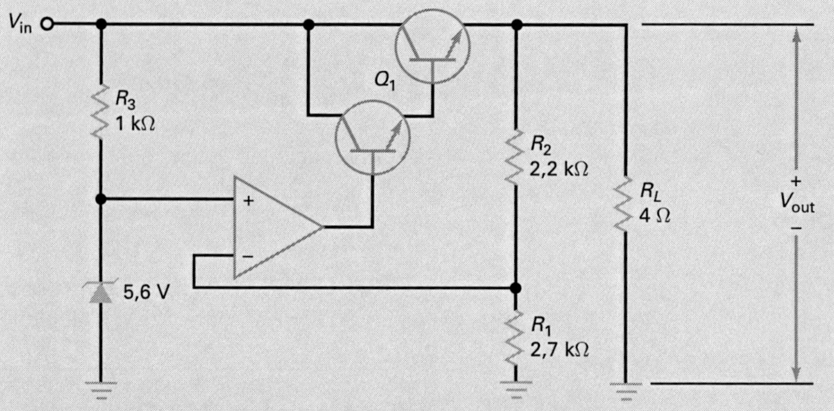

Figura 22-15 Regulador série com transistor Darlington.

A corrente na carga é:

$$I_L = \frac{10,2\ \text{V}}{4\ \Omega} = 2,55\ \text{A}$$

Se um transistor comum com um ganho de corrente de 100 fosse usado como transistor de passagem, a corrente de base necessária seria:

$$I_B = \frac{2,55\ \text{A}}{100} = 25,5\ \text{mA}$$

Esse valor de corrente é muito para um amp-op típico. Se um transistor Darlington for usado, a corrente de base do transistor de passagem será reduzida para um valor muito menor.
Por exemplo, um transistor Darlington com um ganho de corrente de 1000 necessita de uma corrente de base de apenas 2,55 mA.

PROBLEMA PRÁTICO 22-9 Na Figura 22-15, determine a tensão de saída se a tensão Zener é alterada para 6,2 V.

Exemplo de aplicação 22-10

Quando o regulador série da Figura 22-15 é montado e testado, os seguintes valores são medidos: V_{NL} = 10,16 V, V_{FL} = 10,15 V, V_{HL} = 10,16 V e V_{LL} = 10,07 V. Qual é a regulação de carga? Qual é a regulação de linha?

SOLUÇÃO

$$\text{Regulação de carga} = \frac{10,16\ \text{V} - 10,15\ \text{V}}{10,15\ \text{V}} \times 100\% = 0,0985\%$$

$$\text{Regulação de linha} = \frac{10,16\ \text{V} - 10,07\ \text{V}}{10,07\ \text{V}} \times 100\% = 0,894\%$$

Este exemplo mostra como é efetiva a realimentação negativa na redução dos efeitos das alterações de linha e de carga. Nos dois casos, a alteração na tensão de saída regulada é menor que 1%.

Exemplo de aplicação 22-11

Na Figura 22-16, Vin pode variar de 17,5 V a 22,5 V. Qual a máxima corrente Zener? Quais são as tensões reguladas mínima e máxima? Se a tensão de saída regulada for 12,5 V, qual será a resistência de carga onde inicia a limitação de corrente? Qual será a corrente de carga em curto-circuito aproximada?

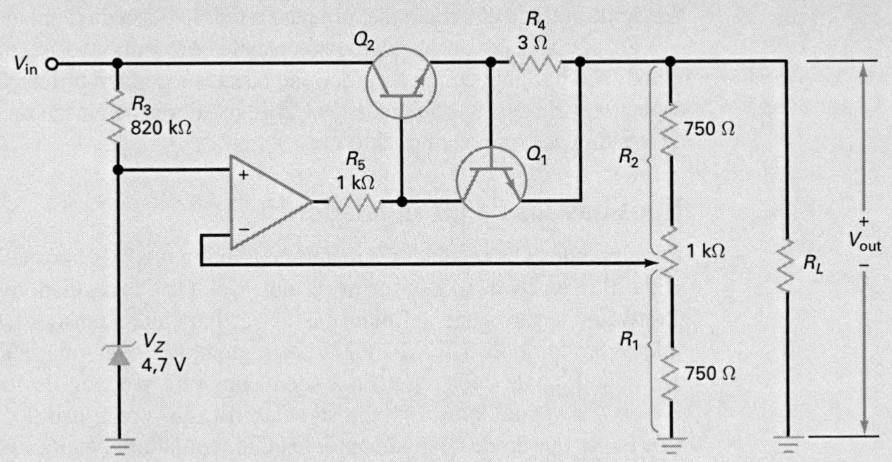

Figura 22-16 Exemplo.

SOLUÇÃO A máxima corrente Zener ocorre quando a tensão de entrada for 22,5 V:

$$I_Z = \frac{22,5\text{ V} - 4,7\text{ V}}{820\,\Omega} = 21,7\text{ mA}$$

A tensão de saída regulada mínima ocorre quando o cursor do potenciômetro de 1 kΩ estiver todo voltado para cima. Nesse caso, $R_1 = 1750\ \Omega$, $R_2 = 750\ \Omega$, sendo a tensão de saída:

$$V_{\text{out}} = \frac{1750\,\Omega + 750\,\Omega}{1750\,\Omega}(4{,}7\text{V}) = 6{,}71\text{ V}$$

A tensão de saída regulada máxima ocorre quando o cursor do potenciômetro de 1 kΩ estiver todo voltado para baixo. Nesse caso, $R_1 = 750\ \Omega$, $R_2 = 1750\ \Omega$, sendo a tensão de saída:

$$V_{\text{out}} = \frac{750\,\Omega + 1750\,\Omega}{750\,\Omega}(4{,}7\text{V}) = 15{,}7\text{V}$$

A limitação de corrente começa quando a tensão no resistor de limitação de corrente se aproxima de 0,6 V. Nesse caso, a corrente de carga é:

$$I_L = \frac{0{,}6\text{ V}}{3\,\Omega} 200\text{ mA}$$

Com uma tensão de saída de 12,5 V, a resistência de carga onde inicia a limitação de corrente é:

$$R_L = \frac{12{,}5\text{ V}}{200\text{ mA}} = 62{,}5\,\Omega$$

Com um curto-circuito nos terminais de carga, a tensão no resistor sensor de corrente é de aproximadamente 0,7 V e a corrente de carga em curto-circuito é:

$$I_{SL} = \frac{0{,}7\text{ V}}{3\,\Omega} = 233\text{ mA}$$

PROBLEMA PRÁTICO 22-11 Repita o Exemplo 22-11 usando um Zener de 3,9 V e um resistor sensor de corrente de 2 W.

22-4 Reguladores lineares monolíticos

Existe uma grande variedade de **CIs lineares reguladores de tensão** de 3 a 14 pinos. Todos são reguladores série porque o regulador série é mais eficiente que o regulador *shunt*. Alguns CIs reguladores são usados em aplicações especiais nas quais os resistores externos podem definir a limitação de corrente, a tensão de saída e assim por diante. A grande maioria dos CIs reguladores usados são de três pinos: um para a tensão de entrada não regulada, um para a tensão de saída regulada e um para GND.

Disponíveis em encapsulamentos plástico e metálico, os reguladores de três terminais são bastante comuns porque são baratos e de fácil utilização. Exceto por dois capacitores de desvio opcionais, os CIs reguladores de tensão de três terminais não necessitam de componentes externos.

Tipos básicos de CIs reguladores

A maioria dos CIs reguladores de tensão tem um dos três tipos a seguir de tensão de saída: fixa positiva, fixa negativa ou ajustável. Os CIs reguladores com saídas fixas positiva ou negativa são definidos na fábrica para terem tensões fixas diferentes com valores em torno de 5 V a 24 V. Os CIs reguladores com uma saída ajustável podem variar a tensão de saída regulada desde menos de 2 V a mais de 40 V.

Os CIs reguladores também são classificados como padrão, de baixa potência e de baixa tensão de desligamento. Os CIs reguladores padrão são projetados para aplicações diretas e não críticas. Com dissipadores de calor, um CI regulador padrão pode ter uma corrente de carga de mais de 1 A.

Se as correntes de carga de até 100 mA são adequadas, *CIs reguladores de baixa potência* estão disponíveis em encapsulamentos TO-92, o mesmo tipo usado para transistores de pequeno sinal como o 2N3904. Como esses reguladores não necessitam de dissipador de calor, eles são convenientes e fáceis de serem usados.

A **tensão de desligamento** de um CI regulador é definida como a mínima tensão de margem de operação necessária para a regulação. Por exemplo, CIs reguladores padrão têm uma tensão de desligamento de 2 V a 3 V. Isso significa que a tensão de entrada tem que ser pelo menos de 2 V a 3 V maior que a tensão de saída regulada para o chip regular conforme especificação. Em aplicações nas quais a tensão de margem de operação de 2 V a 3 V não é conseguida, podem ser usados *CIs reguladores de baixa tensão de desligamento*. Esses reguladores têm tensões de desligamento típicas de 0,15 V para uma corrente de carga de 100 mA e 0,7 V para uma corrente de carga de 1 A.

Regulação em cada cartão *versus* regulação única

Com uma *regulação única*, precisamos construir uma fonte de alimentação com um regulador de tensão de maior capacidade e então distribuir a tensão regulada para todos os *cartões* (placas de circuito impresso) no sistema. Isso gera problemas. Primeiro, o regulador único tem que prover uma grande corrente de carga igual à soma de todas as correntes dos cartões. Segundo, ruído ou outra **interferência eletromagnética (EMI)** pode ser induzido nos fios de conexão entre a fonte de alimentação regulada e os cartões.

Como os CIs reguladores não são caros, os sistemas eletrônicos que têm muitos cartões normalmente usam *regulação em cada cartão*. Isso significa que cada cartão tem o seu próprio regulador de três terminais para fornecer a tensão usada pelos componentes do cartão. Com o uso da regulação em cada cartão, podemos fornecer uma tensão não regulada de uma fonte de alimentação para cada cartão e ter um CI regulador local cuidando da regulação da tensão do cartão. Isso elimina os problemas da grande corrente de carga e da captação de ruído associada à regulação com regulação única.

Regulação de carga e de linha redefinida

Até agora, usamos as definições originais para regulação de carga e de linha. Os fabricantes de CIs reguladores fixos preferem especificar a variação na tensão de carga para uma faixa de condições de carga e linha. A seguir as definições para regulação de carga e linha usadas nas folhas de dados de reguladores fixos:

Regulação de carga = ΔV_{out} para uma faixa de corrente de carga
Regulação de linha = ΔV_{out} para uma faixa de tensão de entrada

Por exemplo, o LM7815 é um CI regulador que produz uma tensão de saída fixa de 15 V. A folha de dados apresenta uma carga típica e a regulação de linha como a seguir:

Regulação de carga = 12 mV para I_L = 5 mA a 1,5 A
Regulação de linha = 4 mV para V_{in} = 17,5 V a 30 V

A regulação de carga depende das condições de medição. A regulação de carga anterior é para T_J = 25°C e V_{in} = 23 V. De forma similar, a regulação de linha anterior é para T_J = 25°C e I_L = 500 mA. Em cada caso, a temperatura da junção do dispositivo é 25°C.

Série LM78XX

A série LM78XX (onde XX = 05, 06, 08, 10, 12, 15, 18 ou 24) é típica em termos de regulador de tensão de três terminais. O 7805 produz uma saída de +5 V, o 7806 produz +6 V, o 7808 produz +8 V e assim por diante, até o 7824 que produz uma saída de +24 V.

A Figura 22-17 mostra o diagrama em bloco funcional para a série 78XX. Uma tensão de referência interna V_{ref} aciona a entrada não inversora de um amplificador. A regulação de tensão é similar à nossa discussão anterior. Um divisor de tensão que consiste em R_1' e R_2' mostra a tensão de saída e retorna uma tensão de realimentação para a entrada inversora de um amplificador de alto ganho. A tensão de saída é dada por:

$$V_{out} = \frac{R_1' + R_2'}{R_1'} V_{ref}$$

Nessa equação, a tensão de referência é equivalente à tensão Zener em nossas discussões anteriores. A principal característica associada a R_1' e R_2' indica que esses resistores são internos ao próprio CI, em vez de serem resistores externos. Esses resistores são definidos pelo fabricante para se obter diferentes tensões de saída (5 V a 24 V) na série 78XX. A tolerância da tensão de saída é ±4%.

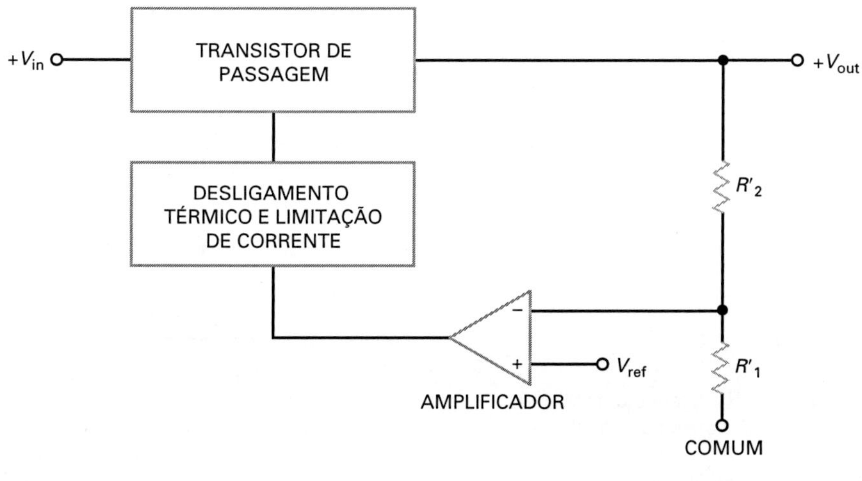

Figura 22-17 Diagrama em bloco funcional do CI regulador de três terminais.

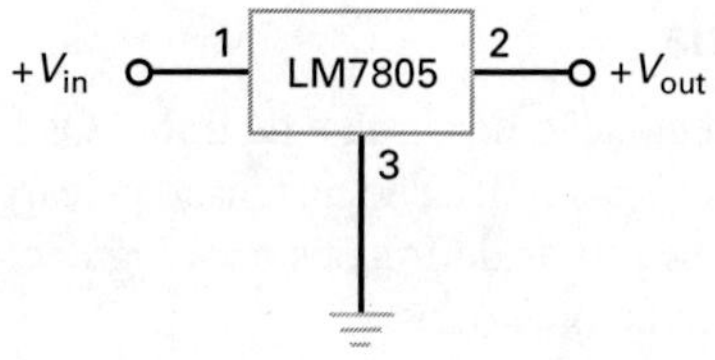

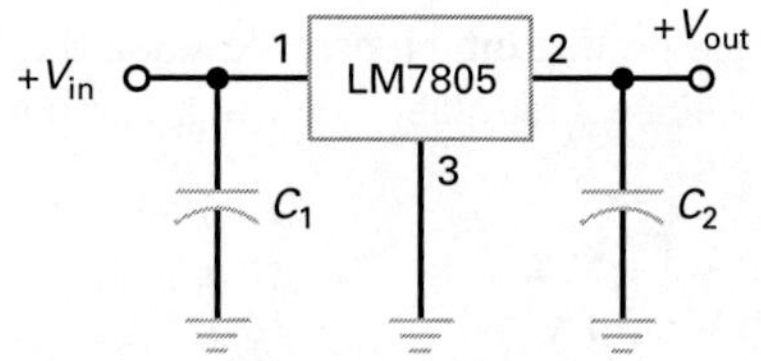

Figura 22-18 (*a*) Usando um 7805 para regulação de tensão; (*b*) o capacitor de entrada evita oscilações e o capacitor de saída melhora a resposta em frequência.

O LM78XX inclui um transistor de passagem que pode operar com 1 A de corrente de carga, desde que com um dissipador de calor adequado. O circuito também inclui desligamento térmico e limitação de corrente. **Desligamento térmico** significa que o chip se desligará quando a temperatura interna se tornar muito alta, em torno de 175°C. Essa é uma precaução contra dissipação de potência excessiva, que depende da temperatura ambiente, do tipo de dissipador de calor e de outras variáveis. Por causa do desligamento térmico e da limitação de corrente, os dispositivos da série 78XX são quase indestrutíveis.

Regulador de tensão fixa

A Figura 22-18*a* mostra um LM7805 conectado como um regulador de tensão fixa. O pino 1 é a entrada, o pino 2 é a saída e o pino 3 é o GND. O LM7805 tem uma tensão de saída de +5 V e uma corrente de carga máxima acima de 1 A. A regulação de carga típica é de 10 mV para uma corrente de carga entre 5 mA e 1,5 A. A regulação de linha típica é 3 mV para uma tensão de entrada de 7 V a 25 V. Ele também tem uma rejeição de ondulação (*ripple*) de 80 dB, o que significa que ele reduz a ondulação de entrada por um fator de 10.000. Com uma resistência de saída de aproximadamente 0,01 Ω, o LM7805 é uma fonte de tensão quase ideal para todas as cargas dentro da especificação de corrente.

Quando um CI está a mais de 15,24 cm do capacitor de filtro da fonte de alimentação não regulada, a indutância dos fios de conexão pode produzir oscilações dentro do CI. Por isso, os fabricantes recomendam o uso de um capacitor de desvio C_1 no pino 1 (Figura 22-18*b*). Para melhorar a resposta transitória da tensão de saída regulada, algumas vezes é usado uma capacitor C_2 no pino 2. Os valores típicos para o capacitor de desvio são de 0,1 μF a 1 μF. A folha de dados da série 78XX sugere 0,22 μF para o capacitor de entrada e 0,1 μF para o capacitor de saída.

Qualquer regulador na série 78XX tem uma tensão de desligamento de 2 V a 3 V, dependendo da tensão de saída. Isso significa que a tensão de entrada tem que ser pelo menos de 2 V a 3 V maior que a tensão de saída. Caso contrário, o chip para de regular. Existe também uma tensão de entrada máxima por causa do excesso de dissipação de potência. Por exemplo, o LM7805 regula sobre uma faixa de entrada de aproximadamente 8 V a 20 V. A folha de dados para a série 78XX fornece as tensões mínima e máxima para outras tensões de saída apresentadas.

Série LM79XX

A série LM79XX é um grupo de reguladores de tensão negativa que apresenta as tensões –5, –6, –8, –10, –12, –15, –18 ou –24 V. Por exemplo, um LM7905 produz uma tensão de saída regulada de –5 V. No outro extremo, um LM7924 produz uma saída de –24 V. Com a série 79XX, a capacidade de corrente de carga é acima de 1 A com um dissipador de calor adequado. A série LM79XX é similar à série 78XX e inclui a limitação de corrente, o desligamento térmico e a excelente rejeição à ondulação.

Fonte dupla regulada

Combinando um LM78XX com um LM79XX, como mostra a Figura 22-19, podemos regular a saída de uma fonte dupla. O LM78XX regula a saída positiva e o

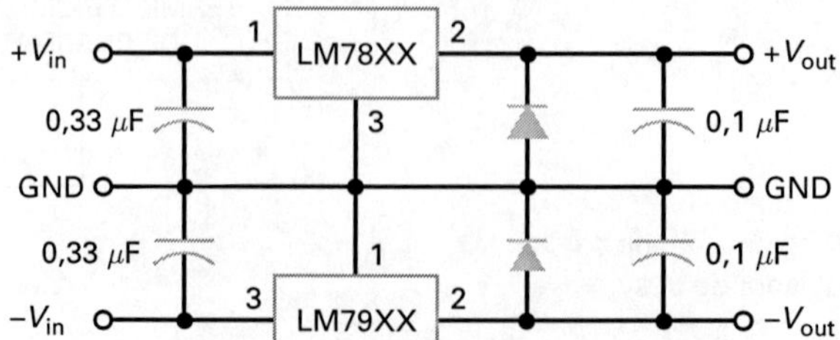

Figura 22-19 Usando um LM78XX e um LM79XX para uma saída dupla.

LM79XX regula a saída negativa. Os capacitores de entrada evitam oscilações e os capacitores de saída melhoram a resposta transitória. A folha de dados do fabricante recomenda a adição de dois diodos para garantir que os dois reguladores podem ser ligados sob todas as condições de operação.

Uma solução alternativa para fontes duplas é usar um regulador duplo. Esse CI contém um regulador positivo e outro negativo em um único encapsulamento. Quando ajustado, esse tipo de CI pode variar a fonte dupla com um único resistor variável.

Reguladores ajustáveis

Alguns CIs reguladores são ajustáveis (LM317, LM337, LM 338 e LM350). Esses têm correntes de carga máxima de 1,5 A a 5 A. Por exemplo, o LM317 é um regulador de tensão positiva de três terminais que pode fornecer 1,5 A de corrente de carga ao longo de uma faixa de tensão de saída ajustável de 1,25 V a 37 V. A rejeição à ondulação é 80 dB. Isso significa que a ondulação de entrada é 10.000 vezes menor na saída do CI regulador.

Novamente, os fabricantes redefinem as regulações de carga e linha para se ajustarem às características do CI regulador. Eis as definições para regulação de carga e linha usadas nas folhas de dados de reguladores ajustáveis:

Regulação de carga = Variação percentual de V_{out} para uma faixa da corrente de carga
Regulação de linha = Variação percentual de V_{out} por volt de variação de entrada

Por exemplo, a folha de dados de um LM317 apresenta as seguintes regulações de carga e linha:

Regulação de carga = 0,3% para I_L = 10 mA a 1,5 A
Regulação de linha = 0,02% por volt

Como a tensão de saída é ajustável entre 1,25 V e 37 V, torna-se lógico especificar a regulação de carga como um valor percentual. Por exemplo, se a tensão regulada é ajustada para 10 V, a regulação de carga anterior informa que a tensão de saída permanecerá dentro de 0,3% de 10 V (ou 30 mV) quando a corrente de carga variar de 10 mA para 1,5 A.

A regulação de linha é 0,02% por volt. Isso significa que a tensão de saída varia apenas 0,02% para cada volt da variação de entrada. Se a saída regulada for ajustada em 10 V e a tensão de entrada aumentar 3 V, a tensão de saída aumentará 0,06%, que equivale a 60 mV.

A Figura 22-20 mostra uma fonte não regulada acionando um circuito LM317. A folha de dados de um LM317 nos fornece a seguinte fórmula para a tensão de saída:

$$V_{out} = \frac{R_1 + R_2}{R_1} V_{ref} + I_{ADJ} R_2 \tag{22-18}$$

É ÚTIL SABER

Na Figura 22-20, o valor do capacitor de filtro C tem que ser grande o suficiente para garantir que V_{in} permaneça pelo menos de 2 V a 3 V maior que V_{out} quando V_{out} e I_L estão nos valores máximos. Isso significa que C tem que ser um capacitor de filtro muito grande.

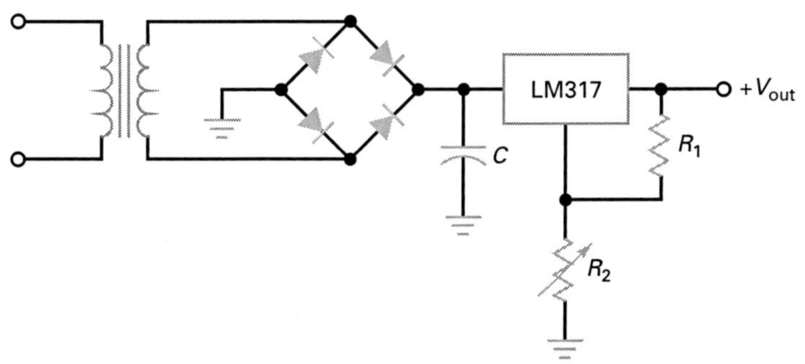

Figura 22-20 Usando um LM317 para uma tensão de saída regulada.

Nessa equação, V_{ref} tem um valor de 1,25 V e I_{ADJ} (corrente de ajuste) tem um valor típico de 50 μA. Na Figura 22-20, I_{ADJ} é a corrente que percorre o pino central (entre os pinos de entrada e saída). Como essa corrente pode variar com a temperatura, a corrente de carga e outros fatores, um projetista geralmente faz com que o primeiro termo na Equação (22-18) seja muito maior que o segundo. Por isso, podemos usar a seguinte equação para todas as análises preliminares de um LM317:

$$V_{out} \cong \frac{R_1 + R_2}{R_1}(1{,}25\text{V}) \tag{22-19}$$

Rejeição à ondulação

A rejeição à ondulação de um CI regulador de tensão é alta, cerca de 65 dB a 80 dB. Essa é uma enorme vantagem porque significa que não temos que usar filtros *LC* volumosos na fonte de alimentação para minimizar a ondulação. Tudo de que precisamos é um filtro de entrada capacitivo que reduz a ondulação de pico a pico a cerca de 10% da tensão não regulada de saída da fonte de alimentação.

Por exemplo, o LM7805 tem uma rejeição à ondulação de 80 dB. Se um retificador em ponte e um filtro capacitor de entrada produz uma tensão de saída não regulada de 10 V com a ondulação de pico a pico de 1 V, podemos usar um LM7805 para produzir uma tensão de saída regulada de 5 V com a ondulação de pico a pico de apenas 0,1 mV. A eliminação dos volumosos filtros *LC* em uma fonte de alimentação não regulada é uma bonificação que vem com os CIs reguladores de tensão.

Tabela 22-1 Parâmetros típicos de CIs reguladores de tensão comuns em 25°C

Número	V_{out}, V	$I_{máx}$, A	Reg. de carga, mV	Reg. de linha, mV	Rej. a ripple, dB	Tensão de deslig., V	R_{out}, mΩ	I_{SL}, A
LM7805	5	1,5	10	3	80	2	8	2,1
LM7806	6	1,5	12	5	75	2	9	0,55
LM7808	8	1,5	12	6	72	2	16	0,45
LM7812	12	1,5	12	4	72	2	18	1,5
LM7815	15	1,5	12	4	70	2	19	1,2
LM7818	18	1,5	12	15	69	2	22	0,20
LM7824	24	1,5	12	18	66	2	28	0,15
LM78L05	5	100 mA	20	18	80	1,7	190	0,14
LM78L12	12	100 mA	30	30	80	1,7	190	0,14
LM2931	3 a 24	100 mA	14	4	80	0,3	200	0,14
LM7905	–5	1,5	14	3	80	2	8	2,1
LM7912	–12	1,5	10	4	72	2	18	1,5
LM7915	–15	1,5	12	4	70	2	19	1,2
LM317	1,2 a 37	1,5	0,3%	0,02%/V	80	2	10	2,2
LM337	–1,2 a –37	1,5	0,3%	0,01%/V	77	2	10	2,2
LM338	1,2 a 32	5	0,3%	0,02%/V	75	2,7	5	8

Tabela de reguladores

A Tabela 22-1 apresenta alguns dos CIs reguladores mais usados. O primeiro grupo, a série LM78XX, é para tensões de saída positivas de 5 V a 24 V. Com dissipador de calor, esses reguladores podem produzir uma corrente de carga de até 1,5 A. A regulação de carga está entre 10 mV e 12 mV. A regulação de linha está entre 3 mV e 18 mV. A rejeição à ondulação é melhor para tensões mais baixas (80 dB) e pior para tensões maiores (66 dB). A tensão de desligamento é 2 V para todas as séries. A resistência de saída aumenta de 8 mΩ para 28 mΩ entre a menor e a maior tensão de saída.

O LM78L05 e o LM78L12 são versões de baixa potência dos seus correspondentes do tipo padrão, o LM7805 e o LM7812. Esses *CIs reguladores de baixa potência* estão disponíveis em encapsulamentos TO-92, os quais não necessitam de dissipadores de calor. Conforme mostra a Tabela 22-1, o LM78L05 e o LM78L12 podem produzir correntes de carga de até 100 mA.

O LM2931 é incluído como exemplo de um regulador com baixa tensão de desligamento. Esse regulador ajustável pode produzir tensões de saída entre 3 V e 24 V com uma corrente de carga de até 100 mA. Observe que a tensão de desligamento é de apenas 0,3 V, o que significa que a tensão de entrada necessita ser apenas 0,3 V maior que a tensão de saída regulada.

O LM7905, LM7912 e LM7915 são reguladores negativos bastante usados. Os seus parâmetros são similares aos correspondentes da série LM78XX. O LM317 e LM337 são reguladores ajustáveis positivo e negativo que podem fornecer correntes de carga de até 1,5 A. Finalmente, o LM338 é um regulador ajustável positivo que pode produzir uma tensão de carga entre 1,2 V e 32 V com uma corrente de carga de até 5 A.

Todos os reguladores apresentados na Tabela 22-1 têm *desligamento térmico*. Isso significa que o regulador coloca o transistor de passagem em corte paralisando a operação se a temperatura do chip se torna muito alta. Quando o dispositivo esfriar, ele tentará iniciar a operação. Se o que provocou a temperatura excessiva for removido, o regulador funcionará normalmente. Caso contrário, será desligado novamente. O desligamento térmico é uma vantagem que os reguladores monolíticos oferecem para uma operação segura.

Exemplo de aplicação 22-12

MultiSim

Qual é a corrente de carga na Figura 22-21? Qual é a ondulação de saída?

SOLUÇÃO O LM7812 produz uma tensão de saída regulada de +12 V. Portanto, a corrente de carga é:

$$I_L = \frac{12\text{ V}}{100\ \Omega} = 120\text{ mA}$$

Podemos calcular a ondulação de pico a pico de entrada com a equação dada no Capítulo 4:

$$V_R = \frac{I_L}{fC} = \frac{120\text{ mA}}{(120\text{ HZ})(1000\ \mu\text{F})} = 1\text{ V}$$

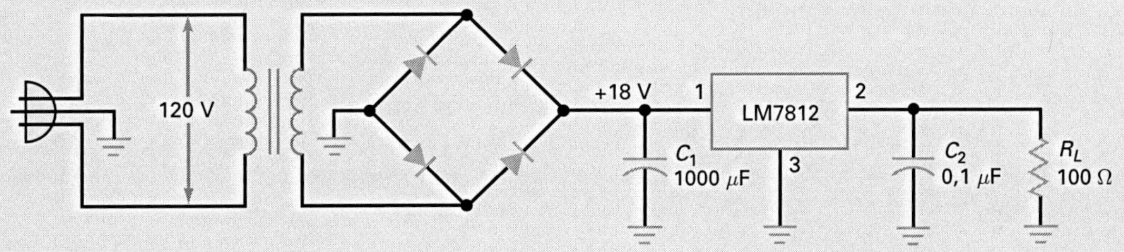

Figura 22-21 Exemplo.

A Tabela 22-1 mostra uma rejeição à ondulação típica de 72 dB para o LM 7812. Se convertemos mentalmente (60 dB + 12 dB), obtemos aproximadamente 4.000. Com uma calculadora científica, a rejeição à ondulação exata é:

$$RR = \text{antilog} = \frac{72\text{ dB}}{20} = 3.981$$

O ripple de pico a pico de saída é aproximadamente:

$$V_R = \frac{1\text{V}}{4000} = 0{,}25\text{ mV}$$

PROBLEMA PRÁTICO 22-12 Repita o Exemplo 22-12 usando um regulador de tensão LM7815 e um capacitor de 2.000 mF.

Exemplo de aplicação 22-13

Se R_1 = 2 kW e R_2 = 22 kW na Figura 22-20, qual a tensão de saída? Se R_2 é aumentado para 46 kW, qual a tensão de saída?

SOLUÇÃO Usando a Equação (22-19):

$$V_{\text{out}} = \frac{2\text{ k}\Omega + 22\text{ k}\Omega}{2\text{ k}\Omega}(1{,}25\text{V}) = 15\text{V}$$

Quando R2 é aumentado para 46 kW, a tensão de saída aumenta para:

$$V_{\text{out}} = \frac{2\text{ k}\Omega + 46\text{ k}\Omega}{2\text{ k}\Omega}(1{,}25\text{ V}) = 30\text{ V}$$

PROBLEMA PRÁTICO 22-13 Na Figura 22-20, qual a tensão de saída se R_1 = 330 W e R_2 = 2 kW?

Exemplo de aplicação 22-14

O LM7805 pode regular, segundo as especificações, com uma tensão de entrada entre 7,5 V e 20 V. Qual é a eficiência máxima? Qual é a eficiência mínima?

SOLUÇÃO O LM7805 produz uma saída de 5 V. Usando a Equação (22-13), a eficiência máxima é:

$$\text{Eficiência} \cong \frac{V_{\text{out}}}{V_{\text{in}}} \times 100\% = \frac{5\text{ V}}{7{,}5\text{ V}} \times 100\% = 67\%$$

Essa alta eficiência é possível apenas porque a tensão de margem de operação se aproxima da tensão de desligamento.

Por outro lado, a eficiência mínima ocorre quando a tensão de entrada é máxima. Para essa condição, a tensão de margem de operação é máxima e a dissipação de potência no transistor de passagem é máxima. A eficiência mínima é:

$$\text{Eficiência} \cong \frac{5\text{ V}}{20\text{ V}} \times 100\% = 25\%$$

Como a tensão de entrada não regulada está normalmente entre os extremos da tensão de entrada, a eficiência esperada com um LM7805 está na faixa de 40% a 50%.

22-5 Reforçadores de corrente

Ainda que os reguladores 78XX da Tabela 22-1 tenham uma corrente de carga máxima de 1,5 A, a folha de dados mostra muitos parâmetros medidos para 1 A. Por exemplo, a corrente de carga de 1 A é usada para medição da regulação de linha, rejeição à ondulação e resistência de saída. Por essa razão estabelecemos 1 A como limite prático na corrente de carga quando usamos um dispositivo 78XX.

Transistor externo

Uma forma de se obter mais corrente é usando um **reforçador de corrente**. A ideia é similar ao que fizemos para aumentar a corrente de saída de um amp-op. Lembre-se de que usamos o amp-op para fornecer a corrente de base para um transistor externo, que produzia uma corrente de saída muito maior.

A Figura 22-22 mostra como podemos usar um transistor externo para reforçar a corrente de saída. O **transistor externo** é um transistor de potência. R_1 é um resistor sensor de corrente de 0,7 Ω. Observe que usamos 0,7 Ω em vez de 0,6 Ω. Estamos usando 0,7 Ω porque o transistor de potência necessita de uma tensão de base maior que um transistor de pequeno sinal (mencionado em discussão anterior).

Quando a corrente é menor que 1 A, a tensão no resistor sensor de corrente é menor que 0,7 V, permanecendo o transistor desligado. Quando a corrente de carga é maior que 1 A, o transistor conduz suprindo quase toda a corrente de carga acima de 1 A. Eis o motivo: quando a corrente de carga aumenta, a corrente através do 78XX aumenta ligeiramente, produzindo mais tensão no resistor sensor de corrente, o que faz com que esse transistor externo conduza mais intensamente.

Cada vez que aumentamos a corrente de carga, a corrente através do 78XX aumenta ligeiramente, produzindo uma tensão maior no resistor sensor de corrente. Dessa forma, o transistor externo produz a corrente que excede ao valor de 1 A, com apenas um pequeno aumento na corrente fornecida pelo 78XX.

Para grandes correntes de carga, a corrente de base no transistor externo torna-se grande. O chip 78XX tem que suprir essa corrente de base adicional além de contribuir para a corrente de carga. Quando uma grande corrente de base torna-se um problema, o projetista pode usar uma conexão Darlington no transistor de saída. Nesse caso, a tensão no resistor sensor de corrente será de aproximadamente 1,4 V, o que significa que R_1 deve ser aumentado para aproximadamente 1,4 Ω.

Proteção contra curto-circuito

A Figura 22-23 mostra como acrescentar uma proteção contra curto-circuito. Estamos usando resistores sensores de corrente sendo um para acionar o transistor de saída Q_2 e o segundo para ligar Q_1 na proteção contra curto-circuito. Nessa discussão, 1 A é a corrente conduzida por Q_2 e 10 A é a corrente de limitação de curto-circuito determinada por Q_1.

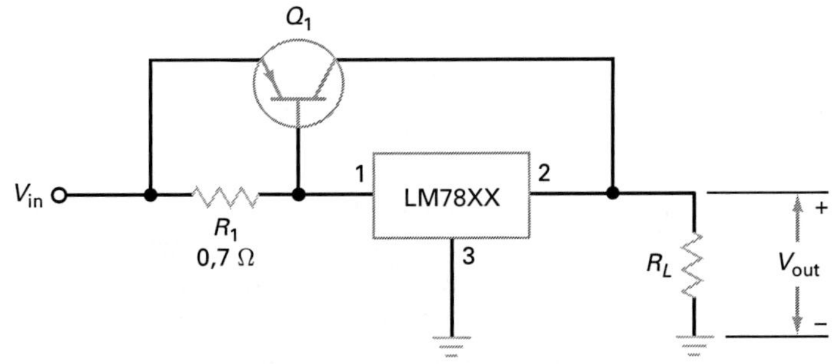

Figura 22-22 Um transistor externo aumenta a corrente de carga.

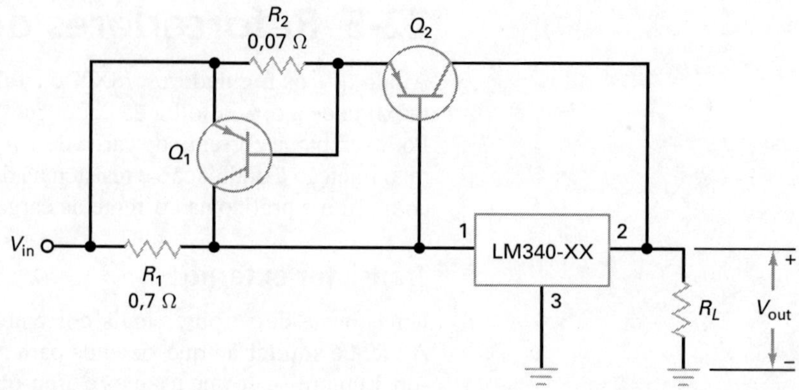

Figura 22-23 Transistor externo com limitação de corrente.

Eis como o circuito funciona: quando a corrente de carga for maior que 1 A, a tensão em R_1 será maior que 0,7 V. Essa tensão faz o transistor externo Q_2 conduzir, o qual fornece toda a corrente acima de 1 A. A corrente do circuito externo tem que passar em R_2. Como R_2 é de apenas 0,7 Ω, a tensão nele é menor que 0,7 V enquanto a corrente no circuito externo é menor que 10 A.

Quando a corrente no circuito externo for 10 A, a tensão em R_2 será:

$$V_2 = (10\text{ A})(0{,}07\ \Omega) = 0{,}7\text{ V}$$

Isso significa que o transistor de limitação de corrente Q_1 está na iminência de entrar em condução. Quando a corrente no circuito externo é maior que 10 A, Q_1 conduz intensamente. Como a corrente de coletor de Q_1 passa pelo 78XX, o dispositivo sofre superaquecimento produzindo um desligamento térmico.

Uma questão final: o uso de um transistor externo não melhora a eficiência de um regulador série. Com uma tensão de margem de operação típica, a eficiência está em torno de 40% a 50%. Para obtermos uma eficiência maior com tensões de margem de operação maiores, temos que usar uma abordagem fundamentalmente diferente para conseguir a regulação de tensão.

22-6 Conversores CC-CC

Algumas vezes queremos converter uma tensão CC em outro valor. Por exemplo, se temos um sistema que opera com uma tensão de alimentação positiva de +5 V, podemos usar um **conversor CC-CC** para converter +5 V em +15 V. Assim teremos duas tensões de alimentação para o sistema: +5 V e +15 V.

Os conversores CC-CC são muito eficientes. Como eles comutam os transistores entre os estados ligado e desligado, a dissipação de potência dos transistores é bastante reduzida. Valores de eficiência de 65% a 85% são valores típicos. Esta seção discute conversores CC-CC não regulados. A próxima seção trata de conversores CC-CC que usam modulação por largura de pulso. Esses conversores CC-CC são normalmente denominados **reguladores chaveados**.

Ideia básica

Em um conversor CC-CC não regulado típico, a tensão CC de entrada é aplicada a um oscilador de onda quadrada. O valor pico a pico da onda quadrada é proporcional à tensão de entrada. A onda quadrada é usada para acionar o enrolamento primário de um transformador, como mostra a Figura 22-24. Quanto maior a frequência, menor o transformador e os componentes do filtro. Entretanto, se a frequência é muito alta, é difícil produzir uma onda quadrada com transições verticais. Geralmente, a frequência da onda quadrada está entre 10 kHz e 100 kHz.

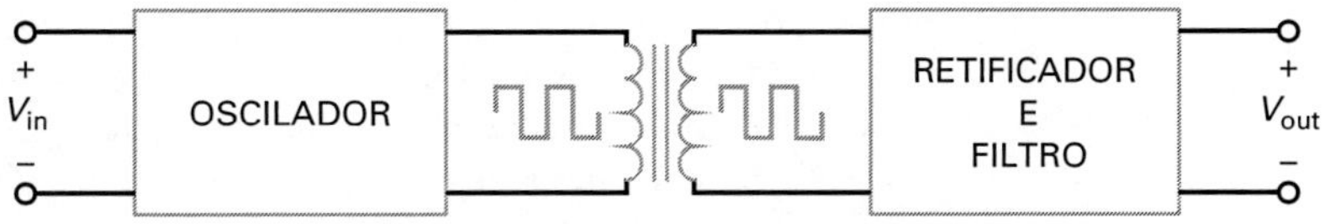

Figura 22-24 Diagrama em bloco funcional de um conversor CC-CC não regulado.

Para melhorar a eficiência, é usado um tipo especial de transformador na maioria dos conversores CC-CC mais caros. O transformador tem um núcleo toroidal com um *loop* de histerese retangular. Isso produz uma tensão no secundário que é uma onda quadrada. A tensão no secundário pode então ser retificada e filtrada para obter uma tensão de saída CC. Pela determinação da relação de espiras, podemos determinar uma tensão maior ou menor no secundário. Dessa forma, podemos construir conversores CC-CC elevadores ou abaixadores.

Uma conversão CC-CC comum transforma +5 V em ±15 V. Em sistemas digitais, a tensão de +5 V é um padrão para a maioria dos CIs. Porém, os CIs lineares, como amp-ops, podem necessitar de uma alimentação de ±15 V. Num caso como esse, podemos construir um conversor CC-CC de baixa potência com uma entrada de +5 V CC e uma saída dupla de ±15 V.

Uma alternativa de projeto

Existem muitas formas de projetar um conversor CC-CC, dependendo se são usados transistores bipolares de junção ou FETs de potência, da frequência de chaveamento, se a tensão de entrada é elevada ou abaixada e assim por diante. A Figura 22-25 mostra um exemplo de projeto que usa transistores bipolares de junção de potência. Eis como o circuito funciona: um oscilador de relaxação produz uma onda quadrada cuja frequência é determinada por R_3 e C_2. Essa frequência está na faixa de kHz; um valor típico usado é 20 kHz.

A onda quadrada aciona um **divisor de fase** Q_1, que é um circuito que produz duas ondas quadradas de mesma amplitude e defasadas. Essas ondas quadradas dos transistores Q_2 e Q_3 consistem num circuito *push-pull* classe B. O transistor Q_2 conduz durante um semiciclo e Q_3 durante o outro. A corrente no primário do transformador é uma onda quadrada. Isso induz uma onda quadrada no enrolamento secundário, conforme descrito anteriormente.

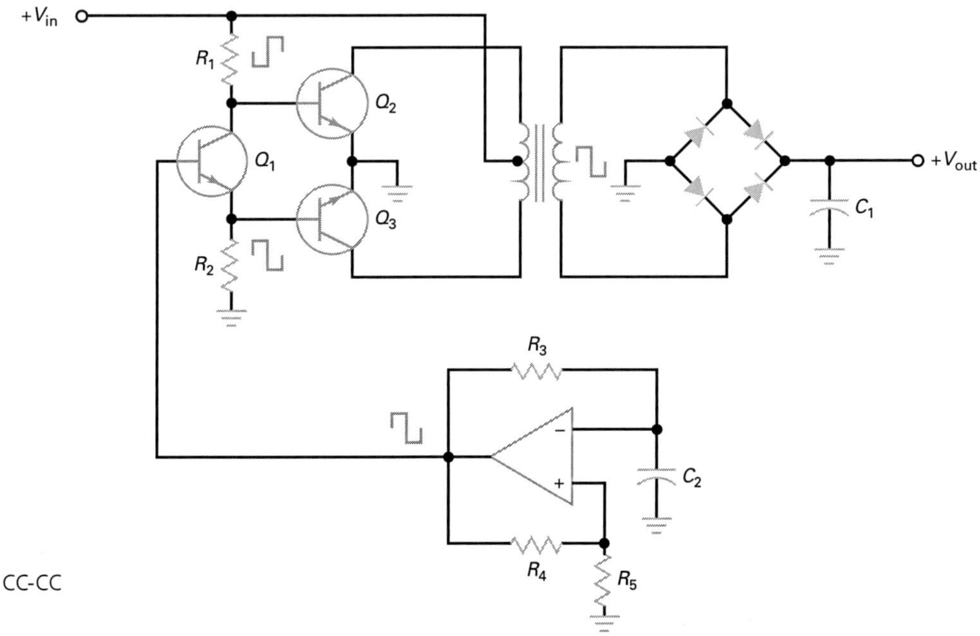

Figura 22-25 Um conversor CC-CC não regulado.

A onda quadrada de tensão de saída no enrolamento secundário do transformador aciona uma ponte retificadora com um filtro de entrada capacitivo. Como o sinal é uma onda quadrada retificada em quilohertz, é fácil de ser filtrada. A saída final é uma tensão CC com um valor diferente da entrada.

Conversores CC-CC comerciais

Na Figura 22-25, observe que a saída do conversor CC-CC não é regulada. Esse é um típico conversor CC-CC barato. Conversores CC-CC estão comercialmente disponíveis com eficiências em torno de 65% a 85%. Por exemplo, podemos encontrar conversores CC-CC baratos para conversão de +5 para ±12 V com corrente de 375 mA, de +5 V para +9 V CC com corrente de 200 mA, +12 V para ±5 V com corrente de 250 mA e assim por diante. Todos esses conversores necessitam de uma tensão de entrada fixa porque não incluem regulação de tensão. Além disso, eles usam frequências de chaveamento entre 10 kHz e 100 kHz. Por isso, eles incluem blindagem RFI. Algumas dessas unidades têm um *MTBF* de 200.000 horas. (*Nota*: *MTBF* significa "tempo médio entre falhas" – *mean time between failure.*)

22-7 Reguladores chaveados

Um *regulador chaveado* se enquadra na classe de conversores CC-CC porque ele converte uma tensão CC em outra, seja menor ou maior. Porém o regulador chaveado também inclui regulação de tensão, que normalmente é feita através de modulação por largura de pulso a qual controla o tempo em que os transistores ficam ligados e desligados. Alterando o ciclo de trabalho, um regulador chaveado pode manter a tensão de saída constante sob condições de variação de linha e carga.

Transistor de passagem

Em um regulador série, a dissipação de potência do transistor de passagem é aproximadamente igual à tensão de margem de operação vezes a corrente de carga:

$$P_D = (V_{\text{in}} - V_{\text{out}})I_L$$

Se a tensão de margem de operação é igual à tensão de saída, a eficiência é de aproximadamente 50%. Por exemplo, se a entrada de um 7805 for 10 V, a tensão na carga será 5 V e a eficiência em torno de 50%.

Reguladores série de três terminais são muito comuns porque eles são fáceis de serem usados e atendem à maioria das nossas necessidades quando a potência de carga é menor que cerca de 10 W. Quando a potência de carga for 10 W e a eficiência for 50%, a dissipação de potência no transistor de passagem também será 10 W. Isso representa muita potência perdida, assim como gera aquecimento dentro do equipamento. Para potências em torno de 10 W, os dissipadores de calor são volumosos e a temperatura interna do equipamento pode subir para níveis proibitivos.

Chaveamento do transistor de passagem entre ligado e desligado

A solução final para o problema da baixa eficiência e alta temperatura do equipamento é o regulador chaveado, descrito brevemente. Com esse tipo de regulador, o transistor de passagem é chaveado entre o corte e a saturação. Quando o transistor está em corte, a dissipação de potência é virtualmente zero. Quando o transistor está saturado, a dissipação ainda é muito baixa porque $V_{CE(\text{sat})}$ é muito menor que a tensão de margem de operação em um regulador série. Conforme mencionado antes, reguladores chaveados podem ter eficiência em torno de 75% a 95%. Devido à alta eficiência e ao pequeno tamanho, os reguladores chaveados têm se tornado comuns.

Tabela 22-2 Topologias de um regulador chaveado

Topologia	Modo	Indutor	Transformador	Diodos	Transistores	Potência, W	Complexidade
Buck	Abaixador	Sim	Não	1	1	0-150	Baixa
Boost	Elevador	Sim	Não	1	1	0-150	Baixa
Buck-boost	Abaixador/Elevador	Sim	Não	1	1	0-150	Baixa
Flyback	Abaixador/Elevador	Não	Sim	1	1	0-150	Média
Semi-forward	Abaixador/Elevador	Sim	Sim	1	1	0-150	Média
Push-pull	Abaixador/Elevador	Sim	Sim	2	2	100-1.000	Alta
Meia ponte	Abaixador/Elevador	Sim	Sim	4	2	100-500	Alta
Ponte completa	Abaixador/Elevador	Sim	Sim	4	4	400-2.000	Muito alta

Topologias

Topologia é um termo normalmente usado na literatura de reguladores chaveados. É a técnica de projeto ou o layout fundamental de um circuito. Muitas topologias estão relacionadas a reguladores chaveados porque algumas se adaptam melhor a uma aplicação do que outras.

A Tabela 22-2 mostra as topologias usadas para reguladores chaveados. As três primeiras são as mais básicas. Elas usam um pequeno número de componentes e podem fornecer potências de carga de até 150 W. Quando a potência de carga é de 150 W a 2000 W, são usadas as topologias *push-pull*, meia ponte e ponte completa. Como as últimas três topologias usam mais componentes, a complexidade do circuito é maior.

Regulador *buck*

A Figura 22-26*a* mostra um **regulador** ***buck***, a topologia mais básica para reguladores chaveados. Um regulador *buck* é sempre um abaixador de tensão. O dispositivo de chaveamento usado é um transistor bipolar de junção ou um FET de potência. O sinal retangular na saída do modulador por largura de pulso fecha (liga) e abre (desliga) a chave (transistor). Um comparador controla o ciclo de trabalho dos pulsos. Por exemplo, o modulador por largura de pulso pode ser um multivibrador monoestável com um comparador acionando a entrada de controle. Conforme discutido no Capítulo 21 com um temporizador 555 como monoestável, um aumento na tensão de controle aumenta o ciclo de trabalho.

Quando o pulso é nível alto, a chave está fechada. Isso polariza o diodo inversamente, de forma que toda a corrente de entrada passa pelo indutor. Essa corrente gera um campo magnético em torno do indutor. A energia armazenada no campo magnético do indutor é dada por:

$$\textbf{Energia} = \mathbf{0{,}5}Li^2 \qquad \textbf{(22-20)}$$

A corrente no indutor também carrega o capacitor e supre corrente para a carga. Enquanto a chave está fechada, a tensão no indutor tem a polaridade mostrada na Figura 22-26*b*. À medida que a corrente no indutor aumenta, mais energia é armazenada no campo magnético dele.

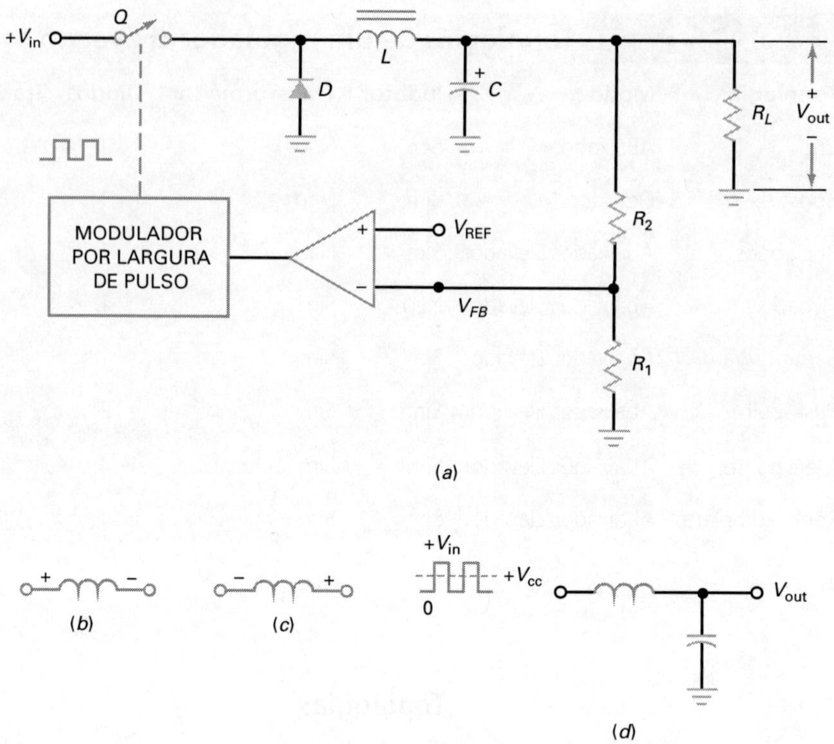

Figura 22-26 (*a*) Regulador *buck*; (*b*) polaridade com a chave fechada; (*c*) polaridade com a chave aberta; (*d*) o filtro indutivo fornece um valor CC na saída.

Quando o pulso vai para o nível baixo, a chave abre. Nesse instante, o campo magnético em torno do indutor começa a entrar em colapso induzindo uma tensão reversa no indutor, como mostra a Figura 22-26*c*. Essa tensão reversa é denominada *golpe indutivo*. Devido ao golpe indutivo, o diodo é polarizado diretamente e a corrente através do indutor continua na mesma direção. Dessa vez, o indutor está retornando a energia armazenada nele para o circuito. Em outras palavras, o indutor atua como uma fonte e continua suprindo a corrente para a carga.

A corrente percorre o indutor até que ele retorne toda sua energia para o circuito (modo descontínuo) ou até que a chave feche novamente (modo contínuo), o que acontecer primeiro. Nos dois casos, o capacitor também fornece a corrente de carga durante parte do tempo em que a chave está aberta. Dessa forma, a ondulação na carga é minimizada.

A chave é fechada e aberta continuamente. A frequência desse chaveamento pode ser de 10 kHz a mais de 100 kHz. (Alguns CIs reguladores têm frequência de chaveamento acima de 1 MHz.) A corrente no indutor é sempre na mesma direção, passando pela chave ou pelo diodo em momentos diferentes do ciclo.

Com uma tensão de entrada quase ideal e um diodo ideal, uma forma de onda de tensão retangular aparece na entrada do *filtro indutivo* (veja a Figura 22-26*d*). Lembrando do Capítulo 4, a saída de um filtro indutivo é igual ao valor médio ou CC da entrada do filtro. O valor médio está relacionado ao ciclo de trabalho e é dado por:

$$V_{out} = DV_{in} \tag{22-21}$$

Quanto maior o ciclo de trabalho, maior a tensão de saída CC.

Quando o sistema é energizado pela primeira vez, não há tensão de saída e não há tensão de realimentação a partir do divisor de tensão R_1-R_2. Portanto, a saída do comparador é muito grande e o ciclo de trabalho se aproxima de 100%. Entretanto, à medida que a tensão de saída se estabelece, a tensão de realimentação V_{FB} reduz a saída do comparador, o qual reduz o ciclo de trabalho. Em determinado ponto, a tensão de saída alcança um valor de equilíbrio no qual a tensão de realimentação produz um ciclo de trabalho que fornece a mesma tensão de saída.

Devido ao alto ganho do comparador, o curto-circuito virtual entre os terminais de entrada do comparador significa que:

$$V_{FB} \cong V_{\text{REF}}$$

A partir disso, podemos deduzir essa expressão para a tensão de saída:

$$V_{\text{out}} = \frac{R_1 + R_2}{R_1} V_{\text{REF}} \tag{22-22}$$

Após o equilíbrio, qualquer tentativa de mudança na tensão de saída, seja provocada por variação na linha, seja na carga, será quase completamente compensada pela realimentação negativa. Por exemplo, se a tensão de saída tenta aumentar, a tensão de realimentação reduz a saída do comparador. Isso reduz o ciclo de trabalho e a tensão de saída. O efeito líquido é apenas um ligeiro aumento na tensão de saída, bem menor do que seria sem a realimentação negativa.

De forma similar, se a tensão de saída tentar diminuir por causa de uma variação na linha ou na carga, a tensão de realimentação será menor e a saída do comparador será maior. Isso aumenta o ciclo de trabalho e produz uma tensão de saída que compensa quase toda a tentativa de diminuição na tensão de saída.

Regulador *boost*

A Figura 22-27*a* mostra um **regulador *boost***, outra topologia básica para reguladores chaveados. Um regulador *boost* sempre eleva a tensão. A teoria de operação é similar à do regulador *buck* em algumas formas, porém muito diferente em

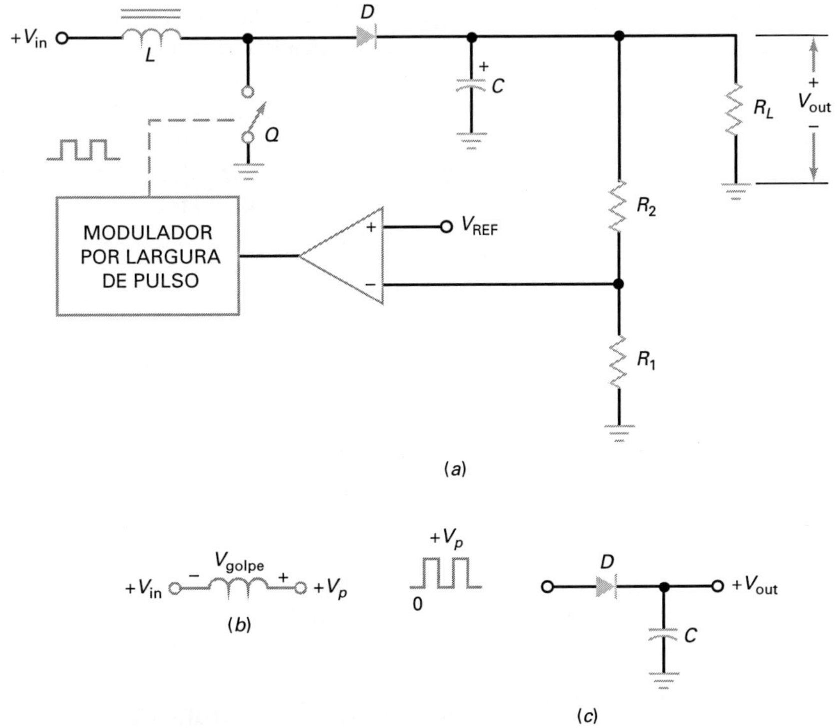

Figura 22-27 (*a*) Regulador *boost*; (*b*) um golpe de tensão é somado à entrada quando a chave é aberta; (*c*) o filtro capacitivo produz uma tensão de saída igual à tensão de pico de entrada.

outras. Por exemplo, quando o pulso é nível alto, a chave é fechada e a energia é armazenada no campo magnético, conforme descrito anteriormente.

Quando o pulso vai para o nível baixo, a chave abre. Novamente, o campo magnético em torno do indutor entra em colapso induzindo uma tensão reversa no indutor, como mostra a Figura 22-27*b*. Observe que a tensão de entrada agora se soma ao golpe indutivo. Isso significa que a tensão de pico na extremidade direita do indutor é:

$$V_p = V_{in} + V_{golpe} \tag{22-23}$$

O golpe indutivo depende do valor da energia armazenada no campo magnético. Dito de outra forma, V_{golpe} é proporcional ao ciclo de trabalho.

Com uma tensão de entrada quase ideal, uma forma de onda de tensão retangular aparece no *filtro capacitivo* na Figura 22-27*c*. Portanto, a tensão de saída regulada é aproximadamente igual à tensão de pico dada pela Equação (22-23). Como V_{golpe} é sempre maior que zero, V_P é sempre maior que V_{in}. Por isso, um regulador *boost* sempre eleva a tensão.

Salvo o uso de um filtro capacitivo em vez de indutivo, a regulação com a topologia *boost* é similar à *buck*. Devido ao alto ganho do comparador, a tensão de realimentação é quase igual à de referência. Portanto, a tensão de saída regulada ainda é dada pela Equação (22-22). Se a tensão de saída tentar aumentar, haverá uma menor tensão de realimentação, uma menor tensão de saída do comparador, um menor ciclo de trabalho e um menor golpe indutivo. Isso reduz a tensão de pico, que compensa a tentativa de aumento na tensão de saída. Se a tensão de saída tenta diminuir, a tensão de realimentação menor resulta em uma tensão de pico maior, a qual compensa a tentativa de diminuição na tensão de saída.

Regulador *buck-boost*

A Figura 22-28*a* mostra um **regulador *buck-boost***, a terceira topologia básica mais usada em reguladores chaveados. Um regulador *buck-boost* sempre produz uma tensão de saída negativa quando acionado por uma tensão de entrada positiva. Quando a saída PWM é nível alto, a chave é fechada e a energia é armazenada no campo magnético. Nesse momento, a tensão no indutor é igual a V_{in}, com a polaridade mostrada na Figura 22-28*b*.

Quando o pulso vai para nível baixo, a chave abre. Novamente, o campo magnético em torno do indutor entra em colapso e induz um golpe de tensão no indutor, como mostra a Figura 22-28*c*. O golpe de tensão é proporcional à energia armazenada no campo magnético, que é controlado pelo ciclo de trabalho. Se o ciclo de trabalho é baixo, o golpe de tensão se aproxima de zero. Se o ciclo de trabalho é alto, o golpe de tensão pode ser maior que V_{in}, dependendo da quantidade de energia armazenada no campo magnético.

Na Figura 22-28*d*, a amplitude da tensão de pico pode ser menor ou maior que a tensão de entrada. O diodo e o filtro capacitivo produzem então uma tensão de saída igual a $-V_P$. Como a amplitude dessa tensão de saída pode ser menor ou maior que a tensão de entrada, a topologia é denominada *buck-boost*.

Um amplificador inversor é usado na Figura 22-28*a* para inverter a tensão de realimentação antes que ela alcance a tensão na entrada inversora do comparador. A regulação de tensão funciona então como descrito antes. Uma tentativa de aumento na tensão de saída reduz o ciclo de trabalho, o qual reduz a tensão de pico. Uma tentativa de diminuição na tensão de saída aumenta o ciclo de trabalho. De qualquer forma, a realimentação negativa mantém a tensão de saída quase constante.

Regulador *buck* monolítico

Alguns CIs reguladores chaveados têm apenas cinco pinos externos. Por exemplo, o LT1074 é um regulador chaveado bipolar monolítico que usa a topologia *buck*. Ele contém a maioria dos componentes discutidos anteriormente, como a tensão

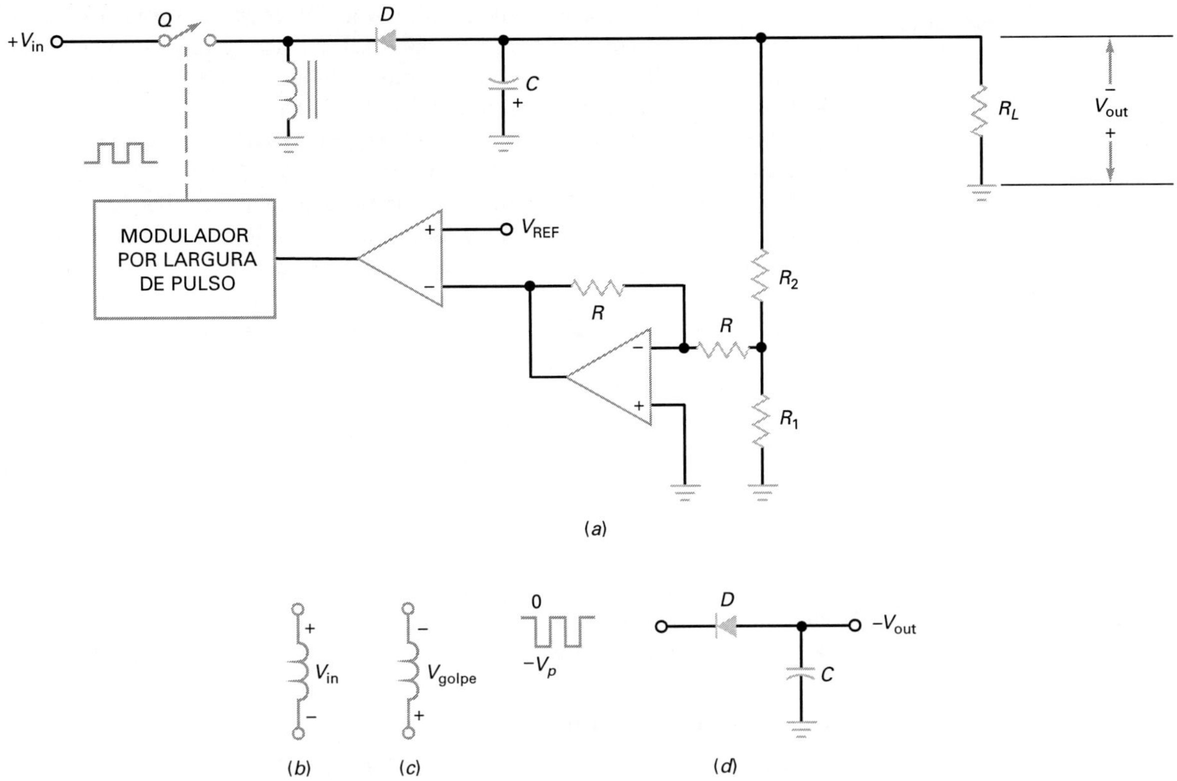

Figura 22-28 (*a*) Regulador *buck-boost*; (*b*) polaridade com a chave fechada; (*c*) polaridade com a chave aberta; (*d*) o filtro capacitivo produz uma saída igual ao pico negativo.

de referência de 2,21 V, um dispositivo de chaveamento, um oscilador interno, um modulador por largura de pulso e um comparador. Ele opera numa frequência de chaveamento de 100 kHz, pode lidar com tensões de entrada de +8 V a +40 V CC e tem uma eficiência de 75% a 90% para correntes de carga de 1 A a 5 A.

A Figura 22-29 mostra um LT1074 conectado como um regulador *buck*. O pino 1 (FB) é para a tensão de realimentação. O pino 2 (COMP) é para compensação de frequência para evitar oscilações em altas frequências. O pino 3 (GND) é o terra. O pino 4 (OUT) é a saída chaveada do dispositivo de chaveamento interno. O pino 5 (IN) é para a tensão de entrada CC.

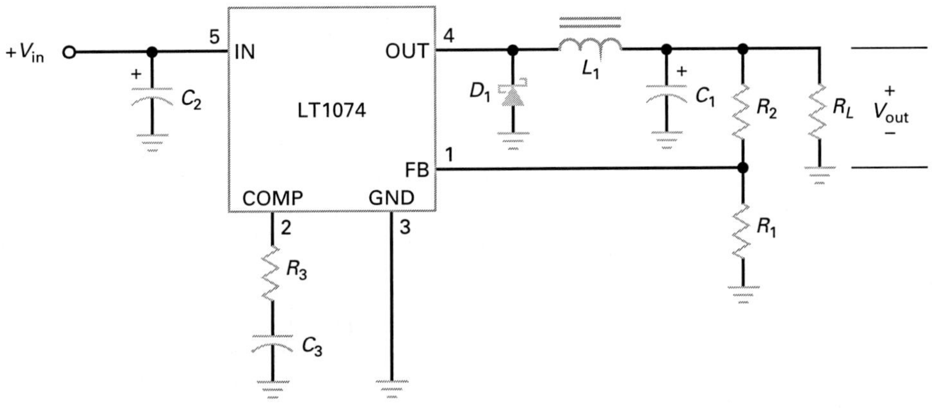

Figura 22-29 Regulador *buck* usando um LT1074.

D_1, L_1, C_1, R_1 e R_2 apresentam as mesmas funções conforme descrito na discussão anterior do regulador *buck*. Mas observe o uso de um diodo Schottky para melhorar a eficiência do regulador. Como o diodo Schottky tem uma tensão de joelho baixa, ele consome menos potência. A folha de dados de um LT1074 recomenda acrescentar um capacitor C_2 de 200 μF a 470 μF na entrada para filtragem da linha. Recomenda-se também um resistor R_3 de 2,7 kΩ e um capacitor C_3 de 0,01 μF para estabilizar a malha de realimentação (evitar oscilações).

O LT1074 é muito usado. Uma olhada na Figura 22-29 nos dirá por quê. O circuito é incrivelmente simples, considerando que ele é um regulador chaveado, um dos circuitos mais difíceis de ser projetado e construído na forma discreta. Felizmente, os projetistas de CI fazem todo o trabalho difícil porque o LT1074 inclui tudo exceto os componentes que não podem ser integrados (indutor e capacitores de filtro) e aqueles definidos pelo usuário (R_1 e R_2). Definindo os valores para R_1 e R_2, podemos regular a tensão de saída de cerca de 2,5 V a 38 V. Como a tensão de referência de um LT1074 é 2,21 V, a tensão de saída é dada por:

$$V_{out} = \frac{R_1 + R_2}{R_1}(2{,}21\text{V}) \qquad \textbf{(22-24)}$$

A tensão de margem de operação deve ser pelo menos 2 V porque o dispositivo de chaveamento interno consiste em um transistor *pnp* acionando um Darlington *npn*. A queda de tensão total na chave pode ser tão alta como 2 V com altas correntes.

Regulador *boost* monolítico

O MAX631 é um regulador chaveado CMOS monolítico que usa a topologia *boost* para produzir uma saída regulada. Esse CI regulador chaveado de baixa potência tem uma frequência de chaveamento de 50 kHz, uma tensão de entrada de 2 V a 5 V e uma eficiência de cerca de 80%. O MAX631 é o máximo em simplicidade porque ele requer apenas dois componentes externos.

Por exemplo, a Figura 22-30 mostra um MAX631 conectado como um regulador *boost* que produz uma tensão de saída fixa de +5 V com uma tensão de entrada de +2 V a +5 V. A tensão de entrada normalmente é fornecida por uma bateria porque uma das aplicações para esses CIs reguladores é em instrumentos portáteis. A folha de dados recomenda um indutor de 330 μH e um capacitor de 100 μF.

O MAX631 é um dispositivo de 8 pinos cujos pinos não usados são aterrados ou deixados desconectados. Na Figura 22-30, o pino 1 (LBI) pode ser usado para detectar bateria baixa. Quando aterrado, ele não tem efeito. Embora seja usado tipicamente como um regulador de saída fixa, podemos usar um divisor de tensão externo para prover uma tensão de realimentação no pino 7 (FB). Quando o pino 7 é aterrado como mostrado, a tensão de saída é ajustada para o valor de fábrica de +5 V.

Além do MAX631, existe o MAX632, o qual produz uma saída de +12 V e o MAX633, o qual produz uma saída de +15 V. Os reguladores MAX631 ao

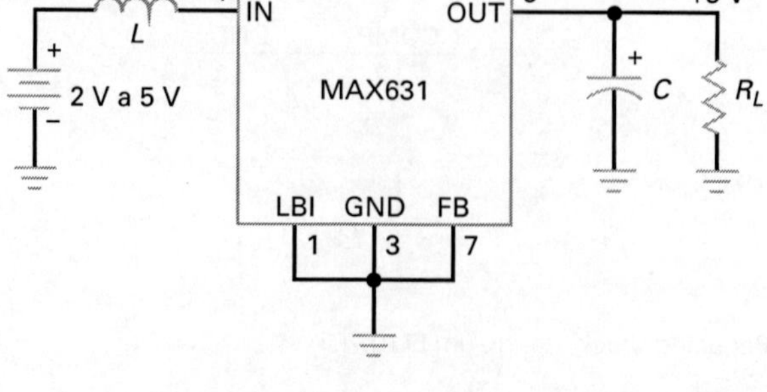

Figura 22-30 Regulador *boost* usando um MAX631.

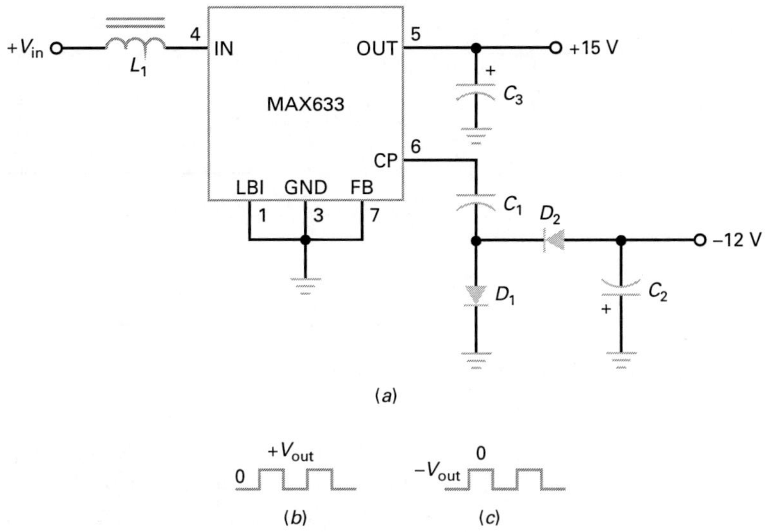

Figura 22-31 (*a*) Usando a função *bomba de carga* do MAX633 para produzir a tensão de saída negativa; (*b*) a saída do pino 6 aciona o grampeador negativo; (*c*) entrada para o detector de pico negativo.

MAX633 incluem o pino 6, denominado bomba de carga (*charge pump*) que é um buffer de baixa impedância que produz um sinal de saída retangular. Esse sinal varia de 0 a V_{out} na frequência do oscilador e pode ser grampeado negativamente e ter o valor de pico detectado para se obter uma tensão de saída negativa.

Por exemplo, a Figura 22-31*a* mostra como um MAX633 usa sua função bomba de carga para obter uma saída de aproximadamente –12 V. C_1 e D_1 formam um grampeador negativo. D_2 e C_2 formam um detector de pico negativo. Eis como a bomba de carga funciona: a Figura 22-31*b* mostra a forma de onda de tensão ideal que sai no pino 6. Devido ao grampeador negativo, a forma de onda de tensão ideal em D_1 é a forma de onda grampeada negativamente vista na Figura 22-31*c*. Essa forma de onda aciona o detector de pico negativo para produzir uma saída de aproximadamente –12 V com uma corrente de 20 mA. A amplitude dessa tensão é de aproximadamente 3 V menor que a tensão de saída por causa das quedas de tensão nos dois diodos (D_1 e D_2) e a queda na impedância de saída do buffer (em torno de 30 Ω).

Se usarmos uma bateria para fornecer a tensão de entrada para um regulador linear, a tensão de saída será sempre menor. Os reguladores *boost* não têm apenas uma eficiência melhor que um regulador linear, eles também podem elevar a tensão num sistema alimentado por bateria. Isso é muito importante e explica por que reguladores *boost* monolíticos são bastante usados. A disponibilidade de baterias recarregáveis de baixo custo tem tornado os reguladores *boost* monolíticos uma escolha padrão para sistemas alimentados por baterias.

Os dispositivos MAX631 ao MAX633 têm um tensão de referência interna de 1,31 V. Quando esses reguladores chaveados são usados com um divisor de tensão externo, a seguinte equação fornece a tensão de saída regulada:

$$V_{out} = \frac{R_1 + R_2}{R_1}(1{,}31\text{V}) \tag{22-25}$$

Reguladores *buck-boost* monolíticos

O projeto interno de um LT1074 pode suportar uma conexão externa *buck-boost*. A Figura 22-32 mostra um LT1074 conectado como um regulador *buck-boost*. Novamente, usamos um diodo Schottky para melhorar a eficiência. Conforme discutido anteriormente, a energia é armazenada no campo magnético do indutor quando a chave interna está fechada. Quando a chave abre, o campo magnético entra em colapso e polariza diretamente o diodo. O golpe de tensão negativa no indutor é detectado pelo filtro capacitivo produzindo –V_{out}.

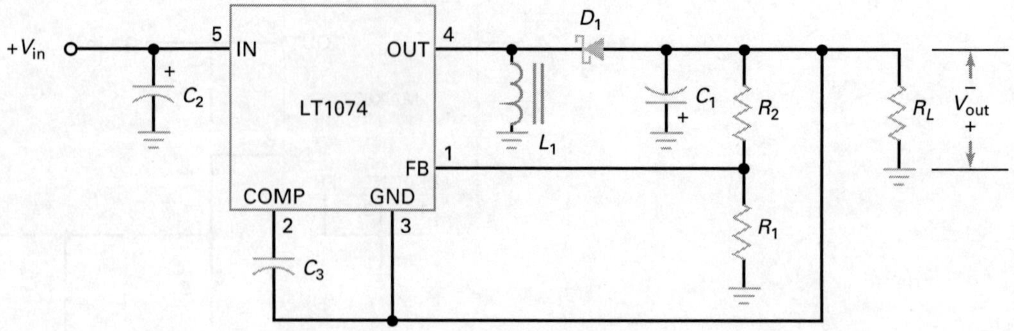

Figura 22-32 Uso do LT1074 como um regulador *buck-boost*.

Na discussão anterior sobre a topologia *buck-boost* (Figura 22-28*a*), usamos um amplificador inversor para obter uma tensão de realimentação positiva porque a amostra da saída proveniente de um divisor de tensão era negativa. O projeto interno do LT1074 cuida desse problema. A folha de dados recomenda o retorno do pino GND para a tensão de saída negativa, como mostra a Figura 22-32. Isso produz a tensão de erro correta para o comparador que controla o modulador por largura de pulso.

Exemplo de aplicação 22-15

No regulador *buck* da Figura 22-29, R_1 = 2,21 kΩ e R_2 = 2,8 kΩ. Qual é a tensão de saída? Qual tensão de entrada mínima pode ser usada para se obter a tensão de saída determinada?

SOLUÇÃO Usando a Equação (22-24), podemos calcular:

$$V_{\text{out}} = \frac{R_1 + R_2}{R_1} V_{REF} = \frac{2,21\,\text{k}\Omega + 2,8\,\text{k}\Omega}{2,21\,\text{k}\Omega}(2,21\,\text{V}) = 5,01\,\text{V}$$

Devido à queda de tensão no dispositivo de chaveamento de um LT1074, a tensão de entrada tem que ser pelo menos 2 V acima da saída de 5 V, o que significa uma tensão de entrada mínima de 7 V. Uma tensão de margem de operação mais confortável seria de 8 V.

PROBLEMA PRÁTICO 22-15 Repita o Exemplo 22-15, substituindo R_2 por 5,6 kΩ e calculando a nova tensão de saída. Com R_1 = 2,2 kΩ, qual deve ser o valor de R_2 para produzir uma saída de 10 V?

Exemplo de aplicação 22-16

No regulador *buck-boost* da Figura 22-32, R_1 = 1 kΩ e R_2 = 5,79 kΩ. Qual é a tensão de saída?

SOLUÇÃO Usando a Equação (22-24), podemos calcular:

$$V_{\text{out}} = \frac{R_1 + R_2}{R_1} V_{\text{REF}} = \frac{1\,\text{k}\Omega + 5,79\,\text{k}\Omega}{1\,\text{k}\Omega}(2,21\,V) = 15\,V$$

PROBLEMA PRÁTICO 22-16 Usando a Figura 22-32, qual a tensão de saída se R_1 = 1 kΩ e R_2 = 4,7 kΩ.

Aplicações de Acionamento de LED

Conversores monolíticos CC-CC podem ser utilizados em uma variedade de aplicações. Uma dessas aplicações é o acionamento de LEDs de modo eficaz. O CAT4139 é um regulador *boost*, também chamado de conversor CC-CC *step-up* (elevador), projetado para fornecer uma corrente constante ao acionar um cordão de LED. A Figura 22-33 mostra um diagrama em bloco simplificado do CAT4139. Com apenas cinco conexões de pinos e o mínimo necessário de componentes externos, este acionador de LED é capaz de fornecer corrente de comutação de até 750 mA e pode acionar cordões de LED até 22 V.

Vamos examinar as funções básicas deste CI. V_{IN} é a conexão de entrada da fonte de alimentação do CI. A tensão de entrada pode variar de 2,8 V até 5,5 V para uma operação de corrente constante de saída. Se V_{IN} cair abaixo de 1,9 V, um recurso chamado de desligamento por subtensão (UVLO – *under-voltage lock out*) ocorre e o dispositivo para de comutar. Um nível lógico baixo (0,4 V) no pino de entrada lógica de desligamento ($\overline{SHDN}$ – *shutdown*) coloca o CAT4139 em modo de desligamento. Durante este tempo, o CI absorve uma corrente praticamente zero a partir da tensão de alimentação de entrada. Quando a tensão no pino $\overline{SHDN}$ for mais elevada do que 1,5 V, o dispositivo será ativado. A entrada $\overline{SHDN}$ também pode ser acionada com um sinal PWM para controlar a corrente de saída de 0 a 100% do seu nível de saída normal, I_{LED}. O pino terra, GND, é o pino de referência de terra e deve ser conectado diretamente ao plano de terra na placa de circuito impresso para este dispositivo de montagem em superfície (SMD – *surface mount device*).

O pino de comutação SW é conectado ao dreno de uma chave MOSFET interna e à junção do indutor em série com o diodo Schottky. O MOSFET é chaveado a uma frequência de 1 MHz e com um ciclo de trabalho variável a partir do PWM e bloco de lógica. Um resistor R_S de detecção de corrente é conectado ao terminal de fonte do MOSFET. A corrente do MOSFET produz uma queda de tensão sobre o resistor proporcional ao nível da corrente média. Esta tensão é aplicada a um amp-op sensor de corrente para limitar e controlar a corrente. Devido a este CI ser um conversor *boost* (elevador de tensão), a tensão no pino SW será maior do que a tensão de alimentação de entrada. Se esta tensão atingir 24 V, um circuito de proteção contra sobretensão irá colocar o dispositivo em um modo de funcionamento

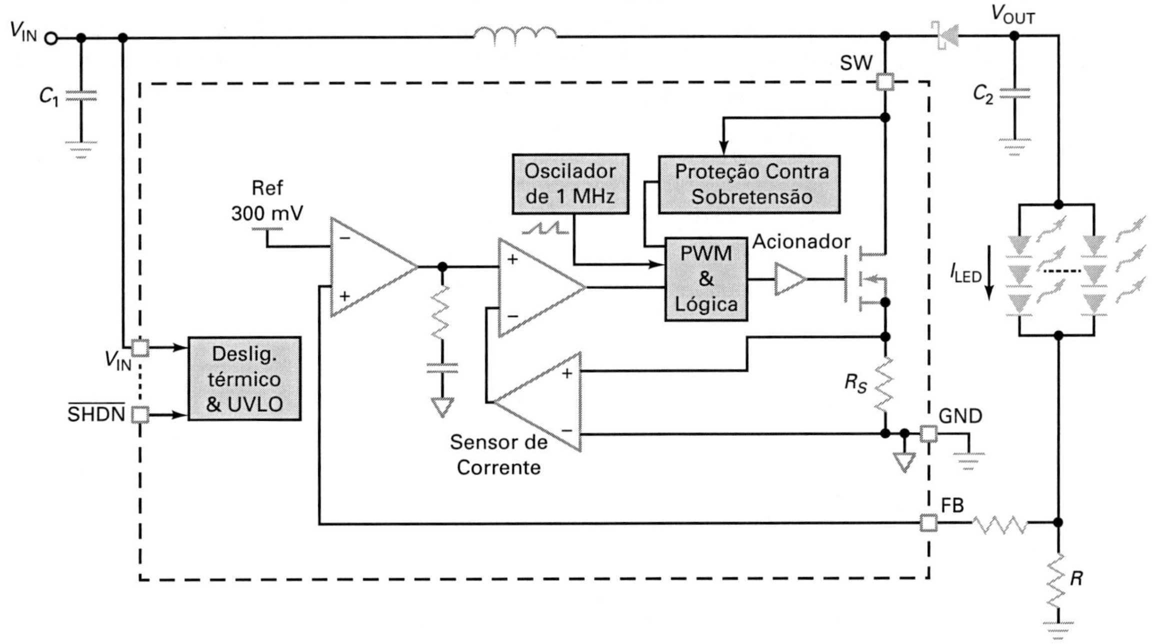

Figura 22-33 Diagrama em bloco simplificado. (Usado com permissão da SCILLC dba ON Semiconductor.)

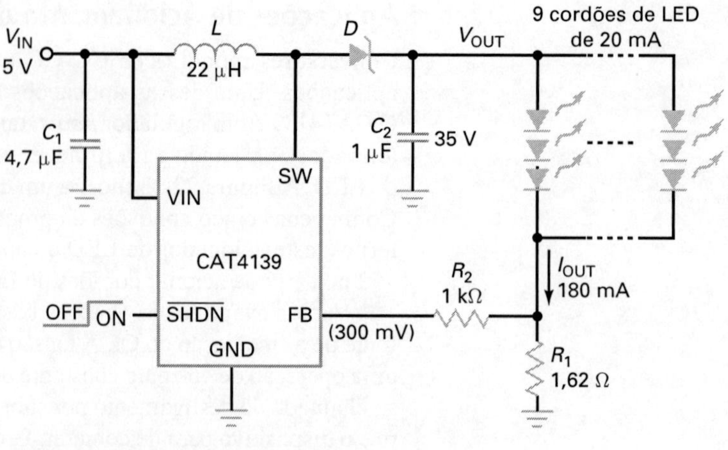

Figura 22-34 Circuito de uma aplicação típica. (Usado com permissão da SCILLC dba ON Semiconductor.)

de baixa potência. Isso impede que a tensão SW exceda a especificação máxima de 40 V.

Na Fig. 22-33, um resistor em série efetivo está conectado do catodo do cordão de LED para o terra. A tensão neste resistor é aplicada ao pino de realimentação FB no CI. Esta tensão é comparada com uma tensão de referência interna de 300 mV. O ciclo de trabalho *on/off* da chave interna é ajustado e controlado para manter uma tensão regulada constante sobre esse resistor. Uma vez que a corrente através dos LEDs também flui através deste resistor em série, a corrente de saída pode ser programada por:

$$I_{OUT} = \frac{0,3\,V}{R} \tag{22-26}$$

Por exemplo, se o resistor em série for de 10 Ω, a corrente de saída é ajustada em 30 mA. Se o resistor for alterado para 1 Ω, a corrente de saída é agora programada para 300 mA.

Uma aplicação típica do CAT4139 é mostrada na Fig. 22-34. Uma tensão de entrada de 5 V é aplicada a V_{IN}. Um capacitor de entrada C_1 de 4,7 μF é conectado o mais próximo possível do pino de tensão de entrada. Um capacitor C_2 de 1 μF é conectado à saída do diodo Schottky. Os capacitores cerâmicos C_1 e C_2, com uma especificação X5R ou X7R, são recomendados devido à sua estabilidade de faixa de temperatura. Um indutor de 22 μH é mostrado na Fig. 22-34. Este indutor tem de ser capaz de lidar com mais de 750 mA e deve ter uma baixa resistência em série CC. O diodo Schottky utilizado deve ser capaz de transportar com segurança a corrente de pico que flui através dele. Para uma alta eficiência do circuito, o diodo deve ter uma queda de tensão direta baixa e ter uma resposta de frequência capaz de lidar com uma taxa de comutação de 1 MHz.

Como mostrado na Figura 22-34, vários cordões de LEDs podem ser colocados num arranjo de carga de LED em série/paralelo. Neste caso, são utilizados nove cordões de LEDs. Cada um dos cordões de LED requer 20 mA de corrente, para uma corrente total de carga de 180 mA. Rearranjando a Equação (22-36), o valor do resistor em série R_1 pode ser determinado como:

$$R_1 = \frac{0,3\text{ V}}{I_{OUT}} = \frac{0,3\text{ V}}{180\text{ mA}} = 1,66\ \Omega$$

Na Fig. 22-34, é utilizado um resistor de 1,62 Ω. Em vez de utilizar um arranjo em série/paralelo de LEDs de 20 mA, este conversor *step-up* também poderia acionar LEDs de média a alta potência que exigem centenas de mA.

Exemplo de aplicação 22-17

O que faz o circuito da Fig. 22-35?

SOLUÇÃO O circuito da Fig. 22-35 é uma aplicação de iluminação LED solar. Ele usa um painel solar para carregar a bateria. A bateria fornece a tensão de entrada para o acionador de corrente constante CAT4139, que aciona o cordão de LED. Então, como é que este circuito funciona?

O painel solar é composto por um módulo solar construído com 10 células conectadas em série. Cada célula produz cerca de 0,5 V a 1,0 V, dependendo das condições ambientais de luz solar. Isso produz uma tensão de 5 a 10 V de saída, sem carga, entre a saída SOLAR+ e GND.

Quando a saída do módulo solar for alta o suficiente, carrega-se uma célula de 3,7 V de íon de lítio (Li-Ion) através do diodo D_2. A célula Li-Ion (ou células em paralelo, se necessário) foi construída com proteção para corrente/tensão de sobrecarga ou corrente de descarga. A tensão em SOLAR+ também fornece a polarização de base de entrada para o transistor Q_1. Quando Q_1 conduz, a queda de tensão sobre R_1 leva a tensão do coletor em direção ao terra, e o conversor CAT4139 entra em modo de desligamento.

Quando a luz ambiente é baixa, a saída do módulo solar cai significativamente. A tensão de saída baixa em SOLAR+ não mais polariza Q_1 diretamente. Este transistor desliga e sua tensão de coletor sobe para o nível BAT+. Se a célula de íon de lítio for carregada a um nível suficiente, o conversor entra em modo de comutação e a tensão em BAT+ fornece a tensão no pino V_{IN} de entrada do conversor. Durante este tempo, D_2 é utilizado para evitar o fluxo de corrente reversa da bateria para o módulo solar. O conversor *boost* CC-CC agora fornece a tensão e a corrente de saída necessárias para o cordão de LED. A corrente constante através dos LEDs é controlada pela resistência R_4, em que I_{LED} = 0,3 V/3,3 V = 91 mA.

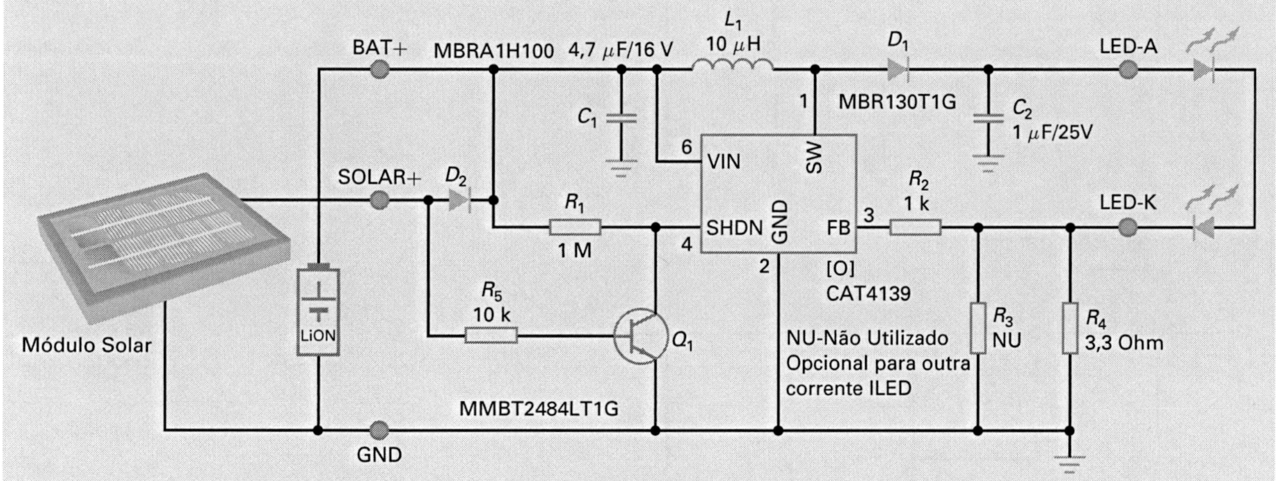

Figura 22-35 Esquema de iluminação LED solar com o CAT4139. (Usado com permissão da SCILLC dba ON Semiconductor.)

A Tabela 22-3 mostra uma variedade de reguladores de tensão e apresenta algumas das características desses reguladores.

Tabela 22-3 Regulador de tensão

Tipo	Características
Regulador *shunt* Zener 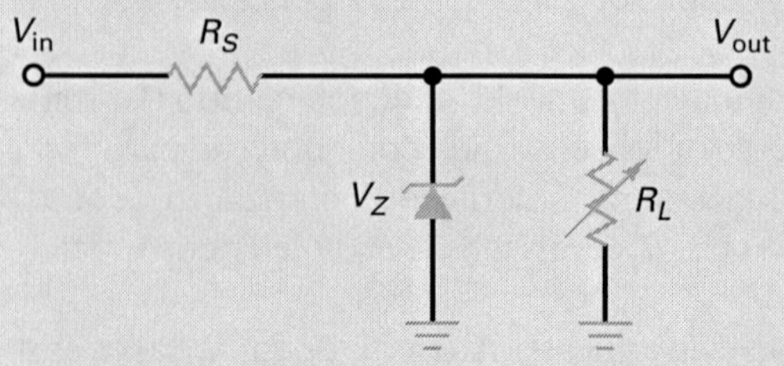	• $V_{out} = V_Z$ • Fácil de construir • $\Delta V_{out} = \Delta I_Z R_Z$
Regulador *shunt* com transistor 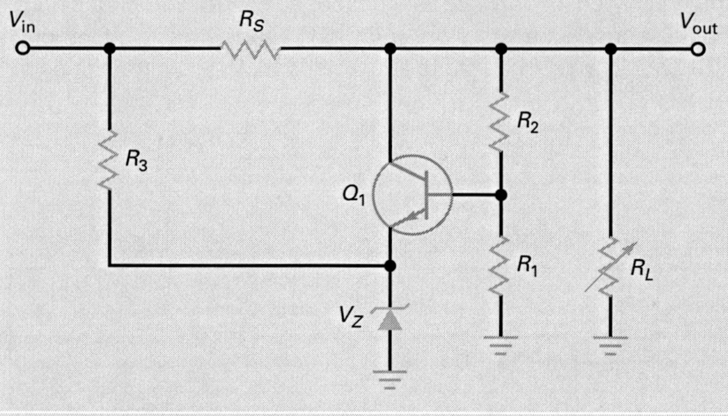	• $V_{out} = \frac{R_1 + R_2}{R_1}(V_Z + V_{BE})$ • Regulação melhorada • Proteção interna contra curto-circuito • Baixa eficiência
Regulador série com transistor 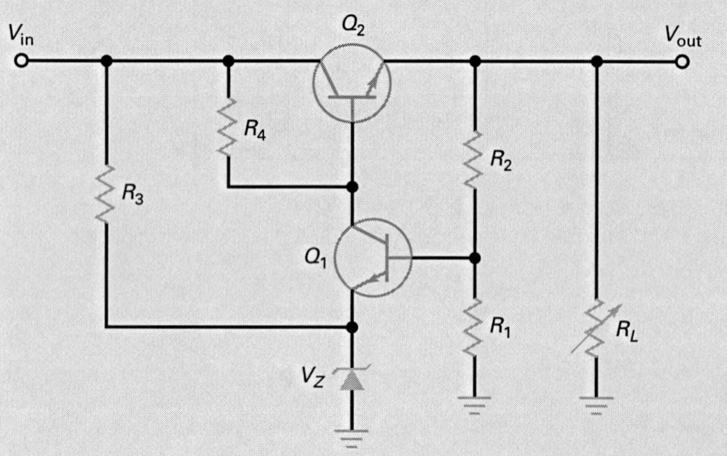	• $V_{out} = \frac{R_1 + R_2}{R_1}(V_Z + V_{BE})$ • Eficiência melhorada relativa ao regulador *shunt* • Q_2 $PD \cong (V_{in} - V_{out})I_L$ • Precisa acrescentar proteção contra curto-circuito

Tabela 22-3 Regulador de tensão

Tipo	Características
Regulador linear com CI 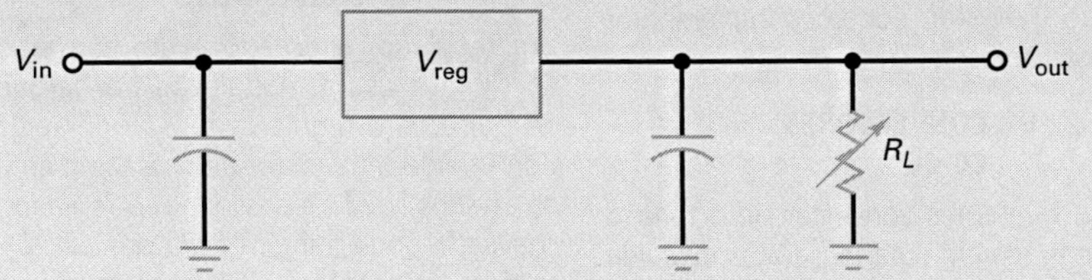 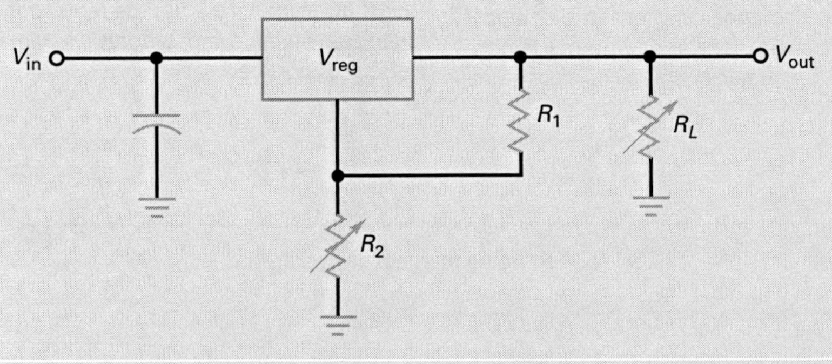	• Fácil de usar • Saídas fixa ou ajustável • $V_{out} = V_{reg}$ *ou* $\frac{R_1 + R_2}{R_1}(V_{ref})$ • Essencialmente um regulador série • Boa rejeição ao *ripple* • Possibilidade de proteção contra curto-circuito e temperatura internos
CI regulador chaveado 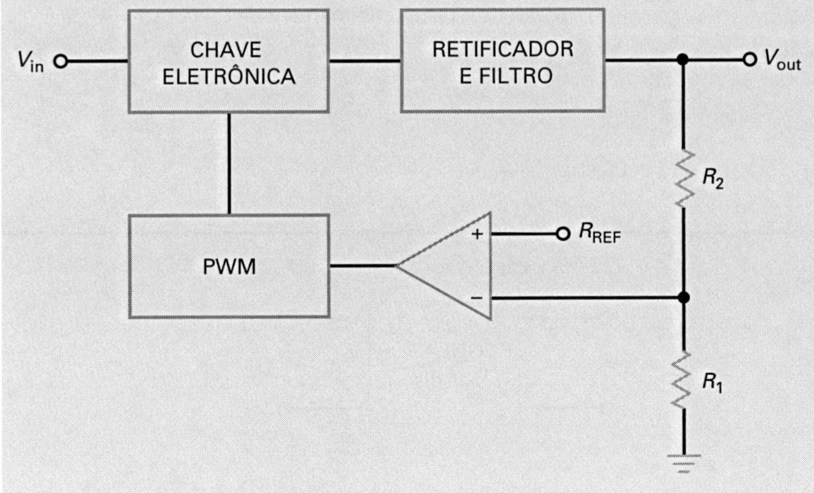	• Usa modulação por largura de pulso • Eficiência alta • Eleva ou abaixa a tensão de entrada • Pode necessitar de circuito complexo • Pouco ruído • Comum em computadores e equipamentos eletrônicos de consumo

Resumo

SEÇÃO 22-1 CARACTERÍSTICAS DE FONTE DE ALIMENTAÇÃO

A regulação de carga indica quanto a tensão de saída varia quando a corrente de carga varia. A regulação de linha indica quanto a tensão de carga varia quando a tensão de linha varia. A resistência de saída determina a regulação de carga.

SEÇÃO 22-2 REGULADORES *SHUNT*

O regulador Zener é o exemplo mais simples de um regulador *shunt*. Acrescentando transistores e amp-op, podemos construir um regulador *shunt* que tem excelente regulação de linha e de carga. A principal desvantagem de um regulador *shunt* é a sua baixa eficiência, provocada por perdas de potência no resistor série e transistor *shunt*.

SEÇÃO 22-3 REGULADORES SÉRIE

Usando um transistor de passagem em vez de um resistor série, podemos construir reguladores série com eficiências maiores que as dos reguladores *shunt*.

O seguidor Zener é o exemplo mais simples de um regulador série. Acrescentando transistores e um amp-op, podemos construir reguladores série com regulação de linha e de carga excelentes, mais limitação de corrente.

SEÇÃO 22-4 REGULADORES LINEARES MONOLÍTICOS

Os CIs reguladores de tensão têm uma das seguintes características de tensão: fixa positiva, fixa negativa ou ajustável. Os CIs reguladores também são classificados como padrão, de baixa potência e de baixa tensão de desligamento. A série LM78XX é uma linha padrão de reguladores fixos com tensões de saída de 5 V a 24 V.

SEÇÃO 22-5 REFORÇADORES DE CORRENTE

Para aumentarmos a corrente de carga regulada de um CI regulador, como o 78XX, podemos usar um transistor externo por onde passa a corrente superior a 1 A. Acrescentando outro transistor, podemos implementar uma proteção contra curto-circuito.

SEÇÃO 22-6 CONVERSORES CC-CC

Quando queremos converter uma tensão CC de entrada em uma tensão CC de saída de valor distinto, torna-se útil um conversor CC-CC. Conversores CC-CC não regulados têm um oscilador cuja tensão de saída é proporcional à tensão de entrada. Tipicamente, um arranjo push-pull de transistores e um transformador podem elevar ou abaixar essa tensão. Em seguida, ela é retificada e filtrada para se obter a tensão de saída que é diferente da tensão de entrada.

SEÇÃO 22-7 REGULADORES CHAVEADOS

Um regulador chaveado é um conversor CC-CC que usa a modulação por largura de pulso para regular a tensão de saída. Comutando o transistor de passagem entre os estados ligado e desligado, o regulador chaveado pode atingir eficiências de 70% a 95%. As topologias básicas são a *buck* (abaixadora), *boost* (elevadora) e *buck-boost* (inversora). Esse tipo de regulador é muito comum em computadores e sistemas eletrônicos portáteis.

Definições

(22-8) Eficiência:

$$\text{Eficiência} = \frac{P_{out}}{P_{in}} \times 100\%$$

(22-11) Tensão de margem de operação:

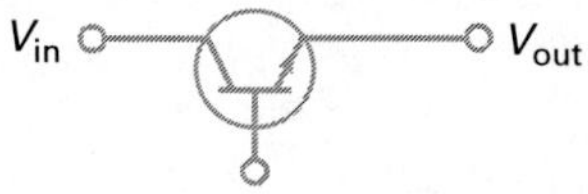

$$\text{Tensão de margem de operação} = V_{in} - V_{out}$$

Derivações

(22-4) Regulação de carga:

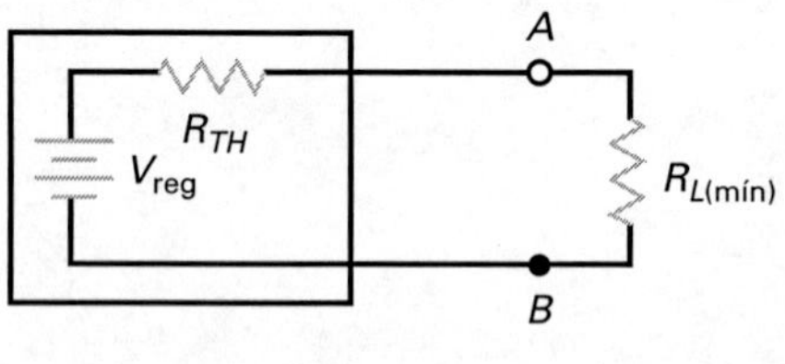

$$\text{Regulação de carga} = \frac{R_{TH}}{R_{L(mín)}} \times 100\%$$

(22-12) Dissipação de potência no transistor de passagem:

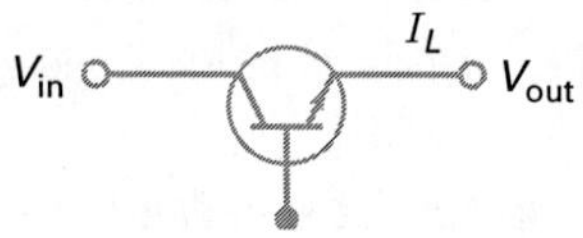

$$P_D \cong (V_{in} - V_{out})I_L$$

(22-13) Eficiência:

$$\text{Eficiência} \cong \frac{V_{out}}{V_{in}} \times 100\%$$

(22-17) Corrente de carga em curto-circuito:

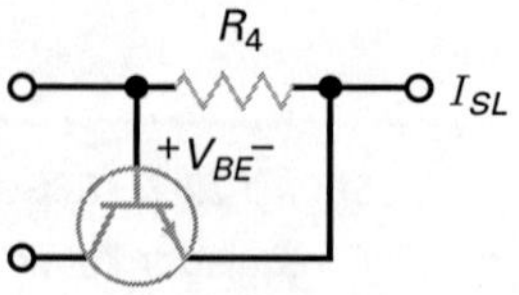

$$I_{SL} = \frac{V_{BE}}{R_4}$$

(22-19) Tensão de saída de um LM317:

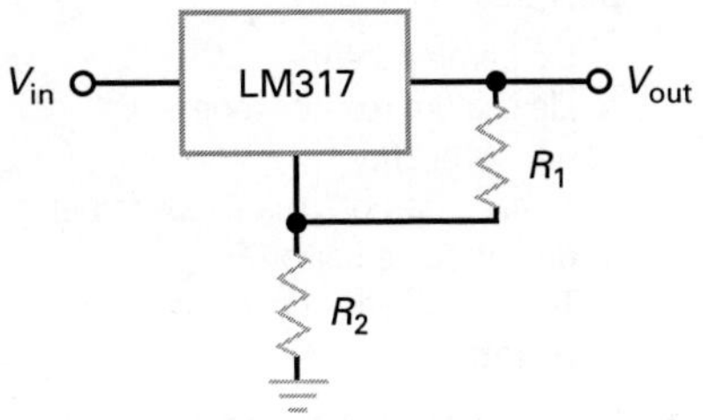

$$V_{out} = \frac{R_1 + R_2}{R_1}(1{,}25\,\text{V})$$

(22-20) Energia armazenada no campo magnético:

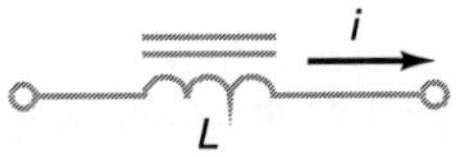

$$\text{Energia} = 0{,}5Li^2$$

(22-21) Valor médio da entrada de sinal para o filtro:

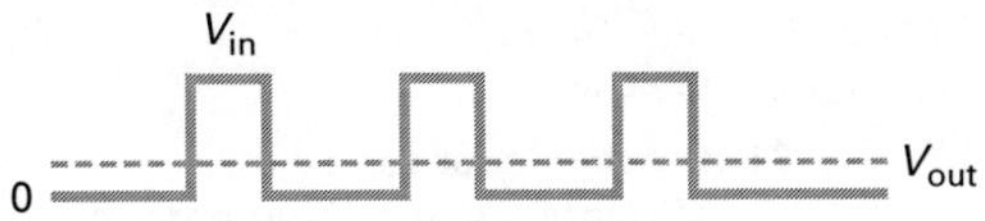

$$V_{out} = DV_{in}$$

(22-22) Saída do regulador chaveado:

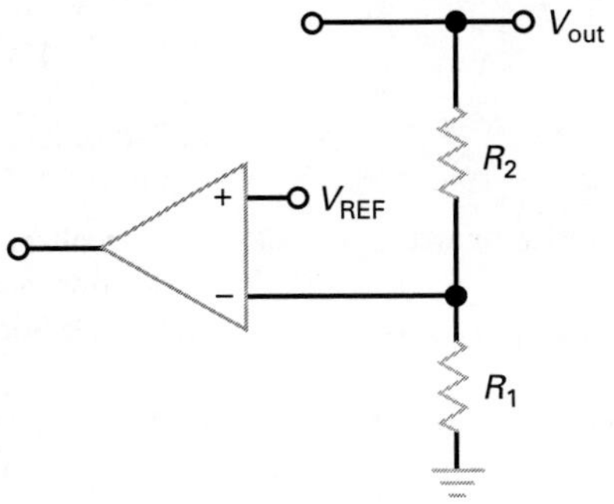

$$V_{out} = \frac{R_1 + R_2}{R_1}V_{REF}$$

(22-23) Tensão de pico para o *boost*:

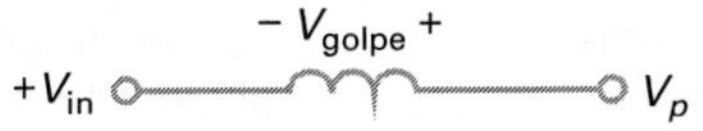

$$V_P = V_{in} + V_{golpe}$$

Exercícios

1. **Os reguladores de tensão normalmente**
   a. Usam realimentação negativa
   b. Usam realimentação positiva
   c. Não usam realimentação
   d. Usam limitação de fase
2. **Durante a regulação, a dissipação de potência do transistor de passagem é igual à tensão coletor-emissor vezes a corrente**
   a. De base
   b. De carga
   c. Zener
   d. De realimentação
3. **Sem a limitação de corrente, uma carga em curto-circuito provavelmente**
   a. Produzirá uma corrente de carga zero
   b. Destruirá os diodos e o transistor
   c. Terá uma tensão de carga igual à tensão Zener
   d. Terá uma corrente de carga muito pequena
4. **Geralmente um resistor sensor de corrente é**
   a. Zero
   b. Pequeno
   c. Grande
   d. Aberto
5. **A limitação de corrente simples produz um grande aquecimento no**
   a. Diodo Zener
   b. Resistor de carga
   c. Transistor de passagem
   d. Ar em volta
6. **Com a limitação por retrocesso de corrente, a tensão de carga se aproxima de zero e a corrente de carga se aproxima**
   a. De um valor pequeno
   b. Do infinito
   c. Da corrente Zener
   d. De um nível destrutivo
7. **Um capacitor pode ser necessário em um regulador de tensão discreto para evitar**
   a. Realimentação negativa
   b. Corrente de carga excessiva
   c. Oscilações
   d. Detecção de corrente
8. **Se a saída de um regulador de tensão varia de 15 V para 14,7 V entre a corrente de carga mínima e máxima, a regulação de carga é**
   a. 0
   b. 1%
   c. 2%
   d. 5%
9. **Se a saída de um regulador de tensão varia de 20 V para 19,8 V quando a tensão de linha varia ao longo da faixa especificada, a regulação de linha é**
   a. 0
   b. 1%
   c. 2%
   d. 5%
10. **A impedância de saída de um regulador de tensão é**
    a. Muito pequena
    b. Muito grande
    c. Igual à tensão de carga dividida pela corrente de carga
    d. Igual à tensão de entrada dividida pela corrente de saída
11. **Comparada a ondulação de entrada de um regulador de tensão com a de saída vemos que**
    a. São iguais em valor
    b. A primeira é muito maior
    c. A primeira é muito menor
    d. É impossível de determinar
12. **Um regulador de tensão tem uma rejeição à ondulação de −60 dB. Se**

a ondulação de entrada é de 1 V, a ondulação de saída é

a. –6 mV
b. 1 mV
c. 10 mV
d. 1000 V

13. O desligamento térmico ocorre em um CI regulador se

a. A dissipação de potência é muito baixa
b. A temperatura interna é muito alta
c. A corrente no dispositivo é muito baixa
d. Qualquer um dos eventos acima ocorre

14. Se um CI regulador linear de três terminais está a alguns centímetros do capacitor de filtro podem aparecer oscilações internas ao CI a menos que usemos

a. Uma limitação de corrente
b. Um capacitor de desvio no pino de entrada
c. Um capacitor de acoplamento no pino de saída
d. Uma tensão de entrada regulada

15. A série 78XX de reguladores de tensão produz uma tensão de saída que é

a. Positiva
b. Negativa
c. Positiva ou negativa
d. Não regulada

16. O LM7812 produz um tensão de saída regulada de

a. 3 V
b. 4 V
c. 12 V
d. 78 V

17. Um reforçador de corrente é um transistor

a. Em série com o CI regulador
b. Em paralelo com o CI regulador
c. Em série ou paralelo
d. Em paralelo (*shunt*) com a carga

18. Para um reforçador de corrente entrar em condução, podemos acionar os seus terminais base-emissor com a tensão de

a. Um resistor de carga
b. Uma impedância Zener
c. Outro transistor
d. Um resistor sensor de corrente

19. Um divisor de fase produz duas tensões de saída que são

a. Iguais em fase
b. De amplitudes diferentes
c. Opostas em fase
d. Muito pequenas

20. Um regulador série é um exemplo de um

a. Regulador linear
b. Regulador chaveado
c. Regulador *shunt*
d. Conversor CC-CC

21. Para se obter uma tensão de saída maior por meio de um regulador chaveado *buck*, temos que

a. Diminuir o ciclo de trabalho
b. Diminuir a tensão de entrada
c. Aumentar o ciclo de trabalho
d. Aumentar a frequência de chaveamento

22. Um aumento da tensão de linha em uma fonte de alimentação geralmente produz

a. Uma diminuição na resistência de carga
b. Um aumento na tensão de carga
c. Uma diminuição na eficiência
d. Menor dissipação de potência nos diodos retificadores

23. Uma fonte de alimentação com uma impedância de saída baixa tem

a. Uma regulação de carga baixa
b. Uma limitação de corrente baixa
c. Uma regulação de linha baixa
d. Uma eficiência baixa

24. Um regulador com diodo Zener é um

a. Regulador *shunt*
b. Regulador série
c. Regulador chaveado
d. Seguidor Zener

25. A corrente de entrada para um regulador *shunt* é

a. Variável
b. Constante
c. Igual à corrente de carga
d. Usada para armazenar energia em um campo magnético

26. Uma vantagem da regulação *shunt* é

a. Ter uma proteção interna contra curto-circuito
b. Baixa dissipação de potência no transistor de passagem
c. Alta eficiência
d. Pequena potência perdida

27. A eficiência de um regulador de tensão é alta quando

a. A potência de entrada é baixa
b. A potência de saída é alta
c. Uma pequena potência é perdida
d. A potência de entrada é alta

28. Um regulador *shunt* é ineficiente porque

a. Ele perde potência
b. Ele usa um resistor série e um transistor *shunt*
c. A razão da potência de saída pela de entrada é baixa
d. Todos os itens acima estão corretos

29. Um regulador chaveado é considerado

a. Gerador de pouco ruído
b. Gerador de muito ruído
c. Ineficiente
d. Linear

30. O seguidor Zener é um exemplo de um regulador

a. *Boost*
b. *Shunt*
c. *Buck*
d. Série

31. Um regulador série é mais eficiente que um *shunt* porque

a. Ele tem um resistor série
b. Ele pode elevar a tensão
c. O transistor de passagem substitui o resistor série
d. Ele comuta o transistor de passagem entre corte e saturação

32. A eficiência de um regulador linear é alta quando

a. A tensão de margem de operação é baixa
b. O transistor de passagem tem uma alta dissipação de potência
c. A tensão Zener é baixa
d. A tensão de saída é baixa

33. Se a carga está em curto-circuito, o transistor de passagem tem a menor potência dissipada quando o regulador tem

a. Limitação por retrocesso de corrente
b. Eficiência baixa
c. Topologia *buck*
d. Uma tensão Zener alta

34. A tensão de desligamento de reguladores lineares monolíticos padrão é próxima de

a. 0,3 V
b. 0,7 V
c. 2 V
d. 3,1 V

35. Em um regulador *buck*, a tensão de saída é filtrada com um

a. Filtro indutivo
b. Filtro capacitivo

c. Diodo
d. Divisor de tensão

36. O regulador com a maior eficiência é o

a. *Shunt*
b. Série
c. Chaveado
d. Conversor CC-CC

37. Em um regulador *boost*, a tensão de saída é filtrada com um

a. Filtro indutivo
b. Filtro capacitivo
c. Diodo
d. Divisor de tensão

38. O regulador *buck-boost* também é

a. Um abaixador
b. Um elevador
c. Um inversor
d. Todos as alternativas acima estão corretas

Problemas

SEÇÃO 22-1 CARACTERÍSTICAS DE FONTES DE ALIMENTAÇÃO

22-1 Uma fonte de alimentação tem V_{NL} = 15 V e V_{FL} = 14,5 V. Qual a regulação de carga?

22-2 Uma fonte de alimentação tem V_{HL} = 20 V e V_{LL} = 19 V. Qual a regulação de linha?

22-3 Se a tensão de linha varia de 108 V para 135 V e a tensão de carga varia de 12 V para 12,3 V, qual a regulação de linha?

22-4 Uma fonte de alimentação tem uma resistência de saída de 2 Ω. Se a resistência de carga mínima é 50 Ω, qual a regulação de carga?

SEÇÃO 22-2 REGULADORES *SHUNT*

22-5 Na Figura 22-4, V_{in} = 25 V, R_S = 22 Ω, V_Z = 18 V, V_{BE} = 0,75 V e R_L = 100 Ω. Quais são os valores da tensão de saída, da corrente de entrada, da corrente de carga e da corrente de coletor?

22-6 O regulador *shunt* da Figura 22-5 tem os seguintes valores de circuito: V_{in} = 25 V, R_S = 15 Ω, V_Z = 5,6 V, V_{BE} = 0,77 V e R_L = 80 Ω. Se R_1 = 330 Ω e R_2 = 680 Ω, quais os valores aproximados da tensão de saída, da corrente de entrada, da corrente de carga e da corrente de coletor?

22-7 O regulador *shunt* da Figura 22-6 tem os seguintes valores de circuito: V_{in} = 25 V, R_S = 8,2 Ω, V_Z = 5,6 V e R_L = 50 Ω. Se R_1 = 2,7 kΩ e R_2 = 6,2 kΩ, quais os valores aproximados da tensão de saída, da corrente de entrada, da corrente de carga e da corrente de coletor?

SEÇÃO 22-3 REGULADORES SÉRIE

22-8 Na Figura 22-8, V_{in} = 20 V, V_Z = 4,7 V, R_1 = 2,2 kΩ, R_2 = 4,7 kΩ, R_3 = 1,5 kΩ, R_4 = 2,7 kΩ e R_L = 50 Ω. Qual a tensão de entrada? Qual a dissipação de potência no transistor de passagem?

22-9 Qual a eficiência aproximada no Problema 22-8?

22-10 Na Figura 22-15, a tensão Zener é alterada para 6,2 V. Qual a tensão de saída aproximada?

22-11 Na Figura 22-16, V_{in} pode variar de 20 V a 30 V. Qual a corrente máxima no Zener?

22-12 Se o potenciômetro de 1 kΩ da Figura 22-16 é substituído por um de 1,5 kΩ, quais são as tensões de saída regulada mínima e máxima?

22-13 Se a tensão de saída regulada for 10 V na Figura 22-16, qual a resistência de carga onde inicia a limitação de corrente? Qual a corrente de carga em curto-circuito aproximada?

SEÇÃO 22-4 REGULADORES LINEARES MONOLÍTICOS

22-14 Qual a corrente de carga na Figura 22-33? Qual a tensão de margem de operação? Qual a dissipação de potência do LM7815?

22-15 Qual a ondulação de saída na Figura 22-33?

22-16 Se R_1 = 2,7 kΩ e R_2 = 20 kΩ na Figura 22-20, qual a tensão de saída?

22-17 O LM7815 é usado com uma tensão de entrada que pode variar de 18 V a 25 V. Qual a eficiência máxima? Qual a eficiência mínima?

SEÇÃO 22-6 CONVERSORES CC-CC

22-18 Um conversor CC-CC tem uma tensão de entrada de 5 V e uma tensão de saída de 12 V. Se a corrente de entrada for 1 A e a corrente de saída for 0,25 A, qual a eficiência desse conversor?

22-19 Um conversor CC-CC tem uma tensão de entrada de 12 V e uma tensão de saída de 5 V. Se a corrente de entrada for 2 A e a eficiência for de 80%, qual a corrente de saída?

SEÇÃO 22-7 REGULADORES CHAVEADOS

22-20 Um regulador *buck* tem V_{REF} = 2,5 V, R_1 = 1,5 kΩ e R_2 = 10 kΩ. Qual a tensão de saída?

22-21 Se o ciclo e trabalho for de 30% e o valor de pico dos pulsos no filtro indutivo for 20 V, qual a tensão de saída regulada?

22-22 Um regulador *boost* tem V_{REF} = 1,25 V, R_1 = 1,2 kΩ e R_2 = 15 kΩ. Qual a tensão de saída?

22-23 Um regulador *buck-boost* tem V_{REF} = 2,1 V, R_1 = 2,1 kΩ e R_2 = 12 kΩ. Qual a tensão de saída?

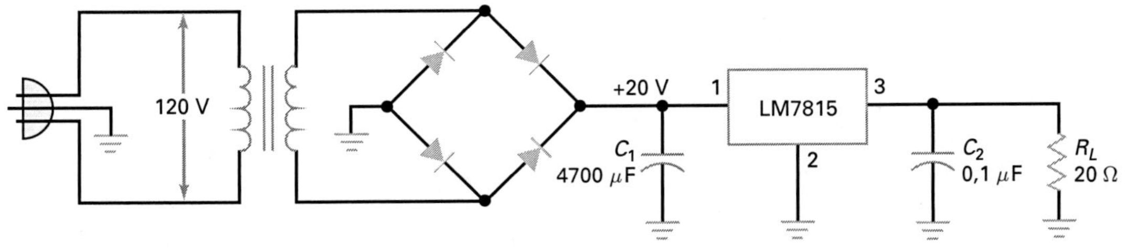

Figura 22-36 Exemplo.

Raciocínio crítico

22-24 A Figura 22-34 mostra um regulador LM317 com desligamento eletrônico. Quando a tensão de desligamento for zero, o transistor estará em corte não tendo efeito na operação do restante do circuito. Porém, quando a tensão de desligamento é aproximadamente 5 V, o transistor entra na saturação. Qual a faixa ajustável da tensão de saída quando a tensão de desligamento for zero? Qual a tensão de saída quando a tensão de desligamento for 5 V?

22-25 O transistor da Figura 22-34 está em corte. Para obter uma tensão de saída de 18 V, em que valor deve ser ajustado o resistor?

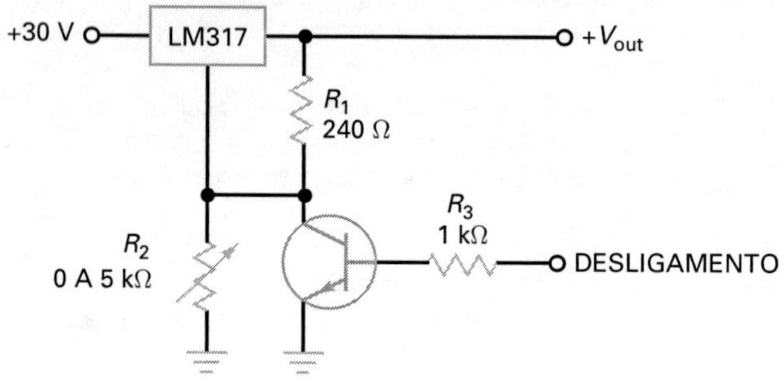

Figura 22-37

22-26 Quando um retificador em ponte e um filtro capacitivo acionam um regulador de tensão, a tensão do capacitor durante a descarga é quase uma rampa perfeita. Por que é uma rampa em vez de uma onda exponencial?

22-27 Se a regulação de carga for 5% e a tensão sem carga for 12,5 V, qual a tensão com carga máxima?

22-28 Se a regulação de linha for 3% e a tensão de linha baixa for 16 V, qual a tensão de linha alta?

22-29 Uma fonte de alimentação tem uma regulação de carga de 1% e uma resistência de carga mínima de 10 Ω. Qual a resistência de saída da fonte de alimentação?

22-30 O regulador *shunt* da Figura 22-6 tem uma tensão de entrada de 35 V, uma corrente de coletor de 60 mA e uma corrente de carga de 140 mA. Se a resistência série for de 100 Ω, qual a resistência de carga?

22-31 Na Figura 22-10, queremos que a limitação de corrente inicie em aproximadamente 250 mA. Qual o valor que devemos usar para R_4?

22-32 O circuito na Figura 22-12 tem uma tensão de saída de 10 V. Se $V_{BE} = 0{,}7$ V para o transistor de limitação de corrente, quais são os valores da corrente de carga em curto-circuito e da corrente de carga máxima? Use $K = 0{,}7$ e $R_4 = 1\ \Omega$.

22-33 Na Figura 22-35, $R_5 = 7{,}5\ k\Omega$, $R_6 = 1\ k\Omega$, $R_7 = 9\ k\Omega$ e $C_3 = 0{,}001\ \mu F$. Qual a frequência de chaveamento do regulador *buck*?

22-34 Na Figura 22-16, o cursor está na metade da faixa. Qual a tensão de saída?

Análise de defeito

Use a Figura 22-38 para os Problemas de 22-35 a 22-43. Neste conjunto de problemas, você fará a análise de defeito de um regulador chaveado. Antes de começar, observe a linha OK da tabela de análise de defeito para conhecer as formas de onda normais com suas tensões de pico corretas. Nesse exercício, a maioria dos defeitos são falhas de CIs em vez de resistores. Quando um CI falha, qualquer coisa pode acontecer. Pinos podem estar abertos internamente, em curto-circuito e assim por diante. Não importa qual o defeito interno ao CI, o sintoma mais comum é uma saída presa. Isso se refere a uma tensão de saída presa na saturação positiva ou negativa. Se os sinais de entrada estão OK, um CI com uma saída presa tem que ser substituído. Os problemas a seguir lhe proporcionam a oportunidade de lidar com saídas presas em +13,5 V ou –13,5 V.

22-35 Determine o problema 1.

22-36 Determine o problema 2.

22-37 Determine o problema 3.

22-38 Determine o problema 4.

22-39 Determine o problema 5.

22-40 Determine o problema 6.

22-41 Determine o problema 7.

22-42 Determine o problema 8.

22-43 Determine o problema 9.

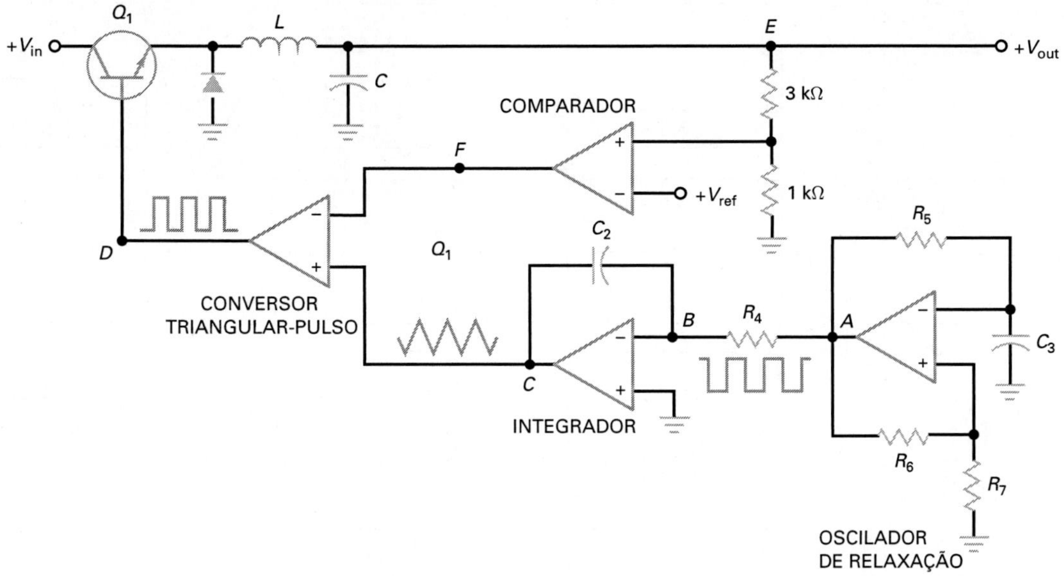

Análise de Defeito

Defeito	V_A	V_B	V_C	V_D	V_E	V_F
OK	N	I	M	J	K	H
*T*1	P	I	U	T	I	L
*T*2	T	L	V	O	R	O
*T*3	N	Q	M	V	I	T
*T*4	P	N	L	T	Q	L
*T*5	P	V	L	T	I	L
*T*6	N	Q	M	O	R	T
*T*7	P	I	U	I	Q	L
*T*8	P	I	U	L	Q	V
*T*9	N	Q	M	O	R	V

Formas de Onda

Figura 22-38

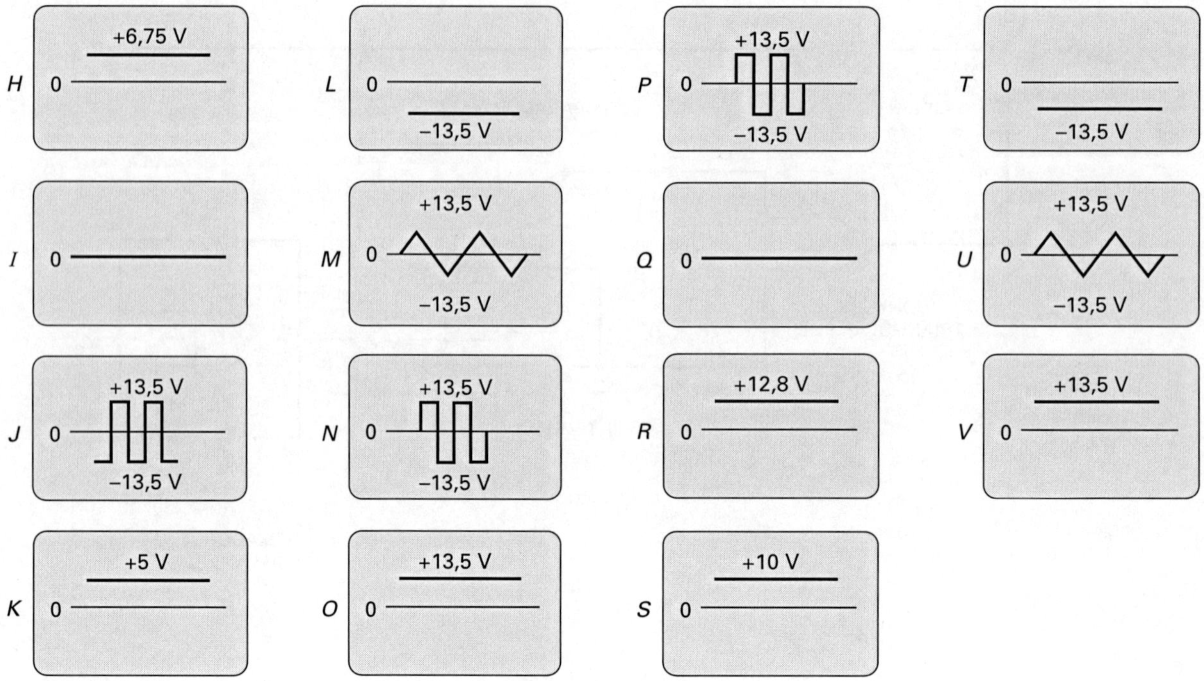

Figura 22-38 (continuação)

Questões de entrevista

1. Desenhe qualquer regulador *shunt* e diga como ele funciona.
2. Desenhe qualquer regulador série e diga como ele funciona.
3. Explique por que a eficiência de um regulador série é melhor que a de um regulador *shunt*.
4. Quais são os três tipos básicos de reguladores chaveados? Qual deles é elevador de tensão? Qual produz uma saída negativa a partir de uma entrada positiva? Qual deles é abaixador de tensão?
5. Em um regulador série, o que significa tensão de margem de operação? Como a eficiência está relacionada com a tensão de margem de operação?
6. Qual a diferença entre o LM7806 e o LM7912?
7. Explique o que significa regulação de linha e de carga. Esses parâmetros devem ter valores altos ou baixos para se ter uma fonte de alimentação de qualidade?
8. Como a resistência de saída ou Thévenin de uma fonte de alimentação está relacionada com a regulação de carga? Para uma fonte de alimentação de qualidade, a resistência de saída deve ser alta ou baixa?
9. Qual a diferença entre a limitação simples de corrente e a limitação por retrocesso de corrente?
10. O que significa *desligamento térmico*?
11. O fabricante de um regulador de três terminais recomenda o uso de um capacitor de desvio na entrada se o CI está a uma distância maior que 6 polegadas (~15,24 cm) da fonte de alimentação não regulada. Qual a finalidade desse capacitor?
12. Qual a tensão de desligamento típica para um CI da série LM78XX? O que significa esse parâmetro?

Respostas dos exercícios

1. a
2. b
3. b
4. b
5. c
6. a
7. c
8. c
9. b
10. a
11. c
12. b
13. b
14. b
15. a
16. c
17. b
18. d
19. c
20. a
21. c
22. b
23. a
24. a
25. b
26. a
27. c
28. d
29. b
30. d
31. c
32. a
33. a
34. c
35. a
36. c
37. b
38. d

Respostas dos problemas práticos

22-1 $V_{out} = 7{,}6$ V; $I_S = 440$ mA; $I_L = 190$ mA; $I_C = 250$ mA

22-2 $V_{out} = 11{,}1$ V; $I_S = 392$ mA; $I_L = 277$ mA; $I_C = 115$ mA

22-3 $P_{out} = 3{,}07$ W; $P_{in} = 5{,}88$ W; **%** Eff. = 52,2%

22-4 $I_C = 66$ mA; $P_D = 858$ mW

22-6 Regulação de carga = 2,16%
Regulação de linha = 3,31%

22-7 $V_{out} = 8{,}4$ v; $P_D = 756$ mW

22-8 Eficiência = 70%

22-9 $V_{out} = 11{,}25$ V

22-11 $I_Z = 22{,}7$ mA; $V_{out(mín)} = 5{,}57$ V; $V_{out(máx)} = 13$ V; $R_L = 41{,}7\ \Omega$; $I_{SL} = 350$ mA

22-12 $I_L = 150$ mA; $V_R = 198\ \mu$V

22-13 $V_{out} = 7{,}58$ V

22-15 $V_{out} = 7{,}81$ V; $R_2 = 7{,}8$ kΩ

22-16 $V_{out} = 7{,}4$ V

Apêndice A

Os principais componentes semicondutores utilizados neste livro estão listados a seguir. Na área Material para o professor em www.grupoa.com.br podem ser encontrados os links para as folhas de dados dos fabricantes.

1N4001 a 1N4007 (diodos retificadores)

1N5221B Series (diodos Zener)

1N4728A Series (diodos Zener)

TLDR5400 (LEDs)

LUXEON TX (emissores de LED de alta potência)

2N3903, 2N3904 (transistores de silício de propósito geral: npn)

2N3906 (transistores de silício de propósito geral: pnp)

TIP 100/101/102 (transistor Darlington de silício)

MPF102 (JFET canal n para amplificador de RF)

2N7000 (MOSFET canal n para enriquecimento)

MC33866 (ponte H em circuito integrado)

2N6504 (retificadores controlados de silício)

FKPF8N80 (tiristor)

FGL60N100BNTD (IGBT com tecnologia Trench-NPT)

LM741 (amplificador operacional de propósito geral)

LM118/218/318 (amplificadores operacionais de precisão e alta velocidade)

LM48511 (amplificador de áudio classe C)

LM555 (temporizador)

XR-2206 (CI gerador de função)

LM78XX Series (reguladores de tensão de três terminais)

CAT4139 (conversor CC/CC)

Apêndice B

Demonstrações matemáticas

Prova da Equação (18-2)

A equação de uma tensão senoidal é:

$$v = V_p \text{sen } \omega t$$

A derivada em relação ao tempo é:

$$\frac{dv}{dt} = \omega V_p \cos \omega t$$

A taxa de variação máxima ocorre para $t = 0$. Além disto, como a frequência aumenta, atingimos o ponto em que a taxa de variação máxima iguala ao valor da taxa de inclinação (*slew rate*). Neste ponto crítico:

$$S_R = \left(\frac{dv}{dt}\right)_{\text{máx}} = \omega_{\text{máx}} V_p = 2\pi f_{\text{máx}} V_p$$

Resolvendo para $f_{(\text{máx})}$ em termos de S_R, obtemos:

$$f_{\text{máx}} = \frac{S_R}{2\pi V_p}$$

Prova da Equação (19-10)

Aqui temos uma derivação para a impedância de saída em malha fechada. Comece com:

$$A_{v(CL)} = \frac{A_{VOL}}{1 + A_{VOL} B}$$

Substitua:

$$A_v = A_u \frac{R_L}{r_{\text{out}} = R_L}$$

onde A_v é o ganho com carga (R_L conectada) e A_u é o ganho sem carga (R_L desconectada). Após a substituição por A_v, o ganho em malha fechada fica simplificado para:

$$A_{v(CL)} = \frac{A_u}{1 + A_u B + r_{\text{out}}/RL}$$

Onde:

$$1 + A_u B = \frac{r_{out}}{R_L}$$

$A_{v(CL)}$ cairá pela metade, implicando que a resistência da carga "bate" com a resistência equivalente de Thevenin na saída do amplificador com realimentação. Resolvendo para R_L temos:

$$R_L = \frac{r_{out}}{1 + A_u B}$$

Este é o valor da resistência de carga que força o ganho de tensão em malha fechada a cair pela metade, o que equivale a dizer que ela é igual à impedância de saída em malha fechada.

$$r_{out(CL)} = \frac{r_{out}}{1 + A_u B}$$

Em qualquer amplificador prático com realimentação, r_{out} é muito menor que R_L, de modo que A_{VOL} é aproximadamente igual à A_u. É por isto que você quase sempre vê a seguinte expressão para a impedância de saída:

$$r_{out(CL)} = \frac{r_{out}}{1 + A_{VOL} B}$$

onde $r_{out(CL)}$ = impedância de saída em malha fechada
r_{out} = impedância de saída em malha aberta
$A_{VOL}B$ = ganho em malha aberta

Prova da Equação (19-23)

Por causa do terra virtual na Figura 19-12, essencialmente toda a corrente de entrada circula por R_1. Somando as tensões em torno do circuito obtemos:

$$-v_{error} + i_{in} R_2 - (i_{out} - i_{in}) R_1 = 0 \qquad \textbf{(B-9)}$$

Com as substituições a seguir:

$$v_{erro} = \frac{v_{out}}{A_{VOL}}$$

e

$$v_{out} = i_{out} R_L + (i_{out} - i_{in}) R_1$$

A Equação (B-9) pode ser rearranjada como:

$$\frac{i_{out}}{i_{in}} = \frac{A_{VOL} R_2 + (1 + A_{VOL}) R_1}{R_L + (1 + A_{VOL}) R_1}$$

Como A é geralmente muito maior que 1, isto se reduz para:

$$\frac{i_{out}}{i_{in}} = \frac{A_{VOL}(R_1 + R_2)}{R_L + A_{VOL} R_1}$$

Além disto, AR_2 é geralmente muito maior que R_L e a expressão anterior fica simplificada para

$$\frac{i_{out}}{i_{in}} = \frac{R_2}{R_1} + 1$$

Prova da Equação (22-17)

A variação da tensão no capacitor é dada por:

$$\Delta V = \frac{IT}{C} \qquad \textbf{(B-10)}$$

No semiciclo positivo da tensão de entrada (Figura 22-28a), a corrente de carga do capacitor é idealmente:

$$I = \frac{V_p}{R}$$

Como T é o tempo de decaimento da rampa de saída, ele representa metade do período na saída. Se f é a frequência da onda quadrada na entrada, então $T = 1/2f$. Substituindo para I e T na Equação (B10) temos:

$$\Delta V = \frac{V_p}{2fRC}$$

A tensão na entrada tem um valor de pico de V_p, enquanto a tensão na saída tem um valor de pico a pico de ΔV. Logo, a equação pode ser escrita como:

$$v_{out}(p - p) = \frac{V_P}{2fRC}$$

Prova da Equação (22-18)

A UTP tem um valor de $+VB_{sat}$ e LTP um valor de $-BV_{sat}$. Comece com a equação básica de chaveamento que se aplica a qualquer circuito RC:

$$\boldsymbol{v = v_i + (f - v_i)(1 - e^{-t/RC})} \qquad \textbf{(B-11)}$$

onde v = tensão instantânea no capacitor
v_i = tensão inicial no capacitor
v_f = tensão desejada no capacitor
t = tempo de carga
RC = constante de tempo

Na Figura 22-32b, a carga no capacitor começa com um valor inicial de $-BV_{sat}$ e termina com um valor de $+BV_{sat}$. A tensão desejada para a tensão no capacitor é $+V_{sat}$ e o tempo de carga do capacitor é a metade do período, $T/2$. Substitua na Equação (B-11) para obter:

$$BV_{sat} = -BV_{sat} + (V_{sat} + BV_{sat})(1 - e^{-T/2RC})$$

Que pode ser simplificada para:

$$\frac{2B}{1 + B} = 1 - e^{-T/2RC}$$

Rearranjando e tomando o antilog, a expressão anterior fica sendo:

$$T = 2RC \ln \frac{1 + B}{1 - B}$$

Prova da Equação (23-25)

Comece com a Equação (B-11), a equação de chaveamento para qualquer circuito *RC*. Na Figura 23-33, a tensão inicial no capacitor é zero, a tensão desejada no capacitor é de $+V_{CC}$ e a tensão final no capacitor é $+2V_{CC}/3$. Substitua na Equação (B-11) para obter:

$$\frac{2V_{CC}}{3} V_{CC}(1 - e^{-W/RC})$$

Isto fica simplificado para:

$$e^{-W/RC} = \frac{1}{3}$$

Resolvendo para *W* obtemos:

$$W = 1{,}0986RC \cong 1{,}1RC$$

Prova das Equações (23-28) e (23-29)

Na Figura 23-36, o tempo de carga positiva no capacitor é de *W*. A tensão no capacitor começa com $+V_{CC}/3$ e termina com $+2V_{CC}/3$, com uma tensão desejada de $+V_{CC}$. Substitua na Equação (B-11) para obter:

$$\frac{2V_{CC}}{3} = \frac{V_{CC}}{3} + \left(V_{CC} - \frac{V_{CC}}{3}\right)(1 - e^{-W/RC})$$

Isto fica simplificado para:

$$e^{-WRC} = 0{,}5$$

ou

$$W = 0{,}693RC = 0{,}693(R_1 + R_2)C$$

A equação de descarga é similar, exceto que R_2 é usado no lugar de $R_1 + R_2$. Na Figura 23-36, o tempo de descarga é $T - W$, que nos leva a:

$$T - W = 0{,}693R_2C$$

Portanto, o período é:

$$T = 0{,}693(R_1 + R_2)C + 0{,}693R_2C$$

e o ciclo de trabalho é:

$$D = \frac{0{,}693(R_1 + R_2)C}{0{,}693(R_1 + R_2)C + 0{,}693R_2C} \times 100\%$$

ou

$$D = \frac{R1 + R2}{R1 + 2R2} \times 100\%$$

Para obter a frequência, tome o inverso do período *T*:

$$f = \frac{1}{T} = \frac{1}{0{,}693(R_1 + R_2)C + 0{,}693R_2C}$$

ou

$$f = \frac{1{,}44}{(R_1 + 2R_2)\mathrm{C}}$$

Apêndice C

Aplicando o equivalente de Thevenin para o conversor R/2R D/A

Na Figura C-1 com as chaves $D_0 - D_4$ conectadas como na Figura C-1*a*, as entradas binárias $D_0 = 1$, $D_1 = 0$, $D_2 = 0$, $D_3 = 0$. Primeiro, faça o circuito equivalente de Thevenin no ponto A, vista de D_0 para a esquerda. Feito isto, R_5 (20 kΩ) fica em paralelo com R_1 (20 kΩ) com um valor equivalente de 10 kΩ. A tensão equivalente de Thevenin no ponto A é metade de V_{ref} sendo igual a +2,5 V. Este circuito equivalente está mostrado na Figura C1-*b*.

A seguir faça o circuito equivalente da Figura C-1*b* a partir do ponto B para a esquerda. Observe como R_{TH} (10 kΩ) está em série com R_6 (10 kΩ). Isto totaliza um valor de 20 kΩ em paralelo com R_2 (20 kΩ) e novamente obtemos um total de 10 kΩ. A tensão equivalente de Thevenin vista do ponto B fica novamente reduzida pela metade, para 1,25 V. Este circuito equivalente está mostrado na Figura C-1*c*.

Agora, faça o circuito equivalente na Figura C-1c a partir do ponto C para a esquerda. Novamente, R_{TH} (10 kΩ) fica em série com R_7 (10 kΩ) e este valor de 20 kΩ fica em paralelo com R_3 (10 kΩ). V_{TH} fica com um valor de 0,625 V. Observe como os valores de V_{TH} foram cortados pela metade em cada passo. O circuito equivalente de Thevenin fica reduzido ao da Figura C-1*d*.

Na Figura C-1*d*, a entrada inversora do amp. op. e o terminal de cima de R_4 (20 kΩ) estão em um terra virtual. A tensão neste ponto é igual a zero volt. Isto faz com que V_{TH} com valor de 0,625 V fique totalmente aplicado em R_{TH} e R8 (10 kΩ). Isto resulta em uma corrente de entrada I_{in} de:

$$I_{\text{in}} = \frac{0,625}{20\text{k}\Omega} = 31,25\,\mu\text{A}$$

Novamente, por causa do terra virtual, a corrente de entrada é forçada a circular por R_f (20 kΩ) e produz uma tensão na saída de:

$$V_{\text{out}} = -(I_{\text{in}}R_f) = -(31,25\ \mu\text{A})(20\ \text{k}\Omega) = -0,625\ \text{V}$$

Esta tensão de saída é o menor valor de incremento acima de 0 V e é chamada de resolução de saída do circuito.

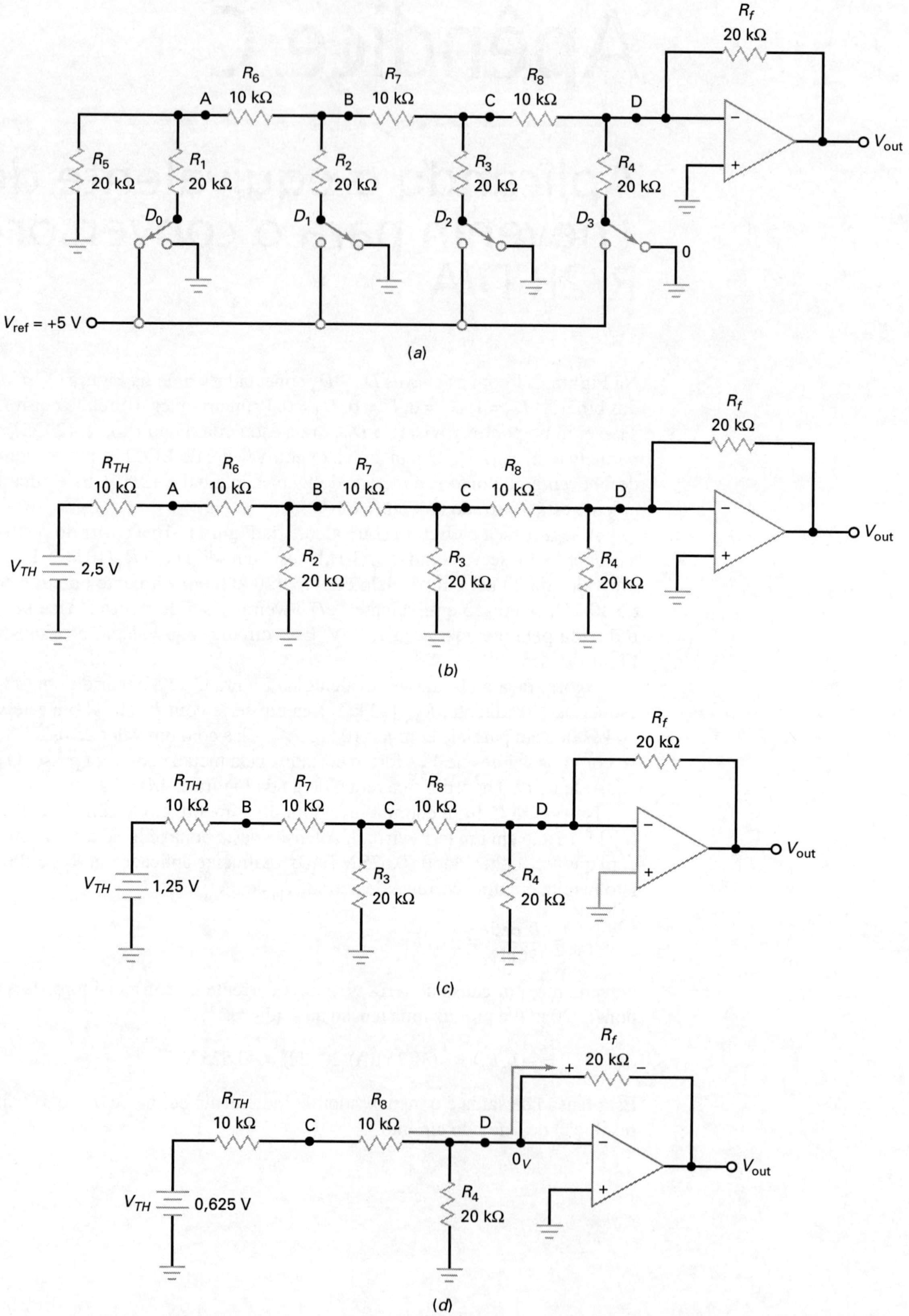

Figura C-1 (a) Circuito original; (b) Equivalente de Thevenin no ponto A; (c) Equivalente de Thevenin no ponto B; (d) Equivalente de Thevenin no ponto C.

Apêndice D

Lista de tabelas selecionadas

Glossário

A

Aberto Refere-se a um componente ou a um fio de conexão que não está conectado ao circuito, o que equivale a um valor alto de resistência que se aproxima do infinito.

Absorção (*sink*) Se você imaginar a água que desce e desaparece pelo ralo de uma pia de cozinha, terá uma ideia do que os engenheiros e técnicos querem dizer quando falam em (*sink*) de corrente. Este é o ponto que permite que a corrente circule entrando pelo terra ou saindo do terra.

Aceitador Um átomo trivalente, aquele que tem três elétrons de valência. Cada átomo trivalente produz uma lacuna no cristal de silício.

Acionador de LED (*driver*) Um circuito que pode fazer circular uma corrente suficiente em um LED para fazê-lo emitir luz.

Acionamento de proteção A diminuição dos efeitos da corrente de fuga e capacitância nos cabos pela blindagem boostrapping para o potencial em modo comum.

Acoplador óptico (optoacoplador) Uma combinação de um LED e um fotodiodo. Um sinal de entrada no LED é convertido em variação de luz que é detectado por um fotodiodo. A vantagem é uma resistência de isolamento muito alta entre a entrada e a saída.

Acoplamento direto Acoplamento que usa uma conexão direta entre estágios por meio de um condutor em vez de um capacitor de acoplamento. Para um bom funcionamento, o projetista tem de certificar-se de que as tensões CC dos dois pontos a serem conectados sejam aproximadamente iguais antes de as conexões serem feitas.

Alfa CC (α_{CC}) A corrente CC no coletor dividida pela corrente CC no emissor.

Amp.op BIFET Um CI amp op que combina FETs e transistores bipolares, geralmente com seguidores de fonte FET na entrada do dispositivo seguidos por um estágio de ganho com transistor bipolar.

Amplificador Um circuito que pode aumentar a tensão de pico a pico, corrente ou potência de um sinal.

Amplificador BC Uma configuração de amplificador em que o sinal de entrada alimenta o terminal do emissor e a saída é retirada pelo terminal do coletor.

Amplificador CC Um amplificador capaz de amplificar sinais e frequências muito baixas, inclusive CC. Este amplificador é conhecido também como capacitor de acoplamento direto.

Amplificador CC Uma configuração de amplificador em que o sinal de entrada alimenta o terminal da base e a saída é retirada pelo terminal do coletor. Chamado também de *seguidor de emissor.*

Amplificador classe D Uma configuração de amplificador em que os transistores de saída são levados para saturação e corte. Os dois estados da forma de onda na saída variam sua taxa de ciclo baseada nos níveis do sinal de entrada e é essencialmente modulada em largura de pulso. Isso resulta em uma dissipação de potência muito baixa pelos transistores de saída e em uma alta eficiência.

Amplificador de áudio Qualquer amplificador projetado para operar na faixa de frequências de 20 kHz a 20 kHz.

Amplificador de banda estreita Um amplificador projetado para operar sobre uma faixa de frequência baixa. Este tipo de amplificador é quase sempre usado em circuitos de comunicação RF.

Amplificador de banda larga Um amplificador projetado para operar sobre uma larga faixa de frequências. Este tipo de amplificador é geralmente não sintonizado usando cargas resistivas.

Amplificador de corrente Uma configuração de amplificador em que uma corrente na entrada produz uma corrente maior na saída. Um circuito amp op tem as características de uma impedância de entrada muito baixa e uma impedância de saída alta.

Amplificador de excursão máxima Um amp op cuja tensão na saída pode excursionar do valor positivo ao negativo da fonte simétrica. Em muitos amps op, a excursão na saída é limitada de 1-2 V abaixo da tensão de alimentação simétrica.

Amplificador de instrumentação É um amplificador diferencial com uma alta impedância de entrada e uma alta CMRR. Você encontra este tipo de amplificador como o estágio de entrada dos instrumentos de medição como osciloscópios.

Amplificador de multiestágios Uma configuração de amplificador que consiste em dois ou mais estágios individuais de amplificação cascateados juntos. A saída do primeiro estágio aciona a entrada do segundo estágio. A saída do segundo estágio pode ser usada como a entrada para o terceiro estágio.

Amplificador de pequeno sinal Este tipo de amplificador é usado na entrada dos receptores porque o sinal de entrada é muito fraco. (A corrente de pico a pico no emissor é menor que 10% da corrente CC no emissor.)

Amplificador de potência Um amplificador projetado para grande sinal para produzir potências na saída de alguns centésimos de miliwatts a várias centenas de watts.

Amplificador de radiofrequência (RF) Conhecido também como *presseletor*, este amplificador fornece um ganho inicial e uma seletividade.

Amplificador de tensão Um amplificador que tem no seu circuito valores projetados para produzir um ganho de tensão máximo.

Amplificador de transcondutância Um amplificador com a característica de transferência em que a tensão na entrada controla a corrente na saída. Ele é também conhecido como um conversor tensão-corrente ou circuito VCIS.

Amplificador de transresistência Um amplificador com a característica de transferência em que a corrente na entrada controla a tensão na saída. Ele também é conhecido como conversor corrente-tensão ou circuito ICVS.

Amplificador diferencial Um circuito de dois transistores cuja saída CA é uma versão amplificada do sinal entre as duas bases.

Amplificador EC A configuração mais aplicada de amplificador em que o sinal de entrada alimenta o terminal da base e a saída é retirada pelo terminal do coletor.

Amplificador em coletor comum É um amplificador cujo coletor é aterrado para CA. O sinal é aplicado na base e a saída é retirada do emissor.

Amplificador em fonte comum (FC) Um amplificador com FET em que o sinal é acoplado diretamente no terminal da porta e a tensão CA na entrada total aparece entre os terminais da porta e da fonte, produzindo uma tensão CA na saída amplificada e invertida.

Amplificador inversor de tensão Como o nome sugere, a tensão de saída amplificada é invertida em relação à tensão de entrada.

Amplificador linearizado (*swamped*) Um estágio EC com um resistor de realimentação no circuito do emissor. Esse resistor de realimentação é muito maior que a resistência CA do diodo emissor.

Amplificador reforçador ou seguidor (*buffer*) Este é um amplificador que você usa para isolar dois outros circuitos quando um sobrecarrega o outro. Um amplificador reforçador geralmente tem uma impedância de entrada muito alta, uma impedância de saída muito baixa e um ganho de tensão de 1. Essas qualidades significam que o amplificador reforçador transmite a saída do primeiro para o segundo circuito sem alteração no sinal.

Amplificador sintonizado de RF Um tipo de amplificador de banda estreita usando normalmente um alto fator Q no circuito tanque ressonante.

Amplitude É a grandeza de um sinal, geralmente seu valor de pico.

Amp-op Um amplificador CC de alto ganho que proporciona ganho de tensão utilizável para frequências de 0 a valores além de 1 MHz.

Análise de defeito Um método de determinação de falha em um circuito usando o conhecimento adquirido nas teorias de eletrônica.

Analogia A semelhança em alguns pontos entre coisas diferentes. A analogia entre transistores bipolares e JFETs é um exemplo. Como esses dispositivos são similares, muitas das suas equações são idênticas, exceto por uma mudança nos subíndices.

Analógico É o ramo da eletrônica que tem relação com a variação infinita da grandeza. Quase sempre chamada de eletrônica linear.

Ângulo de condução O ângulo ou o número de graus elétricos entre o início e o fim da condução para um tiristor com uma forma de onda CA aplicada.

Ângulo de disparo O ponto elétrico em grau ou ângulo em que um tiristor dispara e começa a conduzir com uma forma de onda CA aplicada na entrada.

Anodo O elemento de um dispositivo eletrônico que recebe o fluxo de elétrons da corrente.

Anodo comum Uma configuração de circuito em um indicador de sete seguimentos em que cada um dos anodos são conectados juntos e conectados também ao terminal positivo da fonte de alimentação CC.

Aproximação É a forma de usar o bom-senso com dispositivos semicondutores. As respostas exatas são trabalhosas, consumindo um tempo que quase nunca compensa os resultados proporcionados pelos componentes reais. Por outro lado, as aproximações nos dão respostas rápidas, geralmente adequadas à tarefa que executamos.

Aproximação elíptica Um filtro ativo com uma descida abrupta na região de transição, mas produz ondulações na banda passante e na rejeita-banda.

Aproximação ideal O circuito equivalente mais simples de um dispositivo. Ele inclui apenas algumas características básicas do dispositivo e desconsidera várias outras de menor importância.

Aproximação inversa de Chebyshev Um filtro ativo capaz de produzir uma resposta lisa na banda-passante e uma descida rápida. Ele tem a desvantagem de produzir ondulações na parada da banda.

Astável Um circuito de chaveamento digital sem um estado estável. Este circuito é também chamado de circuito *pêndulo.*

Atenuação Uma redução na intensidade do sinal, normalmente expressa em decibéis. O valor da redução do sinal é comparado com o nível do sinal na banda média do filtro. Ele é expresso matematicamente como atenuação $= \dfrac{v_{out}}{v_{out(med)}}$ e atenuação em decibel = 20 log da atenuação.

Autopolarização A polarização que você obtém com um JFET devido à tensão produzida no resistor da fonte.

B

Banda de captura A faixa de frequências de entrada em que um circuito em malha de fase fechada (PLL) pode sincronizar para o sinal de entrada.

Banda de condução Uma banda de condução em um semicondutor em que os elétrons são livres para se movimentarem. Esta banda de energia está em um nível maior que a banda de valência.

Banda média Definida como $10f_1$ a $0{,}1f_2$. Nesta faixa de frequência, o ganho de tensão é de 0,5% do ganho de tensão máximo.

Barra Uma metáfora usada para descrever o funcionamento de um SCR quando aplicado para proteger uma carga contra sobretensão da fonte.

Barreira de potencial A tensão através da camada de depleção. Essa tensão é incorporada na junção porque ela é a diferença de potencial entre os íons dos dois lados da junção. Ela é igual a aproximadamente 0,7 V para um diodo de silício.

Base A parte central de um transistor. Ela é fina e levemente dopada. Isso permite que os elétrons do emissor passem através dela para o coletor.

Base comum (BC) Uma configuração de amplificador em que o sinal de entrada é aplicado no terminal do emissor e o sinal de saída é retirado pelo terminal do coletor.

Beta CC (β_{CC}) A razão entre a corrente CC no coletor e a corrente CC na base.

C

Camada de depleção A região na junção de semicondutores tipo p e tipo n. Devido à difusão, os elétrons livres e as lacunas se recombinam na junção. Isso cria um par de íons de cargas opostas em cada lado da junção. Essa região é depletada (fica com falta) de elétrons livres e lacunas.

Camada epitaxial Uma camada fina depositada no cristal que forma uma parte da estrutura elétrica de certos circuitos integrados e semicondutores.

Canal O material semicondutor tipo n ou tipo p que proporciona o caminho da corrente principal entre os terminais da fonte e do dreno de um transistor de efeito de campo.

Capacitância de montagem (parasita) A capacitância equivalente C_m de um cristal quando não está vibrando. Devido a sua construção física, o cristal é essencialmente duas placas de metal separadas por um dielétrico.

Capacitância interna Os valores de capacitâncias internas entre as junções pn de um transistor. Estes valores podem ser desprezados normalmente sob as condições de baixa frequência, mas poderão fornecer um caminho de desvio e perdas no ganho de tensão para um sinal CA de alta frequência.

Capacitância parasita de contato A capacitância indesejável entre a conexão do fio condutor com o terminal de terra.

Capacitor de acoplamento Um capacitor usado para transmitir um sinal CA de um nó para outro do circuito enquanto bloqueia o componente CC da forma de onda.

Capacitor de acoplamento Um capacitor usado para transmitir um sinal CA de um nó para outro do circuito.

Capacitor de compensação Um capacitor interno de um amp op que impede oscilações. Além disso, é qualquer capacitor que estabilize um amplificador com uma malha de realimentação negativa. Sem esse capacitor o amplificador oscila. O capacitor de compensação produz uma frequência crítica baixa e diminui o ganho de tensão a uma taxa de 20 dB por década acima da banda média. Na frequência de ganho unitário, o deslocamento de fase é próximo de 270°. Quando o deslocamento de fase chega a 360°, o ganho de tensão é menor que 1 e não ocorrem oscilações.

Capacitor de comutação Um capacitor usado para aumentar a velocidade de chaveamento de um circuito.

Capacitor de desvio (derivação) Um capacitor usado para aterrar um nó de um circuito em CA.

Capacitor de filtro de entrada Nada mais que um capacitor em paralelo com o resistor de carga. O tipo de filtro passivo mais comum.

Capacitor de realimentação Um capacitor localizado entre os terminais de entrada e de saída de um amplificador. Este capacitor alimenta uma porção do sinal de saída de volta à entrada e força o ganho de tensão e a resposta em frequência do amplificador.

Capacitores dominantes Os capacitores que são fatores principais na determinação dos pontos de corte de altas e baixas frequências do circuito.

Característica de transferência A resposta de entrada/saída de um circuito. A característica de transferência demonstra a efetividade de como a entrada controla a saída.

Carga ativa Isto se refere ao uso de um transistor bipolar ou MOS como uma resistência. Isto é feito a fim de economizar espaço ou para obter resistências difíceis com resistores passivos.

Carga em flutuação É a carga que não está conectada em um ponto referencial do circuito. Você pode localizá-la em um diagrama observando o fato de que nenhum de seus terminais está aterrado.

Catodo O elemento de um dispositivo eletrônico que fornece o fluxo de elétrons.

Catodo comum Uma configuração de circuito em um indicador de sete seguimentos em que todos os catodos são conectados juntos e conectados também ao terminal negativo da fonte de alimentação CC.

Ceifador Um circuito que retira uma parte de um sinal. O Ceifamento pode ser indesejável em um amplificador linear ou desejável em um circuito limitador.

Ceifador positivo ativo Um circuito com amp op ajustável usado para controlar precisamente o nível de tensão positiva na saída.

Chave em série Um tipo de chave analógica com JFET onde este está em série com o resistor de carga.

Chave paralela Um tipo de chave analógica com JFET onde este está em paralelo com o resistor de carga.

Chave unilateral de silício (SUS) Outro nome para o *diodo Schockley*. Este dispositivo só conduz em um sentido.

Chip Tem dois significados. Primeiro, um fabricante de CI produz centenas de circuitos em uma grande lâmina (*wafer*) de material semicondutor. Em seguida, a lâmina é cortada em chips individuais, cada um contendo um circuito monolítico. Nesse caso, não há terminais conectados ao chip. O chip ainda é um pedaço de semicondutor isolado. Segundo, quando o chip é colocado dentro de um encapsulamento e terminais externos são conectados a ele, você tem um CI pronto. Esse CI pronto também é denominado chip. Por exemplo, podemos chamar o 741C de chip.

CI híbrido Um circuito integrado de alta potência constituído de dois ou mais CIs monolíticos em um encapsulamento ou a combinação de circuitos em miniatura. Os CIs são sempre usados em aplicações de amplificador de áudio de alta potência.

CI monolítico Um circuito integrado completo em uma única pastilha de semicondutor (chip).

CI regulador de tensão Um circuito integrado projetado para manter uma tensão quase constante na saída mesmo com variação na tensão de entrada e na corrente da carga.

Ciclo de trabalho A largura de um pulso dividida pelo período entre os pulsos. Geralmente, você multiplica por 100% para obter a resposta em porcentagem.

Circuito de acoplamento Um circuito que acopla um sinal de um gerador para uma carga. O capacitor está em série com a resistência equivalente de Thevenin do gerador e com a resistência da carga.

Circuito de anulação Um circuito com amp-op externo usado para reduzir o efeito da corrente de compensação (*offset*) de entrada e da tensão de compensação (*offset*). Este circuito é usado quando um erro na saída não pode ser desprezado.

Circuito de atraso Um outro nome para circuito de derivação. A palavra atraso se refere ao ângulo do fasor da tensão de saída, que é negativo em relação ao ângulo de fase da tensão de entrada. O ângulo de fase pode variar de 0° a -90° (atrasado).

Circuito de avanço (adiantamento) Um outro nome para circuito de acoplamento. A palavra *avanço* ou *adiantamento* se refere ao ângulo do fasor da tensão de saída, que é positivo em relação ao ângulo de fase da tensão de entrada. O ângulo de fase pode variar de 0° a +90° (adiantado).

Circuito de avanço-atraso Um circuito que combina os circuitos de acoplamento e de derivação. O ângulo do fasor da tensão de saída pode ser positivo ou negativo em relação ao ângulo de fase da tensão de entrada. O ângulo de fase pode variar de -90° (atrasado) a +90° (adiantado).

Circuito de chaveamento Um circuito que opera um transistor nas regiões de saturação e corte. Duas regiões distintas de operação permitem que o dispositivo seja usado em circuitos digitais e de computador juntamente com as aplicações de controle de potência.

Circuito de desvio indesejado Um circuito que aparece nos lados da base ou coletor de um transistor por causa das capacitâncias internas do transistor e capacitâncias parasitas dos condutores.

Circuito discreto Um circuito cujos componentes, tais como resistores, transistores etc., são soldados ou conectados mecanicamente.

Circuito emissor comum Um circuito com transistor em que o emissor é comum ou aterrado.

Circuito equivalente CA Tudo o que resta de um circuito quando você reduz as fontes CC a zero e fecha em curto todos os capacitores.

Circuito equivalente CC O que resta de um circuito após você abrir todos os capacitores.

Circuito integrado Um dispositivo que contém transistores, resistores e diodos próprios. Um CI completo que usa esses componentes microscópicos pode ser produzido no espaço ocupado por um transistor discreto.

Circuito linear com amp-op É um circuito em que o amp op nunca satura sob condições normais de operação. Isso significa que a saída amplificada tem a mesma forma da entrada.

Circuito não linear Um circuito amplificador em que a porção do sinal de entrada aciona o amplificador para a saturação ou corte. A forma de onda resultante na saída é diferente da forma de onda na entrada.

Circuito silenciador (*squelch*) Um circuito especial usado em sistemas de comunicação em que o sinal de saída é automaticamente atenuado na ausência de sinal de entrada.

Código de deslocamento da frequência Uma técnica de modulação usada na transmissão de dados binários, em que um sinal na entrada produz um sinal na saída para variar em uma ou duas frequências distintas na saída.

Coeficiente de temperatura A taxa de variação de uma grandeza em relação à temperatura.

Coletor A parte maior de um transistor. É chamada de coletor porque coleta os portadores enviados para a base pelo emissor.

Comparador Um circuito ou dispositivo que detecta quando a tensão de entrada é maior que um valor predeterminado. A tensão na saída pode ser baixa ou alta. O valor predeterminado de tensão é chamado de *ponto de comutação.*

Comparador de janela Um circuito usado para detectar quando a tensão na entrada está entre dois valores limites pré-ajustados.

Comparador em coletor aberto Um circuito comparador com amp op que requer o uso de um resistor *elevador (pullup)* externo. Uma configuração em coletor aberto admite velocidades maiores de chaveamento na saída e permite o interfaceamento dos circuitos com diferentes níveis de tensão.

Compliance CA A excursão máxima de pico a pico na saída sem ceifamento que um amplificador de grande sinal admite com o ponto *Q* no centro da reta de carga CA.

Comutador de fonte para carga Dispositivo eletrônico ativo de comutação usado para transferir a tensão e a corrente de entrada para a carga sem qualquer função de limitação de corrente.

Conexão Darlington A conexão de dois transistores que produzem um ganho de corrente total igual ao produto dos ganhos de correntes individuais. Esta conexão de transistores pode apresentar uma impedância de entrada muito alta e pode produzir altas correntes na saída.

Conexão *push-pull* Uso de dois transistores em uma conexão que faz com que um deles conduza durante meio ciclo, enquanto o outro fica em corte. Desse modo, um dos transistores amplifica o primeiro semiciclo e o outro amplifica o segundo semiciclo.

Controle automático de ganho (AGC) Um circuito projetado para corrigir o ganho de um amplificador conforme a amplitude do sinal de entrada.

Conversor CC-CA Um circuito que tenha capacidade de converter a corrente CC, geralmente de uma bateria, em corrente CA. Este tipo de circuito é conhecido também como inversor e é a base das *fontes de alimentação sem interrupção.*

Conversor CC-CC Um circuito que converte uma tensão CC de um valor em uma tensão CC de outro valor. Geralmente a tensão CC de entrada é recortada (pulsada) ou transformada em uma tensão retangular. Ela é aumentada ou diminuída o necessário, retificada e filtrada para que a tensão CC de saída seja obtida.

Conversor corrente-tensão Um circuito que utiliza um valor de corrente de entrada e desenvolve uma tensão correspondente na saída. Em circuitos com amp op, ele é conhecido também como amplificador de transresistência ou circuito ICVS.

Conversor digital para analógico (D/A) Um circuito ou dispositivo usado para converter um sinal digital em seus dois terminais de entrada.

Conversor tensão-corrente Um circuito que é equivalente a uma fonte de corrente controlada. A tensão de entrada controla a corrente. Então, a corrente é constante e independente da resistência de carga.

Conversor tensão-frequência Um circuito que com uma tensão na entrada é capaz de controlar uma frequência na saída. Este circuito também é conhecido como *oscilador controlado por tensão.*

Corrente baixa de desligamento (*drop--out*) O chaveamento, liga-desliga, de um circuito com trava a semicondutor como um resultado da corrente de travamento diminuindo o suficiente para tirar os transistores de saturação.

Corrente de carga unidirecional A corrente que circula por uma carga em um sentido apenas como a que resulta de um retificador de meia onda ou de onda completa.

Corrente de cauda A corrente no resistor comum do emissor R_E de um amplificador diferencial. Quando os transistores são perfeitamente casados, as correntes individuais dos emissores são iguais e podem ser calculadas por $I_E = \frac{I_T}{2}$

Corrente de compensação (*offset*) de entrada A diferença das duas correntes de entrada de um amplificador diferencial ou um amp op.

Corrente de corte do coletor A pequena corrente do coletor que existe quando a corrente da base é zero em uma conexão EC. Idealmente, não haveria corrente alguma do coletor. Porém, existe por causa dos portadores minoritários e da corrente de fuga de superfície no diodo coletor.

Corrente de disparo do gatilho (I_{GT}) A corrente mínima da porta especificada para disparar um SCR.

Corrente de dreno A corrente CC total I_{cc} fornecida a um amplificador pela fonte de tensão CC. Esta corrente é a combinação da corrente de polarização com a corrente do coletor pelo transistor.

Corrente de energização Também chamada de corrente de partida. Corrente de surto de alto valor que ocorre quando uma carga capacitiva é carregada podendo resultar em danos aos componentes.

Corrente de fuga Expressão muitas vezes usada para denominar a corrente reversa total de um diodo. Inclui a corrente produzida termicamente, como também a corrente de fuga de superfície.

Corrente de fuga de superfície Uma corrente reversa que circula ao longo da superfície de um diodo. Ela aumenta quando você aumenta a tensão reversa.

Corrente de gatilho (disparo) A corrente mínima necessária para levar um tiristor à condução.

Corrente de manutenção A corrente mínima que circula em um tiristor que é capaz de mantê-lo travado no estado de condução.

Corrente de polarização de entrada A média das duas correntes de entrada de um amplificador diferencial ou um amp op.

Corrente de realimentação É um tipo de realimentação em que o sinal realimentado é proporcional à corrente na saída.

Corrente de saída em curto A máxima corrente de saída que um amp op pode produzir para um resistor de carga zero.

Corrente de saturação A corrente de saturação em um diodo reversamente polarizado causada pelos portadores minoritários produzidos termicamente.

Corrente de saturação reversa O mesmo que a corrente de portadores minoritários em um diodo. Esta corrente existe no sentido reverso.

Corrente de surto Uma alta corrente inicial que circula através dos diodos de um retificador. Ela é o resultado direto da carga do capacitor de filtro quando inicialmente descarregado.

Corrente direta máxima O valor máximo de corrente que um diodo diretamente polarizado pode suportar antes de ser danificado ou ser seriamente degradado.

Corte CA A extremidade inferior da reta de carga CA. Neste ponto, o transistor entra em corte e ceifa o sinal CA.

Corte térmico Uma característica encontrada nos CIs reguladores modernos de três terminais. Quando o regulador excede o valor seguro da temperatura de operação, o transistor de passagem entra em corte e a tensão na saída vai para zero. Quando o dispositivo esfria, o transistor de passagem volta a conduzir. Se a causa original da temperatura excessiva ainda existir, o dispositivo corta novamente. Se a causa for removida, o dispositivo funciona normalmente. Essa característica faz do regulador um componente indestrutível.

Cristal A estrutura geométrica que ocorre quando os átomos de silício se combinam. Cada átomo de silício tem quatro átomos vizinhos e isso resulta em uma forma especial chamada de *cristal.*

Curto CA Um capacitor de acoplamento ou de desvio, que pode ser tratado como um curto para CA se sua reatância capacitiva X_C for menor que 1/10 da resistência R. Isto pode ser declarado matematicamente como $X_C < 0{,}1R$.

Curto virtual Idealmente, devido ao alto ganho de tensão interno e da impedância de entrada extremamente alta de um amp op, a tensão em v_1-v_2 é zero e I_{ent} é zero para as duas entradas. Um curto virtual é um curto para tensão, mas um circuito aberto para corrente. Portanto, um circuito com amp op pode ser analisado do lado da entrada tendo um curto virtual entre as entradas não inversora e inversora.

Curto-circuito Um dos tipos mais comuns de defeitos que podem ocorrer. Um curto--circuito ocorre quando uma resistência extremamente pequena aproxima-se de zero. Por isso, a tensão através do curto-circuito também aproxima-se de zero, embora a corrente possa ser muito alta. Um componente pode ser curto-circuitado internamente ou pode ser curto-circuitado externamente por um respingo de solda ou uma ligação errada.

Curva de Bode Um gráfico que mostra a performance do ganho ou da fase de um circuito eletrônico em várias frequências.

Curva de transcondutância Um gráfico que mostra a relação de I_D *versus* V_{GS} para um transistor de efeito de campo. Este gráfico demonstra a característica não linear de um FET e como ele segue uma equação *quadrática.*

Curva universal Uma solução na forma de gráfico que resolve um problema para toda uma classe de circuitos. A curva universal para a autopolarização de JFETs é um exemplo. Nessa curva universal, I_D/I_{DSS} é relacionada para R_D/R_{DS}.

D

Darlington complementar Uma conexão Darlington composta por um transistor *npn* e *pnp.*

Década Um fator de 10. Normalmente é usado como uma razão de 10 na frequência, pois uma década em frequência significa uma variação de 10:1 na frequência.

Definição Uma fórmula inventada para um conceito novo baseada em observação científica.

Definição de fórmula Uma fórmula ou equação usada para definir ou dar um significado matemático de uma nova grandeza. Antes de ser usada pela primeira vez, a fórmula por definição de uma grandeza não aparece em nenhuma outra fórmula.

Degrau de tensão Uma variação repentina na tensão de entrada ou um transiente aplicado em um amplificador. A resposta de saída dependerá da taxa de variação da tensão do amplificador por unidade de tempo, também conhecido como sua taxa de subida.

Demodulador de FM Uma malha fechada em fase (PLL) usada como um circuito que restabelece um sinal de modulação de uma onda FM.

Deriva térmica Quando um transistor aquece, sua temperatura na junção aumenta. Isso aumenta a corrente no coletor, que força a temperatura na junção a aumentar ainda mais produzindo um aumento na corrente do coletor, e assim por diante até que o transistor seja danificado.

Derivação Uma fórmula produzida usando matemática por meio de outras fórmulas.

Deslocamento de fase A diferença no ângulo de fase entre o fasor de tensão nos pontos A e B. Para um oscilador funcionar, o deslocamento de fase no amplificador e na malha de realimentação na frequência de ressonância tem de ser igual a 360°, que equivale a 0°.

Deslocamento de fase linear A resposta de um circuito de filtro em que o deslocamento de fase aumenta linearmente com a frequência. Um destes filtros é o filtro de Bessel.

Detector de fase O circuito em uma malha de fase fechada (PLL) que produz uma tensão na saída proporcional à diferença de fase entre os dois sinais de entrada.

Detector de passagem por zero Um circuito comparador onde a tensão na entrada é comparada com uma tensão de referência de zero volt.

Detector de pico O mesmo que um retificador com filtro capacitivo de entrada. Idealmente, o capacitor se carrega com a tensão de pico de entrada. Essa tensão de pico é então usada como a tensão de saída de um detector de pico, o que justifica o termo de circuito detector de pico.

Detector de pico ativo Um circuito com amp op usado para detectar níveis de sinais baixos.

Diac Um dispositivo bilateral de silício usado para disparar outros dispositivos como os triacs.

Diferenciador Um circuito eletrônico, ativo ou passivo, cuja saída é proporcional à taxa de variação do tempo do seu sinal de entrada. Esse circuito tem a capacidade de executar uma operação de cálculo chamada diferenciação.

Diferenciador RC Um circuito *RC* usado para diferenciar um sinal de entrada de um pulso retangular de uma série de picos positivos e negativos.

Digital Um nível de sinal que é encontrado em dois estados diferentes. O conteúdo digital é útil em armazenagem, processamento e transmissão de informação.

Diodo Um cristal *pn*. Um dispositivo que conduz facilmente quando diretamente polarizado e muito pouco quando reversamente polarizado.

Diodo coletor O diodo formado pela base e o coletor de um transistor.

Diodo de corpo (ou intrínseco) parasita O diodo resultante formado em um MOSFET de potência devido às suas camadas de construção *pn* internas.

Diodo de quatro camadas Um componente semicondutor consistindo em uma estrutura de quatro camadas *pnpn*. Este diodo permite que a corrente circule por ele em um sentido apenas quando uma tensão de ruptura específica é atingida. A partir daí, ele permanecerá conduzindo até que a corrente por ele caia abaixo do valor da corrente de manutenção I_H.

Diodo de recuperação em degrau Um diodo tendo as propriedades "inverter instantaneamente" devido ao nível de dopagem mais leve próximo da junção. Este diodo é quase sempre utilizado em aplicações de multiplicadores de frequência.

Diodo de retaguarda Um diodo com propriedades que fazem dele um condutor melhor no sentido reverso que no sentido direto. Comumente usado na retificação de sinais fracos.

Diodo emissor de luz (LED) Um diodo que emite luz colorida como vermelho, verde, amarelo etc. ou luz invisível como infravermelho.

Diodo ideal A primeira aproximação de um diodo. O ponto de vista é imaginar o diodo como uma chave inteligente que se fecha quando diretamente polarizado e se abre quando reversamente polarizado.

Diodo laser Um dispositivo semicondutor laser com a sigla significando *amplificação de luz por emissão de radiação estimulada.* Este dispositivo de elétrons ativos converte a potência de entrada em um feixe intenso muito estreito de luz visível coerente ou luz infravermelho.

Diodo PIN Um diodo constituído por um material semicondutor intrínseco colocado entre os materiais tipo *n* e tipo *p*. Quando polarizado reversamente, o diodo PIN age como um capacitor fixo e uma resistência controlada por corrente quando polarizado reversamente.

Diodo regulador de corrente Um tipo especial de corrente que mantém a corrente constante que circula por ele com uma variação na tensão aplicada.

Diodo retificador Um diodo otimizado para ser capaz de converter CA em CC.

Diodo Schockley Outro nome para o *diodo de quatro camadas, diodo pnpn* e *chave unilateral de silício (SUS)* que é o nome do inventor.

Diodo Schottky Um diodo de aplicação especial sem camada de depleção, com tempo de recuperação reversa extremamente pequeno e capaz de retificar sinais de alta frequência.

Diodo túnel Um diodo com propriedades de um efeito de resistência negativo. O diodo tem uma tensão de ruptura que ocorre em 0 V. Usado em circuitos osciladores de alta frequência.

Diodo Zener Um diodo projetado para operar na região de ruptura reversa com uma queda de tensão muito estável.

Diodo-emissor O diodo formado pelo emissor e a base de um transistor.

Diodos de compensação São os diodos usados em um seguidor de emissor *push-pull* classe B. Estes diodos têm curvas tensão-corrente que se igualam às curvas do diodo-emissor. Por isso, os diodos compensam as variações de temperatura.

Disparador de Schmitt Um comparador com histerese. Ele tem dois pontos de disparo. Isto o torna imune a ruídos de tensão, desde que os valores de pico a pico sejam menores que a histerese.

Dispositivo aberto Um dispositivo que tem uma resistência resultante infinita com uma corrente zero.

Dispositivo controlado por tensão Um dispositivo como um JFET ou MOSFET cuja saída é controlada por uma tensão na entrada.

Dispositivo em curto Um dispositivo que tem uma resistência de zero ohmns resultando em uma queda de tensão de zero volts em seus terminais.

Dispositivo não linear Um dispositivo que tem um gráfico da corrente *versus* a tensão que não é uma linha reta. Um dispositivo que não pode ser tratado como um resistor comum.

Dissipação de potência O produto da tensão pela corrente em um resistor ou outro dispositivo não reativo. Taxa de calor produzido num dispositivo.

Dissipador de calor Uma estrutura de metal fixada no encapsulamento de um transistor para permitir que o calor interno se espalhe mais facilmente.

Distorção Uma modificação indesejável na forma ou na fase de um sinal ou de uma forma de onda. Quando isso acontece em um amplificador, a forma de onda na saída já não é uma réplica verdadeira da forma de onda na entrada.

Distorção harmônica A operação do transistor na extremidade superior da reta de carga com uma corrente na base que é um décimo da corrente no coletor. A razão desta supersaturação é garantir que o transistor permaneça saturado sobre quaisquer condições de operação, condição de temperatura, substituição do transistor etc.

Distorção por cruzamento A distorção na saída de um amplificador seguidor do emissor classe B resultante da polarização do transistor no corte. Esta distorção ocorre durante o período em que um transistor entra em corte e o outro transistor entra em condução. A distorção pode ser reduzida pela polarização dos transistores ligeiramente acima do corte, ou seja, classe AB.

Divisor de fase Um circuito que produz duas tensões de mesma amplitude, porém de fases opostas. Este circuito é útil no acionamento de amplificadores push-pull classe B. Se você imaginar um amplificador EC linearizado com um ganho de tensão de 1, então terá um divisor de fase, porque as tensões CA no coletor e nas resistências de emissor são iguais em magnitude e de fase oposta.

Divisor de tensão firme Um divisor de tensão cuja tensão na saída com carga está dentro de 1% de sua tensão de saída sem carga.

Doador Um átomo pentavalente, aquele que tem cinco elétrons de valência. Cada átomo pentavalente produz um elétron livre em um cristal de silício.

Dopagem O acréscimo de uma impureza, elemento químico, em um semicondutor intrínseco para alterar a condutividade do semicondutor. Impurezas doadoras ou pentavalentes aumentam o número de elétrons livres; impurezas aceitadoras ou trivalentes aumentam o número de lacunas.

Dreno O terminal de um transistor de efeito de campo que corresponde ao coletor de um transistor de junção bipolar.

E

Efeito avalanche Um fenômeno que ocorre em tensões reversas altas em uma junção *pn*. Os elétrons livres são acelerados a tal ponto que eles podem desalojar os elétrons de valência. Quando isto ocorre, os elétrons de valência tornam-se elétrons livres que desalojam outros elétrons de valência.

Efeito de campo O controle da largura da camada de depleção existente entre a porta e o canal de um transistor de efeito de campo. A largura deste campo controla a intensidade de corrente no dreno.

Efeito piezoelétrico Uma vibração que ocorre quando um cristal é excitado por um sinal CA aplicado em suas placas.

Efeito Zener Algumas vezes chamado de *emissão por efeito de campo alto*, ele ocorre quando a intensidade de campo elétrico torna-se alta o suficiente para desalojar elétrons de valência em um diodo reversamente polarizado.

Eficiência A potência CA na carga dividida pela potência CC fornecida ao circuito e multiplicada por 100%.

Eficiência luminosa A quantidade de potência elétrica usada para produzir uma determinada saída de luz. Normalmente especificada pela quantidade de fluxo luminoso (lm) por watt (W).

Eletroluminescência A energia luminosa irradiada a partir de um LED sob a forma de fótons, resultante dos elétrons que descem de um nível de energia maior para um menor.

Elétron livre Elétron que está fracamente preso a um átomo. Conhecido também como elétron da banda de condução, porque ele percorre uma órbita maior, que equivale a um nível de energia mais alto.

Emissor A parte de um transistor que é a fonte dos portadores de corrente. Para transistores *npn*, o emissor envia elétrons livres para a base. Para transistores *pnp*, o emissor envia lacunas para a base.

Energia térmica A energia cinética aleatória existente nos materiais semicondutores a uma temperatura finita.

Entrada diferencial A diferença entre os dois sinais de entrada nos terminais de entrada não inversora e inversora de um amplificador diferencial.

Entrada inversora A entrada de um amplificador diferencial ou amp op que produz uma saída invertida.

Entrada não inversora A entrada de um amplificador diferencial ou de um amp op que produz uma saída em fase.

Equalizador de atraso Um filtro ativo passa-todas usado para compensar o tempo de atraso de outro filtro.

Escada (*ladder*) R/2R Um circuito conversor de digital para analógico usando dois valores básicos de resistor arranjado em uma configuração como uma escada para reduzir o resultado do valor do resistor, melhorando a precisão da conversão e minimizando os efeitos de carregamentos.

Escala logarítmica Uma escala em que vários pontos são plotados de acordo com o logaritmo do número denominado. Esta escala comprime os valores muito altos e permite a plotagem de dados sobre muitas décadas.

Espelho de corrente Um circuito que funciona como uma fonte de corrente cujo valor é um reflexo da corrente que circula por um resistor e um diodo de polarização.

Estágio Uma parte funcional de um circuito contendo um ou mais dispositivos ativos podendo ser dividida.

Estágio acionador Um amplificador projetado para fornecer um nível adequado de sinal de entrada para um amplificador de potência.

Estágios em cascata Conexão de dois ou mais estágios de modo que a saída de um estágio seja a entrada do próximo.

Extrínseco Refere-se a um semicondutor dopado.

F

Faixa de bloqueio A faixa de frequências na entrada sobre a qual um oscilador controlado por tensão (VCO) pode permanecer bloqueado até a frequência de entrada. A faixa de bloqueio é normalmente especificada como uma porcentagem da frequência VCO.

Fator de amortecimento A capacidade de um filtro em reduzir os picos ressonantes em sua saída. O fator de amortecimento α é inversamente proporcional ao fator Q do circuito.

Fator de atenuação da realimentação Uma indicação de quanto uma tensão na saída é atenuada antes de o sinal realimentado chegar à entrada.

Fator de correção Um número usado para descrever o quanto uma grandeza difere da outra. Este valor pode ser útil quando comparamos a corrente do emissor com a corrente no coletor e determinarmos a porcentagem de erro que poderia resultar.

Fator de degradação (fator de redução de capacidade) Um valor que informa quanto reduzir a especificação de potência para cada grau de temperatura acima da referência dada na folha de dados.

Fator de escala da frequência (FEF) A fórmula usada para escalonar os polos em frequências numa proporção direta; frequência de corte dividida por 1 kHz.

Fator de segurança A faixa de valores entre a corrente, a tensão etc. em operação atual e a especificação nominal máxima da folha de dados.

FET de óxido de Semicondutor e metal (MOSFET) Sempre usado em aplicações de chaveamento, este transistor tem uma dissipação de potência baixa mesmo com correntes altas.

FET de porta isolada (IGFET) Outro nome para o MOSFET, que tem uma porta isolada do canal, produzindo uma corrente de porta menor que em um JFET.

FET de potência Um MOSFET-E projetado para conduzir níveis de correntes adequados para o controle de motores, lâmpadas e fontes de alimentação chaveadas como comparado com o MOSFET-E de baixa potência usado em circuitos digitais.

Figuras de Lissajous Uma figura padrão que aparece em um osciloscópio quando relaciona sinais harmônicos aplicados nas entradas horizontal e vertical.

Filtro Uma malha eletrônica projetada para deixar passar ou rejeitar uma faixa ou uma banda de frequências.

Filtro ativo Antigamente os filtros eram feitos de componentes passivos como indutores e capacitores. Alguns filtros ainda são feitos desse modo. O problema é que em baixas frequências os indutores são volumosos no projeto de filtros passivos. Os amps op são outra opção para se montar filtros e eliminar o problema dos indutores volumosos e pesados em baixas frequências. Qualquer filtro usando amp op é chamado de filtro ativo.

Filtro biquadrático Um filtro ativo, conhecido também por *filtro TT ou duplo T (Tow-Thomas)*, com capacidade de sintonizar independentemente seu ganho de tensão, frequência de centro e largura da banda usando resistores separados.

Filtro Butterworth Este é um filtro projetado para produzir a resposta mais uniforme possível até a frequência de corte. Em outras palavras, a tensão de saída permanece constante por quase todo o percurso até a frequência de corte. Em seguida, ela diminui $20n$ dB por década, onde n é o número de polos do filtro.

Filtro Chebyshev Um filtro de alta seletividade. A taxa de atenuação é muito maior que a dos filtros de Butterworth. O principal problema com este filtro é a ondulação na banda passante.

Filtro de banda de passagem Um filtro capaz de deixar passar uma faixa de frequências de entrada com o mínimo de atenuação, mas bloqueando todas as frequências abaixo e acima das frequências de corte f_1 e f_2.

Filtro de banda estreita Um filtro passa-banda com um fator Q maior que 1 e deixa passar eficazmente frequências de uma faixa baixa.

Filtro de banda larga Um filtro passa-bandas com um fator Q menor que 1 e efetivamente deixa passar uma larga faixa de frequências.

Filtro de Bessel Filtro que fornece uma resposta na frequência desejada, mas com um atraso na constante de tempo no passa-banda.

Filtro de estado variável Um filtro ativo sintonizado que mantém o fator Q constante quando a frequência de centro varia.

Filtro de Sallen-key componentes iguais Um filtro ativo VCVS projetado usando dois valores de resistores iguais e dois valores de capacitores iguais. O fator Q do circuito é efetuado pelo ganho de tensão do circuito e determinado por $Q = \frac{1}{3 - Av}$.

Filtro notch Um filtro que bloqueia um sinal com pelo menos uma frequência.

Filtro notch Sallen-Key de segunda ordem Um filtro ativo rejeita-banda VCVS com a capacidade de corte com decaimento abrupto. O fator Q do circuito é dependente do ganho de tensão e é calculado por $Q = \frac{0,5}{2 - A}$.

Filtro passa-altas Um filtro capaz de bloquear uma faixa de frequências de zero a uma frequência de corte especificada f_c e deixando passar todas as frequências acima da frequência de corte.

Filtro passa-baixas Um filtro capaz de deixar passar uma faixa de frequências de zero a uma frequência especificada como f_c.

Filtro passa-baixas Sallen-Key Uma configuração de circuito de filtro ativo usando um amp op conectado como uma tensão controlada por fonte de tensão (VCVS). Este filtro tem a capacidade de implementar os filtros básicos de Butterworth, Chebyshev e aproximações de passa-baixas de Bessel.

Filtro passa-todas Um filtro especializado tendo a capacidade ideal de deixar passar todas as frequências entre zero e infinito. Este filtro é chamado também de *filtro de fase* por causa de sua capacidade de deslocar a fase do sinal de saída sem mudar a magnitude.

Filtro passivo Um filtro montado usando resistores, capacitores e indutores sem o uso de dispositivos de amplificação.

Filtro rejeita-faixa Um filtro capaz de rejeitar uma faixa de frequências de entrada deixando passar efetivamente todas as frequências abaixo e acima das frequências de corte f_1 e f_2. Este filtro é conhecido também como filtro de dente.

Flip-flop RS Um circuito eletrônico com dois estados. Conhecido também como *multivibrador.* Pode ser instável (como em um oscilador) ou pode exibir um ou dois estágios estáveis.

Fonte O terminal de um transistor de efeito de campo que pode ser comparado com o emissor de um transistor de junção bipolar.

Fonte de alimentação A seção de um sistema eletrônico que converte a tensão CA da linha em tensão CC. Esta seção fornece também a filtragem necessária e a regulação de tensão requerida pelo sistema.

Fonte de alimentação ininterrupta (UPS) Um dispositivo que contém uma bateria e um conversor CC-CA para ser usado durante uma falha de energia.

Fonte de corrente Idealmente, é uma fonte de energia que produz uma corrente constante através de uma resistência de carga de valor qualquer. Em uma segunda aproximação, inclui-se uma resistência de valor muito alto em paralelo com a fonte de energia.

Fonte de corrente controlada por corrente (ICIS) Um tipo de amplificador com realimentação negativa em que a corrente de entrada é amplificada para se obter uma corrente maior na saída, ideal por causa do ganho de corrente estabilizado, impedância de entrada zero, impedância de saída infinita.

Fonte de corrente firme Uma fonte de corrente cuja resistência interna é pelo menos 100 vezes maior que a resistência de carga.

Fonte de tensão Idealmente, é uma fonte de energia que produz uma tensão constante na carga para qualquer valor de resistência de carga. Uma segunda aproximação inclui uma pequena resistência interna em série com a fonte.

Fonte de tensão controlada por corrente (ICVS) Algumas vezes chamada de *amplificador de transresistência*, este tipo de amplificador com realimentaçao negativa tem uma corrente de entrada controlando a tensão na saída.

Fonte de tensão firme Uma fonte de tensão cuja resistência interna é pelo menos 100 vezes menor que a resistência de carga.

Fórmula Uma regra que relaciona grandezas. A regra pode ser uma equação, igualdade ou outra descrição matemática.

Fórmula experimental Uma fórmula ou uma equação encontrada por meio da experiência ou da observação. Ela representa uma lei existente na natureza.

Fórmulas derivadas Uma fórmula ou equação que é arranjada matematicamente de uma ou mais equações existentes.

Fotodiodo Um diodo reversamente polarizado que é sensível à luz. O aumento da intensidade luminosa aumenta os portadores minoritários que produzem a corrente reversa.

Fototransistor Um transistor com uma junção no coletor que fica exposta à luz apresentando maior sensibilidade à luz que um fotodiodo.

Fração de realimentação B A tensão realimentada dividida pela tensão na saída em um VCVS ou configuração de um amplificador não inversor.

Frequência crítica Conhecida também como *frequência de corte, frequência de quebra, frequência de quina* etc. Esta é a frequência na qual a resistência total de um circuito *RC* é igual à reatância capacitiva total.

Frequência de corte O mesmo que frequência crítica. O nome corte é mais usado quando você está discutindo filtros porque é o termo que a maioria das pessoas usa.

Frequência de corte (quina) A maior frequência na banda passante de um filtro passa-baixas. Por ela estar na quina da banda passante, ela é chamada também de frequência de quina. O valor da atenuação na frequência de corte pode ser especificado como menor que 3 dB.

Frequência de ganho unitário A frequência em que o ganho de tensão de um amp op é 1. Ela indica o maior valor de frequência que pode ser usado. Ela é importante porque é igual ao produto ganho-largura da banda.

Frequência de potência média A frequência em que a potência na carga é reduzida para a metade de seu valor máximo. Ela é chamada também de frequência de corte porque o ganho de tensão é igual a 0,707 de seu valor máximo neste ponto.

Frequência fundamental A menor frequência que um cristal pode vibrar eficazmente e produzir uma saída. Esta frequência é dependente do material da constante K do cristal e de sua espessura t onde $f = \frac{K}{t}$.

Frequência modulada ou modulação em frequência (FM) Uma técnica básica de comunicação eletrônica em que um sinal inteligente na entrada (modulação de sinal) causa uma variação em frequência na saída (sinal portador).

Frequência ressonante A frequência de um circuito de adiantamento-atraso ou a frequência de um circuito tanque LC onde o ganho de tensão e o deslocamento de fase são utilizáveis em oscilações.

Função de transferência As entradas e saídas de um circuito amp op podem ser tensões, correntes ou uma combinação das duas. Quando você usa números complexos para as grandezas de entrada e saída, a razão da saída para a entrada torna-se uma função da frequência. O nome para esta razão é a função de transferência.

G

Ganho de corrente Abreviado por A_i, este valor representa a razão da corrente na saída dividida pela corrente na entrada.

Ganho de corrente ativo O ganho de corrente de um transistor na região ativa. Este ganho é fornecido normalmente pelas folhas de dados e é o que a maioria das pessoas quer dizer quando fala a respeito do ganho de corrente. (Veja também *ganho de corrente na saturação.*)

Ganho de corrente CA A razão entre corrente CA no coletor e a corrente CA na base de um transistor.

Ganho de corrente saturada O ganho de corrente de um transistor na região de saturação. O valor é menor que o ganho de corrente na ativa. Para uma saturação fraca, o ganho de corrente é ligeiramente menor que o ganho de corrente na ativa. Para uma saturação forte, o ganho de corrente é de aproximadamente 10.

Ganho de malha O produto do ganho de tensão diferencial A pela fração de realimentação B. O valor deste produto é geralmente muito alto. Se tomarmos qualquer ponto em um amplificador com um caminho de realimentação, o ganho de tensão a partir deste ponto indo em torno da malha é o ganho de malha. O ganho de malha é geralmente feito de duas partes: o ganho do amplificador (maior que 1) e o ganho do circuito de realimentação. O produto destes dois ganhos é o ganho de malha.

Ganho de potência A razão entre a potência de saída e a potência de entrada.

Ganho de potência em decibel A razão entre a potência de saída e a potência de entrada. Matematicamente definida como $A_{p(dB)} = 10\log\frac{P_{out}}{P_{in}}$.

Ganho de tensão Ele é definido como a tensão na saída dividida pela tensão na entrada. Seu valor indica de quanto o sinal é amplificado.

Ganho de tensão diferencial Uma quantidade de amplificação desejada para um sinal de entrada em um amplificador diferencial, em vez da tensão de entrada em modo comum.

Ganho de tensão em decibel É um ganho de tensão definida, dado por 20 vezes o logaritmo do ganho normal de tensão.

Ganho de tensão em malha aberta Representado como AV_{OL} ou $f_{2(OL)}$, esta especificação designa o ganho de tensão máximo de um amp op sem realimentação.

Ganho de tensão em malha fechada Representada por $A_{V(CL)}$ ou A_{CL}, esta especificação representa o ganho de tensão de um amp op com um caminho de realimentação entre a saída e a entrada.

Ganho de tensão medido O ganho de tensão que você calcula por meio dos valores medidos das tensões de entrada e de saída.

Ganho de tensão projetado O ganho de tensão que você calcula por meio dos valores dos componentes do circuito no diagrama esquemático. Para um estágio EC, ele é igual à resistência CA do coletor dividida pela resistência CA do diodo emissor.

Ganho de tensão total O ganho de tensão total de um amplificador determinado pelo produto dos ganhos dos estágios individuais. Matematicamente calculado como $A_V = (A_{v1})(A_{v2})(A_{vx})$

Gatilho (disparo) Um pulso agudo de tensão ocorrente que é usado para disparar um tiristor ou outro dispositivo de chaveamento.

Gerador de média Um circuito com amp op projetado para fornecer uma tensão de saída igual ao valor médio de todas as tensões de entradas.

Gerador dente de serra Um circuito capaz de produzir uma forma de onda caracterizada por um tempo de subida lento e linear e um tempo de descida virtualmente instantâneo.

Germânio Um dos primeiros materiais semicondutores a ser usado. Assim como o silício, ele tem quatro elétrons de valência.

Grampeador Um circuito para adicionar uma componente CC em um sinal CA. Conhecido também como *restaurador CC.*

Grampeador positivo Um circuito que produz um deslocamento CC positivo de um sinal movendo todo o sinal de entrada para cima até que os picos negativos estejam em zero e os picos positivos em $2V_p$.

Grampeador positivo ativo Um circuito com amp op usado para adicionar uma componente CC positiva a um sinal de entrada.

Grandeza em malha fechada O valor de qualquer grandeza como ganho de tensão, impedância de entrada e impedância de saída que é variada pela realimentação negativa.

H

Harmônicas Uma onda senoidal cuja frequência
é um múltiplo inteiro de uma senóide fundamental.

Histerese A diferença entre os dois pontos de comutação de um disparador Schmitt. Quando usado em outra situação, histerese se refere à diferença entre os dois pontos de comutação na característica de transferência.

I

Impedância de saída Um outro termo usado para a impedância Thevenin de um amplificador. Isso quer dizer que o amplificador foi thevenizado, de modo que a carga vê apenas uma única resistência em série com o gerador Thevenin. Essa resistência única é a impedância Thevenin ou impedância de saída.

Inclinação inicial de uma onda senoidal A parte inicial de uma onda senoidal é uma reta. A inclinação desta reta é a inclinação inicial da senóide. Esta inclinação depende da frequência e do valor de pico da senóide.

Indicador (*flag*) Uma tensão que indica a ocorrência de um evento. Tipicamente, uma tensão baixa significa que o evento não ocorreu, enquanto uma tensão alta significa que ocorreu. A saída de um comparador é um exemplo de indicador.

Integração em escala muito alta (VLSI) A incrustação de milhares ou centenas de milhares de componentes em uma única pastilha (chip).

Integração em escala ultra-ampla (ULSI) A incrustação de mais de 1 milhão de componentes em uma única pastilha (chip).

Integrador Um circuito que desempenha a função matemática da integração. Uma aplicação comum é na geração de rampas por meio de pulsos retangulares. É assim que a base de tempo dos osciloscópios é gerada.

Intensidade luminosa A quantidade de luz, expressa em candelas, emitida a partir de uma fonte de luz.

Interface Um componente ou circuito eletrônico que permite um tipo de dispositivo ou circuito a se comunicar com ou controlar outro dispositivo ou circuito.

Interferência de radiofrequência (RFI) A interferência das ondas eletromagnéticas de alta frequência provenientes dos dispositivos eletrônicos.

Interferência eletromagnética (EMI) A potência CA na carga dividida pela potência CC fornecida ao circuito multiplicada por 100%.

Intrínseco Refere-se a um semicondutor puro. Um cristal que tenha somente átomos de silício é puro ou intrínseco.

Inversor CMOS Um circuito com transistores MOS complementares. A tensão de entrada é baixa ou alta e a tensão de saída pode ser alta ou baixa.

Inversor de sinal Um circuito com amp op que pode ser ajustado para ter um ganho de tensão de +1 ou -1. Matematicamente expresso por $-1<A_v<1$.

J

Junção O limite em que os semicondutores de tipo *p* e *n* se encontram. Alguns fenômenos especiais acontecem na junção *pn* tais como a camada de depleção, a barreira de potencial etc.

Junção de solda fria Uma conexão de solda que apresenta mau contato proveniente do calor insuficiente aplicado durante o processo de soldagem. A junção de solda fria pode agir como uma conexão intermitente ou mesmo perder a conexão.

Junção *pn* O encontro dos semicondutores tipo *p* e tipo *n*.

L

Lacuna Um lugar vago na órbita de valência. Por exemplo, cada átomo de um cristal de silício normalmente tem oito elétrons na órbita de valência. A energia térmica pode desalojar um dos elétrons de valência, produzindo uma lacuna.

Largura de banda A diferença entre as duas frequências críticas dominantes de um amplificador. Se o amplificador não tiver frequência crítica inferior, a largura de banda é igual à frequência crítica superior.

Largura da banda em malha aberta A resposta em frequência de um amp op sem um caminho de realimentação entre a saída e a entrada. A frequência de corte $f_{2(OL)}$ é normalmente muito baixa devido ao capacitor de compensação interna.

Largura de banda de potência (grandes sinais) A maior frequência que um amp op pode funcionar sem distorção no sinal de saída. A largura de banda para grandes sinais é inversamente proporcional ao valor de pico.

Laser reduzido Obtenção de um valor de resistor muito preciso pela retirada de áreas de resistência em uma pastilha de semicondutor usando laser.

Lei Resumo de uma relação que existe na natureza e pode ser verificada experimentalmente.

Ligação covalente Os elétrons compartilhados entre os átomos de silício em um cristal representam ligações covalentes porque os átomos adjacentes de silício atraem os elétrons compartilhados, semelhante a dois times num jogo de tração sobre uma corda.

Limiar (*thereshold*) O ponto de disparo ou valor de tensão de entrada de um comparador que provoca a mudança de estado da tensão de saída.

Limitação de corrente Redução eletrônica da tensão de alimentação de modo que a corrente não exceda um limite predeterminado. Isso é necessário para proteger diodos e transistores, que normalmente são danificados mais rapidamente que o fusível sob condições de carga curto-circuitada.

Limitação por retrocesso de corrente O limite de corrente simples permite que a corrente na carga alcance um valor máximo, enquanto a tensão é reduzida a zero. O limite de corrente desdobrado executa essa função com um passo a mais. Ele permite que a corrente alcance um valor máximo. Depois, se a resistência na carga diminuir ainda mais ele reduz a corrente na carga e a tensão na carga. A vantagem principal do limite desdobrado é uma dissipação de potência menor no transistor em série na condição de carga em curto.

Limitador positivo Um circuito que ceifa a parte positiva de um sinal de entrada.

Limite de alta frequência A frequência acima da qual um capacitor age como um curto para CA. Alem disso, é a frequência em que a reatância é um décimo da resistência em serie total.

Linear Geralmente se refere ao gráfico da corrente *versus* a tensão para um resistor.

Linearização O uso de um resistor ou outro componente para anular o efeito de outro componente do circuito. Um resistor de emissor sem desvio é geralmente utilizado para anular os efeitos do valor de r'_e do transistor.

Logaritmo natural O logaritmo de um número na base *e*. Os logaritmos naturais podem ser usados quando analisamos a carga e descarga dos capacitores.

LSI Integração em larga escala. Circuitos integrados com mais de 100 componentes integrados.

M

Malha de fase amarrado Um circuito eletrônico que usa realimentação e um comparador de fase para controlar a frequência ou a velocidade.

Malha de terra Se você usa mais de um ponto de terra em um amplificador de estágios múltiplos, a resistência entre os pontos de terra produzirão uma pequena tensão de realimentação indesejável. Isto é uma malha de terra. Ela pode causar oscilações indesejáveis em alguns amplificadores.

Média geométrica A frequência de centro f_0 de um filtro passa-banda calculada matematicamente por $f_o = \sqrt{f_1 f_2}$

Misturador de sinal (*mixer*) Um circuito amp op que pode ter um ganho de tensão diferencial para cada um dos vários sinais de entrada. O sinal total na saída é uma superposição dos sinais de entrada.

Modelo de Ebers-Moll Um modelo CA prematuro de um transistor conhecido também como *modelo T*.

Modelo T Um modelo CA para o transistor visto como um T do seu lado. O diodo emissor funciona como uma resistência CA e o diodo coletor como uma fonte de corrente.

Modelo *Π* Um modelo CA de um transistor que tem a forma da letra grega simbolizada por *Π*.

Modulação de sinal Uma frequência baixa ou um sinal de entrada inteligente (geralmente voz ou dados de informação) usado para controlar a amplitude, frequência, fase ou outra condição de um sinal de saída.

Modulação por largura de pulso Controle da largura de uma onda retangular com a finalidade de adicionar inteligência ou para controlar o valor CC médio.

Modulação por posição de pulso Um procedimento em que os pulsos mudam de posição de acordo com a amplitude do sinal analógico.

Monoestável Um circuito de chaveamento digital com um estado estável. Este circuito é chamado também de *disparo* e é usado em circuitos temporizadores.

Monotônico A descrição de um filtro que não apresenta ondulações no rejeita-faixas.

MOS complementar (CMOS) Um método de redução na corrente do dreno de um circuito digital pela combinação de MOSFETs canal *n* e canal *p*.

MOS vertical (VMOS) Um MOSFET de potência com um canal com uma forma geométrica em V que permite ao transistor conduzir correntes de valores altos e bloquear tensões altas.

MOSFET modo crescimento, intensificação ou enriquecimento Um FET com uma porta isolada que utiliza a camada de inversão para controlar a sua condutividade.

MOSFET no modo de depleção Um FET com uma porta isolada que utiliza a ação da camada de depleção para controlar a corrente no dreno.

Mostrador (display) de sete segmentos Um mostrador contendo sete LEDs retangulares.

MSI Integração em média escala. Circuitos que contêm de 10 a 100 componentes integrados.

Multiplexação Uma técnica que permite que mais de um sinal seja transmitido concorrentemente sobre um meio simples.

Multiplicador de tensão Um circuito de fonte de alimentação de corrente contínua usado para elevar a tensão CA sem transformador.

Multivibrador Um circuito com realimentação positiva e dois dispositivos ativos projetados de modo que um dispositivo conduz enquanto o outro está em corte. Existem três tipos: um astável, um flip-flop e um monoestável. O multivibrador astável ou oscilador produz uma saída retangular, semelhante a um oscilador de relaxação.

O

Oitava Um fator de 2. Muitas vezes usado com frequências de razão 2, pois uma oitava de frequência se refere a uma variação de 2:1 na frequência.

Ondulação (*ripple*) Com um filtro com capacitor de entrada, a elevação e diminuição da tensão na carga causada pela carga e descarga do capacitor.

Operação em classe A Significa que um transistor conduz por todo o ciclo CA sem entrar na saturação ou no corte.

Operação em classe AB Um amplificador de potência polarizado de modo que cada transistor conduza um pouco mais que 180° do sinal de entrada para reduzir a distorção por cruzamento.

Operação em classe B A polarização de um transistor de modo que ele conduza por apenas metade do ciclo CA.

Operação em classe C Polarização de um amplificador com transistor de modo que a corrente circule por menos de 180° do ciclo CA de entrada.

Operação em grande sinal Um amplificador em que o sinal CA de entrada de pico a pico faz com que o transistor utilize toda ou quase toda a reta de carga.

Operação em pequeno sinal Refere-se a uma tensão de entrada que produz apenas pequenas variações na corrente e na tensão. Nossa regra para um transistor que opera em pequeno sinal é que a corrente de pico a pico no emissor seja menor que 10% da corrente CC do emissor.

Optoeletrônica Uma tecnologia que combina óptica e eletrônica, incluindo vários dispositivos baseados na ação de uma junção *pn*. Exemplos de dispositivos optoeletrônicos são LEDs, fotodiodos e acopladores ópticos.

Ordem de um filtro Uma descrição básica da eficiência de um filtro. Geralmente, quanto maior a ordem de um filtro, mais próximo estará da resposta ideal. A ordem de um filtro passivo depende do número de indutores e capacitores. A ordem de um filtro ativo é determinada pelo número de circuitos RC ou polos que ele tem.

Oscilações Para um amplificador é a sua destruição. Quando um amplificador tem uma realimentação positiva, ele pode entrar em oscilações, o que é indesejado para sinais de alta frequência. Esse sinal não tem relação com o sinal de entrada amplificado. Por isso, as oscilações interferem no sinal desejado. As oscilações fazem com que um amplificador torne-se inútil. Esse é o motivo pelo qual um capacitor de compensação é usado com um amp op; ele evita que as oscilações aconteçam.

Oscilações parasitas São oscilações de frequências muito altas que fazem com que aconteçam todos os tipos de coisas estranhas. O circuito funciona de modo errado, osciladores podem produzir mais que uma frequência de saída, os amps op terão compensações incontáveis, a fonte de alimentação terá ondulações (ripples) inexplicáveis, os displays de vídeo apresentarão manchas de fundo parecidas com neve (efeito neve) etc.

Oscilador Armstrong Um circuito que pode ser identificado pelo uso de um transformador de acoplamento para o sinal de realimentação.

Oscilador clapp Uma configuração de um oscilador Colpitts com sintonia em série mencionada por sua ótima estabilidade.

Oscilador Colpitts Um dos osciladores *LC* mais amplamente usados. Ele consiste em um transistor bipolar ou FET e um circuito ressonante *LC*. Você pode identificá-lo porque ele possui dois capacitores no circuito-tanque. Ele funciona como um divisor de tensão capacitivo que produz uma tensão de realimentação.

Oscilador Colpitts com FET Um oscilador com FET em que o sinal de realimentação é aplicado no terminal da porta.

Oscilador com cristal de quartzo Um circuito oscilador preciso e muito estável que usa o efeito piezoelétrico de um cristal de quartzo para estabelecer sua frequência de oscilação.

Oscilador controlado por tensão (VCO) Um circuito oscilador em que a frequência de saída é uma função uma tensão de controle CC; também chamado de *conversor tensão frequência*.

Oscilador de cristal Pierce Uma configuração popular de oscilador que usa transistores de efeito de campo, mais usado devido à sua simplicidade.

Oscilador de Hartley Um circuito identificado por um circuito tanque derivado indutivamente.

Oscilador de relaxação Um circuito que cria ou gera um sinal CA de saída sem um sinal CA de entrada. Este tipo de oscilador depende da carga e descarga de um capacitor por um resistor.

Oscilador duplo T (*twin T*) Um oscilador que recebe a realimentação positiva para a entrada não inversora por um divisor de tensão e a realimentação negativa por um filtro duplo T (*twin T*).

Oscilador em ponte de Wien Um oscilador *RC* que consiste em um amplificador e uma ponte de Wien. Ele é ideal para gerar frequências de 5 Hz a 1 MHz.

P

Par Darlington Dois transistores conectados em uma configuração Darlington. O par pode ser montado por transistores individuais ou um par Darlington embutido em um único encapsulamento.

Parâmetros h Um método matemático prematuro para a representação do funcionamento de transistores. Ainda usado em folhas de dados.

Parâmetros r' Um modo de caracterizar um transistor. Este modelo usa grandezas como β e r'_e.

Passa bandas A faixa de frequências que pode passar eficazmente com mínimo de atenuação.

Periódico Um adjetivo que descreve uma forma de onda que repete a mesma forma básica de ciclo em ciclo.

Polarização com *pnp* invertido Quando você tem uma fonte de alimentação positiva e um transistor *pnp*, é comum desenhar o transistor invertido. Isso é especialmente útil quando o circuito usa os transistores *npn* e *pnp*.

Polarização com realimentação do dreno Um método de polarização do FET em que um resistor é conectado entre os terminais do dreno e da porta do transistor. Um aumento ou diminuição na corrente do dreno resulta em uma diminuição ou aumento correspondente na tensão do dreno. Essa tensão realimenta a porta que estabiliza o ponto *Q*.

Polarização da base A pior forma de polarizar um transistor para usá-lo na região ativa. Este tipo de polarização estabelece uma corrente de base de valor fixo.

Polarização da fonte de corrente Um método de polarização de FET que usa um transistor de junção bipolar, configurado como uma fonte de corrente constante, para controlar a corrente no dreno.

Polarização da porta Um método simplificado de polarizar um FET pela conexão de uma fonte de tensão com um resistor de fonte ao terminal da porta. Este método de polarização não é adequado para a polarização na região ativa devido à extensa faixa de valores nos parâmetros do FET. Este método de polarização é mais adequado para a polarização do FET na região ôhmica.

Polarização de emissor A melhor forma de polarizar um transistor para operar na região ativa. A ideia principal é estabelecer um valor fixo para a corrente do emissor.

Polarização direta A aplicação de uma tensão externa para vencer a barreira de potencial.

Polarização do emissor com fonte dupla (PEFD) Uma fonte de alimentação que produz as tensões positiva e negativa de alimentação.

Polarização por divisor de tensão (VDB) Um circuito de polarização em que o circuito da base contém um divisor de tensão que parece estável para a resistência de entrada da base.

Polarização por realimentação do coletor Uma tentativa de se estabilizar o ponto Q de um circuito com transistor pela conexão de um resistor entre os terminais do coletor e da base.

Polarização por realimentação do emissor Estabilização do ponto *Q* de um circuito de base polarizada pela adição de um resistor no emissor. O resistor no emissor proporciona uma realimentação negativa.

Polarização reversa Aplicação de uma tensão externa por um diodo para auxiliar a barreira de potencial. O resultado é uma corrente quase nula. A única exceção é quando você excede a tensão de ruptura. Se a tensão reversa é alta suficiente, ela pode produzir a ruptura por meio da avalanche ou do efeito Zener.

Polo de frequência Uma frequência especial usada nos cálculos dos filtros ativos de ordens superiores.

Polos O número de circuitos RC em um filtro ativo. O número de polos em um filtro ativo determina a ordem e a resposta do filtro.

Ponte de solda Um espirro de solda indesejável conectando duas linhas condutoras ou trilhas do circuito.

Ponto de corte Aproximadamente o mesmo que a extremidade inferior da reta de carga. O ponto exato do corte ocorre onde a corrente de base é igual a zero. Nesse ponto, há uma pequena corrente de fuga no coletor, o que significa que o ponto de corte está ligeiramente abaixo da extremidade inferior da reta de carga CC.

Ponto de disparo O valor da tensão de entrada que chaveia a saída de um comparador ou disparador de Schmitt.

Ponto de disparo mínimo (LTP) Uma das duas tensões de entrada em que a tensão de saída varia de estado. LTP = $-BV_{sat}$.

Ponto de disparo superior (PDS) Uma das duas tensões de entrada em que a tensão na saída muda de estado. $PDS = B_{Vsat}$.

Ponto de saturação Aproximadamente o mesmo que a extremidade superior da reta de carga. A localização exata do ponto de saturação é ligeiramente abaixo, porque a tensão coletor-emissor não é exatamente zero.

Ponto *Q* ótimo O ponto onde a reta de carga CA tem uma variação máxima no sinal igual nos dois semiciclos.

Ponto quiescente (ponto *Q*) O ponto de operação encontrado pela plotagem da corrente e tensão no coletor

Porta O terminal de um transistor de efeito de campo que controla a corrente no dreno. Pode ser também o terminal de um tiristor usado para levar o componente ao estado de condução.

Portador majoritário Portadores que podem ser elétrons livres ou lacunas. Se os elétrons livres estão em maior número que as lacunas, os elétrons livres são os portadores majoritários. Se as lacunas estão em maior número que os elétrons livres, as lacunas são os portadores majoritários.

Portador minoritário Os portadores que estão em minoria. (Veja a definição de *portador majoritário.*)

Portadora O sinal de saída em alta frequência de um transmissor que faz variar em amplitude, frequência ou fase por uma modulação no sinal.

Potência na carga A potência CA no resistor de carga.

Potência nominal A potência máxima que pode ser dissipada em um componente ou dispositivo que opera de acordo com as especificações do fabricante.

Preamp Um amplificador projetado para operar com aplicação de níveis de sinais baixos. Suas funções principais são as de promover os valores de impedância de entrada necessários e para produzir um valor de sinal de saída exigido pelo próximo estágio amplificador.

Pré-distorção Uma diminuição no valor projetado do fator *Q* para compensar as limitações da largura da banda do amp op.

Pré-regulador O primeiro dos dois diodos Zener usado para acionar uma configuração de circuito regulador a Zener. O pré-regulador fornece uma entrada CC adequada para o regulador.

Princípio da dualidade Para qualquer teorema de análise de circuito elétrico existe um teorema dual (oposto) em que valores originais de um substituem valores originais duais ou opostos. Este princípio pode ser aplicado aos teoremas de Thevenin e Norton.

Produto ganho largura de banda (GBP) Uma frequência alta em que o ganho do amplificador é de 0 dB (unitário).

Proteção contra curto-circuito Uma característica da maioria das fontes de alimentação modernas. Essa característica geralmente significa que a fonte de alimentação tem algum tipo de limitação eletrônica de corrente que evita correntes excessivas de saída sob condições de curto-circuito.

Protótipo Um circuito básico que um projetista pode modificar para obter um circuito mais avançado.

R

Razão de rejeição da fonte de alimentação (RRFA) É a variação na tensão de compensação (*offset*) na entrada dividida pela variação na tensão de alimentação.

Razão de rejeição em modo comum (CMRR) A razão do ganho diferencial para o ganho em modo comum de um amplificador. É a medida da capacidade de rejeitar um sinal em modo comum e é geralmente expresso em decibéis.

Realimentação CA do emissor O sinal CA desenvolvido na resistência do emissor r_e sem desvio.

Realimentação de dois estágios Uma configuração de circuito em que uma parte do sinal de saída do segundo estágio é realimentada para o primeiro estágio para controlar o ganho total e a estabilidade.

Realimentação de tensão Este é um tipo de realimentação em que o sinal realimentado é proporcional à tensão de saída.

Realimentação múltipla (RM) Um filtro ativo projetado usando mais de um caminho para a realimentação. Os caminhos de realimentação são geralmente aplicados à entrada não inversora do amp op por meio de um resistor separado e capacitor.

Realimentação negativa A alimentação de um sinal que volta para a entrada de um amplificador que é proporcional ao sinal na saída. O sinal que retorna tem uma fase que é oposta à do sinal na entrada.

Realimentação positiva A realimentação na qual o retorno do sinal contribui para aumentar o efeito da tensão de entrada.

Recombinação A união de um elétron livre com uma lacuna.

Recortador Um circuito com JFET que usa uma chave em paralelo ou em série para converter a tensão CC de entrada em uma onda quadrada na saída

Referência de tensão Um circuito que produz uma tensão na saída extremamente precisa e estável. Este circuito é geralmente encapsulado como um CI de função especial.

Reforçador de corrente Um dispositivo, geralmente um transistor, que aumenta a corrente máxima admissível na carga de um circuito amp op.

Reforçador ou seguidor (*buffer*) Um amplificador de ganho unitário (seguidor de tensão) tendo uma alta impedância de entrada e uma baixa impedância de saída, usado primariamente para produzir um isolamento entre duas partes de um circuito.

Região ativa Algumas vezes chamada de *região linear*. Refere-se à parte da curva do coletor que é aproximadamente horizontal. Um transistor opera na região ativa quando ele é usado como amplificador. Na região ativa, o diodo emissor é polarizado diretamente, o diodo coletor é polarizado reversamente, a corrente no coletor é quase igual à corrente no emissor e a corrente na base é muito menor que ambas as correntes do emissor ou do coletor.

Região de corte A região onde a corrente de base é zero em uma configuração EC. Nessa região o diodo-emissor e o diodo coletor não conduzem. A única corrente do coletor é uma corrente muito pequena produzida por portadores minoritários e pela corrente de fuga de superfície.

Região de fuga A região do gráfico de um diodo Zener polarizado reversamente entre a corrente zero e a ruptura.

Região de ruptura Para um diodo ou transistor, é a região onde ocorre a avalanche ou o efeito Zener. Com exceção do diodo Zener, a operação na região de ruptura deve ser evitada sob todas as circunstâncias porque ela normalmente destrói o dispositivo.

Região de saturação A parte das curvas do coletor que começa na origem e inclina-se para a direita até o início da região ativa ou horizontal. Quando um transistor opera na região de saturação, a tensão coletor-emissor é tipicamente de apenas alguns décimos de volt.

Região ôhmica A parte da curva de dreno que começa na origem e termina no ponto da tensão de constrição proporcional.

Regulação de carga A variação na tensão regulada na carga quando a corrente de carga varia do seu valor mínimo ao seu valor máximo especificado.

Regulação de fonte A variação na tensão de saída de uma fonte quando a tensão de entrada ou da fonte varia de um valor mínimo a um valor máximo especificado.

Regulação de linha Uma especificação de fonte de alimentação que indica quanto a tensão na saída irá variar para uma dada variação na tensão de linha de entrada.

Regulador buck-boast A topologia básica para um circuito regulador chaveado em que a tensão de saída é menor que a tensão de entrada.

Regulador chaveado Um regulador linear usa um transistor que opera na região linear. Um regulador chaveado usa um transistor que chaveia entre a saturação e o corte. Por isso, o transistor opera na região ativa apenas durante o tempo curto em que ele muda de estado. Isso quer dizer que a dissipação de potência do transistor de passagem é muito menor que no caso do regulador linear.

Regulador de tensão Um dispositivo ou circuito que mantém a tensão na carga praticamente constante, ainda que a corrente da carga e a tensão da rede variem. Idealmente, um regulador de tensão é uma fonte de tensão firme com uma resistência equivalente de Thevenin ou resistência de saída próxima de zero.

Regulador linear O regulador em série é um exemplo de um regulador linear. O que torna um regulador linear é o fato de que o transistor de passagem opera na região linear ou ativa. Outro exemplo de regulador linear é o regulador paralelo. Nesse tipo de regulador, um transistor é colocado em paralelo com a carga. Novamente, o transistor opera na região ativa, assim o regulador é classificado como um regulador linear.

Regulador paralelo Um circuito regulador de tensão em que o dispositivo de regulação está em paralelo com a carga. Ele pode ser um simples diodo Zener, Zener/transistor ou uma configuração que combina, Zener/transistor/amp op.

Regulador reforçador (*boost*) A topologia básica para um circuito regulador chaveado em que a tensão de saída é maior que a tensão de entrada.

Regulador reforçador de buck-boast A topologia básica para um circuito regulador chaveado em que a tensão positiva de entrada produz uma tensão negativa na saída.

Regulador série Este é o tipo mais comum de regulador linear. Ele usa um transistor em série com a carga. O regulador funciona devido a uma tensão de controle na base do transistor que altera sua corrente sua tensão o necessário para manter a tensão na carga praticamente constante.

Regulador Zener Um circuito formado por uma fonte de alimentação ou uma entrada CC conectada a um resistor em série e um diodo Zener. A tensão na saída deste circuito é menor que a tensão de saída da fonte de alimentação. Ele também é conhecido como regulador de tensão Zener.

Rejeição à ondulação Usada em reguladores de tensão. Ela informa o quanto o regulador de tensão rejeita ou atenua a ondulação de entrada. As folhas de dados geralmente a apresentam em decibéis, em que cada 20 dB representa um fator de diminuição de 10 na ondulação.

Rejeita banda A faixa de frequências que é bloqueada efetivamente ou não pode passar da entrada para a saída.

Resistência CA A resistência de um dispositivo para um pequeno sinal CA. A razão entre uma variação na tensão para uma variação na corrente. A ideia principal aqui é a variação em torno do ponto de operação.

Resistência CA do coletor A resistência total da carga CA vista pelo circuito do coletor. Ela é sempre a combinação em paralelo de R_C e R_L. Este valor é importante para o ganho de tensão de um amplificador em base comum ou amplificador em emissor comum.

Resistência CA do emissor A tensão CA base-emissor dividida pela corrente CA no emissor. Este valor é normalmente listado com r_e' e pode ser calculado por $r_e' = \frac{25\text{ mV}}{I_E}$. Este valor é importante para a determinação da impedância de entrada e para o ganho de um amplificador TJB.

Resistência de corpo A resistência ôhmica do material semicondutor.

Resistência negativa A propriedade de um componente eletrônico em que um aumento na tensão direta produz uma diminuição na corrente direta sobre a porção de sua curva característica V/I.

Resistência térmica Um valor característico da transferência de calor usado pelos projetistas para determinar a temperatura no encapsulamento dos semicondutores e a dissipação do calor necessário.

Resistência Zener A resistência de corpo de um diodo Zener. Ela é muito baixa se comparada com a resistência de limitação de corrente em série com o diodo Zener.

Resistor de carga ativa Um FET com sua porta conectada ao dreno. O que resulta em um dispositivo de dois terminais equivalente a um resistor.

Resistor de pullup (elevador) Um resistor que o técnico precisa adicionar a um dispositivo CI para fazê-lo operar corretamente. Um dos terminais do resistor de alimentação positiva é conectado ao dispositivo e o outro é conectado ao positivo da fonte de alimentação.

Resistor de realimentação Um resistor conectado em um circuito com a finalidade de desenvolver um sinal de realimentação negativa por ele. Este resistor é usado para controlar o ganho e a estabilidade de um amplificador.

Resistor sensor de corrente Um resistor de baixo valor conectado em série com um transistor, usado para controlar a corrente máxima de saída de um regulador de tensão em série. Este resistor desenvolve uma queda de tensão proporcional à corrente na carga. Se a corrente na carga for excessiva, a queda de tensão ativará um dispositivo que limitará a corrente na saída.

Resposta de primeira ordem A resposta em frequência de um filtro passivo ou ativo que tem um decaimento de 20 dB por década.

Resposta em frequência O gráfico do ganho de tensão *versus* frequência de um amplificador.

Reta de carga Um recurso utilizado para encontrar os valores exatos de corrente e tensão em um diodo.

Reta de carga CA O lugar exato dos pontos de operação instantânea quando um sinal CA está acionando o transistor. Esta reta de carga é diferente da reta de carga CC uma vez que a resistência de carga CA é diferente da resistência de carga CC.

Retificador controlador de silício (SCR) Um tiristor com três terminais externos denominados anodo, catodo e gatilho. Por meio do gatilho, pode-se levar o SCR para a condução, porém não se pode levá-lo para o corte. Uma vez que o SCR esteja em condução, você tem de reduzir a sua corrente para um valor abaixo da corrente de manutenção para levá-lo ao corte.

Retificador de meia-onda Um retificador com apenas um diodo em série com o resistor de carga. A saída é uma tensão retificada de meia onda.

Retificador de meia onda ativo Um circuito com amp op capaz de retificar sinais com tensões de entrada abaixo de 0,7 V. Este circuito faz uso de um ganho em malha aberta muito alto de um amp op e é conhecido também como um retificador de precisão.

Retificador de onda completa Um retificador com derivação central (*center tap*) no enrolamento do secundário e dois diodos que funcionam como dois retificadores de meia onda, um de costas para o outro. Um diodo fornece um semiciclo para a saída e o outro diodo fornece o outro semiciclo. A saída é uma tensão retificada de onda completa.

Retificador em ponte O tipo mais comum de circuito retificador. Ele tem quatro diodos, dois dos quais conduzem ao mesmo tempo. Para um dado transformador, ele produz a maior tensão CC de saída com a menor ondulação (*ripple*).

Retificadores Circuitos pertencente a uma fonte de alimentação que permite que a corrente circule em apenas um sentido. Estes circuitos convertem a forma de onda CA na entrada em uma forma de onda pulsante CC na saída.

Retorno CC Refere-se a um caminho para a corrente direta. Muitos circuitos com transistor não funcionarão a menos que exista um caminho CC entre os três terminais e o terra. Um amplificador diferencial e um amp op são exemplos de dispositivos que precisam ter um caminho de retorno CC dos seus pinos de entrada para o terra.

Ruído térmico Um ruído gerado pelo movimento aleatório dos elétrons livres dentro de um resistor ou outro componente. Ele é também chamado de ruído de Jonhson.

Ruptura Quando um transistor conduz por tensão alta, a tensão nele permanece alta. Porém, em um tiristor, a ruptura direta leva-o à saturação. Em outras palavras, a avalanche direta se refere à forma como um tiristor chega à ruptura e imediatamente depois entra na saturação.

S

Saída de dois estados É a tensão na saída de um circuito digital ou de chaveamento. Ele é chamado de dois estados porque a saída tem somente dois estados estáveis: baixo e alto. A região entre as tensões baixa e alta é instável, pois o circuito não pode ter nenhum valor nesta faixa exceto temporariamente quando estiver chaveando entre os estados.

Saída diferencial O valor da tensão na saída de um amplificador diferencial que é a diferença entre as tensões nos dois coletores.

Saída simples A tensão na saída de um amplificador diferencial tomada a partir de um dos coletores em relação ao terra.

Saturação CA A extremidade superior na reta de carga CA. Neste ponto, o transistor entra em saturação e ceifa o sinal CA.

Saturação forte A operação de um transistor na extremidade superior da reta de carga com uma corrente de base que é um décimo da corrente de coletor. A razão da alta corrente de base é para certificar-se de que o transistor permanece saturado sob todas as condições de operação, condições de temperatura, substituição do transistor etc.

Saturação fraca A operação de um transistor na extremidade superior da reta de carga com uma corrente de base apenas suficiente para produzir a saturação.

Seguidor Uma função de "seguir" em que a tensão na entrada inversora aumenta ou diminui imediatamente no mesmo valor que a tensão na entrada não inversora inicia.

Seguidor de emissor O mesmo que um *amplificador CC*. O nome *seguidor de emissor* ficou mais conhecido porque ele descreve melhor como o circuito funciona. A tensão CA no emissor segue a tensão CA na base.

Seguidor de fonte O amplificador JFET mais importante. Ele é usado mais que qualquer outro amplificador com JFET

Seguidor de tensão Um circuito amp op que usa realimentação de tensão não invertida. O circuito tem uma impedância de entrada muito alta, uma impedância de saída muito baixa e um ganho de tensão de 1. Ele é ideal para ser usado como um reforçador (*buffer*).

Seguidor Zener Um circuito formado por um regulador Zener e um seguidor de emissor. O transistor permite que o diodo Zener opere com níveis de corrente muito baixos quando comparado com um regulador Zener comum. Este circuito apresenta também uma característica de baixa impedância de saída.

Segunda aproximação Uma aproximação que acrescenta algumas características a mais que a aproximação ideal. Para um diodo ou transistor, essa aproximação inclui a barreira de potencial no modelo do dispositivo. Para diodos ou transistores de silício, isso quer dizer 0,7 V a mais na análise.

Semicondutor Uma vasta categoria de materiais com quatro elétrons de valência e propriedades elétricas entre as do condutor e as do isolante.

Semicondutor tipo *n* Um semicondutor que contém mais elétrons livres que lacunas.

Semicondutor tipo *p* Um semicondutor no qual existem mais lacunas que elétrons livres.

Silício O material semicondutor mais usado. Ele tem 14 prótons e 14 elétrons em órbita. Um átomo de silício isolado tem quatro elétrons na órbita de valência. Um átomo de silício que faz parte de um cristal tem oito elétrons na órbita de valência por causa do compartilhamento dos quatro elétrons do átomo vizinho.

Sinal em modo comum Um sinal que é aplicado com a mesma amplitude nas duas entradas de um amplificador diferencial ou um amp op.

Sistemas eletrônicos A interconexão de circuitos eletrônicos e blocos funcionais agrupados para aplicações específicas.

Sobrecarga O uso de uma resistência de carga de valor muito baixo pode diminuir o ganho de tensão de um amplificador por uma quantidade observável. Em termos do teorema de Thevenin, o sobrecarregamento ocorre quando a resistência de carga é menor comparada com a resistência equivalente de Thevenin.

Somador Um circuito com amp op cuja tensão de saída é a soma de duas ou mais tensões de entrada.

SSI Integração em baixa escala. Refere-se aos circuitos integrados que contêm 10 componentes ou menos integrados em uma pastilha de semicondutor.

Substrato Uma região no MOSFET modo de depleção localizada do lado oposto da porta, formando um canal por onde os elétrons circulam da fonte para o dreno.

Superposição Quando existirem várias fontes de alimentação no circuito, você pode calcular o efeito produzido por cada fonte funcionando sozinha e em seguida somar os efeitos individuais para obter o efeito total das fontes funcionando simultaneamente.

T

Taxa de subida (*slew rate*) A taxa máxima de variação na tensão de saída de um amp op. Ela causa distorção em operações de alta frequência em grandes sinais.

Temperatura ambiente A temperatura do ar que envolve um componente.

Temperatura da junção A temperatura dentro de um semicondutor na junção *pn*. Esta temperatura é normalmente maior que a temperatura ambiente devido à recombinação dos pares elétron-lacuna.

Temperatura do encapsulamento É a temperatura do encapsulamento ou invólucro do transistor. Quando você toca em um transistor, entra em contato com o encapsulamento. Se o encapsulamento estiver quente, você sentirá a sua temperatura.

Tempo de subida É o tempo para a forma de onda aumentar de 10% a 90% de seu valor máximo. Abreviado por *TR*, o tempo de subida pode ser aplicado à resposta de frequência usando a equação $f_2 = \frac{0,35}{T_R}$.

Tempo de vida O tempo médio entre a geração e a recombinação de um elétron livre e uma lacuna.

Temporizador 555 Um circuito integrado muito utilizado que pode funcionar de dois modos: monoestável e astável. No modo monoestável, ele pode produzir tempos de atrasos precisos e em astável ele pode produzir ondas retangulares com um ciclo de trabalho variável.

Tensão controlada por fonte de corrente (VCIS) Algumas vezes chamado de *amplificador de transcondutância*, este tipo de amplificador com realimentação negativa tem uma corrente de entrada controlando uma tensão na saída.

Tensão controlada por fonte de tensão (VCVS) O amp op ideal, tendo um ganho de tensão infinito, frequência de ganho unitário infinita, impedância de entrada infinita e CMRR infinita, além disso uma resistência de saída zero, polarização zero e compensação (*offset*) zero.

Tensão de compensação (*offset*) de entrada Se você aterrar as duas entradas de um amp op, ainda terá uma tensão de compensação na saída. A tensão de compensação de entrada é definida como a tensão de entrada necessária para eliminar a tensão de compensação de saída. A causa da tensão de compensação de entrada é a diferença nas curvas de V_{BE} dos dois transistores de entrada.

Tensão de compensação (offset) de saída Qualquer desvio ou diferença na tensão de saída de um valor ideal.

Tensão de corte porta-fonte A tensão entre os terminais da fonte e da porta que reduz a corrente no dreno, de um dispositivo no modo de depleção, para zero.

Tensão de desligamento A diferença entre a tensão de entrada e a tensão de saída de um regulador em série com transistor ou um CI regulador de tensão de três terminais.

Tensão de desligamento (*dropout*) O valor limite mínimo de tensão necessário para o funcionamento correto de um CI regulador de tensão.

Tensão de entrada diferencial A tensão desejada na entrada de um amplificador diferencial em vez da tensão de entrada em modo comum.

Tensão de erro A tensão entre os dois terminais de entrada de um amp op. É o mesmo que a tensão diferencial de entrada de um amp op.

Tensão de erro na saída A tensão na saída de um circuito amp op quando a tensão na entrada é zero. Este valor deveria ser idealmente zero.

Tensão de estrangulamento ou constrição O limite entre a região ôhmica e a região de fonte de corrente de um dispositivo de modo depleção quando a tensão da porta é zero.

Tensão de estrangulamento proporcional O limite entre a região ôhmica e a região de fonte de corrente para qualquer tensão de porta.

Tensão de gatilho (disparo) A tensão mínima necessária para levar um tiristor à condução.

Tensão de joelho O ponto ou a área no gráfico da corrente do diodo *versus* tensão em que a corrente direta aumenta rapidamente. Ela é aproximadamente igual ao valor da barreira de potencial do diodo.

Tensão de limiar A tensão que leva um MOSFET de modo crescimento à condução. Nesta tensão, uma camada de inversão conecta a fonte ao dreno.

Tensão de linha A tensão da rede de alimentação. Ela tem nominalmente um valor de 115 V rms. Em alguns lugares ela pode variar de 105 a 125 V rms.

Tensão de pico inversa A tensão reversa máxima em um diodo de um circuito retificador.

Tensão de referência Geralmente, uma tensão muito estável e precisa derivada de um diodo Zener com uma tensão de ruptura entre 5 e 6 V. Nesta faixa, o coeficiente de temperatura do diodo Zener é aproximadamente zero, o que significa que sua tensão Zener é estável sobre uma larga faixa de temperatura.

Tensão de ruptura A tensão reversa máxima que um diodo pode resistir antes que ocorra a avalanche ou o efeito Zener.

Tensão Zener A tensão de ruptura de um diodo Zener. É a tensão aproximada na saída de um regulador de tensão Zener.

Teorema Uma derivação, em forma de declaração, que pode ser provada matematicamente.

Teorema de Miller Este teorema informa que um capacitor de realimentação é equivalente a duas novas capacitâncias, uma na entrada e outra na saída. O mais importante é que a capacitância de entrada é igual à capacitância de realimentação multiplicada pelo ganho de tensão de um amplificador. Isso presume um amplificador inversor.

Teorema de Norton Derivado do princípio da dualidade, o teorema de Norton declara que a tensão na carga é igual à corrente de Norton vezes a resistência de Norton em paralelo com a resistência da carga.

Teorema de Thevenin Um teorema fundamental que informa que qualquer circuito que aciona uma carga pode ser convertido em um único gerador e uma resistência em série.

Terceira aproximação Uma aproximação precisa de um diodo ou transistor. Usada por projetistas que têm de levar em conta tantos detalhes quantos possíveis.

Termistor Um dispositivo cuja resistência sofre grande variação com a temperatura.

Terra CA Um nó de um circuito que é desviado para o terra por meio de um capacitor. Neste nó não há tensão CA quando observado pelo osciloscópio acoplado para tensão CA, mas ele mostrará uma tensão CC quando medido com um voltímetro.

Terra virtual Um tipo de terra que aparece na entrada inversora de um amp op que usa realimentação negativa. Ele é chamado terra virtual porque tem algumas, mas não todas, das características do terra mecânico. Especificamente, ele é o terra para tensão, mas não para corrente. Um nó do circuito que é um terra virtual tem 0 V em relação ao terra, porém, esse nó não tem um caminho de corrente para o terra.

Teste passa/não passa Um teste ou medição onde as leituras são distintamente diferentes, de fato alta ou de fato baixa.

Tiristor Um dispositivo semicondutor de quatro camadas que funciona como uma trava.

Topologia Um termo usado para descrever a técnica ou o layout fundamental de um circuito regulador chaveado. As topologias comuns dos reguladores chaveados são regulador de *buck*, regulador *boost* e regulador *buck-boost*.

Traçador de curvas Um dispositivo eletrônico para mostrar as curvas características em um tubo de raios catódicos.

Transcondutância A razão entre a corrente CA na saída e a tensão CA na entrada. Uma medida de como a tensão na entrada controla efetivamente a corrente na saída.

Transdutor de entrada Um dispositivo que converte uma grandeza não elétrica, como luz, temperatura ou pressão em uma grandeza elétrica.

Transdutor de saída Um dispositivo que converte uma grandeza elétrica em uma grandeza não elétrica como temperatura, som, pressão ou luz.

Transformador abaixador Um transformador com mais espiras no primário que no secundário. Isto resulta em uma tensão menor no secundário que no primário.

Transformador de acoplamento O uso de um transformador para fazer passar o sinal CA de um estágio para o outro enquanto a componente CC da forma de onda é bloqueada. O transformador tem também a capacidade de casar as impedâncias entre os estágios.

Transição A região da descida na resposta em frequência de um filtro entre a frequência de corte f_c e o início do rejeita-banda f_s.

Transistor bipolar de porta isolada (IGBT) Um dispositivo semicondutor híbrido construído com características do FET no lado da entrada e características do FET no lado da saída. Este dispositivo é usado principalmente em aplicações de controle de chaveamento de alta potência.

Transistor Darlington Dois transistores conectados para obter um alto valor de β. O emissor do primeiro transistor aciona a base do segundo transistor.

Transistor de efeito de campo Um transistor que depende da ação de um campo elétrico para controlar sua condutividade.

Transistor de junção bipolar Um transistor em que os elétrons livres e as lacunas são necessários para uma operação normal.

Transistor de junção Um transistor que tem três seções alternadas de materiais do tipo *p* e do tipo *n*. Estas seções podem ser arranjadas como *pnp* ou *npn*.

Transistor de montagem em superfície Um tipo de encapsulamento de transistor que permite sua soldagem na placa de circuito impresso no lado do componente em vez de soldá-lo usando a tecnologia de furos com ilhas. A tecnologia de montagem em superfície (SMT) permite uma concentração maior de componentes na placa de circuito impresso.

Transistor de passagem O transistor que conduz a corrente principal em um regulador de tensão em série discreto. O transistor fica em série com a carga. Logo, a corrente total da carga passa por ele.

Transistor de pequeno sinal Um transistor que pode dissipar 0,5 W ou menos.

Transistor de potência Um transistor que pode dissipar mais de 0,5 W. Os transistores de potência são fisicamente maiores que os de pequeno sinal.

Transistor de unijunção Abreviado como UJT, este tiristor de baixa potência é útil em aplicações de temporização, geração de formas de onda e aplicações de controle.

Transistor de unijunção programável (PUT) Um dispositivo semicondutor com características de chaveamento similar a um UJT, exceto que sua razão intrínseca de relação pode ser determinada (programada) por um circuito externo.

Transistor externo Um transistor colocado em paralelo com um circuito de regulação para aumentar a intensidade da corrente de carga que o circuito total é capaz de regular. O transistor externo atua em um nível de corrente predeterminado e alimenta a corrente extra de que a carga necessita.

Transistor ideal A primeira aproximação de um transistor. Admite-se que um transistor tem apenas duas partes: um diodoemissor e um diodo coletor. O diodo emissor é tratado como um diodo ideal, enquanto o diodo coletor é uma fonte de corrente controlada. A corrente no diodo emissor controla a fonte de corrente no coletor.

Transistor *pnp* Um semicondutor disposto em camadas, como um sanduíche. Ele contém uma região *n* entre duas regiões *p*.

Trava Dois transistores conectados com realimentação positiva para simular o funcionamento de um tiristor.

Triac Um tiristor que pode conduzir nos dois sentidos. Por isso, ele é usado para o controle de corrente alternada. Ele é equivalente a dois SCRs em paralelo com polaridades opostas.

V

Valor absoluto O valor de uma expressão desprezando o sinal. Algumas vezes chamado de *magnitude*. Exemplo: Dados +5 e -5, o valor absoluto é 5.

Valor CC O mesmo que valor médio. Para um sinal que varia no tempo, o valor CC é igual ao valor médio para todos os pontos da forma de onda. Um voltímetro CC indica o valor médio de uma tensão que varia no tempo.

Valor de pico O maior valor instantâneo de uma tensão que varia no tempo.

Valor MPP Chamado também de *tensão oscilante na saída*. Ela é a tensão máxima de pico a pico não ceifada na saída de um amplificador. Em um amp op, o valor MPP é idealmente igual ao valor da tensão de alimentação simétrica.

Valor rms Usado em sinais que variam com o tempo. Também é conhecido como *valor eficaz* ou *valor de aquecimento*. O valor rms é o valor equivalente ao de uma fonte CC que produziria a mesma quantidade de calor ou potência em um ciclo completo de um sinal que varia com o tempo.

Varactor Um diodo otimizado para ter uma capacitância reversa. Quanto maior a tensão reversa, menor a capacitância.

Variável normalizada Uma variável que foi dividida por uma outra variável com as mesmas unidades ou dimensões.

Varistor Um dispositivo que funciona como dois diodos Zener em antiparalelo (voltados um de costas para o outro). Usado em paralelo com o enrolamento primário de um transformador de potência para evitar que os picos de alta amplitude, indesejados, cheguem à entrada dos equipamentos.

W

Wafer Uma fatia fina de cristal usada como chassi para os componentes integrados.

Respostas

Problemas com numeração ímpar

CAPÍTULO 14

14-1. 196, 316
14-3. 19,9, 9,98, 4, 2
14-5. −3,98, −6,99, −10, −13
14-7. −3,98, −13,98, −23,98
14-9. 46 dB, 40 dB
14-11. 31,6, 398
14-13. 50,1
14-15. 41 dB, 23 dB, 18 dB
14-17. 100 mW
14-19. 14 dBm, 19,7 dBm, 36,9 dBm
14-21. 2
14-23. Veja a Figura 1.

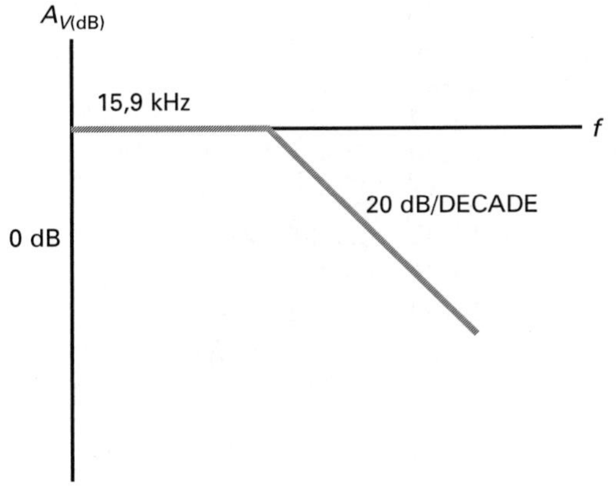

Figura 1

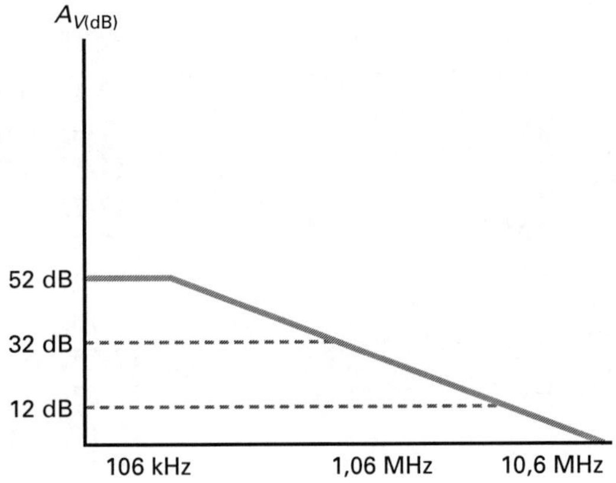

Figura 2

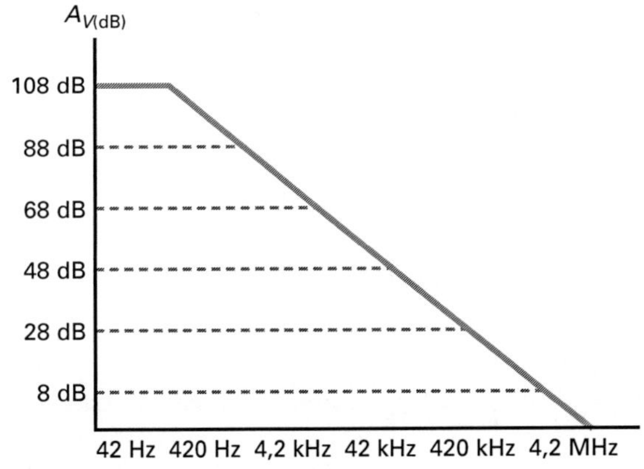

Figura 3

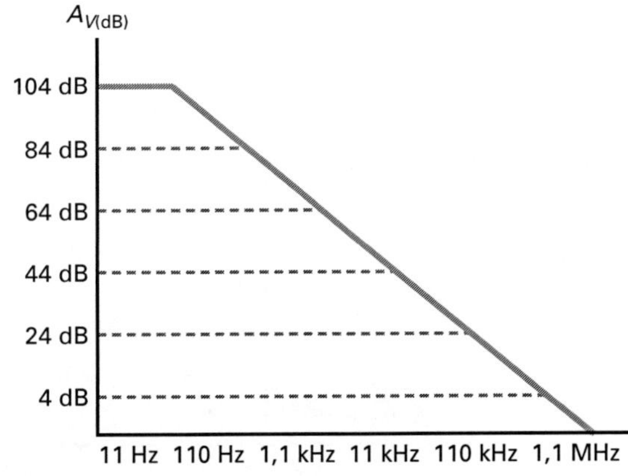

Figura 4

14-25. Veja a Figura 2.
14-27. Veja a Figura 3.
14-29. Veja a Figura 4.
14-31. 1,4 MHz
14-33. 222 Hz
14-35. 119 Hz
14-37. 5 pF, 25 pF, 15 pF
14-39. porta: 30,3 MHz; dreno: 8,61 MHz
14-41. 40 dB
14-43. 0,44 μS
14-45. R_G mudou para 500 Ω
14-47. C_{in} é 0,1 μF ao invés de 1 μF

CAPÍTULO 15

15-1. 55,6 μA, 27,8 μA, 10 V
15-3. 60 μA, 30 μA, 6 V (direita), 12 V (esquerda).
15-5. 518 mV, 125 kΩ
15-7. −207 mV, 125 kΩ
15-9. 4 V, 1,75 V
15-11. 286 mV, 2,5 mV
15-13. 45,4 dB
15-15. 237 mV
15-17. A saída será nível alta; é necessário um caminho até o terra para ambas as bases.
15-19. C
15-21. 0 V
15-23. 2 MΩ
15-25. 10,7 Ω, 187
15-27. *Q*1 open *C-E*
15-29. V_{CC} at 25 V, not 15 V
15-31. Q_2 open *C-E*

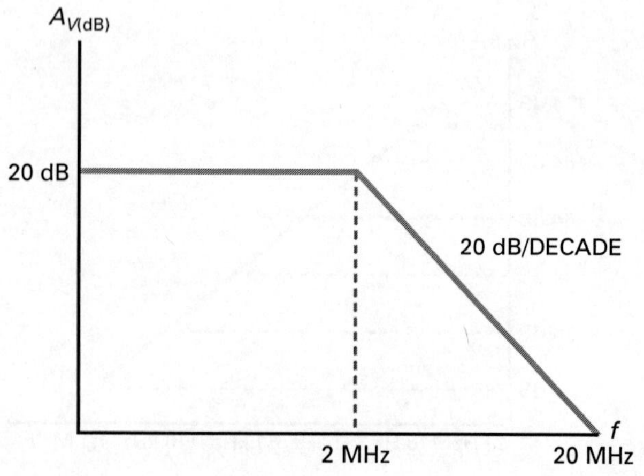

Figura 5

CAPÍTULO 16

16-1. 170 μV
16-3. 19.900, 2.000, 200
16-5. 1,59 MHz
16-7. 10, 2 MHz, 250 mVpp, 49 mVpp; Veja a Figura 5.
16-9. 40 mV
16-11. 22 mV
16-13. 50 mVpp, 1 MHz
16-15. de 1 a 51, de 392 kHz a 20 MHz
16-17. 188 mV/μs, 376 mV/μs
16-19. 38 dB, 21 V, 1.000
16-21. 214, 82, 177
16-23. 41, 1
16-25. 1,1 MHz, 1.500 kHz
16-27. A saída vai à saturação positiva ou negativa.
16-29. 2,55 Vpp
16-35. O amp-op falhou
16-37. Amplificador de potência Push-Pull Classe B/AB.
16-39. 10

CAPÍTULO 17

17-1. 0,038, 26,32, 0,10%, 26,29
17-3. 0,065, 15,47
17-5. 470 MΩ
17-7. 0,0038%
17-9. –0,660 Vp
17-11. 185 mA_{rms}, 34,2 mW
17-13. 106 mA_{rms}, 11,2 mW
17-15. 834 mA_{pp}, 174 mW
17-17. 2 kHz
17-19. 15 MHz
17-21. 100 kHz, 796 mVp
17-23. 1 V
17-25. 510 mV, 30 mV, 15 mV
17-27. 110 mV, 14 mV, 11 mV
17-29. 200 mV
17-31. 2 kΩ
17-33. De 0,1 V a 1 V
17-35. T1: aberto entre *C* e *D*; T2: R_2 em curto; T3: R_4 em curto.
17-37. T7: aberto entre *A* e *B*; T8: R_3 em curto; T9: R_4 aberto.

CAPÍTULO 18

18-1. 2, 10
18-3. –18, 712 Hz, 38,2 kHz
18-5. 42, 71,4 kHz, 79,6 Hz
18-7. 510 mV
18-9. 4,4 mV, 72,4 mV
18-11. 0, –10
18-13. 15, –15
18-15. –20, ± 0,004
18-17. Não.
18-19. –200 mV, 10.000
18-21. 1 V
18-23. 19,3 mV
18-25. –3,125 V
18-27. –3,98 V
18-29. 24,5, 2,5 A
18-31. 0,5 mA, 28 kΩ
18-33. 0,3 mA, 40 kΩ
18-35. 0,02, 10
18-37. –0,018, –0,99
18-39. 11, f_1: 4,68 Hz; f_2: 4,82 Hz; f_3: 32,2 Hz
18-41. 102, 98
18-43. 1 mA
18-45. T4: K-B aberto; T5: C-D aberto; T6: J-A aberto.
18-51. Malha de realimentação aberta em U_2
18-53. Ajuste a saída para zero quando a entrada for zero.
18-55. $A_v = A_{VOL}$; o sinal de saída pode estar ceifado em ± 12 V.

CAPÍTULO 19

19-1. 7,36 kHz, 1,86 kHz, 0,25, banda larga.
19-3. *a*. Banda estreita; *b*. banda estreita; *c*. banda estreita; *d*. banda estreita.

19-5. 200 dB/década, 60 dB/ oitava.
19-7. 503 Hz, 9,5
19-9. 39,3 Hz
19-11. –21,4, 10,3 kHz
19-13. 3, 36,2 kHz
19-15. 15 kHz, 0,707, 15 kHz
19-17. 21,9 kHz, 0,707, 21,9 kHz
19-19. 19,5 kHz, 12,89 kHz, 21,74 kHz, 0,8
19-21. 19,6 Hz, 1,23, 18,5 Hz, 18,5 Hz, 14,8 Hz
19-23. –1,04, 8,39, 16,2 kHz
19-25. 1,5, 1, 15,8 Hz, 15,8 Hz
19-27. 127°
19-29. 24,1 kHz, 50, 482 Hz (máximo e mínimo).
19-31. 48,75 kHz, 51,25 kHz
19-33. 60 dB, 120 dB, 200 dB
19-35. 148 pF, 9,47 nF
19-37. U_1 falhou
19-39. C_3 está aberto

CAPÍTULO 20

20-1. 100 μV
20-3. ±7,5 V
20-5. Zero, entre 0,7 V e –9 V
20-7. –4 V, 31,8 Hz
22-9. 40,6%
20-11. 1,5 V
20-13. 0,292 V, –0,292V, 0,584 V
20-15. A tensão de saída é baixa quando a tensão de entrada está entre 3,5 e 4,75 V.
20-17. 5 mA
20-19. 1 V, 0,1 V, 10 mV, 1,0 mV
20-21. Forma de onda triangular com 0,782 Vpp.
20-23. 0,5, 0
20-25. 923 Hz
20-27. 196 Hz
20-29. 135 mVpp
20-31. 106 mV
20-33. –106 mV
20-35. De 0 V de 100 mV de pico
20-37. 20.000
20-39. Fazer o resistor de 3,3 kΩ variável.
20-41. 1,1 Hz, 0,001 V
20-43. 0,529 V
20-45. Use diferentes capacitores de 0,05 μF, 0,5 μF e 5 μF, mais um inversor.
20-47. Aumente R_1 para 3,3 kΩ.
20-49. Use um comparador com histerese e um resistor dependente de luz em um divisor de tensão como entrada.
20-51. 228.780 mi (366.048 Km)
20-53. T3: circuito oscilador de relaxação; T4: circuito detector de pico; T5: circuito grampeador positivo.
20-55. T8: circuito detector de pico; T9: circuito integrador; T10: circuito comparador.
20-57. D_1 está em curto
20-59. U_1 falhou

CAPÍTULO 21

21-1. 9 Vrms
21-3. *a.* 33,2 Hz, 398 Hz; *b.* 332 Hz, 3,98 kHz; *c.* 3,32 kHz, 39,8 kHz; *d.* 33,2 kHz, 398 kHz
21-5. 3,98 MHz
21-7. 398 Hz
21-9. 1,67 MHz, 0,10, 10
21-11. 1,18 MHz
21-13. 7,34 MHz
21-15. 0,030, 33
21-17. A freqüência aumentará em 1%.
21-19. 517 μs
21-21. 46,8 kHz
21-23. 100 μs, 5,61 μs, 3,71 μs, 8,66 μs, 0,0371, 0,0866
21-25. 10,6 V/ms, 6,67 V, 0,629 ms
21-27. Forma de onda triangular, 10 kHz, 5 Vp
21-31. A distorção é provavelmente oscilações. Para corrigir isto, verificar se os terminais estão em curto e se não estão muito próximos um do outro. Além disso, um objeto de ferrite na malha de realimentação pode provocar o desaparecimento da oscilação.
21-37. V_{CC} falhou
21-39. R_2 está em curto
21-41. Sinal senoidal
21-43. RV_7 = 1,8 kΩ
21-45. Saída do pino 11 para Q_3

CAPÍTULO 22

22-1. 3,45%
22-3. 2,5%
22-5. 18,75 V, 484 mA, 187,5 mA, 96,5 mA
22-7. 18,46 V, 798 mA, 369 mA, 429 mA
22-9. 84,5%
22-11. 30,9 mA
22-13. 50 Ω, 233 mA
22-15. 421 μV
22-17. 83,3%, 60%.
22-19. 3,84 A
22-21. 6 V
22-23. 14,1 V
22-25. 3,22 kΩ
22-27. 11,9 V
22-29. 0,1 Ω
22-31. 2,4 Ω
22-33. 22,6 kHz
22-35. T1: Conversor de forma de onda triangular para pulso.
22-37. T3: Q_1
22-39. T5: Oscilador de relaxação.
22-41. T7: Conversor de forma de onda triangular para pulso.
22-43. T9: Conversor de forma de onda triangular para pulso.

Índice